国家科学技术学术著作出版基金资助出版

头足纲

TOU ZU GANG

陈新军　刘必林　方　舟　李建华　编著

海洋出版社

2019年·北京

图书在版编目(CIP)数据

头足纲/陈新军等编著.—北京:海洋出版社,2019.5

ISBN 978-7-5210-0357-4

Ⅰ.①头… Ⅱ.①陈… Ⅲ.①头足纲-海洋生物-研究 Ⅳ①S932.4

中国版本图书馆 CIP 数据核字(2019)第 093669 号

责任编辑:赵 武 黄新峰

责任印制:赵麟苏

海洋出版社 出版发行

http://www.oceanpress.com.cn

北京市海淀区大慧寺路 8 号 邮编:100081

中煤(北京)印务有限公司印刷 新华书店北京发行所经销

2019 年 5 月第 1 版 2019 年 5 月第 1 次印刷

开本:889mm×1194mm 1/16 印张:46.5

字数:1400 千字 定价:240.00 元

发行部:62147016 邮购部:68038093 总编室:62114335

海洋版图书印、装错误可随时退换

前　言

　　头足纲属高等海生软体动物,广泛分布于热带、温带和寒带海区,包括暖水性、温水性和冷水性种类,各类的数量均很大。作为重要的海洋经济种类,其资源极为丰富,具有生命周期短、生长快等特点。近几十年随着传统经济鱼类资源的衰退,人类对头足类资源开发利用的强度越来越大,对头足类资源变化的关注程度也越来越高,其最高捕捞产量超过 470 万吨,占全球海洋捕捞产量的 5% 以上。

　　头足类在海洋食物网中,是大型鱼类和海洋哺乳动物等的重要食饵,位居海洋营养级金字塔的中层,具有承上启下的作用。因此,头足类的数量变动,对各级海洋生物的数量变动都有着直接或间接的影响,研究头足类的生物学、资源分布、生态等具有极为重要的意义。

　　头足纲的分类系统正式建立于 19 世纪初,到 20 世纪 50 年代已较为完整,但其分类系统还在不断完善中。进入 21 世纪以来,Nesis 等都对头足纲的分类系统进行了描述。本专著根据前人对分类系统的研究,将头足纲分为 2 个亚纲、8 个目、6 个亚目、46 个科、13 亚科、147 个属、756 种。其中本专著共描述了 700 种,其中鹦鹉螺亚纲 4 种,深海目 6 种,枪形目 225 种,微鳍乌贼目 8 种,乌贼目 185 种,旋壳乌贼目 1 种,八腕目 271 种。

　　专著由两大部分组成。第一部分为总论,内容包括分类系统、形态及分类术语、形态概述、生活习性、生物学特性、分类鉴定方法、地理分布特点、食用和药用价值、资源开发利用概况、世界主要头足类国家和地区,以及气候变化对世界头足类资源的影响等,特别是在国内首次系统地介绍了头足类的形态和分类术语,以及鉴定方法。第二部分为头足类纲的分类系统,按鹦鹉螺亚纲、鞘亚纲(非蛸总目:深海乌贼目,枪形目,微鳍乌贼目,乌贼目,旋壳乌贼目;蛸总目:八腕目)进行描述,进一步细分为第二章,鹦鹉螺亚纲和鞘亚纲;第三章,鞘亚纲深海乌贼目;第四章,鞘亚纲枪形目;第五章,鞘亚纲微鳍乌贼目;第六章,鞘亚纲乌贼目;第七章,鞘亚纲旋壳乌贼目;第八章,鞘亚纲八腕目。分别描述了目、亚目、科和属的形态分类特征。每一种类均包含了分类地位、学名(中文,拉丁文,英文,法文,西班牙文,以及各种地方名)、分类特征、习性及生物学、地理分布、个体大小、渔业现状和有关参考文献。

　　随着人们生活水平的提高,对优质动物蛋白的需求越来越大,头足类作为一种首选的蛋白质之一,越来越得到人们的重视。目前除了对世界头足类资源进行开发利用之外,人们也开始进行养殖和增殖放流,取得了很好的效果。因此,对头足类的认识非常需要。相对国外头足类的研究水平而言,国内头足类的一些基础性研究工作进展缓慢,目前国内还没有一本较为系统、完整地介绍头足类生物学的专著。作者领衔的头足类研究团队经过 20 多年的资料收集和整理,并结合长期从事远洋鱿钓渔业研究的基础,完成了本专著的撰写工作。

本专著系统性强,基本覆盖了现有已鉴定的头足类种类。多数种类(包括科、亚科和属)的中文名称是第一次命名,这给本书的撰写增加了一定的难度。该专著可供从事水产界和海洋界的科研、教学等科学工作者和研究单位使用,是一本很好的科技图书。

本专著得到上海市高峰学科(II 类)-水产学,国家自然科学基金项目-我国近海常见头足类角质颚分类鉴定(NSFC41476129),以及国家远洋渔业工程技术研究中心、大洋渔业资源可持续开发教育部重点实验室、农业部大洋渔业资源开发重点实验室的资助。

由于时间仓促,覆盖内容广,国内没有同类的参考资料,因此难免会存在一些错误。望各读者提出批评和指正。

陈新军等

2017 年 5 月 1 日于上海

目　次

第一章　总　论

第一节　分类系统

　　头足纲是古老而高等的海生软体动物,至今已有 5 亿年,现生鹦鹉螺和鞘亚纲两类,前者仅鹦鹉螺(Nautilus)几种,后者包括鱿鱼(squid,cuttlefish,octopus, vampire squid)、乌贼(cuttlefishs)、蛸(octopods)和幽灵蛸(vampire squids)等。

　　头足类动物自晚寒武纪出现。在早期古生代阶段,全为鹦鹉螺类,到奥陶纪时迅速发展,达到了全盛时期;在晚期古生代至中生代时期,以菊石亚纲和箭石目为主。随着中生代的结束,繁荣一时的菊石类也随着绝迹,箭石目也已灭绝。新生代阶段的头足动物以十腕目、八腕目的繁荣为特征,而鹦鹉螺亚纲只残存个别种类,现生的鹦鹉螺在地理分布上限于西南太平洋斐济和菲律宾一带。

　　现生头足动物全是海生。根据体管和缝合线等特征,头足纲可分为直角石亚纲(Orthoceratoidea)、内角石亚纲(Endoceratoidea)、珠角石亚纲(Actinoceratoidea)、鹦鹉螺亚纲(Nautiloidea)、菊石亚纲(Ammonoidea)和鞘亚纲(Coleoidea)等 6 个亚纲。现生头足动物除鹦鹉螺一属外,其他各属均属鞘亚纲。壳常在体内,有的完全消失。鞘亚纲的壳作支持外套膜及侧鳍之用,鳃 1 对,腕 8 只或 10 只,腕上均有吸盘。有些具墨囊能喷出墨汁,借以逃脱敌人。

　　在现生头足纲的分类研究中,亚里士多德(Aristotle)、林奈(Linnaeus)、居维叶(Cuvier)和拉马克(Lamarck)起过重要的启蒙作用,但头足纲的分类系统正式建立于 19 世纪初,到 20 世纪 50 年代已较为完整。当时在头足纲以下分四鳃亚纲和二鳃亚纲。四鳃亚纲具四个鳃,有外壳,绝大多数种类已绝灭,现生仅 3 种,比较原始。二鳃亚纲具两个鳃,只有内壳,少数种类的内壳已退化,种类繁多,比较进化。亚纲以下分十腕目和八腕目。十腕目以下又分成大王乌贼亚目、枪乌贼亚目和乌贼亚目三个亚目。八腕目以下又分成无须亚目和须亚目两个亚目。亚目以下各分设若干科、属。

　　20 世纪 60 年代以来,现生头足纲和古生头足纲的研究相互结合,两者分类系统中较高的分类阶元已经基本统一。据 Voss(1977)综合整理的现生头足纲分类系统,四鳃亚纲(或称外壳亚纲)明确为鹦鹉螺亚纲,下分 1 个目、1 个科;二鳃亚纲(或称内壳亚纲)为鞘亚纲所取代,下分 4 个目:枪形目取代了沿用已久的十腕目,与枪形目在形态结构和生态习性上有颇大差异的乌贼类被另分成一个目,八腕目保留,形态结构和生态习性十分特殊的幽灵蛸科被提升为目。

　　根据 20 世纪 90 年代世界头足类咨询委员会(Cephalopod International Advisory Council, CIAC)头足类最新分类系统,头足纲同样分鹦鹉螺亚纲和鞘亚纲。在鞘亚纲中,原来的乌贼目细分为旋壳乌贼目、乌贼目和僧头乌贼目三个目。因此,鹦鹉螺亚纲仅鹦鹉螺目 1 个、鹦鹉螺科 1 个、共 7 种;鞘亚纲分旋壳乌贼目、乌贼目、僧头乌贼目、枪形目、八腕目和幽灵蛸目共 7 个目。旋壳乌贼目只有旋壳乌贼科 1 个共 1 种;乌贼目有乌贼科、耳乌贼科、微鳍乌贼科、鳞甲乌贼科、大王乌贼科、帆乌贼科、柔鱼科、菱鳍乌贼科、手乌贼科、小头乌贼科和枪乌贼科等 29 个科共 298 种;八腕目有须蛸科、蛸科等 14 个科 289 种;幽灵蛸目有幽灵蛸科 1 个共 1 种。因此,目前头足类共有 2 个亚纲、11 个目(包括亚目)、50 个科,18 个亚科,154 个属,35～36 个亚属,约 718 个种和 42 个亚种(Nesis,2003)

（表1-1）。

表 1-1　头足类最新分类系统

目、亚目和科 Orders，suborders，families	拉丁文 Latin	亚科 Subfamilies	属 Genera	亚属 Subgenera	种 Species	亚种 Subspecies
鹦鹉螺目	Nautiloidea					
鹦鹉螺科	Nautilidae	–	2	–	5	2
旋壳乌贼目	Spirulida					
旋壳乌贼科	Spirulidae	–	1	–	1	–
乌贼目	Sepiida					
乌贼科	Sepiidae	–	3	6~7	111	–
僧头乌贼目	Sepiolida					
僧头乌贼科	Sepiolidae	3	14	2	55	4
耳乌贼科	Sepiadariidae	–	2	–	7	–
微鳍乌贼科	Idiosepiidae	–	1	–	7	–
枪形目闭眼亚目	Teuthoidea，Myopsida					
枪乌贼科	Loliginidae	2	11	2	45	2
矮小枪乌贼科	Pickfordiateuthidae	–	1	–	2	–
枪形目开眼亚目	Teuthoidea，Oegopsida					
光眼乌贼科	Lycoteuthidae	2	4	–	5	–
武装乌贼科	Enoploteuthidae	–	4	12	40	4
大鳍武装乌贼科	Ancistrocheiridae	–	1	–	1	–
火乌贼科	Pyroteuthidae	–	2	–	6	2
蛸乌贼科	Octopoteuthidae	–	2	–	7	–
爪乌贼科	Onychoteuthidae	–	6	–	15	–
缩手乌贼科	Walvisteuthidae	–	1	–	1	–
鳞乌贼科	Gonatidae	–	3	4	18	3
栉鳍乌贼科	Chtenopterygidae	–	1	–	3	–
深海乌贼科	Bathyteuthidae	–	1	–	3	–
帆乌贼科	Histioteuthidae	–	1	–	13	6
寒海乌贼科	Psychroteuthidae	–	1	–	1	–
大王乌贼科	Architeuthidae	–	1	–	1	3
新乌贼科	Neoteuthidae	–	3	–	3	–
腕乌贼科	Brachioteuthidae	–	2	–	6	–
柔鱼科	Ommastrephidae	5	11	–	21	2
菱鳍乌贼科	Thysanoteuthidae	–	1	–	1	–
软乌贼科	Pholidoteuthidae	–	1	–	3	–
鳞甲乌贼科	Lepidoteuthidae	–	1	–	1	–
穗尾乌贼科	Batoteuthidae	–	1	–	1	–
圆乌贼科	Cycloteuthidae	–	2	–	4	–
手乌贼科	Chiroteuthidae	–	5	2	13	4

续表

目、亚目和科 Orders, suborders, families	拉丁文 Latin	亚科 Subfamilies	属 Genera	亚属 Subgenera	种 Species	亚种 Subspecies
鞭乌贼科	Mastigoteuthidae	–	3	3	19	–
长尾乌贼科	Joubiniteuthidae	–	1	–	1	–
巨鳍乌贼科	Magnapinnidae	–	1	–	1	–
达磨乌贼科	Promachoteuthidae	–	1	–	1	–
小头乌贼科	Cranchiidae	2	14	2	31	–
幽灵蛸目	Vampyromorphida					
幽灵蛸科	Vampyroteuthidae	–	1	–	1	–
八腕目有须亚目	Octopoda, Cirrina					
面蛸科	Opisthoteuthidae	–	2	–	19	–
烟灰蛸科	Grimpoteuthididae	–	2	–	11	–
巨鳍蛸科	Luteuthididae	–	1	–	2	–
十字蛸科	Stauroteuthidae	–	1	–	2	–
须蛸科	Cirroteuthidae	–	3	–	5	–
八腕目无须亚目	Octopoda, Incirrana					
单盘蛸科	Bolitaenidae	–	3	–	3	2
水母蛸科	Amphitretidae	–	1	–	2	–
微蛸科	Idioctopodidae	–	1	–	1	–
蛸科	Octopodidae	4	24	2	206	6
玻璃蛸科	Vitreledonellidae	–	1	–	1	–
异夫蛸科	Alloposidae	–	1	–	1	–
快蛸科	Ocythoidae	–	1	–	1	–
水孔蛸科	Tremoctopodidae	–	1	–	3	2
船蛸科	Argonautidae	–	1	–	7	–
7 个目,4 个亚目,50 个科		18	154	35～36	718	42
浅海性种类 7 个科(2 个科为部分种类)		6	42	10～11	371	6
大洋性种类 43 个科		12	112	25	347	36

引自 K. N. Nesis(2003)

　　Nixon 和 Young(2003)综合整理的头足类分类系统,将头足纲分为鹦鹉螺亚纲和鞘亚纲。鹦鹉螺亚纲仅鹦鹉螺目 1 个鹦鹉螺科 1 个属。鞘亚纲分为十腕总目(Decabrachia)和八腕总目(Octobrachia)。十腕总目分旋壳乌贼目、乌贼目、耳乌贼目、微鳍乌贼目和枪形目共 5 个目,其中原先的耳乌贼科被提升为耳乌贼目,僧头乌贼目重新降为僧头乌贼亚科,微鳍乌贼科被提升为目;八腕总目分幽灵蛸目、须蛸目和蛸目共 3 个目。因此,Nixon 和 Young(2003)的分类系统中,共计 2 个亚纲、9 个目、2 个亚目、47 个科、14 个亚科、139 个属。

　　Young 等(2004)综合整理了头足类的分类系统,将头足纲同样分为鹦鹉螺亚纲和鞘亚纲。鹦鹉螺亚纲仅鹦鹉螺目 1 个鹦鹉螺科 2 个属共 7 种。鞘亚纲分十腕和八腕两总目,十腕总目分旋壳乌贼目、乌贼目、枪形目、深海乌贼目 4 个目,其中原先的耳乌贼科被提升为耳乌贼亚目,僧头乌贼目重新降为僧头乌贼亚科;八腕总目分八腕目和幽灵蛸目共 2 个目。因此,Young 等(2004)的分类系统中,共计 2 个亚纲、7 个目、6 个亚目、47 个科、13 个亚科、147 个属。

　　综合上述分类系统,本专著将头足类分为共计 2 个亚纲、8 个目、6 个亚目、46 个科、13 个亚科、

147 个属、756 种。下面列出现生头足纲的科级以上分类系统(带 * 者为经济科) :

头足纲 Cephalopoda

　鹦鹉螺亚纲 Nautiloidea

　　鹦鹉螺目 Nautiloidea

　　　鹦鹉螺科 Nautilidae

　鞘亚纲 Coleoidea

　　十腕总目 Decabrachia

　　旋壳乌贼目 Spirulida

　　　旋壳乌贼科 Spirulidae

　　微鳍乌贼目 Idiosepiida

　　　微鳍乌贼科 Idiosepiidae

　　乌贼目 Sepiida

　　　乌贼亚目 Sepiida

　　　乌贼科 Sepiidae *

　　　耳乌贼亚目 Sepiolida

　　　　耳乌贼科 Sepiadariidae

　　　　后耳乌贼科 Sepiadariidae

　　深海乌贼目 Bathyteuthoida

　　　深海乌贼科 Bathyteuthidae

　　　栉鳍乌贼科 Chtenopterygidae

　　枪形目 Teuthoidea

　　　闭眼亚目 Myopsida

　　　　澳洲乌贼科 Australiteuthidae

　　　　枪乌贼科 Loliginidae *

　　　开眼亚目 Oegopsida

　　　　鱼钩乌贼科 Ancistrocheiridae

　　　　大王乌贼科 Architeuthidae

　　　　腕乌贼科 Brachioteuthidae

　　　　荆棘乌贼科 Batoteuthidae

　　　　手乌贼科 Chiroteuthidae

　　　　小头乌贼科 Cranchiidae

　　　　圆乌贼科 Cycloteuthidae

　　　　武装乌贼科 Enoploteuthidae

　　　　鳞乌贼科 Gonatidae *

　　　　帆乌贼科 Histioteuthidae

长尾乌贼科 Joubiniteuthidae
爪乌贼科 Onychoteuthidae *
鳞甲乌贼科 Lepidoteuthidae
角鳞乌贼科 Pholidoteuthidae
狼乌贼科 Lycoteuthidae
巨鳍乌贼科 Magnapinnidae
鞭乌贼科 Mastigoteuthidae
新乌贼科 Neoteuthidae
蛸乌贼科 Octopoteuthidae
柔鱼科 Ommastrephidae *
达磨乌贼科 Promachoteuthidae
寒海乌贼科 Psychroteuthidae
火乌贼科 Pyroteuthidae
菱鳍乌贼科 Thysanoteuthidae *

八腕总目 Octobrachia
  八腕目 Octopoda
    须亚目 Cirrina
      须蛸科 Cirroteuthidae
      面蛸科 Opisthoteuthidae
      十字蛸科 Stauroteuthidae

    无须亚目 Incirrana
      异夫蛸科 Alloposidae
      水母蛸科 Amphitretidae
      船蛸科 Argonautidae
      单盘蛸科 Bolitaenidae
      蛸科(章鱼科)Octopodidae *
      快蛸科 Ocythoidae
      水孔蛸科 Tremoctopodidae
      玻璃蛸科 Vitreledonellidae

  幽灵蛸目 Vampyromorphida
    幽灵蛸科 Vampyroteuthidae

第二节　形态及分类术语

一、形态方位

(1)前方或前部(Anterior)。朝向头部一方(图 1-1)。
(2)后方或后部(Posterior)。朝向尾部一端(图 1-1)。

（3）近端（Proximal）。临近器官（或某一结构）基部（起点），与远端相对。

（4）远端（Distal）。远离身体、某一器官或组织始端（或基部）部分，与近端相对。例如腕顶端即腕远端部分的末端。

（5）背（Dorsal）。头足类身体上表面，与漏斗腹面相对，或器官朝向头足类背部一面（图1-1）。

（6）腹（Ventral）。头足类身体下表面，或器官朝向头足类腹部一面，与背相对（图1-1）。

（7）中间或中央（Medial or median）。朝向、位于或沿中线的方位。

（8）侧面（Lateral）。器官（结构）边缘，远离其中心或中线。

（9）口面（Oral）。朝向口的一面。

（10）反口面（Aboral）。与口相反的一面。

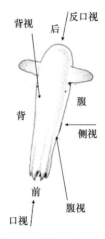

图1-1　形态方位示意图

二、发育期

（1）成体（Adult）。位于亚成体之后的一个时期，此时雌性已具成熟的卵子，雄性能够产生精子。

（2）亚成体（Subadult）。位于稚鱼期之后成体期之前的一个时期，生物体已初步具成体的特征，但个体还较小，且性未成熟。

（3）稚鱼期（Juvenile）。仔鱼期和亚成体期之间的一个时期。

（4）仔鱼期（Paralarva）。头足类自由生活初期，通常浮游于近表层水域，与稚鱼期在形态和垂直分布上不同。但手乌贼科有独特的仔鱼期（Doratopsis），这种仔鱼十分纤细，仔鱼期结束个体变大。

三、外形结构

以头足类的主要种类鞘亚纲为例进行外形结构说明，它由头部、腕足部和胴部组成，有关术语进行说明如下（图1-2~图1-4）。

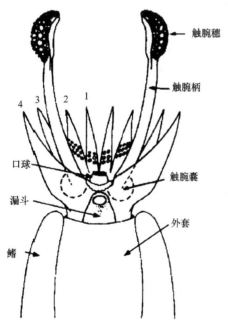

图1-2　乌贼目部分外形态特征示意图

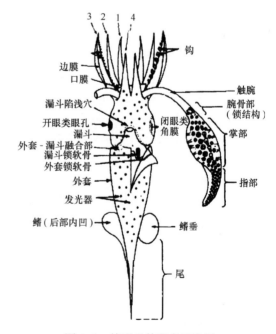

图1-3　枪形目外形态示意图

1.头颈部

（1）口冠（Buccal crown）。十腕类口周围伞状结构，由头冠所包围。它包括口膜和口瓣；蛸类无口冠（图1-5）。

（2）口膜（Buccal membrance）。口周围薄膜状组织，由6~8个口瓣与腕相连，为口冠的一部分。口膜色素的沉着通常与口周围腕基部的不同（图1-5）。

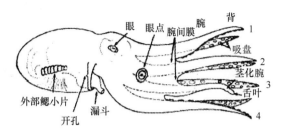

图1-4　蛸类形态特征示意图

（3）口瓣（Buccal lappet）。口周围小三角形肌肉质片，为口冠的一部分，具支撑口膜的功能，有的种类口瓣上具吸盘（图1-5）。口瓣被认为是鹦鹉螺口周围触腕吸盘内角质环进化的同源产物。

（4）口膜连接肌丝（Buccal membrance connectives）。连接口膜、口瓣和腕基部的肌肉质丝状组织（图1-5）。20世纪早期，与第4腕相连的肌丝就被看作研究头足类系统发生的重要依据，因此与第4腕连接的肌丝部位（与第4腕腹缘或背缘相连）常用作分类依据。

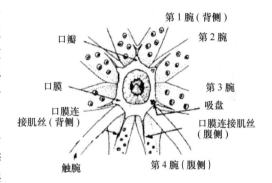

图1-5　头冠基部口面示意图

（5）口吸盘（Buccal suckers）。十腕类（深海乌贼目以及某些枪乌贼科和乌贼科种类）口膜或口瓣上的小吸盘。口吸盘是头足类分类上的重要依据（图1-5）。

（6）角膜（Corneal membrance）。覆盖枪形目闭眼亚目和乌贼目眼睛上薄而透明的皮肤（图1-3）。

（7）眼孔（Eye pore，or Orbital pore）。乌贼类和枪形目闭眼类眼睛透角膜前端微小的孔（图1-3）。

（8）眼窦（Eyelid sinus，or Orbital sinus）。枪形目开眼类眼睑前缘的开口（图1-6）。

（9）次眼睑（Second eyelid）。即腹眼睑，覆盖眼腹侧的眼睑。

（10）眼点（Ocellus）。色素点或块，通常由中间一块集中的色素体和周围1或2圈同心环组成。眼点只有某些蛸类才有，其生动的色彩与周围其他颜色形成明显的反差（图1-4）。

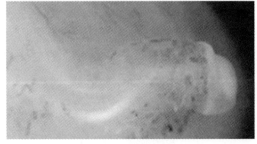

图1-6　眼窦分布示意图

（11）嗅觉突（Olfactory papilla）。鞘亚纲位于头后部两侧或颈部的肿块状或指状隆起，与鹦鹉螺的嗅觉同源，主嗅觉功能（图1-7）。

（12）头软骨（Cephalic cartilage）。包围脑后部和平衡囊的软骨组织。

（13）平衡囊（Statocyst）。位于头软骨内，感知重力加速度、角加速度和低频声音的感觉器官，其内包含耳石。

（14）枕骨突（Occipital crest）。大多数十腕类头部后缘背面延伸至侧面的突出的横脊（图1-8）。

（15）枕骨褶（Occipital fold）。即颈褶，颈部与枕

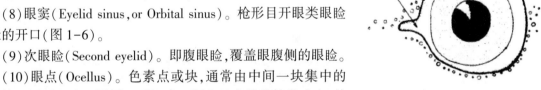

图1-7　嗅觉突

骨突垂直的皮肤皱起,其功能还不清楚(图1-8)。

(16)枕骨膜(Occipital membrane)。指颈皱后端连接颈褶的膜(图1-8)。

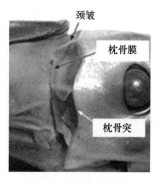

图1-8　颈部侧视

2.腕足部

(1)漏斗(Funnel)。位于头腹面后缘与外套腹面前缘之间的漏斗状肌肉组织,主游泳和呼吸时排水的功能,此外还具喷墨、排卵以及排泄废物等功能(图1-3、图1-4)。

(2)漏斗陷(Funnel groove)。指头腹部后缘置放漏斗前端的凹槽(图1-9)。

(3)漏斗陷浅穴纵褶(Foveola)。指位于部分开眼类漏斗陷浅穴内纵向或横向的皮肤皱起,横褶通常位于纵褶两侧,形成小囊,称之为边囊(图1-9)。有些种类具纵褶和边囊,如柔鱼亚科;有些种类只具纵褶(简称褶),如褶柔鱼亚科;多数种类则既无褶也无边囊,如滑柔鱼亚科以及枪形目以外的其他种类。

(4)边囊(Side pockets)。柔鱼科和菱鳍乌贼漏斗陷边缘皮肤皱褶形成的囊状结构(图1-9)。

(5)漏斗器(Funnel organ)。位于漏斗内表面的腺状结构,由背片(位于内部背面)和腹片(位于内部腹面)两部分组成。蛸类背片和腹片融合,为"W"形或"VV"形;十腕类背片呈"倒V"形,两侧分支有时具中脊,腹片两个位于背片两侧,通常延长(图1-10)。

(6)漏斗阀(Funnel valve)。位于漏斗远端开口背面的肌肉质半月形阀状结构。

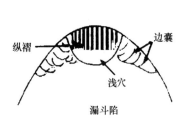

图1-9　漏斗陷示意图

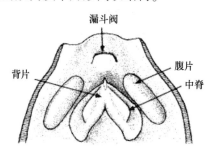

图1-10　漏斗器示意图

(7)漏斗锁软骨(Funnel locking-cartilage)。指漏斗后端腹部两侧与外套相连的软骨质结构。在身体运动时,用以连接胴体和漏斗,以确保水体从漏斗口出来,而不从胴体周边开口处出来。表面具凹槽,软骨及凹槽形态多变是分类的重要依据,有的种类具耳屏和对耳屏,有的则退化(图1-11、图1-12)。

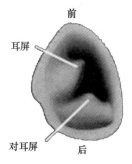

图1-11　漏斗锁示意图

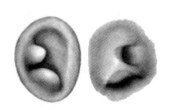

图1-12　漏斗——外套锁示意图

（8）耳屏（Tragus）。指漏斗锁凹槽中间表面的突起物（图 1-11）。

（9）对耳屏（Antitragus）。指漏斗锁凹槽后缘表面的突起物（图 1-11）。

（10）漏斗侧内收肌（Lateral funnel adductor muscles）。指漏斗两侧与头部相连的肌肉。

图 1-13 臂柱示意图

（11）臂柱（Brachial pillar）。指一些头足类头部前端眼睛和头冠基部细长部分。这是小头乌贼科种类幼体具有的独特结构（图 1-13）。

（12）环口附肢（Circumoral appendages）。口周围的 8 只腕和 2 只触腕（鞘亚纲）或者多腕（鹦鹉螺）统称环口附肢（图 1-5）。

（13）腕式（Arm formula）。各腕之间长度的比较，排列在第一位为最长腕，最后一位为最短腕，一般有两种写法：①例如 4>3＝2>1 表示第 4 腕长度>第 3 腕（等于第 2 腕）>第 1 腕；②例如 3＝2>4>1 表示第 3 腕长度＝第 2 腕>第 4 腕>第 1 腕。

（14）水孔（Water pores）。指某些头足类腕基部的 1 对或 2 对小孔（图 1-14）。

（15）腕间膜（Web）。指多数蛸类连接相邻两腕或浅或深的肌肉质膜状结构，游泳时看上去似伞状（图 1-4、1-14），十腕类腕间膜多退化。

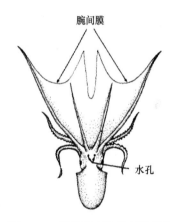

（16）腕间膜式（Web formula）：通常用腕间膜 A、B、C、D、E 分别表示第 1 对腕、第 1 和第 2 腕、第 2 和第 3 腕、第 3 和第 4 腕、第 4 对腕间的腕间膜；腕间膜式即各腕间腕间膜深度的比较，两种表现形式：①B>A＝C>D>E 表示腕间膜 B 深于 A（等于 C）大于 D 大于 E；②A＝E>B>D>C 表示腕间膜 A 的深度＝E>B>D>C。

图 1-14 蛸类出水孔分布示意图

（17）次级腕间膜（Second web）。某些须蛸类由初级腕间膜延伸出的膜状结构。它将腕与初级腕间膜分开，可能具有捕食或防御的功能（具体见形态概述）。

（18）腕间膜节（Web nodules）。某些须蛸类嵌于腕间膜内的肌肉质棒状结构。

（19）须（Cirri）。腕部：位于须蛸类腕口面侧缘延长的肉质指状乳突（图 1-15）；胴体部：皮肤表面的肉质突起，类似乳突，通常位于某些蛸类两眼上方（图 1-15）。

（20）保护膜（Protective membrance）。指十腕类，沿腕和触腕穗口面边缘分布的薄膜状结构，通常有横隔片支持（图 1-16）。

图 1-15 蛸类须示意图

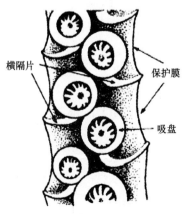

图 1-16 保护膜示意图

（21）横隔片（Trabeculae）。指头足类用来支撑腕和触腕穗保护膜的肌肉质横棒，保护膜偶尔退化而横隔片延长，此时横隔片超出保护膜边缘，似乳突状（图1-16）。

（22）边膜（keel）。①沿某些腕反口面分布的扁平状肌肉质模，具增加游泳能力的功能（图1-13）；②某些种类触腕穗边缘1个或2个膨大的肌肉质膜（图1-17）。

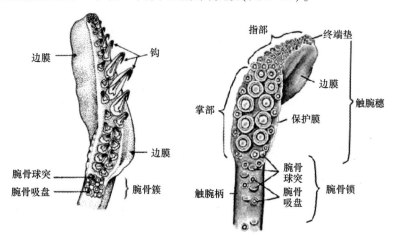

图1-17 触腕穗示意图

（23）茎化腕（Hectocotylus）。雄性特化的一腕（或更多），主与雌性交配时传输精荚的功能（图1-18）。

（24）端器（End organ）。指蛸类茎化腕特化的末端部分，包括交接基和舌叶，主交配时输送精子的功能（图1-17）。

（25）舌叶（Ligula）。指蛸类茎化腕末端竹片状至勺状结构，凹槽内具或不具横脊（图1-19）。

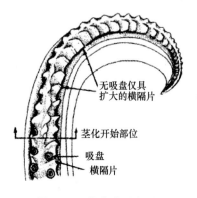

图1-18 茎化腕示意图

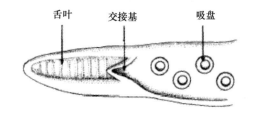

图1-19 蛸类茎化腕远端示意图

（26）交接基（Calamus）。指蛸类茎化腕远端吸盘与精沟之间的圆锥形突起物，它为茎化腕端器两部分构成器官之一（图1-19）。

（27）腹膜突（Crest of hectocotylus）。指枪乌贼科中某些种类茎化腕背侧或腹侧保护膜与临近特化的吸盘柄（吸盘消失，吸盘柄特化为乳突）融合形成的隆起结构。

（28）触腕（Tentacles）。指鱿鱼和乌贼类口周围延长的环口附肢（图1-2、图1-3），具捕捉食物的功能。触腕远端形成具吸盘或钩的触腕穗，吸盘通常无柄（图1-17）。乌贼类触腕可以收缩到触腕囊内，枪形目类触腕只能缩短。

（29）触腕囊（Tentacles pocket）。指乌贼类位于头腹部前端触腕基部开口的囊，触腕可收缩其中(图1-3)。

(30)触腕垫(Tentacle pads)。指某些手乌贼科种类触腕上圆垫状发光器(图1-20箭头所指)。

(31)触腕鞘(Tentacle sheath)。指即第4腕的侧膜。触腕鞘向外侧展开并扩大,通常完全或部分隐藏、保护或包裹临近的触腕。在手乌贼科和鞭乌贼科中,触腕鞘主包裹触腕的功能(图1-21箭头所指)。

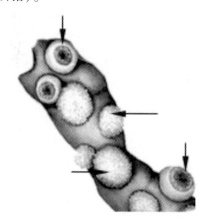

图1-20　触腕垫示意图

图1-21　触腕鞘示意图

(32)触腕穗(Tentacle club)。指触腕远端生大量吸盘或钩的部分(图1-3、图1-17)。

(33)腕骨部(Carpus)。指触腕穗近端基部类似手腕的小块区域,具小吸盘和球突(图1-3、图1-17)。

(34)掌部(Manus)。指触腕穗中部膨大部分,通常具扩大的吸盘(图1-3、图1-17)。

(35)指部(Dactylus)。指触腕穗远端明显较窄的指状部分,通常具减小的吸盘(图1-3、图1-17)。

(36)锁结构(Fixing apparatus)。指位于触腕穗掌部边缘、腕骨部或触腕柄(图1-17),具有咬合机制的吸盘和球突,当触腕攫取食物时,一只触腕锁结构中的吸盘(球突)与另外一只腕的球突(吸盘)咬合在一起,牢牢抱住食物。

(37)腕骨簇、腕骨垫或腕骨锁(Carpal cluster,Carpal pad,Carpal locking-appratus,Proximal locking-appratus)。位于触腕穗腕骨部的一群独特的吸盘和球突,一触腕的吸盘(球突)可以与另一触腕球突(吸盘)咬合在一起形成锁结构(图1-17)。

(38)腕骨吸盘(Carpal suckers)。位于触腕穗腕骨部的小吸盘,与另一触腕穗同一部位的球突在抓取食物时能够连合在一起形成腕骨锁(图1-17)。

(39)腕骨球突(Carpal knobs):位于触腕穗腕骨部小半球形突起,与另一触腕穗同一部位的吸盘在抓取食物时能够连合在一起形成腕骨锁(图1-17)。

(40)腕骨膜(Carpal flaps)。小钩乌贼属触腕穗腕骨部的片状结构(图1-22)。

(41)终端垫(Terminal pad)。触腕顶端圆形结构,通常生小吸盘。两触腕的终端垫可相互黏附在一起(图1-17)。

(42)盔甲(Armature)。腕与触腕穗吸盘和/或钩的总称(形态概

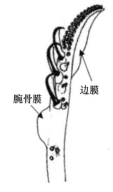

边膜

腕骨膜

图1-22　腕骨膜示意图

述）。

（43）吸盘（Sucker）。腕和触腕（少数位于口膜上）肌肉质杯状圆盘,有的具柄（鱿鱼和乌贼类）（图1-23A）,有的无柄直接位于腕口表面（蛸类）（图1-23B）。通常排列成列和行（或斜行）（图1-23C）。

（44）钩（Hook）:某些开眼类似爪的角质结构,起源于吸盘内角质环,推断与内角质环具同样的功能,位于腕或触腕穗上（图1-17）。

（45）角质环（Horny rings of suckers,suck rings）。十腕类吸盘具两种类型坚硬的角质圆环。一个即内角质环,位于吸盘关节窝（acetabulum）内壁,通常具齿,少数光滑;另一个即外角质环,位于吸盘开口外围,由大量同心圆的"齿片"组成（图1-24）。

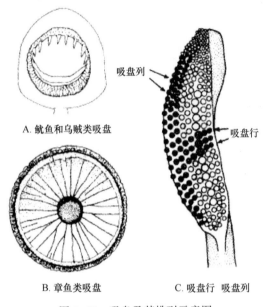

A.鱿鱼和乌贼类吸盘

吸盘列

吸盘行

B.章鱼类吸盘　　　　C.吸盘行　吸盘列

图1-23　吸盘及其排列示意图

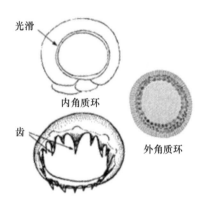

光滑

内角质环

齿

外角质环

图1-24　吸盘角质环示意图

3.胴体部

（1）外套（Mantle）。头足类管状、圆筒状、圆锥状或囊状肌肉质身躯,外套腔内有内脏（图1-2、图1-3）。

（2）软骨质鳞甲（Cartilaginous scales）。某些头足类皮肤表面软骨质结构,鳞状、多棱的球突或乳突状（图1-25）。

（3）外套锁软骨（Mantle locking-cartilage）。位于外套腹部前端内表面软骨质脊、球突或膨胀结构,能够与漏斗锁嵌合（图1-3、图1-12）。

（4）室管（Siphuncle）。由体壁和体腔延伸出的管状结构,控制气体的交换。

（5）壳囊（Shell sac）。鞘亚纲分泌内壳的囊。壳囊由外胚层上皮细胞组成。

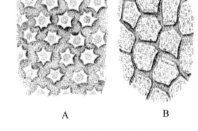

A　　　　　B

图1-25　软骨质鳞甲示意图

（6）乌贼骨（Cuttlebone）。即海螵蛸,位于乌贼类外套背部的石灰质结构,其内具许多小室,具浮力器官的功能。海螵蛸为旋壳乌贼、鹦鹉螺以及许多远古头足类闭锥的同源产物（图1-26）。

（7）内壳（Gladius or Pen）。十腕类位于外套背部中线处羽状或棒状角质结构,长度近等于胴长,由叶轴、翼部和尾椎等部分组成,叶轴又包括中轴和侧勒(图 1-27)。

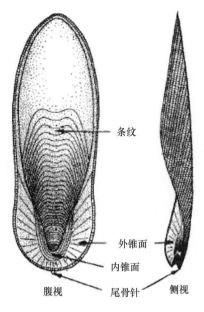

图 1-26 乌贼类骨示意图

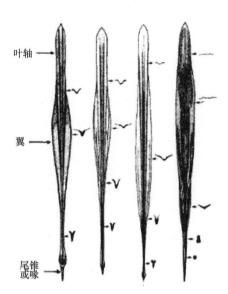

图 1-27 鱿鱼内壳示意图

(8)叶柄(Rachis)。枪形目类角质内壳中线部分隆起的轴,通常存在于整个内壳,内壳近端不与翼部相连的叶轴部分称为叶柄游离端(图 1-27)。

(9)尾椎(Cones,conus)。枪形目类和乌贼类内壳(gladius and cuttlebone)末端勺状或杯状物,其后端尖,为古生头足类闭锥的同源产物(图 1-27)。

(10)尾椎喙(Rostrum)。枪形目类或乌贼类内壳尾椎向后或相后背部的延伸部分。爪乌贼科、鱼钩乌贼科、灯乌贼亚科和幽灵蛸科内壳具明显的尾椎喙。乌贼类中尾椎喙通常称作尾骨针(Spine)(图 1-26、图 1-27)。

(11)次级尾椎(Secondary conus)。角质内壳后部末端卷起形成的圆锥形区域,它与翼部融合,腹面与翼部融合线明显可见。次级尾椎甚短或超过内壳长的 1/2。

(12)翼(Vanes)。十腕类角质内壳位于叶轴两侧较宽的侧部(图 1-27),须蛸类内壳两侧分支部分(图 1-28)。

(13)尾骨针(Spine)。乌贼类内壳末端钉状延伸物,类似鱿鱼类角质内壳末端的尾椎喙(图 1-27)。

(14)鞍部(Saddle)。须蛸类内壳连接两侧翼的部分(图 1-28)。

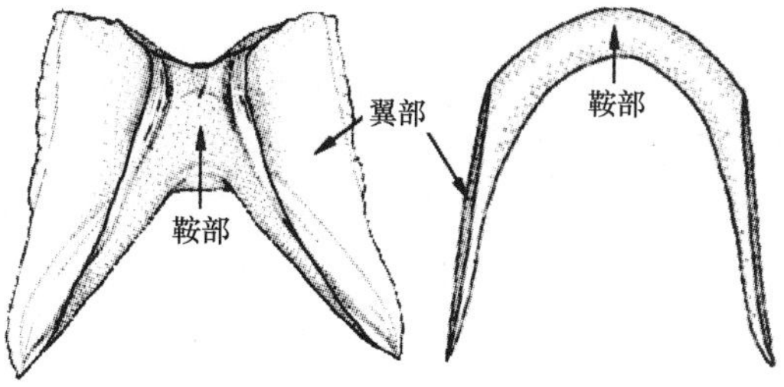

(15)鳍(Fins)或肉鳍。位于外套背部两侧(通常背部后端两侧)的肌肉质翼状结构,主游泳功能(详见形态概述)。

图 1-28 须蛸类内壳示意图

(16)次鳍(Second fin)。某些手乌贼科种类无肌肉质的鳍形结构,位于真鳍的后方,次鳍可能具浮力器官的功能。

(17)鳍位(Fin position)。鳍与外套相连的部位。通常有周生、端生、亚端生和中生等。

(18)鳍形(Fin shapes)。鳍的形状,通常有纵菱亚型、横菱亚型、桃型、圆形、方型、带型、栉型、椭圆形等(详见形态概述)。

（19）鳍角（Fin angle）。外套纵轴与鳍后缘的夹角（图1-29）。

（20）鳍垂（Fin lobe or Free fin lobe）。鳍前缘（或后缘）突出部分称之为鳍垂,所谓突出是指以鳍和外套的接触点为基准,鳍前缘（或后缘）若超出接触点则称具前（后）鳍垂（图1-3）。

（21）鳍着部（Fin attachment）。指鳍基部与内壳、外套、鳍（另外一只）或三者中任意两个或三个部位相连（详见形态概述）。

（22）鳍软骨（Fin cartilage）。有鳍头足类鳍上的软骨组织。

（23）尾（Tail）。外套（或外套和鳍）后端延伸部分,有些种类鳍后缘沿尾部延长（图1-3）。

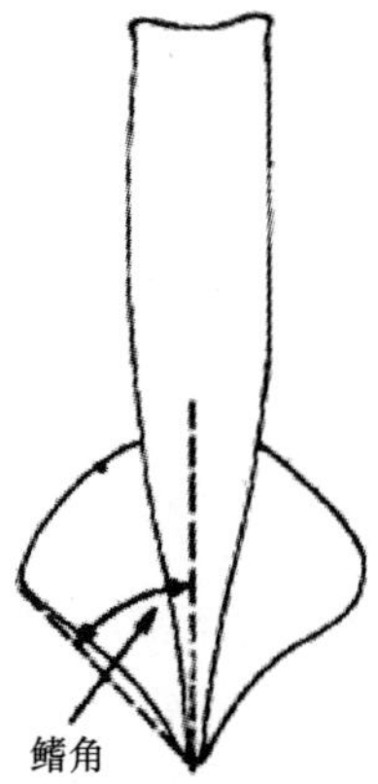

图1-29 鳍角示意图

四、内脏结构

1.消化系统

（1）口球（Buccal mass）。位于头部顶端（消化腺始端）肌肉质球体,其内包含角质颚、齿舌和各种腺体。

（2）角质颚（Beak）。口球内类似鸟喙的角质结构,包括上颚和下颚两个部分,主咬碎食物的功能（详见形态概述）。

（3）齿舌（Radula）。位于头足类口球内的角质小齿,主将食物送入食道的功能,通常由中齿、第1第2侧齿、边齿和缘板（有的种类无缘板）组成（图1-30）。

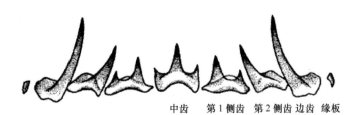

中齿　　第1侧齿　第2侧齿边齿 缘板

图1-30 齿舌示意图

（4）唇（Lip）。环绕口和角质颚周围的两圈肌肉质腺环。

（5）前唾液腺（Anterior salivary glands）。位于某些头足类口球上（或口球内）,主辅助消化功能的腺体（图1-31）。

（6）后唾液腺（Posterior salivary glands）。位于头后部的腺体,腺体部有管道与口球相连（图1-27）。

（7）后唇腺（Posterior lip）。口球上,环绕唇后方的大腺体,它在十字蛸科种类中十分发达。

（8）食道（Esophagus）。消化腺的一部分,位于口球和胃之间（图1-31）。

（9）嗉囊（Crop）。鹦鹉螺和大多数蛸类食道膨大的部分,主存储食物的功能（图1-31）。

（10）胃（Stomach）。指储藏食物的肌肉质器官,为初级吸收的场所,分泌消化酶和消化腺（图1-31）。

（11）盲肠（Caecum）。指位于胃和肠之间的消化道,为食物初级消化吸收的场所（图1-31）。

（12）消化腺（Digestive gland）。指分泌消化酶的场所,亦具有吸收和排泄功能（图1-31）。

（13）肛瓣（Anal flaps or Anal valves）。肛门两侧肉质瓣状突起（图1-31）。

2.呼吸系统

（1）鳃（Gill）。用来交换气体的器官（图1-32）。

（2）鳃小片（Gill lamellae，primary lamella）。位于鳃耙上的羽状结构，由呼吸上皮细胞组成，主交换水流和气体的功能（图 1-4、图 1-33）。蛸类鳃小片数目可用作分类依据。

（3）半鳃（Demibranch）。一侧鳃小片的总称，用来描述蛸类鳃的术语。

（4）鳃心（Branchial heart）。鳃基部搏动的腺体结构，有血管由此传入鳃部，它不仅控制流入鳃部的血流，而且是血蓝蛋白的合成场所。

（5）鳃沟（Branchial canal）。鳃小片基部输入和输出血管间的空腔。鹦鹉螺、乌贼类和须蛸类无鳃沟（图 1-34）。

3.繁殖系统

（1）育卵（Brooding）。指由亲体抱卵或护卵直到卵孵化，为无须蛸类和少数十腕类独特的繁殖特性。

（2）纳精囊（Spermathecae）。某些十腕类雌性口球内，由皮肤形成储存精子的特殊凹陷结构（图 1-35），或蛸类卵管腺上储存精子的特殊结构。

（3）输卵管（Oviduct）。雌性的生殖管。

（4）卵管腺（Oviducal gland）。环绕输卵管基部的腺体，分泌覆盖卵膜物质。

（5）远端输卵管（Distal oviduct）。蛸类卵管腺延伸部分，其外表与近端输卵管至卵管腺部分相似。

（6）尼氏囊（Needham's sac）。位于雄性繁殖系统末端延长的膜状囊结构，主储存精子的功能（图 1-32）。或蛸类卵管腺上储存精子的特殊结构。

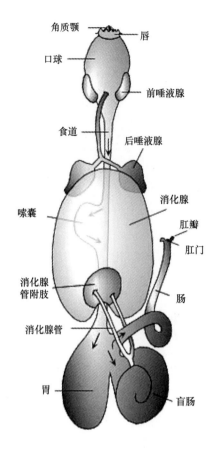

图 1-31　消化系统示意图

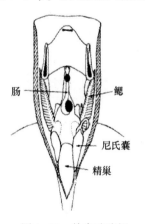  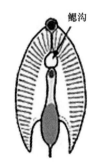

图 1-32　外套腔腹视　　　图 1-33　鳃小片　　　图 1-34　鳃沟分布示意图

（7）阴茎（Penis）。雄性生殖管末端长的肌肉质结构，主输送精荚至雌性体内的功能。在具茎化腕种类中，阴茎先将精荚输送至茎化腕，再由茎化腕将精荚输送到雌性体内；在无茎化腕的种类中，阴茎十分延长，常可延伸出外套腔，阴茎直接将精荚输送到雌性体内。

（8）精荚（Spermatophore）。雄性头足类用来储藏精子的管状结构，交配时被输入雌性体内。大多数鞘亚纲精荚结构复杂，它由冠线、荚冠、放射导管、胶合体、连接管（为放射导管和胶合体之间的管道,有的种类没有)、精团和被膜等组成(图1-36)(见形态概述部分)。

(9)精团(Sperm mass)。精荚内精子团(图1-36)。

(10)胶合体(Cement body)。雄性精荚内支持释放精荚的结构(图1-36)。

(11)放射导管(Ejaculatory apparatus)。精荚中与精团翻转相关的结构,位于胶合体之前(图1-36)。

(12)副腺(Accessory gland complex)。须蛸类组成精包的一部分,其他头足类中为类似精囊的腺状物质。

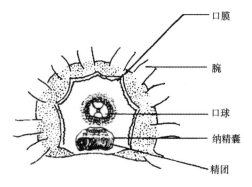

图1-35 纳精囊示意图

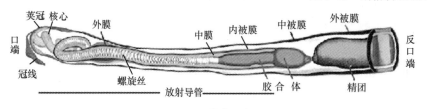

图1-36 精荚示意图

4.神经系统

(1)白体(White body)。临近视神经叶的无定形器官。

(2)星状神经节(Stellate ganglion)。头足类外周神经系统控制外套肌肉的主要神经节。

5. 其他

(1)脐(Umbilicus)。鹦鹉螺外壳腔室的中心(图1-37)。

(2)浮囊(Swim bladder)。快蛸属、水孔蛸属和异夫蛸属等浮游蛸类外套腔背部充满气体的结构。

(3)感光囊(Photosensitive vesicles)。非影像式的感光器官,位于鱿鱼类头软骨或蛸类星状神经节上,它们功能多样。

(4)墨囊(Ink sac)。头足类分泌和储藏墨汁的器官,位于肠一侧有输送管道与直肠相连。墨囊外表通常黑色,有些种类墨囊表面被银色组织覆盖。

(5)发光器(Light organ or Photophore)。简单或复杂的内在或外在发光结构,能够产生生物光(图1-3、图1-38)。发光器通常结构复杂,它包括色彩过滤器、反光器、光导、晶体、环绕发光体的色素体和发光区。

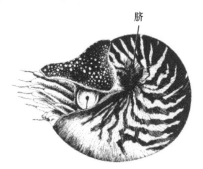

图1-37 脐分布示意图

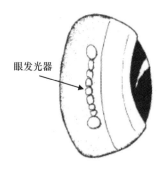

图1-38 眼发光器示意图

(6)发光器颜色过滤器(Color filters in photophores)。头足类发光器中,改变生物体所发光颜色的结构。

（7）上皮色素（Epithelial pigmentation）。又称作表皮色素，指上皮细胞的色素沉着，色素形状和大小不能够改变。而多数头足类色素为位于独特器官（即色素体）内由神经控制、形状和大小可以迅速改变的色素颗粒（见色素体）。

（8）色素体（Chromotophores）。皮肤下由神经组织控制，充满色素的肌肉囊，共同提供生物体背景颜色和颜色式样（见形态概述中色素体）。

（9）白色素细胞（Leucophores）。某些头足类皮肤的反射细胞，由许多折射颗粒组成，折射颗粒可将外来光反射回去。

第三节　形态概述

一、各部形态

（一）头颈部

头部略成球形，通过甚短的"颈"或直接与外套（胴部）相连。头部软骨甚为发达，承担保护脑组织的作用，头软骨平衡囊内耳石一对。眼位于头部两侧。头部顶端中央有口，内有膨大的口球（有些种类的口球十分膨大，如 *Promachoteuthis* sp. *D*），口球内包有角质颚和齿舌，口缘具唇，唇外围具口膜和口瓣。

1. 眼

眼睛为头部的重要结构，同时也是分类上的重要特征。头足类眼睛位于头部两侧，绝大多数种类眼睛晶体侧视（图 1-39A），而极少数种类眼睛晶体前视（图 1-39B），如深海乌贼 *Bathyteuthis abyssicola*。眼通常不具柄，但不少种类幼体时期具眼柄，且眼睛向腹部突出（图 1-39C），如小头乌贼科多数种类；更有些种类早期个体发育过程中眼睛形态不断变化，如履乌贼 *Sandalops melancholicus*。头足类眼通常左右对称，但是帆乌贼科例外，它们左眼明显较右眼大，左眼半管状而右眼半球形。

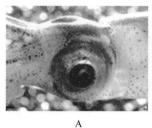 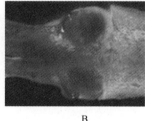 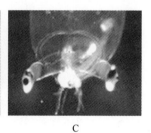

A　　　　　　　　　B　　　　　　　　　C

图 1-39　头足类眼睛晶体示意图

鹦鹉螺为环状空腔眼，有孔与外界相通，结构原始，仅具眼囊、杆状体层、色素细胞层和网膜细胞层等，柔鱼、枪乌贼和乌贼为球状晶状体，结构复杂，有晶状体、虹彩、玻璃体等。柔鱼类的眼小，但眼眶外不具膜，与外海或大洋中生活相适应，眼球与外界全面相通，并具有由皮肤皱襞形成的厚眼睑，为开眼类。枪乌贼类眼睛较大，但眼眶外具膜，为由眼眶延续而成的假角膜，与浅海生活相适应，眼球不与外界全面相通，仅以小的泪孔与外界相通，为闭眼类。乌贼类的眼睛最大，其直径几乎与头长相近，眼眶外也具假角膜，其边缘有一个假开口，以更小的泪孔与外界相通。蛸类眼睛较小，眼眶外有内外两层假角膜,外层较厚,内层较薄,同时环状眼睑十分发达,有覆盖眼睛的作用,为在浅海底埋沙生活时的一种保护适应性(图1-40)。因此,从上述分析可知,柔鱼类、枪乌贼类、乌贼类和蛸类眼睛特征均与其生活的海洋环境条件相应。

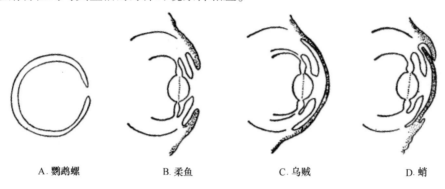

A. 鹦鹉螺   B. 柔鱼   C. 乌贼   D. 蛸

图1-40 头足类眼的示意图

枪形目中许多开眼类如萤乌贼、帆乌贼、手乌贼和火乌贼等,眼睛具发光器,发光器多数生于眼球上(图1-41A),少数生于眼睑或眼眶周围(图1-41B)。柔鱼、枪乌贼和乌贼等重要经济种类的眼睛和眼周不具发光器,也不具斑块和乳突。蛸类眼睛和眼周也不具发光器,但有的种类眼前或眼间具明显的斑块,如双斑蛸 *Octopus bimaculoides* 两眼前的眼点(图1-41C),另外一些种类眼上具明显的乳突或须,如近爱尔斗蛸属 *Paneledone* 和蛸属 *Octopus* 的某些种类(图1-41D)。眼发光器、眼上突起和眼点等为重要的分类特征。

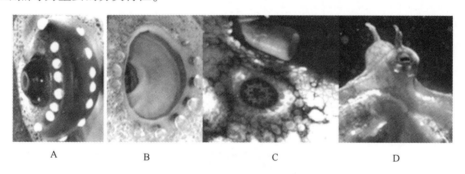

A   B   C   D

图1-41 头足类眼周的附属结构

2. 嗅觉器官

嗅觉器官又称作嗅觉突,为位于鞘亚纲头足类主嗅觉功能的器官。嗅觉突具或不具柄和色素沉着,各种之间嗅觉突的存在位置有所变化,有的位于枕骨褶或其基部上,有的位于眼睛前缘或后缘(图1-42)。

3. 颈

十腕类头部由短的颈部与胴部相连,有些种类头部和胴部在颈部部分融合;蛸类头部则直接与胴部相连,无颈部。十腕类颈部收缩或不收缩,后方与外套相连处通常具颈软骨,颈软骨盾形或提琴形(图1-43)。

颈部前方头部后方为枕骨部,包括枕骨突、颈皱和枕骨膜三个部分。枕骨突为头后缘延伸的横脊。颈皱(亦称作枕骨褶)为头部后缘两侧的膜状褶皱,数目在0~10个之间(图1-44),其数目是重要的分类依据,尤其爪乌贼科颈皱是属级分类单元的重要依据。颈皱后端由枕骨膜相连,第2至

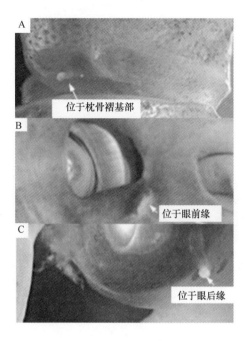

图1-42　嗅觉突

第4颈皱间枕骨膜通常较为发达,而从第4颈皱开始枕骨膜变得微弱。颈皱和枕骨膜的功能尚不了解,推断可能控制进入外套腔的水流。

图1-43　颈软骨示意图

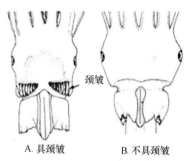

A. 具颈皱　　　　B. 不具颈皱

图1-44　颈皱示意图

4. 角质颚

头足类头的顶部中央有口,口内有膨大的口球,口球内包有角质颚和齿舌。角质颚由上颚和下颚组成,与鸟嘴的嵌合方式相反,由下颚嵌盖上颚,在离体状态下明显黑化。角质颚由喙部、颚角、肩部、翼部、侧壁、头盖、脊突、钩部等主要结构以及翼皱、侧壁脊或皱、翼齿、阶和角点等附属结构部组成(图1-45)。

角点(Angle point)。颚缘延伸至侧壁内部分(下颚)或与侧壁融合部分(上颚);

基线(Base line)。下颚翼部顶点至侧壁拐角的水平线距离;

脊突(Crest)。连接两侧壁的脊(图1-45);

头盖(Hood)。连接喙部和翼部的游离部分(图1-45);

颚角(Jaw angle)。颚缘与肩的夹角,下颚为内侧夹角,上颚为外侧夹角(图1-45);

颚缘(Jaw edge)。角质颚喙下缘(图1-45);

侧壁(Lateral wall)。角质颚后部两侧部分(图1-45);

侧壁脊(Lateral wall ridge)。位于侧壁上的隆起(图 1-45);

喙(Rostrum)。角质颚前端似鸟喙部分,包括颚缘和与头盖相连部分(图 1-45);

肩(Shoulder)。连接翼部和侧壁的部位(图 1-45);

翼齿(Wing tooth)。位于颚角翼缘的齿(图 1-45);

翼部(Wing)。与头盖相连的游离部分(图 1-45);

翼皱(Wing fold)。翼部与头盖相连处(颚角)的皱起(图 1-45)。

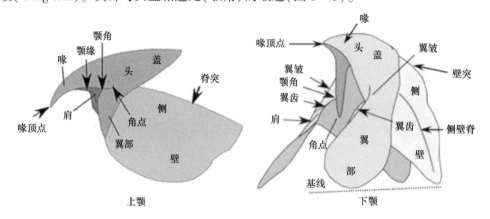

图 1-45　角质颚各部示意图

　　头足类中各大类的角质颚结构有所差异:鹦鹉螺的角质颚尤其是下颚与其他头足类显然不同,其上颚喙十分膨大,下颚喙具沟,翼部极度缩小;柔鱼类的上颚头盖弧度较平,下颚颚角较小,头盖和侧壁较宽;枪乌贼类的上颚头盖弧度较圆,下颚颚角较大,头盖和侧壁均较狭窄;乌贼类的上颚颚角比较平直,下颚颚角更大,头盖和侧壁均较狭窄;蛸类的上颚喙和头盖均甚短,脊突尖狭,下颚喙也甚短,顶端钝,侧壁更为狭窄(图 1-46)。

图 1-46　头足类的角质颚(上为上颚,下为下颚)

　　角质颚作为头足类少数硬组织之一,具有结构稳定、耐腐蚀、储存信息良好等特点,是研究头足类分类及其生物学等的重要方法之一。20 世纪 60 年代,国外学者开始了对头足类角质颚的研究,从最初的形态特征描述,到后来的物种鉴定、种群划分、食性分析、资源评估以及年龄和生长等方面的应用。例如,Clark(1983)根据消耗的角质颚的数量、尺寸与胴长关系推算出的头足类资源量。

5. 齿舌

齿舌是头足类磨挫食物的器官,呈短带状,位于口腔内,为角质颚所包。头足类齿舌一般由多列同型或异型小齿和缘板构成:同型齿指各列小齿皆为单尖(图 1-47A);异型齿指中齿和第 1 侧齿多尖,或至少中齿多尖,而其余各齿单尖(图 1-47B)。另外一种为十分独特的栉型齿,这种齿舌只在少数蛸类中才具有,如深海水母蛸 *Ameloctopus pelagicus*(图 1-47C)。

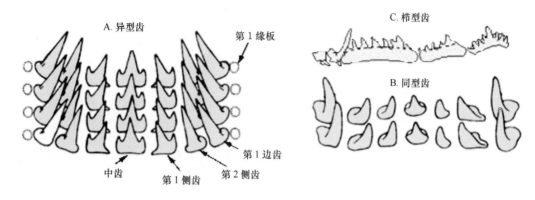

图 1-47　三种齿型的齿舌示意图(据 Naef, 1923;Thore, 1949)
A. 菱鳍乌贼　B. 粉红乌贼　C. 深海水母蛸

鹦鹉螺齿舌由 9 列小齿和 4 列缘板共 13 列元素组成,其齿式(不包括缘板,下同)为 2・2・1・2・2,即 1 列中齿、2 列第一侧齿、2 列第二侧齿、2 列第一边齿、2 列第二边齿(图 1-48)。十腕类齿舌由 9 列(具缘板,图 1-47A)或 7 列(无缘板,图 1-47B)组成,齿式为 1・2・1・2・1,即 1 列中齿、2 列第一侧齿、2 列第二侧齿、2 列边齿;它们的齿舌都比较简单,分化不大,一般不作为种类鉴定的依据。蛸类齿舌由 9 列(具缘板,如白斑近爱尔斗蛸 *Pareladone albimaculata*)、7 列(不具缘板,如巨爱尔斗蛸 *Megaleledone senoi*)或 5 列(不具缘板,如冈特氏奇爱尔斗蛸 *Thaumeledene gunteri*)元素组成(图 1-49);前两者齿式都为 1・2・1・2・1,即 1 列中齿、2 列第一侧齿、2 列第二侧齿、2 列第一边齿,但前者具缘板,后者无缘板;后者齿式为 1・1・1・1・1,即 1 列中齿、2 列第一侧齿、2 列第一边齿,无缘板。此外,极少数蛸类齿舌由 8 列小齿组成,如水师卢氏蛸 *Luteuthisshuishi*(图 1-49D)。蛸类齿舌,尤其中央齿分化较大,常用作分类依据。中齿的分化有:①形态;②侧尖数目(一般为 3 尖);③中齿侧尖左右对称或不对称;④中齿列由几种不同的中齿组成(一般为 1 种,有时为不同类型的中齿交替排列)。

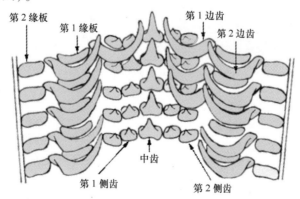

图 1-48　鹦鹉螺齿舌示意图(据 Naef, 1923)

6. 纳精囊

雌性十腕类口球的腹面有一个特殊的凹陷,称为纳精囊,在繁殖季节可以看到(图 1-35)。纳精囊呈凹陷状,交配时用来接纳雄性的精子。纳精囊内经常充满精子,凹陷内还有许多小囊,能够接纳更多的精子。精子能够在纳精囊内生活1个多月,排卵时与卵在口膜附近受精。蛸类在输卵管内受精,雌性不具纳精囊。

7. 口冠

口冠包括口膜和口瓣两部分。口膜为口周围肌肉质膜状结构,由口瓣支持,并通过连接肌丝与各腕相连。口膜色素沉着、口瓣数目以及肌丝与第4腕的连接部位是分类上的重要依据。所有深海乌贼科和梳鳍乌贼科种类以及大多数枪乌贼科和乌贼科种类口瓣具吸盘,口吸盘是头足类分类上的重要依据。

8. 平衡囊

平衡囊是头足类的平衡器官,并起着重要的导航功能,受大脑控制,确定游泳方向。平衡囊位于头软骨内的眼眶软骨腹面,由左右两块合成,内壁生有耳石(图1-50)。平衡囊在演化进程中分化较大,根据平衡囊的不同结构形态,可分为3个式型(图1-51)。

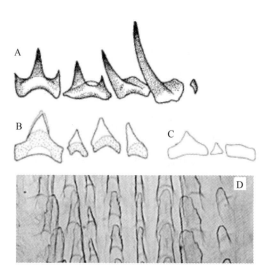

图1-49　蛸类齿舌示意图
A. 白斑近爱尔斗蛸　B. 巨爱尔斗蛸
C. 冈特氏奇爱尔斗蛸　D. 水师卢氏蛸

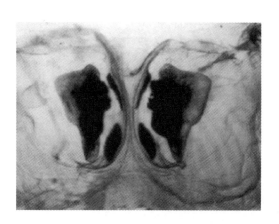

图1-50　福氏枪乌贼平衡囊及耳石

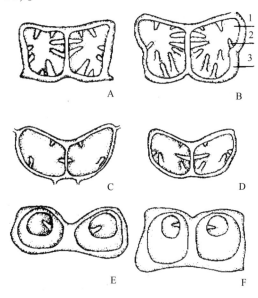

图1-51　头足类平衡囊结构的式型
A.太平洋褶柔鱼;B.日本枪乌贼;C.玄妙微鳍乌贼;D.后耳乌贼;E.锦葵船蛸;F.水孔蛸

(1)蝴蝶型。具翼部,突起10余个,结构较复杂,如太平洋褶柔鱼 *Todarades pacificus*、日本枪乌贼 *Loliolus japanica*。这种结构式型是在中上层水域主动游泳生活方式的影响下,发生类似变异的结果。

(2)眼镜型。边缘较圆,不具翼部,突起3~4个,结构较简单,如玄妙微鳍乌贼、后耳乌贼。这种结构式型是在底栖生活方式的影响下,发生类似变异的结果。

(3)眼睛型。边缘圆,不具翼部,突起仅有1个,结构简单,如锦葵船蛸、水孔蛸。这种结构式型是在上层水域浮游生活方式的影响下,发生类似变异的结果。

从以上 3 种平衡囊结构式型的比较看出,在游泳、底栖和浮游 3 种不同生活方式的长期影响下,头足类的平衡囊结构发生较大的分化。游泳生活类群要求较强的平衡和导航,以适应洄游的需要,平衡囊的结构趋于复杂。底栖和浮游生活类群对平衡和导航的需求较低,平衡囊结构趋于简单。

头足类的耳石可分 4 个部分(图 1-52):背区(dorsal dome)、侧区(lateral dome)、吻区(rostrum)和翼区(wing)。耳石中心(focus)为晶体化的起点;耳石生长纹(growth increment)存在于耳石表面,包括明纹和暗纹(图 1-53);明纹(light rings)主要成分是碳酸钙,暗纹(dark rings)主要成分为有机物质。

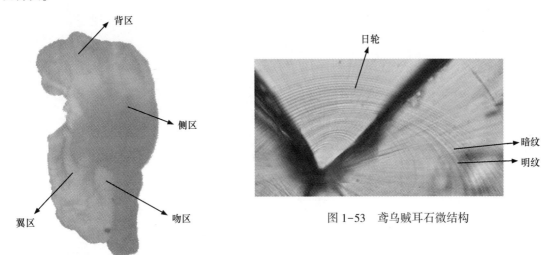

图 1-52 鸢乌贼耳石外形

图 1-53 鸢乌贼耳石微结构

头足类耳石记录了其生命周期内很多信息。它除了在分类学和生态学上具有一定的研究意义外,还揭示了头足类的孵化体长、胚胎发育期的温度、年龄和生长率、特殊过渡时期信息、洄游路线和种群结构,甚至通过耳石微结构可分析其产卵次数。然而根据耳石轮纹结构研究头足类年龄是最为广泛的应用之一。过去 20 年中,开眼亚目 37 个种和闭眼亚目 15 个种的年龄得到了估算,这其中包括了世界各大洋所有的经济头足类。

(二)足部

足部特化为腕和漏斗两部分。

1. 腕

鹦鹉螺腕 63~94 只;蛸类腕 8 只,无触腕或十分退化(幽灵蛸);十腕类环口附肢 10 只,其中 2 只附肢特化为细长的触腕,腕 8 只。鹦鹉螺腕无吸盘,蜷缩于外壳腔室内。蛸类腕分化成长腕型和短腕型,长腕又分化成长腕等长型和长腕不等长型。多数蛸类腕吸盘为两列,少数蛸类腕吸盘单列,吸盘肉质,辐射对称,无柄无角质环。须蛸类具腕须,少数种类腕须甚长;无须蛸类不具腕须;幽灵蛸全腕具须,仅远端具吸盘。蛸类各腕强而有力,不仅用来捕食和交配,而且有着在海底爬行和在水中滑行的重要功能。十腕类种类众多,腕吸盘体制对称,吸盘具柄,具内外角质环;不同种类之间、同一种类不同地理种群之间腕式、腕的粗细度和肌肉强度存在变化,某些种类腕存在性别二态性(茎化腕除外),如安德里亚乌贼 Sepia andreana 雄性第 2 对腕十分延长且特化(非茎化腕)。深海乌贼目种类腕吸盘 2~4 列或多于 4 列。枪形目种类腕吸盘多为两列,内角质环小齿发达,某些吸盘特化为钩;微鳍乌贼目、旋壳乌贼目和乌贼目腕吸盘 2~4 列,内角质环小齿不发达。腕式、腕粗细程度、腕吸盘、腕吸盘齿系等都是头足类分类上的重要依据。

　　茎化腕为雄性头足类腕中的特殊结构,主与雌性交配过程中传递精荚的功能。茎化腕为雄性头足类某一腕或一对腕特化而来:枪形目科间茎化腕存在变化(图1-54A),主要经济种类柔鱼类和枪乌贼类茎化部吸盘特化为乳突;乌贼目各科或亚科之间茎化腕同样存在变化,主要经济种类乌贼类茎化部吸盘骤然变小或消失(图1-54B1),耳乌贼类茎化部仅边缘具吸盘,中央不具吸盘(图1-54B2);旋壳乌贼茎化腕具乳突和翼片,无吸盘;蛸类特化部分称之为"端器",由交接基(少数无交接基或交接基不明显图1-54C1)、舌叶和精沟组成,端器有勺形、锥形等,舌叶凹槽具或不具横脊(图1-54C2、3)。枪形目雄性左侧或右侧第4腕茎化,少数种类第4或第1对腕茎化;乌贼目左侧第1或第4腕茎化,少数种类第1对腕茎化;微鳍乌贼目种类和旋壳乌贼第4对腕茎化;蛸类茎化腕多数为右侧第3腕,少数为左侧第3腕;此外鞘亚纲有些种类无茎化腕,如手乌贼科的所有种类。茎化腕位置和形态都是分类上的重要依据。

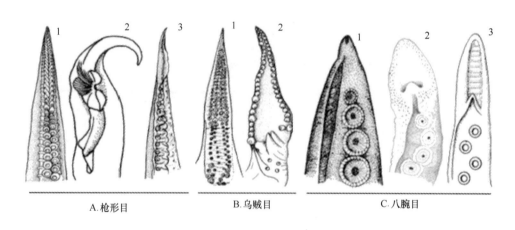

A.枪形目　　　　　　　　B.乌贼目　　　　　　　　C.八腕目

图1-54　茎化腕示意图

2. 触腕

　　触腕主攫取食物的功能,故又名"攫腕"。十腕类多数具触腕,少数种类成体时期触腕退化,如拟鳞乌贼属 *Gonatopsis* 种类;蛸类具8只腕,无触腕,幽灵蛸触腕十分退化。触腕远端部分生大量吸盘或钩部分称之为"触腕穗"。鞘亚纲多数种类触腕穗膨大,如枪形目的柔鱼类、枪乌贼类和乌贼目种类;少数种类触腕穗细长,不膨大,如手乌贼科种类。

　　枪形目触腕穗通常膨大呈梭形,可分成明显的掌部、腕骨部和指部,有些种类具边膜和保护膜。触腕穗口表面生大量吸盘,吸盘具外角质环和内角质环,内角质环多具发达的小齿,齿系多变化;少数种类除吸盘外还具钩,如爪乌贼科和鳞乌贼科。柔鱼类和枪乌贼类掌部吸盘一般为4列,中间两列扩大,腹缘和背缘两列吸盘小,有些种类掌部具保护膜,保护膜生或不生横隔片,边缘吸盘与一个或两个横隔片相连;指部明显较掌部细,具大量小吸盘,有的种类指部终端具"终端垫";腕骨部一般具大量吸盘和球突形成腕骨锁。具钩类,一般触腕穗掌部中间1列或2列吸盘为钩所代替,掌部腹缘和背缘生横隔片,与交替排列的吸盘和球突相连,形成触腕穗锁。

　　乌贼目触腕穗膨大呈肾形,吸盘列数多,一般为4~8列,最多可达20列,吸盘大小相近,或有些种类中间列吸盘扩大,吸盘角质环小齿不发达。乌贼类触腕穗基部具1对触腕囊,触腕可自由收缩入囊内。触腕穗形态、吸盘和钩(吸盘和钩数、是否具扩大吸盘和钩、扩大吸盘和钩数目和位置、吸盘形状和齿系、钩形状等)、触腕穗保护膜、边膜、腕骨锁、终端垫等都是分类上的重要依据。

总的来说,枪形目触腕分化较大,划分也较为复杂,按外形可分为膨大(图1-55,A1~5)和不膨大(图1-55,A6~7)2种类型;按吸盘和钩发生情况可分为仅具吸盘(图1-55,A1~3、A6~7)、仅具钩(即钩两列,终端垫和腕骨锁的吸盘不算在内,图1-55,A5)以及具吸盘和钩(即钩1列,图1-55,A4)3种类型;其中仅具吸盘种又可分为具扩大吸盘(图1-55,A1~2)、不具扩大吸盘(图1-55,A3、A6~7)和吸盘侧扁(图1-55A6)3种类型;此外根据保护膜发生情况又可分为具保护膜和不具保护膜2种类型,而具保护膜种又可分为生横隔片(图1-55,A1)和不生横隔片(图1-55,A2)2种类型,生横隔片根据吸盘与横隔片相连情况亦可再分。除此之外糙乌贼属 Asperoteuthis 触腕穗最为特殊,触腕穗保护膜由2或3部分组成(A8)。乌贼目触腕穗分化不大,大体可分为膨大(图1-55,B1~2)、不膨大(图1-55,B3)、具扩大吸盘(图1-55,B1)和不具扩大吸盘(图1-55,B2~3)4种类型。

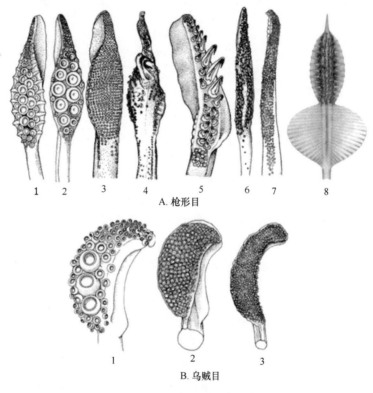

1 2 3 4 5 6 7 8
A. 枪形目

1 2 3
B. 乌贼目

图1-55　触腕穗示意图

3. 盔甲

头足类所谓的"盔甲"是指吸盘、钩和球突。头足类腕和触腕(有些种类为口膜或口瓣)上具吸盘或钩,它们是抓取食物的主要工具。

蛸类吸盘圆形肉质不具角质环和柄,直接生于腕口面肌肉上。十腕类吸盘圆形、椭圆形(少数种类触腕穗吸盘侧扁)具柄和内外角质环(图1-56)。内角质环通常具齿,各种类之间齿系多变,齿的形状有圆锥形、三角形、圆形、方形、平头形等;多数种类内角质环远端齿发达,近端光滑或具退化融合的齿,少数种类全环具齿或全环光滑。外角质环一般由几列同心圆排列的"齿片"组成。

枪形目有些种类如爪乌贼科、武装乌贼科等,触腕穗或腕上具钩。钩由基部、柄、钩部和鞘组成,而钩部结构较复杂,包括钩、副钩、侧沟、裙、侧叶、近端唇、发唇、壶、开口、口脊和口沟等部分

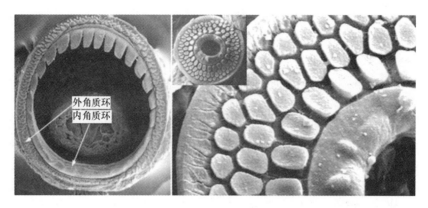

图 1-56 吸盘示意图

（图 1-57）。钩在分类上具有一定意义。

4. 腕间膜

腕间膜为蛸类和少数十腕类（如帆乌贼科和南新乌贼 *Noto-teuthis dimegacotyle*）连接相邻两腕的膜片结构，游泳时看上去似伞状。蛸类多数只具初级腕间膜（以下简称腕间膜），少数种类还具次级腕间膜，另外一些则不具腕间膜或腕间膜退化。次级腕间膜为须蛸科和十字蛸科由腕和腕间膜延伸出去的膜状结构，它将腕与腕间膜分开（图 1-58A），其功能还不清楚。十腕类腕间膜分为内腕间膜（与腕口面相连，图中第 1~3 腕间，图 1-58B）和外腕间膜（与腕反口面相连，图中第 3 与第 4 腕间，图 1-58B），

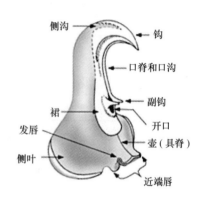

图 1-57 钩结构示意图

某些种类具内外腕间膜，如大洋帆乌贼 *Histioteuthis oceani*；某些种类具内腕间膜，不具外腕间膜（或退化），如赛拉斯帆乌贼 *Histioteuthis cerasina*；另一些种类具外腕间膜，不具内腕间膜（或退化），如相模帆乌贼属 *Strgmatoteuthis* 种类。

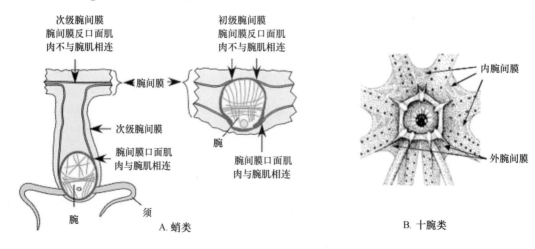

图 1-58 腕间膜示意图

5. 漏斗

头足类的漏斗是由足部的一部分特化而成，位于头部和腹部之间的腹面，主游泳和呼吸时排水的功能，除此之外还具喷墨、排卵以及排泄废物等功能。鹦鹉螺亚纲的漏斗发育尚不完善，为两个左右

对称、相互覆盖的侧片,不愈合呈完整的管子;鞘亚纲的漏斗发育完善,愈合成一个完整的管子。漏斗由漏斗器和漏斗阀组成,漏斗器由1个背片和2个腹片组成,十腕类背片多为"倒V"字形,有的种类背片分支具中脊或突起(在分类上有一定意义),腹片通常延长,有卵形、梨形、三角形等(图1-59A~D)。主要经济种类柔鱼类和枪乌贼类漏斗器比较发达,乌贼类的漏斗器相对缩小。蛸类漏斗器更加缩小,由2~4个小片组成,背片为倒V型、VV型或W型等,有的种类则退化为分离的小片,这在分类上有一定的意义(图1-59E~H)。漏斗器通过腺质素分泌黏液,润滑管道,减小漏斗在喷射时的阻力。漏斗阀是防治海水倒灌的结构,游泳能力较强的柔鱼类和枪乌贼类,其漏斗阀比较发达;游泳能力较弱的乌贼类,其漏斗阀相对缩小;而主营底栖生活的蛸类,其漏斗阀则已退化。

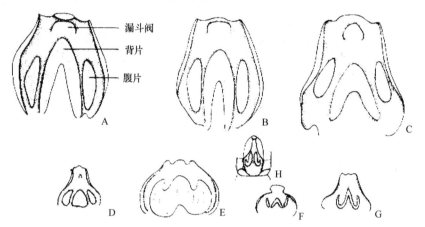

图1-59　头足类漏斗器结构的式型

A. 太平洋褶柔鱼;B. 中国枪乌贼;C. 金乌贼;D. 柏氏四盘乌贼;E. 水孔蛸;F. 锦葵船蛸;G. 短蛸;H. 长蛸

漏斗器在演化进程中分化较大,根据漏斗器的不同结构形态,可分为4个式型(图1-59)。

(1)峰型。背片呈倒V字形。顶部呈峰状,甚发达,约占整个漏斗的2/3;漏斗阀呈方形,大而发达。太平洋褶柔鱼 *Todarodes pacificus*、中国枪乌贼 *Uroteuthis chinensis* 均具有这种漏斗器,是在中上层水域快速游泳的相似生活方式影响下发生类似变异的结果,也营游泳生活,在中下层游行较慢的金乌贼也具有这种式型的漏斗器,但与前两种相比,稍不发达,约占整个漏斗的1/2,漏斗阀呈宽舌形。

(2)块型。背片呈宽三角形,腹片呈狭三角形,约占整个漏斗的1/3;漏斗阀呈尖舌形,很小,呈现退化状态。这种结构式型见于主要营底栖生活,也营短距离游泳生活的柏氏四盘耳乌贼。

(3)W型。如水孔蛸、锦葵船蛸和短蛸,它们的漏斗阀已完全退化。在上层水域主要营浮游生活的水孔蛸和锦葵船蛸主要营底栖生活,也营短暂游泳生活的短蛸,已不需要防止海水倒灌的结构。有一定垂直活动的水孔蛸,其漏斗器虽呈宽形,但未分化;缺少垂直活动的锦葵船蛸,其漏斗器虽有分化,但背片和腹片已成为细杆状。

(4)ＶＶ型。如长蛸和蛸属中少数种类,它们的漏斗阀已完全退化。长蛸主要生活于泥中,以其粗长的第1对腕挖掘洞穴,在其中栖息。需要通过较为发达的漏斗器分泌润滑液,以迅速排除进入外套腔中的渣滓和体内的废物。

漏斗后腹面基部两侧以软骨质的漏斗锁与外套内部前端两侧软骨质外套扣相连。当海水进入外套腔时,漏斗锁软骨中央凹槽与外套扣软骨的突起分离;当海水进入外套腔后,两者扣合,锁住外套腔开口,使海水从漏斗口急速喷出。某些种类漏斗—外套锁则完全融合。头足类漏斗锁有所分化,有卵形、椭圆形、棒形等;漏斗锁软骨凹槽开口形态亦有所分化,有倒Y形、倒斜T形、横T形、卵形、直线形、长颈瓶形、回旋棒形等;有的种类漏斗锁凹槽具耳屏和对耳屏,有的则退化(图1-60)。枪形目柔鱼类漏斗锁略呈等腰三角形;枪乌贼类的略呈长椭圆形或棒形;乌贼类的略呈卵形;蛸类不具有软骨质的漏斗—外套锁,仅是肌肉质的凹槽和突起,闭锁能力弱。漏斗锁软骨是头足类分类上的重要依据。

图 1-60　不同形态漏斗锁软骨示意图

枪形目柔鱼科的漏斗陷前部生有一个半圆形的浅穴,其他科少数种类为三角形。柔鱼科浅穴类型为划分亚科的重要依据:柔鱼亚科的浅穴具纵褶,两边具边囊;褶柔鱼亚科的浅穴具纵褶,但两边不具边囊;滑柔鱼亚科的浅穴不具纵褶和边囊(图 1-61)。爪乌贼属种类浅穴内具独特的倒 Y型肉襞结构。

（三）胴部

胴部即外套膜,简称外套,分化较大,有圆锥形、盾形、卵圆形、袋形等。

深海目和枪形目种类胴部圆筒至圆锥形,长度有所差异;乌贼目和微鳍乌贼目种类胴部盾形或卵形;八腕目和幽灵蛸目胴部卵圆形。重要经济头足类中,柔鱼类的相对长度值为 4.8;枪乌贼类相对长度值为 5.8,更加细长,阻力更加减小;乌贼类相对长度值仅为 3.0,阻力增大,游速减慢;蛸类胴部与足部相比,仅占较小的比例。

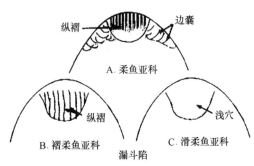

图 1-61　柔鱼科漏斗陷浅穴示意图

1. 体表

头足类胴部肌肉强健、松软、凝胶质或半凝胶质,皮肤光滑或被乳突、疣突、须状突起、"鳞甲",具色素体或斑块。深海目和枪形目种类色素体多而细小,多为分散排列的略大或略小的近圆形色素体;某些种类体透明或半透明,色素体少而大,如北方孔雀乌贼 Tanius borealis。武装乌贼科的一些种类胴腹色素体排列呈规则的条形;柔鱼科种类的胴背,略大的色素体常为一些略小的色素体集中包围,许多种类胴背还具有褐色的色素带;枪乌贼科等其他科的种类,胴背和胴腹色素体比较分散。深海乌贼目和枪形目种类胴部一般无明显的斑块。乌贼目和八腕目胴部色素体极小而不明显,但许多种类斑块比较明显,如豹纹蛸属 Hapalochlaena 种类胴部的环斑、虎斑乌贼 Sepia phanaonis 胴部的条斑、拟目乌贼 Sepia lycidas 胴背的目状斑等。在乌贼类中,雄性个体的条斑多而粗壮,雌性个体的少而细弱;雄性个体的白花斑较大,间杂者小花斑,雌性个体的白花斑小,大小相近,因此,乌贼类胴背的斑块不仅具有重要的分类价值,而且也是识别雌雄的重要依据。

有些大洋性开眼类发光器集中于胴部腹面,如帆乌贼 Histioteuthis bonnellii 和萤乌贼 Watasenia Scintillans 等;某些柔鱼类发光器已移于胴背或胴腹皮下;某些枪乌贼类的发光器位于外套膜内的内脏上;乌贼类和蛸类的胴部不具放光器。

2. 肉鳍

鳍位于外套两侧、周围或中部。鳍是头足类辅助的运动器官,并兼有在运动中保持平衡的作用。

根据鳍的着生部位一般可分为"端鳍型"、"周鳍型"和"中鳍型"。深海乌贼目和枪形目种类鳍多位于胴部后端两侧,称之为"端鳍型";少数种类,如栉鳍乌贼 Chtenopteryx sicula 和菱鳍乌贼 Thysanoteuthis rhombus,鳍包围整个胴部,称之为"周鳍型",起平衡身体和"船桨"的作用。微鳍乌贼目种类鳍为"端鳍型";乌贼亚目种类鳍包围整个胴部,为"周鳍型",仅起平衡身体的作用。耳乌贼亚目鳍位于胴体两侧中部,称之为"中鳍型",在游泳中主要起着平衡身体的作用;旋壳乌贼 Spirula spirula 为"端鳍型"。无须亚目胴部不具鳍;须亚目鳍为"端鳍型",起平衡身体和"船桨"的作用;幽灵蛸 Vanapyroteuthis infernalis 鳍为"端鳍型"。

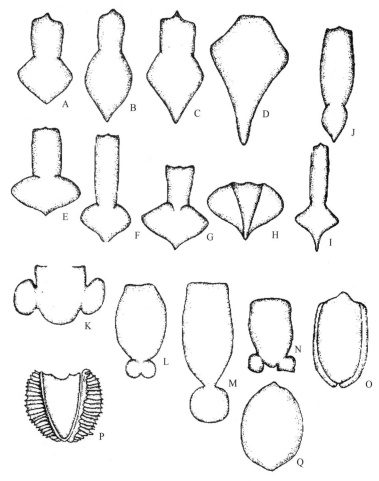

图 1-62　头足类肉鳍形态结构的式型

A.尤氏小枪乌贼;B.中国枪乌贼;C.剑尖枪乌贼;D.菱鳍乌贼;E.短柔鱼;F.太平洋褶柔鱼;G.多钩钩腕乌贼;H.达娜厄蛸乌贼;I.十针箭石;J.大王乌贼;K.双喙耳乌贼;L.小头乌贼;M.纺锤乌贼;N.玄妙微鳍乌贼;O.拟目乌贼;P.栉鳍乌贼;Q.莱氏拟乌贼

在演化进程中分化较大,根据肉鳍的不同结构形态,可分为 7 个形式(图 1-62)。

(1)菱形。两鳍相接呈菱形,以下可再分为 2 个亚型:

A. 纵菱亚型。两鳍相接呈纵菱形,如枪乌贼属 Loligo、菱鳍乌贼属 Thysanoteuthis 等;前者的肉鳍包被部分胴部,后者的肉鳍包被整个胴部。在枪乌贼属中,肉鳍包被1/2胴部的,如尤氏小枪乌贼 Loliolus uyii;包被 2/3 胴部的,如中国枪乌贼;包被 3/5 胴部的,如剑尖枪乌贼 Uroteuthis edulis。

B. 横菱亚型。两鳍相接呈横菱形,如短柔鱼属 *Todaropsis*、蛸乌贼属 *Octopoteuthis* 等;前者的肉鳍包被部分胴部,后者的肉鳍几乎包被整个胴部。肉鳍包被 1/2 胴部的,如短柔鱼属;包被 1/3 胴部的,如褶柔鱼属 *Todarades*;包被 2/3 胴部的,如钩腕乌贼属 *Abralia*。

(2)桃形。两鳍相接呈桃形,位于胴部末端,如大王乌贼属 *Architeuthis*。

(3)圆形。每边肉鳍呈圆形,位于胴部中央的,如耳乌贼属 *Sepiola*;位于胴部末端的,如小头乌贼属 *Cranchia*。两鳍相接呈圆形,位于胴部末端,如纺锤乌贼属 *Liocranchia*。

(4)方形。每边肉鳍呈方形,位于胴部末端,如纺锤乌贼属。

(5)带形。肉鳍呈带形,环包胴部周缘,仅在末端分离,如微鳍乌贼属 *Idiosepius*。

(6)栉形。肉鳍包被胴部全缘,横裂成栉形,每边肉鳍的栉齿由前向后渐长,以后又渐短,略呈弧状,如栉鳍乌贼属。

(7)椭圆形。两鳍相接呈椭圆形,包被胴部全缘,如拟乌贼属 *Sepioteuthis*。

在肉鳍的分化中,主要营浅海生活的闭眼亚目的代表——枪乌贼类的肉鳍分化,已进入种级阶元;而主要营大洋生活的开眼亚目的代表——柔鱼类的肉鳍分化,尚停留在属级阶元。中侏罗纪的古生头足类——针箭石 *Belemnites spinatusr*,肉鳍呈强有力的横菱亚型,表明它们曾在中生代大洋中营快速游泳生活;同时,表明它们与现生柔鱼类的亲缘关系较近,而与现生枪乌贼类的亲缘关系较远。菱形肉鳍的形成,是由于对相似的生活环境——中上层水域和相似的生活方式——快速游泳、追捕猎物的结构适应。菱形肉鳍是强有力的辅助游泳器官,而其他类型的鳍则是较弱的辅助游泳器官,或者仅是主要起着保持身体平衡的作用。

头足类鳍一般通过软骨与内壳(实际为分泌内壳地壳囊)相连(图 1-63A、B),或与另外一只鳍相连(图 1-63C),或同时与两者相连;也有少数种类直接与外套肌肉直接相连(图 1-63D、E)。

3. 贝壳

头足类不同类群的贝壳形态分化很大。鹦鹉螺为外壳种类,整个肉体部包被于螺旋形壳中(图 1-64A1)。鹦鹉螺外形近似单壳类,各壳室由室管联结;同时,壳质包含棱柱层、珍珠质层和角质层,雌性船蛸亦具"外壳",系由第 1 对腕上腺质膜分泌而成,质地极脆,不算真正的外壳。旋壳乌贼亦具多室

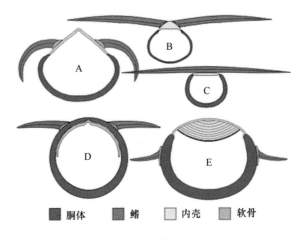

图 1-63　不同鳍着部示意图

螺旋形贝壳(图 1-64A2),但体积小,大部分为外套膜所包被,已属于内壳范畴。除此之外,头足类绝大多数种类的贝壳已为外套膜完全包围,称之为内壳。

乌贼亚目内壳最为发达,体积约占整个身体的 1/10,石灰质,背面坚硬,有支持身体的功能,腹面由许多微小的壳室组成,各壳室通过液体、气体的调节和渗透机制使乌贼类得到浮力(图 1-64B)。腹面横纹面上的纹路为生长纹,不仅是生长的重要反映,而且不同种类的横纹面形态有所差异,是重要的分类依据。如乌贼 *Sepia officinalis* 的横纹面为双峰型,而金乌贼 *Sepia esculenta* 横纹面则为单峰型,此外单峰型也有差异。耳乌贼亚目种类具薄的角质内壳,或完全退化。微鳍乌贼目种类内壳短小。

深海乌贼目和枪形目内壳角质较为不发达,呈剑形、披针叶形、羽状等,由叶轴、翼和尾椎组成。枪形目种类繁多,其翼部和尾椎分化较大(图 1-64C),内壳长度通常与胴长相近,在标本损坏时内壳长可作为标本长度的量度。

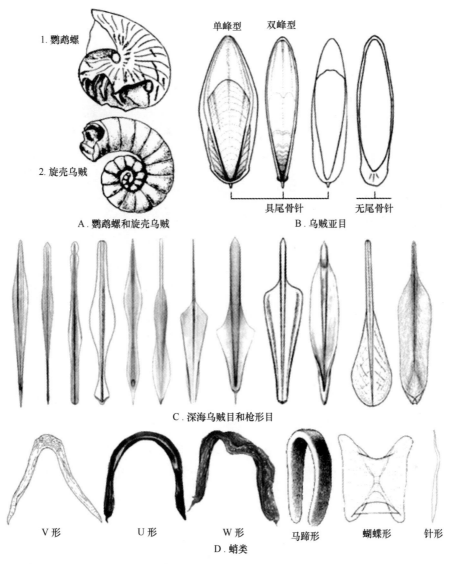

1. 鹦鹉螺
2. 旋壳乌贼

A. 鹦鹉螺和旋壳乌贼

单峰型　双峰型

具尾骨针　无尾骨针

B. 乌贼亚目

C. 深海乌贼目和枪形目

V 形　　U 形　　W 形　　马蹄形　　蝴蝶形　针形

D. 蛸类

图 1-64　头足类内壳示意图

　　无须亚目蛸类,多数种类内壳已退化,仅余分列于胴背表皮下的两个小"针",或完全退化;须亚目蛸类具较为发达的软骨质内壳,从形态上可分为 V 形、U 形、W 形、马蹄形、马鞍形(蝴蝶形)和针形等(图 1-64D)。幽灵蛸内壳类似枪形目内壳。内壳的形态特征是头足类分类上的重要依据。

二、特殊结构

(一)色素

　　头足类色素沉着包括上皮色素细胞色素沉着和色素体两种形式,头足类色素沉着大多数为色素体,少数为上皮色素。上皮色素是指上皮细胞的色素沉着,而色素体结构则较为复杂(图 1-65)。

　　鞘亚纲尤其是浅水种类,皮肤的颜色能够在几微秒内改变,这种体色瞬间的改变是由皮肤内数千个色素体所致。色素体由色素细胞和大量肌肉、神经、神经胶质和鞘细胞组成。色素颗粒位于色素体内部的弹性囊内。4~20 个放射状排列的肌肉细胞(伴有神经和神经胶质细胞)与细胞膜相连,细胞膜与弹性囊在其"赤道"处锚连。神经控制肌肉细胞,肌肉细胞的伸展将弹性囊拉成扁平且具锯齿状边缘的薄片。弹性囊膨大后的直径约为收缩时的 7 倍。色素细胞的收缩由弹性囊囊壁的弹性物质来完成。色素细胞上下表面的"包"在其收缩时很明显,而在其扩张时消失。这些"包"与弹性囊表面锚连。鞘细胞可能具有润滑色素细胞的功能。头足类通过色素细胞的拉伸和收缩控制着体色的变化。

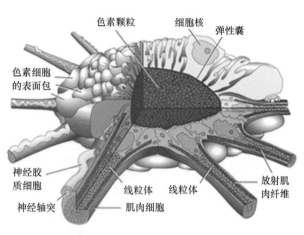

图 1-65 头足类的色素体

(二)发光器

头足类许多种类具有发光器。这些发光组织不仅是分类学上的重要性状,而且也是生态学上的重要特性。头足类的发光器分为本体发光器和腺体发光器两大类。本体发光器位于外套、头部、眼球、腕等部位,由血管、神经、发光器组织、晶状体、反射器和过滤器等构成,在三磷酸苷和荧光素相互作用下,形成放射性的复合物,并在氧气、镁离子和荧光酶的参与下,发出冷光。腺体发光器位于外套腔内的墨囊、鳃、肠、肛门等内脏组织上,由血管和反射器等构成,主要通过发光腺体中的分泌物和共栖于发光器腺体中的发光细菌发光(图 1-66)。

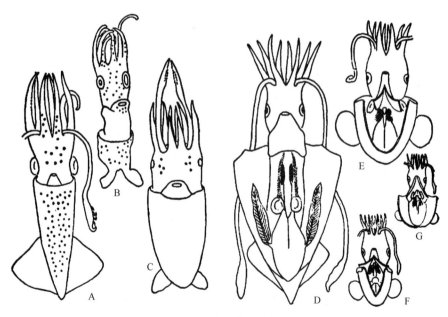

图 1-66 头足类发光器

A. 多钩钩腕乌贼;B. 太平洋帆乌贼;C. 翼乌贼;D. 剑尖枪乌贼;E. 柏氏四盘耳乌贼;F. 四盘耳乌贼;G. 双喙耳乌贼

生活在大洋 400~1 200 m 的开眼亚目中,很多种类具有发光器,少数生活在沿岸的闭眼亚目的种类也具有发光器。旋壳乌贼科、耳乌贼科、幽灵蛸科和蛸科具有发光器,而乌贼科和须蛸科无发光器。

头足类发光是为了照明、求偶、诱捕食物以及作为迷惑、警告捕食者的讯号。例如,太平洋塔乌贼 Leachia pacifica 成熟雌性个体,其第 3 腕顶端的发光器可用来吸引雄性前来交配。许多鞘亚纲种类发光器位于外套腹部或眼睛腹面,这种形式的分布,使得他们通过腹部反光来隐藏不透明的身躯,以此来躲避下层的捕食者。

三、内部结构

（一）肌肉系统

肌肉系统由纵肌和横肌组成，纵肌为两层结构，横肌为单层结构，夹于纵肌之间。肌肉组织坚韧发达，外套神经和腕神经粗壮，神经传导迅速，肌肉活动有力，喷水推进、爬行和滑行动作敏捷。肌肉系统包括主干肌和支干肌两类，前者为头肌、颈肌、外套肌、漏斗肌、腕肌等，后者为鳍肌、吸盘肌、口球肌等。十腕类多数种类外套肌发达，肌壁厚实，触腕肌强大，少数枪形目种类体凝胶质，外套肌和腕肌不发达；蛸类外套肌不发达，肌壁薄，腕肌和吸盘肌很发达，在吸盘肌中，除放射肌和环形肌外，还增加了扩约肌。

（二）消化系统

消化系统开始于口，为口膜包围，口内有口球。口球的顶部为角质颚，角质颚的后方为齿舌带。口球的内口方有 1～2 对唾液腺。口球以下为较长而直的食道（有的种类食道末端膨大形成嗉囊），经过消化腺直达胃的贲门部。胃与盲肠相邻，盲肠多呈螺旋形。肠的基部与胃相接；肠的顶端为肛门，肛门两侧为肛瓣（有的种类没有），枪形目柔鱼类、枪乌贼类和乌贼目肠较短直，蛸类肠略有曲折；肠的上部为直肠，其旁有墨囊（有的种类没有），由墨腺和墨囊腔组成（图1-67），有的种类肠和墨囊上具内脏发光器。主要消化腺有胃腺、肠腺、肝胰腺、前唾液腺和后唾液腺等。十腕类后唾液腺没有或不发达，蛸类后唾液腺发达，主分泌蛋白毒的功能，蛸类后唾液腺形态具有一定的分类意义。头足类的消化速度、吸收率等与生活方式、水温高低、性别以及发育阶段等的不同而不同，通常来讲，水温越高消化速度越快。

（三）排泄系统

肾囊位于直肠和胃之间，左右各一个，体制对称。柔鱼类、枪乌贼类和乌贼类两囊相通，经肾孔与体腔联系；蛸类的两囊各自独立，但与体腔相通。静脉的腺质附属物深入体腔和肾囊，主要在海绵状的腺质部起排泄作用，排泄主要为氨素以及少量嘌呤和尿素等，主要经肾孔排出体外。图1-68为太平洋褶柔鱼的排泄器官。

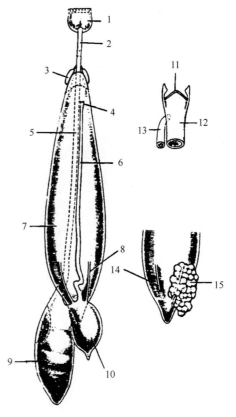

图1-67 太平洋褶柔鱼消化系统示意图（冈村，1953）

1. 口球 2. 食道 3. 唾液腺 4. 虹门 5. 食道 6. 直肠 7. 肝脏（消化腺）8. 导管 9. 胃 10. 盲囊 11. 肛门 12. 直肠 13. 墨汁管 14. 导管 15. 胆

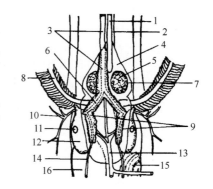

图1-68 太平洋褶柔鱼排泄器官示意图（腹面）（冈村，1953）

1. 肠 2. 墨汁囊 3. 大静脉 4. 肾囊 5. 肝脏 6. 鳃动脉 7. 肾门 8. 出鳃动脉 9. 肾附属体 10. 外套静脉 11. 鳃心脏附属体 12. 鳃心脏 13. 后大动脉 14. 腹静脉 15. 生殖器 16. 胃

（四）循环系统

　　头足类循环系统属于"闭管式"，所有的血液循环在血管中进行，血窦的作用已甚微小。心室位于内脏囊中央，两边各有一个心耳；鳃的基部尚有鳃心，左右对称，亦能收缩，有加强循环的作用。由动脉分支形成的微血管，伸入肌肉组织，血液从动脉经微血管至静脉，再由鳃进行气体交换后返回心脏。血液中含血蓝蛋白，略带蓝色，但静脉血在充氧时无色。图1-69、图1-70分别为太平洋褶柔鱼动脉和静脉示意图。

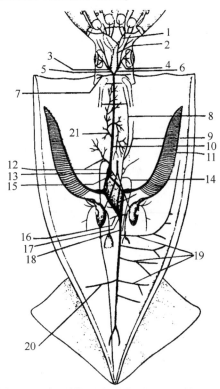

图1-69　太平洋褶柔鱼动脉（腹面）（冈村，1953）

1. 左腕动脉 2. 总腕动脉 3. 头部动脉球 4. 眼球动脉 5. 右头部动脉 6. 左头部动脉 7. 漏斗动脉 8. 肠动脉 9. 墨汁囊动脉 10. 前大动脉 11. 入鳃动脉 12. 背侧外套动脉 13. 前大动脉球 14. 胃盲囊生殖动脉球 15. 肝动脉 16. 肾鳃心动脉 17. 内脏总动脉 18. 后大动脉 19. 腹侧外套动脉 20. 内脏囊动脉 21. 肝脏动脉

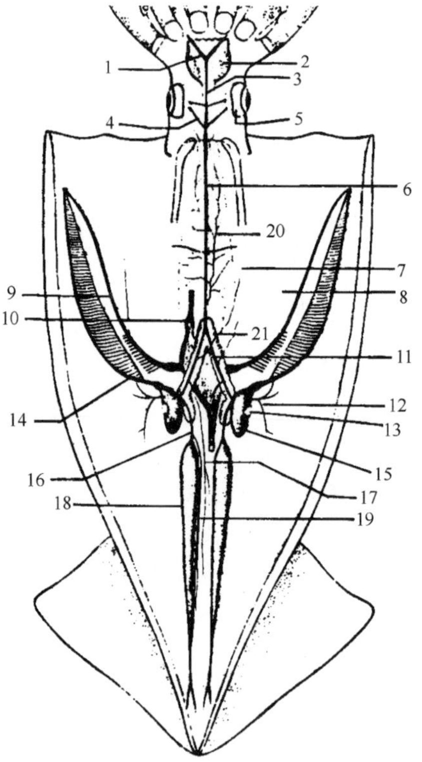

图1-70　太平洋褶柔鱼静脉（腹面）（冈村，1953）

1. 右脚静脉 2. 口球血洞 3. 总腕静脉 4. 眼球静脉 5. 眼球血洞 6. 大静脉 7. 墨汁囊静脉 8. 外套静脉 9. 出鳃静脉 10. 前大动脉 11. 鳃动脉 12. 外套静脉 13. 鳃心脏附属体 14. 入鳃静脉 15. 鳃心脏 16. 腹静脉 17. 深部生殖器静脉 18. 腹静脉血洞 19. 表面生殖器静脉 20. 肝脏静脉 21. 静脉附属体

（五）呼吸系统

　　具一对鳃，左右对称，分列于中轴两侧，以中轴的腹肌藉薄膜与外套内背面相连。鳃由许多鳃小片构成，每个鳃小片又由许多鳃丝组成（图1-71）。海水出入鳃腔之间，由鳃丝进行气体交换（图1-72）。柔鱼类、枪乌贼类鳃片数60～70个，乌贼类30～40个，蛸类半鳃鳃片约为8～10个，蛸类鳃小片数目可做分类依据。蛸类的鳃片数虽然很少，但鳃腔特别发达，将鳃片分成两列，外侧鳃片和内侧鳃片交替排列，鳃片和鳃丝的褶皱明显增加，其间的裂缝也明显扩大，鳃丝内的微血管呈网状分布，大大增加了气体交换面。

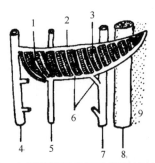

图1-71　太平洋褶柔鱼鳃示意图（冈村，1953）

1. 鳃毛细血管 2. 小出鳃静脉 3. 褶壁 4. 出鳃静脉 5. 副入鳃动脉 6. 小入鳃动脉 7. 入鳃动脉 8. 筋肉 9. 筋膜

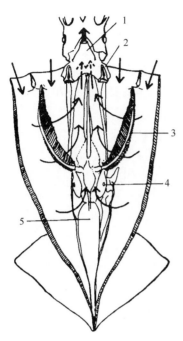

图 1-72 海水流动示意图(奈须敬二等,1991)

1. 漏斗 2. 漏斗软骨器 3. 鳃 4. 鳃心脏 5. 内脏囊

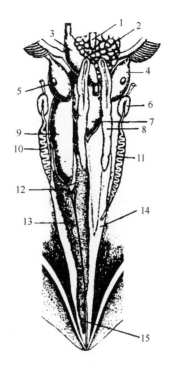

图 1-73 太平洋褶柔鱼雌性生殖器官(冈村,1953)

1. 直肠 2. 肝脏 3. 心脏 4. 鳃心脏 5. 鳃心脏附属物 6. 输卵管腺 7. 盲囊
8. 缠卵腺 9. 胃 10. 左输卵管 11. 右输卵管 12. 韧带 13. 卵巢 14. 卵巢囊

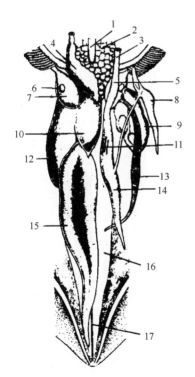

图 1-74 太平洋褶柔鱼雄性生殖器官(冈村,1953)

1. 直肠 2. 肝脏 3. 阴茎 4. 心脏 5. 6. 鳃心脏附属物 7. 鳃心
脏 8. 纳精囊附属物 9. 纳精囊 10. 盲囊 11. 精荚 12. 胃
13. 输精管 14. 精荚囊 15. 精巢 16. 精巢囊 17. 韧带

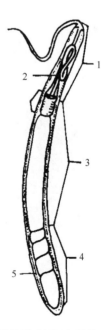

图 1-75 精荚模式图(奈须敬二等,1991)

1. 放射导管 2. 状体 3. 胶合体 4. 精团 5. 外鞘

（六）生殖系统

雌性生殖系统主要由卵巢、输卵管和缠卵腺组成（图1-73）。卵巢位于外套腔的后端,输卵管开口于生殖腔。输卵管的前部具一个膨大的输卵管腺,再向前为雌性生殖孔,开口于外套腔。在直肠后方两侧,柔鱼类、枪乌贼类和乌贼类具有缠卵腺,左右对称,乌贼类的缠卵腺大而发达,在其前方尚有一对副缠卵腺。蛸类不具有缠卵腺。柔鱼类和蛸类具有1对输卵管,而枪乌贼类和乌贼类的右侧输卵管已经退化。

雄性生殖器主要由精巢、输卵管、一些附属腺体和囊组成。精巢位于外套腔后端,有小孔通向输精管（图1-74）。输精管由本体部、生殖囊、贮精囊、前列腺和精囊组成。精囊前端为雄性生殖孔,生殖囊也有通向外套腔的孔。精荚包藏于精囊中,数目很多,精荚由冠线、荚冠、放射导管、胶合体、连接导管、精囊和被膜等组成（图1-75）。放射导管有单环型、双环型和多环型,在分类上有一定意义（图1-75）。

（七）神经系统

头足类神经系统包括中枢神经系统和周围神经系统两部分,前者有脑神经、漏斗神经、腕神经、足神经等,后者有视神经、脏神经、胃神经、外套神经等。这些神经均已形成神经节,主要有脑神经节、足神经节、腕神经节、内脏神经节和上口神经节（图1-76）。柔鱼类的各种神经节比较分散,枪乌贼类的神经节较柔鱼类集中,乌贼类的各神经节比较集中,蛸类的各种神经节已经愈合成一个整体。

外套神经位于外套内壁背缘,部分裸露于肌肉表面,由脏神经派出,穿过头收缩肌后分成两支,外支形成星芒神经节,控制外套动作,内支形成鳍神经,控制肉鳍动作。

柔鱼类、枪乌贼类和乌贼类的神经轴突粗大,传导能力较强;蛸类的神经轴突细小,周围神经系统本身的传导能力较差,但鱿鱼脑神经节高度集中,中枢神经系统的功能较强,对外界刺激的反应迅速敏捷。图1-77为太平洋褶柔鱼神经系统分布的示意图。

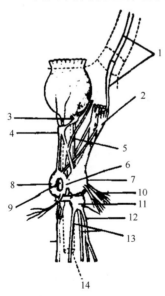

图1-76　太平洋褶柔鱼脑神经节附近（右侧面观,眼神经节去除）（冈村,1953）

1. 腕神经 2. 腕神经节 3. 喉下神经 4. 喉上神经
5. 食道神经 6. 脑足神经节 7. 足神经节 8. 脑神经节
9. 眼神经 10. 漏斗神经 11. 内脏神经节 12. 内脏神经
13. 外套神经 14. 食道

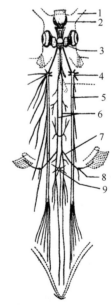

图1-77　太平洋褶柔鱼神经系统全图（冈村,1953）

1. 腕 2. 口球 3. 眼神经节 4. 星神经节 5. 外套神经 6. 内脏神经 7. 鳃神经 8. 鳃神经节 9. 心脏神经节

（八）视觉系统

头足类有着非常发达的眼睛。在构造特点上，它们的眼睛跟鱼类等脊椎动物相似，并且都是属于折射型的（图1-78），能把照射到眼睛瞳孔上的光线折射聚焦在视网膜上，形成物像。头足类的眼睛位于头部两侧，由角膜（cornea）、虹彩（iris）、瞳孔、水晶体、网膜（retina）和视神经（optic nerves）等组成（图1-79）。开眼类眼眶外不具膜，与外海或大洋中生活相适应，眼球全面与外界相通。闭眼类眼眶外具膜，与浅海生活相适应，眼球不与外界全面相通，仅以很小的泪孔与外界相通。乌贼类的眼睛最大，其直径几乎与头长接近，眼眶外也具假角膜，但边缘有一假开口，与浅海生活相适应，眼球不与外界全面相通，以更小的泪孔与外界相通。蛸类的眼睛较小，眼眶外具有内外两层假角膜，同时环状眼睑十分发达，有覆盖眼睛的作用。头足类眼睛的形态与其生活方式有着很大的关系，特别是那些生活在中下层海域的头足类，如帆乌贼科其左眼比右眼大1.5~2倍（图1-80）。

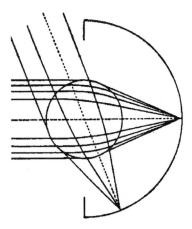

图1-78 球形水晶体的焦点距离与网膜关系模型（据 Packerd，1972）

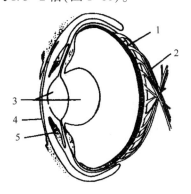

图1-79 头足类眼睛构造图
1. 网膜 2. 视神经 3. 水晶体 4. 角膜 5. 虹彩

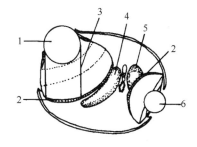

图1-80 帆乌贼科的两眼视轴与头部断面示意图（电子显微镜写真）（据 Young，1975）
1. 左眼水晶体 2. 网膜 3. 左眼的管状眼 4. 左眼神经节 5. 右眼神经节 6. 右眼水晶体

头足类的光感受器不是脊椎动物那种纤毛型的，而是感杆型的，这与昆虫复眼的光感受器一样，头足类视觉特性从视网膜色素的角度也进行了大量研究，其研究结果见表1-2。从表中可见，头足类视网膜中含有两种光敏色素体系，即视紫红质和视网膜色素。前者的光谱吸收峰值在475~500 nm，后者为470~522 nm，依种类不同而异。但对同一种头足类来说，表中数据表明，视网膜色素的吸收峰值比视紫红质的吸收峰值向长波段方向移动了约15~20 nm。一般认为，这种情况并不意味着头足类具有色觉功能。这两种视色素的存在是与视觉过程中视色素循环有密切关系的。不过，头足类有没有颜色视觉的争论迄今尚未结束。

头足类的趋光特性与视神经细胞的数量有一定的联系。柔鱼类和枪乌贼类的眼睛，1 mm² 的视神经细胞数目约为16万个，而乌贼类的眼睛，1 mm² 的视神经细胞数目约为10万个。

表1-2 头足类视网膜中光敏色素的吸收峰值（引自罗会明，1985） 单位：nm

种类	柔鱼	大乌贼	枪乌贼	章鱼
视紫红质	480	486	500	475
视网膜色素	495	508	522	490
酸性间视紫红质	488	495	500	503
碱性间视紫红质	378	378	380	380

（九）感觉系统

感觉系统包括平衡感觉和化学感觉。头足类的平衡感觉器位于头盖腹侧后端位置，并被软骨所包围在一对小室内。在小室内充满液体，其内部有毛状的感觉平衡斑（receptor hair cells），室内耳石 1 对，太平洋褶柔鱼成体的耳石长径达到 1.5 mm。耳石为钙酸盐结晶，其形态上的差异在分类上有着重要的意义，利用其内部的成长轮可确定年龄的大小。在小室内壁，有许多有感觉细胞集合而成的平衡锋（crista），这些平衡锋呈环带状的隆起，多数为板状的表皮突起（cupula）（图1-81）。

嗅觉突为头足类的化学感觉系统。

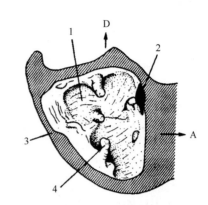

图 1-81　短柔鱼（*Todaropsis eblanae*）的右
耳石断面图（Clarke，1978）

1. 平衡胞内壁 2. 耳石 3. 软骨断面 4. 表面突起
D. 背侧 A. 前方

四、量度

（一）外形的度量

在分类学上测定的项目通常有以下几项（图1-82）。

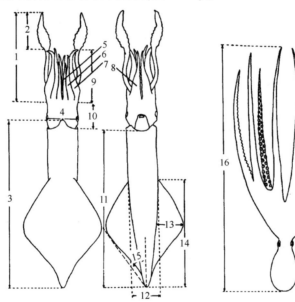

图 1-82　头足类测量方法示意图

1. 触腕长 2. 触腕穗长 3. 胴背长 4. 头宽 5、6、7、8 分别为右侧第 1、2、3、4 只腕左侧为对应腕 9. 腕长 10. 头长 11. 胴腹长 12. 胴腹宽 13. 鳍宽 14. 鳍长 15. 鳍角 16. 全长

（1）头长：自头部的最后端至腕的最后端。

（2）头宽：头部的最大宽度。

（3）胴背长：自胴部背面中线最前端至最后端，骨针不包括在内。

（4）胴腹长：自胴部腹面中线最前端至最后端，骨针不包括在内。

（5）胴宽：胴部腹面的最大宽度。

（6）鳍长：鳍的最前端至最后端。

（7）鳍宽：肉鳍左右的最大宽度。

（8）鳍角：胴部腹面中线与鳍后边截线的夹角。

（9）腕长：自腕的最后端至最前端。头部背面中线左右为第1对腕（即背腕），其左右侧为第2对腕，其次左右侧为第3对腕，最后为第4对腕（即腹腕）。以背面中线为基准，左侧为左侧腕，右侧为右侧腕。

（10）触腕长：自触腕的最后端至最前端。

（11）触腕穗长：吸盘集中区的最大长度。

一般在长度测定中，柔鱼类、枪乌贼类、乌贼类、耳乌贼类等以胴腹长度为准；蛸类和其他八腕类以全长为准，即从最长腕的顶端量到胴部的最后端。

（二）角质颚的量度

目前，对角质颚的形态测量主要有两种方法：①传统两点间距离的径向测量法；②几何形态测量法，即利用地标点（landmark）或周边曲线记录其形状与尺寸。传统的径向测量法主要测定参数有（图1-83）：

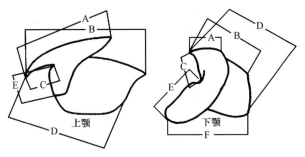

图1-83　角质颚各部长示意图
A. 头盖长　B. 脊突长　C. 喙长　D. 侧壁长　E. 翼长　F. 基线长

头盖长（Hood length，HL），即为喙顶端至头盖后缘末端长；

脊突长（Crest length，CL），即为喙顶端至脊突后缘末端长；

喙长（Rostrum length，RL），即为喙顶端至颚角末端长；

侧壁长（Lateral wall length，LWL），即喙顶端至侧壁后缘末端长；

翼长（Wing length，WL），即为颚角至翼部前缘末端长；

基线长（Base length，BL），即为翼部末端后缘至侧壁末端前缘长；

颚角（Degree of jaw angle，JA），即为喙下缘与翼部前缘的夹角；

侧壁夹角（Lateral wall angle，LWA），即为两侧壁间的夹角。

几何形态测量法始于近十几年，可根据其差异来分析种间亲缘关系或种内不同种群、性别之间的关系。许嘉锦（2003）利用几何形态测量法，分析发现台湾产沙蛸 *Octopus aegina* 与边蛸 *Octopus marginatus* 雌雄个体的角质颚没有明显差异。研究还发现，几何形态测量法在鉴别已知种类上的效果良好，正确归类几率为92.7%，而径向测量法则为86.1%。

（三）耳石的量度

目前用于耳石形态研究的度量单位有，耳石总长（total statolith length，TSL）、吻区长（rostrum length，RSL）、吻区宽（rostrum width，RSW）、背区外侧长（dorsolateral length，DLL）、腹（吻区）外侧长（ventrolteral length，VLL）、侧区长（lateral dome length，LDL）、翼区长（wing length，WL）、翼区宽（wing width，WW）、最大宽度（maximum width，MW）（图1-84）。

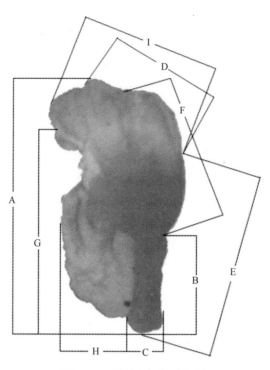

图 1-84　耳石各部长示意图

A. 总长 B. 吻区长 C. 吻区宽 D. 背侧区长 E. 腹侧区长 F. 侧区长 G. 翼区长 H. 翼区宽 I. 最大宽

五、头足类硬组织的应用

（一）耳石

头足类耳石具有轮纹结构（Young，1960）和微量元素如锶等（Radtke，1983；Durholtz et al.，1997；Yatsu et al，1998），是众多生物学研究者对其感兴趣的主要原因。目前，国际上对头足类耳石形态结构的研究方法主要有光学显微镜技术、电镜技术和化学处理技术，对耳石形成机理的研究包括微化学技术、超微结构技术等方法，并在以下几个方面得到了较好的应用。

1. 年龄鉴定与生长周期的估算

其中以枪乌贼科和柔鱼科中的经济性种类为研究重点，如枪乌贼 *Loligo vulgaris*（Lipinski et al.，1998；Natsukari and Komine，1992）、福氏枪乌贼 *Loligo forbesi*（Forsythe and Hanlon，1989）、滑柔鱼 *Zuex illecebrosus*（Dawe et al.，1985；Lipinski，1978）、双柔鱼 *Nototodarus sloanii*（Uozumi and Ohara，1993）、夏威夷双柔鱼 *Nototodarus hawaiiensis*（Jackson and Wadley，1998）、阿根廷滑柔鱼 *Zuex argentinus*（Arkhipkin，1993；Uozumi and Shiba，1993）、太平洋褶柔鱼（Nakamural and Sakural，1991）、科氏滑柔鱼 *Zuex coindetii*（Arkhipkin，1999）、柔鱼 *Ommastrephes bartrami*（Bigelow and Landgraph，1993；Yatsu et al，1997，1998）、鸢乌贼 *Stenoteuthis oualaniensis*（Chen et al.，2007）等。但也可能存在着日轮鉴别困难和第一日轮的计数等问题（Lipinski，1986；陈新军等，2006）。

2. 种群鉴定

耳石等硬组织是最好的分类学材料之一。通常可利用耳石的生长轮纹宽度、标记轮、微量元素含量等，可以用来鉴别不同种群（Arikhipkin，1983，1993，1996）。

3. 生长速度的推算和生长模型的建立

目前，基于耳石的年龄鉴定所得的生长模型有多种（陈新军等，2006），如符合线性生长模型的种类有滑柔鱼(Dawe and Beck, 1997)和阿根廷滑柔鱼(Rodhouse and Hatfield, 1990),符合指数生长模型的有安哥拉褶柔鱼(Villanueva, 1992)和日本爪乌贼 *Onychoteuthis borealijaponica*(Gigelow, 1994),符合幂函数生长模型的有福氏枪乌贼(Forsythe and Hanlon, 1989),符合 Logistic 生长模型的有夜光枪乌贼 *Loliolus noctiluca*(Dimmlich and Hoedt, 1998)和芽形火乌贼 *Pterygioteuthis gemmata*(Arkhipkin, 1997),符合 Logarithmic 生长模型的有大西洋武装乌贼 *Abraliopsis atlantica*(Arkhipkin and Murzov, 1991)等。研究还发现,在不同群体和不同生活阶段,其生长率不同,单一固定的模型往往很难准确地表达某一种类的生长方式(Chen et al. , 2007)。

4. 产卵场和产卵期的推算

可通过产卵期不同来划分产卵种群。结合捕捞日期、年龄、海流运动模式等可以大致推测出产卵场和产卵期(Arikhipkin, 1983; 1993; 1996; Chen et al. , 2007)。

5. 生活史的推算

由于耳石中微量元素(如锶 Sr、钙 Ca 等)的形成与其所处海洋环境信息关系的密切,耳石包含着复杂的生态信息(肖述等,2003),因此,可通过耳石的研究推测其生活史(包括洄游时间、路线以及速度等)。

(二)角质颚

角质颚是头足类的主要摄食器官,具有稳定的形态特征、良好的信息储存以及耐腐蚀等特点,因此,20 世纪 60 年代以来,越来越多的海洋生物工作者对其产生了浓厚的兴趣,并进行了大量的研究。本文将依据国内外学者的研究成果,系统描述角质颚的形态特征以及分析其在研究头足类生物学和分类地位、估算资源量等方面的应用。

1. 在分类学上的应用

大洋沉积物中以及大洋捕食动物胃中留存的角质颚可用作属级(包括属级)以上种类的鉴定。头足类中各大类的角质颚结构有所差异:柔鱼类的上颚头盖弧度较平,下颚颚角较小,头盖和侧壁较宽;枪乌贼类的上颚头盖弧度较圆,下颚颚角较大,头盖和侧壁均较狭窄;乌贼类的上颚颚角比较平直,下颚颚角更大,头盖和侧壁均较狭窄;蛸类的上颚喙和头盖均甚短,脊突尖狭,下颚喙也甚短,顶端钝,侧壁更为狭窄。Ogden 等(1998)以章鱼科的角质颚进行形态测量,并与分子电泳结果作比较,探讨角质颚在亲缘关系上扮演的角色,其结论认为角质颚形态特征分析可用作属级分类鉴定。

有学者认为,头足类角质颚在种类鉴定与区分上也具有一定的价值,其形态特征是寻找头足类种间差异和物种鉴定良好手段。Iverson 和 Pinkas(1971)根据角质颚特征将太平洋地区乳光枪乌贼 *Loligo opalecens* 与其他鱿鱼区分开来。Clark 和 MacLeod(1974)根据角质特征区分西班牙临比戈湾(Vigo Bay)的头足类。Clark(1986)对头足类角质颚的判别进行了系统描述。Smale 等(1993)认为角质颚表面形态特征可用作种的鉴定,研究发现,根据角质颚表面的刻痕可以辨别 11 种分布在南非海域的章鱼。Lu 和 Ickeringill(2002)分析了澳大利亚南部水域 75 种头足类角质颚的形态特征,并依此建立了角质颚形态特征的分类检索表,分类级别至种。Kubodera 和 Furuhashi(1987)、Kubodera(2001)对分布在西北太平洋的 100 种头足类下颚分类特征进行了描述。因此,尽管头足类角质颚没有很明显的结构变化,但在野外工作或者缺少其他分类性状,特别是在对捕食动物胃含物分析时,角质颚形态特征可用作头足类分类的重要依据。

近年来,角质颚形态特征在新种的确立过程中也起到了一定的作用。Allcock 和 Piertney(2002)、Allcock 等(2003)分析认为多形艾爱尔斗蛸 *Pareledone polymorpha*、艾爱尔斗蛸 *Pareledone adeliana* 角质颚特征明显不同于近爱尔斗蛸属 *Pareledone* 其他各种,并依此将它们归结为新属艾爱尔斗蛸 *Adelieledone*。

2. 在生物学研究方面的应用

（1）色素沉着。角质颚为头足类的主要摄食器官,头足类食性的转变与其角质颚形态结构变化息息相关。在生长过程中,角质颚的一个重要变化就是黑色素的沉着。一般情况下,随着个体的生长,其色素沉着逐渐加深,角质颚硬度逐渐增大。生长早期,头足类以体格较软的小型浮游生物为主要饵料;生长后期,随着角质颚硬度增大,饵料转变成体格较硬、个体较大的鱼虾蟹类。通常,头足类在性成熟之前食性变化比较大,而性成熟后食性基本不变,这与性成熟后角质颚色素不再沉着有很大关系。角质颚色素沉着不仅影响头足类对食物的选择性,而且将进一步影响到头足类的行为学。不同地理区域的同种头足类,其角质颚黑色素沉着程度有可能不同,这与小生境不同有关。角质颚色素沉着同样能够反应头足类栖息水层的变化,海底生活的种类(如蛸类)角质颚侧壁与翼部色素沉着往往较深,而中上层水域生活种类(如枪乌贼类)角质颚侧壁与翼部则较透明。García(2003)对短柔鱼 Todaropsis eblanae 角质颚色素沉积过程进行了研究,并将其分为 8 个等级,研究结果认为,色素沉积式样类似科氏滑柔鱼和褶柔鱼 Todarodes sagittatus(图1-85)。

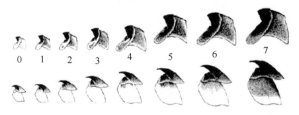

图 1-85　色素沉着过程(据 García,2003)

（2）年龄与生长估算。根据角质颚的径向测量值和重量可以推算头足类的个体大小。Clark(1962)较早建立了下颚脊突长与体重的回归方程。Nixon(1969,1973)建立了角质颚重量与体重的关系。Kashiwada 等(1979)分析加利福尼亚中南部水域乳光枪乌贼角质颚径测值与体重、胴长的关系,结果发现上颚头盖长、下颚脊突长与体重、胴长的相关性最好,雌雄个体间没有显著差异。Jackson 等(1996)以分布在新西兰南部海域的新西兰双柔鱼 Nototodarus sloanii 为研究对象,对其上颚喙长、下颚喙长与其胴长、体重进行了回归分析,发现取对数值后的上下颚喙长与胴长、体重关系显著,其结论认为角质颚的长度增长可反应其生长情况。Gröger 等(2000)同样建立了寒海乌贼 Psychroteuthis glacialis 的胴长、体重和下颚喙长之间的关系,所得模型相关性极为显著。Jackson 等(1997)认为,分布在福克兰岛附近海域强壮桑椹乌贼 Moroteuthis ingens 的上下颚长度很好地反映了其生长状况,与新鲜的角质颚长相比,干燥后的角质颚长更能反映强壮桑椹乌贼的生长。同时,有研究发现,强壮桑椹乌贼雌雄个体的角质颚存在一定的差异,建议将雌雄个体分开建立胴长或体重与角质颚长度之间的关系,其相关性可能会更好些。郑小东等(2002)利用角质颚研究了日本无针乌贼 Sepiella maindroni 的生长,研究认为上颚头盖长、脊突长、吻长、翼长随体重、胴长呈线性增长,一定程度上反映了个体的生长情况。

角质颚轮纹位于角质颚内侧并呈同心圆分布,中心在角质颚的顶端。它反映了其活动规律和内源节律。一般情况下,顶端的一些轮纹在生长过程中经常被腐蚀,第一轮通常看不到,顶端部分轮纹不连续且不清晰,而分布在边缘附近的轮纹色素沉积少,清晰可见。Clarke(1965)在研究强壮桑椹乌贼的角质颚中,发现了同心生长纹的结构。Raya 等(1998)在真蛸 Octopus vulgaris 角质颚中也发现生长纹。Hernández-lópez(2001)研究发现,在真蛸的研究样本中,有 48.1% 的仔鱼角质颚轮纹与其生长天数相等,22.2 % 和 29.6% 稍微分别多于或少于生长天数。因此,孵化后角质颚的轮纹基本是"一日一轮",轮纹数与胴长和体重的相关系数 R^2 分别达到 0.858 和 0.766,统计检验显著。此外,研究表明,雌雄个体对角质颚的轮纹沉积没有差异,但温度影响着轮纹的间距,夏季的轮纹间距大于冬天轮纹间距。尽管角质颚存在明显的生长纹结构,但是由于色素沉着、化学腐蚀等因素影响,角质颚生长纹仅适合用作仔稚鱼期以及中上层生活色素沉着浅的头足类的生长研究。

(3)种群鉴定。有研究表明:头足类硬组织(包括角质颚)由于结构相对稳定,因此在群体鉴定过程中要比传统的软体部形态更有效。许嘉锦(2003)研究发现,台湾大溪与东港两地边蛸地理种群的角质颚形态分化明显。郑小东等(2002)研究了我国华南蒲田、南澳、深圳、湛江 4 个地区日本无针乌贼角质颚形态,并根据上角质颚脊突长与头盖长的比值将其分为蒲田南澳和深圳湛江两个种群。因此,角质颚喙、头盖、翼、脊突等各部的特征以及各部之间比值的稳定性可用作区分不同地理种群,这为群体资源的管理和可持续利用打下了基础。

3. 在其他方面的应用

(1)资源评估。通过对大洋底层角质颚的鉴定,可以了解头足类的资源分布。大洋底层角质颚密度是头足类资源评估的一个重要依据。利用角质颚估算头足类资源量通常分为两步:首先对角质颚形态进行鉴定以确定头足类的种类;第二步,根据角质颚径向测量值与体重的关系方程来确定消耗的头足类量,据此推算某个时期内总消耗量。Kubodera(2001)、Ckeringill(2002)分别建立了西北太平洋和澳大利亚南部水域头足角质颚径向测量值与体重的关系式,为以后该海域头足类资源评估提供了重要依据。Jackson(1995)利用角质颚估算了新西兰水域强壮桑椹乌贼的资源量。

(2)食物组成分析。头足类在海洋食物链中占有着重要地位,是鲸、海豹、海豚等海洋哺乳动物,金枪鱼、鲨鱼、箭鱼等大型鱼类以及海鸟的重要食物。头足类角质颚的一个重要特点就是不易被消化,因此海洋生物学家可通过对角质颚的鉴定,分析其捕食者的食物组成。根据胃含物中残留的角质颚,Klages 和 Cooper(1997)认为 Gough 岛大西洋海燕 *Pterodroma incerta* 食物组成中有 12 种头足类;Piatkowski 等(2001)认为马尔维纳斯群岛帝王企鹅 *Aptenodytes patagonicus* 胃含物中有头足类 6 科共计 10 种;Evans 和 Hindell(2004)认为分布在澳大利亚水域的抹香鲸 *Physeter macrocephalus* 胃含物中包括了 50 种头足类。

角质颚作为头足类少数硬组织之一,具有结构稳定、耐腐蚀、储存信息良好等特点,是研究头足类分类及其生物学等的重要方法之一。20 世纪 60 年代,国外学者开始了对头足类角质颚的研究,从最初的形态特征描述,到后来的物种鉴定、种群划分、食性分析、资源评估以及年龄和生长等方面的应用。与耳石一样,角质颚具有明显的生长纹结构,其生长纹的观察要比耳石便捷得多,后者需要繁琐的加工程序,但是角质颚的黑色素沉着影响了其在年龄鉴定方面的广泛应用,因此,解决这一难题显得尤为重要。海洋生物资源可持续开发和利用是人类永远关心的话题,头足类资源量极为丰富,是优质蛋白质的来源,因而备受关注。角质颚作为头足类资源的评估手段越来越受到重视,我们应当在现有的研究基础上,尽快建立世界各大洋、各海区角质颚形态特征的分类检索以及径向测值与胴长和体重的关系,这将为以后世界头足类资源的估算及其管理与合理开发提供一个重要的科学基础。

(三)内壳

头足类内壳是重要的分类性状。乌贼科的内壳也称海螵蛸(cuttlebone),为石灰质,而枪乌贼科和柔鱼科的内壳(gladius)为角质,蛸科的内壳则已退化。枪乌贼科和柔鱼科的种类在孵化出来时内壳已形成,它不同于耳石的钙化结构,主要由蛋白质和多聚糖 β-角质素组成。枪乌贼科和柔鱼科的内壳形态特征能够反应其境况。Perez 等(1996)认为,滑柔鱼内壳特征属于生活在大洋中、游泳迅速的种类。Naef(1922)、Laroe(1971)在内壳中观察到了周期性的生长纹。枪乌贼科和柔鱼科的内壳类似于其他软体动物的壳,可分为角质层(periostracum)、介壳层(ostracum)、内壳层(hypostracum)。对不同种类,其能够反应实际年龄的壳层有所不同,如科达乌贼 *Kondakovia longimana*

的角质层、贝乌贼 *Berryteuthis magister* 的内壳层生长纹数与实际年龄相符,鸢乌贼 *Sthenoteuthis oualaniensisi*、莱氏拟乌贼的介壳层生长纹数接近实际年龄。一些学者认为,枪乌贼科和柔鱼科的内壳生长纹用来研究年龄时应十分谨慎,因为它比较适合研究成体生长时期的年龄和生长,而用来研究整个生活周期的年龄不太适合。与内壳生长纹相比,内壳长度可用来研究头足类整个生命周期的生长,内壳长度与头足类的体长和体重相关性很大,Perez 等(1996)研究发现,滑柔鱼的内壳长与胴长和体重之间关系的相关系数 R^2 达到了 0.99。

　　乌贼科的内壳种间形态差异反应了其栖息水层的不同。尽管乌贼科的内壳中存在明显的生长薄片(lamellae)结构,但是有关生长薄片的日周期性存在着争议。一些学者认为生长薄片具有日周期性,一些学者认为薄片数与乌贼的生长相关,但是其沉积不具有周期性;还有一些学者认为生长薄片的沉积周期性与其生活环境的温度息息相关。Bettencourt 等(2001)通过对比试验发现,商乌贼在饲养水温为 13~15℃ 和 18~20℃ 的条件下,一生长薄片形成分别需要约 8 日龄和 3 日龄的时间。

第四节　头足类生活习性

一、运动行为

　　头足类的运动方式可分为主动和被动两种形式。主动形式有喷水推进(Jet-propulsion)、划水推进(Fin-swimming)、蠕动(crawling)、泵水(Pumping)和"起飞式"(Take-off mode)5 种;被动形式只有"伞漂流"(Umbrella-style drifting)1 种。头足类一般利用漏斗喷水推进获得极快的游泳速度,喷水推进是一种极为有效的运动方式,但是能量消耗大,因此一些种类利用鳍作为运动器官,这在深水生活的种类中,如须蛸类、蛸乌贼类和巨鳍乌贼类比较常见,因为在黑暗的水域不必要获得高的游泳速度。

(一)喷水推进

　　喷水推进(Jet-propulsion)是头足类最主要的运动方式,也是一种独特的运动方式。在头足类中,不同类群的喷水推进能力有所差别:柔鱼类和枪乌贼类最强,乌贼类次之,蛸类最差。

　　喷水推进的机制,在于喷射水流时所形成的反作用力,而喷射的动力为外套肌肉系统,海水从外套腔两侧和腹口进入腔内,逐渐充满体腔,然后漏斗肌和外套肌使漏斗锁和外套扣迅速咬合,将外套腔锁闭;接着外套肌压迫外套,外套收缩,使海水由漏斗口急速喷出体外(图 1-86)。当漏斗口向后弯并喷射时生物体向前行进,漏斗口向前并喷射时生物体后退。漏斗口能够灵活地向各个方向弯曲,生物体就能自如地向各个方向游动。柔鱼类、枪乌贼类和乌贼类具有与喷水推进紧密联系的完善的肌肉系统,这是蛸类所不及的。具体分述如下:

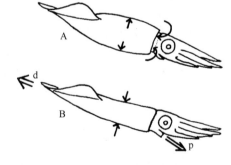

图 1-86　头足类推水示意图

　　(1)枪乌贼类外套的内表层和外表层具有称作"被膜"的胶原层。胶原是一种粗壮的蛋白纤维,是构成脊椎动物的腱和韧带的主要成分。胶原具有很强的弹性,能增强肌肉的收缩,而不需要增加代谢能量。胶原纤维能使外套变得非常坚硬,有利于压迫水体。蛸类外套的内、外表层为纵肌结构,纵肌柔软不利于压缩水体,其收缩时必须增加代谢能量。

(2)枪乌贼类外套的肌肉系统有交替的环肌带和放射基带。环肌约占外套肌肉系统总容积的90%。枪乌贼类喷水推进时,主要凭借环肌的收缩,使外套的直径减小,迫使海水进出。蛸类的环肌约占肌肉系统总容积的50%,伸缩能力相对较弱。

(3)枪乌贼类的外套腔容积大,储水量大,射流力量相应增大,同时发达的端鳍摆动能够起到加速一定水体的作用。蛸类只能利用很小的外套腔,所容纳的水体有限。乌贼类虽然也具备较大容积的外套腔,但胴体周边的周鳍摆动主要起着平衡的作用,鳍盾形胴体相对长度参数也较小,因此,其喷水推进的速度慢于枪乌贼类和柔鱼类。

(4)枪乌贼类的外套肌肉系统还分化出"快抽动"纤维和"慢抽动"纤维。快抽动纤维中的肌丝多,收缩力强,其肌球蛋白——腺苷三磷酸酶还能促使化学能转换成机械能,在肌丝和酶的作用下,肌肉快速收缩,运动高速进行。但由于纤维组织的线粒体少,易疲劳,收缩不能持久,仅用于逃逸喷水。慢抽动纤维中的肌丝少,收缩能力弱,其肌球蛋白——腺苷三磷酸酶催化速度慢,肌肉收缩缓慢,运动低速进行,但纤维组织中的线粒体丰富,不易疲劳,收缩持久,一般用于低速游动。

枪乌贼类的缓慢游动一般是前进,运动速度只有 0.3 m/s 左右,而急速游动一般是后退或冲刺,运动速度可达 3 m/s 左右,为缓慢游动时的 10 倍,但这种运动时间短暂。此外,枪乌贼运动的绝对速度与体型的大小成正比,在集群洄游时,大的个体总是处于领先地位。

头足类尤其是枪乌贼类和柔鱼类,其喷水推进的灵活运动方式,特别是急速后退的能力,使它们的逃逸率较高,这是影响渔获量的一个重要因素。头足类喷水推进的特点既灵活又可加速,但所能加速的水体有限,不能像鱼类那样以身体尤其是尾部强烈摆动来加速大量的水体,因此其所需能量较多,动力学效率较鱼类低。

(二)组合运动模式

蛸类和某些十腕类喷水推进能力已经很弱,它们通常采用组合运动模式,包括鳍划水推进(有鳍类)、蠕动、泵水、"起飞式"和"伞漂流"等多种方式(图 1-87)。现以须蛸类为例分述如下:

须蛸类休憩于海底(图 1-87A),休息时口朝下,外套直立向后略弯,腕和腕间膜向外展开,远端向口侧内弯,两鳍与海底平行,眼睁开,当受到外界干扰时就开始移动。

(1)蠕动(Crawling)。蠕动方向向后,开始时蠕动甚慢,各腕延伸,但任何腕都不支撑身体重量,一旦获得了足够的速度,腹腕和腹侧腕(第 4 和第 3 对腕)开始支撑身体向后移动,而背腕和背侧腕(第 1 和第 2 对腕)准备支持身体,腹腕、腹侧腕和背腕、背侧腕交替支持身体,生物体不断向后移动(图 1-87B~E)。

(2)"起飞"(Take-off)。生物体在迅速逃脱时通常采用该种移动方式。起飞发生始于底憩、蠕动或"伞漂流"。起飞前腕远端向反口面弯曲(图 1-87F),通过头冠的收缩获得极大的推动力,这种瞬间的推动有时伴随着鳍煽动水流。生物体获得速度后身体立刻拉成纺锤形,以获得最小的游泳阻力。起飞后通常采用鳍划水推进。

(3)"伞漂流"(Umbrella-drifting)。生物体腕和腕间膜向外展开,远端略向反口面弯曲,口朝向海面,须直立,鳍折叠

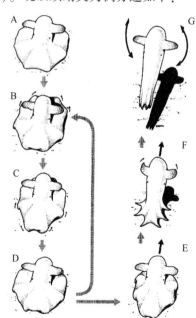

图 1-87 蛸类组合运动模式示意图

并附于外套上。"伞漂流"获得的游泳速度很慢,通常也不伴随着其他运动方式。

（4）鳍划水推进（Fin-swimming）。生物体以鳍扇动水流，从而获得游泳速度。运动方向朝后，外套先于腕部移动，运动时身体呈纺锤形，体轴与海底平行，背部朝向海面，腹部朝向海底（图1-87G）。

（5）泵水（Pumping）。这种运动方式起始于底憩或"伞漂流"。起始于底憩时，外套直立，鳍折叠并附于外套上，腕和腕间膜向外展开。生物体利用口面近端腕间膜蠕动水流，使水流向腕间膜边缘流动，由此，生物体获得与水流相反的运动速度（图1-88）。

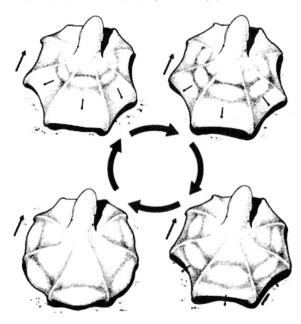

图1-88 蛸类泵水运动示意图

二、捕食行为

头足类属于掠食性动物，在捕食时，触腕突然从囊中伸出，触腕穗上的吸盘抓住猎物，然后用各腕抱持送入口中。凡海洋中的浮游、底栖和游泳动物无一不是它的捕食对象。相反，头足类又是抹香鲸、金枪鱼、鲨鱼、海鳗和带鱼等的天然饵料。当头足类在惊恐时，在漏斗口排出墨囊腔中积蓄的墨液，使周围海水变黑，借以隐藏避敌。而墨汁本身还含有毒性，可以麻醉敌人。

头足类平时喜欢捕食小型水生动物，如鱼虾类。捕食动作非常迅速准确。当它们发现猎物时，两眼紧盯目标并与其保持一定距离，以便随时发起进攻。除了鳍在轻微地波动外，全身处于静止状态。这时突见它全身肌肉强烈收缩，伴随着一大股水流从漏斗喷出，同时两根比其身体长几倍的触腕伸向猎物，用触腕穗上的吸盘将猎物牢牢吸住.然后将其拉入短腕的包围圈中，这一系列动作只需要几秒钟的时间，最后把猎物用角质颚咬碎并吃掉。头足类也有同类相食的习性。

三、逃避和集群行为

头足类有许多拒敌的本领，放墨就是主要的一种。头足类体腔里生有一个充满黑墨的囊袋。与喷水相似，墨液也是通过肌肉收缩从漏斗喷出的。喷墨主要用以防御敌害，平时并不轻易使出这一绝招。当它们被敌害迫捕时，其胴部的肌肉就会猛烈收缩，立刻释放出一团或几团浓黑的墨液。由于墨液中含有黑色素和黏液，因此释放后，它能扩散成一片弥漫的烟雾屏障。同时在墨汁中因含有乳腐氨酸，对猎物还有一定的麻痹作用。这样，喷射墨汁，不仅有利于隐藏自己，也有利于进攻。

头足类的背部具有丰富的色素细胞和明显的斑纹。通过色素细胞和虹彩细胞,随不同环境的背景改变体色,迷惑对方的视力。发生异情时,头足类周身的色素细胞剧烈地变化,以背部最为显著,在阳光下放射出异彩。这种变化不仅能够威吓敌方,而且还有助于头足类的摄食、吸引配偶等活动。在有些种类中,这种"暗语"是相当复杂的。

头足类为雌雄异体。头足类交配是以茎化腕传递精荚。受精后不久即产卵,卵产出后常成簇地黏附于附着物上,像成串的葡萄。在产卵的过程中,雌雄双双都向卵进行喷水清洁。

四、洄游

头足类具有明显的洄游行为,这与其他软体动物不同,而与鱼类却甚为相似。洄游是头足类生命周期中的重要组成部分,是保证种族延续繁衍的生存适应性。头足类移动包括垂直(Vertical migration)、水平(Horizontal migration)、昼夜(Diel migration)和季节(Seasonal migration)洄游4种类型,前两者是根据空间来划分,后两者则根据时间来划分。头足类大多数种类为多种洄游形式相结合。

头足类除了进行主动洄游形式的移动外,也常进行与本身生物学无关的移动,如遭到凶猛鱼类追捕时会潜入下层,或者当冷水团上升时迫使柔鱼类上浮。一些游泳能力较弱的仔鱼进行被动洄游,它们的集中、分散与海流密切相关,所以说,海流是运送头足类仔鱼的强大工具。每年柔鱼(*Ommastrephes bartramii*)仔鱼总是沿着黑潮的主轴内侧,从东南向西北漂移,当黑潮水系的路径改变,仔鱼的漂移方向也随之改变,因此,柔鱼的仔鱼被称做"黑潮系种"。

(一)地理洄游

地理洄游指水平季节性洄游,包括生殖洄游、越冬洄游和索饵洄游三种形式。生殖洄游,从越冬场向繁殖场进行交配产卵。越冬洄游,从繁殖场向越冬场进行肥育越冬。索饵洄游,从繁殖场向越冬场,或从越冬场向繁殖场洄游时,尤其是后一阶段,均伴随着索饵洄游(图1-89)。

头足类中的许多种类进行向岸或离岸洄游,而其他一些种类则在其个体发育过程中进行水平地理移动。某些大洋性种类的初孵幼体却分布于海山、岛屿或沿岸水域,某些沿岸底栖性种类的幼体却在外海开阔水域出现,这些都是头足类在个体发育过程中进行水平地理移动的重要佐证。少数几种大洋性开眼类,尤其西大西洋和日本沿岸外海的种类,进行长距离洄游,如柔鱼洄游最大距离超过2 000 km,平均速度可达20 km/d(图1-90)。大多数头足类的洄游并不是一个单一种群的长距离洄游,而是大体成辐射式的分支洄游,形成若干个地方种群(图1-90),无论是从越冬场开始的生殖洄游,或是从繁殖场开始的越冬洄游都是如此。

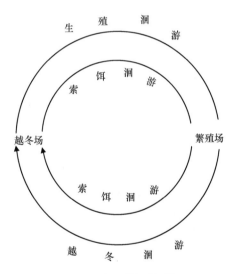

图1-89 头足类洄游周期

浅海性的头足类——枪乌贼类、乌贼类和蛸类,主要进行生殖洄游和越冬洄游,索饵洄游不突出,而大洋性头足类——柔鱼类和其他开眼类,三种洄游均形成明显的阶段。

蛸类的洄游范围最小,有的蛸类如长蛸,甚至只进行上下潮间带的移动;柔鱼类洄游的范围最大,枪乌贼类的洄游范围处于中间状态。

水温是引导生殖洄游的一个主要外界因素。水温上升,性腺成熟加快,生殖洄游逐渐形成。分布于北半球的太平洋褶柔鱼一般是北上交配,由深入浅,每日5~9 km;南下产卵,由浅入深,每日18 km以上,与水温仍然有着密切的联系。一些种在生殖集群期间,其产卵场的水温见表1-3。

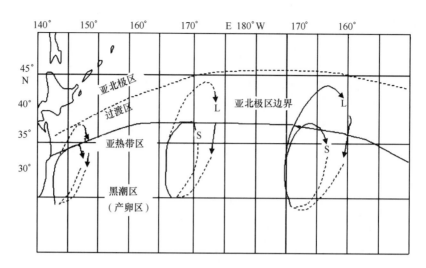

图 1-90　北太平洋柔鱼按大小类群的假设洄游路线

实线为亚北极边界,虚线为亚北极锋面。L 为大个体,S 为小个体。洄游路线内虚线表示在近表层向南洄游

表 1-3　几种头足类产卵场适宜水温

种名	产卵场水温(℃)	种名	产卵场水温(℃)
萤乌贼	11～15	中国枪乌贼	22～28
罗氏桑椹乌贼	12～20	日本枪乌贼	13～16
太平洋褶柔鱼	13～20	日本无针乌贼	18～22
柔鱼	17～20	短蛸	6～10

越冬洄游同样与水温密切相关。在亲体繁殖场出生的仔鱼,通常在繁殖场停留一段时期,再进行索饵和生长。水温降低的快慢,常导致越冬洄游开始的早晚。日本海西半部的水温较东半部下降得快,于是进行越冬的太平洋褶柔鱼离开西半部也较早。当黄海的水温在秋季降低较快时,胶州湾的金乌贼幼体就会提前集群游向黄海中部的越冬场。

索饵洄游在柔鱼类和其他开眼类的生命周期中占有重要地位。许多柔鱼类都有因追食沙丁鱼或磷虾而形成的索饵洄游,这种洄游方式为外海向近岸洄游。

盐度对头足类的洄游也有着重要的影响。除了圆鳍枪乌贼 Lolliguncula panamansis 等个别种类的体液渗透压调节机制比较完善,能适应 17.5～36 的盐度范围。洄游中能接近河口内湾外,绝大多数头足类的体液渗透压调节机制差,为狭盐性种类,喜较高或高盐度。在洄游过程中,当所经之处受到江河径流或降雨的影响,盐度有较大降低时,洄游路线会作相应改变。

(二)垂直洄游

头足类垂直移动有两种形式:一种是昼夜间的垂直移动,常被称作垂直洄游,即白天栖息于深水区,晚上洄游至表层水域索饵;另外一种垂直移动形式,某些头足类在其个体发育过程中随着胴长的增加,分布水层逐渐下潜,仔稚鱼期通常生活在近表层水域,成体时期生活水层加深,通常不看作是垂直洄游。

头足类昼夜间的垂直洄游是由 D'Orbingy(1841)首先报道的,他发现头足类晚上生活在表层水域,而白天则下潜。头足类不同类群垂直活动能力不同,如:一些中上层种类垂直活动约从 200 m 以上表层水域至中层水域(图 1-91);太平洋褶柔鱼约从表层至 300 m 左右;茎柔鱼约从表层至几千米;枪乌贼类约从表层至几百米左右;乌贼类约从表层至几十米左右;底栖的蛸类垂直活动范围小;而有些种类则不进行垂直活动,整个生命周期都待在一个水层。

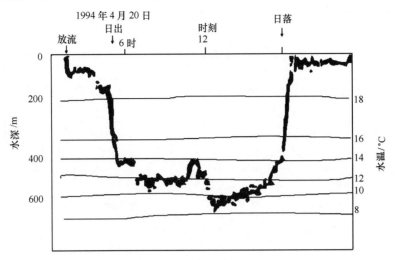

图 1-91　西北太平洋海域柔鱼昼夜垂直移动

第五节　头足类生物学特性

一、年龄与生长特性

(一)生命周期

根据目前对头足类的研究结果和所积累的事实表明,由于头足类运动活力强,摄食数量大,消化转换能力快,促进生长迅速,性成熟早的特性。大多数中型和小型头足类的寿命为 1~2 年。大型头足类可有几个年龄组,寿命长的可达 8~10 年,或更多一些。

个体衰老死亡适应性的实质不仅在于为后代腾出"生存空间",而且往往还具有其他意义。如雄性的寿命比雌性短,这对提高种群再生产能力甚为重要,因为雌性大量增加,种群繁殖力就迅速提高。

根据多方面的事实表明,中小型头足类的寿命只有 1~2 年。主要理由有:

(1)从生物学方面来看。头足类经繁殖后,亲体耗损很大,体质显著消瘦,体重明显减轻,胴体干瘪疲软,腕足乏力下垂,体态已显著濒临死亡。这些状况在饲养乌贼产卵后的个体均已死亡,已得到证实。

(2)在产卵场经过频繁的繁殖活动后,乌贼类在海面上漂流着大量的无头乌贼尸体或内壳;枪乌贼和柔鱼类在海底堆积着大量的角质内壳,在拖网中经常可获得,渔民称这些海区为柔鱼或枪乌贼的"墓地"。印度洋中亚丁湾底部沉积物中,鸢乌贼角质颚的数量很大,每平方米超过 1 000 个,而在中心区每平方米的角质颚高达 13 000 个,也是鸢乌贼资源潜力的重要实证。

(3)通过大量的标志放流工作,尚未有重捕老年个体的记录。但是雌性个体的寿命一般比雄性大 3~6 个月左右。

头足类的生命周期存在较大变化。鹦鹉螺性成熟需要 15 年,性成熟后仍可以生存好几年。与鞘亚纲相比,例如乌贼类、鱿鱼类和蛸类,它们中的多数生命周期不到 1 年,极少数种类可达 5 年。小型暖水种生命周期仅有几个月(表 1-4)。在如此短的生命周期内,生物体要达到性成熟和相应的体长,因此它们的生长速率相当大,实验室饲养和野外调查研究都证明了这一点。巨型的大王乌贼的寿命,至今还是一个谜。

表 1-4　部分头足类的生命周期

	属和种	生命周期(月)
鹦鹉螺亚纲	鹦鹉螺属	
	鹦鹉螺	240
鞘亚纲乌贼目	乌贼科	
	乌贼	18~24
	耳乌贼科	
	粗壮耳乌贼	6~9
	小乌贼	7~8
鞘亚纲枪形目	闭眼亚目	
	皮氏枪乌贼	13~22
	乳光枪乌贼	14~36
	枪乌贼	18~24(F)　36~42(M)
	开眼亚目	
	滑柔鱼	12~18
	鳞乌贼	24~36
	茎柔鱼	12~36(F)　9~12(M)
鞘亚纲八腕目	沟蛸	8~17
	蓝蛸	12~15
	周氏蛸	6.5~11.5
	玛雅蛸	10
	真蛸	12~20
	尖盘爱尔斗蛸	15~20
	爱尔斗蛸	15~24
	水蛸	36(F)　48~60(M)
	深海多足蛸	48

（二）个体大小

根据头足类的胴长和体重大小,董正之(1991)将头足类分成五种类型:

(1)巨型头足类。如大王乌贼,最大胴长可达 5 m,最大体重可达 1 t;

(2)大型头足类。如桑椹乌贼,最大胴长为 2 m,最大体重为 50 kg;

(3)中型头足类。如中国枪乌贼,最大胴长为 0.47 m,最大体重为 0.6 kg;

(4)小型头足类。如日本枪乌贼,最大胴长为 0.12 m,最大体重为 0.1 kg;

(5)微型头足类。如玄妙微鳍乌贼,最大胴长为 0.018 m。

中小型头足类是目前人类重要的开发和利用对象,一些形成了规模化的生产,如柔鱼、太平洋褶柔鱼、阿根廷滑柔鱼、茎柔鱼、真蛸、日本无针乌贼等。

（三）生长情况

头足类的生长情况可以从其耳石、角质颚和内壳横纹面上得到具体反映。耳石可分为小而密的日生长纹和大而疏的月生长纹两种。Spratt(1978)根据耳石上最高为25轮月生长纹推断,乳光枪乌贼的寿命为2年,1~1.5年产卵,并求得其生长模式(图1-92)。Clarke(1965)在研究强壮桑椹乌贼角质颚下颚轮纹中发现,轮纹的生长周期为6或12个月,假设1年形成一轮,则这种大型乌贼至少能活10年。八木(1960)对东京湾中金乌贼内壳生长纹的测定结果是:生长纹平均3.5日生长一轮,8月底至9月初增加快速,约1.5日形成一轮。倪正雅、徐汉祥(1985)在对日本无针乌贼生长和年龄的研究中,发现在幼体期和产卵前期,内壳生长纹增长缓慢;在生殖期间,内壳生长纹增长停滞;在索饵期间,内壳生长纹增长迅速。他们认为内壳生长纹和日龄的关系是一条S型曲线。

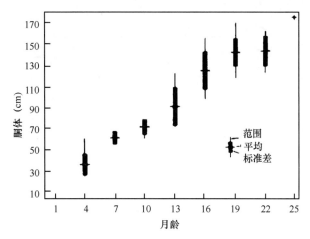

图1-92 利用耳石求得乳光枪乌贼生长模式(据Spratt,1978)

(四)生长特点

头足类的生长速度很快。一些中小型的头足类在生长半年后,一般都能长到接近亲体的胴长。据新谷(1967)研究,太平洋褶柔鱼1月份稚仔孵化,5月份胴体背长达到6~7 cm,到9月份达到22~23 cm,12月份以后生长缓慢,1月份达到24~25 cm进行产卵(图1-93)。因此认为其寿命大约为1

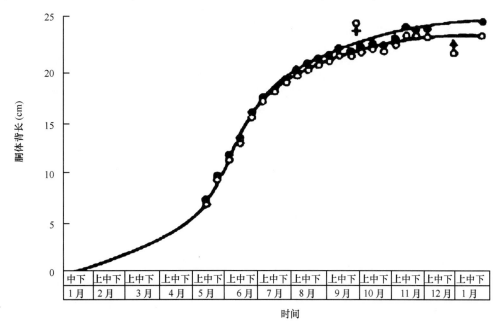

图1-93 太平洋褶柔鱼生长曲线(据新谷,1967)

年。而分布在北太平洋的柔鱼,其胴长组成随着季节有着较大的变化(内藤,1977),村上(1981)认为,夏秋群柔鱼的雌雄个体,其大小相差5~6 cm。在秋末,雄性个体胴长达到30 cm时加速成熟;而雌性个体胴长在40 cm时才开始慢慢成熟(图1-94)。村田(1990)利用Von Bertalanffy生长方程推算了柔鱼雌雄个体的生长曲线(图1-95)。许多柔鱼类、枪乌贼类和乌贼类的月平均胴长为20~30 mm。

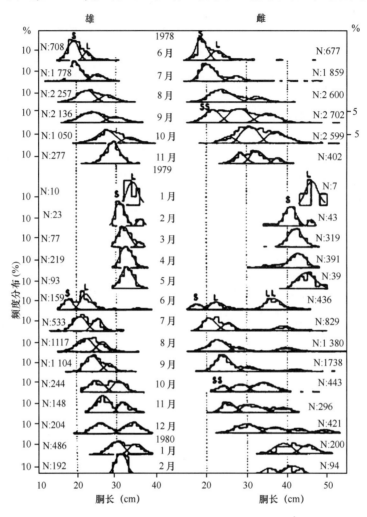

图1-94　柔鱼胴长组成与季节变化(据村上,1981)

SS:特小型群;S:小型群;L:大型群;LL:特大型群

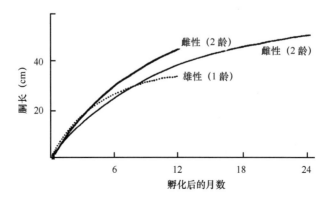

图1-95　柔鱼雌雄个体的生长曲线(据村田,1990)

　　头足类的生长速度随季节有差异,通常在索饵阶段摄食频繁,生长加快。在繁殖期间,摄食甚至停滞;在越冬阶段摄食活动较少,生长缓慢。

　　同时,在不同生长阶段,其生长速度也不同。如胴长 50 mm 左右的太平洋褶柔鱼,胴长和体重的平均值增加较慢;胴长 60~70 mm 时,胴长和体重的平均值急剧增加;胴长 90~180 mm 时,胴长和体重的平均值增加较快;胴长超过 180 mm 后,胴长和体重的平均值增加缓慢。

　　种内大型群和小型群以及不同繁殖群的生长速度也不同。如北太平洋的柔鱼分布在西经水域的秋生群(大型 LL 群)每月胴长平均增长 30~40 mm,分布在 170°E 以西海域的夏生群(小型 S 群)每月平均增长 20~30 mm。又如剑尖枪乌贼的春生群,胴长的月平均生长量约为 18~20 mm,夏生群和秋生群胴长的月平均生长量约为 18 mm。

　　头足类的生长在性别上也呈现显著的差异。如北太平洋西经海域的柔鱼秋生群经过 1 年生长,雌性最大胴长达到 600 mm,而雄性最大胴长仅 450 mm。

　　此外,头足类的生长发育与海洋环境条件有着密切的关系。夏苅(1988)研究认为,剑尖枪乌贼 *photololigo edulis* 的生长速度与孵化期水温高低有很大的关系。在高水温期,雌雄个体差异较大,雄性个体经过 1 年的生长,其胴长可达到 30~40 cm,雌性个体为 20~26 cm。但在低温期,雌雄个体差异较小,其胴长均在 20~25 cm 间(图 1-96)。

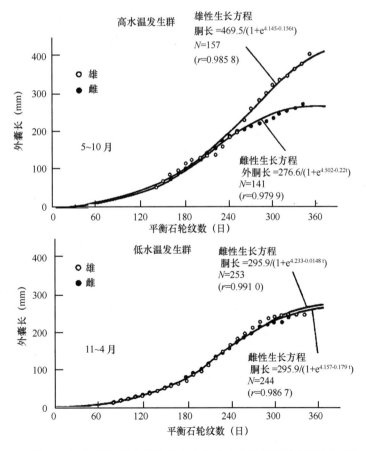

图 1-96　利用耳石求得的剑尖枪乌贼的生长方程(据夏苅,1988)

(五)年龄和生长的研究方法(引自陈新军等,2006)

　　年龄与生长是渔业生物学的重要研究内容。了解头足类的年龄和生长特性,有利于掌握其生活史、估算种群数量及其资源变动,从而为头足类资源的可持续利用和开发提供科学依据。在过去几十年中,人们对头足类的年龄与生长进行了大量的研究工作,在此对其研究方法做一总结和评述。

1. 长度频度分析法

长度频度分析法是用于研究鱼类年龄和生长的一种传统方法。Pauly(1985)、Longhurst 等(1987)、Jarre 等(1991)根据胴长频度分布数据,认为头足类的生长符合渐进式模型,适合用 Von Bertalanffy 生长方程来描述。Jackson(2000)根据枪乌贼 Loligo spp. 的生物学特性和生长数据,利用 ELEFAN 软件模拟分析得出渐近式生长的 Von Bertalanffy 模型,并推断其生命周期大于 35 个月,而实际上其生命周期只有不到 200d。由于大多数头足类如科氏滑柔鱼 Illex coindetii,在其生命周期内多次产卵,且存在较大规模的洄游现象,使得大小不同的群体混杂在一起,因此,在年龄和生长分析时无法排除种群或群体之间的干扰。由于头足类属于常年产卵、生长迅速且生命周期短的物种,一些学者认为长度频度分析方法不适合用来研究头足类的年龄和生长,而利用耳石轮纹来研究其年龄和生长可能是更为可行的方法。

2. 利用角质颚研究年龄和生长

用于头足类年龄和生长研究的主要为角质颚的长度及其轮纹。Jackson 等(1996)以分布在新西兰南部海域的新西兰双柔鱼为研究对象,对其上角质颚长(upper rostral length,URL)、下角质颚长(lower rostral length,LRL)与其体长(ML)和体重(W)进行了回归分析,发现取对数值后的 URL 和 LRL 与 ML、W 关系显著,他认为可通过对角质颚的长度来了解新西兰双柔鱼的生长情况。Gröger 等(2000)同样建立了寒海乌贼的胴长(ML)、体重(W)和下角质颚长(LRL)之间的关系式,分别为 $ML = 50.6895LRL - 9.6008LRL^2 + 1.0823LRL^3 - 8.7019$($R^2 = 0.9259$),$\ln(W) = 0.3422 + 2.1380 \ln(LRL) + 0.2214(LRL)^3$($R2 = 0.9517$),虽然它们之间不是线性关系,但是所建立的模型相关性显著。Jackson 等(1997)认为,分布在福克兰岛附近海域强壮桑椹乌贼的上下角质颚长度很好地反映了其生长状况,与新鲜的角质颚长相比,干燥后的角质颚长更能反应强壮桑椹乌贼的生长。同时,有研究发现,强壮桑椹乌贼雌雄个体的角质颚存在一定的差异,建议将雌雄个体分开建立胴长或体重与角质颚长度之间的关系,其相关性可能会更好些。

角质颚轮纹位于角质颚内侧并呈同心圆分布,中心在角质颚的顶端。但顶端的一些轮纹在生长过程中经常被腐蚀,第一轮通常看不到,顶端部分轮纹不连续且不清晰,而分布在边缘附近的轮纹色素沉积少,清晰可见。头足类的角质颚反映了其活动的规律和内源节律。Clarke(1965)在研究强壮桑椹乌贼的角质颚中,发现了同心生长纹的结构。Raya 等(1998)在真蛸角质颚中也发现生长纹。Hernández-lópez(2001)研究发现,在真蛸的研究样本中,有 48.1%的仔鱼角质颚轮纹与其生长天数相等,22.2% 和 29.6%稍微分别多于或少于生长天数,因此,孵化后角质颚的轮纹基本是"一日一轮",轮纹数与胴长(ML)和体重(W)的相关系数 R^2 分别达到 0.858 和 0.766,统计检验显著。此外,研究表明,雌雄个体对角质颚的轮纹沉积没有差异,但温度影响着轮纹的间距,夏季的轮纹间距大于冬天轮纹间距。

3. 耳石轮纹用作年龄和生长的研究现状

头足类的耳石日生长轮纹类似于鱼类,是一种很好的信息载体,具有信息输入稳定和输入信息储存良好的特点。利用耳石轮纹研究头足类年龄和生长需要准确性(轮纹数的测量值接近真实值)和精确性(同样实验条件和测量方法下轮纹的测量值可重复性高)。影响精确性和准确性的因素有:①耳石研磨方法的掌握,特别是研磨平面的确定至关重要;②日轮与亚日轮的鉴别;③初始轮纹(零轮)的确定。尽管存在这些问题,但是通过采用科学的耳石制片法,改善观察手段,例如采用扫描电镜技术代替光学显微镜技术、利用半自动影像分析等,准确性和精确性问题是可以解决的。因此,利用耳石微结构是研究头足类年龄可靠而准确的方法。

Young(1960)最先在真蛸的研究中发现耳石的轮纹结构,Clarke (1966)对鱿鱼类的耳石结构进行了分析与描述。Lipinski(1979)则提出了"一轮纹等于一天的假说"。最先利用头足类耳石研究其年龄和生长的种类有:滑柔鱼、乳光枪乌贼和黵乌贼等。利用耳石的生长轮纹估算科氏滑柔鱼、褶柔鱼、阿根廷滑柔鱼、安哥拉褶柔鱼等种类的生命周期为1年。

由于头足类的年龄和生长受到生物因素(饵料、敌害、空间竞争等)、非生物因素(温度、光照、盐度等)等多方面的影响,因此,基于耳石的年龄鉴定所得的生长模型有多种,如符合线性生长模型的种类有滑柔鱼、褶柔鱼、阿根廷滑柔鱼,符合指数生长模型的有安哥拉褶柔鱼,符合幂函数生长模型的有福氏枪乌贼,符合 Logistic 生长模型的有夜光枪乌贼科的夜光尾枪乌贼和芽形火乌贼,符合 Logarithmic 生长模型的有大西洋武装乌贼等。线性生长模型通常适合生长初期的个体,曲线生长模型则适合年龄覆盖范围广的个体。在利用耳石研究头足类生长时,往往采用多个生长模型相结合的方法。

4. 利用内壳研究年龄和生长

在内壳中能够观察到周期性的生长纹,但在利用枪乌贼科和柔鱼科的内壳生长纹用来研究年龄时应十分谨慎。与内壳生长纹相比,内壳长度用来研究头足类整个生命周期的生长可能较为合适。

二、种群结构

头足类的种群结构划分通常可按不同产卵季节、不同空间分布和洄游路线等进行,即形成不同的产卵种群和不同的地理种群。

(一)产卵种群

因繁殖季节不同,有些头足类种内可分为多个产卵种群,它们的季节性有同有异,例如:

(1)鸢乌贼。分布在西北印度洋海域,可分为春生群、夏生群和秋生群。

(2)太平洋褶柔鱼。分布在日本周边海域和东海外海,可分为秋生群、冬生群和夏生群。

(3)双柔鱼。分布在新西兰周边海域,可分为春生群、秋生群和夏生群。

(4)中国枪乌贼。分布在中国近海海域,可分为春生群、秋生群和夏生群。

(5)剑尖枪乌贼。分布在西太平洋海域,可分为春生群、秋生群和夏生群。

乌贼类和蛸类的产卵群体较为简单,多数种类只有一个产卵群,以春季产卵群体为主。

(二)地理种群

一些大洋性柔鱼类分布很广,因此它们有着一些不同地理种群,各地理种群有着自己的洄游路线和生活史。比如,分布在北太平洋海域的柔鱼可分为秋生中部群体、秋生东部群体、冬春生西部群体和冬春生中东部群体。

(三)种群结构研究方法(引自陈新军等,2006)

研究头足类的种群结构,对于保护、合理开发头足类资源有着相当重要的意义。目前头足类种群结构的研究方法主要有:形态学方法、生态学方法、生物化学方法以及分子生物技术法等。

1. 形态学方法

形态学方法为鉴别种群的传统方法,它通过对分节特征、体型(度量)特征和解剖学特征的测量和鉴定,依据这些特征的差异程度来划分种群。在头足类种群鉴定中,其耳石、内壳、齿舌、外套膜等形态学特征均得到一定程度上的应用。但种类不同,其适宜的形态学特征鉴定材料也可能不同。例如，Clarke（1998）、Nixon（1998）等利用内壳、耳石、齿舌及其他外部形质（外套膜花纹、腕长和体形等），配合解剖学和胚胎发育学的特性来分析乌贼属 *Sepia* 的系统分类；Khromov（1998）依照其外形特征将乌贼属分为6个种。

硬组织（如耳石等）是较好的生物分类材料之一，利用耳石的生长轮纹宽度、清晰度、标记轮有无、微量元素含量、同位素的比率等，可以较为方便地鉴别头足类的不同种群。Natsukari（1988）利用耳石推算剑尖枪乌贼的孵化期，区分了暖水性和冷水性两个种群。Arguelles 等（2001）利用胴长、耳石的日增长量及其亮纹带，对秘鲁海域的茎柔鱼 *Dosidicus gigas* 种群结构进行了分析，认为可分为胴长小于490mm 和大于520mm 的两个种群，它们的最大年龄分别为220d 和354d；根据推算，一个种群大约在秋冬季产卵，并于春夏季补充到渔业，另一个种群约在春夏季产卵，在秋冬季补充到渔业。Arkhipkin（1993）认为，分布在大洋和大陆架的阿根廷滑柔鱼，它们的耳石结构（生长环的颜色、清晰度等）存在着显著的稳定性差异。

利用形态的度量特征及其比例的变动，并结合数学统计模型来研究头足类的种群结构也得到一定程度上的应用。如 Pierce 等（1994）利用胴体和角质颚的度量特征数据，并结合多变量的统计分析方法，成功地应用于亚速尔群岛周边海域福氏枪乌贼的种群研究，认为它是来源于欧洲大陆的枪乌贼种群；Boyle 等（1988）、Mangold 等（1991）利用胴长、腕长以及头重和体重等形态学特征数据及其比例的变动分别对尖盘爱耳斗蛸 *Eledone cirrhosa*、真蛸种群结构进行了研究。Brunetti 等（1992）对利用耳石的总长、丘部长和宽、吻部长、翼宽等特征，对分布在西南大西洋海域的阿根廷滑柔鱼夏生群和北巴塔哥尼亚群进行了对比研究，发现雌雄个体之间、同一性别的不同群体间耳石度量特征有着显著差异。陈新军等（2002）根据胴长、鳍长、鳍宽、眼径、右1腕长、右2腕长、右3腕长、右4腕长和右触腕穗长9个形态特征指标值，利用变权聚类法，将西北太平洋165°E 以西海域的柔鱼划分为2个种群，其形态特征值差异显著。杨德康（2002）根据拖网兼捕的渔获物个体大小，将分布在亚丁湾附近海域的鸢乌贼，初步分成春生群、夏生群和秋生群3个繁殖种群；叶旭昌等（2004）根据印度洋西北部海域鱿钓船钓捕的鸢乌贼渔获个体组成，初步判断其存在大中小3个种群。

但是，在研究中发现，形态学分类特征可以描述头足类物种的地理变异，也存在一些缺陷，如一些形态特征易受到生物和非生物等外部环境条件以及人为和捕捞因素的影响。例如，通过对西南大西洋海域阿根廷滑柔鱼的4个产卵群体的外套膜宽度和厚度、肉鳍和头部的长和宽、腕长、触腕和触腕吸盘的直径、茎化腕、齿舌的形态和精囊复合体结构的检测表明：绝大多数形态学特征在这些季节性群体中表现为重叠性变化，仅有精囊腺的大小存在着显著性的差异，夏生群比秋生群和冬生群大约1.5倍。但是这一差别与不同群体的生长状况有关，不是一个稳定的标记。Nigmamllin（1989）认为，形态学研究在阿根廷滑柔鱼种群鉴定方面的作用有限。由于形态学特征易于测定，仍被广泛应用于头足类的种群研究中，初步认为头足类的硬质组织（如内壳、角质颚和耳石等）要比软质组织（如腕足、触腕和外套部等）更适合于种群的鉴定，并更为有效。

2. 生态学方法

生态学种群鉴定方法通常包括了不同生态条件下种群的生活史及其参数的差异性比较，如生殖指标、生长指标、年龄指标、洄游分布、寄生虫以及种群数量变动等。这些生态离散性和差异性产生于时间和空间的不均匀性，其中生殖及分布区的隔离往往成为判别种群的最重要标志。

根据头足类性成熟时产卵特性、产卵季节和性成熟时个体大小等，Augustyn 等（1993）对南非沿岸海域枪乌贼的种群结构进行了研究。Segawa 等（1993）根据产卵模式对冲绳（Okinawa）浅海海域莱氏拟乌贼种群结构进行了研究，认为该海域的莱氏拟乌贼不止存在一个种群。Boyle，Ngoile（1993）和 Dunning（1993）依据补充群体的模式分别对福氏枪乌贼和柔鱼种群结构进行了研究。

Bower，Margolis（1990）根据渔获物中寄生虫的不同，对北太平洋海域的柔鱼种群进行了划分；Roper，Hochberg（1988）、Norman（1992 a,b）等根据头足类的行为和体色变动模式，对 *Octopus spp.* 种群进行了研究。

此外，还有根据地理分布的不同进行种群的鉴定与划分。Allmon（1992）认为在不同区域中，孤立的头足类物种产生至少包括形成、持续和分化三个阶段，才能产生不同的地理种群。分布在新西兰周边海域的双柔鱼被划分为两个地理种群：南部海域为新西兰双柔鱼，新西兰北部和澳洲南部海域为澳洲双柔鱼，分析认为这两个种群是由于地理分布隔离所形成的。Araya（1976）、Bravo de Laguna（1989）、Coelho 和 O'Dor（1993）等也依据地理分布的不同，分别对分布在日本周边海域的太平洋褶柔鱼、撒哈拉附近海域真蛸和东北大西洋海域滑柔鱼等的种群结构进行了研究。

3. 生物化学方法

生物化学方法包括了同工酶电泳技术和染色体多态性等的研究。同工酶标记可以从蛋白质水平上反应生物的变异情况，目前在头足类种群鉴定中得到一定的应用，主要运用同工酶电泳技术比较基因表达产物——蛋白质的异同来探讨物种的遗传变异情况，从而进行种群的鉴定。如 Gathwaite 等（1989）对皮氏枪乌贼 *Doryteuthis pealei* 和普氏枪乌贼 *Doryteuthis plei* 进行了研究，认为它们在同工酶水平上存在着明显差异；新西兰双柔鱼和澳洲双柔鱼的同工酶水平差异性也较为明显；枪乌贼和好望角枪乌贼 *Loligo reynaudi* 分别生活在非洲南部和西北部，形态学上虽无差异，但同工酶分析表明彼此间的差别是亚种水平的，认为南部非洲的西部存在寒冷而且溶解氧缺乏的水域可能是造成地理隔离的原因。此外，该技术也成功地应用于西南大西洋海域的阿根廷滑柔鱼、巴塔哥尼亚枪乌贼 *Doryteuthis gahi*、东北大西洋海域福氏枪乌贼和贝乌贼 *Berryteuthis magister* 的种群鉴定中。

目前，采用同工酶电泳技术研究的 20 多种头足类中，绝大多数种类的遗传变异性都相当低，其原因可能是该技术的局限性造成的，可能主要适用于种或者种以上头足类的鉴定。

4. 分子生物技术法

DNA 分子标记大多是以 DNA 片段电泳图谱形式表现出来。按其多态性检测手段，可分为以 Southern 杂交技术为核心的分子标记和以 PCR 扩增技术为核心的分子标记；按其在基因组中的出现频率，可分为低拷贝序列和重复序列标记等。近年来，随着 DNA 分子标记的迅速发展，相继建立了限制性片段长度多态性（RFLP）、随机扩增多态性（RAPD）、DNA 指纹、微卫星 DNA、线粒体 DNA、单链构象多态性（PCR-SSCP）等专门研究物种遗传多样性和种群结构的方法。

（1）限制性片段多态性（Restriction Fragment Length Polymorphism，RFLP）。该方法在头足类种群结构研究中也得到了部分应用，如 Norman 等（1994）采用 mtDNA RFLP 对东北大西洋海域福氏枪乌贼（*Doryteuthis forbesi*）的遗传变异及其种群结构进行了研究；Herke 等（2002）采用 RFLP 生物标记对西北大西洋和墨西哥湾的皮氏枪乌贼的种群结构进行了研究；Maria 等（2003）采用核苷酸序列和 PCR-RFLP 相结合的方法对 7 种头足类的种群进行研究，同时还对 17 种头足类进行了种类鉴定。

（2）微卫星（Microsatellite）标记。Shaw（1997）利用多态性微卫星标记研究东北大西洋的福氏枪乌贼种群的遗传变异情况；Adcock 等（1999）利用从阿根廷滑柔鱼中分离多态微卫星标记，对滑柔鱼属的滑柔鱼、阿根廷滑柔鱼和科氏滑柔鱼进行了分析，其中阿根廷滑柔鱼的平均杂合度观测值为 0.76，而先前同工酶电泳的平均杂合度观测值是 0.011；Michael 等（2000）利用 6 个微卫星位点对皮氏枪乌贼种群结构的遗传多样性进行了研究；Kassahn 等（2003）利用同工酶电泳技术、微卫星等位基因技术和线粒体细胞色素氧化酶Ⅲ（cytochrome oxidaseⅢ）基因核苷酸序列测定相结合的方法对澳大利亚海域澳大利亚巨乌贼 *Sepia apama* 种群结构进行研究,认为澳大利亚海域东海岸至西海岸存在两个独立的地理种群;Shaw 等(2004)对巴塔哥尼亚附近海域的巴塔哥尼亚枪乌贼在季节和地理分布上的产卵群体中是否存在不同种群进行了微卫星标记研究。Shaw 等(2000)和 Greamrex 等(2000)分别对乌贼和真蛸的种群结构也进行了分析。

(3)随机扩增片段长度多态性(Random Amplified Polymorphic DNA,RAPD)。该方法在头足类种群研究中得到初步的应用,如 Chester 等(2003)为了验证在马尔维纳斯群岛周围海域的强壮桑椹乌贼是否存在一个独立的随机交配种群,采用 RAPDs 技术对该种类的种群进行了研究。

其他的分子生物学方法如单链构象多态性、双链构象多态性、扩增片段长度多态性(Amplified Fragment Length Polymorphism,AFLP)等也都是物种亲缘关系和系统发生关系研究的一些重要工具,但是它们在头足类种群结构和遗传变异的研究中没有得到应用。

头足类种群结构的研究在世界范围内已经取得了很大的进展,传统的形态学和生态学方法为头足类种群鉴定提供了基本的手段,运用头足类耳石的生长轮,对其年龄、生长和产卵期、产卵地等进行推算是当前研究的主要手段,而分子生物技术和分子遗传标记的应用,为头足类种群的研究提供了一些新的思路,同时增加了研究头足类种类及它们各个种群的知识。对于寿命短、生长发育快的头足类而言,其种群结构与个体的生长率、发育状况、繁殖一样,都与海洋环境因子有关,因而,在种群结构的研究中应该结合环境因子数据,如水温、盐度、海流等。研究表明,大洋性的柔鱼类因繁殖季节的不同通常可以分为几个繁殖种群,种群结构较为复杂;而浅海性的乌贼类和蛸类种群结构比较简单,多数种类只有一个繁殖种群。

对头足类的形态学分析,不仅要依赖于传统方法(软体部的测量),而且要重视对坚硬组织(如耳石、齿舌、内壳和角质颚等)的结构研究,同时与分子遗传标记相结合,才能较好地反映出种群的特征和变异。此外,还应加强对头足类的基础生物学,特别是分类学、生活史方面(如产卵个体、幼体的生长模式和栖息环境)、种群洄游分布等问题的研究。

三、摄食习性

(一)捕食功能

头足类经过漫长的演变与进化过程,已获得了一系列摄食适应的器官和功能。从外部形态结构和内部生理消化以及高度特化的脑神经中枢都确保了捕食行为的敏捷和有效。例如:高度特化的脑神经中枢,传导速度很快的大神经,使捕食活动敏捷迅速;结构完善的眼睛,特别是眼球裸露的开眼类,能在开阔的大洋中保持良好的视野;伸缩自如的触腕,能在猎物猝不及防下突然伸出攫捕,且触腕穗上的吸盘吸力强大,钩爪锋利。蛸类虽无触腕,但具有 8 只粗壮有力的长腕,是抓捕猎物的利器,甚至能打开双壳软体动物的壳口;喷水推进使柔鱼类、枪乌贼类能进行不同方向的高速冲刺,追赶猎物,同时几乎所有的头足类均有在上下水层空间里进行垂直活动的能力;口球中有由上、下颚构成的角质颚,角质颚坚韧锋利,能咬碎甲壳类的外壳、鱼类的骨骼以至双壳软体动物的外壳;齿舌具有磨锉食物的功能。

枪乌贼类和柔鱼类的肝脏发达,能分泌大量有消化作用的肝酶,枪乌贼消化食物的持续时间仅为 4~6 小时。蛸类的肝脏很小,肝酶的分泌量少,但发达的唾液腺补偿了这一缺欠,它的分泌物能湿润食物,便于嚼或吞咽,对内分泌消化酶,对外分泌毒素麻痹猎物,并能产生化学酸,有腐蚀能力,能配合唾液腺乳突在贝壳上打洞。

(二)摄食习性

头足类属于掠食性凶猛动物,对捕食对象几乎没有选择性,鱼类、甲壳类、软体动物、多毛类、毛颚类等,均在捕食的范围之内,并且具有明显的同类残食、同种残食现象,这是头足类捕食活动中的一个突出特点。

各种头足类因生活阶段和栖息水层的不同,它们的主要捕食对象也各有差异。例如柔鱼类,在幼体阶段主要捕食糠虾类、端足类、桡足类、蟹类的大眼幼体等;而在成体阶段,主要捕食中上层性的磷虾类、拟健将蛾、灯笼鱼、小公鱼、飞鱼、鲹类、沙丁鱼类、鳀鱼等,同时也捕食少量的鳕鱼、玉筋鱼和蟹类等。枪乌贼类,其幼体主要捕食端足类、糠虾类和甲壳类的幼体等,而成体主要捕食中上层性的鲐鱼、鲱鱼、鲹类、银汉鱼以及它们的幼鱼,也捕食少量的鳕鱼类和多毛类等。对浅海性的乌贼类,其成体主要捕食中下层性的虾蛄、扇蟹、双壳类软体动物和多毛类等,也捕食少量的沙丁鱼、银汉鱼和毛颚类等。对浅海性的蛸类,其主要捕食对象为贝类、甲壳类和鱼类,但随时空变化较大,总的比率以底栖生活的双壳类、蟹类较高。

(三)食物关系

头足类在海洋食物网中,是大型鱼类和海洋哺乳动物等的重要食饵。从头足类的捕食者与被捕食者关系看,头足类位居海洋营养级金字塔的中层,具有承上启下的作用。头足类的数量变动,对各级海洋生物的数量变动都有着直接或间接的影响,而由此扩展的一系列营养联系,就更加复杂(图1-97、图1-98)。

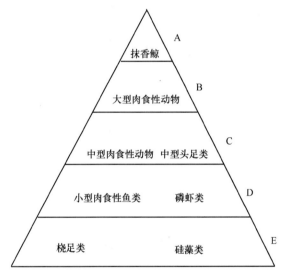

图1-97　头足类在营养级金字塔中的位置
(据董正之,1984)
A. 高级肉食性动物 B. 次高级肉食性动物 C. 中级肉食性动物 D. 低级肉食性动物 E. 植食性动物和海洋植物

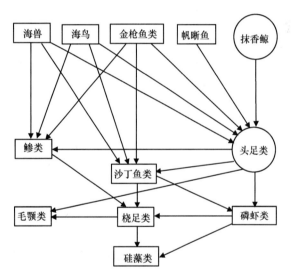

图1-98　头足类的营养联系(模式)(据董正之,1984)

在大陆架栖息的近底层鱼类中,胃含物内头足类出现的频率也较高,在鱼类胃含物中的生物重量也很高。例如在黄海,头足类在带鱼食物组成中的平均重量为10.83%,平均饱满指数为18.88‰(韦晟,1980)。在东海,头足类在带鱼饵料生物中的生物重量占36.97%,为14个饵料生物类群中的第二位;在鳓鱼饵料生物中占21.10%,为13个饵料生物类群中的第二位;在海鳗饵料生物中占13.22%,为7个饵料生物类群中的第三位。在大型的肉食性鱼类胃含物中,如金枪鱼类、帆蜥鱼等,头足类出现频率也很高,它们是头足类的重要捕食者。例如分布在澳大利亚北部外海的犁鳍沙条鲨,其胃含物中头足类(章鱼类、僧头乌贼类)出现频率为94.7%;分布在西北大西洋深海、斜坡和隆起海域的黑霞鲨,其胃含物中的头足类出现频率为81.5%;分布在西南印度洋海域的黄鳍金枪鱼,头足类出现频率达到90%以上,主要为枪乌贼类、柔鱼类和蛸类;分布在太平洋海域的长鳍金枪鱼,头足类在其胃中的出现频率为 62%,在肥壮金枪鱼胃中的出现频率为 83%,在黄鳍金枪鱼胃中的出现频率为 29%。分布在葡萄牙附近海域的剑鱼,主要捕食滑柔鱼类,其所占比例为 62.8%。分布在太平洋中部的帆晰鱼,主要捕食单盘蛸科和钩鱿科等头足类,其所占比例为 76%;而分布在大西洋马德拉群岛海域的帆蜥鱼,在其胃含物中发现 18 种头足类种类,该海域总共只有 22 种头足类;在南太平洋海域,有 17 科头足类发现于帆蜥鱼的胃中(王尧耕,陈新军,2005)。

鲸类是头足类的重要捕食者。据 Clarke(1996)研究,鲸类中的每一科均以一定数量的头足类为食,主要头足类在鲸类胃含物中出现率情况见表 1-5。对不同的鲸科,其摄食的头足类比例不一样。如剑吻鲸科,其出现频率最高的为爪乌贼科和蛸乌贼科(表 1-5)。抹香鲸是大洋性头足类最主要的捕食者,从抹香鲸胃含物中头足类的角质颚和躯体部判断,抹香鲸所捕食的头足类已知共 20 科,约占现生头足类总科数的 2/5。这些科主要是帆乌贼科、爪乌贼科、蛸乌贼科、小头乌贼科、大王乌贼科、快蛸科、蛸科、武装乌贼科、鳞甲乌贼科、柔鱼科、手乌贼科、异夫蛸科、单盘蛸科、水母蛸科、十字蛸科、幽灵蛸科等。在这 20 个科中,除蛸科以浅海性种类较多(也包括一些深海性种类)外,其余 19 个科均为大洋性科。

表 1-5　在鲸类中头足类的出现频率(Clarke,1996)

科	剑吻鲸科	*Monodontidae*	抹香鲸科	鼠海豚科	海豚科	*Stenidae*	*Globiocephalidae*	合计
样品数量	13	2	3	5	20	3	6	52
柔鱼科	23	50	100	20	45	0	17	18
爪乌贼科	46	50	100	20	20	0	0	15
鳝乌贼科	38	0	33	20	20	0	33	14
武装乌贼科	15	0	33	20	30	0	33	12
蛸乌贼科	46	0	100	0	25	0	17	15
帆乌贼科	23	0	66	20	30	0	66	16
小头乌贼科	23	0	66	0	15	33	100	12
枪乌贼科	8	0	33	60	40	33	66	18
乌贼科	8	50	0	0	20	0	17	7
八腕目	15	100	0	0	40	0	50	15

抹香鲸所具有的一系列捕食适应性,如声呐系统发达、游泳速度和深潜力强等,不仅使他们成为头足类优良的"天然渔网",而且还是头足类重要的"定量取样器"。一头抹香鲸一昼夜的捕食量约为其体重的 5%,以平均体重计算,一头中型的抹香鲸一昼夜的捕食量约为 1.5~2 t,而头足类通常在抹香鲸胃含物中所占的比例为 60%~70%,由此可得到一头中型抹香鲸每日捕食头足类约 1 000~1 500 kg。这已成为世界上比较统一的估算头足类资源的重要依据。

四、繁殖与发育

(一)生殖行为

头足类为雌雄异体的软体动物,在雄体向雌体传递精荚的生殖过程中具有对抗、求爱及交配等有趣的生殖行为。对于四鳃类的鹦鹉螺而言,仅有简单的交配及产卵行为,但二鳃类则出现相当复杂的追偶、争偶、交配、产卵及护卵行为,同时乌贼、枪乌贼与章鱼的行为也不同。大部分的枪乌贼类在繁殖期间会聚集成群,形成复杂的对抗与求爱活动;乌贼类虽有小群的聚集,但类似的对抗及求爱行为较为缓和;而章鱼则喜单独生活,很少有求爱及雄体间的对抗行为,因此章鱼的生殖期比乌贼、枪乌贼类长,雌章鱼大部分的时间及能量都用于产卵。

1. 枪乌贼类和柔鱼类

枪乌贼类的交配姿势可分为头对头拥抱式(head to head)、侧向拥抱式(side by side)及平行拥抱式(male-parallel position)三种类型(图1-99)。

沿岸的枪乌贼交配姿势较复杂,依环境条件具有多种交配姿势,如皮氏枪乌贼、乳光枪乌贼、长枪乌贼 Heterololigo bleekeri、枪乌贼及剑尖枪乌贼等,主要以头对头拥抱式并辅以侧向拥抱式,而欧洲枪乌贼 L. vulgaris reynaudii 则三种姿势皆有出现。

在交配初期,雄体为寻觅配偶在雄体间展开激烈的竞争,获胜的雄性个体则扬起第1腕追逐雌体,体内的发光器也不断发光,渐渐接近雌体,雌体则以发光相对应(例如长枪乌贼为表皮发光组织;乌贼为虹彩细胞的发光),接着雄性由斜后方以腕抱住雌体,然后逐渐的移往头部方向,且以第2腕抱住雌体眼睛附近。最后以左第4腕(交配腕)由外套腔内取出精荚束,插入雌体外套腔内,完成交配行动。雌体在交配过程中处于被动状态,交配期间雄体不但会发出白光,且鳍也强烈的摆动,但雌体体色却无显著的变化,鳍也不摆动,这种"侧向拥抱"姿势,产卵时雄性精荚会在雌体输卵管开口附近射出贮精囊(sperm reservoir),而"头对头"相抱的姿势,贮精囊则由周口膜上的受精囊射出。交配后的雌体开始下沉,并立即产出卵鞘。卵鞘先由漏斗喷出,再以腕竖立于海底,将卵鞘基部固定在选定的场所,身体的前进后退产下指状的卵鞘(图1-100)。

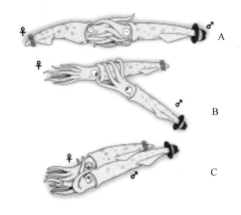

图1-99　欧洲枪乌贼与长枪乌贼的交配姿势(Hamabe and Shimizu,1957)

A. 头对头拥抱式;B. 侧向拥抱式(B~C McGowan,1954);C. 平行拥抱式

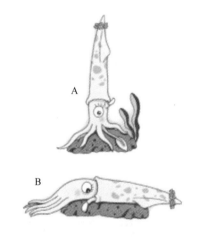

图1-100　皮氏枪乌贼产卵姿势(据 Drew,1911)

A. 交配后,雌体竖立,准备产卵;B. 将卵鞘固定于海底的姿势

大洋性鱿鱼类的交配姿势所知有限,已知的种类中大部分为"头对头"相抱型,除滑柔鱼 Illex illecebrosus 为侧边平行姿势外,已知枪乌贼类和柔鱼类的交配姿势及精荚的附着位置如表1-6。

表1-6　枪乌贼类和柔鱼类交配姿势和精荚的附着部分

种类	交配时间(s)	交配姿势	雌体精荚附着部位	参考文献
闭眼亚目				
锥异尾枪乌贼	-	头对头	周口膜腹侧	Lipinski,1985
圆鳍枪乌贼	3~5	侧向拥抱	外套腔内	Hanlon, Hixon and Hulet,1983

续表

种类	交配时间(s)	交配姿势	雌体精荚附着部位	参考文献
长枪乌贼	–	头对头	周口膜腹侧	Hamabe and Shimizu, 1957
	300	侧向拥抱	外套腔内	Natsukari and Tashiro, 1991
剑尖枪乌贼	2~5	侧向拥抱	外套腔内	Natsukari and Tashiro, 1991
乳光枪乌贼	–	头对头	周口膜腹侧	McGown, 1954; Fields, 1965
	30~120	侧向拥抱	外套腔内	Hurley, 1977; Hixon, 1983
皮氏枪乌贼	5~20	头对头	周口膜腹侧	Drew, 1911; Stevenson, 1934; Griswold and Prezioso, 1981
	5~20	侧向拥抱	外套腔内	Summers, 1983
普氏枪乌贼	5~10	头对头	周口膜腹侧	Waller and Wicklund, 1968
	5~10	侧向拥抱	外套腔内	Hanlon, 1978
枪乌贼	5	头对头	周口膜腹侧	Tarden, 1962
	30	侧向拥抱	外套腔内	
好望角枪乌贼	–	头对头	周口膜腹侧	Sauer, Smale and Lipinski, 1992
	2~39	侧向拥抱	外套腔内	Hanlon, Smale and Sauer, 1992
	2~11	侧边斜向	周口膜腹侧	
莱氏拟乌贼	3~4	侧向拥抱	周口膜腹侧	Larcombe and Russell, 1971; Segawa, 1987
拟乌贼	1	侧向拥抱	周口膜腹侧	Aronld, 1965; Moynihan and Rodaniche, 1982
开眼亚目				
鳞乌贼	–	头对头	周口膜腹侧	Kristensen, 1983
滑柔鱼	–	侧向拥抱	外套腔内	O'Dor, 1983
茎柔鱼	–	头对头	周口膜腹侧	Nesis, 1983
太平洋褶柔鱼	3~10	头对头	周口膜腹侧	Murata, 1990; Sakurai and Shimazaki, 1993

2. 乌贼类

成熟的乌贼于交配初期雄体对雌体也有示爱的行动,雄体会高举第1对腕逐渐接近雌体,此时外套膜背部的横纹及鳃基部的白纹相当明显,此金属光泽为兴奋状态的表现(图1-101A),同时除了对雌性展现魅力外,也对其他雄性竞争者具有示威的作用(Wells, 1962)。

主要以头对头相抱的交配姿势,雌雄各腕互抱对方(图1-101B),有时也出现两尾雄性互抱的假交配,但交配时间较短。耳乌贼 Sepiolidae 的姿势为雄体骑在雌体背上,雌雄成倒向 69 型(图1-101C)。各种乌贼类的交配姿势及精荚的附着部位如下表1-7。

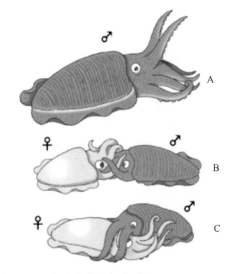

图 1-101 乌贼类的性行为(据 Mangold-Wirz, 1963)
A. 金乌贼的示爱行动 B. 乌贼类的交配姿势 C. 耳乌贼的交配姿势

表 1-7 乌贼类交配姿势和精荚的附着部分

种类	交配时间(s)	交配姿势	雌体精荚附着部位	参考文献
乌贼	2~20	头对头	周口膜腹侧	Grimp,1926;Bott,1938;Tinbergen,1939
白斑乌贼	0.5~1.5	头对头	周口膜腹侧	Corner and Moore,1980
金乌贼	2	头对头	周口膜腹侧	Natsukari and Tashiro,1991
巨粒僧头乌贼	–	雄斜抱雌颈部	输卵管开口附近的受精囊	Racovitza,1894;Mangold-Wirz,1963
发光鸢乌贼	–	侧边平行	输卵管开口附近的受精囊	Brocco,1971;Summers,1985
四盘耳乌贼	25~80	雄斜抱雌颈部	输卵管开口附近的受精囊	Moynilum,1983;Singley,1983
粗壮耳乌贼	–	雄斜抱雌颈部	输卵管开口附近的受精囊	Boletzky,1983
耳乌贼	9	雄斜抱雌颈部	输卵管开口附近的受精囊	Racovitza,1894
小乌贼	极短	头对头	输卵管开口附近的受精囊	Bergstrom and Summers,1983

交配后雌乌贼沉至海底,此时体背朝下,腹部末端贴近海底,身体与海底呈 30 度方向的姿势,再以触腕捕捉漏斗上的卵粒,其他腕贴近海底,将卵粒一个一个地排列于附着物上(图 1-102)。乌贼卵囊的基部有接着线,卵囊彼此隔离,而耳乌贼(*Sepiolidae*)卵表层为相互接合。

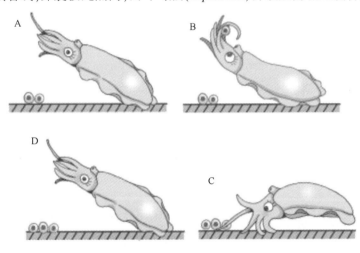

图 1-102 微鳍乌贼(*Idiosepius*)的产卵行动(据 Natsukari,1970)

3. 蛸类

雄性蛸似乎可辨识雌性蛸的化学特性。交配方式可分为距离式交配(雄性个体伸长右第 3 腕,在某距离内插入雌体外套腔内,图 1-103A,B)及骑上式交配(雄性个体骑在雌体上,图 1-103C)。交配的时间连续数小时,也有数日后再返回交配者,但非单一的雌雄配对,偶尔也出现一对多的配对(图 1-103D)。

其他章鱼类的繁殖行动与真蛸没有多大差别(表 1-8),北美西岸的双斑蛸 *Octopus bimaculatus* Verrill、夏威夷的断腕蛸 *Abdopus. horridus* 雌雄皆在某一段距离内交配(Young, 1962);豹纹蛸 *Haplochlaena maculosa* 及水蛸 *Paroctopus dofleini* 为骑上式交配(Transter & Augastine, 1973;Gabe, 1975);而水蛸则有一对多的配对行动(Van Heukelem, 1983;Gabe, 1975)。

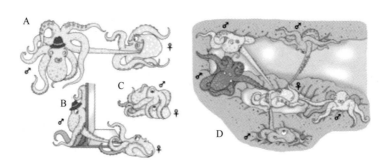

图 1-103　蛸类的交配姿势(A, Mangold-Wirz, 1963；B~C, Well And Wells, 1972)

A. B. 距离式；C. 骑上式；D. 一对多配对

表 1-8　蛸类交配姿势和精荚的附着部分

种类	交配时间(s)	交配姿势	参考文献
尖盘爱尔斗蛸	60	骑上式交配	Orelli, 1962；Boyle, 1983
爱尔斗蛸	20~60	骑上式交配	Mangold, 1983；Mather, 1985
斑点豹纹蛸	60	骑上式交配	Tranter and Augtistine, 1973
新月豹纹蛸	169(80~247)	骑上式交配	M.W.Cheng, 1994
双斑蛸	10~60	距离式交配	Fox, 1938；Pickferd and MeCommaughey, 1949
加利福尼亚双斑蛸	60(10~180)	距离式交配	Forsythe and Hanlon, 1988
沟蛸	30~80	骑上式交配	Hanlon, 1983
太平洋条纹蛸	1	骑上式交配	Rodaniche, 1984
蓝蛸	60	距离或骑上式交配	Well and Wells, 1972；Van Heukelem, 1983
迪氏蛸	70	距离式交配	Voight, 1991
水蛸	120~240	距离或骑上式交配	Gabe, 1975；Hartwick, 1983
断腕蛸	10	距离式交配	Young, 1962
周氏蛸	5(2~28)	距离或骑上式交配	Mather, 1978；Hanlon, 1983
玛雅蛸	100~240	距离或骑上式交配	Van Heakelem, 1983
双斑蛸	12~360	距离式交配	Joll, 1976
长蛸	60~120	距离或骑上式交配	Racovitza, 1894；Orelli, 1962；Woods, 1965；Wodinosky, 1973

4. 鹦鹉螺类

雌雄合抱,壳口朝上,于口膜附近受精(图 1-104)。雌性鹦鹉螺不具受精囊,雄体通过肉穗将精荚附着于雌性漏斗后面的须腕上,具有交配产卵等简单的性活动。

综合上述分析,头足类的产卵方式与其生活方式有着很大的关系,通常可分为三大类。第一类为沿岸海底生活的乌贼类,其卵比较大,一般由硬的卵囊所包围,通常附着在海藻上。第二类为生活在近海的枪乌贼类,通常有数十个至数百个卵,并组成卵囊,比较坚牢,通常在海底和岩棚上产卵。第三种为大洋性种类,如菱鳍乌贼,卵带呈弹簧状螺旋排列,卵鞘大多随水母或塑料物漂流于表层。

图 1-104　鹦鹉螺的交配姿势

（二）繁殖策略

Rcoha 等（2001）综合众多学者研究结果,综述了头足类的繁殖策略。根据排卵作用类型、产卵式样以及前后两次产卵事件发生之间的这段时间内生物体体细胞是否生长等三个方面,将头足类产卵策略分为五种类型,现就五种产卵策略类型分述如下:

1. 单次产卵（spawning once）

也称"瞬时终端产卵型"（simultaneous terminal spawning）。这种繁殖策略,排卵作用类型为同步排卵,排卵周期内再无卵子成熟;产卵式样为单轮产卵,卵在生物体生命结束前很短的一段时间内全部排出。乳光枪乌贼、太平洋褶柔鱼、蓝蛸、真蛸、负蛸等都属于该种产卵策略。鱿鱼类和蛸类瞬时终端产卵策略略有不同,蛸类通常将卵产于洞穴内,并由母体（多数蛸类）保护,或卵直接产于母体口周围,由母体携带保护（蛸属某些种类、豹纹蛸属 Hapalochlaena、所有单盘蛸科 Bolitaenidae、异夫蛸科 Alloposidae 和水孔蛸科 Tremoctopodidae）。少数蛸类（玻璃蛸科 Vitreledonellidae 和快蛸科 Ocythoidae）卵在输卵管内孵化,即所谓的卵胎生。鱿鱼类无亲体护卵的现象。

2. 多次产卵（spawning more than once）

（1）多轮产卵型（polycyclic spawning）。这种繁殖策略,产卵式样为多轮产卵,每一轮产卵过后,性腺重新发育,随后新的一轮产卵活动重新开始。采用此种繁殖策略的头足类每年只有一个产卵季节,亲体在产卵时仍然索饵,产卵后仍能够存活和生长。在其繁殖期间内卵分批成熟,且分批产出。鹦鹉螺为头足类唯一采用此种繁殖策略的种类。

（2）多次产卵型（multiple spawning）。这种繁殖策略的排卵作用类型为分批同步排卵;产卵式样为单轮产卵,卵分批产出;前一次产卵事件发生之后到后一次产卵事件发生之前这段时间内,生物体体细胞仍然能够生长。目前已知太平洋条纹蛸 Octopus chierchiae、鸢乌贼、柔鱼和茎柔鱼都属于此种繁殖策略。

（3）间歇性终端产卵型（intermittent terminal spawning）。这种繁殖策略的排卵作用类型为分批同步排卵;产卵式样为单轮产卵,卵在一个相对较长的产卵期内分批产出,与"多次产卵型"不同的是,它在前一次产卵事件发生之后到后一次产卵事件发生之前这段时间内,生物体体细胞不生长。乌贼、好望角枪乌贼、长枪乌贼、枪乌贼、福氏枪乌贼等都属于该种繁殖策略。据推断可能大多数深水鱿鱼包括黵乌贼科、爪乌贼科、小头乌贼科和鱼钩乌贼科也都属于该种繁殖策略。

（4）持续产卵型（continuous spawning）。该种繁殖策略的排卵作用类型为异步排卵;产卵式样为单轮产卵,亲体在一个相当长的周期内持续产卵;同时产卵事件之间生物体体细胞仍能够生长。这种繁殖策略主要是须蛸类,包括奇须蛸 Cirrothauma murrayi、面蛸 Opisthoteuthis agassizii、葛氏面蛸 Opisthoteuthis grimaldii;中上层蛸类勃氏船蛸 Argonauta bottgeri 和锦葵船蛸 Argonauta hians 也具有类似的繁殖策略。

根据卵母细胞形成和发展分为同步、分批同步和异步排卵三种类型。同步排卵指所有卵母细胞一次生成和发育并一起由卵巢排出,所有卵母细胞基本处于同一发育水平。分批同步排卵指卵母细胞在发育过程中某个时段至少处于两个发育水平,较早一时期的发育成大个体种群,而较晚一时期发育成小个体种群。异步排卵指卵母细胞各个时期都有,无主导发育期。

产卵式样分为多轮产卵和单轮产卵。多轮产卵即一次产卵后性腺重新发育,随后新的一轮产卵又开始,如此反复称作多轮产卵。单轮产卵即性腺一次性成熟,无再发育现象。

（三）头足类的卵及卵群

头足类的卵为大型卵粒,内含大量的卵黄,但产卵数比鱼类少很多。一般可分成沉性卵及浮性卵2类,许多雌体的缠卵腺会分泌胶状物2次,以保护卵粒。

1. 枪乌贼类和柔鱼类

沿岸性的枪乌贼卵属于沉性卵,卵包于透明的胶质鞘中,形似人的手指,许多卵鞘聚集在一起呈菊花状,种类可由卵鞘的长度、每一卵鞘内的包卵数及孵化期辨识,例如中国枪乌贼卵鞘长200~250 mm,每一卵鞘包卵量有160~200个;日本枪乌贼卵鞘较短(约62~70 mm),包卵量60~80个;而莱氏拟乌贼卵鞘长62~84 mm,每一卵鞘包卵数仅2~9个(图1-105A~D)。

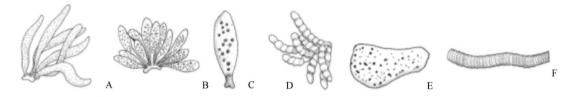

图1-105　管鱿类的卵及卵群(据Dong,1987)

A. 中国枪乌贼 B. 日本枪乌贼 C. 异尾枪乌贼 D. 莱氏拟乌贼 E. 太平洋褶柔鱼; F. 菱鳍乌贼

大洋性的柔鱼类产卵状态所知有限,大部分为浮性卵,如萤乌贼为分离的浮游卵,春氏武装乌贼 *chunii* 的分离卵包有缠卵腺的分泌物;太平洋褶柔鱼为沉性附着卵块,卵包在透明的胶质卵袋中(Hamabe,1961);但菱鳍乌贼为长60~70 cm,直径15~20 cm香肠型的浮游卵团(图1-105E~F)。

2. 乌贼类

乌贼卵为单粒产出,半透明状,卵粒的一端突出,另一端具有分叉的柄,用以附着在藻类珊瑚或树枝上,聚集的卵粒有若葡萄。由卵粒的大小可分辨种类,虎斑乌贼的卵较大(长径27~34 mm,短径14~16 mm),卵膜奶油色附着于马尾藻柳珊瑚或海中植物的细枝上;金乌贼的卵略小(长径16~21 mm,短径12~14 mm),卵粒有次级及三级卵膜,卵膜呈奶油色,附着于海藻或珊瑚上;白斑乌贼 *sepia. latimanus* 卵产于珊瑚群的空隙间(Okutani,1978);日本无针乌贼卵较小(长径3~3.5 mm,短径2~2.5 mm),卵膜黑褐色(图1-106A~C)。耳乌贼卵外层有黑色膜,附着在砂粒上;巨粒僧头乌贼 *Rossia macrosoma* 产于江瑶蛤 *Pinnida* 的空壳内。

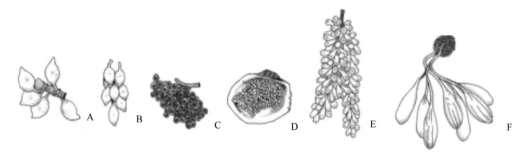

图1-106　乌贼与蛸类的卵及卵群(据Dong,1987)

A. 虎斑乌贼 B. 金乌贼 C. 日本无针乌贼 D. 真蛸 E. 短蛸 F. 尖盘爱耳斗蛸

3. 蛸类

蛸类的卵群呈稻穗状,每个卵柄插入卵囊内。短蛸的卵如米粒(长径4.5 mm,短径2.6~3.0 mm),卵穗结附在空贝壳中;真蛸在岩礁下产出层状的卵囊;长蛸的卵呈长茄形(长径21~22.1 mm,短径7~7.9 mm);尖盘爱耳斗蛸也为长茄形(图1-106D~F)。船蛸 *Argonatua. argo* 将卵产在雌体的薄壳内;水孔蛸以卵附着丝缠绕在卵轴上,卵块为表层浮游性。而中层性的幽灵蛸 *Vampyroteuthis infernalis* 则在水深3 000 m的水域产下分离的浮游卵。

4. 鹦鹉螺类

鹦鹉螺 Nautilus pompilius 为单卵产出,卵膜为乳白色双层多皱结构。卵粒大(16 mm×45 mm);卵黄黏稠状,且卵白聚积一端(Dong,1986)。

(四)头足类的孵化

乌贼类的卵孵化与水温有着重要的关系。乌贼类在水温20℃时需要1个月时间的孵化。孵化后稚仔胴长达到5 mm,此时其身体各个器官基本完成。据研究,枪乌贼类在水温10℃时,其孵化时间需要1~1.5个月,10℃以下需要2个月以上。大洋性种类,如太平洋褶柔鱼孵化时间需要4~5天,胴长达到1 mm(滨部,1962)。太平洋褶柔鱼在啄乌贼期,其触腕基部合并,逐渐伸长,形成一个棒状的吻管。吻管由细到粗,约经过半个月后,渐次分开,最后形成一对触腕。刚孵出1~2天的啄乌贼期不会游泳,仅以胴部屈伸和肉鳍的运动作回旋式匍匐前进;在受到外界刺激时,头部和腕部会缩入外套腔内。图1-107为头足类的稚仔示意图。

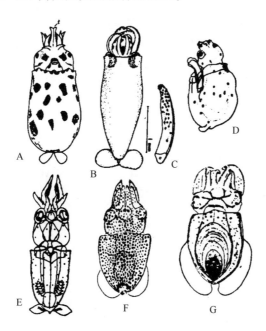

图1-107　头足类稚仔

(A. Okutani,1968;B,C,Kubodera,1981;D,松野 1915;E,F,G,山本,1943)

A. 太平洋褶柔鱼啄乌贼期(胴长5 mm) B. 乌贼的触腕及其稚仔(胴长10 mm) C. B 的触腕

D. 武装乌贼稚仔(胴长3 mm) E. 枪乌贼稚仔(胴长6 mm) F. 日本乌贼稚仔(胴长4 mm)

G. 乌贼孵化稚仔(胴长5 mm)

头足类的一些种类如乌贼,初孵幼体外部特征类似成体,与成体具有同样的生活式样,栖息水层也与成体相同。另外一些种类如真蛸,初孵幼体外形和生活方式与成体不同,在其个体发育过程中由一个栖息地向另外一个栖息地移动,这些幼体被称作仔鱼。头足类仔鱼通常为“岛屿”和“大洋”相关性两种分布类型。

(五)性腺成熟度划分

中小型的头足类一般在一年内就达到性成熟,而耳乌贼、微鳍乌贼等在半年左右即达性成熟。辨别性成熟程度,主要凭肉眼对性腺形态进行观察对比,将性腺成熟度划分为几个等级。虽然比较粗略,但适用于野外调查,有一定的实际意义。以下为四个不同类型的代表性种类性腺成熟度的分期:

1. 茎柔鱼性腺成熟度分期(据 Ehrhardt,1983)

Ⅰ期(未成熟):雌性缠卵腺瘦而透明,输卵管尚未形成,卵未出现。雄性精巢白色,纤维质,精荚器官瘦,透明至半透明,精荚囊空。

Ⅱ期(成熟中):雌性卵巢具颗粒状表面,缠卵腺呈灰白色和奶油色,输卵管不很明显。雄性精巢呈奶油色,精荚囊内有少数白色微片。

Ⅲ期(成熟):雌性,整个输卵管约占外套腔的1/3,卵呈浓橘黄色,缠卵腺呈白色,与输卵管大小相近。雄性精荚囊内充满精荚,精巢呈白色,体积增大。

Ⅳ期(产卵):雌性,输卵管缩小,内有少数卵子,缠卵腺缩小以至瘦瘪,呈白蔷薇色。雄性精荚囊软,半透明,大小均等,内有残余精荚。性器官萎缩期开始。

Ⅴ期(产完卵):性器官处于明显的萎缩期。缠卵腺几乎空瘪并明显缩小。

2. 中国枪乌贼的性腺成熟度分期(据欧瑞木,1983)(图1-108)

Ⅰ期(未成熟期):雌性卵巢很小,呈带状;卵子大小不一,也不透明,输卵管中未见卵子,输卵管腺小,副缠卵腺很小,呈淡黄色,缠卵腺小。雄性精巢条状,前列腺略可看出。

Ⅱ期(未成熟期):雌性卵巢大,约占外套腔的1/4,卵子大小不一,小形的白色不透明卵子约占卵巢的1/2,输卵管内有少数卵子,卵子彼此相连。输卵管呈乳白色,副缠卵腺出现朱红色斑点,缠卵腺稍大。雄性精巢大,前列腺较大,贮精囊明显,输精管末端膨大成精荚囊,精荚囊内已有少数精荚。

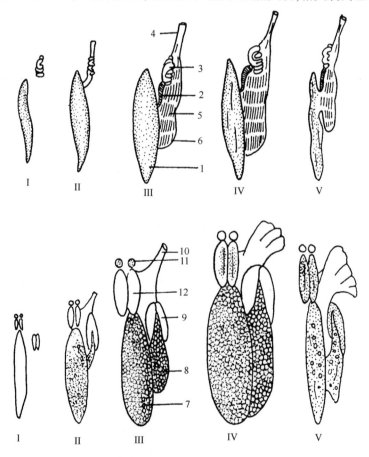

图1-108 中国枪乌贼的性腺成熟度分期(上图为雄性,下图为雌性)(据欧瑞木,1983)

Ⅰ-Ⅱ为未成熟期;Ⅲ-Ⅳ为成熟期;Ⅴ为产后期

1.精巢 2.贮精囊 3.前列腺 4.阴茎 5.精荚 6.精荚囊 7.卵巢 8.输卵管 9.输卵管腺 10.生殖孔 11.副缠卵腺 12.缠卵腺

Ⅲ期(成熟期):雌性卵巢很大,约占外套腔的 1/3,卵子大小显著不同,小型的白色不透明卵约占卵巢的 1/3,输卵管中的卵子约占总卵数的 1/2,输卵管腺出现微黄色小斑点,副缠卵腺接近黄豆大小,朱红色斑点多,缠卵腺肥大,呈乳白色,生殖孔径约 5~6 mm,已交配,纳精囊中有精子。雄性精巢很大,贮精囊饱满,精荚囊也饱满。

Ⅳ期(成熟期):雌性卵巢十分膨大,约占外套腔的 1/2,小形的不透明卵很少,输卵管中的卵子约占总卵数的 3/5,卵透明分离,输卵管腺呈黄褐色,生殖孔约 20 mm,副缠卵腺呈米红色,缠卵腺白色,十分肥大,表面光滑,约占外套腔的 1/3。雄性精巢已缩小,精荚囊中精荚饱满。

Ⅴ期(产后期):雌性卵巢萎缩,其中少量卵子略呈灰色,输卵管松弛,呈黄色,输卵管中尚有少数透明卵,副缠卵腺呈暗红色,缠卵腺干瘪,呈淡黄色,表面有皱纹,约占外套腔的 1/4,生殖孔松弛破裂,略呈雨伞状;雄性精巢、前列腺均萎缩,呈淡灰色,精荚囊中尚有少数精荚,有些精荚已破裂,精子溢出。

3. 日本无针乌贼的性腺成熟度分期(据朱耀光等,1964)

Ⅰ期(未发育期):雌性性腺尚未发育,肉眼不能识别。

Ⅱ期(开始发育期):雌性性腺开始发育,肉眼尚不能看出卵子。

Ⅲ期(未成熟期):雌性卵子分布于卵巢后端,呈乳白色,聚在一起,不易分离,卵径小于 3.5 mm,大小悬殊。

Ⅳ期(近成熟期):雌性卵子呈白色或淡黄色,稍透明,卵膜上具网状花纹,卵子大都分离,卵径 3.5 mm 以上。

Ⅴ期(成熟期):雌性卵子分布于卵巢前端,充满了输卵管内,卵子呈淡绿黄色,透明而光滑,分离,卵径 6 mm 左右。

Ⅵ期(产后期):雌性成熟卵已全部排出,输卵管内无卵子,卵巢体积缩小,其中残留少量 Ⅰ 期和 Ⅳ 期卵。

4. 真蛸性腺成熟度分期(据烟中,1979)

Ⅰ期(未成熟期):雌性卵巢乳白色;雄性精荚囊中无精荚。

Ⅱ期(半成熟期):雌性卵巢略呈黄色,不透明;雄性精荚囊中有精荚。

Ⅲ期(成熟期):雌性卵巢黄色,透明;雄性精荚囊中充满精荚。

第六节 头足类分类鉴定

头足类主要捕捞种类为柔鱼科(Ommastrephidae)、乌贼科(Sepiidae)、枪乌贼科(Loliginidae)和章鱼科(Octopodidae)。由于头足类具有生长快、生长周期短、种类繁多、种群结构复杂等特点,研究头足类的分类鉴定,对于合理的养护和开发其资源具有相当重要的意义。本节将从形态学、生态学、生物化学、分子生物学等不同方法,以及耳石、角质颚、内壳及其他组织等不同材料两个方面,系统阐述国内外头足类分类鉴定方面的研究进展,为我国在该领域的研究提供参考和借鉴。

一、不同分类鉴定方法

(一)形态学法

从近代生物学发展以来,形态学法一直是用来鉴定不同物种和种群的传统方法,它通过对个体的分节特征、度量(体型)特征和解剖学特征的测量和鉴定,并依据这些特征的差异与差异程度来进行种类的分类。在头足类的分类鉴定中,其耳石、内壳等硬组织的形态学特征得到一定程度上的应用。CLARKE(1998)、NIXON(1998)等根据耳石、内壳、齿舌及外形特征,对乌贼属(*Sepia*)进行了系统分类;KHROMOV 根据乌贼属的外形特征,将其分为 6 种;刘必林等(2007)根据胴体、外套膜、齿舌、口球等形态参数,结合角质颚的外部形态参数,成功鉴定了在南极海域采集的一尾章鱼,为无须亚目、蛸科、爱尔兰蛸亚科 *Pareledone* 属的 *Pareledone turqueti* 种。

　　角质颚作为头足类的硬组织之一,近年来越来越多的被用在头足类的分类研究中。BLANCO 和 RAGA 等(2000)认为将残留在大型海洋哺乳动物胃中未被消化的角质颚取出,根据其不同的外部形态特征,可用来判定头足类的种类;MARTINEZ 等(2002)对滑柔鱼亚科(Illicinae)不同种类的头足类角质颚形态进行分析,建立了相应的判别函数;CHEN 等(2012)对柔鱼科也做了类似的研究;不同群体的角质颚各项形态参数与胴长体重之间存在着不同的关系,也可作为分类鉴定的依据之一(GEORGE 和 JEAN,1996;GROGER 等,2000;LEFKADITOU 和 BEKAS,2004)。

　　在传统的形态测量上,人们通常使用长度测量来了解生物形态的变化和差异。近几十年来,一种新兴的测量方法逐渐被大家运用起来——几何形态测量法。与传统的测量方法相比,几何形态测量法更关注物体的外形轮廓的变化,然后根据相应的理论和方法,对不同的种类进行分类鉴定。目前几何形态测量法在头足类的分类鉴定上研究不多,主要集中于对其硬组织的研究。DOMMER-GUES 等(2000)运用坐标形态法分析了柔鱼科和乌贼科的 12 个种类的耳石形态;NEIGE 等(2002)运用几何形态法对 16 种头足类的耳石和角质颚进行了鉴定,认为角质颚与耳石的形态区分在不同种属之间相似;LOMBRATE 等(2006)在对地中海海域的 5 个科的头足类研究中,运用几何形态法鉴定了它们的耳石,发现除蛸科(Octopodidae)外,其他种类的种间鉴别成功率达到 100%;CRESPI-ABRI 等(2010)对阿根廷滑柔鱼(*Illex argentinus*)两个不同群体的胴体和角质颚,利用几何形态学进行种间判定,发现角质颚的形态不存在差异。NIGMTULLIN(1989)认为,阿根廷滑柔鱼种群鉴定使用形态学研究局限较大。形态学特征由于其易于测定的优点,被广泛应用到头足类的种类和种群判别研究中,但有研究认为头足类的硬组织(如耳石、内壳和角质颚等)要比软质组织(如腕、触腕等)更适合于种类与种群的鉴定,并更为有效(BORGES,1990)。

　　(二)生态学

　　对同一种类的头足类,其不同的生活史阶段,会造成所处的环境以及个体间的差异,因此其生命周期的各项体征也存在着差异,此时就可以运用生态学方法来进行不同群体的分类鉴定。鉴定指标包括洄游分布、生殖、生长、年龄指标、寄生虫及种群数量变动等。针对头足类性成熟产卵特性、产卵季节、产卵地点、性成熟时个体大小以及不同的地理分布等特点,均可进行种群的鉴定和划分。NIGMATULLIN(1989)根据产卵时间、成长率及仔鱿鱼的时空分布,把阿根廷滑柔鱼分为春、夏、秋、冬四个产卵种群;BRUNETTI 等(1998)依据体型大小、性成熟时的胴长及产卵场的时空分布,将阿根廷滑柔鱼分为了南部巴塔哥尼亚种群、布宜诺斯艾利斯-巴塔哥尼亚北部种群、夏季产卵群和春季产卵群 4 个群系;杨德康(2002)对分布在亚丁湾海域的鸢乌贼(*Sthenoteuthis oualaniensis*)进行了种群结构研究;BOWER 和 MARGOLIS(1990)根据渔获物中寄生虫的不同,划分了北太平洋海域柔鱼(*Ommastrephes bartramii*)种群;新西兰南部海域的新西兰双柔鱼(*Nototodarus sloani*),北部和澳洲南部的澳洲双柔鱼(*Nototodarus gouldi*)被认为是由于地理分布隔离形成的(SMITH 等,1981)。

　　(三)生物化学

　　近几十年来,关于头足类耳石的微化学研究越来越多,其在头足类种群识别与鉴定、生活史分析及栖息环境重建等方面发挥了重要作用。ARKHIPKIN 和 CAMPANA(2004)研究发现,巴塔哥尼亚枪乌贼(*Doryteuthis gahi*)不同地理群和不同季节产卵群的耳石微量元素变化明显,认为 Cd/Ca 和 Ba/Ca 可作为巴塔哥尼亚枪乌贼不同产卵群划分的依据;LKEDA 等(1997)在不同地理区域的两种太平洋褶柔鱼（*Todarodes pacificus*）种群的研究中发现,其耳石 Sr/Ca 存在明显差异;陆化杰等通过研究西北太平洋柔鱼(陆化杰等,2014)、西南大西洋阿根廷滑柔鱼(陆化杰等,2015)、智利外海茎柔鱼（*Dosidicus gigas*）(陆化杰等,2013)不同孵化季节种群后发现,不同产卵群体的耳石微量元素存在差异。

同工酶电泳技术也同样被用在头足类的种群鉴定中。同工酶标记从蛋白质水平上反映了生物的变异情况,通过比较蛋白质的异同来进行种群的鉴定。该技术成功地应用于东北大西洋海域贝乌贼（*Berryteuthis magister*）(CARVALHO 等,1990)、福氏枪乌贼（*Loligo forbesi*）(CARVALHO 和 LONEY,1989)、巴塔哥尼亚枪乌贼(KUTAGIN,1993)和西南大西洋阿根廷滑柔鱼(BRIERLEY 等,1995)的种群鉴定中。

(四)分子生物学

近年来,随着分子生物学技术的迅速发展,分子遗传学标记已经被逐渐应用到头足类动物的种群结构研究之中。主要 DNA 分子标记有 DNA 指纹、限制性片段长度多态性、微卫星 DNA、线粒体 DNA 序列多态性等。BONNAUD 等(2004)通过 18S rDNA 基因来研究现存鹦鹉贝目物种,建议将其划分为鹦鹉螺属(Nautilus)和异鹦鹉螺属(Allonautilus)两个属;ANDERSON(2000)运用 COI 和 16S rDNA 两个线粒体基因序列对枪乌贼科系统发育进行了研究,提出了一种新的枪乌贼科分类方法;郑小东(2001)采用 COI 和 16S rRNA 序列分析了 13 种头足类,结果不支持乌贼目(Sepioidea)由乌贼科、耳乌贼科(Sepiolidae)和微鳍乌贼科(Idiosepiidae)组成,建议将耳乌贼科从乌贼目划分出来。

二、不同鉴定材料

(一)耳石

耳石是头足类信息的良好载体,也是种类和种群划分的主要依据之一。通常可利用耳石的生长轮纹宽度、标记轮、微量元素含量等来鉴别不同种群(ARKHIPKIN,2004;ARKHIPKIN 和 BIZIKOV,1997;CLARKE,1978;ZHANG 和 BEAMISH,2000;IZUMI 和 RAITA,1999;YATSU 和 MORI,2000)。MARKAIDA 等(2004)对加利福尼亚海域茎柔鱼的耳石结构进行了相关的研究。CLARKE 和 MADDOCK(1988)认为,同一种类不同种群之间的耳石形态特征也不同。CLARKE 等(1978)通过对比分析八腕目(Octopoda)以及乌贼目乌贼科的耳石微结构,发现不同种及亚种间耳石的结构存在显著差异。通过对耳石的亮纹条带以及胴长的分析,ARGUELLES 等(2001)利用胴长、耳石的日增长量及其亮纹带,对秘鲁茎柔鱼的种群结构进行了划分,分为胴长在 490mm 以下和 520mm 以上的两个种群。NATSUKRI 等(1988)利用耳石推算剑尖枪乌贼（*Loligo edulis*）的孵化期,区分了暖水性和冷水性的两个种群。ALEXANDER(1993)认为,分布在大洋和大陆架的阿根廷滑柔鱼,它们的耳石结构(生长环的颜色、清晰度等)存在显著的稳定性差异。易倩等(2012)对智利、哥斯达黎加、秘鲁外海三个区域的茎柔鱼耳石分析发现,三海区间耳石外部形态特征存在显著差异($P < 0.05$)。

(二)角质颚

角质颚是头足类的主要摄食器官,具有稳定的形态特征、良好的信息储存以及耐腐蚀等特点,每一个部分都有明显的特征,不同种类之间有着显著的差别,是分类鉴定的良好材料(CLARKE,1986)。由于其结构相对稳定,因此在种类及种群的鉴定过程中要比传统的软体部形态更为有效,其形态特征是作为头足类种间、种内差异的良好手段(IVERSON 和 PINKAS,1971;ALLCOCK,2002)。

角质颚可用作属级(含属级)以上种类的鉴定。头足类中各大类的角质颚的结构存在差异(董正之,1991;LU 和 ICKERINGILL,2002):柔鱼类颚头盖弧度较平,下颚颚角较小,头盖和侧壁较宽;乌贼类的上颚颚角比较平直,下颚颚角更大,头盖和侧壁均较狭窄;枪乌贼类的上颚头盖弧度较圆,下颚颚角较大,头盖和侧壁均较狭窄;蛸类的上颚喙和头盖均甚短,脊突尖狭,下颚喙也甚短,顶端钝,侧壁更为狭窄。OGDEN 等(1998)对章鱼科角质颚进行了研究,认为角质颚的形态特征分析可用作属级分类鉴定。

　　国内外很多学者对角质颚在头足类种类鉴定与区分方面作了很多研究。NAEF(1923)早在1923 年就已经对不同科的头足类角质颚进行了描述,但是并没有给出具体的分类标准。WOLFF(1982)对热带太平洋海域 8 种不同头足类角质颚进行了研究,对它们的角质颚分类提出了鉴别方法;随后用同样的方法对太平洋海域的 18 个种类进行了鉴别(WOLFF,1984)。LU 等(2002)对澳大利亚沿岸的头足类分布进行调查,并根据角质颚的形态对它们进行了种类划分。VEGA(2011)用头足类角质颚下颚的 7 个特征值对东南太平洋智利海域 28 种头足类进行了种类划分,使智利沿岸的头足类分类更加系统化。杨林林等(2012)对东海太平洋褶柔鱼的角质颚进行了研究,认为角质颚某些参数的比值稳定性特征,可用作太平洋褶柔鱼区别于其他种类的差异性指标。随后用同样的方法对东海火枪乌贼(*Loliolus beka*)的角质颚作了研究,得到了类似的结论(杨林林等,2012)。

　　由于角质颚的特征在种间的差异较为明显,因此也被应用于头足类间的种类划分。WOLFF 和WORMUTH(1979)对同属柔鱼科的柔鱼和翼柄柔鱼(*Ommastrephes pteropus*)2 个种类,利用生物计量的方法,依据角质颚参数建立判别函数,进行种类划分。PINEDA 等(1996)在对巴特哥尼亚枪乌贼和圣保罗美洲枪乌贼(*Doryteuthis sanpaulensis*)的研究中,得出了类似的结论。CHEN 等(2012)对柔鱼科中的柔鱼、茎柔鱼、鸢乌贼以及阿根廷滑柔鱼 4 个经济种类的角质颚特征进行了分析,通过标准化的角质颚特征参数,建立判别函数,发现在种间的判别正确率超过了 95%。郑小东等(2002)研究了我国南海海域 4 个区域的曼氏无针乌贼(*Sepiella maindroni*)角质颚形态,认为吻长与冠部长的比值可以作为一种遗传标记,区分不同种群。方舟等(2014)在对北太平洋两个柔鱼群体的角质颚形态研究中,认为不同群体的柔鱼角质颚形态特征存在着一定差异。陈芃等(2015)的研究认为,冬春生群和秋生群的角质颚差异明显,可利用判别分析对二者进行有效地划分,但是进一步的种群划分需要考虑性别的差异。

　　(三) 贝壳

　　头足类作为存在时间悠久且高等的海生软体动物,贝壳是其重要的硬组织之一,不同的头足类类群的贝壳形态分化很大,可分为外壳和内壳。内壳根据质地的不同可分为角质、软骨质和石灰质3 种类型。贝壳是头足类重要的分类性状,分化现象明显。鹦鹉螺为外壳种类,整个肉体部分包被于螺旋形壳中;雌性船蛸(*Argonauta argo*)亦具有"外壳",但已不算真正的外壳;旋壳乌贼(*Spirula spirula*)目具多室螺旋形贝壳,为螺旋形内壳;乌贼亚目(Sepiida)为石灰质内壳;耳乌贼亚目(Sepiolida)无石灰质内壳,但具薄或退化的角质内壳,或内壳完全消失;微鳍乌贼目(Idiosepiida)具短小的内壳;深海乌贼目(Bathyteuthoida)、枪形目(Teuthoidea)和幽灵蛸目(Vampyromorpha)具不发达的角质内壳,有剑形、披针叶形等;无须亚目(Incirrata)蛸类具角质内壳或内壳已退化;须亚目(Cirrata)蛸类具较发达的软骨质内壳。头足类的贝壳,特别是内壳,在形态和组成成分上差异明显,是头足类分类上的重要依据(王尧耕和陈新军,2008;董正之,1988)。

　　在头足类分类学的研究中,可利用外壳、软骨质内壳和石灰质内壳的不同形态特征进行属级上的分类。目前,已有国内外学者(VLLANUEVA 等,2002;TOLL,1998;WU 等,2003)对不同头足类的贝壳形态特征做了研究。刘必林和陈新军(2010)根据前人的研究,依据贝壳的形态特征对主要鹦鹉螺的属和种,依据内壳特征对乌贼科的 3 属编写了检索表。陈道海和邱海梅(2014)对同属乌贼科的日本无针乌贼(*Sepiella japonica*)、金乌贼(*Sepia esculenta*)和虎斑乌贼(*Sepia pharaonis*)的内壳横切面进行了扫描电镜观察,发现乌贼内壳背和腹的表面均由文石和铺在上面的球形颗粒构成,但文石的形状和小球的排列存在中间差异,这些差异可作为头足类分类的辅助特征。刘金华和王大志(2006)也得到了类似的结果。

（四）其他材料

在头足类分类的研究中,除了耳石、角质颚和贝壳等硬组织之外,有关学者从齿舌、足部(腕及漏斗)、发光器及生殖系统等方面也对头足类进行了一些分类研究。

头足类角质颚以内包含有齿舌,它是头足类磨挫食物的器官,也给头足类的分类提供了一些依据。在 NESIS(1987)对枪乌贼和乌贼类的齿舌的研究中发现,枪乌贼和乌贼类的第2、3侧齿相似,郑小东等(2002)则发现曼氏无针乌贼第1、2侧齿的齿形相似。郑小东等和王如才(2002)对乌贼目7个种以及长蛸(*Octopus variabilis*)、短蛸(*Octopus ocellatus*)齿舌的比较研究,进一步证明了齿舌作为一种稳定的结构,在头足类分类学上应起更为重要的作用。

腕在头足类的整个生活阶段有着重要的作用。不同的种类之间,腕存在差异(郑小东等,2002)。八腕目有8条长而能卷曲的腕,腕端有吸盘。乌贼目及枪乌贼目有8条腕及2条触腕,尖端有吸盘,吸盘内有角质环,具齿或钩。鹦鹉螺属则有90个左右无吸盘的触腕。不同种类的吸盘也存在差异。蛸类的吸盘呈圆形肉质不具角质环和手,直接生于腕口表面。非蛸类(如枪形目和乌贼目)吸盘圆形、椭圆形,具柄和内外角质环。头足类的足部除了腕以外,还有漏斗器,也能在一定程度上辅助分类。柔鱼类和枪乌贼类漏斗器比较发达,乌贼类的漏斗器相对缩小,而蛸类的漏斗器更加缩小。高强(2002)对短蛸的腕式进行了研究,认为烟台与青岛2个地理种群的腕式不同。陈道海和邱海梅(2014)对蛸科(Octopodidae)、乌贼科和枪乌贼科的7种头足类腕上的吸盘进行观察,发现蛸科的吸盘要比其他两个科的吸盘大,且其无触腕,三个科的头足类腕上的吸盘也都存在差异。

头足类中的许多种类都具有发光器,发光形式有两种,一种为自身发光,另一种为共生的发光细菌发光(BOYLE 和 RODHOUSE,2005)。头足类的发光器不仅在生态学上十分重要,而且在分类学中具有重要作用,它在科、属乃至种水平上的分类得到了广泛的应用。HERRING 首次统计了具有发光器的头足类,共计19科71属(HERRING,1977)。OKUTANI(1974)发现鱼钩乌贼科(Ancistrocheiridae)中,体表具大量小的发光器,眼球中没有发光器的存在,内脏具腺体发光器。ROPER 等(1984)研究认为,柔鱼科中,滑柔鱼亚科和褶柔鱼亚科没有发光器,而柔鱼亚科中的某些种类有着内脏、皮下和眼球发光器的存在。HERRING 等(1981)在旋壳乌贼的外套后部末端发现大发光器。JOHNSEN 等(1998)通过对八腕目须蛸亚目十字蛸科中的十字蛸(*Stauroteuthis syrtensis*)研究发现,其吸盘具有发光机制,可发出蓝绿色光。

生殖系统是头足类的重要系统之一,在生物学研究,特别是繁殖生物学的研究中起着至关重要的作用。同时,它在分类学上有着重要的地位。头足类雌性生殖系统主要由卵巢、输卵管和缠卵腺组成,雄性生殖器官主要由精巢、输精管、阴茎、一些附属腺体和囊组成(王尧耕和陈新军,2005)。蛸类输卵管的长度及缠卵腺的色素沉着在种类区分上具有一定的意义(COLLINGS,2003)。茎化腕作为雄性头足类腕中的特殊结构,其位置和形态都是分类上的重要依据。枪形目左侧或右侧第4腕茎化,少数种类第4或第1对腕茎化;乌贼目左侧第1或第4腕茎化,少数种类第1对腕茎化;微鳍乌贼目和旋壳乌贼目第4对腕茎化;蛸类茎化腕多数为右侧第3腕;此外蛸亚纲有些种类无茎化腕,如手乌贼科(Chiroteuthidae)的所有种类。茎化腕的形态特征也是分类的重要形状之一,其中蛸亚纲种类的茎化腕形态结构分化明显。很多学者对不同科的种类的茎化腕形态作了描述(VOSS,1969;1980;ROPER 等,1984;RIDDELL,1985;陈新军等,2009)。韦柳枝等(2003)对四种常见的经济头足类[金乌贼、曼氏无针乌贼、日本枪乌贼(*Loliolus japonica*)和短蛸]的腕进行了研究,发现除幼体曼氏无针乌贼的茎化腕长度和其他腕相比没有明显差异外,其余三个种的茎化腕长度都有显著差异。交配器是耳乌贼亚科茎化腕上的特殊结构,除四盘耳乌贼属(Euprymna)外,龙德莱耳乌贼属(Rondeletiola)、小乌贼属(Sepiolina)、耳乌贼属(Sepiola)和暗耳乌贼属(Inioteuthis)茎化腕上的交配器的形状是种分类的重要性状(JEREB 和 ROPER,2005)。

三、小结与展望

经过几十年的发展,传统的外部形态学和生态学对头足类的分类鉴定,已经相当成熟。运用头足类耳石和角质颚等硬组织的生长纹,对其生活史特性进行推算和种群判别是当前生物学研究的主要手段,但分子遗传学在分类鉴定上的研究较少。近些年发展起来的分子遗传学等手段,从基因层面上对物种的关系和特征进行了解释,通过与传统的生物学鉴定手段的结合,能更加有效的对头足类进行分类鉴定。为此,在今后的研究中,不仅要发挥传统分类学的优势,更应该加大分子水平上的研究力度,并将二者结合起来,提供强有力的鉴定依据。此外,传统的硬组织,如耳石、内壳等结构在其上的应用研究也相对完善。在今后的研究中,应加强对头足类其他组织功能的研究开发,寻找它们在不同个体中的差异,并以此来反映出种群的特征和差异,使得头足类的分类鉴定研究变得更加准确和完善。

第七节　头足类的地理分布

头足类广泛分布于世界各大洋和各海域(除波罗的海和黑海),极少数种类能够在河口低盐度水域生活(但是不能在淡水中生活)。头足类生活的水层极为广泛,他们可在沿岸和外洋的海底生活,也可在表层至深海的浮游层、海沟内、海山和海底平顶山上生活,更有甚者在热水口也能够生存。

头足类主要类群在沿岸、外海和大洋之间的分布存在一定的变数。沿岸生活的种类主要为底栖的乌贼科、耳乌贼科、蛸科和浮游的闭眼亚目种类。外海和大洋生活的种类主要为枪形目种类,少数为旋壳乌贼科、幽灵蛸科、须亚目和某些无须亚目种类。全球头足类的分布呈现有趣的不对称性。例如:在美洲没有乌贼科种类的分布;各大洋东部水域生活的种类明显较西部少;53%的种类仅分布在印度洋-太平洋,29%的种类仅分布在大西洋;西太平洋沿岸头足类种类最多;开眼亚目头足类在各海区的比例有所不同。比如,在北大西洋11°N~60°N、20°E海域,头足类种类呈明显减小的趋势(图1-109);某些种类全球都有分布或环热带、亚热带、温带等水域分布,更有些种类仅限于某一特定的水域,例如低温水域。

一、栖息水域的划分

海洋为头足类栖息和繁衍的场所,它包括海底和海底以上的水体。前者为大洋海底领域,在此领域生活的所有生物都称作底栖,与浮游生活相对;后者亦称之为浮游层,为空气与海水交界面至大洋海底以上的立体水域,在此水域生活(包括漂浮、浮游、自游)的所有生物体都称作浮游生活,与底栖生活相对。

海洋底层由陆地向外洋,依次为沿岸、大陆架、大陆架斜坡和深海底。大陆架为临近大陆延伸至大陆架斜坡开始处的海底,深度20~550 m,平均180 m;大陆架斜坡为大陆架边缘开始坡度剧增的大陆边缘海底,深度可至2 000 m;深海底为大洋2 000 m以下海底区域。

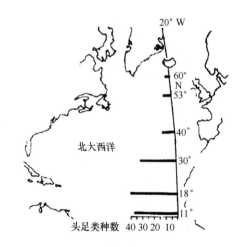

图1-109　北大西洋头足类种数分布

海洋作为头足类的栖息场所,通常可分为潮间带、浅海和大洋水域(图1-110)。潮间带为大陆沿岸高潮线和低潮线之间的一块区域;浅海为大陆架以上的海底层和浮游层;大洋为大陆架以外的海底层和浮游层,依据水深不同大洋又可分为上层、中层和深海。上层为大洋浮游层上层水域,又称光合作用层,一般为400 m以上水域;中层为大洋浮游层中层水域,位于上层和深海之间,一般为400~1 200 m水层,上限为光线所及深度,下限为生物栖息的最深处;深海为大洋浮游层下层水域,位于中层以下,一般为1 200 m以下水层。

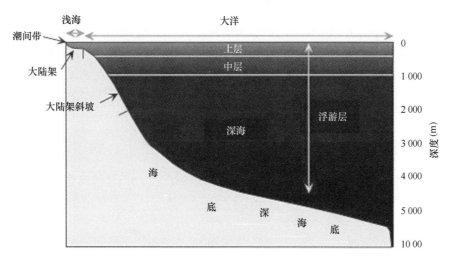

图1-110 头足类栖息水域划分

二、主要种类的地理分布

鹦鹉螺属鹦鹉螺亚纲、鹦鹉螺科,在印度洋-太平洋分布范围为30°N—30°S、90°E—180°E,30°N—30°S、180°E—175°W。其分布与岛屿、大洋珊瑚礁相关,分布水层为90~650 m,通常为150~300 m,鹦鹉螺每天都进行昼夜间的垂直洄游,日落时分向100~150 m水层上浮,清晨向250~350 m水层下潜。鹦鹉螺的内壳能够承受其最深生活水层的压力,他们生活水层的上限与水温相关。

旋壳乌贼科,分布范围40°N—40°S,加勒比海向东沿非洲大陆穿过印度洋至太平洋新苏格兰。其分布与陆地相关,为中层种类,栖息水深10~1 000 m,具昼夜垂直洄游习性,晚上出现在300 m以上水层,白天出现在500 m以下水层。

乌贼科,分布范围60°N—40°S,但是在美洲完全没有分布。他们通常沿热带至温带沿岸表层至600 m水层分布。乌贼类下潜的深度与内壳的长度相关。乌贼类白天多位于海底,经常藏于泥土中,晚上向表层进行垂直洄游。

耳乌贼科,为小型沿岸生活种类,多数底栖,经常藏于泥土和沙中,但是多数在距海底较远的水层渔获。僧头乌贼亚科,分布于世界各大洋边缘的冷水水域,栖息水层接近2 000 m。耳乌贼亚科,分布范围65°N—40°S,多数分布于相对较浅的暖水水域,栖息水层接近1 000 m,大部分为底栖。异鱿乌贼亚科,广泛分布于热带亚热带太平洋、大西洋和地中海;浮游和深海生活(Pelagic and bathypelagic),栖息水层2 000 m或更深,在海底产卵。

微鳍乌贼科,为十腕类个体最小种,分布于沿岸水域,其中至少有一种栖息于河口和红树林沼泽,地理分布知之甚少,在南非沿岸、西太平洋边缘、中国南海和澳大利亚有所分布,其外套背部表面的黏附器官使他们能够黏附在海草上。

枪形目包括闭眼亚目和开眼亚目。闭眼亚目种类广泛分布于50°N—60°S,但是世界各大洋或海域的西部种类明显较多,它们中绝大多数为浅海和半大洋浮游生活(Neritic and semipelagic),通常出现在20~250 m水层,分布水层为0~500 m,常在海底产卵。开眼亚目种类,广泛分布于北冰洋至南极世界各大洋,是大洋性浮游(Ocean pelagic)生活头足类的主要组成部分,分布水层0~3 000 m,甚至有些种类可以"飞"出水面。

幽灵蛸目仅包括一属一种幽灵蛸,广泛分布于40°N—35°S,分布水层700~1 500 m,最深可达3 000 m。

须亚目,广泛分布于北冰洋至南极的世界各大洋,已知分布水层为100~7 000 m。它们中的大多数种类为浮游生活,虽然完全浮游生活,但是经常生活于接近海底的浮游层。

无须亚目,在沿岸水域和北冰洋至南极各大洋开阔水域都有分布,分布水层0~4 000 m。其所属8科当中仅蛸科一种为底栖,它所包括的种类占据了八腕目的90%;而其他科种类为上层、中层至深海水域生活。

三、大洋性头足类区系划分

根据头足类的主要生活水层,可将大洋性头足类大体划分为以下区系(图1-111):

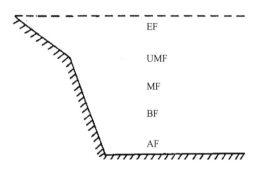

图1-111 大洋性头足类区系划分

EF为表层区系;UMF为中上层区系;MF为中层区系;BF为深层区系;AF为深渊区系

1. 大洋表层区系(The Epipelafic Fauna)

该区系主要在大洋表层或上层水域营浮游生活。主要成员如水孔蛸科,腕间膜发达,平衡囊简单;主食浮游生物。

2. 大洋中上层区系(The Upper Mesopelagic Fauna)

该区系主要在大洋中上层水域营游泳生活,垂直活动能力强。主要种类如柔鱼科,漏斗器和肉鳍发达,平衡囊复杂;主食游泳动物。

3. 大洋中层区系(The Mesopelaic Fauna)

该区系主要在大陆坡上区中层水域营游泳生活,垂直活动能力强。主要种类如武装乌贼科,体表发光器发达;主食游泳动物。

4. 大洋深层区系(The Bathypelagic Fauna)

该区系主要在大陆坡中区深层水域生活。主要种类如水母蛸科,胴体胶质,吸盘稀疏,腕间膜发达。

5. 大洋深渊区系(The Abyssopelagic Fauna)

该区系主要在深海盆深渊水域生活,主要种类如幽灵蛸科,体色黑,吸盘外丛生须毛,腕间膜发达,发光器复合化。

第八节 头足类的食用和药用价值

头足类是重要的海洋渔业资源,肉味鲜美,营养丰富,其肉除鲜食外,还有抗肿瘤的作用及其机制以及止血、升高白细胞、抗辐射等作用。

一、头足类各部位比重

头足类的体重对可食比重、肝脏及其废弃物(肝脏以外的内脏,包括口球、眼球、内壳等)的比重有较大的影响。可食部分最高比重为83.8%(鸢乌贼),最低为55.7%(贝乌贼)。其他柔鱼大都在70%~80%之间(表1-9)。新西兰双柔鱼体重及其各部位比例关系见表1-10。

表1-9 头足类各部位重量比例

种类	体重(g)	可食部分(%)			肝脏(%)	废弃物(%)
		全体	胴体肉	头足部分		
太平洋褶柔鱼	214	74.4	52.8	21.6	25.6	
	252	74.4	51.1	23.4	–	–
	344	77.2	51.9	25.3	12.6	10.2
	489	75.1	51.7	23.4	14.9	10.0
柔鱼	490	81.6	55.2	26.4	6.3	12.1
	893	79.6	51.6	27.7	8.1	12.0
	1 079	77.0	49.3	27.7	8.6	14.4
滑柔鱼	94	71.3	47.9	23.4	14.9	12.8
	301	75.1	45.7	29.9	11.3	12.3
阿根廷滑柔鱼	545	72.8	42.6	30.3	12.8	14.5
	732	63.9	41.7	22.3	14.2	20.2
鸢乌贼	232	82.3	59.6	22.7	17.7	
	370	83.8	57.3	26.5	5.1	10.5
	475	77.5	53.0	24.5	22.5	
澳洲双柔鱼	178	80.7	49.4	31.3	7.0	12.3
	237	77.6	46.7	30.9	7.1	15.3
	336	75.2	43.7	31.5	7.4	17.4
	549	81.4	43.4	39.5	4.8	13.8
	597	77.6	40.9	36.7	7.6	14.8
	796	77.5	40.3	37.2	8.2	14.3
	986	68.6	35.5	33.1	7.5	23.9
贝乌贼	482	55.7	37.0	18.7	16.0	30.4
日本爪乌贼	410	75.3	54.6	20.7	7.7	17.1

表 1-10　新西兰双柔鱼体重及其各部位比例

体重(g)	可食部分(%)			肝脏(%)	废弃物(%)
	全体(%)	胴部(%)	头足部(%)		
55.4	81.0	57.0	24.0	6.9	12.1
82.5	78.3	54.2	24.1	8.0	13.7
153.0	82.4	56.4	26.0	8.3	9.3
338.5	85.6	53.2	32.4	7.4	7.0
400.5	76.5	49.6	26.9	23.5	
478.5	77.3	46.4	30.9	8.4	14.3
556.3	79.8	45.3	35.4	5.8	14.4
592.0	64.4	37.3	27.0	9.3	26.4
1055.0	70.0	35.9	34.1	6.0	24.0

可食部分的比重有随着头足类体重的增加而减少的趋势。对可食部分来讲,随着体重的增加,胴体肉的比重减少,而头与足部分的比例增加。

综上所述,头足类的可食部分很高,乌贼类的可食部分平均约为75%;柔鱼类和枪乌贼类的可食部分平均约为85%。蛸类的可食部分最高,平均可达95%;鱼类的可食部分平均仅为50%～60%,而贝类的可食部分平均仅为30%左右。

二、几种头足类的营养成分分析

1. 阿根廷滑柔鱼和七星柔鱼营养成分及其比较

阿根廷滑柔鱼和七星柔鱼的营养成分含量大致接近(表1-11),水分、灰分、蛋白质、脂肪、钙的含量在头足部略高于胴体,其高出值分别为 1.18%～1.86%、0.94%～0.95%、3.07%～5.48%、0.17%～0.32%、212.3μg/g～234.3 μg/g。胴体的磷含量则高于头足 1 668 μg/g～2 306 μg/g。两种鱿鱼的胴体蛋白质含量相差不大,而头足的蛋白质含量,阿根廷滑柔鱼比七星柔鱼高 2.14%。阿根廷滑柔鱼胴体磷含量比七星柔鱼高 487 μg/g,而头足的磷含量,阿根廷滑柔鱼比七星柔鱼低 151 μg/g。七星柔鱼的钙、铁含量稍高于阿根廷滑柔鱼。脂肪含量两者非常接近。鱿鱼的水分含量为78%～80%,与一般鱼类平均水平(75%～80%)相当。两种鱿鱼的氨基酸含量比较丰富,其中谷氨酸、天冬氨酸含量特别高(表1-12)。阿根廷滑柔鱼氨基酸含量更为丰富,其亮氨酸稍高于鸡蛋白。

表 1-11　七星柔鱼与阿根廷滑柔鱼各部位营养成分比较

七星柔鱼							
样品	水分(%)	灰分(%)	蛋白质(%)	脂肪(%)	钙(μg/g)	铁(μg/g)	磷(μg/g)
胴体	78.26	5.68	73.6	3.64	850.7	36.3	6934
头足	80.12	6.63	76.67	4.02	1085	21.33	5266
阿根廷滑柔鱼							
样品	水分(%)	灰分(%)	蛋白质(%)	脂肪(%)	钙(μg/g)	铁(μg/g)	磷(μg/g)
胴体	79.58	5.59	73.33	4.03	790.7	21.52	7 421
头足	80.76	6.53	78.81	4.2	1003	14.93	5 115

表 1-12 七星柔鱼和阿根廷滑柔鱼的氨基酸组成比较　　　　　单位:%

氨基酸名称	七星柔鱼	阿根廷滑柔鱼	氨基酸名称	七星柔鱼	阿根廷滑柔鱼
天冬氨酸	69.3	72.2	异亮氨酸	30	34.2
苏氨酸	27.1	30.1	亮氨酸	48.1	55.2
丝氨酸	24.6	27.4	酪氨酸	12	17.3
谷氨酸	96.3	111.5	苯丙氨酸	27	29.1
甘氨酸	31.5	33.9	组氨酸	15.9	15.9
丙氨酸	39.1	41.4	赖氨酸	33.6	38.1
缬氨酸	27.4	30.5	精氨酸	44.4	49.8
蛋氨酸	18.9	21.5	氨基酸总量	545.2	508.1

2. 北太平洋柔鱼营养成分分析(表 1-13)

柔鱼可食部分粗蛋白含量较高,在 17%~21%之间,粗脂肪含量很低,在 1%~2%之间,内脏中含有 13%的可利用蛋白质和 1.9%的粗脂肪,其脂肪酸组成中高度不饱和脂肪酸占的比例很大。柔鱼可食部分蛋白质的氨基酸组成较全面,营养价值较高(表 1-14)。其必需氨基酸(EAA)占氨基酸总量约 45.78%,比全蛋蛋白 48.92%略低。除胱氨酸含量甚微外,其他必需氨基酸接近全蛋蛋白,尤其赖氨酸的含量达 9.92%。异亮氨酸、亮氨酸也略高于全蛋蛋白,因此柔鱼可食部分蛋白质的氨基酸组成平衡,完全可作为人们膳食的高蛋白。不可食部分内脏中蛋白组成也是全面的,其必需氨基酸占氨基酸总量约 48.13%,与全蛋蛋白相近。柔鱼内脏油的脂肪酸组成与鱼类的鱼油组成很相似。

表 1-13 柔鱼各部位营养成分分析

部位	水分(%)	粗蛋白(%)	粗脂肪(%)	灰分(%)
胴体	76.56	21.25	0.86	1.55
鳍	77.48	19.37	1.90	1.45
头足	79.85	17.59	1.33	1.49
内脏(不包括墨囊)	65.15	13.78	19.46	1.44

表 1-14 柔鱼蛋白的氨基酸组成

氨基酸名称	肌肉蛋白(%)	内脏蛋白(%)	全蛋蛋白(%)	氨基酸名称	肌肉蛋白(%)	内脏蛋白(%)	全蛋蛋白(%)
苏氨酸	4.32	4.05	4.67	天冬氨酸	10.44	9.77	9.18
胱氨酸+蛋氨酸	3.59	6.62	2.77+3.40	丝氨酸	2.00	2.95	7.2l
缬氨酸	5.27	6.10	6.57	谷氨酸	17.62	12.00	12.75
异亮氨酸	5.80	5.74	5.3O	甘氨酸	4.85	5.58	3.25
亮氨酸	8.97	8.53	8.55	丙氨酸	5.17	5.07	5.62
酪氨酸+苯丙氨酸	7.91	9.72	3.88+5.15	组氨酸	1.58	2.53	2.6l
赖氨酸	9.92	7.34	7.05	精氨酸	8.23	8.12	6.41
色氨酸	–	–	1.58	脯氨酸	4.32	2.38	4.04
EAA 合计	45.78	48.13	48.92	NEAA 合计	54.21	48.40	51.07

其中不饱和脂肪酸占 86%,ω 系列脂肪酸占总脂肪酸的 37%,EPA 占 12%,DHA 占 24%(表 1-

15)。柔鱼各部分主要含有的无机盐成分是钙、磷、铁,还有微量元素锌(表 1-16),含量均比肉类高。

表 1-15　柔鱼内脏油的脂肪酸组成

脂肪酸	含量(%)	脂肪酸	含量(%)	脂肪酸	含量(%)
C_{14}^2O	2.645	$C_{18}^2 2\omega6$	22.781	$C_{20}^1 5\omega3(EPA)$	12.105
C_{16}^2O	11.406	$C_{18}^1 3\omega3$	0.295	$C_{22}^2 4\omega6$	1.325
$C_{16}^2 1\omega7$	0.649	$C_{20}^1 1\omega9$	14.182	$C_{22}^2 5\omega3$	0.960
$C_{18}^3 1\omega9$	1.350	$C_{20}^2 4\omega6$	7.711	$C_{22}^2 6\omega3(DHA)$	24.066

表 1-16　柔鱼各部分灰分的测定结果(每 100 g)　　　　　　　　　　单位:mg

部位	钙	磷	铁	锌
胴体	6.34	148	1.10	1.67
鳍	14.09	177	2.23	3.19
头足	15.65	186	1.06	1.77
内脏	35.92	202	3.17	4.98

3. 日本无针乌贼营养成分分析

乌贼墨中脂肪含量为 1.34 g/100 g,含脂肪率低。由表 1-17 可看出,其中不饱和脂肪酸占 43.4%,主要由油酸和棕榈油酸构成。油酸占总脂肪酸的 26.35%。饱和脂肪酸以棕榈酸和硬脂酸为主,其中棕榈酸占总脂肪酸的 31%。由表 1-17 数据可看出,日本无针乌贼墨中含脂肪量高,但其不饱和脂肪酸比例较高。

表 1-17　日本无针乌贼墨中脂肪酸含量

不饱和脂肪酸	含量/mg.g^{-1}	饱和脂肪酸	含量/mg.g^{-1}
棕榈油酸	0.13	内豆蔻酸	0.09
油酸	0.34	棕榈酸	0.40
花生烯酸	0.08	硬脂酸	0.19
山嵛烯酸	0.01	花生酸	0.01
总不饱和脂肪酸	0.56	山嵛酸	0.04
总脂肪酸	1.29		

日本无针乌贼粗蛋白含量为 10.08 g/100 g,氨基酸含量见表 1-18。由表中可知,日本无针乌贼墨中含有 16 种氨基酸,总量达到 9.922%,以天冬氨酸含量最高。参照 1973 年联合国粮农组织提供的理想蛋白模式,对比日本无针乌贼墨中各必需氨基酸的化学评分(Chemical Score,CS)(表 1-19)可以清楚地看到,异亮氨酸、亮氨酸、苏氨酸、缬氨酸的得分都远远超过理想模式的标准。

表 1-18　日本无针乌贼墨中氨基酸含量

氨基酸名称	含量/g(100 g)$^{-1}$	氨基酸名称	含量/g(100 g)$^{-1}$
天冬氨酸	1.414	异亮氨酸	0.750
苏氨酸	0.471	亮氨酸	0.939

续表

氨基酸名称	含量/g(100 g)$^{-1}$	氨基酸名称	含量/g(100 g)$^{-1}$
丝氨酸	0.370	酪氨酸	0.277
谷氨酸	1.291	苯丙氨酸	0.451
脯氨酸	0.171	组氨酸	0.516
甘氨酸	0.699	赖氨酸	0.529
丙氨酸	0.560	精氨酸	0.660
胱氨酸	/	总量	9.922
缬氨酸	0.596	必需氨基酸	3.963
蛋氨酸	0.227	必需/总氨基酸	39.91

表 1-19 日本无针乌贼墨必需氨基酸组成(蛋白质)及化学评分　　　　单位:mg/g

氨基酸名称	模式*	乌贼墨	CS**
异亮氨酸	40	74.4	186
亮氨酸	70	93.15	133.1
赖氨酸	55	52.48	95.41
蛋氨酸	35	22.51	64.3
苯丙氨酸	60	44.7	74.5
苏氨酸	40	46.72	116.8
色氨酸	10	未检测	
缬氨酸	50	59.1	118.2

注:*模式指 FAO/WHO 模式;**CS 即化学评分,CS =(待评蛋白质某种必需氨基酸含量/参考蛋白质模式中同种必需氨基酸含量)×100%

日本无针乌贼墨中含 Mg、Ca、Na、K、Fe,其无机元素含量很丰富。这些无机元素对人体的生长、发育和健康有着重要性和必要性。

现代研究证明,牛磺酸有抑制胆固醇在血液中积蓄的作用。只要摄入的食物中牛磺酸与胆固醇的比值(即 T/C 值)在 2 以上,血液的胆固醇值便不会升高。鱿鱼肌肉中牛磺酸含量较高(表 1-20),T/C 值为 2.2,因此,食用鱿鱼,其所含的胆固醇只是正常地被人体所利用,而不会积蓄在血液中。

表 1-20 几种商品 T/C 值(每 100 g)　　　　单位:mg

食品	牛肉(肩背肉)	猪肉(肩背肉)	鸡肉(胸肉)	鸡蛋(全蛋)	鱿鱼(胴肉)	章鱼(足部肉)
牛磺酸	48.8	50.9	14.3	0	364	537.5
胆固醇	79.4	61.2	55.5	331.4	166.1	96.1
牛黄酸/胆固醇(T/C)	0.6	0.8	0.3	0	2.2	5.6

三、头足类的药用价值

(一)各部位药用价值

1. 肉

从蛸类肉的煮汁中,可提取牛磺酸(taurine),为止虚汗剂和特殊兴奋剂,用于治疗结核病、关节炎、神经病、腺质病和血液障碍等。

2. 肝

从柔鱼类的肝脏提取肝油,太平洋褶柔鱼的肝脏含油量 13%~30%,是无脊椎动物中含量较高者。太平洋褶柔鱼肝油中的维生素含量丰富,维生素 A 的含量为鳕肝油的 4 倍,维生素 D 的含量为鳕肝油的 2 倍,维生素 C 的含量为鳕肝油的 3 倍。

3. 神经轴突

乌贼和枪乌贼的神经突中含有丰富的轴浆。轴浆是一种黏性物质,有转运营养物和其他粒子的作用,可从中提取中枢神经系统药物,如止疼剂、催眠剂、麻醉剂等。

4. 视神经细胞和视神经节

从乌贼的视神经细胞和神经节中能分离出制造防止休克药剂必需的酶,其作用比从哺乳动物脑中提取的同类物质强 10 倍。

5. 后唾液腺

蛸类是头足类中后唾液腺比较发达的种类,而蛸类中又以环蛸的后唾液腺最发达。环蛸后唾液腺所分泌的毒素,称为"环毒"(maculotoxin),是一种低分子量的蛋白毒,主要成分为酪酸(try-amine)、组胺(histamine)和氨乙基(aminoethyl)等,其少量的提取液能使小动物呼吸困难、运动平衡失调,产生阵发性的抽搐并很快死亡,对人偶有麻痹作用。从这种蛋白毒中,可提取降血压药物或治疗中枢神经系统的药物。

6. 眼球

可提炼维生素 B_1。

7. 墨囊

乌贼类是头足类中墨囊比较发达的种类。墨囊主要由黑素(melanins)组成,黑素由酚性的化合物衍生而成。乌贼墨汁是一种很好的内科止血药,用于治疗功能性子宫出血、肺咯血、胃出血、血尿等,对功能性子宫出血疗效特别显著,同时未发现任何副作用。墨囊晒干后,可磨成极细的粉末,制成胶囊或片剂服用。表 1-21 为乌贼墨和章鱼墨的性质比较。

表 1-21　乌贼墨与章鱼墨的性质对比

种类	乌贼墨	章鱼墨
主要成分	黑色素	黑色素
触觉	干,黏稠	湿,滑溏
生物学效应	对入侵物释放,形成烟雾的效果	对入侵物释放,形成烟雾的效果。麻痹鳝的嗅觉作用,麻痹蟹的触觉作用
生理作用	防腐作用 抗肿瘤作用 促进胃液分泌作用	无生理作用

一些学者发现乌贼墨具有升高白细胞的作用。乌贼墨还可保护造血干细胞,有抗辐射作用,该作用可能与其黑色素的自由基特性有关。

8. 角质内壳

为柔鱼类和枪乌贼类的内壳,主要成分是拟蛋白。据奥谷(1976)对柔鱼类角质内壳粗制提取液的分析,含氮 6.2%,糖 17.2%,蛋白质 45.3%,灰分 20.5%,有抗肿瘤的性质。

9. 石灰质内壳

为乌贼类的内壳,俗称"海螵蛸"或"乌贼骨"。公元前3—前2世纪,我国即已使用海螵蛸治病,为入药历史最早、用途最广泛的中药材之一。海螵蛸的主要成分为碳酸钙,其单个化学元素的成分如下(Turek,1933):钙34.6%、氮0.915%、镁0.083%、磷0.0045%、铁0.0013%。海螵蛸入药有制酸止痛、收敛止血、止咳平喘、固表涩肠、消疳治积、固精止带、收湿生肌、明目退翳等作用(陈天祥,1980)。

(二)乌贼的抗肿瘤作用

1. 乌贼墨的抗肿瘤药理作用

乌贼墨的药用价值最早始于止血。进入20世纪90年代以来,其抗肿瘤研究一度成为新的热点。乌贼墨中含有高效抗癌活性成分,经提取、分离和纯化,得到了一种全新结构的黏多糖。这种黏多糖与蛋白分子相连,构成一种比较复杂的蛋白-多糖复合体。

日本弘前大学应用乌贼墨蛋白多糖进行抗小鼠纤维恶性癌细胞移植瘤实验。结果表明对照组10只荷瘤小鼠全部死亡;而给予乌贼墨黏多糖实验组的10只荷瘤小鼠,其中8只小鼠的肿瘤完全消失,2只小鼠的癌细胞受到了抑制,荷瘤小鼠的生存率达到60%~80%。高谷芳明从该蛋白-多糖复合体中分离的一种成分,对小鼠Meth-A肿瘤具有65%的治愈率。Takaya等发现单纯的多糖部分没有显示好的抗肿瘤活性,说明其抗肿瘤活性可能来自蛋白-多糖复合体。

2. 乌贼墨抗肿瘤作用机制

Takaya等首先对乌贼墨蛋白-多糖复合体进行了体外研究,发现该蛋白多糖对Meth-A肉瘤细胞无直接的细胞毒作用,但可以抑制小鼠体内肉瘤细胞的生长,并发现小鼠腹腔内巨噬细胞的活性增强,以此推测,其抗肿瘤作用可能通过调节机体免疫功能来抑制肉瘤细胞的生长。

吕昌龙等作了一系列实验对乌贼墨的抗肿瘤机制进行了研究。结果说明:乌贼墨对非特异性免疫及特异性免疫功能均有影响。一方面能提高巨噬细胞活性,发挥非特异性免疫作用,抑制肿瘤生长;另一方面,能作为免疫佐剂,促进抗体产生,提高特异性免疫功能,特别是体液免疫。此外,乌贼墨有肿瘤坏死因子促生作用。该因子在体内对Meth-A肉瘤,在体外对胃癌、大肠癌细胞均呈不同程度的杀伤作用。

(三)鱿鱼卵的保健功能

20世纪70年代以来,美国就把卵磷脂用于保健食品,总销量次于复合维生素和维生素E而名列第三。从鱿鱼卵中提取卵磷脂,是天然的乳化剂和营养补品。磷脂可以降血脂,治疗脂肪肝、肝硬化,使老年动脉血管壁有增强现象,而且减少坏死。

鱿鱼鱼精核蛋白的营养成分分析表明其富含核蛋白、氨基酸和充足的微量元素(表1-22)。核蛋白为核酸和碱性蛋白质的天然结合物,核酸为生命生长、发育、遗传的基本物质之一,充足的核酸营养对活化细胞功能,调节细胞新陈代谢,延续细胞衰老,提高机体的免疫功能有重要的意义。氨基酸成分分析表明,鱿鱼鱼精蛋白精氨酸含量最高,约占总氨基酸含量的20%左右,精氨酸具有强化肝功能,刺激下丘脑和垂体释放促性腺激素功能,可用作辅助治疗男性不育症的药物。另外,充足的微量元素可活化细胞酶系并调控细胞生化反应,对维持机体的机能,提高抗病能力有重要的生理意义。鱿鱼鱼精核蛋白集核酸、鱼精蛋白和微量元素于一体,其多种活性成分的协同作用使其相对于其他人工调配物质有无可比拟的优势,且它来源于可食性海洋动物,为纯天然海洋活性物质,微量元素分析表明其未受重金属污染。鱿鱼鱼精核蛋白独特的营养保健成分和卫生安全性使其成为十分难得的天然核蛋白类复合物,在海洋保健食品开发中有广阔的开发应用前景。

表 1-22　鱿鱼鱼精核蛋白提取物氨基酸含量

种类	含量/μg/g	百分比/%	种类	含量/μg/g	百分比/%
天冬氨酸	5 259.12	9.3	异亮氨酸	2 231.12	3.9
苏氨酸	3 762.42	6.7	亮氨酸	4 539.32	8.0
丝氨酸	7 526.84	13.3	酪氨酸	2 484.2	4.4
谷氨酸	2 037.60	3.6	苯丙氨酸	2 312.6	4.1
甘氨酸	1 905.80	3.4	组氨酸	1 043.52	1.8
丙氨酸	2 423.36	4.3	赖氨酸	3 916.12	6.9
缬氨酸	2 188.56	3.7	精氨酸	13 262.28	23.4
色氨酸	605.12	1.1	蛋氨酸	1064.0	1.9

第九节　世界头足类资源开发状况

一、头足类种类组成及其海域分布

Voss(1973)在其编写《世界头足类资源》中,罗列出世界各大洋经济头足类共计 173 种,其中已开发利用的约 70 种。根据联合国粮农组织(FAO)划分各大海区,在 173 种经济头足类中,西北太平洋海域(61 海区)的头足类数量为最多,共计 65 种,其中柔鱼科 23 种,占 35.3%;乌贼科 17种,占 26.1%;枪乌贼科 12 种,占 18.4%;蛸科 13 种,占 20%。其次是中西太平洋海域(71 海区)和印度洋西部海域(51 海区)各有 54 种,并列第 2 位,柔鱼科仍居优势种,分别为 18 种和 21 种;乌贼科分别为 17 种和 16 种;蛸科分别为 9 种和 12 种;枪乌贼科次之,分别为 8 种和 5 种。其余 17 个海区中的经济头足类种类组成如表。

在已开发利用或具有潜在价值的 70 种头足类中,已被规模开发利用的种类仅占 1/3,而作为专捕对象的少,大部分作为兼捕对象。它们分隶于 15 科 35 属,其中大洋性科有帆乌贼科、武装乌贼科、鳞乌贼科、鳞甲乌贼科、大王乌贼科、爪乌贼科、小头乌贼科、手乌贼科、菱鳍乌贼科、柔鱼科;浅海性种有枪乌贼科、乌贼科、耳乌贼科和微鳍乌贼科、章鱼科。在 15 个科中,柔鱼科、枪乌贼科、乌贼科和章鱼科为最重要,它们约占世界头足类产量的 90% 以上。

表 1-23　世界各大洋经济头足类分布表

海区	乌贼科	枪乌贼科	柔鱼科	蛸科	合计
北冰洋			1		1
西北大西洋	5	2	17	3	27
东北大西洋	3	4	19	5	31
中西大西洋	6	8	18	21	53
中东大西洋	12	1	21	8	42
地中海	7	4	11	8	30
西南大西洋		4	21	14	39
东南大西洋	5	3	24	4	36

海区	乌贼科	枪乌贼科	柔鱼科	蛸科	合计
南极(大西洋)		1	12	1	14
西印度洋	16	5	22	11	54
东印度洋	13	6	14	12	45
南极(印度洋)			9	1	10
西北太平洋	17	12	23	13	65
东北太平洋	2	1	14	2	19
中西太平洋	19	8	18	9	54
中东太平洋	1	4	18	8	31
西南太平洋	3	2	20	4	29
东南太平洋		2	15	3	20
南极(太平洋)			14	1	15

二、头足类渔业概况

20 世纪 50 年代以来,由于许多底层鱼类资源的过度捕捞,作为被捕食者的头足类产量,逐年出现稳定增长的趋势,从 1950 年的 58 万吨,逐步增加到 2007 年 430 多万吨,2014—2015 年稳定在 470 万~480 万吨(图 1-112)。根据 FAO 的统计,20 世纪 50 年代,世界头足类产量的平均年产量为 64.5 万吨,在世界海洋渔获量中的比例为 2.48%(表 1-24,图 1-112,图 1-113);20 世纪 60 年代,世界头足类产量的平均年产量为 91.3 万吨,在世界海洋渔获量中的比例为 1.92%(表 1-24,图 1-112,图 1-113);20 世纪 70 年代,世界头足类产量的平均年产量为 118.8 万吨,在世界海洋渔获量中的比例为 1.87%(表 1-24,图 1-112,图 1-113);20 世纪 80 年代,世界头足类产量的平均年产量为 185.9 万吨,在世界海洋渔获量中的比例为 2.38%(表 1-24,图 1-112,图 1-113);20 世纪 90 年代,世界头足类产量的平均年产量为 291.5 万吨,在世界海洋渔获量中的比例为 3.46%(表 1-24,图 1-112,图 1-113);2000 年以来,世界头足类产量的平均年产量为 374.5 万吨,在世界海洋渔获量中的比例为 4.78%(表 1-24,图 1-112,图 1-113);2010—2015 年世界头足类平均年产量为 417.4 万吨,占世界海洋渔获量的 5.18%(表 1-24,图 1-112,图 1-113)。

表 1-24　1950—2013 年世界头足类产量及其占总产量的比重

年代	1950 年代	1960 年代	1970 年代	1980 年代	1990 年代	2000 年代	2010 年代
头足类	644984	913488	1187857	1858796	2914951	3744507	4173982
海洋捕捞产量(吨)	26015714	47655575	63491146	77925292	84203379	78363670	80552732
头足类比重%	2.48	1.92	1.87	2.38	3.46	4.78	5.18

头足类的年产量种类组成也随时间出现变化(图 1-114,表 1-25)。20 世纪 50 年代,柔鱼类产量占总产量的 77.48%,枪乌贼类和乌贼类的产量占总产量的 13.79%,章鱼类为 8.73%;20 世纪 60 年代,柔鱼类产量占总产量的 69.84%,枪乌贼类、乌贼类、章鱼类的产量分别占总产量的 3.11%、14.19% 和 12.87%;20 世纪 70 年代,柔鱼类和枪乌贼类产量分别占总产量的 56.29% 和 9.20%,乌贼类和章鱼类的产量均占总产量的 16%~18%;20 世纪 80 年代,柔鱼类和枪乌贼类产量分别占总产量的 58.27% 和 11.73%,乌贼类和章鱼类的产量均占总产量的 12%~18%;20 世纪 90 年代,柔鱼

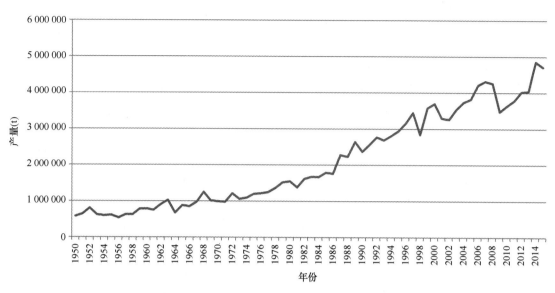

图 1-112　1950—2015 年世界头足类产量分布图

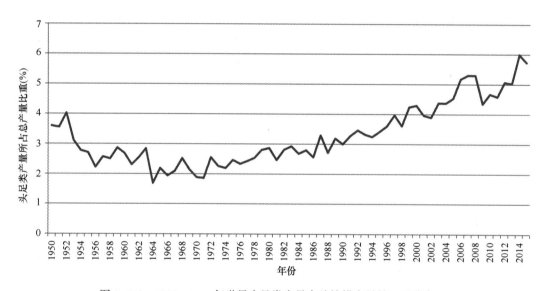

图 1-113　1950—2015 年世界头足类产量占总捕捞产量的比重分布图

类产量占总产量的 60.62%,枪乌贼类的产量占总产量的 10.96%,乌贼类和章鱼类的产量均占总产量的 10%~18%;2000 年代,柔鱼类产量占总产量的 61.99%,枪乌贼类的产量占总产量的 10.01%,乌贼类和章鱼类的产量均占总产量的 9%~19%;2010—2015 年,柔鱼类和枪乌贼类的产量分别占总产量的 59.18% 和 13.27%,乌贼类和章鱼类的产量占总产量的 8%~19%。

由图 1-114 可知,20 世纪 70 年代以前,产量主要以柔鱼类为主,但是柔鱼类产量出现波动,未出现大幅度增长的情况;而章鱼类、乌贼类和枪乌贼类的产量出现小幅度的增加。70—80 年代间,枪乌贼类和柔鱼类的产量在波动中上升,而章鱼类和乌贼类则基本上与往年持平。在 1990 年以后,柔鱼类产量出现大幅度上升,而枪乌贼类出现下降,章鱼类和乌贼类则出现小幅度上升(图 1-114)。在目前的 470 多万吨头足类产量中,枪形目(包括柔鱼科和枪乌贼科)所占的比重为最大,约占总产量的 82%,章鱼类和乌贼类的产量则分别维持在 30 万~80 万吨间。从增长趋势来看,大洋性的柔鱼科渔获量增长最大,其次是浅海性枪乌贼科和蛸科,乌贼科则相对较慢,近年来还出现下降的趋势。

表 1-25　1950—2013 年世界头足类产量及其占总产量的比重(%)

	年代	1950 年代	1960 年代	1970 年代	1980 年代	1990 年代	2000 年代	2010 年代
产量(万吨)	柔鱼类	49.97	63.39	64.80	104.53	176.70	233.04	246.99
	枪乌贼类	1.48	2.83	10.59	21.04	31.95	37.65	55.39
	乌贼类	7.42	12.88	20.30	30.95	52.45	71.62	79.16
	章鱼类	5.63	11.68	19.43	22.87	30.39	33.64	35.84
比重(%)	柔鱼类	77.48	69.84	56.29	58.27	60.62	61.99	59.18
	枪乌贼类	2.29	3.11	9.20	11.73	10.96	10.01	13.27
	乌贼类	11.50	14.19	17.63	17.25	17.99	19.05	18.97
	章鱼类	8.73	12.87	16.88	12.75	10.43	8.95	8.59

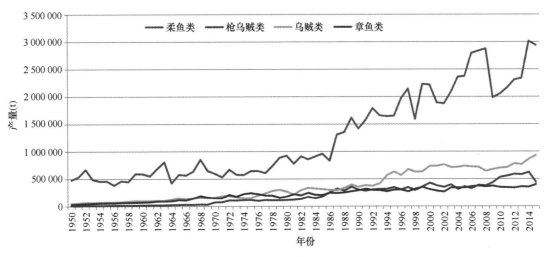

图 1-114　1950—2015 年头足类产量种类组成分布图

三、各大类主要种类及其渔业概况

(一)柔鱼类

柔鱼科是大洋性种类,主要分布在世界各大洋的陆坡渔场,但也有分布在大洋中。由于具有表层集群习性,容易成为渔业捕捞对象,是目前头足类渔业中最重要的渔业资源(图 1-113)。在这个科中,已成为捕捞对象的约有 10 多个种类,如太平洋褶柔鱼(*Todarodes pacificus*)、柔鱼(*Ommastrephes bartrami*)、阿根廷滑柔鱼(*Illex argentinus*)、滑柔鱼(*Illex illecebrosus*)、科氏滑柔鱼(*Illex coindetii*)、茎柔鱼(*Dosidicus gigas*)、双柔鱼(*Nototodarus sloani*)、褶柔鱼(*Todarodes sagittatus*)、鸢乌贼(*Symplectoteuthis oualaniensis*)、翼柄乌贼(*Ommastrephes pteropus*)、澳洲双柔鱼(*Notodaris Gouldi*)。其中最为重要的捕捞对象为阿根廷滑柔鱼、太平洋褶柔鱼、柔鱼、双柔鱼、茎柔鱼等(表 1-26)。根据统计,2006—2008 年年产量为 200 万~230 万吨,2012—2013 年小幅度下降到 170 万~175 万吨(图 1-114),这主要是阿根廷滑柔鱼产量出现大幅度减少。

表 1-26 2000—2015 年主要柔鱼种类的产量   单位:万吨

年份	2000	2001	2002	2003	2004	2005	2006	2007
阿根廷滑柔鱼	98.46	75.05	54.04	50.36	17.90	28.76	70.38	95.50
太平洋褶柔鱼	57.04	52.85	50.44	48.76	44.78	41.16	38.81	42.92
茎柔鱼	21.01	24.50	41.24	40.20	83.48	77.97	87.14	68.49
柔鱼	4.74	2.39	1.49	1.90	1.15	1.44	0.94	2.22
双柔鱼	2.53	4.49	6.31	5.74	10.84	9.64	8.94	7.39
其他柔鱼	38.12	30.12	34.00	61.49	77.65	78.52	73.34	67.31
合计	221.89	189.38	187.53	208.45	235.79	237.49	279.55	283.82
年份	2008	2009	2010	2011	2012	2013	2014	2015
阿根廷滑柔鱼	83.79	26.12	19.00	20.49	34.06	52.54	86.29	101.14
太平洋褶柔鱼	40.37	40.82	35.93	41.41	35.03	33.78	33.96	29.60
茎柔鱼	89.54	64.29	81.60	90.63	95.06	84.73	116.17	100.38
柔鱼	2.44	3.60	2.23	1.49	0.55	0.36	0.33	0.29
双柔鱼	5.70	4.70	3.34	3.83	3.71	2.63	1.82	1.90
其他柔鱼	66.09	59.05	63.05	58.57	62.52	59.80	62.98	60.75
合计	287.93	198.58	205.15	216.42	230.93	233.85	301.54	294.06

注:统计来自于 FAO 统计年鉴,柔鱼统计可能不包括中国大陆的产量,1996 年以前柔鱼产量的统计未被单独统计。在其他柔鱼类中可能包括北太平洋的柔鱼。

(二)枪乌贼科

枪乌贼科主要分布在太平洋和大西洋的热带、温带海区以及印度洋,属浅海性种类。目前已被规模性开发利用的有 16 种,主要捕捞对象有中国枪乌贼(*Loligo chinensis*)、皮氏枪乌贼(*Loligo pealei*)、乳光枪乌贼(*Loligo opalescens*)、杜氏枪乌贼(*Loligo duvaucelii*)、日本枪乌贼(*Loligo japonica*)、巴塔哥尼亚枪乌贼(*Loligo gahi*)、剑尖枪乌贼(*Loligo edulis*)。据 FAO 统计,巴塔哥尼亚枪乌贼等种类的产量较高(表 1-27),其捕捞产量在 4 万~11 万吨间。2010—2015 年间,枪乌贼类年产量稳定在 40 万~65 万吨(表 1-27,图 1-114)。

表 1-27 2000—2015 年主要枪乌贼产量   单位:万吨

年份	2000	2001	2002	2003	2004	2005	2006	2007
枪乌贼	0.60	0.34	0.74	0.76	0.73	1.04	0.68	0.99
巴塔哥尼亚枪乌贼	9.29	7.69	3.64	7.67	4.22	7.07	5.25	5.94
皮氏枪乌贼	1.69	1.42	1.67	1.19	1.35	1.70	1.59	1.23
乳光枪乌贼	11.77	8.58	7.29	3.93	3.96	5.57	4.92	4.94
其他枪乌贼	19.39	19.91	21.87	26.25	21.05	21.00	20.38	25.63
合计	42.74	37.94	35.21	39.81	31.31	36.38	32.82	38.74

续表

年份	2008	2009	2010	2011	2012	2013	2014	2015
枪乌贼	0.83	1.01	1.01	0.84	0.64	0.26	0.66	0.68
巴塔哥尼亚枪乌贼	5.85	4.80	7.18	3.75	10.16	6.32	7.19	5.32
皮氏枪乌贼	1.14	0.93	0.67	0.95	1.28	1.11	1.20	1.19
乳光枪乌贼	3.66	9.24	12.99	12.16	9.71	12.96	13.19	3.74
其他枪乌贼	26.32	27.73	31.46	37.97	37.15	37.41	40.07	33.10
合计	37.81	43.71	53.32	55.68	58.93	58.07	62.31	44.03

（三）乌贼科

乌贼科属于浅海性种，是种类较多的一个科，主要分布在距离大陆较远的岛屿周围和外海，但在北美洲和南美洲的沿岸海域没有发现乌贼类的分布。目前已被规模开发利用约 10 种，以乌贼（*Sepia officinalis*）、莱氏拟乌贼（*Sepioteuthis lessoniana*）、虎斑乌贼（*Sepia pharaonis*）、日本无针乌贼（*Sepiella maindroni*）、金乌贼（*Sepia esculenta*）等产量较高。据 FAO 统计，乌贼的年产量在 1 万~3 万吨间，莱氏拟乌贼年产量在 0.3 万~1.0 万吨，其他乌贼类在 65 万~90 万吨。2000—2015 年间，乌贼类年产量在 64 万~93 万吨，产量年间波动（表 1-28、图 1-114）。

表 1-28 2000—2015 年主要乌贼种类产量 单位：万吨

年份	2000	2001	2002	2003	2004	2005	2006	2007
乌贼	1.31	1.34	1.71	1.66	1.56	1.48	1.57	1.68
莱氏拟乌贼	1.08	0.89	1.09	0.87	0.77	0.61	0.58	0.61
其他乌贼类	71.03	71.50	73.55	68.66	69.37	71.68	70.21	69.37
合计	73.41	73.73	76.35	71.19	71.69	73.77	72.35	71.67
年份	2008	2009	2010	2011	2012	2013	2014	2015
乌贼	1.48	2.06	2.66	2.73	2.96	2.54	1.97	2.30
莱氏拟乌贼	0.78	0.70	0.58	0.42	0.49	0.60	0.32	0.41
其他乌贼类	62.11	64.96	66.89	68.03	74.62	73.28	83.90	90.29
合计	64.36	67.72	70.12	71.18	78.06	76.42	86.20	92.99

（四）蛸科

蛸科多数为浅海性种，主要分布在沿岸水域。目前已被规模开发利用约 10 种，主要捕捞对象以真蛸（*Octopus vulgaris*）、水蛸（*Octopus dofleini*）、短蛸（*Octopus ocellatus*）等为主（表 1-29）。据 FAO 统计，真蛸的年产量在 3 万~6 万吨间，水蛸年产量不足万吨，其他蛸类产量在 22 万~37 万吨。2000—2015 年间，蛸类年产量在 26 万~41 万吨，产量年间波动（表 1-29、图 1-114）。

表 1-29 2000—2015 年主要蛸类产量分布 单位：万吨

年份	2000	2001	2002	2003	2004	2005	2006	2007
真蛸	5.07	5.32	4.20	4.60	5.07	3.47	4.38	3.43

续表

年份	2000	2001	2002	2003	2004	2005	2006	2007
其他蛸类	26.12	23.04	22.57	29.49	29.13	30.72	31.95	34.20
合计	31.20	28.36	26.77	34.09	34.20	34.19	36.33	37.63
年份	2008	2009	2010	2011	2012	2013	2014	2015
真蛸	3.36	4.07	4.16	4.03	4.07	4.22	4.33	3.40
其他蛸类	32.84	33.32	30.75	30.53	29.98	31.82	31.14	36.64
合计	36.19	37.39	34.91	34.56	34.05	36.03	35.48	40.04

四、各海区头足类开发利用评价及其潜力

(一)各个海区开发利用情况

在世界头足类资源中,各海区的头足类资源开发程度不一,产量主要来自于西北太平洋、西南大西洋和中西太平洋等海域。现分各海区对其头足类资源开发状况进行分析。

1. 西北太平洋海域(61 海区)

西北太平洋海域是头足类生产最为重要的海区之一。据 FAO 统计,2010 年以前其产量约占世界头足类总产量的 1/3 强,2004 年达到历史最高产量,为 147 万多吨。2010 年以来,由于太平洋褶柔鱼和柔鱼捕捞产量的下降,该海区的头足类产量出现了持续下降,2015 年年产量不足 120 万吨(图 1-115)。

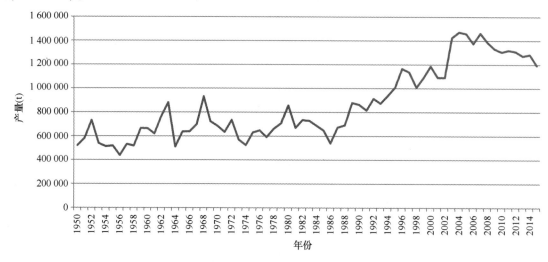

图 1-115 西北太平洋 61 海区头足类产量

在西北太平洋海域,由于黑潮暖流和亲潮寒流形成的锋区、对马暖流和里曼寒流形成的锋区,东萨哈林海流、西风漂流和黑潮逆流等水系的影响,同时海山、海岭众多,因此在本区中分布着 65 种经济头足类(FAO,1983),其中乌贼类 17 种、枪乌贼类 12 种、柔鱼类 23 种、章鱼类 13 种(FAO,1984)。在该海区中,有重要经济价值的头足类约 12 种,其中柔鱼类 6 种(太平洋褶柔鱼、柔鱼、日本爪乌贼、北方拟鲿乌贼、菱鳍乌贼和鸢乌贼),乌贼类 4 种(日本无针乌贼、金乌贼、虎斑乌贼和白斑乌贼),蛸类 2 种(水蛸和长蛸)。

目前主要捕捞对象为太平洋褶柔鱼和柔鱼,也有一定产量的乌贼类和章鱼类。太平洋褶柔鱼

自 1992 年以后,产量基本上稳定在 50 万~70 万吨之间(除 1998 年外),柔鱼产量基本上在 4 万~10 万吨间,乌贼类的产量也在 20 万~30 万吨之间波动,章鱼类产量基本上在 7 万~9 万吨之间。由于 1993 年开始,联合国全面禁止公海大型流刺网,给这一海域的柔鱼渔业带来了一定影响。

2. 西南大西洋海域(41 海区)

西南大西洋海域为头足类最为重要的生产海区之一。最高年份(1999 年)其产量超过 120 万吨(图 1-116)。在西南大西洋海域,由于合恩岬(福克兰)海流和巴西海流交汇形成的明显锋区,聚集着大量头足类,其中以柔鱼类的资源更为丰富。在该海域,共栖息着 39 种经济头足类(FAO,1983),乌贼类 0 种、枪乌贼类 4 种、柔鱼类 21 种、章鱼类 14 种。

目前阿根廷滑柔鱼为最重要的捕捞对象,是西半球最引人注目的头足类资源,在世界头足类产量中有着极为重要的地位。由于 20 世纪 80 年代阿根廷滑柔鱼资源的开发,其产量约增加了 60 倍,2000 年达到 90 多万吨,但是 2004 年、2005 年出现下降到 40 万吨以下;2009 年、2010 年、2011 年产量再次下降到 40 万吨以下,呈现出 3~5 年的周期性剧烈波动。其次是巴塔哥尼亚枪乌贼。西南大西洋的阿根廷滑柔鱼和枪乌贼类,其中 90% 以上的渔获量为非沿岸国的远洋渔船所捕获,目前主要捕捞的国家和地区有中国大陆、中国台湾、波兰、西班牙、韩国等国家和地区。

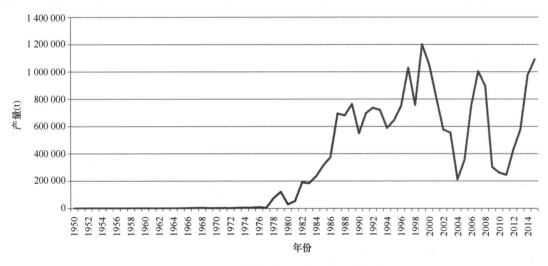

图 1-116　西南大西洋 41 海区头足类产量

3. 中东大西洋海域(34 海区)

中东大西洋是世界头足类中的一个重要海区。在最高年份 2000 年,其年产量达到 25 万吨。资源状况相对较为稳定,但 2000 年以后产量出现下降(图 1-117),目前其年产量基本上稳定在 10 万~15 万吨之间。

在中东大西洋海域,由于受到加那利海流、南赤道海流和北赤道海流的影响,上升流区也比较广阔,因此是大西洋生产头足类的重要渔场。在该海域,共栖息着 46 种经济头足类(FAO,1983),乌贼类 12 种、枪乌贼类 5 种、柔鱼类 21 种、章鱼类 8 种。目前章鱼类为最重要的捕捞对象,其次为乌贼类。重要捕捞海区在撒哈拉滩和布朗角的毛里塔尼亚沿岸,主要捕捞对象为真蛸和乌贼,年总产量达 10 万~20 万吨。同时还有次要经济种如枪乌贼、福氏枪乌贼、翼柄柔鱼和短柔鱼等。

4. 中西太平洋海域(71 海区)

中西太平洋海域为头足类生产重要的海区之一,其产量呈现逐步上升的趋势(图 1-118),已经在各海区中处在前列。根据统计,2013—2015 年其捕捞产量稳定在 60 万~65 万吨间。

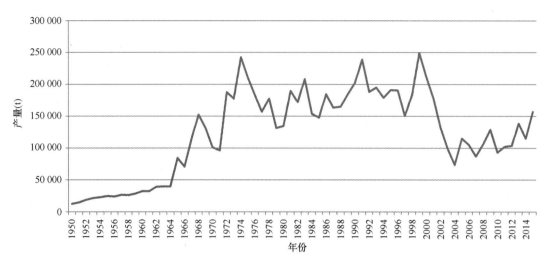

图 1-117　34 海区头足类产量

主要捕捞对象是中国枪乌贼和杜氏枪乌贼。而在东南亚海域,中国枪乌贼的资源潜力更大。对浅海渔场中的乌贼类和蛸类还很少开发;对大洋性渔场中的柔鱼类和其他开眼头足类基本上还未触及。目前的头足类产量主要来自于枪乌贼类,其次为乌贼类。同时柔鱼类也有一部分产量。

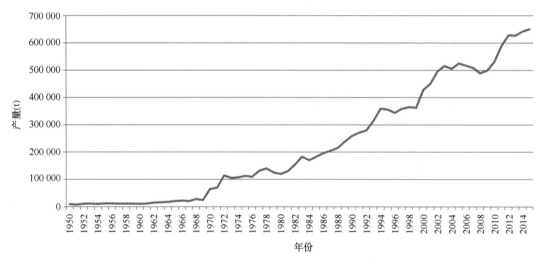

图 1-118　中西太平洋海域 71 海区头足类产量

5. 印度洋西部海域(51 海区)

印度洋西部海域为头足类生产的较为重要海区。据 FAO 统计,2000—2013 年捕捞年产量稳定在 8 万~12 万吨之间,2014—2015 年捕捞年产量增加到 19 万~23 万吨之间(图 1-119)。

在该海域,共栖息着 52 种经济头足类(FAO,1983),乌贼类 16 种、枪乌贼类 5 种、柔鱼类 20 种、章鱼类 11 种。其中主要捕捞对象为未作鉴别的种类和乌贼类。乌贼类在 90 年代以前,产量基本上稳定在 2 万吨上下,之后出现稳定的增长,目前乌贼类产量基本上在 10 万~15 万吨间波动。

在印度洋西部海域(51 区),特别是在西北部的亚丁湾,具有形成头足类渔场的最佳条件,因为它受到季风海流和反赤道海域的影响,盐度高、水温高,具有较为广泛的上升流。亚丁湾外海不仅有万吨级的浅海性虎斑乌贼渔场,而且还是大洋性鸢乌贼的潜在渔场。

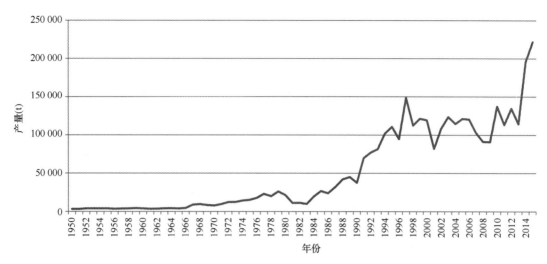

图 1-119 印度洋西部海域 51 海区头足类产量

6. 印度洋东部海域(57 海区)

印度洋东部海域为头足类生产的较为重要海区。据 FAO 统计,其捕捞产量逐年增长,1996 年捕捞产量首次超过 10 万吨;以后基本上稳定在 10 万吨以上;2014—2015 年捕捞年产量增加到 13 万~15 万吨(图 1-120)。

西澳大利亚海流和赤道海流,以及部分上升流的影响,为头足类的分布提供了较好的环境条件。在印度洋东部海域,共分布着 45 个头足类经济种类。

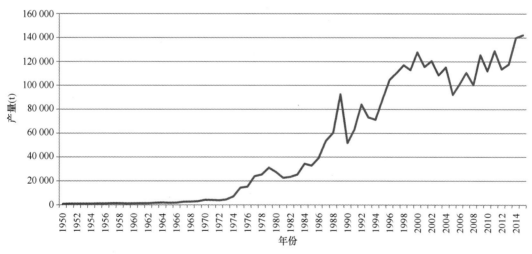

图 1-120 印度洋西部海域 57 海区头足类产量

7. 中东太平洋海域(77 海区)

中西太平洋海域为头足类生产重要的海区之一。最高年产量超过 20 万吨,但年间产量变化剧烈。在中东太平洋海域,由于受到秘鲁海流的影响,存在着广阔而强大的上升流区,因此柔鱼类和枪乌贼类的资源都很丰富。在该海域,共栖息着 31 种经济头足类(FAO,1983),乌贼类 1 种、枪乌贼类 4 种、柔鱼类 18 种、章鱼类 8 种。产量主要来自于茎柔鱼和枪乌贼类,茎柔鱼自 1995 年被大规模开发利用以来,产量从 1995 年的 3.97 万吨增加 1997 年的 14.09 万吨(为历史最高),1998 年因海况剧变,产量下降到 2.67 万吨,之后资源出现恢复(图 1-121),但 2015 年又剧减到 4.2 万吨。

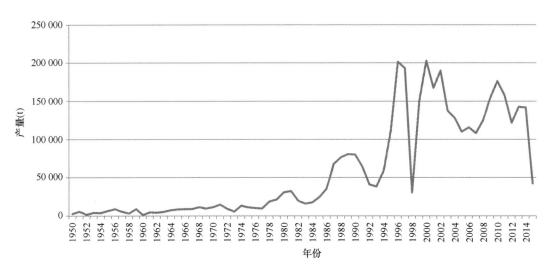

图 1-121　中东太平洋海域 77 海区头足类产量

8. 东南太平洋海域(87 海区)

东南太平洋海域为头足类重要生产海区,其捕捞产量处在世界各海区前三的位置。据 FAO 统计,其海洋捕捞产量逐年增加,2014 年达到了历史最高产量,接近 117 万吨(图 1-122)。

捕捞产量主要来自茎柔鱼。群体十分密集的秘鲁鳀和秘鲁沙丁鱼为头足类提供了重要的食饵来源。但由于大陆架过于狭窄,不宜拖网作业,头足类资源一直未被大规模开发和利用。1989 年,日本钓船首先在秘鲁外海寒暖流交汇的锋区,开发了茎柔鱼资源。据统计,1994 年在秘鲁水域外国渔船所捕捞的茎柔鱼产量约为 20 万吨,而 1993 年不到 14 万吨。估计若采用新的渔具,渔获量有望可增加到50 万吨。茎柔鱼自 1991 年大规模开发利用以后,产量迅速增加到 1993 年的 19.34 万吨,以后产量逐步下降,1998 年因厄尔尼诺现象的影响,产量不到 0.1 万吨。2004-2005 年资源恢复到一个较好的水平,之后进一步得到开发,2014—2015 年年捕捞产量超过 100 万吨(图 1-122)。

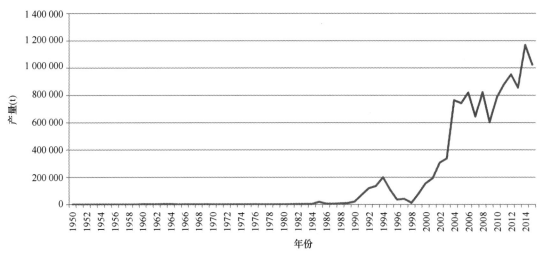

图 1-122　东南太平洋海域 87 海区头足类产量

9. 西南太平洋海域(81 海区)

西南太平洋海域为头足类重要生产海区。最高年产量超过 10 万吨(图 1-123)。该海区的水系复杂,不仅有广阔的上升流区、而且还有不同来源水系汇合而成的辐合锋区。在该海域,共栖息着 29 种经济头足类(FAO,1983),乌贼类 3 种、枪乌贼类 2 种、柔鱼类 20 种、章鱼类 4 种,产量主要来自于双柔鱼和其他枪乌贼类。双柔鱼自 1984 年大规模开发利用以后,产量迅速增加到 1988 年的 7 万多吨,1995 年产量增加到近 10 万吨,以后逐年下降,2000 年只有 3 万吨左右。1983 年新西兰开始实行了限额捕捞制度,1987 年以后双柔鱼的捕捞限额约为 12.0 万吨。以后其配额一直在 10 万吨,但产量达不到配额。资源没有得到充分的利用,尚有一定的开发潜力。根据 FAO 统计,2004 年开始,其捕捞产量出现持续下降,2014—2015 年捕捞年产量不足 3 万吨(图 1-123)。

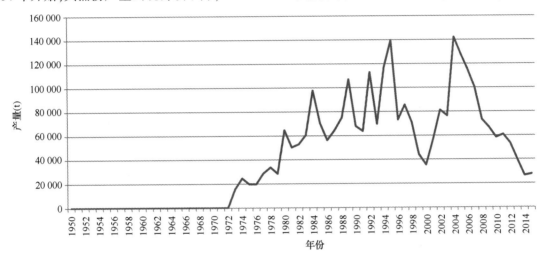

图 1-123 81 海区头足类产量

(二)各海区开发利用评价

根据 FAO 统计,年最高产量超过 100 万吨的海区有 2 个,即西北太平洋和西南大西洋,最高年产量分别为 147.17 万吨和 120.17 万吨,这 2 个海域分布着主要的大洋性鱿鱼种类,如阿根廷滑柔鱼、柔鱼、太平洋褶柔鱼等。年最高产量在 50 万~100 万吨间的海区有 2 个,即东南太平洋和中西太平洋,最高年产量分别为 95.19 万吨和 62.06 万吨。年最高产量在 20 万~30 万吨间的海区有 2 个,即中东大西洋和中东太平洋,最高年产量分别为 24.96 万吨和 20.28 万吨。年最高产量在 10 万~20 万吨的海区有 4 个,分别是西北大西洋、印度洋西部、西南太平洋、印度洋东部,最高年产量分别为 19.73 万吨、14.87 万吨、14.22 万吨和 12.90 万吨。其他海区的年最高产量均在 10 万吨以下,即地中海和黑海、东北大西洋、东北太平洋、中西大西洋、东南大西洋。而大西洋南极区、印度洋南极区、太平洋南极区等 3 个海区,则没有捕捞生产(表 1-30)。

表 1-30 各海区头足类开发状况及其潜力

海区	最高 (×10⁴ t)	最低产量 (×10⁴ t)	2015 年产量 (×10⁴ t)	现状		开发前景
				本地渔业	远洋渔业	
大西洋南极区	0.01	0.00	0.00	无	无	^^^
中东大西洋	24.96	7.38	15.68	*	* *	^^
东北大西洋	6.21	1.56	4.82	*	*	^
西北大西洋	19.73	1.50	1.44	* *	#	^
东南大西洋	2.02	0.12	0.90	*	*	^
西南大西洋	120.17	0.23	109.12	* *	* * *	^

续表

海区	最高 (×10⁴ t)	最低产量 (×10⁴ t)	2015 年产量 (×10⁴ t)	现状		开发前景
				本地渔业	远洋渔业	
中西大西洋	3.11	0.21	3.81	＊＊	#	^
印度洋东部	12.90	0.38	14.21	＊	＊	^^
印度洋西部	14.87	0.87	22.18	＊	＊＊	^^
地中海和黑海	8.34	4.39	5.02	＊＊＊	#	^
中东太平洋	20.28	0.57	4.21	＊	＊	^^
东北太平洋	5.58	0.00	0.23	＊	#	^
西北太平洋	147.17	53.33	119.30	＊＊＊	＊＊＊	^
东南太平洋	95.19	0.02	102.39	＊＊＊	＊＊＊	^
西南太平洋	14.22	0.00	2.76	＊	＊	^
中西太平洋	62.07	6.43	65.05	＊	#	^^

注：＊ 开发一般、＊＊ 开发大、＊＊＊ 开发很大，# 开发程度弱；- 开发潜力弱、^ 开发潜力一般、^^ 开发潜力大、^^^ 开发潜力很大；

(三)主要海区开发潜力分析

1. 西印度洋海域(51 海区)

西印度洋海域由于受到强劲季风的影响，形成了广泛的上升流，如在亚丁湾外海。西印度洋海域的头足类资源极为丰富，它们大多是金枪鱼类等大型鱼类的主要饵料。在印度洋东部海域，共分布着 54 个头足类经济种类，其中西北太平洋乌贼类 16 种、枪乌贼类 5 种、柔鱼类 22 种、章鱼类 11 种。根据印度洋西部海域大洋性鱼类食物网的报告，估计黄鳍金枪鱼(*Thunnus albacares*)、大眼金枪鱼(*Thunnus obesus*)和鲣鱼(*Eleotridae*)每年所需的鸢乌贼数量分别为 577 万吨、82 万吨和 329 万吨，总计资源量在 1 000 万吨左右。在亚丁湾底部的沉淀物中，鸢乌贼角质颚的数量很大，每平方米超过 1 000 个，在中心区每平方米的角质颚高达 13 000 个，这些都说明鸢乌贼资源巨大。我国鱿钓船于 2003—2005 年对该海域的鸢乌贼资源进行探捕调查，平均日产量达 10 t/d，最高日产量超过 30 吨。

2. 东印度洋海域(57 海区)

东印度洋海域主要受到西澳大利亚海流和赤道海流的影响，同时也存在部分上升流，这为头足类的分布提供了较好的环境条件。在印度洋东部海域，共分布着 45 个头足类经济种类，其中西北太平洋乌贼类 13 种、枪乌贼类 6 种、柔鱼类 14 种、章鱼类 12 种。目前除了在印度洋东部近海开发了杜氏枪乌贼资源外，还少量开发了澳大利亚南部海域的澳州双柔鱼资源，它们都具有较好的开发前景。此外，据流刺网调查结果，在澳大利亚南部海域也有一定的头足类资源量。

3. 中西太平洋海域(71 海区)

中西太平洋在强劲的赤道海流影响下，分布着众多的头足类种类及其资源。在中西太平洋海域，共分布着 54 个头足类经济种类，其中西北太平洋乌贼类 19 种、枪乌贼类 8 种、柔鱼类 18 种、章鱼类 9 种。目前对大洋性渔场中的柔鱼类(如鸢乌贼)和其他开眼头足类基本上还未触及。据评估，该渔区头足类的潜在可捕量为 50 万~65 万吨，其中菲律宾群岛周围为 10.0 万~25.0 万吨，南海 20.0 万~25.0 万吨，爪哇海至阿弗拉海 20.0 万~25.0 万吨，约为目前产量的 2.0~2.5 倍。菲律宾群岛周围海域和南海海域的大洋性柔鱼和其他开眼头足类具有良好的开发前景。

4. 西北太平洋海域(61 海区)

西北太平洋拥有黑潮和亲潮 2 大流系,为丰富的海洋渔业种类的生长和分布提供了很好的海洋环境。在西北太平洋,分布着 65 个经济头足类种类,其中乌贼类 17 种、枪乌贼类 12 种、柔鱼类 23 种、章鱼类 13 种。由于公海大型流刺网的全面禁止,北太平洋柔鱼的捕捞压力大大减少,产量相应地下降到 10 万吨以下。据千国史朗(1985)估计,北太平洋柔鱼的潜在渔获量为 25 万~35 万吨,Beamish 和 McFarlane (1989)估计为 30 万吨。大洋性种类如北方拟黵乌贼、日本爪乌贼等,资源丰富,仅为少部分开发。

5. 东南太平洋海域(87 海区)

该海区是世界上主要的上升流区,秘鲁海流、南赤道海流和反赤道海流对头足类的分布起着积极的作用。分布的主要经济种类有 2 个枪乌贼种类、15 个柔鱼类种类和 3 个章鱼类种类。据初步估算,茎柔鱼资源量为 150 万吨,可捕量为数十万吨。估计若采用新的渔具,渔获量有望可增加到 50 万吨。在秘鲁近海,枪乌贼类的资源也很丰厚,但都还没有进行正式产业性开发。

第十节 世界各国头足类渔业发展状况

一、主要国家生产概况

目前从事捕捞头足类的国家和地区 50 多个(年产量超过 1 000 吨以上的),历史上产量超过 10 万吨以上的国家和地区有 10 多个,主要有阿根廷、智利、中国、福克兰、日本、韩国、墨西哥、摩洛哥、新西兰、秘鲁、泰国、美国、越南、印度尼西亚等,2011—2015 年它们累计产量在 310 万~380 万吨,占了世界头足类产量的 80% 左右(图 1-124)。

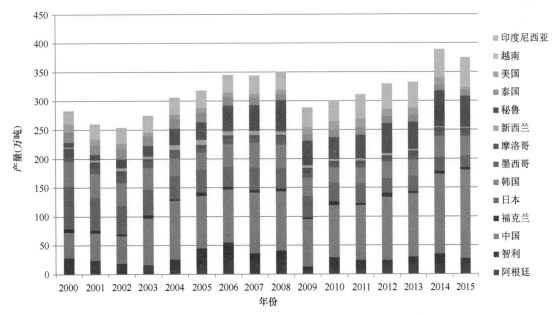

图 1-124 2000—2015 年主要国家和地区(年最高超过 10 万吨的)生产头足类产量情况

根据 2011—2015 年 FAO 统计,年最高产量超过 100 万吨的国家和地区只有中国大陆,最高年产量达到 153 万吨;年最高产量在 40 万~100 万吨的国家和地区也只有秘鲁,最高年产量达到 63

万吨;年最高产量在 20 万~40 万吨的国家和地区有韩国、越南、日本,最高年产量分别为 36 万吨、33 万吨和 34 万吨;年最高产量在 10 万~20 万吨的国家和地区有阿根廷、印度尼西亚、中国台湾、泰国、美国、智利,最高年产量分别为 19 万吨、18 万吨、13 万吨、13 万吨、15 万吨和 18 万吨(图13)。其他年最高产量超过 5 万吨以上的国家和地区有:西班牙、墨西哥、菲律宾、马来西亚、印度、俄罗斯、摩洛哥等。

二、各个国家和地区的生产概况

(一)日本

日本是世界头足类的主要生产国,2000 年以前,其头足类产量一直处在世界头足类产量的首位,稳定在 60 万~80 万吨间(表 1-31,图 1-125),主要的捕捞对象有阿根廷滑柔鱼、太平洋褶柔鱼、柔鱼、双柔鱼、茎柔鱼等。2000 年以后,其头足类产量在世界头足类总产量中所占的比重明显在下降,20 世纪 70 年代其平均所占比重为 50%左右,20 世纪 80 年代降至 35%,20 世纪 90 年代仅为 23%左右,2012—2013 年其年总产量仅维持在 25 万吨左右,所占比重只有 6.3%,处在世界第五位。这说明在世界头足类产量稳定增长的过程中,日本在世界头足类生产中的地位在下降。2000 年开始,其头足类捕捞产量逐年下降,2015 年只有 20 万吨左右(图 1-125)。

根据 FAO 统计,2000 年以前,日本远洋渔业极为发达,其头足类产量也来自西南大西洋、东北太平洋、东南太平洋、西南太平洋等海域(表 1-31)。而目前,其头足类产量主要来自于西北太平洋,远洋渔业基本不涉及头足类。

表 1-31　日本 2000—2015 年在各海域捕获头足类产量　　　　　　　　　单位:万吨

海区	2000	2001	2002	2003	2004	2005	2006	2007
西南大西洋	16.47	7.09	2.68	2.34	1.02	0.63	0.96	0.00
中东太平洋	2.62	0.08	0.00	0.00	0.00	0.00	0.00	0.00
东北太平洋	0.07	0.21	0.04	0.00	0.01	0.00	0.01	0.00
西北太平洋	48.87	41.97	40.23	39.31	34.70	34.95	29.56	37.53
东南太平洋	5.83	7.16	6.02	2.71	4.62	3.37	3.74	1.41
西南太平洋	0.15	0.11	0.19	0.33	0.39	0.48	0.40	0.31

海区	2008	2009	2010	2011	2012	2013	2014	2015
西南大西洋	0.00	0.00	0.00	0.00	0.00	0.00	0.00	0.00
中东太平洋	0.00	0.00	0.00	0.00	0.00	0.00	0.00	0.00
东北太平洋	0.00	0.00	0.00	0.00	0.00	0.00	0.00	0.00
西北太平洋	33.88	34.16	30.84	33.36	24.91	26.13	24.44	20.04
东南太平洋	1.41	2.73	1.71	1.00	0.14	0.00	0.00	0.00
西南太平洋	0.14	0.08	0.09	0.13	0.18	0.17	0.09	0.07

(二)韩国

韩国是一个世界头足类生产的重要国家,也是一个重要的鱿钓渔业国家,其鱿钓渔获量来自于沿岸、近海以及远洋鱿钓渔业。在 1990 年以前,其头足类产量持续增长,从 20 世纪 70 年代初期的不足 10 万吨,增加到 1990 年的 33 万吨,然后进一步增加到 1992 年 47 万吨,之后波动,1999 年达到历史最高产量,达到 59 万多吨。之后,总体上持续下降,2010—2013 年其年产量在 25 万~30 万

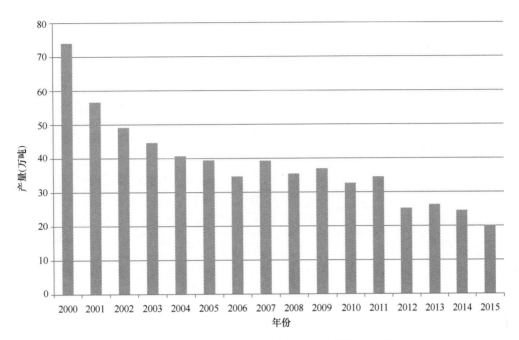

图 1-125　2000—2015 年日本头足类总产量分布图

吨间(图 1-126),之后出现了增加,稳定在 30 万~36 万吨间。韩国头足类的产量主要来自西南大西洋、西北太平洋海域,年产量基本在 10 万吨以上(表 1-32)。

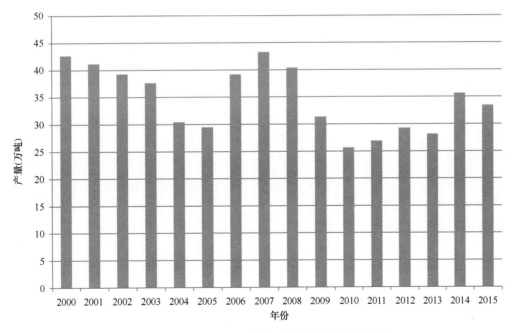

图 1-126　2000—2015 年韩国头足类总产量分布图

表 1-32　韩国 2000—2015 年在各海域捕获头足类产量　　　　　　　　　　　　单位:万吨

海区	2000	2001	2002	2003	2004	2005	2006	2007
中东大西洋	0.04	0.06	0.01	0.00	0.02	0.01	0.00	0.00
西南大西洋	15.02	14.26	9.86	9.14	2.05	4.29	13.93	19.37

续表

海区	2000	2001	2002	2003	2004	2005	2006	2007
中西大西洋	0.00	0.00	0.00	0.00	0.00	0.00	0.00	0.00
印度洋东部	0.02	0.04	0.06	0.00	0.00	0.00	0.00	0.00
印度洋西部	0.10	0.15	0.15	0.62	0.62	0.45	0.39	0.52
中东太平洋	0.14	0.00	0.04	0.00	0.00	0.00	0.00	0.00
西北太平洋	24.76	24.78	25.10	25.25	23.25	21.14	21.97	20.56
东南太平洋	1.56	0.58	2.18	0.47	1.08	0.25	0.25	0.00
西南太平洋	0.88	1.14	1.70	1.78	3.21	3.06	2.51	2.56
中西太平洋	0.07	0.16	0.20	0.31	0.20	0.27	0.14	0.27

海区	2008	2009	2010	2011	2012	2013	2014	2015
中东大西洋	0.00	0.00	0.00	0.00	0.01	0.02	0.01	0.00
西南大西洋	15.78	5.76	2.56	4.04	5.75	8.01	15.24	14.02
中西大西洋	0.00	0.00	0.00	0.00	0.00	0.00	0.00	0.00
印度洋东部	0.00	0.00	0.00	0.00	0.00	0.00	0.00	0.00
印度洋西部	0.32	0.32	0.28	0.11	0.20	0.16	0.08	0.00
中东太平洋	0.29	0.20	0.12	0.00	0.00	0.00	0.00	0.00
西北太平洋	21.62	22.31	18.76	19.71	20.72	17.83	18.76	18.18
东南太平洋	0.68	0.79	1.45	0.78	0.83	0.71	0.72	0.43
西南太平洋	1.56	1.91	2.41	2.20	1.58	1.28	0.76	0.79
中西太平洋	0.13	0.06	0.08	0.05	0.12	0.14	0.05	0.00

（三）中国大陆

中国大陆也是一个重要的头足类生产国,并有着悠久的捕捞历史。2003 年以后,其捕捞产量达到世界第一位。2007 年以后,其累计捕捞产量基本上稳定在 100 万吨以上,2015 年达到历史最高产量,超过 150 万吨。20 世纪 90 年代以来,由于远洋鱿钓渔业的迅速发展,使得其头足类产量出现快速增长,成为生产头足类第一大国。目前作业海域主要分布在西北太平洋、西南大西洋、东南太平洋和中东大西洋等海域(表 1-33,图 1-127),主要捕捞阿根廷滑柔鱼、柔鱼和茎柔鱼等。在西非和东非附近海域,也是我国拖网生产头足类(章鱼类和乌贼类)的重要海区。

表 1-33　中国大陆 2000—2015 年在各海域捕获头足类产量　　　　单位:万吨

海区	2000	2001	2002	2003	2004	2005	2006	2007
中东大西洋	0.98	1.37	0.20	0.27	0.00	0.02	0.06	0.15
东南大西洋	0.00	0.00	0.00	0.00	0.00	0.00	0.00	0.00
西南大西洋	9.31	9.35	8.54	9.60	1.34	4.10	10.40	20.76
印度洋西部	0.00	0.00	0.00	0.00	0.00	0.00	0.64	0.12
中东太平洋	0.00	0.60	0.00	0.00	0.00	0.00	0.00	0.00
西北太平洋	34.34	34.56	33.96	62.97	79.96	78.18	74.76	79.59
东南太平洋	0.00	1.78	5.05	8.10	20.56	8.60	6.20	4.64

续表

海区	2008	2009	2010	2011	2012	2013	2014	2015
中东大西洋	0.09	0.42	0.23	0.19	0.32	0.36	0.00	0.00
东南大西洋	0.00	0.00	0.00	0.00	0.00	0.00	0.00	0.00
西南大西洋	19.72	6.14	3.50	0.00	7.80	10.80	33.60	47.00
印度洋西部	0.08	0.00	0.00	0.00	0.00	0.00	0.00	0.00
中东太平洋	0.00	0.00	0.00	0.00	0.00	0.00	0.00	0.00
西北太平洋	75.00	68.40	72.43	69.53	74.79	71.93	71.37	73.48
东南太平洋	7.91	7.00	14.20	25.00	26.10	26.40	33.25	32.36

注:引自 FAO 统计年鉴

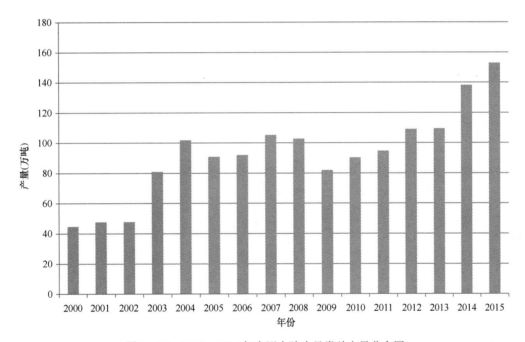

图 1-127 2000—2015 年中国大陆头足类总产量分布图

(四)中国台湾

中国台湾也是世界上生产头足类的重要地区之一。作业方式主要以鱿钓为主。从 20 世纪 70 年代开始,其头足类渔业得到稳步发展,1999 年最高年产量接近 30 万吨,作业海域主要分布在西南大西洋、西北太平洋等海域(表 1-34),主要捕捞阿根廷滑柔鱼、柔鱼和茎柔鱼,以及部分双柔鱼。但以后,年产量急剧下降,2005 年总产量不足 8 万吨,但是 2007 年产量恢复到 30.82 万吨(表 1-34)。2011—2013 年其产量稳定在 10 万~14 万吨(表 1-34,图 1-128),2014 年和 2015 年捕捞产量分别增加到 21.3 万吨和 27.1 万吨(表 1-34)。

表 1-34 中国台湾 2000—2015 年在各海域捕获头足类产量 单位:万吨

海区	2000	2001	2002	2003	2004	2005	2006	2007
西南大西洋	23.83	14.68	11.09	12.37	4.93	3.57	12.59	28.47
西北太平洋	1.83	1.54	0.71	7.29	0.45	2.03	1.03	0.87

续表

海区	2000	2001	2002	2003	2004	2005	2006	2007
东南太平洋	0.00	0.00	1.21	2.30	3.95	1.60	1.83	1.48
西南太平洋	0.00	0.00	0.00	0.00	0.00	0.38	0.33	0.00
中西太平洋	0.22	0.33	0.44	0.00	0.00	0.00	0.00	0.00
合计	25.89	16.55	13.45	21.96	9.32	7.58	15.79	30.82
海区	2008	2009	2010	2011	2012	2013	2014	2015
西南大西洋	20.86	5.61	3.05	6.96	8.39	11.56	20.13	25.66
西北太平洋	0.63	0.07	0.06	0.59	0.91	0.83	0.68	0.44
东南太平洋	3.12	1.23	2.92	3.54	1.42	0.78	0.48	1.01
西南太平洋	0.00	0.00	0.00	0.00	0.00	0.00	0.00	0.00
中西太平洋	0.00	0.00	0.00	0.00	0.00	0.00	0.00	0.00
合计	24.61	6.91	6.03	11.09	10.72	13.17	21.29	27.10

注:引自 FAO 统计年鉴

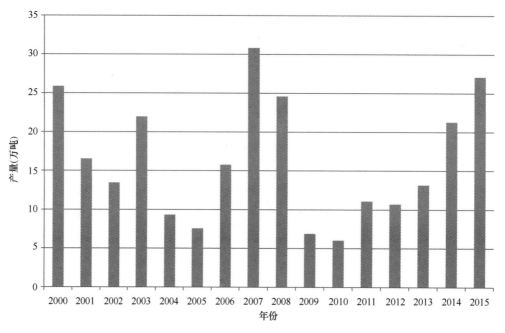

图 1-128　2000—2015 年台湾省头足类总产量分布图

（五）其他国家和地区

1. 墨西哥

墨西哥也是主要的生产国家之一。墨西哥生产头足类主要分布在其沿岸水域。根据 FAO 的统计，1990—2015 年产量出现较大幅度的波动。最高年份近 14 万吨（1997 年），而最低年份不足 2 万吨（1994 年）。2010—2015 年产量稳定在 4 万~7 万吨（表 1-35，图 1-129），2015 年为历史上较低的产量，只有 4 万吨左右。主要捕捞种类为滑柔鱼、皮氏枪乌贼、茎柔鱼和乳光枪乌贼以及章鱼类等。

表 1-35 墨西哥 2000—2015 年在各海域捕获头足类产量 单位:万吨

海区	2000	2001	2002	2003	2004	2005	2006	2007
中西大西洋	2.25	2.07	1.61	1.62	2.46	0.99	2.41	1.90
中东太平洋	5.70	7.46	11.66	9.80	8.82	5.42	6.64	5.85
合计	7.96	9.53	13.26	11.42	11.28	6.42	9.05	7.74

海区	2008	2009	2010	2011	2012	2013	2014	2015
中西大西洋	1.14	2.36	2.11	2.57	2.98	2.32	3.38	3.63
中东太平洋	8.56	6.01	4.51	3.61	2.46	3.80	4.08	0.52
合计	9.70	8.36	6.62	6.19	5.44	6.12	7.46	4.15

注:引自 FAO 统计年鉴

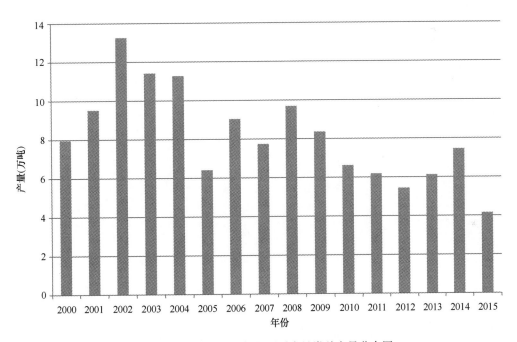

图 1-129 2000—2015 年墨西哥头足类总产量分布图

2. 摩洛哥

摩洛哥也是主要的生产国家之一。其生产头足类主要分布在其沿岸水域。根据 FAO 生产统计,1990—2015 年产量出现较大幅度的波动,最高年份近 15 万吨(2000 年),而最低年份不足 3 万吨(2004 年)。2010—2013 年产量稳定在 5 万~11 万吨(表 1-36,图 1-130)。主要产量来自中东大西洋海域,约占其总产量的 95% 以上,主要捕捞种类为章鱼、墨鱼,以及小部分的鱿鱼类。

表 1-36 摩洛哥 2000—2015 年在各海域捕获头足类产量 单位:万吨

海区	2000	2001	2002	2003	2004	2005	2006	2007
中东大西洋	14.98	10.68	7.49	3.78	2.83	6.82	6.12	4.71
黑海和地中海	0.03	0.03	0.10	0.03	0.09	0.21	0.21	0.32
合计	15.01	10.71	7.59	3.81	2.92	7.03	6.34	5.02

续表

海区	2008	2009	2010	2011	2012	2013	2014	2015
中东大西洋	7.35	8.62	5.25	5.75	4.94	9.19	7.49	9.83
黑海和地中海	0.33	0.27	0.21	0.21	0.03	0.37	0.40	0.35
合计	7.68	8.89	5.46	5.96	4.97	9.57	7.90	10.17

注:引自 FAO 统计年鉴

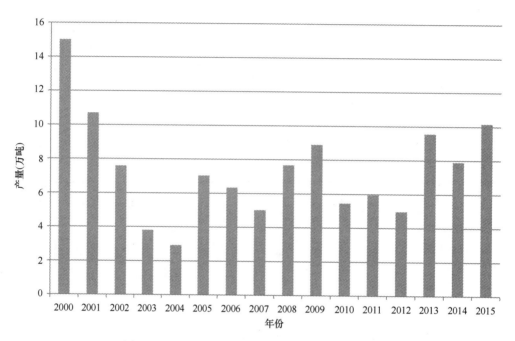

图 1-130　2000—2015 年摩洛哥头足类总产量分布图

3. 秘鲁

秘鲁是世界头足类渔业新兴的发展国家之一。其生产头足类主要分布在东南太平洋的专属经济区内,年捕捞产量呈现增长的趋势,2008 年达到最高产量历史上第一个高峰,为 54 多万吨(图 1-131,表 1-37)。2010—2013 年,其产量稳定在 40 万~53 万吨间(图 1-131),2014 年进一步增加,达到历史最高值,为 63 万吨(图 1-131)。主要捕捞种类为茎柔鱼,其产量约占总产量的 90% 以上;其次为巴塔哥尼亚枪乌贼和章鱼,近年来的年产量分别为 1 万~2 万吨、1 千~3 千吨。

表 1-37　秘鲁 2000—2015 年在东南太平洋捕获头足类产量　　　　单位:万吨

海区	2000	2001	2002	2003	2004	2005	2006	2007
东南太平洋	7.92	9.12	15.43	18.26	28.41	30.24	44.52	44.41

海区	2008	2009	2010	2011	2012	2013	2014	2015
东南太平洋	54.10	42.60	37.72	40.95	52.06	46.90	62.69	53.91

注:引自 FAO 统计年鉴

4. 越南

越南是世界头足类渔业的传统生产国家,主要作业海域分布在其专属经济区内。根据 FAO 生

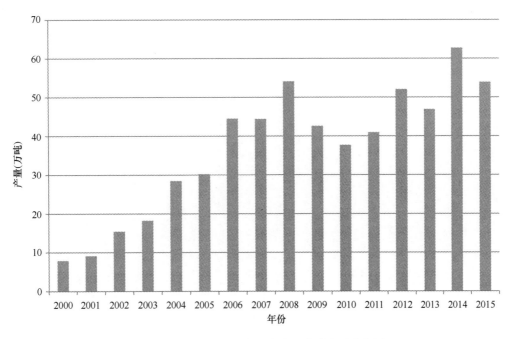

图 1-131　2000—2015 年秘鲁头足类总产量分布图

产统计,1990 年开始,其年捕捞产量呈现稳定增长的趋势,2015 年达到最高产量,近 33 万吨(图 1-132,表 1-38)。2005 年以后,其产量稳定在 20 万吨以上(图 1-132)。主要捕捞种类为鱿鱼类、乌贼类。

表 1-38　越南 2000—2015 年在中西太平洋捕获头足类产量　　　　单位:万吨

海区	2000	2001	2002	2003	2004	2005	2006	2007
中西太平洋	17.00	18.00	18.97	21.50	20.15	23.00	22.20	22.10
海区	2008	2009	2010	2011	2012	2013	2014	2015
中西太平洋	22.00	23.00	22.62	25.16	27.99	29.13	31.47	32.86

注:引自 FAO 统计年鉴

5. 阿根廷

阿根廷是世界头足类渔业的传统生产国家,作业海域主要分布在其专属经济区内。由于阿根廷滑柔鱼资源的年间波动,其捕捞产量高低变动剧烈。根据 FAO 生产统计,1990 年开始,其年捕捞产量呈现稳定增长的趋势,1997 年达到最高产量,为 41 万多吨(图 1-133,表 1-39)。以后,其产量相对较低。2000—2015 年,其年捕捞产量只有 7 万~30 万吨之间,年间产量出现明显的波动(图 1-133)。主要捕捞种类为阿根廷滑柔鱼,其次为巴塔哥尼亚枪乌贼、七星柔鱼等种类。

表 1-39　阿根廷 2000—2015 年在西南大西洋捕获头足类产量　　　　单位:万吨

海区	2000	2001	2002	2003	2004	2005	2006	2007
西南大西洋	28.00	23.06	17.74	14.13	7.67	14.67	29.24	23.33
海区	2008	2009	2010	2011	2012	2013	2014	2015
西南大西洋	25.58	7.29	8.64	7.69	9.54	19.19	16.88	12.67

注:引自 FAO 统计年鉴

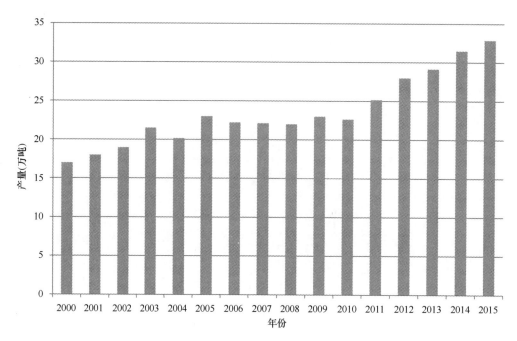

图 1-132　2000—2015 年越南头足类总产量分布图

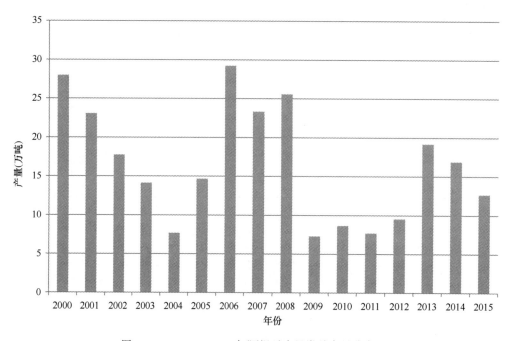

图 1-133　2000—2015 年阿根廷头足类总产量分布图

6. 印度尼西亚

印度尼西亚海域广阔,头足类种类比较多,是世界头足类渔业的传统重要生产国家,作业海域主要分布在其专属经济区内。1991 年开始,其年捕捞产量呈现稳定增长的趋势,2011 年达到历史上第一个高产量,为 17 万多吨(图 1-134,表 1-40)。以后,其产量出现小幅下降(图 1-134)。2012—2013 年产量稳定在 16 万~17 万吨,之后稳定在 17 万~19 万吨间。主要捕捞种类为乌贼类、鱿鱼类等。

表 1-40　印度尼西亚 2000—2015 年在各海域捕获头足类产量　　　　　单位:万吨

海区	2000	2001	2002	2003	2004	2005	2006	2007
印度洋东部	1.54	1.90	1.63	1.76	1.43	1.63	1.69	2.32
中西太平洋	3.83	6.06	6.47	6.36	7.88	6.16	6.54	6.88
合计	5.38	7.95	8.10	8.12	9.31	7.78	8.23	9.21
海区	2008	2009	2010	2011	2012	2013	2014	2015
印度洋东部	2.21	4.24	3.40	5.69	3.30	4.64	4.62	5.06
中西太平洋	7.37	7.35	9.66	11.81	13.44	12.29	12.84	13.63
合计	9.58	11.59	13.06	17.49	16.73	16.93	17.46	18.69

注:引自 FAO 统计年鉴

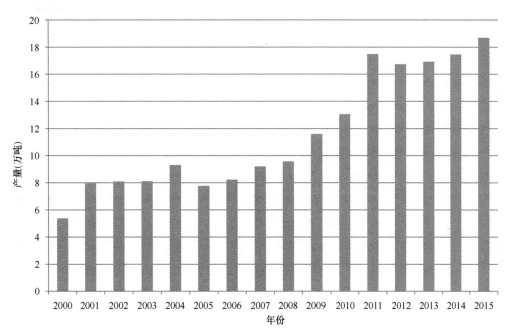

图 1-134　2000—2015 年印度尼西亚头足类总产量分布图

7. 泰国

泰国是世界头足类渔业的传统生产国家,作业海域主要分布在其专属经济区内。其生产统计数据始于 1970 年。根据 FAO 生产统计资料,其头足类产量从 1970 年开始稳定增长,到 2001 年达到历史最高产量,为 17.75 万吨左右(图 1-135,表 1-41),2002 年达到历史最高产量,为 18.5 万吨。以后,其产量出现较大幅度的下降(图 1-135)。2014—2015 年产量稳定在 10 万~11 万吨。主要捕捞种类为乌贼类、章鱼类等。

表 1-41　泰国 2000—2015 年在各海域捕获头足类产量　　　　　单位:万吨

海区	2000	2001	2002	2003	2004	2005	2006	2007
印度洋东部	5.70	5.25	5.85	4.36	5.17	3.54	3.46	3.56
中西太平洋	12.05	11.29	12.63	12.47	11.18	12.39	11.29	9.62
合计	17.75	16.54	18.48	16.84	16.35	15.94	14.75	13.18

续表

海区	2008	2009	2010	2011	2012	2013	2014	2015
印度洋东部	3.08	2.94	2.85	2.40	2.11	1.87	1.77	1.94
中西太平洋	8.22	8.11	9.85	10.44	9.88	9.83	8.32	8.28
合计	11.30	11.05	12.70	12.84	11.99	11.70	10.09	10.22

注:引自 FAO 统计年鉴

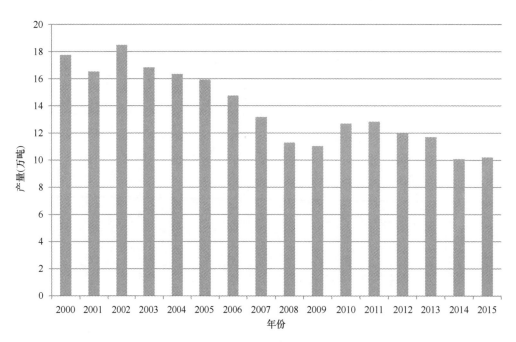

图 1-135　2000—2015 年泰国头足类总产量分布图

8. 美国

美国是世界头足类渔业的主要国家之一,但不是传统生产国家和消费国家,作业海域主要分布在中东太平洋和西北大西洋海域。根据 FAO 生产统计资料,其头足类产量从 1970 年开始稳定增长,1995—1997 年达到历史较高产量,超过 10 万吨(图 1-136,表 1-42)。以后,其年产量出现较大的波动(图 1-136)。2010—2011 年产量超过 15 万吨,达到历史最高水平,2012—2014 年稳定在 12 万~13 万吨(表 1-42),但是 2015 年剧减到 5.34 万吨。主要捕捞种类为乳光枪乌贼、皮氏枪乌贼等。

表 1-42　美国 2000—2015 年在各海域捕获头足类产量　　　　　　　单位:万吨

海区	2000	2001	2002	2003	2004	2005	2006	2007
西北大西洋	2.60	1.83	1.96	1.84	3.92	2.87	2.98	2.14
中西大西洋	0.01	0.01	0.01	0.01	0.01	0.00	0.01	0.00
中东太平洋	11.77	8.58	7.29	3.93	3.96	5.57	4.92	4.95
东北太平洋	0.00	0.09	0.07	0.07	0.06	0.15	0.22	0.13
合计	14.38	10.51	9.33	5.86	7.94	8.60	8.12	7.22

续表

海区	2008	2009	2010	2011	2012	2013	2014	2015
西北大西洋	2.73	2.77	2.25	2.83	2.45	1.49	2.08	1.44
中西大西洋	0.00	0.00	0.00	0.00	0.01	0.01	0.01	0.00
中东太平洋	3.66	9.24	12.99	12.16	9.71	10.44	10.08	3.68
东北太平洋	0.21	0.06	0.08	0.08	0.08	0.08	0.37	0.22
合计	6.61	12.08	15.33	15.07	12.24	12.03	12.54	5.34

注:引自 FAO 统计年鉴

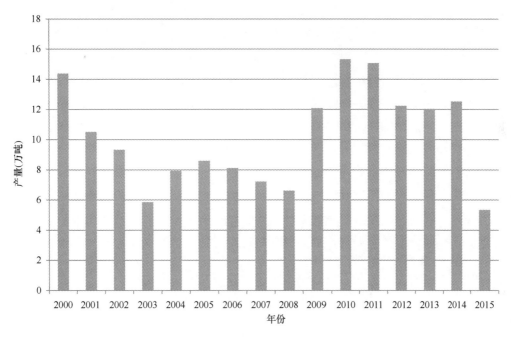

图 1-136　2000—2015 年美国头足类总产量分布图

9. 智利

智利是世界头足类渔业的新兴生产国家,作业海域主要分布在东南太平洋专属经济区内。根据 FAO 生产统计资料,其头足类产量从 2003 年开始稳定增长,当时产量为 1.7 万吨,到 2004 年急剧增长到 17.7 万吨(图 1-137,表 1-43),2005 年达到历史最高产量,为 30 多万吨。以后,其产量出现较大幅度的下降(图 1-137),且出现年间波动。2011—2015 年产量稳定在 10 万~18 万吨。主要捕捞种类为茎柔鱼等。

表 1-43　智利 2000—2015 年在东南太平洋捕获头足类产量　　　　　　单位:万吨

海区	2000	2001	2002	2003	2004	2005	2006	2007
东南太平洋	0.17	0.56	0.70	1.73	17.75	30.05	25.38	12.58

海区	2008	2009	2010	2011	2012	2013	2014	2015
东南太平洋	14.88	5.86	20.23	16.72	14.63	10.81	17.89	14.55

注:引自 FAO 统计年鉴

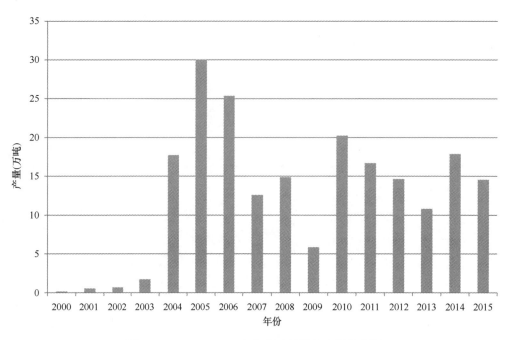

图1-137 2000—2015年智利头足类总产量分布图

第十一节 气候变化对头足类资源的影响

头足类是重要的海洋经济动物,其资源极为丰富。20世纪70年代以来,其捕捞量和比重持续稳定地增长,年捕捞量从1970年的99.1×10⁴吨增加到2015年的475×10⁴吨,在世界海洋捕捞量中的比重也相应从1970年的1.55%增加到目前的5.25%,头足类在世界海洋渔业中的地位越来越重要。此外,头足类也是海洋食物网的重要组成部分,为大型鱼类、海鸟和其他哺乳动物等提供了食物和营养。随着全球气候的变化,对海洋生态系统的影响越来越明显,一些科学家认为头足类可作为全球生态系统变化的指示器,因此关注头足类资源的变化具有重要的意义。为了确保头足类资源的可持续利用和科学管理,开展气候变化对头足类资源影响的研究是极为重要的,全球海洋生态系统动力学(GOLBEC)专家组于2002年专门召开了一次专题会议,着重讨论气候变化对头足类资源的影响。

一、头足类生活习性

头足类主要由浅海性乌贼、枪乌贼、蛸类和大洋性柔鱼科组成。许多研究都显示,大多数头足类具有生命周期短(1年左右)、生长快等特点,例如阿根廷滑柔鱼 *Illex argentinus*、太平洋褶柔鱼 *Todarodes pacificus* 和茎柔鱼 *Dosidicus gigas* 等的生命周期都在12个月左右,双柔鱼 *Nototodarus sloanii* 的生命周期在11个月左右等。而且,头足类是典型的生态机会主义者,种群数量会随着环境条件的变化而变化,当传统底层经济种类因过度捕捞的影响而造成资源衰退时,作为生态机会主义者的头足类,其资源因被捕食压力的减小和对食物竞争的缓解而显著增加。在整个海洋生态系统中,头足类是海洋食物网的重要组成部分,它是海洋鱼类、海鸟以及其他哺乳动物重要的食物来源,处在食物金字塔的中层。另外,多数头足类为一年生并且产完即死,只有补充群体,其资源量变动对环境变化极为敏感,年间变化剧烈,比如1998年强厄尔尼诺事件的发生,使得秘鲁茎柔鱼产量剧减到574吨,上述特性与由补充群体和剩余群体组成的传统中长期鱼类存在着明显的区别。

二、头足类地理分布及其栖息环境

头足类广泛分布于热带、温带和寒带海区,包括暖水性、温水性和冷水性种类,各类的数量均很大。从几米近岸浅海到数千米的大洋深渊均有头足类的踪迹。但是,能够形成密集集群、资源量大的区域主要分布在上升流和不同水系形成的锋区。

世界各大洋经济头足类共计173种,其中已开发利用的或具有潜在开发价值的约70种,柔鱼科数量最多,占总数量的1/4。其次为乌贼科、枪乌贼科和蛸科。这4个科的产量约占世界头足类产量的90%以上。其中,柔鱼类主要分布在世界各大洋的陆坡渔场和大陆架海区,也有分布在大洋中;枪乌贼科主要分布在太平洋和大西洋的热带、温带海区以及印度洋;乌贼科主要分布在距离大陆较远的岛屿周围和外海;蛸科主要分布在沿岸水域。

海洋环境条件的不同对头足类资源的分布影响很大,各海区头足类种类分布程度不一。主要经济头足类种类主要分布在西北太平洋、西南大西洋和中西太平洋等海域,表1-44对其栖息环境进行归纳。

表1-44 各海域主要经济种类数量及其栖息环境条件

海域	柔鱼科	乌贼科	枪乌贼科	蛸科	环境影响
西北太平洋	23	17	12	13	黑潮暖流,亲潮寒流,对马暖流,里曼寒流等
西南大西洋	21	–	4	14	福克兰海流,巴西海流
中东大西洋	21	12	5	8	加那利海流,南赤道海流,北赤道海流,上升流
中西太平洋	18	17	8	9	浅海,深海,火山,海岭
西部印度洋	20	16	5	11	季风海流,上升流
中东太平洋	18	1	4	8	秘鲁海流
东南太平洋	16	–	3	3	上升流
西南太平洋	20	3	2	4	上升流,辐合锋区

以大洋性柔鱼科为例,它主要分布在区域性的重要大洋性生态系统中,如高流速的西部边界流、大尺度沿岸上升流和大陆架海域(图1-138)。其中栖息在西部边界流和上升流附近海域的种类,资源量极大,也是目前全球气候变化对其资源影响的研究重点。典型的有西南大西洋的阿根廷滑柔鱼、北太平洋的柔鱼(*Ommastrephes bartramii*)、日本周边海域的太平洋褶柔鱼和西北大西洋的滑柔鱼(*Illex illecebrosus*)均分布在西部边界流海域。西部边界流从赤道附近携带大量的热量与高纬度冷水海流相遇后,在锋面形成涡流和一些异常的水团,这种环境特征能够给鱿鱼类不同生活史阶段带来营养和合适生存环境。而秘鲁寒流区域的茎柔鱼(*D. gigas*)、本格拉寒流区域的好望角枪乌贼(*Loligo reynaudi*)、加利福尼亚寒流区域的乳光枪乌贼(*Loligo opalescens*)、东南太平洋海域的茎柔鱼和印度洋西北部海域的鸢乌贼(*Sthenoteuthis oualaniensis*),均分布在世界主要上升流区域,它们将底层富含营养盐海水输送至表层,从而为头足类提供丰富的营养物质。

这些海域独特的海洋环境特点为头足类提供了丰富的饵料和适宜的栖息环境,但因全球气候变化所引发的海流变动或异常,例如黑潮大弯曲、厄尔尼诺/拉尼娜事件,会给头足类的生活史过程带来重大的影响,进而影响到来年的补充量。

三、气候变化对头足类资源的影响

气候变化对头足类资源的影响是通过对其生活史过程的影响来实现的。其生活史过程通常包

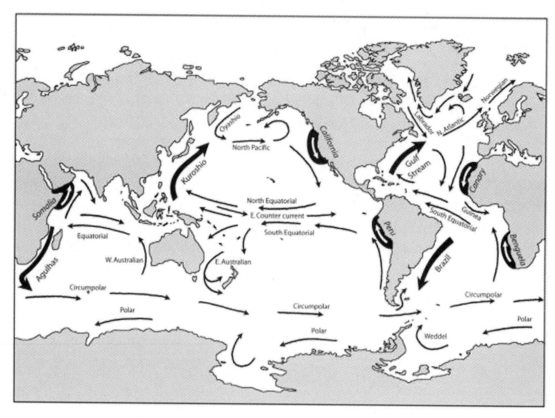

图1-138　主要头足类在海洋大尺度海流中的分布示意图

(1)黑潮与亲潮交汇区-北太平洋柔鱼和太平洋褶柔鱼;(2)加利福尼亚寒流上升流区域-乳光枪乌贼;(3)秘鲁寒流上升流区域-茎柔鱼;(4)新西兰西部东澳暖流区域-新西兰双柔鱼;(5)巴西暖流和福克兰寒流交汇区-阿根廷滑柔鱼,巴塔哥尼亚枪乌贼,七星柔鱼;(6)湾流区域-滑柔鱼;(7)本格拉寒流上升流区域-好望角枪乌贼;(8)印度洋西北部上升海域-鸢乌贼

括索饵洄游和产卵洄游。在到达索饵海域之前,头足类仔稚鱼通常随着海流移动,比如北太平洋柔鱼随着黑潮北上,阿根廷滑柔鱼随着巴西暖流南下,由于个体较小、活动能力较弱,这一过程是影响头足类资源量多少的极为重要的一个环节。因此,按照头足类的生活史过程(产卵场的仔稚鱼期,随海流的幼体成长期,索饵场的生长期,以及产卵洄游期)的各个阶段来分析目前的研究现状。

(一)气候变化对头足类产卵场的影响

产卵场是头足类栖息的重要场所,大量的研究表明,其产卵场海洋环境的适宜程度对其资源补充量是极为重要,因此许多学者常常利用环境变化对产卵场的影响来解释资源量变化的原因,并取得了较好的效果。

在头足类(近海枪乌贼和大洋性柔鱼类)方面,Dawe等(2000;2007)利用海温和北大西洋涛动(NAO)等数据,利用时间序列分析方法研究海洋气候变化对西北大西洋皮氏枪乌贼(Loligo pealeii)和滑柔鱼(Illex illecebrosus)资源的影响。结果显示,产卵场水温的变化会影响其胚胎发育、生长和补充量。Ito等(2007)研究指出,在产卵场长枪乌贼(Loligo bleekeri)胚胎发育的最适水温为12.2℃,这一研究有利于对长枪乌贼资源量的预测与分析。Tian(2009)利用日本海西南部50米水层温度和1975—2006年生产渔获数据,利用DeLury模型和统计分析方法研究长枪乌贼资源年际间变化,结果认为:由于20世纪80年代其产卵场环境受到全球气候的影响,导致其水温由冷时代转向暖时代,造成在90年代间长枪乌贼资源量下降。Arkhipkin等(2004)利用产卵场不同水层的温度、含氧量和盐度等环境数据,利用GAM模型等方法对福克兰群岛附近的巴塔哥尼亚枪乌贼

(*Loligo gahi*)资源变动进行了研究,结果显示,产卵场的盐度变化会影响巴塔哥尼亚枪乌贼的活动以及在索饵场的分布。另外,他们还发现当产卵场水温高于10.5℃时巴塔哥尼亚枪乌贼就会较早的洄游到索饵场。Waluda等(1999)认为,产卵场适宜表温的变化对阿根廷滑柔鱼资源补充量具有十分重要的影响,产卵场适宜表温的变化来源于巴西暖流和福克兰海流相互配置的结果。Leta(1992)研究还发现,厄尔尼诺现象会使产卵场水温升高,盐度下降,并以此推断对阿根廷滑柔鱼补充量产生影响。Waluda等(1999)研究认为,9月份产卵场适宜温度范围(24~28℃)与茎柔鱼资源补充量成正相关,同时厄尔尼诺和拉尼娜等现象对茎柔鱼资源存在明显的影响,认为厄尔尼诺和拉尼娜现象会使产卵场初级和次级生产力发生变化,并进而影响到茎柔鱼的早期生活阶段以及成熟个体。Sakurai等(2000)认为太平洋褶柔鱼也有相同的情况。Cao等(2009)利用北太平洋柔鱼冬春生西部群体产卵场与索饵场的适合水温范围解释了其资源量的变化。Chen等(2007)分析了厄尔尼诺和拉尼娜现象对西北太平洋柔鱼资源补充量的影响。

在章鱼方面,Hernandez-Lopez等(2001)指出,章鱼的胚胎发育、幼体生长等与水温有着密切的关系。Caballero-Alfonso等(2010)利用表温、NAO指数和生产统计数据,利用线性模型对加那利群岛附近海域章鱼资源量变化进行了研究。结果显示,温度是影响章鱼资源量的一个重要的环境指标,NAO也通过改变产卵场的水温而间接影响章鱼的资源量。同时,也指出气候变化对头足类资源的影响是不可忽视的。Leite等(2009)结合产卵场的环境因子和渔获数据,利用多种方法对巴西附近海域章鱼的栖息地、分布和资源量进行了研究。结果显示,环境因子会影响章鱼类的资源密度和分布,而且在潮间带附近海域,较小的章鱼在温暖的水域环境中能够更快的生长。另外,小型和中型个体大小的章鱼在早期阶段多分布在较适宜温度高出1~2℃的水域内,这有利于他们的生长。可见,温度等环境因子对章鱼类的资源密度和分布有明显的影响作用。

(二)气候变化对头足类其他生活过程的影响

除对产卵场产生影响外,索饵洄游、索饵场的生长和繁殖洄游等也是头足类生命周期的重要组成部分,但是目前针对这一部分的研究较少。Kishi等(2009)根据太平洋褶柔鱼生物学数据,利用生物能模型和营养生态系统模型对其资源变动进行了研究。结果显示,由于日本海北部的捕食密度高于日本海中部,导致在日本海北部的太平洋褶柔鱼的个体要比从日本海中部洄游来的柔鱼个体要大。同时,伴随着全球气温日益升高,结果会造成太平洋褶柔鱼洄游路径的改变。Choi等(2008)研究发现,由于全球气候的改变,造成了太平洋褶柔鱼洄游路径发生变化,而且伴随着海洋生态系统的环境变化,也影响到了其产卵场分布以及幼体的存活,进而影响到其补充量。Lee等(2003)研究认为,对马暖流会发生年际变化,从而影响到其产卵场环境条件以及幼体生长。陈新军等(2005)认为,分布在北太平洋的柔鱼,周年都会进行南北方向的季节性洄游,黑潮势力以及索饵场表温高低直接影响到柔鱼渔场的形成及空间分布(图1-139)。

研究认为,目前全球气候的变化(包括温度等)通过影响产卵场的环境条件而间接地影响到头足类资源补充量,在产卵场环境变化与头足类补充量之间关系研究比较多,得到了一些研究成果,并被用来预测其资源补充量。但是,全球气候变化对头足类资源量影响的关键阶段是从孵化到稚仔鱼的生活史阶段(图1-140),即产卵以后的这段时间,因为该阶段头足类主要是被动地受到环境的影响,不能主动地适应环境的变化,而当稚仔鱼发育到成鱼后,头足类个体拥有了较强的游泳能力就能够通过洄游等方式寻找适宜的栖息环境而主动地适应环境的变化。但是,在研究过程中,应注重产卵场环境变化与头足类补充量(渔业开发时,即头足类成体数量)之间的关系响应研究,而对其中间阶段(随海流移动、生长)头足类死亡、生长及其影响机理的研究甚少。为了可持续利用和科学管理头足类资源,不仅要考虑环境变化对产卵场中个体生长、死亡的影响,也应重视对其幼体、仔稚鱼等不同生命阶段中的影响,只有这样才能进一步提高海洋环境变化对头足类资源补充量的预测精度。

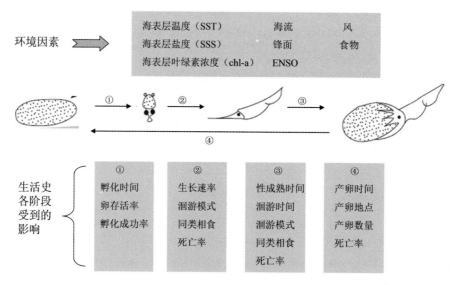

图 1-139　头足类生活史中受到环境因子影响的示意图

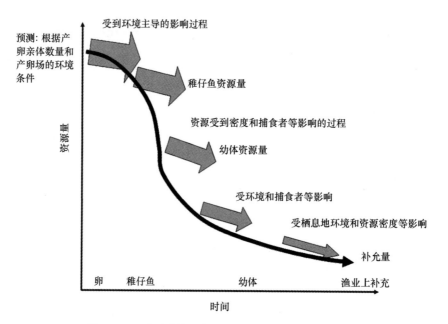

图 1-140　头足类资源补充过程及其影响因素示意图

四、分析与展望

综上所述,全球气候变化对头足类资源的影响是一个复杂的过程。全球气候变化不仅可以直接影响头足类的资源量,同时还可以通过改变其生活环境以及各生命阶段中的水温、盐度、叶绿素浓度等环境因子间接影响到头足类的资源量。

但是,目前气候变化对头足类资源影响的研究仍停留在初步阶段,即初步量化产卵场环境与补充量之间的关系,对其头足类生活史过程的影响研究甚少,甚至没有涉及。由于目前对头足类的生活史的了解不够充分,这样就无法正确地解释头足类在其产卵场、洄游过程、索饵场受到环境变化时是如何产生相应变化的。目前在研究中,除了采用温度环境指标外,未将叶绿素浓度、风向、海面高度以及海流变化等影响头足类资源渔场的重要环境指标进行考虑和分析,周期性气候变化所引起的海洋环境变化对头足类资源的影响并未受到足够的重视。由于这些问题,使得尚未很好地诠释头足类资源变化的原因和机制。

为此,在以后的研究当中应做好以下几个方面:① 掌握头足类产卵场和索饵场的范围及其适宜环境,并可采集样本在实验室内模拟环境变化对其生长的影响,从中发现环境因子与头足类个体生长变化之间的关系;② 掌握头足类生活史过程,洄游路线以及环境因子对其变化的影响;③ 捕捞作业对头足类资源的影响;④ 气候周期性变化对头足类资源的影响;⑤ 食物网中捕食与被捕食关系对头足类资源的影响;⑥ 结合海洋遥感、地理信息系统(GIS)等对头足类资源变化进行分析,设计出一套更有利于头足类资源补充量预测分析和管理的技术方案,实现利用计算机来模拟全球气候变化对头足类资源补充量的影响,掌握其动态变化趋势,目的是实现对头足类资源的合理开发利用,维持其可持续发展。

第二章　鹦鹉螺亚纲和鞘亚纲

第一节　鹦鹉螺亚纲

鹦鹉螺亚纲 Nautiloidea Agassiz，1848

鹦鹉螺目 Nautiloidea Agassiz，1848

鹦鹉螺科 Nautilidae Blainville，1825

鹦鹉螺科已知鹦鹉螺属 *Nautilus* 和异鹦鹉螺属 *Allonautilus* 2 属，共计 6 种。

英文名：Chambered nautiluses；**法文名**：Nautiles；**西班牙文名**：Nautilos。

科特征：鹦鹉螺具卷曲的珍珠似外壳，外壳由许多腔室组成，外套位于外壳内（图 2-1）。各腔室之间有隔膜隔开，室管穿过隔膜将各腔室连在一起，气体和水流通过室管流向壳外，生物体由此控制浮力。鳃 2 对；环口附肢最多 47 对，雌性（最多 94 只）较雄性（最多 63 只）多，各腕上无吸盘；眼简单，无晶状体；漏斗或漏斗状器官，由两翼片组成，两者折叠形成管状结构，具辅助生物体运动功能；无色素体和墨囊。

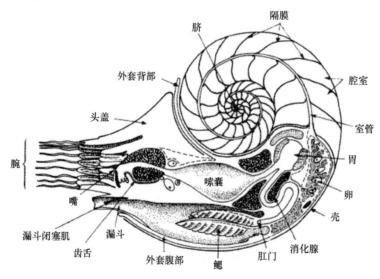

图 2-1　鹦鹉螺剖面结构示意图

生活史及生物学：鹦鹉螺分布局限在热带印度洋—西太平洋的珊瑚礁水域，分布水层为表层至 500 m 水深，最适水层 150~300 m。分布水层上限由掠食者和水温等因素所控制，25℃为鹦鹉螺生存的水温上限;分布水层下限由外壳的厚度决定。雌雄个体生命周期均可达 5~15 年,最多可超过 20 年。性成熟以后生长缓慢,体细胞几乎不生长。卵单个产出,黏附在硬物上,水温 21~24℃时孵化需 14 个月。在自然界中,卵产于 80~100 m 的浅水水域,幼体孵化后潜入深层冷水区。各卵形状大小相似,其外包有两层壳,壳间空隙内充满海水。外壳白色,坚硬但易碎,具许多小孔,海水可在空隙中流动。在水族缸中,初孵幼体即可摄食小虾和其他食物。十足类甲壳动物为成体的主要食物,除此之外还摄食海胆、鱼类、鞘亚纲头足类和鹦鹉螺。活动相当频繁,标志放流发现,其一年可移动 150 km。经常晚上游至浅水区,白天返回深水区。

大小:最大壳径 229 mm,平均体重 1 675 g。壳长随种类和地理区域而变化。

渔业:至少有两种鹦鹉螺已开展商业性捕捞(例如印度尼西亚、菲律宾和新喀里多尼亚),渔获可食用,壳可当作工艺品;鹦鹉螺亦可用作观赏养殖。捕捞方法通常为饵钓。

文献:Flower, 1964; Solem and Roper, 1975; Saunders, 1981, 1998; Roper et al, 1984; Saunders, 1987; Saunders and Landman, 1987; Ward and Saunders, 1997; Norman, 2000。

属的检索:

1(2)脐小或中等,径长为壳径的 5%~16%,壳横截面卵形(图 2-2) ………………… 鹦鹉螺属

2(1)脐大,径长约为壳径的 20%,壳横截面近正方形(图 2-3) ………………… 异鹦鹉螺属

　　　　　　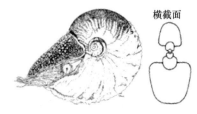

横截面　　　　　　　　　　　　　　　　　横截面

图 2-2　鹦鹉螺属　　　　　　　　　　图 2-3　异鹦鹉螺属

异鹦鹉螺属 *Allonautilus* Ward and Saunders, 1997

异鹦鹉螺属为 Ward 和 Saunders 1997 年建立的新属,已知穿孔异鹦鹉螺 *Allonautilus perforatus* 和异鹦鹉螺 *Allonautilus scrobiculatus* 2 种,其中异鹦鹉螺为本属模式种。

属特征:脐大,径长约为壳径的 20%,壳横截面近正方形。

穿孔异鹦鹉螺 *Allonautilus perforatus* Conrad, 1847

分类地位:头足纲,鹦鹉螺亚纲,鹦鹉螺目,鹦鹉螺科,异鹦鹉螺属。

学名:穿孔异鹦鹉螺 *Allonautilus perforatus* Conrad, 1847。

分类特征:该种只有外壳资料,且外壳与小网眼异鹦鹉螺十分相似。

地理分布:巴厘岛和印度尼西亚附近海域。

大小:壳径约为 180 mm。

异鹦鹉螺 *Allonautilus scrobiculatus* Lightfoot, 1786

分类地位:头足纲,鹦鹉螺亚纲,鹦鹉螺目,鹦鹉螺科,异鹦鹉螺属。

学名:异鹦鹉螺 *Allonautilus scrobiculatus* Lightfoot, 1786(图 2-4)。

拉丁异名:*Nautilus umbilicatus* Lamarck, 1822; *Nautilus scrobiculatus* Lightfoot, 1786。

英文名:Crusty nautilus。

地理分布:热带西太平洋的巴布亚新几内亚和所罗门群岛。

生活史及生物学:胃含物以章鱼为主。

大小:最大壳径 180 mm。

鹦鹉螺属 *Nautilus* Linnaeus,1758

鹦鹉螺属已知帕劳鹦鹉螺 *Nautilus belauensis*、大脐鹦鹉螺 *Nautilus macromphalus*、珍珠鹦鹉螺 *Nautilus pompilius* 和白斑鹦鹉螺 *Nautilus stenomphalus* 4 种,其中珍珠鹦鹉螺为本属模式种。该属种均发现于印度洋–西太平洋,且某些种已被商业性开发,可供食用,多数可加工成工艺品,在印度、印度尼西亚和菲律宾等地,鹦鹉螺壳被当作古董玩物交易。

英文名:Chambered nautiluses;**法文名**:Nautiles;**西班牙文名**:Nautilos。

属特征:脐小或中等,径长为壳径的 5%~16%,壳横截面卵形。

种的检索:

1(6)脐小,深度小于壳径的 5%

2(5)脐愈合,内充满石灰质硬结物质

3(4)壳表具隆起的生长线 ·· 帕劳鹦鹉螺

4(3)壳表面十分光滑,无生长线 ··· 珍珠鹦鹉螺

5(2)脐不愈合 ··· 白斑鹦鹉螺

6(1)脐中到大,深度大于壳径的 10% ·································· 大脐鹦鹉螺

大脐鹦鹉螺 *Nautilus macromphalus* Sowerby,1894

分类地位:头足纲,鹦鹉螺亚纲,鹦鹉螺目,鹦鹉螺科,鹦鹉螺属。

学名:大脐鹦鹉螺 *Nautilus macromphalus* Sowerby,1894。

英文名:Bellybutton nautilus;**法文名**:Nautile bouton;**西班牙文名**:Nautilo ombligo。

分类特征:外壳斑纹退化。脐开放,深凹,深度约为最大壳宽的 15%~16%,不愈合,内部盘旋可见,无增厚的石灰质硬结组织(图 2-5)。

图 2-4   网眼异鹦鹉螺

图 2-5   大脐鹦鹉螺示意图

生活史及生物学:栖息于大陆架和大陆架斜坡的珊瑚礁水域,分布水层为 0~500 m。在新喀里多尼亚南部某些水域,晚上会出现在浅水区(小于 20 m)。

地理分布:西太平洋、澳大利亚东北部、新喀里多尼亚、洛亚提岛(图 2-6)。

大小:最大壳径 160 mm。

渔业:地方性渔业,不仅可食用,亦可用作观赏养殖。在新喀里多尼亚外大陆架斜坡堤礁区,渔获水深 65 m;在珊瑚海渔获水深 300~400 m。

文献:Dunning,1998;Saunders,1987;Norman,2000。

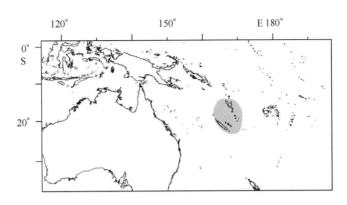

图 2-6　大脐鹦鹉螺地理分布示意图

珍珠鹦鹉螺 *Nautilus pompilius* Linnaeus，1758

分类地位：头足纲,鹦鹉螺亚纲,鹦鹉螺目,鹦鹉螺科,鹦鹉螺属。

学名：珍珠鹦鹉螺 *Nautilus pompilius* Linnaeus，1758。

拉丁异名：*Nautilus stenomphalus* Sowerby，1849；*Nautilus* repertus Iredale，1944；*N. p. perforatus*，Willey,1896；*N. p. marginalis*，Willey，1896；*N. p. moretoni*，Willey,1896。

英文名：Emperor natilus；**法文名**：Nautile flammé；**西班牙文名**：Nautilo común。

分类特征：外壳表面十分光滑,无生长线,颜色多变,通常不规则褐色至微红褐色条纹由脐向腹部延伸,但这些条带颜色有不同程度的退化。脐小而封闭,似亮泽的银斑和黑斑,深度小于壳径的5%,愈合,内部盘旋不可见,通常具增厚的石灰质硬结组织(图2-7)。

图 2-7　珍珠鹦鹉螺示意图

生活史及生物学：珍珠鹦鹉螺分布广泛,栖息于具坚硬底质,尤其珊瑚礁底质的大陆架和大陆架斜坡水域,栖息水深为 0～750 m。具昼夜垂直洄游习性。

地理分布：分布在印度洋—西北太平洋海域,具体为安达曼群岛、安汶岛(印度尼西亚)、菲律宾、新几内亚至斐济,澳大利亚东北部和西北部(图2-8)。在新喀里多尼亚和帕劳没有分布,分别被大脐鹦鹉螺和帕劳鹦鹉螺所代替。在新几内亚和澳大利亚东北部分布区分别与异鹦鹉螺和白斑鹦鹉螺重叠。

大小：斐济和菲律宾周边海域壳径 170～180 mm,澳大利亚西部海域壳径较大,平均可达222 mm。

渔业：地方性渔业,肉可供食用,壳用作工艺品交易。渔获水深60～240 m。在菲律宾该种的壳常被加工成工艺品进行交易。

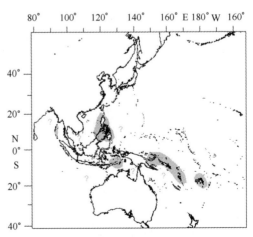

图 2-8　珍珠鹦鹉螺地理分布示意图

文　献：Saunders and Davis，1985；Saunders，1987；Saunders and Ward，1987；Swan and Saunders，1987，1998；Dunning，1998。

白斑鹦鹉螺 *Nautilus stenomphalus* Sowerby，1848

分类地位:头足纲,鹦鹉螺亚纲,鹦鹉螺目,鹦鹉螺科,鹦鹉螺属。

学名:白斑鹦鹉螺 *Nautilus stenomphalus* Sowerby，1848。

英文名:White-patch nautilus。

分类特征:外壳颜色退化,具白斑。脐小,深度小于壳径的 5%,不愈合,无石灰质结硬组织,头盖覆盖隆起的瘤突(图 2-9)。

地理分布:澳大利亚东部大堡礁。

大小:壳径约为 170 mm。

文献:Saunders and Ward，1987；Saunders，1998；Norman，2000。

图 2-9　白斑鹦鹉螺

帕劳鹦鹉螺 *Nautilus belauensis* Sanders，1981

分类地位:头足纲,鹦鹉螺亚纲,鹦鹉螺目,鹦鹉螺科,鹦鹉螺属。

学名:帕劳鹦鹉螺 *Nautilus belauensis* Sanders，1981。

英文名:Palau nautilus。

分类特征:壳表具隆起的生长线。脐小,小于壳径的 5%,愈合,内充满石灰质硬结物质(图 2-10)。

地理分布:分布在帕劳群岛、西卡罗琳群岛。

生活史及生物学:初孵幼体体重 5.9 g,成熟体重 1 157 g,成熟年龄 3 978 天。捕食虾类、磷虾类、蛤、龙虾、胡瓜鱼、鲱鱼、鲉鱼、鱿鱼等。

大小:最大壳径 210 mm。

文献:Norman，2000；Kubodera and Tsuchiya，1993；Carlson，1987；Saunders，1981；Saunders and Spinosa，1978，1979。

图 2-10　帕劳鹦鹉螺

第二节　鞘亚纲

鞘亚纲 Coleoidea Bather，1888

鞘亚纲包括现存的所有头足类(除鹦鹉螺外),可细分为箭石类 Belemnoidea 和新鞘类 Neocoleoidea 两个类群,箭石类现今已全部灭绝。

箭石类在白垩纪生活于浅海水域,白垩纪结束已全部灭绝(图 2-11)。新鞘类可细分为十腕总目 Decabrachia(Squids，Cuttlefishs and Their Relatives)和八腕总目 Octobrachia(Vampire Squid and Octopods)。现存的鞘亚纲类,栖息于北冰洋至南极世界各大洋和海域的潮间带至深海(最深记录7 279 m)水域,某些枪乌贼科和耳乌贼科种类能够在低盐度水域生活,但没有任何 1 种能够在淡水中生活。在各大洋许多水域,鞘亚纲类为生态系统的重要组成部分,许多种类已经成为重要的渔获对象。

亚纲特征:具眼睛体。漏斗愈合成完全的管子。具鳍(箭石类未知)。环口附肢 10 或 8 只;箭石类 10 只附肢等长,无附肢特化成触腕。新鞘类十腕总目第 4 附肢特化为延长的触腕;八腕总目

图 2-11　箭石类化石

左：刺属 *Acanthoteuthis* 的化石　右：箭石属 *Belemnoteuthis* 的钩化石

的八腕目特化为触腕的第 2 附肢消失,幽灵蛸目第 2 附肢特化为触腕(图 2-12)。触腕吸盘一般仅位于触腕穗上。壳位于外套内部(旋壳乌贼部分外露),某些种类内壳退化或完全消失。具色素体和墨囊(箭石类未知)。输卵管 1 对或 1 个。以上这些特征,在不同种之间存在变化。

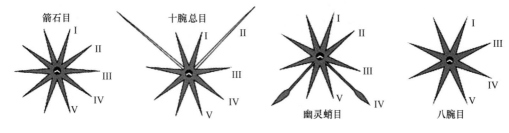

图 2-12　鞘亚纲环口附肢示意图

文献：Aldred et al, 1983；Berthold and Engeser, 1987；Bonnaud et al, 1997；Carlini and Graves, 1999；Clarke, 1988；Clarke et al, 1979；Doyle et al, 1994；Engeser and Bandel, 1988；Haas, 1989；Haas, 2002；Hanlon and Messenger, 1996；Packard and Wurtz, 1994；Vecchione et al, 1995, 1999；Voss, 1988；Webber and O'Dor, 1985；Young and Vecchione, 1996；Young and Vecchione, 2002。

十腕总目 Decabrachia Haeckel, 1866

十腕总目包括旋壳乌贼目、开眼亚目、闭眼亚目、微鳍乌贼目、乌贼目和深海乌贼目,但是它们之间的关系还不确定。另两个附属亚目为深海亚目 Bathyteuthoida 和微鳍乌贼亚目 Idiosepiidae,但是两者的起源还不确定。深海亚目与开眼亚目和闭眼亚目分类地位上较相近,而微鳍乌贼亚目与闭眼亚目和乌贼目分类地位上较相近。闭眼亚目与开眼亚目和乌贼目分类地位上相近；乌贼目与旋壳乌贼目分类地位上相近。各目特征比较见表 2-1。

表 2-1　十腕总目各目特征比较

	角膜	鳃沟	口垂片吸盘	吸盘环肌	触腕囊
开眼亚目	无	有	无	无	无
深海乌贼目	无	有	有	无	有
闭眼亚目	有	有	有/无	有	有
微鳍乌贼目	有	无	无	无	有
旋壳乌贼目	无	无	无	无	无
乌贼目	有	无	有/无	有	有

十腕总目种类间体型和习性多变。乌贼目类白天藏匿砂中;凝胶质类通过缓慢地喷水推进;肌肉松软的深水种,利用强健的鳍游泳;上层生活的种类利用强烈的喷水推进。在体型方面,最小胴长 8 mm(微鳍乌贼属 Idiosepius),最大胴长 20 m(大王乌贼属)。开眼亚目类,产小型浮性卵,仔鱼在近表层水域漂浮生活;而闭眼亚目和乌贼目产较大型的沉性卵,仔鱼底栖。

十腕总目包括枪形目、乌贼及其相近种类(squid, cuttlefish and their relatives)共 31 科 95 属约 450 余种。

总目特征:具鳍,但无软骨支撑。具口冠。第 4 环口附肢特化为触腕;吸盘两侧对称,吸盘具角质环,吸盘柄具收缩的颈部,某些种类吸盘特化为钩;第 4 腕(除触腕以外,环口附肢中的第 4 只)间无腕间膜。平衡囊 1 个。感光囊位于头软骨内。具缠卵腺;无嗉囊;卵管腺两侧对称;消化腺管附肢被肾腔包围;肾腔愈合。

文献:Clarke, 1988; Herring, Dilly and Cope, 1985; Jaeger, 1944; Naef, 1921/23; Young and Roper, 1968; Young, 1991; Young and Harman, 1996; Young and Vecchione, 1996; Young and Donovan, 1998; Young, et al, 1995。

八腕总目 Octobrachia Haeckel, 1866

八腕总目包括八腕目和幽灵蛸目,八腕目下属 250 余种,幽灵蛸目仅幽灵蛸 1 种。

拉丁异名:Octobrachia, Fiorini, 1981; Vampyromorphoidea, Engeser and Bandel, 1988; Vampyropoda, Boletzky, 1992。

英文名:Vampire Squid and Octopods。

总目特征:第 2 环口附肢特化为触腕或消失,第 4 环口附肢不特化。吸盘放射状对称,无角质环。第 4 腕间有腕间膜相连(船蛸科的一些种类无)。无口冠。感光囊位于头软骨外,位于漏斗背面(幽灵蛸目)或外套腔内星状神经节上(八腕目)。具或不具鳍,若具鳍则鳍有软骨支撑(幽灵蛸目仅稚鱼期有软骨支撑)。无缠卵腺,通常具嗉囊,输卵管放射对称,消化腺管附肢位于肾腔外,肾腔分离。

文献:Berthold and Engeser, 1987; Boletzky, 1992; Engeser and Bandel, 1988; Fioroni, 1981; Young, 1989; Young and Vecchione, 1999, 2002, 2006; Young et al, 1999。

第三章　鞘亚纲深海乌贼目

深海乌贼目 Bathyteuthoida Vecchione，Young and Sweeney，2004

深海乌贼目包括深海乌贼科 *Bathyteuthidae* 和栉鳍乌贼科 *Chtenopterygidae* 2 科。它们为中层至深海生活种类。

目特征：头部具触腕囊。口垂片具小吸盘。鳍具后鳍垂。触腕穗不分掌部和指部，无腕骨锁。触腕穗吸盘多于 7 列，排列较不规则，吸盘无环肌。腕吸盘 4 列，某些种第 1~3 腕顶端吸盘多于 4 列，吸盘无环肌。栉鳍乌贼内壳具尾椎，深海乌贼无尾椎。鳃具鳃沟，雌性输卵管 1 对。

文献：Clarke，1988；Naef，1921，1923；Roper，1969；Young and Vecchione，1996。

科的检索：

1（2）眼睛前视，鳍短桨状，不具鳍肋 ………………………………………… 深海乌贼科
2（1）眼睛侧视，鳍梳状，具鳍肋 …………………………………………………… 栉鳍乌贼科

第一节　深海乌贼科

深海乌贼科 Bathyteuthidae Pfeffer，1900

深海乌贼属 *Bathyteuthis* Hoyle，1885

深海乌贼属为深海乌贼科的单一属，已知深海乌贼 *Bathyteuthis abyssicola* 、巴斯深海乌贼 *Bathyteuthis bacidifera* 和贝氏深海乌贼 *Bathyteuthis berryi* ，其中深海乌贼为本属模式种。该科种广泛分布在世界各大洋，栖息在大洋中层至深海水域。

分类地位：头足纲，鞘亚纲，深海乌贼目，深海乌贼科，深海乌贼属。

英文名：Deepsea squids；**法文名**：Loutènes abyssales；**西班牙文名**：Batilurias。

分类特征：体微红栗色。眼前视，半管状，前端直。眼睛后方具 1 个大的橙色感光囊。口膜连接肌丝与第 4 腕背缘相连。漏斗锁软骨中央具深的直线形凹槽；漏斗前端漏斗内收肌间具 1 个独特的小孔。鳍短桨状，具前、后鳍垂，两鳍后端分离。触腕穗短，不膨大，生大量微小的吸盘，8~10 列。腕短，由浅的腕间膜相连；成体第 1~3 腕近端吸盘 2 列，远端增至 4 列不规则列。第 1~3 腕反口面基部皮下组织各嵌有 1 个小的简单发光器（图 3-1）。

图 3-1　深海乌贼外套前端和头部背视

文献：Allen，1945；Grimpe，1922；Hoyle，1885a，1885b，1886；Pfeffer，1900；Roper，1968，1969，1998；Verrill，1885。

种的检索：

深海乌贼 *Bathyteuthis abyssicola* Hoyle，1885

分类地位：头足纲,鞘亚纲,深海乌贼目,深海乌贼科,深海乌贼属。

学名：深海乌贼 *Bathyteuthis abyssicola* Hoyle，1885。

拉丁异名：*Benthoteuthis megalops* Verrill，1885。

英文名：Deepsea squid；**法文名**：Loutène abyssale；**西班牙文名**：Batiluria。

分类特征：体圆锥至圆筒形,末端钝圆。眼前视(图 3-2A)。口垂片具吸盘。漏斗锁中间具直线形凹槽。鳍圆,短小,两鳍后端分开。腕保护膜窄,无游离的横隔片；腕短,顶端钝；吸盘数相对较少,第 1~3 腕各腕约 100 个；吸盘内角质环具 8~18 个彼此广泛分离的钝圆至平截的齿(图 3-2B)。触腕及触腕穗相对较短,触腕穗不膨大,具大量大小相当的小吸盘(图 3-2G)。鳃窄短。角质颚上颚喙短,小于头盖长的 1/3；颚角钝,弯曲；头盖短,约为脊突长的 60%。下颚喙短,约为头盖长的1/2；颚角钝；头盖宽,紧贴脊突；无侧壁脊或皱,侧壁后缘至脊突一侧具深的开口。

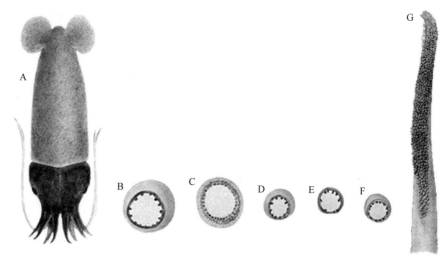

图 3-2 深海乌贼形态特征示意图

A. 背视；B. 第 4 腕内角质环；C. 第 4 腕外角质环；D. 口吸盘内角质环；E、F. 触腕穗角质环；G. 触腕穗(据 Roper,1997,1998)

习性及生物学：大洋性种类,体深栗色,生活在中层至深层水域,分布水层 100~4 200 m,主要 700~2 000 m。具垂直洄游习性,夜间可至 100 m 以上水层,白天潜入深水区；仔鱼和稚鱼生活水层较成体浅。胴长 4 mm 的深海乌贼的幼体鳍端生,桨状。腕短而粗,第 1~3 腕吸盘 2 列,共计 6 个,第 4 腕具 1 列"Z"字形排列的吸盘,共计 5 个。触腕相对较长,触腕穗远端吸盘 2 列,共计 18 个；近端至吸盘发生处,具 2 列共计 16 个小突起。胴长 6 mm 的深海乌贼的鳍较发达,第 1~3 腕反口面基部具微小的发光器,触腕穗吸盘 5~6 列。

地理分布：广泛分布于南大洋极地附近,东太平洋、大西洋、印度洋生产力高的水域(图3-3)。

大小：最大胴长 75 mm。雌、雄初次性成熟胴长分别为 40~50 mm 和 35 mm。

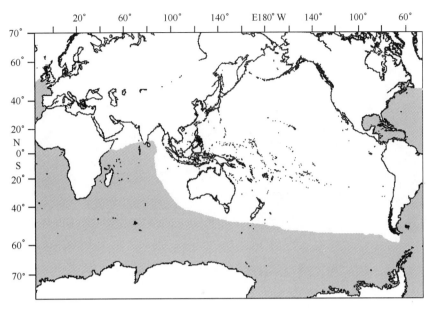

图 3-3　深海乌贼地理分布示意图

渔业:常见种,南极资源较丰富,但无经济价值。

文献:Clarke and Lu,1975;Hoyle,1885;Roper,1968,1969,1997,1998;Verrill,1885。

巴斯深海乌贼 *Bathyteuthis bacidifera* Roper,1968

分类地位:头足纲,鞘亚纲,深海乌贼目,深海乌贼科,深海乌贼属。

学名:巴斯深海蛸 *Bathyteuthis bacidifera* Roper,1968。

分类特征:体圆筒形,末端钝圆(图3-4)。鳍圆,短小,两鳍后端分开。眼前视。口垂片具吸盘(图3-4)。漏斗锁软骨具直棒形凹槽,外套锁为直棒形隆起。触腕和触腕穗相对较长,触腕穗不膨大(图3-5A);腕保护膜退化或无,横隔片长指状,游离(图3-5B);腕短,顶端钝;腕吸盘数目多,第1~3腕各腕吸盘约150个;内角质环远端1/2具18~34个紧密排列的圆形至平截的矮齿,近

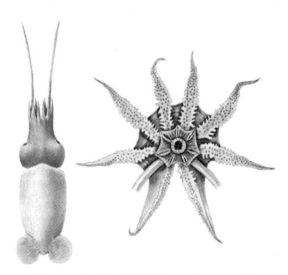

图 3-4　背视和口视(据 Roper,1968,1998)

端 1/2 具排列紧密的小突起(图 3-5C、D、E、G、H)。鳃长宽。

图 3-5　巴斯深海蛸形态特征示意图

A. 触腕;B. 某腕;C、D. 第 1 腕吸盘内角质环;E、F. 第 2 腕吸盘内、外角质环;G. 第 3 腕吸盘内角质环;H. 第 4 腕吸盘内角质环;I. 口吸盘内角质环;J、K. 触腕穗吸盘内、外角质环(据 Roper, 1968)

地理分布:分布在东太平洋以及印度洋赤道高生产力海区。

生活史及生物学:栖息水层 600~1 550 m。胴长 6 mm 的幼体具退化的腕保护膜,腕近端1/2~2/3 具游离的指状横隔片。具明显的大鳃,鳃小片数目明显多于深海乌贼科其他种类,这可能与其分布区(东热带太平洋和印度洋赤道)溶氧低有关。

渔业:非常见种。

文献:Roper, 1968, 1969, 1997,1998; Verrill, 1885。

贝氏深海乌贼 *Bathyteuthis berryi* Roper, 1968

分类地位:头足纲,鞘亚纲,深海乌贼目,深海乌贼科,深海乌贼属。

学名:贝氏深海乌贼 *Bathyteuthis berryi* Roper, 1968。

分类特征:体圆筒形,末端钝圆(图 3-6A)。鳍圆,短小,两鳍后端分开。眼前视。口垂片具吸盘,腕保护膜发达,无游离的横隔片(图 3-6B);腕长,吸盘数目甚多,第 1~3 腕各腕约 270 个;吸盘内角质环具 10~14 个分离的圆形或近三角形瘤状小齿(图 3-6D~G)。触腕相对较长,触腕穗短,不膨大,未分化(图 3-6C)。鳃长宽。

地理分布:分布在东太平洋加利福尼亚南部外海。

生活史及生物学:栖息于深海水域,分布水层 800~1 200 m。

渔业:非常见种。

文献:Roper, 1968, 1969, 1998。

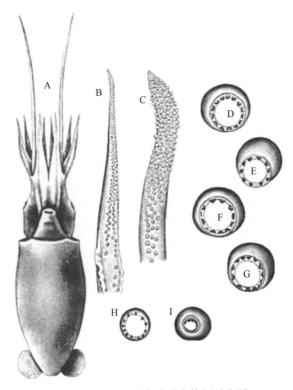

图 3-6　贝氏深海乌贼形态特征示意图

A. 腹视；B. 第 1 腕；C. 触腕；D~G. 腕吸盘内角质环；H. 口吸盘内角质环；I. 触腕穗吸盘内角质环（据 Roper，1968）

第二节　栉鳍乌贼科

栉鳍乌贼科 Chtenopterygidae Grimpe，1922

栉鳍乌贼属为栉鳍乌贼科的单一属，共计 3 种。该科为小型种，肌肉强健，分布于热带至亚热带水域，生活水层中层，白天栖息于 500~1 000 m 水层，夜间出现于近表层水域。

栉鳍乌贼属 *Chtenopteryx* Appellöf，1890

栉鳍乌贼属下属加那利栉鳍乌贼 *Chtenopteryx canariensis*、圆胖栉鳍乌贼 *Chtenopteryx sepioloides*、栉鳍乌贼 *Chtenopteryx sicula* 3 种。该属已知种类很少，目前多据以下四点进行区分：①腕和触腕穗吸盘列数；②是否存在发光器；③发光器大小；④相对宽度（相对于胴长）。

分类地位：头足纲，鞘亚纲，深海乌贼目，栉鳍乌贼科，栉鳍乌贼属。

英文名：Combfin squid。

分类特征：口膜连接肌丝与第 4 腕腹缘相连。鳍周生于外套两侧，鳍长约等于胴长；鳍由肌肉质鳍肋组成，鳍肋间有薄膜相连，形成梳状鳍（图 3-7）。背部 6 腕（第 1~3 腕）吸盘 6 列，或某些腕顶端多于 6 列。触腕穗吸盘 8 列不规

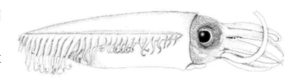

图 3-7　栉鳍乌贼示意图（据 Okutani，1974）

则列。内脏具大卵形发光器(除加那利栉鳍乌贼、栉鳍乌贼),发光器可能具反光器,眼球具大的发光斑(除加那利栉鳍乌贼)。雌性具副缠卵腺。

地理分布:广泛分布在世界各大洋热带和亚热带水域。

生活史及生物学:在夏威夷附近海域,白天栖息水深600~1000 m,夜间出现在200 m以上水层。某些种的雄性壳囊内具大的发光器,发出闪烁的光。仔鱼(图3-8)触腕口面圆盘形,其上生有吸盘。据报道,夏威夷水域的2尾栉鳍乌贼属仔鱼,其触腕穗远端末端的发光器式样不同,因此推断不同种之间发光器式样不同。

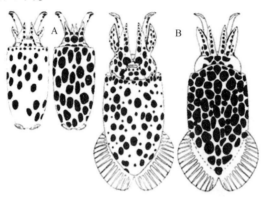

图3-8　栉鳍乌贼仔鱼示意图
A. 胴长3.2 mm;B. 胴长5.4 mm(据 Young, 1997)

文献:Appellof, 1890; Bello and Giannuzzi-Savelli, 1993; Guerra, 1992; Joubin, 1900; Nesis, 1982; Okutani, 1974; Pfeffer, 1900; Young and Vecchione, 1996; Young, 1997。

种的检索:

1(2)眼球和内脏无发光器 ………………………………………………… 加那利栉鳍乌贼

2(1)眼球具大的发光斑,内脏发光器有或无

3(4)第1~3腕吸盘4列 …………………………………………………… 圆胖栉鳍乌贼

4(3)第1~3腕近端吸盘2列,远端吸盘至少4列 …………………………… 栉鳍乌贼

加那利栉鳍乌贼 *Chtenopteryx canariensis* Salcedo-Vargas and Guerrero-Kommritz, 2000

分类地位:头足纲,鞘亚纲,深海乌贼目,栉鳍乌贼科,栉鳍乌贼属。

学名:加那利栉鳍乌贼 *Chtenopteryx canariensis* Salcedo-Vargas and Guerrero-Kommritz, 2000。

英文名:Dark combfin squid。

分类特征:体扁袋状,后部钝圆,胴宽为胴长的43%(图3-9A)。鳍长为胴长的97%~99%,鳍宽为胴长的95%,最长鳍肋为胴长的31~40%,每鳍具28个肌肉质鳍肋。漏斗锁具直的凹槽。枕骨突显著,颈皱3个,嗅觉突位于第1颈皱基部。每个口垂片具2~3列,共计16~18个吸盘。腕式为4=2>1=3;第4腕为胴长的50%;腕吸盘8~14列;第1~3腕近端吸盘2列,中部吸盘8~10列;第2腕远端吸盘12~14列;吸盘内角质环具5~6个钝圆的齿;外角质环具3圈同心圆排列的多边形板齿,由内至外板齿逐渐减小。触腕穗略微膨大,长度为胴长的30%(图3-9B);触腕穗吸盘16~20列,近端吸盘6列,中部吸盘16~20列,之后至穗顶端吸盘列数逐渐减少(图3-9B);触腕穗吸盘内角质环具9个钝圆的齿,外角质环具两圈同心圆排列的长多边形板齿。内壳叶柄游离端长为胴长的44%,尾椎宽(图3-9C)。无发光器。

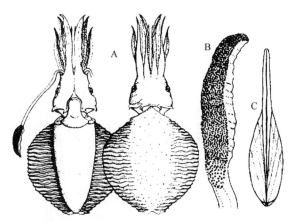

图 3-9　加那利栉鳍乌贼形态特征示意图

A. 腹视和背视;B. 触腕穗;C. 内壳(据 Salcedo-Vargas and Guerrero-Kommritz, 2000)

生活史及生物学:栖息水深表层至 1 000 m。

地理分布:分布于东大西洋和加那利群岛南部海域。

渔业:非常见种。

文献:Salcedo-Vargas and Guerrero-Kommritz, 2000; Salcedo-Vargas and Young, 2001; Young and Salcedo-Vargas, 2001。

圆胖栉鳍乌贼 *Chtenopteryx sepioloides* Rancurel, 1970

分类地位:头足纲,鞘亚纲,深海乌贼目,栉鳍乌贼科,栉鳍乌贼属。

学名:圆胖栉鳍乌贼 *Chtenopteryx sepioloides* Rancurel, 1970。

英文名:Chubby combfin squid。

分类特征:体扁袋状,后部钝圆,胴宽为胴长的 63%~77%(图 3-10A)。最长鳍肋为胴长的 34%。漏斗锁软骨具直的凹槽。各腕长相近,第 4 腕略长;第 1~3 腕吸盘 4 列,约 50 行;第 4 腕吸盘 2 列;吸盘齿系未知。触腕穗吸盘列数未知。齿舌由 5 列齿小齿构成(图 3-10C)。内壳羽状,叶轴横截面三角形(图 3-10B)。内脏具小发光器(胴长 19 mm 个体内脏发光器 2.5 mm×1.75 mm);两眼腹面各具一大的发光斑(在小个体中,每个发光斑由 5 个小块组成)。

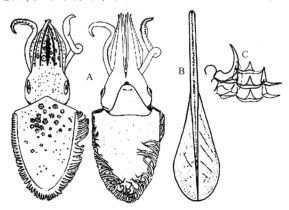

图 3-10　圆胖栉鳍乌贼形态特征示意图

A. 背视和腹视;B. 内壳;C. 左侧一半齿舌(据 Rancurel, 1970)

地理分布:仅有的 4 尾标本,采自 27°07′N、178°16′W,19°30′S、133°15′W 和 18°02′S、136°17′W 附近海域。

大小:最大胴长 19 mm。

渔业:非常见种。

文献:Rancurel,1970;Young and Vecchione,2001。

栉鳍乌贼 *Chtenopteryx sicula* Vérany,1851

分类地位:头足纲,鞘亚纲,深海乌贼目,栉鳍乌贼科,栉鳍乌贼属。

学名:栉鳍乌贼 *Chtenopteryx sicula* Vérany,1851。

拉丁异名:*Chtenopteryx fimbriatus* Appellof,1890;*Chtenopteryx cyprinoides* Joubin,1894;*Chtenopteryx neuroptera* Jatta,1896.

英文名:Comb-finned squid,Toothed-fin squid;**法文名**:Calmar à nageoire denticulée;**西班牙文名**:Calamarín alidentado。

分类特征:体扁袋状,后部钝圆(图 3-11)。鳍前缘未至外套前缘。每个口垂片具 2 列吸盘。腕式为 4>3>2>1;第 1~3 腕近端吸盘 2 列,远端吸盘至少 4 列;第 4 腕具 1~2 列 Z 字形排列的吸盘。触腕穗无边膜或保护膜;触腕穗吸盘超过 8 列。角质颚上颚喙弯曲,颚角约 90,翼部延伸至侧壁前缘宽的 2/3 处。下颚喙缘略弯,喙长小于头盖长,侧壁具不明显的侧壁脊。内壳扁平,具勺状尾椎。肛瓣发达。眼腹侧具大的发光器。

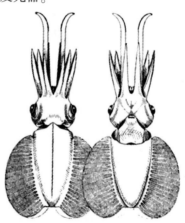

图 3-11 栉鳍乌贼背视和腹视(据 Naef,1921,1923b)

生活史及生物学:外洋性种类。仔鱼期类似栉鳍乌贼属其他种类,但色素沉着不同(图 3-12)。左侧两个为胴长较小的仔鱼,圆形触腕具 20 个不规则排列的吸盘;中间 3 个为胴长较大的仔鱼,外套具 7 个黄褐色斑块;右侧两个为更大一点幼体,色素斑增多。

地理分布:分布于各大洋热带及亚热带海域,主要分布于地中海(图 3-13)。

大小:最大胴长 90 mm。

渔业:非常见种。

文献:Appellof,1890;Jatta,1896;Joubin,1894,1900;Naef,1921,1923a,b;Pfeffer,1912;Young and Vecchione,2001,2006。

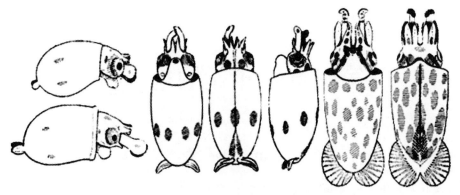

图 3-12　栉鳍乌贼仔鱼(据 Naef, 1921, 1923a)

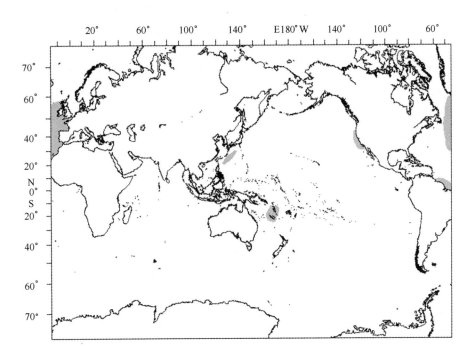

图 3-13　栉鳍乌贼地理分布示意图

第四章 鞘亚纲枪形目

枪形目 Teuthoidea Naef, 1916

枪形目以下包括开眼亚目和闭眼亚目2个。

目特征:体狭长,呈枪形。肉鳍通常为端鳍型。具口膜。嗅觉突由两个突起组成。眼眶外覆盖透明的角膜,具小孔(闭眼亚目)或不覆盖角膜和小孔,直接与外界相通(开眼亚目)。环口附肢10只(4对腕和1对触腕)。腕吸盘多数为2行,触腕穗吸盘多为4行;吸盘具柄,角质环小齿发达,有些种类的吸盘特化为钩。齿舌小齿尤其中齿和第1侧齿通常具侧尖。内壳角质,棒状或羽状。鳃具鳃沟。输卵管1对或1个(图4-1)。

亚目的检索:

1(2)眼眶外不具角膜 ·· 开眼亚目
2(1)眼眶外具角膜 ·· 闭眼亚目

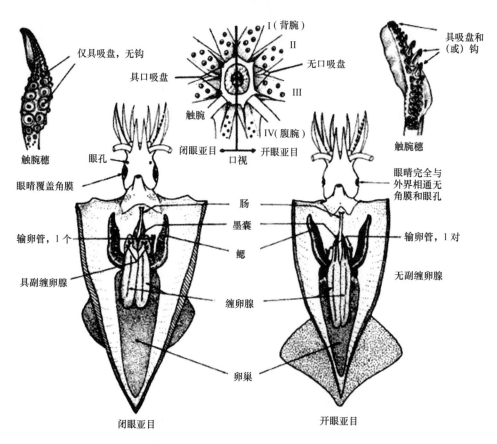

图4-1 开眼亚目和闭眼亚目主要特征示意图

开眼亚目 Oegopsida Orbigny，1845

开眼亚目包括大王乌贼科 Architeuthidae、腕乌贼科 Brachioteuthidae、荆棘乌贼科 Batoteuthidae、手乌贼科 Chiroteuthidae、长尾乌贼科 Joubiniteuthidae、巨鳍乌贼科 Magnapinnidae、鞭乌贼科 Mastigoteuthidae、达磨乌贼科 Promachoteuthidae、小头乌贼科 Cranchiidae、圆乌贼科 Cycloteuthidae、鱼钩乌贼科 Ancistrocheiridae、武装乌贼科 Enoploteuthidae、狼乌贼科 Lycoteuthidae、火乌贼科 Pyroteuthidae、鳞乌贼科 Gonatidae、帆乌贼科 Histioteuthidae、寒海乌贼科 Psychroteuthidae、鳞甲乌贼科 Lepidoteuthidae、蛸乌贼科 Octopoteuthidae、角鳞乌贼科 Pholidoteuthidae、新乌贼科 Neoteuthidae、柔鱼科 Ommastrephidae、爪乌贼科 Onychoteuthidae、菱鳍乌贼科 Thysanoteuthidae 等 24 科。该亚目绝大多数为大洋性头足类，也是种类最多的目，共计 24 科，69 属，多数浮游生活，少数偶尔底栖生活。

图 4-2　开眼亚目鳃横截面示意图（据 Naef，1921，1923）

亚目特征：两鳍后部通常相连，且通常无后鳍垂。眼睛晶体无角膜覆盖。头部无触腕囊。口垂片无吸盘。漏斗无侧内收缩肌。外套锁至外套前缘（极少例外）。腕吸盘无环肌。触腕穗通常具腕骨锁（近端锁）；触腕穗吸盘无环肌。具角质内壳。鳃具鳃沟（图 4-2）。输卵管 1 对。雌性无副缠卵腺。产浮性卵。开眼亚目科特征比较见表 4-1。

文献：Young and Vecchione，2004。

表 4-1　开眼亚目科特征比较

科	口膜连接肌丝与第 4 腕相连部位	漏斗锁软骨	腕骨锁	内壳尾椎
大王乌贼科	背缘	直	有	1
腕乌贼科	腹缘	直	有/无	2
荆棘乌贼科	腹缘	多变	无	2
手乌贼科	腹缘	多变	无	2
长尾乌贼科	腹缘	多变	无	2
巨鳍乌贼科	腹缘	多变	无	2
鞭乌贼科	腹缘	多变	无	2
达磨乌贼科	腹缘	多变	无	2
小头乌贼科	腹缘	愈合	有	2/无
圆乌贼科	腹缘	三角形	有	2/无
鱼钩乌贼科	背缘	直棒形	有	1
武装乌贼科	背缘	直棒形	有	1
狼乌贼科	背缘	直棒形	有	1
火乌贼科	背缘	直棒形	有	1
鳞乌贼科	腹缘	直棒形	有	1
帆乌贼科	背缘	直棒形	有	无
寒海乌贼科	背缘	直棒形	有	—
鳞甲乌贼科	腹缘	直棒形	无	2
蛸乌贼科	腹缘	直棒形	无	2
角鳞乌贼科	腹缘	直棒形	无	2
新乌贼科	背缘	直棒形	有	1
柔鱼科	背缘	倒 T 形	有/无	1
爪乌贼科	腹缘	直棒形	有	1
菱鳍乌贼科	腹缘	横 T 形	有	无

闭眼亚目 Myopsida Naef, 1916

闭眼亚目包括澳洲乌贼科 Australiteuthidae 和枪乌贼科 Loliginidae 2 科,共计 11 属 40 余种。该亚目生活于浅水水域,或生活于内大陆架斜坡。多数种类游泳能力很强,集群明显,是重要的渔业对象。

亚目特征:头部具触腕囊。眼睛晶体覆盖角膜,眼睛无次眼睑。口垂片具或不具吸盘。漏斗无侧内收缩肌。外套锁延伸至外套前部边缘(澳洲乌贼属 *Australileuthis* 除外)。鳍具或不具后鳍垂。触腕穗无腕骨锁。腕和触腕吸盘具环肌(澳洲乌贼科未知)。具发达的角质内壳。具鳃沟(矮小枪乌贼属 *Pickfordiateuthis* 除外,澳洲乌贼属未知)(图 4-2),无右输卵管,雌性具副缠卵腺。卵沉性,通常黏附于海底,卵具大的外部卵黄囊。

文献:Brakoniecki, 1996; Lu, 2005; Naef, 1921, 1923。

第一节　大王乌贼科

大王乌贼科 Architeuthidae Pfeffer, 1900

大王乌贼科以下仅大王乌贼属 *Architeuthis* 1 属。

大王乌贼属 *Architeuthis* Steenstrup, 1857

大王乌贼属已知有 20 种,但多为无效种,模式种为大王乌贼 *Architeuthis dux*。大王乌贼是头足类中最大种(体重),总长超过 20 m。

分类地位:头足纲,鞘亚纲,枪形目,开眼亚目,大王乌贼科,大王乌贼属。

拉丁异名:*Megaloteuthis* Kent, 1874;*Dinoteuthis* More, 1875;*Mouchezis* Velain, 1877;*Megateuthis* Hilgendorf, 1880;*Plectoteuthis* Owen, 1881;*Steenstrupia* Kirk, 1882;*Dubioteuthis* Joubin, 1899。

英文名:Giant squids;**法文名**:Encornets monstres;**西班牙文名**:Megalurias。

分类特征:体圆锥形,后部陡然瘦狭,肉鳍短小,位于外套后部,略呈桃形。口膜连接肌丝与第 4 腕背缘相连。漏斗锁长椭圆形,具直槽。腕吸盘两列,边膜较发达,雄性第 4 对腕茎化。触腕十分细长,触腕穗吸盘大小不等,掌部吸盘 4 列;腕骨部吸盘 6~7 列,其间分布球突。

大王乌贼 *Architeuthis dux* Steenstrup, 1857

分类地位:头足纲,鞘亚纲,枪形目,开眼亚目,大王乌贼科,大王乌贼属。

学名:大王乌贼 *Architeuthis dux* Steenstrup, 1857。

英文名:Giant squid, Atlantic giant squid;**法文名**:Encornet monstre;**西班牙文名**:Megaluria。

分类特征:体圆锥形,后部陡然瘦狭,胴长约为胴宽的 4 倍,体表具大小相间的近圆形色素体(图 4-3A)。肉鳍短,鳍长约为胴长的 1/3,两鳍后部相接略呈桃形,无前鳍垂,鳍与外套相连。口膜连接肌丝与第 4 对腕背缘相连。第 1 腕较短,其他 3 对腕较长,长度相近,腕式一般为 3>2>4>1;第 2~4 腕长约为胴长的 4/5,腕吸盘两列,吸盘内角质环具齿;雄性第 4 对腕茎化,顶部吸盘特化为两行肉突。触腕十分延长,约为腕长的 2.5~4 倍(图 4-3B);触腕穗细长,吸盘 4 列,可分成明显的腕骨部、掌部和指部(图 4-3B);掌部中间两列吸盘扩大,吸盘具尖齿;腕骨部具密集的吸盘簇,吸盘 6~7 列,其间点缀半球形球突(图 4-3B);触腕柄(几乎全柄)具成对交替排列的吸盘和球突,由近及远排列渐密(图4-3B)。内壳披针叶形,叶轴粗,叶轴边肋细,内壳后端具中空的狭纵菱形尾椎(图4-3C)。无发光器。

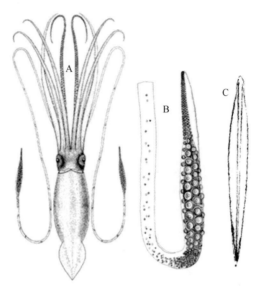

图4-3　大王乌贼形态特征示意图
A. 背视;B. 触腕穗;C. 内壳(据 Verrill, 1879;董正之, 1991)

生活史及生物学:栖息水层广泛,不属于典型的深海种类,主要生活水层为 200~400 m,在 200 m 以内的大陆架水域有一定范围的垂直移动。稚鱼和成体是抹香鲸的重要饵料,稚鱼亦是中层鱼类(如:黑等鳍叉尾带鱼 Aphanopus carbo 和帆蜥鱼 Alepisaurus ferox)的捕食对象。大王乌贼以其他头足类(如帆乌贼 Histioteuthis bonnellii 和柔鱼)以及小型鱼类为食。

大王乌贼早期生活史了解甚少,仅对仔鱼和稚鱼有零星的描述。Lu(1986)描述了采自澳大利亚塔斯马尼亚海水深 20 m 处一尾胴长 10.3 mm 仔鱼的特征,但是其描述的特征与大王乌贼无明显相同处。大王乌贼寿命可达 3 年。

一个成熟雌体产卵超过 5 000 枚,多的可达百万枚,卵较小,微白色至乳白色,长 0.5~1.4 mm、宽 0.3~0.7 mm(依据发育期不同而变化);卵包于卵鞘中,分批成熟,分批产出。雄性成熟胴长较雌性小(已知一尾胴长 167 mm 的雄性即性成熟),第 4 对茎化,细长的精荚通过茎化腕输送到雌性体内,精荚长 100~200 mm。关于大王乌贼的繁殖与发育过程还不清楚。

大王乌贼是大洋性头足类中游泳能力较弱的种类之一,其漏斗锁简单平直,喷水能力弱,鳍小,划水能力不大。大王乌贼的头部、胴部和腕部肌肉中的氨离子(NH_4^+)浓度较高,氨离子比重略小于海水,因此能够获得较大的浮力。大王乌贼体表,特别是背部的色素细胞很发达,甚至内脏表面也有暗红色的色素沉淀。体表色素细胞的膨胀和收缩,使体色迅速改变,成为大王乌贼的一种保护适应性。

迄今为止,大王乌贼的捕获主要是由于它们本身的搁浅,或从抹香鲸胃中发现的躯体或角质颚,渔网极少捕到它们,即使在大型的中层拖网渔获中,也很少见到大王乌贼。

地理分布:世界范围内都有分布,其分布区域与大陆架和岛屿相关。在北大西洋(尤其是纽芬兰、挪威、北海、大不列颠群岛、亚速尔群岛和马德拉群岛),南大西洋南非水域,北太平洋日本周边水域,东南太平洋新西兰和澳大利亚周边水域,环南大洋水域等都有分布。在热带和极地高纬度海域很少有分布。

大小:最大胴长 6 m;总长多为 6~12 m,最长 20 m。最大体重 1 000 kg。

渔业:潜在经济种。目前尚无商业性开发,肉具酸味。在北大西洋(纽芬兰和挪威)、南大洋、新西兰和北太平洋的资源较为丰富。

文献:Aldrich, 1992; Clarke, 1966; Ellis, 1995, 1998; Förc, 1998; Gauldie and Forch, 1994; Lane, 1960; Lu, 1986; Nesis, 1982, 1987; Roeleveld and Lipinski, 1991; Roper and Young, 1972; Verrill, 1879; Roper, 1998; 董正之, 1991。

第二节 腕乌贼科

腕乌贼科 Brachioteuthidae Pfeffer, 1908

腕乌贼科已知仅腕乌贼 Brachioteuthis 1 属。该科为小型至中型种。

英文名:Arm squids;**法文名**:Encornets bras courts;**西班牙文名**:Braquilurias。

分类特征:外套壁薄,但肌肉强健。鳍短,具前鳍垂。腕吸盘两列。口膜连接肌丝与第 4 腕腹缘相连。漏斗锁具直凹槽。触腕穗近端掌部十分膨大,生大量具长柄的吸盘;远端掌部和指部正常,吸盘 4 列。眼球腹面具或不具单个发光器。

大小:最大胴长 150 mm。

文献:Roper and Vecchione, 1996; Young et al, 1985; Lipinski et al, 1996。

腕乌贼属 Brachioteuthis Verrill, 1881

腕乌贼属已知有腕乌贼 Brachioteuthis beani、贝氏腕乌贼 Brachioteuthis behni、鲍氏腕乌贼 Brachioteuthis bowmani、华丽腕乌贼 Brachioteuthis picta 和里氏腕乌贼 Brachioteuthis riisei 5 种,其中腕乌贼为本属模式种。

分类地位:头足纲,鞘亚纲,枪形目,开眼亚目,腕乌贼科,腕乌贼属。

分类特征:体圆筒形,延长,颈部长,肌肉强健。鳍箭头形,位于外套后部,鳍长约为胴长 50%。其他特征见科。

地理分布:分布极广,各大洋寒带至热带海域均有分布。

生活史及生物学:游泳迅速的外洋性小型种,不易捕获。

华丽腕乌贼 Brachioteuthis picta Chun, 1910

分类地位:头足纲,鞘亚纲,枪形目,开眼亚目,腕乌贼科,腕乌贼属。

学名:华丽腕乌贼 Brachioteuthis picta Chun, 1910。

英文名:Ornate arm squid;**法文名**:Encornet bras courts orné;**西班牙文名**:Braquiluria moteada。

分类特征:体细长,末端形成尾部(图 4-4A)。鳍箭头形,鳍长约为胴长的 50%(图 4-4A)。触腕穗膨大,腕骨部具大量微小的吸盘,并沿触腕穗分布(图 4-4B)。

生活史及生物学:大洋性小型种类。主要出现在 500 m 以上水层,亦可至 1 000 m。

地理分布:分布在南大洋、大西洋和印度洋结合区(图 4-5)。

大小:最大胴长 90 mm。

渔业:非常见种。

文献:Roper et al, 1984。

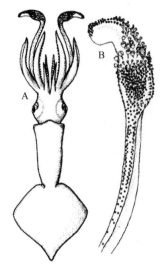

图 4-4 华丽腕乌贼形态特征示意图

A. 背视;B. 触腕穗口视(据 Roper et al, 1984)

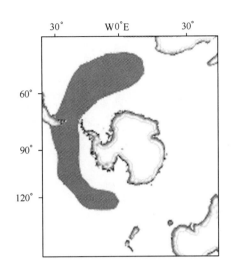

图 4-5 华丽腕乌贼地理分布示意图

里氏腕乌贼 *Brachioteuthis riisei* Steenstrup, 1882

分类地位:头足纲,鞘亚纲,枪形目,开眼亚目,腕乌贼科,腕乌贼属。

学名:里氏腕乌贼 *Brachioteuthis riisei* Steenstrup, 1882。

拉丁异名:*Tracheloteuthis riisei* Steenstrup, 1882; *Verrillida gracilis* Pfeffer, 1884; *Verrilliola nympha* Pfeffer, 1884; *Entomopsis velaini* Rochebrune, 1884; *Entomopsis clouei* Rochebrune, 1884; *Entomopsis aluei* Joubin, 1900。

英文名:Common arm squid;**法文名**:Encornet bras courts commun;**西班牙文名**:Braquiluria común。

分类特征:体十分延长,肌肉强健(图 4-6A)。鳍箭头形,略呈心形,鳍长小于胴长的 50%(图 4-6A)。触腕穗窄,近端具大量微小的吸盘(图 4-6B)。

生活史及生物学:大洋性小型种类。栖息水深表层至3 000 m 水层。产卵季节十分延长,幼体全年可见。在北大西洋,2 月以及 5—8 月幼体资源丰富;在地中海和非洲西北部上升流海域(10~30°N),4—7 月、9 月、12 月至翌年 2 月幼体资源丰富。

地理分布:分布在北大西洋和中太平洋,新西兰也有分布(图 4-7)。

大小:最大胴长 80 mm。

渔业:较常见种,有一定资源量。

文献:Kluchnik, 1978; Guerra, 1992。

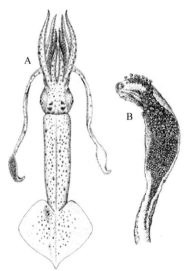

图 4-6 腕乌贼形态特征示意图

A. 背视;B. 触腕穗口视(据 Guerra, 1992)

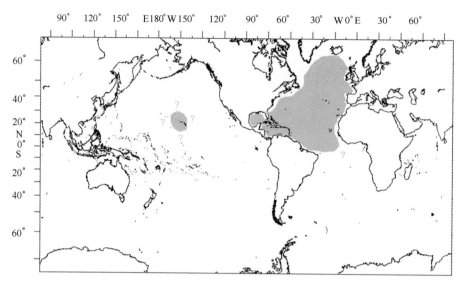

图 4-7 腕乌贼地理分布示意图

腕乌贼 *Brachioteuthis beani* Verrill，1881

分类地位：头足纲,鞘亚纲,枪形目,开眼亚目,腕乌贼科,腕乌贼属。

学名：腕乌贼 *Brachioteuthis beani* Verrill，1881。

地理分布：美国马萨诸塞州。

大小：最大胴长 150 mm。

文献：Young et al，1985；Roper and Vecchione，1996。

贝氏腕乌贼 *Brachioteuthis behni* Steenstrup，1882

分类地位：头足纲,鞘亚纲,枪形目,开眼亚目,腕乌贼科,腕乌贼属。

学名：贝氏腕乌贼 *Brachioteuthis behni* Steenstrup，1882。

拉丁异名：*Brachioteuthis gracilis* Pfeffer，1884；*Brachioteuthis clouei* Rochebrune，1884。

地理分布：印度洋。

大小：最大胴长 150 mm。

文献：Nesis，1987；Young，Harman and Mangold，1985。

鲍氏腕乌贼 *Brachioteuthis bowmani* Russell，1909

分类地位：头足纲,鞘亚纲,枪形目,开眼亚目,腕乌贼科,腕乌贼属。

学名：鲍氏腕乌贼 *Brachioteuthis bowmani* Russell，1909。

地理分布：苏格兰。

大小：最大胴长 150 mm。

文献：Young et al，1985。

第三节 荆棘乌贼科

荆棘乌贼科 Batoteuthidae Young and Roper, 1968

荆棘乌贼科以下仅包括荆棘乌贼属 *Batoteuthis*1 属。

荆棘乌贼属 *Batoteuthis* Young and Roper, 1968

荆棘乌贼属已知仅荆棘乌贼 *Batoteuthis skolops*1 种。

荆棘乌贼 *Batoteuthis skolops* Young and Roper, 1968

分类地位:头足纲,鞘亚纲,枪形目,开眼亚目,荆棘乌贼科,荆棘乌贼属。

学名:荆棘乌贼 *Batoteuthis skolops* Young and Roper, 1968。

英文名:The bush-club squid。

分类特征:体细长,头小(图4-8A、B)。鳍短,约为胴长的20%。漏斗锁软骨弯曲。腕吸盘两列,吸盘内角质环远端具8~10个尖齿(图4-8 C-F)。触腕穗长约为胴长的80%;触腕穗不膨大,吸盘6列,无边膜和终端垫;吸盘内角质环近端生约6个小圆锥形齿,远端齿齿间距宽。内壳具长的次尾椎,形成长圆锥形的尾部(图4-8G)。大个体雄性的亚成体,第4腕顶端反口面具大发光器;大个体雌性亚成体,第4腕反口面具小发光器。

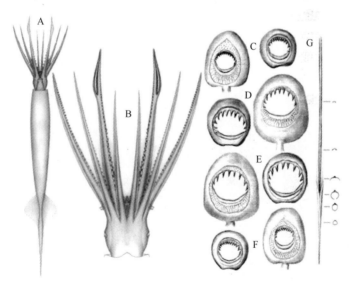

图4-8 荆棘乌贼形态特征示意图

A. 腹视;B. 头冠背视;C. 第1腕吸盘和内角质环;D. 第2腕吸盘和内角质环;E. 第3腕吸盘和内角质环;F. 第4腕吸盘和内角质环;G. 内壳(据 Young and Roper, 1968)

生活史及生物学:栖息水深可至1 000 m。

地理分布:分布于南太平洋新西兰惠灵顿东南部南极辐合区(图4-9)。

大小:最大胴长350 mm。

渔业:非常见种。

文献:Nesis,1982;Young and Roper,1968,2006。

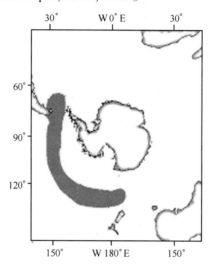

图4-9 荆棘乌贼地理分布示意图

第四节 手乌贼科

手乌贼科 Chiroteuthidae Gray,1849

手乌贼科以下包括糙乌贼属 *Asperoteuthis*、手乌贼属 *chiroteuthis*、古洞乌贼属 *Grimalditeuthis* 和漫游乌贼属 *Planctoteuthis* 4 属,共计 13 种。该科为小型至中型种(胴长可达 780 mm),移动缓慢,栖于深水区。

科特征:体细长,凝胶质,颈部延长,亚成体具臂柱。鳍多呈圆形或扁圆形。漏斗锁软骨通常卵形,具耳屏和对耳屏。腕吸盘 2 列。触腕穗十分延长,分成 2 或 3 部分对称的保护膜(除漫游乌贼属)(图4-10);亚成体触腕穗吸盘 4 列,或不具吸盘(古洞乌贼 *Grimalditellthis bonplandi*)。某些种具发光器。各属主要特征比较见表4-2。

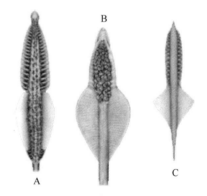

图4-10 手乌贼科触腕穗形态特征示意图
A. 手乌贼属;B. 糙乌贼属;
C. 古洞乌贼属(据 Young et al,1999)

表4-2 手乌贼科各属特征对照

特征/属	漫游乌贼属	手乌贼属	糙乌贼属	古洞乌贼属
漏斗阀	无	有	有	有
触腕垫	无	有	有	无
第 4 腕发光器	无	有	无	无
第 4 腕	变化	扩大	不扩大	不扩大
内脏发光器	无	变化	无	无
漏斗锁	耳屏	耳屏和对耳屏	变化	愈合

续表

特征/属	漫游乌贼属	手乌贼属	糙乌贼属	古洞乌贼属
第4腕吸盘	远端无	有	有	有
触腕穗吸盘	有	有	近端无	无
触腕穗吸盘列	4	4	4	0

生活史及生物学:仔鱼生活在外洋几百米以上水层。仔鱼结束期胴长可达90 mm。仔鱼期向成体过渡时,触腕穗开始再吸收,并沿触腕柄形成新的触腕穗。大多数种类触腕十分延长,某些种类具发光器。多数种类尾部消失,身体其他部分也存在变化。手乌贼属与漫游乌贼属仔鱼特征比较见表4-3。

表4-3　手乌贼属与漫游乌贼属仔鱼主要特征比较

属/特征	外套	臂柱	触腕柄
手乌贼属	细长,针形	短于颈长	口面具吸盘(很少无吸盘)
漫游乌贼属	较宽,长豆形	等于或大于颈长	无吸盘

文献:Chun,1910;Goodrich,1896;Hunt,1996;Nesis,1982;Pfeffer,1912;Roper and Young,1967;Vecchione et al,1992;Verrill,1884;Young,1991;Young et al,1998,1999;Young and Roper,1998。

属的检索:

1(2)触腕穗无吸盘 ……………………………………………………… 古洞乌贼属
2(1)触腕穗具吸盘
3(4)触腕穗远端具吸盘,近端无吸盘 ……………………………………… 糙乌贼属
4(3)整个触腕穗具吸盘
5(6)第4腕具发光器 ……………………………………………………… 手乌贼属
6(5)第4腕无发光器 ……………………………………………………… 漫游乌贼属

糙乌贼属 *Asperoteuthis* Nesis,1980

糙乌贼属已知仅糙乌贼 *Asperoteuthis acanthoderma* 1种。

分类地位:头足纲,鞘亚纲,枪形目,开眼亚目,手乌贼科,糙乌贼属。

分类特征:嗅觉突位于两眼后部。漏斗具漏斗阀;漏斗锁多变,具倒Y形凹槽(图4-11A)。腕长,亚成体各腕长相近。触腕穗保护膜由两部分背腹对称的保护膜组成;触腕穗仅远端具吸盘(图

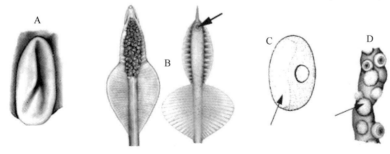

图4-11　糙乌贼属形态特征示意图

A. 漏斗锁;B. 触腕穗口视和反口视;C. 眼球发光器;D. 触腕柄发光垫(据 Tsuchiya and Okutani,1993;Young and Roper,1999)

4-11B)。内脏和第4腕无发光器;眼球腹面具大的卵形发光块(图4-11C);触腕具发光器"垫"(图4-11D);触腕穗反口面具两列小发光器,顶端具1个大发光器(图4-11B)。

文献:Lu,1977;Nesis,1980;Tsuchiya and Okutani,1993;Young,1978,1991;Young and Roper,1999。

糙乌贼 *Asperoteuthis acanthoderma* **Lu,1977**

分类地位:头足纲,鞘亚纲,枪形目,开眼亚目,手乌贼科,糙乌贼属。

学名:糙乌贼 *Asperoteuthis acanthoderma* Lu,1977。

拉丁异名:*Chiroteuthis acanthoderma* Lu,1977。

分类特征:体细长(图4-12A),体表(除触腕)覆盖微圆锥形软骨质瘤状突起。头长为胴长的26%。鳍长为胴长的50%~55%,鳍宽为胴宽的11%~13%,具次鳍,次鳍与真鳍长度相当,但较真鳍窄(图4-12A)。漏斗锁具倒Y型凹槽,具微弱的耳屏和强大的对耳屏(图4-12B)。触腕穗保护膜由两部分背腹对称的保护膜组成,仅远端具吸盘(图4-12C);触腕长约为胴长的12倍,触腕穗长为胴长的16%;触腕穗吸盘内角质环远端1/2具9个钝齿(图4-12D)。第1腕长为胴长的75%~85%,第3腕长为胴长的95%~110%,第4腕长为胴长的95%~115%;大腕吸盘内角质环远端1/2具3~4个宽圆的齿(图4-12E)。眼球腹面具大的卵形发光斑(图4-13A);触腕具发光器"垫"(图4-13B);触腕穗顶端具大发光器,上生宽短的乳突(图4-13C);触腕穗反口面具两列(共12对)不同大小的小发光器(图4-13D)。

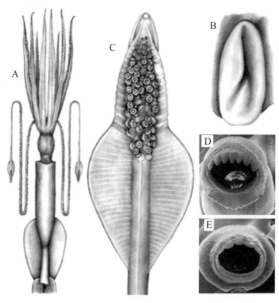

图4-12　糙乌贼形态特征示意图
A. 腹视;B. 漏斗锁;C. 触腕穗;D. 触腕穗吸盘;E. 腕吸盘(据Young et al,1999)

生活史及生物学:大型种。

地理分布:分布于西里伯斯海(西里伯斯岛与菲律宾南部之间的西太平洋海域)、冲绳群岛和夏威夷群岛(图4-14)。

大小:最大胴长780 mm。

渔业:非常见种。

文献:Lu,1977;Nesis,1980;Tsuchiya and Okutani,1993;Young,1991,1999;Young and Roper，1999。

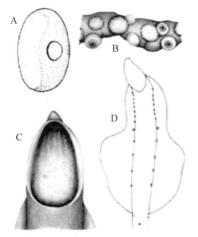

图 4-13　糙乌贼发光器示意图

A. 眼球发光器；B. 触腕柄发光垫；C. 触腕穗顶端发光器；D. 触腕穗反口面小发光器（据 Lu，1977；Tsuchiya and Okutani，1993）

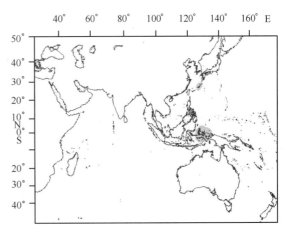

图 4-14　糙乌贼地理分布示意图

手乌贼属 *Chiroteuthis* Orbigny，1841

手乌贼属已知杯状手乌贼 *Chiroteuthis calyx*、周氏手乌贼 *Chiroteuthis joubini*、大手乌贼 *Chiroteuthis mega*、皮氏手乌贼 *Chiroteuthis picteti*、斯氏手乌贼 *Chiroteuthis spoeli*、手乌贼 *Chiroteuthis veranyi* 6 种，其中手乌贼为本属模式种。

分类地位：头足纲，鞘亚纲，枪形目，开眼亚目，手乌贼科，手乌贼属。

分类特征：嗅觉突具柄，位于两眼后部。漏斗具漏斗阀，漏斗锁卵形，具典型的耳屏和对耳屏。第 4 腕最长，且十分粗大。无茎化腕。触腕穗近端和远端都具吸盘，吸盘 4 列。具腹腕发光器、触腕柄发光垫、眼球发光器和内脏发光器等 4 种发光器（图 4-15）。

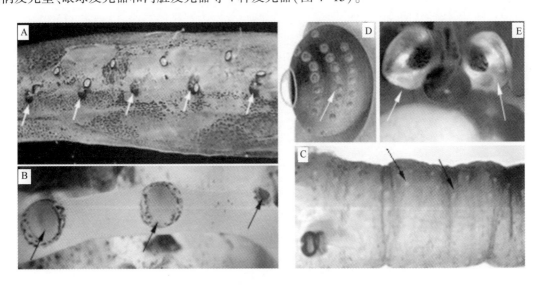

图 4-15　手乌贼发光器

A. 腹腕发光器；B. 触腕柄发光垫；C. 触腕柄远端小发光器；D. 眼球发光器；E. 内脏发光器

地理分布:在大西洋、印度洋、太平洋均有分布,但各种分布有所差异。

生活史及生物学:后期仔鱼触腕穗远端膨大(仔鱼期触腕穗),近端不膨大(将发展成为成体触腕穗)。后者生 4 列微小吸盘,其排列较手乌贼科其他属种类规则。第 4 腕侧膜(即触腕鞘)大,当触腕收缩和延伸时,具有支持触腕的功能。

文献:Chun, 1910; Hunt, 1996; Vecchione et al, 1992; Roper and Young, 1967, 1998; Voss, 1956; Young, 1991。

种的检索:

1(8)触腕穗保护膜由两部分组成

2(5)两部分保护膜长度基本相等

3(4)近端保护膜横隔片末端分叉,最大腕吸盘球形 ·· 杯状手乌贼

4(3)近端保护膜横隔片末端不分叉,最大腕吸盘非球形 ·· 手乌贼

5(2)两部分保护膜长度明显不等

6(7)内脏具发光器 ·· 皮氏手乌贼

7(6)内脏无发光器 ·· 大手乌贼

8(1)触腕穗保护膜由 3 部分组成

9(10)腕最大吸盘球形,触腕穗吸盘柄具褶 ·· 斯氏手乌贼

10(9)腕最大吸盘非球形,触腕穗吸盘柄不具褶 ·· 周氏手乌贼

杯状手乌贼 *Chiroteuthis calyx* Young, 1972

分类地位:头足纲,鞘亚纲,枪形目,开眼亚目,手乌贼科,手乌贼属。

学名:杯状手乌贼 *Chiroteuthis calyx* Young, 1972。

分类特征:体圆锥形,头长为胴长的 40%(图 4-16A)。鳍长约等于鳍宽,为胴长的 40%。漏斗锁具耳屏和对耳屏,耳屏甚大(图 4-16B)。触腕穗长为胴长的 57%~67%。保护膜由明显不同的两部分组成,近端保护膜宽,远端保护膜窄,两者等长;近端保护膜具分离的横隔片(约 17 个),每个横隔片,尤其第 1 或第 2 横隔片末端分成 2 或 3 个叉;远端具 18 个分离的简单横隔片(图 4-16C)。吸盘内角质环具 11~14 个尖齿,远端 1/2~3/4 齿的基部相连,中间齿扩大(图 4-16D);吸盘柄两种式样,侧列吸盘柄较中列的长。第 1、3、4 腕长分别为胴长的 80%~100%、115%~152% 和

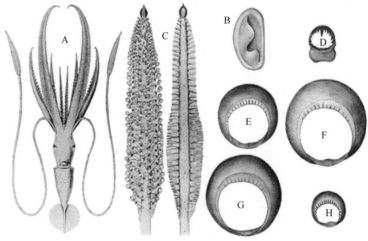

图 4-16 杯状手乌贼形态特征示意图

A. 腹视;B. 漏斗锁;C. 触腕穗口视和反口视;D. 触腕穗吸盘内角质环;E. 第 1 腕第 6 列大吸盘;

F. 第 3 腕第 13 列大吸盘;G. 第 2 腕第 10 列大吸盘;H. 第 4 腕第 1 列大吸盘(据 Young, 1972)

167%~210%；最大腕吸盘内角质环近光滑；近端腕吸盘内角质环远端2/3具18~20个平截的齿，齿相互之间分离（图4-16E~H）；最大腕吸盘球形，第3腕最大吸盘直径为第4腕吸盘的3倍。眼球腹面具3个系列发光器，外系列发光器条纹形，中央系列由前后各1个大圆形发光器以及1个小发光器组成，内系列发光器条纹形。触腕穗顶端发光器小，具小乳突；触腕穗反口面具12个发光器；触腕柄部具发光垫。墨囊上具2个发光器。触腕穗顶端发光器被黑色上皮色素覆盖；其余触腕穗发光器具色素体；触腕穗吸盘柄除褶柄以外其余柄部无色素沉着。

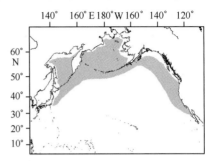

图4-17　杯状手乌贼地理分布示意图

地理分布：广泛分布在北太平洋加利福尼亚南部至阿拉斯加海湾，穿过北太平洋至日本本州外海温带水域（图4-17）。

大小：最大胴长60 mm。

渔业：非常见种。

文献：Berry，1963；Pearcy，1965；Vecchione et al，1992；Young，1972；Roper and Young，1999。

周氏手乌贼 *Chiroteuthis joubini* Voss，1967

分类地位：头足纲，鞘亚纲，枪形目，开眼亚目，手乌贼科，手乌贼属。

学名：周氏手乌贼 *Chiroteuthis joubini* Voss，1967。

分类特征：体圆锥形，头长为胴长的34%~37%（图4-18A）。漏斗锁具耳屏和对耳屏，耳屏高窄（图4-18B）。触腕穗长为胴长的28%~35%。保护膜由明显不同的3部分组成，近端保护膜（为触腕穗长的14%~18%）具7~12个横隔片；中部保护膜（长度为触腕穗长的32%~36%）无明显的横隔片；远端保护膜（长度为胴长的46%~54%）具20~21个横隔片（图4-18B）。吸盘内角质环远端1/2具7~8个尖齿，无扩大的中间齿，各齿的基部相连；吸盘柄由两部分组成，触腕穗侧列吸盘柄与中列吸盘柄约等长。第1、3、4腕长分别为胴长的50%~55%、85%~90%和150%~170%；大腕吸盘内角质环远端2/3具22~26个三角形尖齿，各齿的基部相连；最大吸盘非球形。眼球具2个系列卵形发光器，外系列发光器5或6个，内系列发光器5个（图4-19A）。触腕穗顶端发光器中等大小，具小乳突（图4-19B）；触腕柄近端至触腕穗反口面嵌有垫状发光器。内脏具1对大发光器（图4-19C）。触腕穗顶端发光器仅具色素体；触腕穗多数发光器具色素体；触腕穗吸盘柄具上皮色素，但是具色素部分不皱褶。

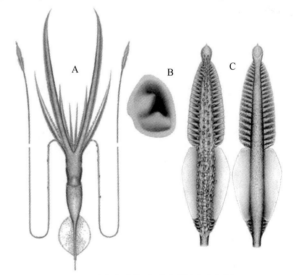

图4-18　周氏手乌贼形态特征示意图

A. 腹视；B. 漏斗锁；C. 触腕穗口视和反口视（据Roper and Young，1999）

地理分布：分布在北大西洋温带水域至南大西洋温带水域以及印度洋热带亚热带海域。

大小：最大胴长107 mm。

渔业:非常见种。

文献:Joubin, 1933; Voss, 1967; Roper and Young, 1999; Young and Roper, 1999。

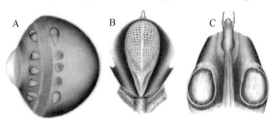

图4-19 周氏手乌贼发光器形态特征示意图

A. 眼球发光器;B. 触腕穗顶端发光器;C. 内脏发光器(据 Roper and Young, 1999)

大手乌贼 *Chiroteuthis mega* Joubin, 1932

分类地位:头足纲,鞘亚纲,枪形目,开眼亚目,手乌贼科,手乌贼属。

学名:大手乌贼 *Chiroteuthis mega* Joubin, 1932。

拉丁异名:*Bigelowia atlantica* Macdonald and Clench, 1934;*Chiroteuthis capensis* Voss, 1967;*Chiropsis mega* Joubin, 1932。

分类特征:体细长的圆锥形,头长为胴长的28%~33%(图4-20A~C)。漏斗锁软骨耳屏发达,基部宽。鳍长为胴长的45%,鳍宽为胴长的35%;具小而明显的后鳍垂。触腕穗细长,长为胴长的84%(图4-20C)。保护膜分为两部分,近端保护膜略宽于远端保护膜,长度不到远端保护膜长度的1/10(图4-20C);近端保护膜短(长度为触腕穗长的5%~7%),具12~15个横隔片,第5~11个相连在一起,且较其他横隔片延长,两侧列吸盘间横隔片最多4个;远端保护膜长(长度为触腕穗长的93%~95%),具58~70个相互分离的宽横隔片,近端1或2个横隔片末端分叉,横隔片与侧列吸盘交替排列。触腕穗吸盘内角质环远端3/4具15个尖齿,中间齿明显扩大,其他齿小;吸盘尺寸等于或略大于第3腕最大吸盘;吸盘柄分成不明显的两部分,近端柄具厚而精致的边膜,边膜末端膨胀,侧列吸盘柄约为中间列吸盘柄长的2倍。第1、3、4腕长分别为胴长的30%~50%、40%~60%和120%~140%;大腕吸盘内角质环全环具20~30个齿,远端齿细尖,彼此分开,侧齿平截,亦彼此分开,近端齿宽圆,彼此相连;最大腕吸盘非圆球形。眼球具3个系列发光器,外系列具8个分离的发光器,中央发光器条纹状,后端具分离的发光器,内系列条纹形。触腕穗顶端发光器大,顶端具微弱的乳突,或不具乳

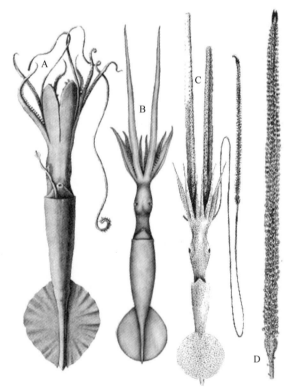

图4-20 大手乌贼形态特征示意图

A~B. 腹视;C. 背视;D. 触腕穗(据 Joubin, 1933;Voss, 1967)

突;触腕柄近端至触腕穗吸盘发生处嵌有垫状发光器;触腕穗反口面无发光器。内脏无发光器。触腕穗顶端发光器具深上皮色素沉着,触腕穗其他部分具色素体。

地理分布:分布于南大西洋、北大西洋、东北太平洋。

大小:最大胴长 170 mm。

渔业:非常见种。

文献:Joubin,1932,1933;MacDonald and Clench,1934;Salcedo-Vargas,1997;Voss,1967;Roper and Young,1999;Vecchione,2001。

皮氏手乌贼 *Chiroteuthis picteti* Joubin,1894

分类地位:头足纲,鞘亚纲,枪形目,开眼亚目,手乌贼科,手乌贼属。

学名:皮氏手乌贼 *Chiroteuthis picteti* Joubin,1894。

拉丁异名:*Chiroteuthis macrosoma* Goodrich,1896;*Chiroteuthis pellucida* Goodrich,1896。

分类特征:体细长的圆锥形,头长为胴长的 32%~50%(图 4-21A)。漏斗锁耳屏宽矮,对耳屏宽。鳍长为胴长的 55%,鳍宽为胴长的 45%。触腕穗长为胴长的 115%。保护膜分成两部分,近端保护膜略宽于远端保护膜,其长度不到远端保护膜的 1/10;近端保护膜短(为触腕穗长的 7%),具 11~13 个横隔片,两侧列吸盘间最多具两个横隔片(图 4-21B);远端保护膜长(为触腕穗长的 93%),具 83~96 个分离的横隔片,大多数末端不分叉(第一横隔片末端可能分叉)(图 4-21C)。触腕穗吸盘柄分成两部分,近端柄具旗状边膜,侧列吸盘柄长约为中列吸盘柄长的两倍(图 4-21D、E);吸盘内角质环远端 3/4 具 11~15 个尖齿,中间齿扩大,各齿基部相连(图 4-21F)。第 1、3、4 腕长分别为胴长的 54%~65%、73%~103% 和 120%~200%;大腕吸盘内角质环远端 2/3 具 10~20 个通常分离的尖齿或钝齿(图 4-21G~J);最大腕吸盘非球形。眼球具 3 个系列圆形发光器,外系列具 6~9 个发光器,中央系列具 8~11 个发光器,内系列具 6~10 个发光器,终端一个略大。触腕穗顶端发光器小,末端具小乳突或不具乳突;触腕柄部反口面具垫形发光器;触腕柄至触腕穗吸盘发生处,具嵌入的发光垫。内脏具 1 对发光器。触腕穗顶端发光器具色素体,触腕穗色素沉着全为色素体,触腕穗吸盘柄不具色素沉着。

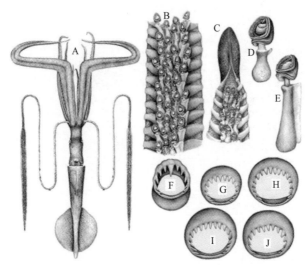

图 4-21　皮氏手乌贼形态特征示意图

A. 腹视;B. 触腕穗中部;C. 触腕穗顶端;D. 中列触腕穗吸盘;E. 侧列触腕穗吸盘;F. 触腕吸盘内角质环;G~J. 分别为第 1、2、3、4 腕吸盘内角质环(据 Roper and Young,1999)

地理分布:印度洋—西太平洋热带亚热带水域。

生活史及生物学:中型种。体红褐色。卵球形,卵径约 1 mm。

大小:最大胴长 370 mm。

渔业:非常见种。

文献:Chun, 1908; Goodrich, 1896; Joubin, 1894; Salcedo-Vargas, 1996; Young, 1991; Roper and Young, 1999; Vecchione, 2001。

斯氏手乌贼 *Chiroteuthis spoeli* Salcedo-Vargas, 1996

分类地位:头足纲,鞘亚纲,枪形目,开眼亚目,手乌贼科,手乌贼属。

学名:斯氏手乌贼 *Chiroteuthis spoeli* Salcedo-Vargas, 1996。

分类特征:体细长的圆锥形,头长为胴长的 40%~50%(图 4-22A)。鳍长约等于鳍宽,长度为胴长的 40%~45%。漏斗锁具宽凸的耳屏和宽而发达的对耳屏。触腕穗长为胴长的 47%~71%。保护膜由 3 部分组成,中段保护膜最宽,横隔片愈合;近端保护膜(长度为触腕穗长的25%~35%)具 18~31 个细长且相互分离的横隔片;中部保护膜(长度为触腕穗长的 25%~30%)无明显的横隔片(横隔片愈合形成肉质膜),但是与 13~16 行吸盘相对应;远端保护膜(为触腕穗长的 35%~45%)具纤细且相互分离的横隔片,它们与 23~31 列吸盘相对应(图 4-22B)。触腕穗吸盘柄由两部分组成(近端柄长圆柱形,具褶;远端柄细短),侧列与中列吸盘柄约等长;吸盘内角质环远端 1/2 具 5~8 个三角形尖齿,中间齿不扩大(图 4-22C)。第 1、3、4 腕长分别为胴长的 51%~59%、100%~117% 和 175%~194%;最大腕吸盘内角质环远端 1/2~2/3 具 8~15 个宽圆或宽平的齿,近端光滑无齿,腕远端吸盘多具瘦钝的齿,近端吸盘多具宽圆的齿(图 4-22D~G);最大吸盘球形。眼球具 2 个系列发光器,外系列具 6~8 个圆形发光器,内系列具 6~7 个圆形发光器(图 4-23A)。触腕穗顶端发光器小,具长乳突(图 4-23B);触腕穗反口面近端与第 4 横隔片相对应处嵌有 1 个发光器。内脏具 1 对大发光器(图 4-23C)。触腕穗顶端发光器仅具色素体;触腕穗除顶端以外,其余部分具上皮细胞色素沉着;触腕穗吸盘柄具上皮色素。

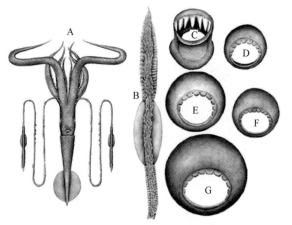

图 4-22 斯氏手乌贼形态特征示意图

A. 腹视;B. 触腕穗;C. 触腕穗吸盘内角质环;D~G. 分别为第 1~4 腕吸盘内角质环(据 Roper and Young, 1999)

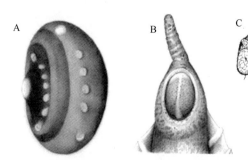

图 4-23 斯氏手乌贼发光器示意图

A. 眼球发光器;B. 触腕穗顶端发光器;C. 内脏发光器(据 Salcedo-Vargas, 1996)

生活史及生物学:栖息水深 400~860 m,具垂直洄游习性,白天分布水层 700~800 m,夜间分布水层 0~750 m,主要为 0~200 m。

地理分布:分布于热带、温带大西洋和热带太平洋。

大小：最大胴长 85 mm。

渔业：非常见种。

文献：Salcedo-Vargas，1996；Young，1978，1991；Roper and Young，1999。

手乌贼 *Chiroteuthis veranyi* Férussac，1835

分类地位：头足纲，鞘亚纲，枪形目，开眼亚目，手乌贼科，手乌贼属。

学名：手乌贼 *Chiroteuthis veranyi* Férussac，1835。

拉丁异名：*Loligopsis veranyi* Ferussac 1835；*Doratopsis vermicularis* Rochebrune，1884；*Chiroteuthis lacertosa* Pfeffer 1912；*Loligopsis vermicularis* Veranyi，1851；*Loligopsis perlatus* Risso，1854；*Doratopsis vermicularis* Rochebrune 1884；*Hyaloteuthis vermicularis* Pfeffer，1884；*Chiroteuthis diaphana* Verrill，1884。

英文名：Handed squid，Long-armed squid；**西班牙文名**：Calamarín volador。

分类特征：体圆锥形，后部瘦凹，胴长约为胴宽的 4 倍（图 4-24A），体表具大量略不等的小色素斑。头长为胴长的 55%。漏斗锁耳屏大，对耳屏小瘤状。鳍长约等于鳍宽，长度为胴长的 40%，两鳍交接略成卵型。触腕穗长为胴长的 50%。保护膜由长度约相等的两部分膜组成，近端保护膜横隔片宽，末端不分叉，两两之间始端愈合在一起；远端保护膜具 19~20 个分离的横隔片（图 4-24B）。触腕穗吸盘柄由两部分组成，侧列吸盘柄约等于中列吸盘柄长度的两倍（图 4-24C）；吸盘内角质环远端 2/3 具 7~9 个尖齿，中齿扩大。腕式为 4>3>2>1。第 1、3、4 腕长分别为胴长的 85%、145% 和 220%；最大腕吸盘非球型；大腕吸盘内角质环远端 2/3 具 16 个细尖的齿，远端 10 个齿尖而细长，侧齿短钝（图 4-24D）。眼球发光器 3 个系列，外系列条纹形，中央系列为 3 个发光器，内系列条纹形（图 4-25A）。触腕穗顶端发光器小，具小乳突（图 4-25B）；触腕穗反口面嵌有 11 个发光器（图 4-24B）。内脏具 1 对发光器（图 4-25C）。触腕穗吸盘基柄末端具短褶，褶上具色素沉着（图 4-24C）；触腕穗多具上皮细胞色素沉着。

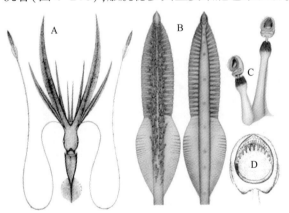

图 4-24　手乌贼形态特征示意图

A. 腹视；B. 触腕穗口视和反口视；C. 触腕穗中列和侧列吸盘；D. 腕吸盘（据 Adam，1952；Roper and Young，1999）

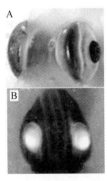

图 4-25　手乌贼发光器示意图

A. 眼球发光器；B. 触腕穗顶端发光器；C. 内脏发光器（据 Young and Roper，1999）

　　生活史及生物学：外洋性种类，渔获最大水深为 2 130 m，主要生活水域较浅，在大陆架边缘集群。中层拖网在 200~1 000 m 有采获，以 200 m 水层渔获数量最多，500 m 和 1 000 m 水层较少。在美国西海岸俄勒冈外海，中层拖网采集的头足类中，手乌贼占 9%，居第 4 位。卵小，长径 0.15 mm，短径 0.11 mm。初孵幼体，腕短，尾细长，随着个体发育，腕逐渐增大，颈和尾部渐渐缩短。手乌贼是抹香鲸的重要饵料，在西北太平洋、北太平洋和东北太平洋捕获的抹香鲸胃中，均有发现手乌贼的角质颚和躯体。海豚和长鳍金枪鱼也常猎食手乌贼。

地理分布:大西洋大部分水域以及印度洋和太平洋的南亚热带水域都有分布。

大小:最大胴长 91 mm。

渔业:潜在经济种。从捕食者和被捕食者关系上分析,手乌贼在天然海域中有一定的资源量;中层拖网的试捕也表明,手乌贼在中层水域有一定的数量,是有希望开发的种类。

文献:Adam, 1952; Chun, 1910; Ferussac, 1835; Ficalbi, 1899; Naef, 1921, 1923; Nesis, 1982, 1987; Pfeffer, 1912; Roper and Young, 1975, 1999; Verrill 1881, 1884; Young, 1972; Young and Roper, 1999; 董正之, 1991; Vecchione, 2001。

古洞乌贼属 *Grimalditeuthis* Joubin, 1898

古洞乌贼属已知仅古洞乌贼 *Grimalditeuthis bonplandi* 1 种。触腕穗无吸盘,漏斗锁与外套愈合以及腕顶端具发光器是本属的重要分类特征。

古洞乌贼 *Grimalditeuthis bonplandi* Vérany, 1839

分类地位:头足纲,鞘亚纲,枪形目,开眼亚目,手乌贼科,古洞乌贼属。

学名:古洞乌贼 *Grimalditeuthis bonplandi* Vérany, 1839。

拉丁异名:*Grimalditeuthis richardi* Joubin (1898)。

分类特征:体十分凝胶质,有果冻质触感,长锥形,后部延长形成长的尾部(图 4-26A)。鳍两个,真鳍椭圆形,次鳍心形,位于尾部两侧,各鳍长约为胴长的 1/3(图 4-26A)。头部、腕和外套具小泡组织。嗅觉突位于漏斗基部侧面。漏斗具漏斗阀;漏斗锁与外套愈合,外套与颈部不愈合。触腕细,易碎,经常在捕获时断裂。触腕穗保护膜由两个部分组成,各部分背腹对称;触腕穗不具吸盘(图 4-26B)。腕凝胶质,各腕长相近,吸盘 2 列;吸盘柄基部具 3 个圆锥形乳突(图 4-26C);无腕保护膜。各腕顶端具 1 个发光器(图 4-26D)。头部腹面具一条线性色素体穿过两眼前方;另外一条线性色素体沿颈部两侧嗅觉突环绕,前端沿臂柱至两眼,后端终止于腕的基部。

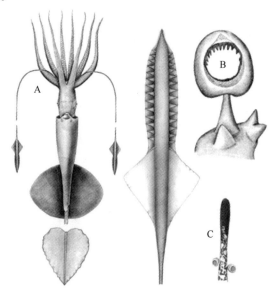

图 4-26 古洞乌贼形态特征示意图
A. 腹视;B. 触腕穗;C. 腕吸盘;D. 腕远端(据 Joubin, 1898; Young, 1972)

生活史及生物学:古洞乌贼早期仔鱼与手乌贼科其他种类似,后期仔鱼呈现出亚成体的许多特征,包括独特的色素式样和小的眼睛。胴长大于 9 mm 的仔鱼眼小,嗅觉突对应漏斗基部,头部具独特的色素(与亚成体的相同)。胴长小于 9 mm 的仔鱼臂柱长,食道位于其内侧中央,漏斗以及头腹面后部至眼具大量色素体;小泡区域位于外套后部,鳍前部。

地理分布:分布在北大西洋热带亚热带以及北太平洋热带温带水域(图 4-27)。

大小:最大胴长 100 mm。

渔业:非常见种。

文献:Joubin, 1898a, 1998b; Pfeffer, 1912; Verany, 1839; Young, 1972, 1978, 1991, 2005;

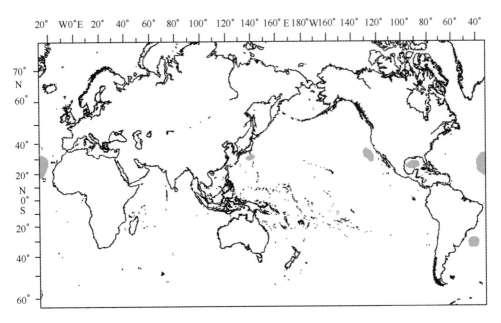

图 4-27　古洞乌贼地理分布示意图

Okutani, 1995; Young and Roper, 2004, 2006。

漫游乌贼属 *Planctoteuthis* Pfeffer, 1912

　　漫游乌贼属已知漫游乌贼 *Planctoteuthis danae*、易克萨母漫游乌贼 *Planctoteuthis exopthalmica*、利瓦伊曼漫游乌贼 *Planctoteuthis levimana*、李普洱漫游乌贼 *Planctoteuthis lippula*、奥力格贝丝漫游乌贼 *Planctoteuthis oligobessa* 5 种，其中漫游乌贼 *Planctoteuthis danae* 为本属模式种。该属种类个体小、体易碎、栖息于深海。种间特征比较见表 4-4。

表 4-4　漫游乌贼属种的特征比较

种/特征	第4腕吸盘数	第1~3腕吸盘齿系	对耳屏	鳍长/胴长	触腕穗形状	触腕穗边膜	分布
漫游乌贼	12~13	远端 7~9 平截齿	双叶型,大小近等	52%	对称	否	热带太平洋
易克萨母漫游乌贼	10	?	?	鳍宽为36%	对称	否	南印度洋
利瓦伊曼漫游乌贼	6~8	全环宽平截齿	双叶型大小不等	40%	长,对称	否	北大西洋、热带太平洋
李普洱漫游乌贼	25	多于 50 个微齿,远端齿较大	单叶型或略呈双叶型,矮宽	40%~50%	短,不对称	是	大西洋、热带太平洋
奥力格贝丝漫游乌贼	2~4	远端2/3具25~35 个钝齿	单叶型,细	23%~33%	对称	否	热带太平洋

　　分类地位:头足纲,鞘亚纲,枪形目,开眼亚目,手乌贼科,漫游乌贼属。
　　分类特征:头部具延长的颈部和臂柱,眼向腹部突出。尾部(常在捕获时断裂)具附属结构。

无漏斗阀,漏斗锁软骨卵形,仅具对耳屏。成体各腕长相近,幼体第4腕最长;第4腕吸盘相对较少,排列成1列。触腕穗小,紧凑;保护膜窄,且不分成近端和远端两个部分。无发光器。

地理分布:分布于世界各大洋热带和温带中层至深海水域。

文献: Joubin,1931;Pfeffer,1912;Roper and Young,1967;Young,1972,1991;Young et al,1999。

种的检索:

1(2)触腕穗背腹不对称,具边膜 ························· 李普洱漫游乌贼

2(1)触腕穗背腹对称,无边膜

3(6)第4腕吸盘数少于10个

4(5)漏斗锁对耳屏双叶型 ··············· 利瓦伊曼漫游乌贼

5(6)漏斗锁对耳屏单叶型 ··············· 奥力格贝丝漫游乌贼

6(3)第4腕吸盘数大于等于10个

7(8)第4腕吸盘12~13个,分布于热带太平洋 ··············· 漫游乌贼

8(7)第4腕吸盘10个,分布于南印度洋 ··············· 易克萨母漫游乌贼

漫游乌贼 *Planctoteuthis danae* Joubin,1931

分类地位:头足纲,鞘亚纲,枪形目,开眼亚目,手乌贼科,漫游乌贼属。

学名:漫游乌贼 *Planctoteuthis danae* Joubin,1931。

拉丁异名:*Valbyteuthis danae* Joubin,1931。

分类特征:体圆锥形(图4-28A)。鳍长为胴长的52%。漏斗锁对耳屏双叶型,由两个大小不等的叶组成。触腕穗长为胴长的12%~18%,背腹对称,无边膜(图4-28B);吸盘约60个,腕骨部吸盘开口大于其他吸盘,掌部吸盘内角质环光滑(图4-28C、D)。第1、3、4腕长分别为胴长的38%~44%、50%~55%、74%~91%(亚成体);第1~3腕吸盘分别具吸盘40、45、35对(图4-28E),第4腕近端1/4具吸盘12~13个(图4-28F);最大腕吸盘内角质环远端具7~9个小而钝的齿,近端光滑(图4-28G);侧腕具两个十分扩大的吸盘(直径为其他吸盘的2~3倍),第2和第3腕扩大吸盘分别为第15、16和第18、19对吸盘其中两个。

地理分布:在智利中部外海及波利尼西亚群岛东部、巴拿马湾、东北大西洋都有分布。

生活史及生物学:在东北大西洋仔鱼分布于200~300 m水层。胴长10~15 mm幼体分布于200~800 m水层,较大的幼体白天分布于700 m以下水层(甚至1 000 m以下)。仔鱼眼睛向腹部突出,食道位于"臂柱"内部背面,臂柱内"腔室"数目少(两个)(图4-29)。

大小:最大胴长50 mm。

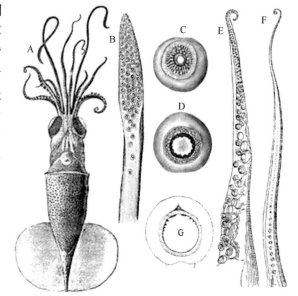

图4-28 漫游乌贼形态特征示意图

A. 腹视;B. 触腕穗;C. 掌部吸盘;D. 腕骨部吸盘;E. 第3腕;F. 第4腕;G. 大腕吸盘(据 Joubin,1931;据 Roper and Young,1967)

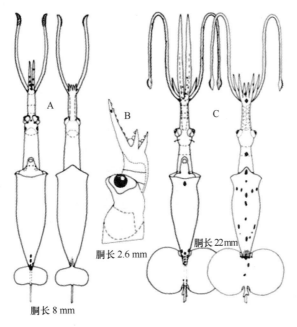

图 4-29 漫游乌贼仔鱼形态特征示意图
A. 胴长 8 mm；B. 胴长 2.6 mm；C. 胴长 22 mm（据 Young, 1991）

渔业：非常见种。

文献：Clarke and Lu, 1975；Joubin, 1931；Lu and Clarke, 1975；Nesis, 1982；Roper and Young, 1967；Young, 1991；Young and Roper, 1999, 2006。

易克萨母漫游乌贼 *Planctoteuthis exopthalmica* Chun, 1910

分类地位：头足纲，鞘亚纲，枪乌贼目，开眼亚目，手乌贼科，漫游乌贼属。

学名：易克萨母漫游乌贼 *Planctoteuthis exopthalmica* Chun, 1910。

拉丁异名：*Doratopsis exopthalmica* Chun, 1908。

分类特征：体长圆锥形（图 4-30A）。头颈部长 8 mm（前端至腕基部）。眼睛长椭圆形，向腹部突出，末端生圆锥形突起（图 4-30B）。鳍长 1.5 mm，鳍宽 3.8 mm。触腕穗不膨大，腹缘及背缘具窄厚的保护膜（图 4-30C）。第 4 腕 7 mm 长，吸盘单列，吸盘 10 个（图 4-30D）。

地理分布：标本来自温带南印度洋 43°13′S、80°30′E。

渔业：非常见种。

文献：Chun 1908, 1910；Glaubrecht and Salcedo-Vargas, 2000；Pfeffer, 1912；Young and Roper, 1999。

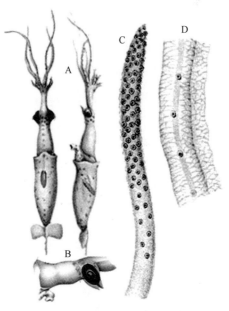

图 4-30 易克萨母漫游乌贼形态特征示意图
A. 背视和侧视；B. 头部侧视；C. 触腕穗；D. 部分第 4 腕口视（据 Chun, 1910）

利瓦伊曼漫游乌贼 *Planctoteuthis levimana* Lönnberg，1896

分类地位：头足纲,鞘亚纲,枪形目,开眼亚目,手乌贼科,漫游乌贼属。

学名：利瓦伊曼漫游乌贼 *Planctoteuthis levimana* Lönnberg，1896。

拉丁异名：*Mastigoteuthis levimana* Lönnberg，1896。

分类特征：体长圆锥形(图4-31A),外套壁薄,肌肉强健,终止于两鳍中部。具前鳍垂,具尾部。眼大,侧扁,两眼腹侧末端具银色"短喙",眼向头部侧面和腹面突出。具臂柱。漏斗锁卵形,对耳屏双叶型,侧叶宽,两叶之间具狭长凹槽(图4-31B)。嗅觉突具长柄,位于眼后侧部。第1~3腕吸盘两列,排列紧密;第4腕较其他腕延长,易断。吸盘单列,吸盘数6~8个,吸盘间距甚宽。腕吸盘内角质环具齿10~15个,远端齿平头形至三角形,近端齿矮矩形,全环具平截的齿。第1腕吸盘较侧腕吸盘小;第4腕吸盘最小,外角质环0.4 mm,开口0.23 mm;侧腕大吸盘外角质环0.8 mm,开口0.5 mm。各腕具窄小的保护膜,通常不易察觉。触腕柄粗,肌肉强健;触腕穗细长,无反口面边膜,无终端垫。触腕穗吸盘终止处至顶端小圆锥部分覆盖色素体。触腕穗远端1/3吸盘4列,至近顶端渐少,直至1列;触腕穗近端吸盘排列不规则,多为3列,基部为1列;腕骨部吸盘5个,排列成Z字形,吸盘及吸盘开口较触腕穗其他吸盘大。触腕穗吸盘外角质环宽,开口窄,内角质环光滑。整个触腕穗(包括触腕穗腕骨部)具薄的保护膜,背腹两侧膜远端在触腕穗近顶端处相连。无发光器。具红褐色大色素体,外套色素沉着较头部深。

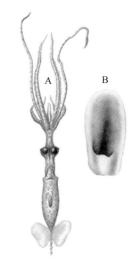

图4-31 利瓦伊曼漫游乌贼形态特征示意图
A. 腹视;B. 漏斗锁(据 Chun, 1910)

地理分布：分布在北大西洋海域。

生活史及生物学：栖息水深0~2 400 m。

渔业：非常见种。

文献：Chun, 1908；Lonnberg, 1896；Nesis, 1982, 1987；Young, 1972；Young et al, 1999, 2005。

李普洱漫游乌贼 *Planctoteuthis lippula* Chun，1908

分类地位：头足纲,鞘亚纲,枪形目,开眼亚目,手乌贼科,漫游乌贼属。

学名：李普洱漫游乌贼 *Planctoteuthis lippula* Chun，1908。

拉丁异名：*Doratopsis lippula* Chun，1908。

分类特征：体长圆锥形(图4-32A)。单鳍圆形。漏斗具漏斗阀;漏斗锁宽,中间具深沟,具矮宽的对耳屏。触腕穗短宽,两侧具窄厚的保护膜,亦具边膜;末端具终端垫;吸盘光滑或具少量圆形突起(图4-32B)。第1~3腕吸盘正常,两列,排列紧密;第4腕吸盘单列。第4腕近端前3~5个吸盘中等大小,远端吸盘极小,腕远端1/4不具吸盘。

生活史及生物学：在夏威夷水域,18尾样本中两尾幼体采自200~300 m,一尾仔鱼采自625 m(夜间),其余15尾仔鱼采自700 m以下水层。仔鱼食道位于"臂柱"内部中央,臂柱内腔室多于2个,腹面近腕中线处具两个色素体(图4-33)。

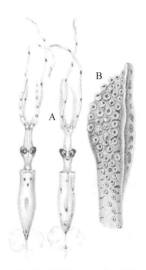

图 4-32　李普洱漫游乌贼形态特征示意图

A. 腹视和背视;B. 触腕穗(据 Chun, 1910;Young and Roper, 1999)

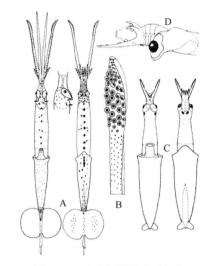

图 4-33　李普洱漫游乌贼仔鱼

A. 胴长 14.4 mm;B. 胴长 19 mm 个体的触腕穗;C. 胴长 3.7 mm;D. 胴长 2.5 mm 头部侧视(据 Young, 1991)

地理分布:分布在大西洋和中太平洋。

渔业:非常见种。

文献: Chun, 1908, 1910; Pfeffer, 1912; Young, 1991; Young and Roper, 1999, 2005。

奥力格贝丝漫游乌贼 *Planctoteuthis oligobessa* Young, 1972

分类地位:头足纲,鞘亚纲,枪形目,开眼亚目,手乌贼科,漫游乌贼属。

学名:奥力格贝丝漫游乌贼 *Planctoteuthis oligobessa* Young, 1972。

拉丁异名:*Valbyteuthis oligobessa* Young, 1991。

分类特征:体成纺锤形,鳍长为胴长的23% ~ 33%,具细长的尾部(图 4-34A)。漏斗锁对耳屏纤细,单叶型(图 4-34B)。触腕穗长为胴长的12% ~ 18%,触腕穗背腹对称(图 4-34C),吸盘内角质环不具齿,无边膜,无腕骨部(图 4-34D)。第 4 对腕每腕吸盘2~4 个;亚成体第 1、3、4 腕长分别为胴长的 32% ~ 39%、47% ~ 61%、121% ~ 135%,成体第 1、2~4 腕长分别为胴长的 24% ~ 25%和29% ~ 39%;大腕吸盘内角质环远端 3/4 具 25~35 个细小的钝齿(图 4-34E ~ H)。

生活史及生物学:栖息水深 700~1 200 m,无昼夜垂直洄游迹象。成熟卵径 1.5 mm。

地理分布:分布在加利福尼亚外海和印度尼西亚附近海域。

大小:最大胴长 80 mm。

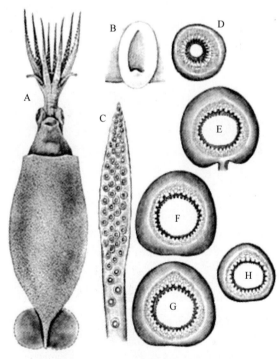

图 4-34　形态特征示意图

A. 腹视;B. 漏斗锁;C. 触腕穗;D. 触腕穗吸盘;E ~ H. 分别为第 1~4 腕大吸盘(据 Young, 1972)

渔业:非常见种。

文献:Nesis,1982,1987;Roper and Young,1975;Vecchione et al,1992;Young,1972,1991;Young and Roper,1999。

第五节　长尾乌贼科

长尾乌贼科 Joubiniteuthidae Naef，1922

长尾乌贼科以下仅长尾乌贼属 *Joubiniteuthis*1 属。

长尾乌贼属 *Joubiniteuthis* Berry，1920

长尾乌贼属已知仅长尾乌贼 *Joubiniteuthis portieri* 1 种。
分类地位:头足纲,鞘亚纲,枪形目,开眼亚目,长尾乌贼科,长尾乌贼属。
属特征:第1~3腕吸盘6列,第4腕吸盘4列,第1~3腕长为第4腕长的3倍或更多。

长尾乌贼 *Joubiniteuthis portieri* Joubin，1916

分类地位:头足纲,鞘亚纲,枪形目,开眼亚目,长尾乌贼科,长尾乌贼属。
学名:长尾乌贼 *Joubiniteuthis portieri* Joubin，1916。
拉丁异名:*Valdemaria danae* Joubin，1931。
分类特征:体细长(图4-35A),凝胶质。头延长。漏斗锁卵形(图4-35B)。鳍短,长度约为胴长的30%,无前鳍垂和后鳍垂。尾部细长(长度大于胴长),具膜,具无活动能力的附属物(图4-35C)。口膜口表面具大量指状乳突。触腕纤细,触腕穗短、侧扁,无边膜,顶端膜特化为保护膜(无横隔片)或其他结构,其余部分无保护膜(图4-35D)。触腕穗吸盘5~6列,至远端1/3逐渐增至8~12列,吸盘内角质环光滑(图4-35E)。第1~3腕甚长(各腕长相近),长度超过胴长的2倍;第4腕短,长度为其他腕的1/4~1/3或更少;第1~3腕间具浅的腕间膜,第1~3腕吸盘6列(基部除外),第4腕吸盘4列(基部除外)(图4-35F、G)。各腕具窄的保护膜,第4腕侧膜宽。腕吸盘内角质环远端1/2具6~10个齿(图4-35H~M),但最近端吸盘内角质环光滑。内壳细长;叶柄游离端长约为内壳长的1/3;两翼窄,腹部折叠,内壳后端1/3翼部愈合形成次尾椎(图4-35N)。无发光器。外套、鳍、漏斗、头和腕表面具微红褐色色素体。

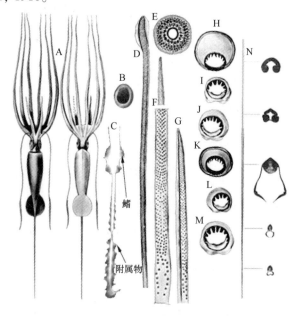

图4-35　长尾乌贼形态特征示意图
A. 腹视和背视;B. 漏斗锁;C. 尾部;D. 触腕穗;E. 触腕穗吸盘内外角质环;F. 第3腕;G. 第4腕;H~J. 第1腕吸盘内角质环,H. 第10吸盘,I. 具腕基部40 mm处吸盘,J. 具腕基部65 mm处吸盘;K~M. 第3腕吸盘内角质环,K. 第10吸盘,L. 具腕基部40 mm处吸盘,M. 具腕基部65 mm处吸盘;N. 内壳(据 Young and Roper,1969;Young,2006)

生活史及生物学:中层至深海生活种。栖息水深 400～2 500 m,具昼夜垂直洄游习性,白天分布在 1 100 m 以下水层,夜间上游至 600 m 以上水层。胴长(不包括尾长)6.9 mm 的前期仔鱼触腕粗大,鳍小,尾长(图 4-36)。

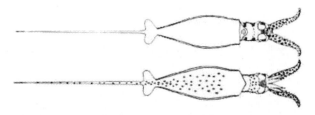

图 4-36　胴长(不包括尾长)6.9 mm 长尾乌贼仔鱼(据 Young, 1991)

Parrish 观察了 1 100 m 水深长尾乌贼的运动情况。游泳时尾鳍持续摆动,但身体移动缓慢,触腕延伸式样类似鞭乌贼和手乌贼属。后两者第 4 腕十分延长,其上的触腕鞘支撑触腕,因此表面看上去触腕藏于第 4 腕下;同时第 4 腕向外侧展开。而长尾乌贼尽管第 4 腕短,但是同样能够向外侧展开。

地理分布:分布在世界各大洋热带和亚热带水域(图 4-37)。

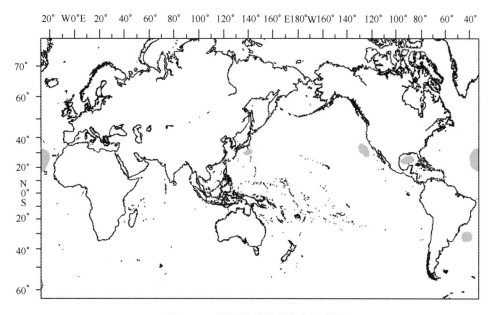

图 4-37　长尾乌贼地理分布示意图

大小:最大体长 400 mm。

渔业:非常见种。

文献:Young and Roper, 1969; Young, 1991, 1996, 2006。

第六节　巨鳍乌贼科

巨鳍乌贼科 Magnapinnidae Vecchione and Young, 1998

巨鳍乌贼科以下仅巨鳍乌贼属 *Magnapinna* 1 属。

巨鳍乌贼属 *Magnapinna* Vecchione and Young, 1998

巨鳍乌贼属已知大西洋巨鳍乌贼 *Magnapinna atlantica*、太平洋巨鳍乌贼 *Magnapinna pacifica*、巨鳍乌贼 *Magnapinna talismani* 3 种,其中巨鳍乌贼为本属模式种。

分类地位:头足纲,鞘亚纲,枪形目,开眼亚目,巨鳍乌贼科,巨鳍乌贼属。

分类特征:头短,无明显的颈部或臂柱。鳍甚大,端生,鳍长为胴长的 70%~90%,鳍末端延伸形成短的尾部。漏斗锁卵形,无耳屏和对耳屏。口膜连接肌丝与第 4 腕腹缘相连。腕近端粗短,远端极细,蚯蚓状;近端吸盘 2~4 列。触腕近端粗短,远端极细;近端无吸盘,远端生大量小吸盘;触腕无边膜、终端垫和触腕锁。无发光器。各种主要特征比较见表 4-5。

表 4-5　巨鳍乌贼属各种特征比较

种/特征	触腕基部宽于第 4 腕基部	触腕近端生吸盘	触腕近端生腺结构	色素沉着多为色素体	鳍具白色节结
太平洋巨鳍乌贼	是	是	否	是	否
大西洋巨鳍乌贼	否	否	是	是	否
巨鳍乌贼	否	否	否	是	是

地理分布:北大西洋。

文献:Guerra et al, 2002;Vecchione and Young, 1998; Vecchione et al, 2001。

种的检索:

1(2)触腕近端生吸盘 ·· 太平洋巨鳍乌贼

2(1)触腕近端无吸盘

3(4)鳍具白色节结 ·· 巨鳍乌贼

4(3)鳍无白色节结 ·· 大西洋巨鳍乌贼

大西洋巨鳍乌贼 *Magnapinna atlantica* Vecchione and Young, 2006

分类地位:头足纲,鞘亚纲,枪形目,开眼亚目,巨鳍乌贼科,巨鳍乌贼属。

学名:大西洋巨鳍乌贼 *Magnapinna atlantica* Vecchione and Young, 2006。

分类特征:体圆锥形(图 4-38),外套壁厚,凝胶质。鳍端生,甚大,鳍长约为胴长的 90%(图 4-38),鳍末端不呈 V 字形。眼大,具圆形开口与外界相通,无眼窦,虹膜具色素。嗅觉突具长柄,位于眼睛后侧缘。头部腹表面漏斗内收肌间无穴。具薄的颈软骨。漏斗锁卵形,具半球形深沟,无耳屏和对耳屏,外套锁侧面轮廓半球形,前部略扁。触腕近端细短,无吸盘,远端很窄具多列小吸盘,吸盘直径约为 0.08 mm。近端触腕的远端 1/3 具大的腺叶。腕粗短,肌肉松软,远端骤细,形成生大量小吸盘的"蚓丝"(经常在渔获时损坏)。腕近端吸盘 2 列,吸盘排列略显不规则;某些腕近

端的末端具大量排列不规则的小吸盘。腕近端大吸盘直径约
0.4 mm,远端吸盘直径 0.1 mm;腕近端吸盘内角质环光滑。除第 4
腕具宽的侧膜外,其余各腕近端不具保护膜或边膜。具墨囊、肛瓣
和膨大的盲肠,头软骨附近具圆筒形橙色消化腺,性腺卵形,无明显
的缠卵腺。无发光器。头、外套、漏斗、颈以及鳍具大量分散的色素
体;腕反口面基部具少量分散的或不具色素体;腕口面基部具轻微
的褐色表皮色素沉着;触腕腺叶区具大量色素体,而近端色素体
较少。

图 4-38　大西洋巨鳍乌贼腹视
(据 Vecchione and Young, 2006)

地理分布:分布在墨西哥湾和亚速尔群岛海域。

大小:最大胴长 59 mm。

渔业:非常见种。

文献:Fischer and Joubin, 1907; Hardy, 1956; Vecchione et al,
2001; Vecchione and Young, 2005,2006。

太平洋巨鳍乌贼 *Magnapinna pacifica* Vecchione and Young, 1998

分类地位:头足纲,鞘亚纲,枪形目,开眼亚目,巨鳍乌贼科,巨鳍乌贼属。

学名:太平洋巨鳍乌贼 *Magnapinna pacifica* Vecchione and Young, 1998。

分类特征:体圆锥形,中部宽(图 4-39A)。眼甚大,占据头部绝大部分(图 4-39B)。漏斗锁具
卵形凹槽(图 4-39C)。鳍端生,甚大,鳍长等于或大于总长,鳍宽约等于鳍长(图 4-39A)。近端触
腕短,较第 4 腕粗;近端吸盘约 8 列,吸盘尺寸小,远端蚯蚓状(图 4-39D)。近端腕远端吸盘 2 列,
基部 3~4 列;远端腕极细,似蚯蚓状(图 4-39E、F)。吸盘内角质环光滑。无发光器。

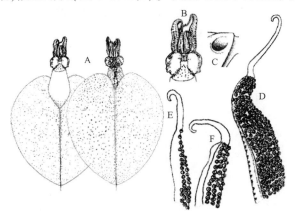

图 4-39　太平洋巨鳍乌贼形态特征示意图

A. 腹视和背视;B. 头冠腹视;C. 漏斗锁;D. 触腕穗;E. 第 2 腕;F. 第 3 腕(据 Vecchione and Young, 1998)

生活史及生物学:栖息水深 0~300 m。仔鱼鳍前端肌肉质部分占鳍长的 15%,鳍后部延伸形
成尾部(图 4-40A、B)。腕短,第 3 第 4 腕基部吸盘 3~4 列,其余部分 2 列,腕顶端骤细,光滑无吸
盘(图 4-40C)。触腕粗短,远端吸盘 7~8 列,至远端逐渐仅具芽盘(图 4-40C)。

地理分布:分布在加利福尼亚外海和夏威夷海域。

渔业:非常见种。

文献:Vecchione and Young, 1998。

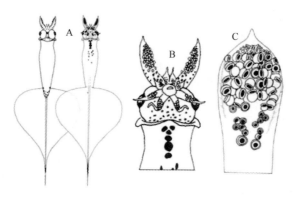

图 4-40　太平洋巨鳍乌贼仔鱼(胴长 19.1 mm)形态特征示意图

A. 腹视和背视;B. 外套前端和头冠;C. 触腕穗(据 Vecchione and Young, 1998)

巨鳍乌贼 *Magnapinna talismani* Fischer and Joubin, 1907

分类地位:头足纲,鞘亚纲,枪形目,开眼亚目,巨鳍乌贼科,巨鳍乌贼属。

学名:巨鳍乌贼 *Magnapinna talismani* Fischer and Joubin, 1907。

分类特征:体圆锥形。鳍端生,甚大,鳍腹面覆盖白色节结(图 4-41A)。漏斗锁具卵形凹槽(图 4-41B)。触腕基部较其他腕细,触腕穗具大量小吸盘,吸盘柄细长(图4-41C)。近端腕吸盘 2 列,排列紧密,内角质环光滑(图 4-41D)。

生活史及生物学:栖息水深至 3 175 m。

地理分布:北大西洋亚速尔群岛南部海域。

大小:最大胴长 61 mm。

渔业:稀有种,有记录样本仅 1 尾。

文献:Fischer and Joubin, 1907; Vecchione and Young, 2005。

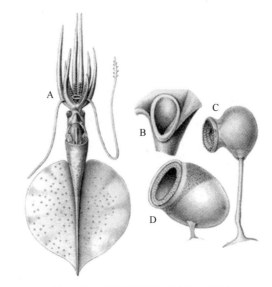

图 4-41　巨鳍乌贼形态特征示意图

A. 腹视;B. 漏斗锁;C. 触腕穗吸盘;D. 腕吸盘(据 Fischer and Joubin, 1907)

第七节　鞭乌贼科

鞭乌贼科 Mastigoteuthidae Verrill, 1881

鞭乌贼科以下仅鞭乌贼属 *Mastigoteuthis* 1 属。

鞭乌贼属 *Mastigoteuthis* Verrill, 1881

鞭乌贼属已知蒂氏鞭乌贼 *Mastigoteuthis tyroi*、施氏鞭乌贼 *Mastigoteuthis schmidti*、火鞭乌贼 *Mastigoteuthis pyrodes*、寒海鞭乌贼 *Mastigoteuthis psychrophita*、巨大鞭乌贼 *Mastigoteuthis magna*、约氏

鞭乌贼 *Mastigoteuthis hjorti*、蓝鞭乌贼 *Mastigoteuthis glaukopis*、葛氏鞭乌贼 *Mastigoteuthis grimaldii*、福雷姆鞭乌贼 *Mastigoteuthis flammea*、法姆力克鞭乌贼 *Mastigoteuthis famelica*、齿状鞭乌贼 *Mastigoteuthis dentata*、达娜厄鞭乌贼 *Mastigoteuthis danae*、心形鞭乌贼 *Mastigoteuthis cordiformis*、大西洋鞭乌贼 *Mastigoteuthis atlantica*、鞭乌贼 *Mastigoteuthis agassizii* 15 种,其中鞭乌贼为该属的模式种。该属均为浮游或深海生活种。

分类地位:头足纲,鞘亚纲,枪形目,开眼亚目,鞭乌贼科,鞭乌贼属。

英文名: Whip-lash squid。

分类特征:肌肉松软,体表具大量红色上皮色素沉着。鳍端生,大(为胴长的 50%)或很大(为胴长的 90%)。尾短,由内壳次尾椎支持。漏斗锁卵形,漏斗凹槽、耳屏和对耳屏多变。第 4 腕延长,增厚,具膨大的侧膜,并形成触腕鞘。触腕穗延长,圆筒形,具大量不规则排列的微吸盘。触腕缺乏横肌,因此不能够迅速伸缩,眼球、眼睑、皮表具发光器,或不具发光器。

鞭乌贼科许多种类表皮覆盖物主要为三种物质:表皮发光器、微白色小球及由微白色环围绕的色素体。表皮发光器,它由 1 个覆盖的大色素体、1 个厚圆杯形的发光器单元、1 个穿过发光器单元的色素体细胞束组成。微白色小球和由微白色环围绕的色素体的功能不同,但具体功能尚不了解。

文献: Dilly et al. , 1977; Nesis, 1977; Roper and Vecchione, 1997; Salcedo-Vargas and Okutani, 1994; Salcedo-Vargas, 1997; Young et al. , 1999; Vecchione et al. , 2004。

主要种的检索:

1(4)无发光器

2(3)亚成体体表具瘤状突起 ………………………………………………………… 心形鞭乌贼

3(2)亚成体体表无瘤状突起 ………………………………………………………… 巨大鞭乌贼

4(1)具发光器

5(6)亚成体体表具瘤状突 …………………………………………………………… 约氏鞭乌贼

6(5)亚成体体表无瘤状突起

7(12)仅具眼睑发光器

8(9)触腕穗保护膜十分发达 ………………………………………………………… 大西洋鞭乌贼

9(8)触腕穗保护膜退化

10(11)腕吸盘内角质环全环具齿 …………………………………………………… 蓝鞭乌贼

11(10)腕吸盘内角质环仅远端具齿 ………………………………………………… 法姆力克鞭乌贼

12(7)具眼睑发光器和表皮发光器

13(14)鳍腹面具表皮发光器 ………………………………………………………… 火鞭乌贼

14(13)鳍腹面无表皮发光器

15(16)腕吸盘内角质环光滑 ………………………………………………………… 鞭乌贼

16(15)腕吸盘内角质环具齿

17(18)漏斗锁无对耳屏 ……………………………………………………………… 葛氏鞭乌贼

18(17)漏斗锁具对耳屏

19(20)对耳屏微弱 …………………………………………………………………… 齿状鞭乌贼

20(19)对耳屏发达

21(22)腕吸盘内角质环全环具齿 …………………………………………………… 施氏鞭乌贼

22(21)腕吸盘内角质环仅远端具齿

23(24)腕吸盘内角质环远端具 3~5 个齿 …………………………………………… 福雷姆鞭乌贼

24(23)腕吸盘内角质环远端具 12~18 个齿 ………………………………………… 寒海鞭乌贼

鞭乌贼 *Mastigoteuthis agassizii* Verrill, 1881

分类地位:头足纲,鞘亚纲,枪形目,开眼亚目,鞭乌贼科,鞭乌贼属。

学名:鞭乌贼 *Mastigoteuthis agassizii* Verrill, 1881。

分类特征:体圆锥形(图 4-42A),外套及体表其他部分不具瘤状突起。鳍长为头和外套总长的一半。漏斗锁为耳形软骨,具外切圆形凹槽。触腕鞭绳形,触腕穗长为触腕长的 50%。触腕穗基部具两组吸盘,各组吸盘排列分散无规则,两组吸盘之间具宽的空隙(图 4-42B);吸盘开口圆形,开口一侧具 2~3 个齿(图 4-42C)。腕吸盘开口椭圆形,内角质环光滑(图 4-42D)。外套背部及腹部、鳍背面、头和腕具表皮发光器(图 4-43)。眼睑具发光器。

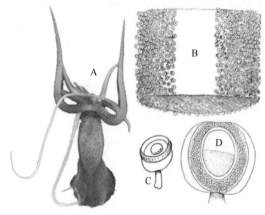

图 4-42 鞭乌贼形态特征示意图

A. 腹视;B. 触腕穗;C. 触腕穗吸盘;D. 腕吸盘(据 Verrill, 1881b;David, 2004)

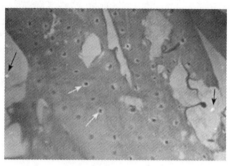

图 4-43 鞭乌贼外套皮肤(据 Vecchione and Young, 2003)

黑色箭头所指为无色素体覆盖的发光器,白色箭头所指为有色素体覆盖的发光器

地理分布:分布在美国东北部沿岸外海。

大小:最大胴长 99 mm。

渔业:非常见种。

文献:Verrill, 1881a, 1881b; Young, 1972; Vecchione and Young, 2003。

大西洋鞭乌贼 *Mastigoteuthis atlantica* Joubin, 1933

分类地位:头足纲,鞘亚纲,枪形目,开眼亚目,鞭乌贼科,鞭乌贼属。

学名:大西洋鞭乌贼 *Mastigoteuthis atlantica* Joubin, 1933。

拉丁异名:*Mastigoteuthis glaukopis* Chun, 1908; *Mastigoteuthis iselini* Macdonald and Clench, 1934。

分类特征:体圆锥形(图 4-44A),外套及体表其他部分无瘤状突起。鳍长略大于鳍宽。漏斗锁具耳屏和对耳屏,对耳屏略小略扁平。腕吸盘长径约 1.5 mm。触腕穗长为胴长的 31%;触腕穗宽,具生横隔片的保护膜;触腕穗吸盘直径 0.364 mm,具 2~3 个径直的"钉"(图 4-44B)。腕吸盘内角质环远端具约 10 个尖齿,近端光滑(图 4-44C)。具眼睑发光器,无表皮发光器。体表深红色,末端近黑色,多为色素体;触腕覆盖深红褐色色素。

地理分布:分布在东北大西洋近比斯开湾。

大小:最大胴长 112 mm。

渔业:非常见种。

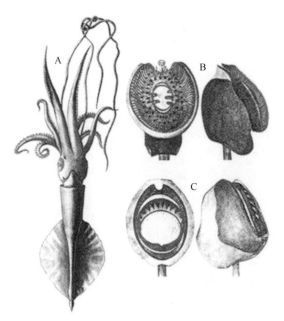

图 4-44 大西洋鞭乌贼形态特征示意图

A. 腹视；B. 触腕穗吸盘；C. 腕吸盘（据 Joubin, 1933）

文献：Joubin, 1933；Vecchionen and Young, 2003。

心形鞭乌贼 *Mastigoteuthis cordiformis* Chun, 1908

分类地位：头足纲，鞘亚纲，枪形目，开眼亚目，鞭乌贼科，鞭乌贼属。

学名：心形鞭乌贼 *Mastigoteuthis cordiformis* Chun, 1908。

拉丁异名：*Mastigoteuthis latipinna* Sasaki, 1916。

分类特征：体圆锥形（图 4-45A），外套及体表其他部分的皮肤具小圆锥形瘤状突起。鳍长为胴长的 70%~80%，鳍宽为胴长的 67%~75%。颈软骨竹片状。漏斗锁卵形，具 L 形凹槽。触腕穗不膨大（图 4-45B），具窄的，生横隔片的保护膜，触腕穗长为触腕长的 2/3~3/5。触腕穗吸盘 8~24 列，吸盘内角质环全环具齿，远端齿细长，近端齿短（图 4-45C）。腕式为 4>2>3>1。腕吸盘两列，吸盘内角质环远端齿锯齿状（图 4-45D）。角质颚上颚喙短，喙

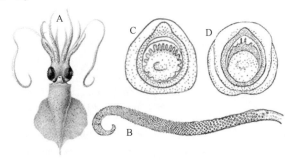

图 4-45 心形鞭乌贼形态特征示意图

A. 腹视；B. 触腕穗；C. 触腕穗吸盘；D. 腕吸盘（据 Chun, 1910）

长小于头盖的 1/3，颚角钝，翼部延伸至侧壁前缘宽的 1/2 处。下颚喙窄，喙缘弯，喙长小于头盖长；头盖低，紧贴于脊突；脊突不增厚；侧壁皱后端至脊突和侧壁拐角中间 1/2 处。无发光器。色素沉着多为色素体。

地理分布：分布在印度洋苏门答腊岛南部、日本南部和菲律宾海域。

大小：最大胴长 1 m。

渔业：非常见种。

文献：Chun, 1910；Sasaki, 1929；Voss, 1963；Roper and Lu, 1990；Young and Vecchione, 2003, 2004。

达娜厄鞭乌贼 *Mastigoteuthis danae*（Joubin，1933）

分类地位：头足纲，鞘亚纲，枪形目，开眼亚目，鞭乌贼科，鞭乌贼属。

学名：达娜厄鞭乌贼 *Mastigoteuthis danae* Joubin，1933。

分类特征：体长筒形（图4-46A），外套和体表其他部分的皮肤（除鳍以外）覆盖小的软骨质瘤状突起（图4-46B）；总长17 mm的仔鱼体表不具瘤状突起。鳍长大于鳍宽；小个体仔鱼尾部长（图4-46C），大个体仔鱼尾部几乎消失（图4-46A）。漏斗锁具L形凹槽，耳屏甚大，对耳屏明显。触腕柄细，触腕穗膨大，长度约为触腕长的70%；触腕穗末端细，具芽盘（图4-46D）。腕吸盘内角质环光滑（图4-46E）。无发光器。具少量色素体。

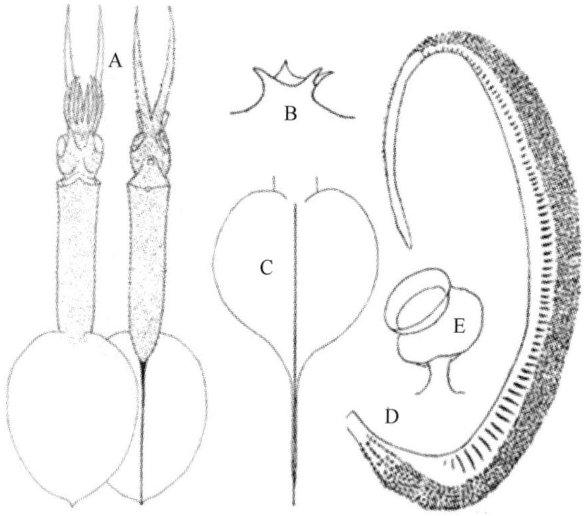

地理分布：分布在北大西洋亚速尔群岛东南部、安的列斯群岛附近、加那利群岛东部及西印度洋索马里外海海域。

图4-46 达娜厄鞭乌贼形态特征示意图

A. 背视和腹视；B. 瘤状突起；C. 鳍和尾部；D. 触腕穗；E. 腕吸盘（据Joubin，1933）

渔业：非常见种，渔获记录均为仔鱼。

文献：Joubin，1933；Salcedo-Vargas，1997；Vecchione and Young，2004。

齿状鞭乌贼 *Mastigoteuthis dentata* Hoyle，1904

分类地位：头足纲，鞘亚纲，枪形目，开眼亚目，鞭乌贼科，鞭乌贼属。

学名：齿状鞭乌贼 *Mastigoteuthis dentata* Hoyle，1904。

分类特征：外套及体表其他部分无瘤状突起。鳍长为胴长的43%~67%。漏斗锁具耳屏和微弱的对耳屏。触腕穗长为触腕长的50%，吸盘35~40列，圆形，直径0.13~0.16 mm，内角质环光滑（图4-47A），外角质环开口周围具12~14个小"钉"（图4-47B）。触腕穗最大吸盘位于距远端1/3处；基部吸盘小，排列不紧密；近边缘处吸盘逐渐减小。腕吸盘内角质环远端1/2具齿，或远端具长尖的齿，至近端齿短而宽平（图4-47C、D）；外角质环3~4列齿片（图4-47E）。体表具表皮发光器，眼睑具眼睑发光器。

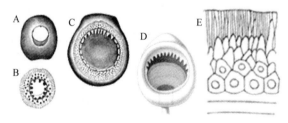

图4-47 齿状鞭乌贼形态特征示意图

A. 触腕穗内角质环；B. 触腕穗外角质环；C. 第3腕吸盘；D. 第4腕吸盘；E. 第4腕吸盘部分外角质环（据Young，1972；Hoyle，1904）

地理分布：分布在巴拿马湾马拉角（Cape Mala）外海。

大小：最大胴长140 mm。

渔业：非常见种。

文献：Hoyle，1904；Young，1972。

法姆力克鞭乌贼 *Mastigoteuthis famelica* Berry, 1909

分类地位:头足纲,鞘亚纲,枪形目,开眼亚目,鞭乌贼科,鞭乌贼属。

学名:法姆力克鞭乌贼 *Mastigoteuthis famelica* Berry, 1909。

拉丁异名:*Chiroteuthis famelica* Nesis, 1980;*Chiroteuthis acanthoderma* Berry, 1909。

分类特征:体细长(图 4-48),肌肉质部分止于外套后端;亚成体外套不具小瘤。鳍长大于鳍宽,无前鳍垂和后鳍垂。眼大,占据头部两侧绝大部分。嗅觉器突短,筒部具淡色素,柄部粗,头部不具色素。触腕穗长约为触腕长的 40%,具可见的保护膜。基部触腕穗吸盘发生面环绕触腕圆周的 40%,顶端环绕圆周的 90%。触腕吸盘近 20 列,顶端吸盘较小,其余部分吸盘大小相当。吸盘略延长,长径 0.36 mm,外角质环两侧各具 2~3 个突起,内角质环远端边缘具 2~3 个微小的圆齿。第 1 腕短,长度约为胴长的 33%~35%;第 2 和第 3 腕长相近,长度为胴长的 43%~48%;第 4 腕粗长,长度约为胴长的 70%~75%。各腕最大吸盘大小相同。第 4 腕腹缘具相对较薄窄且生横隔片的保护膜,背缘具宽厚的膜。腕吸盘内角质环远端具约 15 个尖齿。具中等大小的眼睑发光器,长为胴长的 2.3%,表面有色素覆盖;无其他发光器。外套、头部及腕红褐色,色素多为典型的色素体。头部色素多为色素体;触腕穗基部具少量表皮色素,大部分不具色素沉着;腕反口面大多数色素沉着为色素体,口面多为表皮色素。

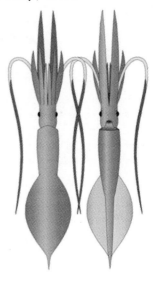

图 4-48　法姆力克鞭乌贼背视和腹视(据 Young, 2004)

生活史及生物学:栖息水深 240~800 m。胴长 7~9 mm 的仔鱼,外套细长;鳍细小,无鳍垂,鳍长为胴长的 1/3;眼具向腹部或向前突起的银喙;第 3 腕短小,乳突状。胴长 25 mm 的仔鱼,漏斗锁的耳屏和对耳屏形成。胴长 17~40 mm 的仔鱼,外套、漏斗、头部以及各腕反口面具多尖的瘤状突起。

地理分布:分布在中北太平洋,在夏威夷群岛常见。

大小:最大胴长约 300 mm。

渔业:夏威夷群岛常见种。

文献:Nesis, 1980; Sweeney et al, 1988; Young, 1978, 2004。

福雷姆鞭乌贼 *Mastigoteuthis flammea* Chun, 1908

分类地位:头足纲,鞘亚纲,枪形目,开眼亚目,鞭乌贼科,鞭乌贼属。

学名:福雷姆鞭乌贼 *Mastigoteuthis flammea* Chun, 1908。

分类特征:体圆锥形(图 4-49),外套及体表其他部分无瘤状突起。鳍长约为胴长的 1/2,鳍长菱形至椭圆形,鳍长略大于鳍宽。眼小(直径为胴长的 8%~11%),明显小于头长。具颈软骨。漏斗锁具耳屏和对耳屏。腕吸盘内角质环远端具 3~5 个齿,大吸盘直径 0.4 mm。外套和头部腹侧、鳍背侧以及第 4 腕外表面具广泛分散的表皮发光

图 4-49　福雷姆鞭乌贼背视和腹视(据 Chun, 1910)

器。活体深红色,具大量色素体和表皮色素,但经保存后体色几乎完全消失,腕口面仅具稀少的色素体。

地理分布:分布在几内亚湾。

大小:最大胴长 35 mm。

渔业:非常见种。

文献:Chun,1910;Vecchione and Young,2003。

蓝鞭乌贼 *Mastigoteuthis glaukopis* Chun,1908

分类地位:头足纲,鞘亚纲,枪形目,开眼亚目,鞭乌贼科,鞭乌贼属。

学名:蓝鞭乌贼 *Mastigoteuthis glaukopis* Chun,1908。

分类特征:体圆锥形(图4-50),外套及其他体表部分不具瘤状突起。鳍近纵菱形,鳍长约为胴长的50%。眼大(直径为胴长的15%),占据头部绝大部分。嗅觉突具短柄。漏斗内收肌白色,穿过漏斗浅穴。漏斗锁具耳屏,无对耳屏,或具退化的对耳屏。触腕鞭形,宽度不比触腕柄宽,长为触腕长的70%,具不明显的波浪形保护膜。触腕穗近端吸盘小,排列分散,随后触腕穗变宽,吸盘发生面环绕触腕圆周的一半,远端环绕触腕圆周的1/3,且吸盘排列紧密。触腕穗吸盘直径0.1 mm,内角质环全环具10~12个间距相等的小齿。腕吸盘内角质环全环具圆锥形钝齿,远端5~7个略微扩大。无表皮发光器,具大的眼睑发光器,宽1 mm。体微红褐色,触腕及腕口面具分散的色素体。

图4-50 蓝鞭乌贼腹视和背视(据 Chun,1910)

地理分布:分布在西北太平洋、西北印度洋、南非等海域(图4-51)。

大小:最大胴长 70 mm。

渔业:非常见种。

文献:Chun,1910;Young and Vecchione,2005。

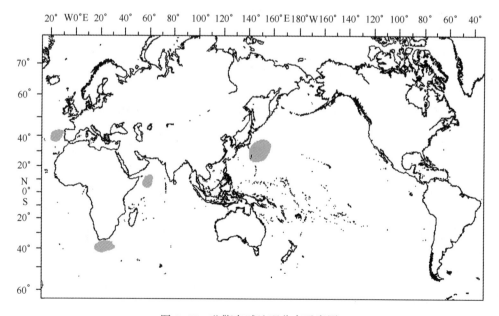

图4-51 蓝鞭乌贼地理分布示意图

葛氏鞭乌贼 *Mastigoteuthis grimaldii* Joubin, 1895

分类地位：头足纲,鞘亚纲,枪形目,开眼亚目,鞭乌贼科,鞭乌贼属。

学名：葛氏鞭乌贼 *Mastigoteuthis grimaldii* Joubin, 1895。

分类特征：体圆锥形(图4-52A),外套及体表其他部分无瘤状突起。鳍长菱形。漏斗锁软骨具耳屏,不具对耳屏。腕吸盘直径约0.33 mm,内角质环远端1/2具细长的齿,向角质环两侧逐渐减小,至近端消失(图4-52B)。至少外套腹部及鳍背缘具表皮发光器,无眼睑发光器。

地理分布：分布在中北大西洋亚速尔群岛。

大小：最大胴长 41 mm。

渔业：非常见种。

文献：Joubin 1895；Vecchione and Young, 2004。

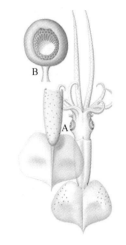

图4-52　葛氏鞭乌贼形态特征示意图
A. 背视；B. 腹视；C. 腕吸盘(据 Joubin, 1895)

约氏鞭乌贼 *Mastigoteuthis hjorti* Chun, 1913

分类地位：头足纲,鞘亚纲,枪形目,开眼亚目,鞭乌贼科,鞭乌贼属。

学名：约氏鞭乌贼 *Mastigoteuthis hjorti* Chun, 1913。

分类特征：体圆锥形。亚成体外套、头部、漏斗及腕反口面具大的瘤状突起(突起容易在捕获时损坏)。鳍大,鳍长为胴长的90%(图4-53A)。漏斗锁具卵形略弯的凹槽,无耳屏和对耳屏。嗅觉突位于眼后缘。触腕穗不膨大,具发达的生横隔片的保护膜;近端吸盘2列,排列不规则,而后逐渐增加至18~20斜列。腕具保护膜,腕大吸盘内角质环远端具9~10个平头的齿(图4-53B)。两眼眼球腹面各具两个圆形大发光器,除此之外无其他发光器。体深红色,色素沉着多为色素体。

地理分布：分布在北大西洋、中太平洋、南非外海及印度洋。

生活史及生物学：胴长 6 mm 的仔鱼,外套窄。鳍端生,鳍长(除尾部长)为胴长的25%,尾部长,长钉形,长度约为鳍长的3倍。皮肤具瘤状突起。两眼眼球腹面各具1个发光器。腕式为2>1>4>3(第3腕刚刚出现,小乳突状)。

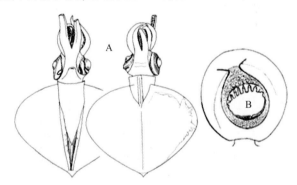

图4-53　约氏鞭乌贼形态特征示意图
A. 腹视和背视；B. 腕吸盘(据 Rancurel, 1973)

触腕长而粗,长度约为第2腕的4倍。触腕穗近端吸盘2列,至掌部逐渐增至6列,末端吸盘骤然消失。

大小：最大胴长 73 mm。

渔业：非常见种。

文献：Chun, 1913；Nesis, 1982, 1987；Rancurel, 1973；Roper and Lu, 1990；Vecchione et al, 2001；Vecchione and Young, 2004, 2005。

巨大鞭乌贼 *Mastigoteuthis magna* Joubin, 1913

分类地位:头足纲,鞘亚纲,枪形目,开眼亚目,鞭乌贼科,鞭乌贼属。

学名:巨大鞭乌贼 *Mastigoteuthis magna* Joubin, 1913。

拉丁异名:*Idioteuthis magna* Joubin, 1913。

分类特征:体圆锥形(图4-54A),外套及体表其他部分无瘤状突起。鳍长(不包括尾部长)为胴长的66%,鳍宽为胴长(不包括尾部长)的79%,鳍宽为鳍长(不包括尾部长)的120%。漏斗锁具长颈瓶形凹槽(图4-54B)。触腕穗长为触腕长的80%,吸盘微小,内角质环光滑(图4-54C)。腕吸盘内角质环光滑。无发光器。

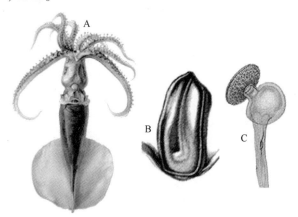

图4-54 巨大鞭乌贼形态特征示意图
A. 腹视;B. 漏斗锁;C. 触腕穗吸盘(据Joubin, 1920)

地理分布:分布在北大西洋马尾藻海。

大小:470 mm。

渔业:非常见种。

文献:Joubin, 1920; Vecchione and Young, 2004。

寒海鞭乌贼 *Mastigoteuthis psychrophila* Nesis, 1977

分类地位:头足纲,鞘亚纲,枪形目,开眼亚目,鞭乌贼科,鞭乌贼属。

学名:寒海鞭乌贼 *Mastigoteuthis psychrophila* Nesis, 1977。

分类特征:体圆锥形(图4-55A),外套及体表其他部分皮肤无瘤状突起。两鳍相接呈近圆形,鳍长为胴长的67%,鳍宽为胴长的60%~70%。漏斗锁具发达的耳屏和明显的对耳屏。触腕鞭形,吸盘发生面环绕触腕圆周的40%~60%,吸盘由基部至中部逐渐增多,圆形,直径小,约为0.15 mm,外角质环全环具12~15个短的钝圆形突起(图4-55B)。腕吸盘内角质环远端具12~18个尖齿(图4-55C)。眼睑具小发光器,外套、头部、腕和鳍具小的表皮发光器,第4腕具排列紧密的发光器。

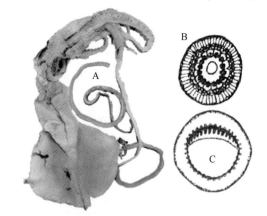

图4-55 寒海鞭乌贼形态特征示意图
A. 腹视和背视;B. 触腕穗吸盘;C. 腕吸盘(据Nesis, 1977)

生活史及生物学:栖息水深至500 m。

地理分布:分布在南极周边海域。

大小:最大胴长145 mm。

渔业:非常见种。

文献:Nesis, 1977; Young and Vecchione, 2004, 2005。

火鞭乌贼 *Mastigoteuthis pyrodes* Young, 1972

分类地位:头足纲,鞘亚纲,枪形目,开眼亚目,鞭乌贼科,鞭乌贼属。

学名:火鞭乌贼 *Mastigoteuthis pyrodes* Young, 1972。

　　分类特征：体圆锥形，体表具瘤状突起，突起圆形，生于外套、漏斗、头、腕反口面以及鳍背表面（图4-56A）。鳍近圆形，具小的前鳍垂，尾部短小。漏斗锁具宽卵形凹槽，具强壮的耳屏，对耳屏退化（图4-56B）。触腕鞭形，触腕穗具生弱横隔片的微保护膜，吸盘10余列（图4-56C、D）。最大触腕穗吸盘直径约0.3mm，外角质环开口具2~3个大的突起，内角质环远端具少量微齿（图4-56E、F）。腕大吸盘内角质环远端和侧端具10~15个尖或平截的齿（图4-56G~J）。眼睑前腹缘具大的卵形发光器，发光器表面覆盖色素体。第3第4腕以及头部、漏斗、外套和鳍的背面和腹面具表皮发光器，腹面发光器数量较背面多，外套腹面发光器分布延伸至两鳍之间；第4腕具4列或更多排列不规则的表皮发光器。微红色上皮色素上覆盖深红色的色素体，成熟雌性体深红色。

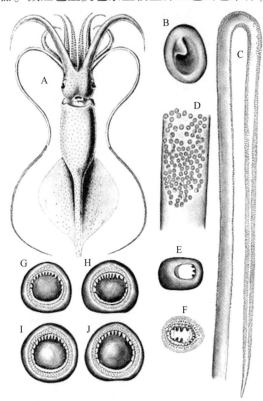

图4-56　火鞭乌贼形态特征示意图

A. 腹视；B. 漏斗锁；C. 触腕穗反口视；D. 触腕基部口视；E. 触腕穗吸盘内角质环；

F. 触腕穗吸盘；G~J. 第1~4腕大吸盘（据Young，1972）

　　地理分布：分布在加利福尼亚外海和夏威夷北部23°~28°N。

　　大小：最大胴长147 mm。

　　渔业：非常见种。

　　文献：Young，1972；Young and Vecchione，2004，2005。

施氏鞭乌贼 *Mastigoteuthis schmidti* Degner，1925

　　分类地位：头足纲，鞘亚纲，枪形目，开眼亚目，鞭乌贼科，鞭乌贼属。

　　学名：施氏鞭乌贼 *Mastigoteuthis schmidti* Degner，1925。

　　分类特征：体圆锥形（图4-57A），外套及体表其他部分无瘤状突起。鳍长（不包括尾长）为胴长（不包括尾长）的65%，鳍宽为胴长（不包括尾部）的79%。漏斗锁具耳屏和对耳屏。触腕穗长为触腕长的60%；近端吸盘7列，至远端1/3处逐渐增至20~23列；吸盘直径0.05 mm，内角质环光滑,外角质环中间具 13 个长"钉",最长"钉"为短"钉"的 3~4 倍(图 4-57B)。腕吸盘直径 0.15 mm,内角质环远端具 13~14 个细齿,近端具 11~12 个宽短的齿(图 4-57C)。整个体表(包括鳍背表面)都具表皮发光器,无眼睑发光器。体白褐色,具分散的深色色素体。

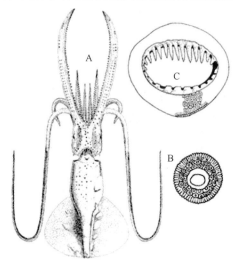

图 4-57 施氏鞭乌贼形态特征示意图
A. 腹视;B. 触腕穗吸盘;C. 腕吸盘(据 Degner, 1925)

地理分布:分布在温带东北大西洋。

大小:最大胴长 38 mm。

渔业:非常见种。

文献: Degner, 1925; Vecchione and Young, 2003。

蒂氏鞭乌贼 *Mastigoteuthis tyroi* Salcedo-Vargas, 1997

分类地位:头足纲,鞘亚纲,枪形目,开眼亚目,鞭乌贼科,鞭乌贼属。

学名:蒂氏鞭乌贼 *Mastigoteuthis tyroi* Salcedo-Vargas, 1997。

分类特征:体圆锥形,外套及其他体表大部分皮肤具透明软骨质 3 尖的刺状瘤突(图 4-58A)。鳍长大于鳍宽,尾部长为鳍长的 20%。漏斗锁卵形,无耳屏和对耳屏(图 4-58B)。触腕柄短,较第 4 腕粗。触腕穗膨大,口面扁平,吸盘 4~9 列,47 行;末端细,延长,无吸盘。无发光器(图 4-58C)。触腕穗及触腕柄反口面具横向色素带;头部两侧及盔甲基部具大色素体;外套前缘一周具小色素体。

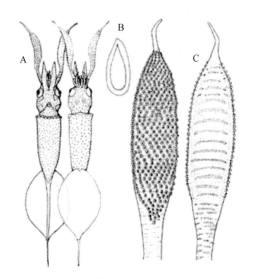

图 4-58 蒂氏鞭乌贼形态特征示意图
A. 腹视和背视;B. 漏斗锁;C. 触腕穗口视和反口视(据 Salcedo-Vargas, 1997)

生活史及生物学:栖息水深至 212 m。

地理分布:分布在印度洋索马里外海。

渔业:非常见种。

文献: Salcedo-Vargas, 1997; Salcedo-Vargas and Young, 2003。

第八节　达磨乌贼科

达磨乌贼科 Promachoteuthidae Naef，1912

达磨乌贼科以下仅包括达磨乌贼 1 属。达磨乌贼科种类多为小型种,肌肉松软,分布于世界各大洋深海水域,最大胴长 184 mm。

达磨乌贼属 *Promachoteuthis* Hoyle，1885

达磨乌贼属已知达磨乌贼 *Promachoteuthis megaptera* 和斯氏达磨乌贼 *Promachoteuthis sloani* 2 种,其中达磨乌贼为本属模式种。

分类地位:头足纲,鞘亚纲,枪形目,开眼亚目,达磨乌贼科,达磨乌贼属。

分类特征:头和外套在颈部不愈合;眼小或很小,具小的开口,眼上具假眼角膜覆盖眼睛晶体。鳍大,通常具后鳍垂。漏斗锁具卵形凹槽。腕吸盘 2~3 列,近顶端吸盘列数增加,种间吸盘列数有所变化。触腕柄粗,第 3 腕很粗,触腕穗具大量排列不规则的吸盘。无肛瓣和墨囊。无发光器。内壳退化,各种之间存在变化。

文献:Okutani, 1983; Roper and Young, 1968; Salcedo-Vargas and Guerrero-Kommritz, 2000; Toll, 1998; Voss, 1992; Young and Vecchione, 2003。

种的检索:

1(2)具眼窦,触腕无乳突 ……………………………………………… 达磨乌贼
2(1)无眼窦,触腕具长乳突 …………………………………………… 斯氏达磨乌贼

达磨乌贼 *Promachoteuthis megaptera* Hoyle，1885

分类地位:头足纲,鞘亚纲,枪形目,开眼亚目,达磨乌贼科,达磨乌贼属。

学　名:达磨乌贼 *Promachoteuthis megaptera* Hoyle, 1885。

分类特征:体粗壮(图 4-59A)。外套与头在颈部不愈合,具颈软骨。眼小,具眼窦。口膜连接肌丝与第 4 腕腹缘相连。漏斗器大,具背片和腹片;漏斗锁不规则卵形。触腕粗长,长度为胴长的两倍多,基部较第 3 腕宽。触腕穗无边膜、腕骨锁和终端垫,具多列小吸盘,吸盘内角质环光滑。腕长,为胴长的 60%~90%;吸盘内角质环光滑,外角质环具"钉",大腕吸盘直径为大触腕穗吸盘的约 4 倍。无肛瓣,鳃心大,无墨囊。内壳叶轴游离端短,外部轮廓三角形,后部细尖,无叶轴,末端具一独特结构(图 4-59B)。无发光器。触腕柄基部具黑色色素带。

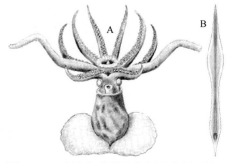

图 4-59　达磨乌贼形态特征示意图(据 Roper and Young, 1968)

A. 腹视;B. 内壳

生活史及生物学:栖息水深至 3 690 m。

地理分布:分布在日本附近海域(图 4-60)。

大小:最大胴长 50 mm。

渔业:非常见种。

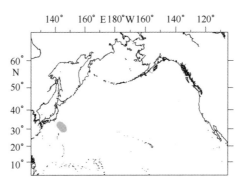

图 4-60 达磨乌贼地理分布示意图

文献:Toll,1982;Okutani,1983;Roper and Young,1968;Young and Vecchione,2003。

斯氏达磨乌贼 *Promachoteuthis sloani* Young et al,2006

分类地位:头足纲,鞘亚纲,枪形目,开眼亚目,达磨乌贼科,达磨乌贼属。

学名:斯氏达磨乌贼 *Promachoteuthis sloani* Young et al,2006。

分类特征:体圆锥形(图 4-61A)。外套与头在颈部不愈合,具颈软骨,外套延伸至鳍的后部。头极小,眼小,眼睑不透明,具新月形小开口。漏斗锁具卵形凹槽。口膜连接肌丝与第 4 腕腹缘相连。鳍大,具大的前鳍垂。腕粗,无边膜,具窄厚的保护膜。触腕基部,较临近腕粗。触腕口面具 2 列长乳突,基部乳突位于触腕近中线处,而后至触腕穗部分逐渐位于侧缘。触腕反口面侧缘具一条深色素沉着的脊,远端脊断开形成小的乳突。触腕脊和乳突未达触腕穗顶部。触腕穗窄、不扁平,长度约为触腕长的 60%;近端至远端,吸盘发生面环绕触腕圆周百分比逐渐增大,最大环绕触腕圆周的 2/3;吸盘小、密集,基部吸盘少而分散,远端宽度骤减,形成圆柱形末端;吸盘具白柄,柄细长生于白

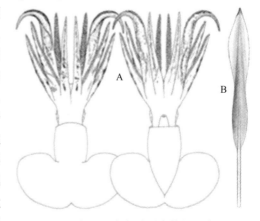

图 4-61 斯氏达磨乌贼形态特征示意图
A. 背视和腹视;B. 内壳(据 Toll,1982)

色圆斑上,吸盘内角质环全环具不规则的球形齿。腕终端吸盘 3~4 列,有时可达 6 列。腕吸盘内角质环光滑,但具愈合的平截齿。腕大吸盘直径大于触腕穗大吸盘。角质颚上颚喙短,头盖后缘明显高出脊突;下颚喙短,无侧壁皱或脊。内壳叶柄和翼部腹面凹槽充满浓凝胶质物质,翼部双叶型(图 4-61B)。无肛瓣。体多为紫褐色,色素沉着于上皮细胞,无色素体。

生活史及生物学:栖息水深至 2 792 m。

地理分布:分布在中北大西洋和东北大西洋。

大小:胴长最少可达 102 mm。

渔业:非常见种。

文献:Toll,1998;Young and Vecchione,2003,2005,2006。

第九节　小头乌贼科

小头乌贼科 Cranchiidae Prosch，1847

小头乌贼科以下包括小头乌贼 Cranchiinae 和孔雀乌贼 Taoniinae 2 亚科,共计 13 属,约 28 种。

英文名:Cranch squids,Bathyscaphoid squid;**法文名**:Encornets outres;**西班牙文名**:Cranquilurias。

科特征:头部短小。外套薄而透明或半透明,体表具或不具软骨质突起。外套与头在漏斗和颈软骨处愈合。鳍呈圆形、椭圆形、短桨形或披针形。体腔特化为大的浮力腔,漏斗收缩肌形成宽的水平隔膜,将体腔分成背室和腹室。大多数仔鱼眼睛具眼柄。口膜连接肌丝与第 4 腕腹缘相连。腕盔甲 2 列。触腕穗盔甲一般 4 列。消化腺纺锤形,位于头软骨后部体腔内。具发光器。

生活史及生物学:该科为小型至大型种,仔鱼通常生活在近表层水域,直至胴长 50～100 mm,大多数种类成体生活在深水区。许多种类生命周期内大部分时间生活在上层的光合作用层,它们身体透明(除了眼睛和消化腺),消化腺纺锤形,其垂直投影总是保持最小,因此能够在光线充足的环境下隐蔽自己。眼睛腹面具发光器,发光器也保持着有益于自身隐蔽的方位,其所发之光能够干扰捕食者。

该科所有种类随着个体发育的进行,生活水层逐渐加深,至成体期,可至 2 000 m。几乎所有种类仔鱼都在近表层水域生活,某些种类仔鱼期胴长较大(可达 50～100 mm),稚鱼期开始生活水层逐渐下潜。仔鱼眼睛具长柄,尤其是深奇乌贼属 *Bathothauma*。许多种类外部形态随着个体发育的进行不断变化,包括眼睛的形状和位置、鳍的形状、吸盘齿系、发光器、腕特化结构以及触腕等。东北大西洋小头乌贼科仔鱼特征比较见表 4-6。

表 4-6　东北大西洋小头乌贼科仔鱼特征比较(据 Diekmann et al，2002)

	外套	内壳	鳍	外套腹部软骨质带	臂柱	眼	其他特征
小头乌贼亚科							
小头乌贼	结实,近圆	-	分离的小桨形,随着个体发育,逐渐相连	倒 V 字形,胴长 10～15 mm 开始无瘤突	无	无柄,凸	体表具大量(早期稚鱼少)分散的十字形瘤突,
纺锤乌贼属	结实,针形	-	分离的小桨形,随着个体发育,逐渐相连	倒 V 字形,具瘤突(始于外套与漏斗愈合处)	无	无柄,凸	腕甚短
塔乌贼属	较结实,针形,随个体发育逐渐延长	尾椎超出鳍	横椭圆形	单个软骨质瘤突带(始于外套与漏斗愈合处)	长	有柄	软骨质带中瘤突的形状和排列可用作种的鉴别
孔雀乌贼亚科							
小猪乌贼属	延长的圆筒形,外部具黏液层		小桨形,与内壳后部相连	-	短	卵形,具短柄,腹部具突起的喙	漏斗甚长
深奇乌贼属	延长的囊形,后部圆		小桨形,与内壳后部两侧相连	-	长	卵形,具长柄,腹部具突起的喙	触腕短,早期稚鱼触腕十分强健

续表

	外套	内壳	鳍	外套腹部软骨质带	臂柱	眼	其他特征
里古乌贼属	结实,针形	桨形,随着个体发育逐渐呈卵形	–	中等至长	卵形,具长柄,腹部具突起的短喙	触腕短,早期稚鱼触腕十分强健,随着个体发育,逐渐延长
孔雀乌贼属	延长的窄圆锥形	短披针形,随着个体发育逐渐延长	–	中等	卵形,具长柄	
巨小头乌贼属	结实的针形,外部具黏液层	小,随着个体发育逐渐变圆,并至整个外套侧缘	–	长	卵形,具长柄,腹部具突起的短喙	消化腺腹面具复合的发光器(25 mm ML)

文献:Seapy and Young, 1986;Vecchione and Roper, 1991;Voss, 1980, 1988;Voss et al, 1992;Young and Mangold, 1995。

亚科的检索:

1(2)外套具软骨质瘤状突起,雄性左侧或右侧第4腕茎化,漏斗与头部愈合 ……………………………………………………………………… 小头乌贼亚科

2(1)外套无软骨质瘤状突起,漏斗和颈软骨处偶尔具瘤状突起,雄性第4腕不茎化,漏斗与头部不愈合 ……………………………………………… 孔雀乌贼亚科

小头乌贼亚科 Cranchiinae Pfeffer, 1912

小头乌贼亚科以下包括小头乌贼属 *Cranchia*、纺锤乌贼属 *Liocranchia*、塔乌贼属 *Leachia* 3 属,共计 8 种。各属特征比较见表4-7。

表 4-7　小头乌贼亚科各属主要特征比较

属/特征	软骨质瘤状突起	仔鱼具眼柄	漏斗阀	触腕穗掌部中间 2 列吸盘
小头乌贼属	整个外套	否	有	不扩大
塔乌贼属	1 个软骨质带	是	有	扩大
纺锤乌贼属	2 个分叉软骨质带	否	无	不扩大

分类地位:头足纲,鞘亚纲,枪形目,开眼亚目,小头乌贼科,小头乌贼亚科。

亚科特征:外套具分散和(或)带状的软骨质瘤状突起,带状突起通常延伸至漏斗-外套两侧愈合部顶端。仅塔乌贼属幼体具眼柄,其他属幼体无眼柄。漏斗两侧与头部愈合。第3腕最长,雄性左侧或右侧第4腕茎化。眼球具 4 个或更多圆形小发光器。

文献:Voss, 1980。

属的检索:

1(4)漏斗器具漏斗阀

2(3)触腕穗掌部中间两列吸盘扩大 …………………………………………… 塔乌贼属

3(2)触腕穗掌部中间两列吸盘不扩大 ………………………………………… 小头乌贼属

4(1)漏斗器无漏斗阀 ………………………………………………………… 纺锤乌贼属

小头乌贼属 *Cranchia* Leach，1817

小头乌贼属已知仅小头乌贼 *Cranchia scabra* 1 种。

小头乌贼 *Cranchia scabra* Leach，1817

分类地位：头足纲，鞘亚纲，枪形目，开眼亚目，小头乌贼科，小头乌贼亚科，小头乌贼属。

学名：小头乌贼 *Cranchia scabra* Leach，1817。

分类特征：体略呈椭圆形，前平后尖，薄而坚实（图 4-62A）。外套表面布满软骨质瘤，每个瘤上具 3~5 个尖突。漏斗与外套两侧愈合部各仅具 1 个分叉的软骨质瘤状突起带。仔鱼眼无柄。漏斗器具大的漏斗阀。单鳍近卵形，具游离的后鳍垂。触腕穗仅具吸盘，无钩；触腕柄远端 2/3 具斜对称的吸盘和瘤突（图 4-62B）；触腕穗吸盘内角质环全环具尖齿（图 4-62C）。腕短而不等，腕式为 3>4>2>1，吸盘内角质环远端具圆齿（图 4-62D~G）。雄性右侧第 4 腕茎化（图 4-62H），扩大吸盘内角质环全环具圆齿（图 4-62I）。角质颚上颚喙内表面光滑，翼部延伸至侧壁前缘宽的近基部处，脊突弯曲。下颚喙缘弯曲，喙短，约为头盖长的 70%；脊突宽，不增厚；无侧壁皱或脊。内壳略呈长柄小勺

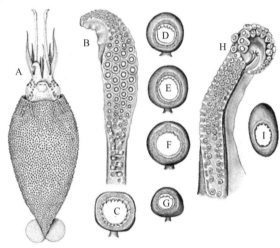

图 4-62 小头乌贼形态特征示意图
A. 腹视；B. 触腕穗；C. 触腕穗吸盘；D~G. 第 4 腕吸盘；H. 茎化腕；I. 茎化腕顶端扩大的吸盘（据 Young，1972；Voss，1980）

形，后端具一个短小的尾椎。两眼各具 14 个卵形发光器；成熟或接近成熟的个体各腕顶端具发光器。

生活史及生物学：仔鱼和稚鱼多生活于大洋表层或上层，成体多生活于 500 m 以内的深层水域，最深可达 3 500 m。小头乌贼受到攻击时，将头、腕和触腕缩进外套腔内，外套鼓成球形，色素膨大，因而口小的捕食者无法对其发起攻击（图 4-63）；此外它还可以向外套腔内喷墨，使膨胀的外套球不透明，并以此来逃避敌人。小头乌贼是海燕的重要食饵，同时在帆蜥鱼和抹香鲸的胃中也有发现。小头乌贼仔鱼，体表无瘤，外套大部分覆盖色素体，随着个体发育很快覆盖整个外套，眼无柄，胴长 8 mm 时外套开始具瘤。

地理分布：分布在世界各大洋热带和亚热带水域（图 4-64）。

大小：最大胴长 150 mm。

渔业：潜在经济种。

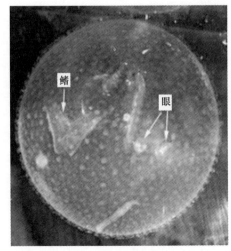

图 4-63 小头乌贼后侧视（据 Young and Mangold，1998）

文献：Hunt，1996；Roper and Lu，1990；Young，1972；Young and Mangold，1998，1999；Diekmann et al，2002。

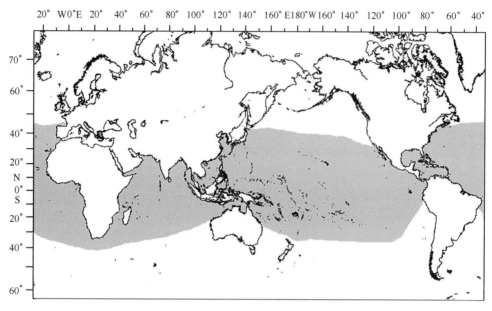

图 4-64　小头乌贼地理分布示意图

塔乌贼属 *Leachia* Lesueur, 1821

塔乌贼属已知大西洋塔乌贼 *Leachia atlantica*、塔乌贼 *Leachia cyclura*、达娜厄塔乌贼 *Leachia danae*、脱位塔乌贼 *Leachia dislocata*、太平洋塔乌贼 *Leachia pacifica* 5 种,其中塔乌贼为本属模式种。

分类地位:头足纲,鞘亚纲,枪形目,开眼亚目,小头乌贼科,小头乌贼亚科,塔乌贼属。

分类特征:漏斗—外套两侧愈合部各仅具 1 列软骨质瘤状突起带(小头乌贼科唯一具此特征属)(图 4-65)。仔鱼具眼柄(图 4-66)。漏斗无漏斗阀,漏斗器背片 U 形,其上生 3~7 个乳突。两鳍相接呈横椭圆形。触腕穗中间列吸盘十分扩大。依据种的不同,两眼各具 5~21 个卵形发光器,成熟或接近成熟雌体第 3 腕顶端具发光器。

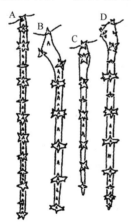

图 4-65　塔乌贼属漏斗—外套愈合部软骨质瘤状突起示意图

A. 大西洋塔乌贼;B. 脱位塔乌贼;C. 达娜厄塔乌贼;D. 太平洋塔乌贼(据 Voss et al, 1992)

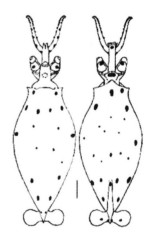

图 4-66　塔乌贼属仔鱼背视和腹视(据 Young and Mangold, 1996)

文献:Voss, 1980；Voss et al, 1992；Young, 1978；Young and Mangold, 1996。

脱位塔乌贼 *Leachia dislocata* Young, 1972

分类地位:头足纲,鞘亚纲,枪形目,开眼亚目,小头乌贼科,塔乌贼属。

学名:脱位塔乌贼 *Leachia dislocata* Young, 1972。

分类特征:体长袋型,后端细长(图4-67A)。外套软骨质带为胴长的12%~17%,软骨带中大的复杂瘤状突起一般由2~3个单尖的小突起构成,第2瘤状突起朝向背部中线(图4-67B)。颈部与外套愈合部软骨带前端两侧各具1个圆形小瘤状突起。触腕柄吸盘10~13个;触腕穗掌部中间吸盘直径为边缘吸盘的3倍,触腕锁为交替排列的吸盘和球突,锁长约为触腕长的1/2(图4-

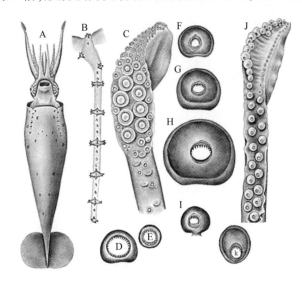

图4-67　脱位塔乌贼形态特征示意图

A. 腹视;B. 外套软骨带;C. 触腕穗;D. 掌部中间吸盘;E. 掌部边缘吸盘;F~I. 分别为第1
~4腕大吸盘;J. 茎化腕;K. 茎化腕顶端扩大的吸盘(据 Young, 1972)

67C);触腕穗吸盘内角质环全环具大量尖齿(图4-67D、E)。腕吸盘内角质环远端具大量尖齿,近端光滑(图4-67F~I)。雄性右侧第4腕茎化(图4-67J),具扩大吸盘(图4-67K)。成体眼球具内外两系列发光器,内系列发光器8个,外系列发光器7个(图4-68)。

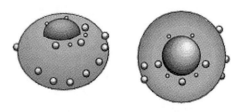

图4-68　脱位塔乌贼眼球发光器示意图
(据 Young and Mangold, 1999)

地理分布:分布在东北太平洋加利福尼亚南部外海。

大小:最大胴长145 mm。

渔业:非常见种。

文献:Voss, 1980；Young, 1972；Young and Mangold, 1998。

太平洋塔乌贼 *Leachia pacifica* Issel, 1908

分类地位:头足纲,鞘亚纲,枪形目,开眼亚目,小头乌贼科,塔乌贼属。

学名:太平洋塔乌贼 *Leachia pacifica* Issel, 1908。

分类特征:体长袋型,后端细长(图4-69)。外套壁薄,但肌肉发达。鳍椭圆形,鳍长约为体长的 1/3,鳍宽约为体长的 2/5。外套前端与漏斗愈合处具软骨质瘤状突起带。触腕长,长度约为第 3 腕长的 2 倍,触腕穗吸盘 4 列,中间两列甚大。腕长不等,腕式为 3>4>2>1,腕吸盘 2 列,吸盘内角质环光滑。内壳略呈披针叶形,后端具略长的尾椎。眼球腹面具两列发光器。

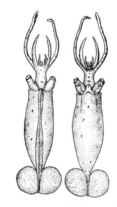

生活史及生物学:外洋性中型种。仔稚鱼生活于大洋中上层,在 20~50 m 水层比较集中。性成熟后下沉,在 1 000 m 左右深海交配、产卵,最深可达1 800 m。

地理分布:分布在世界各大洋热带至亚热带海域(图 4-70)。

大小:最大胴长 100 mm。

渔业:外洋常见种,无经济价值。

文献:董正之,1987。

图 4-69　太平洋塔乌贼背视和腹视(据 董正之,1987)

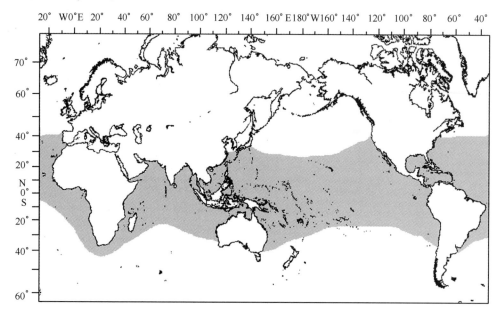

图 4-70　太平洋塔乌贼地理分布示意图

大西洋塔乌贼 *Leachia atlantica* Degner, 1925

分类地位:头足纲,鞘亚纲,枪形目,开眼亚目,小头乌贼科,塔乌贼属。

学名:大西洋塔乌贼 *Leachia atlantica* Degner, 1925。

地理分布:标本采自东北大西洋 36°N, 10°W。

大小:最大胴长 50 mm。

塔乌贼 *Leachia cyclura* Lesueur, 1821

分类地位:头足纲,鞘亚纲,枪形目,开眼亚目,小头乌贼科,塔乌贼属。

学名:塔乌贼 *Leachia cyclura* Lesueur, 1821。

拉丁异名:*Leachia eschscholtzi* Rathke, 1835;*Leachia guttata* Grant, 1835。

地理分布:标本采自南印度洋 37°S 33°E。

大小:最大胴长 200 mm。

文献:Nesis,1987；Norman,2000。

达娜厄塔乌贼 *Leachia danae* Joubin，1931

分类地位:头足纲,鞘亚纲,枪形目,开眼亚目,小头乌贼科,塔乌贼属。

学名:达娜厄塔乌贼 *Leachia danae* Joubin，1931。

地理分布:标本采自巴拿马湾。

大小:最大胴长 170 mm。

文献:Nesis,1987。

纺锤乌贼属 *Liocranchia* Pfeffer，1884

纺锤乌贼属已知纺锤乌贼 *Liocranchia reinhardti* 和瓦尔迪瓦纺锤乌贼 *Liocranchia valdiviae* 2 种,其中纺锤乌贼为本属模式种。

分类地位:头足纲,鞘亚纲,枪形目,开眼亚目,小头乌贼科,小头乌贼亚科,纺锤乌贼属。

分类特征:外套与漏斗两侧愈合部各具两排分叉的软骨质瘤状突起。仔鱼期无眼柄。漏斗具漏斗阀,漏斗器腹片甚大。鳍后端与内壳相连,两鳍相接呈近圆形。触腕柄远端 2/3 吸盘和瘤突两列。依据种不同眼发光器数目不同,4 或 14 个,成熟或接近成熟雌体第 3 腕顶端具发光器。种主要特征比较见表 4-8。

表 4-8　纺锤乌贼属各种主要特征比较

种/特征	软骨质瘤状突起沿外套背部中线	眼球发光器数目
纺锤乌贼	是	14
瓦尔迪瓦纺锤乌贼	否	4

文献:Voss,1980；Young,1978,1995；Young and Mangold,1996；Diekmann,2002。

种的检索:

1(2)眼球发光器 14 个 ……………………………………………………… 纺锤乌贼

2(1)眼球发光器 4 个 ……………………………………………… 瓦尔迪瓦纺锤乌贼

纺锤乌贼 *Liocranchia reinhardti* Steenstrup，1856

分类地位:头足纲,鞘亚纲,枪形目,开眼亚目,小头乌贼科,纺锤乌贼属。

学名:纺锤乌贼 *Liocranchia reinhardti* Steenstrup，1856。

拉丁异名:*Liocranchia intermedia* Robson，1924；*Fusocranchia alpha* Joubin，1920。

分类特征:体长袋状,后端细长(图 4-71A)。外套壁薄,但肌肉发达。外套与漏斗两侧愈合部各具 1 个倒 V 字形软骨质瘤状突起带;背部中线亦具小瘤。鳍椭圆形,鳍长约为体长的 1/5。触腕长,约为第 3 腕长的 3 倍,触腕穗吸盘 4 列,吸盘内角质环具尖齿。腕短而不等,腕式为 3>4>2>1,吸盘 2 列,内角质环具板齿。雄性左侧第 4 腕茎化,远端吸盘 1 列,中部和近端吸盘 2 列(图 4-71B)。角质颚上颚喙内表面光滑无色素沉着带,翼部延伸至侧壁前缘宽的 2/3 处。下颚喙缘弯;头盖低,紧贴脊突;脊突近直线,宽,不增厚;无侧壁脊或皱。内壳略呈披针叶形,后端具短小的尾椎。两眼眼球各具 14 个卵形发光器,内系列 7 个,外系列 6 个,两系列之间 1 个发光器;成熟雌性第 3 腕顶端具大发光器。

生活史及生物学：外洋性中层边界生活种,体中型,具强烈的垂直洄游习性。成体栖息水深300~500 m,幼体栖息于大洋中上层,常在热带海区的50 m左右水层聚集。为中上层鱼类的食饵,在长鳍金枪鱼的胃含物中也有采获。在夏威夷海域,易根据是否具背部小瘤及发光器式样将纺锤乌贼与瓦尔迪瓦纺锤乌贼仔鱼区分开。纺锤乌贼仔鱼外套腹部末端具1个大发光器,胴长稍大的仔鱼外套腹部前端具1行大发光器(图4-72)。

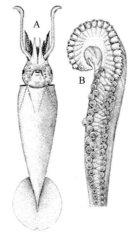

图4-71　纺锤乌贼形态特征示意图
A. 腹视;B. 茎化腕(据 Voss,1980;Young and Mangol,1996)

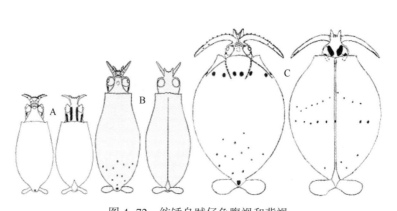

图4-72　纺锤乌贼仔鱼腹视和背视
A. 胴长2.9 mm;B. 胴长4.5 mm;C. 胴长7.7 mm(据 Young,1996)

地理分布：世界各大洋热带和亚热带水域(图4-73)。

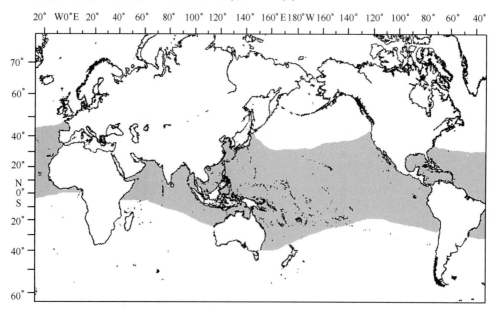

图4-73　纺锤乌贼地理分布示意图

大小：最大胴长250 mm。

渔业：外洋常见种,无经济价值。

文献：Nesis,1982,1987;Voss,1980;Young,1978,1995;Young and Mangold,1996。

瓦尔迪瓦纺锤乌贼 *Liocranchia valdiviae* Chun, 1910

分类地位:头足纲,鞘亚纲,枪形目,开眼亚目,小头乌贼科,纺锤乌贼属。

学名:瓦尔迪瓦纺锤乌贼 *Liocranchia valdiviae* Chun, 1910。

分类特征:体长袋状,后端细长(图4-74A)。外套壁薄,但肌肉发达。外套与漏斗两侧愈合部各具1个倒V字形软骨质瘤状突起带;背部中线无小瘤。鳍椭圆形,鳍长约为体长的1/5。触腕穗吸盘4列,腕吸盘2列。两眼眼球各具4个卵形发光器,排成1列(图4-74B)。

生活史及生物学:为外洋性深水种,体中型,幼体经常捕获,成体很少捕获。在夏威夷海域无垂直洄游习性(但偶尔夜间在表层可见),随着其个体发育生活水层不断加深,但白天与夜间生活水层不变。仔鱼外套背部中线无小瘤,背部后部末端具3个小色素体,背部后1/2具一大块色素区(图4-75)。

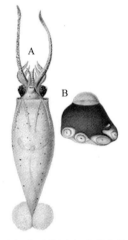

图4-74　瓦尔迪瓦纺锤乌贼形态特征示意图
A. 腹视;B. 眼球发光器(据 Chun, 1910)

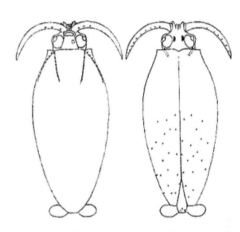

图4-75　胴长7.7 mm 仔鱼腹视和背视
(据 Young and Mangold, 1996)

地理分布:分布在热带印度洋—太平洋。

大小:最大胴长 250 mm。

渔业:外洋常见种,无经济价值。

文献: Chun, 1910;Nesis, 1982, 1987;Young, 1978;Young and Mangold, 1996。

孔雀乌贼亚科 Taoniinae Pfeffer, 1912

孔雀乌贼亚科以下包括深奇乌贼属 *Bathothauma*、小猪乌贼属 *Helicocranchia*、履乌贼属 *Sandalops*、里古乌贼属 *Liguriella*、梅思乌贼属 *Mesonychoteuthis*、盖乌贼属 *Galiteuthis*、孔雀乌贼属 *Taonius*、欧文乌贼属 *Teuthowenia*、巨小头乌贼属 *Megalocranchia*、艾格乌贼属 *Egea* 10属,共计20种。

分类地位:头足纲,鞘亚纲,枪形目,开眼亚目,小头乌贼科,孔雀乌贼亚科。

亚科特征:外套无软骨质突起,若有,则位于漏斗和颈软骨顶端。仔鱼和某些种的稚鱼具眼柄。漏斗两侧与头部不愈合。雄性第4腕不茎化。眼球具1~3个不同大小和形状的发光器。各属主要特征比较见表4-9。

表 4-9 孔雀乌贼亚科属主要特征比较

属/特征	鳍小,分离桨状	短披针形鳍与内壳末端相连	中等披针形,鳍与外套相连	长披针形,端生	稚鱼眼管状	触腕穗具钩或钩状吸盘	眼球发光器3个	内脏具发光器	触腕柄锁仅背侧4列
深奇乌贼属	是								是
小猪乌贼属	是								
履乌贼属		是			是				
里古乌贼属		是							
梅思乌贼属						是			
盖乌贼属				是		是			
孔雀乌贼属				是	是	是			
欧文乌贼属			是				是		是
巨小头乌贼属								是	是
艾格乌贼属			是						

属的检索:

1(2)内脏具发光器 ·· 巨小头乌贼属

2(1)内脏无发光器

3(8)触腕穗具钩或钩状吸盘

4(7)触腕穗具钩

5(6)鳍心形或桃形 ·· 梅思乌贼属

6(5)鳍披针叶形 ·· 盖乌贼属

7(4)触腕穗具钩状吸盘 ·· 孔雀乌贼属

8(3)触腕穗仅具吸盘

9(12)鳍短桨形

10(11)漏斗巨大 ··· 小猪乌贼属

11(10)漏斗正常大小 ··· 深奇乌贼属

12(9)鳍披针叶形

13(14)眼球发光器3个 ······································ 欧文乌贼属

14(13)眼球发光器2个

15(18)眼球两发光器毗邻,漏斗无漏斗阀

16(17)外套与漏斗愈合部具瘤状突起 ·························· 里古乌贼属

17(16)外套与漏斗愈合部无瘤状突起 ·························· 履乌贼属

18(15)眼球两发光器不毗邻,漏斗具漏斗阀 ····················· 艾格乌贼属

深奇乌贼属 *Bathothauma* Chun，1906

深奇乌贼属已知仅深奇乌贼 *Bathothauma lyromma* 1 种。

深奇乌贼 *Bathothauma lyromma* Chun，1906

分类地位:头足纲,鞘亚纲,枪形目,开眼亚目,小头乌贼科,孔雀乌贼亚科,深奇乌贼属。

学名:深奇乌贼 *Bathothauma* Chun，1906。

　　拉丁异名: *Leucocranchia pfefferi* Joubin, 1912。

　　分类特征:体筒状,后端钝。外套壁薄,但肌肉发达。漏斗—外套愈合处不具瘤和软骨质带。两鳍明显分开(与内壳末端相连),圆桨状,亚端生。漏斗无漏斗阀,漏斗器背片倒V字形。触腕穗仅具吸盘。触腕柄近端吸盘和瘤突两列;远端仅触腕穗基部处4列,形成延长的腕骨簇(图4-76)。

　　地理分布:环热带亚热带水域分布(除南大西洋某些亚热带水域),在东北大西洋和南太平洋温带水域也有分布。

　　生活史及生物学:栖息水深可至1 000 m,随着个体发育,分布水层逐渐加深。仔鱼两鳍明显分开,具长的臂柱和极度延长的眼柄,色素体式样独特。

　　大小:最大胴长200 mm。

　　渔业:非常见种。

　　文献:Chun, 1910; Voss, 1980; Young, 1978; Young et al, 2002。

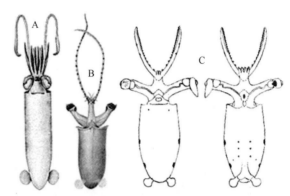

图4-76　深奇乌贼形态特征示意图

A. 胴长165 mm亚成体;B. 胴长65 mm稚鱼;C. 胴长5 mm仔鱼(据Chun, 1910;Voss, 1980)

艾格乌贼属 *Egea* Joubin, 1933

　　艾格乌贼属已知仅艾格乌贼 *Egea inermis* 1种。

艾格乌贼 *Egea inermis* Joubin, 1933

　　分类地位:头足纲,鞘亚纲,枪形目,开眼亚目,小头乌贼科,孔雀乌贼亚科,艾格乌贼属。

　　学名:艾格乌贼 *Egea inermis* Joubin, 1933。

　　拉丁异名: *Phasmatopsis lucifer* Voss, 1963; *Teuthowenia elongata* Sasaki, 1929。

　　分类特征:体圆锥形,外套与漏斗愈合部顶点不具瘤(图4-77A～C)。漏斗具漏斗阀,漏斗器背片倒V字形,其分支上生三角形翼片,腹片具V字形开口(图4-77D)。鳍前端1/3或1/3以上部分与外套相连。触腕穗仅具吸盘,无腕骨簇;触腕柄远端3/4具2列吸盘和瘤突。眼球发光器2个,内发光器窄新月形,侧发光器窄S形,环绕眼睛晶体的2/3(图4-77E)。亚成体第3腕顶端具发光器。

　　地理分布:环温带水域分布,延伸至西北大西洋墨西哥湾流和西北太平洋黑潮水域。

　　大小:最大胴长420 mm。

　　渔业:非常见种。

　　文献:Nesis, 1982, 1987; Voss, 1980; Voss et al, 1992; Young and Mangold, 1999。

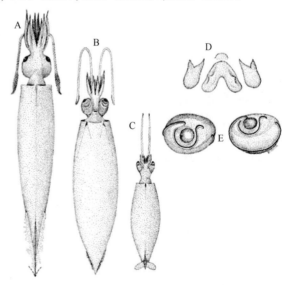

图4-77　艾格乌贼形态特征示意图

A. 胴长198 mm的亚成体;B. 胴长48 mm的稚鱼;C. 胴长7 mm的仔鱼;D. 漏斗阀和漏斗器;E. 眼球发光器(据Voss, 1980)

盖乌贼属 *Galiteuthis* Joubin，1898

盖乌贼已知盖乌贼 *Galiteuthis armata*、冰盖乌贼 *Galiteuthis glacialis*、太平洋盖乌贼 *Galiteuthis pacifica*、叶状盖乌贼 *Galiteuthis phyllura*、苏氏盖乌贼 *Galiteuthis suhmi* 5 种，其中盖乌贼为本属模式种。该属种在全球各大洋均有分布(除北冰洋)。

分类地位：头足纲，鞘亚纲，枪形目，开眼亚目，小头乌贼科，孔雀乌贼亚科，盖乌贼属。

属特征：依种不同，外套与漏斗愈合部具或不具小瘤。漏斗无漏斗阀，漏斗器背片生 3 个扁平的乳突。鳍端生，披针形。触腕柄远端 2/3 ~ 3/4 具两列吸盘和球突。触腕穗钩两列(胴长 35 ~ 60 mm 时触腕穗钩开始出现)，某些钩扩大。眼球发光器两个，内侧一个新月形，外侧的一个短，略弯，位于内侧发光器内凹处。腕顶端无发光器。

文献：Nesis, 1982, 1987; Voss, 1980; Voss et al, 1992; Young, 1972; Young and Mangold, 1999。

主要种的检索：

1(4)外套与漏斗愈合部具小瘤或突起

2(3)外套与颈愈合部具小瘤或突起 ··· 冰盖乌贼

3(4)外套与颈愈合部不具小瘤或突起 ··· 叶状盖乌贼

4(1)外套与漏斗愈合部不具小瘤或突起 ··· 太平洋盖乌贼

冰盖乌贼 *Galiteuthis glacialis* Chun，1906

分类地位：头足纲，鞘亚纲，枪形目，开眼亚目，小头乌贼科，孔雀乌贼亚科，盖乌贼属。

学名：冰盖乌贼 *Galiteuthis glacialis* Chun, 1906。

拉丁异名：*Galiteuthis aspera* Filippova, 1972。

分类特征：体圆锥形(图4-78)。外套与漏斗两侧愈合部各具一条延长的线性瘤状突起，每个突起具 2 ~ 3 个尖；外套与颈两侧愈合部具 2 ~ 3 个尖的瘤状小突起；亚成体外套表面具大量圆形软骨质瘤状突起。触腕柄具两列吸盘和球突(图 4-79A)；仔鱼触腕穗仅具吸盘(图 4-79B)，亚成体触腕穗钩 10 ~ 12 个，掌部侧列具小吸盘(图 4-79C、D)。腕吸盘两列，腕吸盘远端 1/3 具 6 ~ 8 个小齿(图 4-79E ~ H)。眼球内侧发光器新月形，外侧发光器短条形(图 4-80)。

生活史及生物学：胴长 5 ~ 6 mm 的仔鱼外套与颈愈合部已具瘤状突起。胴长 7 mm 的仔鱼外套与漏斗愈合部的瘤状突起亦可见。胴长 11 mm 的仔鱼眼很小，具短柄，两鳍明显分开(图4-78C)。胴长 30 mm 的稚鱼触腕穗形成，吸盘 4 列。胴长 54 mm 的稚鱼眼睛眼柄开始消失，鳍呈现成体鳍的形状(即长大于宽)(图 4-78B)。胴长 55 ~ 65 mm 的稚鱼触腕穗钩开始出现。胴长 100 mm 的个体触腕穗钩发育完好，外套具瘤状突起。胴长 125 mm 的个体眼球发光器形成。

地理分布：环南极水域均有分布(图 4-81)。

大小：最大胴长 500 mm。

渔业：潜在经济种，在南极资源较为丰富。

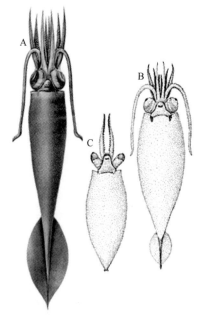

图 4-78 冰盖乌贼腹视

A. 胴长 297 mm 的亚成体；B. 胴长 54 mm 的稚鱼；C. 胴长 11 mm 的仔鱼 (据 McSweeny, 1978; Voss, 1980)

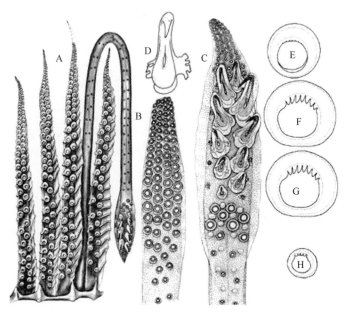

图 4-79　冰盖乌贼形态特征示意图

A. 左侧头冠；B. 胴长 26 mm 仔鱼触腕穗；C. 胴长 235 mm 亚成体触腕穗；D. 触腕穗大钩；E~H.
分别为第 2 腕第 4、20、36、70 内角质环（据 McSweeny，1978）

图 4-80　冰盖乌贼眼球发光器（据 McSweeny，1978）

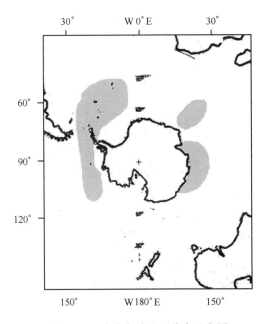

图 4-81　冰盖乌贼地理分布示意图

文献：Chun，1906；McSweeny，1978；Nesis，1982；Voss，1980；Young and Mangold，2006。

太平洋盖乌贼 *Galiteuthis pacifica* Robson，1948

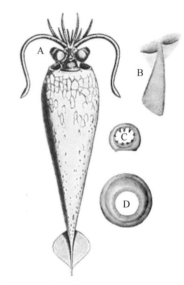

分类地位：头足纲，鞘亚纲，枪形目，开眼亚目，小头乌贼科，孔雀乌贼亚科，盖乌贼属。

学名：太平洋盖乌贼 *Galiteuthis pacifica* Robson，1948。

分类特征：体圆锥形（图4-82A），外套与漏斗及颈的愈合部均无瘤状突起（图4-82B）。触腕穗钩10~12个，触腕穗指部大吸盘内角质环全环具约20个尖齿（图4-82C）。腕吸盘内角质环光滑（图4-82D）。眼球外侧具一圈发光器。

生活史及生物学：不具垂直洄游习性，在夏威夷水域，栖息水深在700 m以下水层。

地理分布：广泛分布在太平洋水域（图4-83）。

大小：最大胴长200 mm。

渔业：非常见种。

文献：Nesis，1982，1987；Young，1972，1978；Okutani，1995；Young and Mangold，1999；Young et al，1999。

图4-82　太平洋盖乌贼形态特征示意图
A. 腹视；B. 外套与漏斗愈合部的外套部分；C. 第3腕最大吸盘内角质环；D. 触腕穗指部最大吸盘内角质环（据 Young，1972；Young et al，1999）

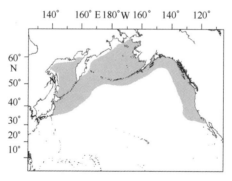

图4-83　太平洋盖乌贼地理分布示意图

叶状盖乌贼 *Galiteuthis phyllura* Berry，1911

分类地位：头足纲，鞘亚纲，枪形目，开眼亚目，小头乌贼科，孔雀乌贼亚科，盖乌贼属。

学名：叶状盖乌贼 *Galiteuthis phyllura* Berry，1911。

拉丁异名：*Galiteuthis beringiana* Sasaki，1920。

分类特征：体圆锥形（图4-84A），外套与漏斗愈合部具2~4个圆锥形瘤突（图4-84B），外套与颈愈合部无瘤突。亚成体的触腕穗钩10~14个，掌部侧列具小吸盘（图4-84C），指部大吸盘内角质环远端1/3具4个尖齿（图4-84D）。腕吸盘内角质环光滑（图4-84E~H）。眼球外侧具1短条形发光器。

生活史及生物学：遇敌害时，体膨大，并向外套腔内释放墨汁，身体变黑，以此来逃避敌害。

地理分布:分布区从下加利福尼亚至白令海和日本北部外海。

大小:最大胴长 2.7 m。

渔业:非常见种。

文献:Nesis,1982；Hunt,1996；Young,1972；Young and Mangold,1999。

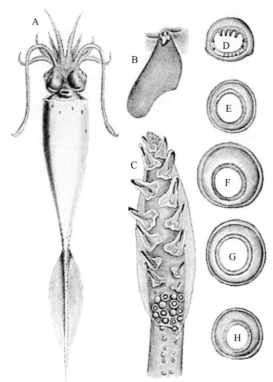

图 4-84　叶状盖乌贼形态特征示意图

A. 腹视；B. 外套与漏斗愈合部；C. 触腕穗；D. 触腕穗指部最大吸盘内角质环；E~H.
第 1~4 腕最大吸盘内角质环(据 Young,1972)

盖乌贼 *Galiteuthis armata* Joubin, 1898

分类地位:头足纲,鞘亚纲,枪形目,开眼亚目,小头乌贼科,孔雀乌贼亚科,盖乌贼属。

学名:盖乌贼 *Galiteuthis armata* Joubin, 1898。

拉丁异名:*Zygocranchia zygaena* Vérany, 1851；*Taonidium pfefferi* Russell, 1909；*Galiteuthis suhmi* Chun, 1910。

英文名:Armed cranch squid；**法文名**:Encornet-outre armé；**西班牙文名**:Cranquiluria armada。

地理分布:分布在中北大西洋。

大小:最大胴长 82 mm。

文献:Akimushkin, 1965；Nesis, 1987；Young, 1972。

苏氏盖乌贼 *Galiteuthis suhmi* Hoyle, 1885

分类地位:头足纲,鞘亚纲,枪形目,开眼亚目,小头乌贼科,孔雀乌贼亚科,盖乌贼属。

学名:苏氏盖乌贼 *Galiteuthis suhmi* Hoyle, 1885。

地理分布:分布在南极。

大小:最大胴长 110 mm。

文献:Chun, 1910。

小猪乌贼属 *Helicocranchia* Massy, 1907

小猪乌贼属已知乳突小猪乌贼 *Helicocranchia papillata*、小猪乌贼 *Helicocranchia pfefferi*、周氏小猪乌贼 *Helicocranchia joubini* 3 种,其中小猪乌贼为本属模式种。该属巨大的漏斗似小猪的嘴巴,因此得名小猪乌贼。

分类地位:头足纲,鞘亚纲,枪形目,开眼亚目,小头乌贼科,孔雀乌贼亚科,小猪乌贼属。

英文名:Piglet squid。

分类特征:外套与漏斗愈合部无小瘤。漏斗巨大(图 4-85A),无漏斗阀,漏斗器背片生 3 个纤细的乳突。鳍小,短桨形。鳍与内壳后部短的尾椎喙相连,鳍背部凸,超过外套末端顶点。触腕柄近端基部具两列吸盘和球突,触腕穗仅具吸盘。眼球具 1 个发光器(图 4-85B)。腕顶端无发光器。

生活史及生物学:小型大洋性种类,无垂直洄游的习性,但随着个体发育,栖息水层逐渐加深,仔鱼

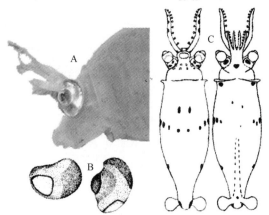

图 4-85　小猪乌贼属形态特征示意图
A. 头部侧视;B. 眼球发光器;C. 胴长 3.4 mm 仔鱼腹视和背视(据 Voss, 1980;Young and Mangold, 2006)

分布于近表层水域,接近成体时期分布于中层水域下层。仔鱼期即具有巨大的漏斗,眼睛几乎无柄(图 4-85C)。东北大西洋乳突小猪乌贼与小猪乌贼仔鱼形态特征比较见表 4-10。

表 4-10　东北北大西洋乳突小猪乌贼与小猪乌贼仔鱼主要特征比较(据 Diekmann et al, 2002)

特征/种	小猪乌贼	乳突小猪乌贼
内壳末端	喙长窄	喙短宽
鳍	大	小
漏斗器	腹片 L 形	腹片弯刀形
腕	第 3 腕无不规则扩大的吸盘	第 3 腕中间具扩大的吸盘(>7mm ML)
触腕	中等长度,粗壮	细长,大于胴长(>10mm ML)
触腕穗指部	背列至腹列吸盘逐渐增大	背列至腹列吸盘逐渐增大
触腕穗掌部	中间两列吸盘略微扩大	腹列 4 或 5 个吸盘不规则扩大

地理分布:广泛分布在世界各大洋热带和亚热带水域,而在大西洋则分布在北温带水域。

文献:Lu and Clarke, 1975;Voss, 1980;Voss et al, 1992;Young, 1972, 1978;Young and Mangold, 2006;Diekmann et al, 2002。

小猪乌贼 *Helicocranchia pfefferi* Massy, 1907

分类地位:头足纲,鞘亚纲,枪形目,开眼亚目,小头乌贼科,孔雀乌贼亚科,小猪乌贼属。

学名:小猪乌贼 *Helicocranchia pfefferi* Massy, 1907。

拉丁异名:*Helicocranchia beebei* Robson, 1948。

英文名:Banded piglet squid。

分类特征:体圆锥形(图4-86A),外套无瘤突,侧部具橙色或褐色的色素带。雌性第3腕中间吸盘不扩大。触腕穗吸盘4列(图4-86B),大吸盘内角质环远端1/2具细尖的齿(图4-86C)。腕近端吸盘2列,列间距大;远端吸盘数列,吸盘排列紧密(图4-86D、E);吸盘内角质环具圆形小齿(图4-86F~I)。眼球具1个黄色的发光器。

生活史及生物学:无垂直洄游的习性,但随着个体发育,栖息水层逐渐加深。在大西洋水域的,胴长小于30 mm的个体渔获水层100~200 m,胴长30 mm左右开始,随着个体发育的进行,栖息水层逐渐加深,胴长49 mm个体的渔获水层为300~400 m。

地理分布:分布在温带北大西洋爱尔兰附近水域、日本东南部、澳大利亚东北部、中东太平洋(图4-87)。

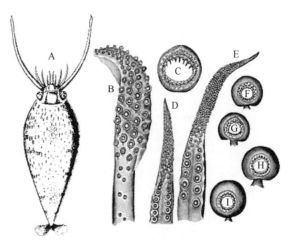

图4-86　小猪乌贼形态特征示意图
A. 腹视;B. 触腕穗;C. 触腕穗大吸盘;D. 第1腕;E. 第2腕;F~I. 第1~4腕最大吸盘(据Young, 1972;Bright, 1996)

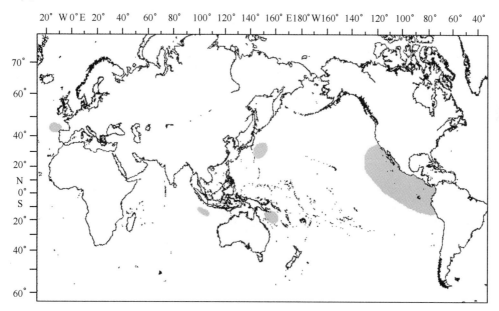

图4-87　小猪乌贼地理分布示意图

大小:最大胴长60 mm。

渔业:非常见种。

文献:Young, 1972, 1978;Nesis, 1987;Young and Mangold, 1999;Norman, 2000。

乳突小猪乌贼 *Helicocranchia papillata* Voss,1960

分类地位:头足纲,鞘亚纲,枪形目,开眼亚目,小头乌贼科,孔雀乌贼亚科,小猪乌贼属。

学名:乳突小猪乌贼 *Helicocranchia papillata* Voss, 1960。

拉丁异名:*Megalocranchia papillata* Voss, 1960。

地理分布:东北大西洋。

大小:最大胴长 40 mm。

文献:Voss,1960。

周氏小猪乌贼 *Helicocranchia joubini* Voss,1962

分类地位:头足纲,鞘亚纲,枪形目,开眼亚目,小头乌贼科,孔雀乌贼亚科,小猪乌贼属。

学名:周氏小猪乌贼 *Helicocranchia joubini* Voss,1962。

拉丁异名:*Ascocranchia joubini* Voss,1962。

地理分布:大西洋。

大小:最大胴长 63 mm。

文献:Voss,1962。

里古乌贼属 *Liguriella* Issel,1908

里古乌贼属已知仅里古乌贼 *Liguriella podophtalma* 1 种。

里古乌贼 *Liguriella podophtalma* Issel,1908

分类地位:头足纲,鞘亚纲,枪形目,开眼亚目,小头乌贼科,孔雀乌贼亚科,里古乌贼属。

学名:里古乌贼 *Liguriella podophtalma* Issel,1908。

拉丁异名:*Vossoteuthis pellucida* Nesis,1974。

分类特征:体袋状,后端短钝(图 4-88A~C)。外套壁薄,但肌肉发达。外套与漏斗愈合部具小瘤(图 4-88D)。漏斗无漏斗阀,漏斗器背片生 3 个乳突。鳍小,圆形,端生,后端与内壳末端嵌合,前端几乎与内壳翼部嵌合。幼体具长眼柄,成体无眼柄。触腕柄吸盘和球突两列。触腕穗仅具吸盘,无腕骨簇。两眼各具两个毗邻的发光器,其中一大、一小(图 4-88E)。腕顶端无发光器。

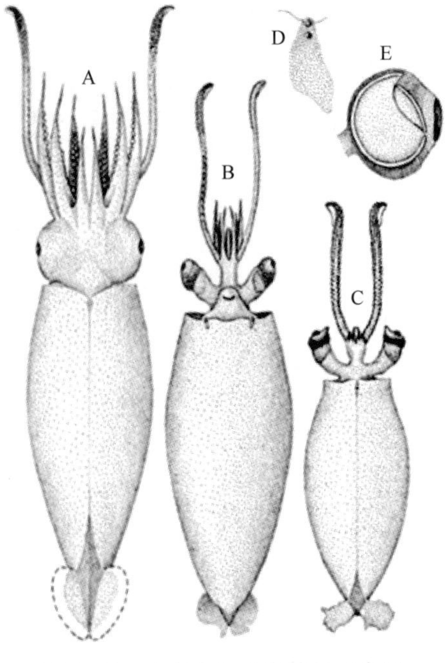

生活史及生物学:外洋性种类,不易捕获,分布水深可至 1 000 m。仔鱼期具长眼柄,腕短,触腕穗延长(图 4-88C)。

地理分布:环热带亚热带水域分布。

大小:最小胴长 243 mm。

渔业:非常见种。

图 4-88 里古乌贼形态特征示意图

A. 胴长 243 mm 亚成体;B. 胴长 68 mm 的稚鱼;C. 胴长 12 mm 的仔鱼;D. 外套与漏斗愈合部;E. 眼球发光器(据 Voss,1980)

文献:Voss,1980;Voss and Dong,1992;Young and Mangold,1999。

巨小头乌贼属 *Megalocranchia* Pfeffer,1884

巨小头乌贼属已知巨小头乌贼 *Megalocranchia maxima* 和大洋巨小头乌贼 *Megalocranchia oce-*

anica 2 种,其中巨小头乌贼为本属模式种。

分类地位:头足纲,鞘亚纲,枪形目,开眼亚目,小头乌贼科,孔雀乌贼亚科,巨小头乌贼属。

属特征:外套与漏斗愈合部有或无瘤状突起。胴长约 50mm 的仔鱼外套表面具厚凝胶质的皮肤。漏斗具漏斗阀,漏斗器背片生两个三角形翼片,无乳突。亚成体鳍前端 10%~15% 与外套相连。触腕柄中部 1/3 具两列吸盘和球突,随后部分至触腕穗腕骨部增加至 4 列。触腕穗仅具吸盘。消化腺具发光器。成熟雌性第 1~3 腕,或仅第 2 腕,或仅第 3 腕顶端具发光器。

生活史及生物学:外洋性巨型种,不易捕获,栖息水深可至 1 000 m。胴长 40~50 mm 的仔鱼出现在近表层水域,大个体白天出现在中层水域,夜间出现在近表层水域。

地理分布:环热带和亚热带水域分布。

文献:Tsuchiya and Okutani, 1993; Voss, 1980; Voss et al, 1992; Young, 1978; Young and Mangold, 1996。

巨小头乌贼 *Megalocranchia maxima* Pfeffer, 1884

分类地位:头足纲,鞘亚纲,枪形目,开眼亚目,小头乌贼科,孔雀乌贼亚科,巨小头乌贼属。

学名:巨小头乌贼 *Megalocranchia maxima* Pfeffer, 1884。

拉丁异名: *Megalocranchia abyssicola* Goodrich, 1896; *Megalocranchia maxima* Sasaki, 1929; *Corynomma speculator* Chun, 1910; *Helicocranchia fisheri* Berry, 1909。

分类特征:体细长,两鳍相接呈长椭圆形,鳍长约为胴长的 50%(图 4-89A)。外套与漏斗两侧愈合部各具 1 个倒 V 字形软骨质瘤状突起带。触腕穗吸盘 4 列。眼具 1 个曲线形和新月形发光器(图 4-89B)。内脏具 4 个大发光器。

地理分布:好望角和日本南部海域(图 4-90)。

大小:最大胴长 1.8 m。

文献:Nesis, 1987; Okutani, 1995。

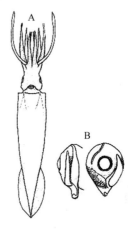

图 4-89　巨小头乌贼形态特征示意图
A. 腹视;B. 眼球发光器

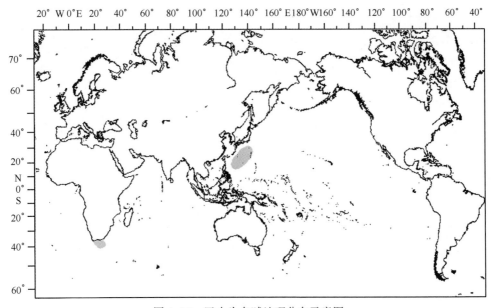

图 4-90　巨小头乌贼地理分布示意图

大洋巨小头乌贼 *Megalocranchia oceanica* Voss, 1960

分类地位:头足纲,鞘亚纲,枪形目,开眼亚目,小头乌贼科,孔雀乌贼亚科,巨小头乌贼属。
学名:大洋巨小头乌贼 *Megalocranchia oceanica* Voss, 1960。
拉丁异名:*Carynoteuthis oceanica* Voss, 1960。
地理分布:大西洋。
大小:最大胴长 760 mm。
文献:Voss, 1960。

梅思乌贼属 *Mesonychoteuthis* Robson, 1925

梅思乌贼属已知仅梅思乌贼 *Mesonychoteuthis hamiltoni* 1 种,为小头乌贼科个体最大的种类,胴长超过 2m。环南极分布,北至亚热带辐合区。

分类地位:头足纲,鞘亚纲,枪形目,开眼亚目,小头乌贼科,孔雀乌贼亚科,梅思乌贼属。
属特征:眼无眼柄,眼球腹部具两个发光器。鳍略呈桃形。腕和触腕穗具钩 2 列。

梅思乌贼 *Mesonychoteuthis hamiltoni* Robson, 1925

分类地位:头足纲,鞘亚纲,枪形目,开眼亚目,小头乌贼科,孔雀乌贼亚科,梅思乌贼属。
学名:梅思乌贼 *Mesonychoteuthis hamiltoni* Robson, 1925。
英文名:Antarctic cranch squid;**法文名**:Encornet outre commun;**西班牙文名**:Cranquiluria antártica。

分类特征:体宽,略呈高脚杯形,后部 1/3 瘦细,形成细长的尾部,胴长约为胴宽的 5 倍(图 4-91A)。外套壁 50~60 mm 厚,肌肉松软,略显半凝胶质。外套前缘与头在颈部和漏斗锁软骨处愈合。成体体表无瘤状突起,仔鱼和稚鱼具瘤状突起。漏斗无漏斗阀,漏斗器背片生 3 个乳突。鳍端生,肌肉强健,桃形或心形,幼体略呈圆形,无前鳍垂,鳍宽,鳍长约为(或超过)胴长的一半。腕粗长,肌肉强健,顶端削弱,基部具宽的保护膜,基部和远端吸盘两列,中部钩 3~11 对。第 1 腕相对较短,其余各腕长度相近,腕式为 3=4>2> 1(图 4-92)。触腕柄远端 2/3 具斜对称的吸盘和球突。触腕穗略微膨大,无边膜和保护膜;掌部中间钩两列(总数可达 22 个),边缘列为小吸盘;指部具 4 列微小的吸盘。内壳略呈船桨形,翼部长为全长的 3/4,内壳末端向腹面缩卷,形成中空的尾椎。具两个眼球发光器,内侧新月形,外侧小椭圆形,位于前者内凹处。腕顶端不具发光器。

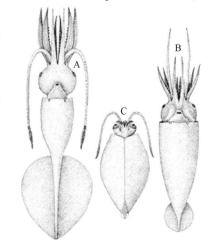

图 4-91 梅思乌贼形态特征示意图
A. 胴长 1 250 mm 亚成体腹视;B. 胴长 86 mm 稚鱼腹视;C. 胴长 23 mm 仔鱼背视

生活史及生物学:典型的寒带中层水域生活的大型种,主要栖息水深 200~600 m。仔鱼栖息水层为表层至 500 m 水层,稚鱼栖息在表层至 1 000 m,最深可达 2 000 m,成体多活动于 400~600 m。分布于南极辐合线以南,为南极带海域的代表种,适温低于 4℃,在水温 0℃左右发现稠密集群,狭盐性,喜高盐,范围约为 34~35.5。夏季偶尔分布到南非的德班外海,此时水温为 2~5℃,盐度为 34.4~34.8。成熟个体胴长超过 1 m,体重 25~30 kg。精囊长 170~270 mm。游泳相对较被动。胴长 45 mm 时腕钩开始出现。主食中层鱼类(灯笼鱼科 Myctophidae 和青眼鱼科 Paralepididae)和鱿鱼,其本身又是抹香鲸的重要饵料。

地理分布:环南极分布,主要分布在南极辐合区,向北可至南非南部、南澳和新西兰外海冷水水域(图4-93)。

大小:最大胴长2.5 m,总长超过4 m。最大体重150 kg。

渔业:潜在的经济种。肉质鲜美。据估算抹香鲸一次可吞食梅思乌贼1~2 t,梅思乌贼资源量约在9 000万t,目前尚没有比较好的渔具渔法开发该种。

图4-92　右侧头冠口视(据Voss,1980)

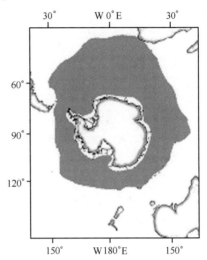

图4-93　梅思乌贼地理分布示意图

文献:Nesis, 1982, 1987;McSweeny, 1970; Voss, 1980; Klumov and Yukhov, 1975; Young and Mangol, 2006; 董正之, 1991。

履乌贼属 *Sandalops* Chun, 1906

履乌贼属已知仅履乌贼 *Sandalops melancholicus* 1种。

履乌贼 *Sandalops melancholicus* Chun, 1906

分类地位:头足纲,鞘亚纲,枪形目,开眼亚目,小头乌贼科,孔雀乌贼亚科,履乌贼属。

学名:履乌贼 *Sandalops melancholicus* Chun, 1906。

拉丁异名:*Uranoteuthis bilucifera* Lu and Clarke, 1974。

英文名:The sandal-eye squid。

分类特征:体筒状(图4-94A),后端钝,外套壁薄,但肌肉发达。外套与漏斗愈合部无瘤突。漏斗无漏斗阀;漏斗器背片倒V字形,两分支各具一个大三角形翼片,腹片梨形(图4-94B)。鳍短,卵形至圆形,鳍后着部未至内壳末端(即亚端生),前着部与内壳两侧翼部相连(图4-94C)。触腕柄远端1/2具两列吸盘和球突,触腕穗仅具吸盘。成熟雄性腕特化,近端宽,具膨大的保护膜,远端无保护膜;吸盘甚小,第2、第3腕吸盘多于两列。两眼各具两个(一大一小)毗连的发光器(图4-94D)。腕顶端无发光器。角质颚上颚喙长,喙长与头盖长比约为0.4,翼部延伸至侧壁前缘宽的基部。下颚喙缘略弯,喙长约等于头盖长;颚角90°;头盖宽低,紧贴脊突;脊突窄弯,不增厚;无侧壁皱或脊,侧壁中部略微增厚。

生活史及生物学:外洋性小型种,不易捕获。栖息于中层水域,最深可达2 000 m,随着个体发育,栖息水层逐渐加深。仔鱼生活在100 m以上水层。随着个体发育,眼睛形状不断变化。仔鱼眼睛侧扁,具"喙",稚鱼眼睛发育成管状,亚成体眼睛接近半球形。仔鱼触腕穗极小,色素沉着稀少(图4-95)。

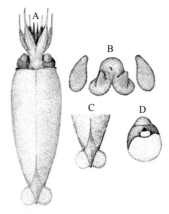

图 4-94　履乌贼形态特征示意图
A. 成熟雄性背视；B. 漏斗器腹视；C. 外套后部和鳍
背视；D. 眼球前腹视（据 Voss，1980）

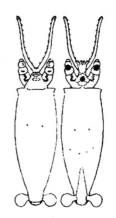

图 4-95　胴长 5.7 mm 仔鱼背视
和腹视（据 Young and Mangold，
1999）

地理分布：环热带亚热带水域分布。

大小：最大胴长 110 mm。

渔业：非常见种。

文献：Lu and Clarke，1974；Nesis，1982，1987；Voss，1980；Voss et al，1992；Young，1975；Young and Mangold，1996，1999。

孔雀乌贼属 *Taonius* Steenstrup，1861

孔雀乌贼属已知孔雀乌贼 *Taonius pavo* 和北方孔雀乌贼 *Tanius borealis* 2 种，其中孔雀乌贼为该属模式种。

分类地位：头足纲，鞘亚纲，枪形目，开眼亚目，小头乌贼科，孔雀乌贼亚科，孔雀乌贼属。

属特征：外套与漏斗愈合部具或不具瘤状突起。漏斗无漏斗阀，漏斗器背片生 3 个圆形乳突。鳍端生，长披针形。外套末端延长，形成细长的尾部。触腕柄远端 2/3 吸盘和球突两列。触腕穗掌部中间两列吸盘扩大，其上生 1 或 2 个大的钩状中齿。眼球发光器两个，内侧的大，新月形，外侧的小，亦新月形，位于前者的内凹处。腕顶端无发光器。

生活史及生物学：无昼夜垂直洄游现象，但个体发育过程中生活水层逐渐下潜，同时伴随着眼睛发育的不断变化。仔鱼期眼侧扁，具眼柄，生活于 400 m 以上水层；胴长 50~140 mm 稚鱼期，生活于 500~700 m（多为 600~650 m）水层；亚成体和成体生活水深超过 700 m，眼睛呈半球形。

地理分布：分布在世界各大洋中层水域。

文献：Joubin，1900；Nesis，1982，1987；Voss，1980；Voss et al，1992；Young，1975；Young and Mangold，1996。

孔雀乌贼 *Taonius pavo* Lessueur，1821

分类地位：头足纲，鞘亚纲，枪形目，开眼亚目，小头乌贼科，孔雀乌贼亚科，孔雀乌贼属。

学名：孔雀乌贼 *Taonius pavo* Lessueur，1821。

拉丁异名：*Loligo pavo* Lessueur，1821；*Loligopsis pavo* Gray，1849。

英文名：Longtail cranchiid squid。

分类特征：体长袋状，细长，柔软，后端尖削，并延伸形成细长的尾部，胴长约为胴宽的 4 倍。外套与漏斗愈合部无软骨质瘤状突起,外套背腹具大小相间的近圆形色素斑。头小,眼球大,眼径与头长相近,眼球外被半透明的膜包围,但眼眶敞开。鳍端生,鳍长约为胴长的1/3,鳍背面具大小相间的圆形色素斑(图4-96A)。触腕穗吸盘4列(图4-96B),指部与腕骨部吸盘小,内角质环光滑,掌部吸盘大,约7~8个,大吸盘内角质环中间1~2齿钩状,其余4~9个齿锐尖(图4-96C)。各腕长相近。腕吸盘2列,基部吸盘甚大,内角质环具20余个板齿(图4-96D);顶端吸盘甚小,内角质环具7~8个板齿。雄性第2、第3、第4对腕,顶端骤小,形成短"鞭",其上具两列短尖的突起。触腕长约为腕长的两倍。内壳披针叶形,叶柄游离端长,末端具较长的中空尾椎。眼球具两个发光器,内侧的大,外侧的小,皆为新月形,小的位于大的内凹处(图4-96E)。

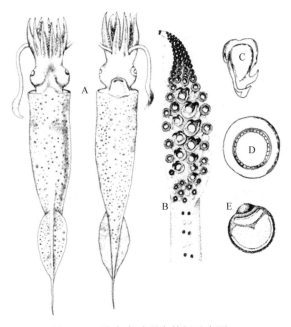

图4-96　孔雀乌贼形态特征示意图

A. 背视和腹视;B. 触腕穗大吸盘;C. 腕吸盘;D~E. 眼球发光器(据董正之,1988;Voss, 1980)

生活史及生物学:大洋外海深水区生活种,渔获最大深度1 180 m。无垂直洄游的习性,迄今尚未在200 m以上水层采获到,但呈现明显的个体发育过程中垂直下潜移动。孔雀乌贼是抹香鲸的重要饵料,在西北太平洋、北太平洋、东北太平洋和东北大西洋捕获的抹香鲸的胃中,经常发现孔雀乌贼的角质颚和躯体。帆蜥鱼也经常猎食孔雀乌贼。

在夏威夷水域,仔鱼与小头乌贼科其他种仔鱼不同,体表几乎无色素体。胴长4.9 mm仔鱼,无色素体。胴长14.5 mm仔鱼,头部背面和腹面各具1个色素体,触腕穗反口面具少量色素体,触腕基部各具1个色素体,触腕穗小。

地理分布:中国东海,日本列岛中部和南部,菲律宾群岛、克罗泽群岛、马德拉群岛、芬兰和墨西哥湾(图4-97)。

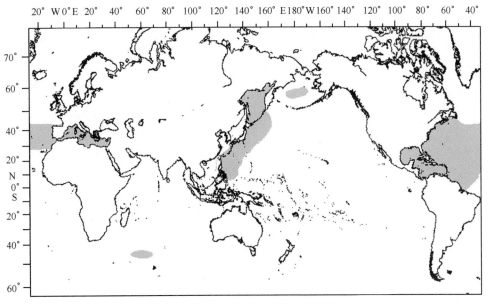

图4-97　孔雀乌贼地理分布示意图

大小：最大胴长 540 mm。

渔业：潜在经济种。在中层拖网中渔获频率比较高，有时占据头足类的首位，中层拖网在 200~1 000 m 水层都有渔获，以 500 m 水层渔获量最高。从捕食者与被捕食者之间的关系上分析，孔雀乌贼在天然海域的资源量比较丰厚，特别是从中层拖网的试捕中取得的实际数据表明，孔雀乌贼在中层水域有一定的资源量，是有希望开发的种类。

文献：董正之，1988，1991；Voss，1980。

北方孔雀乌贼 *Tanius borealis* Nesis，1972

分类地位：头足纲，鞘亚纲，枪形目，开眼亚目，小头乌贼科，孔雀乌贼亚科，孔雀乌贼属。

学名：北方孔雀乌贼 *Tanius borealis* Nesis，1972。

拉丁异名：*Belonella borealis* Nesis，1972。

地理分布：分布在加利福尼亚外海。

大小：最大胴长 540 mm。

文献：Nesis，1987。

欧文乌贼属 *Teuthowenia* Chun，1910

欧文乌贼属已知有欧文乌贼 *Teuthowenia megalops*、斑点欧文乌贼 *Teuthowenia maculata* 和透明欧文乌贼 *Teuthowenia pellucida* 3 种，其中欧文乌贼为本属模式种。该属为小头乌贼科的中型种，生活在中层水域，各种分布区相互独立，分布于初级生产力较高的海域。仔鱼分布于近表层水域，直到胴长至 50~100 mm。

分类地位：头足纲，鞘亚纲，枪形目，开眼亚目，小头乌贼科，孔雀乌贼亚科，欧文乌贼属。

分类特征：外套与漏斗愈合部具 1~4 个瘤状突起。口膜连接肌丝与第 4 腕腹缘相连。漏斗无漏斗阀，漏斗器背片生 3 个乳突。亚成体鳍前端 1/3 或更多与外套相连。触腕柄远端 1/2~2/3 吸盘和球突 4 列，触腕穗仅具吸盘。眼球发光器 3 个。成熟雌性各腕顶端具发光器。

文献：Vecchione and Roper，1991；Voss，1980，1985；Young and Mangold，2006。

种的检索：

1（2）外套与漏斗愈合部瘤突多尖 ·· 透明欧文乌贼

2（1）外套与漏斗愈合部瘤突单尖

3（4）外套与漏斗愈合部瘤突发达，雄性第 2 对腕茎化 ··················· 欧文乌贼

4（3）外套与漏斗愈合部瘤突退化，雄性第 1 第 2 对腕茎化 ········ 斑点欧文乌贼

斑点欧文乌贼 *Teuthowenia maculata* Leach，1817

分类地位：头足纲，鞘亚纲，枪形目，开眼亚目，小头乌贼科，孔雀乌贼亚科，欧文乌贼属。

学名：斑点欧文乌贼 *Teuthowenia maculata* Leach，1817。

分类特征：体圆锥形（图 4-98A）。外套与漏斗两侧合部各具 1 个微弱的瘤突（图 4-98B）。漏斗无漏斗阀，漏斗器背片生三个乳突（图 4-98C）。触腕穗吸盘 4 列（图 4-98D），最大吸盘内角质环全环具 22~26 个尖齿（图 4-98E）。腕式为 3>2>4＝1（图 4-98D），腕吸盘内角质环远端具圆齿（图 4-98F）。雄性第 1 和第 2 腕顶端茎化，茎化部为全腕长的 3%~8%，吸盘 3~4 列；第 1 和第 2 腕近端至茎化部分各具 25~27 个正常吸盘；第 3 腕最大吸盘直径为基部吸盘的 3 倍（至少为胴长的 3.2%）（图 4-98D）。眼球发光器 3 个（图 4-98G）。

生活史及生物学：小型远洋中层至底层水域生活种，栖息水深超过 1 000 m，无垂直洄游习性，

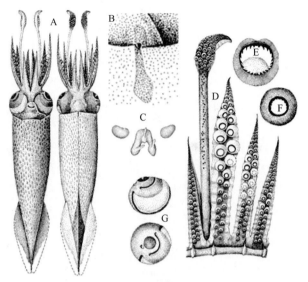

图 4-98　斑点欧文乌贼形态特征示意图

A. 背视和腹视；B. 外套与愈合部腹视；C. 漏斗器腹视；D. 雄性右侧头冠口视；E. 触腕
穗吸盘；F. 腕吸盘；G. 眼球发光器腹视和侧视(据 Voss，1985)

但个体发育过程中分布水层逐渐加深。在 11° N, 20° W 海域,胴长 20 mm 仔鱼白天和夜间渔获水层均为 100 m 以上,胴长 40~50 mm 稚鱼白天和夜间渔获水层均为 500~700 m。

仔鱼期结束胴长 55~60 mm,眼柄消失,外套与漏斗两侧愈合部瘤突均未形成(图 4-99)。仔鱼色素体较欧文乌贼属其他种仔鱼尺寸小、排列密集、数量多。

地理分布:分布在热带东大西洋,分布北限为毛里求斯上升流区(图 4-100)。

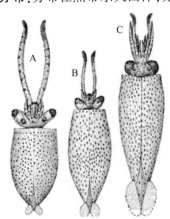

图 4-99　斑点欧文乌贼幼体形态特征示意图

A. 胴长 11 mm 的仔鱼背视；B. 胴长 27 mm 的仔鱼背
视；C. 胴长 56 mm 的稚鱼背视(据 Voss，1985)

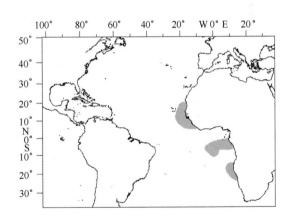

图 4-100　斑点欧文乌贼地理分布示意图

大小:最大胴长 143 mm。

渔业:较常见种,具有一定的资源量。

文献:Lu and Clarke，1975；Voss，1980，1985；Young and Mangold，1999。

欧文乌贼 *Teuthowenia megalops* Prosch，1847

分类地位:头足纲,鞘亚纲,枪形目,开眼亚目,小头乌贼科,孔雀乌贼亚科,欧文乌贼属。

学名:欧文乌贼 *Teuthowenia megalops* Prosch，1847。

拉丁异名:*Desmoteuthis hyperborea* Steenstrup，1856; *Desmoteuthis tenera* Verrill，1881; *Desmoteuthis thori* Degner，1925。

英文名: Atlantic cranch squid;**法文名**:Cranquiluria atlántica;**西班牙文名**:Encornet-outre atlantique。

分类特征:体圆锥形(图 4-101A)。外套与漏斗两侧愈合部各具一个瘤突(很少无)(图 4-101B)。漏斗无漏斗阀,漏斗器背片生三个乳突(图 4-101C)。触腕穗吸盘 4 列(图 4-101D),最大吸盘内角质环全环具 19~24 个尖齿(图 4-101E)。腕式为 3>2>1>4(图 4-101D),腕吸盘内角质环远端具尖齿(图 4-101F)。雄性第 2 腕顶端茎化,茎化部为全腕长的 23%~32%,吸盘 2 列,有时因排列紧密而成 3~4 列;近端至茎化部分具 15~19 对正常吸盘(图 4-101D)。雄性第 1 腕具性别二态性,但顶端不特化;第 3 腕最大吸盘直径为基部吸盘的 3 倍(至少为胴长的 2.0%~2.8%)(图 4-101D)。眼球发光器 3 个(图 4-101G)。

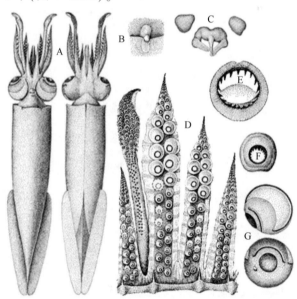

图 4-101　欧文乌贼形态特征示意图(据 Voss，1985)

A. 背视和腹视;B. 外套与漏斗愈合部腹视;C. 漏斗器腹视;D. 雄性右侧头冠口视;E. 触腕穗最大吸盘;F. 腕吸盘;G. 眼球发光器腹视和侧视

生活史及生物学:仔鱼期栖息在 200 m 以上水层,成体栖息在 1 000~2 700 m 水层。仔鱼期结束胴长 75~95 mm,眼柄消失,外套具分布较稀疏的卵形大色素体(图 4-102)。胴长 30~60 mm 时外套与漏斗愈合部瘤突开始出现。

地理分布:分布在亚北极以及北温带大西洋高生产力水域(图 4-103)。

大小:最大胴长 400 mm。

渔业:较常见种,具有一定的资源量。

文献:Muus，1959;Lu and Clarke，1975;Voss，1980，1985;Frandsen and Zumholz，2004;Young and Mangold，2006。

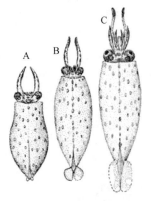

图 4-102　幼体形态特征示意图

A. 胴长 11 mm 仔鱼腹视；B. 胴长 29 mm 仔鱼腹视；

C. 胴长 60 mm 稚鱼腹视（据 Voss，1985）

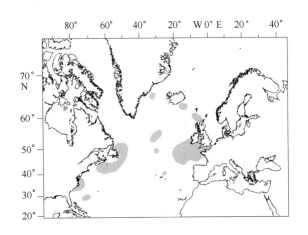

图 4-103　欧文乌贼地理分布示意图

透明欧文乌贼 *Teuthowenia pellucida* Chun，1910

分类地位：头足纲，鞘亚纲，枪形目，开眼亚目，小头乌贼科，孔雀乌贼亚科，欧文乌贼属。

学名：透明欧文乌贼 *Teuthowenia pellucida* Chun，1910。

拉丁异名：*Teuthowenia richardsoni* Dell，1959；*Desmoteuthis pellucida* Chun，1910；*Anomalocranchia impennis* Robson，1924；*Megalocranchia megalops australis* Voss，1967。

分类特征：体圆锥形（图 4-104A）。外套与漏斗两侧愈合部具多尖的瘤突（通常 2~4 尖，偶尔 1~5 尖）（图 4-104B）。漏斗无漏斗阀，漏斗器背片生 3 个乳突（图 4-104C）。触腕穗吸盘 4 列，具不发达的腕骨簇（图 4-104D），最大吸盘内角质环全环具 26~32 个齿（图 4-104E）。雄性第 1 腕顶端 1/3 和近端 1/6 茎化，茎化部吸盘 2~3 列；第 2 腕顶端 1/3 和近端 1/6 茎化，顶端茎化部吸盘 3~4 列；第 1 和第 2 腕近端和顶端茎化部间各具 11~18 个正常吸盘；第 3 腕最大吸盘直径为基部吸盘的 2.5 倍（约为胴长的 2.0%~2.2%）（图 4-104D）。正常吸盘内角质环具小齿（图4-104F），基部特化吸盘开口小，具褶皱（图 4-104G）。角质颚上颚颚角为钝角至直角，翼部延伸至近侧壁前缘宽

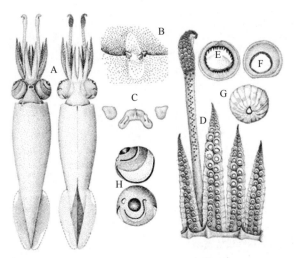

图 4-104　透明欧文乌贼形态特征示意图（据 Voss，1985）

A. 背视和腹视；B. 外套与漏斗愈合部腹视；C. 漏斗器腹视；D. 雄性右侧头冠口视；E. 触腕穗最大吸盘；F. 茎化腕正常吸盘；G. 茎化腕基部特化吸盘；H. 眼球发光器腹视和侧视

的基部。下颚喙窄;颚角钝角至直角;头盖低,紧贴脊突,后缘开口宽;脊突窄弯,不增厚;侧壁脊发达,略增厚,后端至脊突与侧壁拐角之间的 1/2 处。眼球发光器 3 个(图 4-104H)。

生活史及生物学:小型种。未成熟个体渔获水深 900 m 以上,成熟个体渔获水深 1 600~2 400 m。雌性成熟胴长 150~190 mm,胴长 200 mm 的雌性产卵 6 000~8 000 枚,卵径 2.2 mm。雌性在成熟过程中经历外部形态变化,肌肉组织变得松软,腕顶端具发光器,背部中线具腺器官。胴长 10 mm 仔鱼的触腕穗和触腕柄具相互分离的吸盘,触腕柄似延长的触腕穗,这一特点为欧文乌贼属仔鱼与小头乌贼科其他属仔鱼区别的重要特征(图 4-105)。

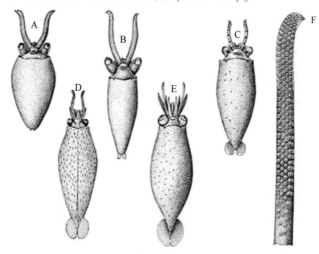

图 4-105　透明欧文乌贼不同时期幼体形态特征示意图(据 Young and Mangold, 2006)
A. 胴长 7 mm 腹视;B. 胴长 10 mm 腹视;C. 胴长 27 mm 腹视;D. 胴长 57 mm 背视;E. 胴长 85 mm 腹视;F. 胴长 10 mm 的触腕穗

地理分布:已知仅分布在南半球各大洋亚热带辐合区(图 4-106)。

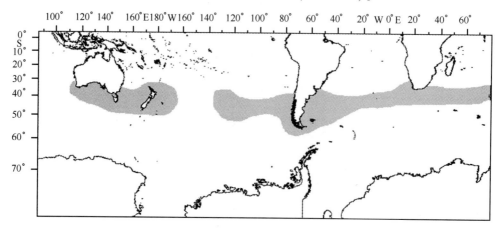

图 4-106　透明欧文乌贼地理分布示意图

大小:最大胴长 200 mm。

渔业:较常见种,具有一定的资源量。

文献:Voss, 1980, 1985; Lu and Ickeringill, 2002; Young and Mangold, 1999, 2006。

第十节 圆乌贼科

圆乌贼科 Cycloteuthidae Naef, 1923

圆乌贼科以下包括圆乌贼属 Cycloteuthis 和圆盘乌贼属 Discoleuthis 2 属。该科为中型中层水域生活种,最大胴长可达 600 mm,广泛分布于世界各大洋温带、热带和亚热带水域。

科特征:成体鳍长超过胴长的 50%。漏斗锁软骨具侧 V 字形或斜棒形凹槽,外套锁未至外套前缘。口膜连接肌丝与第 4 腕腹缘相连。触腕穗吸盘 4 列。腕吸盘 2 列。

文献:Carlini, 1998; Nesis, 1982; Young and Roper, 1969; Young, 1999。

属的检索:

1(2)鳍端生,具尾部,触腕穗掌部中间列吸盘不扩大 …………………………… 圆乌贼属

2(1)鳍周生,无尾部,触腕穗掌部中间列吸盘扩大 …………………………… 圆盘乌贼属

圆乌贼属 Cycloteuthis Joubin, 1919

圆乌贼属已知仅圆乌贼 Cycloteuthis sirventyi 1 种。

分类地位:头足纲,鞘亚纲,枪形目,开眼亚目,圆乌贼科,圆乌贼属。

属特征:具明显的尾部,具大的内脏发光器。掌部吸盘大小相近。

圆乌贼 Cycloteuthis sirventyi Joubin, 1919

分类地位:头足纲,鞘亚纲,枪形目,开眼亚目,圆乌贼科,圆乌贼属。

学名:圆乌贼 Cycloteuthis sirventyi Joubin, 1919。

拉丁异名:Cycloteuthis akimushkini Filippova, 1968。

分类特征:体圆锥形,具明显的尾部(图 4-107A)。鳍大,卵形,长度约为胴长的 80%。漏斗锁

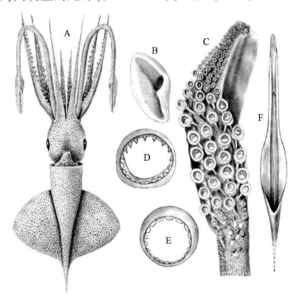

图 4-107 圆乌贼形态特征示意图(据 Young and Roper, 1969)

A. 腹视;B. 漏斗锁;C. 触腕穗;D. 触腕穗吸盘内角质环;E. 腕吸盘内角质环;F. 内壳

凹槽斜棒形(图4-107B)。触腕穗掌部吸盘大小相近(图4-107C),吸盘内角质环全环具20个齿,远端齿尖,近端齿平(图4-107D)。腕式2=3≥4>1。腕吸盘内角质环全环具20个矮平的齿,远端齿宽,近端齿窄(图4-107E)。内壳具次尾椎(图4-107F)。具肛瓣和墨囊。墨囊上具1个大发光器,眼睛虹膜边缘具1列不规则的小发光器,眼球腹面具1个大发光器。

生活史及生物学:仔鱼第2腕十分粗长(图4-108),具一层透明的真皮覆盖物。

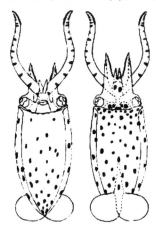

图4-108 胴长8.1 mm圆乌贼仔鱼腹视和背视(据Young,1999)

地理分布:分布在佛罗里达和夏威夷群岛海域。

大小:最大胴长42 mm。

渔业:非常见种。

文献:Filippova,1968;Nesis,1982;Young and Roper,1969;Young,1999。

圆盘乌贼属 *Discoteuthis* Young and Roper,1969

圆盘乌贼属已知有圆盘乌贼 *Discoteuthis discus* 和小齿圆盘乌贼 *Discoteuthis laciniosa* 2种,其中圆盘乌贼为本属模式种。该属种广泛分布于各大洋热带及亚热带水域。

分类地位:头足纲,鞘亚纲,枪形目,开眼亚目,圆乌贼科,圆盘乌贼属。

属特征:无尾部。鳍大,卵形,周生,亚成体鳍长等于胴长。腕式2≥3>4>1。触腕穗掌部中间2列吸盘十分扩大。种间发光器排列多变,眼睛和内脏无发光器。

文献:Young and Roper,1969;Young,1999。

种的检索:

1(2)漏斗锁凹槽斜棒形 ……………………………………………………… 圆盘乌贼

2(1)漏斗锁凹槽侧V字形 ………………………………………………… 小齿圆盘乌贼

圆盘乌贼 *Discoteuthis discus* Young and Roper,1969

分类地位:头足纲,鞘亚纲,枪形目,开眼亚目,圆乌贼科,圆盘乌贼属。

学名:圆盘乌贼 *Discoteuthis discus* Young and Roper,1969。

分类特征:体圆锥形,外套前缘游离端光滑(图4-109A)。漏斗锁具斜棒形凹槽(图4-109B)。触腕穗指部吸盘4列,掌部吸盘扩大(图4-109C);掌部大吸盘内角质环全环具大量矮平或矮圆的齿(图4-109D),指部小吸盘内角质环具大量尖齿(图4-109E)。腕弱,各腕长相近,长度为胴长的60%~85%。大腕吸盘内角质环具少量矮而宽圆的齿,齿多位于远端(图4-

109F）。内壳无尾椎（图4-109G）。眼睑边缘至少具4列发光器,外套腹面后部顶端具1个圆形黑色发光器。

生活史及生物学:已知最小圆盘乌贼胴长16 mm,此胴长的幼体鳍长约为胴长的60%,胴长45 mm个体鳍长为胴长的98%,成熟个体未知。

地理分布:分布在热带亚热带大西洋和中北太平洋（图4-110）。

大小:最大胴长90 mm。

渔业:非常见种。

文献: Young and Roper, 1969; Young, 1999。

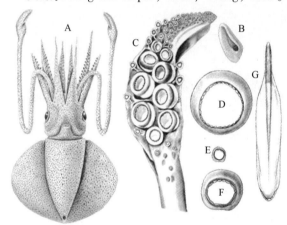

图4-109 圆盘乌贼形态特征示意图（据Young and Roper, 1969）

A. 腹视;B. 漏斗锁;C. 触腕穗;D. 掌部大吸盘内角质环;

E. 指部小吸盘内角质环;F. 大腕吸盘内角质环;G. 内壳

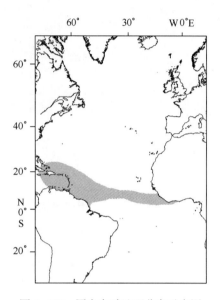

图4-110 圆盘乌贼地理分布示意图

小齿圆盘乌贼 *Discoteuthis laciniosa* Young and Roper, 1969

分类地位:头足纲,鞘亚纲,枪形目,开眼亚目,圆乌贼科,圆盘乌贼属。

学名:小齿圆盘乌贼*Discoteuthis laciniosa* Young and Roper, 1969。

分类特征:体圆锥形,外套前缘游离端具乳突（图4-111A）。漏斗锁具侧V形凹槽（图4-111B）。触腕穗指部远端1/2背侧无吸盘（即顶端吸盘3列）（图4-111C）;掌部大吸盘内角质环全环具50~60个不规则的矮圆的微齿（图4-111D）,指部小吸盘内角质环全环具尖齿（图4-111E）。大腕吸盘远端具10~12个矮圆的齿（图4-111F）。内壳具尾椎（图4-111G）。第3与第4腕间的腕间膜上具1个小发光器;外套腹部前缘具1对小发光器（图4-111A）。

生活史及生物学:具昼夜垂直洄游习性,白天栖息在中层水域,夜间至上层水域活动。仔鱼两鳍明显分离,外套腹部前缘具膜片（图4-112）。胴长14 mm的幼体鳍长约等于胴长（图4-112C）。

地理分布:广泛分布在大西洋、印度洋、太平洋的热带亚热带水域。

大小:最大胴长70 mm。

渔业:非常见种。

文献: Nesis, 1982, 1987; Young and Roper, 1969; Young, 1978, 2006。

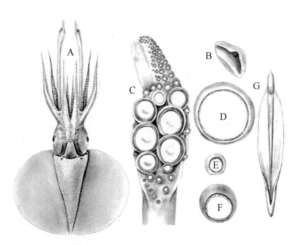

图 4-111　小齿圆盘乌贼形态特征示意图（据 Young and Roper，1969）
A. 腹视；B. 漏斗锁；C. 触腕穗；D. 掌部大吸盘内角质环；E. 指部小吸盘内角质环；F. 大腕吸盘内角质环；G. 内壳

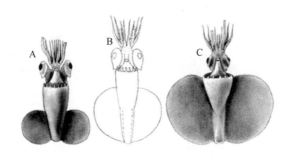

图 4-112　小齿圆盘乌贼幼体腹视（据 Young and Roper，1969）
A. 胴长 5 mm；B. 胴长 9 mm；C. 胴长 14 mm

第十一节　鱼钩乌贼科

鱼钩乌贼科 Ancistrocheiridae Pfeffer，1912

鱼钩乌贼科以下仅鱼钩乌贼属 *Ancistrocheirus* 1 属。

鱼钩乌贼属 *Ancistrocheirus* Gray，1849

鱼钩乌贼属已知仅鱼钩乌贼 *Ancistrocheirus lesueurii* 1 种。
分类地位：头足纲，鞘亚纲，枪形目，开眼亚目，鱼钩乌贼科，鱼钩乌贼属。
属特征：口膜连接肌丝与第 4 腕背缘相连，具大量小的表皮发光器，眼球和内脏无发光器。

鱼钩乌贼 *Ancistrocheirus lesueurii* Orbigny，1842

分类地位：头足纲，鞘亚纲，枪形目，开眼亚目，鱼钩乌贼科，鱼钩乌贼属。
学名：鱼钩乌贼 *Ancistrocheirus lesueurii* Orbigny，1842。

拉丁异名:*Onychoteuthis lesueurii* Orbigny,1839;*Theliodioteuthis alessandrini*(Verany,1851)。

英文名:Sharpear enope squid;**法文名**:Encornet cachalot;**西班牙文名**:Enoploluria rómbica。

分类特征:体长宽,圆锥形(图4-113A、B),后端钝,外套壁厚。颈部具颈皱。口膜连接肌丝与第4腕背缘相连。鳍箭头形或纵菱形,略亚端生,长度为胴长的70%~80%,宽为胴长的80%。尾部肥大。触腕强健,触腕基部不特化。触腕穗窄,不膨大,具明显的腕骨簇;掌部钩2列,无吸盘,腹列7~8个钩较背列的8个大;指部小,退化(图4-113C)。腕强健,各腕均具钩。角质颚上颚喙弯,翼部延伸至侧壁前缘宽的1/2处,脊突直。下颚喙缘弯或直;头盖距脊突正常高度,后缘开口浅;脊突弯窄,增厚;侧壁脊至脊突和拐角中间1/2处。内壳尾椎尖长。具缠卵腺,输卵管腺正常,左右输卵管皆发达,精囊大。外套腹面一般具20~22个横向排列且相互分离的发光器(图4-113B)。头部、漏斗、第2腕基部和触腕柄部具大发光器;鳍、外套、漏斗、头和第4腕具大量小发光器;眼球和内脏不具发光器。成熟雄性第4腕反口面顶端具大而延长且生睑的发光器,成熟雌性第1~3腕顶端具发光器。口冠具深表皮色素沉着。

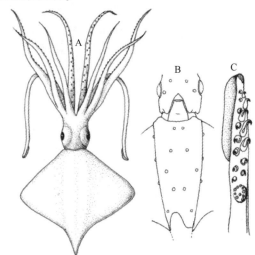

图4-113　鱼钩乌贼形态特征示意图(据 Roper et al,1984)
A. 背视;B. 外套和头部腹视;C. 触腕穗

生活史及生物学:大洋性种类,体中型,栖息在中层水域,成体多生活在大陆架底层水域。仔稚鱼眼相对较小,眼间距大,眼与腕基部分离,头部凝胶质,触腕穗侧列吸盘明显大于中间列吸盘(图4-114)。

地理分布:分布在世界各大洋热带、亚热带及温带中层水域,在我国台湾东部海域也有分布(图4-115)。

大小:最大胴长400 mm。

渔业:潜在经济种。在温带水域稚鱼资源丰富,由于肌肉中含氨离子,食用价值不高。

文献:Verany,1851;Appellöf,1890;Naef,1921,1923;Clarke,1988;Gray,1849;Nesis,1978,1982;Okutani,1974;Pfeffer,1900;Young and Harman,1998;Vecchione and Young,2006;Young,1998,2006;Young et al,1992;Roper et al,1984。

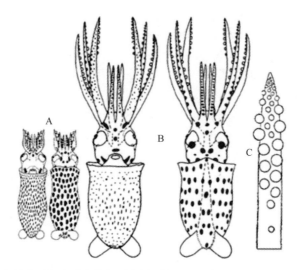

图 4-114　鱼钩乌贼仔鱼形态特征示意图(据 Naef, 1921, 1923;Young et al, 1992)

A. 胴长 2.5 mm 仔鱼腹视和背视;B. 胴长 5 mm 仔鱼腹视和背视;C. 仔鱼触腕穗口视

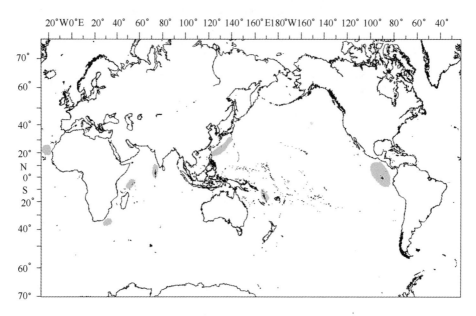

图 4-115　鱼钩乌贼地理分布示意图

第十二节　武装乌贼科

武装乌贼科 Enoploteuthidae Pfeffer, 1900

武装乌贼科以下包括钩腕乌贼属 *Abralia*、小钩腕乌贼属 *Abraliopsis*、武装乌贼属 *Enoploteuthis* 和萤乌贼属 *Watasenia* 4 属,共计 41 种。

英文名:Enope squids;**法文名**:Encornets;**西班牙文名**:Enoplolurias。

科特征：体圆锥形，尾宽，延伸超出内壳尾椎。口垂片 8 个，口膜连接肌丝与第 4 腕背缘相连。掌部盔甲 2 或 3 列，其中钩 1 或 2 列。所有腕均具钩。外套、漏斗、头、眼球和腕具发光器；触腕、内脏和大部分种类的鳍无发光器；眼球发光器 1 列，前面和后面的一个发光器一般最大。无缠卵腺。

生活史及生物学：外洋性小型种（胴长 30～130 mm），栖息于岛屿斜坡中层边界水域，某些种类会出现在浅水水域，多数种类具垂直洄游习性。雌性无缠卵腺，但是具扩大的卵管腺。产卵雌性，产出的卵位于线性的凝胶质带中，每带卵 1 列，卵长约 1 mm，卵形至球形。在热带水域，浮拖网通常可以在表层水域采集到发育中的卵。

地理分布：分布在世界各大洋热带和亚热带中层水域，小钩腕乌贼属和萤乌贼属某些种类栖息于温带水域。

渔业：目前该科已有 2 种在日本和澳大利亚进行商业性开发，另外 1 种在新加坡已被利用。

文献：Young and Bennett, 1988；Young and Harman, 1985；Young et al, 1998；Tsuchiya and Young, 1996；Roper et al, 1984。

属的检索：

1（4）触腕穗掌部钩 1 列
2（3）触腕穗掌部吸盘 1 列 ……………………………………………………………… 萤乌贼属
3（2）触腕穗掌部吸盘 2 列 ……………………………………………………………… 钩腕乌贼属
4（1）触腕穗掌部钩 2 列
5（6）触腕穗掌部无吸盘 ………………………………………………………………… 武装乌贼属
6（5）触腕穗掌部吸盘 1 列 ……………………………………………………………… 小钩腕乌贼属

钩腕乌贼属 *Abralia* Gray, 1849

钩腕乌贼已知安达曼钩腕乌贼 *Abralia andamanica* 、钩腕乌贼 *Abralia armata*、星线钩腕乌贼 *Abralia astrolineata*、星钩腕乌贼 *Abralia astrosticta*、谜钩腕乌贼 *Abralia dubia*、窄带钩腕乌贼 *Abralia fasciolata*、格氏钩腕乌贼 *Abralia grimpei*、半项钩腕乌贼 *Abralia heminuchalis*、阿拉伯钩腕乌贼 *Abralia marisarabica*、多钩钩腕乌贼 *Abralia multihamata*、雷氏钩腕乌贼 *Abralia redfieldi*、伦氏钩腕乌贼 *Abralia renschi*、罗氏钩腕乌贼 *Abralia robsoni*、赛氏钩腕乌贼 *Abralia siedleckyi* 、相拟钩腕乌贼 *Abralia similis*、斯氏钩腕乌贼 *Abralia spaercki* 、施氏钩腕乌贼 *Abralia steindachneri*、三角钩腕乌贼 *Abralia trigonura*、魏氏钩腕乌贼 *Abralia veranyi* 19 种，其中钩腕乌贼为本属模式种。

分类地位：头足纲，鞘亚纲，枪形目，开眼亚目，武装乌贼科，钩腕乌贼属。

分类特征：触腕穗掌部钩 1 列，吸盘 2 列。第 4 腕远端具吸盘。第 4 腕顶端一般不具扩大的发光器，若有，则发光器表面也无黑色色素体覆盖。眼球发光器 5～12 个。体表具大量发光器。口周围具色素体。

钩腕乌贼属表皮发光器有 3 种形式：①"晶体"型，类似眼睛晶体，发光器中间为蓝色，周围一圈为白色的环；②"简单"型，小的紫色圆形发光器；③"复杂"型发光器，发光器中间绿色，周围具绿色小点环绕，通常情况下这些发光器表现出蓝色而非绿色。

文献：Nesis, 1982；Tsuchiya and Okutani, 1988；Young and Arnold, 1982；Young et al, 1998；Tsuchiya, 2000。

主要种的检索：

1（10）雄性左侧第 4 腕茎化
2（3）外套腹部大发光器被一圈空白所包围 ……………………………………… 半项钩腕乌贼
3（2）外套腹部大发光器周围无空白包围

4(5)尾部短尖 ·· 魏氏钩腕乌贼

5(4)尾部长宽

6(7)漏斗腹面发光器数量多而密集 ·· 赛氏钩腕乌贼

7(6)漏斗腹面发光器数量少或正常

8(9)体色暗 ·· 三角钩腕乌贼

9(8)体色亮 ·· 安达曼钩腕乌贼

10(1)雄性右侧第4腕茎化

11(14)茎化腕具2个大小相当的膜片

12(13)外套腹部具纵条纹形发光器组 ···································· 星线钩腕乌贼

13(12)外套腹部发光器分散,无条纹形发光器组 ················· 星钩腕乌贼

14(11)茎化腕具2个大小不等的膜片,近端大翼片通常双裂片型

15(22)外套腹部发光器分散,无纵条纹型发光器组

16(19)眼球具5个银色发光器

17(18)腕钩6~12个 ··· 相拟钩腕乌贼

18(17)腕钩13~16个 ··· 雷氏钩腕乌贼

19(16)眼球发光器多于5个,由5个主要发光器和几个附属发光器组成,前者又由2个不透明的大发光器和3个小的银色发光器组成

20(21)外套腹部中线处无发光器 ··· 多钩钩腕乌贼

21(20)外套腹部中线处具发光器 ··· 斯氏钩腕乌贼

22(15)外套腹部具纵条纹形发光器组

23(28)眼球主要发光器银色

24(25)外套腹部具3个纵条纹形发光器组 ···························· 格氏钩腕乌贼

25(24)外套腹部具6个纵条纹形发光器组

26(27)发光器组末端发光器明显分散 ·································· 窄带钩腕乌贼

27(26)发光器组末端发光器不分散 ······································ 阿拉伯钩腕乌贼

28(23)眼球主要发光器包括银色和不透明两种类型 ·········· 施氏钩腕乌贼

安达曼钩腕乌贼 *Abralia andamanica* **Goodrich, 1896**

分类地位:头足纲,鞘亚纲,枪形目,开眼亚目,武装乌贼科,钩腕乌贼属。

学名:安达曼钩腕乌贼 *Abralia andamanica* Goodrich, 1896。

拉丁异名:*Abralia andamanica robsoni* Grimpe, 1931。

分类特征:体圆锥形,后部短,尾部长圆锥形(图4-116A)。触腕穗掌部腹侧钩1列,2~3个,背侧2列大吸盘;指部小吸盘4列(图4-116B)。雄性左侧第4腕茎化,茎化部具2个不同大小的膜片(图4-116C)。外套腹部和头部具分散排列的表皮发光器(图4-116A)。眼球具5个复杂的发光器,其中前后终端两个大而不透明,中间3个小发光器银色(图4-116D)。

生活史及生物学:小型外海种。

地理分布:广泛分布在印度洋—西太平洋大陆架水域,由日本中部相模湾,穿过中国东海和亚洲东南部大陆架水域,至澳大利亚北部沿岸和印度洋沿岸(图4-117)。

大小:最大胴长60 mm。

渔业:较常见种,无经济价值。

文献:Tsuchiya, 2000。

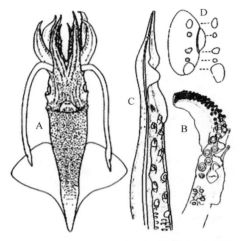

图4-116　安达曼钩腕乌贼形态特征示意图
A. 腹视；B. 触腕穗；C. 茎化腕；D. 眼球发光器（据 Tsuchiya, 2000）

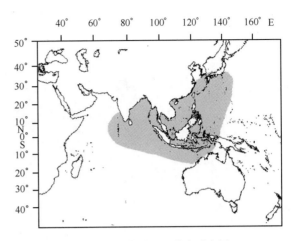

图4-117　安达曼钩腕乌贼地理分布示意图

星线钩腕乌贼 *Abralia astrolineata* Berry，1914

分类地位：头足纲,鞘亚纲,枪形目,开眼亚目,武装乌贼科,钩腕乌贼属。

学名：星线钩腕乌贼 *Abralia astrolineata* Berry，1914。

分类特征：体短圆锥形,后端钝(图4-118A)。触腕穗掌部腹侧钩1列,4个,背侧大吸盘2列(图4-118B)。雄性右侧第4腕茎化,茎化部具2个大小相当的膜片(图4-118C)。外套腹部和头部腹面分别具4和3个明显的纵向条纹形表皮发光器组,条纹间间距大(图4-118A)。眼球具5个大小相近的银色发光器。第4腕终端具4个大卵形的发光器官,雌性和雄性腕终端发光器口面无吸盘。外套顶点尾部组织内具1对卵形发光器。

生活史及生物学：钩腕乌贼属较大形种,栖息在亚热带南太平洋中层边界水域。

地理分布：分布在南太平洋亚热带水域,具体为科曼地群岛、澳大利亚昆士兰州和澳大利亚东部。

大小：最大胴长100 mm。

渔业：较常见种,无经济价值。

文献：Nesis, 1982, 1987; Riddell, 1985; Tsuchiya, 2000。

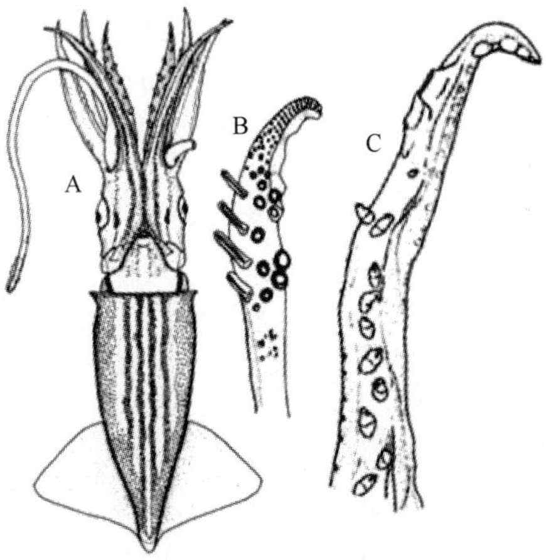

图4-118　星线钩腕乌贼形态特征示意图
A. 背视；B. 触腕穗；C. 茎化腕（据 Riddell, 1985；Tsuchiya, 2000）

星钩腕乌贼 *Abralia astrosticta* Berry，1909

分类地位：头足纲,鞘亚纲,枪形目,开眼亚目,武装乌贼科,钩腕乌贼属。

学名：星钩腕乌贼 *Abralia astrosticta* Berry，1909。

分类特征：体长圆锥形,后端短(图4-119A)。触腕穗掌部腹侧钩1列,4个,背侧具2列大吸盘;指部小吸盘4列(图4-119B)。雄性右侧第4腕茎化,茎化部具2个大小基本相当的膜片。外套腹部具分散排列的表皮发光器,小型发光器多于大型发光器;头部腹面具3个明显的纵向条纹形表皮发光器组。眼球具5个大小相近的银色发光器。第4腕终端具4个大卵形发光器,雌性和雄性腕终端发光器口面不具吸盘(图4-119C)。外套末端尾部组织内具1对卵形发光器(图4-119D)。

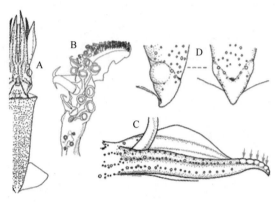

图4-119　星钩腕乌贼形态特征示意图(据 Tsuchiya and Okutani, 1989; Tsuchiya, 2000)

A. 腹视;B. 触腕穗;C. 第4腕终端发光器;D. 尾部发光器

生活史及生物学:钩腕乌贼属较大形种。在夏威夷水域,分布在中层边界水域,成体渔获水层110~180m,幼体夜间渔获水层 10~130 m。

地理分布:分布在台湾西南海域、琉球群岛、菲律宾海、夏威夷、新西兰和澳大利亚的西北部以及澳大利亚东北部(图4-120)。

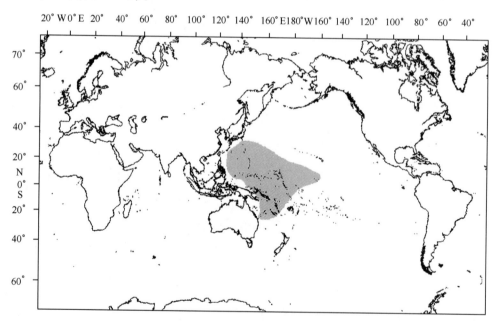

图4-120　星钩腕乌贼地理分布示意图

大小:最大胴长 70 mm。

渔业:无经济价值。

文献:Nesis, 1987; Burgess, 1992; Lu and Philipps, 1985; Nesis and Nikitina, 1988; Reid, 1991; Tsuchiya, 1993; Young, 1978, 1995; Tsuchiya, 2000; Tsuchiya and Okutani, 1989。

窄带钩腕乌贼 *Abralia fasciolata* Tsuchiya, 1991

分类地位:头足纲,鞘亚纲,枪形目,开眼亚目,武装乌贼科,钩腕乌贼属。

学名:窄带钩腕乌贼 *Abralia fasciolata* Tsuchiya, 1991。

分类特征:体圆锥形,后部短,尾部长圆锥形(图4-121A)。触腕穗掌部腹列钩1列,2~3个,背侧2列大吸盘;指部小吸盘4列(图4-121B)。雄性右侧第4腕茎化,茎化部具2个大小不同的膜片,近端大膜片双裂片(图4-121C)。外套腹部具6个纵向宽条纹形表皮发光器组,各组末端散开;头部腹面具7个纵向条纹形表皮发光器组,中间组发光器相对稀少(图4-121A)。眼球5个银色发光器,其间夹杂着3~5个小的附属发光器(图4-121D)。

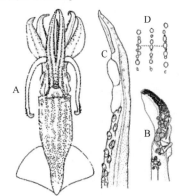

图4-121　窄带钩腕乌贼形态特征示意图(据Tsuchiya, 1991)

A. 雄性腹视;B. 触腕穗;C. 茎化腕;D. 眼球发光器

生活史及生物学:小型种。

地理分布:红海的亚喀巴湾。

大小:最大胴长70 mm。

渔业:非常见种。

文献: Nesis, 1987, 1993;Tsuchiya, 1991, 2000。

格氏钩腕乌贼 *Abralia grimpei* Voss, 1959

分类地位:头足纲,鞘亚纲,枪形目,开眼亚目,武装乌贼科,钩腕乌贼属。

学名:格氏钩腕乌贼 *Abralia grimpei* Voss, 1959。

分类特征:体短圆锥形,后端钝(图4-122A)。触腕穗掌部腹列钩1列,2个,背侧具大吸盘2列;指部小吸盘4列(图4-122B)。雄性右侧第4腕茎化,茎化部具2个不同大小的膜片,近端大膜片双裂片(图4-122C)。外套腹部具一些分散的表皮发光器和3个纵向窄条纹形表皮发光器组;头部腹面具分散的表皮发光器(图4-122A)。眼球具5个银色发光器,其间夹杂几个小的附属发光器(图4-122D)。

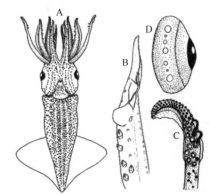

图4-122　格氏钩腕乌贼形态特征示意图(据Voss, 1959;Tsuchiya, 2000)

A. 雌性腹视;B. 触腕穗;C. 茎化腕;D. 眼球发光器

生活史及生物学:小型种。

地理分布:分布在北大西洋西印度群岛、马尾藻海北部、佛罗里达。

大小:最大胴长30 mm。

渔业:非常见种。

文献: Dawe and Stephen, 1988;Voss, 1959;Tsuchiya, 2000。

半项钩腕乌贼 *Abralia heminuchalis* Burgess, 1992

分类地位:头足纲,鞘亚纲,枪形目,开眼亚目,武装乌贼科,钩腕乌贼属。

学名:半项钩腕乌贼 *Abralia heminuchalis* Burgess, 1992。

分类特征:体短圆锥形,粗壮,后端尖(图4-123A)。触腕穗掌部腹侧钩1列,2~3个,背侧大吸盘2列;指部小吸盘4列(图4-123B)。雄性左侧第4腕茎化,茎化部具2个不同大小的膜片(图 4-123C)。外套和头部腹面具分散的表皮发光器,大发光器由一圈空白所包围(图 4-123A)。眼球具 5 个发光器,前后终端 2 个不透明,后端不透明发光器最大,中间 3 个小发光器银色。

生活史及生物学: 热带东太平洋地方性小型种。

地理分布: 分布局限于热带东太平洋。

大小: 胴长不超过 40 mm。

渔业: 非常见种。

文献: Burgess, 1992;Okutani, 1974;Tsuchiya, 2000。

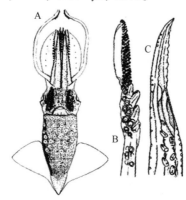

图 4-123　半项钩腕乌贼形态特征示意图(据 Burgess, 1992)

A. 腹视;B. 触腕;C. 茎化腕

阿拉伯钩腕乌贼 *Abralia marisarabica* Okutani, 1983

分类地位: 头足纲,鞘亚纲,枪形目,开眼亚目,武装乌贼科,钩腕乌贼属。

学名: 阿拉伯钩腕乌贼 *Abralia marisarabica* Okutani, 1983。

分类特征: 体短圆锥形,后端钝(图 4-124A)。触腕穗掌部腹侧钩 1 列,2~3 个,背侧具大吸盘 2 列,15~16 个;指部小吸盘 4 列(图 4-124B)。雄性右侧第 4 腕茎化,茎化部具两个明显大小不同的膜片,近端大膜片双裂片(图4-124C)。外套腹部具 6 个纵向条纹形表皮发光器组;头部腹面具 7 个纵向条纹形表皮发光器组,中间组发光器稀少(图 4-124A)。眼球具 5 个银色发光器,其间分布 3~5 个小发光器(图 4-124D)。

生活史及生物学: 阿拉伯海地方性或大洋性种。

地理分布: 分布局限于阿拉伯海及其附近大洋水域,在我国台湾海域也有分布(图 4-125)。

大小: 最大胴长 30 mm。

渔业: 非常见种,无经济价值。

文献: Nesis and Nikitina, 1988;Piatkowski and Welch, 1991;Tsuchiya, 2000;Okutani, 1983。

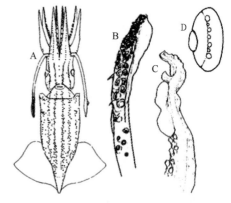

图 4-124　阿拉伯钩腕乌贼形态特征示意图(据 Okutnai, 1983;Tsuchiya, 2000)

A. 腹视;B. 触腕穗;C. 茎化腕;D. 眼球发光器

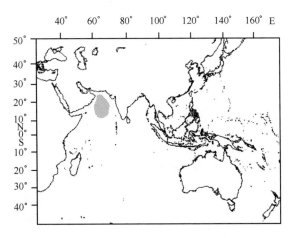

图 4-125 阿拉伯钩腕乌贼地理分布示意图

多钩钩腕乌贼 *Abralia multihamata* Sasaki, 1929

分类地位:头足纲,鞘亚纲,枪形目,开眼亚目,武装乌贼科,钩腕乌贼属。

学名:多钩钩腕乌贼 *Abralia multihamata* Sasaki, 1929。

分类特征:体短圆锥形,后端短(图 4-126A)。触腕穗掌部腹侧钩 1 列,约 6 个,背侧具 2 列大吸盘,6~7 个;指部 4 列小吸盘(图 4-126B)。雄性右侧第 4 腕茎化,茎化部具 2 个大小不同的膜片,近端大膜片双裂片型(图 4-126C)。外套腹部具大量分散的表皮发光器,但中线部分无发光器;头部腹面具不明显的纵向条纹发形表皮发光器组。眼球具 5 个主要发光器,前后两端 2 个大而不透明,中间 3 个小发光器银色,其间夹杂小的附属银色发光器(图 4-126D)。

生活史及生物学:日本相模湾南部至台湾水域的地方性小型种,栖息在大陆架中层或底层水域,主要栖息水深 200~700 m,最深可达 3 500 m。

地理分布:分布在朝鲜南部、东中国海、台湾海域、向北至相模湾和日本海东部(图 4-127)。

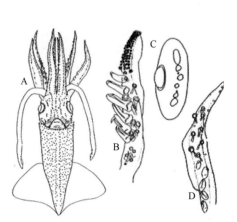

图 4-126 多钩钩腕乌贼形态特征示意图(据 Tsuchiya, 2000)

A. 雌性腹视;B. 触腕穗;C. 部分茎化腕;D. 眼球发光器

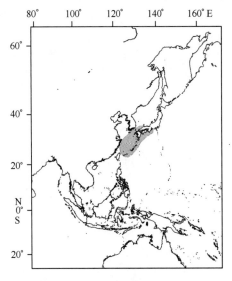

图 4-127 多钩钩腕乌贼地理分布示意图

大小:最大胴长 50 mm。

渔业:潜在经济种。

文献:Sasaki,1929;Tsuchiya,2000。

雷氏钩腕乌贼 *Abralia redfieldi* Voss,1955

分类地位:头足纲,鞘亚纲,枪形目,开眼亚目,武装乌贼科,钩腕乌贼属。

学名:雷氏钩腕乌贼 *Abralia redfieldi* Voss,1955。

分类特征:体凝胶质,易碎。触腕穗掌部腹侧钩 1 列,2~3 个;背侧具 2 列大吸盘。雄性右侧第 4 腕茎化,茎化部分具 2 个大小不同的膜片,近端大膜片双裂片型(图 4-128A)。外套和头部腹面具分散的表皮发光器。眼球具 5 个银色发光器(图 4-128B)。

图 4-128　雷氏钩腕乌贼形态特征示意图
A. 茎化腕;B. 眼球发光器(据 Tsuchiya,2000)

生活史及生物学:栖息水深 50~100 m。

地理分布:广泛分布在西大西洋热带和温带水域(加拿大新斯科舍至巴西南部)。

大小:最大胴长 70 mm。

渔业:非常见种。

文献:Tsuchiya,2000;Lu and Clarke,1975;Nesis,1987。

赛氏钩腕乌贼 *Abralia siedleckyi* Lipinski,1983

分类地位:头足纲,鞘亚纲,枪形目,开眼亚目,武装乌贼科,钩腕乌贼属。

学名:赛氏钩腕乌贼 *Abralia siedleckyi* Lipinski,1983。

分类特征:尾部宽而延长,超过内壳的尾椎。触腕穗掌部腹侧钩 1 列具 2~3 个,背侧具 2 列大吸盘。雄性左侧第 4 腕茎化,茎化部分具 2 个大小不同的膜片。外套和头部腹面具分散的表皮发光器。眼睛具 5 个复杂的发光器,前后两端 2 个大而不透明,中间 3 个小发光器银色;后端 1 个不透明的发光器较其余者大。

生活史及生物学:南方温带种。

地理分布:南非好望角西南部外海和澳大利亚东南部。

大小:最大胴长 70 mm。

渔业:非常见种。

文献:Lipinski,1983;Nesis,1987;Tsuchiya,2000。

相拟钩腕乌贼 *Abralia similis* Okutani and Tsuchiya,1987

分类地位:头足纲,鞘亚纲,枪形目,开眼亚目,武装乌贼科,钩腕乌贼属。

学名:相拟钩腕乌贼 *Abralia similis* Okutani and Tsuchiya,1987。

分类特征:体微红色或淡紫褐色,短圆锥形,后端钝(图 4-129A)。尾部短,刚刚超出内壳的尾椎。触腕穗掌部腹侧钩 1 列,2 个,背侧具大吸盘 2 列,7~12 个;指部 4 列小吸盘(图 4-129B)。雄性右侧第 4 腕茎化,茎化部具 2 个大小不同的膜片,近端大膜片双裂片(图 4-129C)。外套和头部腹面具分散的表皮发光器。眼球具 5 个银色发光器。

生活史及生物学:外海小型种。

地理分布:分布区在巴布亚新几内亚、汤加南部、热带西太平洋、太平洋赤道至亚热带水域(图

4-130）。在西北太平洋分布与黑潮相关。

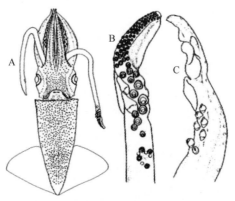

图 4-129 相拟钩腕乌贼形态特征示意图
A. 雌性腹视；B. 触腕穗；C. 茎化腕（据 Tsuchiya, 2000）

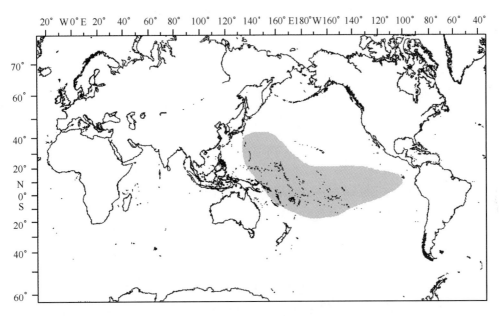

图 4-130 相拟钩腕乌贼地理分布示意图

大小：最大胴长 35 mm。

渔业：较常见种，无经济价值。

文献：Burgess, 1992; Hidaka and Kubodera, 2000; Rancurel, 1970; Riddell, 1985; Okutani and Tsuchiya, 1987; Tsuchiya, 2000。

斯氏钩腕乌贼 *Abralia spaercki* Grimpe, 1931

分类地位：头足纲，鞘亚纲，枪形目，开眼亚目，武装乌贼科，钩腕乌贼属。

学名：斯氏钩腕乌贼 *Abralia spaercki* Grimpe, 1931。

分类特征：体圆锥形，后端钝，尾部短（图 4-131A）。触腕穗掌部腹侧钩 1 列，5~7 个，背侧大吸盘 2 列，约 10 个；指部小吸盘 4 列（图 4-131B）。雄性右侧第 4 腕茎化，茎化部具 2 个大小不同的膜片，近端特化部分具盔甲（图 4-131C）。外套和头部腹面具分散且相对稀少的表皮发光器（图

4-131A)。眼球具 5 个主要的复杂发光器,前后末端 2 个不透明,中间 3 个小发光器银色,其间夹杂着微小的附属发光器(图 4-131D)。

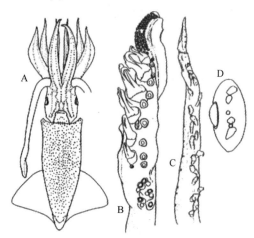

图 4-131 斯氏钩腕乌贼形态特征示意图

A. 雌性腹视;B. 触腕穗;C. 茎化腕;D. 眼球发光器(据 Tsuchiya, 2000)

生活史及生物学:底层与中层交界水域种,分布与大陆架或岛屿相关。

地理分布:分布在菲律宾、印度尼西亚和澳大利亚北部大陆架水域。

大小:最大胴长 70 mm。

渔业:非常见种。

文献: Nesis, 1987; Tsuchiya, 2000。

施氏钩腕乌贼 *Abralia steindachneri* Weindl, 1912

分类地位:头足纲,鞘亚纲,枪形目,开眼亚目,武装乌贼科,钩腕乌贼属。

学名:施氏钩腕乌贼 *Abralia steindachneri* Weindl, 1912。

分类特征:体长圆锥形,后端钝,尾部短(图 4-132A)。触腕穗掌部腹侧钩 1 列,2~3 个,背侧大吸盘 2 列,约 6~7 个。雄性右侧第 4 腕茎化,茎化部具 2 个大小不同的膜片,近端特化部分具盔甲(图 4-132B)。外套腹部具 4 个纵向宽条纹形发光器组,组间为无发光器部分隔开;头部腹面具不明显线性排列的发光器(图 4-132A)。眼球具 5 个主要的复杂发光器,前后末端 2 个不透明,中间 3 个小的银色,其间夹杂微小的附属发光器(图 4-132C)。

大小:最大胴长 50 mm。

地理分布:广泛分布在印度洋—西太平洋大陆架水域,具体为西印度洋沿岸、安达曼海、托雷斯海峡、西澳大利亚北部沿岸、琉球群岛、非洲东部沿岸海底水域。

渔业:非常见种。

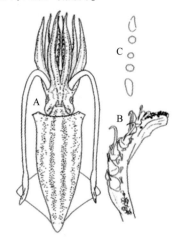

图 4-132 施氏钩腕乌贼形态特征示意图

A. 腹视;B. 触腕穗;C. 眼球发光器(据 Tsuchiya, 2000)

文献:Grimpe,1931;Nesis and Nikitina,1987;Tsuchiya,2000。

三角钩腕乌贼 *Abralia trigonura* **Berry,1913**

分类地位:头足纲,鞘亚纲,枪形目,开眼亚目,武装乌贼科,钩腕乌贼属。

学名:三角钩腕乌贼 *Abralia trigonura* Berry,1913。

分类特征:体暗色,长圆锥形(图4-133A)。尾部宽长,超过内壳的尾椎。触腕穗掌部腹侧钩1列,2~3个,背侧大吸盘2列(图4-133B)。雄性左侧第4腕茎化,茎化部具2个大小不同的膜片(图4-133C)。外套和头部腹面具分散的表皮发光器。眼球具5个复杂发光器,前后末端的2个大而不透明,中间3个小的银色(图4-133D)。

生活史及生物学:中层边界水域种,具昼夜垂直洄游习性,成体白天栖息在中层水域的上层或海底5 m以上水域,夜间上浮至50 m以上表层水域。

雌雄生命周期均可达6个月,性成熟年龄分别为3.5个月和2.5个月。雌性最小性成熟胴长31 mm,80%的雌性性成熟胴长为35 mm;雄性性成熟胴长23~27 mm。产卵模式为多次产卵型,每次产卵时间短(几天),每次产卵290~430枚。卵略呈卵形,径长0.9 mm×0.79 mm,通常绿色,卵外包裹一层无色的黏性外膜。

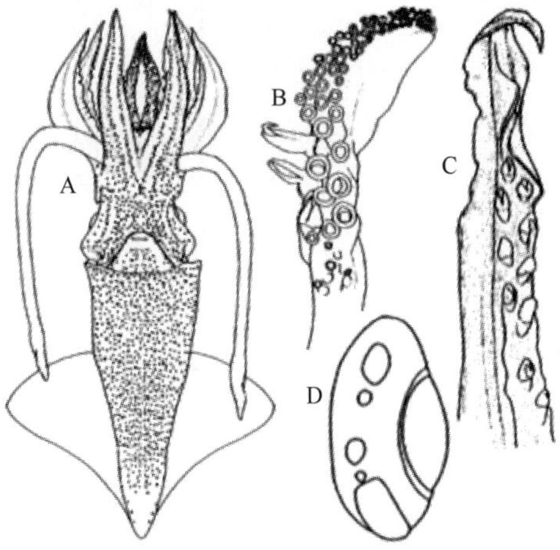

地理分布:广泛分布在西部至中北部热带太平洋。

大小:最大胴长40 mm。

渔业:非常见种。

图4-133　三角钩腕乌贼形态特征示意图
(据Tsuchiya,2000)
A. 腹视;B. 触腕穗;C. 茎化腕;D. 眼球发光器

文献:Young and Harman,1985;Young and Mangold,1994;Tsuchiya,2000。

魏氏钩腕乌贼 *Abralia veranyi* **Rüppell,1844**

分类地位:头足纲,鞘亚纲,枪形目,开眼亚目,武装乌贼科,钩腕乌贼属。

学名:魏氏钩腕乌贼 *Abralia veranyi* Rüppell,1844。

拉丁异名:*Enoploion eustictum* Pfeffer,1912。

英文名: Eye-flash squid,Verany's enope squid;**法文名:**Encornet de Verany;**西班牙文名:**Enoploluria de Verany。

分类特征:体短圆锥形,后端钝,尾部短(图4-134A)。触腕穗掌部腹侧钩1列,3~4个,背侧大吸盘2列(图4-134B)。雄性左侧第4腕茎化,茎化部具2个大小不同的膜片(图4-134C)。外套和头部腹面具分散的表皮发光器(图4-134A)。眼球具5个复杂的发光器,前后末端的2个大而不透明,中间3个小发光器银色。

生活史及生物学:具垂直洄游习性,白天稚鱼渔获水深700~800 m,夜间为20~60 m。

地理分布:分布在西大西洋马尾藻海北部至巴西北部以及东大西洋法国南部外海至本格拉海流处(图4-135)。

大小:最大胴长40 mm。

渔业:非常见种。

文献:Lu and Clarke,1997;Ruppell,1844;Fischer,1896;Hoyle,1904;Nesis,1982;Okutani,1974;Roper and Young,1975;Young,1978,1995;Young et al,1992;Tsuchiya,2000。

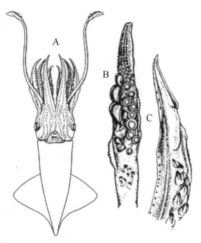

图 4-134 魏氏钩腕乌贼形态特征
示意图(据 Tsuchiya, 2000)
A. 腹视;B. 触腕穗;C. 茎化腕

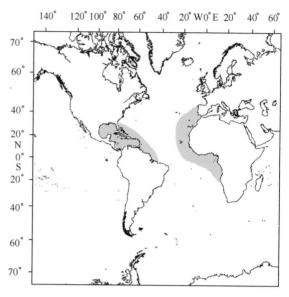

图 4-135 魏氏钩腕乌贼地理分布示意图

钩腕乌贼 *Abralia armata* Quoy and Gaimard, 1832

分类地位:头足纲,鞘亚纲,枪形目,开眼亚目,武装乌贼科,钩腕乌贼属。
学名:钩腕乌贼 *Abralia armata* Quoy and Gaimard, 1832。
地理分布:马鹿卡斯群岛(Molluccas Island)。
大小:最大胴长 70mm。
文献:Nesis, 1987。

疑钩腕乌贼 *Abralia dubia* Adam, 1960

分类地位:头足纲,鞘亚纲,枪形目,开眼亚目,武装乌贼科,钩腕乌贼属。
学名:疑钩腕乌贼 *Abralia dubia* Adam, 1960。
地理分布:红海亚喀巴海湾。
大小:最大胴长 70 mm。
文献:Nesis, 1987。

伦氏钩腕乌贼 *Abralia renschi* Grimpe, 1931

分类地位:头足纲,鞘亚纲,枪形目,开眼亚目,武装乌贼科,钩腕乌贼属。
学名:伦氏钩腕乌贼 *Abralia renschi* Grimpe, 1931。
地理分布:印度尼西亚苏门答腊岛。
大小:最大胴长 70 mm。
文献:Nesis, 1987。

罗氏钩腕乌贼 *Abralia robsoni* Grimpe, 1931

分类地位:头足纲,鞘亚纲,枪形目,开眼亚目,武装乌贼科,钩腕乌贼属。
学名:罗氏钩腕乌贼 *Abralia robsoni* Grimpe, 1931。

地理分布：日本。

大小：最大胴长 70 mm。

文献：Nesis，1987。

小钩腕乌贼属 *Abraliopsis* **Joubin，1896**

小钩腕乌贼属已知有近缘小钩腕乌贼 *Abraliopsis affinis*、大西洋小钩腕乌贼 *Abraliopsis atlantica*、春氏小钩腕乌贼 *Abraliopsis chuni*、法尔寇小钩腕乌贼 *Abraliopsis falco*、弗爱丽丝小钩腕乌贼 *Abraliopsis felis*、吉氏小钩腕乌贼 *Abraliopsis gilchristi*、霍氏小钩腕乌贼 *Abraliopsis hoylei*、线小钩腕乌贼 *Abraliopsis lineata*、太平洋小钩腕乌贼 *Abraliopsis pacificus*、小钩腕乌贼 *Abraliopsis pfefferi*、图氏小钩腕乌贼 *Abraliopsis tui* 共计 11 种，其中小钩腕乌贼为本属模式种。

分类地位：头足纲，鞘亚纲，枪形目，开眼亚目，武装乌贼科，小钩腕乌贼属。

属特征：触腕穗掌部钩 2 列，吸盘 1 列。第 4 腕无吸盘，仅具钩。口冠具深的上皮色素。第 4 对腕顶端各具 2~4 个(通常 3 个)覆盖黑色色素体的发光器。眼球发光器 5 个。

小钩腕乌贼属与武装乌贼科其他属一样，其腕、头、漏斗和外套皮肤发光器有三种式样：①"晶体"型，类似眼睛晶体，发光器中间为蓝色，周围一圈为白色的环；②"简单"型，小的蓝色圆形发光器；③"复杂"型发光器，发光器中间红色，周围具红色小点围绕，此发光器具红光过滤器。

文献：Young et al，1998；Tsuchiya，2000。

种的检索：

1(10)外套腹部具 6 列纵条纹形表皮发光器组

2(5)触腕穗具腕骨膜

3(4)分布局限于热带东太平洋 ································· 近缘小钩腕乌贼

4(3)分布于热带印度洋—西太平洋 ································· 春氏小钩腕乌贼

5(2)触腕穗无腕骨膜

6(7)触腕穗具窄短的边膜 ································· 法尔寇小钩腕乌贼

7(6)触腕无边膜

8(9)触腕穗掌部 2 列钩大小不等，雄性左侧第 4 腕特化 ·········· 大西洋小钩腕乌贼

9(8)触腕穗掌部 2 列钩大小基本相等，雄性第 1 腕特化 ·········· 线小钩腕乌贼

10(1)外套腹部表皮发光器分散，无条纹形发光器组

11(12)头部具 4 列纵条纹形表皮发光器组 ················· 吉氏小钩腕乌贼

12(11)头部表皮发光器分散，无条纹形发光器组

13(14)触腕穗无腕骨膜 ································· 弗爱丽丝小钩腕乌贼

14(13)触腕穗具腕骨膜

15(16)第 4 腕甚长，等于或大于胴长 ················· 图氏小钩腕乌贼

16(15)第 4 腕较长或中等长度，小于胴长

17(18)至少分布于大西洋 ································· 小钩腕乌贼

18(17)在大西洋没有分布

19(20)分布于太平洋 ································· 太平洋小钩腕乌贼

20(19)分布于印度洋 ································· 霍氏小钩腕乌贼

近缘小钩腕乌贼 *Abraliopsis affinis* **Pfeffer，1912**

分类地位：头足纲，鞘亚纲，枪形目，开眼亚目，武装乌贼科，小钩腕乌贼属。

学名:近缘小钩腕乌贼 *Abraliopsis affinis* Pfeffer, 1912。

分类特征:体圆锥形(图 4-136A)。触腕穗掌部具 2 列大小不同的钩,腕骨膜和触腕穗反口面边膜明显(图 4-136B)。第 4 腕相对较长。第 1~3 腕具钩 15~30 个,腕末端不具钩,具吸盘。雌性第 4 腕钩 25 个,雄性左侧第 4 腕(特化)钩 40 个,右侧第 4 腕(茎化)钩 30 个。雄性左侧第 4 腕特化,保护膜和竹片状横隔片发达,类似腕间膜状,横隔片上生圆锥形的微乳突(图 4-136C);右侧第 4 腕茎化,具 2 个大小相近的膜片,茎化部无盔甲(图 4-136D);第 1~3 腕口面具大量小圆锥形乳突。外套腹部具 6 个由大的表皮发光器纵向排列成的窄条纹形发光器组,组间具分散的小发光器,腹部前端中央具一明显无发光器的宽带,长度约为胴长的一半(图 4-136A)。头部腹面具 3 个纵向窄条纹表皮发光器组,各组间具分散的发光器。第 3 腕腹面和第 4 腕背面具排列不连续的条纹状表皮发光器组。

地理分布:分布局限于热带东太平洋 20° N 至 30° S(图 4-137)。

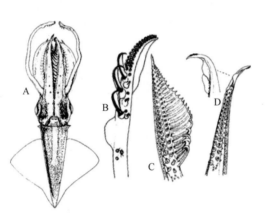

图 4-136　近缘小钩腕乌贼形态特征示意图(据
Okutani, 1974)
A. 雄性腹视;B. 触腕穗;C. 雄性特化的左侧第 4 腕;
D. 雄性茎化的右侧第 4 腕

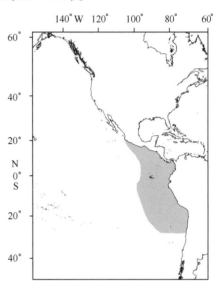

图 4-137　近缘小钩腕乌贼地理分布示意图

大小:最大胴长 40 mm。

渔业:非常见种。

文献: Okutani, 1974; Alexeyev, 1994, 1995; Nesis, 1982, 1987; Tsuchiya, 2000。

大西洋小钩腕乌贼 *Abraliopsis atlantica* Nesis, 1982

分类地位:头足纲,鞘亚纲,枪形目,开眼亚目,武装乌贼科,小钩腕乌贼属。

学名:大西洋小钩腕乌贼 *Abraliopsis atlantica* Nesis, 1982。

拉丁异名:*Abraliopsis morisii* Chun, 1910。

分类特征:触腕穗掌部具 2 列不同大小的钩,无腕骨膜和触腕穗边膜。第 4 腕相对较长。雄性右侧第 4 腕茎化,具 2 个大小相近的膜片,茎化部无盔甲。左侧第 4 腕特化,保护膜和竹片状横隔片发达,类似腕间膜状,横隔片上生圆锥形的微乳突。外套腹部具 6 个由大的表皮发光器纵向排列而成的窄条纹形发光器组,各组间具分散的小发光器,腹部中央具一明显无发光器的宽带。头部腹面具 3 个纵向窄条纹形表皮发光器组,各组间具分散的发光器。第 3 腕腹面和第 4 腕背面具排列不连续的条纹形表皮发光器组。

生活史及生物学:在本格拉(安哥拉西部港口市)和东大西洋赤道水域,白天栖息在温跃层上层水域,夜间在表层至100~150 m 水层活动。雌性生命周期分别为3.5 个月,雄性生命周期5 个月。

地理分布:热带亚热带大西洋,加勒比海和墨西哥湾。

大小:最大胴长 70 mm。

渔业:非常见种。

文献:Arkhipkin and Murzov, 1990;Nesis, 1982, 1987;Tsuchiya, 2000。

春氏小钩腕乌贼 *Abraliopsis chuni* Nesis, 1982

分类地位:头足纲,鞘亚纲,枪形目,开眼亚目,武装乌贼科,小钩腕乌贼属。

学名:春氏小钩腕乌贼 *Abraliopsis chuni* Nesis, 1982。

分类特征:触腕穗掌部具2 列不同大小的钩,具腕骨膜和边膜。第4 腕相对较长。外套腹部具6 个由大的表皮发光器纵向排列而成的窄条纹形发光器组,各组间具分散的小发光器,腹部中央具一明显无发光器的宽带。头部腹面具3 个纵向窄条纹形表皮发光器组,各组之间具分散的发光器。第3 腕腹面和第4 腕背面具排列不连续的条纹形表皮发光器组。

地理分布:分布在热带印度洋—西太平洋,主要为赤道附近。

大小:最大胴长 70 mm。

渔业:非常见种。

文献:Nesis, 1982, 1987;Okutani, 1974;Young, 1972;Tsuchiya, 2000。

法尔寇小钩腕乌贼 *Abraliopsis falco* Young, 1972

分类地位:头足纲,鞘亚纲,枪形目,开眼亚目,武装乌贼科,小钩腕乌贼属。

学名:法尔寇小钩腕乌贼 *Abraliopsis falco* Young, 1972。

分类特征:体圆锥形(图 4-138A)。触腕穗掌部具2 列不同大小的钩,无腕骨膜,边膜窄短(图4-138B)。第4 腕相对较长,长度为胴长的55% ~59%。第1~3 腕具钩 15~34 个,腕末端不具钩,具吸盘。雌性第4 腕钩数 21~26 个,雄性右侧第4 腕(茎化)钩 26~31 个,左侧第4 腕(特化)钩 40~45个。雄性右侧第4 腕茎化,具2 个大小基本相等的膜片,茎化部无盔甲(图 4-138C)。左侧第4 腕特化,保护膜和竹片状的横隔片发达,类似腕间膜状,横隔片上生圆锥形的微乳突(图 4-138D)。第1~3腕口表面具大量圆锥形小乳突。外套腹部具6 个由大的表皮发光器纵向排列而成的窄条纹形发光器组,各组间具分散的小发光器,腹部中央具一明显无发光器的宽带(图 4-138A)。头部腹面具3 个纵向窄条纹形表皮发光器组,各组之间具分散的发光器。第3 腕腹面和第4 腕背面具排列不连续的条纹形表皮发光器组。

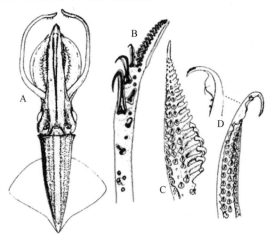

图4-138　法尔寇小钩腕乌贼形态特征示意图(据 Okutani, 1974)

A. 雄性腹视;B. 触腕穗;C. 雄性特化的左侧第4 腕;D.雄性茎化的右侧第4 腕

地理分布:分布在热带东太平洋30° N,向南至20° S(图 4-139)。

大小:最大胴长 50 mm。

渔业:非常见种。

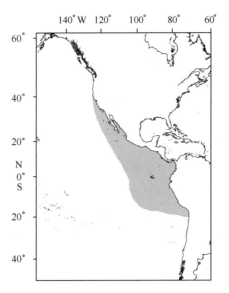

图 4-139 法尔寇小钩腕乌贼地理分布示意图

文献:Young, 1972; Okutani, 1974, 1995; Kotaro, 2000。

弗爱丽丝小钩腕乌贼 *Abraliopsis felis* McGowan and Okutani, 1968

分类地位:头足纲,鞘亚纲,枪形目,开眼亚目,武装乌贼科,小钩腕乌贼属。

学名:弗爱丽丝小钩腕乌贼 *Abraliopsis felis* McGowan and Okutani, 1968。

分类特征:体长圆锥形,尾部长(图 4-140A)。触腕穗掌部具 2 列不同大小的钩,无腕骨膜,边膜窄短(图 4-140B)。第 4 腕中等长度,长为胴长的 40%~65%;第 1~3 腕具 12~22 个钩,12~22个吸盘。雄性右侧第 4 腕茎化,具两个大小相近的膜片(图 4-140C)。外套和头部腹面具分散的表皮发光器。

生活史及生物学:在黑潮与亲潮交汇区 0~50 m,资源密度较高。

地理分布:分布在西北太平洋北部 145° E,沿黑潮与亲潮交汇区向西,东至美国西北部沿岸,沿加利福尼亚海流向南至下加利福尼亚北部(图 4-141)。

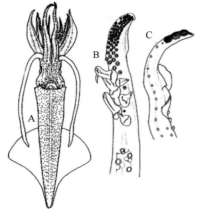

图 4-140 弗爱丽丝小钩腕乌贼形态特征示意图(据 Tsuchiya, 2000)
A. 腹视;B. 触腕穗;C. 茎化腕

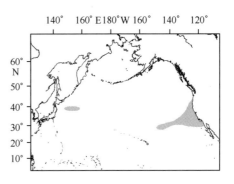

图 4-141 弗爱丽丝小钩腕乌贼地理分布示意图

大小:最大胴长 50 mm。

渔业:非常见种。

文献:Tsuchiya, 1993,2000; Okutani and McGowan, 1969; Young, 1972。

吉氏小钩腕乌贼 *Abraliopsis gilchristi* **Robson, 1924**

分类地位:头足纲,鞘亚纲,枪形目,开眼亚目,武装乌贼科,小钩腕乌贼属。

学名:吉氏小钩腕乌贼 *Abraliopsis gilchristi* Robson, 1924。

拉丁异名:*Enoploteuthis neozelanica* Dell, 1959。

分类特征:体圆锥形(图 4-142A)。触腕穗掌部具 2 列明显不同大小的钩,具明显的腕骨膜和边膜(图 4-142B)。第 4 腕相对较长,长度为胴长的 40%~65%;第 1~3 腕钩 17~28 个,腕末端不具钩,具吸盘。雄性右侧第 4 腕茎化,具 3 个不同大小的膜片,茎化部具盔甲(图 4-142C)。左侧第 4 腕特化,保护膜上具竹片状的横隔片。第 1~3 腕口表面具大量圆锥形小乳突。角质颚上颚翼部延伸至侧壁前缘宽的近基部处,脊突略弯。下颚喙缘弯,喙长约等于头盖长;脊突窄弯,且增厚;侧壁脊后端至脊突和侧壁下缘的 1/2 处,但未达侧壁后缘,侧壁脊较细长。外套腹部具分散排列但密集的表皮发光器,腹部中央具一明显无发光器的条纹带(图 4-142A)。漏斗腹面具 4 个纵向条纹形表皮发光器组,各组发光器排列紧密。头部腹面具 4 个纵向窄条纹形表皮发光器组,各组之间具分散的发光器。

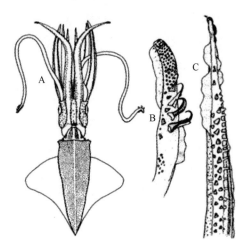

图 4-142　吉氏小钩腕乌贼形态特征示意图
A. 腹视;B. 触腕穗;C. 茎化腕(据 Riddell, 1985)

生活史及生物学:在中南太平洋海域,1987 年 4 月的渔获个体均未达到性成熟;7 月渔获物中性腺成熟度 I 期已经没有,而雌雄性腺成熟度Ⅲ期和Ⅳ期分别占到 86%和 87%;9 月大部分个体达到性成熟或开始产卵。以甲壳类(主要为桡脚类,少量磷虾目)为食。

地理分布:环南半球 20°~45°S 温带水域分布。

大小:最大胴长 57 mm。

渔业:潜在经济种,在中南太平洋 40°~45°S 资源量相当高。

文献:Nesis, 1987; Alexeyev, 1994; Riddell, 1985; Tsuchiya, 2000; Lu and Ickeringill, 2002。

霍氏小钩腕乌贼 *Abraliopsis hoylei* **Pfeffer, 1884**

分类地位:头足纲,鞘亚纲,枪形目,开眼亚目,武装乌贼科,小钩腕乌贼属。

学名:霍氏小钩腕乌贼 *Abraliopsis hoylei* Pfeffer, 1884。

分类特征:触腕穗掌部具 2 列不同大小的钩。第 4 腕中等长度,长约为胴长的 75%。第 1~3 腕具钩 19~21 个,腕末端不具钩,仅具吸盘。外套和头部腹面具分散的表皮发光器。

地理分布:仅分布在西印度洋。

大小:最大胴长 70 mm。

渔业:非常见种。

文献:Pfeffer, 1912; Nesis, 1987; Tsuchiya, 2000。

线小钩腕乌贼 *Abraliopsis lineata* Goodrich, 1896

分类地位:头足纲,鞘亚纲,枪形目,开眼亚目,武装乌贼科,小钩腕乌贼属。

学名:线小钩腕乌贼 *Abraliopsis lineata* Goodrich, 1896。

分类特征:体圆锥形(图4-143A)。触腕穗掌部具2列大小基本相等的钩,无腕骨膜和边膜(图4-143B)。第4腕中等长度,为胴长的50%~65%。第1~3腕具钩14~25个,腕末端不具钩,仅具吸盘;雌性第4腕具钩10~12个。雄性右侧第4腕茎化,具2个大小基本相当的膜片,茎化部不具盔甲(图4-143C);第1腕特化,保护膜上具发达的竹片状横隔片,口表面具大量微瘤(图4-143D);第2腕肿胀,粗约为其他腕的2倍(图4-143E)。外套腹部具6个由大的表皮发光器纵向排列而成的窄条纹形发光器组,各组之间具分散的发光器,腹部中央具一无发光器的窄带(图4-143A)。头部腹面具3个纵向窄条纹形表皮发光器组,各组间具分散的发光器。第3腕腹面和第4腕背面具排列不连续的条纹形表皮发光器组。

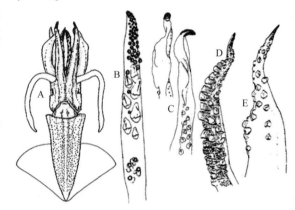

图4-143 线小钩腕乌贼形态特征示意图(据 Tsuchiya, 2000)

A. 雄性腹视;B. 触腕穗;C. 茎化腕;D. 雄性第1腕;E. 雄性第2腕

生活史及生物学:在阿拉伯海,白天栖息在100 m以上富氧层。

地理分布:广泛分布在印度洋—西太平洋,从马斯克林群岛开始,东至日本琉球群岛、印度尼西亚和波利尼西亚群岛(包括夏威夷群岛、萨摩亚群岛、汤加群岛和社会群岛等);在西南太平洋,分布南限可至15° S。

大小:最大胴长30 mm。

渔业:非常见种。

文献:Chun, 1910; Nesis, 1982, 1987; Tsuchiya et al, 1991; Tsuchiya, 2000。

太平洋小钩腕乌贼 *Abraliopsis pacificus* Tsuchiya and Okutani, 1991

分类地位:头足纲,鞘亚纲,枪形目,开眼亚目,武装乌贼科,小钩腕乌贼属。

学名:太平洋小钩腕乌贼 *Abraliopsis pacificus* Tsuchiya and Okutani, 1991。

分类特征:体圆锥形(图4-144A)。触腕穗掌部具2列不同大小的钩,具明显的腕骨膜和触腕穗边膜(图4-144B)。第4腕相对较长,为胴长的62%~76%。各腕具钩16~25个,吸盘12~25个。茎化腕具2个不同大小的膜片,近端膜片长窄,远端膜片短(图4-144C)。外套和头部腹面具分散的表皮发光器。

地理分布:西北太平洋,分布与黑潮暖流南界及其延伸水域相关(图4-145)。

大小:最大胴长40 mm。

渔业:非常见种。

文献:Tsuchiya and Okutani, 1989; Tsuchiya, 1993, 2000; Young, 1995。

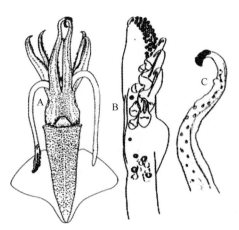

图4-144　太平洋小钩腕乌贼形态特征示
意图(据 Tsuchiya and Okutani, 1989)
A. 腹视；B. 触腕穗；C. 茎化腕

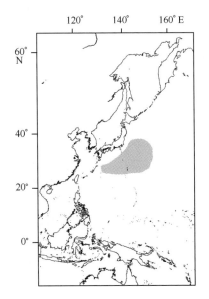

图4-145　太平洋小钩腕乌贼地理分布示意图

小钩腕乌贼 *Abraliopsis pfefferi* Joubin, 1896

分类地位：头足纲,鞘亚纲,枪形目,开眼亚目,武装乌贼科,小钩腕乌贼属。

学名：小钩腕乌贼 *Abraliopsis pfefferi* Joubin, 1896。

英文名：Pfeffer's enope squid；**法文名**：Encornet de Pfeffer；**西班牙文名**：Enoploluria de Pfeffer。

分类特征：体圆锥形(图 4-146A)。触腕穗掌部具 2 列不同大小的钩,具明显的腕骨膜和边膜(图 4-146B)。第 4 腕相对较长,约为胴长的 70%。各腕具钩和吸盘 14~22 个。茎化腕具 2 个不同大小的膜片,近端膜片长窄,远端膜片短,茎化部具盔甲(图 4-146C)。外套和头部腹面具分散的表皮发光器。

生活史及生物学：雌性成熟年龄为 150~160 天,最小性成熟年龄 127 天;雄性成熟年龄为 20~130 天,最小性成熟年龄为 105 天。

地理分布：广泛分布于热带至温带大西洋、墨西哥湾和地中海。

大小：最大胴长 70 mm。

渔业：潜在经济种,在中大西洋海山水域资源较为丰富。

文献：Arkhipkin, 1996; Nesis, 1982; Tsuchiya, 2000。

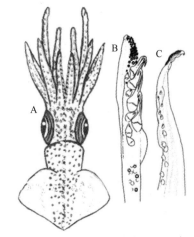

图4-146　小钩腕乌贼形态特征示意图
A. 背视；B. 触腕穗；C. 茎化腕(据 Tsuchiya, 2000)

图氏小钩腕乌贼 *Abraliopsis tui* Riddell, 1985

分类地位：头足纲,鞘亚纲,枪形目,开眼亚目,武装乌贼科,小钩腕乌贼属。

学名：图氏小钩腕乌贼 *Abraliopsis tui* Riddell, 1985。

分类特征：触腕穗掌部具 2 列不同大小的钩,具明显的腕骨膜和边膜(图 4-147A)。第 4 腕甚长,长度为胴长的 100%～110%。第 1～3 腕具钩 17～23 个,吸盘 30 个。茎化腕仅腹缘具 1 个长窄的膜片,茎化部具盔甲(图 4-147B)。外套和头部腹面具分散的表皮发光器。角质颚翼部延伸至侧壁前缘宽的近基部处,脊突略弯。下颚喙缘弯,喙长约等于头盖长;脊突窄弯,且增厚;侧壁脊后端至脊突和侧壁下缘的 1/2 处,但未达侧壁后缘,侧壁脊较短宽(图 4-147C)。

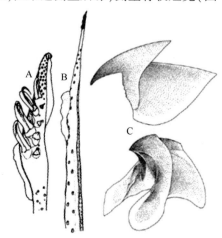

图 4-147　图氏小钩腕乌贼形态特征示意图

A. 茎化腕;B. 触腕穗;C. 角质颚(据 Riddell, 1985;Lu and Ickeringill, 2002)

生活史及生物学:新西兰和科曼地地方种。

地理分布:仅分布在新西兰和科曼地水域。

大小:最大胴长 70 mm。

渔业:非常见种。

文献:Riddell, 1985; Nesis, 1987; Tsuchiya, 2000。

武装乌贼属 *Enoploteuthis* Orbigny in Rüppell, 1844

武装乌贼属已知有阿纳普武装乌贼 *Enoploteuthis anapsis*、富山武装乌贼 *Enoploteuthis chuni*、星孔武装乌贼 *Enoploteuthis galaxias*、希氏武装乌贼 *Enoploteuthis higginsi*、琼氏武装乌贼 *Enoploteuthis jonesi*、武装乌贼 *Enoploteuthis leptura*、斜纹武装乌贼 *Enoploteuthis obliqua*、八线武装乌贼 *Enoploteuthis octolineata*、网纹武装乌贼 *Enoploteuthis reticulata*、半线武装乌贼 *Enoploteuthis semilineata* 10 种,其中武装乌贼为本属模式种。

分类地位:头足纲,鞘亚纲,枪形目,开眼亚目,武装乌贼科,武装乌贼属。

属特征:鳍亚端生,尾部宽大。第 4 腕远端具吸盘。触腕穗掌部钩 2 列,无边缘吸盘。口冠反口面具典型的色素体,口面可能具浅的上皮色素。第 4 腕顶端无扩大的发光器,眼球发光器 9～10 个。

武装乌贼属具"简单"和"复杂"两种典型的表皮发光器,无"晶体"型发光器,"复杂"型发光器无红光过滤器。

文献:Burgess, 1982; Young et al, 1998; Tsuchiya, 2000; Diekmann et al, 2002。

种的检索:

1(12)触腕穗长,腕骨簇卵形,掌部 2 列钩大小不等,指部吸盘 4 列

2(7)第 3 腕腹侧发光器列长约等于腕长

3(4)头部腹面表皮发光器分散 ……………………………………………… 半线武装乌贼

4(3)头部腹面表皮发光器纵条纹形

5(6)外套腹面表皮发光器条带与其间的附属发光器相连形成似窗的小孔 …… 星孔武装乌贼

6(5)外套腹面表皮发光器条带连续,不形成似窗的小孔 …………………… 富山武装乌贼

7(2)第3腕腹侧发光器列长约为腕长的1/2

8(9)雄性茎化腕特化部分具盔甲 ………………………………………… 阿纳普武装乌贼

9(8)雄性茎化腕特化部分无盔甲

10(11)外套腹面表皮发光器条带清晰 ………………………………………… 琼氏武装乌贼

11(10)外套腹面表皮发光器条带模糊 ………………………………………… 希氏武装乌贼

12(1)触腕穗短窄,腕骨簇延长,掌部2列钩大小基本相等,指部吸盘2列

13(14)头部腹面表皮发光器分散 ……………………………………………… 斜纹武装乌贼

14(13)头部腹面表皮发光器环形

15(16)外套腹部纵带表皮发光器组与斜带发光器组相连,形成网纹状 ……… 网纹武装乌贼

16(15)外套腹部只具纵带表皮发光器组

17(18)外套腹部表皮发光器带略倾斜,中间1对发光器组模糊,腹部中央为无发光器的细带
……………………………………………………………………………… 八线武装乌贼

18(17)外套腹部表皮发光器带不倾斜,它们与明显无发光器的空白条带交替排列
…………………………………………………………………………………… 武装乌贼

阿纳普武装乌贼 *Enoploteuthis anapsis* Roper, 1964

分类地位:头足纲,鞘亚纲,枪形目,开眼亚目,武装乌贼科,武装乌贼属。

学名:阿纳普武装乌贼 *Enoploteuthis anapsis* Roper, 1964。

分类特征:体圆锥形(图4-148A)。触腕长,具明显的触腕穗,腕骨簇卵形,掌部具2列不同大小的钩,指部吸盘4列(图4-148B)。茎化腕具2个大小不等的膜片,近端膜片大而平截,远端膜片短,半圆形,特化部具盔甲,完全性成熟雄性茎化腕远端无吸盘(图4-148C)。外套腹部前端具6个纵条纹形表皮发光器组,但各组后端发光器弥散(图4-148A)。头部腹面具2个环形表皮发光器组(图4-148A)。第3腕腹侧具1列发光器,沿反口面边膜基部延伸至腕中部。

地理分布:广泛分布在大西洋热带至温带水域(40° N—40° S)。

生活史及生物学:大西洋地方性种,夜间栖息水深1~130 m。

大小:最大胴长79 mm。

渔业:非常见种。

文献:Roper, 1964, 1966; Kotaro, 2000。

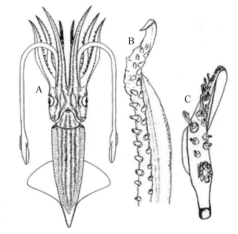

图4-148 阿纳普武装乌贼形态特征示意图
A. 腹视;B. 触腕穗;C. 茎化腕(据 Roper, 1964;Tsuchiya, 2000)

富山武装乌贼 *Enoploteuthis chuni* Ishikawa, 1914

分类地位:头足纲,鞘亚纲,枪形目,开眼亚目,武装乌贼科,武装乌贼属。

学名:富山武装乌贼 *Enoploteuthis chuni* Ishikawa, 1914。

拉丁异名:*Enoploteuthis theragrae* Taki，1964。

分类特征:体圆锥形,尾部长而半透明(图 4-149A)。触腕长,具明显的触腕穗,腕骨簇卵形,掌部具 2 列不同大小的钩,指部吸盘 4 列(图 4-149B)。腕基部钩 21~27 个,远端吸盘 24~30 个。雄性右侧第 4 腕茎化,具 2 个大小相近的膜片,特化部不具盔甲(图 4-149C)。眼球具 9 个发光器,前后终端 2 个大。外套腹部前端具 6 个纵条纹形表皮发光器组,但各组后端发光器弥散(图 4-149A)。头部腹面具 3 个纵条纹形表皮发光器组(图 4-149A)。第 3 腕腹侧具 1 列沿反口面边膜基部分布的表皮发光器组,组长近等于腕长。

生活史及生物学:栖息在日本大陆架及其临近水域的中层边界种。仔鱼有在表层生活的习性,成体栖息水层较深,有昼夜垂直洄游的习性,一般昼深夜浅。在日本海,雌性夏季产卵,每尾雌体产卵约 5 500~13 000 枚,卵微绿色。为海洋哺乳动物和鱼类的食饵。

地理分布:分布区从菲律宾、朝鲜南部、中国东海、台湾东北部海域、日本海日本沿岸、黑潮与亲潮交汇区至夏威夷(图 4-150)。

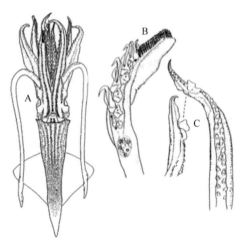

图 4-149　富山武装乌贼形态特征示意图

A. 腹视；B. 触腕穗；C. 茎化腕（据 Tsuchiya，2000；Tsuchiya and Okutani, 1989）

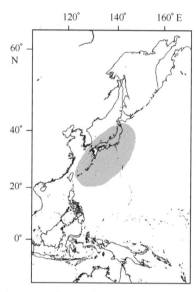

图 4-150　富山武装乌贼地理分布示意图

大小:最大胴长 100 mm。

渔业:外海较常见种,无经济价值。

文献:Nesis，1987；Tsuchiya，1993，2000；Young，1995。

星孔武装乌贼 *Enoploteuthis galaxias* Berry，1918

分类地位:头足纲,鞘亚纲,枪形目,开眼亚目,武装乌贼科,武装乌贼属。

学名:星孔武装乌贼 *Enoploteuthis galaxias* Berry，1918。

分类特征:体圆锥形(图 4-151A)。触腕长,具明显的触腕穗,腕骨簇卵形,掌部具 2 列不同大小的钩,指部吸盘 4 列(图 4-151B)。茎化腕具 2 个不同大小膜片,特化部位具盔甲(图 4-151C)。角质颚上颚喙弯,脊突直,翼部延伸至侧壁前缘宽近基部处。下颚喙窄,喙缘弯,喙长约等于头盖长；头盖低,紧贴脊突；脊突短,弯窄,增厚；侧壁具侧壁脊,延伸至脊突与侧壁拐角之间 1/2 处,几乎接近侧壁后缘。外套腹部前端具 6 个纵条纹形表皮发光器组,它们与其间的附属发光器相连形成似窗的小孔(图 4-151A),随着个体的生长,发光器数目增多,导致小孔分布不规则,各组后端发光器分散。头部腹面具 3 个宽纵条纹形表皮发光器组(图 4-151A)。第 3 腕腹侧具一列发光器组,组长近等于腕长。

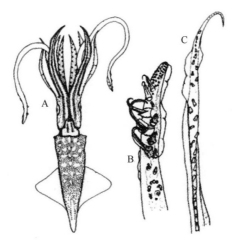

图 4-151　星孔武装乌贼形态特征示意图
A. 腹视；B. 触腕穗；C. 茎化腕（据 Riddell, 1985）

生活史及生物学：为中层边界种。Lu 和 Ickeringill 于 2002 年在澳大利亚南部水域捕获到 33 尾星孔武装乌贼，胴长和体重范围分别为 29~120 mm 和 3~578 g。

地理分布：仅分布在澳大利亚南部大陆架以及新西兰北部沿岸。

大小：最大胴长 120 mm。

渔业：非常见种。

文献：Riddell, 1985；Young, 1995；Tsuchiya, 2000；Lu and Ickeringill, 2002。

希氏武装乌贼 *Enoploteuthis higginsi* Burgess, 1982

分类地位：头足纲，鞘亚纲，枪形目，开眼亚目，武装乌贼科，武装乌贼属。

学名：希氏武装乌贼 *Enoploteuthis higginsi* Burgess, 1982。

分类特征：体圆锥形（图 4-152A）。触腕长，具明显的触腕穗，腕骨簇卵形，掌部具 2 列不同大小的钩，指部吸盘 4 列（图 4-152B）。茎化腕具 2 个不同大小的膜片，腹侧膜片大而平截，背侧膜片小半月形，特化部不具盔甲（图 4-152C）。外套腹部具 6 个模糊的纵条纹形表皮发光器组，各组间具分散的发光器（图 4-152A）。头部腹面具 4 个纵条纹表皮发光器组，末端互连形成环状，但成熟个体发光器排列弥散（图 4-152A）。第 3 腕膜腹侧反口面边膜基部具 1 列表皮发光器组，覆盖腕近端 1/2。

生活史及生物学：在夏威夷，白天和夜间仔鱼主要分布在 100~150 m 水层。卵发育早期具 1 个 0.9 mm×0.8 mm 的大色素斑。仔鱼触腕穗短具少量大吸盘，外套和头部覆盖大量色素体。

地理分布：广泛分布在太平洋近赤道水域，从西北太平洋和夏威夷至珊瑚海。

大小：最大胴长 70 mm。

渔业：非常见种。

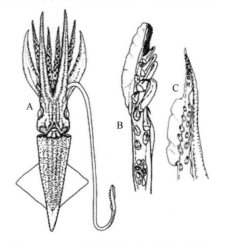

图 4-152　希氏武装乌贼形态特征示意图
A. 雄性腹视；B. 触腕穗；C. 茎化腕（据 Burgess, 1982）

文献:Burgess, 1982; Young and Harman, 1985; Tsuchiya, 1993, 2000。

琼氏武装乌贼 *Enoploteuthis jonesi* Burgess, 1982

分类地位:头足纲,鞘亚纲,枪形目,开眼亚目,武装乌贼科,武装乌贼属。

学名:琼氏武装乌贼 *Enoploteuthis jonesi* Burgess, 1982。

分类特征:体圆锥形,尾部宽长(图4-153A)。触腕长,具明显的触腕穗,腕骨簇卵形,掌部具2列不同大小的钩,指部吸盘4列(图4-153B)。茎化腕具2个不同大小的膜片,腹侧膜片大而平截,背侧膜片小半月形,特化部位不具盔甲(图4-153C)。外套腹部具6个细纵条纹形表皮发光器组,各组之间具分散的发光器(图4-153A)。头部腹面具4个窄纵条纹形表皮发光器组,末端互连形成环状(图4-153A)。第3腕腹侧沿反口面边膜基部具1列发光器,覆盖腕近端1/2。

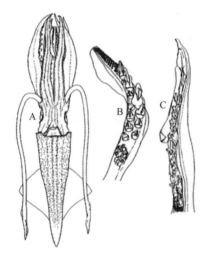

图4-153 琼氏武装乌贼形态特征示意图

A. 雄性腹视;B. 触腕穗;C. 茎化腕(据 Tsuchiya, 2000)

生活史及生物学:卵径 0.94 mm×0.77 mm,略呈绿色,具光滑的绒毛膜,卵的动物极和植物极都具明显的卵周隙。仔鱼触腕穗短,掌部具少量大吸盘,外套和头部具分散排列的色素体。

地理分布:分布在太平洋近赤道水域,从西北太平洋和夏威夷至美拉尼西亚群岛(图4-154)。

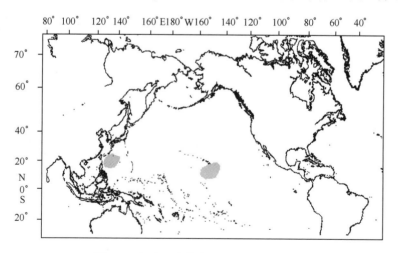

图4-154 琼氏武装乌贼地理分布示意图

大小:最大胴长 80 mm。

渔业:非常见种。

文献:Burgess,1982;Riddell,1985;Young and Harman,1985;Tsuchiya,1993,2000。

武装乌贼 *Enoploteuthis leptura* Leach,1817

分类地位:头足纲,鞘亚纲,枪形目,开眼亚目,武装乌贼科,武装乌贼属。

学名:武装乌贼 *Enoploteuthis leptura* Leach,1817。

分类特征:体圆锥形,尾部宽长(图 4-155A)。触腕短窄,腕骨簇延长,掌部具 2 列大小相近的钩,指部吸盘 2 列(图 4-155B)。茎化腕腹侧具大而平截的膜片,特化部具盔甲(图 4-155C)。外套腹部具 6 个略倾斜的纵条纹形表皮发光器组,靠近腹部中央的 1 对条带发光器组模糊,并与两侧的条带愈合,腹部中央为无发光器的细带(图 4-155A)。头部腹面具 4 个纵条纹形表皮发光器组,它们相互连接形成环状(图 4-155A)。第 3 腕腹侧具一列表皮发光器,几乎覆盖全腕。

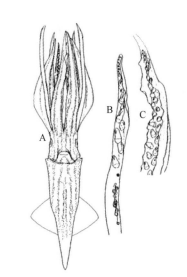

图 4-155 武装乌贼形态特征示意图
A. 雄性腹视;B. 触腕穗;C. 茎化腕(据 Tsuchiya,2000)

生活史及生物学:根据耳石轮纹分析,几内亚湾雄性成熟年龄为 45~60 天,最大成熟年龄 153 天,胴长 72 mm;雌性成熟年龄为 80~90 天,最大成熟年龄 143 天,胴长 92mm。在几内亚湾产卵高峰期为 1 月和 9 月。

地理分布:广泛分布在世界各大洋热带至温带水域。

大小:最大胴长 150 mm。

渔业:非常见种。

文献:Arkhipkin,1994;Nesis,1982;Roper,1966;Tsuchiya,2000。

斜纹武装乌贼 *Enoploteuthis obliqua* Burgess,1982

分类地位:头足纲,鞘亚纲,枪形目,开眼亚目,武装乌贼科,武装乌贼属。

学名:斜纹武装乌贼 *Enoploteuthis obliqua* Burgess,1982。

分类特征:体圆锥形(图 4-156)。触腕短窄,腕骨簇延长,掌部具 2 列大小相近的钩,指部吸盘 2 列。茎化腕腹侧具大而平截的膜片,特化部分具盔甲。外套腹部具 6 个放射状排列的斜条纹形表皮发光器组。头部腹面表皮发光器相对较分散。第 3 腕腹侧具 1 列发光器,几乎覆盖全腕。

生活史及生物学:热带东太平洋地方性小型种。

地理分布:仅分布在热带东太平洋。

大小:最大胴长 70 mm。

渔业:非常见种。

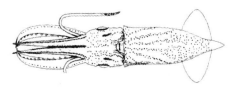

图 4-156 斜纹武装乌贼腹视(据 Okutani,1974)

文献:Okutani,1974;Burgess,1982;Alexeyev,1994;Tsuchiya,2000。

八线武装乌贼 *Enoploteuthis octolineata* **Burgess, 1982**

分类地位:头足纲,鞘亚纲,枪形目,开眼亚目,武装乌贼科,武装乌贼属。

学名:八线武装乌贼 *Enoploteuthis octolineata* Burgess,1982。

分类特征:体圆锥形(图4-157)。触腕短窄,腕骨簇延长,掌部具2列大小基本相等的钩,指部吸盘2列。外套腹部具6个纵条纹形表皮发光器组,并与明显不具发光器的条带交替排列。头部腹面具4个纵条纹表皮发光器组,并相互连接形成环状。第3腕腹侧具一列发光器,几乎覆盖全腕。

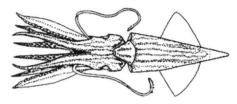

图4-157 八线武装乌贼腹视(据 Burgess,1982)

地理分布:已知仅分布在赤道中太平洋。

大小:最大胴长130 mm。

渔业:非常见种。

文献:Burgess,1982;Nesis,1987;Tsuchiya,2000。

网纹武装乌贼 *Enoploteuthis reticulata* **Rancurel, 1970**

分类地位:头足纲,鞘亚纲,枪形目,开眼亚目,武装乌贼科,武装乌贼属。

学名:网纹武装乌贼 *Enoploteuthis reticulata* Rancurel,1970。

分类特征:体圆锥形(图4-158A)。触腕短窄;触腕穗腕骨簇延长,掌部具2列大小基本相等的钩,指部吸盘2列(图4-158B)。茎化腕腹侧具大而平截的膜片,特化部分具盔甲(图4-158C)。外套腹部具6个纵条纹形表皮发光器组,并与斜纹形发光器相连(图4-158A)。头部腹面具4个纵条纹盖发光器,它们相互连接形成环状(图4-158A)。第3腕腹侧具1列发光器,几乎覆盖全腕。

生活史及生物学:较大型种,仔鱼渔获水深200 m以上水层。卵无色,略不透明,表面具暗银色绒毛膜,卵径1.08 mm×0.78 mm。仔鱼触腕穗短,无大吸盘,外套和头部覆盖大量色素体。在印度洋—太平洋海域,该种是灯笼鱼、帆蜥鱼和大眼金枪鱼的重要饵料。

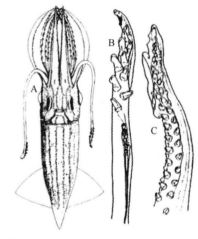

图4-158 网纹武装乌贼形态特征示意图

A. 腹视;B. 触腕穗;C. 茎化腕(据 Okutani,1974;Tsuchiya,2000)

地理分布:广泛分布在印度洋—太平洋热带水域(图4-159)。

大小:最大胴长130 mm。

渔业:潜在经济种。

文献:Okutani and Tsukada,1981;Young and Harman,1985;Okutani,1974;Tsuchiya,2000。

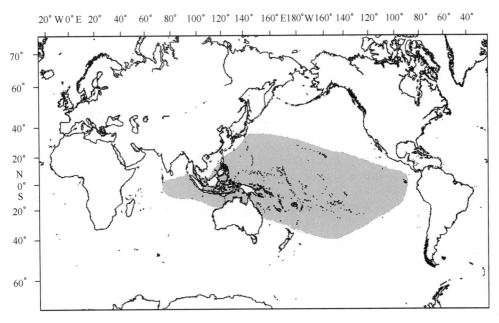

图 4-159　网纹武装乌贼地理分布示意图

半线武装乌贼 *Enoploteuthis semilineata* Alexeyev, 1994

分类地位：头足纲,鞘亚纲,枪形目,开眼亚目,武装乌贼科,武装乌贼属。

学名：半线武装乌贼 *Enoploteuthis semilineata* Alexeyev, 1994。

分类特征：触腕长,具明显的触腕穗,腕骨簇卵形,掌部具 2 列不同大小的钩,指部吸盘 4 列。外套腹部具 6 个纵条纹形表皮发光器组,各组末端发光器排列弥散。头部腹面表皮发光器分散。第 3 腕腹侧具 1 列发光器,几乎覆盖全腕。

地理分布：已知仅分布在中南太平洋亚南极前锋水域。

大小：最大胴长 130 mm。

渔业：非常见种。

文献：Alexeyev, 1994a,1994b；Riddell, 1985；Tsuchiya, 2000。

萤乌贼属 *Watasenia* Ishikawa, 1914

萤乌贼属已知仅萤乌贼 *Watasenia scintillans* 1 种。

萤乌贼 *Watasenia scintillans* Berry, 1911

分类地位：头足纲,鞘亚纲,枪形目,开眼亚目,武装乌贼科,萤乌贼属。

学名：萤乌贼 *Watasenia scintillans* Berry, 1911。

拉丁异名：*Abraliopsis joubini* Watabé, 1905；*Abraliopsis scintillans* Berry, 1911。

英文名：Sparkling enope squid；**法文名**：Encornet lumière；**西班牙文名**：Enoploluria centellante。

分类特征：体结实,圆锥形,背部具大量大小相等的色素斑,后部较平,胴长约为胴宽的 4 倍(图 4-160A)。鳍大,纵菱形,后部略内凹,鳍长约为胴长的 60%。触腕穗掌部钩 1 列(2~3 个),吸盘 1 列(图 4-160B)。各腕长略有不等,腕式为 4>3>2>1。第 1~3 腕基部钩 2 列,顶端吸盘 2 列。第 4 腕具钩,不具吸盘(图 4-160C)。雄性右侧第 4 腕茎化,具 2 个大小相近的膜片(图 4-160D)。

内壳略呈古剑形。第 4 腕顶端具 2~4 个覆盖黑色色素体的大发光器。眼球发光器 5 个。体表具"复杂"型的表皮发光器,发光器上具红光过滤器。口冠口面具深的上皮色素。

生活史及生物学:大陆架中层边界种,幼体栖息水深表层至 80 m 水层,成体栖息水深为 200~600 m。萤乌贼以小鱼和浮游动物为食;其本身是须鲸等海洋哺乳动物以及鱼类的猎食对象,在日本北部水域,萤乌贼为底层鱼类和鲑鳟鱼类的重要饵料。

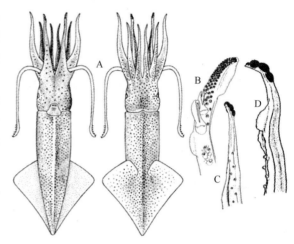

图 4-160　萤乌贼形态特征示意图
A. 腹视和背视;B. 触腕穗雄性;C. 左侧第 4 腕;D. 茎化腕
(据 Roper et al, 1984;Tsuchiya, 2000)

生命周期小于 1 年。春季繁殖,集群游向近岸浅水区,交配和产卵活动多在表层水域进行,夜间繁殖活动最盛。此时群体迸发出的荧光亮度很大,能使一大片海面通明,成为旺渔期的特征。在日本海,萤乌贼的产卵场位于隐歧岛和富山海湾东西部大陆架边缘,此外 Yamato-tai 沿岸也可能是其产卵场。在日本海中部富山海湾,2—7 月和 11—12 月都有卵出现;在西日本海岛根县外海,除 1 月和 12 月外其余月份都能发现萤乌贼的卵;在三陆外海和黑潮与亲潮交汇区也发现产卵的萤乌贼。尽管产卵季节几乎遍布全年,但卵高峰期为 4 月至 5 月末。成熟雌体怀卵力在几百个至20 000 个之间,卵产于凝胶质细带中,带长超过 1 m,带中卵 1 列。卵无色透明略有光泽,卵径1.5 mm×1 mm。雌性在产卵后不久即死亡。

温度 9.7℃、13.4℃、16℃时卵孵化分别需要 14、8、6 天,胚胎存活极限温度为 6℃。以下为在 15℃时卵发育过程(依孵产出后时间为序):

(1)1 小时极体出现;

(2)6 小时第一次卵裂;

(3)10 小时 100 个或更多细胞出现;

(4)16 小时胚盘发生;

(5)1 天半胚盘覆盖卵的约 1/2;

(6)4 天原生眼睛出现;

(7)5 天原生腕、外套、漏斗出现,外套色素体出现,眼继续发育;

(8)8 天至 8.5 天,孵化,头部和腕色素体出现,墨囊具墨汁,鳃、鳃心、肝脏出现。初孵幼体胴长 1.2~1.4 mm,腕、角质颚、齿舌、肠道仍为原生。

地理分布:中国东海、日本中部纪伊水道向北至日本海、鄂霍次克海、本州岛东南部沿岸、三陆至 165° E 以及北海道东南部(图 4-161)。

大小:雌性最大胴长 70 mm,雄性最大胴长 60 mm。

渔业:次要经济种。在日本已形成商业性渔业,富山海湾为最著名的萤乌贼渔场。20 世纪 80 年代日本每年渔获量 800~3 700 t,90 年代每年 4 804~6 822 t。在日本海中部富山海湾渔汛为 3—6 月(高峰期 4 月中旬至 5 月初),渔获量 500

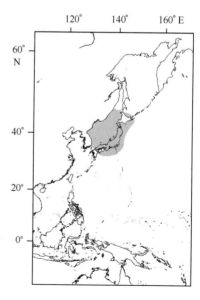

图 4-161　萤乌贼地理分布示意图

~4 000 t,平均 2 000 t。在日本海西南部沿岸作业方式为底拖网作业,1990—1999 年每年渔获量为 1 873~3 638 t,此外定置网也是萤乌贼渔业一种重要的作业方式。萤乌贼是研究动物发光机制的理想材料。

　　文献:Hayashi, 2000;Segawa, 2000;Yamamura, 1993;Young et al, 1998;Tsuchiya, 2000。

第十三节　狼乌贼科

狼乌贼科 Lycoteuthidae Pfeffer, 1908

　　狼乌贼科以下包括灯乌贼 Lampadioteuthinae 和狼乌贼 Lycoteuthinae 2 个亚科,共计 4 属 6 种。多为小型种,肌肉强健,白天生活在中层水域,夜间洄游至近表层水域。分布在热带和亚热带水域,已知北太平洋没有分布。

　　分类地位:头足纲,鞘亚纲,枪形目,开眼亚目,狼乌贼科。

　　科特征:尾部纤细,长或短,延伸超出内壳后部。触腕穗吸盘 4 列,不具钩。腕吸盘 2 列,不具钩。内脏、眼球、触腕具发光器。眼球具 4 或 5 个卵形发光器;肛门、鳃、后腹部具发光器,多数种类具腹部发光器;触腕具 2~5 个嵌入的球形发光器(图 4-162)。亚科主要特征比较见表 4-11。

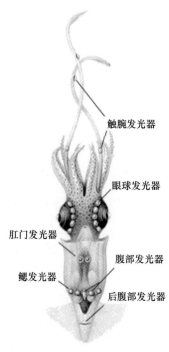

触腕发光器

眼球发光器

肛门发光器

腹部发光器

鳃发光器

后腹部发光器

图 4-162　狼乌贼科发光器示意图(据 Chun,1910)

表 4-11　亚科特征比较表

亚科/特征	茎化腕	腹部发光器	眼球发光器	内壳尾椎喙
灯乌贼亚科	有	无	4	有
狼乌贼亚科	无	有	5	无

文献：Arocha，2003；Berry，1914，1916；Chun，1903，1910；Naef，1921，1923；Pfeffer，1908；Voss，1956，1962；Young and Harman，1998；Vecchione and Young，1999。

亚科的检索：

1（2）外套腹部无发光器,眼球发光器 4 个 ······························· 灯乌贼亚科

2（1）外套腹部具发光器,眼球发光器 5 个 ······························· 狼乌贼亚科

灯乌贼亚科 Lampadioteuthinae Berry，1916

灯乌贼亚科以下仅灯乌贼属 *Lampadioteuthis* 1 种。

灯乌贼属 *Lampadioteuthis* Berry，1916

灯乌贼属已知仅灯乌贼 *Lampadioteuthis megaleia* 1 种。

灯乌贼 *Lampadioteuthis megaleia* Berry，1916

分类地位：头足纲,鞘亚纲,枪形目,开眼亚目,狼乌贼科,灯乌贼亚科,灯乌贼属。

学名：灯乌贼 *Lampadioteuthis megaleia* Berry，1916。

分类特征：体圆锥形,粗短（图 4-163A）。触腕穗及吸盘 4 列,掌部吸盘扩大（图 4-163B）,吸盘内角质环远端具 6~8 个尖齿（图 4-163C）。腕吸盘 2 列,内角质环远端具 6~8 个小齿（图 4-163D、E）。雄性右侧第 4 腕茎化,中部具保护膜（图 4-163F）。眼球发光器 4 个,腹面 3 个成一列,侧面 1 个;触腕发光器 5 个,基部发光器具柄;鳃发光器横向延长;腹部无发光器,腹部后端具 1 个发光器（图 4-163A）。具大量功能性色素体,皮肤表面覆盖大量紫色色素。内壳具尾椎喙（图 4-163G）。

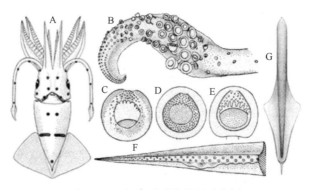

图 4-163 灯乌贼形态特征示意图

A. 腹视;B. 触腕穗;C. 触腕穗大吸盘;D. 第 2 腕基部吸盘;E. 第 2 腕中部吸盘;F. 茎化腕;G. 内壳

（据 Young，1964；Toll，1982）

地理分布：分布在亚热带北大西洋和西南太平洋。

大小：最大胴长 30 mm。

渔业：非常见种。

文献：Nesis，1982，1987；Voss，1962；Young，1964；Young and Vecchione，1999。

狼乌贼亚科 Lycoteuthinae Pfeffer，1908

狼乌贼亚科以下包括狼乌贼属 *Lycoteuthis*、线灯乌贼属 *Nematolampas* 和月乌贼属 *Selenoteuthis* 3

属,共计 5 种。

分类地位:头足纲,鞘亚纲,枪形目,开眼亚目,狼乌贼科,狼乌贼亚科。

亚科特征:雄性无茎化腕。外套腹部具发光器,眼球发光器 5 个。狼乌贼亚科各属主要特征比较见表 4-12。

表 4-12 狼乌贼亚科各属主要特征比较

属/特征	雄性生殖器	十分延长的腕(雄性)	外套后部顶端具大发光器	第 2 和第 3 腕发光器
狼乌贼属	1 对	第 2 腕	否	亚端生,许多
线灯乌贼属	1 个	第 3 腕*	否	亚端生,1 个或许多
月乌贼属	1 对	无	是	端生,1 个

注:*委内瑞拉线灯乌贼 *Nematolampas venezuelensis* 第 2 腕也延长,但不如第 3 腕长

属的检索:

1(2)外套后部顶端具大发光器 ·· 月乌贼属
2(1)外套后部顶端无大发光器
3(4)第 2 腕十分延长,雄性生殖器 1 对 ···································· 狼乌贼属
4(3)第 3 腕十分延长,雄性生殖器 1 个 ·································· 线灯乌贼属

狼乌贼属 *Lycoteuthis* Pfeffer, 1900

狼乌贼以下包括狼乌贼 *Lycoteuthis lorigera* 和斯普林氏狼乌贼 *Lycoteuthis springeri* 2 种,其中狼乌贼为本属模式种。该属为小型中层水域种,栖息于岛屿和大陆架斜坡附近,夜间垂直洄游至近表层水域。体形和发光器式样具性别二态性。

分类地位:头足纲,鞘亚纲,枪形目,开眼亚目,狼乌贼科,狼乌贼亚科,狼乌贼属。

属特征:雄性第 2 腕十分延长,反口面具 1 列等间距的发光器。触腕发光器 2 个,外套腹部发光器 3 个,尾部具侧扁的嵌入型发光器,雄性第 2 腕、头和外套具附属发光器。雄性生殖器 1 对。

文献:Chun, 1900, 1903;Förch and Uozumi, 1990;Pfeffer, 1900, 1912;Steenstrup, 1975;Toll, 1983;Voss, 1956, 1958, 1962;Vecchione and Young, 1999。

种的检索:

1(2)外套后腹部发光器 1 个,雄性尾部不延长 ······························ 狼乌贼
2(1)外套后腹部发光器 3 个,雄性尾部延长 ···························· 斯普林氏狼乌贼

狼乌贼 *Lycoteuthis lorigera* Steenstrup, 1875

分类地位:头足纲,鞘亚纲,枪形目,开眼亚目,狼乌贼科,狼乌贼亚科,狼乌贼属。

学名:狼乌贼 *Lycoteuthis lorigera* Steenstrup, 1875。

拉丁异名:*Lycoteuthis diadema* Chun 1900;*Enoploteuthis diadema* Chun 1900;*Thaumatolampas diadema* Chun 1903;*Astenoteuthion planctonicum* Pfeffer 1900。

分类特征:体圆锥形,雄性无延长的尾部(图 4-164A、B)。触腕穗吸盘 4 列,掌部中间 2 列吸盘扩大(图 4-164C)。角质颚上颚翼部延伸至侧壁前缘宽的近基部处,脊突近直。下颚喙缘弯,喙长约等于头盖长;头盖低,紧贴脊突;脊突弯,短,增厚;侧壁具明显的侧壁脊,脊前部至侧壁拐角与脊突之间的 1/2 处,后部加宽,向侧壁拐角处延伸。雄性腹部后端发光器愈合成一个宽大的发光器(图 4-164B)。两眼眼球背面中间具蓝色发光器,它为狼乌贼亚科种类所独有,其他眼球发光器具红色表皮色素,这些色素具色彩过滤功能,能够传播蓝光。

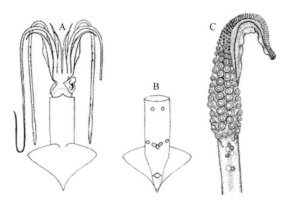

图 4-164　狼乌贼形态特征示意图

A. 雄性背视;B. 雄性外套腹视;C. 触腕穗(据 Voss, 1962)

生活史及生物学:栖息水深 500 m 左右。

地理分布:分布在南海、新西兰南岛东部和澳大利亚南部水域。

大小:最大胴长 180 mm。

渔业:非常见种。

文献:Förch and Uozumi, 1990;Toll, 1983;Voss, 1962;Vecchione and Young, 1999。

斯普林氏狼乌贼 *Lycoteuthis springeri* Voss,1956

分类地位:头足纲,鞘亚纲,枪形目,开眼亚目,狼乌贼科,狼乌贼亚科,狼乌贼属。

学名:斯普林氏狼乌贼 *Lycoteuthis springeri* Voss, 1956。

拉丁异名: Oregoniateuthis springeri Voss, 1956。

分类特征:体圆锥形,雄性具延长的尾部(图 4-165A、B)。触腕穗吸盘 4 列(图 4-165C),吸盘内角质环全环具尖齿(图 4-165D、E)。腕吸盘 2 列,吸盘内角质环全环具齿,远端齿长尖,近端齿矮圆(图 4-165F~H)。雄性具尼氏囊。外套腹部后端具 3 个发光器(图 4-165B)。雄性第 2、第 3 腕、头部、外套具附属发光器,尾部嵌有 7 个杆状发光器。

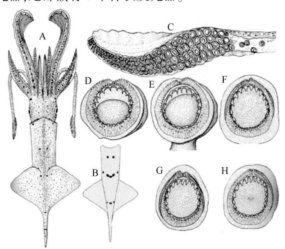

图 4-165　斯普林氏狼乌贼形态特征示意图

A. 雄性背视;B. 雄性外套腹视;C. 触腕穗;D~E. 触腕穗大吸盘;F. 第 2 腕大吸盘;G~H.
第 3 腕大吸盘 (据 Voss, 1962)

地理分布：墨西哥湾。

大小：最大胴长 100 mm。

渔业：非常见种,不易捕获。

文献：Voss, 1962; Vecchione and Young, 1999, 2000。

线灯乌贼属 *Nematolampas* Berry, 1913

线灯乌贼属已知线灯乌贼 *Nematolampas regalis* 和委内瑞拉线灯乌贼 *Nematolamps venezuelensis* 2 种,其中线灯乌贼为本属模式种。

分类地位：头足纲,鞘亚纲,枪形目,开眼亚目,狼乌贼科,狼乌贼亚科,线灯乌贼属。

属特征：第 3 腕十分延长,无吸盘,顶端细丝状,其近端生大量发光器。外套后端顶点无大发光器。第 3 腕具大量发光器,第 2 和第 3 腕发光器亚端生,触腕各具 2 个发光器。雄性生殖器 1 个。

文献：Voss, 1962。

种的检索：

1(2)除第 3 腕外,其余腕不延长 ……………………………………………………… 线灯乌贼

2(1)除第 3 腕外,第 2 腕十分延长 ……………………………………………… 委内瑞拉线灯乌贼

线灯乌贼 *Nematolampas regalis* Berry, 1913

分类地位：头足纲,鞘亚纲,枪形目,开眼亚目,狼乌贼科,狼乌贼亚科,线灯乌贼属。

学名：线灯乌贼 *Nematolampas regalis* Berry, 1913。

分类特征：体圆锥形,无尾部(图 4-166)。第 3 腕十分延长,远端 1/2 细丝状,且无吸盘。第 2 腕正常。第 3 腕嵌有大量线性排列的发光器,第 1、第 2 腕近顶端具 1 个小发光器,触腕具 2 个内嵌的发光器,眼球发光器中间 1 个最大,外套后腹部近顶端具 1 对大发光器,鳍、头部以及外套其他部分表皮不具发光器,内脏后腹部具 1 个发光器(图 4-166)。

地理分布：分布在亚热带南太平洋。

大小：最大胴长 30 mm。

渔业：非常见种。

文 献：Arocha, 2003; Berry, 1913; Voss, 1962; Vecchione and Young, 1999。

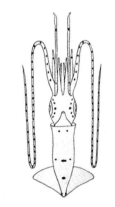

图 4-166　线灯乌贼腹视(据 Voss, 1962)

委内瑞拉线灯乌贼 *Nematolampas venezuelensis* Arocha, 2003

分类地位：头足纲,鞘亚纲,枪形目,开眼亚目,狼乌贼科,狼乌贼亚科,线灯乌贼属。

学名：委内瑞拉线灯乌贼 *Nematolampas venezuelensis* Arocha, 2003。

分类特征：鳍箭头形,尾部短小(图 4-167A)。触腕穗吸盘 4 列,掌部和指部吸盘较小。各腕长不等,腕式为 3>2>4>1。第 2 第 3 腕十分延长(分别为胴长的 100% 和 150%),腕顶端细丝状,无吸盘;第 3 腕较第 2 腕长而强壮。各腕生吸盘部分具生横隔片的保护膜,腕中部吸盘内角质环远端具 9~12 个锐尖的齿,近端具钝尖的齿(图 4-167B)。角质颚侧壁脊粗。齿舌由 7 列同型小齿组成,无缘板(图 4-167C)。内壳棒形(图 4-167D)。第 2 腕近端 1/3 部分具 9 个等间距的发光器,

第 3 腕近端 2/3 部分具 19 个等间距的发光器,触腕具 2 个发光器。头部发光器 4 对,其中 1 对位于第 3 腕基部,2 对分别位于眼睑前缘和后缘,1 对位于头部背侧面后缘(图 4-168A)。眼睛腹面具 5 个发光器,中间 1 个最大(图 4-168B)。外套背部前端至鳍具 5 对发光器;鳍背面具 3 对发光器;尾近基部背面中央嵌"背窗"下嵌有 1 个延长的发光器,"背窗"外围具 3 个小发光器;尾部背面中线处具 1 列 5 个球形小发光器,最后 1 个发光器位于尾部最末端(图 4-168C)。外套腹部两侧侧缘(或近侧缘)具 6 对发光器;尾近基部腹面中线处具 1 个不成对的发光器;尾腹面两侧具 1 对发光器(图 4-168D)。内脏具 1 对肛门发光器,3 个腹部发光器,2 个延长的鳃发光器和 3 个后腹部发光器,所有内脏发光器(除肛门发光器)都由带状组织相连(图 4-168E)。

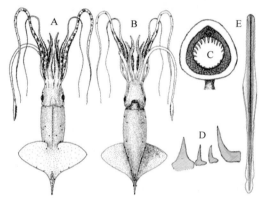

图 4-167 委内瑞拉线灯乌贼形态特征示意图
A. 雄性背视;B. 腹视;C. 腕中部吸盘;D. 右侧一半齿舌;E. 内壳(据 Arocha, 2003)

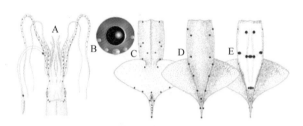

图 4-168 委内瑞拉线灯乌贼发光器分布示意图
A. 头冠部背视;B. 眼球侧视;C. 外套背视;D. 外套腹视;
E. 外套腔腹视(据 Arocha, 2003)

生活史及生物学:栖息水深 298~385 m。
地理分布:热带北大西洋。
大小:胴长至少可达 88 mm。
渔业:非常见种。
文献:Arocha, 2003; Young and Vecchione, 2005。

月乌贼属 *Selenoteuthis* Voss, 1958

月乌贼属已知仅月乌贼 *Selenoteuthis scintillans* 1 种。

月乌贼 *Selenoteuthis scintillans* Voss, 1958

分类地位:头足纲,鞘亚纲,枪形目,开眼亚目,狼乌贼科,狼乌贼亚科,月乌贼属。
学名:月乌贼 *Selenoteuthis scintillans* Voss, 1958。
英文名:Moon squid。
分类特征:体圆锥形(图 4-169A)。触腕穗吸盘 4 列,腕骨锁紧凑,具 5 个吸盘和 3 个不明显的球突(图 4-169B),吸盘内角质环全环具齿(图 4-169C)。腕吸盘 2 列,吸盘内角质环远端具 7~9 个小齿(图 4-169D)。内壳翼部宽,后部 1/3 收缩,末端勺状(图 4-169E)。眼球腹侧具 1 列 5 个直线排列的发光器(图 4-169F)。外套后腹部具 3 个毗连的发光器。雄性第 2 第 3 腕末端具球形发光器(图 4-169G),尾部具 1 个大球形发光器。触腕发光器 3 个,分别位于触腕基部、中部和触腕穗腕骨簇基部。

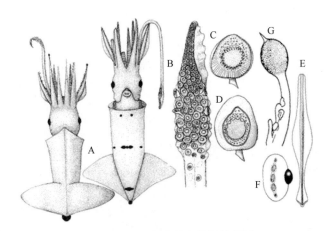

图 4-169　月乌贼形态特征示意图

A. 雄性背视和雌性腹视；B. 触腕穗；C. 触腕穗大吸盘；D. 腕大吸盘；E. 内
壳；F. 眼球发光器；G. 雄性第 2 腕顶端发光器（据 Voss, 1962）

地理分布：已知仅分布在热带至亚热带北大西洋。

大小：最大胴长 45 mm。

渔业：非常见种。

文献：Voss, 1962；Vecchione, 1999；Diekmann et al, 2002；Arocha, 2003。

第十四节　火乌贼科

火乌贼科 Pyroteuthidae Pfeffer，1912

火乌贼科以下包括翼乌贼属 *Pterygioteuthis* 和火乌贼属 *Pyroteuthis* 2 属。该科为外洋性小型种，肌肉强健，白天生活在中层水域，夜间上浮至近表层水域。

分类地位：头足纲，鞘亚纲，枪形目，开眼亚目，火乌贼科。

英文名：The fire squid。

科特征：体圆锥形。颈部无颈皱。口膜大，口膜连接肌丝与第 4 腕背缘相连。鳍亚端生，两鳍分开，具游离的前鳍垂和后鳍垂。触腕穗具或不具钩，触腕基部收缩，弯曲。至少第 1~3 腕具钩。内壳尾椎小而尖，尾部肌肉不超过内壳，无尾椎喙。输卵管退化，或仅一边具输卵管。内脏、眼球和触腕具发光器，外套、漏斗、头表面和腕无发光器。

属间特征比较：①翼乌贼属具生睑的眼球发光器（图 4-170A）；火乌贼属无生睑的眼球发光器（图 4-170B）。②触腕发光器结构和排列不同。③内脏发光器尺寸和排列不同：翼乌贼属和火乌贼属内脏发光器位置和排列基本相同，但是翼乌贼鳃发光器明显较火乌贼的大；火乌贼前腹部内脏发光器包括三个发光器，而翼乌贼仅包括 1 个发光器。④仅火乌贼属触腕具钩。⑤火乌贼腕钩数目较多。⑥仅翼乌贼属茎化腕具"齿盘"。

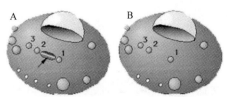

图 4-170　眼球发光器示意图

A. 翼乌贼属，箭头所指为生睑的发光器；B. 火乌贼属（据 Young and Mangold, 1997）

生活史及生物学：火乌贼科栖息在中层水域，具昼夜垂直洄游习性，以头足类和小型甲壳类为食。根据耳石生长纹,芽翼乌贼最大年龄 78 天,胴长 30 mm,雌性,性成熟年龄 60~65 天,推断其他种生命周期亦很短。火乌贼科雄性消化腺背部,与中枢神经之间具 1 个特殊的"小袋",雄性的精囊通常黏附在其上方。所有种都具有大的眼球发光器和腹部发光器。在翼乌贼属中,这些发光器的功能是为了掩盖入射光带来的身体影像,并依此来躲避敌害,推断火乌贼科以及其他中层水域生活的种类发光器功能都是如此。翼乌贼属脑两侧具独特的巨神经纤维,这种神经分布使腕能够迅速移动,推断火乌贼科其他种类可能也是如此。

地理分布:分布在世界各大洋热带和温带水域,在日本水域似乎没有分布。

文献:Arkhipkin, 1997; Naef, 1921, 1923; Young, 1977; Young et al, 1980; Young and Mangold, 1996。

属的检索:

1(2)触腕穗具钩,眼无生睑的发光器,茎化腕具齿盘 ………………………… 火乌贼属
2(1)触腕穗不具钩,眼具生睑的发光器,茎化腕无齿盘 ………………………… 翼乌贼属

翼乌贼属 *Pterygioteuthis* Fischer, 1896

翼乌贼属已知有芽翼乌贼 *Pterygioteuthis gemmata*、翼乌贼 *Pterygioteuthis giardi* 和微灯翼乌贼 *Pterygioteuthis microlampas* 3 种,其中翼乌贼为本属模式种。该属可能为大洋开眼类最小种,广泛分布在世界各大洋热带和温带水域,但在地中海没有分布。

分类地位:头足纲,鞘亚纲,枪形目,开眼亚目,火乌贼科,翼乌贼属。

属特征:触腕穗无钩,吸盘 4 列。腕钩 1 列或 2 列,钩数少于 8 个。第 4 腕一般无钩(仅翼乌贼雄性右侧第 4 腕具 2 个钩)。雄性左侧第 4 腕茎化,具"齿盘"。仅具右侧输卵管。眼球具生睑的发光器。触腕柄具 2 或 4 个分离的独立的发光器。腹部前端具 1 个发光器,鳃发光器大于肛门发光器。

文献:Chun, 1910; Riddell, 1985; Young, 1972; Young et al, 1980, 1982, 1992; Young and Mangold, 1996, 1997。

种的检索:

1(4)腕钩 1 列,触腕发光器 4 个
2(3)体型小,雄性腕钩少(1 对侧腕 6~12 个) ………………………… 微灯翼乌贼
3(2)体型大,雄性腕钩多(1 对侧腕 13~28 个) ………………………… 芽翼乌贼
4(3)腕钩 2 列,触腕发光器 2 个 ………………………………………… 翼乌贼

芽翼乌贼 *Pterygioteuthis gemmata* Chun, 1908

分类地位:头足纲,鞘亚纲,枪形目,开眼亚目,火乌贼科,翼乌贼属。

学名:芽翼乌贼 *Pterygioteuthis gemmata* Chun, 1908。

拉丁异名:*Pterygioteuthis schnehageni* Pfeffer, 1912。

分类特征:体圆锥形,逐渐变细,尾部尖,短小(图 4-171A)。鳍圆形,前后鳍垂大,两鳍后缘分离。触腕穗吸盘 4 列(图 4-171B),掌部大吸盘内角质环远端具大量小尖齿(图 4-171C)。第 1~3 腕仅腹列具钩。雌性或雄性 1 对侧腕钩数共 13~28 个。雌性和雄性第 4 腕仅具吸盘(图 4-171D)。第 3 腕吸盘内角质环远端具 8 个长齿(图 4-171E)。雄性左侧第 4 腕茎化(图 4-171F),"齿盘"具大量小齿(图 4-171G)。角质颚上颚翼部延伸至侧壁前缘宽的近基部处,脊突弯,两侧壁广泛分开。下颚喙宽,喙缘近直,喙长小于头盖长;脊突近直;侧壁无侧壁脊或皱。眼球具 10 个大发光器和 4 个小发光器,两触腕各具 4 个嵌入的发光器。

生活史及生物学:具垂直洄游习性,在加利福尼亚海域,白天渔获水深为 300~600 m,夜间渔获

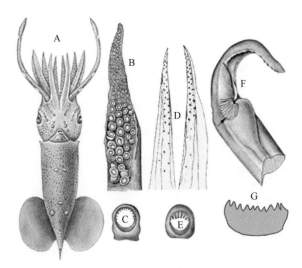

图4-171　芽翼乌贼形态特征示意图

A. 腹视；B. 触腕穗；C. 掌部最大吸盘内角质环；D. 第4对腕；E. 第3腕最大吸盘内角质

环；F. 茎化腕；G. 齿盘（D中箭头所指）（据Young, 1972；Okutani, 1974；Riddell, 1985）

水深为200 m以上水层。在澳大利亚南部水域采集到19尾胴长范围为16~33 mm，体重范围为0.1~1.5 g。雌性成熟胴长26 mm。

地理分布：广泛分布在热带和温带大西洋、温带太平洋（加利福尼亚南部外海，新西兰外海28° S以南，最少可至40° S，后者地区刚好与微灯翼乌贼分布区重叠）。

大小：最大胴长33 mm。

渔业：非常见种。

文献：Chun, 1910；Nesis, 1982；Okutani, 1974；Riddell, 1985；Roper and Young, 1972, 1975；Young and Mangold, 1996。

翼乌贼 *Pterygioteuthis giardi* Fischer, 1896

分类地位：头足纲，鞘亚纲，枪形目，开眼亚目，火乌贼科，翼乌贼属。

学名：翼乌贼 *Pterygioteuthis giardi* Fischer, 1896。

英文名：Roundear enope squid；**法文名**：Encornet boubou；**西班牙文名**：Enoploluria orejuda。

分类特征：体圆锥形，逐渐变细，尾部尖，短小。鳍圆形，前后鳍垂大，两鳍后缘分离（图4-172A）。触腕穗仅有吸盘，无钩。第1~3腕钩2列。雌性第4腕无吸盘和钩；雄性右侧第4腕无吸盘，钩2列或1列。雄性左侧第4腕茎化（图4-172B），"齿盘"具2个大齿。角质颚上颚翼部延伸至侧壁前缘宽的近基部处，脊突弯，两侧壁广泛分开。下颚喙宽，喙缘近直，喙长小于头盖长；脊突近直；侧壁无侧壁脊或皱。眼球具10个发光

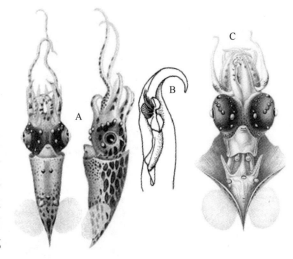

图4-172　翼乌贼形态特征示意图（据Chun, 1910；Roper et al, 1984；Deakmann et al, 2002）

A. 腹视和侧视；B. 茎化腕；C. 外套腔腹视

器和5个小发光器(图4-172C)。触腕具2个嵌入的发光器(一个大球形,位于触腕基部;另一个小球形,位于近触腕正中部)。内脏具发光器(图4-172C)。

生活史及生物学:大洋性种类,栖息水深表层至500 m,具昼夜垂直洄游习性。在夏威夷海域,白天栖于中层水域,夜间至50 m以上水层;在百慕大外海,白天渔获水层327~475 m,夜间渔获水层50~100 m;在东北大西洋,白天渔获水层300~400 m,夜间渔获水层50~200 m。

翼乌贼为海豚和大洋性鱼类的食饵。Lu和Ickeringill(2002)在澳大利亚南部水域采集到4尾胴长范围为15~21 mm,体重范围为0.1~0.5 g。翼乌贼卵小,卵径0.7 mm,卵分批产出,每次产卵数量少。仔鱼鳃发光器大(等于或大于肛门发光器),除基部外触腕其他部分无色素体,触腕基本膨大,远端纤细。

地理分布:广泛分布在世界各大洋温带水域(图4-173)。

大小:最大胴长40 mm。

渔业:潜在经济种,在夏威夷海域资源较为丰富,资源量是该海域微灯翼乌贼的两倍。

文献:Fischer, 1896; Hoyle, 1904; Nesis, 1982; Okutani, 1974; Pfeffer, 1912; Roper and Young, 1975; Young, 1978, 1995; Young et al, 1992; Young and Mangold, 1996; Deakmann et al, 2002。

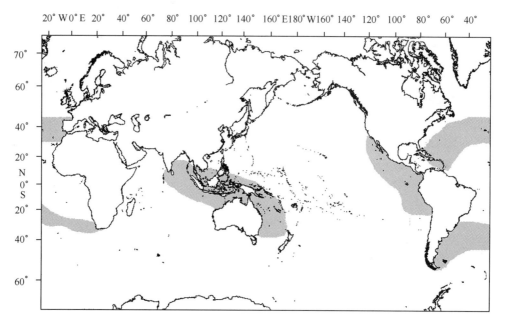

图4-173 翼乌贼地理分布示意图

微灯翼乌贼 *Pterygioteuthis microlampas* Berry, 1913

分类地位:头足纲,鞘亚纲,枪形目,开眼亚目,武装乌贼科,火乌贼亚科,翼乌贼属。

学名:微灯翼乌贼 *Pterygioteuthis microlampas* Berry, 1913。

分类特征:体圆锥形,逐渐变细,尾部尖,短小。鳍圆形,前后鳍垂大,两鳍后缘分离。第1~3腕仅腹列具钩,雄性和雌性第4腕具吸盘,雄性1对侧腕共计钩数6~12个。雄性左侧第4腕茎化,"齿盘"具大量小齿。眼睛具10个大发光器和4个小发光器。触腕具4个嵌入的发光器。

生活史及生物学:具昼夜垂直洄游习性,在夏威夷,白天渔获水层为400~500 m,夜间为50~100 m。雌雄成熟胴长分别为18~20 mm和17 mm。

仔鱼眼球发光器小,外套具大量色素体,漏斗腹面具 1 对色素体,触腕穗基部具大的深色色素体。

地理分布:广泛分布在除热带东太平洋以外的其他热带太平洋海域。最先发现于夏威夷水域,后来在新西兰亚热带辐合区北面 28° S 也有发现,后者地区与芽翼乌贼分布区重叠。

大小:最大胴长 23 mm。

渔业:非常见种。

文献:Berry, 1913;Riddell, 1985;Young et al, 1992;Young and Mangold, 1996。

火乌贼属 *Pyroteuthis* Hoyle, 1904

火乌贼属已知有多光火乌贼 *Pyroteuthis addolux*、火乌贼 *Pyroteuthis margaritifera* 和锯齿火乌贼 *Pyroteuhthis serrata* 3 种,其中火乌贼为本属模式种。

分类地位:头足纲,鞘亚纲,枪形目,开眼亚目,火乌贼亚科,火乌贼属。

属特征:触腕穗掌部钩 1 列,吸盘 3 列。腕钩 2 列,每腕超过 13 个,第 4 腕超过 16 个。雄性右侧第 4 腕茎化,无"齿盘"。眼球无生睑的发光器。触腕柄具 6 或 7 个独立的发光器,具"双器官型"发光器。前腹部内脏发光器 3 个,鳃发光器小。输卵管 1 对,仅右侧输卵管具功能。

文献:Nesis, 1982, 1987;Riddell, 1985;Young and Roper, 1977;Young and Mangold, 1996, 1997.

种的检索:

1(4)触腕除具嵌入的发光器外,表面无其他发光器

2(3)触腕具第 2 发光器 ………………………………………………………… 火乌贼

3(2)触腕第 2 发光器无 ……………………………………………………… 锯齿火乌贼

4(1)触腕除具嵌入的发光器外,基部具表皮发光器 ………………………… 多光火乌贼

多光火乌贼 *Pyroteuthis addolux* Young, 1972

分类地位:头足纲,鞘亚纲,枪形目,开眼亚目,火乌贼亚科,火乌贼属。

学名:多光火乌贼 *Pyroteuthis addolux* Young, 1972。

分类特征:体锥形,尾部尖锐,短(图 4-174A)。触腕穗掌部钩 1 列,吸盘 3 列,指部吸盘 4 列(图 4-174B);钩单尖(图 4-174C),吸盘内角质环全环具小齿(图 4-174D)。腕钩 2 列,钩具侧尖(图 4-174E)。雄性右侧第 4 腕茎化(图 4-174F),近端具钩 10 个;每钩双尖,初尖小,内缘光滑(图 4-174G),次尖短;膜片短,近半圆形,与 6~7 个钩相对;末端吸盘 6~15 个。触腕具 4 个大椭圆形发光器(其中 3 个为"双器官型"),它们位于近触腕穗腕骨簇处,间距较末端一个与远端小圆形发光器之间间距宽;两个小球形发光器,一个位于触腕柄基部,另一个位于触腕穗基部;触腕近基部具小球形至卵形表面发光器,它们的存在往往无规律可循(图 4-174H)。

生活史及生物学:外洋性小型种,具昼夜垂直洄游习性,在夏威夷,白天渔获水层 450~500 m,夜间渔获水层为 150~200 m。仔鱼眼球发光器大,触腕远端各具 1 列发光器,在捕获时易脱落,鳃具小发光器,外套无色素体。

地理分布:分布在加利福尼亚南部水域,在夏威夷水域和我国台湾东部海域也有分布。

大小:最大胴长 50 mm。

渔业:非常见种,无经济价值。

文献:Young, 1972, 1978, 1997;Young et al, 1992;Young and Mangold, 1996。

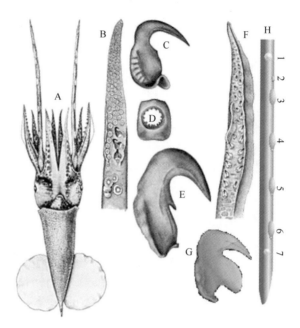

图 4-174　多光火乌贼形态特征示意图

A. 腹视;B. 触腕穗;C. 触腕穗钩;D. 触腕穗大吸盘内角质环;E. 大腕钩;F. 茎化腕;G. 茎化腕近端钩;H. 触腕穗发光器(据 Young, 1972, 1997)

火乌贼 *Pyroteuthis margaritifera* Ruppell, 1844

分类地位:头足纲,鞘亚纲,枪形目,开眼亚目,火乌贼科,火乌贼亚科,火乌贼属。

学名:火乌贼 *Pyroteuthis margaritifera* Ruppell, 1844。

英文名:Jewel enope squid;**法文名**: Encornet-bijoutier;**西班牙文名**: Enoploluria joyera。

分类特征:体锥形,尾部尖锐,短(图 4-175A)。触腕穗部钩 1 列,吸盘 3 列,指部吸盘 4 列。雄性右侧第 4 腕茎化(图 4-175B),近端具钩 13~19 个,每钩双尖,初尖内缘光滑,次尖大,圆形(图 4-175C);远端具膜片,膜片与 3 个钩相对;末端吸盘 0~13 个。角质颚上颚翼部延伸至侧壁前缘宽的近基部处,脊突弯,侧壁广泛展开,后缘无开口。下颚喙缘近直,喙长短于头盖长;脊突宽,弯,不增厚;侧壁广泛展开,侧壁脊位于脊突与侧壁拐角之间 1/2 处,后端未至侧壁后缘。触腕具 3 个大椭圆形发光器,都为“双器官型”,间距小于末端 1 个与远端小圆形发光器之间间距;3 个小球形发光器,2 个位于触腕柄基部,1 个位于触腕穗基部;无球形至卵形的表面发光器(图 4-175D)。

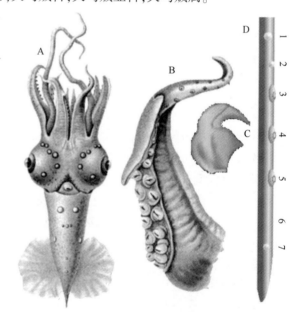

图 4-175　火乌贼形态特征示意图

A. 腹视;B. 茎化腕;C. 茎化腕近端钩;D. 触腕穗发光器(据 Chun, 1910;Young, 1972, 1997)

生活史及生物学:具昼夜垂直洄游习性,在百慕大外海,白天渔获水层为 375~500 m,夜间渔获水层为75~175 m。Lu 和 Ickeringill(2002)在澳大利亚南部水域捕获的28尾火乌贼胴长范围为17~39 mm,体重范围为0.3~5.1 g。

地理分布:广泛分布于热带和温带大西洋、印度洋和南太平洋,但在东太平洋没有分布(图4-176)。

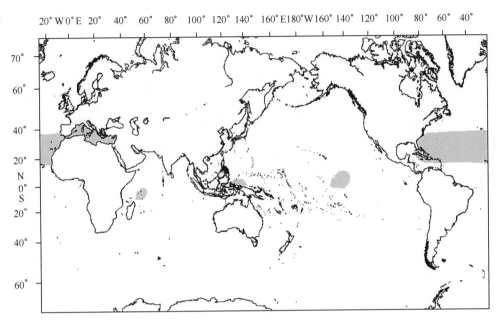

图4-176　火乌贼地理分布示意图

大小:胴长至少 39 mm。

渔业:非常见种。

文献:Nesis, 1982; Riddell, 1985; Roper and Young, 1975; Rüppell, 1844; Young et al, 1996; Young, 1997。

锯齿火乌贼 *Pyroteuthis serrata* Riddell, 1985

分类地位:头足纲,鞘亚纲,枪形目,开眼亚目,火乌贼科,火乌贼亚科,火乌贼属。

学名:锯齿火乌贼 *Pyroteuthis serrata* Riddell, 1985。

分类特征:体锥形,尾部尖锐,短(图4-177A)。雄性右侧第4腕茎化(图4-177B),近端具钩10~12 个;每钩双尖,初尖内缘具不规则的锯齿,次尖与初尖等长等尖(图4-177C);远端具延长膜片,膜片与8~12 个钩相对;腕末端吸盘7~20 个。触腕具 4 个大椭圆形发光器,均为"双器官"型,间距小于末端一个与远端小圆形发光器之间间距;2 个小球形发光器,1 个位于触腕柄基部,另 1 个位于触腕穗基部;无球形至卵形的表面发光器(图4-177D)。

地理分布:已知仅分布在热带辐合区北部新西兰水域附近。

大小:最大胴长 30 mm。

渔业:非常见种。

文献:Riddell, 1985; Young and Mangold, 1996; Young, 1997。

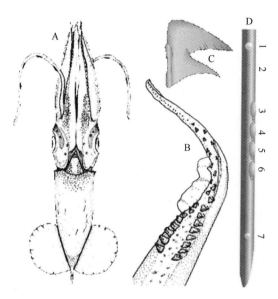

图 4-177　锯齿火乌贼形态特征示意图
A. 腹视；B. 茎化腕；C. 茎化腕近端钩；D. 触腕穗发光器（据 Riddell，1985；Young，1997）

第十五节　黵乌贼科

黵乌贼科 Gonatidae Hoyle，1886

黵乌贼科以下包括贝乌贼属 *Berryteuthis*、东黵乌贼属 *Eogonatus*、拟黵乌贼属 *Gonatopsis* 和黵乌贼属 *Gonatus* 4 属，共计 22 种。该科为大洋性浮游层生活种类，栖息水深为表层至 1000m。某些种类具昼夜垂直洄游习性，昼深夜浅。少数种类栖息于大陆架斜坡海底附近。

分类地位：头足纲，鞘亚纲，枪形目，开眼亚目，黵乌贼科。

英文名：Gonate squids；**法文名**：Encornets；**西班牙文名**：Gonaluras。

科特征：外套圆筒形。口膜连接肌丝与第 4 腕腹缘相连。漏斗锁具直的凹槽。触腕穗具大量不规则的吸盘，某些种具钩。黵乌贼和东黵乌贼属触腕穗具触腕穗锁，它由 1 列与延长的脊相连的吸盘和球突组成。腕盔甲 4 列（某些种近腕顶端多于 4 列）。除无钩贝乌贼 *Berryteuthis anonychus* 外，其余各种，第 1~3 腕中间 2 列盔甲为钩，前者仅雌性第 1~3 腕基部具钩。无发光器（除火黵乌贼 *Gonatus pyros* 具眼球发光器）。内壳具初级尾椎。各属亚成体主要特征比较见表 4-13。

表 4-13　黵乌贼科各属主要特征比较

属/特征	具触腕	触腕穗具钩	触腕穗锁
贝乌贼属	是	否	1 列吸盘和球突沿整个触腕穗掌部背缘
东黵乌贼属	是	否	1 列吸盘、球突和延长的横脊沿触腕穗掌部基部
拟黵乌贼属	否	否	否
黵乌贼属	是	是	1 列吸盘、球突和延长的横脊沿触腕穗掌部基部

文献：Jorgensen，2006；Katugin，1993，1995，2004；Lindgren et al，2005；Nesis，1982，1997；

Okutani and Clarke，1992；Young，1972；Kubodera et al，2006。

属的检索：

1(6) 整个生命周期都具触腕

2(3) 触腕穗具钩 ·· 黵乌贼属

3(2) 触腕穗不具钩

4(5) 触腕穗锁为 1 列吸盘和球突,并沿整个掌部背缘 ······················ 贝乌贼属

5(4) 触腕穗锁为 1 列吸盘、球突和横脊,仅沿掌部基部 ·················· 东黵乌贼属

6(1) 无触腕(仔鱼除外) ·· 拟黵乌贼属

贝乌贼属 *Berryteuthis* Naef，1921

贝乌贼属已知无钩贝乌贼 *Berryteuthis anonychus* 和贝乌贼 *Berryteuthis magister* 2 种,其中贝乌贼为模式种,它又包括贝乌贼 *Berryteuthis magister magister*、日本贝乌贼 *Berryteuthis magister nipponensis*、舍氏贝乌贼 *Berryteuthis magister shevtsovi* 3 个亚种。

分类地位：头足纲,鞘亚纲,枪形目,开眼亚目,黵乌贼科,贝乌贼属。

属特征：外套肌肉强健。鳍纵菱形,末端不延伸形成尾部。腕盔甲种间变化很大。亚成体具触腕。触腕穗无钩,掌部吸盘列不规则,吸盘大小相当。近端触腕穗锁为掌部背缘的 1 列吸盘和球突。齿舌由 7 列小齿组成。无发光器。

文献：Pearcy and Voss，1963；Kubodera et al，2006。

种的检索：

1(2) 体型小,腕无钩,或具少量小钩 ······································· 无钩贝乌贼

2(1) 体型大,腕具大量大钩

3(4) 触腕穗掌部中间列吸盘明显大于边缘列吸盘 ····························· 贝乌贼

4(3) 触腕穗掌部中间列吸盘与边缘列吸盘尺寸相差不大

5(6) 体粗壮 ··· 日本贝乌贼

6(5) 体纤细 ··· 舍氏贝乌贼

无钩贝乌贼 *Berryteuthis anonychus* Pearcy and Voss，1963

分类地位：头足纲,鞘亚纲,枪形目,开眼亚目,黵乌贼科,贝乌贼属。

学名：无钩贝乌贼 *Berryteuthis anonychus* Pearcy and Voss，1963。

拉丁异名：*Gonatus anonychus* Pearcey and Voss，1963。

英文名：Minimal armhook squid,Smallfin gonate squid;**法文名：**Encornet ailes courtes;**西班牙文名：**Gonalura alicorta。

分类特征：体长圆筒形,肌肉强健(图 4-178A)。头短,侧扁。眼大。鳍甚短小,鳍长为胴长的 25%~30%,宽为胴长的 45%~50%。颈部两侧各具 3 个明显的颈皱。口垂片 7 个,无吸盘。触腕长大于腕长。触腕穗短窄(约为触腕长的 50%),背侧边膜发达(图 4-178B)。触腕穗具12~15 列大小相当的吸盘,掌部中间列吸盘较侧列吸盘略大,吸盘内角质环远端具 3~4 个三角形齿,近端齿宽小(图 4-178C)。触腕穗锁为背缘一列交替排列的吸盘和球突。腕粗壮,中等长度,腕末端不削弱。第 2 腕约为胴长的 40%~50%,第 1 腕短,其余各腕长度相近,腕式为 2=4=3>1。第 3 腕具发达的反口面边膜。各腕吸盘 4 列,吸盘较小,大小相近。腕边缘吸盘具柄,吸盘内角质环具 6~8 个平截的方形齿(图 4-178D)。雌性腕近端中间列具 3 对小钩状吸盘(图4-178E),胴长 35~60 mm 开始具微弱的钩。雄性腕不具钩,基部 2/3~3/4 中间 2 列吸盘内角质环近端和远端具分离的齿和

不明显的唇状物(图 4-178F)。雄性无茎化腕。角质颚下颚,喙短尖,顶端开口,喙长等于头盖长;脊突窄,弯曲,长度大于 2 倍头盖长;无侧壁皱或具微弱的侧壁皱。齿舌由 7 列小齿组成,中齿 3 尖,第 1 侧齿双尖(图 4-178G)。内壳剑形,具很小的初级尾椎(图 4-178H)。

生活史及生物学:大洋性小型种,栖息于表层(夜间)至 1 500 m 水层。雌雄成熟胴长分别为 60 mm 和 70 mm。单个雌体产卵约 25 000 个。

地理分布:分布在东北太平洋美国俄勒冈州至阿留申群岛,在白令海无分布(图 4-179)。

大小:最大胴长 150 mm。

渔业:潜在经济种,可在夜间利用抄网在表层水域作业。

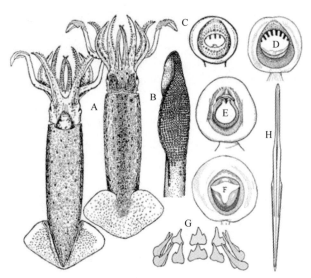

图 4-178 无钩贝乌贼形态特征示意图

A. 腹视和背视;B. 触腕穗;C. 触腕穗吸盘;D. 腕边列吸盘;E. 雌性第 3 腕基部钩状吸盘;F. 雄性第 3 腕基部 2/3 处中列吸盘;G. 齿舌;H. 内壳(据 Pearcy and Voss, 1963;Roper et al, 1984)

文献:Jorgensen, 2006;Katugin, 2004;Katugin et al, 2005;Lindgren et al, 2005;Nesis, 1973, 1982, 1997;Okutani et al, 1983;Pearcy and Voss, 1963;Kubodera et al, 2006;Okutani, 1980;Roper et al, 1984。

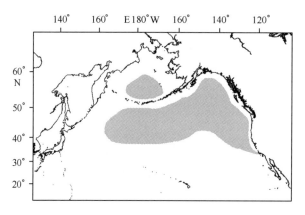

图 4-179 无钩贝乌贼地理分布示意图

贝乌贼 *Berryteuthis magister* Berry, 1913

分类地位:头足纲,鞘亚纲,枪形目,开眼亚目,鲣乌贼科,贝乌贼属。

学名:贝乌贼 *Berryteuthis magister* Berry, 1913。

拉丁异名:*Gonatus magister* Berry, 1913;*Gonatus septemdentatus* Sasaki, 1915;*Berryteuthis magister* Berry, 1913。

英文名:Magister armhook squid, Schoolmaster gonate squid, Commander squid;**法文名**:Encornet suçoir;**西班牙文名**:Gonalura magist er。

分类特征:体圆筒形,后部瘦凹,胴宽为胴长的 30%(图 4-180A)。头大,宽度等于或略大于胴宽。鳍大,横菱形,两鳍宽大于鳍长,约为胴长的 70%,鳍长大于胴长的 50%。无明显的尾部。漏斗宽圆锥形,漏斗器背片倒 V 字形,两侧腹片卵形。触腕粗短(长度小于胴长),宽而膨大,具窄的指部和发达的反口面边膜。触腕穗不具钩,具大量微小的吸盘(约20 列),掌部中间列吸盘明显大于边缘列吸盘(图 4-180B)。触腕穗锁为掌部背缘一列交替排列的吸盘和球突。腕粗壮,中等长度(小于胴长的 60%),腕式为 2=3>1=4。第 3 腕长为胴长的 62%。第 4 腕吸盘 4 列;第 1~3 腕中间 2 列为钩,边缘 2 列为具长横隔片的吸盘(图 4-180C)。角质颚下颚喙大,直,喙长等于头盖长;脊突窄,弯,长度为头盖长的 2.5 倍。齿舌由 7 列小齿组成,中齿 3 尖,第 1 齿双尖,第 2 侧齿和边齿单尖(图 4-180D)。内壳狭叶形,叶柄中轴粗壮,边肋细弱,后端两边向腹部缩卷,形成中空的尾椎,尾椎较长,约为内壳长的 1/4。无发光器。

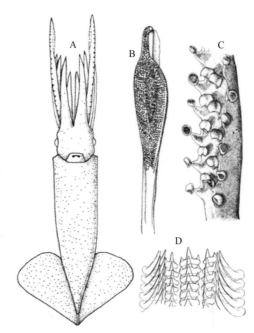

图 4-180　贝乌贼形态特征示意图
A. 腹视;B. 触腕穗;C. 第 3 腕近端;D. 齿舌(Roper et al, 1984;Berry, 1912)

　　生活史及生物学:浅海至外洋浮游层生活种,栖息水深为表层至 1 000 m,成体能够在海底生活,以 300~600 m 水层集群密度大。春季在日本海北部深水区的水温为 0.1~0.2℃,盐度 34.15。胴长 200 mm 的雌体已性成熟,产卵力在 25 000 枚。雄性性成熟胴长小于雌体,性成熟期也小于雌体。繁殖水深 200~800 m,产卵季节为 6—10 月。在整个北太平洋,北部群体胴长相对较大,胴长可达 380 mm,但南北群体形态特征差异不大。贝乌贼是抹香鲸、海豹的重要饵料,其仔稚鱼还是信天翁和鲑鱼猎食的对象。

　　贝乌贼形态特征随个体生长而变化(图 4-181)。胴长 7~16 mm 仔鱼外套呈矮胖的钟形,头大,鳍小,腕和触腕粗短,未成形的触腕穗近端具 8~10 列密集的小吸盘,无扩大的中间吸盘。

　　地理分布:广泛分布于北太平洋亚北极水域,具体为美国俄勒冈州西部沿岸,向北至阿拉斯加湾、阿留申群岛和千岛群岛(包括白令海和鄂霍次克海),南至日本海和本州岛东北部(图 4-182)。

　　大小:最大胴长 430 mm,体重 2.6 kg。

　　渔业:重要经济种,具有一定的开发前景。大陆架近底层(大于 300 m)水域资源丰富,在白令海南部、日本海、千岛群岛、阿留申群岛、阿拉斯加以及俄勒冈海域集群大。贝乌贼是俄罗斯在西白令海和鄂霍次克海,美国在其西北部水域,拖网渔业的重要副渔获物。在日本,1977 年以来每年产量在 5 000~9 000 t。

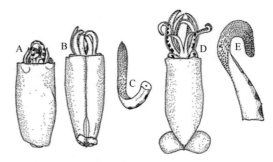

图 4-181　贝乌贼仔稚鱼形态变化示意图
A. 胴长 9 mm 仔鱼腹视;B. 胴长 12 mm 仔鱼腹视;C. B 的触腕穗;D. 胴长 16 mm 稚鱼腹视;E. D 触腕穗(据 Okutani, 1981)

　　文献:Berry, 1912, 1913;Jorgensen, 2006;Katugin, 2000;Kubodera and Okutani, 1981;Okutani et al, 1983;Okutani and Kubodera, 1987;Sasaki, 1929;Roper et al, 1984;Kubodera, 2006。

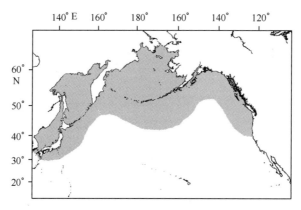

图 4-182 贝乌贼地理分布示意图

日本贝乌贼 *Berryteuthis magister nipponensis* Okutani and Kubodera, 1987

分类地位:头足纲,鞘亚纲,枪形目,开眼亚目,鳞乌贼科,贝乌贼属。

学名:日本贝乌贼 *Berryteuthis magister nipponensis* Okutani and Kubodera, 1987。

分类特征:体圆筒形,纤细,肌肉强健,胴宽为胴长的22%(图4-183A)。鳍相对较小,鳍长为胴长的55%,鳍宽为胴长的76%。触腕穗纤细,具大量小吸盘,并延伸至触腕柄远端约45%处(图4-183B)。触腕穗中列吸盘与侧列大小不同,但不如贝乌贼明显。

生活史及生物学:雄性成熟胴长小于200 mm。

地理分布:分布在日本北部三陆和富山湾外海(图4-184)。

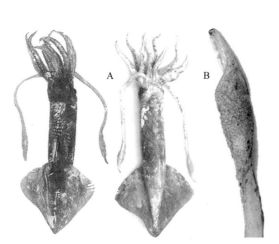

图 4-183 日本贝乌贼形态特征示意图
A. 背视和腹视;B. 触腕穗腹视(据 Okutani and Kubodera, 1987;Kubodera, 1986)

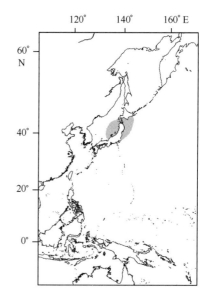

图 4-184 日本贝乌贼地理分布示意图

大小:最大胴长 180 mm。

渔业:非常见种。

文献:Okutani, 2005; Okutani and Kubodera, 1987; Kubodera, 2006。

舍氏贝乌贼 *Berryteuthis magister shevtsovi* **Katsugin, 2000**

分类地位:头足纲,鞘亚纲,枪形目,开眼亚目,黵乌贼科,贝乌贼属。

学名:舍氏贝乌贼 *Berryteuthis magister shevtsovi* Katsugin, 2000。

分类特征:体圆筒形,粗壮(图 4-185A)。鳍大,鳍宽为胴长的 50%,鳍长为胴长的 77%。触腕穗略分化,不具钩;掌部中列吸盘与侧列吸盘大小相近(图 4-185B);触腕穗锁由 40 个吸盘和球突组成。第 4 对腕中的 1 腕茎化,中部 1/3 背列吸盘基部膨大(图 4-185C)。齿舌侧齿双尖。

生活史及生物学:栖息水深 200~600 m。性成熟胴长小(雌性胴长小于 200 mm,雄性胴长小于 170 mm),繁殖力低(产卵约 3 755 枚,而贝乌贼产卵约 25 000 枚),卵大,最大卵径 5.9 mm。

地理分布:分布在日本海(图 4-186)。

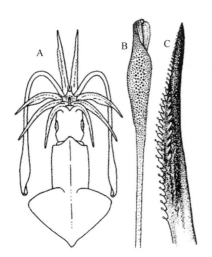

图 4-185 舍氏贝乌贼形态特征示意图
A. 雄性背视;B. 触腕穗;C. 茎化腕(据 Katugin, 2000)

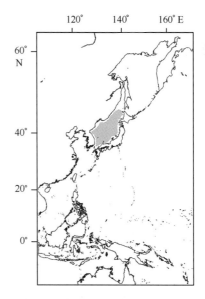

图 4-186 舍氏贝乌贼地理分布示意图

大小:最大胴长 200 mm。

渔业:非常见种。

文献:Katugin, 2000; Kubodera, 1992; Okutani, 2005; Kubodera, 2006。

东黵乌贼属 *Eogonatus* **Nesis, 1972**

东黵乌贼属已知仅东黵乌贼 *Eogonatus tinro* 1 种。

东黵乌贼 *Eogonatus tinro* **Nesis, 1972**

分类地位:头足纲,鞘亚纲,枪形目,开眼亚目,黵乌贼科,东黵乌贼属。

学名:东黵乌贼 *Eogonatus tinro* Nesis, 1972。

拉丁异名:*Gonatus tinro* Nesis, 1972。

分类特征:体圆锥形(图 4-187A),外套组织松软。眼甚大。鳍箭头形,后端伸形成短的尾部。亚成体具触腕;触腕穗小,不具钩;吸盘排列不规则,但大小相当;近端锁由吸盘、球突以及 2~3 个小脊和沟组成(图4-187B)。第1~3腕中间2列盔甲为钩。角质颚下颚喙弯,长度大于头盖长;脊突长,长度为头盖长的3倍,具微弱的侧壁皱,位于头盖和侧壁拐角中间1/2处。齿舌由5列小齿组成。无发光器。

　　　　地理分布:分布在北太平洋(图4-188)。

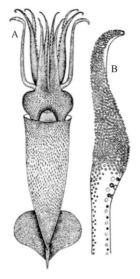

图4-187　东鳞乌贼
形态特征示意图
A. 腹视;B. 触腕穗(据
Nesis,1972;Gauley,1971)

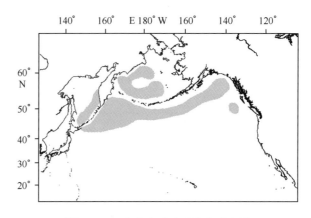

图4-188　东鳞乌贼地理分布示意图

　　　　大小:最大胴长120 mm。

　　　　渔业:非常见种。

　　　　文献:Fields and Gauley, 1971; Nesis, 1972; Okutani et al, 1983; Kubodera et al, 2006。

拟鳞乌贼属 *Gonatopsis* Sasaki, 1920

　　　　拟鳞乌贼属已知北方拟鳞乌贼 *Gonatopsis borealis*、日本拟鳞乌贼 *Gonatopsis japonicus*、迈卡拟鳞乌贼 *Gonatopsis makko*、拟鳞乌贼 *Gonatopsis octopedatus*、奥氏拟鳞乌贼 *Gonatopsis okutanii* 5 种,其中拟鳞乌贼为本属模式种。

　　　　分类地位:头足纲,鞘亚纲,枪形目,开眼亚目,鳞乌贼科,拟鳞乌贼属。

　　　　属特征:外套肌肉强健或松弛,鳍横菱形或箭头形,具或不具尾部,齿舌由5或7列小齿组成。仔鱼期具触腕,早期稚鱼期之后触腕消失。第1~3腕中间2列盔甲为钩。无发光器。各种间主要特征比较见表4-14。

表4-14　拟鳞乌贼属各种主要特征比较

种/特征	分布	腕顶端是否具大量吸盘列	齿舌齿列数	腕长	尾长
北方拟鳞乌贼	北太平洋	否	7	40%~50%ML	无尾
日本拟鳞乌贼	日本水域	否	5	55%ML	长
迈卡拟鳞乌贼	北太平洋西部和北部	否	5	65%ML	甚短
拟鳞乌贼	西北太平洋	是	5	80%~85%ML	无尾
奥氏拟鳞乌贼	西北太平洋	否	5	100%ML	?

文献：Young，1972；Kubodera et al，2006。

种的检索：

1（4）具尾部

2（3）尾部甚长 ·· 日本拟鳞乌贼

3（2）尾部甚短

4（5）各腕长相近 ·· 迈卡拟鳞乌贼

5（4）第 2 和第 3 腕细长 ·· 奥氏拟鳞乌贼

4（1）无尾部

5（8）齿舌由 5 列小齿组成 ·· 拟鳞乌贼

8（5）齿舌由 7 列小齿组成 ·· 北方拟鳞乌贼

北方拟鳞乌贼 *Gonatopsis borealis* Sasaki，1923

分类地位：头足纲，鞘亚纲，枪形目，开眼亚目，鳞乌贼科，拟鳞乌贼属。

学名：北方拟鳞乌贼 *Gonatopsis borealis* Sasaki，1923。

英文名：Boreopacific armhook squid，Borepacific gonate squid；**法文名：**Encornet boréopacifique；**西班牙文名：**Gonalura pacificoboreal。

分类特征：体圆筒形，后端逐渐变细（图 4-189A），外套壁厚，肌肉强健，皮肤暗红色或微紫褐色。鳍短宽，鳍长超胴长的 40%～50%，鳍宽为胴长的 65%～70%；鳍菱形，后部渐细，顶端宽圆，侧角锐，末端不延伸形成尾部。眼甚大。枕骨突具 4 个明显的颈皱。口膜无吸盘，垂片 7 个。漏斗具漏斗阀；漏斗器背片 V 型，前端生短小的乳突，2 个腹片大卵圆形；漏斗锁软骨披针形，具长直的凹槽。颈软骨大，提琴形。仔鱼期（胴长约 8～10 mm）之后无触腕。腕粗壮，中等长度，为胴长的 40%～45%。各腕长相近，腕式为 2＝3＞1＞4；反口面边膜明显，第 3 腕边膜尤其发达。各腕中部盔甲 4 列，第 1～3 腕中部中间 2 列盔甲为钩（每腕 39～48 个），第 4 腕则为吸盘。腕近端吸盘 5～10 个；各腕末端吸盘 4 列，56～63 个。钩具小的侧尖（图 4-189B）；吸

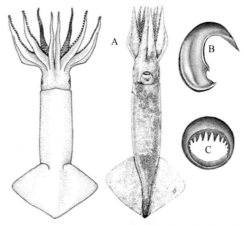

图 4-189　北方拟鳞乌贼形态特征示意图
A. 背视和腹视；B. 腕大钩；C. 腕大吸盘（据 Sasaki，1923；Roper et al，1984；Young，1972）

盘内角质环远端 1/2 具 12～15 个尖齿，近端 1/2 具小球突（图 4-189C）。无茎化腕。角质颚下颚喙弯，长度等于头盖长；脊突长窄，弯曲，长度为头盖长的 2.5 倍；无侧壁皱。齿舌由 7 列异型小齿组成，中齿 3 尖，第 1 侧齿双尖。内壳羽状，狭长，长为宽的 11 倍；叶柄中轴粗壮，边肋细弱；后端向腹部缩卷，形成中空的尾椎，尾椎较短。无发光器。

生活史及生物学：大洋性冷水种，一生几乎均在亚寒带水域度过，主要生活阶段适温低于 10℃。仔稚鱼多栖于上层水域，成体栖于 700 m 以上的中上层水域。具昼夜垂直洄游习性，4—9 月，在北太平洋西部和东部集群密度加大。北方拟鳞乌贼是抹香鲸的重要饵料，仔鱼经常被鲑鱼猎食。

雌雄最大性成熟胴长分别为 330 mm 和 270mm。在日本北海道东北部外海，6—9 月，雄体大部分性成熟，而大部分雌性尚未性成熟，产卵期从秋季经过冬季，至翌年的春季。繁殖后，雄、雌亲体相继死亡，生命周期只有 1 年。仔鱼大量出现期在 6—7 月，从千岛群岛南部向白令海西部移动。

这种移动与亚寒带环流的移动密切相关。

地理分布：分布在北太平洋、日本北海道东北部、千岛群岛、鄂霍次克海、阿留申群岛、白令海、阿拉斯加湾、加利福尼亚海域（图4-190）。

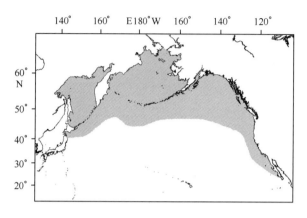

图4-190　北方拟黵乌贼地理分布示意图

大小：最大胴长330 mm。

渔业：重要经济种。资源丰富，日本于1975年正式开发北方拟黵乌贼资源，1976年渔获量达1万 t。主要渔场在45°~50°N，150°~175°E附近，使用钓具和流刺网作业。钓具的单位努力量渔获量高峰期水温7℃左右，流刺网单位努力量渔获量高峰期水温在9℃左右。

文献：Okutani, 1980；Tomiyama and Hibiya, 1978；Nesis and Shevtsov, 1977；Jorgensen, 2006；Katugin, 2004；Nesis, 1971；Okutani et al, 1983；Sasaki, 1923, 1929；Young, 1972；Kubodera, 2006。

日本拟黵乌贼 *Gonatopsis japonicus* Okiyama, 1969

分类地位：头足纲，鞘亚纲，枪形目，开眼亚目，黵乌贼科，拟黵乌贼属。

学名：日本拟黵乌贼 *Gonatopsis japonicus* Okiyama, 1969。

分类特征：体纤细的圆筒形，外套肌肉强健。头大，卵形，头宽大于外套宽。鳍长略大于鳍宽，约为胴长的50%。尾部细长，约为鳍长的50%。漏斗相对较小，漏斗器背片倒V字形，腹片小卵形（图4-191A）；漏斗锁软骨披针形，略微内弯（图4-191B）。颈软骨延长鞍形（图4-191C）。无触腕。腕粗壮，各腕长相近，除最短的第4腕以外（为胴长的43%），其余各腕长约为胴长的0.5倍多。第1~3腕钩发达，57~61个，边缘吸盘小，70~73个（图4-191D）。第4腕吸盘145~157个。角质颚上颚喙顶端尖，下颚翼部短，侧壁宽。齿舌由5列异型小齿组成，中齿3尖，侧齿和边齿弯曲，单尖（图4-191E）。内壳长羽状，侧翼中部最宽，内壳后端3/16具次翼（图4-191F）。

地理分布：分布局限在日本海和鄂霍次克海南部（图4-192）。

大小：最大胴长270 mm。

渔业：非常见种。

文献：Nesis, 1987；Okiyama, 1969；Kubodera, 2006。

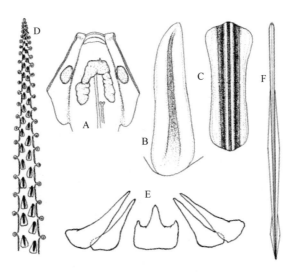

图 4-191　日本拟黵乌贼形态特征示意图(据 Okiyama, 1969;Kubodera, 2006)

A. 漏斗器;B. 漏斗锁;C. 颈软骨;D. 第 1 腕;E. 齿舌;F. 内壳

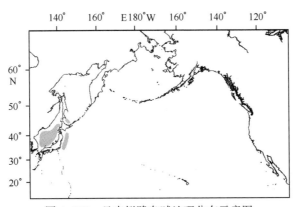

图 4-192　日本拟黵乌贼地理分布示意图

迈卡拟黵乌贼 *Gonatopsis makko* Okutani and Nemoto, 1964

分类地位:头足纲,鞘亚纲,枪形目,开眼亚目,黵乌贼科,拟黵乌贼属。

学名:迈卡拟黵乌贼 *Gonatopsis makko* Okutani and Nemoto,1964。

拉丁异名:*Gonatopsis borealis makko* Okutani and Nemoto, 1964。

英文名:Makko armhook squid, Mako gonate squid;**法文名**:Encornet mako;**西班牙文名**:Gonalura mako。

分类特征:体圆筒形,后端逐渐变细(图 4-193),外套壁薄,松软,体表光滑。头宽等于外套宽。鳍甚小,近横菱形,边缘薄,鳍长为胴长的 1/3,鳍宽约等于鳍长。尾部短。漏斗器背片 V 字形,腹片卵形;漏斗锁软骨披针形,略弯,凹槽浅。颈软骨延长的三角形,拐角圆。无触腕。腕粗壮,肌肉强健。腕甚长,可达胴长的 80%,各腕长相近,腕式为 2=3=1=4。除腹腕外,其余各腕间膜不发达。腕盔甲 4 列,由钩和吸盘构成。第 1~3 腕中间 2 列为钩,钩尖,近端具退化的似吸盘状结构;边缘 2 列为吸盘。第 4 腕吸盘 4 列。内壳呈细长的羽毛状,宽度约为

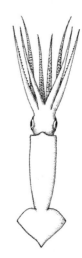

图 4-193　迈卡拟黵乌贼背视(据 Roper et al, 1984)

长的 1/15。

地理分布:分布局限于白令海、日本海和日本本州岛东北部外海,东至美国西北部外海(图4-194)。

生活史及生物学:大洋性种类,在日本海和北太平洋经常出现在中层水域。一般比太平洋褶柔鱼和柔鱼更耐低温,不同种群生长式样不同,5—7月资源量最丰富,是抹香鲸的饵料。

大小:最大胴长 250 mm。

渔业:潜在经济种。

文献:Ichisawa et al, 2006;Nesis, 1997;Okutani and Nemoto, 1964;Okutani et al, 1976;Kubodera, 2006;Roper et al, 1984。

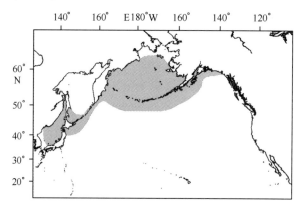

图4-194 迈卡拟鹦乌贼地理分布示意图

拟鹦乌贼 *Gonatopsis octopedatus* Sasaki, 1920

分类地位:头足纲,鞘亚纲,枪形目,开眼亚目,鹦乌贼科,拟鹦乌贼属。

学名:拟鹦乌贼 *Gonatopsis octopedatus* Sasaki, 1920。

分类特征:体纺锤形,前端窄,后端逐渐变细(图4-195A),外套壁薄,肌肉松软,体表具 6 个微红褐色色素斑。眼大,口垂片 7 个。颈皱微弱。两鳍相接呈横椭圆形,较短(为胴长的 25% ~30%),鳍宽略大于鳍长。无尾部。成体不具触腕,但第 3 和第 4 腕间具不明显的圆形触腕退化痕迹,幼体胴长 30~60 mm 时触腕消失。腕长而粗壮,长度等于或略短于胴长(最长为胴长的 80% ~85%)。各腕长相近,腕式为 2>3>1=4(图4-195B)。腕近端盔甲 4 列,第 1~3 腕中间 2 列为钩,边缘 2 列为小吸盘,第 4 腕为 4 列吸盘。腕远端 1/3 削弱,吸盘微小,尺寸相当,具长柄,雄性6~7 列,雌性8~12 列。胴长 30~60 mm 时第一个腕钩开始出现。第 1~3 腕具钩 30~33 个,第 4 腕具大的中列吸盘 30 个。第 1~3 腕吸盘内角质环具 5~7 个不规则的齿,第 4 腕吸盘内角质环具 9 个发达的齿。角质颚下颚喙弯,长度大于头盖长;脊突长而弯曲,长度为头盖长的 3 倍;侧壁具微弱的侧壁皱。齿舌由 5 列异型小齿组成,中齿 3 尖,侧齿单尖。无发光器。

生活史及生物学:外洋性中型种,在鄂霍次克海资源丰富。成熟雄性胴长约为成熟雌性胴长的一半,雄性成熟胴长 100~120 mm,雌性怀卵和产卵时胴长 160~390 mm。交配时雌雄头对头,雄性将精荚输送到雌性的口球内。雌体在深水区产卵,卵短时间内一次性产出,产卵后的雌体至表层水域死去。产卵的雌体凝胶质十分明显。成熟卵径 4.3 mm×2.5 mm,卵孵化后仔鱼开始向上层水域移动,稚鱼夜间也出现在上层水域。

地理分布:分布在西北太平洋鄂霍次克海、日本海,我国台湾东部海域也有分布(图4-196)。

大小:最大胴长 390 mm;最大体重 2 500 g。

渔业:次要经济种。外洋性种类,游泳迅速,不易捕获,在鄂霍次克海资源丰富。

文献:Akimushkin, 1963；Nesis, 1993；Nesis, 1997；Okutani, 2005；Okutani et al, 1983；Sasaki, 1920, 1929；Hochberg, 2006。

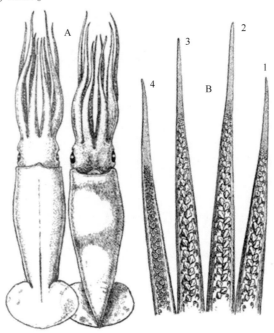

图 4-195　拟鳞乌贼形态特征示意图
A. 背视和腹视；B. 右侧头冠口视(据 Sasaki, 1929)

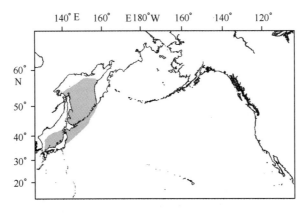

图 4-196　拟鳞乌贼地理分布示意图

奥氏拟鳞乌贼 *Gonatopsis okutanii* Nesis, 1972

分类地位:头足纲,鞘亚纲,枪形目,开眼亚目,鳞乌贼科,拟鳞乌贼属。

学名:奥氏拟鳞乌贼 *Gonatopsis okutanii* Nesis, 1972。

分类特征:体圆锥形,后部渐细(图 4-197),外套壁厚,但肌肉松软且凝胶质。眼大。口垂片 7 个。头部两侧各具 3~4 个颈皱。漏斗具漏斗阀,漏斗器背片 V 型,腹片卵形;漏斗锁软骨纤细,略弯。颈软骨延长的三角形,棱角圆。鳍桃形,短,长度为胴长的 35%~45%,鳍宽略大于鳍长。尾部短。成体无触腕,仅第 3 和第 4 腕基部之间具短而退化的触腕柄。第 2 和第 3 腕十分细长,长度等于或大于胴长,腕式为 2=3>1>4。腕近端粗,远端 1/2 细。盔甲 4 列,第 1~3 腕中间 2 列为钩,边缘 2 列为小吸盘,第 4 腕仅具 4 列吸盘。各腕中部具 5~10 个排列稀疏的钩或吸盘。各腕吸盘内角质环远端具 7~9 个齿。齿舌由 5 列小齿组成。无发光器。内壳羽状。

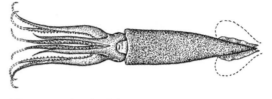

图 4-197 奥氏拟鳞乌贼腹视(据 Nesis,1987)

生活史及生物学:栖息水深约 550 m。雌性初次产卵后不死亡,卵径大,最大可达 2.6 mm。

地理分布:西北太平洋俄罗斯外海。

大小:最大胴长 250 mm。

渔业:非常见种。

文献:Nesis,1972;Nesis,1987,1997;Nesis and Shevtsov,1977;Okiyama,1969;Okutani,1967,2005;Hochberg,2006。

鳞乌贼属 *Gonatus* Gray,1849

鳞乌贼已知南极鳞乌贼 *Gonatus antarcicus*、贝氏鳞乌贼 *Gonatus berryi*、加利福尼亚鳞乌贼 *Gonatus californiensis*、鳞乌贼 *Gonatus fabricii*、日本短腕鳞乌贼 *Gonatus kamtschaticus*、马氏鳞乌贼 *Gonatus madokai*、短腕鳞乌贼 *Gonatus middendorffi*、爪鳞乌贼 *Gonatus onyx*、俄勒冈鳞乌贼 *Gonatus oregonensis*、火鳞乌贼 *Gonatus pyros*、斯氏鳞乌贼 *Gonatus steenstrupi*、褐熊鳞乌贼 *Gonatus ursabrunae* 12 种,其中鳞乌贼是本属模式种。

分类地位:头足纲,鞘亚纲,枪形目,开眼亚目,鳞乌贼科,鳞乌贼属。

属特征:外套肌肉强健或松软。鳍箭头形,并延伸形成短的尾部。亚成体具触腕。触腕穗中线具 1 个或多个钩,其中一个十分扩大。触腕穗近端锁吸盘和球突与 4~6 个大和几个小的脊或槽相连。第 1~3 腕中间两列盔甲为钩。齿舌由 5 列小齿组成。仅火鳞乌贼具眼球发光器。鳞乌贼属部分种主要形态特征比较见表 4-15。

表 4-15 鳞乌贼属某些种类亚成体特征比较

种/特征	分布	眼球发光器	中钩近端是钩	中钩远端是钩	触腕柄中央吸盘数	触腕穗吸盘数	掌部背缘和腹缘区吸盘分布至近端	第 2 腕长小于第 3 腕长	触腕穗长
南极鳞乌贼	南极	无	是	是	120~140	250~315	否	40%~50%ML	16%~17%ML
贝氏鳞乌贼	北太	无	是	是	0~2	159~181	否	60%~70%GL	30%~37%GL
加利福尼亚鳞乌贼	北太	无	是	是	40~80	215~270	否	46%~53%GL	17%~24%GL
鳞乌贼	北大西洋	无	是	是	38~109	155~229	否	53%~59%GL	12%~20%GL
马氏鳞乌贼	北太	无	是	是	许多	?	是	90%ML	20%ML
短腕鳞乌贼	北太	无	否	是	几乎无	?	是	50%ML	10%ML
爪鳞乌贼	北太	无	否	否	0~27	160~200	否	48%~54%GL	20%~25%GL
俄勒冈鳞乌贼	北太	无	是	是	70	295~370	否	59%~63%ML	21%~30%ML
火鳞乌贼	北太	是	是	是	50~125	151~184	否	60%~70%GL	20%~25%GL
斯氏鳞乌贼	北大西洋	无	是	是	75~165	190~225	否	50%~70%GL	20%~36%GL
褐熊鳞乌贼*	北太	无	?	?	?	?	?	42%~56%ML	13%~25%ML

注:* 为稚鱼特征

生活史及生物学：与蛸类不同，大洋性鱿鱼很少具育卵的习性，而爪鳞乌贼具在深水区育卵特性。推断可能整个鳞乌贼科种类都具育卵的特性。由于是在深水区育卵，水温低，所以育卵周期长，因此种群更替周期长。

文献：Nesis, 1982；Okutani and Clarke, 1992；Seibel et al, 2000, 2005；Kubodera et al, 2006。

主要种的检索：

1(2) 分布在南极海域 ·· 南极鳞乌贼
2(1) 分布在北太平洋或北大西洋海域
3(6) 分布在北大西洋海域
4(5) 腕吸盘内角质环远端具尖齿，近端光滑 ················· 鳞乌贼
5(4) 腕吸盘内角质环远端具尖齿，近端具尖突 ··············· 斯氏鳞乌贼
6(3) 分布在北太平洋海域
7(8) 眼球具发光器 ·· 火鳞乌贼
8(7) 眼球无发光器
9(12) 触腕穗掌部中钩近端不具钩
10(11) 触腕穗掌部中钩远端不具钩 ································· 爪鳞乌贼
11(10) 触腕穗掌部中钩远端具钩 ···································· 短腕鳞乌贼
12(9) 触腕穗掌部中钩近端具钩
13(14) 触腕柄中央吸盘极少 ··· 贝氏鳞乌贼
14(13) 触腕柄中央吸盘多
15(16) 触腕穗掌部背缘和腹缘吸盘延伸至近端 ··············· 马氏鳞乌贼
16(15) 触腕穗掌部背缘和腹缘吸盘不向近端延伸
17(18) 触腕柄背缘1列为交替排列的吸盘和球突 ·············· 加利福尼亚鳞乌贼
18(17) 触腕柄背缘1列全为吸盘 ····································· 俄勒冈鳞乌贼

南极鳞乌贼 *Gonatus antarcticus* **Lönnberg, 1898**

分类地位：头足纲，鞘亚纲，枪形目，开眼亚目，鳞乌贼科，鳞乌贼属。

学名：南极鳞乌贼 *Gonatus antarcticus* Lönnberg, 1898。

分类特征：体细长圆筒形，后部渐窄（图4-198A），外套壁中等厚度，肌肉强健。头略成方形，头宽略窄于外套腔开口。鳍长窄，箭头形，侧部圆，后缘略凹，鳍长为胴长的50%，鳍宽为鳍长的83%。尾部长，为胴长的20%，凝胶质。漏斗锁披针形。颈软骨三角形，具3条沟。触腕长（约等于胴长），触腕穗相对较小（为胴长的16%~17%）。触腕柄中央具大量小吸盘（图4-198B）。触腕穗掌部中钩大，远端1个钩中等大小；近端钩3~4个，远端1个最大，至近端尺寸逐渐减小（图4-198B）。掌部腹缘具14~15个横隔片，每个横隔片与3~4个吸盘相连。腕骨部具5~6个吸盘，它们和肉质球突交替的与粗脊相连。掌部腹缘吸盘内角质环具7个钝齿，背缘吸盘内角质环具6~7个钝齿；腕骨部吸盘内角质环光滑。腕粗短（长为胴长的40%~50%），肌肉强健。各腕长不等，但相差不显著，腕式为4>2=3>1。第3腕边膜

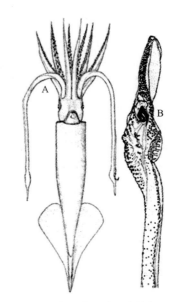

图4-198　南极鳞乌贼形态特征示意图
A. 腹视；B. 触腕穗（据 Kubodera and Okutani, 1986）

沿全腕分布,第 4 腕具纤瘦的侧膜。第 4 腕中间和边缘吸盘大小相当,但为其余各腕边缘吸盘的 1.5 倍。第 1~3 腕边缘大吸盘的内角质环远端具 6~9 个尖齿,近端光滑;第 4 腕中间和边缘吸盘内角质环具 7~8 个尖齿。无发光器。体表具密集的紫色色素体。

地理分布:主要分布在大西洋与南极辐合区在 40 °S 交接的扇区,可能环南极都有分布(图 4-199)。

大小:最大胴长 350 mm。

渔业:非常见种。

文献:Kristensen,1981;Kubodera and Okutani,1986;Okutani,2005;Kubodera,2006。

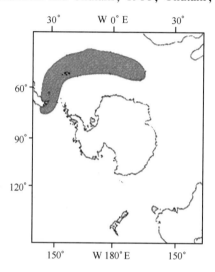

图 4-199 南极黮乌贼地理分布示意图

贝氏黮乌贼 *Gonatus berryi* Naef,1923

分类地位:头足纲,鞘亚纲,枪形目,开眼亚目,黮乌贼科,黮乌贼属。

学名:贝氏黮乌贼 *Gonatus berryi* Naef,1923。

英文名: Berry armhook squid。

分类特征:体圆筒形,后部渐细(图 4-200A)。鳍大,鳍长为内壳长的 50%,箭头形,后缘内凹,后部延伸形成短的尾部。触腕柄背缘 1 列为交替排列的吸盘和球突,几乎沿整个背缘分布;腹缘 1 列全为吸盘,仅沿腹缘远端 1/2 分布,吸盘数为背缘的 38%~58%;中央不具吸盘或具 1~2 个吸盘(图 4-200B)。触腕穗长为内壳长的 30%~37%,总吸盘数(除终端垫和触腕穗中部)159~181 个。触腕穗锁具 5~6 个粗脊,脊内侧具交替排列的吸盘和球突。指部吸盘 4 列,基部吸盘紊乱(图 4-200B)。掌部背缘吸盘少,1~2 列,排列紊乱;腹缘中部 3 列吸盘,内侧 1 列吸盘直径为边缘 2 列吸盘的 1/4,边列最大吸盘内角质环远端 1/2 具 8~9 个齿(图 4-200D);中央具大的中钩(图 4-200C),其远端具 1 个小钩,近端具 1 列吸盘和钩。腕式为 2=3=4>1,第 1 腕长为内壳长的 50%~60%,第 2~4 腕长为内壳长的 60%~70%。各腕盔甲 4 列:第 1~3 腕中间 2 列为钩(腕顶端为吸盘替代),边缘 2 列为吸盘;第 4 腕仅具吸盘。第 4 腕中间列吸盘最大,其次为第 4 腕边列吸盘,再次为第 3 腕边列吸盘。腕钩具侧尖(图 4-200E)。各腕吸盘内角质环齿系相似,远端具 10~14 个尖齿,近端光滑(图 4-200F)。角质颚下颚喙尖弯,喙长大于头盖长;脊突长弯,长度为头盖长的 2.5 倍;侧壁具微弱的侧壁皱。无发光器。

地理分布:广泛分布在北太平洋(图 4-201)。

大小：最大胴长 250 mm。

渔业：次要经济种。

文献：Okutani et al. , 1983；Young, 1972；Kubodera et al, 2006。

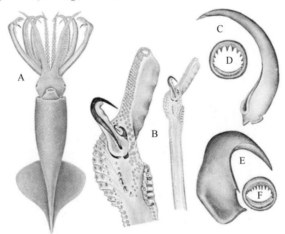

图 4-200　贝氏鳞乌贼形态特征示意图（据 Young，1972）

A. 腹视；B. 触腕穗；C. 触腕穗中钩；D. 掌部腹缘最大吸盘内角质环；

E. 腕钩；F. 腕吸盘内角质环

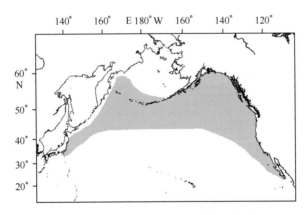

图 4-201　贝氏鳞乌贼地理分布示意图

加利福尼亚鳞乌贼 *Gonatus californiensis* **Young，1972**

分类地位：头足纲，鞘亚纲，枪形目，开眼亚目，鳞乌贼科，鳞乌贼属。

学名：加利福尼亚鳞乌贼 *Gonatus californiensis* Young，1972。

英文名：California armhook squid。

分类特征：体圆锥形，瘦细，外套肌肉部分终止于内壳尾椎处（图 4-202A）。鳍箭头形，后缘略凹，末端延伸形成短小的尾部（图 4-202A）。触腕柄背缘 1 列为交替排列的吸盘和球突，几乎沿整个背缘分布；腹缘 1 列全为吸盘，几乎沿整个腹缘分布，吸盘数为背缘的 90%～120%；中央具分散排列的吸盘约 40～80 个（图 4-202B）。触腕穗长为内壳长的 17%～24%，总吸盘数（除终端垫和掌部中央）约 215～270 个。触腕穗锁具 4～6 个粗脊，脊内侧为交替排列的吸盘和球突。指部近端吸盘 7～8 列，至中部减小至不规则的 4 列。掌部背缘与中钩对应处，吸盘 2～3 不规则列;腹缘中部吸盘4~5列,内侧吸盘直径约为边缘吸盘的1/2,边列最大吸盘内角质环远端2/3具8~10个齿(图4-202D);中央具一大的中钩(图4-202C),其远端具一个中等大小的钩,近端具1列吸盘和钩。腕式为2=3=4>1。各腕盔甲4列:第1~3腕中间2列为钩(顶端为吸盘所替代),边缘2列为吸盘;第4腕仅吸盘4列。第4腕中间列吸盘最大,其次为第4腕边列吸盘,再次为第3腕边列吸盘。各腕吸盘内角质环齿系相似(图4-202E),远端具9~13个尖齿,近端光滑(图4-202F)。无发光器。

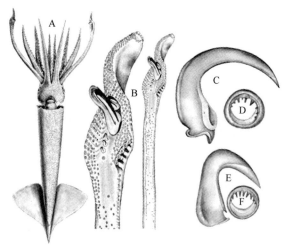

图4-202 加利福尼亚黯乌贼形态特征示意图(据 Young,1972)

A. 腹视;B. 触腕穗;C. 触腕穗中钩;D. 掌部腹缘最大吸盘内角质环;E. 腕钩;F. 腕吸盘内角质环

地理分布:分布局限于东北太平洋加利福尼亚海流流经区(图4-203)。

大小:胴长最少可达315 mm。

渔业:潜在经济种。

文献: Okutani et al,1983;Young,1972;Hochberg and Young,2006。

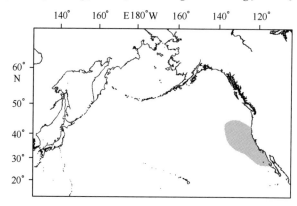

图4-203 加利福尼亚黯乌贼地理分布示意图

黯乌贼 *Gonatus fabricii* Lichtenstein,1818

分类地位:头足纲,鞘亚纲,枪形目,开眼亚目,黯乌贼科,黯乌贼属。

学名:黯乌贼 *Gonatus fabricii* Lichtenstein,1818。

拉丁异名:*Onychoteuthis fabricii* Lichtenstein，1818。

英文名:Boreoatlantic armhook squid，Boreoatlantic gonate squid;**法文名**:Encornet atlantoboréal;**西班牙文名**:Gonalura atlantoboreal。

分类特征:体瘦细的圆筒形,中部略宽,后部渐细,外套肌肉部分终止于内壳尾椎处,胴长约为胴宽的5倍(图4-204A)。鳍箭头形,具游离的前鳍垂,后缘内凹,末端延伸形成短小的尾部,鳍长小于胴长的50%,鳍宽略小于鳍长。漏斗器背片倒V字形,分支膨大,腹片梨形,长度为背片分支长的一半(图4-204B)。触腕柄背缘1列为交替排列的吸盘和球突,几乎沿整个背缘分布;腹缘1列全为吸盘,几乎沿整个腹缘分布,吸盘数较背缘略少(图4-204C)。触腕柄中央具分散排列的吸盘38~109个(通常40~80个)(图4-204C)。触腕穗长为胴长的10%~20%,总吸盘数(除终端垫和掌部中央)约155~229个。触腕穗锁具4~5个大而粗的脊,脊内侧为交替排列的吸盘和球突。指部近端具7~8不规则列的吸盘,约至中间1/2处减少为4列(图4-204C)。掌部背缘具3~4不规则列的吸盘;腹缘中部吸盘4~5列,内侧吸盘直径为其他3列吸盘的1/2,大吸盘内角质环远端1/2具9个小齿(图4-204D);中央具一大的中钩,其远端具1个小钩,近端具1列小钩和吸盘(图4-204C)。第1腕最短,第2~4腕长相近。第4腕中部吸盘最大,略大于其余腕吸盘。各腕吸盘内角质环齿系相同,远端1/2齿12个(图4-204E)。齿舌所有侧齿光滑无脊(图4-204F)。内壳狭长,叶柄中轴粗壮,边肋细弱,后端两边向腹部缩卷,形成中空的尾椎,尾椎较短。无发光器。头部腹面具两个大的色素体,体表具大量分散的微红色色素体。

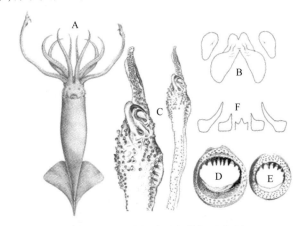

图4-204　鳃乌贼形态特征示意图

A.腹视;B.漏斗器;C.触腕穗;D.掌部腹缘大吸盘;E.腕大吸盘;F.齿舌(据 Kristensen,1981)

生活史及生物学:大洋性冷水种。栖息于表层至2 000 m水层,仔稚鱼栖息于西北大西洋表层水域,成体通常出现在北冰洋和北大西洋亚北极中下层水域,最大捕获水深4 000 m。成体具昼夜垂直洄游习性,白天下沉,夜间上浮,以400~500 m水层密度较大。

仔稚鱼以桡足类、磷虾类、片脚类、翼足类、毛颚类为食。钩出现后则转以小鱼为食。成体捕食能力强,能猎取大于自身的食物,有时残食同类。其本身是胆鼻鲸、中鼻海豹(在挪威海)、抹香鲸(在冰岛和北大西洋)等猎食的对象,同时也是其他海洋哺乳动物、黑鳕、鳕鱼、鲑鱼等鱼类的重要饵食。

产卵季节延长,为4月中旬至12月,高峰期为5月末至6月。在挪威海则比较特殊,冬季至夏季产卵,卵随后在3月末至6月或7月孵化。

地理分布:巴芬湾、戴维斯海峡、纽芬兰岛周围、格陵兰海、巴伦支海、挪威海、比斯开湾、地中海(图4-205)。

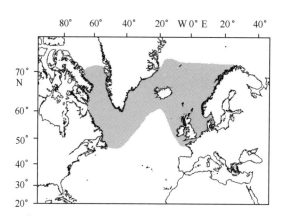

图 4-205 黯乌贼地理分布示意图

大小:350 mm。

渔业:潜在经济种,资源比较丰富,主要为虾拖网的副渔获物。在格陵兰,黯乌贼通常被用作鳕鱼和贝类的饵料,亦可食用。

文献:Okutani, 1980; Viborg, 1979; Kristensen 1981; Falcon et al., 2000; Vecchione and Young, 2006; Frandsen and Zumholz, 2004。

马氏黯乌贼 *Gonatus madokai* Kubodera and Okutani, 1977

分类地位:头足纲,鞘亚纲,枪形目,开眼亚目,黯乌贼科,黯乌贼属。

学名:马氏黯乌贼 *Gonatus madokai* Kubodera and Okutani, 1977。

英文名:Madokai armhook squid, Madokai gonate squid;**法文名**:Encornet madokai;**西班牙文名**:Gonalura madokai。

分类特征:体圆筒形,中等宽度,外套肌肉松软,肌肉部分终止于内壳尾椎处(图 4-206A)。头近方形,头宽略小于外套宽。鳍大,箭头形,鳍长大于胴长的 60%~65%,鳍宽约为鳍长的 4/5。鳍后端延伸形成尾部(图 4-206A),尾凝胶质,长度约为胴长的 22%。漏斗锁软骨披针形,漏斗器背片倒 V 字形,腹片卵形。颈软骨三角形,具 3 个沟。触腕穗掌部中央具一大的中钩,远端一个钩中等大小,近端 5 个小钩;背缘和腹缘吸盘向掌部近端延伸(图 4-206B)。指部吸盘内角质环远端具 5~6 个尖齿(图 4-206C),中央大钩近端吸盘内角质环光滑(图 4-206D)。腕长而粗,但肌肉不十分强健,第 3 腕最长(胴长的 90%),第 1 腕最短(第 3 腕长的 4/5)。第 3 和第 4 腕反口面具薄的边膜沿全腕分布。腕钩无侧尖(图 4-206E),腕吸盘内角质环远端具 6~8 个尖齿(图 4-206F~H)。角质颚喙高,弯,喙长大于头盖长;脊突弯,长为头盖长的 3 倍;侧壁具微弱的侧壁皱。齿舌由 5 列小齿组成。无发光器。

生活史及生物学:上层水域生活种,在鄂霍次克海仔鱼资源丰富,成体为齿鲸主要饵料对象。幼体形态特征随个体生长而变化(图 4-207):外套膨大的钟形,头梯形,头在腕的基部收缩,因此胴长较小的仔鱼眼睛显得外凸,腕和触腕细长。

地理分布:广泛分布在太平洋亚北极水域,具体为鄂霍次克海、堪察加半岛、库页岛、阿留申群岛周围(图 4-208)。

大小:330 mm。

渔业:潜在经济种,在鄂霍次克海深层水域资源尤其丰富。

文献:Jorgensen, 2006; Kubodera and Okutani, 1977, 1980; Nesis, 1997; Okutani et al, 1983;

Kubodera，2006。

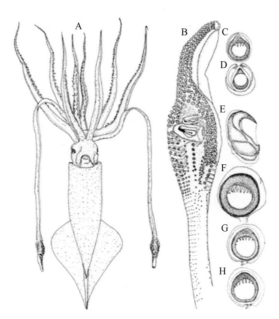

图 4-206　马氏鳞乌贼形态特征示意图（据 Kubodera and Okutani，1977）

A. 腹视；B. 触腕穗；C. 指部吸盘口视；D. 中央特大钩近端吸盘口视；E. 第 3 腕钩侧
视；F. 第 3 腕吸盘口视；G. 第 4 腕中间列吸盘口视；H. 第 4 腕边列吸盘口视

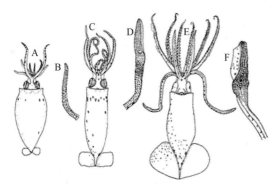

图 4-207　马氏鳞乌贼幼体形态生长的变化示意
图（据 Kubodera and Okutani，1977）

A. 胴长 11 mm 仔鱼腹视；B. A 的触腕穗；C. 胴长 22 mm
仔鱼腹视；D. C 的触腕穗；E. 胴长 40 mm 稚鱼腹视；
F. E 的触腕穗

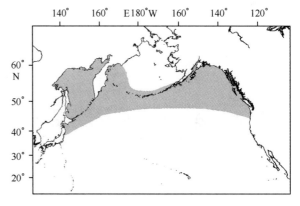

图 4-208　马氏鳞乌贼地理分布示意图

短腕鳞乌贼 *Gonatus middendorffi* Kubodera and Okutani，1981

分类地位：头足纲，鞘亚纲，枪形目，开眼亚目，鳞乌贼科，鳞乌贼属。

学名：短腕鳞乌贼 *Gonatus middendorffi* Kubodera and Okutani，1981。

英文名：Shortarm gonate squid；**法文名**：Encornet bras courts；**西班牙文名**：Gonalura bracicorta。

分类特征：体细长圆筒形，后端逐渐变细，外套肌肉强健，肌肉部分终止于内壳尾椎处，胴宽为
胴长的 18%（图 4-209A）。头近方形，宽度略窄于外套宽。漏斗锁软骨披针形，漏斗器背片倒 V 字
形，腹片大的卵形。颈软骨三角形，具 3 个沟。鳍箭头形，肌肉强健，鳍长为胴长的 12%，鳍宽为鳍

长的 77%,单个鳍角 25°(图 4-209A)。尾部较长,长度约为胴长的 15%~16%(图 4-209A)。触腕短,长度约为胴长的1/2,较腕略细。触腕穗甚小,长度为胴长的 1/10。掌部背缘和腹缘吸盘延伸至近端。掌部中央具 1 个大的中钩,远端 1 个钩中等大小;近端具 5~6 个小吸盘,其中 2~3 个吸盘特化成微钩(图 4-209B)。腕相对较粗短,肌肉强健。第 3 腕最长(胴长的 50%),第 1 或第 4 腕最短(为第 3 腕的 87%)。第 3 腕全腕具反口面边膜,第 4 腕全腕具薄的侧边膜。角质颚下颚喙尖,弯,喙长大于头盖长;脊突弯,长度小于头盖长的 2.5 倍;侧壁具微弱的侧壁皱。齿舌由 5 列小齿组成。无发光器。

生活史及生物学:大洋性种类,为抹香鲸和大麻哈鱼的重要饵料。仔鱼夜间在近表层活动。幼体形态随个体生长而变化(图 4-210):外套细,肌肉强健,腕短,触腕长,触腕柄近端至穗基部具 4 列小吸盘。

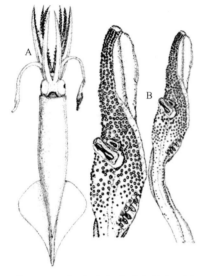

图 4-209 短腕鳞乌贼形态特征示意图(据 Kubodera and Okutani, 1981)

A. 腹视;B. 触腕穗

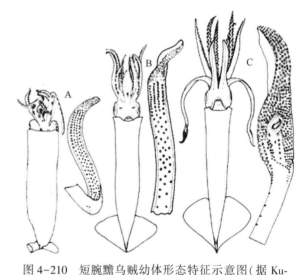

图 4-210 短腕鳞乌贼幼体形态特征示意图(据 Kubodera and Okutani, 1981)

A. 胴长 16 mm 仔鱼腹视和触腕穗;B. 胴长 35 mm 稚鱼腹视和触腕穗;C. 胴长 72 mm 稚鱼腹视和触腕穗

地理分布:广泛分布在北太平洋亚北极西部水域(包括西白令海),在阿拉斯加湾也有一些零星的分布报道(图 4-211)。

大小:300 mm。

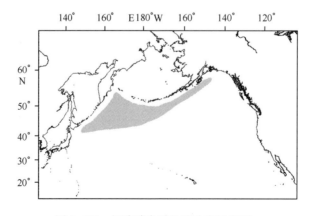

图 4-211 短腕鳞乌贼地理分布示意图

渔业:潜在的经济种。

文献:Jorgensen, 2006; Kubodera and Okutani, 1981; Nesis, 1997; Okutani, Kubodera and Jefferts, 1983; Kubodera, 2006。

爪鱿乌贼 *Gonatus onyx* Young, 1972

分类地位:头足纲,鞘亚纲,枪形目,开眼亚目,鱿乌贼科,鱿乌贼属。

学名:爪鱿乌贼 *Gonatus onyx* Young, 1972。

英文名: Clawed armhook squid, Black-eyed squid。

分类特征:体圆筒形,后部渐细,鳍箭头形,尾部短小(图4-212A)。触腕柄背缘1列为交替排列的吸盘和球突,几乎沿整个背缘分布;腹缘1列全为吸盘,几乎沿整个腹缘分布,吸盘数为背缘的70%~115%(图4-212B)。触腕柄中央具分散排列的吸盘0~27个(通常少于10个)(图4-212B)。触腕穗长为内壳长的20%~25%,吸盘总数(除终端垫和掌部中央)约160~200个。触腕穗锁具4~6个粗脊,脊内侧为交替排列的吸盘和球突(图4-212B)。指部近端吸盘5~6列,之后减少至4列(图4-212B)。掌部背缘至中钩处具2~3列不规则排列的吸盘;腹缘中部吸盘4~5列,内侧吸盘直径为边缘列吸盘直径的1/2,边列最大吸盘内角质环远端2/3齿10~12个(图4-212D);中央具1个大的中钩(图4-212C),其

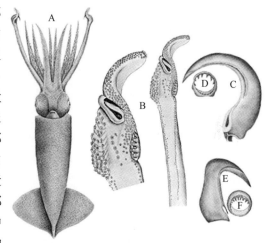

图4-212　爪鱿乌贼形态特征示意图(据 Young, 1972)

A. 腹视;B. 触腕穗;C. 触腕穗中钩;D. 掌部腹缘大吸盘内角质环;E. 腕钩;F. 腕吸盘内角质环

近端具1列吸盘,远端通常无钩,偶尔具1大吸盘或小钩(图4-212B)。腕式为2=3=4>1。腕盔甲4列:第1~3腕中间2列为钩(腕顶端为吸盘所替代),边缘2列吸盘;第4腕仅吸盘4列。第4腕中间列吸盘最大,其次为第4腕边列吸盘,再次为第3腕边列吸盘。腕钩具侧尖(图4-212E)。各腕吸盘内角质环齿系相似,远端具12~13个尖齿,近端光滑(图4-212F)。角质颚下颚喙高,尖,弯,喙长大于头盖长;脊突长窄,长度等于头盖长的2.5倍;侧壁具微弱的皱,斜对称。无发光器。

生活史及生物学:小型种。雌体在深水区育卵,产卵胴长132~145 mm,卵团灰色(可能由于亲体释放墨汁所致),约2 000~3 000枚,卵团由凝胶质管组成,管两端开口,管壁由凝胶质的膜连在一起,形成蜂窝状小室,卵位于小室内,通常1室1卵。育卵的雌体无触腕,它们利用腕上的钩将卵团抱住,并通过腕不断扇动水流以保持卵表面的清洁(30~40 s扇动一次)。雌体育卵期间不摄食,其高脂肪的消化腺以及高蛋白的肌肉组织为雌体在育卵期间提供足够的能量。卵将要孵化时,雌体将卵释放到近表层水域,水温1.7~3.0℃卵孵化需6~9个月。初孵幼体胴长约3 mm。

地理分布:广泛分布于北太平洋(图4-213)。

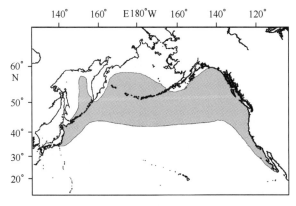

图4-213　爪鱿乌贼地理分布示意图

大小：最大胴长 145 mm。

渔业：潜在经济种。

文献：Jorgensen，2006；Okutani et al，1983，1995；Seibel et al，2000，2005；Young，1972。

俄勒冈鲼乌贼 *Gonatus oregonensis* Jefferts，1985

分类地位：头足纲，鞘亚纲，枪形目，开眼亚目，鲼乌贼科，鲼乌贼属。

学名：俄勒冈鲼乌贼 *Gonatus oregonensis* Jefferts，1985。

英文名：Oregon armhook squid。

分类特征：体圆筒形（图 4-214A）。触腕柄背缘 1 列为吸盘，吸盘数至少 63 个，腹缘 1 列亦全为吸盘，吸盘数至少 74 个（图 4-214B）。触腕柄部中央具分散排列的吸盘约 70 个（图 4-214B）。触腕穗长为胴长的 21%~30%，吸盘总数（除终端垫和掌部中央）约 295~370 个。触腕穗锁具 4~5 个内侧与吸盘相连的脊，脊与 5~6 个球突交替排列（图 4-214B）。指部近端具 7~8 列不规则排列的吸盘，至远端减少至 5 或 6 列，吸盘内角质环远端具 4~6 个细长的钉齿（图 4-214C）。掌部腹缘中部具吸盘 4~5 列，内侧吸盘直径为外侧吸盘直径的 1/2；背缘至中钩处吸盘 3~4 列，排列不规则；中央具 1 个大的中钩，其远端具 1 个中等大小的钩，近端为 4 个小钩和 2 个吸盘（图 4-214D~H）。腕式一般为 3=>2>4=>1。腕盔甲 4 列：第 1~3 腕中间 2 列为钩（腕顶端为吸盘所替代），边缘 2 列为吸盘（图 4-214I）；第 4 腕仅吸盘 4 列。第 3 腕边列吸盘最大，其次为第 4 腕中间列吸盘，再次为第 4 腕边列吸盘。第 1~3 腕边列吸盘具 5~8 个长钝齿（图 4-214J）。齿舌由 5 列齿组成，中齿具微弱的侧尖。无发光器。

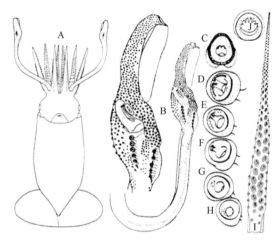

图 4-214　俄勒冈鲼乌贼形态特征示意图（据 Jefferts，1985）

A. 腹视；B. 触腕穗；C. 指部吸盘；D~H. 掌部中央近端钩和吸盘；I. 第 3 腕；J. 第 3 腕吸盘

生活史及生物学：胴长 24~30 mm 的个体开始出现腕钩、触腕穗中部和远端钩；胴长 35~39 mm 的个体开始出现触腕穗近端钩，第 1 吸盘近中钩最先开始转变。

地理分布：已知仅分布在美国俄勒冈州沿岸。

渔业：非常见种。

文献：Jefferts，1985；Okutani et al，1983；Hochberg and Young，2006。

火鲼乌贼 *Gonatus pyros* Young，1972

分类地位：头足纲，鞘亚纲，枪形目，开眼亚目，鲼乌贼科，鲼乌贼属。

学名：火鲼乌贼 *Gonatus pyros* Young，1972。

英文名：Fiery armhook squid。

分类特征：体圆筒形，后部渐细，鳍箭头形，尾部短小（图 4-215A）。触腕柄背缘 1 列为交替排列的吸盘和球突，长度为柄长的 3/4；腹缘 1 列均为吸盘，长度为柄长的 1/2，吸盘数为背缘的 80%~110%（图 4-215B）。触腕柄中央近腹缘一侧具 1~2 列排列不规则的吸盘，总长度为腹缘吸盘列长度的 3/4，吸盘总数约 50~125 个（图 4-215B）。触腕穗长为内壳长的 20%~25%，吸盘总数(除终端垫和掌部中央)约 151~184 个。触腕穗锁具 4~6 个粗脊,脊内侧为交替排列的吸盘和球突(图 4-215B)。指部近端吸盘 7~8 列,至中部减至 4 列(图 4-215B)。掌部背缘至中钩处吸盘 3 列,排列不规则;腹缘中部吸盘 3~4 列,大小相近,边列最大吸盘内角质环远端 2/3 具 9~10 个齿;中央具一大的中钩,其远端具一个钩,近端具 3~4 个小钩(图 4-215B)。腕式为 2=3=4>1。各腕盔甲 4 列:第 1~3 腕中间 2 列为钩(腕顶端为吸盘所替代),边缘 2 列为吸盘;第 4 腕仅吸盘 4 列。第 3 腕边列吸盘最大,其次为第 4 腕中间列吸盘,再次为第 4 腕边列吸盘。各腕吸盘内角质环齿系相似,远端具 6~9 个尖齿,近端光滑。角质颚喙高,尖,弯,喙长大于头盖长;脊突弯,长度小于头盖长的 2.5 倍;侧壁具侧壁皱。两眼腹部各具一个略呈卵形的大发光器(图 4-215C)。

地理分布:广泛分布在中太平洋和东北太平洋(图 4-216)。

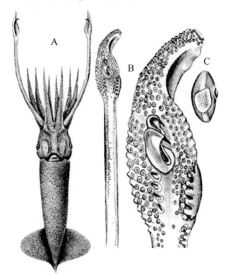

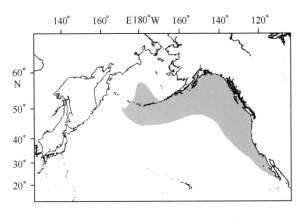

图 4-216　火鱿乌贼地理分布示意图

图 4-215　火鱿乌贼形态特征示意图
(据 Young,1972)
A. 腹视;B. 触腕穗;C. 眼发光器

生活史及生物学:小型种,产卵雌体的胴长为 125 mm。

大小:最大胴长 160 mm。

渔业:潜在经济种。

文献:Okutani et al,1983;Young,1972;Kubodera et al,2006。

斯氏鱿乌贼 *Gonatus steenstrupi* Kristensen,1981

分类地位:头足纲,鞘亚纲,枪形目,开眼亚目,鱿乌贼科,鱿乌贼属。

学名:斯氏鱿乌贼 *Gonatus steenstrupi* Kristensen,1981。

拉丁异名:*Gonatus fabricii* Lichtenstein,1818。

英文名:Atlantic gonate squid,Atlantic gonate squid;**法文名**:Encornet atlantique;**西班牙文名**:Gonalura atlántica。

分类特征:体圆锥形,十分细长,前端较宽,后端均匀变细,末端尖(图 4-217A)。外套壁厚,肌肉部分终止于内壳尾椎处。鳍箭头形,鳍长为胴长的 45%,鳍宽为胴长的 52%,鳍后端延伸形成肉质的尾部,尾部甚短(图 4-217A)。漏斗器背片倒 V 字形,分支膨大,腹片梨形,长为背片分支长的 2/3(图 4-217B)。触腕柄背缘 1 列为交替排列的吸盘和球突,几乎沿整个背缘分布;腹缘 1 列皆为吸盘,几乎沿整个腹缘分布,吸盘数较背缘略少(图 4-217C)。触腕柄中央吸盘 75~165 个。触腕穗长为内壳长的 20%~36%,总吸盘数(除终端垫和掌部中央)约 190~225 个。触腕穗锁具 4 个内侧与 5 个吸盘相连的粗脊,脊与球突交替排列(图 4-217C)。指部近端吸盘 7~8 列,排列不规则,约至中间 1/2 处减少至 4 列(图 4-217C)。掌部背缘具 4 列不规则的吸盘;腹缘中部吸盘 4 列,内侧吸盘直径为外侧边缘两列吸盘的 1/2,大吸盘内角质环具 23 个齿和尖突(图 4-217D);中央具一大的中钩,其远端具 1 个中等大小的钩,近端具 4~6 个小钩和 1 个吸盘。腕式为 2>4>3>1。各腕盔甲 4 列:第 1~3 腕中间 2 列为钩(腕顶端为吸盘所替代),边缘 2 列为吸盘;第 4 腕仅吸盘 4 列。各腕中,第 4 腕中间列吸盘最大。腕吸盘具齿和尖突 23 个(图 4-217E)。角质颚上颚喙长而强壮,脊突弯。下颚喙强壮,顶端尖,侧壁和脊突大部分具深的色素沉着。齿舌由 5 列小齿组成,所有侧齿各具一脊(图 4-217F)。无发光器。

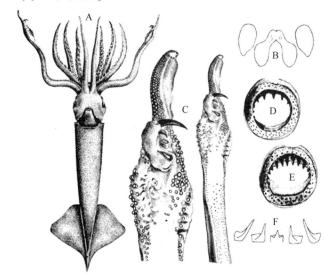

图 4-217　斯氏鼹乌贼形态特征示意图(据 Kristensen,1981)
A. 腹视;B. 漏斗器;C. 触腕穗;D. 掌部大吸盘;E. 腕吸盘;F. 齿舌

生活史及生物学:大洋性种类,分布水层至 1 000 m,是齿鲸的重要饵料。仔鱼头部腹面无两个大的色素体,据此可将其与鼹乌贼仔鱼明显分开(成体亦可据此区分)。胴长大于 13 mm 的仔鱼吸盘和漏斗才具有功能,初期仔鱼漏斗器未形成(图 4-218)。仔鱼期结束胴长约为 20 mm,此时开始向深水移动,同时钩开始出现。

文献:Falcon et al,2000;Kristensen,1981;Vecchione and Young,2006。

地理分布:广泛分布在温带比斯开湾至北方水域,北大西洋和纽芬兰沿岸东部,在北冰洋水域没有分布(图 4-219)。

大小:最大胴长 150 mm。

渔业:潜在的经济种,目前无专门的渔业。

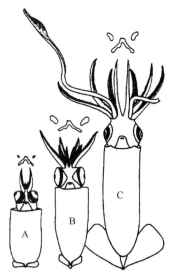

图 4-218　斯氏鼹乌贼幼体形态特征示意图(据 Falcon et al,2000)
A. 胴长 3.9 mm 仔鱼;B. 胴长 14 mm 仔鱼;C. 胴长 43 mm 稚鱼

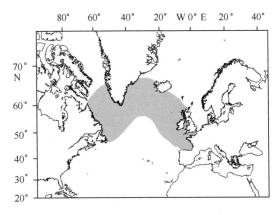

图 4-219　斯氏鹦乌贼地理分布示意图

褐熊鹦乌贼 *Gonatus ursabrunae* Jefferts, 1985

分类地位:头足纲,鞘亚纲,枪形目,开眼亚目,鹦乌贼科,鹦乌贼属。

学名:褐熊鹦乌贼 *Gonatus ursabrunae* Jefferts, 1985。

英文名: Brown bear armhook squid。

分类特征:体圆筒形(图 4-220A)。鳍小,长度为胴长的 26%~50%。触腕柄背缘具 1 列吸盘共计 28 个,腹缘具 1 列吸盘共计 25 个,中央吸盘 57 个(图 4-220B)。触腕穗短,长度为胴长的 13%~25%。腕骨锁具 5 个脊和吸盘(图 4-220A)。指部近端吸盘 6 列,向远端减少至 4 列,总数约 110 个(图 4-220A、D)。掌部背缘吸盘 4 列;腹缘吸盘 4~5 列;中央具中钩或扩大的吸盘,其近端 3~4 个吸盘(图 4-220A)。腕式为 3>=2>1>=4,最长腕为胴长的 42%~56%。第 1~3 腕中间 2 列吸盘小,边缘 2 列中部 1/3 处吸盘扩大(图 4-220C);第 4 腕中列吸盘和边列吸盘尺寸相当。各腕不具钩。腕中列吸盘内角质环远端具 9 个齿(图 4-220E),边列吸盘内角质环远端具 9~16 个齿(图 4-220F)。齿舌由 5 列齿组成,中齿 3 尖,侧齿双尖,边齿单尖;中齿列为两种类型的中齿交替排列,一种中齿左边侧尖大,右边侧尖小;另一种中齿左边侧尖小,右边侧尖大(图 4-220G)。无发光器。

地理分布:分布在东北太平洋。

渔业:非常见种。

文献:Jefferts, 1985; Okutani et al, 1983; Hochberg and Young, 2006。

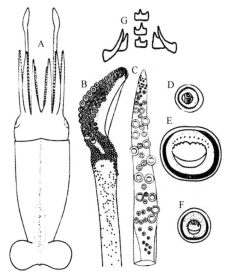

图 4-220　褐熊鹦乌贼形态特征示意图
(据 Jefferts, 1985)

A. 背视;B. 触腕穗;C. 第 3 腕;D. 指部扩大吸盘;E. 第 3 腕边列扩大吸盘;F. 第 3 腕中列小吸盘;G. 齿舌

日本短腕鹦乌贼 *Gonatus kamtschaticus* Middendorf, 1849

分类地位:头足纲,鞘亚纲,枪形目,开眼亚目,鹦乌贼科,鹦乌贼属。

学名:日本短腕鹦乌贼 *Gonatus kamtschaticus* Middendorf, 1849。

英文名:Japanese shortarm gonatesquid;**法文名**:Encornet bras courts;**西班牙文名**:Gonalura bracicorta。

分类特征:体瘦细的圆筒形,后部渐细,鳍小(图4-221)。触腕穗中钩甚大,其远端钩中等大小。

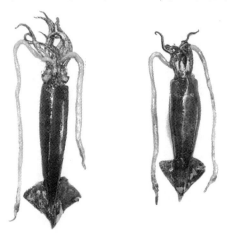

图4-221　日本短腕鳞乌贼形态特征示意图(据 Tsunemi,2006)

地理分布:西北太平洋。
大小:最大胴长 300 mm。
渔业:非常见种。
文献:Tsunemi,2006。

第十六节　帆乌贼科

帆乌贼科 Histioteuthidae Verrill,1881

帆乌贼科以下包括帆乌贼属 *Histioteuthis* 和相模帆乌贼属 *Stigmatoteuthis* 2 属,共计 19 种。该科种类广泛分布于世界各大洋,在北冰洋和南极没有分布,为大洋性中型种,中层至深海生活,某些种类分布与大陆架、岛屿和海山相关,一些种类资源丰富,是抹香鲸的重要饵料。该科种类体表的表皮发光器,尤其头部发光器是类群区分和种类鉴定的重要依据,现分述如下(图4-222)。

头部发光器术语:①第 4 腕基行(Basal Arm IV Row),基行发光器数即第 4 腕发光器列数;②中线(Midline Series);③右眼睑内列(Right Eyelid Series)④左眼睑内列(Left Eyelid Series);⑤右眼睑外列(2° Right Eyelid Series);⑥左眼睑外列(2° Left Eyelid Series);⑦腹发光器组(Ventral Matrix);⑧纵列(longitudinal series);⑨右基行(Right basal series);⑩左基行(Left basal series);⑪基行(Basal row);⑫右附列(Right Accessory Series.);⑬左附列(Left Accessory Series.);⑭图中圆点为"特殊(rogue)"发光器。

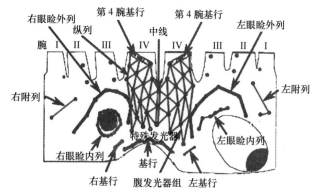

图4-222　帆乌贼科发光器分布示意图(据 Young and Vecchione,1996,2003)

头部发光器有 Type1 和 Type2 两种类型。在以下类群区分中并没有用到左基行、右基行、基行,因为它们在种的水平上变化较大。其中基行发光器在种的鉴别上有很大意义。例如:霍氏相模帆乌贼 *Stigmatoteuthis hoylei* 基行具 3 个锯齿形排列的发光器,*Histioteuthis sp A* 具 1 个锯齿形排列的发光器,而太平洋帆乌贼 *Histioteuthis pacifica* 则没有锯齿状排列的发光器。

Type1 型又可分为 Type1a 型(图 4-223A)、Type1b 型(图 4-223B)。

Type1a 型:①第 4 腕基行发光器 3 个;②中线发光器 3 个;③腹发光器组发光器 9 纵列,共计 38 个,两侧外列分别与左右眼睑外列第 2 发光器相连;④腹发光器组横向不成行;⑤右眼睑内列发光器 17 个;⑥左眼睑内列发光器 6 个;⑦右眼睑外列发光器 8 个;⑧左眼睑外列发光器 7 个;⑨右附列发光器 2 个;⑩左附列发光器 3 个。

Type1b 型:①第 4 腕基行发光器 3 个;②中线发光器 3 个;③腹发光器组发光器 9 纵列,共计 38 个,包括 1 个独特的"特殊"发光器,两侧外列分别与左右眼睑外列第 2 发光器相连;④腹发光器组横向不成行;⑤右眼睑内列发光器 17 个;⑥左眼睑内列发光器 6 个;⑦右眼睑外列发光器 8 个;⑧左眼睑外列发光器 7 个;⑨右附列发光器 2 个 ;⑩左附列发光器 3 个。

Type2 型又可分为 Type2a 型(图 4-224A)和 Type2b 型(图 4-224B)。

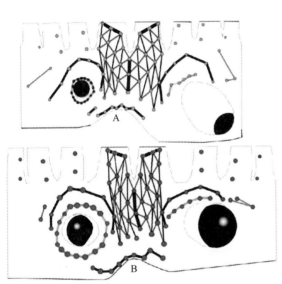

图 4-223　帆乌贼科 Type1 型头部发光器(据 Young)
A. Type1a 型; B. Type1b 型 (据 Young and Vecchione, 1996, 2003)

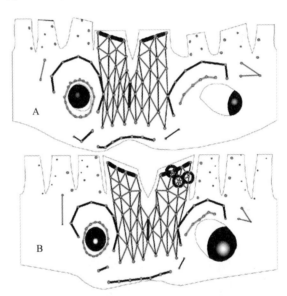

图 4-224　帆乌贼科 Type2 型头部发光器(据 Young and Vecchione. 1996, 2003)
A. Type2a 型; B. Type2b 型

Type2a 型:①第 4 腕基行发光器 3 个;②中线发光器 2 个;③腹发光器组发光器 11 纵列,共计 42 个,两侧外列分别与左右眼睑外列第 2 发光器相连;④腹发光器组横向排列成行;⑤右眼睑内列发光器 17 个;⑥左眼睑内列发光器 6 个;⑦右眼睑外列发光器 8 个;⑧左眼睑外列发光器 7 个;⑨右附列发光器 2 个;⑩左附列发光器 3 个。

Type2b 型(仅贝氏帆乌贼 *Histioteuthis berryi* 为此发光器类型):①第 4 腕基行发光器 4 个;②中线发光器 2 个 ;③腹发光器组发光器 11 纵列,共计 48 个(左右两侧各包括 3 个附属发光器,否则发光器与 Type2a 型一样同为 42 个),两侧外列分别与左右眼睑外列第 2 发光器相连;④腹发光器组横向排列成行;⑤右眼睑内列发光器 17 个;⑥左眼睑内列发光器 6 个;⑦右眼睑外列发光器 8 个;⑧左眼睑外列发光器 7 个;⑨右附列发光器 2 个;⑩左附列发光器 3 个。

分类地位:头足纲,鞘亚纲,枪形目,开眼亚目,帆乌贼科。

英文名:Jewell squids, Umbrella squids;**法文名**:Loutènes;**西班牙文名**:Joyelurias。

分类特征:体多为短圆锥形,肌肉松软,皮肤红褐色。两眼大小不等,左眼明显较右眼大。鳍小而圆。口垂片 6 或 7 个,口膜连接肌丝与第 4 腕背缘相连。漏斗锁软骨卵形,前后略窄。腕粗长,吸盘 2 列,触腕穗吸盘 4 列,或多于 4 列但排列不规则。雄性第 1 对腕茎化或无茎化腕。腕口面内腕间膜或微弱或很发达,反口面偶尔具外腕间膜。壳后部末端卷起成杯形。外套、头(除漏斗外)和腕腹面具大量复合型表皮发光器,发光器形态独特,具红光过滤器。

文献:Hunt, 1996; Voss, 1969; Voss et al, 1992, 1998; Young and Vecchione, 1996, 2003。

属的检索:

1(2)腕延长,雄性生殖器 1 对 ……………………………………………… 相模帆乌贼属

2(1)腕不延长,雄性生殖器 1 个 ……………………………………………… 帆乌贼属

帆乌贼属 *Histioteuthis* Orbigny, 1841

帆乌贼属已知大西洋帆乌贼 *Histioteuthis atlantica*、贝氏帆乌贼 *Histioteuthis berryi*、帆乌贼 *Histioteuthis bonnellii*、赛里特帆乌贼 *Histioteuthis celetaria*、赛拉斯帆乌贼 *Histioteuthis cerasina*、光帆乌贼 *Histioteuthis corona*、艾尔唐易纳帆乌贼 *Histioteuthis eltaninae*、异帆乌贼 *Histioteuthis heteropsis*、无棘帆乌贼 *Histioteuthis inermis*、大帆乌贼 *Histioteuthis macrohista*、珠鸡帆乌贼 *Histioteuthis meleagroteuthis*、米兰达帆乌贼 *Histioteuthis miranda*、大洋帆乌贼 *Histioteuthis oceani*、太平洋帆乌贼 *Histioteuthis pacifica*、长帆乌贼 *Histioteuthis reversa* 15 种,其中帆乌贼为本属模式种。

分类地位:头足纲,鞘亚纲,枪形目,开眼亚目,帆乌贼科,帆乌贼属。

属特征:同科。

种的检索:

1(6)外套腹部前端复合发光器大小不一

2(3)第 4 腕基部复合发光器 3 列 ……………………………………… 艾尔唐易纳帆乌贼

3(2)第 4 腕基部复合发光器 4 列

4(5)腕顶端具简单发光器 …………………………………………………… 大西洋帆乌贼

5(4)腕顶端无简单发光器 ……………………………………………………… 长帆乌贼

6(1)外套腹部前端复合发光器大小相当

7(10)第 4 腕基部复合发光器 8~10 列

8(9)体表具小瘤 ……………………………………………………………… 珠鸡帆乌贼

9(8)体表无小瘤 ………………………………………………………………… 异帆乌贼

10(7)第 4 腕基部复合发光器 5~6 列或 3~4 列

11(14)第 4 腕基部复合发光器 5~6 列

12(13)第 4 腕基部复合发光器 5 列 …………………………………………… 米兰达帆乌贼

13(12)第 4 腕基部复合发光器 6 列 …………………………………………… 大洋帆乌贼

14(11)第 4 腕基部复合发光器 3~4 列

15(18)内腕间膜深

16(17)口垂片 6 个,右眼眼睑复合发光器 17 个 ……………………………… 帆乌贼

17(16)口垂片 7 个,右眼眼睑复合发光器 16 个 ……………………………… 大帆乌贼

18(15)内腕间膜浅

19(24)头部复合发光器 Type2 型

20(23)头部复合发光器 Type2a 型

21(22)触腕穗掌部扩大吸盘具 33~38 个齿 ……………………………………… 光帆乌贼

22(21)触腕穗掌部扩大吸盘具 40~60 个齿 …………………………………… 赛拉斯帆乌贼

大西洋帆乌贼 *Histioteuthis atlantica* Hoyle，1885

分类地位：头足纲,鞘亚纲,枪形目,开眼亚目,帆乌贼科,帆乌贼属。

学名：大西洋帆乌贼 *Histioteuthis atlantica* Hoyle，1885。

分类特征：体短圆锥形(图 4-225A)。鳍小而圆,鳍长为胴长的 26%~47%,鳍宽为胴长的 53%~65%。口冠具 7 个垂片。漏斗器背片两分支各具一个中脊。触腕穗掌部吸盘约 6 列,中间列 4 个吸盘十分扩大(图 4-225B)。掌部最大吸盘内角质环齿系多变化,通常内角质环部分光滑(图 4-225C),幼体的齿系较规则;腕骨部大吸盘具附属结构(图 4-225D)。腕长为胴长的 105%~176%,内腕间膜深为最长腕的 17%~30%。雄性无茎化腕,成熟雄性各腕基部吸盘具膨大的肉质颈部。第 1~3 腕吸盘内角质环光滑或远端(偶尔全环)具 5~10 个矮齿(图 4-225E、F),第 4 腕吸盘内角质环远端或全环具大量小方齿。角质颚上颚喙弯,翼部延伸至侧壁前缘宽的近基部处。下颚侧壁皱厚,在前端形成矮脊,后端加宽,末端至侧壁拐角边缘。

大复合发光器后方具反光片。外套腹部具大小不一的复合发光器(图 4-226A)。右眼眼睑周围具 18 个复合发光器(大的 17 个,小的 1 个),左眼眼睑亦具发光器(图 4-226B)。第 1~3 腕终端 1/3 反口面具一列生黑色色素的椭圆形简单发光器(图 4-226C)。第 4 腕基部具 4 列复合发光器,背侧 1 列大小不一,大个体还具 2 列附属微发光器(图 4-226D)。

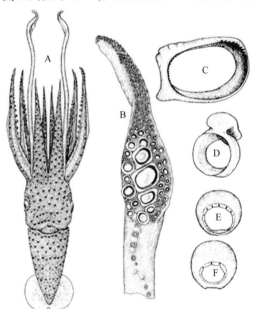

图 4-225　大西洋帆乌贼形态特征示意图(据 Voss，1969)

A. 腹视;B. 触腕穗;C. 触腕穗最大吸盘;D. 腕骨部吸盘;E. 第 2 腕第 2 列吸盘;F. 第 2 腕第 7 列吸盘

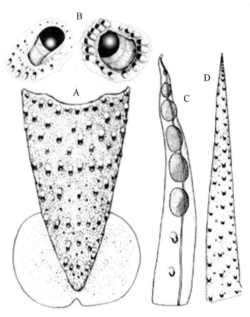

图 4-226　大西洋帆乌贼发光器示意图(据 Voss，1969)

A. 大西洋帆乌贼外套腹视;B. 左眼和右眼眼睑侧视;C. 第 1 腕反口视;D. 第 4 腕腹视

生活史及生物学: Lu 和 Ickeringill(2002)在澳大利亚南部水域采集到 26 尾胴长范围为 16~188 mm,体重范围为 1.3~598.4 g。仅成体外套后部才具大量生黑色素的简单小发光器,发光器数目及密度随胴长增加而增大。

地理分布:环全球南部水域分布,经常在海盆、大陆架附近出现(图 4-227)。其分布地区与艾尔唐易纳帆乌贼重叠。

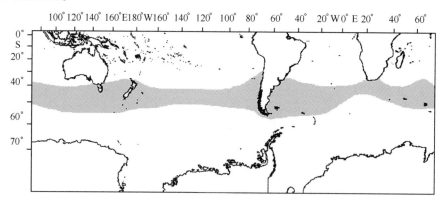

图 4-227　大西洋帆乌贼地理分布示意图

大小:胴长最小为 258 mm。

渔业:潜在经济种。

文献: Voss et al, 1998; Voss, 1969; Young and Vecchione, 2000。

贝氏帆乌贼 *Histioteuthis berryi* Voss, 1969

分类地位:头足纲,鞘亚纲,枪形目,开眼亚目,帆乌贼科,帆乌贼属。

学名:贝氏帆乌贼 *Histioteuthis berryi* Voss, 1969。

分类特征:体短圆锥形(图 4-228)。鳍小而圆,鳍长为胴长的40%~44%,鳍宽为胴长的 56%~57%。口冠口垂片 7 个。漏斗器背片膨大,无皱。触腕穗约具 5 列不规则的吸盘,掌部中间吸盘直径为边缘吸盘直径的 2 倍,中间扩大吸盘内角质环全环具 28~34 个三角形小齿。腕长为胴长的 95%~120%。内腕间膜深,为最长腕的 15%~25%。腕腹列吸盘齿系相同,第 1~3 腕吸盘内角质环光滑,但腕顶端吸盘具齿,第 4 腕内角质环远端或全环具大量排列紧密的齿。

头部复合发光器式样为 Type2b 型,即中线 2 个发光器,第 4 腕基行 3 或 4 个发光器,无"特殊"发光器。头部背面具简单的大发光器,简单的小发光器分布多变。外套腹部前端 1/2 的发光器大小相当。第 4 腕基部发光器 4 列,近端发光器与末端发光器之间无空隙;第 3 腕基部 2 列主要发光器,另具 1 列微发光器;第 2 腕基部 2 列主要发光器,1 列微发光器与背列发光器混合在一起;第 1 腕基部 1 列主要发光器,另具 1 列微发光器(图 4-229)。

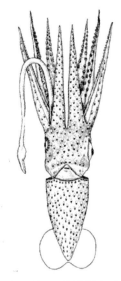

图 4-228　贝氏帆乌贼腹视(据 Voss, 1969)

地理分布:分布在亚热带和温带北太平洋,在东太平洋和中太平洋 26~37°N 也有分布。

大小:最大胴长 49 mm。

渔业:非常见种。

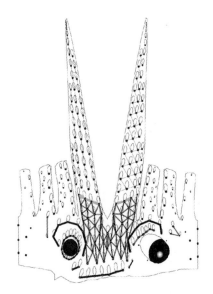

图 4-229　贝氏帆乌贼头部和腕部发光器分布示意图(据 Young and Vecchione, 2003)

文献:Voss, 1969; Voss et al, 1998; Young and Vecchione, 2000, 2003,2006。

帆乌贼 *Histioteuthis bonnellii* Férussac, 1834

分类地位:头足纲,鞘亚纲,枪形目,开眼亚目,帆乌贼科,帆乌贼属。

学名:帆乌贼 *Histioteuthis bonnellii* Férussac, 1834。

拉丁异名:*Cranchia bonnellii* Ferussac, 1835; *Cranchia bonelliana* Ferussac, 1835; *Histioteuthis bonelliana* Orbigny, 1835—1848; *Histioteuthis rüppelli* Verany, 1851; *Histioteuthis collinsi* Verrill, 1879; *Histiopsis atlantica* Hoyle, 1885。

英文名:Umbrella squid;**法文名**:Loutène bonnet;**西班牙文名**:Joyeluria membranosa。

分类特征:体短圆锥形,胴长为胴宽的 2 倍(图 4-230A)。左眼直径约为右眼直径的 2 倍。具颈皱。口冠口垂片 6 个。鳍略呈扁圆形,鳍长约为胴长的 50%。漏斗器背片两侧分支各具 1 个中脊。触腕穗较短,略长于腕,掌部具 6 列排列不规则的吸盘,中间 2 列扩大,直径为腹列吸盘直径的 2 倍(图 4-230B)。触腕穗掌部吸盘内角质环全环具大量尖齿。各腕长相近,长度为胴长的130%~300%。内腕间膜十分发达,第 1~3 腕间内腕间膜深度为最长腕的50%~60%,第 4 对腕间内腕间膜深度约为胴长的 30%。腕吸盘内角质环远端或远端和侧端具 2~7 个钝齿。雄性第 1 对腕远端 1/3 茎化,两腕各具 1 列大小相当,间距宽,基部膨大的小吸盘(图 4-230C)。角质颚上颚喙弯,翼部延伸至侧壁前缘宽的近基部处。下颚侧壁脊瘦,后端向侧壁拐角延伸,但未至拐角边缘。内壳略呈宽剑形。

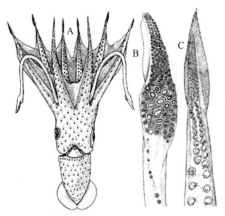

图 4-230　帆乌贼形态特征示意图(据 Voss, 1969)

A. 雄性腹视;B. 触腕穗;C. 茎化腕

头部复合发光器式样为 Type1b 型,头部背面具两个大的简单发光器,另外一个小的简单发光器多变。胴长大于 18 mm 的个体头部腹面左侧后缘具 3 个大的圆形黑色发光器,中间 2 个表现为复合发光器的特征,因此被归为左基行(图 4-231A)。外套腹部前端 1/2 的复合发光器大小相当

（图 4-231B）。第 4 腕基部发光器 3 列；各腕顶端具一个延长的黑色简单发光器，其中第 4 腕顶端的甚小，第 4 腕顶端简单发光器直到后期稚鱼或早期亚成体时才开始出现，南方地区种群有一半早期成熟雄体第 4 腕简单发光器仍没有出现。

生活史及生物学：典型的深海生活种类，但垂直移动范围大，从表层至 4 000 m 水深均有采获，以 500~1 500 m 水层采获最多。幼体多栖于 100~200 m 的上层水域，随着个体发育生活水层逐渐加深。

帆乌贼存在几个独立的种群，Voss et al（1998）依据精囊不同将分布于大西洋的帆乌贼分为西南大西洋、东热带大西洋和西北大西洋三个种群。Lu 和 Ickeringill（2002）在澳大利亚南部水域采集到 21 尾胴长范围为 12~74 mm，体重范围为 0.6~194.5 g。最大成熟雌体胴长 330 mm，采自亚北极水域，其成熟的卵径 2.3 mm；在热带水域雌体成熟胴长 70 mm，不同纬度雄体成熟胴长范围为 50~330 mm。

帆乌贼是抹香鲸的重要饵食之一。在大西洋海域，帆乌贼是抹香鲸胃中出现频率最高的一种头足类。在亚速尔群岛海域被捕获的 39 头抹香鲸的胃中，帆乌贼角质颚出现的频率占头足类角质颚总数的 59%。在马德拉群岛海域捕获的一头雄性抹香鲸胃中，发现 4 000 个头足类角质颚，其中帆乌贼占了 88.3%，在 28 个不完整的头足类躯体中，有 20 个为帆乌贼。除此之外，帆乌贼也是帆蜥鱼和长鳍金枪鱼的重要猎食对象。

帆乌贼的发光器系统十分发达，适宜在无光带的深海区进行照明、求偶、诱捕猎物或用做迷惑、警告敌人；左眼吸收波长接近紫外线，适于近表层生活。这些结构使帆乌贼在大洋深层和浅层之间的活动能力大大增强。

地理分布：广泛分布在大西洋，但分布区域不均匀；在亚热带水域分布区域为一个窄带，包括阿根廷外海、南非以及澳大利亚和新西兰之间的水域；在南印度洋可能也有分布；在北部亚热带和西部热带水域以及其他水域没有分布（图 4-232）。

图 4-231 帆乌贼发光器分布示意图（据 Voss，1969）

A. 头部左侧腹视；B. 外套腹视

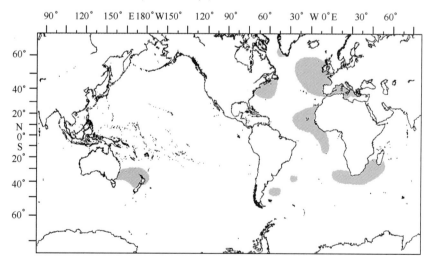

图 4-232 帆乌贼地理分布示意图

大小：最大胴长 330 mm，总长 1 190 mm。

渔业：潜在的经济种。从抹香鲸与帆乌贼之间捕食和被捕食的关系推算，天然海域中帆乌贼的资源量相当大，但目前的渔具渔法对其捕获能力还很低。

文献：Voss，1969；Voss et al，1998；Kristensen，1980；Clarke，1980；Young and Vecchione，2000，2006。

赛里特帆乌贼 *Histioteuthis celetaria* Voss，1960

分类地位：头足纲，鞘亚纲，枪形目，开眼亚目，帆乌贼科，帆乌贼属。

学名：赛里特帆乌贼 *Histioteuthis celetaria* Voss，1960。

分类特征：体短圆锥形（图4-233A）。鳍卵形，鳍长约为胴长的50%~55%，鳍宽为胴长的68%~72%。头部两侧各具2个枕骨皱，腹皱向背部急弯，终止于嗅觉突。漏斗器背片倒V字形，无皱。触腕穗掌部吸盘排列紧密，6~7列，中间2~3列吸盘略微扩大（图4-233B）。掌部最大吸盘内角质环远端具12~13个尖齿，近端光滑（图4-233C）；掌部腹侧2~3列吸盘具宽而不对称的外角质环，吸盘外部轮廓呈圆三角形（图4-233D）。腕长约等于胴长。雄性第1对腕末端茎化，茎化部吸盘大小相同，具长柄。大个体成熟雄性，各腕基部吸盘扩大，吸盘具膨大的肉旗。大腕吸盘内角质环光滑（第4腕偶尔例外）。内壳羽状，两翼前端宽，后端窄（图4-233E）。

头部复合发光器为Type1b型，头部背面无简单的大发光器，简单的小发光器分布多变。外套腹部前端2/3复合发光器大，尺寸相当，间隙均匀。第4腕基部复合发光器3列（图4-234A）；未成熟个体各腕及成熟个体第4腕顶端，具4~8个复合发光器（图4-234A），它们与近端发光器间具大的间隙；成熟个体第1~3腕远端反口面边膜皮肤下方，具细长的黑色简单发光器（图4-234B，C）。

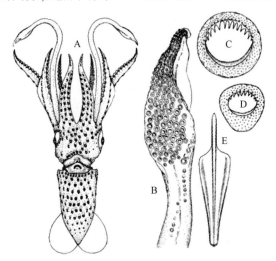

图4-233　赛里特帆乌贼形态特征示意图（据Voss，1969；Voss et al，1998）

A. 腹视；B. 触腕穗；C. 触腕穗最大吸盘口视；D. 触腕穗腹列吸盘口视；E. 内壳

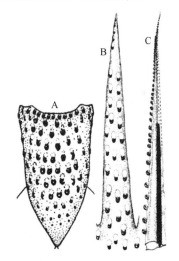

图4-234　赛里特帆乌贼发光器分布示意图（据Voss，1969；Voss et al，1998）

A. 外套腹视；B. 第4腕腹视；C. 第1腕侧视

生活史及生物学：已知成熟雌体胴长258 mm，成熟雄体胴长87 mm，成熟卵径1.9 mm，最小亚成体胴长10.3 mm，最小稚鱼7.1 mm。

地理分布：分布在大西洋热带亚热带水域，但在墨西哥湾和加勒比海没有分布（图4-235）。

大小：最大胴长260 mm。

渔业：非常见种。

文献：Voss，1969；Voss et al，1998；Young and Vecchione，2000。

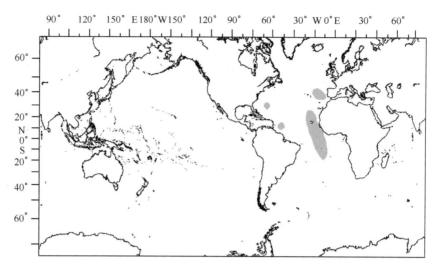

图 4-235 赛里特帆乌贼地理分布示意图

赛拉斯帆乌贼 *Histioteuthis cerasina* Nesis，1971

分类地位：头足纲，鞘亚纲，枪形目，开眼亚目，帆乌贼科，帆乌贼属。

学名：赛拉斯帆乌贼 *Histioteuthis cerasina* Nesis，1971。

分类特征：体短圆锥形（图 4-236A）。鳍小而圆，鳍长为胴长的30%~40%，鳍宽为胴长的50%~68%。头部两侧各具两个不明显的颈褶。漏斗器背片倒 V 字形，腹片卵形，背片分支无脊。触腕穗长为胴长的10%~15%。触腕锁具8~10个吸盘和球突，触腕穗锁具3~5个吸盘和球突，触腕穗中部吸盘6列（图 4-236B）。最大触腕穗吸盘直径为胴长的4%~5%，掌部中间扩大吸盘内角质环具 30~60 个细尖的三角形小齿（图 4-236C）。腕长为胴长的 100%~150%，各腕长相近，第4腕略短。内腕间膜深度为最长腕的 15%，无外腕间膜。最大腕吸盘直径约为胴长的 2.5%，第1~3腕吸盘内角质环光滑，第4腕吸盘内角质环具紊乱的矮钝齿。

头部复合发光器为 Type2a 型（中线发光器 2 个，第 4 腕基行发光器 3 个），头部背面具略微扩大的简单发光器，简单小发光器分布多变（图 4-237）。外套腹部复合发光器约 10 斜行，前端 1/2 发光器大小相当。腕近端发光器与末端发光器之间无空隙，第 4 腕近端 2/3 发光器 3 列，第 3 腕基部发光器 2 列，第 2 腕基部发光器 2 列，第 1 腕基部发光器 1 列（图 4-237）。

地理分布：分布在太平洋东部和中部赤道太平洋以及东南太平洋热带水域（图 4-238）。

大小：最大胴长 50 mm。

渔业：东太平洋、中太平洋热带水域常见种。

文献：Voss，1969；Nesis，1971；Voss et al，1992，1998；Young and Vecchione，2000，2003；Young et al，2001。

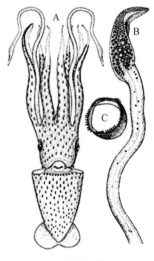

图 4-236 赛拉斯帆乌贼形态特征示意图（据 Voss and Dong，1992；Nesis，1971）
A. 腹视；B. 触腕；C. 最大吸盘内角质环

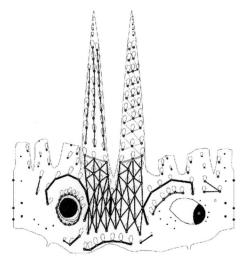

图 4-237　赛拉斯帆乌贼头部和腕部发光器分布示意图(据 Voss, 1969)

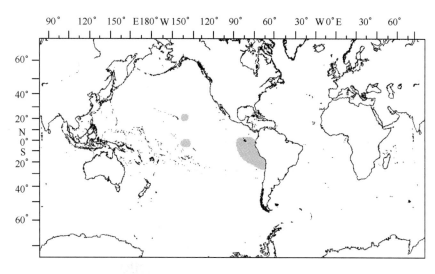

图 4-238　赛拉斯帆乌贼地理分布示意图(据 Voss et al, 1998)

光帆乌贼 *Histioteuthis corona* Voss, 1962

分类地位:头足纲,鞘亚纲,枪形目,开眼亚目,帆乌贼科,帆乌贼属。

学名:光帆乌贼 *Histioteuthis corona* Voss, 1962。

分类特征:体短圆锥形,体表无瘤突(图 4-239A)。鳍小而圆,鳍长为胴长的 34%～42%,鳍宽为胴长的 57%～64%。口冠口垂片 7 个。漏斗器背片倒 V 字形,分支无褶皱。触腕穗掌部具5～6列不规则排列的吸盘,至指部末端减少为 2～3 列(图 4-239B)。掌部最大吸盘直径为边缘列吸盘的 1.5～2.0 倍,扩大吸盘内角质环全环具 33～38 个三角形或细尖齿(图 4-239C)。各腕长相近,长度为胴长的 100%～200%,腕式为 2 = >3.1.4。内腕间膜深度为最长腕的 10%～25%,无外腕间膜。第 1～3 腕多数吸盘(除末端和少数基部吸盘)内角质环光滑,第 4 腕吸盘内角质环全环或仅远端具大量矮方齿。雄性第 1 对腕末端茎化,茎化部吸盘小,吸盘具膨大的长柄。

头部复合发光器 Type2a 型(中线发光器 2 个,第 4 腕基行发光器 3 个),头部背面具较大的简单发光器,简单小发光器分布多变。外套腹部前端 1/2 复合发光器大小相当(图 4-240A)。第 4

腕基部发光器 3 列,近端发光器与末端发光器之间无空隙(图 4-240B)。

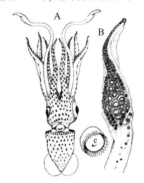

图 4-239　光帆乌贼形态特征示意图(据 Voss,1969)

A. 腹视;B. 触腕穗;C. 触腕穗掌部扩大吸盘内角质环

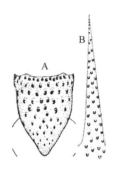

图 4-240　光帆乌贼发光器分布示意图(据 Voss,1969)

A. 外套腹视;B. 第 4 腕腹视

地理分布:已知仅分布于大西洋(图 4-241)。

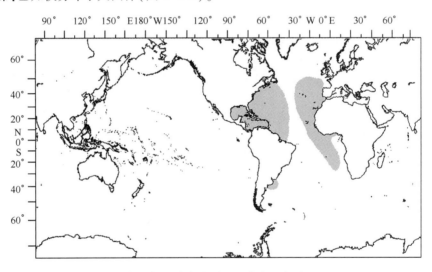

图 4-241　光帆乌贼地理分布示意图

生活史及生物学:雄性成熟胴长 110~188 mm,最大雌性胴长 168 mm。成熟个体,无简单发光器。

大小:最大胴长 188 mm。

渔业:潜在经济种。

文献:Voss,1969;Voss et al,1998;Young and Vecchione,2000。

艾尔唐易纳帆乌贼 *Histioteuthis eltaninae* Voss,1969

分类地位:头足纲,鞘亚纲,枪形目,开眼亚目,帆乌贼科,帆乌贼属。

学名:艾尔唐易纳帆乌贼 *Histioteuthis eltaninae* Voss,1969。

分类特征:体短圆锥形(图 4-242A)。鳍小圆形,鳍长为胴长的 29%~37%,鳍宽为胴长的 50%~55%。头部两侧各具 1 个颈褶。口垂片 7 个。漏斗器背片两侧分支各具 1 个矮的中脊。触腕穗掌部吸盘 5~6 不规则列,中间 4 个吸盘扩大,直径为腹缘吸盘的 3~4 倍(图 4-242B)。掌部最大吸盘内角质环全环具 36~52 个矮钝的三角形齿(图 4-242C)。腕长为胴长的 100%~127%。内腕间膜浅或退化,无外腕间膜。雄性第 1 对腕茎化,基部吸盘略微扩大,且具膨大的肉旗。腕吸盘内角质环远端或全环具 7~20 个矮三角形齿(图 4-242D)。角质颚上颚喙弯,翼部延伸至侧壁前缘宽的近基部处;下颚无侧壁脊。

右眼眼睑复合发光器 18 个(大的 17 个,小的 1 个),左眼眼睑亦具发光器(图 4-243A)。外套整个腹部大小复合发光器混合排列(图 4-243B)。第 4 腕基部发光器 3 列,腕顶端无大的简单发光器群(图 4-243C)。

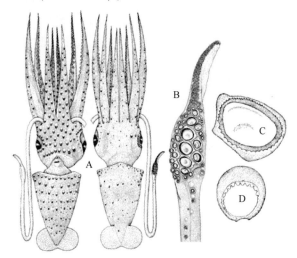

图 4-242　艾尔唐易纳帆乌贼形态特征示意图(据 Voss,1969)

A. 腹视和背视;B. 触腕穗;C. 掌部最大吸盘;D. 腕吸盘

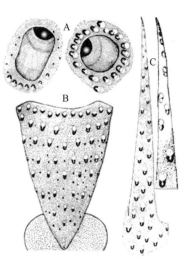

图 4-243　艾尔唐易纳帆乌贼发光器分布示意图(据 Voss,1969)

A. 左眼和右眼侧视;B. 外套腹视;C. 第 4 腕及末端腹视

生活史及生物学:Lu 和 Ickeringill(2002)在澳大利亚南部水域采集到 6 尾,胴长范围为 12.5~65 mm,体重范围为 0.3~80 g。雄性成熟胴长 66~105 mm,最大雌性胴长 98 mm。

地理分布:环亚南极水域分布,北限为南亚热带辐合区(图 4-244)。某些分布区域与大西洋帆乌贼重叠。

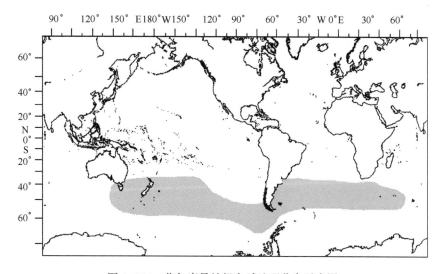

图 4-244　艾尔唐易纳帆乌贼地理分布示意图

大小:最大胴长 105 mm。

渔业:潜在经济种。

文献:Voss, 1969; Voss et al, 1998; Young and Vecchione, 2000。

异帆乌贼 *Histioteuthis heteropsis* Berry, 1913

分类地位:头足纲,鞘亚纲,枪形目,开眼亚目,帆乌贼科,帆乌贼属。

学名:异帆乌贼 *Histioteuthis heteropsis* Berry, 1913。

分类特征:体短圆锥形,无小瘤(图 4-245A)。鳍小圆形,鳍长为胴长的 27%~40%,鳍宽为胴宽的 48%~56%。口垂片 7 个。漏斗器背片无皱。触腕穗掌部吸盘 6~8 列,中间 2~3 列略微扩大(图 4-245B)。腕骨部长,较触腕穗长大 2~2.5 倍。腕骨锁由背、腹、中 3 列吸盘和球突交替排列组成;背列和中列为交替排列的吸盘和球突;腹列近端吸盘(偶尔为球突)两两排列在一起,远端为吸盘和球突交替排列,腹列中 3 个吸盘或球突与中列重叠(图 4-245B)。触腕穗吸盘内角质环全环具 30~34 个尖齿或钝齿(图 4-245C)。各腕长相近,长度为胴长的 100%~135%。第 1~3 腕间具内腕间膜,深度为最长腕的 11%~23%;外腕间膜较内腕间膜不发达。雄性第 1 对腕远端 1/3 茎化(图 4-245D)。腕吸盘内角质环具 5~15 个矮圆齿或矮方齿(图 4-245E)。

眼睑发光器至少具 2 列,右眼眼睑发光器 17~23 个(通常 19~21)(图 4-246A)。外套腹部前端 3/4 复合发光器小,排列紧密,大小相当(图 4-246B)。第 4 腕基部发光器 8~10 列(图 4-246C)。

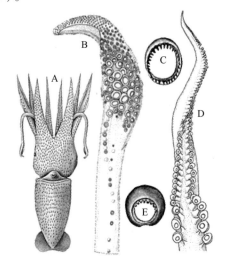

图 4-245 异帆乌贼形态特征示意图(据 Voss, 1969; Young, 1972)

A. 腹视; B. 触腕穗; C. 触腕穗吸盘内角质环; D. 茎化腕; E. 腕吸盘内角质环

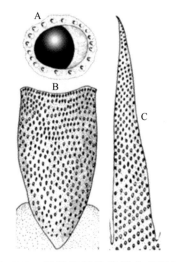

图 4-246 异帆乌贼发光器分布示意图(据 Voss, 1969)

A. 右眼侧视; B. 外套腹视; C. 第 4 腕腹视

生活史及生物学:具垂直洄游习性,资料显示白天栖于 400 m 以下水层,夜间上浮至 400 m 以上水层索饵。成熟雄性胴长 54~89 mm。

地理分布:在加利福尼亚海流 24°~45° N、秘鲁—智利海流 30°~36° S 之间较常见,在热带及赤道水域几乎没有分布(图 4-247)。

大小:最大胴长 132 mm。

渔业:潜在经济种。

文献:Roper and Young, 1975; Voss, 1969; Voss et al, 1998; Young, 1972; Young and Vecchione，2000。

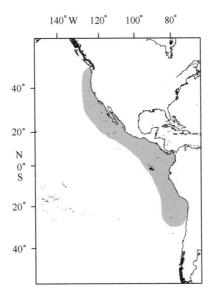

图 4-247　异帆乌贼地理分布示意图

无棘帆乌贼 *Histioteuthis inermis* Taki，1964

分类地位：头足纲,鞘亚纲,枪形目,开眼亚目,帆乌贼科,帆乌贼属。

学名：无棘帆乌贼 *Histioteuthis inermis* Taki，1964。

分类特征：体短圆锥形。鳍小而圆,鳍长为胴长的 45%~60%,鳍宽为胴长的 70%~90%。触腕穗长为胴长的 20%,腕骨锁由 5~7 个吸盘和 4 个球突组成,指部吸盘 4~6 列,掌部中间最大吸盘直径为边缘吸盘的 2 倍,大吸盘内角质环具 20~27 个细长的尖齿(图 4-248A、B)。腕长为胴长的 1.2~1.5 倍,腕式为 2>1>3>4 或 2>3>1>4,内腕间膜浅或退化,第 4 腕吸盘直径约为其他腕吸盘的一半,各腕吸盘内角质环光滑(图 4-248C)。

头部复合发光器为 Type1b 型(图 4-249A),头部背面无简单的大发光器,简单的小发光器分布多变。外套背部发光器约 6 斜行(图 4-249B),中间列较小,腹部约 10 斜行,腹部边缘发光器 14 个。第 4 腕基部发光器 4 列(图 4-249C),腕顶端无分离的复合发光器群。

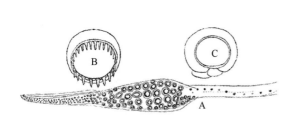

图 4-248　无棘帆乌贼形态特征示意图(据 Taki，1964)

A. 触腕；B. 掌部大吸盘；C. 腕吸盘

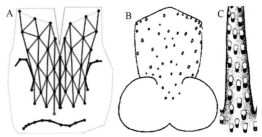

图 4-249　无棘帆乌贼发光器分布示意图(据 Taki，1964；Voss et al，1998)

A. 头部展开腹视；B. 外套背视；C. 第 4 腕腹视

地理分布：已知仅分布在西北太平洋(图 4-250)。

大小：最大胴长 60 mm。

渔业:非常见种。

文献:Taki,1964;Voss,1969;Voss et al,1998;Young and Vecchione,2000,2001。

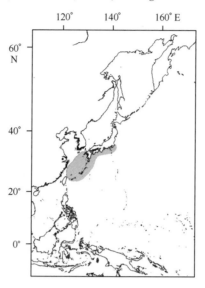

图 4-250　无棘帆乌贼地理分布示意图

大帆乌贼 *Histioteuthis macrohista* Voss, 1969

分类地位:头足纲,鞘亚纲,枪形目,开眼亚目,帆乌贼科,帆乌贼属。

学名:大帆乌贼 *Histioteuthis macrohista* Voss, 1969。

分类特征:体短圆锥形(图 4-251A)。鳍小圆形,鳍长为胴长的 52%~56%,鳍宽为胴长的 80% ~89%。口垂片 7 个。漏斗器背片倒 V 字形,两侧分支各具 1 个强大的脊。触腕穗掌部吸盘 6 不规则列,中间吸盘扩大(图 4-251B),直径为边缘吸盘的 1.5~2.5 倍,扩大吸盘内角质环全环具大量尖齿。腕长为胴长的 80%~130%。内腕间膜发达,深度为最长腕的 50%,外腕间膜略发达。雄性第 1 对腕远端 1/3 茎化,茎化部吸盘尺寸骤减,吸盘柄延长。腕吸盘内角质环远端和侧端具 4~ 10 个矮圆或矮方的齿(图 4-251C)。角质颚上颚喙弯,翼部延伸至侧壁前缘宽的近基部处。下颚具明显的侧壁脊,脊后端延伸至侧壁拐角。

头部复合发光器为 Type1b 形,右眼眼睑复合发光器 16 个(图 4-252A),少数 15 个,头部背面具两个大的简单发光器,另外一个小的简单发光器多变。头部腹部左侧后缘具 2 个大的黑色圆形发光器,两者间距宽(图 4-252B)。外套腹部前端 1/2 复合发光器大小相同,其间分散少量微发光器(图 4-252C)。第 4 腕基部发光器 3 列(图 4-252D),第 1~3 腕末端反口面具 1 个大而延长的黑色简单发光器(图 4-252E、F)。

生活史及生物学:栖息于中层水域,强大的内腕间膜具有诱食的功能。Lu 和 Ickeringill(2002)

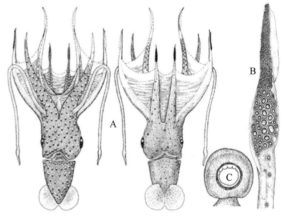

图 4-251　大帆乌贼形态特征示意图(据 Voss, 1969)

A. 腹视和背视 . B. 触腕穗;C. 腕吸盘

在澳大利亚南部水域采集到 8 尾胴长范围为15~47 mm,体重范围为 2.7~65.3 g。成熟雌性胴长49~65 mm,成熟雄性胴长 40~55 mm。

地理分布:分布在南亚热带辐合区附近,在东太平洋没有分布,在大西洋成熟雄性分布在大陆架斜坡边缘及外部海域(图4-253)。

大小:最大胴长 70 mm。

渔业:潜在经济种。

文献: Voss, 1969; Voss et al, 1998; Young and Vecchione, 2000。

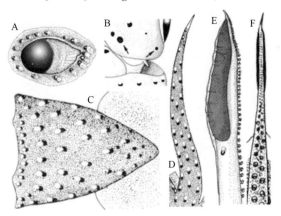

图 4-252　大帆乌贼发光器分布示意图(据 Voss, 1969; Voss et al, 1998)

A. 眼侧视;B. 头部后缘左侧腹视,箭头所指为黑色简单发光器;C. 外套腹视;D. 第 4
腕腹视;E. 某腕末端侧视;F. 某腕末端口视

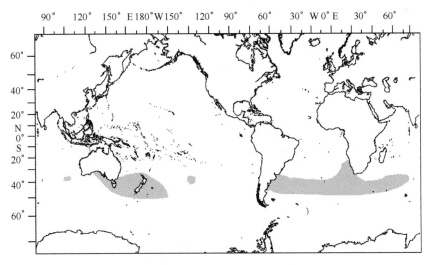

图 4-253　大帆乌贼地理分布示意图

珠鸡帆乌贼 *Histioteuthis meleagroteuthis* Chun, 1910

分类地位:头足纲,鞘亚纲,枪形目,开眼亚目,帆乌贼科,帆乌贼属。

学名:珠鸡帆乌贼 *Histioteuthis meleagroteuthis* Chun, 1910。

分类特征:体短圆锥形(图4-254A)。外套背部前端 1/2~2/3 中线上皮下方及第 1~3 腕近端反口面中线处的瘤状突起形成锯齿状脊。鳍小圆形,鳍长为胴长的 39%~50%,鳍宽为胴长的 58%

~68%。口垂片7个。漏斗器背片倒V字形,无皱。触腕穗掌部吸盘6~7不规则列,中间吸盘略微扩大,扩大吸盘内角质环全环具25~30个短尖的齿,远端齿较长(图4-254B)。除成熟雄性外,各腕长相近,腕长为胴长的100%~150%。第1~3腕间内腕间膜深为最长腕的10%~18%,无外腕间膜。成熟雄性第1对腕延长,远端茎化,茎化部吸盘柄扩大呈栅栏状,至顶端吸盘2列。腕吸盘内角质环远端和侧端具6~20个圆齿或方齿(图4-254C)。

　　右眼眼睑发光器通常19~22个(图4-255A);外套腹部前端3/4具大小相同,排列紧密的小复合发光器(图4-255B);第4腕基部发光器8~10列(图4-255C)。

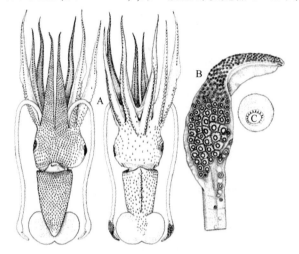

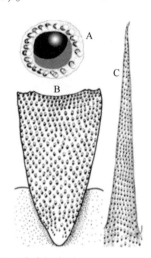

图4-254　珠鸡帆乌贼形态特征示意图(据Voss,1969)

A. 腹视和背视;B. 触腕穗;C. 腕吸盘

图4-255　珠鸡帆乌贼发光器分布示意图(据Voss,1969)

A. 右眼侧视;B. 外套腹视;C. 第4腕腹视

生活史及生物学:雌性个体成熟胴长为114 mm,雄性成熟胴长为65~102 mm。

地理分布:广泛分布在世界各大洋热带和亚热带水域(图4-256)。在生产力贫瘠的亚热带水域(百慕大群岛南部、大西洋墨西哥湾和加勒比海、加利福尼亚与秘鲁海流交汇水域)以及太平洋夏威夷群岛中北部热带水域没有分布。

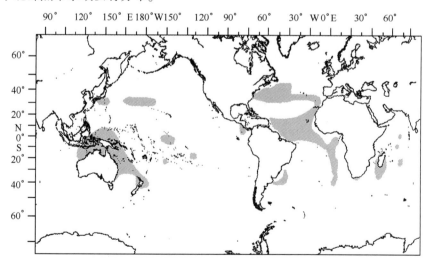

图4-256　珠鸡帆乌贼地理分布示意图(据Voss,1998)

大小：最大胴长 80 mm。

渔业：潜在经济种。

文献：Voss, 1969；Voss et al, 1998；Young and Vecchione, 2000, 2006。

米兰达帆乌贼 *Histioteuthis miranda* Berry, 1918

分类地位：头足纲,鞘亚纲,枪形目,开眼亚目,帆乌贼科,帆乌贼属。

学名：米兰达帆乌贼 *Histioteuthis miranda* Berry, 1918。

分类特征：体短圆锥形(图 4-257A)。鳍小而圆,鳍长为胴长的 31%~44%,鳍宽为胴长的44%~57%。第 1~3 腕反口面基部 20%~40%上皮下方具瘤状突起列,突起数分别为 14~19、11~16 和 7~13个,突起列长为腕长的 19%~39%。外套背部中线前端上皮下方亦具瘤状突起列。大个体的瘤状突起深埋于组织内,不易察觉。口垂片 7 个,第 2 腕口膜连接肌丝分支。触腕穗掌部吸盘 6~7 不规则列,中间吸盘尺寸约为边列吸盘的 2 倍(图 4-257B),掌部最大吸盘内角质环全环具 45~51 个短而不规则的尖齿(图 4-257C)。各腕长相近,长度为胴长的 100%~150%。第 1~3 腕内腕间膜深度为腕长的 16%~25%,外腕间膜略发达。成熟雄性第 1 对腕远端 1/3茎化,茎化部吸盘柄扩大呈栅栏状,基部吸盘略微扩大,具膨大的肉旗。最大腕吸盘内角质环远端和侧端具 5~12 个钝齿或方齿(图 4-257D)。角质颚上颚喙弯,翼部延伸至侧壁前缘宽的近基部处。下颚具明显的侧壁脊,脊后端延伸至侧壁拐角。

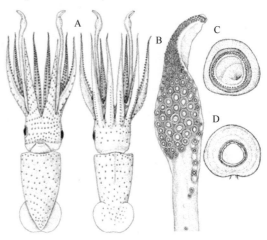

图 4-257　米兰达帆乌贼形态特征示意图(据 Voss, 1969)

A. 腹视和背视；B. 触腕穗；C. 掌部最大吸盘；D. 最大腕吸盘

　　右眼眼睑复合发光器 16~17 个(少数 15 个)(图 4-258A);外套腹部前端 3/4 复合发光器中等大小,尺寸相当(图 4-258B);第 4腕基部发光器 5 列,随后减少为 4 列(图 4-258C)。

生活史及生物学：外洋性中型种,通常出现在大陆架斜坡及其附近浅海海域,在其分布范围内不存在不同地理群,是齿鲸的重要食饵。Lu 和 Ickeringill(2002)在澳大利亚南部水域采集到 31 尾,胴长范围 23.5~237 mm,体重范围 4.5~1 800 g。雌性成熟胴长200~267 mm,雄性成熟胴长 93~262 mm。

地理分布：已知分布在非洲西南部外海,向东至澳大利亚—新西兰;东沙群岛和台湾西南海域也有分布(图 4-259)。

大小：最大胴长 280 mm。

渔业：外洋常见种类,体内含氨离子,食用价值不高。

文献：Voss, 1969；Voss et al, 1998；Young and Vecchione, 2000。

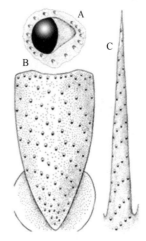

图 4-258　米兰达帆乌贼发光器分布示意图(据 Voss, 1969)

A. 右眼侧视；B. 外套腹视；C. 第 4腕腹视

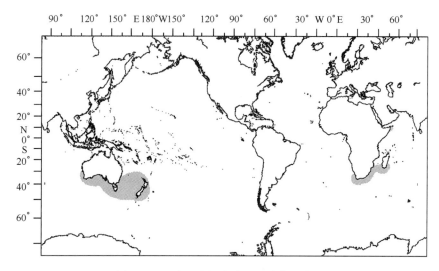

图 4-259　米兰达帆乌贼地理分布示意图

大洋帆乌贼 *Histioteuthis oceani* Robson，1948

分类地位：头足纲，鞘亚纲，枪形目，开眼亚目，帆乌贼科，帆乌贼属。

学名：大洋帆乌贼 *Histioteuthis oceani* Robson，1948。

分类特征：体短圆锥形（图 4-260A）。鳍小而圆，鳍长为胴长的 37%~43%，鳍宽为胴长的 53%~65%。外套背部中线前端 1/2 上皮下方具矮瘤突列；第 1~3 腕反口面中线具瘤突形成的脊，瘤突列长度为腕长的 46%~83%，1~3 腕瘤突列长度依次减小，突起数分别为 25~36、23~30 和 17~21。口垂片 7 个，第 2 腕口膜连接肌丝不分支。漏斗器背片无皱。触腕穗掌部吸盘 6~7 不规则列（图 4-260B），中间吸盘尺寸为边缘吸盘的 1.5~2.0 倍，掌部最大吸盘内角质环全环具大量尖齿（图 4-260C）。各腕长相近，长度为胴长的 120%~150%。第 1~3 内腕间膜深为腕长的 20%~30%，外腕间膜略发达。雄性第 1 对腕远端 1/4 茎化，茎化部吸盘柄扩大形成栅栏状，小个体雄性茎化腕基部吸盘不扩大，且无膨大的肉旗。腕大吸盘内角质环远端和侧端具 6~10 个钝齿或方齿（图 4-260D）。

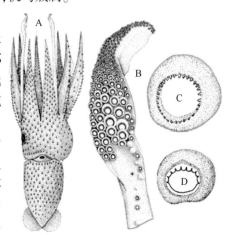

图 4-260　大洋帆乌贼形态特征示意图
（据 Voss et al，1998）
A. 腹视；B. 触腕穗；C. 掌部最大吸盘；D. 腕大吸盘

右眼眼睑复合发光器通常 16 个（少数 18 个）；外套腹部前端 3/4 复合发光器中等大小，尺寸相当；第 4 腕基部 1~3 斜行吸盘 6 列，之后减小至 5 列。

生活史及生物学：具昼夜垂直洄游习性，在夏威夷白天渔获水深 575~665 m，夜间为 165~275 m。雄性成熟胴长 50 mm。胴长 12 mm 的幼体瘤突已十分发达。

地理分布：已知分布区为横穿热带太平洋的狭长水域（图 4-261），在印度洋也有分布报道。

大小：最大胴长 70 mm。

渔业：非常见种。

文献：Voss，1969；Voss et al，1998；Young，1978；Young and Vecchione，2000。

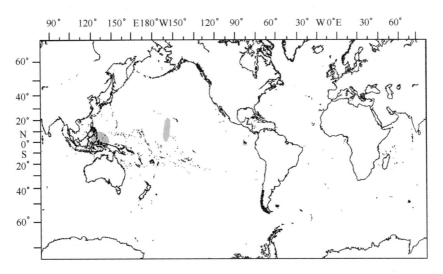

图 4-261　大洋帆乌贼地理分布示意图

太平洋帆乌贼 *Histioteuthis pacifica* Voss, 1962

分类地位: 头足纲,鞘亚纲,枪形目,开眼亚目,帆乌贼科,帆乌贼属。

学名: 太平洋帆乌贼 *Histioteuthis pacifica* Voss, 1962。

分类特征: 体短圆锥形(图 4-262A)。鳍小而圆,鳍长为胴长的 43%~60%,鳍宽为胴长的 63%~75%。头部后缘两侧各具 2 个明显的褶。口垂片 7 个。漏斗器背片无皱。触腕穗掌部吸盘 6~7 不规则列(图 4-262B),中间扩大吸盘尺寸为边缘吸盘的 1.5 倍,掌部最大吸盘内角质环全环具 28~32 个尖齿(图 4-262C),腹侧两列吸盘外角质环不对称(图 4-262D)。腕长为胴长的 80%~130%,第 2 和第 3 腕最长。内腕间膜退化,无外腕间膜。雄性第 1 对腕末端茎化,茎化部吸盘大小相同,具长柄,大个体雄性各腕基部吸盘扩大,具膨大的肉旗。最大腕吸盘内角质环光滑。内壳羽状,两翼前宽后窄(图 4-262E)。

头部复合发光器为 Type1b 型,头部背面无简单的大发光器,简单的小发光器分布多变,外套腹部绝大部分具大量尺寸相当,间隙均的复合发光器(图 4-263A)。第 4 腕近端 1/2 复合发光器 3 列,末端具 1 群小的复合发光器,与近端发光器之间具大的空隙(图 4-263B)。

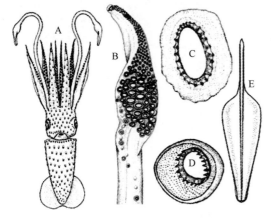

图 4-262　太平洋帆乌贼形态特征示意图(据 Voss, 1969)
A. 腹视;B. 触腕穗;C. 掌部最大吸盘;D. 掌部腹缘吸盘;E. 内壳

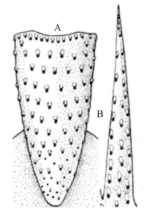

图 4-263　太平洋帆乌贼发光器分布示意图(据 Voss, 1969)
A. 外套腹视;B. 第 4 腕腹视

　　地理分布:广泛分布在太平洋和印度洋的热带亚热带水域;从日本南部到澳洲东北部、夏威夷、加利福尼亚至南美洲西北部、印度洋、澳洲西北部(图4-264)。

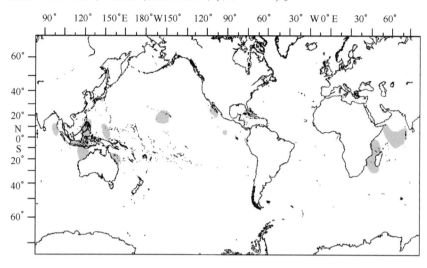

图4-264　太平洋帆乌贼地理分布示意图

　　生活史及生物学:雄性个体的成熟胴长60~280 mm。

　　大小:最大胴长280 mm。

　　渔业:外洋常见种类,体内含氨离子,食用价值不高。

　　文献:Voss,1969;Voss, Nesis and Rodhouse,1998;Young,1978;Young and Vecchione,2000。

长帆乌贼 *Histioteuthis reversa* Verrill, 1880

　　分类地位:头足纲,鞘亚纲,枪形目,开眼亚目,帆乌贼科,帆乌贼属。

　　学名:长帆乌贼 *Histioteuthis reversa* Verrill, 1880。

　　拉丁异名:*Histioteuthis elongata* Voss and Voss, 1962;*Calliteuthis elongata* Voss and Voss, 1962。

　　英文名:Elongate jewel squid;**法文名**:Loutène longue;**西班牙文名**:Joyeluria alargada。

　　分类特征:体圆锥形(图4-265A),成熟雌性体延长(图4-265B)。鳍小而圆,鳍长为胴长的35%~50%,鳍宽为胴长的40%~60%,成熟雌性鳍相对较小。口垂片7个。漏斗器背片两侧分支各具1个矮的中脊。触腕穗掌部吸盘5~6列(图4-265C),中间4个扩大吸盘尺寸为边缘吸盘的3~4倍,掌部最大触腕穗吸盘齿系不规则(图4-265D),其余掌部吸盘内角质环全环具大量钝齿或尖齿(图4-265E)。腕强健,各腕长相近,腕长为胴长的100%~150%,成熟雌性腕长相对较小。

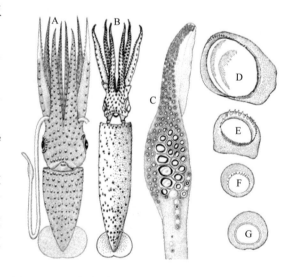

图4-265　长帆乌贼形态特征示意图(据 Voss, 1969;Roper et al, 1984)

A. 雄性腹视;B. 雌性腹视;C. 触腕穗;D. 掌部最大吸盘;E. 掌部腹列吸盘;F. 第4腕13行吸盘;G. 第2腕第13行吸盘

内腕间膜浅或几乎没有,无外腕间膜。雄性第1对腕末端茎化,茎化部吸盘具长柄,吸盘大小相同,大个体雄性各腕基部吸盘扩大,具膨大的肉旗。腕吸盘内角质环远端具 4~10 个宽圆的钝齿或尖齿,或全环光滑(图 4-265F、G)。角质颚上颚喙弯,翼部延伸至侧壁前缘宽的近基部处。下颚侧壁皱前端增厚,并形成脊,后端加宽,达侧壁拐角上方。

大复合发光器具后反光片。右眼眼睑复合发光器通常 18 个(17 个大的,1 个小的)(图 4-266A),左眼眼睑发光器数目与右眼相当。外套腹部具大小混合排列的复合发光器(图 4-266B)。第 4 腕基部复合发光器 4 列,其中 3 列大,背侧 1 列小,腕末端无大的简单发光器群(图 4-266C)。

生活史及生物学:大洋性种类,栖息于中层水域,渔获水层为 500~1 000 m。Lu 和 Ickeringill(2002)在澳大利亚南部水域采集到 12 尾胴长范围为 27~64 mm,体重范围为 3.4~54.2 g。雌性在成熟过程中外套不断延长,成熟个体外套简单发光器数目增加,在成熟雄性中更加明显。与大多数帆乌贼科种类一样,性成熟存在地理性差异。

地理分布:广泛分布于大西洋,在加勒比海、墨西哥湾和南亚热带水域无分布(图 4-267)。

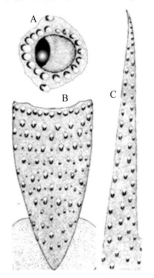

图 4-266　长帆乌贼发光器分布示意图(据 Voss, 1969)

A. 左眼眼睑侧视;B. 外套腹视;C. 第 4 腕腹视

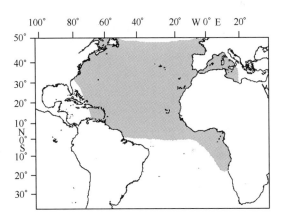

图 4-267　长帆乌贼地理分布示意图

大小:最大胴长 200 mm。

渔业:潜在经济种。在大陆架斜坡附近及高生产力水域资源丰富,目前无专门的渔业。

文献:Voss, 1969; Lu and Roper, 1979; Voss et al, 1998; Young and Vecchione, 2000, 2001。

相模帆乌贼属 *Stigmatoteuthis* Pfeffer, 1900

相模帆乌贼属已知阿克特氏相模帆乌贼 *Stigmatoteuthis arcturi*、相模帆乌贼 *Stigmatoteuthis dofleini*、霍氏相模帆乌贼 *Stigmatoteuthis hoyeli* 3 种,其中相模帆乌贼为模式种。

分类地位:头足纲,鞘亚纲,枪形目,开眼亚目,帆乌贼科,相模帆乌贼属。

属特征:体表无瘤突,但大个体外套及其他部位上皮细胞下具真皮疣。腕甚长。触腕穗中间吸盘十分扩大,直径为边缘吸盘的 4 倍多。雄性生殖器 1 对。头部复合发光器为 Type1a 型;基行发光器 8 个,其中 3 个排列成锯齿状;头部具右基行发光器。外套前腹部前端 1/2 复合发光器大,尺寸相当,间距均匀。第 4 腕末端无分离的复合发光器。

种的检索:

1(2)精囊放射导管单环型 ………………………………………… 相模帆乌贼

2(1)精囊放射导管多环型

3(4)茎化腕腹表面具乳突 …………………………………………… 阿克特氏相模帆乌贼

4(3)茎化腕腹表面无乳突 …………………………………………… 霍氏相模帆乌贼

阿克特氏相模帆乌贼 *Stigmatoteuthis arcturi* Robson，1948

分类地位：头足纲，鞘亚纲，枪形目，开眼亚目，帆乌贼科，相模帆乌贼属。

学名：阿克特氏相模帆乌贼 *Stigmatoteuthis arcturi* Robson，1948。

分类特征：体表无瘤突，但大个体外套和其他部分皮肤覆盖低矮的肉垫，使得皮肤外表看上去很粗糙。鳍长为胴长的 30%~40%，鳍宽为胴长的 50%~70%。口垂片 7 个。漏斗器背片两分支具强大的中脊，脊末端扩大成翼片。触腕穗掌部吸盘 5~7 不规则列，中间吸盘十分扩大，直径为边缘吸盘的 4 倍多，内角质环全环具 50~60 个尖齿。腕长为胴长的 220%~290%，腕式为 2=3=4>1（成熟雄性第 1 对腕最长）。无内腕间膜，外腕间膜深为最长腕的 3%~8%。雄性第 1 对腕茎化，吸盘 2 列，远端 1/2 小吸盘柄延长并沿腕缘呈栅栏状排列，中部吸盘略微扩大。茎化腕吸盘内角质环远端和侧端具 6~14 个圆齿或平头齿（成熟雄性齿锐尖）。茎化腕中部 1/3~1/2 处十分加粗，具十分膨大的反口面边膜和宽的保护膜（图 4-268A），腕背表面光滑，腹表面具大量密集的乳突（图 4-268B）。右眼眼睑复合发光器 17 个（很少 16），外套腹部前端 1/3 大复合发光器大小相当，第 4 腕基部发光器 3 列。

图 4-268　阿克特氏相模帆乌贼茎化腕特征示意图（据 Voss et al，1998）
A. 茎化腕；B. 茎化腕腹面乳突

生活史及生物学：雌雄成熟胴长分别为 176~204 mm 和 72~125 mm。

地理分布：分布在热带至亚热带大西洋 40°N~30°S（图 4-269）。

大小：最大胴长 204 mm。

文献：Voss，1969；Voss et al，1992，1998；Young and Vecchione，2000。

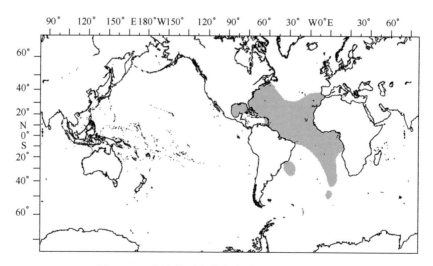

图 4-269　阿克特氏相模帆乌贼地理分布示意图

相模帆乌贼 *Stigmatoteuthis dofleini* Pfeffer, 1912

分类地位:头足纲,鞘亚纲,枪形目,开眼亚目,帆乌贼科,相模帆乌贼属。

学名:相模帆乌贼 *Stigmatoteuthis dofleini* Pfeffer, 1912。

拉丁异名:*Stigmatoteuthis chuni* Pfeffer, 1912; *Histioteuthis dofleini* Pfeffer, 1912; Calliteuthis ocellata Chun, 1910。

英文名:Flowervase jewell squid;**法文名**:Loutène vase;**西班牙文名**:Joyeluria floral。

分类特征:体短圆锥形,胴长约为胴宽的 2 倍(图 4-270A)。体表无瘤突,但大个体外套、头部和腕部皮肤下方具短宽的条痕。头大。左眼直径约为右眼直径的 2 倍。头部无颈皱。鳍圆形,长为胴长的 1/3;鳍宽为胴长的 1/2。漏斗器背片倒 V 字形,分支具脊,脊末端扩大成翼片(图 4-270B)。触腕穗长为胴长的 40%,掌部近端吸盘 5 不规则列(图 4-270C),中间吸盘很大,边缘吸盘很小,掌部中间最大吸盘内角质环全环具 60 个尖齿(图 4-270D)。第 1 第 4 腕长为胴长的 180%,第 2 第 3 腕长为胴长的 210%。无内腕间膜,外腕间膜为胴长的 20%~25%。雄性第 1 对腕茎化,吸盘 2 列,腹面皮肤无乳突(图 4-270E)。茎化腕末端 1/2 特化,特化部吸盘柄延长并沿腕缘呈栅栏状排列,柄间具深沟;特化部分保护膜窄,与扩大的吸盘柄相连;特化部近端 1/2 加粗,具较发达的反口面边膜(图 4-270E)。腕大吸盘内角质环远端 1/2 具 7~10 个三角形齿(图 4-270F)。内壳略呈宽剑形。

头部发光器 Type1a 型;右眼睑周围具 17 个复合发光器(图 4-271A);外套腹部前端 2/3 部分的复合发光器大,排列稀疏(图 4-271B);第 4 腕基部发光器 3 列(图 4-271C)。

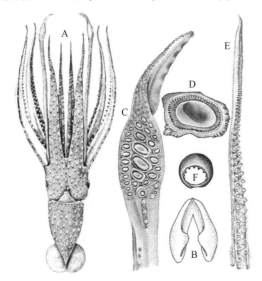

图 4-270　相模帆乌贼形态特征示意图(据 Roper et al, 1984;Young, 1972;Voss et al, 1998)
A. 腹视;B. 漏斗器背片;C. 触腕穗;D. 掌部大吸盘;E. 茎化腕;F. 第 3 腕第 6 行某吸盘口视

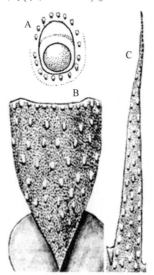

图 4-271　相模帆乌贼发光器分布示意图(据 Roper et al, 1984;Young, 1972)
A. 右眼眼睑侧视;B. 外套腹视;C. 第 4 腕腹视

生活史及生物学:大洋性种类。垂直移动范围大,在 200~800 m 中层水域资源丰富,在表层水域也有采获记录,采集水层最深为 5 790 m。幼体生活水层浅。相模帆乌贼是抹香鲸的重要饵食,在帆蜥鱼胃中也常有发现。

地理分布:广泛分布于南北温带水域,具体分布地区有:南太平洋、南海、日本列岛、千岛群岛、加利福尼亚外海、夏威夷群岛、秘鲁西南、墨西哥湾、巴哈马群岛、加勒比海、佛得角群岛、加那利群岛、马德拉群岛、亚速尔群岛、马达加斯加岛、加拉帕戈斯群岛西部、非洲东南部、马尔加什海域等（图4-272）。

大小：最大胴长210 mm。

渔业：相模帆乌贼在中层水域资源丰富，是IKMT中层拖网试捕中出现频率最高的一种帆乌贼，在底拖网试捕中很少采到。

文献：Voss，1969；Voss et al，1992，1998；Young，1972；Young and Vecchione，2000。

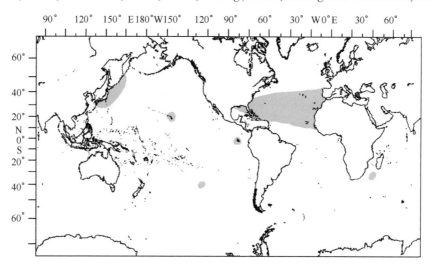

图4-272　相模帆乌贼地理分布示意图

霍氏相模帆乌贼 *Stigmatoteuthis hoylei* Goodrich，1896

分类地位：头足纲，鞘亚纲，枪形目，开眼亚目，帆乌贼科，相模帆乌贼属。

学名：霍氏相模帆乌贼 *Stigmatoteuthis hoylei* Goodrich，1896。

分类特征：体短圆锥形（图4-273）。体表无瘤突，但大个体体表覆盖低矮的肉垫，使得外表看去皮肤很粗糙（图4-273B）。鳍小而圆，鳍长约为胴长的1/3。触腕穗掌部吸盘5~7不规则列，中间吸盘十分扩大，直径为边缘吸盘的4倍多，角质环全环具大量尖齿（图4-273C）。腕延长，长度为胴长的160%~250%。成熟雄性第2~4腕为胴长的220%~250%，第1腕长为胴长的300%~310%。无内腕间膜，外腕间膜深为最长腕的3%~8%。雄性第1对腕远端2/3茎化，除近顶端外，其余吸盘柄延长并沿腕缘排列呈栅栏状；特化部分近端吸盘2列，列间距大，中部吸盘多列，近顶端吸盘扩大；茎化腕背面和腹面光滑无瘤突。腕吸盘内角质环远端和侧端具6~16个圆齿或平头齿（图4-273D），有时第4腕吸盘内角质环全环具大量平头齿，成熟雄性第1对腕特化的末端吸盘内角质环远端和侧端或全环具锐尖的短齿。

头部复合发光器为Type1a型（图4-274），头部背面无简单的大发光器，简单的小发光器分布多变。外套腹部前端1/2复合发光器大，尺寸相当。第1~3腕基部发光器1列，第4腕基部发光器3列（图4-274）。

生活史及生物学：外洋性种类，为齿鲸的重要饵食。具昼夜垂直洄游习性，白天渔获水深375~850 m（多为500 m以下），夜间100~500 m。随个体发育生活水层逐渐加深，在夏威夷，白天和夜间渔获水层都随胴长增加而加深。

地理分布：已知分布在热带太平洋和热带印度洋（图4-275）。

大小：最大胴长240 mm。

渔业:常见种,身体内含氨离子,食用价值不高。

文献:Voss,1969;Voss et al,1992,1998;Young,1978;Young and Vecchione,2000。

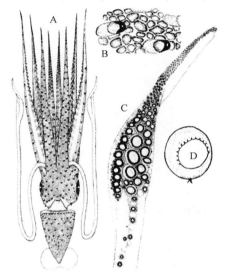

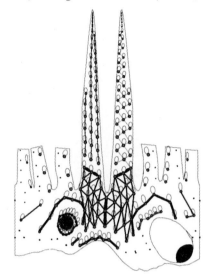

图4-273　霍氏相模帆乌贼形态特征示意图(据 Voss,1969)

A. 腹视;B. 第4腕基部腹面皮肤;C. 触腕穗;D. 腕吸盘

图4-274　霍氏相模帆乌贼头部和腕部发光器分布示意图(据 Young and Vecchione,2000)

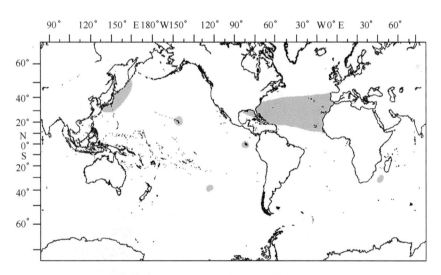

图4-275　霍氏相模帆乌贼地理分布示意图

第十七节　寒海乌贼科

寒海乌贼科 Psychroteuthidae Thiele,1920

寒海乌贼科以下仅包括寒海乌贼属 *Psychroteuthis* 1 属。

寒海乌贼属 *Psychroteuthis* Thiele，1920

寒海乌贼属已知仅寒海乌贼 *Psychroteuthis glacialis* 1 种。

分类地位：头足纲,鞘亚纲,枪形目,开眼亚目,寒海乌贼科,寒海乌贼属。

科属特征：口膜连接肌丝与第 4 腕背缘相连。漏斗锁具简单的直凹槽。触腕穗掌部和指部吸盘 4~7 列。外套和头部无发光器(成熟雌性第 3 对腕顶端具 1 个发光器)。

寒海乌贼 *Psychroteuthis glacialis* Thiele，1920

分类地位：头足纲,鞘亚纲,枪形目,开眼亚目,寒海乌贼科,寒海乌贼属。

学名：寒海乌贼 *Psychroteuthis glacialis* Thiele，1920。

英文名：Glacial squid；**法文名**：Encornet austral；**西班牙文名**：Luria glacial。

分类特征：体长圆筒形,至尾部逐渐变细,外套肌肉强健(图 4-276A)。鳍箭头形,肌肉强健,鳍长为胴长的 55%。触腕穗掌部和指部吸盘 4~7 不规则列,掌部中间吸盘扩大。触腕锁远端位于触腕柄背缘,近端位于触腕柄腹缘(图 4-276B)。成熟雄性第 3 腕顶端具大发光器,除此之外无其他发光器。

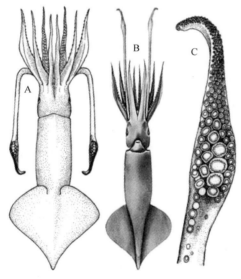

图 4-276 寒海乌贼形态特征示意图(据 Roper et al，1969，1984)

A. 背视；B. 腹视；C. 触腕穗

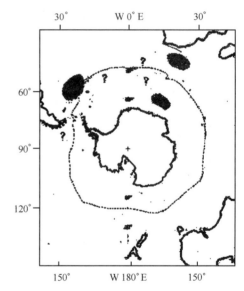

图 4-277 寒海乌贼地理分布示意图

生活史及生物学：大洋性种类,栖息水深 200~700 m,在威德尔海渔获水深 230~920 m。寒海乌贼是南极大型鱼类、鸟类、海豹和齿鲸的重要饵料。雄性生命周期 2 年,雄性较雌性性成熟早,且成熟胴长小于雌性。仔鱼栖于表层,仔鱼鳍形状类似帆乌贼科仔鱼,触腕穗吸盘较腕吸盘小,消化腺位于前端。

地理分布：环南极分布。

大小：最大胴长 440 mm。

渔业：潜在经济种,无专门的渔业,在南极威德尔海资源丰富。

文献：Gröger et al，2000；Nesis，1982；Roper et al，1969，1984；Piatkowski，1999。

第十八节　鳞甲乌贼科

鳞甲乌贼科 Lepidoteuthidae Pfeffer，1912

鳞甲乌贼科以下仅包括鳞甲乌贼属 Lepidoteuthis 1 属。

鳞甲乌贼属 Lepidoteuthis Joubin，1895

鳞甲乌贼属已知仅鳞甲乌贼 Lepidoteuthis grimaldii 1 种。

分类地位:头足纲,鞘亚纲,枪形目,开眼亚目,鳞甲乌贼科,鳞甲乌贼属。

分类特征:外套皮肤被软骨质"鳞甲"。鳍略呈椭圆形。口膜连接肌丝与第 4 腕腹缘相连。无触腕。无茎化腕。腕吸盘 2 列。漏斗锁软骨具直的凹槽。内壳具次尾椎。无发光器。

鳞甲乌贼 Lepidoteuthis grimaldii Joubin，1895

分类地位:头足纲,鞘亚纲,枪形目,开眼亚目,鳞甲乌贼科,鳞甲乌贼属。

学名:鳞甲乌贼 Lepidoteuthis grimaldii Joubin，1895。

拉丁异名: Enoptroteuthis spinicauda Berry，1920。

英文名: The scaled squid;**法文名:**Loutène;**西班牙文名:**Lurias escamuda。

分类特征:体圆锥形,后部明显瘦细(图 4-278A)。外套被密集的软骨质鳞甲,分布区终止于鳍前端 1/2 处,鳞甲覆盖方式类似鱼鳞,为后面鳞甲覆盖前面鳞甲(图 4-278B、C);幼体时期外套仅具乳突状结构,鳞甲还未形成。鳍端生,甚大,鳍长约为胴长的 1/2,两鳍相接略呈椭圆形,鳍末端具短的尾部。仔鱼具触腕,稚鱼触腕退化,亚成体和成体不具触腕。腕吸盘 2 列,仅雄性第 2 腕近基部各具 1 个钩,吸盘内角质环远端和侧端具尖齿(图 4-278D)。角质颚上颚喙缘弯,翼部延伸至侧壁前缘宽的 1/2 处,脊突近直。下颚喙窄,甚弯;头盖低,仅贴于脊突;脊突略弯,窄,增厚;侧壁皱达脊突和拐角后缘之间的 1/2 处。内壳狭披针叶形,叶柄中轴粗,边肋细,后端具中空的尾椎和次尾椎。无发光器。

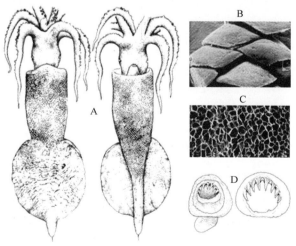

图 4-278　鳞甲乌贼形态特征示意图(据董正之,1991;Roper and Lu,1990)

A. 背视和腹视;B. 鳞甲;C. 鳞甲内部海绵状结构;D. 腕吸盘及内角质环

地理分布:已知分布在大西洋、太平洋以及印度洋的热带和亚热带水域。

生活史及生物学:外洋性种类,幼体栖息水层浅。渔获表明,幼体生活水层为100~270 m,渔获时间为春季。成体栖息水层深。

仔鱼期结束胴长大(最少10 mm),仔鱼具粗的触腕,触腕穗小,具少量大小不一的吸盘,排列成2列。亚成体早期触腕消失,因此成体仅依靠8只腕猎食。Young et al (1998)认为鳞甲乌贼属种类的祖先可能具类似现存手乌贼科种类细长的触腕,后来由于进化的压力触腕不断退化直至消失。

大小:最大胴长1 m。

渔业:在资源调查或试捕调查中,虽然很少捕到鳞甲乌贼,但在抹香鲸和海豚的胃含物中,鳞甲乌贼却是常见种。角质颚的推算结果显示,在南非西南外海,鳞甲乌贼的数量约占头足类总量的20%,重量约占总量的25%,这表明自然海域中鳞甲乌贼有一定的资源量,是潜在的经济种。

文献:Jackson and O'Shea, 2003;Roper and Lu, 1990;Berry, 1920;Clarke, 1964;Clarke and Maul, 1962;Nesis, 1982, 1987;Young, 1991;Young et al, 1998;Young and Vecchione, 1998, 1999;Lu and Ickeringill, 2002。

第十九节　蛸乌贼科

蛸乌贼科 Octopoteuthidae Berry, 1912

蛸乌贼科以下包括蛸乌贼属 Octopoteuthis 和唐宁乌贼属 Taningia 2属,共计8种。

分类地位:头足纲,鞘亚纲,枪形目,开眼亚目,蛸乌贼科。

英文名:Octopus squids;**法文名**:Encornets poulpes;**西班牙文名**:Pulpotas。

科特征:外套宽,肌肉松软,无鳞甲。口膜连接肌丝与第4腕腹缘相连。鳍大而宽,肌肉强健,两鳍在外套背部中线处愈合,鳍长近等于胴长,鳍是蛸乌贼科种类主要游泳器官。漏斗锁软骨具直凹槽。仔鱼具触腕,稚鱼触腕开始退化,亚成体触腕退化或消失,成体触腕消失。腕短,各腕钩2列,近腕顶端处被2列吸盘所替代。成熟雄性无茎化腕,但具1个大的阴茎,能够伸出外套腔。内壳具次尾椎。某些或全部腕具终端发光器,蛸乌贼属的发光器通常在渔获时丢失。

文献:Rope and Vecchione, 1993;Young and Vecchione, 1996。

属的检索:

1(2)各腕顶端具几个小纺锤形发光器 ………………………………………………… 蛸乌贼属

2(1)仅第二对腕顶端各具1个大的发光器 ………………………………………… 唐宁乌贼属

蛸乌贼属 *Octopoteuthis* Rüppell, 1844

蛸乌贼属已知达娜厄蛸乌贼 Octopoteuthis danae、迪立特蛸乌贼 Octopoteuthis deletron、印度蛸乌贼 Octopoteuthis indica、尼氏蛸乌贼 Octopoteuthis neilseni、巨翼蛸乌贼 Octopoteuthis megaptera、玫瑰蛸乌贼 Octopoteuthis rugosa、蛸乌贼 Octopoteuthis sicula 共7种,其中蛸乌贼为本属模式种。

分类地位:头足纲,鞘亚纲,枪形目,开眼亚目,蛸乌贼科,蛸乌贼属。

属特征:亚成体和成体无触腕。各腕顶端具纤细的黑色发光器,发光器无肌肉质睑覆盖,但具黑色色素体。尾部具1或2个大的发光器(图4-279)。

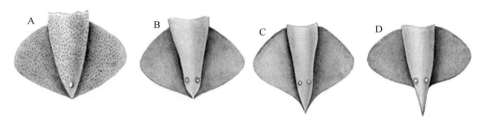

图 4-279　蛸乌贼属 4 种尾部发光器分布示意图(据 Young,1972)

A. 迪立特蛸乌贼;B. 尼氏蛸乌贼;C. 玫瑰蛸乌贼;D. 巨翼蛸乌贼

文献:Lu and Ickeringill,2002;Young and Vecchione,2006。

主要种的检索:

1(2)尾部发光器 1 个 ·· 迪立特蛸乌贼

2(1)尾部发光器 1 对

3(6)第 3 和第 4 腕基部无发光器

4(5)尾部甚长 ·· 巨翼蛸乌贼

5(4)尾部中等长度 ·· 达娜厄蛸乌贼

6(3)第 3 和第 4 腕基部具发光器

7(8)尾部甚长 ·· 蛸乌贼

8(7)尾部中等长度 ·· 玫瑰蛸乌贼

迪立特蛸乌贼 *Octopoteuthis deletron* Young,1972

分类地位:头足纲,鞘亚纲,枪形目,开眼亚目,蛸乌贼科,蛸乌贼属。

学名:迪立特蛸乌贼 *Octopoteuthis deletron* Young,1972。

分类特征:体圆锥形(图 4-280A)。胴长 15~25 mm 时触腕开始消失。成熟雄性无茎化腕,但具 1 个大阴茎,阴茎能够延伸至外套腔外。腕钩具附尖,尖的大小随个体增长而增大(图 4-280B~D);腕近顶端处具 3~12 对小吸盘(图 4-280E),各吸盘具 6~9 个不规则的尖齿(图4-280F)。两眼后方各具 1 个大发光器,两眼中间各具 1 个延长且倾斜的发光器。第 3、第 4 腕中线各具 1 列 25 个发光器,第 2~4 腕基部各具 1 个发光器。尾部具 1 个发光器。肌肉下方近墨囊表面具 1 对发光器。所有发光器都嵌于组织内,不易见。

生活史及生物学:胴长 30~40 mm 时眼睛尺寸、腕和外套的粗细度以及色素沉着程度差异明显,推断这一时期可能为稚鱼期向亚成体过渡时期。大个体具明显的尾部(图 4-281)。成熟卵径约 2 mm。

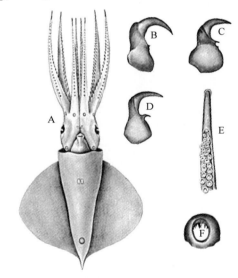

图 4-280　迪立特蛸乌贼形态特征示意图(据 Young,1999)

A. 腹视;B~D. 分别为胴长 20 mm、109 mm 和 167 mm 个体的腕大钩;E. 胴长 167 mm 个体的第 3 腕末端;F. 腕吸盘内角质环

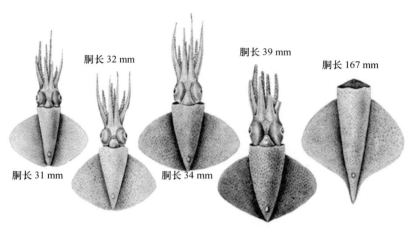

图 4-281　不同胴长迪立特蛸乌贼形态特征变化示意图(据 Young, 1999)

地理分布:分布在北太平洋,下加利福尼亚至阿拉斯加、秘鲁北部以及日本本州岛东部外海。

大小:最大胴长 240 mm。

渔业:非常见种,体内含氨离子,食用价值不高。

文献: Nesis, 1982, 1987; Young,1972, 1999。

巨翼蛸乌贼 *Octopoteuthis megaptera* Verrill, 1885

分类地位:头足纲,鞘亚纲,枪形目,开眼亚目,蛸乌贼科,蛸乌贼属。

学名:巨翼蛸乌贼 *Octopoteuthis megaptera* Verrill, 1885。

分类特征:体圆锥形(图 4-282)。鳍大,几乎与外套膜等长。尾部甚长。腕钩具附尖。腕顶端具发光器,第 3 和第 4 腕基部无发光器,尾部具 2 个发光器,墨囊腹表面 1 对小型发光器。

地理分布:分布在北大西洋和中部大西洋(图 4-283)。

图 4-282　巨翼蛸乌贼腹视

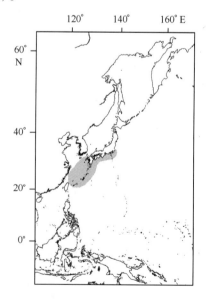

图 4-283　巨翼蛸乌贼地理分布示意图

生活史及生物学:栖息于中层至底层水域。

大小:最大胴长 200 mm。

渔业:常见种,体内含氨离子,食用价值不高。

文献:Young,1972。

玫瑰蛸乌贼 *Octopoteuthis rugosa* Clarke, 1980

分类地位:头足纲,鞘亚纲,枪形目,开眼亚目,蛸乌贼科,蛸乌贼属。

学名:玫瑰蛸乌贼 *Octopoteuthis rugosa* Clarke, 1980。

分类特征:体圆锥形,后端钝,肌肉柔软,外套后部具玫瑰色表皮色素。鳍大,几乎与外套膜等长。尾部中等长度。腕顶端具小发光器,第 3 和第 4 腕基部各具 1 个发光器,尾部具 1 对大型发光器,墨囊腹表面 1 对小型发光器。

地理分布:大西洋、印度洋、西太平洋亚热带至热带水域,南非、澳大利亚和台湾东部海域。

生活史及生物学:外洋性中型种,胴长可达 250 mm。

大小:最大胴长 250 mm。

渔业:常见种,体内含氨离子,食用价值不高。

蛸乌贼 *Octopoteuthis sicula* Rüppell, 1844

分类地位:头足纲,鞘亚纲,枪形目,开眼亚目,蛸乌贼科,蛸乌贼属。

学名:蛸乌贼 *Octopoteuthis sicula* Rüppell, 1844。

分类特征:体圆锥形(图 4-284),外套后部具玫瑰色表皮色素。鳍大,鳍长为胴长的 90%,鳍宽为胴长的 115%。尾部甚长。头部漏斗侧部和近颈部处具 3 对发光器,腕顶端具小发光器,第 3 和第 4 腕基部各具 1 个发光器,尾部具 1 对大型发光器,墨囊腹表面 1 对小型发光器。

生活史及生物学:仔稚鱼栖息于大洋表层,成体栖息于深层,最深可达 2 500 m,多为 1 000 m 以内,在 500 m 以内采获数量多。胴长 137 mm 的雌体卵径 1 mm。蛸乌贼是抹香鲸的重要食饵,在长鳍金枪鱼和宽吻海豚 *Tursiops truncatus* 的胃中也有发现。

图 4-284　蛸乌贼腹视图

地理分布:中国南海、相模湾、菲律宾群岛、俄勒冈、苏门答腊、孟加拉湾、印度洋北赤道海流流域、亚丁湾、阿古拉斯海流流域、安哥拉、毛里塔尼亚、西北非、地中海、比斯开湾、英吉利海峡、圣乔治海峡、缅因湾(图 4-285)。

大小:最大胴长 150 mm。

渔业:常见种,体内含氨离子,食用价值不高。

文献:董正之,1987。

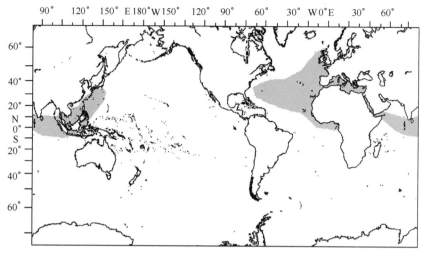

图 4-285 蛸乌贼地理分布示意图

达娜厄蛸乌贼 *Octopoteuthis danae* Joubin，1931

分类地位：头足纲，鞘亚纲，枪形目，开眼亚目，蛸乌贼科，蛸乌贼属。

学名：达娜厄蛸乌贼 *Octopoteuthis danae* Joubin，1931。

分类特征：体圆锥形(图 4-286A)，凝胶质。鳍大，鳍长约等于胴长。腕钩 2 列，钩具附尖。尾部中等长度，组织内嵌有 2 个发光器。第 2 腕顶端具一个大卵形发光器(图 4-286B)，第 3 和第 4 腕基部无发光器。

地理分布：世界各大洋热带至温带水域均有分布(图 4-287)。

大小：最大胴长 528 mm。

文献：Young，1972。

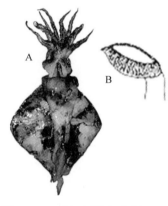

图 4-286 达娜厄蛸乌贼腹视图
A. 腹视 B. 第 2 腕顶端发光器

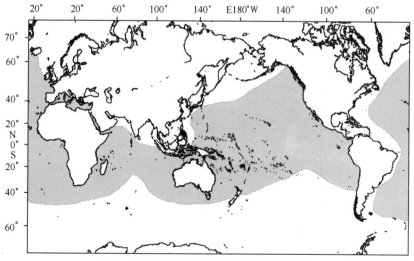

图 4-287 达娜厄蛸乌贼地理分布示意图

印度蛸乌贼 *Octopoteuthis indica* Naef, 1923

分类地位:头足纲,鞘亚纲,枪形目,开眼亚目,蛸乌贼科,蛸乌贼属。

学名:印度蛸乌贼 *Octopoteuthis indica* Naef, 1923。

地理分布:南非附近海域。

尼氏蛸乌贼 *Octopoteuthis neilseni* Robson, 1948

分类地位:头足纲,鞘亚纲,枪形目,开眼亚目,蛸乌贼科,蛸乌贼属。

学名:尼氏蛸乌贼 *Octopoteuthis neilseni* Robson, 1948。

分类特征:尾部短小,具 2 个发光器。

地理分布:北太平洋海域。

大小:最大胴长 200 mm。

文献:Young,1972。

唐宁乌贼属 *Taningia* Joubin, 1931

唐宁乌贼属已知仅唐宁乌贼 *Taningia danae* 1 种。

唐宁乌贼 *Taningia danae* Joubin, 1931

分类地位:头足纲,鞘亚纲,枪形目,开眼亚目,蛸乌贼科,唐宁属。

学名:唐宁乌贼 *Taningia danae* Joubin, 1931。

拉丁异名:*Cucioteuthis unguiculatus* Joubin, 1898, 1900; *Octopodoteuthopsis persica* Naef, 1923; *Cucioteuthis unguiculatus* Clarke, 1956; *Cucioteuthis unguiculata* Rees and Maul, 1956; *Cucioteuthis unguiculata* Clarke, 1962。

英文名:Dana octopus squid;**法文名**:Encornet poulpe dana;**西班牙文名**:Pulpota。

分类特征:体圆锥形(图 4-288A),外套宽,肌肉强健。鳍大而厚,鳍长约为胴长的 85%,鳍宽约为胴长的 130%。生长过程中触腕逐步退化,亚成体触腕退化成微小的附肢,成体触腕完全消失。腕具 2 列强壮的钩。第 2 腕顶端具大的发光器(图 4-288B),发光器表面被强健的壳睑,其余各腕顶端无发光器,无尾发光器,具内脏发光器。角质颚上颚翼部延伸至侧壁前缘宽的 1/2 处,下颚脊突增厚。

生活史及生物学:大洋性中层种,海底产卵。主要捕食者为抹香鲸。仔鱼期触腕具明显扩大的吸盘,第 2 腕顶端膨大,发光器开始发生(图 4-289);稚鱼期体半透明,第 2 腕顶端发光器色素沉着深,眼大,中脑和视神经叶占据头后部,头前部有食道穿过。

地理分布:分布在世界各大洋热带和温带以及北大西洋北方水域,日本西部、东北太平洋、南大西洋和中东大西洋(北至 45°N)、夏威夷、澳大利亚、西印度洋(图 4-290)。

大小:最大胴长为 1.7 m。

渔业:潜在经济种。

文献:Chun, 1910; Naef, 1921, 1923; Nesis, 1982, 1987; Roper and Vecchione, 1993; Young, 1972; Young and Vecchione, 1999; Lu and Ickeringill, 2002。

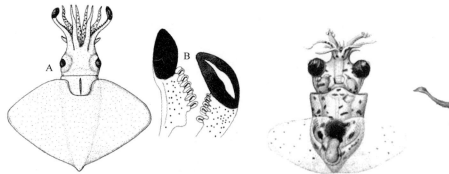

图 4-288 唐宁乌贼形态特征示意图（据 Roper et al, 1984）

A. 背视；B. 第 2 腕顶端发光器腹视和背视

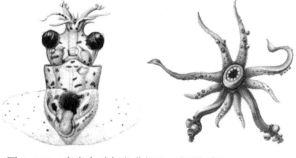

图 4-289 唐宁乌贼仔鱼背视和口视图（据 Chun, 1910）

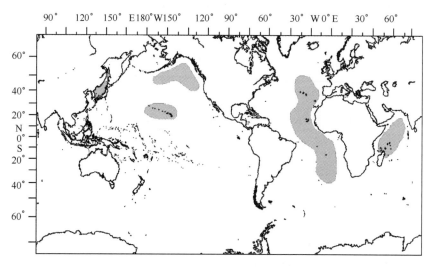

图 4-290 唐宁乌贼地理分布示意图

第二十节 角鳞乌贼科

角鳞乌贼科 Pholidoteuthidae Adam, 1950

角鳞乌贼科以下包括角鳞乌贼属 *Pholidoteuthis* 1 属。

角鳞乌贼属 *Pholidoteuthis* Adam, 1950

角鳞乌贼属已知阿氏角鳞乌贼 *Pholidoteuthis adami* 和角鳞乌贼 *Pholidtoteuthis boschimai* 2 种，其中角鳞乌贼为本属模式种。

分类地位:头足纲,鞘亚纲,枪形目,开眼亚目,角鳞乌贼科,角鳞乌贼属。

分类特征:外套皮肤被"鳞甲"或瘤状突起,肌肉松软或中等强度。口膜连接肌丝与第 4 腕腹缘相连。触腕穗细长,略微膨大,吸盘 4 列,侧扁,开口延长。掌部长为指部长的 2 倍。无触腕穗锁。触腕穗侧扁的吸盘近基部小翼片具短膜,翼片不与保护膜相连。腕吸盘2列,无钩。无茎化腕。内壳具次尾椎。无发光器。

文献:Adam, 1950;Pfeffer, 1900;Goldman, 1995;Nesis and Nikitina, 1990;Roper and Lu, 1989, 1990;Sweeney and Roper, 1998;Voss, 1956。

种的检索:

1(2)体延长,腕长,鳞甲周围具瘤突 ………………………………………………… 角鳞乌贼

2(1)体不延长,腕短,鳞甲周围无瘤突 ……………………………………………… 阿氏角鳞乌贼

阿氏角鳞乌贼 *Pholidoteuthis adami* Voss, 1956

分类地位:头足纲,鞘亚纲,枪形目,开眼亚目,鳞甲乌贼科,角鳞乌贼属。

学名:阿氏角鳞乌贼 *Pholidoteuthis adami* Voss, 1956。

拉丁异名:*Pholidoteuthis uruguayensis* Leta, 1987。

英文名:Scaled squid;**法文名**:Loutène commune;**西班牙文名**:Luria escamuda。

分类特征:体圆锥形,后端逐渐变细,体表具大小相间的近圆形色素斑(图4-291A)。外套厚,肌肉中等强度,被略呈五角形的"鳞甲"(图4-291C),背部鳞甲终止于鳍前端与外套结合部,腹部"鳞甲"终止于鳍的中部,终止端边缘弧形(图4-291B)。鳍大,两鳍相接略呈纵菱形,鳍长为胴长的70%~75%,末端延伸形成尾部(图4-291A)。触腕穗细长,略微膨大,吸盘4列(图4-291D),侧扁,开口延长,吸盘内角质环具略尖的乳突状齿,每一个大齿的后侧方生有2~3个小齿,大齿的上下边侧具5~6个小齿(图4-291E)。腕最长为胴长的65%~75%,腕式一般为2>4>3>1;腕基部吸盘内角质环远端1/2具尖齿,中部吸盘内角质环全环具齿,远端齿较大。内壳细长,翼部膨大,具次尾椎(图4-291F)。

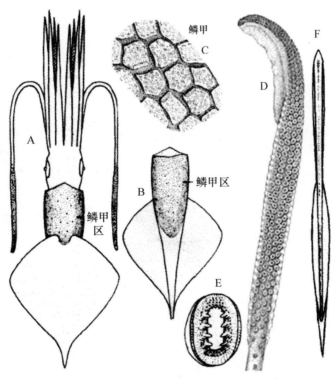

图4-291　阿氏角鳞乌贼形态特征示意图(据 Roper et al, 1984;Goldman, 1985)

A. 背视;B. 腹视;C. 鳞甲;D. 触腕穗;E. 掌部吸盘;F. 内壳

生活史及生物学:大洋性底栖种类。栖息于80~1 000 m水层,在625~750 m资源尤其丰富,白天集群,夜间分散,夜间有时在表层水域可见大规模集群,具昼夜垂直洄游习性。

地理分布:分布在西大西洋新英格兰至墨西哥湾和乌拉圭,美国东海岸外海(图4-292)。

大小:最大胴长780 mm。

渔业:潜在经济种,在墨西哥湾的资源很丰富。

文献:Okutani, 1980; Goldman, 1995; Nesis, 1982; Roper et al, 1969; Voss, 1956; Vecchione and Young, 1999。

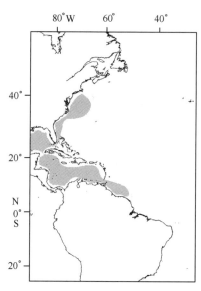

图4-292　阿氏角鳞乌贼地理分布示意图(据 Roper et al, 1984)

角鳞乌贼 *Pholidoteuthis boschmai* Adam, 1950

分类地位:头足纲,鞘亚纲,枪形目,开眼亚目,鳞甲乌贼科,角鳞乌贼属。

学名:角鳞乌贼 *Pholidoteuthis boschmai* Adam, 1950。

拉丁异名:*Pholidoteuthis massayi* Pfeffer, 1912。

英文名:Coffeebean scaled squid;**法文名**:Loutène battoir;**西班牙文名**:Luria escamuda cafetal。

分类特征:体延长(图4-293A),肌肉强健,被鳞甲,鳞甲边缘生乳突状瘤突(图4-293B、C)。鳍肌肉强健,鳍长为胴长的35%~45%。触腕穗不膨大,吸盘侧扁(图4-293D),角质环具钝齿。腕粗短,最长腕为胴长的30%~60%,吸盘内角质环远端1/2具10~18个尖齿。内壳具初级尾椎。角质颚上颚喙缘弯,翼部延伸至侧壁前缘宽的1/2处,脊突近直。下颚喙弯窄;头盖低,紧贴于脊突;脊突略弯,窄,增厚;侧壁皱至脊突和侧壁拐角后缘之间1/2处。

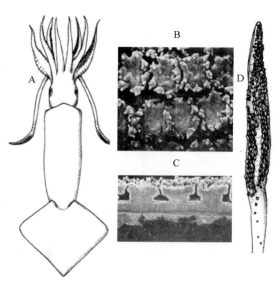

图4-293　角鳞乌贼形态特征示意图(据 Roper et al, 1984)

A. 背视;B. 触腕穗;C. 鳞甲及乳突状瘤突;D. 鳞甲及乳突状瘤突横截面

生活史及生物学:Lu 和 Ickeringill(2002)在澳大利亚南部水域采集到 8 尾角鳞乌贼,胴长范围为 45.3~564 mm,体重范围为 2.8~4 908 g。

地理分布:环亚热带至温带水域分布,中大西洋和东南大西洋、南印度洋、班达海和爪哇海东部、澳大利亚南部海域(图 4-294)。

大小:最大胴长 580 mm。

渔业:潜在经济种。

文献:Adam, 1950;Clarke, 1980;Nesis and Nikitina, 1990;Pfeffer, 1912;Roper and Lu, 1989, 1990;Vecchione and Young, 1999;Lu and Ickeringill, 2002。

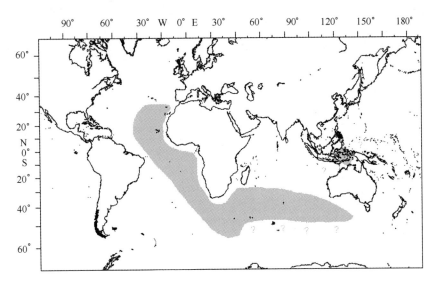

图 4-294 角鳞乌贼地理分布示意图(据 Roper et al, 1984)

第二十一节 新乌贼科

新乌贼科 Neoteuthidae Naef, 1921

新乌贼科以下包括异尾新乌贼属 *Alluroteuthis*、新乌贼属 *Neoteuthis*、南新乌贼属 *Nototeuthis* 和窄新乌贼属 *Narrowteuthis*4 属,共计 4 种。

分类地位:头足纲,鞘亚纲,枪形目,开眼亚目,新乌贼科。

英文名:Neosquids;**法文名**:Loutènes;**西班牙文名**:Neolurias。

科特征:新乌贼科为小型至中型种。肌肉松软。多数属的腕、头和外套表面具白斑。口膜连接肌丝与第 4 腕背缘相连。漏斗锁软骨具直的凹槽。鳍无前鳍垂,具游离的后鳍垂,鳍前端与外套背侧部肌肉相连。触腕穗掌部分成明显的两部分,近端吸盘十多列不规则列;远端和指部吸盘 4 列(近端掌部与远端掌部交接处,吸盘略多于 4 列,新乌贼属指部远端吸盘列略少)。触腕穗锁至少沿近端掌部分布。腕吸盘 2 列。无发光器。各属主要特征比较见表 4-16。

表 4-16　新乌贼科各属主要特征比较

属/特征	触腕穗长	掌部近端相对远端长	触腕穗锁分布	掌部吸盘侧扁	远端掌部具 2 个十分扩大的吸盘	腕吸盘齿系	鳍长/胴长
异尾新乌贼属	33%ML	<1/3 倍	掌部,柄	否	否	1 大齿	35%~40%
新乌贼属	60%ML	4.8 倍	掌部	否	否	平头齿	70%
南新乌贼属	37%ML	3/4 倍	掌部,柄	否	是	平头齿	60%
窄新乌贼属	20%ML	1.1 倍	掌部,柄	是	否	光滑	35%

文献:Nesis and Nikitina, 1986; Roper et al, 1969; Young, 1972; Vecchione and Young, 2003。

属的检索:

1(2)触腕穗锁局限于掌部 ·· 新乌贼属

2(1)触腕穗锁由掌部延伸至触腕柄部

3(4)触腕穗远端掌部具 2 个十分扩大的吸盘 ·································· 南新乌贼属

4(3)触腕穗远端掌部无 2 个十分扩大的吸盘

5(6)腕吸盘内角质环具齿 ·· 异尾新乌贼属

6(5)腕吸盘内角质环光滑 ·· 窄新乌贼属

异尾新乌贼属 *Alluroteuthis* Odhner, 1923

异尾新乌贼属已知仅异尾新乌贼 *Alluroteuthis antarcticus* 1 种。

分类地位:头足纲,鞘亚纲,枪形目,开眼亚目,新乌贼科,异尾新乌贼属。

属特征:触腕穗远端掌部中间 2 列吸盘十分扩大。近端腕吸盘内角质环具扩大的齿,而大个体则转变为钝钩。

异尾新乌贼 *Alluroteuthis antarcticus* Odhner, 1923

分类地位:头足纲,鞘亚纲,枪形目,开眼亚目,新乌贼科,异尾新乌贼属。

学名:异尾新乌贼 *Alluroteuthis antarcticus* Odhner, 1923。

拉丁异名:*Parateuthis tunicata* Thiele, 1920。

英文名:Antarctic neosquid;**法文名**:Loutène australe;**西班牙文名**:Neoluria antártica。

分类特征:体圆锥形(图 4-295A)。眼大,直径约为胴长的 25%。嗅觉突简单的指状。鳍卵形,无前鳍垂,具游离的后鳍垂,鳍长为胴长的 35%~40%。触腕穗腕骨部吸盘极小;腕骨锁吸盘和球突沿近端掌部背缘分布,并延伸至触腕柄中线,吸盘和球突交替排列。近端掌部长为触腕穗长的 20%~30%,为掌部长的 25%~40%,吸盘 10~15 列,吸盘由近端至远端逐渐变大(图 4-295B)。远端掌部具生横隔片的保护膜,中间 2 列吸盘十分扩大,扩大吸盘直径为边缘吸盘的 3 倍。指部背侧具边膜,吸盘 3 列,背列向腹列吸盘逐渐变大;终端垫具吸盘。远端掌部最大吸盘内角质环全环具 60 个细尖的小齿,近端掌部和指

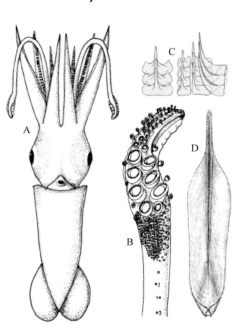

图 4-295　异尾新乌贼形态特征示意图
(Roper et al, 1984;Young, 1999)
A. 腹视;B. 触腕穗;C. 齿舌;D. 内壳

部具类似的小齿,但齿数少。腕强健,第2~4腕长相近,第1腕略短。第4腕较其余各腕细弱,吸盘较其余各腕小,最大吸盘直径约为第3腕最大吸盘的一半。第1~3腕多数大吸盘内角质环远端具1个大齿,其两侧具不规则的小齿;第3腕最大吸盘仅远端具齿;在大个体中,大吸盘远端齿更显著,第1~3腕中部吸盘齿转变为钝钩;远端吸盘内角质环远端具相同大小的齿。齿舌由7列同型的细齿组成(图4-295C)。内壳无尾椎,侧翼后缘向腹部缩卷(图4-295D)。

生活史及生物学:大洋性种类,栖息水深0~2 800 m,多为700~800 m水层。幼体与成体不同,其触腕甚小(图4-296)。

地理分布:分布于南极在大西洋和印度洋交接的扇形区(图4-297)。

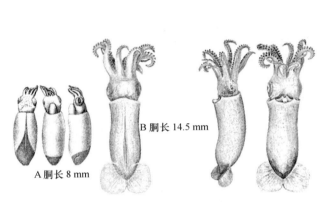

图4-296　异尾新乌贼幼体形态特征示意图(据Thiele, 1921;Odhner, 1923)

A. 胴长8 mm仔鱼背视、腹视和侧视;B. 胴长14.5 mm稚鱼背视、侧视和腹视

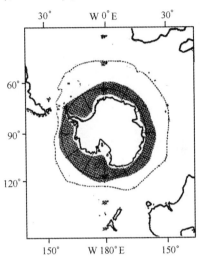

图4-297　异尾新乌贼地理分布示意图

大小:最大胴长270 mm。

渔业:常见种,目前无专门的渔业。

文献: Nesis, 1982, 1987;Roper et al, 1969;Odhner, 1923;Thiele, 1921;Young, 1999;Young and Vecchione, 2003。

窄新乌贼属 *Narrowteuthis* Young and Vecchione, 2005

窄新乌贼属已知仅窄新乌贼 *Narrowteuthis nesisi* 1种。

分类地位:头足纲,鞘亚纲,枪形目,开眼亚目,新乌贼科,窄新乌贼属。

属特征:鳍短小,鳍长为胴长的35%。触腕穗短,长度为胴长的20%。触腕穗近端掌部吸盘侧扁。腕骨簇延伸至触腕柄。

窄新乌贼 *Narrowteuthis nesisi* Young and Vecchione, 2005

分类地位:头足纲,鞘亚纲,枪形目,开眼亚目,新乌贼科,窄新乌贼属。

学名:窄新乌贼 *Narrowteuthis nesisi* Young and Vecchione, 2005。

分类特征:体细长的圆锥形(图4-298)。漏斗锁具径直的凹槽。鳍窄短,鳍长为胴长的35%,大部分与外套相连,无前鳍垂,具后鳍垂。触腕细长,触腕穗短,长度为胴长的20%;触腕穗保护膜小,生不明显的横隔片。触腕锁由腕骨部、掌部和触腕柄3部分吸盘和球突组成。近端掌部短而膨大,长度为触腕穗长的65%或胴长的5%,生有大量侧扁的吸盘,吸盘内角质环光滑,外角质环具向内延伸的"钉"。远端掌部近端吸盘 4～5 不规则列,大吸盘内角质环全环具 19～20 个细尖的齿,近端齿较远端齿略短。指部渐细,具远端颈部和终端垫,近端吸盘 4 列,颈部减少为 1～2 列;终端垫具 6～8 个环绕成圆形(或近圆形)的吸盘,吸盘大小不同,圆中心不具吸盘。腕弱,凝胶质的中心外覆盖薄肌肉质鞘。腕式为 4>3>2>1,第 4 腕长大于胴长。腕具保护膜。腕吸盘大,内角质环光滑,第 4 腕吸盘较第 3 腕对应吸盘小。内壳具尾椎。

生活史及生物学:栖息水深至 2 000 m。

地理分布:加那利群岛。

大小:最大胴长 100 mm。

渔业:非常见种。

文献:Toll, 1982; Young and Vecchione, 2004, 2005。

图 4-298　窄新乌贼腹视(据 Young, 2004)

新乌贼属 *Neoteuthis* Naef, 1921

新乌贼属已知仅新乌贼 *Neoteuthis thielei* 1 种。

分类地位:头足纲,鞘亚纲,枪形目,开眼亚目,新乌贼科,新乌贼属。

属特征:触腕穗长,长度为胴长的 60%;鳍长,长度为胴长的 70%。近端触腕穗锁局限于掌部,近端掌部吸盘圆形。

新乌贼 *Neoteuthis thielei* Naef, 1921

分类地位:头足纲,鞘亚纲,枪形目,开眼亚目,新乌贼科,新乌贼属。

学名:新乌贼 *Neoteuthis thielei* Naef, 1921。

分类特征:体长圆锥形(图 4-299),外套壁厚,但肌肉松软。眼大,直径为胴长的 18%。无颈褶。嗅觉突具短柄。鳍纤长,前部与外套侧部相连,鳍长为胴长的 70%,鳍宽为胴长的 30%,无前鳍垂,可能具后鳍垂。触腕穗长,长度为胴长的59%～63%。触腕锁仅位于触腕穗近端掌部背缘,为一列均匀间距的吸盘,未见锁球突;腕骨部和触腕皆无锁吸盘和球突。掌部膨大,近端掌部长为触腕穗长的 75%～80%,具大量极小的吸盘,吸盘开口圆,内角质环具齿,外角质环具向内延伸的"钉";远端掌部吸盘骤大,大吸盘内角质环全环具大量长尖的齿。指部近端吸盘 4 列;终端垫吸盘 16～20 个,吸盘排列成圆形,圆中心无吸盘,圆外围为 2 圈吸盘。腕纤细,第 1 腕最短,第 2～4 腕长相近。各腕具细微的保护膜,保护膜无明显的横隔片。第 1～3 腕最大吸盘大小相当,第 4 腕最大吸盘较小。吸盘内角质环远端 1/2～2/3 具 15 个平头的宽齿,近端光滑,各腕齿系相似。内壳具尾椎。无发光器。体表与口膜无色素,腕反口面、头部及外套具白色斑块。

生活史及生物学:栖息水深至 3 000 m。

地理分布:分布在北大西洋和北太平洋。

大小:最大胴长 100 mm。

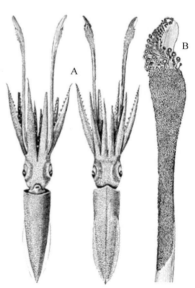

图 4-299　新乌贼形态特征示意图(据 Young, 1972)

A. 腹视和背视;B. 触腕穗

渔业:非常见种。

文献:Naef,1921,1923;Thiele,1920;Vecchione and Young,2003。

南新乌贼属 *Nototeuthis* Nesis and Nikitina, 1986

南新乌贼属已知仅南新乌贼 *Nototeuthis dimegacotyle* 1种。

分类地位:头足纲,鞘亚纲,枪形目,开眼亚目,新乌贼科,南新乌贼属。

属特征:外套背部中线外内壳不可见。颈褶6~7个。鳍长,鳍长为胴长的60%。触腕穗短,小于胴长的40%,触腕穗远端吸盘数量多,远端掌部具2个十分扩大的吸盘,远端终端垫之前也具有吸盘。

南新乌贼 *Nototeuthis dimegacotyle* Nesis and Nikitina, 1986

分类地位:头足纲,鞘亚纲,枪形目,开眼亚目,新乌贼科,南新乌贼属。

学名:南新乌贼 *Nototeuthis dimegacotyle* Nesis and Nikitina, 1986。

分类特征:体圆锥形,外套末端延伸形成柔软的尾部。鳍长窄,鳍长为胴长的60%,无前鳍垂,鳍基部与外套背侧缘相连,两鳍后端不相连(图4-300A)。触腕穗短,小于胴长的40%。触腕锁沿掌部背缘分布并延伸至触腕柄,掌部背缘为一列线性排列的吸盘,吸盘内角质环全环具圆形矮齿,触腕柄为一系列成对的协对称吸盘(图4-300B)。触腕穗无明显的腕骨簇(图4-300B)。近端掌部长约为触腕穗长的40%,生几百个小吸盘约15~20列,吸盘不侧扁,吸盘内角质环远端具三角形齿,外角质环远端内缘具大齿(图4-300C);远端掌部具2个十分扩大的吸盘,直径约为触腕穗长的1/3,内角质环全环具约45个等长等间距的圆锥形齿(图4-300D)。指部吸盘3列或更少,腹侧2列吸盘较大,尺寸相当,指部及远端掌部小吸盘全环具约30个长尖的齿;终端垫吸盘13个(图4-300B)。腕粗长,半凝胶质,具生大

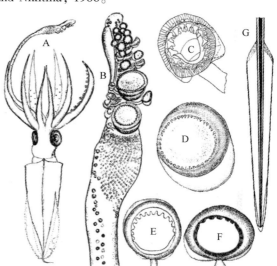

图4-300　南新乌贼形态特征示意图(据 Nesis and Nikitina, 1986, 1992)

A. 背视;B. 触腕穗;C. 近端掌部小吸盘;D. 远端掌部大吸盘;E. 第3腕吸盘;F. 第4腕吸盘;G. 内壳

三角形横隔片的窄腕间膜。第1~3腕吸盘大,直径可达胴长的3.8%,吸盘内角质环远端具12~16个长钝的齿,近端光滑(图4-300E),吸盘柄基部生2个圆形小瘤。第4腕吸盘小,直径为其余腕吸盘的1/5~1/4,吸盘内角质环远端具4~6个短钝的齿,近端光滑(图4-300F)。内壳古剑形,叶柄游离端短,具尾椎(图4-300G)。

生活史及生物学:栖息水深3 700~4 200 m。

地理分布:分布在南太平洋温带水域。

大小:最大胴长83 mm。

渔业:非常见种。

文献:Nesis and Nikitina, 1986, 1992;Vecchione and Young, 2003。

第二十二节　柔鱼科

柔鱼科 Ommastrephidae Steenstrup，1857

柔鱼科以下包括柔鱼亚科 *Ommastrephinae*、褶柔鱼亚科 *Todarodinae* 和滑柔鱼亚科 *Illicinae* 3 个亚科，共计 11 属 23 种。该科为小型至大型种，肌肉强健，为大洋性主要大型鱿鱼类，偶尔浅海生活。许多种类已为渔业对象。

分类地位：头足纲，鞘亚纲，枪形目，开眼亚目，柔鱼科。

英文名：Flying squids；**法文名**：Encornets，Calmars；**西班牙文名**：Jibias，Potas。

科特征：体圆锥形，后部瘦凹。鳍短小，端生，位于胴后，两鳍相接呈横菱形。口膜连接肌丝与第 4 腕背缘相连。漏斗锁软骨三角形，具"倒 T"字形沟（鸢乌贼属 *Sthenoteuthis* 及发光柔鱼属 *Eucleoteuthis* 漏斗锁和外套锁愈合）。仔鱼触腕为愈合的喙管，触腕穗吸盘 4 列（滑柔鱼属 *Illex* 指部吸盘 8 列）。腕吸盘 2 列。雄性左侧、右侧第 4 腕或第 4 对腕茎化。内壳纤细，末端形成中空的尾椎。有的种类具发光器，位于皮下、内脏或眼球上。

生活史及生物学：柔鱼科多为大洋性种类，绝大多数尤其柔鱼亚科种类十分强壮，游泳迅速，具昼夜垂直洄游习性，白天栖于深水区，夜间上浮至表层水域。某些种类具集群现象，并据水温变化进行季节性洄游。卵通常产于凝胶质带中，产出的卵漂浮于表层或近表层水域，或沉于海底，亲体产卵后死亡。几天至几星期后，卵开始孵化，进入喙乌贼仔鱼期。生长迅速，许多种类生命周期不超过 1 年。主食鱼类、浮游甲壳类、其他头足类，其本身又是海鸟、海洋哺乳动物、鱼类（金枪鱼、旗鱼等）的捕食对象。

文献：Roeleveld，1988；Wormuth，1998；Compagno，1995。

亚科及属的检索：

1（4）漏斗陷浅穴光滑，不具纵褶和边囊 …………………………………………………… 滑柔鱼亚科

2（3）触腕穗指部具 8 纵列小吸盘（图 4-301A）………………………………………… 滑柔鱼属

3（2）触腕穗指部具 4 纵列小吸盘（图 4-301B）………………………………………… 短柔鱼属

4（1）漏斗陷浅穴具纵褶或具纵褶和边囊

5（10）漏斗陷浅穴仅具纵褶，无边囊（图 4-302A）…………………………………… 褶柔鱼亚科

6（7）雄性第 4 对腕茎化（图 4-303A）………………………………………………… 双柔鱼属

7（6）雄性仅一只第 4 腕（通常为右侧第 4 腕）茎化（图 4-303B）

8（9）腕保护膜窄，微弱不发达，但是具发达的须状横隔片（图 4-304）………… 七星柔鱼属

9（8）腕保护膜正常，具正长的横隔片（图 4-305）………………………………… 褶柔鱼属

10（5）漏斗陷浅穴具纵褶和边囊（图 4-302B）……………………………………… 柔鱼亚科

11（14）漏斗和外套锁愈合（图 4-306A）

12（13）第 4 对腕的基部各具一个大发光斑（图 4-307）…………………………… 发光柔鱼属

13（12）第 4 对腕基部无发光斑 ………………………………………………………… 鸢乌贼属

14（11）漏斗和外套锁不愈合（图 4-306B）

15（16）腕顶端明显削弱，且具大量排列紧密的微小吸盘（图 4-308）………… 茎柔鱼属

16（15）腕顶端正常，不削弱，吸盘不小、吸盘数不多或排列不紧密

17（18）外套腹部表面具分散的圆形发光器（图 4-309）…………………………… 玻璃乌贼属

18（17）外套腹部表面无分散的圆形发光器

19(20)外套细长,末端延伸形成尖的尾部(图4-310);内脏腹面中央具一条纹状发光组织(通常略带桃色的);漏斗陷浅穴边囊不明显 …………………………………… 鸟乌贼属

20(19)外套强健粗壮,末端不延伸形成尾部(图4-311);内脏腹面中央无略带桃色的发光组织(有些种墨囊上具1~2个小而圆,且分散的排列的发光器);漏斗陷浅穴边囊明显 …………………………………………………………………………… 柔鱼属

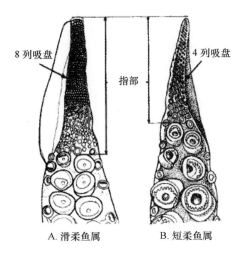

8列吸盘　　4列吸盘

指部

A. 滑柔鱼属　　B. 短柔鱼属

图4-301　滑柔鱼和短柔鱼属触腕穗示意图

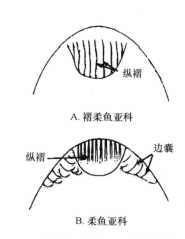

纵褶

A. 褶柔鱼亚科

纵褶　　边囊

B. 柔鱼亚科

图4-302　褶柔鱼和柔鱼亚科漏斗浅穴示意图

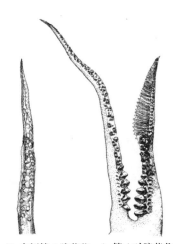

B. 右侧第4腕茎化　A. 第4对腕茎化

图4-303　茎化腕示意图

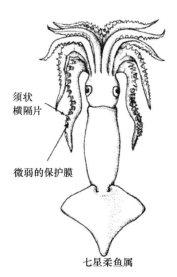

须状横隔片

微弱的保护膜

七星柔鱼属

图4-304　七星柔鱼属形态特征示意图

正常保护膜和横隔片

褶柔鱼属

图4-305　褶柔鱼属形态特征示意图

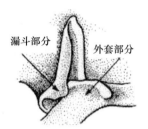

漏斗部分　　外套部分

A. 漏斗锁与外套愈合

B. 漏斗锁游离

图 4-306　漏斗锁示意图

发光柔鱼属

图 4-307　发光柔鱼
属形态特征示意图

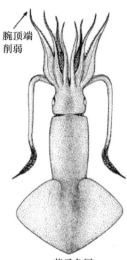

腕顶端
削弱

茎柔鱼属

图 4-308　茎柔鱼属形态
特征示意图

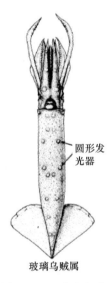

圆形发
光器

玻璃乌贼属

图 4-309　玻璃乌贼
属形态特征示意图

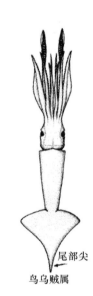

尾部尖

鸟乌贼属

图 4-310　鸟乌贼属
形态特征示意图

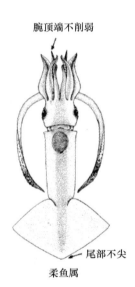

腕顶端不削弱

尾部不尖

柔鱼属

图 4-311　柔鱼属形态
特征示意图

柔鱼亚科 Ommastrephinae Posselt，1891

柔鱼亚科以下包括柔鱼属 *Ommastrephes*、茎柔鱼属 *Dosidicus*、发光柔鱼属 *Eucleoteuthis*、玻璃乌贼属 *Hyaloteuthis*、鸟柔鱼属 *Ornithoteuthis*、鸢乌贼属 *Sthenoteuthis* 6 属，共计 9 种。

分类地位：头足纲，鞘亚纲，枪形目，开眼亚目，柔鱼科，柔鱼亚科。

亚科特征：漏斗陷前部具一个近半圆形浅穴，内生纵褶，浅穴两侧具边囊。触腕穗指部吸盘 4 列。茎化腕腹侧保护膜远端扩大。具皮下、内脏和眼球发光器。

柔鱼属 *Ommastrephes* Orbigny，1835

柔鱼属以下包括：柔鱼 *Ommastrephes bartramii*、卡氏柔鱼 *Onmastrephes caroli*、翼柄柔鱼 *Ommastrephes pteropus* 3 种，其中柔鱼为本属模式种。

分类地位：头足纲，鞘亚纲，枪形目，开眼亚目，柔鱼科，柔鱼亚科，柔鱼属。

属特征：漏斗锁软骨与外套锁软骨不愈合，颈软骨顶部略呈圆形。雄性右侧第 4 腕茎化。

种的检索：

1（2）第 3 对腕腹侧具三角形保护膜 ………………………………………………… 卡氏柔鱼

2（1）第 3 对腕腹侧无三角形保护膜

3（4）触腕柄侧膜呈"翼状" ……………………………………………………………… 翼柄柔鱼

4（3）触腕柄侧膜不呈"翼状" …………………………………………………………… 柔鱼

柔鱼 *Ommastrephes bartramii* LeSueur，1821

分类地位：头足纲，鞘亚纲，枪形目，开眼亚目，柔鱼科，柔鱼亚科，柔鱼属。

学名：柔鱼 *Ommastrephes bartramii* LeSueur，1821。

拉丁异名：*Loligo bartramii* LeSueur，1821。

英文名：Neon flying squid；**法文名**：Encornet volant；**西班牙文名**：Pota saltadora。

分类特征：体圆锥形，后部略瘦凹，胴长约为胴宽的 4 倍（图 4-312A）。体表具大小相间的近圆形色素斑，外套膜皮下具网状发光组织。两鳍相接呈横菱形，鳍长约为胴长的 1/3。漏斗浅穴具纵褶，浅穴两侧各具 3~4 个小边囊。触腕穗吸盘 4 列，中间 2 列大，边缘、指部和腕骨部者小（图 4-312B），大吸盘内角质环具尖齿，其中 4 个特大，位置互成直角（图 4-312C）；触腕柄顶部具 2 列稀疏的小吸盘，交错排列（图 4-312B）。各腕长相差不大，腕式一般为 3>2>4>1。腕吸盘 2 列，内角质环具大小间杂的尖齿（图 4-312D）。雄性右侧第 4 腕茎化（图 4-312E），顶部吸盘稀疏或无吸盘。角质颚上颚喙弯，脊突略弯，头盖长为脊突长的 0.83，头盖具明显的条带，翼部延伸至侧壁前

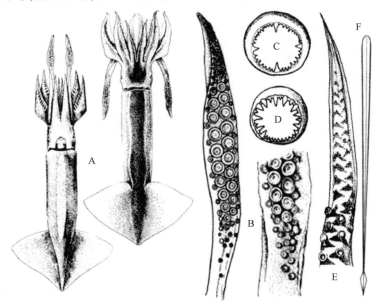

图 4-312　柔鱼形态特征示意图（Roper et al，1984）

A. 腹视和背视；B. 触腕穗；C. 触腕穗吸盘；D. 腕吸盘；E. 茎化腕；F. 内壳

缘基部宽的 1/2 处。下颚喙缘弯;头盖低,紧贴脊突;脊突弯窄,增厚;侧壁皱不增厚,侧壁皱末端延伸至侧壁拐角与脊突之间后缘的 1/2 处。内壳角质,狭条形,中轴细,边肋粗,具尾椎(图 4-312F)。

生活史及生物学:大洋性种类,栖息于表层至 1 500 m 水层。具昼夜垂直洄游习性。在北太平洋海域,性成熟时间一般在 1—4 月,成熟个体的优势胴长为 29~35 cm。雌性个体性成熟晚于雄性个体,一般要迟 1~3 个月。通常以冬春季 1—5 月产卵为主,秋季也有少量产卵个体。周年的雌雄性比大多相当,但也有雌多于雄或雄多于雌的状况。柔鱼生命周期约 1 年,雄性亲体在交配后死去,雌性个体在产卵后死去,雌性的寿命略长于雄性。卵呈椭圆形,长径为 0.9~1.0 mm,包于卵袋中产生,常漂浮于水层中。在西北太平洋海域,稚仔一般在冬季和春季出现于 35°N 以南和 155°E 以西的黑潮逆流区,在其附近成长到幼年期。幼年期的柔鱼个体随着黑潮向北移动,主要栖息于黑潮与亲潮交汇的锋区。摄食鱼类、头足类和甲壳类,其中以鱼类为主,头足类次之,甲壳类再次。鱼类和头足类在其胃含物中所占的比率,并未因捕捞时间不同而有多大变动,但甲壳类在胃含物中所占的比率有很大变化,变动率为 2%~18%。这种变动的原因可能是幼年期的柔鱼大量捕食甲壳类,而成体的柔鱼摄食甲壳类较少。在柔鱼所捕食的鱼类中,以灯笼鱼占优势,其他有沙丁鱼、鲭科仔鱼和秋刀鱼等,都是中上层鱼类;所捕食的头足类,有萤乌贼、日本爪乌贼 *Onychoteuthis borealijaponicus* 以及柔鱼属的同类;所捕食的甲壳类主要是磷虾和拟健将绒等。

地理分布:广泛分布在三大洋,即白令海、千岛群岛、日本列岛、南海、小笠原群岛、夏威夷群岛、马里亚纳群岛、澳大利亚东部和南部、新西兰、麦哲伦海峡、北美太平洋、斯里兰卡、查戈斯群岛、马达加斯加岛、西非沿岸、地中海、加勒比海、百慕大群岛等海域(图 4-313)。

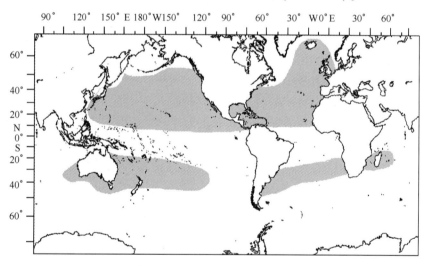

图 4-313 柔鱼地理分布示意图

大小:最大胴长 600 mm,最大体重 3 kg。

渔业:重要经济种。目前柔鱼被规模性开发利用的海域主要在北太平洋,在澳大利亚南部海域也有少量开发。

20 世纪 70 年代初,由于太平洋褶柔鱼在太平洋侧的产量锐减,柔鱼逐渐成为太平洋渔区渔业的主要捕捞对象。1974 年日本鱿钓船首次进行产业性开发,当年渔获量为 1.7 万 t。1975 年渔获量增至 4.1 万 t,渔场主要在北海道和本州东北部海域,1976—1977 年渔场伸展到 157°E、离岸 370 km 外的公海海域,渔获量分别达到 8.4 万 t 和 12.0 万 t,此间韩国、台湾地区也先后加入捕捞行列。1980 年年产量增加到 20.3 万 t。

　　我国最先于 1993 年到西北太平洋进行柔鱼资源渔场调查。通过连续几年的调查,作业渔场不断地向东拓展,特别是 1996—1998 年,每年向东部海域拓展约 8 个经度。据统计,1997—2000 年度我国每年约有 350—500 艘鱿钓船投入生产,总渔获量均在 10 万 t 以上,取得了显著的经济效益和社会效益。但由于海况条件变化以及中日渔业协定生效等因素的影响,2002 年我国鱿钓产量下降到 8 万余 t。2003 年柔鱼产量达到 8.29 万 t,目前,年平均产量稳定在 8 万~12 万 t。

　　文献:村田守和嶋津靖彦,1982;Roper et al,1984;董正之,1991;王尧耕,1996;陈新军,2004;陈新军等,2003;黄洪亮等,2003;Akihiko,1992;Murata and Chiomi,1998;Akihiko,2000;Yatsu,2000;Lu and Ickeringill,2002。

卡氏柔鱼 *Ommastrephes caroli* Furtado,1887

　　分类地位:头足纲,鞘亚纲,枪形目,开眼亚目,柔鱼科,柔鱼亚科,柔鱼属。

　　学名:卡氏柔鱼 *Ommastrephes caroli* Furtado,1887。

　　拉丁异名:*Ommatostrephes caroli* Furtado,1887。

　　英文名:Webbed flying squid,European flying squid;**法文名**:Encornet carol;**西班牙文名**:Pota velera。

　　分类特征:体肥硕,近圆锥形,后部明显瘦狭,胴长约为胴宽的 4 倍(图 4-314A),外套肌肉十分强健。漏斗陷浅穴具纵褶,浅穴两侧各具 3~4 个边囊。鳍宽大,肌肉强健,两鳍相接略呈横菱形,鳍长约为胴长的 45%~50%,鳍宽约为胴长的 90%,鳍角大,单个鳍角 60°~65°。触腕锁吸盘 4 列,中间 2 列大,边缘、指部和腕骨部吸盘小,大吸盘内角质环具尖齿,其中 4 个较大,位置互成直角(图 4-314B),触腕柄远端具 2 列稀疏的吸盘,交错排列。各腕长不等,腕式一般为 3>4>2>1,成体第 3 腕腹侧保护膜十分扩大,呈三角形。吸盘 2 列,角质环具尖齿(图 4-314C)。雄性右侧第 4 腕茎化,顶部吸盘稀疏或无吸盘。内壳狭条形,叶柄中轴细,边肋粗,后端具中空的狭菱形尾椎。无发光组织。

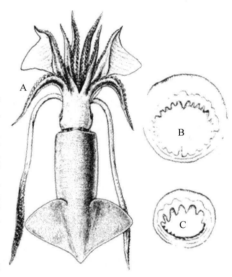

图 4-314　卡氏柔鱼形态特征示意图(据 Roper et al,1984,董正之,1991)
A. 背视;B. 触腕穗吸盘;C. 腕吸盘

　　生活史及生物学:大洋性种类,栖息于表层至 1 500 m水层。具昼夜垂直洄游习性,白天居于深水,夜间至近表层水域。表层活动时,常受强劲海风的控制。在东北大西洋,据水温变化进行季节性洄游。小型个体集群大,大型个体集群小,例如:在地中海,7 月份,小个体集群明显,每群约50 尾,随着个体的生长集群数目逐渐减少。雌体性成熟胴长约为 400 mm,雄体性成熟胴长约为300 mm。主要繁殖季节在夏末和秋季,但有所延长。在周年采获的雄性成体的精巢中,均未发现精荚;成熟雌体产卵力为 20 万~36 万枚。初孵仔鱼胴长 0.5~1 mm,吻管明显,9 月间由拖网采获于 100~230 m 水层。卡氏柔鱼以鱼类、甲壳类为食,同类残食现象普遍;本身为金枪鱼、鳕鱼和其他有鳍鱼类的猎食对象。

　　地理分布:东北大西洋(除北海)、地中海、西北大西洋、西南太平洋。具体分布区有:冰岛、比斯开湾、地中海、亚速尔群岛、马德拉群岛、加那利群岛、美国东海岸、巴哈马群岛、澳大利亚东北海域(图 4-315)。

　　大小:最大胴长 700 mm,最大体重 2 kg。

　　渔业:卡氏柔鱼胴体肥厚,肉质佳,可供食用,亦是经济鱼类的优质饵料。主要渔场在西北非摩

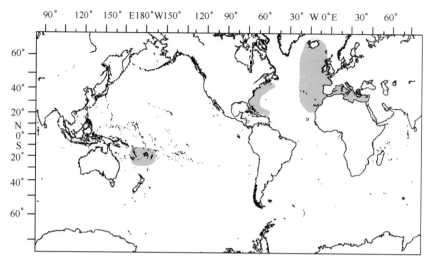

图4-315 卡氏柔鱼地理分布示意图

洛哥外海的马德拉群岛周围海域,拖网可周年作业;在美国东部海域和澳大利亚东北部海域也有一定的资源量;在地中海也有地方性渔业。

文献:Clarke, 1966;Roper et al, 1984;董正之, 1991。

翼柄柔鱼 *Ommastrephes pteropus* Steenstrup, 1855

分类地位:头足纲,鞘亚纲,枪形目,开眼亚目,柔鱼科,柔鱼亚科,柔鱼属。

学名:翼柄柔鱼 *Ommastrephes pteropus* Steenstrup, 1855。

拉丁异名:*Ommastostrephes pteropus* Steenstrup, 1855。

英文名:Orangeback flying squid;**法文名**:Encornet dos orange;**西班牙文名**:Pota naranja。

分类特征:体圆锥形,后部瘦狭,外套肌肉强健,胴长约为胴宽的4倍(图4-316A),体表具大小相间的近圆形色素斑。漏斗陷浅穴具纵褶,浅穴两侧各具3~4个小边囊。鳍肌肉强健,两鳍相接略呈横菱形,鳍长为胴长的45%~50%,鳍宽为胴长的75%~80%,单个鳍角55°~60°。触腕柄侧膜甚宽,似翼状;柄远端具2列稀疏的吸盘,交错排列,其间夹杂着几个球突(图4-316B)。触腕穗吸盘4列,中间2列大,边缘、指部、腕骨部吸盘小,大吸盘内角质环具尖齿,其中4个较大,位置互成直角(图4-316C)。各腕长略不等,腕式一般为4>3>2>1。腕吸盘2列,内角质环具齿(图4-316D)。雄性右侧第4腕茎化(图4-316E),茎化腕较长,基部吸盘2列,顶部缩卷。内壳狭条形,叶柄中轴细,边肋粗,后端具中空的狭菱形尾椎。外套背部前端皮肤下具1个大卵形发光组织,由大量密集的小发光器组成。小个体,外套腹面、头部和第4腕的肌肉组织内具大量分散的小发光器。

生活史及生物学:大洋性种类,栖息于表层至1 500 m水层。具垂直洄游习性,白天栖息于深水区,夜间至近表层水域,夜间常在渔船灯光下海面聚集,月光夜不向表层洄游。每年8月,成熟中的雌体集群向北洄游至地中海,随着个体的生长,集群密度减小。洄游与表层等温线相关,向北洄游与22℃表层等温线的移动一致,向南洄游与25℃表层等温线的移动一致。雌性成熟胴长300 mm。卵包于腊肠状卵鞘中,单个雌体怀卵量约5万~20万枚,卵浮性,常在表层或近表层漂流。从胴长频率分布估算,本种生命周期约为1年。翼柄柔鱼以鱼类、甲壳类、头足类为食,同类残食的现象明显;本身为金枪鱼、旗鱼、鳕鱼以及其他有鳍鱼类的饵料。

地理分布:泛大西洋热带和温带水域分布,南限为25℃表层等温线,北限为22℃表层等温线。

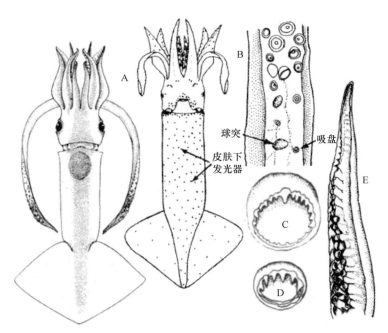

图 4-316　翼柄柔鱼形态特征示意图(据 Roper et al, 1984;董正之, 1991)

A. 背视和腹视;B. 触腕穗基部;C. 触腕穗吸盘;D. 腕吸盘;E. 茎化腕

大西洋西岸,从马德拉群岛至几内亚湾西部;大西洋东岸,从新斯科舍半岛至墨西哥湾及加勒比海(图 4-317)。

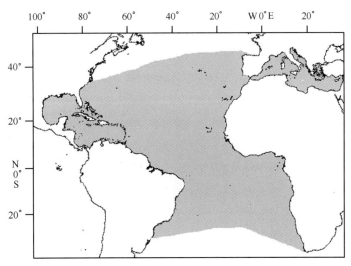

图 4-317　翼柄柔鱼地理分布示意图

大小:最大胴长 400 mm。

渔业:潜在的经济种,肉质佳,可供食用或用作饵料。在马德拉群岛,夜间鱿钓或抄网作业,供食用。在加勒比海,拖网渔业兼捕翼柄柔鱼,主要用作金枪鱼的饵料。目前尚未形成专门的渔业。

文献:Clarke,1966;Roper,1978;Roper and Sweeney,1981;Roper et al, 1984;董正之,1991。

茎柔鱼属 *Dosidicus* **Steenstrup, 1857**

茎柔鱼属已知仅茎柔鱼 *Dosidicus gigas* 1 种。

分类地位：头足纲,鞘亚纲,枪形目,开眼亚目,柔鱼科,柔鱼亚科,茎柔鱼属。

属特征：漏斗锁软骨与外套锁软骨不愈合。腕顶端削弱,吸盘密集,吸盘间具须状横隔片。左侧第4腕茎化。

茎柔鱼 *Dosidicus gigas* Orbigny,1835

分类地位：头足纲,鞘亚纲,枪形目,开眼亚目,柔鱼科,柔鱼亚科,茎柔鱼属。

学名：茎柔鱼 *Dosidicus gigas* Orbigny,1835。

拉丁异名：*Ommastrephes gigas* Orbigny, 1835；*Ommastrephes giganteus* Gray, 1849；*Dosidicus eschrichti* Steenstrup, 1857；*Dosidicus steenstrupi* Pfeffer, 1884。

英文名：Jumbo flying squid；法文名：Encornet géant；西班牙文名：Jibia gigante。

分类特征：体圆锥形,后部瘦狭,胴长为胴宽的4倍,体表具有大小相间的近圆形的色斑。两鳍相接呈横菱形(图4-318A),鳍宽为胴长的56%(49%~60%),鳍长为胴长的45%(41%~49%)。漏斗陷前部浅穴中有纵褶,浅穴两侧各具3~4个小边囊。漏斗锁软骨与外套分离不愈合。触腕穗吸盘4列,中间2列大,边缘、指部和腕部者小(图4-318B),大吸盘内角质环具尖齿,其中4个较大,位置互成直角。各腕长略有差异,一般第3腕最长,第1腕最短；腕顶端削弱,顶部具有100~200个呈2列密集排列的小吸盘,基部吸盘2列且较大,吸盘间具有明显的横隔片。雄性左侧第4腕茎化(图4-318C),吸盘1列,侧膜宽深,顶端形成茎状物。内壳角质,狭条形,中轴细,边肋粗,后端具中空的狭菱形尾椎。

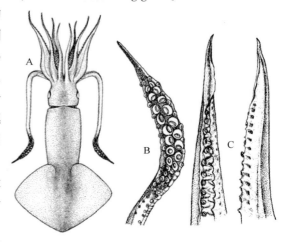

图4-318　茎柔鱼形态特征示意图
(据 Roper et al, 1984)
A. 背视；B. 触腕穗；C. 茎化腕口视和背视

生活史及生物学：大洋性浅海种,栖息水深表层至1 200 m水层,在南美洲东岸外海资源尤其丰富。具垂直洄游习性,白天生活在800~1 000 m甚至更深的水层,而夜间则生活在0~200 m水层。表温的适合范围上限为15~28℃,但是在赤道海域甚至达到30~32℃,而深水层温度的下限为4~4.5℃。存在大、中、小三个体型群。雄体性成熟期早于雌体,雄体的最初性成熟胴长为180~250 mm(年龄2~3个月),雌体的最初性成熟胴长为350~400 mm(年龄5~6个月)。成熟雄性携带精荚300~1 200个,雌性产卵在100万~600万枚。产卵场靠近大陆坡边缘。行动迅捷,垂直活动能力也很强,因此在其生活的各个阶段中都表现出很强的食性,中上、下层鱼类以及甲壳类等均为其摄食对象。同时,还存在种间和种内的自相残食现象。

地理分布：分布在中部太平洋以东的海域,即在125°W以东的加利福尼亚半岛(30°N)至智利(30°S)一带水域,范围很广(图4-319)。但高密度分布的水域为从赤道到18°S之间的南美大陆架以西370~460 km的外海,即厄瓜多尔及秘鲁的370 km水域内外。

大小：最大胴长1.5 m,最大体重40 kg。

渔业：重要的经济种类,在秘鲁和智利沿岸及外海资源丰富,资源量在700万~1 000万t。主要存在四个渔场：一是南下加利福尼亚沿岸和外海渔场；二是曼萨尼略外海渔场；三是秘鲁西部沿岸和外海渔场；四是智利外海渔场。前两个渔场为老渔场,后两个渔场是新渔场,其中智利外海是我国首次开发的渔场。茎柔鱼是经济鱼类的优良钓饵,也可做鱼粉,现已成为人们食用的重要海产品。

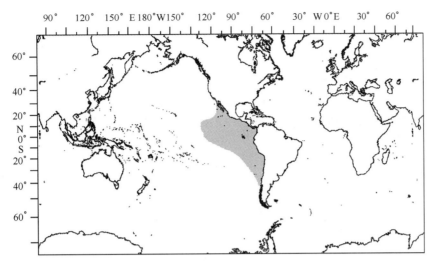

图 4-319　茎柔鱼地理分布示意图

茎柔鱼渔业起始于 1974 年,以当地的手钓钩为主要作业方式,渔获量较少。1991 年,日本和韩国鱿钓船在秘鲁水域进行了以茎柔鱼为捕捞目标的试捕调查工作,并取得了成功。之后,该渔业的年产量逐步增加,1994 年达到 165 000 t。1995 年由于海况的变化使鱼群分散,产量猛跌至80 000 t。1997 年和 1998 年由于厄尔尼诺现象的发生,使得其资源量出现下降,产量剧减。1999年以后,茎柔鱼资源又得到恢复。

在加利福尼亚海湾中部,茎柔鱼被认为是一种潜在的资源。其产量从 1994 年的 620 t 增加到1995 年的 4 000 t,1996 年达到 10 800 t,1997 年最高为 12 000 t。1997 年 12 月以后,茎柔鱼鱼群从加利福尼亚海湾中心消失,1998 年没有恢复。

文献:Nesis,1970, 1983;Klett,1981;Sabirov,1982;Ehrhardt et al,1983a,b,1986;Roper et al,1984;Amirez and Klett,1985;Yatsu et al,1999;Moran-Angulo, 1990;董正之,1991;Guerrero-Escobedo et al,1995;缪圣赐,2000;叶旭昌,2001;Arguelles et al,1991, 1999, 2001;Tafur et al,2001;Nigmatullin et al,2001;Markaida et al,2001。

发光柔鱼属 *Eucleoteuthis* Berry, 1916

发光柔鱼属已知仅发光柔鱼 *Eucleoteuthis luminosa* 1 种。
分类地位:头足纲,鞘亚纲,枪形目,开眼亚目,柔鱼科,柔鱼亚科,发光柔鱼属。
属特征:漏斗和外套锁愈合,第 4 对腕的基部各具 1 个大发光斑。

发光柔鱼 *Eucleoteuthis luminosa* Berry, 1916

分类地位:头足纲,鞘亚纲,枪形目,开眼亚目,柔鱼科,柔鱼亚科,发光柔鱼属。
学名:发光柔鱼 *Eucleoteuthis luminosa* Berry, 1916。
拉丁异名:*Symplectoteuthis luminosa* Sasaki, 1915。
英文名:Luminous flying squid;**法文名**:Encornet lumineux;**西班牙文名**:Pota luminosa。
分类特征:体圆锥形,至尾部逐渐变细,外套肌肉强健(图 4-320A)。外套与漏斗锁愈合(图4-320B)。鳍箭头形(图 4-320A),鳍长约为胴长的 50%,鳍宽亦约为胴长的 50%,单个鳍角 40°(35°~50°)。触腕穗吸盘 4 列,掌部中间 2 列吸盘扩大(图 4-320C),吸盘内角质环全环具尖齿,其中远端中齿扩大(图 4-320D)。腕吸盘内角质环远端 2/3 具尖齿,近端 1/3 光滑(图 4-320E)。雄性左侧第4腕远端茎化(图4-320F),茎化部分无吸盘,仅余2列乳突状的吸盘柄。外套腹部具2条纵发光条纹,第4对腕的基部各具1个大发光斑。角质颚上颚喙弯;头盖具明显的条带,由颚角开始向后延伸;头盖略弯,长度为脊突长的0.82;翼部延伸至侧壁前缘基部宽的2/3处。下颚喙缘弯;头盖距脊突正常高度;脊突弯窄,不增厚;侧壁皱不增厚,末端至侧壁拐角与脊突后缘中间1/2处。

生活史及生物学:大洋性种类,分布水层可能不超过1 300 m,上限可至表层水域;与多数柔鱼科种类类似,不集群。

地理分布:分布区域不连续,分布在太平洋亚热带和温带水域,东南大西洋、印度洋(图4-321)。

大小:雌雄最大胴长分别为 180 mm 和 200 mm。

渔业:次要经济种。在日本外海黑潮和亲潮交汇处资源丰富,主要为太平洋褶柔鱼的副渔获物,但是目前尚未加以利用。

文献:Roper et al, 1984; Lu and Ickeringill, 2002。

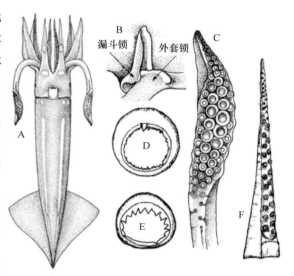

图4-320 发光柔鱼形态特征示意图(据 Roper et al, 1984)

A. 腹视;B. 外套-漏斗锁;C. 触腕穗;D. 触腕穗吸盘内角质环;E. 腕吸盘内角质环;F. 茎化腕

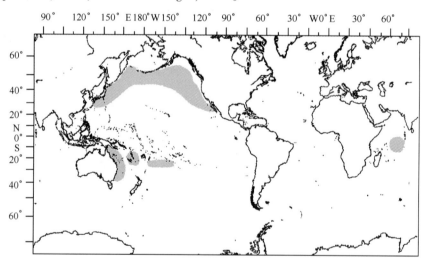

图4-321 发光柔鱼地理分布示意图

玻璃乌贼属 *Hyaloteuthis* Gray, 1849

玻璃乌贼属已知仅玻璃乌贼 *Hyaloteuthis pelagica* 1种。

分类地位:头足纲,鞘亚纲,枪形目,开眼亚目,柔鱼科,柔鱼亚科,玻璃乌贼属。

属特征:漏斗和外套锁不愈合。腕顶端正常,不削弱。外套腹部表面具分散的圆形发光器。

玻璃乌贼 *Hyaloteuthis pelagica* Bosc, 1802

分类地位:头足纲,鞘亚纲,枪形目,开眼亚目,柔鱼科,柔鱼亚科,玻璃乌贼属。

学名:玻璃乌贼 *Hyaloteuthis pelagica* Bosc, 1802。

拉丁异名:*Sepia pelagica* Bosc, 1802; *Ommastrephes pelagicus* Orbigny, 1835—1848。

英文名:Glassy flying squid;**法文名**:Encornet vitreux;**西班牙文名**:Pota estrellada。

分类特征:体细长,胴宽为胴长的 17%~19%,外套
前端圆筒形,后端骤细(图 4-322A),肌肉强健。鳍相
对较短,鳍长为胴长的 37%,较宽,鳍宽为胴长的 58%
(57%~61%),单个鳍角约 50°(45°~55°)。触腕穗吸
盘 4 列,掌部中间 2 列吸盘扩大(图 4-322B),吸盘内角
质环全环具大小相间的尖齿,其中远端中齿扩大(图 4-
322C)。腕吸盘内角质环全环具大小相间的尖齿(图 4
-322D)。雄性右侧第 4 腕(偶尔为左侧第 4 腕)茎化。
腕和触腕穗吸盘内角质环全环具大小不等的三角形尖
齿。外套腹表面具 19 个不同式样的圆形大发光器,它
们两两靠在一起;第 4 腕腹表面各具 3 个圆形发光器,
分别位于腕基部、中部和末端。肠上具 1 个圆形发光器
(图 4-322E)。

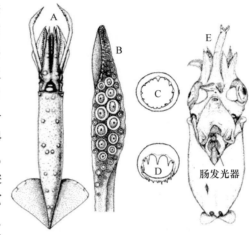

图 4-322　玻璃乌贼形态特征示意图(据 Ro-
per et al, 1984)

A. 腹视;B. 触腕穗;C. 触腕穗吸盘内角质环;D. 腕
吸盘;E. 仔鱼外套腔腹视

生活史及生物学:大洋性种类,栖息于表层至
200 m水层。具昼夜垂直洄游的习性,夜间在表层水
域活动,白天则潜入深层水域。是有鳍鱼类和海鸟的
食饵。

地理分布:分布在大西洋和太平洋温带水域(图 4-323)。

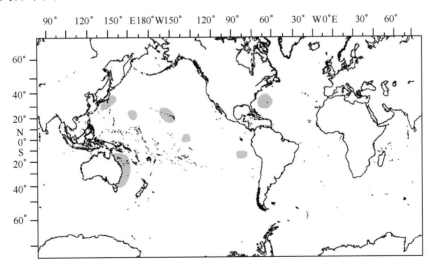

图 4-323　玻璃乌贼地理分布示意图

大小:最大胴长 90 mm。

渔业:外洋性非常见种,很少捕获。

文献:Clarke, 1966;Roper et al, 1984。

鸟柔鱼属 *Ornithoteuthis* Okada，1927

鸟柔鱼属已知鸟柔鱼 *Ornithoteuthis volatilis* 和大西洋鸟柔鱼 *Ornithoteuthis antillarum* 2 种,其中鸟柔鱼为本属模式种。

分类地位:头足纲,鞘亚纲,枪形目,开眼亚目,柔鱼科,柔鱼亚科,鸟柔鱼属。

属特征:外套细长,末端延伸形成尖的尾部。漏斗和外套锁不愈合。漏斗陷浅穴边囊不明显。腕顶端正常,不削弱。外套腹部表面无分散的圆形发光器,内脏腹面中央具 1 条纹状发光组织。

种的检索:

1(2)肠上具 1 大卵形发光器 ……………………………………………………………… 鸟柔鱼
2(1)肠上具分散的发光器 …………………………………………………………… 大西洋鸟柔鱼

鸟柔鱼 *Ornithoteuthis volatilis* Sasaki，1915

分类地位:头足纲,鞘亚纲,枪形目,开眼亚目,柔鱼科,柔鱼亚科,鸟柔鱼属。

学名:鸟柔鱼 *Ornithoteuthis volatilis* Sasaki，1915。

拉丁异名:*Ommastrephes volatilis* Sasaki，1915。

英文名:Shiny bird squid;**法文名**:Encornet planeur;**西班牙文名**:Pota planeadora。

分类特征:体细长的圆锥形(图 4-324A),外套肌肉强健。鳍甚长,箭头形,后端尖披针形,鳍长为胴长的 55%(51%~59%),鳍宽为胴长的 47%(45%~51%),单个鳍角 27°(20°~35°),鳍末端延伸形成尖的尾部(图 4-324A)。触腕穗膨大,掌部中间 2 列吸盘扩大,扩大吸盘内角质环具 18~20 个均匀分布、大小相同的尖齿(图 4-324B)。腕吸盘内角质环具 10~14 个尖齿(图 4-324C)。雄性右侧第 4 腕远端 1/2 茎化(图 4-324D),茎化部吸盘尺寸减小,吸盘柄(尤其背列吸盘柄)特化为乳突,保护膜膨大,具梳状的脊和深槽。肠上具一大卵形发光器。角质颚上颚喙弯,头盖具明显的条带,由颚角开始向后延伸,翼部延伸至侧壁前缘基部宽的 2/3 处。下颚喙缘弯;头盖距脊突正常高度;脊突不增厚,弯窄且短;侧壁皱不增厚,末端至侧壁拐角和脊突后缘之间的 1/2 处。

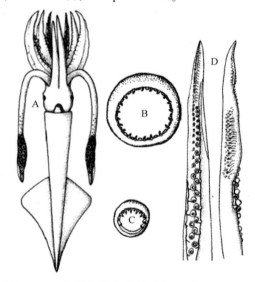

图 4-324　鸟柔鱼形态特征示意图(据 Roper et al, 1984)

A. 腹视;B. 触腕穗吸盘;C. 腕吸盘;D. 茎化腕口视和侧视

生活史及生物学:大洋性种类,游泳迅速,很少在表层活动(即使夜间),但据报道,偶尔能够在海面滑行。

地理分布:分布在中部太平洋及西太平洋温带和亚热带水域,具体分布地区有日本南部、中国东海、南海、澳洲东部、非洲东南部(图 4-325)。

大小:雌雄最大胴长分别为 210 mm 和 310mm。

渔业:潜在经济种,肉质鲜美,但无专门的渔业,其他渔业兼捕率也很低。

文献:Okutani, 1980; Roper et al, 1984; Lu and Ickeringill, 2002。

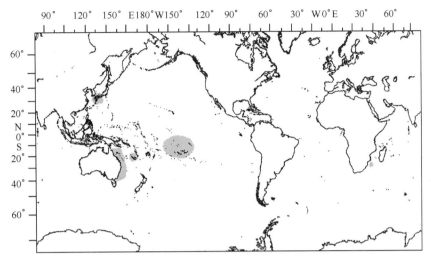

图 4-325　鸟柔鱼地理分布示意图

大西洋鸟柔鱼 *Ornithoteuthis antillarum* Adam，1957

分类地位：头足纲,鞘亚纲,枪形目,开眼亚目,柔鱼科,柔鱼亚科,鸟柔鱼属。

学名：大西洋鸟柔鱼 *Ornithoteuthis antillarum* Adam，1957。

英文名：Atlantic bird squid；**法文名**：Encornet oiseau；**西班牙文名**：Pota pájaro。

分类特征：体细长的圆锥形,外套肌肉强健。漏斗陷浅穴具7~12个明显的纵褶,边囊不明显。鳍箭头形,后端延伸形成尖的尾部(图 4-326A)。触腕穗中等膨大,触腕柄部无明显的锁结构(图 4-326B)。雄性右侧第 4 腕远端 1/2 茎化(图 4-326C)。无外部发光器,内脏腹面具略带桃色的细长的发光条纹,墨囊和直肠具分散的发光器。

生活史及生物学：大洋性种类,游泳能力强,分布与大陆架、大陆架斜坡或岛屿相关,栖息于表层至 1 100 m 水层。具垂直洄游习性,白天渔获水层为 580~1 100 m,渔具为底拖网；夜间渔获水层则为 100~600 m,渔具为中层拖网和抄网。以虾、小鱼以及其他头足类为食,同时自身是海洋哺乳动物、尖嘴鱼类和金枪鱼的食饵。

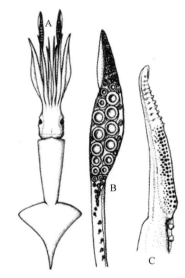

图 4-326　大西洋鸟柔鱼形态特征示意图(据 Roper et al, 1984)
A. 背视；B. 触腕穗；C. 茎化腕

地理分布：分布在东大西洋由直布罗陀海峡至赤道略南水域,热带亚热带西大西洋和加勒比海(图 4-327)。

大小：最大胴长 200 mm。

渔业：潜在经济种,肉质较好,可食用,目前未形成商业性渔业。主要渔获量来自底拖网,无专门的渔获量统计。捕捞技术有鱿钓、抄网、单拖网和中层拖网。

文献：Roper, 1978；Roper and Sweeney, 1981；Roper et al, 1984。

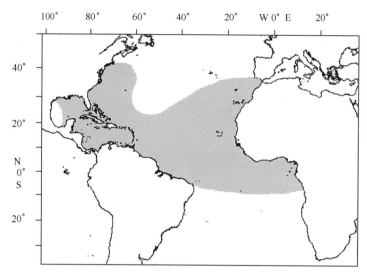

图4-327　大西洋鸟柔鱼地理分布示意图

鸢乌贼属 *Sthenoteuthis* Verrill，1880

鸢乌贼属已知仅鸢乌贼 *Sthenoteuthis oualaniensis* 1种。
　　分类地位:头足纲,鞘亚纲,枪形目,开眼亚目,柔鱼科,柔鱼亚科,鸢乌贼属。
　　拉丁异名:*Symplectoteuthis* Pfeffer，1900。
　　属特征:漏斗和外套锁软骨愈合,颈软骨顶部略呈椭圆形。左侧第4腕茎化。第4对腕基部无发光斑。

鸢乌贼 *Sthenoteuthis oualaniensis* Lesson，1830

　　分类地位:头足纲,鞘亚纲,枪形目,开眼亚目,柔鱼科,柔鱼亚科,鸢乌贼属。
　　学名:鸢乌贼 *Sthenoteuthis oualaniensis* Lesson，1830。
　　拉丁异名:*Loligo oualaniensis* Lesson，1830；*Ommastrephes oceanicus* Orbigny，1835—1848；*Loligo vanicoriensis* Quoy and Gaimard，1832；*Symplectoteuthis oualaniensis* Lesson，1830。
　　英文名:Purpleback flying squid；**法文名**:Encornet bande violette；**西班牙文名**:Pota cárdena。
　　分类特征:体圆锥形,后部较瘦凹,胴长约为胴宽的4倍(图4-328A)。体表具大小相间的近圆形色素斑,胴背中央的紫褐色宽带延伸至肉鳍后端,头部背面左右两侧和腕中央的色泽也近于紫褐色。漏斗陷前部的浅穴具纵褶,浅穴两侧各具3~4个小边囊;漏斗锁与外套愈合(图4-328B)。鳍长约为胴长的1/3,两鳍相接略呈横菱形(图4-328A)。触腕穗吸盘4列,中间2列大,边缘、指部和腕骨部者小(图4-328C),大吸盘内角质环具尖齿,其中4个特大,位置互成直角(图4-328D);触腕柄顶部具2列稀疏的小吸盘,交错排列。各腕长度相近,吸盘2列,内角质环具尖齿,大小有所差异(图4-328E)。雄性左侧第4腕茎化(图4-328F),侧膜较狭,顶部不具吸盘。内壳角质,狭条形,中轴细,边肋粗,后端具中空的狭菱形尾椎(图4-328G)。胴背前方皮肤下具卵圆形发光组织。
　　生活史及生物学:大洋性种类,栖息于表层至1 000 m水层。种群结构复杂,种内除分成春生群、夏生群和秋生群3个繁殖群外,尚有大小不同的体型群;各群的分布和洄游均有所差异。如小体型群的分布区较狭,洄游范围较小;大体型群的分布区较广,洄游范围较大。群体由若干地方种群组成,而不是一个单一的种群。总的洄游方向为从深海区到浅海区的生殖洄游;从浅海区到深海区的越冬洄游。分布在亚丁湾海域的鸢乌贼,可分成春生群、夏生群和秋生群3个繁殖种群。春生群的产卵期约在1—5月,夏生群产卵期约在7—8月,秋生群的产卵期约在10—11月。繁殖期间,两性比例随性成熟及繁殖情况而有变化,在未成熟的群体中,性比大体为1:1;在繁殖初期,性成熟较早、行动较快的雄性个体先行到达繁殖场,此时雄性的比例甚高于雌性;在繁殖后期,完成交配活动的雄性个体又先行死亡,从繁殖场大量消失,此时,雌性的比例高于雄性,两者比例为3:1,甚至可达4:1。初孵幼体7个月,胴长即可长到100 mm,接近参加繁殖的最小胴长个体。雌性生长较快,1年左右即

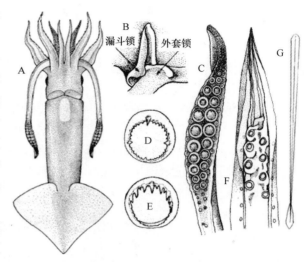

图4-328　鸢乌贼形态特征示意图(据Roper et al, 1984)
A. 背视;B. 外套-漏斗锁;C. 触腕穗;D. 触腕穗吸盘内角质环;
E. 腕吸盘内角质环;F. 茎化腕;G. 内壳

能产卵,产卵约1~20个,产卵后仍可生活一段时期,寿命约1.5年;雄性生长较慢,1年左右即有交配能力,交配后死亡,寿命约1年。捕食鱼类、头足类和甲壳类。鱼类主要是中上层鱼类,如灯笼鱼、小公鱼和飞鱼等;头足类主要是大洋性的鱿鱼类,如爪乌贼、武装乌贼等;甲壳类中,以十足目中的游行亚目为主。

　　地理分布:广泛分布在印度洋、太平洋的赤道和亚热带等海域。主要分布在日本列岛南部、琉球群岛、中国东海、南海、菲律宾群岛、加罗林群岛、马绍尔群岛、马来群岛、大堡礁、萨摩亚群岛、加利福尼亚、可可群岛、苏门答腊岛、安达曼海、马尔代夫群岛、阿拉伯海、亚丁湾、红海等海域(图4-329)。

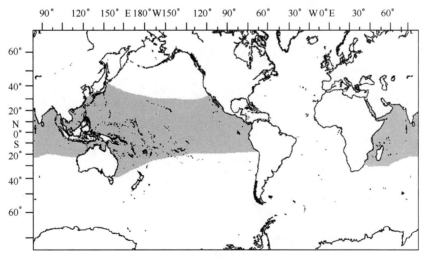

图4-329　鸢乌贼地理分布示意图

　　大小:最大胴长570 mm。
　　渔业:次要经济种,在中国南海和印度洋西北部海资源量较大。主要有4个渔场:一是琉球群岛渔场,有黑潮主流经过,渔期6—11月;二是台湾西南渔场,包括恒春和东港渔场,渔期为4—9月,旺汛5—8月,渔场位置变动受黑潮支流的影响;三是亚丁湾渔场,渔期为1—2月,渔场受索马里海流和赤道逆流的影响;四是印度洋西北海域渔场,我国鱿钓渔船于2003—2005年对该渔场进行了开发。

文献:谷津明彦,1997;杨德康,2002;董正之,1991;Nesis,1977;Zuev,1971;Voss,1973;Snyder,1998;Roper et al,1984。

褶柔鱼亚科 Todarodinae Adam,1960

褶柔鱼亚科以下包括褶柔鱼属 *Todarodes*、双柔鱼属 *Nototodarus* 和七星柔鱼属 *Martialia* 3 属,共计 9 种。

分类地位:头足纲,鞘亚纲,枪形目,开眼亚目,柔鱼科,褶柔鱼亚科。

亚科特征:漏斗陷前部具一个近半圆形浅穴,内生纵褶,浅穴两侧无边囊。触腕穗指部吸盘 4 列。茎化腕腹缘远端横隔片粗。无发光器。

褶柔鱼属 *Todarodes* Steenstrup,1880

褶柔鱼属已知褶柔鱼 *Todarodes sagittatus*、安哥拉褶柔鱼 *Todarodes angolensis*、南极褶柔鱼 *Todarodes filippovae*、太平洋褶柔鱼 *Todarodes pacificus* 4 种,其中褶柔鱼为本属模式种。

分类地位:头足纲,鞘亚纲,枪形目,开眼亚目,柔鱼科,褶柔鱼亚科,褶柔鱼属。

属特征:鳍末端不延伸(南极褶柔鱼除外)。雄性右侧第 4 腕茎化。体内无发光器。

种的检索:

1(2)鳍末端延伸 ·· 南极褶柔鱼

2(1)鳍末端不延伸

3(4)腕吸盘内角质环齿大小相近 ································ 太平洋褶柔鱼

4(3)腕吸盘内角质环齿大小不等

5(6)腕吸盘内角质环仅远端中部具 1 大齿 ······················· 褶柔鱼

6(5)腕吸盘内角质环远端 1/2 具几个大齿,且与小齿交替排列 ············· 安哥拉褶柔鱼

褶柔鱼 *Todarodes sagittatus sagittatus* Lamarck,1798

分类地位:头足纲,鞘亚纲,枪形目,开眼亚目,柔鱼科,褶柔鱼亚科,褶柔鱼属。

学名:褶柔鱼 *Todarodes sagittatus sagittatus* Lamarck,1798。

拉丁异名:*Loligo sagittatus* Lamarck,1798; *Ommastrephes sagittatus* Lamarck,1798; *Ommatostrephes sagittatus* Lamarck,1798; *Loligo todarus* Verany,1851。

英文名:European flying squid;**法文名**:Toutenon commun;**西班牙文名**:Pota europea。

分类特征:体圆锥形,后部渐细,胴长约为胴宽的 5 倍,体表具大小相间的近圆形色素斑(图 4-330A)。漏斗陷浅穴具纵褶,浅穴两侧无边囊。鳍长约为胴长的 50%,两鳍相接略呈横菱形。触腕穗长,吸盘 4 列,中间 2 列扩大,边缘、指部和腕骨部小。延长的腕骨部吸盘 10~12 对(图4-330B)。触腕穗大吸盘内角质环尖齿与半圆形齿交替排列(图 4-330C),小吸盘具尖齿。触

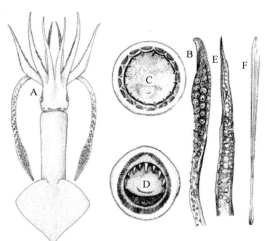

图 4-330　褶柔鱼形态特征示意图(Roper et al,1984;董正之,1991)

A. 背视;B. 触腕穗;C. 触腕穗吸盘;D. 腕吸盘;E. 茎化;F. 内壳

腕柄具 2 列稀疏的吸盘,交错排列。腕长略有不等,腕式一般为 3>2>4>1,第 3 腕侧扁,中央具边膜,

略呈三角形。腕吸盘2列,吸盘内角质环远端具7~9个尖齿,中齿较大,无交替排列的小齿(图4-330D)。雄性右侧第4腕远端1/2茎化(图4-330E),茎化部吸盘特化为2列乳突和小瘤。内壳狭条形,叶柄中轴细,边肋粗,末端具中空的狭菱形尾椎(图4-330F)。内脏无发光器。

生活史及生物学:大洋性种类,但也常在大陆沿岸的岛屿附近集群,栖息于表层至2 500 m水层,垂直活动明显,白天栖于近海底的深水区,夜间在表层水域活动,但常在中上层觅食。生活水温1~22℃,冷水、暖水海域均未见集群。

种内分成几个地方种群:一支于5—6月从冰岛南方和西南外海向西北的挪威海中狭湾区洄游,8月底在那里形成大群,并滞留到11月;一支从冰岛西南外海向苏格兰的赤布里底群岛海域洄游;一支从冰岛西南外海向亚速尔群岛和马德拉群岛及其南方海域洄游,约在3—5月形成大群;在地中海集群的可能是另一个地方种群。各地方群的产卵期有所差异:北欧海域群约为晚冬至早春;比斯开湾群的产卵期约在3—4月;西地中海群的产卵期约在9—11月。雌体的怀卵量为12 000~15 000枚,卵包于凝胶质鞘中。地中海和南方群的成熟胴长范围甚小于北方群,地中海群雌体的性成熟胴长范围为220~320 mm,雄体的性成熟胴长范围为360~370 mm。

生长速度因季节而异,一般是夏季生长快,冬季生长慢。以冰岛海域的褶柔鱼为例:7月间胴长增加76 mm,8月间为52 mm,10月为28 mm,冬季为22 mm。

主食大西洋鲱鱼 *Clupea harengus*,也捕食大西洋鳕鱼 *Gaduo morhua*;1930—1931年和1937年间,数量猛增的褶柔鱼大量捕食大西洋鲱鱼,曾给大西洋鲱鱼渔业造成很大的损害。褶柔鱼本身是副金枪鱼 *Thunnus obesus*、长鳍金枪鱼 *Thunnus alalunga*、鳕类、帆蜥鱼、海豚和抹香鲸的猎捕对象。

地理分布:分布于大西洋东岸的喀拉海、挪威海、冰岛、北海、比斯开湾、亚速尔群岛、地中海、马德拉群岛、加那利群岛、佛得角群岛、圣保罗岛、阿森松岛和安哥拉北部海域(图4-331)。

大小:最大胴长至少为750 mm,一般为250~350 mm。在北欧雄性最大胴长至少可达640 mm,雌性最少可达490 mm;在地中海雄性最少可达320 mm,雌性最少可达370 mm。

渔业:褶柔鱼在北欧和地中海沿岸水产市场上占有重要地位,鲜食、干制或盐渍,也用作鳕鱼和鲆渔业的钓饵。有两个主要渔场,一个位于挪威海,另一个位于地中海。20世纪80年代已经对这两个渔场进行了商业性开发,两者年产量分别为10 000和3 000 t,前者鱼汛在春季,后者鱼汛在秋季,捕捞工具多为拖网。在其他分布区褶柔鱼主要为拖网渔业的副渔获物。

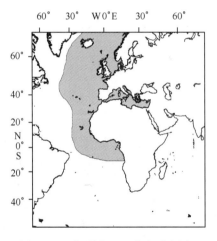

图4-331　褶柔鱼地理分布示意图

文献:Mangold-Wirz,1963;Clarke,1966;Tomiyama and Hibiya,1978;Arnold,1979;Okutani,1980;Roper and Sweeney,1981;Roper et al,1984;董正之,1991。

安哥拉褶柔鱼 *Todarodes angolensis* Adam,1962

分类地位:头足纲,鞘亚纲,枪形目,开眼亚目,柔鱼科,褶柔鱼亚科,褶柔鱼属。

学名:安哥拉褶柔鱼 *Todarodes angolensis* Adam,1962。

英文名:Angola flying squid;**法文名**:Toutenon angolais;**西班牙文名**:Pota angolense。

分类特征:体圆锥形,后部渐细(图4-332A)。漏斗陷浅穴具纵褶,但无边囊。触腕穗腕骨部甚短,吸盘4对(图4-332B)。腕吸盘内角质环具大齿,大齿之间具与之交替排列的小齿(图4-

332C)。雄性右侧第4腕末端40%茎化,茎化部不具吸盘,但具与腹侧保护膜几乎完全相连的茎,背列茎扁平。内脏无发光器。

　　地理分布:仅分布在东大西洋和西印度洋13°S以南的非洲周边水域(图4-333)。

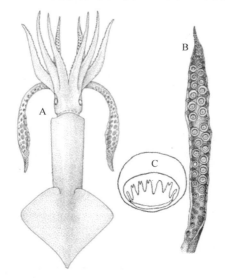

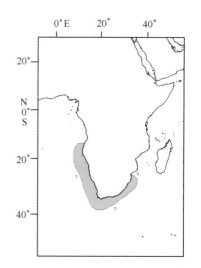

图4-332　安哥拉褶柔鱼形态特征示意图(据 Roper et al,1984)

A. 背视;B. 触腕穗;C. 腕吸盘内角质环

图4-333　安哥拉褶柔鱼地理分布示意图

　　大小:最大胴长350 mm。

　　渔业:潜在经济种,无专门的渔业,主要为单拖网渔业的副渔获物,无渔获量统计。

　　文献:Roper et al,1984。

南极褶柔鱼 *Todarodes filippovae* Adam,1975

　　分类地位:头足纲,鞘亚纲,枪形目,开眼亚目,柔鱼科,褶柔鱼亚科,褶柔鱼属。

　　学名:南极褶柔鱼 *Todarodes filippovae* Adam,1975。

　　英文名:Antarctic flying squid;**法文名**:Toutenon antarctique;**西班牙文名**:Jibia antártica。

　　分类特征:体细长的圆锥形,后端逐渐变细,胴宽为胴长的16%~24%,外套肌肉强健,体表具大小相间的近圆形色素体。鳍箭头形,鳍长约等于鳍宽,长度为胴长的50%,单鳍角约30°~35°(图4-334A)。头部枕骨两侧各具3个颈皱。漏斗陷浅穴具纵褶,无边囊。触腕长约等于胴长,触腕穗十分膨大,几乎占据整个触腕,长度约为触腕长的70%。掌部十分膨大,吸盘4斜列,中间2列十分扩大,直径约为边缘列小吸盘的2.5倍;指部骤窄,无终端垫,具4列排列紧密的微小吸盘,吸盘由腹列至背列尺寸逐渐减小;腕骨部吸盘4~5个,无球突(图4-334B)。触腕穗具边膜和生横隔片的保护膜,横隔片与掌部背缘和腹缘的小吸盘相连。触腕穗指部、腕骨部和掌部边缘列吸盘内角质环远端1/3具尖齿,中齿大而细长,近端2/3光滑(图4-334C);掌部中间列吸盘内角质环全环光滑(图4-334D)。腕长为胴长的33%~54%,各腕长不等,第1和第4腕较细短,第2和第3腕较粗长,腕式一般为2=3>1=4。各腕具窄的保护膜,第3、4腕具边膜,其中第3腕为发达的三角形游泳边膜。腕吸盘2列,末端吸盘尺寸减小,吸盘具柄。各腕吸盘内角质环远端1/3具5个尖齿,中齿大而细长,近端2/3光滑(图4-334E)。雄性右侧第4腕末端21%~36%茎化(图4-334F),茎化部吸盘特化为乳突和小瘤,腹侧保护膜和横隔片发达。角质颚上颚喙长尖,约为头盖长的1/3,甚弯;头盖长,覆盖脊突的1/2,略弯;翼部延伸至侧壁前缘基部宽的1/2处。下颚喙短顿,长度约等于头盖长,略弯;头盖宽,低,紧贴于脊突;脊突弯窄,增厚;侧壁脊不增厚,末端至侧壁拐角与脊突后缘之间的1/2处。齿舌由7列异型小齿和2列缘板组成。中齿叶状,3尖,中尖细长,两侧尖短小;第1侧齿双尖,内尖细长,外尖短小;第2侧齿单尖,细长;边齿单尖,细长(图4-335)。

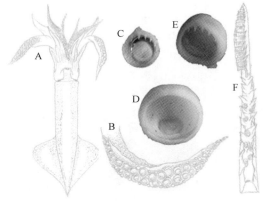

图 4-334　南极褶柔鱼形态特征示意图
A. 腹视;B. 触腕穗;C. 指部吸盘;D. 掌部中间扩大吸盘;E. 腕吸盘;F. 茎化腕

图 4-335　南极褶柔鱼齿舌

生活史及生物学:大洋性种类,栖息于表层至 500 m 水层,200 m 水层资源较为丰富,在南极水域经常集群。具较强的趋光性。

地理分布:南大洋环极地分布,约 35°S 以南(图4-336)。

大小:最大 500 mm。

渔业:潜在经济种。日本在新西兰和澳大利亚南部双柔鱼鱿钓渔业的副渔获物。1978 年,在澳大利亚塔斯马尼亚岛渔获量达到商业性捕捞要求。在马尔维纳斯群岛水域的渔获方式也为鱿钓。在智利外海也有一定的资源量,是茎柔鱼鱿钓的主要副渔获物。

文献: Okutani, 1977;Dunning, 1982;Lu and Dunning, 1982;Roper et al, 1984。

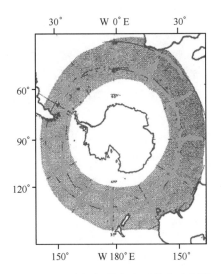

图 4-336　南极褶柔鱼地理分布示意图

太平洋褶柔鱼 *Todarodes pacificus* Steenstrup，1880

分类地位：头足纲,鞘亚纲,枪形目,开眼亚目,柔鱼科,褶柔鱼亚科,褶柔鱼属。

学名：太平洋褶柔鱼 *Todarodes pacificus* Steenstrup，1880。

拉丁异名：*Ommastrephes pacificus* Steenstrup，1880；*Ommastrephes sloani pacificus* Sasaki，1929。

英文名：Japanese flying squid；**法文名**：Toutenon japonais；**西班牙文名**：Pota japonesa。

分类特征：体圆锥形,后部明显偏瘦,胴长约为胴宽的 5 倍。体表具大小相间的近圆形色素斑,胴背中央有一条明显的黑色宽带,一直延伸到肉鳍后端,头部背面左右两侧和无柄腕中央色泽也近于褐黑色。漏斗陷浅穴具纵褶,浅穴两侧不具边囊。两鳍相接略呈横菱形,鳍长约为胴长的 1/3(图 4-337A)。触腕穗吸盘 4 列,中间 2 列大,边缘、指部和腕骨部小(图 4-337B),大吸盘内角质环具尖齿与半圆形齿相间的齿(图 4-337C),小吸盘内角质环部分具尖齿；触腕柄远端具 2 列稀疏的小吸盘,交错排列。各腕长相差不大,腕式一般为 3>2>4>1,第 3 对腕甚侧扁,中央部突出一边膜,略呈三角形。腕吸盘 2 列,吸盘内角质环部分具尖齿,各齿大小相近(图 4-337D)。雄性右侧第 4 腕远端 1/3 茎化(图 4-337E),茎化部吸盘和吸盘柄特化为圆锥形乳突和梳状保护膜。内壳角质,狭条形,中轴细,边肋粗,后端具中空的狭菱形尾椎(图 4-337F)。

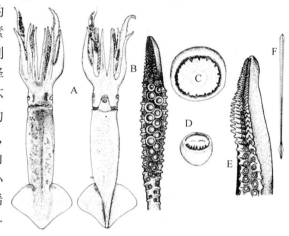

图 4-337 太平洋褶柔鱼形态特征示意图(据董正之,1991；Roper et al,1984)
A. 背视和腹视；B. 触腕穗；C. 触腕穗大吸盘；D. 腕吸盘；
E. 茎化腕；F. 内壳

生活史及生物学：大洋性浅海种,栖息于表层至 500 m 水层。适温范围广,为 5~27℃。种内存在冬生群、秋生群和夏生群 3 个种群,各种群有着不同的生活周期,却有相同的生活习性。冬生群分布群体数量最大,其产卵场位于九州西南中国东海大陆架外缘,主要集中在东海的中部和北部,产卵期为 1—3 月,春夏季沿日本列岛两侧北上索饵,秋冬季南下产卵。秋生群主要分布于日本海中部,其产卵场从东海北部延伸到日本海的西南部,产卵期在 9—11 月,夏季沿日本海东西两侧北上索饵,秋季南下产卵洄游。夏生群分布在日本沿岸水域,与其他种群相比,它的群体数量特别小,成熟个体也是 3 个种群中最小的,产卵场位于日本海的西南水域,产卵期为 5—8 月,春秋季北上索饵,冬季南下产卵洄游。

生命周期约 1 年,一年内性成熟。在日本列岛海域,因有不同繁殖群的存在,几乎周年都有繁殖活动。秋生群、冬生群和夏生群三个种群中,在日本列岛太平洋沿岸以冬生群的资源量最大,在日本海东侧以秋生群的资源量最大。产卵一般在交配后 2~3 个月。产卵时,雌性柔鱼沉贴海底,以第 2、第 3 对腕、触腕和胴部后端为支点,头部上抬,从漏斗中排出云块状的缠卵腺胶质物,再从两眼上方的外套边缘处排出烟状的输卵管腺胶质物,缠绕于第 1 对腕顶部,然后释放卵子。成熟雌性产卵约 30 万~50 万枚,卵长径为 0.8 mm,短径为 0.7 mm。卵子分批成熟,分批产出,卵子常未能全部产出,在不少毙死的雌体卵巢中,仍残留着一些未成熟、半成熟以至完全成熟的卵子。卵子沉性,但胶质的卵囊袋受水流影响,多悬浮在水层中,也常黏附在海底物体上。水温 14~21℃ 时,孵化需 4~5 天。

太平洋褶柔鱼为凶猛肉食性头足类,肠腺能分泌较多消化酶,食谱广。主要猎取磷虾、端足类、长尾类、短尾类、异尾类和柔鱼类以及沙丁鱼、鲹、鲐等中上层鱼类,甚至存在种内自相残食的现象。

地理分布：暖温带种,仅分布在太平洋西北海域和东太平洋的阿拉斯加湾。主要分布在西太平洋的 21°~50°N 海域,即日本海、日本太平洋沿岸以及中国黄海、东海(图 4-338)。

大小:最大胴长 350 mm。

渔业:重要经济种。主要渔场有 10 个。①北海道渔场。中心渔场在北海道东南海域,位于黑潮暖流和亲潮寒流交汇的锋区;②三陆渔场。北起青森,南至官城、福岛和千叶海域,为日本太平洋沿岸中部渔场;渔期为 3—8 月,10—2 月;③静冈渔场。位于 138°E 和 35°N 左右海域,为日本太平洋沿岸西南部渔场,渔期为 3—4 月,7 月,12—2 月;④奥尻岛渔场。为日本海北部日本列岛一侧渔场,渔期为 7—8 月;⑤佐渡岛至能登岛渔场。为日本海中部日本列岛一侧渔场,渔期为 4—5 月,11—12 月;⑥大和堆渔场。为日本海中部外海渔场,位于对马暖流和里曼寒流交汇区的锋区,现为日本海中的重要渔场,渔期为 5—11 月;⑦隐歧群岛至岛根半岛渔场,为日本海南部日本列岛一侧渔场,渔期为 12—5 月;⑧对马岛渔场。为日本海南端重要渔场,受对马暖流的影响很大,渔期为 9—10 月,1—4 月;⑨东朝鲜湾渔场。为日本海中部朝鲜半岛一侧渔场,位于对马暖流和里曼寒流交汇的锋区,渔期为 6—10 月;⑩黄海渔场。位于黄海北部,中国山东省石岛东南海域,在黄海冷水团区域内,渔场略呈舌带形,范围为 123°~125°E,34°~38°N,渔期为 11—12 月。

太平洋褶柔鱼是世界上头足类最早被大规模开发利用的种类之一。20 世纪 70 年代以前,其产量占日本国内头足类总产量的 70%~80%;1968 年太平洋褶柔鱼的总产量达到历史最高水平,约为 67 万 t,主要来自于太平洋侧的三陆和北海道渔场,渔获对象为冬生群。此期间太平洋侧与日本海侧渔获之比为 3∶1。20 世纪 70 年代以后,太平洋一侧的太平洋褶柔鱼资源出现衰退,产量剧减,仅为最高年产量的 10% 左右。于是主要作业渔场逐渐转向日本海外海渔场(日本沿岸以外),渔获对象主要为秋生群。1972 年在日本海海域捕获的太平洋褶柔鱼产量达到 30 余万 t,总产量超过 50 万 t。但由于捕捞强度的增加,以后产量逐年下降。1986 年太平洋侧的产量分别为 11.1万 t 和 1.5 万 t,但以后每年基本上稳定上升。1991 年太平洋褶柔鱼总产量恢复到 38.4 万 t,其中日本海为 31.9 万 t,太平洋侧为 6.5 万 t。1992 年产量猛增到 53.4 万 t,日本海为 38.7 万 t,太平洋侧为 14.7 万 t。太平洋褶柔鱼渔获量的剧烈变动,在一定程度上反映为其资源总的变化趋势。也就是说资源一度出现过衰退或开发过度的迹象,属于充分开发。但近几年有所恢复,并已达到较高水平。

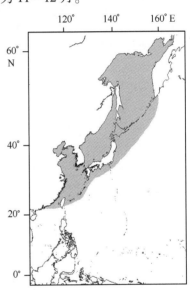

图 4-338 太平洋褶柔鱼地理分布示意图

1996 年,太平洋褶柔鱼总产量高达 71 万 t,达到历史最高水平,其中日本 44 万 t,韩国 25 万 t,而我国不足 2 万 t。可是,1998 年产量又下滑到 38 万 t,日本和韩国各占一半。日本政府于 1998 年将太平洋褶柔鱼纳入总渔获量许可制度(TAC),并规定当年的许可捕捞配额为 45 万 t,1999 年许可配额增加到 50 万 t,实际产量为 33.9 万 t,超过了 30 万 t。

文献:新谷和中道,1962;土井和川上,1979;葛允聪和蒋绍义,1990;董正之,1991;中村好和,1990;郑元甲,1991;陈新军,1998;宋海棠和余匡军,1999;Sakurai et al,2000。

七星柔鱼属 *Martialia* Mabille,1889

七星柔鱼属已知仅七星柔鱼 *Martialia hyadesi* 1 种。

分类地位:头足纲,鞘亚纲,枪形目,开眼亚目,柔鱼科,褶柔鱼亚科,七星柔鱼属。

属特征:腕保护膜窄,微弱不发达,但是具发达的须状横隔片。

七星柔鱼 *Martialia hyadesi* Rochebrune and Mabile，1889

分类地位：头足纲,鞘亚纲,枪形目,开眼亚目,柔鱼科,褶柔鱼亚科,七星柔鱼属。

学名：七星柔鱼 *Martialia hyadesi* Rochebrune and Mabile,1889。

英文名：Sevenstar flying squid；**法文名**：Encornet étoile；**西班牙文名**：Pota festoneada。

分类特征：体圆锥形,外套肌肉强健。鳍横菱形或略呈箭头形,后端延长形成尾部,单鳍角35°～45°(图4-339A)。漏斗陷浅穴具7个纵褶,浅穴两侧无边囊。触腕穗几乎覆盖整个触腕。腕保护膜窄,但是具发达的须状横隔片(图4-339B)。腕吸盘小,内角质环远端1/2具5个齿,中齿圆锥形,边齿平截,近端光滑。雄性右侧第4腕茎化。

生活史及生物学：大洋性种类。

地理分布：分布在西南大西洋(39°～51°S),南太平洋和南极交接的辐合区(图4-340)。

大小：最大胴长400 mm。

渔业：潜在经济种,目前无专门的渔业。

文献：Roper et al,1984。

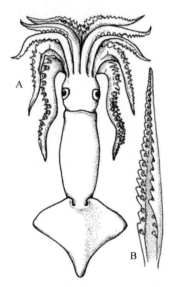

图4-339　七星柔鱼形态特征示意图
（据 Roper et al, 1984）
A. 背视；B. 茎化腕

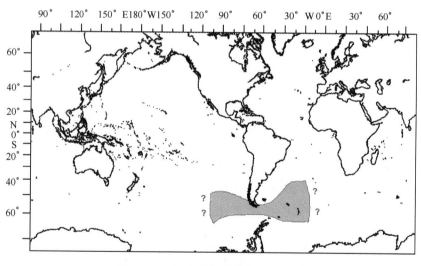

图4-340　七星柔鱼地理分布示意图

双柔鱼属 *Nototodarus* Pfeffer，1912

双柔鱼属已知双柔鱼 *Nototodarus sloani*、澳洲双柔鱼 *Nototodarus gouldi*、夏威夷双柔鱼 *Nototodarus hawaiiensis* 和菲律宾双柔鱼 *Nototodarus philippinensis* 4种,其中双柔鱼为本属模式种。

分类地位：头足纲,鞘亚纲,枪形目,开眼亚目,柔鱼科,褶柔鱼亚科,双柔鱼属。

属特征：鳍末端不延伸。雄性第4对腕茎化。体内无发光器。

种的检索：

1(4)触腕穗掌部大吸盘远端中齿扩大,腕大吸盘内角质环全环具齿

2(3)腕大吸盘内角质环近端齿圆 ………………………………………………… 夏威夷双柔鱼

3(2)腕大吸盘内角质环近端齿宽平 …………………………………………… 菲律宾双柔鱼

4(1)触腕穗掌部大吸盘远端中齿不扩大,腕大吸盘内角质环近端光滑

5(6)触腕穗长约等于触腕长 …………………………………………………………… 双柔鱼

6(5)触腕穗长为触腕长的60%~70% ………………………………………… 澳洲双柔鱼

双柔鱼 *Nototodarus sloani* Gray, 1849

分类地位:头足纲,鞘亚纲,枪形目,开眼亚目,柔鱼科,褶柔鱼亚科,双柔鱼属。

学名:双柔鱼 *Nototodarus sloani* Gray, 1849。

拉丁异名:*Notodarus sloani sloani* Gray, 1849; *Ommastrephes sloani* Gray, 1849; *Nototodarus insignis* Pfeffer, 1912。

英文名:Wellington flying squid, Southern arrow squid;**法文名**:Encornet minami;**西班牙文名**:Pota neozelandesa。

分类特征:体圆锥形,胴长约为胴宽的4倍,体表具大小相间的近圆形色素斑。漏斗陷浅穴具纵褶,纵皱10~13个,浅穴两侧不具边囊。两鳍相接呈箭头形,鳍长约为胴长的42%~48%,单个鳍角40°~45°(图4-341A)。触腕穗略膨大,几乎覆盖整个触腕,保护膜窄弱,吸盘4列,掌部中间2列扩大,边缘、指部和腕骨部小(图4-341B)。大吸盘内角质环具11~13个尖齿,尖齿与宽板齿相间排列,其中远端中齿不扩大。各腕长相近,吸盘2列,内角质环近端光滑,侧端齿平截,远端11~15个齿三角形,其中远端中齿扩大,第1对腕吸盘约为80行。雄性第4对腕茎化(图4-341C),茎化腕基部无吸盘,仅具吸盘柄,腕保护膜特化,横隔片扩大呈脊状;右侧第4腕远端吸盘柄扩大,排列呈梳状,腕吸盘和保护膜横隔片退化。内壳角质,狭长形,中轴细,边肋粗,后端具中空的狭菱形尾椎。

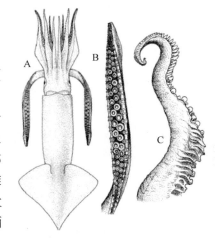

图4-341　双柔鱼形态特征示意图
(据 Roper et al, 1984)

A. 背视;B. 触腕穗;C. 茎化腕

生活史及生物学:大洋性浅海种,栖息于表层至500 m,有时在300 m集群。产卵期延长,贯穿全年。夏生群产卵期分别为12月至翌年1月;秋生群产卵期为3—4月;春生群产卵期为9—11月;冬季(7月)也有产卵个体。雄性个体的性成熟比雌性早,胴长为160 mm的雄性即有10%的个体带有精荚,到胴长190 mm以后,带有精荚的个体急剧增加,胴长为220 mm的雄性有80%的个体带有精荚,胴长超过26 cm的雄性个体100%带有精荚。胴长为230 mm的雌体仅少数具有纳精囊,直到胴长320 mm以上的个体方全部具有纳精囊。摄食鱼类、甲壳类和柔鱼类。不同大小个体其胃含物组成的出现频率不一样。柔鱼类和鱼类在胃含物中出现的频率随着胴长的增大而不断增加,而甲壳类则随着胴长的增大而减少。

地理分布:双柔鱼仅分布在新西兰周围海域,即38°~50°30′S,166°~177°E,主要集中在新西兰南岛22 km之外的四周以及北岛的西南海域(图4-342)。

大小:最大胴长420 mm。

渔业:重要经济种类。主要存在6个渔场。①斯图尔特渔场,为新西兰岛最南端的渔场,位于南岛南端斯图尔特东部及南部陆架区,水深90~130 m,作业期表层水温12~14℃,主要渔期为2—

3月,渔获物以小、中型个体为主;②坎特伯里湾渔场。位于南岛东部 44°~45°S 之间陆架区,水深在 200 m 以内,作业期表层水温 14~16℃,主要渔期为 2—4 月,渔获物以中、大型个体居多;③默鲁沙洲渔场。位于南岛坎特伯里湾东北部外海 175°30′~176°30′E,40°00′~43°30′S 之间,水深 50~200 m,作业期表层水温 14~18℃,作业水深 50~60 m,主要渔期为 2—4 月;④卡腊梅阿湾渔场。是产量最高的一个渔场,位于南岛西北 172°30′E 以西卡腊梅阿湾陆架区,水深 200 m 以内,作业期表层水温 16~19℃,鱼汛开始较早,12 月鱼群开始出现,体型较小,密集于 175~200 m 水层,以后游向近岸,密集于 125~150 m 水层,1—2 月为盛渔期,渔获物以中、大型个体居多,作业水深 50~60 m,3 月上旬渔获量急剧减少,3 月中旬鱼汛结束;⑤金湾渔场。位于

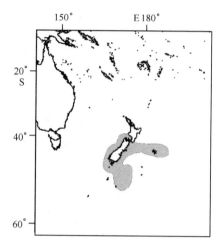

图 4-342 双柔鱼地理分布示意图

北岛南端,与南岛、北岛之间的库克海峡相接,水深 100~170 m,渔期为 1—4 月,盛渔期为 2—3 月;⑥埃格芒特渔场,位于北岛西岸埃格芒特山的北方 38°S 海域,水深 90~120 m,作业期表层水温 18~20℃,渔期为 2—4 月。

　　双柔鱼资源量大,但在 20 世纪 60 年代以前一直未被当地开发和利用。直到 20 世纪 60 年代末,由于日本周围海域太平洋褶柔鱼资源的衰退,才赴新西兰南岛西北海区进行试捕,并取得了成功。20 世纪 70 年代初日本正式派鱿钓船进行大规模生产,接着其他国家和地区的远洋船队也不断前往捕捞。1973 年我国台湾省鱿钓船开始投入生产,1977 年韩国、苏联也加入生产的行列,使双柔鱼的年产量从 1972 年的 1 028 t 猛增到 1977 年的 76 341 t,增长近 74 倍之多。1978 年新西兰政府宣布了 200 海里专属经济区,规定只能使用钓具捕捞以及允许拖网有限度的兼捕双柔鱼,并每年规定各国船数配额。这一措施导致 1978 年双柔鱼的产量下降到 43 372 吨。1981—1982 年度韩国、日本、苏联以及新西兰的渔业联合企业分别获得了 1 600 t、9 900 t、11 500 t 和 27 000 t 的双柔鱼配额,总计 6 万 t。在该海域生产和作业的国家还有波兰、西班牙、美国和德国。20 世纪 80 年代以来,除 1984 年减产外,其他年产基本上呈增长趋势,产量从 1981 年的 8 902 t 增至 1989 年的 11.4 万 t,但翌年锐减至 4.7 万 t,1991 年和 1992 年分别为 4.1 万 t 和 6.0 万 t。1993 年再次下降到 3.7 万 t。因此,20 世纪 90 年代初日本大部分鱿钓船转向西南大西洋海域生产。1996—1997 年度我国大陆也有少量鱿钓船前往该海域生产,因渔获不稳定,单船产量较低,远不如西南大西洋海域。双柔鱼产量波动并不是由于资源衰退造成的,因为根据资料表明,新西兰政府每年确定的双柔鱼配额实际上没有被用完。每年配额都在 10 万 t 以上。1989—1990 年度的双柔鱼配额高达 16.6 万 t,而实际仅捕捞了其中的 28.27%。

　　文献:董正之,1991;Roper et al,1984;陈新军,1998,1999a,b;王尧耕和陈新军,2005;Uozumi,1998。

澳洲双柔鱼 *Nototodarus gouldi* McCoy,1888

分类地位:头足纲,鞘亚纲,枪形目,开眼亚目,柔鱼科,褶柔鱼亚科,双柔鱼属。

学名:澳洲双柔鱼 *Nototodarus gouldi* McCoy,1888。

拉丁异名:*Nototodarus sloani gouldi* McCoy,1888;*Ommastrephes gouldi* McCoy,1888。

英文名:Gould's flying squid;**法文名**:Encornet éventail;**西班牙文名**:Pota australiana。

分类特征:体圆锥形,后部较瘦狭,胴长约为胴宽的 4 倍,外套粗壮,体表具大小相间的近圆形色素斑。漏斗陷浅穴具纵褶,纵皱 6~8 个,浅穴两侧不具边囊。两鳍相接略呈横菱形,鳍长约为胴

长的 45%,鳍角大,单鳍角 45°~55°(图 4-343A)。触腕穗长(图 4-343B),长度为触腕长的 60%~70%,略膨大,吸盘 4 列,掌部中间 2 列约 8 对吸盘扩大,边缘、指部和腕骨部小,大吸盘内角质环具 15 个尖齿,尖齿与宽板齿相间排列,其中远端中齿不扩大(图 4-343C)。各腕长相近,吸盘 2 列,内角质环近端光滑,侧端和远端具 12~13 个三角形尖齿,其中远端中齿扩大(图 4-343D),第 1 对腕吸盘约为 40 行。雄性第 4 对腕茎化,右侧第 4 腕基部保护膜横隔片发达,远端保护膜膨大;左侧第 4 腕较右侧第 4 腕长 1/4,近端 5 对吸盘特化为乳突。角质颚上颚喙弯;头盖具明显的条带,由颚角开始向后延伸,脊突略弯,翼部延伸至侧壁前缘基部宽的 1/2 处。下颚喙缘弯;头盖宽,具脊突中等高度;脊突弯窄,略增厚;侧壁皱不增厚,末端至侧壁拐角和脊突后缘之间的 1/2 处,或末端侧壁皱不明显,或消失。内壳角质,狭长条,中轴细,边肋粗,后端具中空的狭菱形尾椎(图 4-343E)。

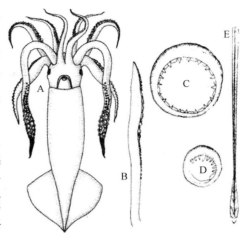

图 4-343　澳洲双柔鱼形态特征示意图(据 Roper et al, 1984;董正之 1991)

A. 腹视;B. 触腕穗;C. 触腕穗大吸盘内角质环;D. 腕吸盘内角质环;E. 内壳

生活史及生物学:大洋性浅海上层生活种类,栖息于表层至 500 m 水层。周年都有繁殖活动,其中夏季和秋季的产卵群体较大,冬季和春季的产卵群体较小。在夏、秋季的繁殖活动中,成熟雌性个体大都参加交配,而与成熟雄性个体的比率有一定差异。在整个繁殖阶段,雄性个体的数量超过雌性。所有正在成熟和完全成熟的雄性个体,均显示出茎化腕的性状,出现茎化性状最小个体的胴长为 140 mm。在新西兰北岛附近海域,雌性个体成熟时间要比雄性个体迟,时间大约为 50 天左右。雌性个体在年龄达到 250 天时,就已经有个体成熟,而雄性个体在年龄达到 200 天时,即有个体成熟。澳洲双柔鱼在繁殖期前生长迅速。稚鱼胴长每月生长 10~20 mm,2—3 个月以后,胴长达 30 mm。进入繁殖期后,生长逐渐停滞。自然死亡率在产卵前较高,种内残食(特别是雄体)可能是一个重要原因。繁殖活动后,雄雌亲体先后死亡,寿命估计为 1 年左右。食物中,柔鱼科占 57%、鱼类占 42%、其他占 1%。所捕食的柔鱼科中,同种的残肢占有很大比率,具有明显的种内残食习性;所捕食的鱼类中,主要是小沙丁鱼,其次是鲱、幼鲆和颚针鱼等;甲壳类也是澳洲双柔鱼的重要食饵,如小虾类、蟹类的大眼幼体等。

地理分布:分布在澳大利亚东部、南部(包括塔斯马尼亚岛周围)和西部海域,大体呈环状分布,分布的北界约在 20°S 附近。此外在新西兰北部周围海域也有分布(图 4-344)。

大小:最大胴长 760 mm,最大体重 1.5 kg。

渔业:次要经济种,是世界新开发的头足类资源中重要的种类之一,资源比较稳定,目前开发的渔场范围还较小,捕捞强度也不大,特别是澳洲陆坡上区的资源具有较大的潜力。主要存在 3 个渔场:巴斯海峡西部浅海渔场、康加鲁岛南部浅海渔场和大澳大利亚湾外海渔场。前两个渔场已经初步开发,以第一个渔场中的渔获量最大,主要作业在夏、秋季节;后一个渔场水深超过 200 m,尚未正式开发,主要作业期也在夏、秋季。

澳洲双柔鱼为澳大利亚南方鱿鱼渔业的兼捕对象。澳大利亚国内捕捞该鱼种始于 1986—1987 年,当时只有 1 艘鱿钓船,但在 90 年代末期很快发展到 43 艘。除了鱿钓作业以外,还有底拖网兼捕。2000—2001 年度其总渔获量为 2 717 t,其中钓捕为 1 830 t,拖网为 887 t。而分布在新西兰北岛周围海域的澳洲双柔鱼较早得到开发和利用。在 20 世纪 40—50 年代,只为对虾拖网中的兼捕物,年产量仅数百吨。之后,由于鱿钓船加入利用行列,最高年产量曾达 8 000 t,主要是由日本鱿钓船所渔获。

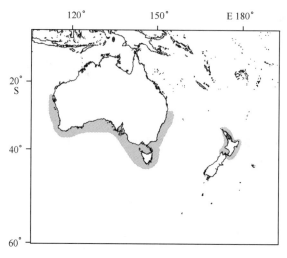

图 4-344 澳洲双柔鱼地理分布示意图

文献:Smith,1983;Roper et al,1984;董正之,1991;Uozumi,1998;Lu and Ickeringill,2002。

夏威夷双柔鱼 *Nototodarus hawaiiensis* Berry,1912

分类地位:头足纲,鞘亚纲,枪形目,开眼亚目,柔鱼科,褶柔鱼亚科,双柔鱼属。

学名:夏威夷双柔鱼 *Nototodarus hawaiiensis* Berry,1912。

拉丁异名:*Ommastrephes hawaiiensis* Berry,1912;*Nototodarus sloani hawaiiensis* Berry,1912。

英文名:Hawaiian flying squid;**法文名**:Encornet bouquet;**西班牙文名**:Pota hawaiana。

分类特征:体圆筒形,后部逐渐变细,外套肌肉强健。漏斗陷浅穴具纵褶,无纵皱,浅穴两侧无边囊。鳍肌肉强健,鳍长为胴长的 38%~40%,单个鳍角 54°(50°~77°)(图 4-345A)。触腕穗,尤其腕骨部占触腕长约 70%,吸盘 4 列,掌部中间 2 列吸盘扩大(图 4-345B),大吸盘内角质环具 15~16 个大圆锥形尖齿,尖齿与宽板齿相间排列,其中远端中齿扩大。腕吸盘内角质环全环具齿,近端齿圆形,远端齿圆锥形,其中远端中齿十分扩大。雄性第 4 对腕茎化(图 4-345C),右侧第 4 腕较左侧第 4 腕大,长;茎化腕近端 1/4 具扩大的横隔片和加厚的保护膜;右侧第 4 腕远端横隔片、吸盘柄和吸盘或扩大或缩小。

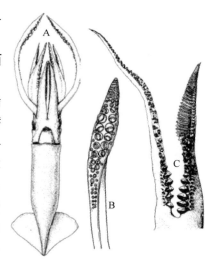

图 4-345 夏威夷双柔鱼形态特征示意图(据 Roper et al,1984)
A. 腹视;B. 触腕穗;C. 茎化腕

生活史及生物学:底栖种,游泳迅速,渔获水层 400~750 m,亦可能出现在浅水水域。为海鸟和鱼类的重要饵料。雌雄成熟胴长分别为 120 mm 和 110 mm。

地理分布:不连续分布于日本南部、中国东海、南海、澳洲东部及西北部、夏威夷、非洲东南;中太平洋夏威夷群岛至中途岛(图 4-346)。

大小:最大胴长 300 mm。

渔业:潜在经济种。在夏威夷主要为手钓或刺网作业,鲜食或用作饵料。

文献:Roper et al,1984;Young,1996。

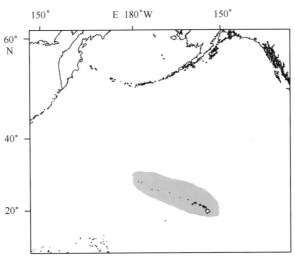

图 4-346　夏威夷双柔鱼地理分布示意图

菲律宾双柔鱼 *Nototodarus philippinensis* Voss,1962

分类地位:头足纲,鞘亚纲,枪形目,开眼亚目,柔鱼科,褶柔鱼亚科,双柔鱼属。

学名:菲律宾双柔鱼 *Nototodarus philippinensis* Voss,1962。

拉丁异名:*Nototodarus sloani philippinensis* Voss,1962。

英文名:Philippine flying squid;**法文名**:Encornet fuiripin;**西班牙文名**:Pota filipina。

分类特征:体圆筒形,后端渐细,末端尖,外套壁厚,肌肉强健。背部中央具一宽的,由深色色素体组成的条纹。鳍宽短,肌肉强健,鳍长约为胴长的50%(图4-347A)。漏斗陷浅穴具纵褶和纵皱,浅穴两侧无边囊。触腕穗长为触腕长的3/4;腕骨部不明显;掌部吸盘4列,中间列约12个吸盘扩大,尺寸为边缘吸盘的3~4倍(图4-347B),扩大吸盘内角质环具14~18个大而尖的齿,其中远端中齿扩大(图4-347C)。腕大而粗壮,大腕吸盘内角质环全环具20个齿,近端齿宽平,远端齿细尖,其中远端中齿十分扩大,且尖弯(图4-347D)。雄性第4对腕基部茎化,茎化部分保护膜和横隔片特化为厚锯齿状;右侧第4腕茎化部分达至腕顶端,吸盘逐渐减小,吸盘柄扩大,紧密排列成梳状。

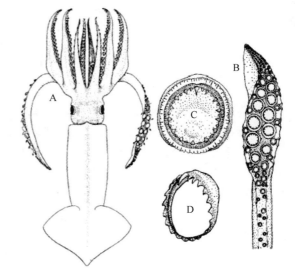

图 4-347　菲律宾双柔鱼形态特征示意图(据 Roper et al,1984)

A. 背视;B. 触腕穗;C. 掌部大吸盘;D. 大腕吸盘内角质化

生活史及生物学:底栖种,栖息水层275~650 m。

地理分布:分布在菲律宾和中国香港海域(图4-348)。

大小:最大胴长180 mm,体重0.2 kg。

渔业:潜在经济种。

文献:Roper et al,1984。

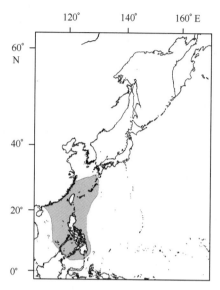

图 4-348 菲律宾双柔鱼地理分布示意图

滑柔鱼亚科 Illicinae Posselt,1891

滑柔鱼亚科包括滑柔鱼属 *Illex* 和短柔鱼属 *Todaropsis* 2 属。

分类地位:头足纲,鞘亚纲,枪形目,开眼亚目,柔鱼科,滑柔鱼亚科。

亚科特征:漏斗陷前部具一个近半圆形浅穴,内无纵褶,浅穴两侧无边囊。触腕穗指部吸盘 8 列。茎化腕远端无保护膜。无发光器。

滑柔鱼属 *Illex* Steenstrup,1880

滑柔鱼属已知阿根廷滑柔鱼 *Illex argentinus*、科氏滑柔鱼 *Illex coindetii*、滑柔鱼 *Illex illecebrosus*、尖狭滑柔鱼 *Illex oxygonius* 4 种,其中滑柔鱼为本属模式种。

分类地位:头足纲,鞘亚纲,枪形目,开眼亚目,柔鱼科,滑柔鱼亚科,滑柔鱼属。

属特征:外套较长,胴长约为胴宽的 4~7 倍。腕吸盘 2 列,触腕穗指部吸盘 8 列。雄性左侧或右侧第 4 腕茎化。

种的检索:

1(6)胴长约为胴宽的 4~5 倍

2(3)雄性左侧或右侧第 4 腕远端 1/2 茎化 ………………………………… 阿根廷滑柔鱼

3(2)雄性左侧或右侧第 4 腕远端 1/3 或更少茎化

4(5)单鳍角超过 50° ……………………………………………………………… 科氏滑柔鱼

5(4)单鳍角小于 50°,约 45° …………………………………………………………… 滑柔鱼

6(1)胴长约为胴宽的 7 倍 ……………………………………………………… 尖狭滑柔鱼

滑柔鱼 *Illex illecebrosus* LeSueur,1821

分类地位:头足纲,鞘亚纲,枪形目,开眼亚目,柔鱼科,滑柔鱼亚科,滑柔鱼属。

学名:滑柔鱼 *Illex illecebrosus* LeSueur,1821。

拉丁异名：*Illex illecebrosus illecebrosus* LeSueur，1821；*Loligo illecebrosus* LeSueur，1821；*Loligo piscatorum La Pylaie*，1825；*Ommastrephes illecebrosus* Verrill，1880。

英文名：Northern shortfin squid；**法文名**：Encornet rouge nordique；**西班牙文名**：Pota norteña。

分类特征：体圆锥形，后部明显瘦狭，胴长约为胴宽的 5 倍，外套肌肉强健，体表具大小相间的近圆形色素斑。漏斗陷浅穴不具纵褶，也不具边囊，完全呈光滑状态。两鳍相接略呈横菱形，鳍短，长度约为胴长的 1/3，鳍宽大于鳍长，单鳍角 40°～50°，多约为 45°（图 4-349A）。触腕穗中部吸盘 4 列，中间大，边缘小，指部具 8 列小吸盘，腕骨部具 2 列小吸盘（图 4-349B）；中间大吸盘内角质环具近半圆形齿。各腕长度略有差异，第 1 对和第 4 对腕略短，第 2 对和第 3 对腕略长，腕式一般为 3>2>4>1。吸盘 2 列，内角质环具 1 个大尖齿，周围有 10 余个近半圆形齿。雄性右侧或左侧第 4 腕远端 1/6 茎化（图 4-349C），茎化腕较另一侧第 4 腕短，基部吸盘 2 列，茎化部吸盘特化为 1～2 列乳突。内壳角质，狭条形，中轴细，边肋粗，后端具中空的狭菱形尾椎。

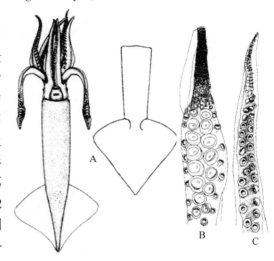

图 4-349　滑柔鱼形态特征示意图（据 Roper et al，1984）

A. 腹视和背视；B. 触腕穗；C. 茎化腕

生活史及生物学：大洋性浅海种类，栖息水深表层至 1 000 m，但随季节性变化。滑柔鱼进行较长距离的南北洄游。夏初，幼体随着温暖、高盐的湾流从南方深水区向北进行索饵洄游，在小型甲壳类非常丰富的锋区停留较长时期。性成熟以后，在北方水域交配，雌雄个体集群南下进行生殖洄游，许多雌体产卵，但雌雄的交配活动在南方水域并未中止。成体也有向近岸洄游的现象，但主要是为了索饵。在水平洄游中，因受到冷水团压迫的影响或追索食饵，滑柔鱼也进行从几百米深层至上层和从上层至几百米深层的垂直活动。

滑柔鱼有两个产卵群，一个是春、夏产卵群，4—6 月产卵，体小型，胴长约为 140～180 mm；一个是秋、冬产卵群，10—12 月产卵，体大型，胴长 220～260 mm。卵的直径约为 1 mm，包于 40～120 cm 大小的球形透明卵囊中，每一个卵囊包卵数万枚；卵囊具中性浮力，悬浮于水层中，随海流而漂移。成熟雌体的产卵量为 10 万～40 万枚。卵多产于陆坡深水区，当海中食物稀少时，滑柔鱼在深水产卵的现象就更加明显。

卵子受精的水温范围为 7～21℃，卵子发育的水温范围为 12～22℃。孵化期长短与水温高低呈反比，如水温 21℃时，孵化期为 9 天；水温 16℃时，孵化期为 13 天；水温 13℃时，孵化期为 16 天。较高并稳定的水温对卵子的受精与发育有利。饥饿也能促进卵巢的发育。图 4-350 表示了水温为 22℃情况下滑柔鱼的整个发育过程。

滑柔鱼的两个产卵群其生长速度有所不同，小型群的生长速度慢于大型群。大型群的稚仔生长很快，在 7—9 月生长更快，一般月均胴长增长为 20 mm 左右，8—9 月的胴长增长可达 40 mm。经过 1 年左右，雄性胴长可达 230～240 mm，雌性胴长可达 250～280 mm。

幼小个体主要以无脊椎动物为食饵，其中磷虾类的比率最大，随着胴长的增长，鱼类食饵的比率逐渐增加，无脊椎动物食饵的比率逐渐减少。但柔鱼类在大个体胃含物中占有很大比率，这表明同类残食现象在成体中尤为明显。

地理分布：分布在大西洋西部的 25°～60°N 海域以及大西洋海域的东北部，包括格陵兰岛、冰岛、纽芬兰岛、爱尔兰岛、新斯科舍半岛、百慕大群岛、巴哈马群岛各海域和墨西哥湾（图 4-351）。

大小：最大胴长 350 mm，最大体重 1 kg。

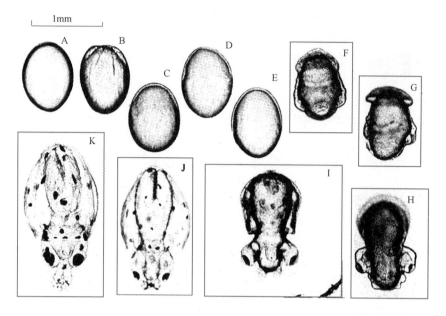

图 4-350 在水温为 22℃情况下滑柔鱼卵的发育过程(据董正之, 1991)

A. 为受精的卵;B. 第五次卵裂,5 小时;C. 第 3 阶段,1/3 胚盘,24 小时;D. 第 5 阶段,1/2 胚盘,2 天;E. 第 7 阶段,细胞完全形成,眼睛和口部分明显加厚,3 天;F. 第 8 阶段,胴体开始形成,4 天;G. 第 11 阶段,触腕 1、2、3、4 形成,5 天;H. 第 13 阶段,漏斗形成,6 天;I. 第 15 阶段,7 天;J. 第 17 阶段,8 天;K. 第 20 阶段

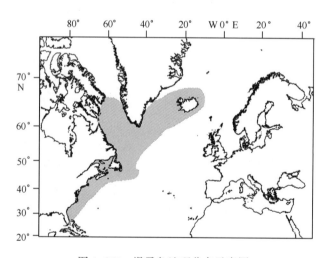

图 4-351 滑柔鱼地理分布示意图

渔业:重要经济种。主要有 5 个渔场:①纽芬兰大堆渔场。位于纽芬兰岛东南,内缘水域的等深线为 100 m,外缘水域的等深线为 180 m,最外缘水域的等深线为 1 800 m,外缘水域受湾流的影响很大,内缘水域中层为低温区,群体不密,渔期为 5—6 月;②新斯科舍半岛渔场。在新斯科舍半岛东南,位于大陆架边缘,水深 200~300 m,渔场略呈椭圆状,其南端布朗斯堆(Browns Bank)的 42°N、65°W 附近水域,夏季鱿钓作业,水温为 18~22℃时,渔获量最高;③缅因湾渔场。离岸较近,水深约百余米,渔场略呈圆状,夏季鱿钓作业,以湾西部 42°30′N、69°57′W 附近,水温 18~19℃,水质澄清区渔获较好,低水温区和水质白浊区渔获低下;④纽约东部外海渔场。位于乔治亚堆(Georges Bank)南方大陆架区及大陆坡上区,水深 200~500

m,渔场略呈带状,夏季鱿钓作业;⑤纽约南部外海渔场。离岸较近,水深约百余米,渔场略呈带状,夏季鱿钓渔业作业。

滑柔鱼曾是西北大西洋一个极为重要的渔业。日本鱿钓船多于夏季在浅海或陆架边缘区进行作业;而加拿大、美国和苏联等国利用中层拖网和底拖,周年在深水区作业。20世纪60年代,西北大西洋的滑柔鱼年渔获量仅万余吨。70年代期间,渔获量不断增加,1975年达3.3万t,1976年猛增到7.6万t,1977年为11万t,1978年渔获量略降到8.8万t,但1979年再次猛增到18万t,到达渔获量的最高水平。从80年代开始,渔获量日趋减少,1980年为8.7万t,1981年为4.8万t,1982年为3.2万t。1991—1998年其产量在2万~4万t之间波动,2000年以后,产量不足1万t。资源没有恢复的征兆。

文献:Roper et al,1984;董正之,1991;王尧耕和陈新军,2005。

阿根廷滑柔鱼 *Illex argentinus* Castellanos, 1960

分类地位:头足纲,鞘亚纲,枪形目,开眼亚目,柔鱼科,滑柔鱼亚科,滑柔鱼属。

学名:阿根廷滑柔鱼 *Illex argentinus* Castellanos, 1960。

拉丁异名:Ommastrephes argentinus Castellanos, 1960。

英文名:Argentine shortfin squid;**法文名**:Encornet rouge argentin;**西班牙文名**:Pota argentina。

分类特征:体圆锥形,后部明显瘦狭,胴长约为胴宽的4倍,最宽处位于外套中部,外套肌肉强健,体表具大小相间的近圆形色素斑(图4-352A)。漏斗陷浅穴不具纵褶,也不具边囊,完全呈光滑状态。两鳍相接略呈横菱形,鳍短而宽,长为胴长的42%,宽为胴长的57%,单鳍角45°~55°。触腕穗掌部吸盘4列,中间大,边缘小,指部8列小吸盘(图4-352B),掌部中间大吸盘内角质环具半圆形齿。各腕长度相近,腕式一般为3>2>4>1。雄性第2、第3对腕较雌性显著粗壮,吸盘也明显增大,吸盘2列,角质环具一个大尖齿,周围为10个半圆形齿。雄性右侧或左侧第4腕远端1/2茎化(图4-352C),吸盘特化为2列乳突。内壳角质,狭条形,中轴细,边肋粗,后端具中空的狭菱形尾椎。

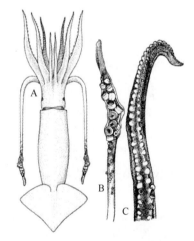

图4-352　阿根廷滑柔鱼形态特征示意图(据 Roper et al, 1984)
A. 背视;B. 触腕穗;C. 茎化腕

生活史及生物学:大洋性浅海种,栖息水深表层至800 m,秋冬在大陆架50~200 m群体密集。生命周期1~2年。主要以甲壳类、鱼类和头足类为食。甲壳类包括拟长脚虫戎、刺铠虾、磷虾、毛颚类;鱼类主要包括幼体的鳕鱼、灯笼鱼等;头足类主要是阿根廷滑柔鱼、巴塔哥尼亚枪乌贼等。在较大个体的食谱中头足类更重要,而其本身是肉食性鱼类、海洋哺乳动物和海鸟的食饵。

种群结构颇为复杂。依据产卵时间、成长率及仔鱿鱼的时空分布,可分为春、夏、秋、冬季4个产卵群。产卵期贯穿全年,而在冬季(5—8月)为最高峰。依据体型大小、成熟时的胴长及产卵场的时空分布,又可分为4个群系:南部巴塔哥尼亚种群(South Patagonic Stock,SPS),布宜诺斯艾利斯—巴塔哥尼亚北部种群(Bonaerensis-Northpatagonic Stock,BNS),夏季产卵群(Summer-Spawning Stock,SSS)及春季产卵群(Spring-Spawning Stock,SpSS)。①SPS为秋季产卵群,其产卵场推测可能在44°S以北的斜坡区,产卵前的2—5月份主要聚集在43°~50°S的大陆架外缘区,此期间亦为渔业的主要渔期,成熟个体的胴长范围为250~390 mm。②BNS为冬季产卵群,产卵场推测可能在38°S以北的斜坡区,产卵前的5—6月份主要聚集在37°~43°S的大陆架外缘以及斜坡区,成熟个体的胴长范围为 250~390 mm。③SSS 种群为夏季产卵群,其产卵场在大陆架的中间区,约在 42°~48°S 间海域,该种群并无大范围的洄游行为,因此都生活在大陆架区域,产卵前的聚集发生于 1—3 月份,成熟个体的胴长范围为 140~250 mm,属较小型。④SpSS 种群(也称为南巴西群体)为春季产卵群,其产卵场在 27°~34°S 的斜坡区,产卵前的 11—12 月份聚集在 38°~40°S 的偏北大陆架区,其成熟个体的胴长范围为 230~350 mm。

夏季产卵群体 SSS 雌雄个体的性成熟平均胴长分别为 195.1 mm、141.7 mm,怀卵量为 82 000~148 000 枚;南巴塔哥尼亚群体 SPS 的性成熟平均胴长分别为 250~350 mm 和 190~300 mm,怀卵量为 600 000~750 000 枚;北巴塔哥尼亚群体 BNS 的性成熟平均胴长分别为241.0 mm、202.9 mm;南巴西群体 SpSS 的性成熟平均胴长分别为 240~360 mm、200~290 mm,怀卵量为 9 299~294 320 枚。

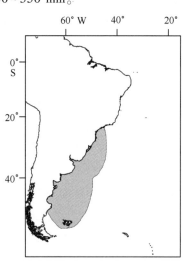

图 4-353 阿根廷滑柔鱼
地理分布示意图

地理分布:分布在 22°~54°S 的西南大西洋大陆架和斜坡(图 4-353)。

大小:最大胴长 346 mm。

渔业:重要经济种类,在 35°~52°S 资源尤为丰富,它是目前世界头足类中最为重要的资源之一。主要作业渔场有 5 处:①从 35°~40°S 阿根廷/乌拉圭共同水域大陆架和陆架斜坡,3—8 月由这两个国家的拖网渔船作业,但主要是阿根廷无须鳕渔业的兼捕对象,该柔鱼渔业以生殖前集群的冬季和春季产卵群为捕捞对象。②42°~44°S 之间北巴塔哥尼亚大陆架,作业水深 100 m 左右,作业时间为 12 月至翌年 2 月,由阿根廷拖网船队以性成熟的和产卵中的沿岸夏季产卵群为捕捞对象。③42°~44°S 陆架斜坡,作业时间从 12—9 月,但多半在 12—7 月间。由日本、波兰、苏联、民主德国(1978—1979 年)和近些年来的古巴、保加利亚、韩国和西班牙等国家拖网渔船和鱿钓作业。该渔业以生殖前集群的阿根廷的南巴塔哥尼亚群为捕捞对象。④马尔维纳斯群岛,渔期 2—7 月,但主要在 3—6 月间。

西南大西洋是世界上生产头足类的重要渔区之一。在 1977 年以前,阿根廷滑柔鱼为当地沿岸国家(阿根廷和乌拉圭)进行鳕鱼拖网时的兼捕物,其年渔获量约为 5 000 t。1978 年,才开始有以阿根廷滑柔鱼为目标鱼种的渔业兴起,但仍以阿根廷和乌拉圭的拖网渔业为主。1980 年初期,连续有许多国家前往西南大西洋的公海海域进行生产,并以钓具类进行作业。1987 年和 1989 年西南大西洋海域的鱿钓产量达到最高 76 万 t,1986 年开始,头足类总产量已经显示出略呈下降趋势,但总产量通常稳定在 50 万 t 以上,绝大多数为阿根廷滑柔鱼,它是西南大西洋资源量最为丰富的种类之一。

文献:董正之,1991;Roper et al,1984;Nigmatullin,1989;Brunetti et al,1988;Brunett,1991;Uozumi and Shiba,1993;王尧耕和陈新军,2005。

科氏滑柔鱼 *Illex coindetii* **Verany,1839**

分类地位:头足纲,鞘亚纲,枪形目,开眼亚目,柔鱼科,滑柔鱼亚科,滑柔鱼属。

学名:科氏滑柔鱼 *Illex coindetii* Verany,1839。

拉丁异名:*Loligo brogniartii* Blainville,1823;*Loligo coindetii* Verany,1839;*Loligo pillae* Verany,1851;*Loligo sagittata* Verany,1851;*Todaropsis veranyi* Jatta,1896;*Illex illecebrosus coindeti* Pfeffer,1912。

英文名:Broadtail shortfin squid;**法文名**:Encornet rouge;**西班牙文名**:Pota voladora。

分类特征:体圆锥形,后部渐细,胴长约为胴宽的 4 倍,体表具大小相间的近圆形色素斑(图 4-354A)。头大而粗壮,尤其雄性,头长近等于头宽。漏斗陷浅穴不具纵褶和边囊,完全呈光滑状态。鳍短宽,长度约为胴长的 1/3,单鳍角超过 50°,两鳍相接略呈横菱形(图 4-354A)。鳍末端中等延伸,并形成尾部,尾部尖(图 4-354A)。触腕穗掌部吸盘 4 列,中间 2 列吸盘扩大,边缘 2 列吸盘小;指部小吸盘 8 列;腕骨部 2 列小吸盘(图 4-354B)。掌部大吸盘具近半圆形齿。腕甚长,各腕长相近,腕式一般为 3>2>4>1。雄性第 2 第 3 腕较雌性显著粗壮,吸盘也明显增大。腕吸盘 2 列,吸盘内角质环具 1 个大的尖齿,周围具 10 个近半圆形齿。雄性左侧或右侧第 4 腕远端 1/4 茎化,茎化腕明显较另一只第 4 腕长,茎化部分无吸盘,仅余横隔片。茎化腕近端吸盘横隔片特化为

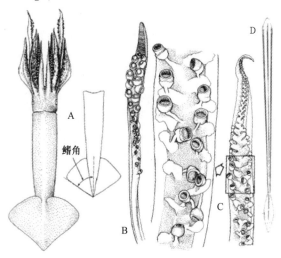

图 4-354　科氏滑柔鱼形态特征示意图(据 Roper et al,1984;董正之,1991)

A. 背视和腹视;B. 触腕穗;C. 茎化腕;D. 内壳

生乳突的"边片",茎化的远端背列横隔片生 1~2 个突起(图 4-354C)。内壳狭条形,叶柄中轴细,边肋粗,后端具中空的狭菱形尾椎(图4-354D)。

生活史及生物学:大洋性浅海半底栖种,栖息于表层至 1 000 m 水层,通常在加勒比海为 180~450 m,西大西洋为 200~600 m,东大西洋为150~300 m,地中海为 60~400 m。

科氏滑柔鱼具昼夜垂直洄游习性,白天栖息于海底,夜间进入上层水体中。经历季节性洄游,冬季栖于深水,夏季栖于浅水。在西地中海,大型成熟或成熟中的个体,在离岸海域的 200~400 m 深水区越冬后,开始向近岸 60~200 m 浅水区洄游,此时近岸海域水温较离岸海域水凉爽。几星期后,小个体的科氏滑柔鱼也开始由离岸深水区向近岸浅水区洄游,并在那里度过春季和夏季,秋季重新洄游至离岸深水区越冬。

科氏滑柔鱼具有两个明显的繁殖高峰期:大型群体产卵高峰期为春季,成体胴长超过 200 mm,主要生活于西非外海;小型群体产卵高峰期为秋季,成体胴长小于 200 mm,主要生活于地中海。小型群的性成熟胴长,雄性约为 100 mm,雌性约为 170 mm;大型群体成熟胴长,雄性约为 200 mm,雌性约为 206 mm。雌体产卵量为 5 000~12 000 枚,卵径 0.25~2 mm。夏季孵化的幼体经过一段时间生长,补充到翌年秋季繁殖群体当中;秋季孵化的幼体,第二年春季产卵。亲体产卵后死亡率高,生命周期 1.5~2 年。在西非雌雄最大胴长分别为 260 mm 和 220 mm,雌性生长快于雄性;在几内亚湾,雌雄性成熟胴长分别为 170 mm 和 115 mm;在西地中海,雌雄性初次成熟胴长 185 mm 和 110 mm。

科氏滑柔鱼主食磷虾类和中上层鱼类,本身为长鳍金枪鱼、摩氏虹 *Raja mouli*、齿鲸以及其他肉食性鱼类的食饵。

地理分布:分布在东大西洋 15°S~60°N:北海、大不列颠岛、比斯开湾、地中海、非洲西部、几内亚湾和非洲西南部海域;西大西洋 10°S~27°N:加勒比海、墨西哥湾、佛罗里达东南部海域(图4-355)。

大小:最大胴长 370 mm,最大体重 1.2 kg。

渔业:科氏滑柔鱼具较大的开发潜力,1977 年前,FAO 渔业统计年鉴就将其列为经济头足类之一,年渔获量为数百吨,20 世纪 70 年代后期猛增至 2 万 t 余。主要渔场在地中海和西非外海,几内

亚湾也有一定的资源量。拖网可周年作业。

文献:Roper et al, 1984；董正之，1991；Mangold-Wirz，1963；Clarke，1966；Zuzuki，1976；Roper，1978；Tomiyama and Hibiya，1978；Okutani，1980；Roper and Sweeney，1981。

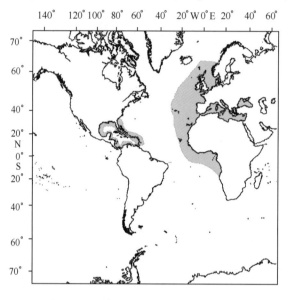

图 4-355　科氏滑柔鱼地理分布示意图

尖狭滑柔鱼 *Illex oxygonius* Roper，Lu and Mangold，1969

分类地位:头足纲,鞘亚纲,枪形目,开眼亚目,柔鱼科,滑柔鱼亚科,滑柔鱼属。

学名:尖狭滑柔鱼 *Illex oxygonius* Roper，Lu and Mangold，1969。

英文名:Sharptail shortfin squid；**法文名**:Encornet rougeàpointe；**西班牙文名**:Pota puntiaguda。

分类特征:外套细长的圆锥形,后部较平直,胴长约为胴宽的 7 倍,体表具大小相间的近圆形色素斑(图 4-356A)。雄性外套腔开口具明显的三角形"背叶"。头部宽大,头宽大于头长,超过胴宽,约为胴长的 1/4。漏斗陷浅穴无纵褶和边囊,完全呈光滑状态。鳍箭头形,鳍长略超过胴长的 1/2,鳍宽等于或略大于鳍长,单鳍角约 30°。鳍末端延伸形成尖的尾部(图 4-356A)。触腕穗掌部吸盘 4 列,中间 2 列扩大,边缘 2 列小；指部 8 列小吸盘；腕骨部 2 列小吸盘(图 4-356B)。掌部扩大吸盘内角质环具近半圆形齿(图 4-356C)。腕粗壮,中等长度,各腕长略有差异,腕式一般为2≥3>4>1。腕吸盘 2 列,吸盘内角质环具 1 个大的尖齿,周围为 10 余个半圆形齿(图 4-356D)。雄性第 2 第 3 对腕明显较雌性粗壮,吸盘也明显增大。雄性左侧或右侧第 4 腕远端 29%茎化(图 4-356E),茎

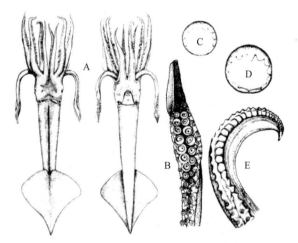

图 4-356　尖狭滑柔鱼形态特征示意图(据 Roper et al，1984；董正之，1991)

A. 背视和腹视；B. 触腕穗；C. 掌部大吸盘；D. 腕吸盘；E. 茎化腕

化部分无吸盘,仅余横隔片,茎化腕明显较另一只第4腕长。茎化腕近端吸盘的横隔片无生乳突的"边片",茎化的顶端背列横隔片生3个突起。内壳狭条形,叶柄中轴细,边肋粗,后端具中空的狭菱形尾椎。

生活史及生物学:浅海种,栖息水深50~550 m,水温6~13℃,多分布于大陆架区以内。白天集群于近底层水域,夜间分散。以甲壳类和鱼类为食。

地理分布:分布于大西洋东西两岸:西岸分布区为美国东海岸的切萨皮克湾至佛罗里达南部和墨西哥湾东南部,约相当于24°~39°N、73°S~84°W;东岸分布区为几内亚湾(图4-357)。

大小:雄性最大胴长230 mm;雌性最大胴长210 mm。

渔业:拖网渔业的副渔获物,具潜在的开发价值。

文献:Roper, 1978; Roper et al, 1984; 董正之, 1991。

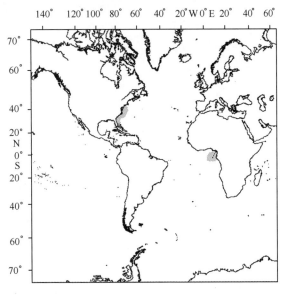

图4-357　尖狭滑柔鱼地理分布示意图

短柔鱼属 *Todaropsis* Girard, 1890

短柔鱼属已知仅短柔鱼 *Todaropsis eblanae* 1种。

分类地位:头足纲,鞘亚纲,枪形目,开眼亚目,柔鱼科,滑柔鱼亚科,短柔鱼属。

属特征:外套较短,胴长约为胴宽的3倍。触腕穗指部吸盘4列,腕吸盘2列。雄性第4对腕茎化。

短柔鱼 *Todaropsis eblanae* Ball, 1841

分类地位:头足纲,鞘亚纲,枪形目,开眼亚目,柔鱼科,滑柔鱼亚科,短柔鱼属。

学名:短柔鱼 *Todaropsis eblanae* Ball, 1841。

拉丁异名:*Loligo eblanae* Ball, 1841; *Loligo sagittata* Verany, 1851; *Todaropsis veranyi* Girard, 1889; *Todaropsis veranii* Nobre, 1936。

英文名:Lesser flying squid;**法文名**:Toutenon souffleur;**西班牙文名**:Pota costera。

分类特征:体背部具金黄色色素体,粗短,近圆锥形,后部渐细,胴长约为胴宽的3倍(图4-358A)。头部宽大。漏斗陷浅穴无纵褶和边囊,完全呈光滑状态。鳍前缘较后缘凸,鳍长约为胴长的 50%,鳍宽约为胴长的 90%,两鳍相接略呈横菱形(图 4-358A)。触腕穗掌部吸盘 4 列,6 行,中间 2 列吸盘扩大,直径为边缘 2 列吸盘的 4 倍;指部 8 列小吸盘;腕骨部 2 列小吸盘(图 4-358B)。掌部中间大吸盘内角质环具 30 个均匀的短尖齿,偶尔与小齿交替排列(图 4-358C)。各腕长略有差异,第 1 和第 4 腕短,第 2 和第 3 腕略长,腕式一般为 3>2>4>1。腕吸盘 2 列,内角质环远端具尖齿,中齿较大,两侧各有三四个小齿(图 4-358D)。雄性第 4 对腕茎化(图 4-358E):左侧腕略长,顶部具 2 列吸盘,基部为 2 行横隔片,保护膜狭;右侧腕略短,顶部具两列乳突,基部为两行横隔片,保护膜宽。角质颚上颚喙弯,头盖具明显的条带,由颚角开始向后延伸,脊突略弯,翼部延伸至侧壁前缘基部宽的 1/2 处。下颚喙缘弯,头盖距脊突中等高度,脊突弯窄,侧壁皱不增厚,至侧壁拐角和脊突后缘中间 1/2 处。内壳狭条形,叶柄中轴细,边肋粗,后端具中空的狭菱形尾椎。

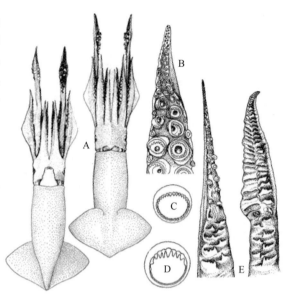

图 4-358 短柔鱼形态特征示意图(据 Roper et al, 1984)

A. 腹视和背视;B. 触腕穗;C. 掌部大吸盘内角质环;D. 腕吸盘内角质环;E. 第 4 对茎化腕

生活史及生物学:底栖种,栖息水深 20~700 m(在北海小于 200 m),常在砂质或泥质近海底生活。适温范围为 9~18℃,在地中海适温较高,约为 12.5~14℃。具季节性洄游习性,在繁殖季节,集群从外海深水区游向浅海区。雄体性成熟胴长为 120~160 mm,雌体性成熟胴长为 170~200 mm。产卵季节延长,在西地中海,3—11 月都能发现成熟雌体,但在夏季数量最多。单个雌体怀卵量约为 5 000~10 000 枚,卵径 1~2 mm,卵包于凝胶质卵袋中;单个雄体可产精荚约 200 个。短柔鱼为七鳃鳗 *Heptranchias*、长鳍金枪鱼的食饵。

地理分布:分布区域不连续,在东大西洋为 36°S~60°N,包括大不列颠岛、比斯开湾、地中海、西北非、西非、西南非和南非;西南太平洋和东南印度洋为澳大利亚外海(图 4-359)。

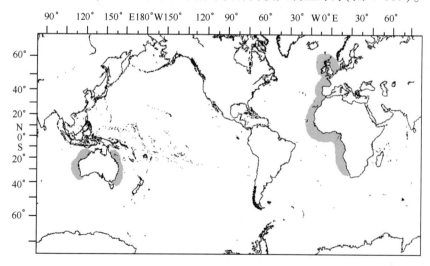

图 4-359 短柔鱼地理分布示意图

大小：雌性最大胴长 270 mm，一般为 200 mm；雄性最大胴长 160 mm，一般为 130 mm。

渔业：主要有两个渔场：一个在西地中海，主要渔获水深 200~250 m；一个在西北非的撒哈拉，渔获水深 100~400 m，主要渔获水深 200 m 左右。拖网渔业的副渔获物，某些年份资源丰富，通常冬季鱼汛好。

文献：Mangold-Wirz, 1963；Clarke, 1966；Cooper, 1979；Okutani, 1980；Roper and Sweeney, 1981；Lu and Dunning, 1982；董正之，1991；Roper et al, 1984；Lu and Ickeringill, 2002。

第二十三节　爪乌贼科

爪乌贼科 Onychoteuthidae Gray，1849

爪乌贼科以下包括钩乌贼属 *Ancistroteuthis*、科达乌贼属 *Kondakovia*、桑椹乌贼属 *Moroteuthis*、南爪乌贼属 *Notonykia*、爪乌贼属 *Onychoteuthis*、斑乌贼属 *Onykia* 和缩手乌贼属 *Walvisteuthi* 7 属，共计 15 种。该科为小型至大型种，广泛分布于世界各大洋，但在北冰洋没有分布。某些种类为外洋性种（如爪乌贼属一些种类），其余种类生活在大陆架或岛屿斜坡的近底层水域（如斑乌贼属一些种类）。

分类地位：头足纲，鞘亚纲，枪形目，开眼亚目，爪乌贼科。

英文名：Hooked squids；**法文名**：Cornets；**西班牙文名**：Lurias，Luriones。

分类特征：体栗色至砖红色，背部颜色深，外套肌肉强健，尾部尖。口膜连接肌丝与第 4 腕腹缘相连。某些属具颈皱。漏斗锁软骨具直的凹槽。触腕穗中间两列盔甲为钩，腹侧中列具大钩。多数属亚成体触腕穗无边缘吸盘，一般仅腕骨锁和终端垫具吸盘。腕骨锁圆形至卵形，通常隆起。腕吸盘 2 列，内角质环光滑（缩手乌贼属成熟雄性除外）。斑乌贼和爪乌贼属无茎化腕，缩手乌贼属具独特的性别二态性，其他属成熟雄性未知。仅爪乌贼属具发光器。内壳具初级尾椎，尾椎具喙，通常较显著。

文献：Arkhipkin and Nigmatullin, 1997；Bonnaud et al, 1998；Kubodera et al, 1998；Nesis, 1982，1987，2000；Nesis and Nikitina, 1986，1992；Nesis et al, 1998；Tsuchiya and Okutani, 1991；Vecchione et al, 2003。

属的检索：

1(2) 鳍卵形 ··· 缩手乌贼属

2(1) 鳍箭头形或横菱形

3(4) 内脏具发光器 ·· 爪乌贼属

4(3) 内脏无发光器

5(10) 颈皱数目 3 个

6(7) 触腕穗边缘具吸盘 ·· 科达乌贼属

7(6) 触腕穗边缘无吸盘

8(9) 体表具疣突或软皱（克氏桑椹乌贼除外）················· 桑椹乌贼属

9(8) 体表光滑 ··· 斑乌贼属

10(5) 颈皱数目多，多于 6 个

11(12) 鳍箭头形 ··· 钩乌贼属

12(11) 鳍横菱形 ··· 南爪乌贼属

钩乌贼属 *Ancistroteuthis* Gray，1849

钩乌贼属已知仅钩乌贼 *Ancistroteuthis lichtensteini* 1 种。

分类地位：头足纲，鞘亚纲，枪形目，开眼亚目，爪乌贼科，钩乌贼属。

属特征：背部中线皮肤下内壳不可见。颈褶 8~10 个。触腕穗远端终端垫之前无吸盘。无发光器。

钩乌贼 *Ancistroteuthis lichtensteini* Ferussac，1835

分类地位：头足纲，鞘亚纲，枪形目，开眼亚目，爪乌贼科，钩乌贼属。

学名：钩乌贼 *Ancistroteuthis lichtensteini* Ferussac，1835。

拉丁异名：*Onychoteuthis lichtensteini* Orbigny，1839。

英文名：Angel squid；**法文名**：Cornet archange；**西班牙文名**：Luria paloma。

分类特征：外套细长的圆锥形（图 4-360A），肌肉十分强健，后腹部具隆起。颈部两侧颈褶各 8~10 个（图 4-360B）。漏斗陷倒 V 字形。鳍箭头形，十分强壮，后端渐细，鳍长为胴长的 60%~68%，鳍宽为胴长的 48%~68%（图 4-360A）。触腕穗长为胴长的 30%~40%，钩 2 列，共计 19~24 个，无边缘列吸盘；指部仅终端垫具吸盘，吸盘小，5~18 个；腕骨簇椭圆形，吸盘 9~12 个，球突 8~12 个（图 4-360C）。腕长为胴长的 40%~75%，各腕长略有不等，腕式为 2>3>4>1。角质颚上颚喙细长，脊突略弯，翼部延伸至侧壁前缘宽的 2/3 处（图 4-360D）。下颚喙缘略弯；头盖短，通常不到脊突长的一半，低，紧贴脊突；脊突弯窄，不增厚；侧壁皱增

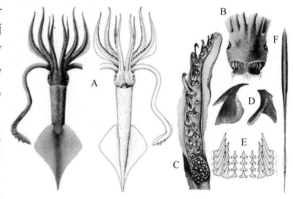

图 4-360　钩乌贼形态特征示意图（据 Pfeffer，1912；Roper et al，1984）
A. 背视和腹视；B. 颈皱；C. 触腕穗；D. 角质颚；E. 齿舌；F. 内壳

厚，前端形成脊，后端至脊突与侧壁拐角之间后缘 1/2 处（图4-360D）。齿舌由 7 列异型齿组成，中齿 3 尖，第一侧齿双尖，第二侧齿和边齿单尖（图 4-360E）。外套背部肌肉完全包裹内壳，因此外表看去内壳不可见；内壳叶柄仅后端 1/2 中轴隆起；尾椎喙长，侧扁，长度为胴长的 14%~15%；侧翼很窄或无（图 4-360F）。无发光组织。

生活史及生物学：大洋性浮游种类，栖息于开阔暖水和温水水域的表层至 250 m 水层。在西地中海，春季和夏季的分布与沙砾质底层相关，产卵季节为夏季。钩乌贼以上层及中层有鳍鱼类和甲壳类为食，同时它们又是海洋哺乳动物和浮游鱼类的饵食。雄性性成熟胴长 200 mm。

地理分布：在西地中海、东大西洋热带和亚热带水域，墨西哥湾、美拉尼西亚、西南太平洋，但是除地中海外，其他分布区渔获记录皆很稀少（图 4-361）。

大小：最大胴长 300 mm。

渔业：潜在经济种，无专门的渔业，仅为上层拖网的副渔获物。

文献：Naef，1921，1923；Okutani，1980；Roper et al，1984；Kubodera et al，1998；Nesis，1998；Pfeffer，1912；Rancurel，l970；Voss，1956；Michael et al，2002，2006；Lu and Ickeringill，2002。

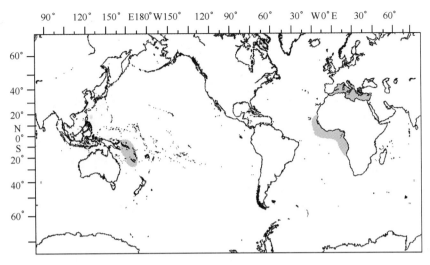

图 4-361 钩乌贼地理分布示意图

科达乌贼属 *Kondakovia* Filippova, 1972

科达乌贼属已知仅科达乌贼 *Kondakovia longimana* 1 种。

分类地位:头足纲,鞘亚纲,枪形目,开眼亚目,爪乌贼科,科达乌贼属。

属特征:颈皱 3 个。触腕穗中部和远端具 2 列大小相近的钩,边缘 2 列吸盘遍布整个触腕穗,终端垫之前也具有吸盘。腕吸盘 2 列。背部皮肤下内壳不可见。

科达乌贼 *Kondakovia longimana* Filippova, 1972

分类地位:头足纲,鞘亚纲,枪形目,开眼亚目,爪乌贼科,科达乌贼属。

学名:科达乌贼 *Kondakovia longimana* Filippova, 1972。

分类特征:体圆锥形,肌肉松软,表面皮肤具纵皱(图 4-362A)。头部后缘两侧各具 3 个颈褶。漏斗陷前端圆,漏斗锁长卵形,中间具直的凹槽(图 4-362B)。鳍短,鳍长为胴长的 31%~42%,鳍宽为胴长的 29%~48%,两鳍相接呈横菱形,后缘较平,末端不延伸(图 4-362A)。触腕穗略膨大,钩 27~39 个,边缘小吸盘 33 个;腕骨簇吸盘 9~13 个;远端和终端垫小吸盘 17~40 个,多为 24~28 个(图 4-362C、D)。各腕长相近,第 1 腕略短,腕长为胴长的 110%~120%,各腕具生横隔片的波浪形保护膜,腕吸盘内角质环光滑(图 4-362E),第 4 腕吸盘较其他腕小。角质颚上颚脊突色素沉着深;下颚头盖长不到脊突长的 1/2,头盖较高,不紧贴脊突,侧壁具一明显的侧壁皱。内壳梭形,薄而易碎,背部看去内壳不可见,具 3 对窄的纵肋(即一对接近叶柄中轴、一对位于边缘、另一对位于两者之间),整个背部表面具一隆起的中肋,尾椎喙长为胴长的 2%~8%,其背侧横截面三角帽形(图 4-362F)。

生活史及生物学:典型的寒带种,栖息于南极上层和中层水域,适温低于 4℃,适盐范围为 34~35。存在两个不同大小的体型群。性成熟晚,两年左右。繁殖后亲体死亡,生命周期约 3 年。主食磷虾类、甲壳类、鱼类、头足类和海绵,同类残食的现象明显。

地理分布:科达乌贼环南极辐合线以南分布,最北至南乔治亚岛和塔斯马尼亚海(图 4-363)。

大小:最大胴长 900 mm,最大体重 30 kg。

渔业:科达乌贼是南极海域中重要的潜在经济头足类,其资源量估算仅次于梅思乌贼,根据捕食者与被捕食者关系估算资源量在 800 万 t 左右。

文献:Clarke, 1980；Filippova, 1972；Kubodera et al, 1998；Vecchione et al, 2003。

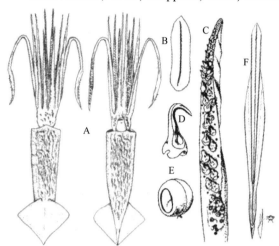

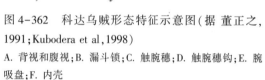

图 4-362　科达乌贼形态特征示意图(据 董正之, 1991；Kubodera et al,1998)
A. 背视和腹视；B. 漏斗锁；C. 触腕穗；D. 触腕穗钩；E. 腕吸盘；F. 内壳

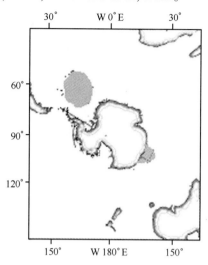

图 4-363　科达乌贼地理分布示意图

桑椹乌贼属 *Moroteuthis* Verrill, 1881

桑椹乌贼属已知强壮桑椹乌贼 *Moroteuthis ingens*、克氏桑椹乌贼 *Moroteuthis knipovitchi*、龙氏桑椹乌贼 *Moroteuthis lonnbergii*、罗氏桑椹乌贼 *Moroteuthis robsoni* 和桑椹乌贼 *Moroteuthis robusta* 5 种，其中桑椹乌贼为本属模式种。

分类地位:头足纲,鞘亚纲,枪形目,开眼亚目,爪乌贼科,桑椹乌贼属。

属特征:外套皮肤具疣突或(和)软皱(除克氏桑椹乌贼)。头部后缘两侧各具 3 个颈皱,枕骨膜始于第 3 颈皱,并延伸至或接近颈软骨。漏斗陷前缘圆,胴长超过 100 mm 的个体,漏斗陷具倒 Y 肉襞(除强壮桑椹乌贼和克氏桑椹乌贼)。亚成体及成体触腕穗钩 2 列,仅终端垫和腕骨簇具吸盘。外套背部中线外内壳不可见,内壳具粗长的似软骨质尾椎喙,翼部长披针形,延伸至尾椎部,翼后端无爪乌贼属、钩乌贼属和南爪乌贼属窄的"颈"部。

文献:Kubodera et al, 1998；Okutani, 1983；Pfeffer, 1912；Toll, 1982；Tsuchiya and Okutani, 1991；Vecchione et al, 2003。

种的检索:

1(2)体表光滑 ··· 克氏桑椹乌贼

2(1)体表具疣突或(和)软皱

3(6)体表仅具疣突

4(5)鳍末端延伸形成尾部 ··· 罗氏桑椹乌贼

5(6)鳍末端不延伸形成尾部 ··· 强壮桑椹乌贼

6(3)体表具软皱

7(8)体表具软皱和疣突,尾部短 ··· 龙氏桑椹乌贼

8(7)体表仅具软皱,尾部长 ··· 桑椹乌贼

强壮桑椹乌贼 *Moroteuthis ingens* Smith，1881

分类地位：头足纲,鞘亚纲,枪形目,开眼亚目,爪乌贼科,桑椹乌贼属。

学名：强壮桑椹乌贼 *Moroteuthis ingens* Smith，1881。

拉丁异名：*Onychoteuthis ingens* Smith，1881。

英文名：Greater hooked squid；**法文名**：Cornet commun；**西班牙文名**：Lurión común。

分类特征：体粗壮的圆锥形,后部渐细,胴长约为胴宽的 4 倍(图 4-364A),外套壁厚,肌肉十分强健,体表具不规则的软疣突。漏斗陷无倒 Y 肉襞。两鳍相接呈横菱形,后缘平,末端不延伸形成尾部,鳍长为胴长的 50%~60%,鳍宽为胴长的 60%~70%,单鳍角 50°~55°(图 4-364A)。触腕穗略膨大,远端和中部钩通常 14 对(背列 13~16 个,腹列 13~15 个),腹列中部几个钩较大,腕骨锁吸盘8~13 个(通常 10~11 个),终端垫吸盘 13~18 个(通常 14 个)(图 4-364B)。各腕长相近,长度为胴长的 2/3,第 1 腕最短,第 3 腕最长,腕吸盘 2 列,吸盘内角质环光滑。角质颚上颚喙弯,脊突略弯,翼部延伸至侧壁前缘宽的 1/2 处。下颚喙缘略弯;头盖短,通常不到脊突长的一半,低,紧贴于脊突;脊突弯窄;侧壁具明显的弯脊,脊前端甚粗,末端至侧壁后缘。内壳梭形,最大宽度为内壳长的 11%,尾椎喙长为胴长的 11%~12%,横截面三角形(图 4-364C)。

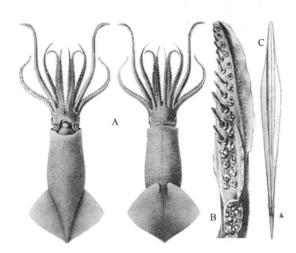

图 4-364　强壮桑椹乌贼形态特征示意图(据 Pfeffer，1912)

A. 腹视和背视;B. 触腕穗;C. 内壳

生活史及生物学：大洋性亚寒带种,主要分布在南极辐合线以北的亚南极海域,栖息水深多小于 200 m,可能更深,生殖适温低于 4℃;生活区的水温夏季为 6~12℃,冬季为 3~8℃,盐度为 34.0~34.5。有一定范围的垂直活动,从几十米到百余米水层有密集群体,在浮冰附近的活动水层更深,但也能上升至表层。强壮桑椹乌贼为鲸、海豹、信天翁的食饵。

Lu 和 Ickeringill(2002)在澳大利亚南部水域采集到 14 尾,胴长范围为 304~560 mm,体重范围为 640~6 500 g。Clarke(1965)从角质颚的生长轮纹推断,强壮桑椹乌贼生命周期可达 10 年。Dubinina(1980),Tsuchiya 和 Okutani (1981)描述了西南大西洋仔稚鱼的特征,胴长 77 mm 的幼体触腕穗近端背缘和远端腹缘具少量吸盘(图 4-365)。

地理分布：环亚南极水域分布,并延伸分布到南非南端,南澳大利亚和新西兰南岛海域(图 4-366)。

大小：最大胴长 1 m。

渔业：潜在经济种。在亚南极水域资源丰富,根据捕食与被捕食的关系推算,资源量在 400 万 t 左右。

文献：Pfeffer, 1912；Clarke, 1980, 1986；Dubinina, 1980；Kubodera et al, 1998；Tsuchiya and Okutani, 1991；Vecchione et al, 2003；Lu and Ickeringill, 2002；Roper et al, 1984；董正之, 1991。

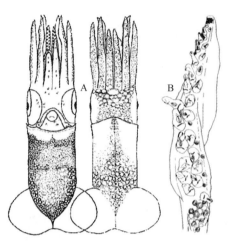

图 4-365 强壮桑椹乌贼幼体形态特征
示意图(据 Dubinina, 1980; Tsuchiya and
Okutani, 1981)

A. 胴长 13 mm 幼体腹视和背视; B. 胴长
77 mm 幼体触腕穗

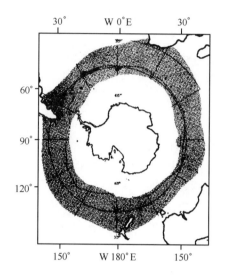

图 4-366 强壮桑椹乌贼地理分布示意图

克氏桑椹乌贼 *Moroteuthis knipovitchi* Filippova, 1972

分类地位:头足纲,鞘亚纲,枪形目,开眼亚目,爪乌贼科,桑椹乌贼属。

学名:克氏桑椹乌贼 *Moroteuthis knipovitchi* Filippova, 1972。

英文名:Smooth hooked squid;**法文名**:Cornet lisse;**西班牙文名**:Lurión liso。

分类特征:体粗壮的圆锥形,胴长约为胴宽的 4 倍,体表光滑,具大量近圆形色素体(图 4-367A)。漏斗陷圆形,无倒 Y 形肉襞。两鳍相接呈横菱形,后缘平直,末端不延长形成尾部,鳍长为胴长的 50%~60%,鳍宽为胴长的 70%,单鳍角约 45°~50°(图 4-367A)。触腕穗略膨大(图 4-367B),长度为胴长的 35%;远端和中部细钩 10~15 对,背列第 2~4 和腹列第 6~8 钩大,腹列大钩基部不对称(图 4-367C);腕骨锁吸盘 9~13 个,终端垫小吸盘 14~16 个(图 4-367B)。各腕长相近,第 2 腕最长,长度为胴长的 90%,腕吸盘 2 列,内角质环光滑。角质颚下颚头盖长为脊突长的 30%~50%,脊突弯,侧壁具粗的侧壁皱,侧壁皱位于侧壁近脊突 1/3 处。齿舌由 7 列同型小齿组成,中齿和第 1 侧齿皆单尖(图 4-367D)。内壳梭形,尾椎喙短,为内壳长的 1/12,横截面三角形,内壳后端具厚的隆起(图 4-367E)。

生活史及生物学:典型的大洋性寒带种,主要栖息于南极带海域,适温低于 4℃,适盐范围为 34.0~35.0。有从表层至深层的垂直活动,主要渔获水层 400~550 m。2—3 月捕获到胴长 200~300 mm 的雌体,均已性成熟,怀卵量约为 6 万枚,一生产卵一次。为鲸、海豹和信天翁的食饵。

地理分布:环南极辐合线以南,南极大陆西部、北部和西北部分布;可能环南极水域都有分布(图 4-368)。

大小:最大胴长 450 mm,最大体重 1 kg。

渔业:潜在经济种。根据捕食与被捕食关系推算,资源量在 400 万 t 左右。

文献:Filippova, 1972; Okutani, 1980; 董正之, 1991; Roper et al, 1984; Clarke, 1980; Kubodera et al, 1998; Vecchione et al, 2003。

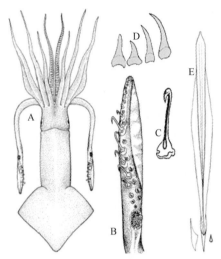

图 4-367　克氏桑椹乌贼形态特征示意
图（据 Filippova, 1972；Roper et al, 1984）
A. 背视；B. 触腕穗；C. 触腕穗大钩；D. 一半齿
舌；E. 内壳

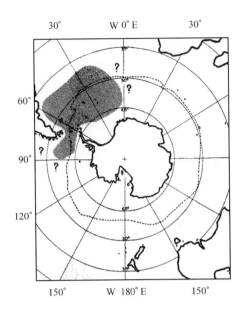

图 4-368　克氏桑椹乌贼地理分布示意图

龙氏桑椹乌贼 *Moroteuthis lönnbergii* Ishikawa and Wakiya, 1914

分类地位：头足纲，鞘亚纲，枪形目，开眼亚目，爪乌贼科，桑椹乌贼属。

学名：龙氏桑椹乌贼 *Moroteuthis lönnbergii* Ishikawa and Wakiya, 1914。

英文名：Japanese hooked squid；**法文名**：Cornet japonais；**西班牙文名**：Lurión japonés。

分类特征：体粗壮的圆锥形，肌肉强健，体表具短的纵皱和疣突，胴长约为胴宽的 4 倍（图 4-369A）。漏斗陷具倒 Y 形肉襞。鳍横菱形，后缘内凹，末端略微延伸形成短的尾部，鳍长约为胴长的 50%~55%，鳍宽为胴长的 50%~65%，单鳍角约35°~40°（图 4-369A）。触腕穗略膨大，远端和中部钩 2 列，约 25 个，腕骨锁吸盘 7~8 个，终端垫小吸盘 10~13 个（图 4-369B）。各腕长相近，第 4 腕最长，约为胴长的 60%，腕吸盘 2 列，吸盘内角质环光滑。齿舌由 7 列异型小齿组成，中齿 3 尖（中尖长，两侧尖较大），第 1 侧齿双尖（侧尖较大），第 2 侧齿和边齿单尖（图 4-369C）。内壳梭形，尾椎喙长，横截面三角形。

生活史及生物学：大洋性暖水种，主要栖息在亚热带和热带海域的大陆架及大陆架斜坡附近，尤以大陆架斜坡为主，生活水深可达 700~900 m，有时上升至 200 m 以上表层。为抹香鲸的猎食对象。

地理分布：分布在西北太平洋和印度洋，在中国南海也有采获（图 4-370）。

大小：最大胴长 307 mm。

渔业：潜在经济种，仅日本相模湾有一些渔获，而在其他海域渔获很少。

文献：Okutani, 1980；Nesis, 1982, 1987；Roper et al, 1984；董正之, 1991；Kubodera et al, 1998；Sasaki, 1929；Tsuchiya and Okutani, 1991；Vecchione et al, 2003。

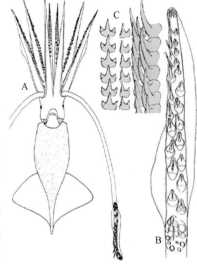

图 4-369　龙氏桑椹乌贼（据 Sasaki, 1929；Kubodera et al, 1998）
A. 腹视；B. 触腕穗；C. 一半齿舌

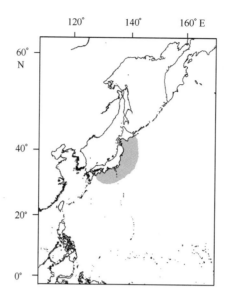

图 4-370 龙氏桑椹乌贼地理分布示意图

罗氏桑椹乌贼 *Moroteuthis robsoni* Adam, 1962

分类地位:头足纲,鞘亚纲,枪形目,开眼亚目,爪乌贼科,桑椹乌贼属。

学名:罗氏桑椹乌贼 *Moroteuthis robsoni* Adam, 1962。

英文名:Rugose hooked squid;**法文名**:Cornet rugueux;**西班牙文名**:Lurión rugoso。

分类特征:体细长的圆锥形,体表被不规则的肉质疣突,胴长约为胴宽的 4 倍(图 4-371A)。漏斗陷不具肉襞。鳍箭头形,后缘内凹,末端延长形成细长的尾部,鳍长为胴长的 53%~62%,鳍宽为胴长的 51%~70%,单鳍角 30°~40°(图 4-371A)。触腕穗纤细,不膨大,远端和中部钩 2 列,约 13~16 对,其中腹列第 7 钩最大,腕骨锁吸盘 10~12 个,终端垫具 12~17 个小吸盘(图 4-371B~D)。腕末端削弱,第 1 腕最短,第 4 腕最长,为胴长的 57%~86%,腕吸盘内角质环光滑。角质颚上颚喙短弯,喙长约为头盖长的 1/4,脊突略弯,翼部延伸至侧壁前缘宽的 1/2 处。下颚喙缘略弯;头盖短,通常不到脊突长的一半,低,紧贴脊突;脊突弯窄;侧壁皱粗,后端至脊突与侧壁拐角后缘之间的 1/2 处。齿舌由 7 列异型小齿组成,中齿 3 尖(中尖长,侧尖较大),第 1 侧齿双尖(侧尖较大),第 2 侧齿和边齿单尖(图 4-371E)。内壳尾椎喙长,为内壳长的 23%~36%,横截面卵形。

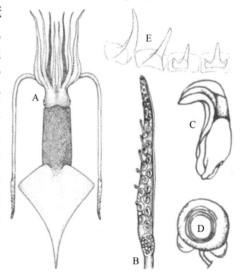

图 4-371 罗氏桑椹乌贼形态特征示意图
(据 Adam, 1962;Roper et al, 1984;董正之, 1991)

A. 背视;B. 触腕穗;C. 触腕穗钩;D. 腕吸盘;
E. 一半齿舌

生活史及生物学:大洋性冷温种,主要栖息于温带海域,偶尔也进入冷水区。有较大范围的垂直活动,200~2 000 m 均有发现。生殖适温为 12~20℃。产卵约在 5—6 月,孵化期约在 6—8 月。产卵雌体胴长约为 500 mm,胴长 310 mm 的雄体带有精荚。性成熟较晚,繁殖后,亲体相继死亡,生命周期约为两年。为抹香鲸的重要食饵之一。Lu 和 Ickeringill(2002)在澳大利亚南部水域采集到 8 尾,胴长范围为 352~688 mm,体重范围为 694~5 332 g。

地理分布:分布在澳大利亚西南部、新西兰及南非南端的南亚热带辐合区以北海域,在墨西哥湾、北大西洋百慕大群岛、南美洲西南沿岸也有分布(图 4-372)。

大小:最大胴长 750 mm,最大体重 5.5 kg。

渔业:潜在经济种,为底拖网副渔获物。

文献: Adam,1962;Clarke,1980;Okutani,1980;董正之,1991;Roper et al,1984;Kubodera et al,1998;Vecchione et al,2003。

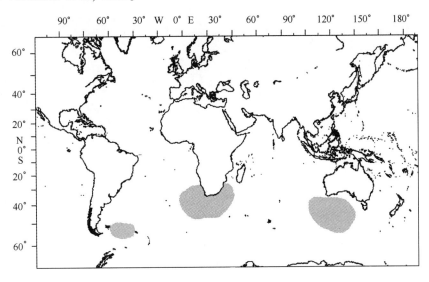

图 4-372　罗氏桑椹乌贼地理分布示意图

桑椹乌贼 *Moroteuthis robusta* Verrill,1876

分类地位:头足纲,鞘亚纲,枪形目,开眼亚目,爪乌贼科,桑椹乌贼属。

学名:桑椹乌贼 *Moroteuthis robusta* Verrill,1876。

拉丁异名:*Ommastrephes robustus* Verrill,1876;*Lestoteuthis robusta* Verrill,1880;*Ancistroteuthis robusta* Steenstrup,1882;*Moroteuthis japonica* Taki,1964;*Onykia. japonica* Taki,1964;*Onykia. pacifica* Okutani,1983。

英文名: Robust clubhook squid;**法文名:**Cornet mange-piquants;**西班牙文名:**Lurion maximo。

分类特征:体粗壮的圆锥形,体表具纵皱,胴长约为胴宽的 4 倍(图 4-373A)。漏斗陷具倒 Y 形肉襞。鳍箭头形,后缘内凹,末端延伸形成尾部,鳍长为胴长的 50%~65%,鳍宽为胴长的 60%~70%(图 4-373A)。触腕穗纤细,不膨大,远端和中部钩 15~18 对,其中腹列第 9 钩最大,腕骨锁吸盘 10~12 个,终端垫小吸盘 10~12 个(图 4-373B)。各腕长不等,第 4 腕最长,为胴长的 90%~100%,腕式为 4>3>2>1。腕吸盘 2 列,吸盘内角质环光滑,第 1 腕吸盘 50 对以上,第 2~4 腕吸盘 60 对。内壳梭形,尾椎喙长为胴长的 25%~40%,不透明,横截面圆形,隆起后端不增厚(图

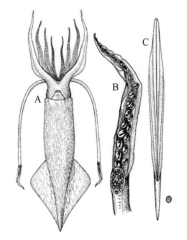

图 4-373　桑椹乌贼形态特征示意图(据 Roper et al,1984)
A. 腹视;B. 触腕穗;C. 内壳

4-373C)。外套背部中央具微弱的黑色色素体条带,口无色素沉着。

生活史及生物学:大洋性种类,主要栖息于亚寒带和寒带350～550 m水层,但也有上浮至表层,下潜至深层的垂直活动,在阿留申群岛有密集的群体,生殖适温低于4℃。桑椹乌贼食性广,包括浮游性种类(如帆水母 *Velella velella*)和底栖性种类(如心形海胆 *Brisaster tounsendi*);其本身是北太平洋海域抹香鲸猎食的主要头足类之一。

胴长小于43 mm的个体,体表被大量明显的脊,内壳尾椎喙长为胴长的20%;胴长大于60 mm的个体,漏斗陷倒Y形肉襞明显可见;胴长61 mm的个体,体表具肉脊,触腕穗开始无边缘吸盘;胴长94 mm个体的鳍已由胴长小于20 mm时的卵形变成类似成体的箭头形;胴长100 mm的个体,内壳尾椎喙长为胴长的30%。不同胴长个体形态特征变化图4-374和图4-375。

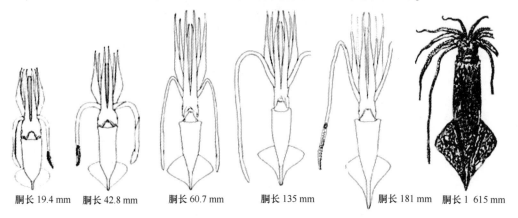

| 胴长19.4 mm | 胴长42.8 mm | 胴长60.7 mm | 胴长135 mm | 胴长181 mm | 胴长1 615 mm |

图4-374   桑椹乌贼不同胴长个体腹部形态示意图(据 Tsuchiya and Okutani,1991)

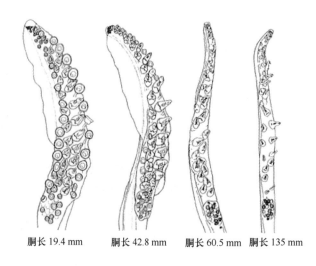

| 胴长19.4 mm | 胴长42.8 mm | 胴长60.5 mm | 胴长135 mm |

图4-375   桑椹乌贼不同胴长个体的触腕穗形态示意图(据 Tsuchiya and Okutani,1991)

地理分布:分布在温带至高纬度北太平洋,具体为日本列岛东北、千岛群岛、阿留申群岛外海、白令海、阿拉斯加外海、美国西部外海(图4-376)。

大小:胴长最大为2 m。

渔业:潜在经济种,体型大,肉质松软,宜食用。

文献:Sasaki, 1929; Toll, 1982; Okutani, 1983; 董正之, 1991; Roper et al, 1984; Kubodera et al, 1998; Tsuchiya and Okutani, 1991; Vecchione et al, 2003。

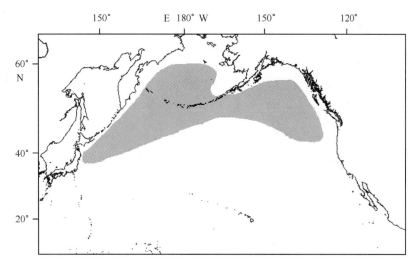

图 4-376 桑椹乌贼地理分布示意图

南爪乌贼属 *Notonykia* Nesis，Roeleveld and Nikitina，1998

南爪乌贼属已知仅南爪乌贼 *Notonykia africanae* 1 种。

分类地位：头足纲，鞘亚纲，枪形目，开眼亚目，爪乌贼科，南爪乌贼属。

属特征：外套背部中线外内壳不可见，颈皱 6~7 个，触腕穗远端吸盘数量多，终端垫之前也具有吸盘。

南爪乌贼 *Notonykia africanae* Nesis，Roeleveld and Nikitina，1998

分类地位：头足纲，鞘亚纲，枪形目，开眼亚目，爪乌贼科，南爪乌贼属。

学名：南爪乌贼 *Notonykia africanae* Nesis，Roeleveld and Nikitina，1998。

分类特征：体肥壮(图 4-377A)，外套皮肤光滑，背部仅两鳍之间部分可见内壳。枕骨两侧各具 6 ~7 个颈褶(图 4-377B)，嗅觉突位于左侧第 2 颈褶上。漏斗陷前端三角形，无肉脊。两鳍相接呈菱形，鳍长为胴长的 52%~66%，鳍宽为胴长的 66%~84%，单鳍角约 45°(图 4-377A)。触腕柄横截面三角形。触腕穗钩 2 列，共计 14~20 个，腹列近端第 5 钩最大，无边缘列吸盘，远端及终端垫小吸盘 20~38 个，腕骨簇吸盘 6~12 个(图 4-377C)。各腕长相近，第 1 腕略短，长度为胴长的 27%~45%，第 2~4 腕长为胴长的 33%~55%；腕保护膜窄；每腕吸盘约 50~60 对，内角质环光滑。角质颚下颚头盖紧贴脊突，侧壁具明显的侧壁皱，止于侧壁后缘近脊突 1/3 处(图 4-377D)。齿舌由 7 列异型小齿组成，中齿 3 尖(中尖大，侧尖小)，第 1 侧齿双尖，第 2 侧齿和边齿单尖(图 4-377E)。内壳翼部窄，最大宽度为内壳长的 6%，尾椎喙尖，瘦短。无发光器(图 4-377F)。

生活史及生物学：胴长 18 mm 的幼体，颈褶 3 个，内壳仅在外套背部两鳍之间可见，内壳尾椎与爪乌贼属相比，非针型。不同胴长个体形态特征图 4-378。

地理分布：环亚南极水域 30°~ 53°S 分布。

大小：最大胴长 130 mm。

渔业：非常见种。

文献：Nesis et al，1998；Vecchione et al，2003。

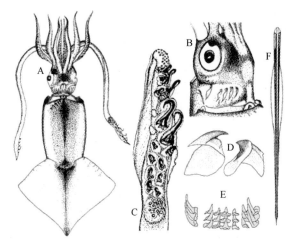

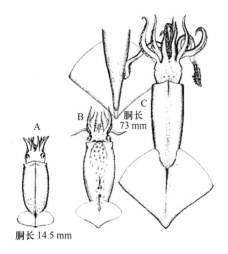

图 4-377　南爪乌贼形态特征示意图(据 Nesis et al, 1998)
A. 背视;B. 头部侧视;C. 触腕穗;D. 角质颚;E. 齿舌;F. 内壳

图 4-378　不同胴长南爪乌贼形态特征
示意图(据 Nesis et al, 1998)

爪乌贼属 *Onychoteuthis* Lichtenstein, 1818

　　爪乌贼属已知爪乌贼 *Onychoteuthis banksii*、日本爪乌贼 *Onychoteuthis borealijaponicus*、隆突爪乌贼 *Onychoteuthis compacta* 和南太平洋爪乌贼 *Onychoteuthis meridiopacifica* 4 种,其中爪乌贼为本属模式种。本属多为小型至中型种,多分布在世界各大洋热带和亚热带水域,在北太平洋高纬度海域日本爪乌贼分布区至亚北极水域。夜间经常出没于表层水域,可用抄网渔获,幼体可中层拖网捕获,成体拖网逃逸率高。

　　分类地位:头足纲,鞘亚纲,枪形目,开眼亚目,爪乌贼科,爪乌贼属。

　　属特征:头部后缘枕骨两侧各具 8~13 个颈皱,嗅觉器官位于背侧第 2 颈皱末端。漏斗陷边缘具明显的脊,近前端的边缘凸起,陷前缘顶端尖。鳍完全与内壳相连。亚成体触腕穗钩 2 列,无边缘吸盘(南太平洋爪乌贼少量边缘吸盘),腹列钩较背列钩大,而背列钩中,近端和远端钩较大,中部钩较小。腕保护膜窄,横隔片与吸盘基部愈合;吸盘远端具肉质的增厚部分,此增厚部分或突起经常在捕获时损坏。背部中线外可见内壳,内壳尾椎喙侧扁、尖(南太平洋爪乌贼除外)。两眼腹面各具 2 个大发光器,肠具 2 个发光器。

　　文献:Kubodera et al, 1998;Nesis, 1982, 1987;Young, 1972;Vecchione et al, 2003。

　　种的检索:

1(2)外套后腹部具深厚的隆起 ······························· 隆突爪乌贼

2(1)外套后腹部无隆起

3(4)触腕穗边缘吸盘少 ······························· 南太平洋爪乌贼

4(3)触腕穗边缘无吸盘

5(6)内脏发光器细长 ······························· 日本爪乌贼

6(5)内脏发光器圆 ································· 爪乌贼

爪乌贼 *Onychoteuthis banksii* Leach, 1817

　　分类地位:头足纲,鞘亚纲,枪形目,开眼亚目,爪乌贼科,爪乌贼属。

　　学名:爪乌贼 *Onychoteuthis banksii* Leach, 1817。

　　拉丁异名:*Onychoteuthis bergii* Lichtenstein, 1817;*Loligo banksi* Leach, 1817。

英文名:Common clubhook squid;**法文名**:Cornet crochu;**西班牙文名**:Luria ganchuda。

分类特征:外套圆锥形,后部瘦凹,十分粗壮,肌肉强健,胴长约为胴宽的 4 倍,体表密布细小的色素体(图 4-379A)。头部后缘枕骨两侧各具 9~10 个颈褶。两鳍相接呈横菱形,肌肉强健,后部较平,侧角为锐角,末端略延伸形成短尖的尾部,鳍长约为胴长 50%~60%(图 4-379A)。触腕穗略膨大,远端和中部钩 2 列,约 19~23 个,腹列中部几个较大,无边缘列吸盘,腕骨簇吸盘 8~9 个(图 4-379B)。各腕长相近,腕吸盘 2 列,内角质环光滑。角质颚上颚喙弯,脊突略弯;下颚喙缘略弯,头盖短,通常不到脊突长的一半,脊突弯窄。内壳棒形,叶柄中轴粗壮,边肋细弱,尾椎喙尖。两眼腹部各具 1 个鞭形发光器,肠具 2 个圆形发光器(图 4-379C),后端一个直径为前端的 3 倍。

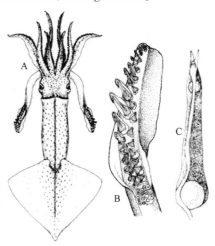

图4-379 爪乌贼形态特征示意图
(据 Roper et al,1984;董正之,1991)
A. 背视;B. 触腕穗;C. 内脏发光器

生活史及生物学:大洋性种类,适温广,分布在热带至温带海域,多为热带和亚热带海域。主要栖息于表层至 150 m 水层,最深可达 800 m,最深渔获记录为 4 000 m,夜间上浮至表层。呼吸频率高,游泳迅速。在东大西洋 1—3 月仔鱼资源丰富。爪乌贼是抹香鲸和金枪鱼的重要饵食,在帆蜥鱼的胃中也常有发现。

地理分布:分布在世界各大洋热带至温带水域,具体为日本列岛南部、夏威夷群岛、菲律宾群岛、爪哇海、萨摩亚群岛、澳大利亚、新西兰、加拉帕戈斯群岛、智利西部、孟加拉湾、阿拉伯海、红海、非洲、地中海、比斯开湾、北海、墨西哥湾、加勒比海、巴西东北部和阿根廷东部海域(图 4-380)。

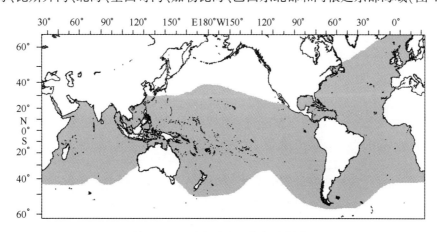

图 4-380 爪乌贼地理分布示意图

大小:最大胴长 300 mm。

渔业:潜在经济种,无专门的渔业,中层拖网多有捕获,夜间抄网也经常可捕获到。肉质鲜美,鲜食更佳,亦可干制。

文献:Leach,1817;Abolmasova,1978;Roper et al,1984;董正之,1991;Vecchione et al,2003。

日本爪乌贼 *Onychoteuthis borealijaponicus* Okada,1927

分类地位:头足纲,鞘亚纲,枪形目,开眼亚目,爪乌贼科,爪乌贼属。

学名:日本爪乌贼 *Onychoteuthis borealijaponicus* Okada,1927。

拉丁异名：*Onychoteuthis banksi* Okada，1927。

英文名：Boreal clubhook squid；**法文名**：Cornet boreal；**西班牙文名**：Luria boreal。

分类特征：外套圆锥形，细长，肌肉强健，后部瘦凹，胴长约为胴宽的4倍，体表具大小相间的色素体（图4-381A）。头部后缘枕骨两侧各具8~9个颈褶。鳍横菱形，较宽，肌肉强健，鳍长为胴长的55%~60%（图4-381A）。触腕口面近端至腕骨部中央及腹缘无色素沉着；触腕穗略膨大（图4-381B），远端和中部钩24~27个，腹列中部几个钩较大，钩基部具"钉"（图4-381C），无边缘列吸盘；终端垫吸盘14~16个；腕骨锁吸盘8~11个。第1腕最短，第2~4腕长相近；腕吸盘2列，内角质环光滑（图4-381D），第1~3腕最大吸盘大小相近，第4腕最大吸盘较其他腕小。内壳棒形，叶柄中轴粗壮，边肋细弱，尾椎喙尖（图4-381E）。两眼眼球腹面各具1个发光器；内脏发光器细长，后端发光器宽为长的53%~69%（图4-381F）。

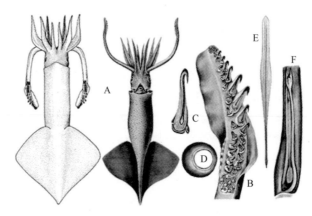

图4-381　日本爪乌贼形态特征示意图（据Young，1972；Toll，1982；Roper et al，1984）
A. 背视和腹视；B. 触腕穗；C. 掌部大钩；D. 腕吸盘内角质环；E. 内壳；F. 内脏发光器

生活史及生物学：大洋性浮游种，偏北分布，栖息水层表层至千余米，昼深夜浅，当夜间集群上浮至表层时，眼发光器所发的光在海面形成淡蓝色的光区。仔稚鱼以甲壳类为食，成体以小鱼为食，同类残食的现象普遍；其本身是抹香鲸的重要饵食。

在日本列岛的日本爪乌贼群体进行南北洄游。6月间成体向北海道较北的亚北极水域进行索饵，并在此滞留到秋季，然后向亚热带水域进行产卵洄游。雌性成熟胴长300~350 mm，雄性成熟胴长250 mm。繁殖群体中雌体大于雄体，优势胴长分别为160~310 mm和150~220 mm；雌体数量也多于雄体，性比多呈8：2或7：3。产卵在北太平洋海流和西风漂流之间的亚寒带境界附近，产卵期从晚秋至冬季，适合表温为7~17℃，最适表温为12~14℃，卵多产于80~200 m水层中。加利福尼亚海域也有产卵场。

仔稚鱼在日本列岛南部至琉球群岛海域生长发育，分布水层为20~200 m，其分布移动与黑潮逆流密切相关。随着生长，性腺也逐渐成熟，8—9月间，集群北上索饵、交配。在加利福尼亚海流区也常发现日本爪乌贼的仔稚鱼。

地理分布：分布于北太平洋阿留申群岛至日本南部和下加利福尼亚，包括千岛群岛、阿拉斯加湾和俄勒冈海域（图4-382）。

大小：雌性最大胴长370 mm，雄性最大胴长300 mm，最大体重1.1 kg。

渔业：重要经济种，是北太平洋20世纪七八十年代开发的经济头足类。70年代初期，年渔获量为2 000 t左右，70年代中期，年渔获量增至5 000 t，80年代渔获量已达万t，但资源很不稳定，年间渔获量波动很大。由捕食和被捕食关系估算日本爪乌贼资源量在5万~20万t左右。主要渔场在日本北海道东南海域，145°~147°E、43°~44°N处，鱼汛为8—10月，渔获水温12~14℃。在东北

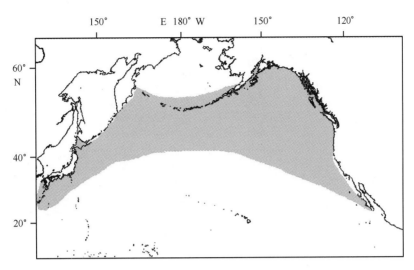

图 4-382　日本爪乌贼地理分布示意图

太平洋有次要渔场。捕捞工具为钓捕和流刺网,单位努力量最高时水温 12℃ 左右,流刺网单位努力量最高时水温为 10℃。

文献:Murata and Ishi, 1977; Roberts et al, 1978; Okutani, 1980; Fiscus and Mercer, 1982; Toll, 1982; Kubodera et al, 1998; Nesis, 1982, 1987; Young, 1972; Vecchione et al, 2003, 2004; 董正之, 1991; Roper et al, 1984。

隆突爪乌贼 *Onychoteuthis compacta* **Berry, 1913**

分类地位:头足纲,鞘亚纲,枪形目,开眼亚目,爪乌贼科,爪乌贼属。

学名:隆突爪乌贼 *Onychoteuthis compacta* Berry, 1913。

分类特征:体圆锥形,后腹部具发达的隆起,体表具大量大小相间的近圆形色素体(图 4-383A)。亚成体触腕穗远端和中部钩 2 列,约 21~22 个,腹列远端第 4 或第 5 钩基部具"钉",无边缘列吸盘(图 4-383B)。触腕穗远端仅终端垫具吸盘,约 13~16 个;腕骨锁吸盘 8~9 个(图 4-383B)。具内脏发光器,后端 1 个近圆形,宽为长的 82%~100%。两鳍腹面之间三角形区域无色素体,触腕口面近端至腕骨锁中央及腹侧无色素沉着。

生活史及生物学:仔鱼具独特的色素体式样。胴长 3~4 mm 的仔鱼外套腹部前缘具 1 列线性排列的色素体,后腹部具 1 群色素体,腹部与鳍相对处具 2 个大色素体(图 4-384A~C)。胴长 6 mm 的仔鱼,外套腹部近鳍处具两对色素体,背部两鳍相接处具一小块色素体。胴长 9 mm 的仔鱼,外套背部前端中线处具 2 列平行的小色素体(图 4-384D)。胴

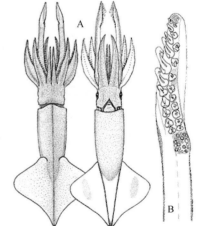

图 4-383　隆突爪乌贼形态特征示意图(夏威夷,据 Vecchione et al, 2003)
A. 腹视和背视;B. 触腕穗

长 12~16 mm 的稚鱼,色素体数急剧增加。胴长 18 mm 的稚鱼,色素体式样类似亚成体(图 4-384E)。

地理分布:夏威夷。

渔业:非常见种。

文献:Berry,1913;Kubodera et al,1998;Young and Harman,1985;Vecchione et al,2003。

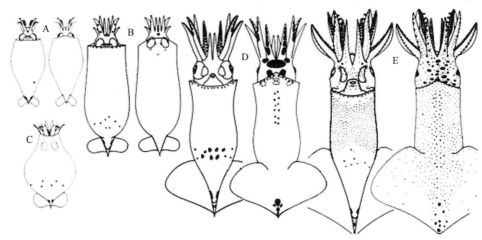

图 4-384　隆突爪乌贼幼体形态特征示意图

A. 胴长 2.3 mm 仔鱼腹视和背视;B. 胴长 4.1 mm 仔鱼腹视和背视;C. 胴长 4.8 mm 仔鱼腹视和背视;

D. 胴长 8.9 mm 仔鱼腹视和背视;E. 胴长 18.5 mm 仔鱼腹视和背视(据 Young and Harman,1985)

南太平洋爪乌贼 *Onychoteuthis meridiopacifica* **Rancurel and Okutani,1990**

分类地位:头足纲,鞘亚纲,枪形目,开眼亚目,爪乌贼科,爪乌贼属。

学名:南太平洋爪乌贼 *Onychoteuthis meridiopacifica* Rancurel and Okutani,1990。

分类特征:体前端圆筒形,后部骤细(图 4-385A)。头部后缘枕骨两侧各具 8~12 个颈褶(图 4-385B),嗅觉突位于腹侧第 2 颈褶末端。鳍横菱形,鳍长为胴长的 40%~50%,鳍宽为胴长的 70%~90%,单鳍角 60°~70°(图 4-385A)。触腕穗长为胴长的 20%~25%。成体触腕穗远端和中部钩 2 列,约 16~19 个(通常17~18 个),近端具少许边列吸盘(背列 3~4 个,腹列 1~2 个);腕骨锁吸盘 6 个;终端垫吸盘少(图 4-385C)。各腕长相近,但第 1 腕略短,各腕长为胴长的 27%~44%。每腕吸盘约 50~60 个,吸盘内角质环光滑(图 4-385D)。齿舌由 7 列异型小齿组成,中齿具微弱的侧尖,边齿甚长,犬牙形(图 4-385E)。内壳背部具坚固的隆起,尾椎腹缘向外

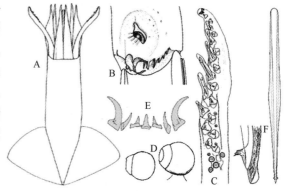

图 4-385　南太平洋爪乌贼形态特征示意图(据 Rancurel,1970;Rancurel and Okutani,1990;Kubodera et al,1998)

A. 腹视;B. 头部侧视;C. 触腕穗;D. 腕吸盘;E. 齿舌;F. 内壳

展开,尾椎具旗状结构(图 4-385F)。肠发光器甚小,前端一个小卵形,后端一个为前端的 1.5 倍,但不超过肠宽。

生活史及生物学:雄性成熟胴长 40 mm。

地理分布:澳大利亚东北部海域(图 4-386)。

大小:最大胴长 63 mm。

渔业:非常见种。

文献: Kubodera et al,1998;Rancurel,1970;Rancurel and Okutani,1990;Vecchione et al,

2003。

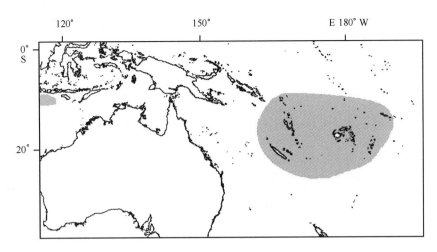

图4-386　南太平洋爪乌贼地理分布示意图

斑乌贼属 *Onykia* Lesueur，1821

斑乌贼属已知斑乌贼 *Onykia carriboea* 和阿氏斑乌贼 *Onykia appellöfi* 2种,其中斑乌贼为本属模式种。

分类地位:头足纲,鞘亚纲,枪形目,开眼亚目,爪乌贼科,斑乌贼属。

属特征:体表光滑。

斑乌贼 *Onykia carriboea* Lesueur，1821

分类地位:头足纲,鞘亚纲,枪形目,开眼亚目,爪乌贼科,斑乌贼属。

学名:斑乌贼 *Onykia carriboea* Lesueur，1821。

分类特征:体圆锥形,胴长约为胴宽的3~4倍,体表光滑,布满大小不一的圆形色素体(图4-387),外套背部略带紫色,腹部银色至金色。鳍扁圆形,鳍长约为胴长的1/2。触腕细,略长于腕长,触腕穗不膨大,中部钩2列,约20个,触腕穗边缘列具吸盘,腕骨部吸盘8~9个。第1腕较短,约为其余腕的2/3,第2~4腕长相近,腕吸盘2列,吸盘内角质环光滑,腕间膜不发达。

生活史及生物学:生长迅速。稚鱼分布在表层水域,通常藏于漂流物下方,也有采获于几十米至200 m。产卵期可能在秋、冬之间。

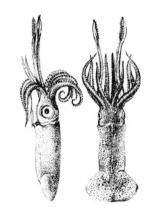

图4-387　斑乌贼背视和侧视图(据 Lesueur，1821)

地理分布:南海北部、日本群岛南部、琉球群岛、马鲁古群岛、社会群岛、加利福尼亚半岛西南、孟加拉湾、科摩罗群岛、非洲南端和西南端、阿根廷东南、墨西哥湾、佛罗里达、乞沙比克湾、加勒比海、巴哈马群岛、百慕大群岛、圣保罗岛、加那利群岛、马德拉群岛、亚速尔群岛、地中海、比斯开湾。

大小:最大胴长36 mm。

渔业:非常见种。

文献: Kubodera et al，1998；Lesueu，1821；Tsuchiya and Okutani，1991；董正之，1991。

阿氏斑乌贼 *Onykia appellöfi* Pfeffer, 1900

分类地位:头足纲,鞘亚纲,枪形目,开眼亚目,爪乌贼科,斑乌贼属。
学名:阿氏斑乌贼 *Onykia appellöfi* Pfeffer, 1900。
地理分布:大西洋。

缩手乌贼属 *Walvisteuthis* Nesis and Nikitina, 1986

缩手乌贼属已知仅缩手乌贼 *Walvisteuthis rancureli* 1 种。
分类地位:头足纲,鞘亚纲,枪形目,开眼亚目,爪乌贼科,缩手乌贼属。
属特征:颈皱 3 个。鳍卵形,后端不延伸。

缩手乌贼 *Walvisteuthis rancureli* Okutani, 1981

分类地位:头足纲,鞘亚纲,枪形目,开眼亚目,爪乌贼科,缩手乌贼属。
学名:缩手乌贼 *Walvisteuthis rancureli* Okutani, 1981。
拉丁异名:*Walvisteuthis virilis* Nesis and Nikitina, 1986;*Onykia rancureli* Okutani, 1981。
英文名: Stubby hook squid。
分类特征:体圆锥形,胴长约为胴宽的 3 倍
(图 4-388A)。头部后缘枕骨两侧颈皱各 3 个,枕
骨膜始于第 3 颈皱,沿背面延伸和弯曲,嗅觉突位
于第 2 颈皱后部。漏斗陷倒 V 字形。鳍卵形,后
鳍垂大,末端不延伸形成尾部,单鳍角约 90°(图 4
-388A)。触腕穗长为胴长的 34%～37%,钩两列
约 24～25 个,腹列第 4 第 5 钩最大,腕骨锁吸盘 7
～9 个,终端垫 8～11 个小吸盘,近端掌部两侧边缘
列具少量吸盘(图 4-388B)。触腕穗背侧保护膜
短窄,无横隔片,腹侧保护膜长,从腕骨垫至终端
垫,且具宽的横隔片。腕长为胴长的 52%～54%,
腕式为 4>3=2>1。第 2 和第 3 腕背侧保护膜十分
扩大,约为腹侧保护膜的两倍,且具长而发达的横
隔片,腹侧保护膜窄,具短的横隔片;第 4 腕近端约
1/2 保护膜膨大。腕吸盘内角质环全环具大量细
尖的小齿(图 4-388C)。齿舌由 7 列小齿和 2 列

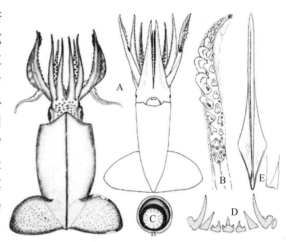

图 4-388　缩手乌贼形态特征示意图(据 Okutani,
1981;Rancurel, 1970;Nesis and Nikitina, 1986;Nesis
and Nikitina, 1986)
A. 背视和腹视;B. 触腕穗;C. 腕吸盘;D. 齿舌;E. 内壳

缘板组成,第 2 侧齿小于中齿和第 1 侧齿(图 4-388D)。内壳尾椎不发达,尾椎喙短钝,圆而侧扁
(图 4-388E)。无发光器。

生活史及生物学:胴长 2.5 mm 的仔鱼,外套十分纤细,胴宽为胴长的 25%,外套背部中线具 1
列延长的色素体,眼背腹延长,触腕穗吸盘 2 列,吸盘尺寸大,约等于腕吸盘(图 4-389A);胴长 4.5
mm 的仔鱼形态改变很大,外套开始变宽,眼开始变成半球形,鳍开始增大(图 4-389B);胴长 7 mm
的仔鱼,外套继续加宽,色素体小而分散,但背部色素体较腹部的大(图 4-389C);胴长12 mm 的仔
鱼,倒 V 字形漏斗陷和独特的尾椎喙开始形成,触腕穗中列至腹列钩开始出现。

地理分布:广泛分布于世界各大洋热带至温带水域。
大小:最大胴长 80 mm。

渔业:非常见种。

文献: Rancurel, 1970; Okutani, 1981; Nesis and Nikitina, 1986; Young et al, 2003。

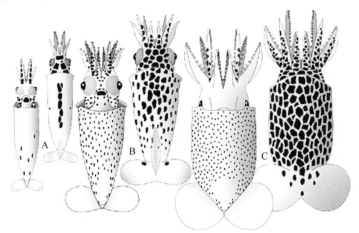

图 4-389 缩手乌贼仔鱼形态特征示意图

A. 胴长 2.4 mm 仔鱼腹视和背视;B. 胴长 4.5 mm 仔鱼腹视和背视;C. 胴长 7 mm 仔鱼腹视和背视(据 Young et al, 2003)

第二十四节 菱鳍乌贼科

菱鳍乌贼科 Thysanoteuthidae Keferstein, 1866

菱鳍乌贼属 Thysanoteuthis 为菱鳍乌贼科的单行属。

菱鳍乌贼属 Thysanoteuthis Troschel, 1857

菱鳍乌贼属已知仅菱鳍乌贼 Thysanoteuthis rhombus1 种。

分类地位:头足纲,鞘亚纲,枪形目,开眼亚目,菱鳍乌贼科,菱鳍乌贼属。

英文名: Rhomboid squids;**法文名:**Chipilouas;**西班牙文名:**Chipironesd。

科属特征:外套圆锥形,肌肉十分强健。鳍纵菱形,包裹整个外套。口膜连接肌丝与第 4 腕腹缘相连。漏斗锁沟"┤"形。触腕穗掌部吸盘 4 列。腕保护膜生发达的须状横隔片,腕吸盘 2 列,雄性左侧第 4 腕茎化。无发光器。

菱鳍乌贼 Thysanoteuthis rhombus Troschel, 1857

分类地位:头足纲,鞘亚纲,枪形目,开眼亚目,菱鳍乌贼科,菱鳍乌贼属。

学名:菱鳍乌贼 Thysanoteuthis rhombus Troschel, 1857。

拉丁异名: Thysanoteuthis nuchalis Pfeffer, 1912。

英文名: Diamondback squid;**法文名:**Chipiloua commun;**西班牙文名:**Chipirón volantín。

分类特征:体窄圆锥形,肌肉十分强健,胴长约为胴宽的 4 倍,体表具大量密集的色素体(图 4-390A)。口膜连接肌丝与第 4 腕腹缘相连。漏斗锁具"┤"凹槽(图 4-390B)。鳍纵菱形,鳍长等于胴长,鳍与外套侧缘相连(图 4-390A)。触腕柄具 2 列稀疏的小吸盘,交错排列(图 4-390C)。

触腕穗略膨大,吸盘4列,内角质环具尖齿(图4-390D)。第3腕最长,约为其余腕长的两倍,第1、2、4腕长相近,腕式为3>2>4>1,第3腕保护膜发达,生发达的须状横隔片。腕吸盘2列,内角质环具尖齿(图4-390E)。雄性左侧第4腕茎化。内壳剑形,翼部前端凸起,无尾椎(图4-390F)。无发光器。

生活史及生物学:菱鳍乌贼为暖水性大洋中表层洄游的头足类,通常栖息水深为0~1 000 m,具昼夜垂直洄游习性,白天分布在中层水域,夜间出没近表层水域。它是一种习性特异的开眼头足类,它们经常成对游动,这种配对并不全是雌雄搭配,同性搭配也经常可见,至今仍未发现大群的群聚,最多只有十余尾成群徘徊于中上层或表层。其运动的方式系以胴部边缘的肉鳍及腕侧膜击水,进行蝶式游泳。漏斗喷水推进的作用并不明显,白昼下沉,趋光性强,小个体可跃出水面。由于个体较重,其游泳速度不大,每小时很少超过3.7 km。菱鳍乌贼成体主要生活于大洋暖水区,因生殖索饵或其他因素才会接近岛屿,也曾有搁浅于岸边的记录。

菱鳍乌贼生命周期较长,可达数年。在日本海的产卵期为3—5月,为浮游性卵。通过1995、1996年在石垣岛海域的调查,初步确认在产卵期之前的4—5个月进行交配,雌性长期保存精荚。卵束腊肠形,通常漂浮于海表层,春季和夏季,在日本东南海域和琉球群岛海域就经常发现漂浮的卵束。卵束一般长0.6~1.3 m,宽15~20 cm,其中的卵带螺旋排列。夏季在琉球群岛海域有菱鳍乌贼仔鱼出现,尤以25°N、130°E附近较多,采获水层20~50 m,多为20 m。近孵化的胚胎具大量色素体;小个体仔鱼眼小,具大量色素体(图4-391A),大个体仔鱼腕顶端削弱,第3腕生细长的横隔片(图4-391B)。

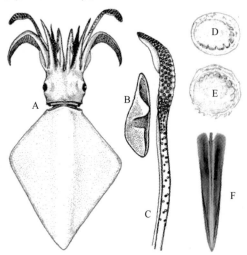

图4-390 菱鳍乌贼形态特征示意图(Roper et al,1984;董正之,1991;Toll,1998)
A. 背视;B. 漏斗锁;C. 触腕穗;D. 触腕穗吸盘;E. 腕吸盘;F. 内壳

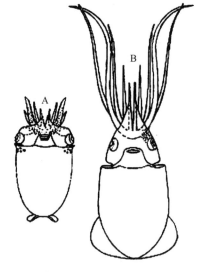

图4-391 菱鳍乌贼仔鱼形态特征示意图(据Young and Vecchione,1996)
A. 胴长2.3 mm仔鱼腹视;B. 胴长7.5 mm仔鱼腹视

在日本周边海域,夏季,菱鳍乌贼随着对马暖流,由南向北洄游,到了秋冬季,开始向东南洄游,靠近日本海南部和中部诸岛边缘。以后随着水温的日趋降低,它们开始离开日本海,游向外洋。

菱鳍乌贼趋光性强,在夜间徘徊于中上层或表层水域,捕食鱼类或甲壳类等,然而它本身也是大洋性鲸、旗鱼、金枪鱼类等大型肉食性鱼类的饵料,这可能是导致白昼下沉至深层水域的可能原因之一。根据日本调查的情况,胃含物包括鱼类、头足类及虾类。空胃的个体占10.5%。鱼类的出现率为76.5%,头足类为43.1%,虾类为5.9%,而鱼类与头足类同时出现率为21.5%。

地理分布:广泛分布在世界各大洋热带和亚热带水域,包括地中海、大西洋东部及西部、南非外海、日本海、东海及南海、琉球外海、马来西亚半岛及印度洋等,并无明显的区域界限(图4-392)。

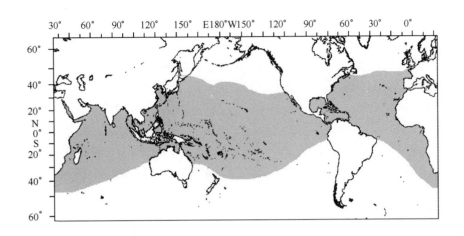

图4-392　菱鳍乌贼地理分布示意图

大小:最大胴长1 m,一般为600 mm。最大体重20 kg。

渔业:次要经济种,肉质佳,在日本常用来制作生鱼片。广泛分布在太平洋、大西洋的暖水区和印度洋,但仅集中捕捞于日本南部和中部,若狭湾和富山湾为两个重要的渔场。渔期因作业海域的不同而不同。日本兵库县的对马渔场鱼汛为8月下旬至12月上旬,盛渔期9—10月,作业海域为离岸10~70 km水深100 m以浅的水域;冲绳地区的八重山与久米岛渔场鱼汛为11月至翌年6月,作业海域为水深450~650 m的水域。我国台湾省周围海域的作业渔场,渔期为9月至翌年5月,盛渔期为11月至翌年4月。

文献:Clarke,1966;Roper,1978;Roper and Sweeney,1981;Suzuki et al,1979;Naef,1921,1923;董正之,1991;Roper et al,1984;Nigmatullin and Arkhipkin,1998;Toll,1998;Young and Vecchione,1996。

第二十五节　澳洲乌贼科

澳洲乌贼科 **Australiteuthidae** Lu,2005

澳洲乌贼科以下仅澳洲乌贼属 *Australiteuthis* 1属。

澳洲乌贼属 *Australiteuthis* Lu,2005

澳洲乌贼属已知仅澳洲乌贼 *Australiteuthis aldrichi* 1种。
　　分类地位:头足纲,鞘亚纲,枪形目,闭眼亚目,澳洲乌贼科,澳洲乌贼属。
　　科属特征:漏斗锁结构独特,具"回旋棒"形凹槽。两鳍分离,具后鳍垂。墨囊上具"哑铃"形发光器。

澳洲乌贼 *Australiteuthis aldrichi* Lu,2005

　　分类地位:头足纲,鞘亚纲,枪形目,闭眼亚目,澳洲乌贼科,澳洲乌贼属。

学名:澳洲乌贼 *Australiteuthis aldrichi* Lu,2005。

分类特征:体短圆锥形,胴长约为胴宽的 2 倍(图 4-393A)。头部具长窄的触腕囊,颈部软骨发达(图 4-393B)。眼覆盖角膜,无眼孔和次眼睑。口膜连接肌丝与第 4 腕腹缘相连,无口吸盘。漏斗锁软骨近圆形,中间具独特的"回旋棒"凹槽(图 4-393C),外套锁不至外套前部边缘。鳍大而圆,具游离的前鳍垂和后鳍垂,两鳍末端分离,鳍长为胴长的 47%~63%,鳍宽为胴长的 80%~104%(图 4-393A)。触腕穗吸盘 4 列,掌部边列吸盘位于膨大的保护膜上,远端吸盘柄延长,无腕骨球突和明显的腕骨簇(图 4-393D)。掌部大吸盘内角质环远端 2/3 具 14 个圆锥形尖齿,近端 1/3 光滑;腕骨部吸盘内角质环远端 1/2 具 9 个圆锥形钝齿,近端 1/2 光滑。腕式为 3>4>2>1,吸盘 2 列,雌性腕吸盘正常,雄性腕吸盘特化:第 1 腕近端吸盘小,远端 8 个吸盘大(第 3 第 4 吸盘最大),顶端吸盘甚小(图 4-393E);第 2 腕第 6~8 吸盘十分扩大,直径为第 1 吸盘的 4~5.4 倍(图 4-393F);第 3 腕第 1 吸盘最大,第 2~4 吸盘小,第 5~9 吸盘扩大,直径为第 2 吸盘的 2.5 倍,远端吸盘正常(图 4-393G);右侧第 4 腕第 1 吸盘十分扩大,远端吸盘正常(图 4-393H);左侧第 4 腕茎化,腕长多变,吸盘均退化,仅余圆锥形吸盘柄(图 4-393I);第 1 腕吸盘内角质环光滑,第 2 第 3 腕最大吸盘内角质环全环具 5~7 个宽平的矮齿,第 4 腕大吸盘内角质环光滑。角质颚上颚脊突弯曲,下颚脊突弯曲,无侧壁皱。齿舌由 7 列异型小齿和 2 列缘板构成,中齿和第一侧齿 3 尖,其余齿单尖。内壳角质,末端向腹部弯曲,形成圆锥形结构(图 4-393J)。成熟雌性具缠卵腺和附缠卵腺,仅左侧输卵管具功能。墨囊具 1 对"哑铃"型发光器,发光器由两叶组成。头部、外套背部前 1/3 和腹部前 1/2 具褐色大色素体,头冠、鳍等其他部分不具色素体。

生活史及生物学:小型种。卵相对较大,长径 1.5~1.75 mm,短径 0.96~1.32 mm。

地理分布:澳大利亚约瑟夫波拿巴海湾、达尔文市和巴布亚新几内亚近岸水域(图 4-394)。

大小:最大胴长 27.6 mm。

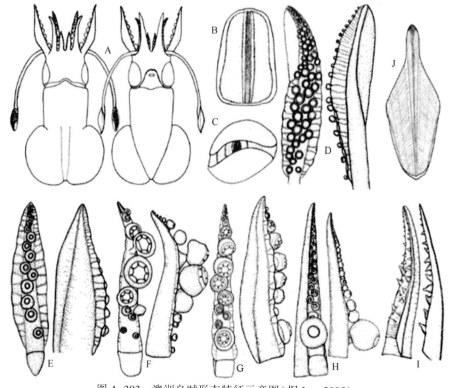

图 4-393 澳洲乌贼形态特征示意图(据 Lu,2005)

A. 背视和腹视;B. 颈软骨;C. 漏斗锁;D. 触腕穗;E. 第 1 腕;F. 第 2 腕;G. 第 3 腕;H. 右第 4 腕;I. 茎化腕;J. 内壳

渔业:非常见种。

文献:Lu, 2005; Lu and Young, 2005。

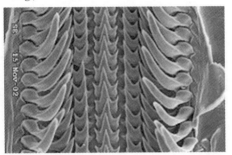

图 4-394　齿舌扫描电镜图(据 Lu, 2005)

第二十六节　枪乌贼科

枪乌贼科 Loliginidae Lesueur, 1821

枪乌贼科以下包括枪乌贼属 *Loligo*、非洲枪乌贼属 *Afrololigo*、异尾枪乌贼属 *Alloteuthis*、美洲枪乌贼属 *Doryteuthis*、长枪乌贼属 *Heterololigo*、小枪乌贼属 *Loliolus*、圆鳍枪乌贼属 *Lolliguncuta*、矮小枪乌贼属 *Pickfordiateuthis*、拟乌贼属 *Sepioteuthis*、尾枪乌贼属 *Uroteuthis* 10 属,共计 46 种。

分类地位:头足纲,鞘亚纲,枪形目,闭眼亚目,枪乌贼科。

英文名: Inshore squids;**法文名:**Calmars, Calmars cotiers, Casserons, Encornets;**西班牙文名:**Calamares, Calamarines, Calamaretes。

科特征:体通常微红褐色,背部颜色较深,但通常据周围环境的颜色而改变。体细长或粗短的圆锥形。鳍多为端生,少数周生,两鳍末端通常相连(除矮小枪乌贼属),无后鳍垂。口膜连接肌丝与第 4 腕腹缘相连,口垂片 7 个,通常具吸盘(圆鳍乌贼属和异尾乌贼属除外)。漏斗锁软骨具简单的直凹槽,外套锁至外套前端边缘。触腕穗吸盘 4 列,腕吸盘 2 列。雄性左侧第 4 腕茎化。内脏具或不具发光器,如果有,则为一对,且不毗连。卵沉性,黏附于海底,卵团指状。

生活史及生物学:沿岸和大陆架浅海水域底栖或半浮游种类,最大栖息水深约 400 m。其中几种局限于浅水生活,少数种类可在低盐水域生活。具昼夜垂直洄游习性,白天栖于近底层水域,夜间潜入上层水体中。多数种类具有趋光性,因此可灯光诱捕作业。除栖于冷温水水域的种类外,多数种类具两种不同体型的产卵群体,产卵期延长,高峰期为春季或夏初和秋季。

许多种类依据水温的变化,进行季节性洄游。冬季通常栖于离岸深水区。大个体春季,小个体夏季开始集群向近岸浅水水域洄游,秋末开始重新向离岸深水区洄游。卵包于凝胶质的指状卵袋中,卵袋黏附于海底。初孵幼体类似成体。春季和夏季孵化的幼体通常翌年秋季成熟并产卵,而秋季孵化的幼体将加入第二年的春季产卵群体中,两种繁殖群体相互交替。枪乌贼科种类生命周期约 1—3 年。它们以甲壳类、小鱼或稚鱼为主要饵料。

地理分布:世界各大洋大陆架和内大陆架斜坡水域(南极、北极除外)。

渔业:枪乌贼产量约占世界头足类总产量的 9%,它们是东南亚和地中海周边国家的重要渔业对象。枪乌贼是很好的食用头足类,市场上通常为鲜品、冻品、干品或罐头,亦可用作其他渔业的钓饵。

文献：Anderson，1996，2000a，b；Alexeyev，1989，1991；Brakoniecki，1986，1996；Lesueur，1821；Natsukari，1984；Sweeney and Vecchione，1998；Vecchione et al，1998，2005；Vecchione，1996。

属的检索：

1(2)鳍周生 ·· 拟乌贼属

2(1)鳍端生

3(10)体较粗短

4(9)两鳍末端相接

5(6)茎化腕具腹膜突 ·· 小枪乌贼属

6(5)茎化腕无腹膜突

7(8)雄性侧腕中部吸盘十分扩大 ·· 非洲枪乌贼

8(7)雄性侧腕中部吸盘不扩大 ·· 圆鳍枪乌贼

9(4)两鳍末端不相接 ··· 矮小枪乌贼

10(3)体十分细长

11(12)内脏具发光器 ··· 尾枪乌贼属

12(11)内脏无发光器

13(14)具尾部 ·· 异尾枪乌贼属

14(13)无尾部

15(16)鳍后缘平直 ·· 美洲枪乌贼

16(15)鳍后缘内凹

17(18)腹部中央具一条隆起 ··· 枪乌贼属

18(17)腹部中央无隆起 ··· 长枪乌贼属

枪乌贼属 *Loligo* Lamarck，1798

枪乌贼属以下包括枪乌贼 *Loligo vulgaris*、福氏枪乌贼 *Loligo forbesii* 和好望角枪乌贼 *Loligo reynaudii* 3 种，其中枪乌贼为本属模式种。该属为东大西洋近岸普通种，为潜在的渔获对象。

分类地位：头足纲，鞘亚纲，枪形目，闭眼亚目，枪乌贼科，枪乌贼属。

属特征：体延长，后部顶端钝。鳍端生，成体鳍纵菱形，鳍长大于鳍宽，后端渐细，鳍后缘内凹，延伸至外套后部顶端，但不延伸形成尾部。触腕穗膨大，吸盘 4 列。茎化腕无"腹膜突"，近端吸盘不特化，特化的吸盘尺寸小，背列或/和腹列吸盘柄延长形成乳突。卵径小于 4 mm，精囊胶合体短。无发光器。

地理分布：分布在东大西洋南非至 60°N。

文献：Anderson，2000；Alexeyev，1989；Augustyn and Grant，1988；Brakoniecki，1986；Brierley and Thorp，1994；Naef，1921，1923；Vecchione et al，1998，2005；Vecchione，1996。

种的检索：

1(4)触腕穗掌部吸盘十分扩大，直径为边缘列吸盘的 2~3 倍

2(3)腕长 ·· 枪乌贼

3(2)腕短 ·· 好望角枪乌贼

4(1)触腕穗掌部吸盘略扩大，直径小于边列吸盘的 2 倍 ··················· 福氏枪乌贼

枪乌贼 *Loligo vulgaris* Lamarck，1798

分类地位:头足纲,鞘亚纲,枪形目,闭眼亚目,枪乌贼科,枪乌贼属。

学名:枪乌贼 *Loligo vulgaris* Lamarck，1798。

英文名:Common European squid，European squid;**法文名**:Encornet;**西班牙文名**:Calamar。

分类特征:体长圆锥形,后部削直,胴长约为胴宽的 6 倍;体表具大小相间的色素斑,胴腹生有断续的纵条纹,雄性胴腹中央具一条筋肉隆起(图 4-395A)。肉鳍较长,约为胴长的 2/3,两鳍相接略呈纵菱形,后缘略凹,鳍长约为胴长的 2/3(图 4-395A)。触腕穗掌部吸盘 4 列,中间两列约 12 个吸盘十分扩大(图 4-395B),大吸盘内角质环具约 30 个整齐的钝圆形齿(图 4-395C),指部小吸盘约 20 列。腕长略有差异,腕式一般为 3>4>2>1,吸盘 2 列,吸盘内角质环具约 20 个尖齿,其中远端中间一个较大而尖(图 4-395D)。雄性左侧第 4 腕茎化(图 4-395E),远端约 1/4~1/3 吸盘骤然变小,吸盘柄膨大呈肉突。内壳角质,羽状,中部较圆突,后端较尖,中轴粗壮,边肋细弱,叶脉细密(图 4-395F)。

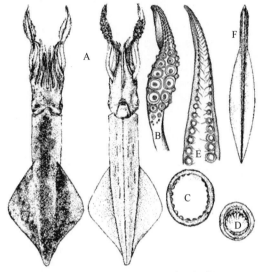

图 4-395　枪乌贼形态特征示意图(据 Jatta，1986;Adam，1952;Roper et al，1984)
A. 背视和腹视;B. 触腕穗;C. 触腕穗大吸盘内角质环;D. 腕吸盘内角质环;E. 茎化腕;F. 内壳

生活史及生物学:浅海半浮游种类,栖息于表层至 500 m 水层,在 20~250 m 群体较为密集。繁殖期间主要在大陆架浅水区活动,越冬期间主要栖息于大陆架深水区、大陆架边缘区以及大陆架斜坡上区。生活适温较广,水温 8~22 ℃内,在不同水层中均有群体活动。适盐范围窄,喜高盐,主要活动在盐度 35 以上的海域。

季节性洄游明显,春季进入北海南部的一支,夏季沿着东弗里西亚群岛移动,这里已是分布的北限,群体仅由大个体组成;另一支进入比斯开湾,沿着近岸水域和大陆架斜坡作短距离移动,有两个明显的繁殖期,夏季繁殖个体十分普遍;还有一支沿着西北非近岸向南作较长距离的移动,经过几内亚湾,到达安哥拉海域,这里是分布的南限。

周年几乎均有繁殖活动,北海南部的产卵期约为 4—8 月,地中海西北部的产卵期约为 11 月至翌年 4 月。繁殖期中的性比约为 1:1,雌雄初次性成熟胴长分别为 16 mm 和 13 mm。胴长 130~160 mm 的个体即达到性成熟。产卵场的水深在 100 m 以内,以 15~30 m 居多。个体的产卵量约为 6 000~10 000 枚,卵径平均 1.1~1.5 mm。水温对孵化期的长短有明显的影响,水温 10~20 ℃时,卵孵化期为 20~70 天,卵子发育的适宜水温为 12~14 ℃。初孵幼体胴长 2~3 mm,6 个月左右胴长达到 120~150 mm,1 年内完全性成熟。生命周期约为 1~1.5 年。雌性胴长甚小于雄性,性成熟较慢,生命周期较雄性长。

地理分布:分布在东大西洋 20°S~60°N 海域,具体为北海、英吉利海峡、比斯开湾、葡萄牙西部、地中海、亚得里亚海、爱琴海、西北非、几内亚湾和安哥拉海域(图 4-396)。

大小:雄性个体的最大胴长为 420 mm,雌性最大胴长为 320 mm。

渔业:东北大西洋、中东大西洋和东南大西洋的经济头足类。渔获量较少,捕捞实践表明,本种的群体颇为丰厚,一般拖网渔获效率不高。主要渔场有北海南部渔场、地中海西北渔场和安哥拉渔场。机轮拖网周年可作业,捕捞产卵群体和越冬群体。

文献:Jatta，1986；Adam，1952；Mangold-Wiz，1963；Fischer，1973；Basilio and Pérez-Gandaras，1973；Roper，1981；Roper et al，1984；董正之，1991。

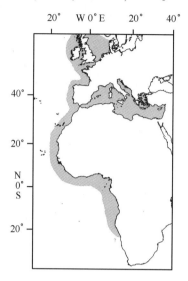

图 4-396　枪乌贼地理分布示意图

福氏枪乌贼 *Loligo forbesi* Steenstrup，1856

分类地位：头足纲，鞘亚纲，枪形目，闭眼亚目，枪乌贼科，枪乌贼属。

学名：福氏枪乌贼 *Loligo forbesi* Steenstrup，1856。

英文名：Veined squid；**法文名**：Encornet veiné；**西班牙文名**：Calamar veteado。

分类特征：体长圆锥形，后部削直，胴长约为胴宽的 5 倍；体表具大小相间的色素斑，腹部生有稀疏的弯月形斑块，雄性腹部中央具 1 条筋肉隆起(图 4-397A)。鳍甚长，约为胴长的 3/4，两鳍相接略呈纵菱形，后缘略凹(图 4-397A)。触腕穗掌部吸盘 4 列，中间列吸盘较大，大小相近(图 4-397B)，大吸盘内角质环具 13~18 个大小整齐相间的尖齿(图 4-397C)。各腕长略有差异，腕式一般为 3>4>2>1，吸盘 2 列，角质环具 7~8 个尖齿(图 4-397D)。雄性左侧第 4 腕茎化(图 4-397E)，远端 1/3 吸盘骤然变小，吸盘柄特化为乳突。内壳角质，披针叶形，中部较圆，后部较尖，中轴粗壮，边肋细弱，叶脉细密(图 4-397F)。

生活史及生物学：春季由远岸深水区集群向近岸浅水区交配、产卵。春生群和夏生群为主体。春季繁殖群体的性比约为 1∶1，在整个繁殖过程中性比没有大变化；而在秋末冬初，雌性的比例上升到 70% 左右。群体由欧洲西部深水区沿近岸移动时，大体呈分支洄游。北支中的一个分支通过圣乔治海峡，在苏格兰西部海岛附近繁殖；另一分支往英吉利海峡繁殖，也有一些到达北海，在斯卡格拉克海峡附近繁殖。南支的洄游群体在亚速尔群岛和马德拉群岛繁殖。繁殖后亲体相继死亡。雄性的平均胴长甚大于雌性，前者 565 mm，后者仅为 335 mm。群体对低温敏感，它们的生活适温在 8.5 ℃ 以上。产出的卵附于海底岩石上，拖网中也常有采获。每一个卵鞘中包含的卵子数目随季节变化而有变化，春季和夏季的卵鞘中含卵 50~80 枚，冬季的卵鞘含卵 170~200 枚不等。水温 9~11 ℃，孵化期约为 30~40 天；水温为 14~16 ℃时，孵化期为 24 天。水温低于 5 ℃，对卵子发育不利。幼体生长很快，出生后 1 个月，平均胴长可达 20 mm；几个月后，每月平均胴长增长 27~37 mm，雄性生长快于雌性。6 月初胴长为 115 mm 的个体，到 8 月胴长为 140~150 mm，到 11 月胴长为 250~300 mm，性腺已成熟。从耳石的生长纹推算，福氏枪乌贼的生命周期为 7~15 个月，雌性寿命大于雄性。

　　福氏枪乌贼的胃中经常发现鱼类的耳石、鳞片、脊椎骨及头足类的腕吸盘、角质颚以及甲壳动物的壳片等。胃含物中数量组成的顺序为鱼类、头足类、甲壳类和多毛类等,其中鱼类占70%~80%。鱼类中以鲹科最多,也有少量的长须鳕;头足类中以福氏枪乌贼较多,也有其他幼枪乌贼、幼蛸等;甲壳类中主要是十足目的游行亚目,此外尚有十足目的爬行亚目、磷虾类和端足类;其他类群有多毛类、贝类、有孔虫、苔藓虫等。

　　地理分布:分布在东大西洋20°N~60°N海域,具体为北海、英国西部、英吉利海峡、比斯开湾、葡萄牙西部海域、地中海、亚速尔群岛和马德拉群岛海域,东非(图4-398)。

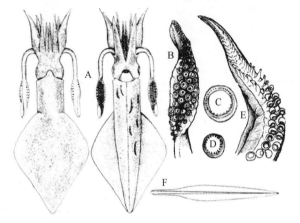

图4-397　福氏枪乌贼形态特征示意图(据 Naef,
1923;Jatta, 1896;Roper et al, 1984)

A. 背视和腹视;B. 触腕穗;C. 触腕穗大吸盘;D. 腕吸盘;
E. 茎化腕;F. 内壳

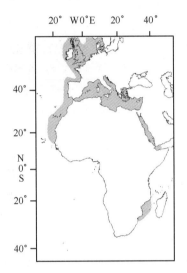

图4-398　福氏枪乌贼地理分布示意图

　　大小:最大胴长900 mm。

　　渔业:次要经济种,主要为手钓渔业和拖网渔业。手钓通常在群体密集时作业,作业区域为岛屿之间,作业水深135~270 m。机轮拖网在近海作业,渔获为兼捕,渔期几乎全年。主要渔场分布于苏格兰、英吉利海峡、斯卡格拉克海峡和亚速尔群岛海域。除7—8月渔获很少外,其他各月均有不少渔获,以1月、6月和11月渔获最多。各个渔场中的渔期有所参差。

　　文献:Jatta, 1896;Naef, 1923;Holme, 1974;Roper and Sweeney, 1981;Martins, 1982;Roper et al, 1984;董正之, 1991。

好望角枪乌贼 *Loligo reynaudi* Orbigny, 1845

　　分类地位:头足纲,鞘亚纲,枪形目,闭眼亚目,枪乌贼科,枪乌贼属。

　　学名:好望角枪乌贼 *Loligo reynaudi* Orbigny, 1845。

　　英文名:Cape Hope squid,Chokker squid;**法文名**:Calmar du Cap;**西班牙文名**:Calamar del Cabo。

　　分类特征:体长圆锥形。鳍长超过胴长的65%(图4-399A)。触腕长,触腕穗膨大,掌部中间列吸盘十分扩大(图4-399B)。腕短(与枪乌贼相比)。

　　生活史及生物学:浅海性中层种,栖息于大陆架水域,分布水层未知。

　　地理分布:分布在中东大西洋南非至安哥拉(图4-400)。

　　大小:最大胴长400 mm,最大体重超过1 kg。

　　渔业:次要经济种,日本和南非在开普敦和阿古尔哈斯角的德班外海200 m以上水层,每年拖网渔获3 000 t。在法国和意大利市场上有销售。

文献：Cooper，1979；董正之，1991；Roper et al，1984。

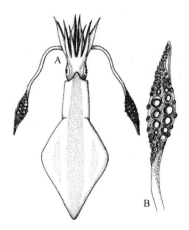

图 4-399　好望角枪乌贼形态特征示意图（据
Roper et al，1984）
A. 背视；B. 触腕穗

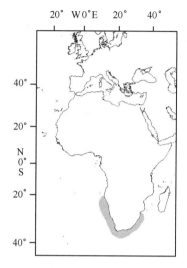

图 4-400　好望角枪乌贼地理分布示意图

非洲枪乌贼属 *Afrololigo* Brakoniencki，1986

非洲枪乌贼属已知仅非洲枪乌贼 *Afrololigo mercatoris* 1 种。
分类地位：头足纲，鞘亚纲，枪形目，闭眼亚目，枪乌贼科，非洲枪乌贼属。
属特征：外套短，后端圆，鳍宽大于鳍长，无后鳍垂。茎化腕无"腹膜突"。

非洲枪乌贼 *Afrololigo mercatoris* Adam，1941

分类地位：头足纲，鞘亚纲，枪形目，闭眼亚目，枪乌贼科，非洲枪乌贼属。
学名：非洲枪乌贼 *Afrololigo mercatoris* Adam，1941。
拉丁异名：*Lolliguncula mercatoris* Adam，1941。
英文名：Guinean thumbstall squid；**法文名**：Calmar doigtier de Guinée；**西班牙文名**：Calamar dedal
de Guinea。
分类特征：体粗短，后端钝圆，末端不延伸形成尾部，胴宽约为胴长的 35%（图 4-401A）。头
短。口垂片无吸盘。鳍圆，短而宽，后缘凸，鳍长为胴长的 40%~45%，鳍宽为胴长的 55%~65%
（图 4-401A）。触腕穗窄小，吸盘 4 列（图 4-401B），掌部中间列 4~5 对吸盘明显较侧列吸盘大，大
吸盘内角质环齿 15~25 个，远端齿较近端齿尖（图 4-401C）。第 1 腕较其他腕短，腕吸盘内角质环
全环具方形板齿（图 4-401D）。雄性侧腕中部吸盘十分扩大；左侧第 4 腕茎化（图 4-401E）：无"腹
膜突"，近端 1/2 腕 6~12 对吸盘正常，远端 1/2 吸盘特化为延长的乳突，背列乳突相当发达。卵
小，精囊胶合体长。无发光器。
生活史及生物学：近岸浅海种。渔获水域在底质为泥质和砂质的 50 m 以上水层。
地理分布：分布局限在中东大西洋非洲西岸，从毛里塔尼亚至纳米比亚（图 4-402）。
大小：雌性最大胴长为 50 mm，雄性最大胴长为 35 mm。
渔业：潜在经济种，资源未开发，多为副渔获物。在中西大西洋资源量、栖息地和分布类似福氏
枪乌贼，具潜在开发价值。
文献：Roper et al，1984；Anderson，2000；Brakoniecki，1986；Vecchione et al，2005；Vec-
chione，2006。

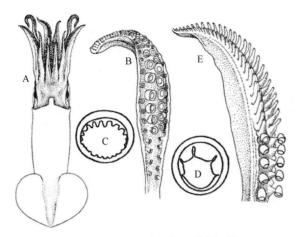

图 4-401 非洲枪乌贼形态特征示意图(据 Roper et al,1984)

A. 背视;B. 触腕穗;C. 掌部大吸盘;D. 腕吸盘;E. 茎化腕

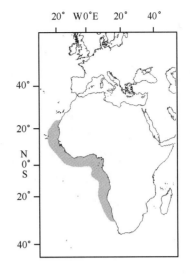

图 4-402 非洲枪乌贼地理分布示意图

异尾枪乌贼属 *Alloteuthis* Wulker,1920

异尾枪乌贼属已知非洲异尾枪乌贼 *Alloteuthis africanus*、异尾枪乌贼 *Alloteuthis media*、锥异尾枪乌贼 *Alloteuthis subulata* 3 种,其中异尾枪乌贼为本属模式种。该属为小型种,分布在东大西洋 55°~60°N 至 20°S。

分类地位:头足纲,鞘亚纲,枪形目,闭眼亚目,枪乌贼科,异尾枪乌贼属。

属特征:体延长,相对较窄,后端延伸形成尖的尾部,成体尾长可达 60 mm。口垂片无吸盘。鳍心形,侧角圆,后缘内凹,并沿尾部延伸至顶点,鳍长大于鳍宽。触腕穗膨大,吸盘 4 列,掌部中间 2 列吸盘扩大。茎化腕无腹膜突,近端吸盘不特化,近端腹列具 10~12 个(通常 11 个)正常吸盘,远端吸盘特化为乳突。内壳具小尾椎。卵小,精囊胶合体小。无发光器。

文献:Anderson,2000;Alexeyev,1989;Naef,1921-23;Vecchione et al,1998,2005;Vecchione,2006。

种的检索:

1(2)鳍略呈箭头形,侧角尖 ……………………………………………………… 锥异尾枪乌贼

2(1)鳍心形或卵形,侧角圆

3(4)触腕穗大吸盘内角质环具尖齿 ………………………………………………… 异尾枪乌贼

4(3)触腕穗大吸盘内角质环具钝齿 ……………………………………………… 非洲异尾枪乌贼

异尾枪乌贼 *Alloteuthis media* Linnaeus,1758

分类地位:头足纲,鞘亚纲,枪形目,闭眼亚目,枪乌贼科,异尾枪乌贼属。

学名:异尾枪乌贼 *Alloteuthis media* Linnaeus,1758。

拉丁异名:*Sepia media* Linnaeus,1758;*Loligo marmorae* Verany,1877。

英文名:Midsize squid;**法文名**:Casseron bambou;**西班牙文名**:Calamarín menor。

分类特征:体长圆锥形,后端延伸形成细尖的尾部(图 4-403A),成体尾长可达 60 mm,胴长约为胴宽的 5 倍,体表具大小相间的近圆形色素体。口垂片无吸盘。鳍心形,侧角圆,后缘内凹,并沿尾部延伸至顶点,鳍长大于鳍宽,鳍长超过胴长的 50%(图 4-403A)。触腕穗膨大,吸盘 4 列,掌部

中间 2 列吸盘扩大(图 4-403B),大吸盘内角质环具尖齿。各腕长不等,腕式为 3>4>2>1,第 3 腕明显粗壮。腕吸盘 2 列,内角质环具板齿。雄性左侧第 4 腕茎化,无腹膜突,近端吸盘不特化,近端腹列具 10~12 个(通常 11 个)正常吸盘,远端吸盘特化为乳突。内壳狭披针叶形,叶柄中轴粗壮,边肋细弱。

图 4-403　异尾枪乌贼形态特征示意图(据 Roper et al, 1984)

A. 背视;B. 触腕穗

生活史及生物学:浅海底栖种,栖息于砂质或泥质海底的 50~350 m(通常 20~200 m)水层。主食甲壳类、小鱼和软体动物。

在地中海,产卵期延长,周年都有繁殖活动,但以春生群和夏生群比较明显。春生群胴体较大,2 月栖于 150~200 m 深水区,3—4 月间开始向浅水区洄游,并交配、产卵;夏生群胴体较小,6—7 月间从深水区向浅水区洄游,并交配、产卵。晚秋,依据水温的变化,开始向深水区洄游。两个繁殖群有交混情况。

雄性生命周期约为 1 年,雌性约为 1.5 年。雄性成熟早,约在胴长 50 mm 时开始性成熟,性腺发育快,持带的精荚可达 170 个;雌性成熟较晚,约在胴长 80 mm 时开始性成熟,性腺发育快,怀卵量 1 000~1 400 枚,卵包于短小的凝胶质卵鞘中,每个卵鞘包卵 8~30 枚,小型卵径 0.5~0.7 mm,中型卵径 0.9~1.2 mm,大型卵径 1.3~1.6 mm;卵子分批成熟,分批产出。繁殖后,亲体相继死亡,新生幼体开始向深水区越冬、肥育。

地理分布:分布在爱尔兰海、英吉利海峡(北海很少)向南至地中海(图 4-404)。

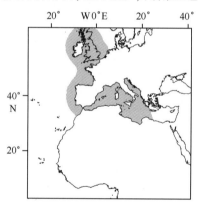

图 4-404　异尾枪乌贼地理分布示意图

大小:最大胴长 120 mm。

渔业:次要经济种,主要渔场分布在地中海海域。主要由拖网捕获,常与幼年的枪乌贼混获,鱼汛周年,春季和夏季渔获水层浅(50~150 m),秋冬季渔获水层浅(150~200 m)。

文献:Mangold-Wirz,1963;董正之,1991;Roper et al,1984。

非洲异尾枪乌贼 *Alloteuthis africana* Adam,1950

分类地位:头足纲,鞘亚纲,枪形目,闭眼亚目,枪乌贼科,异尾枪乌贼属。

学名:非洲异尾枪乌贼 *Alloteuthis africana* Adam,1950。

英文名:African squid;**法文名**:Casseron africain;**西班牙文名**:Calamarin africano。

分类特征:体细长的圆锥形,腹部前缘略成方形,稚鱼、成熟雌体和成熟雄体胴宽与胴长之比分别为 20%~25%、15% 和 5%(图 4-405A、B)。鳍外部轮廓卵形,后缘内凹,成熟雌体和雄体的鳍宽与胴长之比分别为 23% 和 10%（图 4-405A、B）。尾部甚长，雌性尾顶端尖（稚鱼和成体尾部长分别为胴长的 37% 和 58%）（图 4-405B），雄性尾部较雌性更加延长，长钉状（稚鱼和成体尾部长分别为胴长的 35% 和 73%）（图 4-405A）。口垂片不具吸盘。触腕穗中间 2 列吸盘尺寸为侧列的 3 倍（图 4-405C），吸盘内角质环具 20~30 个钝齿。腕甚短，吸盘内角质环远端 1/2 具 6~10 个方齿，近端 1/2 光滑。雄性左侧第 4 腕远端 2/5 茎化（图 4-405D），茎化腕近端具 8~11 对正常吸盘，随后远端茎化部具 2 列不同程度延长的乳突，向顶端乳突逐渐减小。

生活史及生物学：浅海底栖种，海底产卵。雄体胴长大于雌体。以小鱼为食。

地理分布：分布在东大西洋 20°S~25°N 海域（图 4-406）。

大小：雌性最大胴长为 90 mm，雄性最大胴长为 190 mm。

渔业：潜在经济种，地方性拖网渔业的副渔获物，无专门的渔获量统计。

文献：Roper and Sweeney，1981；Roper et al，1984。

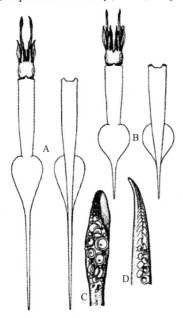

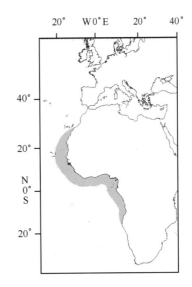

图 4-405　非洲异尾枪乌贼形态特征示意图
（据 Roper et al，1984）
A. 雄性背视和腹视；B. 雌性腹视和背视；C. 触腕穗；D. 茎化腕

图 4-406　非洲异尾枪乌贼地理分布示意图

锥异尾枪乌贼 *Alloteuthis subulata* Lamarck，1798

分类地位：头足纲，鞘亚纲，枪形目，闭眼亚目，枪乌贼科，异尾枪乌贼属。

学名：锥异尾枪乌贼 *Alloteuthis subulata*。

拉丁异名：*Loligo subulata* Lamarck，1798。

英文名：European common squid；**法文名**：Casseron commun；**西班牙文名**：Calamarin picudo。

分类特征：体细长的圆锥形，前腹部侧缘略弯，末端延伸形成细长的尾部（图 4-407A、B）。鳍箭头形，侧角尖，后缘内凹并沿尾部延长（图 4-407A、B）。雌性成体尾部长尖（尾和鳍总长为胴长的 66%）（图 4-407B）；雄性成体尾部更加延长，长钉状（尾和鳍总长为胴长的 72%）（图 4-407A）。口垂片无吸盘。触腕细短，触腕穗窄小，掌部吸盘相对较小，中间列吸盘扩大（图 4-407C）。腕长度短至中等。雄性左侧第 4 腕茎化，近端具 6~8 对正常吸盘，远端茎化部吸盘特化为 2 列乳突。

生活史及生物学:浅海底栖种,通常栖息于底质坚硬或底质为砂质的水域,分布水层至 200 m。在北海,雌性和雄性在夏初一起到达近岸水域。产卵季节仅局限在 6—7 月。卵包于凝胶质卵鞘内产出,卵鞘黏附于海底。初孵幼体一两个星期后,体长可达 2 mm;7 月初开始浮游生活,15~30 天后转为底栖生活;每年 11 月,年龄约 3 个月,体长约 30 mm,开始离开北海,待翌年春季(体长约 50 mm)再返回。生命周期 1—2 年。以小鱼和稚鱼为食。

地理分布:分布在东大西洋北海和西波罗的海向南至撒哈拉沿岸,并延伸至地中海(图 4-408)。

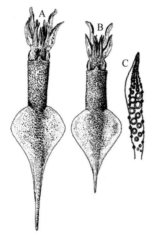

图 4-407　锥异尾枪乌贼形态特征示意图(据 Roper et al, 1984)

A. 雄性背视;B. 雌性背视;C. 触腕穗

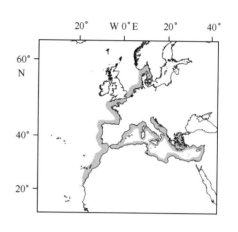

图 4-408　锥异尾枪乌贼地理分布示意图

大小:雌性最大胴长为 120 mm,雄性最大胴长 200 mm。

渔业:潜在经济种,在其分布范围内为拖网副渔获物。在地中海,主要渔获在底质砂或泥质水域的 20~120 m 水层。鱼市上通常为鲜品或冻品。无专门的渔获量统计。

文献:Mangold-Wirz, 1963;Roper and Sweeney, 1981;Roper et al, 1984。

美洲枪乌贼属 *Doryteuthis* Naef, 1912

美洲枪乌贼属已知巴塔哥尼亚枪乌贼 *Doryteuthis gahi*、大眼美洲枪乌贼 *Doryteuthis ocula*、乳光枪乌贼 *Doryteuthis opalescens*、皮氏枪乌贼 *Doryteuthis pealeii*、苏里南美洲枪乌贼 *Doryteuthis surinamensis*、罗氏美洲枪乌贼 *Doryteuthis roperi*、普氏枪乌贼 *Doryteuthis plei* 和圣保罗美洲枪乌贼 *Doryteuthis sanpaulensis* 8 种,其中普氏枪乌贼为本属模式种。该属为美洲近岸较普通的种类,分布在美洲西大西洋和东太平洋沿岸,现已经成为稳定的渔业对象(如皮氏枪乌贼和乳光枪乌贼)。尽管浮游生活,但也经常休憩于海底。

分类地位:头足纲,鞘亚纲,枪形目,开眼亚目,枪乌贼科,美洲枪乌贼属。

属特征:体延长,顶端尖。成体鳍纵菱形,长大于宽,鳍长小于胴长的 70%,鳍缘延伸至外套后部顶端。触腕穗膨大,吸盘 4 列。茎化腕无腹膜突,吸盘不特化,远端吸盘尺寸减小,仅背列或背列和腹列吸盘柄延长形成乳突。卵小,径长于 4 mm,精囊胶合体短。无发光器。

文献:Vecchione et al, 2005;Vecchione, 2006。

种的检索:

1(6)鳍长,长度大于胴长的 50%

2(5)茎化腕远端至顶端全部茎化

3(4)雄性腹部中央具一条隆起 ······································· 普氏枪乌贼

4(3)雄性腹部中央无隆起 ··· 圣保罗美洲枪乌贼

5(2)茎化腕远端顶端部分不茎化 ·································· 皮氏枪乌贼

6(1)鳍短,长度小于胴长的50%

7(12)茎化腕远端至顶端全部茎化

8(9)茎化腕远端1/2以上部分茎化 ······························· 罗氏美洲枪乌贼

9(8)茎化腕远端1/3部分茎化

10(11)触腕穗大吸盘内角质环具钝圆齿 ·························· 乳光枪乌贼

11(10)触腕穗大吸盘内角质环具尖齿 ··························· 巴塔哥尼亚枪乌贼

12(7)茎化腕远端顶端部分不茎化

13(14)茎化部吸盘柄扩大呈圆锥状 ····························· 大眼美洲枪乌贼

14(13)茎化部吸盘柄扩大呈扁平状 ····························· 苏里南美洲枪乌贼

普氏枪乌贼 *Doryteuthis plei* Blainville, 1823

分类地位:头足纲,鞘亚纲,枪形目,闭眼亚目,枪乌贼科,美洲枪乌贼属。

学名:普氏枪乌贼 *Doryteuthis plei* Blainville, 1823。

拉丁异名:*Loligo brasiliensis* Blainville, 1823;*Loligo plei* Blainville, 1823。

英文名:Slender inshore squid, Plee's striped squid, Arrow squid;**法文名**:Calmar fleche;**西班牙文名**:Calamar flecha。

分类特征:体细长的圆筒形,后部削直,顶端锐尖,体表具大小相间的近圆形色素体,雄性外套腹部中央具1条隆起及一些浅色纵条纹,胴长约为胴宽的7倍(图4-409A)。眼球不大,可见部分直径为胴长的14%~19%,眼睛晶体直径为胴长的2%~7%。两鳍相接略呈菱形,鳍长超过胴长的50%,中部较圆,边缘平直(图4-409A)。触腕穗吸盘4列,中间2列吸盘扩大,边列、指部和腕骨部吸盘小,大吸盘内角质环具大量大小相近的钝圆齿,或有小齿相间(图4-409B)。腕甚短,各腕长不等,腕式一般为3>4>2>1,腕吸盘2列,吸盘内角质环具6~7个宽板齿。雄性左侧第4腕远端1/3~1/2茎化(图4-409C),背列1/2~3/4(42~82个)吸盘小,其直径小于腹列对应吸盘的1/2,吸盘柄特化为窄圆锥形乳突。内壳披针叶形,较狭尖;叶柄中轴粗壮,边肋厚实;翼部最大宽度与叶轴最大宽度之比为1.5~2.4;翼缘平直,增厚(图4-409D)。

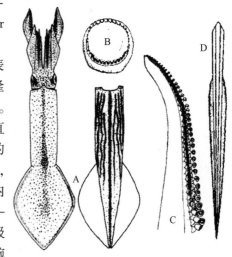

图4-409　普氏枪乌贼形态特征示意图(据 Voss, 1956; Cohen, 1976; Roper et al, 1984)

A. 背视和腹视;B. 掌部大吸盘内角质环;C. 茎化腕;D. 内壳

生活史及生物学:浅海性半浮游种,多见于大陆架以内水域,最浅3~4 m,最深可达370 m,胴长随水深而增大,白天栖于近海底水层,夜间潜入上层水体中。通常在浅水产卵,产卵期可能遍布全年,但具两个高峰期:在加勒比海为3月和9—10月;在巴西外海为6—8月和12—3月。春季和秋季产卵群体之间存在相互交替的现象。雄性生长快于雌性。雌性亲体产卵后尚可生活一个阶段。胴长38~348 mm 的雄体均带有精荚;胴长42~203 mm 的雌体,均怀卵;但性腺完全成熟并达到排放精团或卵子的日期在不同的海区常不同,水温是促进性成熟的重要因素。刚产出的卵鞘细长,3~4 小时后缩短到 50~100 mm,很快又膨大到 200 mm 左右。每个卵鞘中包含的卵子不均等,平均 90~180 枚左右。在人工饲养条件下能产卵,一个雌体分两次连续产出约 100 多个卵鞘,总产卵量可达 1 万多枚。卵鞘通常集成卵团,黏附于海底其他物体上,或铺沉于海底。产卵时间在午夜至清晨之间。卵在产出过程中雌体常凭漏斗向卵块频频喷水,似有清洁卵块的作用。

地理分布:分布在西大西洋阿根廷北部至 35°N 海域,包括罗得岛、哈特勒斯角、百慕大群岛、巴哈马大群岛、墨西哥湾、加勒比海、苏里南、法属圭亚那、巴西海域(图 4-410)。

大小:雌性最大胴长 350 mm,雄性最大胴长 220 mm;最大体重 0.6 kg。

渔业:次要经济种,肉质细腻,鲜食、干制均佳,亦可用作其他渔业的钓饵。普氏枪乌贼是西北大西洋和中西大西洋中的捕捞对象,在渔获物中很常见。沿岸渔业主要为灯光围网,近海渔业主要是机轮尾拖网。在尤卡坦半岛主要为小型拖网、灯诱或抄网作业。在阿根廷的布宜诺斯艾利斯和马德普拉塔,主要为虾拖网的副渔获物。主要鱼汛为 2—8 月,但随着月份的推移产量逐步下降,最佳渔获水层 20~75 m。主要有三个渔场:北美南部的新英格兰渔场,南美东北部的圭亚那—苏里南渔场和加勒比渔场。在这些渔场中,普氏枪乌贼常与皮氏枪乌贼混获,但群体不如皮氏枪乌贼丰厚。

文献:Okutani, 1977, 1980; Roper,1978; Rathjen, et al, 1979; Roper et al, 1984。

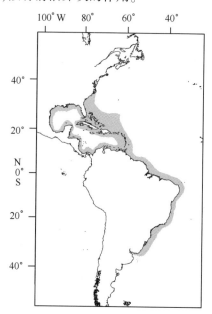

图 4-410　普氏枪乌贼地理分布示意图

巴塔哥尼亚枪乌贼 *Doryteuthis gahi* Orbigny, 1835

分类地位:头足纲,鞘亚纲,枪形目,闭眼亚目,枪乌贼科,美洲枪乌贼属。

学名:巴塔哥尼亚枪乌贼 *Doryteuthis gahi* Orbigny, 1835。

拉丁异名:*Loligo patagonica* Smith, 1881; *Loligo gahi* Orbigny, 1835。

英文名:Patagonian squid;**法文名**:Calmar patagon;**西班牙文名**:Calamar patagónico。

分类特征:体圆筒形,中等延长(图 4-411A)。鳍纵菱形,短,鳍长为胴长的 40%~45%(图 4-411A)。触腕纤长,触腕穗窄,不膨大,掌部吸盘相对较小,中间列吸盘直径为边列的 2 倍(图 4-411B),吸盘内角质环具 25~35(最多 45)个尖齿。腕延长,第 3 和第 4 腕尤其延长,吸盘内角质环远端 1/2 具 6~7 个宽平的齿,近端 1/2 光滑。雄性左侧第 4 腕远端 1/3 茎化(图 4-411C),背列吸盘直径骤小,吸盘柄膨大成大圆锥形乳突,向远端减小,腹列吸盘不特化。

生活史及生物学:浅海种,栖息水深表层至 350 m 水层,通常为表层至 285 m。

地理分布:分布在东太平洋秘鲁南部至智利南部,南大西洋阿根廷圣马提阿斯海湾至火地岛,在东南太平洋和南大西洋两岸的分布北限皆未知(图 4-412)。

大小:最大胴长 280 mm。

渔业:潜在经济种,广泛分布于南美太平洋沿岸,主要为其他头足类拖网渔业的副渔获物。秘鲁 1969 年产量 200 t。在阿根廷为拖网渔业的副渔获物。阿根廷巴塔哥尼亚 20 世纪 80 年代开始对该种进行商业性捕捞,每年产量 4 000~5 000 t,渔获物胴长在 100~160 mm 之间,少数出口到西班牙。

文献:Roper et al, 1984。

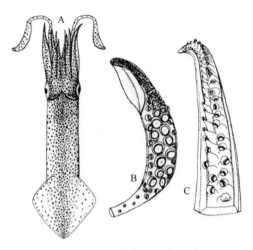

图 4-411　巴塔哥尼亚枪乌贼形态特征示意图(据 Roper et al, 1984)
A. 背视;B. 触腕穗;C. 茎化腕

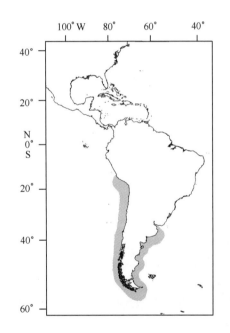

图 4-412　巴塔哥尼亚枪乌贼地理分布示意图

大眼美洲枪乌贼 *Doryteuthis ocula* Cohen, 1976

分类地位:头足纲,鞘亚纲,枪形目,闭眼亚目,枪乌贼科,美洲枪乌贼属。

学名:大眼美洲枪乌贼 *Doryteuthis ocula* Cohen, 1976。

拉丁异名:*Loligo ocula* Cohen, 1976。

英文名:Bigeye inshore squid;**法文名**:Calmar à gros yeux;**西班牙文名**:Calamar ojigrande。

分类特征:体圆筒形,后部顶端钝。鳍近纵菱形,侧角圆,鳍长为胴长的 45%~50%。眼非常大,可见部分直径为胴长的 15%~21%(图 4-413A)。雄性左侧第 4 腕远端 1/3~1/4 茎化(图4-413B),但茎化部不延伸至顶端;背列 10~12 个吸盘减小,直径小于腹列吸盘的 1/2,近端 2~5 个吸盘扩大;所有特化吸盘柄膨大成大圆锥形乳突。

生活史及生物学:底层至半浮游生活种类,栖息于250~360 m近底层水域。

地理分布:分布在西大西洋古巴周边的加勒比海海域(图4-414)。

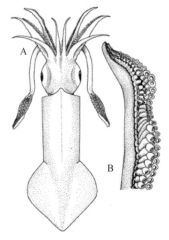

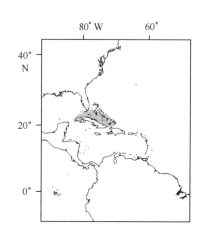

图4-413　大眼美洲枪乌贼形态特征示意图
(据Roper et al,1984)
A. 背视;B. 茎化腕

图4-414　大眼美洲枪乌贼地理分布示意图

大小:最大胴长130 mm。

渔业:非常见种。

文献:Cohen,1976;Roper et al,1984。

乳光枪乌贼 *Doryteuthis opalescens* Berry,1911

分类地位:头足纲,鞘亚纲,枪形目,闭眼亚目,枪乌贼科,美洲枪乌贼属。

学名:乳光枪乌贼 *Doryteuthis opalescens* Berry,1911。

拉丁异名:*Loligo stearnsi* Hemphill,1892;*Loligo opalescens* Berry,1911。

英文名:Opalescent inshore squid,Common Pacific squid,California market squid;**法文名**:Calmar opale;**西班牙文名**:Calamar opalescente。

分类特征:体圆锥形,后部削直,胴长约为胴宽的4倍,体表具大小相间的近圆形色素斑。鳍短,约为胴长的40%,两鳍相接略呈横菱形(图4-415A)。触腕穗吸盘4列,中间2列吸盘大(图4-415B),大吸盘具大小不一的钝圆齿(图4-415C)。各腕长有所差异,腕式一般为3>2>4>1,吸盘2列,内角质环具10余个钝圆齿。雄性左侧第4腕远端1/3茎化,茎化部吸盘骤小,吸盘柄特化为肉突。内壳角质,披针叶形,中部膨圆,中轴粗壮,边肋细弱,叶脉细密(图4-415D)。

生活史及生物学:春夏之交从远岸深水区集群游向沿岸浅水区进行交配、产卵,繁殖亲体的最小胴长为99 mm,最大胴长为190 mm,优势胴长为146~175 mm;雄性的平均胴长约比雌性的大10 mm,雄性在繁殖总体中所占有的比例,约比雌性多10%~20%。

在产卵期中,充满卵子的卵巢变得肥硕膨大,几乎占去外套腔的1/3,输卵管腺和缠卵腺大而坚实,呈白色,副缠卵腺呈橘红色,透过半透明的外套膜可清楚看到。在产卵期中,胴长80~110 mm成熟雌体的生殖器官重量超过体重的25%。如从产卵群体的平均胴长计算,生殖器官的重量占到体重的30%~50%。此时雄性的精巢约呈中等大小,但精荚器官变得大而坚实,精荚囊中整齐地排满精荚。胴长80~110 mm的成熟雄体,其生殖器官重量约占体重的10%~20%;如以群体的平均胴长计算,则雄性生殖器官重量仅占体重的4.5%~7%。

产卵期在4—6月间,产卵场水温约为13~14℃。刚产出的卵鞘长90~100 mm,几天后增长到200~250 mm。由许多卵鞘联合成的卵鞘块,最长达12 m。一个成熟雌体可产出卵鞘40~50个,每个卵鞘包卵180~300枚,总的产卵量约为10 000~12 000枚左右。随着产卵活动的进行,雌性亲体显著消瘦,外套变得单薄和松弛,失去其产卵前体重的50%以上;卵巢中残留少数接近成熟的卵子;输卵管腺和缠卵腺变得小而松软,副缠卵腺变成粉红色。雄性亲体的精巢和精荚囊也相应变小,精荚数目大大减少,失重率甚小于雌体,同时这种失重仅主要在于外套组织方面。由于在交配活动中与其他雄性争偶搏斗,不少雄性的腕部留有伤痕,同时外套边缘也有残破情况。亲体繁殖后相继死亡。

在水温13.6℃条件下,孵化期约为30~35天。在饲养池和自然海区,均曾发现多毛类中的小头虫(Capitella)寄生在乳光枪乌贼的卵鞘上,寄生的数目从几个到十几个不等,小头虫以卵鞘上的胶质为食,并能在卵鞘上钻孔,没有迹象表明寄生的小头虫对乳光枪乌贼胚胎发育有什么影响。初孵幼体全长为0.5 mm,胴长2.5 mm;它们很少聚集于产卵场附近,常随加利福尼亚海流漂走。

仔稚鱼阶段生长较慢,每月胴长平均增长4~5 mm;至幼鱼阶段生长加快,每月胴长平均增长10~20 mm。游往越冬场的一段生活期中,索饵活动旺盛,生长速度快。翌年从越冬场游往繁殖场的前后期中,生长速度减慢,而在繁殖盛期中,由于索饵活动相应减弱,生长基本停滞,在雌性方面尤为明显。

幼体以甲壳类为主食,鱼类为辅,两者的数量比例约为3∶1。成熟前期的食饵中,甲壳类和鱼类都很多,两者的数量比例约为1∶1。产卵亲体则主要以鱼类为食,也兼捕食甲壳类,两者的数量比约为3∶1。

地理分布:分布在23°~50°N海域,具体为不列颠哥伦比亚、温哥华岛、蒙特雷湾、加利福尼亚半岛附近海域(图4-416)。

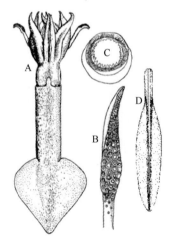

图4-415 乳光枪乌贼形态特征示意图(据
Field, 1950;Berry, 1912;Roper et al, 1984)
A. 背视;B. 触腕穗;C. 触腕穗吸盘;D. 内壳

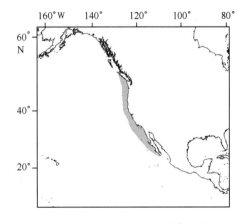

图4-416 乳光枪乌贼地理分布示意图

大小:最大胴长190 mm,最大体重0.14 kg。

渔业:重要经济种,北美海域唯一的枪乌贼,资源量好,很早就是世界头足类中万吨级成员之一。在枪乌贼科中属中型种,肉质细嫩,鲜食或制罐均宜。加工主要以冷冻品为主,也有一定数量用于制罐,少数制成干品。

乳光枪乌贼的资源开发始于 20 世纪初,渔场主要集中在加利福尼亚海域。北加利福尼亚的蒙特雷湾中的产卵群体比较稠密,形成重要的渔场;渔期为 4—6 月,5 月为盛渔期,渔获量最大。在南加利福尼亚海域,产卵集群于 1—2 月,渔获量大,11—12 月也有较多的渔获。加利福尼亚海域的上升流与渔场的形成有重要关系。

文献:Berry, 1912;Roper et al, 1984;董正之, 1991;Fields, 1950, 1965, 1977;Okutani, 1977;Recksiek and Frey, 1978;Tomiyama and Hibiya, 1978。

皮氏枪乌贼 *Doryteuthis pealeii* LeSueur, 1821

分类地位:头足纲,鞘亚纲,枪形目,闭眼亚目,枪乌贼科,美洲枪乌贼属。

学名:皮氏枪乌贼 *Doryteuthis pealeii* LeSueur, 1821。

拉丁异名:*Loligo pallida* Verrill, 1873;*Loligo pealeii* LeSueur, 1821。

英文名:Longfin inshore squid;**法文名**:Calmar totam;**西班牙文名**:Calamar pálido。

分类特征:体长圆锥形,后部削直,胴长约为胴宽的 6 倍;体表具大小相间的色素斑。眼不大,眼球可见部分为胴长的 8%~18%。鳍较长,约为胴长的 60%,两鳍相接略呈纵菱形(图 4-417A)。触腕穗吸盘 4 列,中间 2 列大,边缘、指部和腕骨部吸盘小,大吸盘内角质环具大小相间的尖齿,大齿之间的小齿 1~3 个不等(图 4-417B)。各腕长有所差异,腕式一般为 3>4>2>1,吸盘 2 列,吸盘内角质环板齿 5~6 个。雄性左侧第 4 远端 1/4~1/3(不包括顶端)茎化(图 4-417C),茎化部吸盘骤然变小,吸盘柄特化为肉突。内壳角质,羽状,后部略尖,中轴粗壮,边肋细弱,叶脉密集(图 4-417D),雌性和雄性叶柄最宽处与翼部最宽处比值分别为 2.7~3.7 和 2.4~2.9。

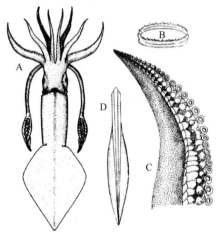

图 4-417　皮氏枪乌贼形态特征示意图(据 Roper et al, 1984)
A. 背视;B. 掌部大吸盘内角质环;C. 茎化腕;D. 内壳

生活史及生物学:浅海底栖种,栖息于大陆架和大陆架斜坡上区,栖息水深表层至 400 m,但在岛屿附近没有分布或分布稀少。最适水温 10~14℃。成体白天栖于海底,夜间进入上层水体,多数出现在表层水域。具季节性洄游习性,整个冬季聚集在离岸水域的 100~200 m 水层越冬,春季开始向沿岸浅水区进行繁殖洄游,并一直滞留至秋季。雌性性成熟胴长 130~140 mm,雄性性成熟胴长 150 mm。全年可见成熟群体,高峰期为春季及夏末和秋季。卵包于凝胶质的指状卵鞘中,卵鞘连在一起形成更大的卵团黏附在岩石或贝壳等硬物上,卵分布水层 10~250 m。温度是影响胚胎发育的重要因素:水温 12~18℃,卵孵化需要 27 天;水温 21.5~23℃,孵化需要 11 天。仔鱼和稚鱼活动于表层水域。春季孵化的幼体经过约 14 个月的生长后加入翌年夏季的繁殖群体当中;而秋季孵化的幼体经过约 20 个月的生长后进入第 2 年春季的繁殖群体当中。这种两种群体的相互交替补充在其他枪形目和乌贼目种类中也比较常见。繁殖后亲体大部分死亡。皮氏枪乌贼捕食磷虾类、鱼类和其他头足类,其本身是黄鳍金枪鱼 *Thunus albacares* 和齿鲸以及其他上层鱼类的猎食对象。

地理分布:分布在西大西洋 5°~50°N 海域,包括缅因湾、罗得岛、哈特罗斯角、佛罗里达、墨西哥湾、加勒比海、委内瑞拉、苏里南和法属圭亚那海域(图 4-418)。

大小:雌性最大胴长 400 mm,雄性最大胴长 500 mm。

渔业:重要经济种,是西北大西洋枪乌贼科中最重要的经济种类,最高年产量达 6 万 t,群体丰厚,渔场面积广,开发潜力大。主要有 3 个渔场:一个是北美南部的新英格兰渔场,一个是南美东北部的圭亚那—苏里南渔场,一个是加勒比海渔场。新英格兰渔场包括缅因湾、罗得岛和哈特罗斯角等分渔场,周年均可渔获。加勒比海渔场包括一些岛屿周围的小渔场,周年均可渔获。圭亚那—苏里南渔场约从52°~60°W 到 4°~8°S 范围内的近海海域,周年均可渔获。沿岸潜水海域中主要由灯光围网捕捞,主要渔期为春季和夏季。近海或远岸较深海域的主要捕捞工具是机轮拖网,主要渔期为 11 月至翌年 3 月。

文献:Summers, 1968, 1971;McMahon and Summers, 1971;Serchuk and Rathjen, 1974;Cohen, 1976;Roper, 1978;Tibbets, 1977;Tomiyama and Hibiya, 1978;Rathjen et al, 1979;Roper et al, 1984;董正之, 1991。

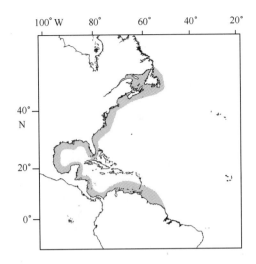

图 4-418　皮氏枪乌贼地理分布示意图

苏里南美洲枪乌贼 *Doryteuthis surinamensis* Voss, 1974

分类地位:头足纲,鞘亚纲,枪形目,闭眼亚目,枪乌贼科,美洲枪乌贼属。

学名:苏里南美洲枪乌贼 *Doryteuthis surinamensis* Voss, 1974。

拉丁异名:*Loligo surinamensis* Voss, 1974。

英文名:Surinam squid;**法文名**:Calmar du Surinam;**西班牙文名**:Calamar surinamés。

分类特征:体圆筒形,中等宽度,胴宽约为胴长的 25%(图 4-419A)。鳍纵菱形,鳍长不到胴长的 50%(图 4-419A)。触腕穗膨大,吸盘 4 列,约 38~40 行,掌部吸盘扩大,中间列吸盘直径比边列吸盘大 1/3(图 4-419B),最大吸盘内角质环具 48 个大小交替的尖弯齿(图 4-419C)。腕相对较长,长度约为胴长的 45%;腕吸盘内角质环远端 1/2 具 5~8 个平头齿,中间一个最细,近端 1/2 光滑(图 4-419D)。雄性左侧第 4 腕远端(顶端除外)茎化(图 4-419E),茎化部始于第 22~24 对吸盘;茎化部背列吸盘柄扩大,扁平,横向排列,吸盘尺寸减小;腹列与背列茎化部相对处少数吸盘退化。

生活史及生物学:浅海种,已知栖息水深 27~37 m。

地理分布:据目前资料显示,仅分布在加勒比海南部苏里南河口附近海域(图 4-420)。

大小:最大胴长 120 mm。

渔业:非常见种。

文献:Okutani, 1977; Roper et al, 1984。

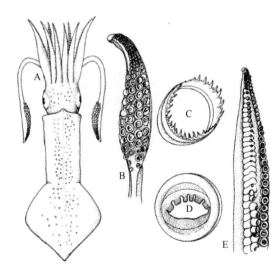

图 4-419　苏里南美洲枪乌贼形态特征示意图(据 Roper et al, 1984)

A. 背视;B. 触腕穗;C. 掌部最大吸盘内角质环;D. 第 3 腕吸盘内角质环;E. 茎化腕

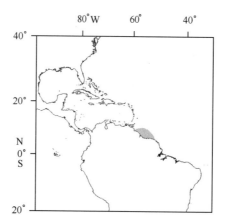

图 4-420 苏里南美洲枪乌贼地理分布示意图

罗氏美洲枪乌贼 *Doryteuthis roperi* Cohen，1976

分类地位：头足纲,鞘亚纲,枪形目,闭眼亚目,枪乌贼科,美洲枪乌贼属。

学名：罗氏美洲枪乌贼 *Doryteuthis roperi* Cohen，1976。

拉丁异名：*Loligo roperi* Cohen，1976。

英文名：Island inshore squid；**法文名**：Calmar créole；**西班牙文名**：Calamar insular。

分类特征：体细长(图 4-421A)。鳍卵形,短,侧角圆,鳍长为胴长的 33%~39%(图 4-421A)。触腕短,长度为胴长的 14%~21%；触腕穗吸盘 4 列,少于 25 行(19~24 行)(图 4-421B)。雄性左侧第 4 腕远端至顶端茎化(图 4-421C),茎化部长为全腕长的 50% 以上(57%~62%)；茎化腕背列 80% 吸盘特化为微小的吸盘,吸盘柄膨大成圆锥形乳突；腹列茎化始端对应的 3~5 个腹列吸盘尺寸减小,其余腹列吸盘正常。

生活史及生物学：浅海种,栖息水深 48~304 m。分布有明显的岛屿相关性。

地理分布：分布在西大西洋加勒比海(图 4-422)。

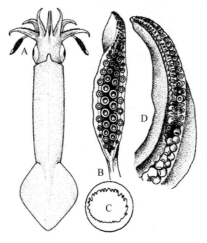

图 4-421 罗氏美洲枪乌贼形态特征示意图(据 Roper et al, 1984)
A. 背视；B. 触腕穗；C. 触腕穗吸盘内角质环；D. 茎化腕

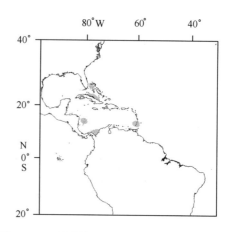

图 4-422 罗氏美洲枪乌贼地理分布示意图

大小:最大胴长 72 mm。成熟胴长 43 mm。

渔业:非常见种。

文献: Cohen, 1976;Roper et al, 1984。

圣保罗美洲枪乌贼 *Doryteuthis sanpaulensis* **Brakoniecki, 1984**

分类地位:头足纲,鞘亚纲,枪形目,闭眼亚目,枪乌贼科,美洲枪乌贼属。

学名:圣保罗美洲枪乌贼 *Doryteuthis sanpaulensis* Brakoniecki, 1984。

拉丁异名:*Loligo brasiliensis* Blainville, 1823; *Doryteuthis plei* Blainville, 1823; *Loligo brasiliensis* Blainville; *Loligo sanpaulensis* Brakoniecki, 1984。

英文名: Sao Paulo squid;**法文名:**Calmar de Sao Paulo;**西班牙文名:**Calamar de Sao Paulo。

分类特征:体圆筒形,中等长度。鳍菱形,相对较长,鳍长为胴长的 55%~60%(最大 65%)(图4-423A)。触腕长;触腕穗膨大,边缘吸盘相对较大,掌部中间列吸盘仅比边缘列吸盘大约 1/3(图4-423B);吸盘内角质环具约 25 个分离的小齿,近端齿较小且间距较大。腕中等长度,吸盘内角质环远端具 5~7 个平头的宽齿,近端光滑。雄性左侧第 4 腕远端约 1/2 茎化(图4-423C),茎化部背列吸盘减小,吸盘柄膨大成粗长的圆锥形乳突;腹列吸盘正常,但是吸盘柄仅略微延长和加粗。

生活史及生物学:沿岸浅海种,栖息水深 0~60 m(有可能更深),夏季出现在阿根廷中部,在南部冷水海域没有出现。

地理分布:分布在西南大西洋阿根廷中部至巴西中部。分布极限不清楚,尤其北限,有记录报道分布范围为 20°~42°S(图4-424)。

大小:最大胴长 160 mm。

渔业:潜在经济种,主要为拖网渔业的副渔获物。乌拉圭、阿根廷和巴西 20 世纪 80 年代开始有专门的渔业。

文献: Roper et al, 1984。

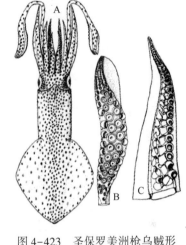

图4-423 圣保罗美洲枪乌贼形态特征示意图(据 Roper et al, 1984)

A. 背视;B. 触腕穗;C. 茎化腕

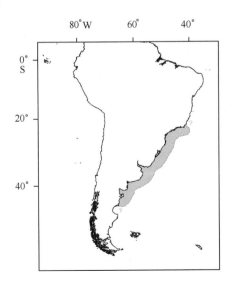

图4-424 圣保罗美洲枪乌贼地理分布示意图

长枪乌贼属 *Heterololigo* Natsukari，1984

长枪乌贼属已知仅长枪乌贼 *Heterololigo bleekeri* 1 种。

分类地位：头足纲，鞘亚纲，枪形目，开眼亚目，枪乌贼科，长枪乌贼属。

属特征：体延长，后部顶端尖。成体鳍纵菱形，鳍长大于鳍宽，小于胴长的 70%。茎化腕独特。无发光器。

长枪乌贼 *Heterololigo bleekeri* Keferstein，1866

分类地位：头足纲，鞘亚纲，枪形目，开眼亚目，枪乌贼科，长枪乌贼属。

学名：长枪乌贼 *Heterololigo bleekeri* Keferstein，1866。

拉丁异名：*Loligo bleekeri* Keferstein，1866。

分类特征：体延长，圆锥形，后部削直，胴长约为胴宽的 7 倍，腹部中央具一条隆起。体表具大小相间的近圆形色素斑。成体鳍纵菱形，后缘内凹，延伸至外套顶端，鳍长大于鳍宽，小于胴长的 70%（图 4-425A）。触腕穗窄，小吸盘 4 列，大小相当（图 4-425B），吸盘内角质环远端具约 10 个钝齿（图 4-425C）。腕甚短，各腕长有所差异，腕式一般为 3>2>4>1，吸盘 2 列，大小相近，吸盘内角质环远端具约 10 个钝齿（图 4-425D）。雄性左侧第 4 腕远端茎化（图 4-425E），近端吸盘不特化，无腹膜突；茎化部吸盘尺寸减小，背列吸盘柄延长形成乳突；茎化部顶端背列乳突和横隔片形成双尖的薄片，并由一列锯齿状膜将其与腹列吸盘隔开。卵小，径长小于 4 mm；精囊胶合体短。内壳角质，披针叶形，较瘦狭，中轴粗壮，边肋细弱，叶脉细密（图 4-425F）。无发光器。

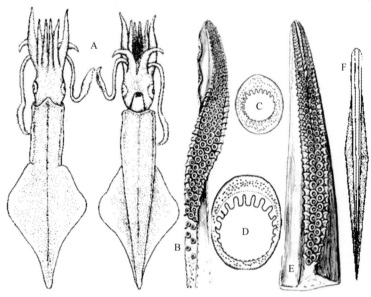

图 4-425　长枪乌贼形态特征示意图（据 Sasaki，1929；Roper et al，1984；董正之，1988）

A. 背视和腹视；B. 触腕穗；C. 触腕穗吸盘内角质环；D. 腕吸盘内角质环；E. 茎化腕；F. 内壳

生活史及生物学：大型浅海种，为日本水域常见的枪乌贼种类，栖息水深表层只 100 m。春季至初夏，生殖群体从深水越冬区向沿岸 15~20 m 浅水区移动，雄性成熟早于雌性，带头进行生殖洄游，此时的性比雄性占优势，在交配和产卵盛期，雌雄比例约为 1:1；繁殖后期，完成交配活动的雄体相继死亡，此时雌性比例占优势。产卵与交配交错进行。卵子分批成熟，分批产出包被卵子的卵鞘。卵鞘有两种：一是长 60~80 mm，直径 7~9 mm；二是长 130~140 mm，直径 5~6 mm，每一个卵鞘包卵30~50枚。刚产出的卵鞘浮于水中,不久即沉入海底,许多卵鞘联成大的卵块,铺沉海底。雌性个体产卵后死亡。夏末到冬季,由新生代从近岸浅水区向150 m左右的深水区作越冬洄游。繁殖场多位于岩礁众多、海藻茂密和波稳浪轻处。繁殖季节中,表温为7~14℃;繁殖盛期中,表温为9~13℃。在日本海北部,初汛中的水温约为6~7℃;旺汛中的水温约为8~13℃;水温14~15℃鱼汛结束。

卵子呈椭圆形,径长2.5 mm×1.8 mm,以后逐渐膨大,15天时长径为5 mm,短径为4 mm,37天时长径为7.5 mm,短径为6.1 mm。在发育过程中,卵膜上形成一个直径约1 mm的不透明区,此区可能受到霍伊尔氏器官(Hoyle's organ)所分泌酶的腐蚀作用。在日本海北部,胚胎发育的适温为10~12℃,卵孵化约需46天;而在日本海南部,胚胎发育的适温为13~16℃,卵孵化约需要36~43天。水温升高对胚胎发育不利,在18~22℃的水温条件下,15天后胚胎发育停止而死亡。幼体的生长速度甚快,半年左右即可长到近成体的胴长。主要生长阶段在越冬期,10月至翌年2月间,雄性胴长120~280 mm,雌性胴长110~250 mm。繁殖期间生长速度缓慢。

在4—6月的繁殖季节中,雌性基本上不摄食,空胃或几乎空胃率很高;10—11月,为新生代的成长阶段,索饵活动旺盛,摄食强度高,满胃和近满胃率高。食饵组成中以小型中上层鱼类为主,其中以日本鳀鱼较多;其他胃含物组成为枪乌贼,其中有日本枪乌贼和长枪乌贼本身;此外,长枪乌贼也常捕食浮游甲壳类,如端足类、毛虾等。

地理分布:分布在日本外海(北海道北部除外)、朝鲜南部、千岛群岛、日本列岛、南海、马来群岛(图4-426)。

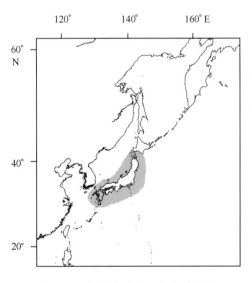

图4-426　长枪乌贼地理分布示意图

大小:最大胴长400 mm。

渔业:次要经济种,肉质细嫩,鲜食、干制均佳,是日本海北部的重要捕捞对象,整个日本海产量达5 000~6 000 t。渔场主要分布于日本海北部、北限止于北海道南端;本州岛西部从福岛到茨城沿岸以及日本海南部的隐歧岛、对马岛周围,也有重要的渔场。主要渔场如下:①桧山渔场,群体从1月下旬就出现,渔期通常在3月中旬至5月中旬,渔场水温为9~12℃,捕捞产卵群体。②渡岛渔场,渔期1—5月,盛期3月中旬至5月中旬,捕捞产卵群体。③青森渔场:渔期1—6月,盛期2—5月,渔场水温6~13℃,捕捞产卵群体。④36°N附近的岛根半岛外较深海域,除6—7月以外,拖网几乎周年均有渔获。

长枪乌贼是日本历史悠久的小型渔业,在日本海北部作业渔具主要是小型定置网,在本州岛西部作业的渔具主要是拖网,在隐歧岛和对马岛周围作业的渔具为单杆拟饵菊花钓。

文献:Sasaki, 1929; Roper et al, 1984; 董正之, 1988, 1991; Vecchione et al, 2005; Vecchione, 2006。

小枪乌贼属 *Loliolus* Steenstrup, 1885

小枪乌贼属已知近缘小枪乌贼 *Loliolus affinis*、小枪乌贼 *Loliolus hardwickei*、火枪乌贼 *Loliolus beka*、日本枪乌贼 *Loliolus japonica*、苏门答腊小枪乌贼 *Loliolus sumatrensis* 和尤氏小枪乌贼 *Loliolus uyii* 6 种,其中小枪乌贼为本属模式种。该属种分布在印度洋—太平洋水域。

分类地位:头足纲,鞘亚纲,枪形目,闭眼亚目,枪乌贼科,小枪乌贼属。

分类特征:体短圆锥形,后端圆,无尾部。鳍宽大于鳍长,无后鳍垂。触腕穗膨大,吸盘 4 列。腕吸盘内角质环具方形板齿。茎化腕具腹膜突,茎化部背腹 2 列吸盘均特化为乳突。无发光器。卵小,精囊胶合体短。

种的检索:

1(4)左侧第 4 腕全部茎化

2(3)茎化腕腹列基部具突起 ······································· 小枪乌贼

3(2)茎化腕腹列基部无突起 ····························· 近缘小枪乌贼

4(1)左侧第 4 腕近端少数吸盘不茎化

5(8)触腕穗吸盘内角质环具齿

6(7)触腕穗掌部大吸盘内角质环具尖齿 ····················· 火枪乌贼

7(6)触腕穗掌部大吸盘内角质环具板齿 ··················· 日本枪乌贼

8(5)触腕穗吸盘内角质环光滑

9(10)腕吸盘内角质环近端具甚宽的方齿 ············· 苏门答腊小枪乌贼

10(11)腕吸盘内角质环近端光滑 ······················· 尤氏小枪乌贼

小枪乌贼 *Loliolus hardwickei* Gray, 1849

分类地位:头足纲,鞘亚纲,枪形目,闭眼亚目,枪乌贼科,小枪乌贼属。

学名:小枪乌贼 *Loliolus hardwickei* Gray, 1849。

拉丁异名:*Loliolus typus* Steenstrup, 1856。

分类特征:体短圆锥形,后端圆,无尾部(图 4-427A)。鳍心形,鳍宽大于鳍长,无后鳍垂。触腕穗膨大,吸盘 4 列。腕吸盘内角质环具方形板齿(图 4-427B)。雄性左侧第 4 腕全腕茎化(图 4-427C),保护膜与腹列吸盘膨大的吸盘柄愈合形成腹膜突。卵小,精囊胶合体短。无发光器。

地理分布:分布在印度海域。

渔业:非常见种。

文献: Natsukoni, 1983; Lu et al, 1985; Brakoniecki, 1986; Vecchione et al, 2005。

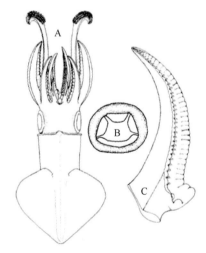

图 4-427 小枪乌贼形态特征示意图
(据 Lu et al, 1985)

A. 背视;B. 腕吸盘内角质环;C. 茎化腕

近缘小枪乌贼 *Loliolus affinis* Steenstrup，1856

分类地位：头足纲,鞘亚纲,枪形目,闭眼亚目,枪乌贼科,小枪乌贼属。

学名：近缘小枪乌贼 *Loliolus affinis* Steenstrup，1856。

分类特征：体短圆锥形,后端圆,无尾部,背腹略侧扁,胴宽约为胴长的 40%。鳍心形,鳍宽大于鳍长,无后鳍垂(图 4-428A)。触腕穗膨大,吸盘 4 列,大小相等,内角质环具 15~20 个小齿(图 4-428B)。腕短,腕吸盘内角质环远端具 3~7 个宽的方齿,近端具 1 个方齿,甚宽,约为全环长的 1/3(图 4-428C)。雄性左侧第 4 腕全腕茎化(图 4-428D),保护膜与腹列吸盘膨大的吸盘柄愈合形成腹膜突,基部腹列 2 个吸盘柄十分膨大,形成突起。卵小,精囊胶合体短。无发光器。

地理分布：分布在印度东部沿岸、泰国、印度尼西亚、马来西亚(图 4-429)。

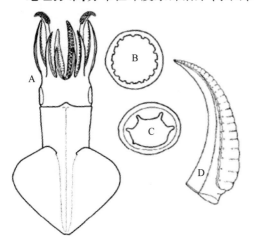

图 4-428　近缘小枪乌贼形态特征示意图
(据 Lu et al，1985)
A. 背视;B. 触腕穗吸盘内角质环;C. 腕吸盘内角质环;D. 茎化腕

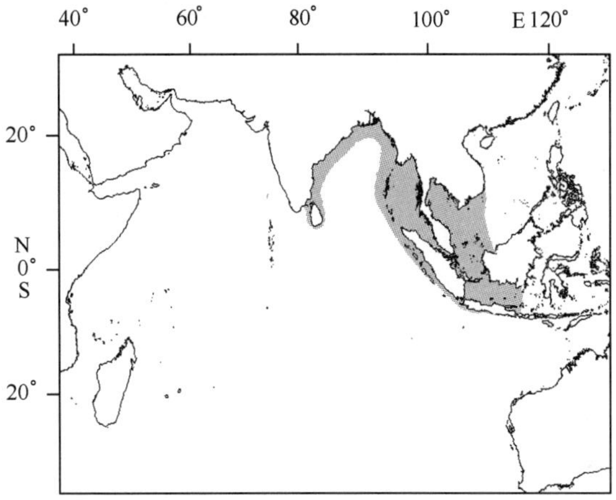

图 4-429　近缘小枪乌贼地理分布示意图

大小：雌性个体的最大胴长 39 mm,雄性个体的最大胴长 32 mm。

渔业：非常见种。

文献：Lu et al,1985。

火枪乌贼 *Loliolus beka* Sasaki，1929

分类地位：头足纲,鞘亚纲,枪形目,闭眼亚目,枪乌贼科,小枪乌贼属。

学名：火枪乌贼 *Loliolus beka* Sasaki，1929。

拉丁异名：*Loligo beka* Sasaki，1929；*Loligo sumatrensis* Appellöf，1886。

英文名：Beka squid；**法文名**：Calmar cracheur；**西班牙文名**：Calamar beka。

分类特征：体圆锥形,后部削直,末端钝,胴长约为胴宽的 4 倍,体表具大小相间的近圆形色素体,分布较分散。鳍纵菱形,侧角圆,鳍长大于胴长的 50%(图 4-430A)。触腕穗窄小,吸盘 4 列,尺寸较小,掌部中间 2 列略大,直径为边缘吸盘的不到 2 倍,掌部吸盘内角质环约具 20~30 个圆锥形小尖齿(图 4-430B)。腕长度不等,腕式一般为 3>4>2>1。腕吸盘 2 列,内角质环远端 3/5 具 3~5 个(通常 4 个)十分宽方的板齿(图 4-430C)。雄性左侧第 4 腕远端 2/3 茎化,基部 6~9 对吸盘正常。茎化部吸盘柄特化为 2 列尖的乳突,约 50 个,其中腹列(尤其近端)乳突增粗;背列和少数腹列远端乳突具退化的小吸盘;腹列吸盘柄与腹侧保护膜愈合形成腹膜突。内壳羽状,后端略圆,叶柄中轴粗壮,边肋细弱(图 4-430D)。

生活史及生物学:浅海性种类,近岸半浮游生活,繁殖场多位于内湾水质清澈的水域。在黄海、渤海,胴长 50 mm 的雌体即怀有成熟的卵子,产出的卵鞘长为 30~50 mm,每个卵鞘中包卵 20~40 枚。周年几乎均可发现怀卵个体,春季和秋季繁殖群较为明显,9—10 月间集群稠密,数量较多。生长快,成熟早。游泳能力较弱,洄游行动常受风和流的影响。主要以毛虾、糠虾等小型虾类和小鱼为食,本身为鲈鱼、鲅鱼等凶猛性鱼类的重要食饵。

地理分布:分布在中国渤海、黄海、东海、南海、台湾海域、日本南部海域(图 4-431)。

大小:最大胴长 80 mm,最大体重 30 g。

渔业:次要经济种,年产量几百吨。火枪乌贼是枪乌贼科小型种类,但在内湾中数量很多,最多网次渔获量可达百余千克,其干制品价格较高,是渤海重要的经济无脊椎动物之一。主要渔场在渤海湾,春季、秋季均有不少渔获,是渤海双拖网中的主要渔获物之一,在渤海定置张网中也有多量渔获,在底栖生物拖网中也多有采获。

文献:董正之,1988,1991;Roper et al,1984。

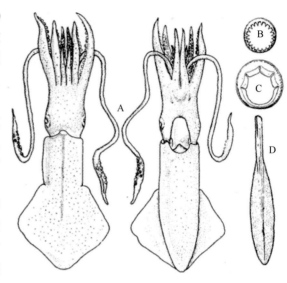

图 4-430　火枪乌贼形态特征示意图(据 Roper et al,1984;董正之,1988)

A. 背视和腹视;B. 触腕穗吸盘;C. 腕吸盘;D. 内壳

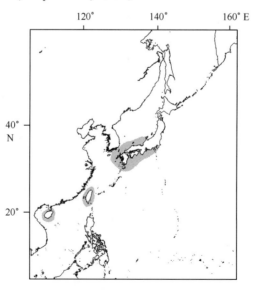

图 4-431　火枪乌贼地理分布示意图

日本枪乌贼 *Loliolus japonica* Hoyle,1885

分类地位:头足纲,鞘亚纲,枪形目,闭眼亚目,枪乌贼科,小枪乌贼属。

学名:日本枪乌贼 *Loliolus japonica* Hoyle,1885。

拉丁异名:*Loligo japonica* Hoyle,1885。

英文名:Japanese squid,Japanese inshore squid;**法文名**:Calmar japonais;**西班牙文名**:Calamar japonés。

分类特征:体圆锥形,后部削直,粗壮,胴长约为胴宽的 4 倍,体表具大小相间的近圆形色素斑。鳍长超过胴长的1/2,两鳍相接略呈纵菱形(图 4-432A)。触腕穗膨大,吸盘 4 列,中间 2 列约 12 个吸盘扩大,直径为边列吸盘的 2~3 倍,边缘、指部和腕骨部吸盘小(图 4-432B),大吸盘内角质环具约 20~25 个宽板齿,小吸盘内角质环具大量尖齿(图 4-432C)。各腕长略有差异,腕式一般为 3>4>2>1,吸盘 2 列,第 2 和第 3 腕吸盘较其他各腕大,吸盘内角质环具 7~8 个宽板齿(图4-432D)。雄性左侧第 4 腕远端 1/3~1/2 茎化(图 4-432E),茎化部吸盘退化,吸盘柄特化为乳突。内壳角质,羽状,后部略狭,中轴粗壮,边肋细弱,叶脉细密(图 4-432F)。

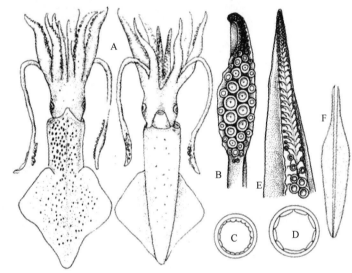

图 4-432　日本枪乌贼(据 Roper et al,1984;董正之,1988)

A. 背视;B. 触腕穗;C. 触腕穗吸盘内角质环;D. 腕吸盘内角质环;E. 茎化腕;F. 内壳

生活史及生物学:浅海半浮游种,多栖息于沿岸浅水水域。具垂直活动习性,白天栖息水层深,夜间栖息水层浅。游泳能力较弱,行动受风和流的影响颇大。以毛虾和其他小虾、小鱼为食,本身为带鱼、鳕鱼的重要食饵。

春分后,随着水温的升高,繁殖活动开始,由深水越冬区集群游往沿岸浅水区交配、产卵。在黄海北部和中部大量集群,产卵期约在 4—6 月,产卵适温约为 13~16℃。交配后不久即产卵,卵包于棒状的胶质鞘中,卵鞘长约 60~70 mm,直径约 8 mm,每个卵鞘包卵约 60~80 枚,每个成熟雌体产卵约 2 000~3 000 枚。产卵后,亲体相继死去。卵鞘多铺沉于海底,一簇簇地聚在一起,类似菊花状。初孵幼体胴长约为 2~3 mm,除鳍小、色素细胞大外,其形态已近似成体。幼体生长速度快,半年后,胴长近于成体,秋末冬初游往深水越冬,翌年性成熟,再洄游至产卵场交配、产卵。

在黄海北部的中国沿岸,日本枪乌贼从 3 月份开始作生殖洄游,大体分成三群:一群游向海州湾,一群游向山东半岛东南沿岸,一群游向辽东半岛南部沿岸。产卵水深数米至 10 余米。

地理分布:分布在西太平洋日本列岛海域,中国渤海、黄海、东海(图 4-433)。

大小:最大胴长 120 mm,最大体重 0.1 kg。

渔业:重要经济种,是黄海中的重要捕捞对象,为万吨级海鲜之一,体型小,商品价值较低,但群体大而密集,为一些经济鱼类的重要食饵。主要用于鲜销,为中国重要的冷冻出口海货之一。少量制成干品保存或远销,成干品率约为10%。主要渔场有中国的海州湾渔场、山东半岛渔场、辽东半岛渔场,朝鲜半岛西部渔场和日本列岛北部渔场。

文献:Tomiyama and Hibiya, 1978; Okutani, 1980; Dong, 1981; 董正之, 1991; Roper et al, 1984。

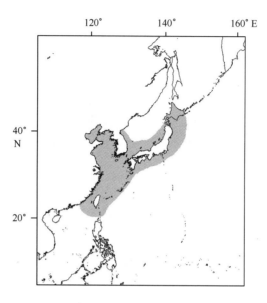

图 4-433 日本枪乌贼地理分布示意图

苏门答腊小枪乌贼 *Loliolus sumatrensis* Orbigny, 1835

分类地位:头足纲,鞘亚纲,枪形目,闭眼亚目,枪乌贼科,小枪乌贼属。

学名:苏门答腊小枪乌贼 *Loliolus sumatrensis* Orbigny, 1835。

拉丁异名:*Loligo sumatrensis* Orbigny, 1839; *Loligo kobiensis* Hoyle, 1885; *Loligo yokoyae* Ishikawa, 1925; *Loliolus rhomboidalis* Burgess, 1967。

英文名:Kobi squid; **法文名**:Calmar kobi; **西班牙文名**:Calamar kob。

分类特征:体纤短,圆锥形。鳍纵菱形,后缘略凹,两侧角圆,鳍长为胴长的65%(图4-434A)。触腕穗膨大,矛尖形,保护膜甚宽,吸盘4列,掌部中间列6~8个吸盘十分扩大(图4-434B);扩大吸盘内角质环光滑,直径为边列吸盘的4~5倍;其余吸盘内角质环具6~15个三角形或四边形齿(图4-434C)。第2和第3腕吸盘尤其扩大;吸盘内角质环远端具5~10个方齿矮宽,近端一个更宽,约占全环的1/3(图4-434D)。雄性左侧第4腕远端60%~70%茎化,近端3~4对吸盘正常,茎化部背腹2列吸盘退化,背列吸盘柄特化为短小的乳突,腹列吸盘膨大并与腹侧保护膜愈合成腹膜突。墨囊无发光器。

生活史及生物学:浅海种,通常分布在沿岸水域,春季在10 m以上水层资源丰富。

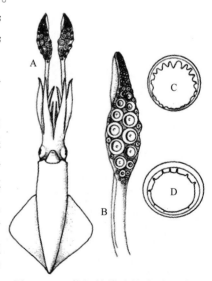

图 4-434 苏门答腊小枪乌贼形态特征示意图(据 Roper et al, 1984)
A. 腹视; B. 触腕穗; C. 触腕穗小吸盘内角质环; D. 腕吸盘内角质环

地理分布:分布在日本西南部,中国东海、南海,中南半岛至苏门答腊,中国海南岛和台湾海域(图4-435)。

大小:最大胴长 100 mm。

渔业:潜在经济种,为泰国湾常见的渔业种类,在日本西南部为其他鱿鱼的副渔获物。

文献:Okutani, 1977;Roper et al, 1984。

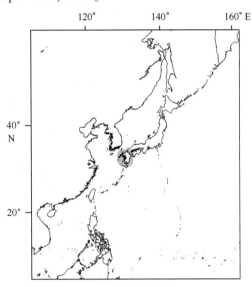

图4-435 苏门答腊小枪乌贼地理分布示意图

尤氏小枪乌贼 *Loliolus uyii* Wakiya and Ishikawa, 1921

分类地位:头足纲,鞘亚纲,枪形目,闭眼亚目,枪乌贼科,小枪乌贼属。

学名:尤氏小枪乌贼 *Loliolus uyii* Wakiya and Ishikawa, 1921。

拉丁异名:*Loligo tagoi* Sasaki, 1929;*Loligo gotoi* Sasaki, 1929;*Loligo uyii* Wakiya and Ishikawa, 1921。

英文名:Little squid;**法文名**:Calmar mignon;**西班牙文名**:Calamar balilla。

分类特征:体短圆锥形,中等粗壮,胴宽约为胴长的25%。鳍纵菱形,侧角圆,后缘近直,鳍长为胴长的60%(图4-436A)。触腕穗略微膨大,披针形,掌部中央2列8个吸盘明显扩大(图4-436B);吸盘内角质环光滑(图4-436C);触腕穗中部和远端吸盘内角质环具7~10个宽板齿或半月形齿。腕吸盘内角质环远端2/3具3~6个(多数为4~5个)十分宽短的圆角矩形或半月形齿,近端1/2环光滑(图4-436D)。雄性左侧第4腕末端2/3茎化,基部10~12对吸盘正常,茎化部约具75个无吸盘的乳突,背列乳突小而圆,彼此之间分离,而腹列乳突十分膨大,彼此相连,并与腹面保护膜愈合而成

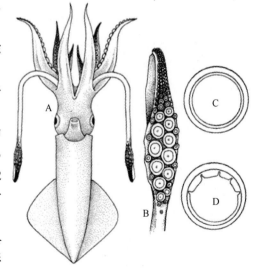

图4-436 尤氏小枪乌贼形态特征示意图
(据 Roper et al, 1984)

A. 腹视;B. 触腕穗;C. 掌部扩大吸盘内角质环;
D. 第3腕吸盘内角质环

一长腹膜突。

生活史及生物学:沿岸浅海种,栖息水深约至50 m。

地理分布:分布在印度洋—西太平洋,具体为日本南部、中国黄海至香港、台湾海域(图4-437)。

大小:最大胴长 100 mm。

渔业:据报道,泰国利用双拖和单拖捕捞。

文献:Okutani, 1980; Roper et al, 1984。

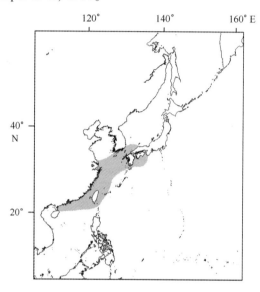

图 4-437　尤氏小枪乌贼地理分布示意图

圆鳍枪乌贼属 *Lolliguncula* Steenstrup, 1881

圆鳍枪乌贼属已知阿尔戈斯圆鳍枪乌贼 *Lolliguncula argus*、巴拿马圆鳍枪乌贼 *Lolliguncula panamensis*、圆鳍枪乌贼 *Lolliguncula brevis* 和镖形圆鳍乌贼 *Lolliguncula diomedeae* 4 种,其中圆鳍枪乌贼为本属模式种。该属为小型广盐性种类,栖于近岸温暖的浅水水域及低盐度水域,仅分布在美洲周边海域。

分类地位:头足纲,鞘亚纲,枪形目,闭眼亚目,枪乌贼科,圆鳍枪乌贼属。

英文名:Brief squids。

属特征:体短,后部圆,末端不延伸形成尾部。鳍端生,后部宽圆,成体鳍宽大于鳍长。触腕穗膨大,吸盘4列。腕吸盘内角质环远端或全环具方齿。雄性侧腕中部吸盘不十分扩大。茎化腕无腹膜突,腕近端不特化或特化,特化区吸盘尺寸减小,仅背列或背列和腹列吸盘柄延长形成乳突。卵小,径长小于 3 mm,精囊胶合体长。无发光器。

文献:Alexeyev, 1992; Berry, 1929; Brakoniecki, 1986; Vecchione et al, 1998, 2005; Voss, 1971; Vecchione, 1996。

种的检索:

1(6)雄性左侧第 4 腕近端不茎化

2(3)腕吸盘内角质环近端光滑 ………………………………………… 阿尔戈斯圆鳍枪乌贼

3(2)腕吸盘内角质环全环具齿

4(5)鳍圆菱形,鳍长约等于鳍宽 ……………………………………………… 圆鳍枪乌贼

5(4)鳍宽心形,鳍长远大于鳍宽 ……………………………………… 巴拿马圆鳍枪乌贼

6(1)雄性左侧第4腕全腕茎化 ………………………………………… 镖形圆鳍乌贼

圆鳍枪乌贼 *Lolliguncula brevis* Blainville, 1823

分类地位:头足纲,鞘亚纲,枪形目,闭眼亚目,枪乌贼科,圆鳍枪乌贼。

学名:圆鳍枪乌贼 *Lolliguncula brevis* Blainville, 1823。

拉丁异名:*Loligo brevis* Blainville, 1823;*Loligo brevipinna* Lesueur,1824;*Loligo hemiptera* Howell, 1868。

英文名:Western Atlantic brief squid, Atlantic brief squid, Bay squid;**法文名**:Calmar doigtier commun;**西班牙文名**:Calamar dedal。

分类特征:体短而粗壮,略呈圆锥形,后部钝圆,中部膨大,胴长约为胴宽的 2.5 倍(图 4-438A),体表具大小相间的近圆形色素体,大色素体甚为发达。鳍宽大,略呈圆形,鳍长约为胴长的 50%。触腕穗吸盘 4 列,掌部中间列吸盘较大,大吸盘内角质环具尖齿。各腕长不等,腕式为 4>3>2>1,第 3 和第 4 腕长而粗壮,腕吸盘 2 列,内角质环具钝齿。雄性左侧第 4 腕远端 1/3 茎化(图 4-438B),并延伸至顶端,茎化部背列约 24 个吸盘特化,其中最近端的 1~3 个尺寸甚小,其余远端吸盘柄则十分膨大,形成扁平的乳突,并向远端渐小。内壳羽状,叶柄中轴粗,边肋细弱(图 4-438C)。

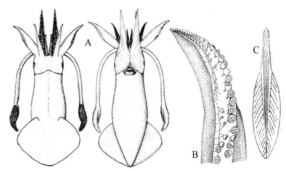

图 4-438　圆鳍枪乌贼形态特征示意图(据 Verrill, 1881;Roper et al, 1984)
A. 背视和腹视;B. 茎化腕;C. 内壳

生活史及生物学:浅海性沿岸广盐种,栖息于 20 m 以内的浅水海域,生活适温 15~32℃,能忍耐大范围的盐度波动,适盐范围 17.5~36,更适应较低盐度生活,短时间内能忍受的最低盐度为 8.5。以浮游动物、甲壳类和小鱼为食。

血液渗透压与海水渗透压相近,当环境中海水的盐度从 36 降至 28 后 30 min,体内调解机制就做出低渗的应急反应,使血液渗透压与周围海水渗透压保持平衡,大约 4 h 后达到完全平衡。但当周围海水盐度低于 17 时,机体渗透压调节出现严重障碍;在盐度下降到 16.5 时,圆鳍枪乌贼 48 h 开始死亡。

在海湾和河口区资源密度尤为丰富,月间的丰度变化与港湾或河口区浮游动物的丰度季节性变动相关。春季,随着水温的上升,群游至港湾或河口附近海区交配产卵,亲体产卵后死亡;秋季,随着水温的下降,新生幼体群游至较深处越冬。卵产于凝胶质卵鞘中,黏附于浅水海底。成熟雌体的怀卵量为 1 400~6 360 枚。

地理分布:分布在西大西洋 40°N~23°S 海域,具体为佛罗里达沿岸、墨西哥湾、加勒比海、南美东北和东南沿岸,偶尔向南可至阿根廷(图 4-439)。

大小:雌性最大胴长 120 mm,雄性最大胴长 80 mm。

渔业:次要经济种。体型虽小,但资源量较大,具有很大的开发潜力。胴体肥硕,适宜制罐,也为重要经济鱼类的钓饵。主要渔场在墨西哥湾,在其他分布区的沿岸数量也较多,为虾拖网中的优势种,鱼汛在春季和秋季。

文献:Verrill, 1881; Barragan, 1969; Roper, 1978; Laughlin and Livingston, 1982; 董正之, 1991; Roper et al, 1984; Brakoniecki and Roper, 1985; Hess,1987。

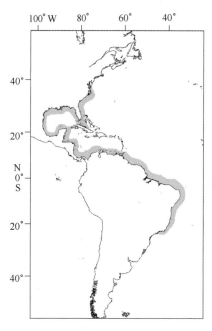

图 4-439　圆鳍枪乌贼地理分布示意图

巴拿马圆鳍枪乌贼 *Lolliguncula panamansis* Berry，1911

分类地位：头足纲，鞘亚纲，枪形目，闭眼亚目，枪乌贼科，圆鳍枪乌贼属。

学名：巴拿马圆鳍枪乌贼 *Lolliguncula panamansis* Berry，1911。

英文名：Panama brief squid；**法文名**：Calamar doigtier panaméen；**西班牙文名**：Calamar dedal panameño。

分类特征：体粗短，强健，末端钝圆（图 4-440A）。鳍宽圆，鳍长为胴长的 55%～60%，鳍宽为胴长的 85%～90%（图 4-440A）。触腕长，强健。触腕穗大，且膨大，掌部吸盘扩大（尤其中间列）（图 4-440B），扩大吸盘内角质环全环具 23～27 个小三角形尖齿（近端齿相对较小）（图 4-440C）。腕吸盘内角质环具 11～15 个短宽的平截齿，远端齿显著，近端齿退化（图 4-440D）。雄性左侧第 4 腕茎化。

生活史及生物学：沿岸浅海种，栖息水深 1～70 m，通常为 5～30 m，适温 21～27℃，适盐 15～23。产卵期几乎遍布全年，卵分批产出。雌性成熟胴长为 80 mm，雄性成熟胴长为 40 mm。食物组成鱼类占 80%，甲壳类占 15% 以上。

地理分布：分布在东太平洋加利福尼亚至秘鲁北部，分布极限未知（图 4-441）。

大小：雌性最大胴长为 110 mm，雄性最大胴长为 80 mm。

渔业：潜在经济种，在巴拿马、哥伦比亚和厄瓜多尔为捕虾业的副渔获物，无专门的渔获量统计。大个体出口到欧洲。

文献：Roper et al，1984。

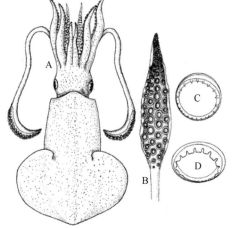

图 4-440　巴拿马圆鳍枪乌贼形态特征示意图（据 Roper et al，1984）

A. 背视；B. 触腕穗；C. 触腕穗扩大吸盘内角质环；D. 腕吸盘内角质环

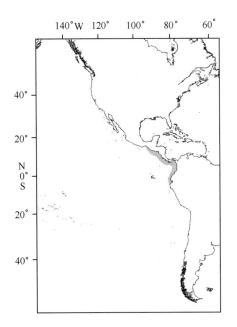

图 4-441　巴拿马圆鳍枪乌贼地理分布示意图

镖形圆鳍乌贼 *Lolliguncula diomedeae* Hoyle, 1904

分类地位:头足纲,鞘亚纲,枪形目,闭眼亚目,枪乌贼科,圆鳍乌贼属。

学名:镖形圆鳍乌贼 *Lolliguncula diomedeae* Hoyle, 1904。

拉丁异名:*Loligo diomedeae* Hoyle, 1904;*Loliolopsis chiroctes* Berry, 1929;*Loliolopsis diomedeae* Hoyle, 1904。

英文名:Dart squid, Shortarm gonate squid;**法文名**:Calmar fléchette;**西班牙文名**:Calamar dardo。

分类特征:体长,末端钝。鳍短,耳形至圆形,鳍长约为胴长的 1/3(图 4-442A、B)。触腕穗吸盘 4 列,掌部中间 2 列吸盘扩大,雄性扩大程度较雌性明显(图 4-442C、D)。雄性第 4 对腕均茎化(图 4-442E):左侧第 4 腕延长为鞭形,基部吸盘微小,其余部分不具吸盘,仅余特化为乳突的吸盘柄;右侧第 4 腕吸盘尺寸逐渐减小,腹侧边膜部分扩大呈翼片状。具性别二态性,雌性个体大,腕较雄体短,鳍较雄体大(图 4-442A、B)。

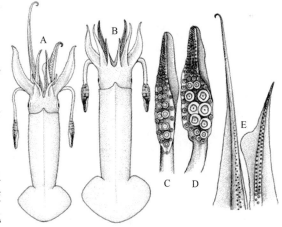

图 4-442　镖形圆鳍乌贼形态特征示意图(据 Roper et al, 1984)

A. 雄性背视;B. 雌性背视;C. 雄性触腕穗;D. 雌性触腕穗;E. 茎化腕

生活史及生物学:浅海种。在巴拿马湾经常大规模集群。雌雄比例 2∶1。

地理分布:分布在中东太平洋下加利福尼亚至秘鲁(图 4-443)。

大小:最大胴长 115 mm,雄性小于雌性。

渔业:在巴拿马为捕虾业的副渔获物,由于经济价值不高,经常被丢弃,少量流向市场。

文献:Brakoniecki,1980;Roper et al,1984。

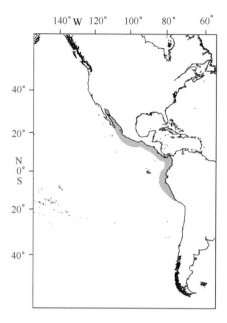

图 4-443 镖形圆鳍乌贼地理分布示意图

阿尔戈斯圆鳍枪乌贼 *Lolliguncula argus* Brakoniecki and Roper, 1985

分类地位: 头足纲, 鞘亚纲, 枪形目, 闭眼亚目, 枪乌贼科, 圆鳍枪乌贼属, 圆鳍枪乌贼亚属。

学名: 阿尔戈斯圆鳍枪乌贼 *Lolliguncula argus* Brakoniecki and Roper, 1985。

分类特征: 腕吸盘远端具 6~8 个长钝齿, 近端光滑(图 4-444)。

大小: 最大胴长 40 mm。

文献: Brakoniecki and Roper, 1985; Nesis, 1987。

图 4-444 阿尔戈斯圆鳍枪乌贼腕吸盘
(据 Brakoniecki and Roper, 1985)

矮小枪乌贼属 *Pickfordiateuthis* Voss, 1953

矮小枪乌贼属已知拜氏矮小枪乌贼 *Pickfordiateuthis bayeri*、矮小枪乌贼 *Pickfordiateuthis pulchella* 和沃氏矮小枪乌贼 *Pickfordiateuthis vossi* 3 种, 其中矮小枪乌贼为模式种。该属种栖息于浅海海域, 分布与小块珊瑚礁和海草相关。

分类地位: 头足纲, 鞘亚纲, 枪形目, 闭眼亚目, 枪乌贼科, 矮小枪乌贼属。

英文名: Grass squids。

属特征: 体型小, 肌肉强健。口垂片无吸盘。鳍亚端生, 卵形, 两鳍后端分离, 具游离的前鳍垂和后鳍垂。触腕穗掌部吸盘 2 列, 指部吸盘 4 列或 2 列。腕吸盘 2 列。无发光器。

文献: Brakoniecki, 1996; Roper and Vecchione, 2001; Voss, 1953; Vecchione, 1996。

矮小枪乌贼 *Pickfordiateuths pulchella* Voss, 1953

分类地位: 头足纲, 鞘亚纲, 枪形目, 闭眼亚目, 枪乌贼科, 矮小枪乌贼属。

学名:矮小枪乌贼 *Pickfordiateuths pulchella* Voss,1953。

英文名:Grass squid。

分类特征:体型小,长筒形,肌肉强健。口垂片无吸盘。鳍亚端生,卵形,两鳍后端分离,具游离的前鳍垂和后鳍垂(图 4-445A)。触腕穗掌部吸盘大,2 列;指部吸盘小,4 列(图 4-445B)。腕吸盘 2 列。无发光器。

地理分布:分布在佛罗里达外海(图 4-446)。

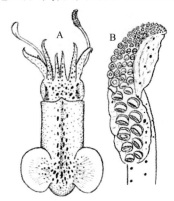

图 4-445　矮小枪乌贼形态特征示意图

(据 Voss,1953)

A. 背视;B. 触腕穗

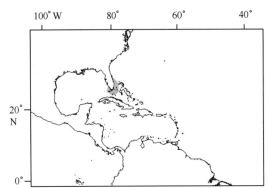

图 4-446　矮小枪乌贼地理分布示意图

生活史及生物学:栖息于浅海海域,分布与小块珊瑚礁和海草相关。

大小:最大胴长 22 mm。

渔业:非常见种。

文献:Voss,1953。

拜氏矮小枪乌贼 *Pickfordiateuthis bayeri* Roper and Vecchione,2001

分类地位:头足纲,鞘亚纲,枪形目,闭眼亚目,枪乌贼科,矮小枪乌贼属。

学名:拜氏矮小枪乌贼 *Pickfordiateuthis bayeri* Roper and Vecchione,2001。

地理分布:西太平洋巴哈马群岛。

生活史及生物学:渔获水层 110~113 m。

文献:Roper and Vecchione,2001。

沃氏矮小枪乌贼 *Pickfordiateuthis vossi* Brakoniecki,1996

分类地位:头足纲,鞘亚纲,枪形目,闭眼亚目,枪乌贼科,矮小枪乌贼属。

学名:沃氏矮小枪乌贼 *Pickfordiateuthis vossi* Brakoniecki,1996。

地理分布:墨西哥附近海域。

大小:最大胴长 20 mm。

文献:Brakoniecki,1996。

拟乌贼属 *Sepioteuthis* Blainville,1824

拟乌贼属已知拟乌贼 *Sepioteuthis sepioidea*、澳大利亚拟乌贼 *Sepioteuthis australis* 和莱氏拟乌贼 *Sepioteuthis lessoniana* 3 种,其中拟乌贼为本属模式种。

分类地位:头足纲,鞘亚纲,枪形目,闭眼亚目,枪乌贼科,拟乌贼属。

英文名:Reef squid。

分类特征:体圆锥形,末端不延长形成尾部。成体鳍周生,两鳍相接呈宽椭圆形,鳍长约等于胴长。触腕穗膨大,吸盘4列。腕吸盘内角质环全环具尖齿。茎化腕无腹膜突;近端吸盘不特化;远端吸盘退化,茎化部背列和腹列吸盘柄延长形成乳突。精囊胶合体短。无发光器。

生活史及生物学:栖息地与礁体相关,故得名"Reef squid"。栖息于热带和亚热带清澈的珊瑚礁暖水水域,但不是所有拟乌贼种类都生活在珊瑚礁附近,例如莱氏拟乌贼,分布于日本本州岛和九州岛南部,而这两处海域并没有珊瑚礁。所产卵要较枪乌贼科其他种类大得多,数量少。卵大,卵径大于5mm。

地理分布:通常分布在热带或亚热带浅水水域,仅拟乌贼在西大西洋有分布,其余各种分布于印度洋—西太平洋。

文献:Nesis,1982;Segawa et al,1993;Vecchione et al,1998;Vecchione,1996。

种的检索:

1(2)鳍背面基部具1白色至蓝色的线条 …………………………………………… 澳大利亚拟乌贼
2(1)鳍背面基部无线条
3(4)外套背部中央具1纵条白斑 ………………………………………………………………… 拟乌贼
4(5)外套背部中央无纵条白斑 …………………………………………………………………… 莱氏拟乌贼

拟乌贼 *Sepioteuthis sepioidea* Blainville,1823

分类地位:头足纲,鞘亚纲,枪形目,闭眼亚目,枪乌贼科,拟乌贼属。

学名:拟乌贼 *Sepioteuthis sepioidea* Blainville,1823。

拉丁异名:*Loligo sepioidea* Blainville,1823;*Sepioteuthis biangutata* Rang,1837;*Sepioteuthis sepioidea* Orbigny,1839;*Sepioteuthis sloani* Leach,1849;*Sepioteuthis ovata* Gabb,1868;*Sepioteuthis ehrhardti* Pfeffer,1884;*Sepioteuthis accidentalis* Robson,1926。

英文名:Caribbean reef squid、Atalntic oval squid;法文名:Calmar ris;西班牙文名:Calamar de arrecife。

分类特征:体圆锥形,胴长约为胴宽的3倍,外套腔开口处最宽,后部渐细,顶端钝,体表具大小相近的近圆形色素体。外套背部中央具一条粗长的纵条状白斑,两侧有许多小白点斑(图4-447A);雄性外套背部尚生有许多连续的横纹白斑(图4-447B)。口垂片无吸盘。鳍宽大,几乎包被外套全缘,鳍长超过胴长的90%,鳍宽约为鳍长的50%,鳍前部较窄,向后渐宽,单鳍中部最宽处约为胴宽的1/2,再向后渐狭,两鳍末端相接呈椭圆形(图4-447A、B)。触腕穗吸盘4列,掌部中间列略大,边缘略小,指部吸盘甚小,掌部吸盘内角质环具尖齿。第1腕较短,其余各腕长度略有差异,腕式一般为3>4>2>1。腕吸盘2列,内角质环具大量钝圆的齿。雄性左侧第4腕远端1/4茎化(图4-447C),茎化开始部位1~2对吸盘尺寸骤小,剩余远端部分吸盘完全退化,吸盘柄特化为2列乳突。内壳披针叶形,后部略狭,叶柄中轴粗壮,边肋厚实。

生活史及生物学:热带浅水种,栖息水深表层至20 m,多为3~7 m,分布与珊瑚礁和海藻地相关,通常4~50个一群集于珊瑚礁周围。主食磷虾和小鱼。性成熟胴长90 mm,胴长30 mm的未成熟雄性茎化腕已形成。产卵期几乎遍布全年,以春、夏季之间较盛。繁殖活动复杂,有追偶、争偶、交配、产卵等一系列行为。繁殖季节结束后,两性亲体相继死亡。卵鞘多产于海底的藻丛、珊瑚礁、空贝壳、岩石缝隙和凹窝等隐蔽处。卵鞘甚短,长约38 mm,但甚粗,每个成熟雌体约可产出卵鞘50~60枚。每个卵鞘中包卵3~4枚,卵子甚大,椭圆形,长径约5~6 mm,短径约3 mm。卵的孵化期约在30~40天左右,在一定的海域内,水温的高低与孵化期的长短成反比。初孵幼体,全长6~8

mm,体呈半透明,体表具少量大色素体,携带着卵黄囊,生长迅速,约 6 个月即可达到性成熟,生命周期约 1 年。

地理分布:分布在百慕大群岛、巴哈马群岛、佛罗里达半岛、卡纳维拉尔角、墨西哥湾、加勒比海、小安的列斯群岛海域(图 4-448)。

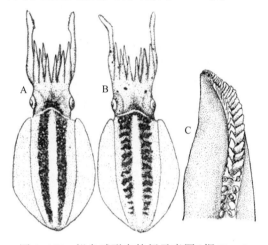

图 4-447 拟乌贼形态特征示意图(据 Moynihan and Rodaniche,1982;Roper et al,1984)

A. 雌性背视;B. 雄性背视;C. 茎化腕

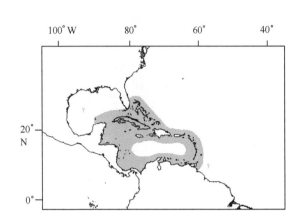

图 4-448 拟乌贼地理分布示意图

大小:最大胴长 200 mm。

渔业:次要经济种,是中西大西洋中的经济头足类。虽然它们的繁殖力较低,但肉厚质嫩,特别是肉鳍部分尤为肥美,商品价值较高。主要渔场在巴哈马群岛海域,那里群体稠密,而在临近的墨西哥湾群体很少,仅在尤卡坦半岛北端海域有一些渔获。分布洄游的北界,虽可达平均水温较低的百慕大群岛海域,但那里的群体也很少,只是在湾流的东北流势增强的年份,群体才增多。主要渔具渔法有圆旋网类、抄网、流网、鱿钓等,常配合灯光诱捕。

文献:Roper,1978;Moynihan and Rodaniche,1982;Roper et al,1984;董正之,1991。

澳大利亚拟乌贼 *Sepioteuthis australis* Quoy and Gaimard,1832

分类地位:头足纲,鞘亚纲,枪形目,闭眼亚目,枪乌贼科,拟乌贼属。

学名:澳大利亚拟乌贼 *Sepioteuthis australis* Quoy and Gaimard,1832。

拉丁异名:*Sepioteuthis bilineata* Quoy and Gaimard,1832。

英文名:Southern reef squid;**法文名**:Calmar de roche austral;**西班牙文名**:Calamar roquero austral。

分类特征:体圆锥形,粗壮。鳍甚长,大于胴长的 90%,鳍宽小于鳍长的 50%,鳍中部最宽,向前后渐窄;鳍背面基部与外套相连处具一条白色至蓝色的线条(图 4-449A)。触腕穗长,略微膨大(图 4-449B);吸盘中等大小,最大吸盘内角质环全环具 22~27 个尖齿。第 4 腕吸盘内角质环具 25~30 个尖齿。角质颚上颚喙短,喙长小于头盖长的 1/3,喙缘弯;头盖后部至颚角无明显的条带;脊突弯;翼部约延伸至侧壁前缘近基部处。下颚喙长小于头盖长,喙缘弯,呈 S 形;脊突直或略弯,不增厚,长度大于 2 倍头盖长;侧壁无侧壁脊或皱。

生活史及生物学:浅海底栖种,栖息水深表层至 10 m 水层。Lu 和 Ickeringill(2002)在澳大利亚南部水域采集到 37 尾澳大利亚拟乌贼,胴长范围 49~383 mm,体重范围为 14.1~511 g。

地理分布：分布在西太平洋,具体为澳大利亚和新西兰(图4-450)。

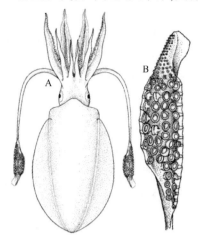

图4-449 澳大利亚拟乌贼形态特征
示意图(据 Roper et al, 1984)
A. 背视;B. 触腕穗

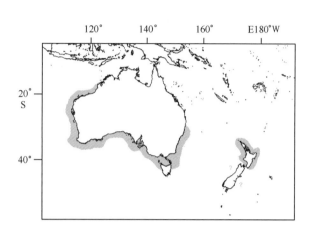

图4-450 澳大利亚拟乌贼地理分布示意图

大小：最大胴长383 mm。

渔业：次要经济种。在澳大利亚为地方性渔业,捕捞方式有定置网、诱饵钓、延绳钓、曳绳钓,20世纪80年代已开始大规模捕捞作业。在新西兰渔获量相对较少,渔具为拖网。

文献：Okutani, 1980; Dunning, 1982; Roper et al, 1984; Lu and Ickeringill, 2002。

莱氏拟乌贼 *Sepioteuthis lessoniana* Lesson, 1830

分类地位：头足纲,鞘亚纲,枪形目,闭眼亚目,枪乌贼科,拟乌贼属。

学名：莱氏拟乌贼 *Sepioteuthis lessoniana* Lesson, 1830。

拉丁异名：*Sepioteuthis guinensis* Quoy & Gaimard, 1832; *Sepioteuthis lunulata* Quoy & Gaimard, 1832; *Sepioteuthis mauritania* Quoy & Gaimard, 1832; *Sepioteuthis sinensis* Orbigny 1835—1848; *Sepioteuthis arctipinnis* Gould, 1852; *Sepioteuthis brevis* Owen, 1881; *Sepioteuthis neoguinaica* Pfeffer, 1884; *Sepioteuthis indica* Goodrich, 1896; *Sepioteuthis sieboldi* Joubin, 1898; *Sepioteuthis malayana* Wülker, 1913; *Sepioteuthis krempfi* Robson, 1928。

英文名：Bigfin reef squid, Indo-Pacific oval squid; **法文名**：Calmar tonnelet; **西班牙文名**：Calamar manopla。

分类特征：体圆锥形,粗壮,胴长约为胴宽的3倍(图4-451A、B)。雌性体表具大小相间的近圆形色素斑(图4-451A);雄性背部生断续的横条纹,两侧侧部各生9~10个粗斑(图4-451B)。鳍宽大,几乎包被外套全缘,鳍长为胴长的90%以上,向后渐宽,中部最宽处约为胴宽的1/2,再向后渐窄,两鳍后端相接,呈近椭圆形(图4-451A、B)。触腕长而强健,触腕穗长而膨大,吸盘4列,掌部中间列吸盘略大,边缘列和指部吸盘甚小(图4-451C),中列吸盘内角质环具14~23个尖齿(图4-451D)。第1腕较短,其余3腕长略有差异,腕式一般为3>4>2>1。腕吸盘2列,吸盘内角质环具18~29个三角形尖齿(图4-451E)。雄性左侧第4腕1/4~1/3茎化(图4-451F),茎化部吸盘特化为2列尖乳突。内壳角质,羽状,后部略窄,中轴粗壮,边肋细弱,叶脉细密(图4-451G)。

生活史及生物学：浅海种,栖息水深表层至100 m。雄性性成熟年龄10~14个月,雌性性成熟

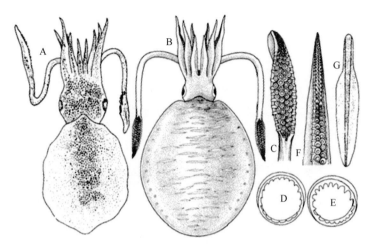

图 4-451　莱氏拟乌贼形态特征示意图(据董正之，1988；Roper et al，1984)
A. 雌性背视；B. 雄性背视；C. 触腕穗；D. 掌部大吸盘内角质环；E. 腕吸盘内角质环；F. 茎化腕；G. 内壳

年龄 12~17 个月。生命周期 2.5 年。主食虾类和鱼类，偶尔也捕食口脚类和蟹类。产卵期依地理区域不同而有所延长。

春季进行向岸性的生殖性洄游，秋末冬初进行离岸性的越冬洄游，其他季节性的繁殖不明显。繁殖场多在小卵石、碎贝壳或海藻丛生处，水深 2~10 m。刚产出的卵鞘长 62~84 mm，直径为 9~13 mm，胶质、光滑、乳白色、半透明。产出后不久卵鞘长度一度收缩，以后再度膨大，至仔鱼孵出前最为膨大。许多卵鞘常以柄端结在一起，形成颇大的指群状卵鞘块。每个卵鞘中包卵 2~9 枚。一个雌体的产卵量少，一般约为 200~300 枚。产卵时水温 10~20℃。水温 23.5~24℃时卵孵化约需要 25~28 天。初孵幼体胴长 4.7~7.2 mm，体重范围 23.4~59.6 g。18 天的仔鱼胴长范围 14.0~20.0 mm，平均 17.0 mm；体重范围 0.55~1.25 g，平均 0.86 g。45 天仔鱼胴长范围 45.0~59.0 mm，平均 51.9 mm；体重范围 9.2~17.3 g，平均 13.51 g。进入稚鱼期后，生长迅速加快，孵化后 110 天，胴长达 140 mm，体重达 181 g。孵化后 170 天，胴长达 180 mm，体重达 300 g，最大体重 500 g。

地理分布：分布在印度洋—太平洋，具体为红海、阿拉伯海向东至 160°E，澳大利亚北部经菲律宾、马来西亚、中国南海和东海至日本列岛，夏威夷群岛(图 4-452)。

大小：最大胴长 450 mm，最大体重 5 kg。

渔业：莱氏拟乌贼是西太平洋暖水区的次要经济头足类，在中国的广东和闽南近海常有渔获，年产量约 200 t。体型大，肉厚，可食部分高，肉质细嫩鲜美，干制后为海味佳品。

主要渔场有两个：一个是日本列岛南端的鹿儿岛渔场，一个是日本海的若狭湾渔场。南海也常有捕获，但未形成集中的渔场。渔期分春、秋两季，春季捕捞成熟群体，秋季捕捞未成熟群体。鹿儿岛主渔场的渔期为 10 月至翌年 4 月，若狭湾主渔场的渔期为 4—7 月(湾外)和 9—12 月(湾内)。各分渔场的渔期也有参差：如石川分渔场的渔期为 5—7 月，高知分渔场的渔期为 7 月至翌年 2 月，山口分渔场的渔期为 4—8 月。

鹿儿岛渔场中的单杆拟饵钓比较有名，使用虾形拟饵，钓钩呈"菊花"状，单个或双排，小船 2 人作业，春季作业水深 13~18 m，秋季作业水深 5~7 m。其他捕捞工具有地曳网、瓢网、巢曳网、定置网、围网和机轮双拖网等。

文献：Tomiyama and Hibiya，1978；Silas et al，1982；董正之，1991；Roper et al，1984。

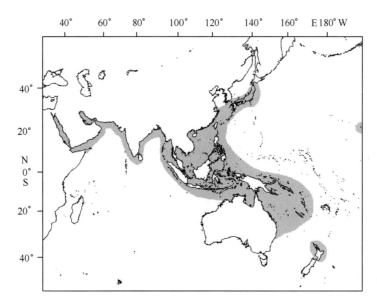

图 4-452　莱氏拟乌贼地理分布示意图

尾枪乌贼属 *Uroteuthis* Rehder，1945

尾枪乌贼属已知尾枪乌贼 *Uroteuthis bartschi*、夜光尾枪乌贼 *Uroteuthis nocticula*、阿氏尾枪乌贼 *Uroteuthis abutati*、阿拉伯尾枪乌贼 *Uroteuthis arabica*、孟加拉尾枪乌贼 *Uroteuthis bengalensis*、中国枪乌贼 *Uroteuthi chinesis*、杜氏枪乌贼 *Uroteuthis duvaucelii*、剑尖枪乌贼 *Uroteuthis edulis*、罗氏尾枪乌贼 *Uroteuthis robsoni*、诗博加枪乌贼 *Uroteuthis sibogae*、僧伽罗尾枪乌贼 *Uroteuthis singhalensis*、沃氏尾枪乌贼 *Uroteuthis vossi*、皮克氏尾枪乌贼 *Uroteuthis pickfordi* 和雷氏尾枪乌贼 *Uroteuthis reesi* 14 种，其中尾枪乌贼为本属模式种。该属种为印度洋—西太平洋重要的大规模商业性和小型群众渔业。

分类地位：头足纲，鞘亚纲，枪形目，闭眼亚目，枪乌贼科，尾枪乌贼属。

属特征：体一般延长，后部顶端尖。成体鳍一般为纵菱形，后部渐细，鳍后缘至或未至外套后部顶端，鳍长大于鳍宽。触腕穗膨大，吸盘 4 列。腕吸盘内角质环近端具半月形板齿，远端具方齿。茎化腕具 2 列乳突。墨囊腹面具 1 对发光器，肠位于发光器之间。卵小，精囊胶合体短。

文献：Alexeyev，1991，1992；Lu et al，1985；Natsukari，1984；Vecchione et al，1998；Yeatman，1993；Vecchione，1996。

主要种的检索：

1（2）具尾部 ·· 尾枪乌贼

2（1）无尾部

3（4）茎化腕全腕特化 ··· 夜光尾枪乌贼

4（3）茎化腕仅远端特化

5（8）胴长约为胴宽的 4 倍

6（7）触腕穗大吸盘内角质环大小尖齿整齐排列 ····································· 剑尖枪乌贼

7（6）触腕穗大吸盘内角质环大小尖齿混杂排列 ····································· 杜氏枪乌贼

8（5）胴长约为胴宽的 7 倍

9（10）腕吸盘内角质环具尖齿 ··· 中国枪乌贼

10(9)腕吸盘内角质环具方齿或平截齿

11(12)触腕穗吸盘内角质环尖齿大小相近 ……………………………………… 诗博加枪乌贼

12(11)触腕穗吸盘内角质环尖齿大小不等 ……………………………………… 僧伽罗尾枪乌贼

尾枪乌贼 *Uroteuthis bartschi* Rehder，1945

分类地位：头足纲,鞘亚纲,枪形目,闭眼亚目,枪乌贼科,尾枪乌贼属。

学名：尾枪乌贼 *Uroteuthis bartschi* Rehder，1945。

英文名：Bartsch's squid；**法文名**：Calmar tépo；**西班牙文名**：Calamarete。

分类特征：体十分狭长,末端延伸形成细长的尖尾。鳍纵菱形,侧角圆,后缘内凹,并沿尾部延伸至顶端(图4-453A、B)。头窄,相对较小。雄性左侧第4腕远端1/2茎化,茎化部吸盘退化,吸盘柄特化为粗壮的长乳突,茎化部始端1~2个未完全退化。

生活史及生物学：浅海种。

地理分布：分布在西太平洋,具体为菲律宾和印度尼西亚周边水域(图4-454)。

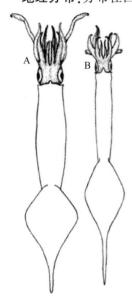

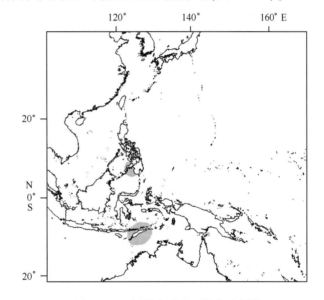

图4-453 尾枪乌贼形态
特征示意图
A. 雌性背视；B. 雄性背视

图4-454 尾枪乌贼地理分布示意图

大小：最大胴长200 mm。

渔业：潜在经济种,为地方性拖网渔业的副渔获物,以鲜品销售为主。

文献：Roper et al，1984。

夜光尾枪乌贼 *Uroteuthis noctiluca* Lu，Roper and Tait，1985

分类地位：头足纲,鞘亚纲,枪形目,闭眼亚目,枪乌贼科,尾枪乌贼属。

学名：夜光尾枪乌贼 *Uroteuthis noctiluca* Lu，Roper and Tait，1985。

拉丁异名：*Loliolus nocticula* Lu，Roper and Tait，1985。

英文名：Luminous bay squid；**法文名**：Calmar tépo；**西班牙文名**：Calamarete。

分类特征:体粗壮的圆锥形,体表具大量不等的近圆形色素体(图 4-455A)。触腕穗吸盘内角质环光滑(图 4-455B)。腕吸盘内角质环远端具 6~7 个齿(图 4-455C)。茎化腕全腕吸盘特化为乳突(图 4-455D)。角质颚上颚喙短,喙长小于头盖长的 1/3,喙缘弯;头盖后部至颚角无明显的条带;头盖与翼部结合部后缘凸;脊突弯;翼部延伸至侧壁前缘基部宽的 2/3 处。下颚喙缘直,顶端宽钝,喙宽,喙长小于头盖长;头盖低,紧贴脊突;脊突直或略弯,不增厚;侧壁无侧壁脊或皱。

生活史及生物学:栖息于沿岸浅水水域海草地至 50 m 水深。生命周期短,70 天胴长可达 60 mm。Lu 和 Ickeringill(2002)在澳大利亚南部水域采集到 32 尾夜光尾枪乌贼,胴长范围为 29.9~85.4 mm,体重范围为 1.8~27.3 g。

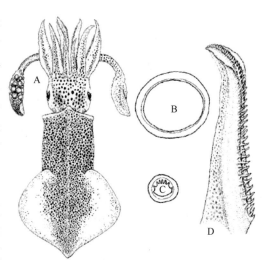

图 4-455 夜光尾枪乌贼形态特征示意图(据 Dunning et al, 1998)

A. 背视;B. 触腕穗吸盘内角质环;C. 腕吸盘内角质环;D. 茎化腕

地理分布:分布在澳大利亚南部水域。

大小:最大胴长 90 mm。

渔业:非常见种,虾拖网中偶尔有渔获。

文献:Dunning et al, 1998; Norman, 2000; Lu and Ickeringill, 2002。

中国枪乌贼 *Uroteuthis chinensis* Gray, 1849

分类地位:头足纲,鞘亚纲,枪形目,闭眼亚目,枪乌贼科,尾枪乌贼属。

学名:中国枪乌贼 *Uroteuthis chinensis* Gray, 1849。

拉丁异名:*Loligo formosana* Sasaki, 1929; *Loligo etheridgei* Berry, 1918; *Loligo chinensis* Gray, 1849。

英文名:Mitre squid;法文名:Calmar mitre;西班牙文名:Calamar mitrado。

分类特征:体圆锥形,细长,后部削直,后部顶端钝,腹部中线无纵皱,胴长约为胴宽的 7 倍,体表具大小相间的近圆形色素斑。鳍甚长,约为胴长的 2/3,两鳍相接略呈纵菱形(图 4-456A)。触腕穗吸盘 4 列,掌部中间 2 列约 12 个吸盘扩大,直径约为边列小吸盘的 1.5 倍,为腕大吸盘的 2 倍,边列、指部和腕骨部小(图 4-456B),大吸盘内角质环具 20~30 个大小相间的尖齿,6~12 个大齿两两之间分布 1~4 个小齿(图 4-456C)。各腕长略有差异,腕式一般为 3>4>2>1,吸盘 2 列,第 2 和第 3 腕吸盘内角质环远端具 10~15 个尖齿,近端齿退化或光滑(图 4-456D)。雄性左侧第 4 腕远端 1/3 茎化,茎化部吸盘特化为乳突。内壳角质,羽状,后部略尖,中轴粗壮,边肋细弱,叶脉细密(图 4-456E)。直肠两侧各具 1 个纺锤形发光器。

生活史及生物学:浅海种,栖息水深 15~170 m。一年内性成熟,因繁殖季节不同,种内一般分成春生群、夏生群和秋生群,在中国广东近海,以夏生群的群体最大,产卵期也较长,高峰期为春季的 2—5 月和秋季的 8—11 月。春分以后,暖流水势逐渐增大,在深水区越冬的个体集群游向浅海繁殖,特别是立夏以后,暖流水势迅速增强,水温升高加快,出现更大的群体繁殖活动。繁殖群体的性比因时间、空间不同而有所变化,从台湾浅滩调查总的情况看,雄性略多于雌性。

卵子分批成熟,分批产出。产卵大都在交配后 1 个月左右开始,产卵期延续较长,通常有两个产卵高峰;在产卵期中仍有交配行为。卵子略呈卵形,为白色胶膜包被,长径约 6~7 mm,包在棒状的胶质卵鞘中,卵鞘长 200~250 mm,每一个卵鞘中包卵 160~200 枚,卵径 1 mm×1.2 mm。产出的卵鞘一般 20 多束附着在一起,成片地铺于海底,呈云朵状。繁殖后不久,雌雄亲体即相

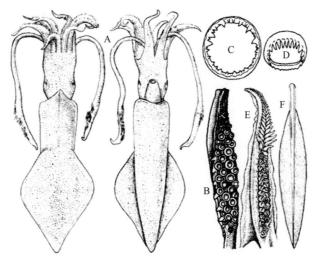

图 4-456　中国枪乌贼形态特征示意图（据 Roper et al, 1984;董正之, 1988）
A. 背视和腹视；B. 触腕穗；C. 掌部大吸盘内角质环；D. 第 3 腕吸盘内角质环；E. 茎化腕；F. 内壳

继死去。

　　初孵幼体胴长 3~4 mm。仔鱼至稚鱼期生长速度较慢,1 个月胴长约增长 20 mm,长为 25~50 mm。至稚鱼期后期,生长速度较快,1 个月胴长增长 25~50 mm,长为 130~170 mm。在水温较高和饵料充足的环境下,生长速度加快,孵化后 5 个月,胴长达 300 mm 左右,每个月胴长平均增长约 60 mm。

　　仔稚鱼捕食端足类、糠虾等小型甲壳类。至成体阶段主要捕食蓝圆鲹、沙丁鱼、磷虾、鹰爪虾和毛虾等,也兼捕海鳗、虾蛄、梭子蟹等。生长阶段中,摄食强度高,胃含物丰富;在生殖阶段中,摄食强度低,特别是繁殖盛期中的空胃率颇高,有时可达 50% 左右。同类相残的习性明显。

　　地理分布:分布在西太平洋,具体为中国南海和东海至日本,澳大利亚东北部阿拉弗拉海至新南威尔士(图 4-457)。

　　大小:最大胴长 470 mm,最大体重 0.6 kg。

　　渔业:重要经济种。主要有 6 个渔场:①中国广西、广东、台湾西南部和福建南部近海渔场,包括北部湾北部渔场,主要在春、秋季捕捞;海南岛渔场,主要在夏、秋季捕捞;南澎岛渔场,主要在夏、秋季捕捞;澎湖群岛渔场,主要在夏、秋季捕捞;闽南渔场,主要在夏、秋季捕捞。②北部湾南部渔场,主要在秋季捕捞。③暹罗湾渔场,主要由拖网捕捞,渔期周年。

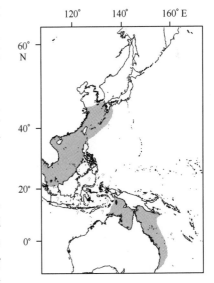

图 4-457　中国枪乌贼地理分布示意图

④菲律宾群岛中部渔场,包括沙鄢海、萨马海、保和海峡、吉马拉斯海峡、萨兰加湾等岛屿之间的浅海渔场;周年捕捞或春、夏、秋季捕捞。⑤阿拉弗拉海渔场。⑥澳大利亚东部昆士兰渔场。渔具渔法采用单线多钩爪型实饵钓,通常配用灯诱;此外还有机轮拖网、有囊围网等。

　　文献:Tomiyama and Hibaya, 1978; Okutani, 1980; Roper et al, 1984; 董正之, 1991。

杜氏枪乌贼 *Uroteuthis duvauceli* Orbigny，1835

分类地位:头足纲,鞘亚纲,枪形目,闭眼亚目,枪乌贼科,尾枪乌贼属。

学名:杜氏枪乌贼 *Uroteuthis duvauceli* Orbigny，1835。

拉丁异名:*Loligo oshimai* Sasaki，1929；*Loligo indica* Pfeffer，1884；*Loligo duvauceli* Orbigny，1848。

英文名:Indian squid；**法文名**:Calmar indien；**西班牙文名**:Calamar índico。

分类特征:体圆锥形,粗壮、后部削直,胴长约为胴宽的 4 倍;体表具大小相间的近圆形色素体。鳍菱形,后缘略内弯,鳍长约为胴长的 50%(图 4-458A)。触腕穗吸盘 4 列,掌部中间 2 列略大;大吸盘内角质环全环约具 14～17 个大小不等的尖齿(图 4-458B),小吸盘具大小相近的尖齿(图 4-458C)。各腕长不等,腕式一般为 3>4>2>1,腕吸盘 2 列。雌性各腕吸盘大小相当,吸盘内角质环远端具 7 个宽钝齿,近端光滑(图 4-458D);雄性第 2 和第 3 腕吸盘十分扩大,吸盘内角质环远端 2/3 具 9～11 个方宽至方圆的板齿,近端 1/3 光滑。雄性左侧第 4 腕远端约 50% 茎化,茎化部具 2 列梳妆排列的大乳突,顶端某些乳突具小吸盘。内壳披针叶形,后部略圆,叶柄中轴粗壮,边肋细弱。直肠和墨囊两侧各具 1 个发光器。

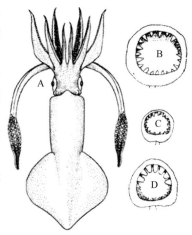

图 4-458　杜氏枪乌贼形态特征示意图(据 Roper et al，1984;董正之，1988)

A. 背视;B. 触腕穗大吸盘;C. 触腕穗小吸盘;D. 腕吸盘

生活史及生物学:热带浅海性浅水种,栖息于印度洋—太平洋暖水区大陆架以内的 30～170 m 水层,产卵季节大规模集群,在中国南海南部和印度半岛南部海域群体较大。产卵期贯及全年,种内有春、夏、秋三个繁殖群体。产卵高峰期多为水温升高的月份:在马德拉斯外海为 2 月和 6—9 月,在柯钦外海为 2—3 月、5—6 月和 9—10 月。一年性成熟,生命周期约为 3 年。在印度周边海域渔获胴长范围为 60～280 mm;西海岸雄性性成熟的最小胴长为 110 mm,雌性为 120 mm;东海岸雄性性成熟的最小胴长为 76 mm,雌性为 86 mm;西海岸群体的平均胴长大于东海岸群体。主食甲壳类(糠虾、磷虾和介形类)、小鱼和头足类,同类残食现象普遍。

具明显的趋光性,但畏强光。水槽试验结果表明,杜氏枪乌贼适宜光强为 0.1～1 lx,此时趋光率最高,在 0.01～1 lx 间趋光率最低,不过相对趋光率仍超过 50%,而在 0.1～1 000 lx 间相对趋光率下降 12.3%。

地理分布:分布在印度洋—太平洋海域,具体为南非、菲律宾群岛、阿拉弗拉海、爪哇岛、苏门答腊岛、暹罗湾(泰国湾)、马六甲海峡、中国南海、台湾海域、安达曼群岛、孟加拉湾、阿拉伯海、亚丁湾、红海、莫桑比克海峡(图 4-459)。

大小:最大胴长 300 mm。

渔业:重要的经济种,是枪乌贼科中的较大型种,胴体肥硕,体重较大,在中国南海南部和印度洋沿岸群体甚密。主要渔场有马六甲海峡渔场、印度的马德拉斯渔场和柯钦渔场。专门钓捕的渔期在春秋两季,全年可拖网兼捕。在中国香港海域,兼捕杜氏枪乌贼的灯光围网多在水深 40 m 以内作业,鱼汛通常为 5—9 月;在泰国湾有专门的底拖网作业;在印度沿岸为拖网和围网作业;在亚丁湾为第二大商业性拖网渔获物。

文献:Silas et al，1982；Roper et al，1984;董正之，1988，1991。

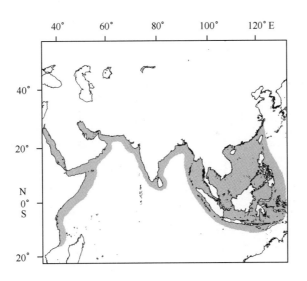

图 4-459 杜氏枪乌贼地理分布示意图

剑尖枪乌贼 *Uroteuthis* Hoyle，1885

分类地位：头足纲，鞘亚纲，枪形目，闭眼亚目，枪乌贼科，尾枪乌贼属。

学名：剑尖枪乌贼 *Uroteuthis edulis* Hoyle，1885。

拉丁异名：*Doryteuthis kensaki*；*Loligo edulis* Hoyle，1885。

英文名：Swordtip squid；**法文名**：Calmar épée；**西班牙文名**：Calamar espada。

分类特征：体圆锥形，中等粗壮，后部削直（图 4-460A），雄性腹部中线具纵皱，胴长约为胴宽的 4 倍；体表具大小相间的近圆形色素斑。鳍较长，约为胴长的 60%~70%，后缘略凹，两鳍相接略呈纵菱形（图 4-460A）。触腕穗膨大，吸盘 4 列，掌部中间列约 16 个吸盘扩大，直径约为边列小吸盘的 1.5 倍，约等于最大腕吸盘，边缘、指部和腕骨部吸盘小（图 4-460B）；大吸盘内角质环具 30~40 个大小相间的圆锥形尖齿，10 个大齿间分布 20~30 个小齿（图 4-460C）。各腕长略有差异，腕式一般为3>4>2>1，吸盘 2 列，第 2 和第 3 腕吸盘较大，吸盘内角质环远端 2/3 具 8~11 个长板齿，近端 1/3 齿退化或光滑（图 4-460D）。雄性左侧第 4 腕远端 2/3 茎化（图 4-460E），茎化部吸盘特化为乳突。内壳角质，羽状，后部

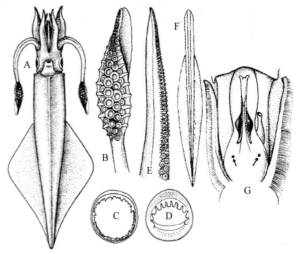

图 4-460 剑尖枪乌贼形态特征示意图（据 Roper et al，1984；董正之，1988）

A. 腹视；B. 触腕穗；C. 触腕穗大吸盘内角质环；D. 第 3 腕吸盘内角质环；E. 茎化腕；F. 内壳；G. 墨囊上发光器

略尖，中轴粗壮，边肋细弱，叶脉细密（图 4-460F）。直肠两侧各具 1 个纺锤形发光器（图 4-460G）。

生活史及生物学：浅海种，分布水层 30~170 m。冬季在深水区越冬，春夏向近岸浅水区聚集洄游，产卵场位于底质为砂质的 30~40 m 水层。一年内性成熟，因繁殖季节不同，种内一般分成春生

群、夏生群和秋生群。日本九州近海的繁殖盛期在春、夏季。生殖群体的性别随时间、空间不同而有所变化,但总的比例相近,即使是月变化,一般也相差不大。

在交配活动中,生殖群体常由中层游至表层。交配后不久,雌性即沉入海底集中产卵。卵鞘从漏斗中逐个产出,卵鞘有两种,一种长 100~200 mm,另一种长 200~400 mm。每个卵鞘中包卵200~400 枚,卵子椭圆形,直径约 2 mm。卵鞘呈菊花状铺沉于海底,由几百个卵鞘集成的卵块,直径可达 0.5 m。一个成熟雌体可产卵鞘 50 多个,总产卵量约 1 万~2 万枚。产卵后,亲体相继死亡。初孵幼体半年后胴长即与成体相近,但几个繁殖群体的生长速度略有差异,春生群大于夏生群等于秋生群,每月的平均生长量,春生群约为 18~20 mm,夏生群和秋生群约为 18 mm。

摄食强度随繁殖活动进入高峰而降低,雌性个体在产卵前数日摄食活动基本停止。通常,夜间的摄食强度超过白天,尤以深夜和黎明前的摄食强度最大。胃含物组成常因个体大小不同而有所不同:胴长 80 mm 以上的个体以捕食鳀、鲐、沙丁鱼、鲱等的仔稚鱼为主,出现频率达 70%~80%;胴长 50~70 mm 的个体以捕食甲壳类为主,出现频率达 80%~90%。

大小:最大胴长 500 mm,最大体重 0.6 kg。

地理分布:分布在西太平洋,具体为澳大利亚北部、菲律宾群岛、中国南海至日本中部,包括中国东海和黄海(图 4-461)。

渔业:重要经济种,年产量超过 2 万 t,是枪乌贼科中体型较大、商品价值高的头足类,而且肉质细嫩香甜,干制品在国际海味市场上被列为一级品,与中国枪乌贼的干制品齐名。

剑尖枪乌贼在中国东南海域和菲律宾均有渔获,但尚未形成渔场。剑尖枪乌贼主要有三个渔场:日本九州西部渔场,日本海西南部渔场和东海东北部渔场。在日本列岛海域,不同月份的渔场渔获水层有明显变化:5—7 月,群体丰厚,主要钓获水层 20~40 m;7—8 月,群体稀薄,钓获水层为 100 m左右;9—11 月主要钓获水层 60~100 m;2 月下旬,拖网在越冬场捕捞已接近大陆架边缘,水深达 200 m。

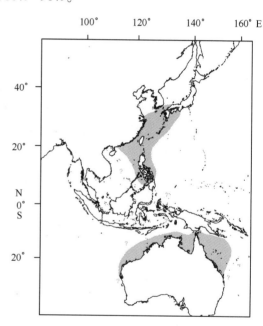

图 4-461　剑尖枪乌贼地理分布示意图

捕捞渔具有单杆多"菊花"钓、定置网、拖网、围旋网等,其中鱿钓渔业最重要,其渔获量占总渔获量的 70%,定置网渔获量约占 15%,拖网渔获量约占 10%,围旋网约占 5%。

文献:Tomiyama and Hibiya, 1978;Okutani, 1980;Dunning, 1982;董正之, 1988, 1991。

诗博加枪乌贼 *Uroteuthis sibogae* Adam, 1954

分类地位:头足纲,鞘亚纲,枪形目,闭眼亚目,枪乌贼科,尾枪乌贼属。

学名:诗博加枪乌贼 *Uroteuthis sibogae* Adam, 1954。

拉丁异名:*Doryteuthis sibogae* Adam, 1954;*Loligo* (*Doryteuthis*) *sibogae* Adam, 1954。

英文名:Siboga squid;**法文名**:Calmar siboga;**西班牙文名**:Calamar siboga。

分类特征:体十分细长,后部顶端尖,胴长为胴宽的 5~7 倍;雄性更加细长,腹部中线隆起成脊。鳍窄,相对较短,长菱形,后缘略内凹,鳍长为胴长的 45%(图 4-462A)。触腕细短,触腕穗亦短,掌部中间列吸盘略微扩大,最大吸盘尺寸等于第 3 腕最大吸盘尺寸,其内角质环全环具 15~20 个向内弯曲的圆锥形尖齿,齿间距大(图 4-462B)。腕相对较短,腕吸盘内角质环远端具7~9个平截的板齿,中间 1~2 个齿最窄,近端光滑(图 4-462C)。雄性左侧第 4 腕远端30%~45%茎化,茎化部吸盘和吸盘柄特化为圆锥形乳突,腹列乳突最长;近端剩余的 15~20 对吸盘不特化。墨囊具一对豆状发光器官。

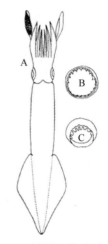

图 4-462　诗博加枪乌贼形态特征示意图(据 Roper et al, 1984)
A. 背视;B. 触腕穗最大吸盘内角质环;C. 第 3 腕最大吸盘内角质环

生活史及生物学:浅海性半浮游种,在澎湖列岛,成熟个体出现在 8 月。

地理分布:分布在西太平洋海域,具体为印度尼西亚东部至中国澎湖列岛,中国南海、菲律宾海区、安达曼海、东印度洋沿岸、台湾海域(图 4-463)。

大小:最大胴长 200 mm。

渔业:次要经济种,在台湾为其他大型鱿鱼渔业的副渔获物。

文献: Okutani, 1980;Roper et al, 1984。

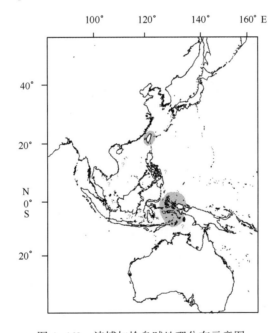

图 4-463　诗博加枪乌贼地理分布示意图

僧伽罗尾枪乌贼 *Uroteuthis singhalensis* Ortmann, 1891

分类地位:头足纲,鞘亚纲,枪形目,闭眼亚目,枪乌贼科,尾枪乌贼属。

学名:僧伽罗尾枪乌贼 *Uroteuthis singhalensis* Ortmann, 1891。

拉丁异名:*Loligo singhalensis* Ortmann, 1891;*Doryteuthis singhalensis* Ortmann, 1891;*Loligo singhalensis* Ortmann, 1891。

英文名: Long barrel squid;**法文名:**Calmar baril;**西班牙文名:**Calamar buril。

分类特征:体十分细长,胴长约为胴宽的 7 倍,雄性腹部中线具一纵皱。鳍甚长,长度可达胴长的 70%(图 4-464A)。触腕穗短,略微膨大;掌部中间列吸盘仅比侧列吸盘大约 25%,吸盘内角质环具 20~22 个弯曲的尖齿,其中某些齿很小(图 4-464B)。腕相对较短,吸盘内角质环远端具 7~9 个细长的钝齿或平截齿,近端光滑(图 4-464C)。雄性左侧第 4 腕远端 1/2 茎化(图 4-464D),茎化部吸盘柄特化为纤细的乳突,每个乳突上具一个微小的吸盘。墨囊具 1 对豆状发光器官。

生活史及生物学:浅海性半浮游种,栖息水深 30~120 m。具有明显的趋光性,生产上可利用这一点进行灯光诱鱼。通常夏季集群交配和产卵。雄性个体大于雌性。

地理分布:分布在印度洋—太平洋,具体为阿拉伯海东部、孟加拉湾至中国南海和菲律宾海(图 4-465)。

大小:雌性最大胴长为 310 mm,最大体重 800 g;雄性最大胴长为 500 mm,最大体重 1 kg。

渔业:次要经济种。在香港附近海域,为剑尖枪乌贼和中国枪乌贼以外的第三大鱿鱼资源。在菲律宾为地方性渔业,渔获方式为先灯诱然后采用围网和抄网捕捞。

文献:Okutani, 1977, 1980; Roper et al, 1984。

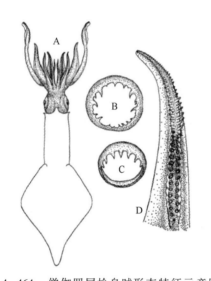

图 4-464　僧伽罗尾枪乌贼形态特征示意图
(据 Roper et al, 1984)
A. 背视;B. 掌部吸盘内角质环;C. 第 3 腕吸盘内角质环;D. 茎化腕

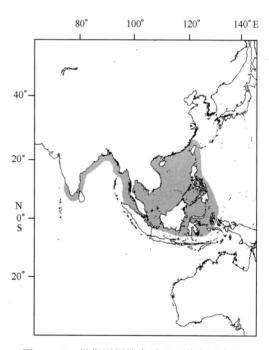

图 4-465　僧伽罗尾枪乌贼地理分布示意图

阿氏尾枪乌贼 *Uroteuthis abulati* Adam, 1955

分类地位:头足纲,鞘亚纲,枪形目,闭眼亚目,枪乌贼科,尾枪乌贼属。

学名:阿氏尾枪乌贼 *Uroteuthis abulati* Adam, 1955。

拉丁异名:*Lolliguncula abulati* Adam, 1955。

地理分布:红海。

大小:最大胴长 41 mm。

文献:Adam, 1955; Nesis, 1987。

阿拉伯尾枪乌贼 *Uroteuthis Arabica* **Ehrenberg，1831**

分类地位：头足纲，鞘亚纲，枪形目，闭眼亚目，枪乌贼科，尾枪乌贼属。

学名：阿拉伯尾枪乌贼 *Uroteuthis Arabica* Ehrenberg，1831。

拉丁异名：*Loligo（Doryteuthis）arabica* Ehrenberg，1831。

地理分布：红海。

大小：最大胴长 270 mm。

文献：Nesis，1987。

孟加拉尾枪乌贼 *Uroteuthis bengalensi* **Jothinayagam，1987**

分类地位：头足纲，鞘亚纲，枪形目，闭眼亚目，枪乌贼科，尾枪乌贼属。

学名：孟加拉尾枪乌贼 *Uroteuthis bengalensi* Jothinayagam，1987。

地理分布：孟加拉湾海域。

文献：Jothinayagam，1987。

罗氏尾枪乌贼 *Uroteuthis robsoni* **Alexeyyev，1992**

分类地位：头足纲，鞘亚纲，枪形目，闭眼亚目，枪乌贼科，尾枪乌贼属。

学名：罗氏尾枪乌贼 *Uroteuthis robsoni* Alexeyyev，1992。

地理分布：莫桑比克附近海域。

大小：最大胴长 241 mm。

文献：Alexeyyev，1992。

沃氏尾枪乌贼 *Uroteuthis* **vossi Nesis，1982**

分类地位：头足纲，鞘亚纲，枪形目，闭眼亚目，枪乌贼科，尾枪乌贼属。

学名：沃氏尾枪乌贼 *Uroteuthis vossi* Nesis，1982。

拉丁异名：*Loligo（Loligo）vossi* Nesis，1982。

地理分布：菲律宾附近海域。

大小：最大胴长 140 mm。

文献：Nesis，1987。

皮克氏尾枪乌贼 *Uroteuthis pickfordi* **Adam，1954**

分类地位：头足纲，鞘亚纲，枪形目，闭眼亚目，枪乌贼科，尾枪乌贼属。

学名：皮克氏尾枪乌贼 *Uroteuthis pickfordi* Adam，1954。

拉丁异名：*Loligo pickfordi* Adam，1954。

英文名：Siboga squid。

地理分布：印度尼西亚附近海域。

大小：最大胴长 110 mm。

文献：Nesis，1987。

雷氏尾枪乌贼 *Uroteuthis reesi* Voss, 1962

分类地位:头足纲,鞘亚纲,枪形目,闭眼亚目,枪乌贼科,尾枪乌贼属。

学名:雷氏尾枪乌贼 *Uroteuthis reesi* Voss, 1962。

拉丁异名:*Loligo (Doryteuthis) reesi* Voss, 1963。

地理分布:菲律宾附近海域。

大小:70 mm。

文献:Nesis, 1987。

第五章　鞘亚纲微鳍乌贼目

微鳍乌贼目 Idiosepiida Grimpe，1921

微鳍乌贼目以下仅微鳍乌贼科 1 科。该科为十腕总目最小的种类，分布在印度洋—西太平洋浅水水域。

微鳍乌贼科 Idiosepiidae Appellöf，1898

微鳍乌贼科仅微鳍乌贼属 Idiosepius 1 属。

微鳍乌贼属 *Idiosepius* Steenstrup，1881

微鳍乌贼属已知双列微鳍乌贼 *Idiosepius biserialis*、大微鳍乌贼 *Idiosepius macrocheir*、小微鳍乌贼 *Idiosepius mimus*、南方微鳍乌贼 *Idiosepius notoides*、玄妙微鳍乌贼 *Idiosepius paradoxus*、皮氏微鳍乌贼 *Idiosepius picteti*、微鳍乌贼 *Idiosepius pygmaeus*、泰国微鳍乌贼 *Idiosepius thailandicus* 8 种，其中微鳍乌贼为本属模式种。它们分布在印度洋—西太平洋浅水水域。

分类地位：头足纲，鞘亚纲，微鳍乌贼目，微鳍乌贼科，微鳍乌贼属。

英文名：Pygmy squids。

属特征：体延长，卵形，背部具腺质附着器。头部具触腕囊。眼具角膜。外套和头在颈部不愈合，也不具颈软骨。无侧漏斗内收缩肌，漏斗锁软骨椭圆形，外套锁未至外套前端边缘。两鳍完全分离，具后鳍垂。触腕无腕骨锁，触腕穗吸盘 2~4 列。腕短，腕吸盘 2 列，雄性腕吸盘扩大，第 4 对腕茎化，右侧茎化腕宽扁，生保护膜，有时具横脊和沟；左侧茎化腕末端二裂片。触腕和腕吸盘无环肌。内壳短小，未至外套前端或后端。输卵管 1 对，但右输卵管不具功能。具副缠卵腺。无鳃沟。

文献：Kasugai，2006；Nesis，1982；Voss，1963；Mangold and Young，1996。

主要种的检索：

1（4）触腕穗吸盘 2 列

2（3）吸盘排列规则 ··· 双列微鳍乌贼

3（2）近端 3~4 行吸盘排列紊乱 ·· 泰国微鳍乌贼

4（1）触腕穗吸盘 4 列

5（6）茎化腕近端吸盘 6~7 个 ·· 玄妙微鳍乌贼

6（5）茎化腕近端吸盘 1~3 个 ·· 微鳍乌贼

双列微鳍乌贼 *Idiosepius biserialis* Voss，1962

分类地位：头足纲，鞘亚纲，微鳍乌贼目，微鳍乌贼科，微鳍乌贼属。

学名：双列微鳍乌贼 *Idiosepius biserialis* Voss，1962。

英文名：African pygmy cuttlefish。

分类特征：体卵形，末端圆，胴宽约为胴长的 60%（图 5-1A）。鳍卵形，两鳍广泛分离，鳍长约为胴长的 1/4。触腕穗吸盘 2 列，大小相当（图 5-1B）。腕吸盘 2 列，腕生宽保护膜。雄性第 4 对腕茎化,左侧第4腕较右侧第4腕短(图5-1C)。左侧第4腕纤细,近端吸盘4个,远端二裂片,形成半月形膜;右侧第4腕近端吸盘4个(图5-1C)。

地理分布:分布在西南印度洋非洲南部(图5-2)。

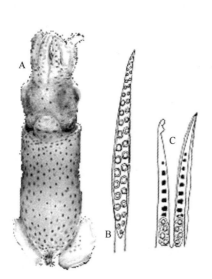

图5-1 双列微鳍乌贼形态特征示意图

A. 腹视;B. 触腕穗;C. 茎化腕

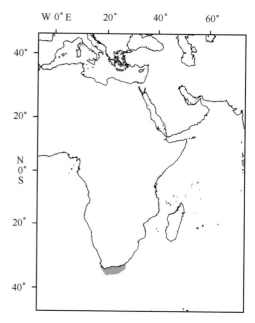

图5-2 双列微鳍乌贼地理分布示意图

大小:最大胴长10.5 mm。

渔业:非常见种。

文献:Hylleberg and Nateewathana,1991;Okutani,1995;Norman and Lu,2000;Jereb and Roper,2005。

玄妙微鳍乌贼 *Idiosepius paradoxus* Ortmannn,1888

分类地位:头足纲,鞘亚纲,微鳍乌贼目,微鳍乌贼科,微鳍乌贼属。

学名:玄妙微鳍乌贼 *Idiosepius paradoxus* Ortmannn,1888。

英文名:Northern pygmy squid。

分类特征:体卵形,后端略尖,胴长约为胴宽的2.5倍(图5-3A)。体表色素体发达,一种较小,长点形,黑色,数目多,在内脏囊表面也有分布;另一种较大,圆形或卵圆形,褐色,数目少。外套背部生有一个腺质附着器(图5-3B)。鳍甚小,近方形,鳍长仅为胴长的1/3,分列于外套后端两侧,两鳍完全分离。触腕甚短,触腕穗略微膨大,甚长,约为触腕长的50%,吸盘4列,吸盘尺寸小,但大小相近。各腕长略有差异,腕式为2>1>3>4,腕吸盘2列,各腕吸盘大小相近,角质环具极小的粒状齿。雄性第4对腕茎化(图5-3C):右侧第4腕较长,近端吸盘6~7个,背腹两侧保护膜向口面卷起,形成中沟;左侧第4腕较短,末端二裂片,形成半月形膜,近端吸盘6~7个。内壳退化。

生活史及生物学:成体常栖息于内湾或沿岸的海藻丛中,或缓慢游行,或以腺质附着器所分泌的黏液吸附于海藻上。喜群居,有明显的趋光性。仔鱼有一定阶段的漂浮生活期,在近海、沿岸特别是内湾,浮游生物表层水平拖网中常有采获。以捕食海藻中的钩虾 *Gammarus* 和其他小型虾类为食。在饲养条件下摄食卤虫 *Artemia salina*。

春季繁殖,繁殖场多位于内湾海藻丛生处,有明显的交配行为。在一段时间内重复产卵,一个

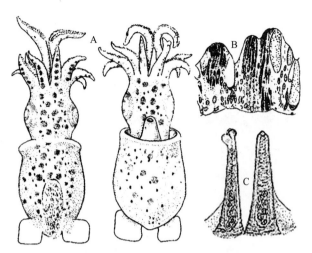

图 5-3　玄妙微鳍乌贼形态特征示意图(据董正之, 1988)

A. 背视和腹视;B. 腺质附着器;C. 茎化腕

雌体在 70 天内最多产卵 42 次,亲体产卵后几天内死亡。而每次产卵,卵子都一个个的产出,产卵动作甚为特殊,其过程为:雌体以背面腺质器官附于地面或其他物质之上,身体倾倒,腹面向上;卵子从漏斗喷出后,即为各腕抱持;再以背腕、背侧腕和腹侧腕支撑地面,以触腕安放卵子于地面或其他物体表面;安放好卵子后,雌体以鳍击水向后滑行,重复同样的产卵动作(图 5-4)。在饲养池中,昼夜均有产卵行为,每产出一个卵约 30 s。

刚产出的卵子略呈椭圆形,由 8~10 层半透明卵膜包被,总长径 1.4~1.6 mm,短径 1.2~1.4 mm;发育初期的卵子,长径为 0.87~0.91 mm,短径为 0.67~0.72 mm,随着胚胎发育的进行卵径增大;孵化前的卵子比发育初期的卵子大 1.5~1.8 倍。水温在 18.5~22.6℃条件下,孵化期为 15~17 天。初孵幼体胴长为 1.16~1.22 mm,全长为 2.30~2.41 mm,卵黄囊全部被吸收,腕式为 2>1>3>4,第 1-4 腕吸盘分别为 6~7、10~12、5~6、2~3 个,触腕未发育,体表散布大量近圆形色素体。

地理分布:分布在西太平洋,具体为日本列岛、中国黄海、南海、澳大利亚北部的近岸浅水海域(图 5-5)。

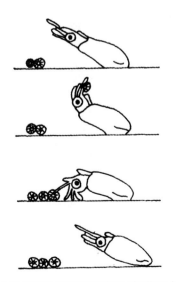

图 5-4　玄妙微鳍乌贼产卵示意图(据董正之, 1988)

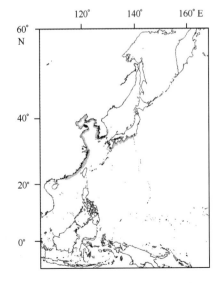

图 5-5　玄妙微鳍乌贼地理分布示意图

大小:最大胴长 18 mm。

渔业:重要鱼饵种。是体型最小的头足类之一,但数量较多,为一些经济鱼类的重要饵食。在中国山东北部沿岸 7—8 月间幼体鲐鱼的食物组成中,玄妙微鳍乌贼占有重要位置。

文献:林景祺和杨纪明,1980;董正之,1988,1991;Mangold and Young,1996。

微鳍乌贼 *Idiosepius pygmaeus* Steenstrup,1881

分类地位:头足纲,鞘亚纲,微鳍乌贼目,微鳍乌贼科,微鳍乌贼属。

学名:微鳍乌贼 *Idiosepius pygmaeus* Steenstrup,1881。

拉丁异名:*Idiosepius pygmaeus hebereri* Grimpe,1931。

英文名:Two-tone pygmy squid。

分类特征:体纺锤形(图 5-6A)。外套背部前端伸至眼球头后端水平、腹部前端向后凹入(图 5-6A)。外套背部后端具腺质附着器。圆形鳍位于身体后端两侧。触腕穗掌部具 4 列大小相同的小吸盘。腕短,吸盘 2 列。雄性第 4 对腕茎化(图 5-6B):左侧第 4 腕末端二裂片,形成半月形膜;右侧第 4 腕末端变钝,上有皱折,近端吸盘 1~3 个。

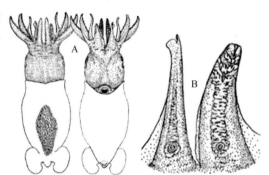

图 5-6 微鳍乌贼形态特征示意图(据 Voss,1963)

A. 背视和腹视;B. 茎化腕

生活史及生物学:常见于海草床中的小型种。

地理分布:分布在印度洋—太平洋海域,具体为日本、中国南海、印度尼西亚、帕劳群岛、澳大利亚北部和东北部、马里亚纳群岛近岸的浅水水域。

大小:最大胴长 20 mm。

渔业:非常见种。

文献:Allan,1945;Moynihan,1983;Jackson,1986,1989;Yamamoto,1988;Hylleberg and Nateewathana,1991;Lewis and Choat,1993;Okutani,1995;Semmens et al,1995;Pecl and Moltschaniwshyj,1997;Reid and Norman,1998;Norman and Lu,2000。

泰国微鳍乌贼 *Idiosepius thailandicus* Chotiyaputta,Okutani and Chaitiamvong 1991

分类地位:头足纲,鞘亚纲,微鳍乌贼目,微鳍乌贼科,微鳍乌贼属。

学名:泰国微鳍乌贼 *Idiosepius thailandicus* Chotiyaputta,Okutani and Chaitiamvong,1991。

分类特征:体圆筒形,末端圆,胴宽为胴长的 50%(图 5-7A)。鳍卵形,两鳍广泛分离,鳍长约为胴长的 1/4。触腕短,吸盘 2 列(图 5-7B),但近端 3~4 行吸盘排列紊乱,雄性吸盘 25~35 个,雌性吸盘 34~45 个。腕吸盘 2 列,雄性吸盘 15~18 个,雌性吸盘 20~28 个。雄性第 4 对腕茎化:右侧第 4 腕生宽的保护膜,近端吸盘 3~4 个;左侧第 4 腕近端吸盘 3~4 个,远端二裂片,形成半月形膜。

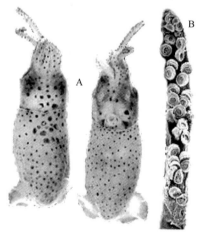

图 5-7 泰国微鳍乌贼形态特征示意图

A. 背视和腹视;B. 触腕穗

地理分布:分布在泰国附近海域(图 5-8)。

大小:雌性最大胴长 12.1 mm;雄性最大胴长 6.5 mm。

渔业:非常见种。

文献:Okutani，1995；Nabhitabhata，1998。

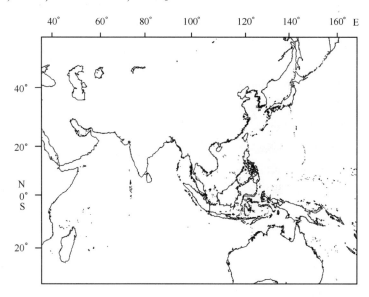

图 5-8　泰国微鳍乌贼地理分布示意图

南方微鳍乌贼 *Idiosepius notoides* **Berry**，**1921**

分类地位:头足纲,鞘亚纲,微鳍乌贼目,微鳍乌贼科,微鳍乌贼属。

学名:南方微鳍乌贼 *Idiosepius notoides* Berry,1921。

英文名:Southern pygmy squid。

地理分布:澳大利亚东部和南部近岸浅水海域。

大小:雄性最大胴长 15.8 mm,雌性最大胴长 25 mm。

文献:Burn，1959；Norman，2000；Jereb and Roper，2005。

大微鳍乌贼 *Idiosepius macrocheir* **Voss**，**1962**

分类地位:头足纲,鞘亚纲,微鳍乌贼目,微鳍乌贼科,微鳍乌贼属。

学名:大微鳍乌贼 *Idiosepius macrocheir* Voss，1962。

地理分布:西南印度洋南非近岸浅水水域。

大小:最大胴长 10 mm。

文献:Voss，1962；Jereb and Roper，2005。

小微鳍乌贼 *Idiosepius mimus* **Orbigny**，**1835**

分类地位:头足纲,鞘亚纲,微鳍乌贼目,微鳍乌贼科,微鳍乌贼属。

学名:小微鳍乌贼 *Idiosepius mimus* Orbigny，1835。

地理分布:非洲沿岸浅水水域。

大小:最大胴长 15 mm。

文献:Berry，1932；Jereb and Roper，2005。

皮氏微鳍乌贼 *Idiosepius picteti* **Joubin，1894**

分类地位：头足纲，鞘亚纲，微鳍乌贼目，微鳍乌贼科，微鳍乌贼属。

学名：皮氏微鳍乌贼 *Idiosepius picteti* Joubin，1894。

地理分布：印度尼西亚东部。

大小：最大胴长 17 mm。

文献：Joubin，1894；Jereb and Roper，2005。

第六章　鞘亚纲乌贼目

乌贼目 Sepioidea Naef, 1916

乌贼目分为乌贼亚目 Sepiida 和耳乌贼亚目 Sepiolida 2 个亚目,该目多为浅海和内大陆架斜坡底栖种。

目特征:头部具触腕囊。眼睛晶体覆盖角膜,且具次眼睑。口垂片具或不具吸盘。漏斗具侧内收肌。外套锁未至外套前缘。两鳍完全分离,通常具游离的后鳍垂。触腕穗无腕骨锁,触腕穗吸盘具角质环,具环肌。腕吸盘具环肌。齿舌为同齿型,各齿单尖。具扁平的石灰质内壳或角质内壳(耳乌贼科 Sepiolidae 种类),或消失。鳃 1 对,无鳃沟。输卵管 1 个,无右侧输卵管。雌性具副缠卵腺。卵大,一个个或一群群黏附于海底。

文献:Young and Michael, 2004。

亚目的检索:

1(2)鳍周生 ……………………………………………………………… 乌贼亚目
2(1)鳍亚端生 …………………………………………………………… 耳乌贼亚目

乌贼亚目 Sepiida Keferstein, 1866

乌贼亚目以下包括乌贼科 Sepiidae 1 科。

亚目特征:体宽短,呈盾形,鳍周生,内壳石灰质。

耳乌贼亚目 Sepiolida Keferstein, 1866

耳乌贼亚目包括后耳乌贼科 Sepiadariidae 和耳乌贼科 Sepiolidae 2 科。

亚目特征:体宽短,后部圆。背部前缘与头部愈合或不愈合,腹部具内收缩肌。腹眼睑外具眼孔。鳍宽,鳍长不到单鳍宽的两倍,通常等于单鳍宽,两鳍分离,具后鳍垂。无石灰质内壳,但具薄或退化的角质内壳,或完全消失。

文献:Vecchione and Young, 2004。

科的检索:

1(2)雄性左侧第 4 腕茎化 ……………………………………………… 后耳乌贼科
2(1)雄性 1 只第 1 腕或第 1 对腕茎化 ………………………………… 耳乌贼科

第一节　乌贼科

乌贼科 Sepiidae Keferstein, 1866

乌贼科以下包括异针乌贼属 *Metasepia*、乌贼属 *Sepia* 和无针乌贼属 *Sepiella* 3 属,共计 100 余种。

分类地位：头足纲，鞘亚纲，乌贼目，乌贼亚目，后耳乌贼科，乌贼科。

英文名：Cuttlefishes；**法文名**：Seiches；**西班牙文名**：Sepias，Cloquitos。

分类特征：体表具大量复杂色素体，因此体色多样，尤以褐色、黑色、黄色、红色为主。体背腹扁平，外套宽，囊状或盾形。外套背部前缘与头部不愈合。眼睛晶体覆盖角膜，腹眼睑具眼孔。漏斗锁短，卵形至耳形。鳍周生鳍，窄长，鳍长为单鳍宽的4倍或更多，鳍长约等于胴长；鳍具游离的后鳍垂，两鳍末端不相接。触腕（包括触腕穗）能够完全收缩至触腕囊内，触腕穗吸盘4~8列或更多。腕吸盘2~4列；第4腕腹侧扁平，侧缘宽，延伸至头部；雄性左侧第4腕茎化。内壳石灰质，位于外套背部皮肤下，厚实，卵形、披针形或纵菱形，内包含许多气室，提供浮力。

生活史及生物学：乌贼科种类底栖或近底栖生活，常居于沿岸，尤其大陆架斜坡，水深可达600 m。栖息环境包括岩石质、泥质、砂质海底和海草、海藻、珊瑚礁水区。

产卵期长，有时贯穿全年。当水温上升到一定程度，产卵事件开始发生，交配时，雄性利用茎化腕将精荚输送到雌性体内。雌体卵少，但大，卵储于输卵管内，产卵时，卵覆盖输卵管腺和缠卵腺分泌液，一个一个产出，卵束葡萄状，黏附于沙石、空贝壳等物质上。雌性产卵后死亡率相当高。胚胎发育持续时间与水温密切相关。初孵幼体即与成体相似，营底栖生活。初孵幼体携带有卵黄囊，卵黄囊的营养使其即使在食物缺乏的时候也能够存活几天，当食物出现时，它们立即发起攻击。

乌贼科种类生命周期约1—3年（据环境不同而变化，如水温，饵料丰度等）。它们生长迅速，生长速率为30%~40%。初孵幼体经过几个月的生长即可达到性成熟，春季出生的个体到了秋季即可加入繁殖群体。暖水海域的种类，生长迅速，性成熟胴长明显较冷水或温水海域的种类小。内壳的生长为新"气室"的增加，"气室"的叠加形成一个个薄片。热带海域种，一个"气室"（即一个薄片）的形成需要一天；温水海域种，则需要2—3天，因此内壳上的生长纹常用作年龄估算。乌贼初孵幼体内壳约10个生长片。

乌贼科种类幼体主食甲壳类，亚成体和成体主食鱼类，同类残食的现象普遍，这种残食现象被看作是应付食物短缺的一种有效机制。同时他们自身是有鳍鱼类的饵食。在西非，底层渔业由原来的鲷渔业转变成乌贼渔业，这主要是因为鲷科鱼类的捕捞压力越来越大所致。

许多种类（非所有种类）依据水温变化季节性洄游。温水海域种具产卵洄游的习性，而热带海域种则没有此特性。例如，乌贼由南向北（大西洋，北海）或远海向近岸（地中海）进行生殖洄游。

乌贼科种类夜间产卵，卵孵化高峰期为白天，初孵幼体具类似成体的习性，白天藏匿于砂土中，仅露出腹腕和前腹部，夜间出来觅食。幼体极具伪装性，因为其色素体十分发达，每2 mm皮肤具400~500个色素体，而成体每2 mm只有35~50个色素体。

地理分布：广泛分布在世界各大洋和海的热带、亚热带和温带水域（除美洲沿岸）（图6-1）。异针乌贼属和无针乌贼属仅分布在南非和西太平洋水域。

大小：胴长可达500 mm，体重可达12 kg。

渔业：乌贼科种类为世界各地重要的渔业对象（如地中海和非洲西部沿岸）。

文献：Adam，1966；Boletzky，1983；Boucher-Rodoni and Mangold，1985；Castro and Guerra，1989，1990；Froesch，1971；Guerra，1985；Hanlon and Messenger，1988；Roper and Hochberg，1988；Khromov et al，1998；Lu and Roper，1991；Mangold，1989，1996；Mangold et al，1993；Messenger，1973；Wells，1958，1962；Wirz，1959；Young et al，1998。

属的检索：

1（2）内壳菱形（图6-2）；内壳长较胴长甚短，位于外套前端1/2~2/3处；外套背部前缘无舌状突起（图6-3A）⋯⋯⋯⋯⋯⋯⋯⋯⋯⋯⋯⋯⋯⋯⋯⋯⋯⋯⋯⋯⋯⋯ 异针乌贼属

2（1）内壳椭圆形至披针形；内壳长约等于胴长；外套背部前缘通常具舌状突起（图6-3）

3（4）外套腹部末端具一腺体和腺孔（图6-4）；漏斗锁具三角形突起（图6-5A）；内壳内锥面翼

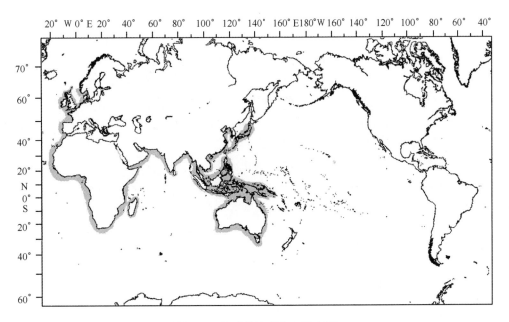

图 6-1　乌贼科地理分布示意图

　　短;外锥面宽,竹片状,角质,后部宽,向外展开(图 6-6A)……………………… 无针乌贼属
4(3)外套腹部末端无腺体和腺孔;漏斗锁半圆形,无三角形突起(图 6-5B);内壳内锥面翼相
对较长;外锥面通常角质,不向外展开(图 6-6B)…………………………………… 乌贼属

图 6-2　异针乌贼属内壳腹视

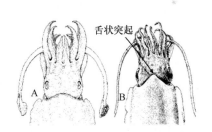

图 6-3　无针乌贼和乌贼属背视

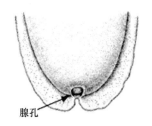

图 6-4　无针乌贼后腹部腹视

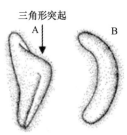

图 6-5　漏斗锁
A. 无针乌贼属;B. 乌贼属

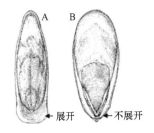

图 6-6　内壳腹视
A. 无针乌贼属;B. 乌贼属

异针乌贼属 *Metasepia* Hoyle，1885

异针乌贼属已知异针乌贼 *Metasepia pfeffer*i 和图氏异针乌贼 *Metasepia tullbergi* 2 种，其中异针乌贼为本属模式种。

分类地位：头足纲，鞘亚纲，乌贼目，乌贼亚目，乌贼科，异针乌贼属

属特征：外套后部无腺体和腺孔（见无针乌贼属），胴长接近胴宽。漏斗锁软骨凹槽正中央具深槽。内壳纵菱形，位于外套前端，长度为胴长的 1/2~2/3。

地理分布：印度洋—西太平洋地区的印度洋—马来半岛海域。

文献：Adam and Rees，1966；Khromov et al，1998；Lu，1998；Sasaki，1929。

种的检索：

1（2）外套背部具 3 对乳突 ··· 异针乌贼
2（1）外套腹部前端两侧各具 10~13 个小孔···································· 图氏异针乌贼

异针乌贼 *Metasepia pfefferi* Hoyle，1885

分类地位：头足纲，鞘亚纲，乌贼目，乌贼亚目，乌贼科，异针乌贼属。

学名：异针乌贼 *Metasepia pfefferi* Hoyle，1885。

英文名：Flamboyant cuttlefish；**法文名**：Punta Seiche Flamboyante；**西班牙文名**：Sepia llamativa。

分类特征：体基色为深褐色，其间夹杂白色和黄色斑块，腕紫粉红色。体卵形，甚宽（图 6-7A）。外套背部具 3 对大而扁平的翼状乳突。触腕穗吸盘 5~6 列，中部 3~4 个吸盘十分扩大，占据了触腕穗的绝大部分。触腕穗边膜向近端延伸至腕骨部，背侧和腹侧保护膜在触腕穗基部不愈合，但与触腕柄愈合。背侧和腹侧保护膜长度不等，保护膜向近端腕骨部延伸并沿触腕柄分布。背侧保护膜与触腕柄接合处形成浅沟。腕宽刃形，第 1 腕较其余各腕短。腕保护膜窄。腕吸盘 4 列。雄性左侧第 4 腕茎化，茎化部口面宽而膨大，具横脊和

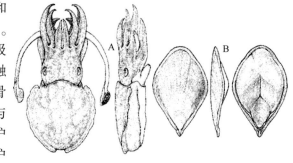

图 6-7　异针乌贼形态特征示意图（Jereb and Roper，2005）

A. 背视和侧视；B. 内壳背视、侧视和腹视

沟。内壳纵菱形，较外套甚短，位于外套前端的 2/3~3/4；前端和后端锐尖；背表面浅黄色，凸起；质地光滑，无小疙瘩；背部无中央勒。内壳整个背部覆盖一层薄的角质层。内壳无尾椎或尾椎很小，角质。内壳条纹面内凹，横纹带前端单峰形（倒 V 字形）；内锥面翼分支甚短，宽度均衡，窄 U 字形，向后逐渐增厚；无外锥面（图 6-7B）。

生活史及生物学：栖息于底质为砂质和泥质的水域，栖息水深 3~86 m。白天活动，觅食鱼类和甲壳类。围捕食物时极具伪装性。当受到打扰或攻击时，体色迅速变成深褐色、黑色，腕顶端为明亮的红色。在这种情况下，常在海底缓慢的移动，并有节奏的扇动着腕保护膜。卵一个个的产于洞穴或珊瑚礁、岩石和木头上。仔稚鱼体色式样与成鱼相同。

地理分布：分布在热带印度洋—太平洋海域，具体为澳大利亚北部从西部的麦哲拉（32°33′S 115°04′E）向东北至昆士兰州南部摩尔顿海湾（27°25′S 151°43′E）、巴布亚新几内亚（图6-8）。

大小：最大胴长 60 mm。

渔业：不食用，通常用作观赏养殖。

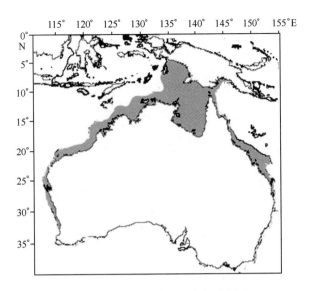

图 6-8 异针乌贼地理分布示意图

文献:Adam and Rees, 1966; Roper and Hochberg, 1987, 1988; Lu, 1998; Jereb and Roper, 2005。

图氏异针乌贼 *Metasepia tullbergi* Appellöf, 1886

分类地位:头足纲,鞘亚纲,乌贼目,乌贼亚目,乌贼科,异针乌贼属。

学名:图氏异针乌贼 *Metasepia tullbergi* Appellöf, 1886。

拉丁异名:*Sepia (Metasepia) tullbergi* Appellöf, 1886。

英文名:Paintpot cuttlefish;**法文名**:Seiche encrier;**西班牙文名**:Sepia tintero。

分类特征:体宽盾形(图 6-9A)。外套、头和腕背表面多皱纹,外套腹表面前端两侧各具 10~13 个孔。外套背部前缘圆钝,向前伸至眼球后缘水平;腹部前缘向后微凹入。胴长约等于胴宽。口垂片无吸盘。鳍周生,两鳍末端相连。触腕穗短,新月形,具 4~5 列微小的吸盘,掌部背侧第 2 列 3~4 个吸盘扩大(图 6-9B);边膜宽,并延长至触腕柄部,延长部分为触腕穗长的 1/2;背侧保护膜宽,与腹侧保护膜在触腕穗基部分开。腕性别二态性不显著,腕吸盘 2 列。雄性左侧第 4 腕茎化:茎化腕近端 2/3 具 10~12 对宽间距的微小吸盘,吸盘行由横脊隔开;远端 1/3 具 5~6 对扩大的

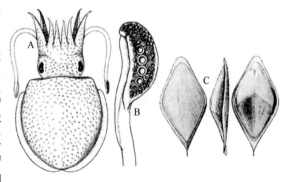

图 6-9 图氏异针乌贼形态特征示意图(据 Sasaki 1929;Roper et al, 1984)
A. 背视;B. 触腕穗;C. 内壳背视、侧视和腹视

吸盘;随后的顶端吸盘微小。内壳纵菱形,前端锐利,几乎全部角质,后端石灰质,边缘部分角质。内壳无外锥面和尾骨针;内锥面窄而微隆起,后端形成 V 字形;腹面中部内凹,中线有一浅的凹沟;横纹带单峰型。

生活史及生物学:小型浅海底栖种,长出没于砂质至泥质的大陆架水域,有时也能在底质为岩石的水域捕获到,栖息水深 20~100 m。夏季,卵在水深约 20 m 处的岩石区孵化。8—9 月初孵幼体游至底质为砂泥质的深水区(80 m);3—5 月成熟个体游至底质为岩石的浅水区产卵。

地理分布:分布在西太平洋,日本本州岛南部、日本海,中国黄海、东海至香港和台湾、南海,菲律宾,暹罗湾(图6-10)。

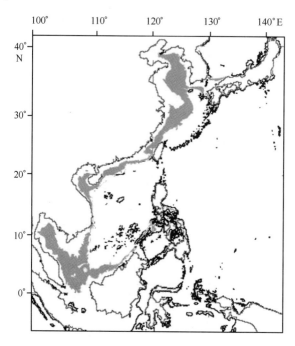

图6-10 图氏异针乌贼地理分布示意图

大小:最大胴长70 mm,体重30~40 g。

渔业:常见种类,非工业性渔业,只有群众渔业,多为副渔获物。潜在的观赏养殖种类。

文献:Roper et al, 1984; Jereb and Roper, 2005; Okutani et al, 1987; Nomura et al, 1997。

乌贼属 *Sepia* Linne, 1758

乌贼属已知95种,其中乌贼为本属模式种。

分类地位:头足纲,鞘亚纲,乌贼目,乌贼亚目,乌贼科,乌贼属。

属特征:外套后部无腺体和腺孔(见无针乌贼属)。漏斗锁凹槽中央无深陷的槽。内壳长约等于胴长,内壳末端两鳍之间通常具尾骨针。角质颚十分坚硬,种间特征变化小。上颚喙宽;头盖弯长,长度为脊突长的0.7倍。下颚喙顶端钝;头盖后缘与脊突距离高;脊突弯,不增厚;无侧壁脊或皱。

文献:Adam and Rees,1966; Khromov et al,1998; Lu,1998; Mangold and Young,1996。

刺乌贼 *Sepia aculeata* Orbigny, 1848

分类地位:头足纲,鞘亚纲,乌贼目,乌贼亚目,乌贼科,乌贼属。

学名:刺乌贼 *Sepia aculeata* Orbigny, 1848。

拉丁异名:*Sepia indica* Orbigny, 1848。

英文名:Needle cuttlefish;**法文名**:Seiche aiguille;**西班牙文名**:Sepia con punta。

分类特征:活体体微褐色,第1~3腕口面具橙色纵带。体延长,胴长为胴宽的2倍。外套背部前端锐尖(图6-11A),向前伸至眼球中线水平;腹部前端向后凹入。外套背部具明显的横向网状深色素沉着,鳍基部与外套背部相接处具一条灰白色的反射线。口垂片具少量吸盘。触腕穗长,雌性和雄性分别具 13~14 和 10~12 列大小基本相近的微小吸盘(图 6-11B)。触腕穗背腹两侧保护膜在基部不愈合,向近端延伸至触腕柄,并形成矮脊。雄性左侧第 4 腕茎化:近端具 12 个(3 列)正常吸盘;随后腹侧具 5~6 列甚小的吸盘,与之对应的背侧深沟内具极微小的吸盘(或无);远端吸盘正常。茎化腕背侧 2 列吸盘较腹侧 2 列吸盘甚小。内壳长椭圆形,背面粗糙有颗粒,颗粒依生长线排列,具 3 条不甚明显的纵向宽肋。腹面膨胀而无凹沟,横纹带两侧具窄的光滑带,横纹带前端横纹为双峰型,呈 M 字形。内锥面后端形成一围

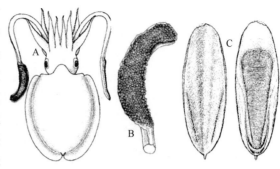

图 6-11　刺乌贼形态特征示意图(据 Roper et al, 1984;Jereb and Roper, 2005)
A. 背视;B. 触腕穗;C. 内壳背视和腹视

绕袋状腔的宽圆的凸起架,凸起架高度略高于或等于内壳边缘的高度;外锥面前端窄,后端宽;尾骨针粗壮而无棱(图 6-11C)。

生活史及生物学:浅海性底栖种类,栖息在沿岸至 60 m 水层。在印度沿岸全年可见成熟和成熟中的成体,产卵期贯穿全年;在东部海域产卵高峰期为 1—4 月和下半年;在柯钦(Cochin)外海西南部海域产卵高峰期为 7 月和 12 月。在中国香港,3—5 月向近岸产卵洄游,主要密集于 5~20 m 水层,水温 18~24℃。在暹罗湾,产卵期贯穿全年,水深 10~50 m,高峰期为 3—4 月和 7—9 月。该水域和孟加拉湾最小成熟胴长为 70 mm,雌雄性 50%性成熟胴长分别为 120~150 mm 和 75~100 mm。在阿拉伯海,50%性成熟胴长略大,雌雄分别为 130 mm 和 120 mm。雌雄生长率相似,雌雄比例约为 1:1。暹罗湾和安达曼海商业性渔获胴长为 60~130 mm,印度东岸渔获胴长 50~190 mm,印度西岸最大渔获胴长为 200 mm。

地理分布:分布在印度洋—太平洋海域,具体为印度洋沿岸至印度南部、印度南部至中国南海、东南沿海、东海向北至日本中部(图 6-12)。

大小:最大胴长 230 mm,体重 1.3 kg。

渔业:在中国香港为第三大商业性乌贼渔业,主要在产卵季节采用定置网和围网作业。在印度西南部为最重要的乌贼渔业,主要为拖网作业,渔获高峰为 10—11 月。在中国南部、台湾地区、斯里兰卡和泰国也是重要的渔业种类,主要为单拖、双拖、灯诱、陷阱网和推网作业。在泰国,陷阱网渔获高峰为 1—2 月,渔获物全为成熟个体,其中又以雌性居多。

文献:Adam and Rees, 1966; Silas et al, 1986; Siraimeetan, 1990; Chotiyaputta, 1993; Rao et al, 1993; Chantawong and Suksawat, 1997; Chotiyaputta and Yamrungreung, 1998; Nateewathana, 1999; Roper et al, 1984; Jereb and Roper, 2005。

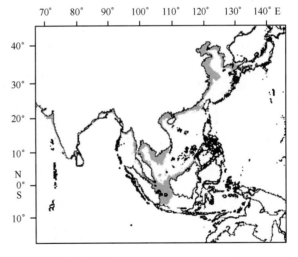

图 6-12　刺乌贼地理分布示意图

安德里亚乌贼 *Sepia andreana* Steenstrup, 1875

分类地位:头足纲,鞘亚纲,乌贼目,乌贼亚目,乌贼科,乌贼属。

学名:安德里亚乌贼 *Sepia andreana* Steenstrup，1875。

英文名:Andrea cuttlefish;**法文名**:Seiche andreana;**西班牙文名**:Sepia andreana。

分类特征:体灰褐色,背部内壳上方具黄色斑点和色素体,腹部两侧近鳍基部具灰白色新月形纵带。第 2 腕具斜色素带,第 1 和第 3 腕口面具橙红色色素纵带,第 1~3 腕反口面具橙色色素沉着的反光带。体延长,胴长为胴宽的 2.5 倍。外套背部前缘三角形,锐尖,腹部前端向后微凹(图 6-13A)。外套背部两侧近鳍基部各具 6 个脊状乳突。鳍窄,具后鳍垂,两鳍之间可见内壳尾椎。口膜无口吸盘。触腕穗新月形,吸盘 5~6 列,中间 4 个吸盘直径约为边缘吸盘直径的 3 倍(图 6-13B)。触腕穗边膜向近端延伸略超过腕骨部。背腹两侧保护膜在触腕穗基部不愈合,但与触腕柄愈合,终止于腕骨部后端。背侧保护膜在与触腕柄愈合处形成深隙。雌雄腕吸盘排列不同。雄

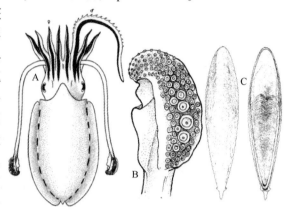

图 6-13 安德里亚乌贼形态特征示意图(据 Roper et al, 1984;Jereb and Roper, 2005)

A. 背视;B. 触腕穗;C. 内壳背视和腹视

性,第 2 腕近端 1/3 吸盘 4 列,随后为 2 列,末端为稀疏排列的未发育吸盘;第 1 和第 3 腕近端吸盘 4 列,仅末端 2 列;第 4 腕吸盘 4 列。雌性,第 1 腕近端吸盘 4 列,末端 2 列;第 2 和第 3 腕近端吸盘 4 列,远端 1/3 吸盘 2 列;第 4 腕吸盘 4 列。雌性腕远端 2 列吸盘较微小,2 列吸盘间具空隙。雄性第 2 腕延长,长度为其他腕长的 3 倍(幼体除外),末端钝圆,不渐细。雌性各腕长相近。雄性左侧第 4 腕茎化,近端 10 行吸盘正常(每行吸盘 4 个),而远端 1/2 仅有退化的吸盘位于膨大的吸盘柄上。内壳披针形(图 6-13C),长为宽的 6 倍;背部中肋不明显;尾骨针直;横纹带前端双峰型(M 形);内锥面窄,U 字形;外锥面两肋后部膨大,形成两个短翼状结构,腹面弯曲形成杯状结构。

生活史及生物学:近岸底栖种,栖息水深至 50 m。在黄海产卵季节长,两个产卵高峰期分别为春季和秋季,主要为 3 月和 4 月。主食鱼类和甲壳类。

地理分布:分布在西太平洋海域,具体为从菲律宾北部沿中国南部沿岸至日本中部(图 6-14)。在西北太平洋安德里亚乌贼为分布最北的乌贼类。

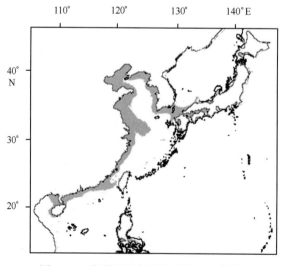

图 6-14 安德里亚乌贼地理分布示意图

大小：最大胴长 120 mm。

渔业：无专门的渔获统计,在中国北方主要为拖网和定置网渔业的副渔获物。

文献：Okutani,1980；Roper et al,1984；Jereb and Roper,2005。

澳大利亚巨乌贼 *Sepia apama* Gray, 1849

分类地位：头足纲,鞘亚纲,乌贼目,乌贼亚目,乌贼科,乌贼属。

学名：澳大利亚巨乌贼 *Sepia apama* Gray,1849。

拉丁异名: *Sepia palmata* Owen,1881；*Amplisepia verreauni* Iredale,1926；*Amplisepia parysatis* Iredale,1954。

英文名：Australian giant cuttlefish；**法文名**：Seiche géante；**西班牙文名**：Sepia gigante。

分类特征：体微红褐色；外套背部具不规则的网状白带和斑点,某些愈合在一起形成不规则的横带,在临近鳍基部处横带侧面相连形成不连续的白色纵带；各腕具微白色的横带和斑点,其边缘有黑色素包裹。体宽卵形(图 6-15A),肌肉强健。头短宽,窄于胴宽。两眼后方各具 3 个扁平的半圆形片状乳突。漏斗长,基部宽,向前延伸至眼水平。漏斗器背片倒 V 字形,前端生小乳突；腹片卵形,前端尖。口膜无口吸盘。鳍宽,前缘超出外套前缘,后端圆,两鳍末端分离；鳍外缘具白色窄带。触腕穗新月形,中等长度,吸盘发生面仅由薄膜与触腕连接；掌部吸盘 4~5 列,中间列吸盘扩大,背列吸盘较腹列略大(图 6-15B)；边膜甚宽,沿触腕柄延长,延长部分约等于触腕穗长；背腹两侧保护膜在触腕穗基部愈合,背侧保护膜与触腕柄愈合处形成浅缝。雌性和雄性各腕长相近；保护膜宽,发达。腕间膜深,背腕间腕间膜深为腕长的一半,侧腕间腕间膜深为腕长的 2/3,腹腕间不具腕间膜。腕吸盘 4 列。雄性左侧第 4 腕茎化,近端 6~10 行吸盘略微退化,大小相近。内壳卵形或延长,前端圆,后端收缩,亦圆(图 6-15C)；背面乳白色,前端扁平,后端凸起；小个体横纹面前端倒 U 字形,大个体横纹面前端较直。内锥面肋前端窄,后端略宽；大个体外锥面内缘增厚,外锥面前端窄,后端宽。

生活史及生物学：浅海性底栖种,通常蔽藏于珊瑚礁、海草床以及水深至少 35 m 以下的开阔海底,栖息水深 1~100 m。主食鱼类、蟹和其他甲壳类。在澳大利亚南部产卵季节为 4—9 月；在斯宾塞海湾产卵季节 4—6 月,高峰期 5—6 月。卵呈柠檬形,产于潮线下岩石缝隙中,卵孵化需要 3—5 个月。12℃ 可能为其分布南限的等温线。Lu 和 Ickeringil(2002)在澳大利亚南部水域采集到 33 尾澳大利亚巨乌贼,胴长范围为 14.4~430 mm,体重范围为 0.5~9 554 g。

地理分布：分布在南印度洋—太平洋澳大利亚和塔斯马尼亚海域(图 6-16)。

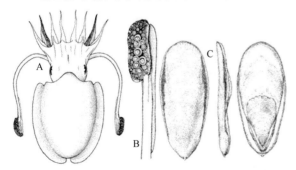

图 6-15　澳大利亚巨乌贼形态特征示意图(据 Roper et al,1984)

A. 背视；B. 触腕穗；C. 内壳背视、侧视和腹视

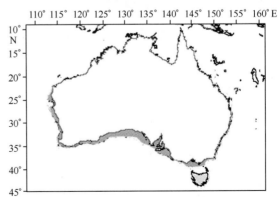

图 6-16　澳大利亚巨乌贼地理分布示意图

大小:最大胴长 500 mm,体重 9.5 kg,为乌贼类最大型种。

渔业:截至目前未形成大规模商业性渔业,为澳大利亚南部沿岸鱼市上常见的乌贼类,主要为虾拖网和其他鱼类拖网的副渔获物。渔具渔法有钩钓、绳钓和枪刺,渔获食用和用作钓饵。

文献:Okutani,1980;Roper et al,1984;Jereb and Roper,2005。

阿拉伯乌贼 *Sepia arabica* Massy,1916

分类地位:头足纲,鞘亚纲,乌贼目,乌贼亚目,乌贼科,乌贼属。

学名:阿拉伯乌贼 *Sepia arabica* Massy,1916。

英文名:Arabian cuttlefish;**法文名**:Seiche d'Arabie;**西班牙文名**:Sepia arábiga。

分类特征:体微红紫色,头部眼周具色素体,外套背部色素体不规则排列成块,鳍基部后端 1/2 具 10~12 个微紫红色色素体。体延长,末端钝,卵形,外套背部前端延伸至眼后缘水平(图 6-17A)。外套背部黑斑间具圆形瘤状突起,两鳍近基部处具一系列延长的乳突。头纤细,头宽小于胴宽,头部眼后方具肉质耳状突起。鳍后端 1/3 最宽,鳍前缘未达至外套前缘,两鳍后缘分离,中间具间隙。触腕十分纤细;触腕穗新月形,吸盘 5~6 列,大小基本相当(图 6-17B);边膜甚为发达,向近端延伸,略超出腕骨部;背腹两侧保护膜在触腕穗基部不愈合,背侧保护膜与吸盘发生面等宽,宽于腹侧保护膜。腕性别二态性不明显,各腕长相近。腕吸盘 4 列,吸盘小,吸盘间距大,吸盘内角质环光滑。雄性左侧第 4 腕茎化:吸盘退化,较正常吸盘小;茎化部口面宽而膨大,生横脊;背侧 2 列和腹侧 2 列吸盘分别向腕两侧分布,背腹列间具空隙。雄性第 4 对腕吸盘发生面均被保护膜包裹。内壳披针形,窄长,前端圆,向后部逐渐变细,后端极细,向腹部内弯,末端无尾骨针(图 6-17C);内壳背部具颗粒状突起,背部中勒不明显,后部末端具短的纵脊;横纹面凸起,前端 V 字形;内锥面分支与外锥面间由光滑带分开,内锥面肋等宽,后端窄 V 字形,略微隆起形成圆脊;外锥面前端窄,后端宽,外锥面侧肋膨大呈翼状,并向腹部弯曲形成杯状结构。

地理分布:分布在印度洋海域,具体为红海、亚丁湾、波斯湾、印度西部和南部等(图 6-18)。

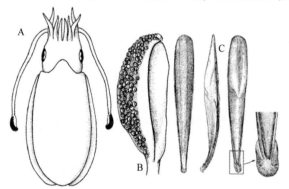

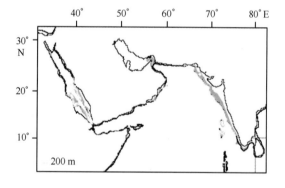

图 6-17 阿拉伯乌贼形态特征示意图(据 Roper et al,1984;Jereb and Roper,2005)

A. 背视;B. 触腕穗;C. 内壳背视、侧视和腹视

图 6-18 阿拉伯乌贼地理分布示意图

生活史及生物学:栖息水深 80~272 m。

大小:最大胴长 88 mm。

渔业:阿拉伯乌贼为亚丁湾底层资源勘探报道过的种类。

文献:Adam and Rees,1966;Filippova et al,1995;Nateewathana,1996;Roper et al,1984;Jereb and Roper,2005。

澳大利亚乌贼 *Sepia australis* Quoy and Gaimard, 1832

分类地位:头足纲,鞘亚纲,乌贼目,乌贼亚目,乌贼科,乌贼属。

学名:澳大利亚乌贼 *Sepia australis* Quoy and Gaimard, 1832。

拉丁异名:*Sepia capensis* Orbigny, 1845;*Sepia sinope* Gray, 1849。

英文名:Southern cuttlefish;**法文名**:Seiche australe;**西班牙文名**:Sepia austral。

分类特征:体紫褐色,鳍基部背面具橙红色宽带;腹部具色素沉着,色素体集中于鳍近基部处。体长窄,卵形,外套前端和后端均渐细(图6-19A)。外套背部前端延伸至眼前缘水平。鳍后端圆,两鳍之间具间隙。触腕穗短,新月形,略微向后弯曲,吸盘5列(始端为4列),中间3个吸盘十分扩大,1~2个吸盘略微扩大(图6-19B)。触腕穗边膜向近端延伸略超过腕骨部;背腹两侧保护膜在触腕穗基部不愈合。腕吸盘4列,中间列吸盘大于边缘列吸盘(雄性更明显)。雄性左侧第4腕茎化:近端2行吸盘正常,6~7行吸盘尺寸逐

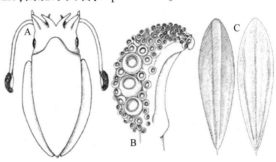

图6-19　澳大利亚乌贼形态特征示意图(据 Roper et al, 1984;Jereb and Roper, 2005)
A. 背视;B. 触腕穗;C. 内壳背视和腹视

渐减小,之后至腕顶端吸盘正常;背侧2列和腹侧2列吸盘分别向腕两侧分布,背腹列间具空隙。内壳卵形,前端钝圆,后端突然变窄,末端锐尖;向腹部甚弯;背部乳白色,均匀凸起,质地光滑;具尾骨针(图6-19C)。内壳背部中肋不明显;前端略宽;肋缘具明显的沟;侧肋明显。内壳整个边缘具角质结构。骨针长而直,内壳后背部末端具短的纵脊。横纹面凸起,前端倒 U 字形,中间凹沟深窄,延伸至整个内壳长。内锥面分支窄,等宽,后部 U 形;略微隆起形成圆形突起物。外锥面窄,角质,不钙化。

生活史及生物学:底栖种,栖息在内大陆架45~345 m 水层,60~190 m 资源最为丰富。澳大利亚乌贼在低氧环境下(1.5 mL·L⁻¹,例如南非西部沿岸北方浅水水域)也能够存活。在此水域,温度9℃,溶氧1.5~3.5 mL·L⁻¹渔获量最佳。在南非南部沿岸,成熟个体出现在初冬,主要产卵场可能位于阿加勒斯西部深水区。澳大利亚乌贼是疣杜父鱼、鳕鱼、鳐鱼和其他底层鱼类的猎食对象,其自身主要捕食口脚类。在南非西部沿岸,捕获到的最大雌性胴长85 mm,体重50 g,最大雄性胴长62 mm,体重23 g;而在南部沿岸最大雌性胴长57 mm,体重11 g。

地理分布:分布在东南大西洋(纳米比亚、南非),西印度洋(南非至莫桑比克北部)和红海(图6-20)。

大小:最大胴长85 mm,体重50 g。

渔业:南非沿岸一种常见的乌贼。肉质鲜美,为极好的经济种类,但是其资源量是影响其规模型开发的主要原因。

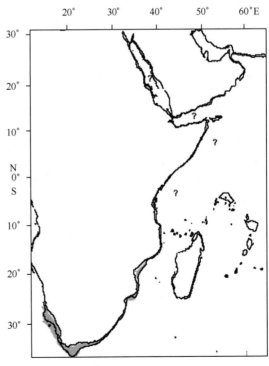

图6-20　澳大利亚乌贼地理分布示意图

文献：Adam and Rees，1966；Roeleveld，1972；Lipinski et al，1991，1992a，b；Sánchez and Villanueva，1991；Lipinski，1992；Roeleveld et al，1993；Augustyn et al，1995；Okutani，1980；Roper et al，1984；Jereb and Roper，2005。

班达乌贼 *Sepia bandensis* Adam，1939

分类地位：头足纲，鞘亚纲，乌贼目，乌贼亚目，乌贼科，乌贼属。

学名：班达乌贼 *Sepia bandensis* Adam，1939。

拉丁异名：*Sepia baxteri* Iredale，1940；*Sepia bartletti* Iredale，1954。

英文名：Stumpy cuttlefish；**法文名**：Seiche trapue；**西班牙文名**：Sepia achaparrada。

分类特征：体微褐色或黄褐色，头部具分散的白斑，外套后部末端具 1 对褐色斑块，眼周具白斑，鳍基部具 1 排会发光的蓝色斑点。外套背部具分散的短棒状乳突，两侧近鳍基部具纵向排列的脊状乳突（图 6-21A）。触腕穗吸盘 5 列，中间 3 个吸盘扩大（图 6-21B）。边膜延伸超过触腕穗基部，背腹两侧保护膜在触腕穗基部愈合。内壳宽卵形，前端和后端钝圆（图 6-21C）；背面凸起；背部无中肋和侧肋。尾椎退化，仅余微小的凸起。横纹面前端倒 U 字形。内锥面分支前端窄，后端宽，略凸起；外锥面前端窄，后端宽。

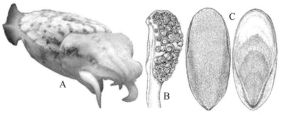

图 6-21　班达乌贼形态特征示意图（据 Jereb and Roper，2005）

A. 前侧视；B. 触腕穗；C. 内壳背视和腹视

生活史及生物学：沿岸浅水底栖种，多见于珊瑚礁和底质砂质水域。晚上活动。通常利用第 3 腕（或第 4 腕）和外套腹部 1 对隆起的翼片行走。一般与海参和海星分布在一起。

地理分布：分布在热带印度洋—太平洋海域，具体为菲律宾、马来西亚婆罗洲、爪哇、苏拉威西岛、印度尼西亚东部和新几内亚，澳大利亚和马绍尔群岛北部可能也有分布（图 6-22）。

大小：最大胴长 70 mm。

渔业：非常见种。

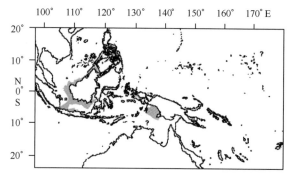

图 6-22　班达乌贼地理分布示意图

文献：Adam and Rees，1966；Gofhar，1989；Jereb and Roper，2005。

非洲乌贼 *Sepia bertheloti* Orbigny，1839

分类地位：头足纲，鞘亚纲，乌贼目，乌贼亚目，乌贼科，乌贼属。

学名：非洲乌贼 *Sepia bertheloti* Orbigny，1839。

拉丁异名：*Sepia verrucosa* Lönnberg，1896；*Sepia mercatoris* Adam，1937。

英文名：African cuttlefish；**法文名**：Seiche africaine；**西班牙文名**：Jibia africana。

分类特征：体微紫褐色。腕反口面具横向的斑纹和纵向橙红色色素带。外套背部具乳白色小斑点和窄带。雄性鳍基部具橙红色有光泽的窄带和 1~2 列短带，窄带周围由紫色条带包围。体盾形，胴长为胴宽的 2 倍多（图 6-23A）。外套背部两侧鳍基部中央具一系列延长的乳突。外套背部前端突出部分尖三角形，延伸至眼中线水平；腹部前缘微凹。鳍宽，两鳍末端空隙大。触腕穗细直，吸盘 5~6 斜列（图 6-23B）；吸盘大小不等，腹侧 2~3 列几个吸盘较其余列吸盘大。

触腕穗边膜终止于腕骨部;背腹两侧保护膜在触腕穗基部不愈合,但与触腕柄愈合,两侧保护膜等长,终止于腕骨部。第4腕延长,尤其雄性。腕吸盘4列,雄性中间吸盘直径大于边缘吸盘。雄性左侧第4腕茎化:基部1~2行(2~5个)吸盘正常,随后近端1/3的9~13行吸盘直径减小;背侧2列和腹侧2列吸盘分别向腕两侧分布,背腹列间具空隙;茎化腕背侧保护膜发达,几乎完全覆盖吸盘(图6-23C)。内壳椭圆形,前端收缩,尖,后端钝圆(图6-23D);背面均匀凸起;内壳整个表面均钙化,中部具网状颗粒,侧缘具不规则的纵脊;钙化部分后端厚实;背部中肋不明显,前端略宽;无侧肋。内壳侧缘和前缘角质。内壳骨针中等长度,无棱。横纹面凸起,前端浅 m 形或倒 U 字形。内锥面分支窄,前端带状,后端宽;外锥面角质,竹片状,膨大。

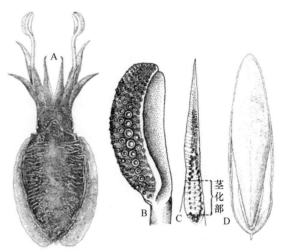

图 6-23　非洲枪乌贼形态特征示意图(据 Roper et al, 1984;Jereb and Roper, 2005)
A. 背视;B. 触腕穗;C. 茎化腕;D. 内壳腹视

生活史及生物学:浅海性底栖种,栖息于开阔的海底,分布水层 20~160 m,在 70~140 m 数量较多。夏季和秋季在近岸浅水水域产卵,单个雌体产卵约 50~100 枚。主食软体动物(包括其他头足类)、甲壳类和小鱼。生命周期 1~2 年。

地理分布:分布在东大西洋海域,具体为非洲西北部从加那利群岛和撒哈拉西部至安哥拉(14°S)(图6-24)。

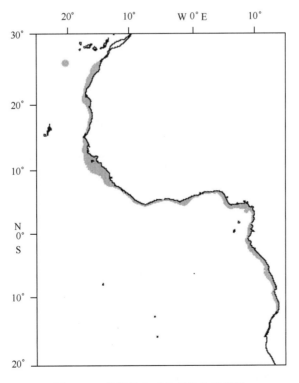

图 6-24　非洲枪乌贼地理分布示意图

大小：雄性最大胴长 175 mm，雌性最大胴长 130 mm。

渔业：在加那利群岛 70~140 m 水层资源十分丰富，作业方式为单拖，渔获物通常以雌性为主。在塞内加尔外海，非洲乌贼仅占乌贼类拖网作业渔获物的 1%。鲜售或冻品出口。无专门的渔获量统计。

文献：Okutani, 1980; Bakhaukho and Drammeh, 1982; Roper et al, 1984。

细长乌贼 *Sepia braggi* Verco, 1907

分类地位：头足纲，鞘亚纲，乌贼目，乌贼亚目，乌贼科，乌贼属。

学名：细长乌贼 *Sepia braggi* Verco, 1907。

英文名：Slender cuttlefish；法文名：Seiche gracile；西班牙文名：Sepia grácil。

分类特征：体灰色至红褐色。第 1 腕背部中线两侧各具 1 条紫色色素带。第 2~4 腕反口面中央具纵向的紫色色素带。各腕纵带两侧具短的横带和大斑点。腕和触腕穗吸盘边缘褐色。外套背部具分散的短脊，两鳍基部各具约 5 个橙红色脊。头部眼后方具分散乳突，腕部具乳突，其结构与头部乳突结构相似。体延长，胴长为胴宽的 2.5~3 倍，背部前端突出部三角形，宽尖，至眼中线水平（图 6-25A）。头细短，头宽窄于胴宽。口垂片无吸盘。鳍相对较宽，后端 1/3 最宽，鳍末端圆，两鳍鳍末端间具空隙。触腕穗短，略弯，吸盘发生面扁平，吸盘 4~6 列，中间 5~6 个吸盘扩大，直径为其他吸盘的 2 倍（图 6-25B）。触腕边膜十分发达，略微超出触腕穗腕骨部；背腹两侧保护膜在触腕穗基部不

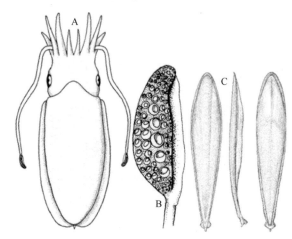

图 6-25 细长乌贼形态特征示意图（据 Roper et al, 1984; Jereb and Roper, 2005）

A. 背视；B. 触腕穗；C. 内壳背视、侧视和腹视

愈合，但与触腕柄愈合。背侧保护膜与腹侧保护膜等长，向近端延伸至触腕柄。背侧保护膜宽，与触腕柄愈合处形成浅缝。雄性和雌性腕相对长度不同；成熟雄性第 3 腕延长；雌性第 2 和第 3 腕较第 1 和第 4 腕长（第 2 腕通常较第 3 腕长）。两性的腕末端十分削弱；雌性第 2 腕和雄性第 3 腕 2 列吸盘退化，并向腕两侧分布，中间为空隙。无茎化腕。内壳细长，披针形，向腹部甚弯，前端 1/3 较宽，前端和后端均收缩（图 6-25C）；背面粉红色，均匀凸起；中部钙化，略微呈颗粒状，生不规则的纵脊。内壳背部中肋前端明显，较宽，后端不明显；无侧肋。内壳侧缘由角质宽带包围，约覆盖整个内壳背面的 1/2。骨针短尖，向背部弯曲，无棱；外锥面和骨针间具辐射状肋。横纹面凸起，前端倒 U 字形，中间向内弯曲。内锥面分支前端带状，后端窄，U 形；略微隆起形成圆脊；内锥面后部具微黄色石灰质不规则的肋辐射至外锥面。外锥面钙化，窄，分支向后膨大形成短翼，短翼向腹部弯曲形成弯曲的杯状结构。每半鳃鳃小片 26~30 个。

生活史及生物学：底栖种，栖息水深 30~86 m。卵径 9.4 mm×5.5 mm。

地理分布：分布在南印度洋—太平洋海域，具体为澳大利亚南部从新南威尔士南部 36°23′S，150°07′E 至澳大利西部 31°51′S，115°35′E（图 6-26）。

大小：雄性最大胴长 49 mm，雌性最大胴长 80 mm。

渔业：在澳大利亚南部为其他手工渔业的副渔获物。

文献：Adam and Rees, 1966; Lu, 1998; Reid, 2000; Roper et al, 1984; Jereb and Roper, 2005。

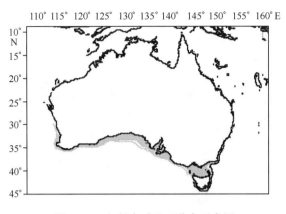

图 6-26　细长乌贼地理分布示意图

短穗乌贼 *Sepia brevimana* Steenstrup，1875

分类地位：头足纲，鞘亚纲，乌贼目，乌贼亚目，乌贼科，乌贼属。

学名：短穗乌贼 *Sepia brevimana* Steenstrup，1875。

拉丁异名：*Sepia rostrata* Ferussac and Orbigny，1848；*Sepia winckworth*i Adam，1939。

英文名：Shortclub cuttlefish；**法文名**：Seiche petites mains；**西班牙文名**：Sepia mazicorta。

分类特征：体宽，背部前端十分突起（图 6-27A），顶端锐利，末端甚尖（内壳尾骨针所致）。触腕穗短，吸盘 6~8 列斜列，吸盘尺寸较小，大小相近。触腕穗边膜发达，超出腕骨部（图 6-27B）；背腹两侧保护膜在触腕穗基部不愈合；触腕穗背侧保护膜与吸盘发生面等宽，较腹侧保护膜甚宽。腕吸盘 4 列。内壳宽大，卵形，前端三角形（图 6-27C）；背面平，质地粗糙，具规则的石灰质突起。尾骨针长尖，具背棱和腹棱。横纹面前端倒 V 字形。内锥面分支后端宽，增厚，玫瑰色或淡橙黄色；外锥面外缘后部隆起形成扁平的壁架。外锥面钙化，前端窄，后端宽。

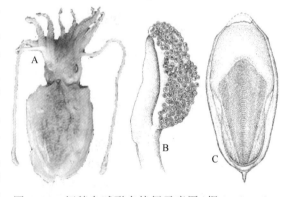

图 6-27　短穗乌贼形态特征示意图（据 Jereb and Roper，2005）

A. 背视；B. 触腕穗；C. 内壳腹视

生活史及生物学：小型大陆架底栖种，栖息在沿岸浅水水域，栖息水层 10~100 m。雌雄初次性成熟胴长分别为 56 mm 和 62 mm。产卵期贯穿全年，在东印度洋产卵高峰期为 7 月至翌年 2 月。个体生长受温度影响，通常初孵幼体生长至成体需要 11~13 个月。在印度的马德拉斯外海，短穗乌贼 6 个月胴长可达 29~34 mm，12 个月胴长可达 56~58 mm，18 个月胴长可达 75 mm。在暹罗湾，渔获胴长一般为 40~60 mm，最大胴长 90 mm。雌雄比例 2：1。

地理分布：分布在印度洋—太平洋海域，具体为印度洋北部、安达曼海、安达曼和马尔代夫群岛，新加坡至东京湾（越南北部）、中国南海、中国香港、爪哇、苏禄和西里伯斯海（图 6-28）。

大小：最大胴长 100 mm，一般为 40~70 mm。

渔业：在印度东部马德拉斯和沃尔太（沃尔代尔）外海为拖网渔业的副渔获物，无专门的渔获量统计。在泰国为重要的商业性渔业，渔具为单拖、双拖网、灯诱、陷阱网等。在中国南海也有渔获。

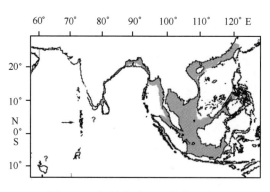

图 6-28 短穗乌贼地理分布示意图

文献:Adam and Rees, 1966；Voss and Williamson, 1971；Silas et al, 1982, 1986；Chantawong and Suksawat, 1997；Roper et al, 1984；Jereb and Roper, 2005。

刀壳乌贼 *Sepia cultrata* Hoyle, 1885

分类地位:头足纲,鞘亚纲,乌贼目,乌贼亚目,乌贼科,乌贼属。

学名:刀壳乌贼 *Sepia cultrata* Hoyle, 1885。

拉丁异名:*Sepia hedleyi* Berry, 1918；*Glyptosepia gemellus* Iredale, 1926；*Glyptosepia macilenta* Iredale, 1926；*Glyptosepia hedleyi* Berry, 1918；*Glyptosepia hendryae* Cotton, 1929。

英文名: Knifebone cuttlefish；**法文名:** Seiche à os en couteau；**西班牙文名:**Sepia de sepión de cuchillo。

分类特征:体宽盾形(图 6-29A),桃褐色。外套背部沿鳍基部附近具分散的短乳突,近鳍基部具纵向的脊状乳突;外套腹部沿鳍基部附近具4~5 个窄脊。口膜无口吸盘。触腕穗新月形,吸盘发生面扁平,吸盘 5~6 列。触腕穗边膜向近端延伸至腕骨部附近(图 6-29B);背腹两侧保护膜在触腕穗基部不愈合;背腹两侧保护膜不等长,背侧保护膜经腕骨部向触腕柄延伸,腹侧保护膜终止于腕骨部。腕性别二态

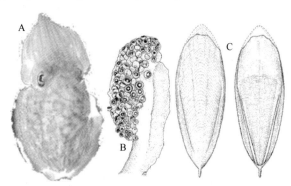

图 6-29 刀壳乌贼形态特征示意图(据 Jereb and Roper, 2005)
A. 背视；B. 触腕穗；C. 内壳背视和腹视

性不明显,各腕长相近。腕吸盘 4 列。雄性左侧第 4 腕茎化:近端约 7 行吸盘正常,中间5~6 行吸盘十分退化。茎化腕背侧 2 列吸盘较腹侧小;茎化部口面膨大,背侧 2 列和腹侧 2 列吸盘分别向腕两侧分布,背腹列间具空隙。内壳卵形,前端钝三角形,后端尖,收缩(图 6-29C);背面粉红色,后端微凸,前端平;后缘具颗粒状物质,颗粒边缘有纵脊;背部具中肋,肋前端宽;侧肋不明显。横纹面前端略凸或直。内锥面分支等宽,甚窄,后端 U 形,增厚。

生活史及生物学:栖息在外大陆架水域,栖息水深 132~803 m,主要渔获水层为 300~500 m。

地理分布:分布在南印度洋海域,具体为南澳大利亚从昆士兰南部 26°35′S、153°45′E 向西南至澳大利亚西部 28°49′S、114°04′E,包括塔斯马尼亚 42°43′S、148°22′E(图 6-30)。

大小:最大胴长 120 mm。

渔业:虾拖网和其他拖网渔业的副渔获物。

文献: Nesis, 1987；Rudman, 1983；Adam and Rees, 1996；Lu, 1998；Jereb and Roper, 2005。

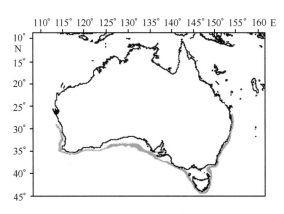

图 6-30　刀壳乌贼地理分布示意图

雅乌贼 *Sepia elegans* Blainville，1827

分类地位：头足纲，鞘亚纲，乌贼目，乌贼亚目，乌贼科，乌贼属。

学名：雅乌贼 *Sepia elegans* Blainville，1827。

拉丁异名：*Sepia biserialis* Blainville，1827；*Sepia rupelloria* Ferrusac and Orbigny，1835-48；*Sepia italica* Risso，1854。

英文名：Elegant cuttlefish；**法文名**：Seiche élégante；**西班牙文名**：Sepia elegante。

分类特征：体延长，卵形，胴长为胴宽的 2 倍多（图 6-31A）。体微红褐色。头部具少量分散的色素体。腕无特殊标记。外套背部灰白色其间分散紫黑色色素体。鳍和外套腹部灰白色。脊白色。外套腹部沿两鳍基部附近各具 6 个窄脊，其中最前和最后 2 对脊较其余脊短。外套背部前端突出部顶端尖，突出部延伸至眼前缘水平；腹部前缘微凹。触腕穗短宽，卵形，末端钝，吸盘发生面平，吸盘 6~8 斜列（图 6-31B）；背缘几个吸盘略微扩大，背侧第 3 或第 4 列的 3 个吸盘十分扩大，直径超过腕吸盘。边膜略微延伸至触腕柄；触腕穗背腹两侧保护在基部愈合，并略微延伸至触腕柄。腕性别二态性不明显，各腕长相近。两性腕吸盘排列不同：雄性，第 1 腕吸盘少数 2 列，多数

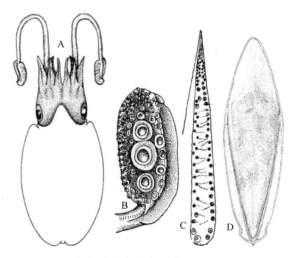

图 6-31　雅乌贼形态特征示意图（据 Roper et al，1984；Jereb and Roper，2005）

A. 背视；B. 触腕穗；C. 茎化腕；D. 内壳腹视

4 列；第 2 和第 3 腕近端吸盘 4 列，最远端吸盘 2 列；第 4 腕吸盘排列多变化。雌性，腕近端吸盘 2 列，远端 4 列（第 1~3 腕近端 5 行吸盘 2 列，第 4 腕近端 2~4 行吸盘 2 列）。雄性非茎化腕腕中间吸盘直径较边缘吸盘甚大。雄性左侧第 4 腕近端 2/3 茎化（图 6-31C）：基部 1~2 行吸盘正常，随后茎化部分具 9~11 行宽间距的微小吸盘，吸盘成"Z"字形排列，背侧 2 列和腹侧 2 列吸盘向腕两侧分布；远端 1/3 具 4 斜列正常吸盘。内壳椭圆形（图 6-31D），向腹部弯曲，前端和后端均尖且收缩，背部均匀凸起。横纹面前端倒 U 字形。内锥面分支等宽，前端窄 V 字形；外锥面窄，分支膨大呈翼状，并向腹部弯曲形成杯状结构。尾骨针甚短，具短而粗糙的石灰质棱。

生活史及生物学：小型底栖种，栖息水深 30~500 m。在西地中海，春季向浅水区洄游，夏季集

中在产卵场的 40~70 m 水层,十月开始潜入 100~250 m 水层。在西非外海,产卵季节贯穿全年,产卵场位于近岸浅水水域,产卵高峰期为夏季和秋季。生命周期 1.5 年,1 龄达到性成熟。雌雄性成熟胴长分别为50~60 mm 和 30~50 mm。在西地中海,雌雄初次性成熟胴长分别为 62 mm 和 37 mm。雄体含精荚约 95 个,雌体怀卵量约 250 个。产卵水温 13~18℃。卵束(每束通常 12~25 枚卵,卵径 4 mm)黏附在低等腔肠动物(如珊瑚)、软体动物的贝壳上。以软体动物、小型甲壳类和小型鱼类为食。

地理分布:分布在东大西洋和地中海海域,具体为大不列颠岛、苏格兰西部、爱尔兰、丁格尔湾、英吉利海峡,从 50°N 至地中海沿岸海域均有分布(图 6-32)。

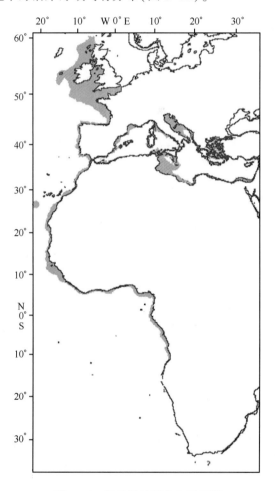

图 6-32 雅乌贼地理分布示意图

大小:雄性最大胴长 72 mm,雌性最大胴长89 mm;体重 50~60 g。

渔业:在地中海和西非为拖网渔业的副渔获物。水深 150 m 处资源较为丰富。无专门的渔获统计。鱼市上通常鲜售或冻售。

文献: Mangold-Wirz, 1963;Roper and Sweeney, 1981;Roper et al, 1984;Jereb and Roper, 2005。

椭乌贼 *Sepia elliptica* **Hoyle,1885**

分类地位:头足纲,鞘亚纲,乌贼目,乌贼亚目,乌贼科,乌贼属。

学名：椭乌贼 *Sepia elliptica* Hoyle，1885。

英文名：Ovalbone cuttlefish；**法文名**：Seiche à sepion ovale；**西班牙文名**：Sepia de sepión oval。

分类特征：体卵形，外套背部前缘三角形，锐尖。触腕穗吸盘发生面平，吸盘 10~12 列，吸盘大小相近。触腕穗边膜向近端延伸至腕骨部（图 6-33A），背腹两侧保护膜在触腕穗基部愈合，背侧保护膜与触腕柄愈合处形成浅缝。腕性别二态性不明显，各腕长相近，腕保护膜窄，腕吸盘 4 列。雄性左侧第 4 腕茎化（图 6-33B）：近端 7~8 行吸盘正常，中部 7 行吸盘退化，随后至顶端吸盘正常。茎化部背侧 2 列吸盘较腹侧 2 列吸盘小；退化吸盘仅较正常吸盘略小；口面正常，不膨大。内壳卵形，前端 V 字形，后端钝圆（图 6-33C）；背面乳白色，均匀凸起，质地光滑；背部中肋不明显，前端宽；侧肋不明显。内壳边缘角质。尾骨针短尖，向背部弯，无棱。横纹面凹，前端倒 U 字形。内锥面分支前端窄，后端宽；内锥面外缘隆起形成扁平的壁架；壁架白色，不增厚；外锥面石灰质。

生活史及生物学：通常栖息于近岸水域，栖息水深 16~142 m。产卵季节延长。水温和食物丰度影响其肌肉和蛋白质组成。

地理分布：分布在热带印度洋—太平洋海域，具体为澳大利亚北部从澳大利亚西部埃克斯茅斯海湾 22°23′S 、114°06′E 至昆士兰摩羯岛 23°30′S、152°00′E，包括卡奔塔利亚（Carpentaria）湾（图 6-34）。

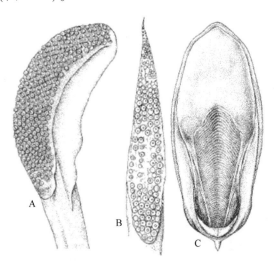

图 6-33　椭乌贼形态特征示意图（据 Jereb and Roper，2005）

A. 触腕穗；B. 茎化腕；C. 内壳腹视

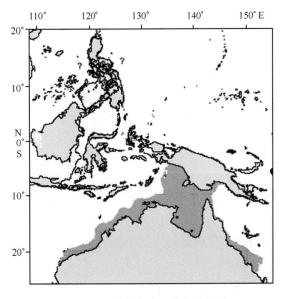

图 6-34　椭乌贼地理分布示意图

大小：最大胴长 175 mm。

渔业：虾拖网和其他拖网渔业的副渔获物。在卡奔塔利亚湾为潜在的乌贼类渔业。

文献：Adam and Rees，1966；Dunning et al，1994；Lu，1998；Moltschaniwskyj and Martinez，1998；Martinez et al，2000；Moltschaniwskyj and Jackson，2000；Jereb and Roper，2005。

几内亚乌贼 *Sepia elobyana* Adam，1941

分类地位：头足纲，鞘亚纲，乌贼目，乌贼亚目，乌贼科，乌贼属。

学名：几内亚乌贼 *Sepia elobyana* Adam，1941。

英文名：Guinean cuttlefish；**法文名**：Seiche de Guinée；**西班牙文名**：Sepia guineana。

分类特征：体宽卵形，胴长小于两倍胴宽，外套背部具分散的小瘤和网纹状脊，前端突起延伸至眼近中线水平（图6-35A），腹部前缘微凹。鳍宽。触腕穗吸盘8列，吸盘小，大小相近（图6-35B）。腕性别二态性不明显，各腕长相近，保护膜宽，发达，尤其雄性第1和第2腕的特化部分。两性第1和第2腕末端削弱，雄性约具20行球形吸盘。两性腕吸盘排列不同：雄性，第1和第3腕近端吸盘4列，远端2列；雌性，第1和第2腕近端吸盘4列，远端2列。雄性腕中部吸盘较近端背腹两侧边缘吸盘大。雄性第4对腕茎化（图6-35C）。左侧第4腕近端7~8行吸盘十分退化，远端吸盘正常，茎化部背侧2列吸盘较腹侧2列小。背侧2列和腹侧2列吸盘向两侧分布，中间为空隙，背腹两侧边缘列吸盘位于保护膜基部。右侧第4腕近端2行吸盘正常，随后4~5行吸盘特化；中间吸盘（有时某些边缘吸盘）内角质环增宽增厚，但无齿和漏斗。内壳卵形，石灰质，具网状结构，前端尖且收缩，后端钝圆，背面均匀凸起，无背部中肋和侧肋（图6-35D）。尾骨针钝圆。一较宽的光滑区将横纹面与外锥面分开。横纹面前端倒U字形；内锥面分支向前延伸至横纹面终止处，内锥面分支前端窄，后端宽。

地理分布：分布在东大西洋，具体为西非沿岸，从塞内加尔至几内亚湾和加蓬（分布南限未知）（图6-36）。

大小：最大胴长60 mm。

渔业：在西非为其他乌贼渔业的副渔获物，无专门的渔获量统计。

文献：Adam and Rees, 1996；Roper et al, 1984；Jereb and Roper, 2005。

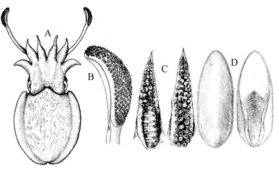

图6-35　几内亚乌贼形态特征示意图（据 Roper et al, 1984, Jereb and Roper, 2005）

A. 背视；B. 触腕穗；C. 茎化腕（第4对腕）；D. 内壳背视和腹视

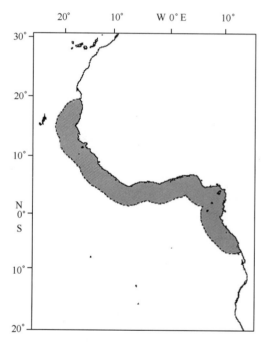

图6-36　几内亚乌贼地理分布示意图

金乌贼 *Sepia esculenta* Hoyle，1885

分类地位：头足纲，鞘亚纲，乌贼目，乌贼亚目，乌贼科，乌贼属。

学名：金乌贼 *Sepia esculenta* Hoyle，1885。

拉丁异名：*Sepia elliptica* Hoyle，1885。

英文名：Golden cuttlefish，Edible cuttlefish；**法文名**：Seiche dorée；**西班牙文名**：Sepia dorada。

分类特征：体金黄色，盾形，胴长约为胴宽的2倍（图6-37A）。雄性背部具较粗的白色横纹，间杂有极密的细斑点，雌性背部的横条纹不明显，或仅偏向两侧，或仅具极密的细斑点。鳍周生，相对较宽，单鳍最大宽度为胴宽的1/4；两鳍后端分离，基部各具一白线和6~7个膜质肉突。触腕穗半月形，长度约为触腕长的1/5，吸盘微小，12列，每横行各吸盘大小相当（图6-37B），吸盘内角质环具钝齿。触腕穗边膜略微延长至触腕柄部；保护膜窄，基部分离，并沿触腕穗柄延伸形成膜脊。

各腕长略有差异,腕式一般为 4>1>3>2,吸盘 4
列,各腕吸盘大小相近,内角质环具钝齿。雄性
左侧第 4 腕茎化,基部 5 行吸盘正常,随后的茎
化部具 5~6 行微小的吸盘。内壳椭圆形,长度
约为宽度的 2.5 倍(图 6-37C);背面具沿生长
线排列的石灰质颗粒,3 条纵肋较平而不明显;
腹面横纹面单峰型,峰顶略尖,腹面中央具 1 纵
沟;内壳后端的尾骨针粗壮。

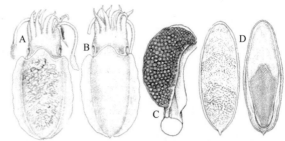

图 6-37　金乌贼形态特征示意图(据 Roper et al,
1984;董正之, 1988;Jereb and Roper, 2005)
A. 雄性背视;B. 雌性背视;C. 触腕穗;D. 内壳背视和腹视

生活史及生物学: 浅海性底栖种,栖息于
10~100 m 的砂质海底,有时也穴居。生殖适温
13~16℃,适盐范围 28~31。仔鱼以端足类和其他小型甲壳类为食;稚鱼期多捕食小鱼;成体以扇
蟹、虾蛄、鹰爪虾、毛虾等为食。

一年内性成熟,一生中繁殖一次。每年春季在近海较深处越冬的个体,集群游向浅水区繁殖,
有一定数量进入内湾。繁殖行为复杂,有求偶、追偶、争偶、交配、产卵、扎卵等。生殖集群时的雌雄
性比因时间、空间不同而有所变化。从拖网渔获的总体情况看,集群开始时,雌雄性比大体接近,在
繁殖后期,由于雄性先行死亡,雌性比例相应增加,甚至超过雄性的 1 倍。交配前,雄性追偶活动频
繁,触腕缩入触腕囊内,腕张开,背部斑纹鲜艳,色素细胞频频缩张;雌性行为安静,多在水底缓慢游
动,背部色素细胞也无激烈变化。追偶时,雄性常在雌性的侧后方或腹面下方游动,追偶时间从几
分钟到几十分钟。在雌少雄多时,雄性之间为争偶相斗的现象经常发生。交配时,雄性以腕部叉住
雌性的腕部,两性头部相对,大体呈一条直线;随后,雄性胴部不断缩张,精荚从漏斗喷出,经左侧第
4 腕传送到雌性的口膜附近,精团进出。每次交配时间 2~4 min,最长达 7~8 min。交配是连续性
的,5~8 次不等,有的个体在 24 小时内交配 19 次。交配后几分钟即产卵,产卵与交配交叉进行,不
断交配不断产卵。卵子分配成熟,逐个分批产出。每个雌乌贼在一个产卵过程中产卵几十到几百
枚,每天的平均产卵数从几枚到几十枚。在繁殖季节中,一个雌体产卵总数 1 500~2 500 枚;一个
雄体所带有的精荚数 250~750 个。

卵产于海底或大型海藻上。产出不久的成熟卵透明而略带奶油色,近椭圆形,长径 4~5 mm,
短径 3~4 mm。卵孵化适应水温幅度较大,在 12~24℃水温条件下,卵均能孵化,但最适水温 17~
20℃。在一定范围内,卵的孵化时间随着水温增高而加快。已知卵的孵化时间为 24~48 天,通常
为 1 个月左右。初孵幼体胴长约 5 mm。6 个月左右胴长可达 120~140 mm;7 个月左右,胴长可达
160~180 mm。从整个生活周期看,孵化后在沿岸停留至抵达越冬场前,为生长快速阶段,越冬期间
为生长缓慢阶段,而在繁殖季节中生长几乎停滞。

地理分布: 分布在西太平洋海域,具体为中国渤海、黄海、东海和南海(菲律宾中北部)(图6-
38)。

大小: 最大胴长 210 mm,最大体重 1.2 kg。

渔业: 金乌贼是乌贼科中的重要经济种类,年产量居世界乌贼科中的第 2 位。它是日本西部最
常见的拖网渔获物,也是菲律宾渔业的支柱,在中国山东和江苏省是乌贼类渔获物的主要种类。在
中国、日本和东南亚国家金乌贼主要供人们食用,在日本新鲜的大个体还用来制作生鱼片,而小个
体则冰冻销售。

主要渔场有 6 个:①日本熊野滩渔场,包括从伊势湾至纪伊半岛南端一带浅海,水深几米至 10
余米,渔期为 4—6 月。②日本濑户内海渔场,水深 10 余米至 20 余米,渔期为 4—6 月。③中国山
东岚山头渔场,包括从日照沿岸至海州湾一带浅海,水深约 5~20 m,渔期为 4—5 月。这一渔场为
中国近海金乌贼重要的产卵场。④中国山东青岛渔场,包括青岛沿岸及胶州湾,水深约 3~20 m,渔

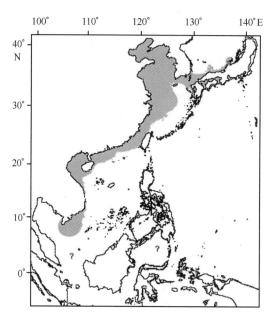

图 6-38　金乌贼地理分布示意图

期为5—6月。⑤济州岛渔场,主要捕捞区在济州岛西北的小黑山岛海域。⑥黄海中部和北部渔场,主要在黄海内陆架边缘和外陆架内缘作业,水深约70~80 m,主要渔期为1—5月。

渔具有单拖、陷阱网、圈网、钩钓和线钓。专捕金乌贼的渔具为三角网,中国和日本均普遍使用。网内装有倒帘,乌贼只能进不能出,此网主要在浅水产卵场作业。在日本的濑户内海,小型底拖网也大量兼捕金乌贼。机轮拖网为兼捕金乌贼的大型渔具,主要在黄海越冬场作业。

文献:Choe, 1966; Tomiyama and Hibiya, 1978; Okutani, 1980; 董正之, 1988, 1991; Roper et al, 1984; Jereb and Roper, 2005。

叶乌贼 *Sepia foliopeza* Okutani and Tagawa, 1987

分类地位:头足纲,鞘亚纲,乌贼目,乌贼亚目,乌贼科,乌贼属。

学名:叶乌贼 *Sepia foliopeza* Okutani and Tagawa, 1987。

分类特征:外套背部前端尖锐,向前伸至眼球中线水平(图 6-39A);腹部前端微凹。口膜无吸盘。触腕穗长而不膨大(图 6-39B),吸盘8列,边膜窄,向近端延伸略超出腕骨部,保护膜窄,背腹两侧在触腕穗基部分离。腕的性别二态性显著:雄性第1腕较其他腕长,前半部保护膜宽且颜色深,横隔片大(图 6-39C);雌性第1腕也较其他腕长,但程度没有雄性显著,前半部向前端变细长,保护膜窄,横隔片短小。内壳细长,前端后端均尖,外锥面向外突出成翼状,内壳背面颗粒粗而明显,具3条纵肋,中肋明显、两侧肋不明显。腹面横纹带中部有一浅的凹沟。横纹面前端的横纹为宽 M 字形;内锥面窄,微隆起;后端形成 V 字形,角质边缘发达。尾骨骨针无棱。

生活史及生物学:中型种。

地理分布:分布在西太平洋中国东海和台湾东部海域(图 6-40)。

大小:最大胴长 110 mm。

渔业:非常见种。

文献:Okutani et al, 1987; Lu, 1998。

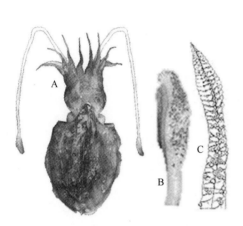

图 6-39　叶乌贼形态特征示意图

A. 背视；B. 触腕穗；C. 雄性第 1 腕口视

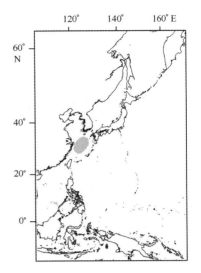

图 6-40　叶乌贼地理分布示意图

垦氏乌贼 *Sepia grahami* Reid，2001

分类地位：头足纲，鞘亚纲，乌贼目，乌贼亚目，乌贼科，乌贼属。

学名：垦氏乌贼 *Sepia grahami* Reid，2001。

英文名：Ken's cuttlefish；**法文名**：Seiche de Ken；**西班牙文名**：Sepia de Ken。

分类特征：体卵形，桃褐色。外套沿两鳍基部附近各具约 6 个纵脊。眼背面具显著的耳状突出物，腹面具 2 突出物。鳍宽，后端圆。触腕穗短，略弯，吸盘发生面平，吸盘 4~5 列（通常 4 列，很少 5 列），3~4 个吸盘略微扩大（图 6-41A）。触腕穗边膜向近端延伸超过腕骨部，背腹两侧保护膜在触腕穗基部分离，背侧保护膜向近端经腕骨部沿触腕柄延伸，腹侧保护膜终止于腕骨部。腕性别二态性不明显，各腕长相近，保护膜窄，腕顶端不削弱，腕吸盘 4 列。每半鳃鳃小片 23~26 个。内壳卵形（图 6-41B），背面乳白色，略带粉红色；背部无中肋，边肋不明显。尾椎具腹棱。横纹面凹，沟浅窄且不明显。横纹面前端之横纹倒 U 字形。内锥面分支前端窄带状，后端宽。内锥面分支隆起形成圆形壁架，壁架增厚，黄色或赭色。

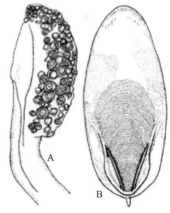

图 6-41　垦氏乌贼形态特征示意图（据 Jereb and Roper，2005）

A. 触腕穗；B. 内壳腹视

生活史及生物学：栖息水深 2~84 m。

地理分布：分布在西南太平洋海域，具体为澳大利亚、新南威尔士（图 6-42）。

大小：雄性最大胴长 66 mm，雌性最大胴长 82 mm。

渔业：为悉尼鱼市常见种。

文献：Reid，2001；Jereb and Roper，2005。

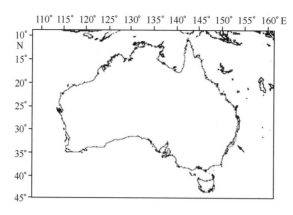

图 6-42　垦氏乌贼地理分布示意图

赫氏乌贼 *Sepia hedleyi* Berry，1918

分类地位：头足纲，鞘亚纲，乌贼目，乌贼亚目，乌贼科，乌贼属。

学名：赫氏乌贼 *Sepia hedleyi* Berry，1918。

拉丁异名：*Sepia dannevigi* Berry，1918；*Decorisepia rex* Iredale，1926。

英文名：Hedley's cuttlefish；**法文名**：Seiche d'Hedley；**西班牙文名**：Sepia de Hedley。

分类特征：体宽卵形，桃褐色。头短宽，头宽小于胴宽。口膜无口吸盘。腕无标记。外套背面脊橙红色。背面两侧近两鳍基部处各具 6 个纵向的脊状乳突。鳍后端 1/3 最宽，鳍后缘圆，两鳍后部间具空隙。触腕穗新月形，中等长度，吸盘发生面平，吸盘小，大小相近，9~12 列（图 6-43A）。触腕穗边膜向近端延伸超出腕骨部，背腹两侧保护膜在触腕穗基部分离，但与触腕柄愈合。背侧和腹侧保护膜等长，向近端经过腕骨部延伸至触腕柄。腕性别二态性不明显，各腕长相近，保护膜窄，腕吸盘 4 列，雄性非茎化腕吸盘小于雌性腕吸盘。雄性左侧第 4 腕茎化：近端 6~8 行吸盘正常，中部 9~10 行吸盘退化。茎化腕背侧 2 列吸盘较腹列甚小；茎化部口面宽，膨大，具横脊；背侧 2

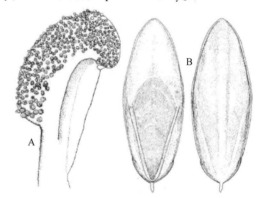

图 6-43　赫氏乌贼形态特征示意图（据 Jereb and Roper，2005）

A. 触腕穗；B. 内壳腹视和背视

列和腹侧 2 列吸盘向两侧分布，中间具空隙。每半鳃鳃小片 29~30 个。内壳椭圆形，前端和后端均尖，且收缩（图 6-43B）；背面乳白色，凸起均匀，生颗粒状物。背部中肋明显，两侧约平行，中肋两侧沟明显；侧肋不明显。内壳边缘角质发达。尾骨针短尖，直，与内壳平行，无棱。横纹面平，横纹面中沟浅窄，延伸至整个内壳长。横纹面前端横纹倒 U 形。内壳分支等宽，后端窄 V 字形，增厚，有光泽。外锥面石灰质，前端窄，后端宽。

地理分布：分布在南印度洋—太平洋海域，具体为澳大利亚、昆士兰，向南环绕澳大利亚南部至澳大利亚西部（图 6-44）。

生活史及生物学：栖息水深 47~1 092 m。

大小：雄性最大胴长 83 mm；雌性最大胴长 108 mm。

渔业：虾拖网和其他拖网渔业的副渔获物。

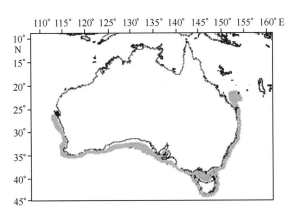

图 6-44　赫氏乌贼地理分布示意图

文献：Lu，1998；Reid，2001；Lu and Ickeringill，2002；Jereb and Roper，2005。

巨型非洲乌贼 *Sepia hierredda* Rang，1835

分类地位：头足纲，鞘亚纲，乌贼目，乌贼亚目，乌贼科，乌贼属。

学名：巨型非洲乌贼 *Sepia hierredda* Rang，1835。

英文名：Giant African cuttlefish；**法文名**：Seiche géante africaine；**西班牙文名**：Sepia gigante africana。

分类特征：触腕穗长，略弯，吸盘 5~6 列，掌部中间 5~6 个吸盘直径为其他吸盘的 2 倍（图 6-45A）。触腕穗边膜向近端延伸略微超过腕骨部。雄性左侧第 4 腕茎化，近端 6 行吸盘正常，远端 8~14 行吸盘退化。内壳椭圆形，前端 1/3 侧缘凹，前端尖锐且收缩，后端钝圆（图 6-45B）。背部具中肋和侧肋，中肋边缘沟明显。具尾骨针。横纹面前端横纹浅 m 字形。内锥面分支前端窄，后端宽；外锥面后端宽。

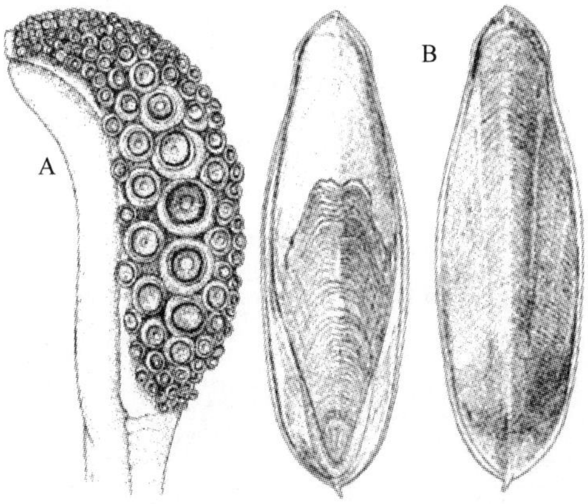

生活史及生物学：栖息水深一般小于 50 m。产卵季节 2—9 月，生命周期 24 个月。雌性性成熟胴长 130 mm。

地理分布：分布在东南大西洋海域，具体为非洲布兰克角（21°N）、毛里塔尼亚（19°N）至安哥拉老虎湾（16°30′S）（图 6-46）。

大小：最大胴长 500 mm，体重超过 7 500 g。

渔业：中东大西洋重要的商业性乌贼渔业（21°N~26°N），撒哈拉西部和毛里塔尼亚水域的主要乌贼渔业。无专门的渔获统计。

文献：Hatanaka，1979；Bakhayokho，1983；Khromov et al，1998；Guerra et al，2001。

图 6-45　巨型非洲乌贼形态特征示意图（据 Jereb and Roper，2005）

A. 触腕穗；B. 内壳腹视和背视

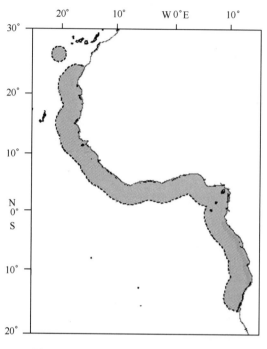

图 6-46　巨型非洲乌贼地理分布示意图

神户乌贼 *Sepia kobiensis* Hoyle，1885

分类地位：头足纲，鞘亚纲，乌贼目，乌贼亚目，乌贼科，乌贼属。

学名：神户乌贼 *Sepia kobiensis* Hoyle，1885。

拉丁异名：*Sepia andreanoides* Hoyle，1885。

英文名：Kobi cuttlefish；**法文名**：Seiche kobi；**西班牙文名**：Sepia kobi。

分类特征：体长盾形，胴长为胴宽的 2 倍多（图 6-47A）；背部前端突起尖锐，前伸至眼球前缘水平，腹部前缘略凹。体红褐色，外套背部具微红色斑点。眼背缘具 V 字形微红色条带，头部后缘橙色条带延伸至第 1~3 腕基部。口垂片无小吸盘。触腕穗短窄，新月形，吸盘小，4~5 列，背侧第 3 列 5 个吸盘明显较其他吸盘扩大（图 6-47B）。触腕穗边膜宽，略微延长至触腕柄部；背腹两侧保护膜基部分离，背侧保护膜宽，为吸盘发生面宽度的一半。腕短，腕性别二态性不明显，各腕长相近，末端削弱；腕吸盘球形，4 列，中间列吸盘尺寸大于边列吸盘尺寸；第 1~3 腕吸盘向腕两侧分布，中间具空隙。雄性左侧第 4 腕茎

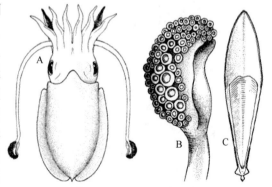

图 6-47　神户乌贼形态特征示意图（据 Roper et al，1984）

A. 背视；B. 触腕穗；C. 内壳腹视

化：茎化腕近端 6~12 行吸盘正常，中部 7~10 行吸盘退化，之后至腕顶端吸盘正常；茎化部口面宽而膨大，具横脊和深的褶皱；背侧 2 列和腹侧 2 列吸盘分别向两侧分布，中间具沟。内壳细长，披针形，前后端均收缩（图 6-47C）。背面淡粉红色或淡黄色，石灰质颗粒细，沿生长线排列，具 3 条纵肋，中肋不明显，前端宽，两侧肋也不明显。内壳腹部横纹面凸起，横纹面中沟浅窄，延伸至整个内壳长，前端横纹浅 M 字形的双峰型。内锥面分支等宽，窄而微隆起，后端 U 字形；外锥面石灰质，两

侧突出呈翼状并向腹部弯曲形成杯状结构。内壳边缘角质;尾骨针长尖,无棱,向背部弯曲。

生活史及生物学:小型底栖种,分布水层低潮线至 200 m。

地理分布:分布在印度洋—太平洋海域,具体为日本外海从北海道南部向南至九州岛、中国黄海、东海、东京湾(越南)、中国南海、菲律宾、暹罗湾和印度洋北部波斯湾、阿拉伯海和孟加拉湾。在班达海可能也有分布(图 6-48)。

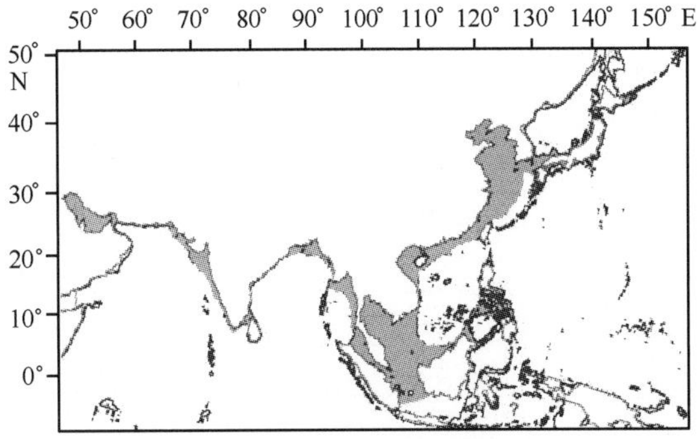

大小:最大胴长 90 mm,体重 80 g。

渔业:在日本南部和内海为小型渔业的副渔获物,主要渔具为定置网、拖网和地曳网。在中国香港水域,80~160 m 水层也有一定的资源。无专门的渔获量统计。

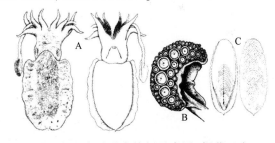

图 6-48　神户乌贼地理分布示意图

文献:Okutani, 1980; Adam and Rees, 1966; Okutani et al, 1987; Roper et al, 1984; Jereb and Roper, 2005。

白斑乌贼 *Sepia latimanus* Quoy and Gaimard, 1832

分类地位:头足纲,鞘亚纲,乌贼目,乌贼亚目,乌贼科,乌贼属。

学名:白斑乌贼 *Sepia latimanus* Quoy and Gaimard, 1832。

拉丁异名:*Sepia rappiana* Ferussac, 1835; *Sepia mozambica* Rochebrune, 1884; *Sepia Hercules* Pilsbry, 1894。

英文名:Broadclub cuttlefish;**法文名**:Seiche grandes mains;**西班牙文名**:Sepia mazuda。

分类特征:体盾形,背部前端突起钝圆,向前伸至眼球中线水平,腹部前端向后凹入,胴长约为胴宽的 2 倍(图 6-49A)。体浅褐色、淡黄色或深褐色其间夹杂斑点。腕缘具白色纵带。鳍灰色,白色横带延伸至胴缘,鳍外缘具一条白色纵带。背部覆盖大量大乳突,沿两鳍近基部处具一系列延长的乳突;背部中央区生有许多大小相间的灰白色斑块,两侧具一些横条纹,附近杂有一些粗色素斑。鳍相对较宽,单鳍最大宽度略小于胴宽的 1/4,两鳍末端分离。触腕穗新月形,长度约为触腕长的 1/6,

图 6-49　白斑乌贼形态特征示意图(据董正之, 1988;Roper et al, 1984)

A. 背视和腹视;B. 触腕穗;C. 内壳腹视和背视

吸盘发生面平,吸盘 5~6 列,中列几个吸盘扩大(图 6-49B),扩大吸盘内角质环光滑,小吸盘内角质环具齿或光滑。触腕穗背腹两侧保护膜基部相连,完全环绕吸盘发生面;边膜和背侧保护膜之间具一深沟或裂缝,深沟将吸盘发生面和触腕柄隔开;边膜略微延伸至触腕柄。腕性别二态性不显著,各腕长略有差异,腕式一般为 4>3>2>1。腕吸盘 4 列,各腕吸盘大小相近,内角质环具齿或光滑。雄性左侧第 4 腕茎化,茎化部吸盘急剧减小。内壳长椭圆形,长度约为宽度的 2.5 倍,背面生石灰质粗糙颗粒,颗粒依生长线排列,纵肋平而不明显(图 6-49C)。横纹面凹,横纹面中沟浅窄,延伸至整个内壳长。横纹面前端横纹倒 V 字单峰型,顶端钝圆。内锥面分支窄,等宽,后端 U 形,增厚而升高;外锥面石灰质,前端窄,后端宽,深杯状。内壳尾骨针粗壮而无棱。

生活史及生物学:浅水种,栖息在热带珊瑚礁水域,水深至 30 m,适温 25℃以上。春季集群游向数米至几十米的浅水区生殖,秋季在陆架内缘百米左右深处越冬。例如,在关岛西部沿岸和冲绳群岛外海通常 1—5 月在 30m 水层进行交配。

地理分布：分布在印度洋—太平洋海域，具体从莫桑比克南部遍及印度洋外围、马六甲海峡、美拉尼西亚群岛、中国南海、菲律宾海和中国东海、台湾及日本至九州岛南部。印度尼西亚至澳大利亚西北和东北部、珊瑚海、帕劳、新喀里多尼亚、斐济群岛（图6-50）。

卵膜近奶油色，半透明，孵化前卵子长径为30~40 mm，短径20~25 mm，卵孵化需要30~40天。4月的初孵幼体，胴长约为30 mm，3个月后胴长可达90 mm。

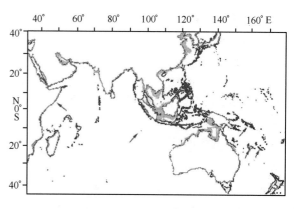

图6-50　白斑乌贼地理分布示意图

在琉球群岛海域，从胴长组成分析，存在两个不同大小的体型群：10月份小型群的胴长为180~200 mm，至翌年1月为280~380 mm；10月大型群的胴长为320~380 mm，至翌年1月为380~420 mm。亲体在繁殖后死亡。白斑乌贼生命周期估计为1~2年。

大小：最大胴长500 mm，体重10 kg。

渔业：体型大，经济价值较高，唯生活于珊瑚礁区不易捕获。在日本和菲律宾为地方性渔业。渔具渔法有鱿钓、手钓、定置网和枪刺。在东南亚主要为拖网渔业的副渔获物。无专门的渔获统计。存在两个主要渔场：①琉球群岛渔场，纬度虽高，但有黑潮主轴流经，平均水温一般高于25℃，鱼汛为11—4月，盛渔期为1—3月，水深几米至几十米，主要由定置网捕捞。②中国广东渔场，包括广东近海及西沙群岛周围海域，鱼汛为春季和秋季，水深几十米，主要底拖网兼捕。

文献：Adam and Rees, 1966; Okutani et al, 1987; Hanlon and Messenger, 1996; Okutani, 1980; 董正之, 1988, 1991; Roper et al, 1984; Jereb and Roper, 2005。

长腕乌贼 *Sepia longipes* Sasaki, 1914

分类地位：头足纲，鞘亚纲，乌贼目，乌贼亚目，乌贼科，乌贼属。

学名：长腕乌贼 *Sepia longipes* Sasaki, 1914。

英文名：Longarm cuttlefish；**法文名**：Seiche pieuvre；**西班牙文名**：Brazolargo。

分类特征：体长盾形，背部前端突起尖锐（图6-51A），向前伸至（甚至超过）眼球前缘，腹部前端微凹。体灰褐色或紫褐色。外套背部内壳上方中央色素体聚集，并分散着淡红色斑点。第1~3腕反口面具橙红色纵带。口垂片无小吸盘。鳍宽，两鳍后端间隙窄。触腕穗新月形，膨大，掌部吸盘3~4列，中间4~5个吸盘明显扩大

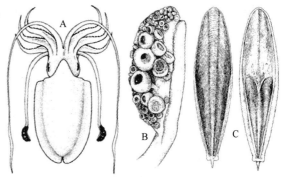

图6-51　长腕乌贼形态特征示意图（据Roper et al, 1984; Jereb and Roper, 2005）
A. 背视；B. 触腕穗；C. 内壳背视和腹视

（图6-51B）；边膜发达，延伸超过触腕穗基部。雌性各腕长相近，长度多小于胴长。雄性第1腕十分延长，削弱，鞭状，长度约为其他腕长的2倍，远端削弱部分吸盘2列，末端加粗，边缘具生横隔片的保护膜。雌性腕吸盘4列。雄性第1腕近端吸盘4列，远端2列；第2~4腕吸盘均4列。腕吸盘内角质环多光滑。雄性第4对腕茎化：左侧第4腕远端2/5茎化，近端吸盘正常，远端40%吸盘退化，4列，茎化部具纵皱和脊；右侧第4腕近端14列吸盘后开始茎化，茎化部具略微退化的吸盘，口

面宽而膨大,具横脊。内壳细长的披针形,前端钝圆,后端收缩(图 6-51C);背面粉红色,石灰质颗粒细,沿生长线排列,中间肋极明显;腹部横纹面凸起,中脊高,横纹面中沟浅窄,延伸至整个内壳长。横纹面前端横纹浅 M 字形的双峰型。内锥面窄,分支等宽,后端 V 字形,略微隆起形成圆脊;外锥面石灰质,后端向两侧突出呈翼状,并向腹部弯曲形成杯状结构。尾骨针无棱。

生活史及生物学:浅海性底栖种,栖息水深 100~300 m。

地理分布:分布在西北太平洋海域,具体为日本千叶半岛至九州岛南部和中国东海,台湾南部海域枫港附近(图 6-52)。

大小:最大胴长 250 mm,体重 1 kg。

渔业:日本西南部偶尔被拖网渔获。

文献:Okutani et al, 1987; Roper et al, 1984; Jereb and Roper, 2005。

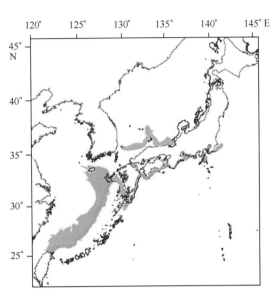

图 6-52　长腕乌贼地理分布示意图

蛛形乌贼 *Sepia lorigera* Wülker, 1910

分类地位:头足纲,鞘亚纲,乌贼目,乌贼亚目,乌贼科,乌贼属。

学名:蛛形乌贼 *Sepia lorigera* Wülker, 1910。

英文名:Spider cuttlefish;**法文名**:Seiche araignée;**西班牙文名**:Sepia loriga。

分类特征:体卵形,背部前端突出,尖锐,胴宽约为胴长的 40%(图 6-53A)。体淡红褐色。腹部灰白色,两鳍近基部处具淡褐色纵向窄带。头部分散红色斑点,色素体向中部集中并覆盖眼周。腕具淡红色斑点。鳍窄,等宽。触腕穗膨大,新月形,吸盘 4 列,中间 3~4 个吸盘十分扩大,每横行各吸盘尺寸不等(图 6-53B)。触腕穗边膜向近端延伸超过腕骨部。雄性第 1 腕延长,长度为胴长的 2 倍或其他腕长的 3 倍,鞭状,末端削弱,中部纤细,保护膜扩大且生横隔片。雌性各腕长相近。两性非茎化腕吸盘排列相似:第 1~3 腕近端吸盘 4 列,顶端 2 列;第 4 腕吸盘 4 列(雄性第 1 和第 2 腕远端吸盘未发展)。雄性左侧第 4 腕远端 1/3 茎化,近端吸盘正常,远端 1/3 吸盘退化,吸盘柄膨大。内壳披针形,前后端均尖锐且收缩(图 6-53C);背面粉红色,中肋不明显,中肋两侧平行,边缘沟深。尾骨针长尖。横纹面前端横纹浅 M 形。内锥面分支窄,等宽,后端 U 字形,略微隆起形成宽 V 字形厚脊;外锥面后端膨大呈翼状并向腹部弯曲形成杯状结构。

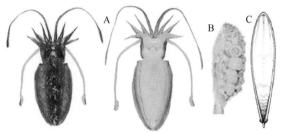

图 6-53　蛛形乌贼形态特征示意图(据 Roper et al, 1984)

A. 背视和腹视;B. 触腕穗;C. 内壳腹视

生活史及生物学:近海底栖种,栖息水层 100~300 m。

地理分布:分布在西北太平洋,具体为日本西南部从相模湾经过四国岛至中国东海、南海(图 6-54)。

大小:最大胴长 250 mm,体重 1 kg。

渔业:在日本西南部形成渔业,无渔获量统计。

文献:Okutani et al, 1987；Roper et al, 1984；Jereb and Roper, 2005。

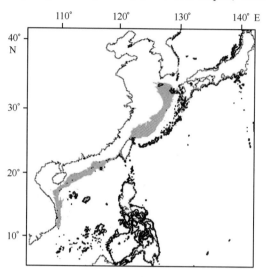

图 6-54　蛛形乌贼地理分布示意图

拟目乌贼 *Sepia lycidas* Gray, 1849

分类地位:头足纲,鞘亚纲,乌贼目,乌贼亚目,乌贼科,乌贼属。

学名:拟目乌贼 *Sepia lycidas* Gray, 1849。

拉丁异名:*Sepia subaculeata* Sasaki, 1914。

英文名:Kisslip cuttlefish；**法文名**:Seiche baisers；**西班牙文名**:Sepia labiada。

分类特征:体盾形,背部前端突起尖锐,向前伸至眼球中线水平(图 6-55A),腹部前端向后微凹,胴长为胴宽的 2 倍。体微红褐色或紫色。外套背部具分散的类似眼睛或嘴唇状的斑块。两鳍基部各具一白带。口垂片具 1~2 个吸盘。鳍相对较宽,单鳍宽略小于胴宽的 1/4,两鳍末端分离,两鳍间间隙小。触腕穗镰刀形,长度约为触腕长的 1/5,吸盘 8 列,每横行各吸盘大小相近(图 6-55B),近端吸盘较大,内角质环具钝齿,末端吸盘较小,内角质环具尖齿。触腕穗具发达的边膜,边膜末端接近触腕穗基部(即长度小于触腕穗长);触腕柄边膜沿触腕穗延伸,但不与触腕穗边膜相连;触腕穗背腹两侧保护膜在触腕穗基部分离,沿整个触腕柄延伸,在柄部形成膜脊。腕性别二态性不显著,各腕长略有差异,腕式一般为 4>3>2>

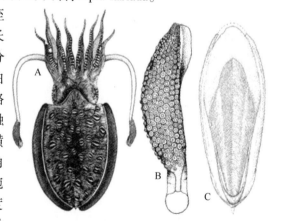

图 6-55　拟目乌贼形态特征示意图(据 Roper et al, 1984；Jereb and Roper, 2005)

A. 背视；B. 触腕穗；C. 内壳腹视

1。腕吸盘 4 列,各腕吸盘大小相近,内角质环具钝齿。雄性左侧第 4 腕茎化,基部 5~6 行吸盘正常,随后的茎化部 4 行吸盘骤小,排列稀疏,其余部分吸盘正常。内壳长椭圆形,长度约为宽度的 2.5 倍,前后端均钝圆(图 6-55C)。背面均匀凸起,具依生长纹排列的石灰质颗粒,无中肋;腹面横纹面前端横纹呈倒 V 字的单峰型,中央具一凹沟。内锥面分支后端增厚,并加宽形成圆脊;外锥面石灰质,前端窄,后端宽。内壳部分后端和侧缘角质;尾骨针短尖,无棱。

　　生活史及生物学：浅海暖水性较强的底栖种，栖息在陆架区 15~100 m 水深的近海水域。在暹罗湾和安达曼海渔获胴长多为 20~40 mm。在暹罗湾雌雄比例为 2∶1。在中国南海，产卵季节为 10 月至翌年 2 月，这一时期水深 60~100 m 处资源较为丰富；3—5 月向近岸 15~30 m 水深处进行卵洄游。卵多扎附于柳珊瑚、马尾藻、竹枝或细绳等物质上。卵膜近奶油色，半透明，卵子较大，孵化前长径 27~34 mm，短径 14~16 mm。

　　地理分布：分布在印度洋—西太平洋海域，具体为日本西南部房总半岛南部，从本州岛南部和朝鲜至中国东海、台湾、南海、菲律宾海、越南和婆罗洲（Borneo）。在暹罗湾分布于 10°N 以南，在内海和东海岸没有分布（图 6-56）。在安达曼海常有分布。

　　大小：最大胴长 400 mm，体重 5 kg。

　　渔业：拟目乌贼胴体大，肉质鲜美，因此深受欢迎。它是中国台湾省重要的渔业种类，是中国香港第 2 大商业性乌贼渔业。在中国广东近海和沿岸有拟目乌贼的渔场，渔获方式为实饵手钓、曳绳钓和小型拖网等，春季在沿岸浅水处作业，机轮拖网几乎全年都能在近海陆架区兼捕作业。在日本，拟目乌贼是重要的商业性乌贼渔业，渔获方式为拖网、定置网、曳绳钓等，产卵季节采用活乌贼诱钓，非产卵季节以虾蟹等作为饵料钩钓。

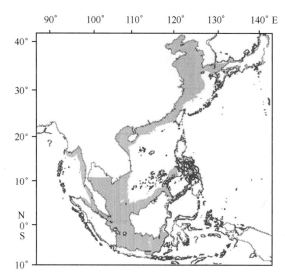

图 6-56　拟目乌贼地理分布示意图

　　文献：Adam and Rees, 1966；Choe, 1966；Voss and Williamson, 1971；Okutani et al, 1987；Natsukari and Tashiro, 1991；Nagai et al, 2001；Tomiyama and Hibiya, 1978；董正之, 1991；Roper et al, 1984；Jereb and Roper, 2005。

马氏乌贼 *Sepia madokai* Adam, 1939

　　分类地位：头足纲，鞘亚纲，乌贼目，乌贼亚目，乌贼科，乌贼属。

　　学名：马氏乌贼 *Sepia madokai* Adam, 1939。

　　拉丁异名：*Sepia robsoni* Sasaki, 1929。

　　英文名：Madokai's cuttlefish；**法文名**：Seiche madokai；**西班牙文名**：Sepia madokai。

　　分类特征：体盾形，背部前端突起尖锐，前伸至眼球中线水平（图 6-57A），腹部前端向后微凹，胴长不到胴宽的 2 倍。体灰褐色，外套背部具白斑。口垂片无吸盘。触腕穗短，膨达，新月形，吸盘发生面平，小吸盘 8 斜列，吸盘大小相近（图 6-57B）；边膜窄，至触腕基部；保护膜窄，背腹两侧膜在触腕穗基部分离。腕性别二态性不显著。雄性左侧第 4 腕中部 1/3 部分茎化：基部 10 行吸盘正常；随后的茎化部 9~10 列吸盘微小，其中背侧两列十分退化，背腹两侧吸盘列间间距变宽；末端吸盘正常。内壳粉红色，长椭圆形（图 6-57C），前端尖锐且收缩，后端钝圆，壳长约等于胴长；背面石灰质颗粒细小，中肋和两侧肋均不明显；腹部横纹面中央凹沟浅，不明显，前端横纹倒 U 字的单峰型。内锥面分支等宽，窄，后端 U 字形，增厚，不形成壁架；外锥石灰质，前端窄，后端宽，边缘角质发达。尾骨针无棱。

　　生活史及生物学：底栖种，在海湾内比较常见，栖息水深 20~200 m。喜温水，在沿岸流水温较高的年份里，向日本北部海域洄游。

　　地理分布：分布在西北太平洋海域，具体为日本西南部、太平洋沿岸东京湾和近九州岛日本海能登半岛南部,对马岛海峡,中国东海、台湾海峡至海南岛附近,越南(图6-58)。

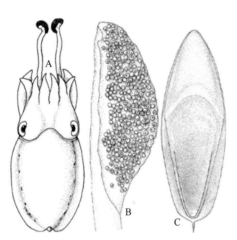

图6-57 马氏乌贼形态特征示意图(据 Roper et al, 1984; Dunning et al, 1998)
A. 背视;B. 触腕穗;C. 内壳腹视

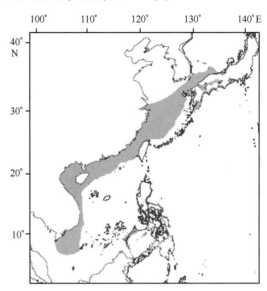

图6-58 马氏乌贼地理分布示意图

大小:最大胴长100 mm,体重100 g。

渔业:内海常见种类,渔获方式流刺网和拖网,因其个体较小,所以商业价值不高。在台湾为常见的渔业种类。

文献:Adam and Rees, 1966; Okutani et al, 1987; Shevtsov, 1996; Kubodera and Yamada, 1998; Lu, 1998; Roper et al, 1984; Dunning et al, 1998; Jereb and Roper, 2005。

新南威尔士乌贼 *Sepia mestus* Gray, 1849

分类地位:头足纲,鞘亚纲,乌贼目,乌贼亚目,乌贼科,乌贼属。

学名:新南威尔士乌贼 *Sepia mestus* Gray, 1849。

拉丁异名:*Ascarosepion verreauxi* Rochebrune, 1884; *Solitosepia liliana* Iredale, 1926。

英文名:Reaper cuttlefish;**法文名**:Seiche moisson;**西班牙文名**:Sepia segadora。

分类特征:体盾形,外套背部前端突起尖锐(图6-59A),向前伸至眼球中线水平,腹部前端向后凹入。口垂片无吸盘。触腕穗膨大,具8列小吸盘,吸盘大小相近,中间第3列吸盘略微扩大;边膜宽,沿触腕柄延长,延长部分为触腕穗长的一半;背腹两侧保护膜在触腕穗基本分离。内壳宽卵形(图6-59B),背面石灰质颗粒小,中间纵肋不明显;腹面横纹面单峰型,顶端圆(即倒U型),中部凹沟浅,不明显。具尾骨针,骨针腹侧有棱。

生活史及生物学:浅海性底栖种,分布水层0~22 m。

地理分布:分布在西南太平洋澳大利亚东部,约35°~15°S、145°~150°E。在中国台湾海域和中西大西洋南美洲沿岸也有发现(图6-60)。

图6-59 新南威尔士乌贼形态特征示意图(据 Dunning et al, 1998)
A. 背视;B. 内壳腹视

大小:最大胴长140 mm。

渔业:至今为止,无专门的渔业,但是在澳大利亚东南部可能存在群众性渔业。

文献:Okutani 1977;Lu 1998;Roper et al,1984;Dunning et al,1998。

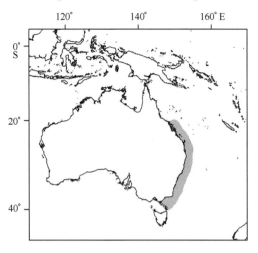

图 6-60 新南威尔士乌贼地理分布示意图

蛙乌贼 *Sepia murrayi* Adam and Rees 1966

分类地位:头足纲,鞘亚纲,乌贼目,乌贼亚目,乌贼科,乌贼属。

学名:蛙乌贼 *Sepia murrayi* Adam and Rees 1966。

英文名:Frog cuttlefish;**法文名**:Seiche grenouille;**西班牙文名**:Sepia ranuds。

分类特征:体长盾形,背部前端突起尖锐(图6-61A)。鳍宽,鳍末端超出外套末端,两鳍末端间隙窄。触腕穗短窄,新月形,具 5~6 列微小吸盘,吸盘大小相近(图 6-61B);边膜发达,略微延伸超出触腕穗基部;背腹两侧保护膜在触腕穗基部分离,并沿触腕柄部延长,在柄部形成膜脊,背侧保护膜较腹侧保护膜宽,但与吸盘发生面近等宽。各腕具窄边膜,腕顶端钝,保护膜宽而发达,并包裹顶端吸盘。雌性第1 和第 2 腕吸盘 2 列,第 3 和第 4 腕近端吸盘 4 列,远端 2 列(第 3 腕可能全腕均 2 列)。雌性腕远端 2 列吸盘微小并向腕两侧分布,之间具明显的间隙。内壳

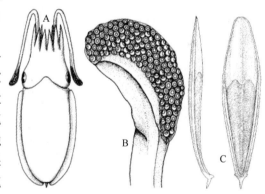

图 6-61 蛙乌贼形态特征示意图(据 Roper et al,1984;Jereb and Roper,2005)
A. 背视;B. 触腕穗;C. 内壳侧视和腹视

披针形,向腹部甚弯(图6-61C),表面石灰质,网纹状颗粒沿生长纹分布。背部中肋不明显,侧肋明显;腹部横纹面中沟浅窄,延长至整个内壳长,横纹面前端横纹浅 m 字形。一光滑区将内锥面分支与外锥面隔离,内锥面分支前端窄,后端宽,U 字形,隆起形成 V 字形壁架,内锥面后端具不规则的石灰质肋辐射至外锥面;外锥面石灰质,窄,分支膨大形成短翼,并向腹部弯曲形成杯状结构。内壳侧缘角质。尾骨针直,指向背侧,无棱。

生活史及生物学:浅海性底栖种,分布水层不明(唯一记录为 106 m)。

地理分布:分布在西北印度洋亚丁湾、阿曼湾和索马里(图6-62)。

大小:最大胴长 45 mm。

渔业:亚丁湾底层渔业资源调查时报道过的种,具体渔业情况不明。

文献:Adam and Rees, 1966; Roper et al, 1984; Jereb and Roper, 2005。

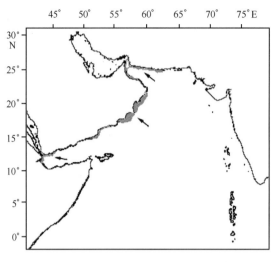

图 6-62　蛙乌贼地理分布示意图

乌贼 *Sepia officinalis* Linnaeus，1758

分类地位:头足纲,鞘亚纲,乌贼目,乌贼亚目,乌贼科,乌贼属。

学名:乌贼 *Sepia officinalis* Linnaeus，1758。

英文名: Common cuttlefish;**法文名:**Seiche commune;**西班牙文名:**Sepia común。

分类特征:体盾形,胴长约为胴宽的 2 倍(图 6-63A)。体淡褐色。雄性外套背部具很多较密的横纹斑,头部和腕部背面具许多点斑,其间杂有少许横纹斑;雌性外套背部的斑纹偏向两侧,也较稀疏。鳍周生,较宽,单鳍最大宽度略小于胴宽的 1/4,两鳍末端分离。触腕穗镰刀形(图 6-63B),约为触腕长的 1/5,吸盘 5~6 列,中间 1 列 5~6 个吸盘扩大,直径约为其他吸盘的 2 倍,大小吸盘内角质环均具乳突状齿;触腕穗边膜较宽,不延长(与触腕穗等长)。各腕长略有差异,腕式一般为 4>3>2>1。腕吸盘 4 列,各腕吸盘大小相近,内角质环具乳突状齿。雄

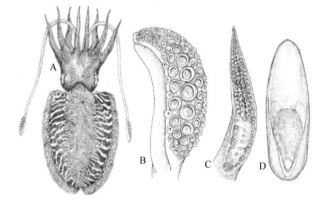

图 6-63　乌贼形态特征示意图(据 Jereb and Roper, 2005)

A. 背视;B. 触腕穗;C. 茎化腕;D. 内壳

性左侧第 4 腕茎化,近端 6 行吸盘正常,随后的茎化部 4~8 行吸盘退化(图 6-63C),背侧保护膜正常宽度或微弱。内壳长椭圆形,长度为宽度的 2.5 倍,前端尖锐且收缩,后端钝圆(图 6-63D)。横纹面凹沟浅窄,前端横纹倒 U 字形或浅 m 字形。内锥面分支前端窄,后端宽;外锥面角质,前端窄,后端宽,竹片状,两侧分支向腹部展开。尾骨针短尖,被角质盾包围。

生活史及生物学:浅海性底栖种,主要栖息在沿岸至约 200 m 水深的砂质和烂泥质底层,而 100 m 以上水层群体较为密集,大个分布水层较深。所有种群都进行季节性洄游。塞内加尔等地方种群进行南—北和近岸—远岸洄游。在地中海早春季节,大个体乌贼先行离开深水区的越冬场,向浅水区洄游(雄性先于雌性 1 个月到达迁徙地);随后的夏季,小个体乌贼在大个体之后连续不

断地由深水区向浅水区洄游。秋天,乌贼开始向深层下潜。乌贼在浅水区产卵,产卵期贯穿全年,水温 13~15℃ 为产卵高峰期:在西地中海,产卵高峰期为 4—7 月;在塞内加尔外海和撒哈拉沿岸,大个体产卵高峰期为 1—4 月,而中小个体的产卵高峰期为夏末和秋初。

雌性性成熟胴长约为 120~140 mm,雄性性成熟胴长约为 100~120 mm。雄体最多可夹带精荚达 1 400 个,雌体怀卵量 150~4 000 枚(与个体大小相关)。卵长径 8~10 mm,短径 4~5 mm,卵膜略呈奶油色;产出的卵连在一起,一串串似葡萄状,卵束通常黏附在海草、碎片和空贝壳等物质上。卵孵化受水温影响很大,水温 21.5℃ 时,孵化期为 30 天,而水温 15℃ 时,孵化期为 90 天。初孵幼体总长 7~8 mm。生长率与水温密切相关,春季生长较快,夏秋生长较慢;而与个体大小成反相关,胴长小于 100 mm 的个体,每月胴长平均生长率约为 26 mm;胴长 100~250 mm 的个体,每月胴长平均生长率约为 21 mm。春季所产的卵于初夏孵化,初孵幼体翌年秋季补充到产卵群体中;而秋季所产的卵,孵化后第二年春天补充到产卵群体中。因此两个产卵群体交替互换。乌贼成体以雄性居多,因为雌体在产卵后大批死亡。

刚孵化数日的仔鱼,即能捕食卤虫、糠虾、蚤类等;幼体期后捕食长臂虾、银汉鱼、沙丁鱼等;成体捕食小型软体动物、蟹、虾、其他乌贼类和底层鱼类的仔稚鱼。同类自食现象普遍,这是应付食物暂时短缺的一种摄食策略。稚鱼每天的摄食率为体重的 10%~30%。乌贼自身是鲨鱼、鲷、其他底层鱼类和其他乌贼的猎食对象。

地理分布:分布在东大西洋和地中海海域,具体为北大西洋东部,从设得兰群岛和挪威南部向南穿过地中海(包括爱琴海、马尔马拉海等)至非洲西北部,南限可至南非(图6-64)。

大小:温带水域最大胴长 490 mm,最大体重 4 kg;亚热带水域最大胴长 300 mm,最大体重 2 kg。

渔业:乌贼是大西洋乌贼科最重要的商业性渔业资源,为拖网渔业的重要捕捞对象,资源量在 6 000~7 000 t。它体大肉厚,质地嫩美,是日本、韩国、意大利和西班牙海鲜市场上的畅销种类。地中海和西非近海是捕捞乌贼的两个重要渔场,前者是传统渔场,渔期主要在春、夏季,水深从几米到几十米,渔具有定置网、底拖网等;后者是后来开发的渔场,渔期几乎为周年性的,水深几十米至几百米不等,主要由底拖网兼捕。

文献:Mangold-Wirz, 1963;Fischer, 1973;Pascual,1978;Hatanaka, 1979;Caddy, 1981;Roper and Sweeney,1981;Bakhaykho and Drammeh, 1982;Roper et al, 1984;Jereb and Roper, 2005;董正之, 1988, 1991。

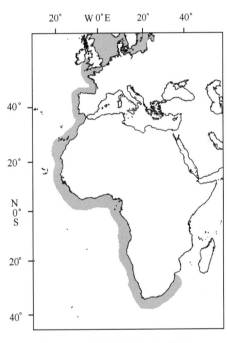

图 6-64 乌贼地理分布示意图

阿曼乌贼 *Sepia omani* Adam and Rees, 1966

分类地位:头足纲,鞘亚纲,乌贼目,乌贼亚目,乌贼科,乌贼属。

学名:阿曼乌贼 *Sepia omani* Adam and Rees, 1966。

英文名:Oman cuttlefish;**法文名**:Seiche d' Oman;**西班牙文名**:Sepia omani。

分类特征:体宽盾形,前端突出部向前伸至眼球中线水平(图 6-65A)。体淡褐色,背部具深褐色横带。鳍窄,几乎紧贴于外套边缘。触腕穗短宽,吸盘发生面平,吸盘 3~4 列,中间第 3 列 4~5 个吸盘十分扩大,呈球形(图 6-65B)。边膜发达,略微延伸超过腕骨部,一条裂缝或沟几乎将吸盘发生面和触腕穗柄隔开;保护膜窄,在触腕穗基部分离,不沿触腕柄延长,背侧保护膜与触腕柄连接处形成深缝。腕吸盘4列,第1和第2腕间腕间膜深。雄性左侧第4腕中部茎化,近端2~3行吸盘正常;中部40%部分吸盘退化,吸盘尺寸减小,茎化部口面宽而膨大,具横脊,背侧2列和腹侧2列向腕两侧分布,中间为空隙。内壳前后短均尖锐且收缩(图6-65C)。背部具中肋,中肋两侧几乎平行;腹部横纹面前端横纹浅m字形,横纹面凹沟浅窄,延伸至整个内壳长。内锥面分支窄,等宽,后端增厚,U字形,内锥面后端具不规则的石灰质肋辐射至外锥面;外锥面石灰质,前端窄,后端宽。尾骨针长尖。

地理分布:分布在印度洋北部阿曼湾、巴基斯坦和印度西部(图6-66)。

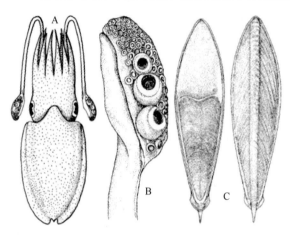

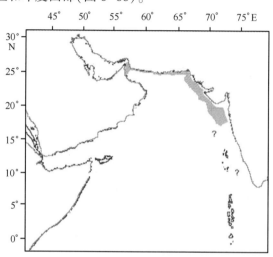

图6-65 阿曼乌贼形态特征示意图(据 Roper et al, 1984;Jereb and Roper, 2005)

A. 背视;B. 触腕穗;C. 内壳腹视和背视

图6-66 阿曼乌贼地理分布示意图

生活史及生物学:浅海性底栖种,栖息水深50~210 m。

大小:最大胴长100 mm。

渔业:乌贼拖网渔获,无专门的渔获统计。

文献:Filippova et al 1995;Roper et al, 1984;Jereb and Roper, 2005。

华丽乌贼 *Sepia opipara* Iredale, 1926

分类地位:头足纲,鞘亚纲,乌贼目,乌贼亚目,乌贼科,乌贼属。

学名:华丽乌贼 *Sepia opipara* Iredale, 1926。

英文名:Magnificent cuttlefish;**法文名**:Seiche magnifique;**西班牙文名**:Sepia magnifica。

分类特征:体宽盾形。触腕穗吸盘发生面平,吸盘3~4列,掌部4~5个吸盘十分扩大,近端第2个吸盘最大(图6-67A)。边膜向近端延伸超过腕骨部;背腹两侧保护膜在触腕穗基部分离,但与触腕柄愈合。背腹两侧保护膜等长,向近端沿触腕柄延伸。背侧保护膜与触腕柄相连处形成深缝。腕性别二态性不明显,各腕长相近,腕保护膜窄。腕吸盘4列。雄性左侧第4腕茎化,近端5~6行吸盘正常,中部6~7行吸盘退化,远端吸盘正常,茎化部口面正常不膨大。内壳椭圆形,前端钝圆(图6-67B),后端尖锐且收缩,质地粗糙,生不规则石灰质颗粒。背部粉红色,背面中部和侧部均平;背部中肋明显,中肋两侧约平行,边缘为沟包围,侧肋明显。腹部横纹面平,凹沟浅窄,前端横纹倒U字形。内锥面分支向前延伸至横纹面终止处,内锥面分支窄,等宽,后端增厚,U字形;外锥面石灰质,前端窄,后端宽。内壳侧缘前缘角质。尾骨针短尖,向背部弯曲,具腹棱。

生活史及生物学:栖息水深83~184 m。

地理分布:分布在印度洋—太平洋南部海域,具体为澳大利亚北部从迪尔克哈尔托赫岛(Dirk Hartog Island)(25°45′S、113°03′E)至昆士兰南部(36°57′S、151°45′E)(图6-68)。

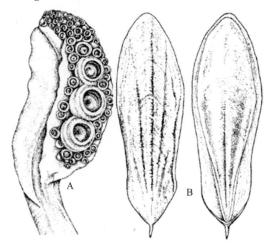

图6-67　华丽乌贼形态特征示意图(据 Jereb and Roper, 2005)

A. 触腕穗;B. 内壳背视和腹视

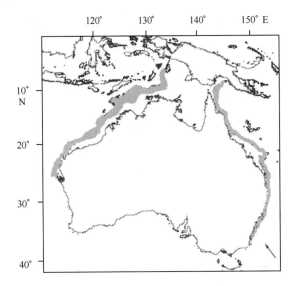

图6-68　华丽乌贼地理分布示意图

大小:最大胴长 150 mm。

渔业:虾拖网及其他拖网渔业的副渔获物,具潜在的开发价值。

文献:Lu, 1998; Jereb and Roper, 2005。

粉红乌贼 *Sepia orbignyana* Ferussac, 1826

分类地位:头足纲,鞘亚纲,乌贼目,乌贼亚目,乌贼科,乌贼属。

学名:粉红乌贼 *Sepia orbignyana* Ferussac, 1826。

拉丁异名:*Sepia rubens* Philippi, 1844; *Acanthosepion enoplon* Rochebrune, 1884。

英文名:Pink cuttlefish;**法文名**:Seiche rosée;**西班牙文名**:Choquito con punta。

分类特征:体盾形,前端突出部尖锐(图6-69A),向前伸至眼球中线水平。体微红褐色。鳍长等于胴长,两鳍末端分离。触腕穗短卵形,吸盘5~6列,中间3个十分扩大,2个中等扩大(图6-69B)。触腕穗边膜略微向柄部延伸,长度略长于触腕穗长;背腹两侧保护膜在触腕穗基部愈合。腕性别二态性不明显,各腕长相近。腕吸盘4列。雄性非茎化腕中间列吸盘直径较边缘列大。雄性左侧第4腕近端2/3茎化,近端1~2行吸盘正常,中部吸盘十分退化,远端吸盘正常,茎化部背侧2列和腹侧2列吸盘向腕两侧分布,中间为空隙(图6-69C)。内壳椭圆形,宽为长的 1/3(图6-69D),前端尖锐且收缩,后端钝圆,向腹部甚

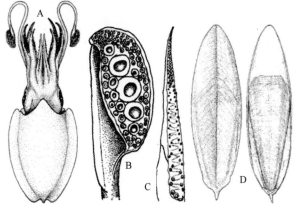

图6-69　粉红乌贼形态特征示意图(据 Roper et al, 1984;Jereb and Roper, 2005)

A. 背视;B. 触腕穗;C. 茎化腕;D. 内壳背视和腹视

弯。背部粉红色,背面中部平,侧部突起,生石灰质颗粒,无中肋;腹部横纹面凸起,中沟浅窄,延伸

至整个内壳长,横纹面前端横纹浅 m 字形或波浪形。内锥面分支等宽,后端窄 V 字形,略增厚;外锥面分支后端略膨大,向腹部弯曲形成杯状结构。尾骨针长尖,直,指向背部,具腹棱。

生活史及生物学:底栖种,常栖息在多泥和碎石的大陆架或大陆架斜坡的 15~570 m 水层,全年 50~250 m 水层群体较密集。在马尔马拉海低盐环境下也能生存。在地中海,全年可见雌雄个体,产卵季节春季至秋季。在葡萄牙水域,春季成熟个体居多。无向海岸洄游的报道。由于产卵季节延长,因此幼体补充量随季节不同而不同。雌性个体生长率高于雄性。西非群体,雌雄性成熟胴长分别为 70 mm 和 40~50 mm;地中海群体,雌雄初次性成熟胴长分别为 78 mm 和 50 mm。在西地中海和非洲西北部外海,产卵期为初夏至秋季,产卵水温 13~16℃。雄性 6—7 个月性成熟,携带精囊约 100 个;雌性 9—10 个月达到性成熟怀卵量约 400 个。卵径随产卵雌体自身尺寸增加而增大,卵径通常 7~8.5 mm。卵产出以后以卵束形式连在一起,约 30~40 个卵束,卵束黏附在海底。

地理分布:分布在东大西洋 17°S~55°N,地中海(图 6-70)。

大小:雄性最大胴长 96 mm,雌性最大胴长 120 mm。

渔业:次要经济种,在其分布范围内是资源较为丰富的头足类资源之一。主要是西地中海和撒哈拉—西非拖网渔业的副渔获物,无专门的渔获统计,但在渔获物中所占比重较大。渔获物鲜销或冻售。

文献: Mangold-Wirz, 1963; Okutani, 1980; Roper and Sweeney, 1981; Adam and Rees, 1966; Bello, 1990; Jereb and Ragonese, 1991; Ragonese and Jereb, 1991; Wurtz et al, 1991; Guerra, 1992; D'Onghia et al, 1996; Sanjuan et al, 1996; Neige and Boletzky, 1997; Belcari, 1999; Salman et al, 2002; Roper et al, 1984; Jereb and Roper, 2005。

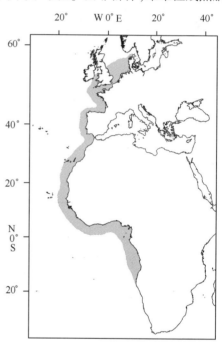

图 6-70 粉红乌贼地理分布示意图

巴布亚乌贼 *Sepia papuensis* Hoyle, 1885

分类地位:头足纲,鞘亚纲,乌贼目,乌贼亚目,乌贼科,乌贼属。

学名:巴布亚乌贼 *Sepia papuensis* Hoyle, 1885。

拉丁异名:*Sepia galei* Meyer, 1909; *Solitosepia submestus* Iredale, 1926; *Solitosepia occidua* Cotton, 1929; *Solitosepia genista* Iredale, 1954; *Solitosepia lana* Iredale, 1954; *S. prionota* Voss, 1962。

英文名: Papuan cuttlefish;**法文名:**Seiche de Papouasie;**西班牙文名:**Sepia de Papua。

分类特征:体盾形,淡褐色,背部具白斑,两眼背侧白斑 1 对。外套背部沿两鳍近基部具一系列延长的乳突,背部其余部位具大量小乳突。头部两眼前后方各具 1 对大乳突,眼睑上覆盖大量分散的小乳突。第 1~3 腕具乳突。触腕穗吸盘发生面平,吸盘 5~6 行,吸盘大小明显不同,掌部中间列几个吸盘较大(图 6-71A)。边膜向近端延伸超过腕骨部;小样本背腹两侧保

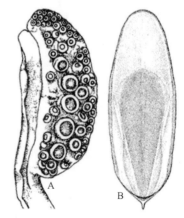

图 6-71 巴布亚乌贼形态特征示意图(据 Jereb and Roper, 2005)

A. 触腕穗;B. 内壳腹视

护膜在触腕穗基部分离,大样本则愈合。背侧保护膜较腹侧甚长,向近端腕骨部延伸至触腕柄。背侧保护膜与触腕柄连接处形成深缝。腕性别二态性不明显,各腕长相近;腕保护膜宽,发达。腕吸盘排列具性别二态性:雄性,第1~3腕近端4列,顶端2列,第4腕吸盘4列;雌性,各腕吸盘均4列。无茎化腕。内壳椭圆形,内壳长约等于胴长,前后端均圆(图6-71B);背面乳白色,中部凸起,侧部平,质地光滑,无颗粒,中肋和侧肋明显,中肋前端宽;腹部横纹面前端横纹倒U字形。内锥面分支前端窄,后端宽薄;外锥面石灰质,前端窄,后端宽。内壳前缘及侧缘角质。尾骨针长尖,向背部弯曲,具腹棱。

地理分布:分布在印度洋—西太平洋海域,具体为菲律宾群岛、印度尼西亚、巴厘岛、特尔纳特岛、阿拉弗拉海、珊瑚海和澳大利亚北部(图6-72)。

生活史及生物学:大陆架底栖种,栖息在底质砂质或泥质的海域,分布水层10~155 m。通常晚上活动,在海草床中捕食猎物。小个体常利用长腕模仿水草。体色可随环境变化,从而达到自我保护的作用。

大小:最大胴长110 mm。

渔业:虾拖网及其他拖网渔业的副渔获物。1990—1991年在澳大利亚卡奔塔利亚湾底拖网渔业中占据很小比例。在台湾为拖网渔获物的一部分。

文献: Adam and Rees, 1966; Roper and Hochberg, 1987; Lu, 1998; Jereb and Roper, 2005。

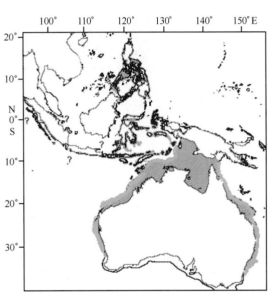

图6-72 巴布亚乌贼地理分布示意图

豹纹甲乌贼 *Sepia pardex* Sasaki, 1913

分类地位:头足纲,鞘亚纲,乌贼目,乌贼亚目,乌贼科,乌贼属。

学名:豹纹甲乌贼 *Sepia pardex* Sasaki, 1913。

分类特征:体长盾形,背部前端尖锐,前伸至眼球中线水平(图6-73A),腹部前端向后微凹,胴宽为胴长的38%。背部具紫褐色斑点,斑点周围为白环包围。两鳍腹面基部具淡红褐色条带。口垂片无小吸盘。触腕穗新月形,不膨大,吸盘8~10行,吸盘大小相近(图6-73B);边膜发达、向近端延伸超过触腕穗基部;保护膜窄,在触腕穗基部分离。腕性别二态性显著,雄性第1腕细长,呈鞭状,吸盘2列。雄性左侧第4腕茎化,腕远端1/3吸盘极小。内壳粉红色、细长、前后端均尖锐。背面石灰质颗粒细,沿总轴排列。中肋明显;腹部横纹面中间凹沟浅,横纹面前端横纹浅m字形。内锥窄而微隆起,后端形成V字形;外锥面后端向两侧膨大呈翼状。内壳两侧角质边缘宽。尾骨针无棱。

地理分布:分布在西太平洋海域,具体为日本沿太平洋沿岸从千叶半岛及日本海沿岸从富山湾至韩国、中国台湾和东海(图6-74)。

大小:最大胴长230 mm。

渔业:常见种类。

文献: Okutani et al, 1987; Lu, 1998; Jereb and Roper, 2005。

图 6-73　豹纹甲乌贼形态特征示意图

A. 背视;B. 触腕穗

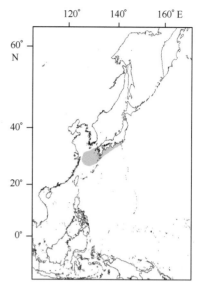

图 6-74　豹纹甲乌贼地理分布示意图

虎斑乌贼 *Sepia pharaonis* Ehrenberg，1831

分类地位:头足纲,鞘亚纲,乌贼目,乌贼亚目,乌贼科,乌贼属。

学名:虎斑乌贼 *Sepia pharaonis* Ehrenberg，1831。

拉丁异名:*Sepia torosa* Ortmann，1888;*Sepia rouxi* Orbigny，1841; *Sepia formosana* Berry，1912; *Crumenasepia hulliana* Iredale，1926; *Crumenasepia ursulae* Cotton，1929; *Sepia formosana* Sasaki，1929; *Sepia tigris* Sasaki，1929。

英文名:Pharaoh cuttlefish;**法文名**:Seiche pharaon;**西班牙文名**:Sepia faraónica。

分类特征:体宽盾形,背部前端突起尖锐,前伸至眼球前缘水平(图 6-75A),腹部前端向后凹入,胴长约为胴宽的 2 倍。雄体外套背部、头部和腕部背面具大量横条纹,状如"虎斑";雌体外套背部也具"虎斑"但偏向体两侧,也较稀少,背部外缘点斑明显。口垂片具 1~2 个吸盘。鳍宽,鳍宽约等于胴长,单鳍宽略小于胴长的 1/4,两鳍末端分离,鳍基部具不连续的发光线。触腕穗镰刀形,中等长度,约为触腕长的1/6,吸盘发生面平,吸盘 8 列(图 6-75B),第 3 和第4 列 5~6 个吸盘十分扩大,扩大吸盘内角质环不具齿,小吸盘内角质环具尖齿;边膜较宽,终止于腕骨

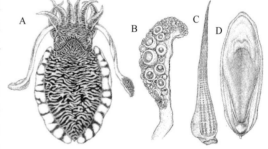

图 6-75　虎斑乌贼形态特征示意图(据 Jereb and Roper，2005)

A. 背视;B. 触腕穗;C. 茎化腕;D. 内壳腹视

部;背腹两侧保护膜在触腕穗基部分离,两侧保护膜等长,并向近端沿触腕柄延伸;背侧保护膜与触腕柄相连处形成浅缝。各腕长略有差异,腕式一般为 4>3>2>1 或 4>1>2>3。腕吸盘 4 列,各腕吸盘大小相近,内角质环不具齿。雄性左侧第 4 腕茎化,基部 10~12 行吸盘正常(每行吸盘 4 个),中部 6 行吸盘退化,远端吸盘正常(图 6-75C);茎化部背侧 2 列吸盘较腹侧 2 列甚小,茎化部口面宽而膨大,具生沟的横脊和浅皱,背侧 2 列和腹侧 2 列吸盘向腕两侧分布,中间为空隙。内壳长椭圆形,长度约为宽度的 2.5 倍,前端钝圆,后端尖锐且收缩(图 6-75D)。背面乳白色,均匀凸起,质地

光滑,背部中肋明显,前端宽,侧肋不明显;腹部横纹面凹,中央凹沟深宽,延伸至整个内壳长,横纹面前端横纹略呈倒 V 字形的单峰型。内锥面分支延伸至横纹终止处,内锥面分支前端窄,后端宽并形成一长的突出壁架;外锥面石灰质,前端窄,后端宽。内壳前缘和侧缘角质。尾骨针短尖,无棱,向背部弯曲。

生活史及生物学:浅海性底栖种,栖息于沿岸至 110 m 水层,而 40 m 以上水层群体较为密集,尤其繁殖季节,当其向岸洄游时,多密集于浅水海域。喜高温、高盐,最大的群体聚集于高温高盐的亚丁湾,冬天的表温达 24~25℃,100 m 水层的温度也达 20~24℃,盐度超过 35。在中国香港海域,虎斑乌贼 3—5 月间产卵,此时水温 18~24℃,水深 5~20 m。在印度海域,产卵期几乎贯穿全年,东部沿岸产卵高峰期为 4—6 月和 9—12 月;而西部沿岸,产卵高峰期则为 3—4 月和 10—12 月。在红海,雌性 1 年性成熟,雄性 2 年性成熟,产卵高峰期为 8—10 月。雌性繁殖力随个体增大而增加。成体在繁殖季节中趋光性明显。

虎斑乌贼卵子较大,孵化前卵子长径 27~34 mm,短径 14~16 mm,卵膜近奶油色,半透明。卵子单个产出,但相连成束,扎附在柳珊瑚、马尾藻、空贝壳和海底其他物质上。

在印度东部沿岸,虎斑乌贼初孵幼体,6 个月后胴长可达 100 mm,12 个月可达 170 mm,16 个月可达 200 mm;而在西部沿岸,6 个月胴长可达 140 mm,12 个月可达 210 mm,18 个月可达 260 mm,两年可达 300 mm。东西部沿岸,虎斑乌贼的生命周期分别为 2 年和 3 年,而雄性寿命长于雌性。

虎斑乌贼以甲壳类和各种小型底栖鱼类为食,同类残食现象普遍;其自身主要为底栖鱼类的猎食对象。

地理分布:分布在印度洋—西太平洋海域,具体为红海、阿拉伯海向南至桑给巴尔岛(Zanzibar)和马达加斯加岛,安达曼海至中国南海、东海、台湾、日本、印度尼西亚东部、澳大利亚北部和西北部(图 6-76)。

大小:雌性最大胴长 430 mm,最大体重 5 kg;雄性最大胴长 330 mm。

渔业:重要的经济头足类,肉厚,肉质鲜美。在菲律宾、萨马岛和米沙鄢海(Visayan Sea)是

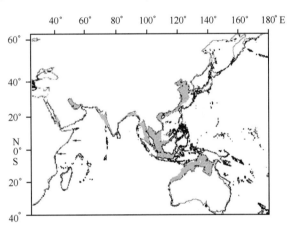

图 6-76　虎斑乌贼地理分布示意图

最为丰富的乌贼类资源之一。在伊朗海域,渔获高峰期为产卵季节,此时虎斑乌贼由深水游向近岸潜水水域。在阿曼海和波斯湾,为当地重要的乌贼类资源,阿曼海地区主要为拖网渔获,波斯湾地区主要为陷阱网渔获。在暹罗湾和安达曼海,是重要的商业性乌贼类渔业,资源量相当高。在澳大利亚外海,虎斑乌贼占拖网渔获的 90%。在台湾海域,为重要渔业种类。在中国香港海域,也是资源最为丰富的乌贼类之一,其商业价值颇高,年渔获量在 400 t,渔具通常采用枪刺、拖网和诱钓。在泰国南部海域,主要采用单拖、双拖网、三层刺网、钓渔具来捕获,而单拖和双拖适用于外海作业,推网和扳缯网适合近岸和沿岸作业。在印度西南部沿岸,陷阱网以及其他诱钓渔具也得到了应用,陷阱网渔获占据总渔获的 5%。虎斑乌贼人工养殖生长快,目前在泰国已有商业性养殖。

文献:Adam and Rees, 1966; Silas et al, 1982; Valinassab, 1983; Nair, 1986; Okutani et al, 1987; Gutsal, 1989; Chu et al, 1992; Kukharev et al, 1993; Khaliluddin, 1995; Chantawong and Suksawat, 1997; Chotiyaputta and Yamrungreung, 1998; Lu, 1998; Rocha et al, 1998; Gabr et al, 1999; Tomiyama and Hibiya, 1978; Okutani, 1980; Sanders, 1981; Roper et al, 1984; Jereb and Roper, 2005; 董正之, 1988, 1991。

显形乌贼 *Sepia plangon* Gray，1849

分类地位：头足纲,鞘亚纲,乌贼目,乌贼亚目,乌贼科,乌贼属。

学名：显形乌贼 *Sepia plangon* Gray，1849。

拉丁异名：*Solitosepia plangon adhaesa* Iredale，1926。

英文名：Striking cuttlefish；**法文名**：Seiche impressionnante；**西班牙文名**：Sepia impresionante。

分类特征：体宽盾形(图6-77A),淡红紫色、淡褐色或深褐色。繁殖季节雄性头部和外套背部具不规则的亮色横带。鳍灰白色,两鳍基部具浅绿色宽带。触腕穗吸盘发生面平,吸盘5行,掌部中间列几个吸盘十分扩大(图6-77B)。触腕穗边膜向近端延伸超过腕骨部;背腹两侧保护膜在触腕穗基部愈合,不与触腕柄愈合。背腹两侧保护膜等长,向近端腕骨部沿触腕柄延伸。背侧保护膜与触腕柄连接处形成深缝。腕性别二态性不明显,各腕长相近,腕保护膜窄,腕吸盘4列。雄性左侧第4腕茎化,近端5行吸盘正常,中部5行吸盘退化,远端吸盘正常,正常吸盘大小相等,退化吸盘仅较正常吸盘略小,茎化部口面正常不膨大。内壳椭圆形,前端尖锐且收缩,后端钝圆(图6-77C)。背面桃色,背面中部凸起,侧部平,背部生石灰质颗粒,中肋明显,两侧平行,侧肋不明显;腹部横纹面凹,中间凹沟深窄,延伸至整个内壳长,横纹面前端横纹倒V字形。内锥面分支窄,等宽,后端U字形;外锥面石灰质,前端窄,后端宽。内壳前缘和侧缘角质。尾骨针长尖,直,与内壳平行,具腹棱。

生活史及生物学：常栖息在海草丛中,栖息水深为潮间带至83 m水层。白天活动,捕食甲壳类和鱼类。经常可发现以腕支持身体,外套末端朝上休憩于海底。

地理分布：分布在西南太平洋澳大利亚东部,从卡奔塔利亚湾至悉尼沿岸水域(图6-78)。

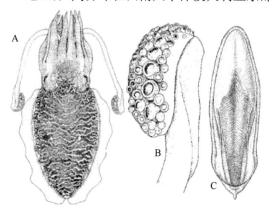

图6-77　显形乌贼形态特征示意图(据 Jereb and Roper，2005)
A. 背视；B. 触腕穗；C. 内壳腹视

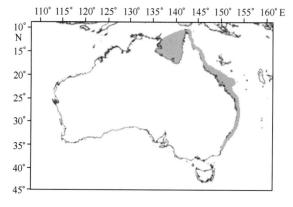

图6-78　显形乌贼地理分布示意图

大小：最大胴长135 mm。

渔业：虾拖网和其他拖网渔业的副渔获物。

文献：Adam and Rees, 1966；Lu, 1998；Lu and Ickeringill, 2002；Jereb and Roper, 2005。

小纹乌贼 *Sepia prabahari* Neethiselvan and Venkataramani，2002

分类地位：头足纲,鞘亚纲,乌贼目,乌贼亚目,乌贼科,乌贼属。

学名：小纹乌贼 *Sepia prabahari* Neethiselvan and Venkataramani，2002。

英文名：Small striped cuttlefish；**法文名**：Petite seiche rayée；**西班牙文名**：Sepia listada pequeña。

分类特征：体宽盾形（图 6-79A、B）。外套背部、头和腕深褐色，生 Z 字形条纹。鳍基部具灰白色纵带。触腕穗短，吸盘 6 列，吸盘大小相近。触腕穗边膜终止于腕骨部。背侧保护膜较腹侧保护膜宽，背腹两侧保护膜在触腕穗基部分离。雄性腕延长，强健；第 1 和第 4 腕延长，鞭状（成熟雄性更明显）。雌性各腕长相近，腕式为 4>1>3>2，腕吸盘 4 列。雄性左侧第 4 腕茎化，近端 8 行吸盘正常，中部 7 行吸盘特化，远端吸盘正常（图 6-79C）。茎化部背侧 2 列吸盘十分退化，腹侧 2 列吸盘正常大小；背侧 2 列和腹侧 2 列吸盘向腕两侧分布，两侧吸盘间具肉脊。内壳椭圆形，雌性内壳较雄性宽（图 6-79D、E）。内壳背面粗糙，中肋和侧肋不明显；腹部横纹面中沟深宽，延伸至整个内壳长，横纹面前端横纹倒 V 字形。内锥面分支前端窄，后端宽并隆起形成厚脊；外锥面前端窄，后端宽，与内锥面愈合。尾骨针向背部弯曲，无棱。

生活史及生物学：栖息水深可达 100 m。推测全年产卵。

地理分布：分布在印度沿岸、马纳尔湾（图 6-80）。

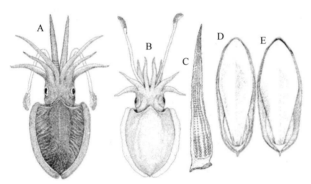

图 6-79　小纹乌贼形态特征示意图（据 Jereb and Roper，2005）

A. 雄性背视；B. 雌性背视；C. 茎化腕；D. 雄性内壳腹视；E. 雌性内壳腹视

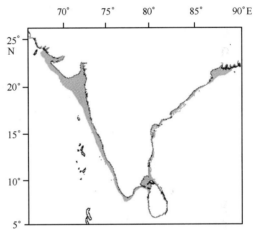

图 6-80　小纹乌贼地理分布示意图

大小：最大胴长 130 mm。

渔业：印度沿岸全年都有渔获。

文献：Neethiselvan and Venkataramani，2002；Jereb and Roper，2005。

盔形乌贼 *Sepia prashadi* Winckworth，1936

分类地位：头足纲，鞘亚纲，乌贼目，乌贼亚目，乌贼科，乌贼属。

学名：盔形乌贼 *Sepia prashadi* Winckworth，1936。

英文名：Hooded cuttlefish；**法文名**：Seiche capuchon；**西班牙文名**：Sepia caperuza。

分类特征：体盾形（图 6-81A）。鳍长较胴长短几毫米，鳍窄，两鳍末端分离。触腕穗短宽，吸盘发生面平，吸盘 3~5 列，掌部中间列 2~3 个吸盘十分扩大，周围几个吸盘中等扩大（图 6-81B）。触腕穗边膜宽而发达，延伸略超过腕骨部；背腹两侧保护膜发达，在触腕穗基部分离，且不向触腕柄延伸；背侧保护膜下方具一条深缝将吸盘发生面与触腕柄隔离。腕性别二态性不明显，各腕长相近，腕保护膜窄，腕吸盘 4 列。雄性各腕中间列吸盘较边缘列吸盘大。雄性左侧第 4 腕茎化，基部 4 行吸盘正常，中部 12~14 行吸盘退化，远端吸盘正常；茎化部口面宽而膨大，具横脊。茎化部腹侧 2 列微小吸盘排列紧密；背侧列吸盘略大，列间近端分离，向远端逐渐会聚。内壳椭圆形，前端三角形，且钝，后端钝圆（图 6-81C）。背部生石灰质颗粒，背部中肋明显，前端略宽，中肋两侧沟明显，侧肋明显;腹部横纹面凸起,一套光滑的窄带将横纹面与外锥面隔开,横纹面凹沟浅窄,延伸至整个内壳长,横纹面前端横纹浅 m 字形。内锥面分支前端窄,后端宽,隆起形成厚的壁架;外锥面侧部角质,后不膨大部分石灰质。内壳前缘和侧缘角质。尾骨针长尖,且直,指向背部,具背棱和腹棱。

生活史及生物学:浅水底栖种,分布水层沿岸至 200 m。在印度东北部沃尔代尔外海海域全年可见,渔获物主要胴长 50~110 mm,雌雄初次性成熟胴长分别为 72 mm 和 67 mm。

地理分布:分布在印度洋海域,从莫桑比克南部至亚丁湾、红海、阿拉伯海、阿曼湾、伊朗和阿拉伯半岛海湾、印度东西部海岸和斯里兰卡(图 6-82)。

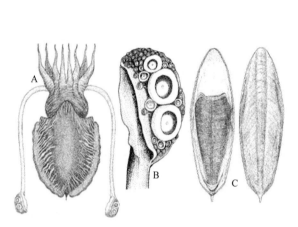

图 6-81　盔形乌贼形态特征示意图(据 Jereb and Roper, 2005)

A. 背视;B. 触腕穗;C. 内壳腹视和背视

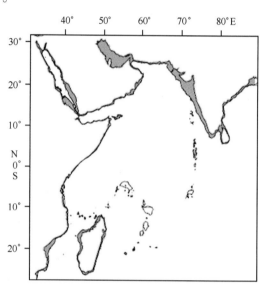

图 6-82　盔形乌贼地理分布示意图

大小:最大胴长 140 mm。

渔业:在印度东部沿岸和红海为拖网作业。在印度东北部沃尔代尔外海,1—6 月资源最为丰富,10—12 月资源较为丰富。在印度马德拉斯外海,上升流区域具一定量的资源,通常为深水有鳍鱼类的副渔获物,例如大眼鲷 *Priacanthus* spp. 和印度无齿鲳 *Ariomma indica*。无专门的渔获量统计。

文献:Okutani, 1980; Silas et al, 1982, 1986; Adam and Rees, 1966; Okutani et al, 1987; Sreenivasan and Sarvesan, 1990; Emam, 1994; Filippova et al, 1995; Khaliluddin, 1995; Nateewathana, 1999; Roper et al, 1984; Jereb and Roper, 2005。

巨纹乌贼 *Sepia ramani* Neethiselvan, 2001

分类地位:头足纲,鞘亚纲,乌贼目,乌贼亚目,乌贼科,乌贼属。

学名:巨纹乌贼 *Sepia ramani* Neethiselvan, 2001。

英文名:Large striped cuttlefish;**法文名**:Grande seiche rayée;**西班牙文名**:Sepia listada grande。

分类特征:体盾形。外套背部、头部和腕部深褐色,生横向斑纹(雄性较雌性明显)(图 6-83A、B)。鳍基部具灰白色纵线。口垂片具口吸盘。触腕穗长,掌部 15~24 个吸盘扩大,扩大吸盘尺寸相当(图 6-83C)。触腕穗边膜窄,终止于腕骨部。背腹两侧保护膜略微延伸超出腕骨部,在触腕穗基部分离。腕性别二态性不明显,各腕长相近,两性腕式为 4>3>2>1,腕吸盘 4 列。雄性左侧第 4 腕茎化,近端 14~16 行吸盘正常,中部 7~10 行吸盘特化,远端吸盘正常(图 6-83D)。茎化部背侧 2 列吸盘微小,腹侧 2 列吸盘正常;背侧 2 列和腹侧 2 列吸盘向腕两侧分布,之间具肉脊。内壳细,椭圆形(图6-83E、F)。背部多皱,背部中肋和侧肋不明显;腹部横纹面凹沟深宽,延长至整个内壳长,横纹面前端横纹倒 V 字形。内锥面短,分支前端窄,后端宽,具明显的膨大部分;外锥面前端窄后端宽。尾骨针粗短,无棱。

生活史及生物学:栖息水深可达 100 m。产卵季节 9—12 月。

地理分布:分布在印度南部沿岸,马纳尔湾(图6-84)。

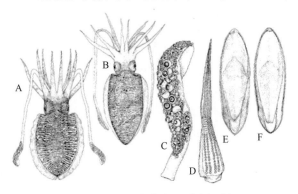

图6-83　巨纹乌贼形态特征示意图(据 Jereb and Roper, 2005)

A. 雄性背视;B. 雌性背视;C. 触腕穗;D. 茎化腕;E. 雄性内壳腹视;F. 雌性内壳腹视

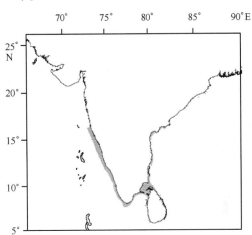

图6-84　巨纹乌贼地理分布示意图

大小:最大胴长 375 mm。

渔业:在印度东南部沿岸,全年都是商业性渔业的组成部分。

文献:Neethiselvan, 2001; Jereb and Roper, 2005。

曲针乌贼 *Sepia recurvirostra* Steenstrup, 1875

分类地位:头足纲,鞘亚纲,乌贼目,乌贼亚目,乌贼科,乌贼属。

学名:曲针乌贼 *Sepia recurvirostra* Steenstrup, 1875。

拉丁异名:*Sepia singaporensis* Pfeffer, 1884。

英文名:Curvespine cuttlefish;**法文名**:Seiche hameçon;**西班牙文名**:Sepia ganchuda。

分类特征:体宽盾形,背部前端突起尖锐,向前延伸至眼球后缘水平(图6-85A),腹部前端向后微凹。外套背部灰色,具乳白色或蓝色横纹。鳍基部具白色蓝色纵带。口垂片无小吸盘。触腕大,触腕穗小,不膨大,吸盘发生面平,吸盘 5～6 列,中间 5 或 6 个吸盘十分扩大(图6-85B)。触腕穗边膜略向触腕柄延伸(边膜略长于触腕穗长);背腹两侧保护膜在近端基部分离,背侧保护膜略微延伸至触腕穗柄部;背侧保护膜基部与触腕柄连接处具一条深的裂缝,几乎将吸盘发生面和触腕柄分离。腕性别二态性不显著,第 1～3 腕

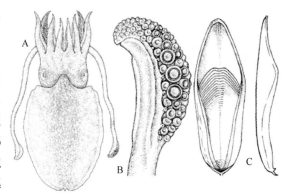

图6-85　曲针乌贼形态特征示意图(据 Roper et al, 1984;Jereb and Roper, 2005)

A. 背视;B. 触腕穗;C. 内壳腹视和侧视

近端吸盘 4 列,远端吸盘 4 列;第 4 腕吸盘 4 列。雄性左侧第 4 腕茎化,基部 4～5 行吸盘正常,之后 1/3 部分茎化,远端吸盘正常;茎化部吸盘尤其背列吸盘尺寸甚小,其余部分吸盘正常。内壳椭圆

形,前端尖锐,V 字形,后端圆形(图 6-85C)。背面后端颗粒粗,具 1 中肋和两侧肋;腹部横纹面中央凹沟浅窄,延伸至整个内壳长,横纹面前端横纹倒 U 字的单峰型,峰顶较平。内锥面分支窄,等宽,后端 U 字形,并增厚形成中等高度的角质壁架;外锥面石灰质,前端窄,后端宽。内锥面后端形成中等高度的长突出架,有硬化物和外锥面连接。尾骨针无棱,向腹部弯曲。

生活史及生物学:大陆架底栖种,栖息水深 10~140 m。在暹罗湾,产卵季节贯穿全年,高峰期为 12—2 月和 7—9 月,雌雄比例为 3:1,渔获胴长多为 40~130 mm。

地理分布:分布在西太平洋海域,具体为中国黄海、东海、南海、台湾周边海域,菲律宾、西里伯斯海、爪哇海、暹罗湾、新加坡;印度洋海域,具体为安达曼海、缅甸和孟加拉(图 6-86)。

大小:最大胴长 170 mm,体重 0.4 kg。

渔业:台湾海域常见的渔业种类。在香港为商业性渔业,拖网作业。暹罗湾、中国东海、南海和日本为商业性渔业。在泰国,主要渔具有双拖、灯诱、陷阱网等,而单拖和双拖适用于外海作业,推网和扳缯网适合近岸和沿岸作业。无专门的渔获量统计。

文献: Adam and Rees, 1966; Tomiyama and Hibiya, 1978; Okutani, 1980; Chatawong and Suksawat, 1997; Roper et al, 1984; Jereb and Roper, 2005。

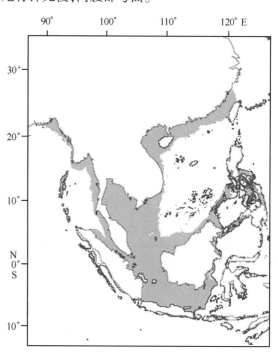

图 6-86 曲针乌贼地理分布示意图

帝王乌贼 *Sepia rex* Iredale, 1926

分类地位:头足纲,鞘亚纲,乌贼目,乌贼亚目,乌贼科,乌贼属。

学名:帝王乌贼 *Sepia rex* Iredale, 1926。

拉丁异名:*Decorisepia rex* Iredale, 1926; *Decorisepia cottlesloensis* Cotton, 1929; *Decorisepia jaenschi* Cotton, 1931。

英文名: King cuttlefish。

分类特征:触腕穗吸盘 10~12 列,大小相近。触腕穗边膜向近端延伸超出腕骨部;背腹两侧保护膜在触腕穗基部分离,但在触腕穗基部与触腕柄相连,并终止于吸盘发生面;背侧保护膜与触腕柄相连处形成深缝。两性腕吸盘均 4 列。雄性左侧第 4 腕茎化,近端6~8 行吸盘正常,随后 9~10 行吸盘退化,剩余部分至顶端吸盘正常,每横行吸盘大小相等;茎化部背侧 2 列和腹侧 2 列吸盘向腕两侧分布,两侧吸盘间具空隙;茎化腕口面宽,具横沟和浅皱。内壳椭圆形,前端窄,呈菱形,内壳中部最宽(图 6-87)。背部粉红色,中肋明显;腹部横纹面中央凹沟浅窄,延伸至整个内壳长,横纹面前端横纹倒 U 字的单峰型。内锥面分支等宽,后端增厚形成圆脊;外锥面前端窄,后端宽。尾骨针无棱。

生活史及生物学:栖息水深 55~400 m。

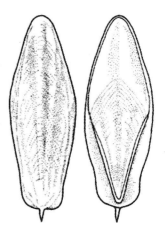

图 6-87 帝王乌贼内壳背视和腹视(据 Dunning et al, 1998)

地理分布:澳大利亚南部。

大小:最大胴长 120 mm。

渔业:为虾拖网和其他拖网渔业的副渔获物。

文献:Dunning et al, 1998。

瑰锥乌贼 *Sepia rozella* **Iredale**, **1926**

分类地位:头足纲,鞘亚纲,乌贼目,乌贼亚目,乌贼科,乌贼属。

学名:瑰锥乌贼 *Sepia rozella* Iredale, 1926。

英文名:Rosecone cuttlefish;**法文名**:Seiche au cône rosé;**西班牙文名**:Sepia de cono rosado。

分类特征:体盾形,背部前端凸起尖锐。头细长,头宽小于胴宽。体淡紫褐色,背部脊淡红紫色,头部眼周色素体聚集,腕无标记,鳍灰白色。外套背部布满大量小乳突;腹部沿近两鳍基部处各具 6 个窄的纵脊,其中最前端 1 对和最后端 2 对较其余脊短;头部背面和侧面具乳突。口垂片无口吸盘。鳍宽,后端圆,两鳍末端间隙窄。触腕穗短卵形,吸盘发生面平,吸盘 4~5 列,掌部中间列 4~5 个吸盘扩大(图 6-88A)。触腕穗边膜向近端延伸超过腕骨部;背腹两侧保护膜在触腕穗基部愈合,两侧保护膜等长,背侧保护膜与触腕柄连接处形成深缝。腕性别二态性不明显,各腕长相近。腕吸盘 4 列,雌性第 1 腕保护膜发达,包裹吸盘。腕顶端削弱。雄性非茎化腕吸盘正常大小。雄性无明显茎化腕,仅左侧第 4 腕近端 40%略微增厚,宽度较右侧第 4 腕相同部位略宽且具浅皱。内壳椭圆形,前后端均钝圆(图 6-88B),向腹部弯曲。背乳白色,均匀凸起,表面全为石灰质,生小颗粒,后侧部生网状刻纹,背部中肋和侧肋不明显;腹部横纹面凹,中间凹沟深宽,V 字形,横纹面前端横纹倒 V 字形。内锥面前端窄,后端宽,玫瑰色,内锥面外缘隆起形成圆形壁架;外锥面石灰质,前端窄,后端宽,后端分支向腹部弯曲。内壳侧缘角质。尾骨针长尖,且直,指向背部,具腹棱。

生活史及生物学:栖息水深 5~183 m。卵球形。

地理分布:分布在西南太平洋澳大利亚东北部,从昆士兰南部(27°42′S、153°35′E)至新南威尔士(36°41′S、150°02′E)(图 6-89)。

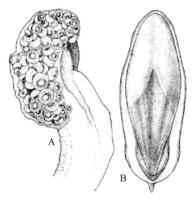

图 6-88　瑰锥乌贼形态特征示意图(据 Jereb and Roper, 2005)

A. 触腕穗;B. 内壳腹视

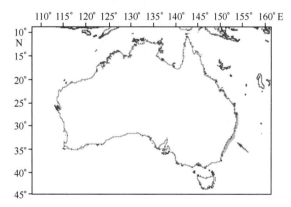

图 6-89　瑰锥乌贼地理分布示意图

大小:最大胴长 140 mm。

渔业:虾拖网及其他拖网渔业的副渔获物。

文献:Lu, 1998;Lu and Ickeringill, 2002;Jereb and Roper, 2005。

宽背乌贼 *Sepia savignyi* Blainville，1827

分类地位：头足纲,鞘亚纲,乌贼目,乌贼亚目,乌贼科,乌贼属。

学名：宽背乌贼 *Sepia savignyi* Blainville，1827。

英文名：Broadback cuttlefish;**法文名**：Seiche gros dos;**西班牙文名**：Sepia robusta。

分类特征：体宽盾形(图6-90A),淡褐色,背部前端突起钝圆,腹部前端向后微凹。口垂片具少量口吸盘。鳍宽。触腕纤长,触腕穗窄,细直,吸盘发生面凸起,吸盘8斜列,腹侧2~3列吸盘略扩大(图6-90B)。触腕穗边膜窄,近端基部终止于腕骨部(长度等于触腕穗长);保护膜窄,背腹两侧保护膜在触腕穗基部分离,并向近端沿触腕柄延长。腕性别二态性不明显,各腕长相近,腕吸盘4列。内壳卵形,前端尖锐,略收缩,后端钝圆(图6-90C)。腹部前端横纹面平或后端略凹,凹沟前端两侧略凸,一光滑的宽带将横纹面与外锥面分开,凹沟浅宽,延伸至整个横纹面长,横纹面前端横纹倒U字形。内锥面分支向前伸至横纹面长的2/3,分支前端窄后端宽,内锥面外缘略隆起形成圆脊;外锥面石灰质,前端窄后端宽。内壳前缘和侧缘角质。尾骨针短尖。

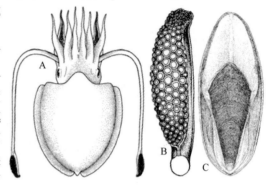

图6-90　宽背乌贼形态特征示意图(据 Roper et al, 1984;Jereb and Roper, 2005)
A. 背视;B. 触腕穗;C. 内壳腹视

生活史及生物学：浅海性底栖种,栖息水深20~70 m。

地理分布：分布在西印度洋红海、亚丁湾、阿拉伯海、波斯湾和马勒哈萨亚沿岸(Saya-de-Malha Bank)。在索科特拉岛以南没有记录(图6-91)。

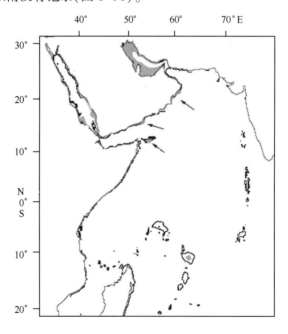

图6-91　宽背乌贼地理分布示意图

大小：最大胴长190 mm。

渔业：无专门的渔业,通常与其他种类一起渔获。

文献:Adam and Rees 1966; Filippova et al 1995; Roper et al, 1984; Jereb and Roper, 2005。

史氏乌贼 *Sepia smithi* Hoyle, 1885

分类地位:头足纲,鞘亚纲,乌贼目,乌贼亚目,乌贼科,乌贼属。

学名:史氏乌贼 *Sepia smithi* Hoyle, 1885。

拉丁异名:*Acanthosepion pageorum* Iredale, 1954。

英文名:Smith's cuttlefish;**法文名**:Seiche de Smith;**西班牙文名**:Sepia de Smith。

分类特征:体宽盾形。头细长,头宽窄于胴宽。体桃褐色、浅褐色或灰褐色,其间分散着白斑。外套背部具桃色和微紫色斑点。两眼上方具 1 对眼斑。第 1~3 腕反口面具橙红色纵带。腕及触腕穗吸盘口缘灰褐色或黄褐色。外套背部生大量小乳突,头部背面和侧面具乳突,沿两鳍近基部处各具 7~8 个橙红色延长的脊。口垂片无口吸盘。鳍宽,鳍前缘几乎达至外套前缘,鳍末端圆,两鳍末端间隙窄。触腕穗细直或略弯,吸盘发生面凸,吸盘 13~22 列,吸盘小,大小相近(图 6-92A)。触腕穗边膜终止于腕骨部近端。背腹两侧保护膜在触腕穗基部分离,但与触腕柄愈合,两侧保护膜等长,终止于腕骨部后端,背侧保护膜与触腕柄连接处形成浅缝。腕性别二态性不明显,各腕长相近,腕吸盘 4 列。雄性第 4 对腕茎化。左侧第 4 腕,近端 8 行吸盘正常,随后中部 5~8 行吸盘十分退化,远端吸盘正常;茎化腕腹侧 2 列吸盘较背侧 2 列小;茎化部口面正常,不膨大。右侧第

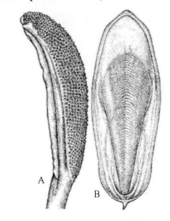

图 6-92 史氏乌贼形态特征示意图(据 Jereb and Roper, 2005)
A. 触腕穗;B. 内壳腹视

4 腕,近端 6~8 行吸盘正常,随后中部 5 行吸盘退化,远端吸盘正常;茎化部背侧 2 列吸盘较腹侧 2 列小,背侧 2 列吸盘排列呈单列;茎化部口面膨大,肉质海面状结构具明显的凹陷。雄性第 4 对腕腹侧 2 列吸盘向腕缘分布,列间距大(在右侧第 4 腕中尤为明显)。内壳椭圆形,前端三角形,顶端钝,后端钝圆(图 6-92B)。背部乳白色或淡黄色,均匀凸起,整个表面石灰质,小颗粒沿生长线分布,形成倒 V 字形脊,背部中肋和侧肋不明显,中肋前端略宽,两侧沟不明显;腹部横纹面凹,中间凹沟浅宽,仅延伸至整个横纹面长,横纹面前端横纹倒 U 字形。内锥面分支宽,前端带状,后端 U 字形,内锥面外缘隆起形成圆形壁架。内壳边缘角质。尾骨针短尖,直,指向背部,无棱。

生活史及生物学:栖息水深 33~138 m。在卡奔塔利亚湾渔获水层 7~55 m,渔获水域底质为砂质和泥质。白天活动,夜间憩于海底或藏于沙土中。

地理分布:分布在澳大利亚北部,从澳大利亚西部鲨鱼湾(25°25′S、113°35′E)沿北部沿岸,然后向南至昆士兰州 Moreton 湾(27°25′S、153°20′E),帝汶岛、阿拉弗拉海和珊瑚海(图 6-93)。

大小:雄性最大胴长 140 mm,雌性最大胴长 150 mm。

渔业:虾拖网或其他拖网渔业的副渔获物。

文献:Lu, 1998; Jereb and Roper, 2005。

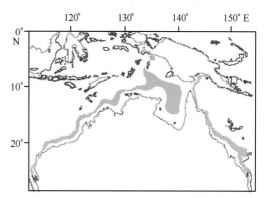

图 6-93 史氏乌贼地理分布示意图

满星乌贼 *Sepia stellifera* Homenko and Khromov, 1984

分类地位:头足纲,鞘亚纲,乌贼目,乌贼亚目,乌贼科,乌贼属。

学名:满星乌贼 *Sepia stellifera* Homenko and Khromov, 1984。

英文名:Starry cuttlefish;**法文名**:Seiche étoilée;**西班牙文名**:Sepia estrellada。

分类特征:外套背部具大量粉褐色亮斑,亮斑外围由蓝绿色环所包围,整体看去像夜空中的繁星(图 6-94A)。触腕穗吸盘 10 列,吸盘大小相近(图 6-94B)。触腕穗背腹两侧保护膜在触腕穗基部分离。雄性左侧第 4 腕茎化,近端吸盘正常,中部吸盘退化,远端吸盘正常(图 6-94C)。茎化腕腹侧 2 列吸盘向腕缘分布,之间具空隙;茎化腕口面具横脊。内壳卵形,前端棱角明显,倒 V 字形(图 6-94D)。背部中肋十分明显,同时具侧肋;腹部横纹面中间凹沟深宽,仅延伸至整个横纹面长。内锥面分支向前延伸至横纹面终止处;具外锥面。尾骨针长尖,具背棱和腹棱。

生活史及生物学:栖息水层至 200 m。

地理分布:分布在印度洋阿拉伯海和印度西部沿岸至科摩罗角,孟加拉湾、安达曼海、暹罗湾。可能在马勒哈萨亚沿岸也有分布(图 6-95)。

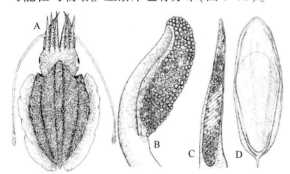

图 6-94　满星乌贼形态特征示意图(据 Jereb and Roper, 2005)

A. 背视;B. 触腕穗;C. 茎化;D. 内壳腹视

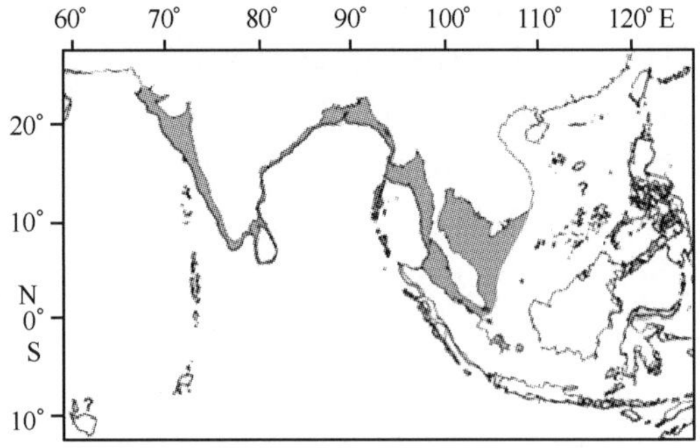

图 6-95　满星乌贼地理分布示意图

大小:最大胴长 120 mm。

渔业:在印度为商业性乌贼渔业。

文献:Homenko and Khromov, 1984; Jereb and Roper, 2005。

沟乌贼 *Sepia sulcata* Hoyle, 1885

分类地位:头足纲,鞘亚纲,乌贼目,乌贼亚目,乌贼科,乌贼属。

学名:沟乌贼 *Sepia sulcata* Hoyle, 1885。

英文名:Grooved cuttlefish;**法文名**:Seiche striée;**西班牙文名**:Sepia estriada。

分类特征:外套背部沿近两鳍基部处各具 10 个短的橙红色纵脊,腹部沿近两鳍基部处各具 6 个纵脊。触腕穗吸盘 5~7 斜列,吸盘大小相近(图 6-96A),背腹两侧保护膜在触腕穗基部分离。第 1 腕顶端十分削弱。雄性第 1~3 腕近端吸盘 2 列(第 1 腕近端 8~11 行 2 列,第 2 和第 3 腕近端 6~8 行 2 列),远端 4 列;第 4 腕基部吸盘 4 列(近端 2 行 2 列),远端 4 列。雌性第 1~3 腕基部 6~7 行吸盘 2 列,远端 4 列;第 4 腕近端 2~3 行吸盘 2 列,远端 4 列。雄性左侧第 4 腕茎化,近端14行吸盘十分退化;背侧2列吸盘较腹侧2列小,两侧吸盘向腕缘分布,中间具空隙。茎化腕保护膜膨大,口面具纵皱。内壳椭圆形,前后端尖锐且十分收缩(图6-96B)。背部附一软骨质层,中肋和侧肋明显;腹部横纹面凹沟浅窄。内锥面分支窄,后端隆起形成壁架。

生活史及生物学:栖息在底质为淤泥或岩石的水域,栖息水深150~404 m。可能在浅水产卵。

地理分布:分布在印度尼西亚、阿拉弗拉海和小康启(Kai)群岛外海至西北澳大利亚(图6-97)。

大小:雄性最大胴长68 mm,雌性最大胴长97 mm。

渔业:无专门的渔业,一般与多种鱼类同时渔获。

文献: Jereb and Roper, 2005。

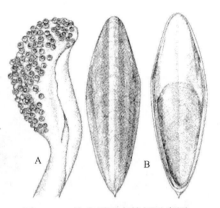

图6-96　沟乌贼形态特征示意图

A. 触腕穗;B. 内壳背视和腹视(据 Jereb and Roper, 2005)

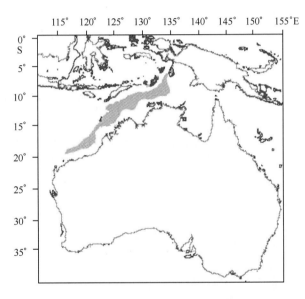

图6-97　沟乌贼地理分布示意图

细腕乌贼 *Sepia tenuipes* Sasaki, 1929

分类地位:头足纲,鞘亚纲,乌贼目,乌贼亚目,乌贼科,乌贼属。

学名:细腕乌贼 *Sepia tenuipes* Sasaki, 1929。

分类特征:体长盾形,背部前端尖锐,前伸至眼球中线水平(图6-98A、B),腹部前端向后微凹。背部红褐色,腹部灰褐色。口垂片无小吸盘。触腕穗不扩大,吸盘8列,吸盘大小相近(图6-98C)。边膜发达,向近端延伸超过腕骨部;保护膜窄,在触腕穗基部分离。第2和第3腕末端十分削弱,吸盘2列。腕性别二态性显著,雄性第1对腕细长,呈鞭状,长度约为胴长的1.3倍,近端吸盘4列,远端2列。雄性左侧第4腕茎化,腕远端1/2吸盘极小。内壳细长,前后端均尖锐。背面颗粒细,排列不规则,中肋极明显,两侧角质边缘宽面隆起;腹部横纹面前端横纹为浅m字形,横纹面中间凹沟浅。内锥窄而微隆起,后端形成V字形;外锥向后端两侧突出呈翼状。尾骨针无棱。

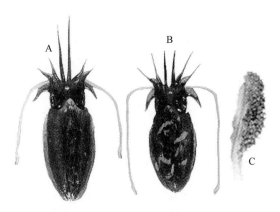

图6-98　细腕乌贼形态特征示意图
A. 雄性背视；B. 雌性背视；C. 触腕穗

生活史及生物学：栖息水深100~250 m。

地理分布：分布在日本西南部、本州岛东部,日本海西部至九州岛南部、朝鲜和中国东海,台湾东北部海域。

大小：最大胴长110 mm。

渔业：常见种类。

文献：Okutani et al, 1987；Kubodera and Uamada, 1998。

三叉乌贼 *Sepia trygonina* Rochebrune, 1884

分类地位：头足纲,鞘亚纲,乌贼目,乌贼亚目,乌贼科,乌贼属。

学名：三叉乌贼 *Sepia trygonina* Rochebrune, 1884。

拉丁异名：*Dorasepion trygoninum* Rochebrune, 1884。

英文名：Trident cuttlefish；**法文名**：Seiche trident；**西班牙文名**：Sepia tridente。

分类特征：体长窄,后部渐窄(图6-99A)。体淡紫褐色。雄性鳍基部具深紫色条带,条带附近具一系列卵形或圆形乳白色斑块。鳍窄。触腕穗短,卵形,吸盘5斜列,掌部第3列4~5个吸盘十分扩大(图6-99B)。触腕穗边膜发达,向近端延伸略超出腕骨部；背侧保护膜宽,在触腕穗基部与腹侧保护膜分离。雄性和雌性各腕长不等,雄性第1腕最短,雌性各腕长相近。雄性腕吸盘4列；雌性第1和第4腕吸盘4列,第2和第3腕近端吸盘4列,远端1/3吸盘2列,吸盘向腕缘分布,中间为空隙。雄性左侧第4腕茎化,近端1/3的6行吸盘正常,随后茎化的中部无吸盘,远端吸盘正常。茎化部口面凸,保护膜生横沟,腹侧保护膜宽于背侧。内壳披针形(图6-99C),向腹部甚弯,背面桃色,中部石灰质,后端增厚。背部生不规则排列的石灰质颗粒,背部中肋不明显；腹部横纹

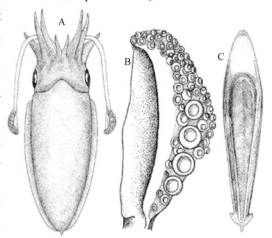

图6-99　三叉乌贼形态特征示意图(据 Jereb and Roper, 2005)
A. 背视；B. 触腕穗；C. 内壳

面中间凹沟浅宽,延伸至整个内壳长,横纹面前端横纹倒 U 字形。内锥面分支窄,等宽,后端 U 字形,略隆起形成圆脊；外锥面后端突起形成短翼,并向腹部弯曲形成杯状结构。内壳侧缘角质边缘

宽。尾骨针向背部弯曲,无棱。

生活史及生物学:底栖种,栖息水深 20~415 m。

地理分布:分布在印度洋马勒哈萨亚沿岸,15°35′N~11°30′S,马斯克林群岛和桑给巴尔岛至红海,波斯湾和印度南部(图6-100)。

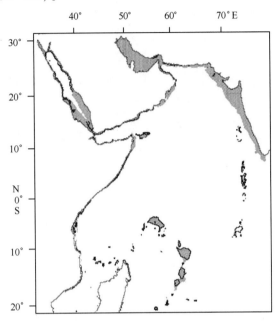

图6-100 三叉乌贼地理分布示意图

大小:最大胴长 140 mm。

渔业:为亚丁湾拖网资源调查发现的种,目前尚未开发。

文献: Adam and Rees, 1966;Filippova and Khromov, 1991;Filippova et al, 1995;Roper et al, 1984;Jereb and Roper, 2005。

蠕状乌贼 *Sepia vermiculata* Quoy and Gaimard, 1832

分类地位:头足纲,鞘亚纲,乌贼目,乌贼亚目,乌贼科,乌贼属。

学名:蠕状乌贼 *Sepia vermiculata* Quoy and Gaimard, 1832。

英文名: Common vermiculate cuttlefish,Patchwork cuttlefish;**法文名:**Seiche réticulée;**西班牙文名:**Sepia reticulada。

分类特征:体宽盾形,背部前端略突起(图6-101A)。头短宽。鳍宽圆,后端广泛分离。触腕穗长约为胴长的1/3,吸盘3~4列,指部吸盘小,掌部中间列吸盘扩大(图6-101B),直径为边缘列吸盘的1.5~3倍,大吸盘内角质环光滑。触腕穗边膜长略小于触腕穗长。各腕由浅的腕间膜相连,第4腕较第1腕长。各腕顶端略削弱,保护膜发达,腕吸盘4列,吸盘内角质环具齿,远端齿长于近端齿。雄性左侧第4腕茎化,近端约6行吸盘正常,随后中部8~13行吸盘特化,特化吸盘甚小,吸盘间具横脊,远端吸盘正常(图6-101C)。内壳宽卵形,前后端均略收缩(图6-101D)。背部生颗粒,角质边缘宽;腹部横纹面长约为内壳长的1/2,横纹面中间凹沟浅。尾骨针表层角质。

生活史及生物学:大陆架底栖种,栖息在砂质或泥质海底,栖息水深0~100 m,最深可达290 m,在30~100 m群体较密集。在南非海域蠕状乌贼是唯一可以进入礁湖和河口区生活的乌贼类。以软体动物、蟹类、虾类、其他乌贼类、小鱼为食，其本身是鲨鱼、鲷类及其他底层鱼类的猎食对象。生命周期约 2 年。

地理分布:分布在西南印度洋南非(30°42′S、15°59′E)至莫桑比克中部(19°S)，马勒哈萨亚沿岸和马斯克林群岛(图 6-102)。

大小:最大胴长 287 mm。

渔业:潜在经济种，无专门的渔获统计。

文献: Adam and Rees, 1966; Roeleveld, 1972; Sanchez, 1998; Filippova and Khromov, 1991; Filippova et al, 1995; Bianchi et al, 1999; Jereb and Roper, 2005。

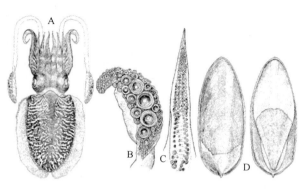

图 6-101　蠕状乌贼形态特征示意图(据 Bianchi et al, 1999;Jereb and Roper, 2005)
A. 背视;B. 触腕穗;C. 茎化腕;D. 内壳背视和腹视

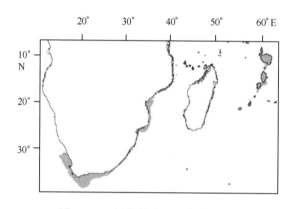

图 6-102　蠕状乌贼地理分布示意图

越南乌贼 *Sepia vietnamica* Khromov, 1987

分类地位:头足纲,鞘亚纲,乌贼目,乌贼亚目,乌贼科,乌贼属。

学名:越南乌贼 *Sepia vietnamica* Khromov, 1987。

英文名: Viet Nam cuttlefish;**法文名:**Seiche du Viet Nam;**西班牙文名:**Sepia de Viet Nam。

分类特征:体宽盾形,背部前端尖锐,前伸至眼球中线水平(图 6-103A),腹部前端向后微凹。体深褐色。头部近背部前缘和眼上方具 2 个新月形橙色小斑。第 1~3 腕反口面具类似外套上的斑点。雄性鳍上具 1 列葡萄酒红色大斑。外套背部沿近两鳍基部各具 1 列脊状乳突,每列乳突约6 个。第 1~3 腕反口面具乳突。口垂片无小吸盘。鳍宽,鳍前缘几乎达至外套前缘,鳍后缘圆。触腕穗小,新月形,吸盘发生面平,吸盘 5~6 列,掌部腹侧第 2 列 4~5 个吸盘略微扩大,吸盘向边缘列逐渐减小(图 6-103B)。边膜发达,向近端延伸略超过腕骨部;背腹两侧保护膜窄,在触腕穗基部分离。腕性别二态性不显著,雌雄各腕长相近,第 4 腕略长于其他腕。腕近端吸盘 4 列,顶端 2 列,中间列吸盘较腹列吸盘大。雄性左侧第 4 腕茎化,腕近端 1/2(8~11 行)吸盘正常,之后 2~3 行吸盘退化,中部吸盘正常,再之后远端 1/3 吸盘退化。茎化腕背侧 2 列吸盘较腹侧 2 列吸盘小;背列吸盘被保护膜部分覆盖;退化吸盘较正常吸盘甚小;中部具褶皱;背侧 2 列和腹侧 2 列吸盘向腕缘分布,之间为空隙。内壳披针形,细长,前端 1/3 宽,前端钝圆,后端尖锐且收缩(图 6-103C)。背面乳白色,均匀凸起,颗粒细,延生长线排列,背部中肋不明显,无侧肋;腹部横纹面凹,中间凹沟深窄,延伸至整个内壳长,横纹面前端横纹 M 或 m 字形。内壳内锥面分支甚短,等宽,后端增厚,窄 V 字形,微隆起形成圆脊;外锥面窄,后端分支膨大形成短翼,短翼向腹部弯曲,形成杯状结构。内壳两侧角质边缘窄。尾骨针长尖、直,无棱。

生活史及生物学:栖息水层 23~104 m。

地理分布:分布在中国南海西北部、越南和台湾,分布南限和北限未知(图 6-104)。

大小:最大胴长 70 mm。

渔业:在其分布范围内有所渔获,但无专门的渔获统计。

文献: Lu, 1998; Jereb and Roper, 2005。

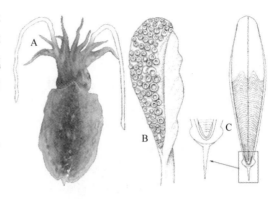

图 6-103　越南乌贼形态特征示意图(据 Jereb and Roper, 2005)
A. 背视;B. 触腕穗;C. 内壳腹视

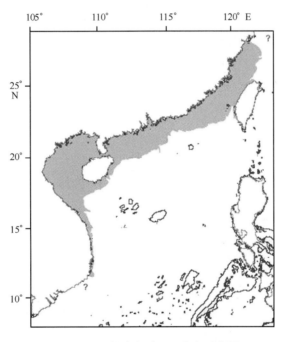

图 6-104　越南乌贼地理分布示意图

沃氏乌贼 *Sepia vossi* Khromov, 1996

分类地位:头足纲,鞘亚纲,乌贼目,乌贼亚目,乌贼科,乌贼属。

学名:沃氏乌贼 *Sepia vossi* Khromov, 1996。

英文名: Voss's cuttlefish;**法文名:**Seiche de Voss;**西班牙文名:**Sepia de Voss。

分类特征:体盾形,背部前端尖锐,前伸至眼球中线水平(图 6-105A),腹部前端向后微凹。外套背部浅褐色,具深褐色横纹。口垂片无小吸盘。触腕穗短宽,吸盘 3~5 列,掌部中间背侧第 3 列 3~5 个吸盘十分扩大(图 6-105B)。边膜窄,略向近端延伸超过腕骨部;保护膜窄,在触腕穗基部分离。腕性别二态性不显著,腕短,各腕长相近,吸盘 4 列。雄性左侧第 4 腕茎化,近端 3 行吸盘正常,随后吸盘十分退化,远端吸盘正常。茎化腕背侧 2 列和腹侧 2 列吸盘向腕缘分布,两侧列间为空隙,茎化部口面宽,具生沟的横脊(图6-105C)。内壳长椭圆形,粉色,前后端均钝尖。背面颗粒细,中肋和侧肋不明显;腹部横纹面中间凹沟浅窄,延伸至整个内壳长,横纹面前端横纹倒U字形。内锥面分支窄,等宽,后端形成倒V字形壁架;外锥面弯曲,杯状。尾骨针具背棱和腹棱。

大小:最大胴长100 mm。

地理分布:分布在香港至越南南部,巴基斯坦、印度和台湾周围海域(图6-106)。

渔业:台湾海域重要的渔业种类。

文献:Khromov,1996;Jereb and Roper,2005。

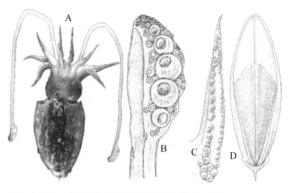

图6-105 沃氏乌贼形态特征示意图(据 Jereb and Roper,2005)

A. 背视;B. 触腕穗;C. 茎化腕;D. 内壳腹视

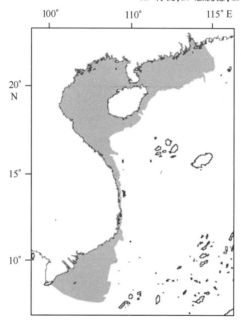

图6-106 沃氏乌贼地理分布示意图

惠氏乌贼 *Sepia whitleyana* Iredale,1926

分类地位:头足纲,鞘亚纲,乌贼目,乌贼亚目,乌贼科,乌贼属。

学名:惠氏乌贼 *Sepia whitleyana* Iredale,1926。

英文名:Whitley's cuttlefish;**法文名**:Seiche deWhitley;**西班牙文名**:Sepia deWhitley。

分类特征:体宽盾形。头部具分散的色素体。第1~3腕反口面具纵带和灰色色素。腕及触腕穗吸盘边缘灰褐色或淡黄褐色。雄性外套背部具桃色斑点和白色窄带。两眼背侧具1对眼斑。鳍基部无标记或两侧各具约6个短的横纹。外套背部沿近两鳍基部附近各具9个脊状乳突。口垂片无小吸盘。鳍后缘圆,两鳍间间隙窄。触腕穗长,吸盘发生面平,小吸盘12~21行。触腕穗边膜终止于近端腕骨部。背腹两侧保护膜在触腕穗基部分离,但与触腕柄愈合。两侧保护膜等长,终止于腕骨部;背侧保护膜与触腕柄相连处形成浅缝。腕性别二态性不明显,各腕长相近,腕吸盘4列。雄性第4对腕茎化。左侧第4腕近端6~8行吸盘正常,随后中部5~6行吸盘退化,远端吸盘正常;茎化部背侧2列吸盘较腹侧2列小;茎化部口面宽,略膨大。右侧第4腕近端5~7行吸盘正常,随后中部5~6行吸盘退化,远端吸盘正常;茎化部口面宽,膨大呈海面状,并生明显的褶皱;背侧2列和腹侧2列吸盘向腕缘分布,中间为空隙。内壳椭圆形,前端尖锐且收缩,后端钝圆(图6-107)。背面乳白色,生小颗粒,背面中部凸起,侧部平,背部中肋和侧肋不明显或无,中肋两侧缘约平行;腹部横纹面深凹,中间凹沟深宽,仅延伸至整个横纹面长,横纹面前端横纹倒U字形。内锥面分支短,向前延伸至横纹面长的1/3,分支前端窄,后端宽U字形,并略隆起形成厚壁架;外锥面石灰质,前端窄,后端宽。内壳边缘角质。尾骨针短尖、直,指向背部,无棱。

生活史及生物学:栖息水深0~128 m。

地理分布:分布在西南太平洋澳大利亚东部,从卡奔塔利亚湾向南至斯蒂芬港,分布西限未知(图6-108)。

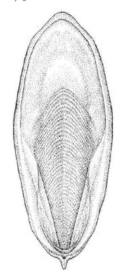

图6-107　惠氏乌贼内壳腹视(据 Jereb and Roper, 2005)

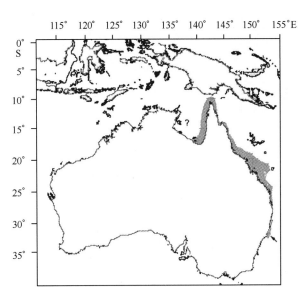

图6-108　惠氏乌贼地理分布示意图

大小:最大胴长174 mm。

渔业:虾拖网及其他拖网渔业的副渔获物。

文献:Lu, 1998; Jereb and Roper, 2005。

桑给巴尔乌贼 *Sepia zanzibarica* Pfeffer, 1884

分类地位:头足纲,鞘亚纲,乌贼目,乌贼亚目,乌贼科,乌贼属。

学名:桑给巴尔乌贼 *Sepia zanzibarica* Pfeffer, 1884。

英文名:Zanzibar cuttlefish;**法文名**:Seiche de Zanzibar;**西班牙文名**:Sepia de Zanzibar。

分类特征:口垂片具少量小吸盘。触腕穗短卵形,吸盘6列,掌部腹侧第2或第3列吸盘略扩大(图6-109A)。触腕穗边膜向近端延伸略超过腕骨部,背部两侧保护膜在触腕穗基部分离。腕吸盘4列。雄性左侧第4腕茎化,中部6行吸盘退化,远端吸盘正常,退化吸盘较正常吸盘甚小;茎化部口面宽而膨大,具生横沟的脊;背侧2列和腹侧2列吸盘向腕缘分布,中间为空隙,腹侧2列吸盘排列紧密。内壳椭圆形(图6-109B),向腹部甚弯,后侧部1/2生网状刻纹。背部均匀凸起,表面石灰质,生小颗粒,中肋和侧肋不明显,中肋前端宽;腹部横纹面凹,中间凹沟深宽,仅延伸至整个横纹面长,横纹面前端横纹倒V字形。内锥面分支向前延伸至横纹面长的1/2,一光滑带将分支与外锥面隔离,分支前端窄,后端略宽且隆起形成壁架;外锥面石灰质,前端窄,后端宽。内壳前缘和侧缘角质。尾骨针短尖,无棱,向背部弯曲。

生活史及生物学:栖息水深 20~125 m。

地理分布:分布在西印度洋,从亚丁湾至南非伊丽莎白港,马达加斯加岛、马勒哈萨亚沿岸、马斯克林群岛和索科特拉岛(图 6-110)。

大小:最大胴长 250 mm。

渔业:在亚丁湾为商业性乌贼渔业,在非洲东部沿岸和印度洋开阔水域也是一种常见乌贼类。

文献:Adam and Rees, 1966; Roeleveld 1972, Filippova and Khromov 1991; Filippova et al, 1995; Jereb and Roper, 2005。

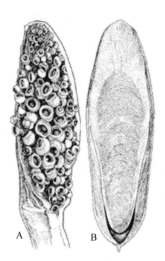

图 6-109　桑给巴尔乌贼形态特征示意图(据 Jereb and Roper, 2005)

A. 触腕穗;B. 内壳腹视

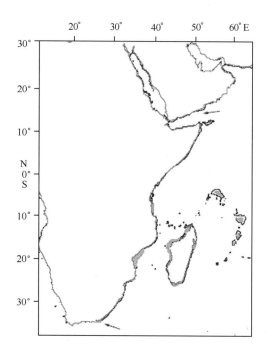

图 6-110　桑给巴尔乌贼地理分布示意图

科氏乌贼 *Sepia cottoni* Adam，1979

分类地位:头足纲,鞘亚纲,乌贼目,乌贼亚目,乌贼科,乌贼属。

学名:科氏乌贼 *Sepia cottoni* Adam, 1979。

分类特征:触腕穗吸盘 5 列,吸盘大小不等,掌部中间约 6 个吸盘扩大,直径为其他吸盘的 2 倍。背腹两侧保护膜在触腕穗基部分离。雄性腕延长,长度为雌性腕长的 2 倍,第 1、第 2 和第 4 腕顶端细丝状。第 3 腕中部保护膜宽厚,具横隔片,每个横隔片与 2 个小吸盘相连。雄性腕近端少数吸盘正常,2 列;随后

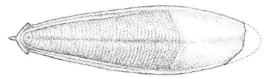

图 6-111　科氏乌贼内壳腹视图

7~8 行吸盘扩大,排列呈 4 列;远端吸盘退化,2 列,其中第 1、第 2 和第 4 腕顶端细丝状部分无吸盘。雌性腕基部吸盘 2 列,中部 4 列,远端 2 列。内壳皮针形,具尾骨针,尾骨针无棱(图 6-111)。腹部横纹面中央凹沟浅窄,横纹略凸。内锥面分支后端增厚形成圆脊;外锥面分支膨大形成 2 个短翼。

生活史及生物学:栖息水层83~183 m。

地理分布:分布在澳大利亚西部和卡奔塔利亚湾,可能在越南也有分布(图6-112)。

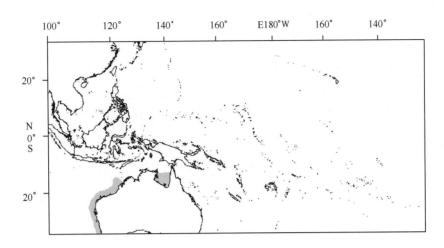

图6-112　科氏乌贼地理分布示意图

大小:最大胴长65 mm。

渔业:非常见种。

文献:Dunning, Norman and Reid, 1998; Reid, 2000; Jereb and Roper, 2005。

子弹乌贼 *Sepia hieronis* **Robson, 1924**

分类地位:头足纲,鞘亚纲,乌贼目,乌贼亚目,乌贼科,乌贼属。

学名:子弹乌贼 *Sepia hieronis* Robson, 1924。

英文名:Bullet cuttlefish;**法文名**:Seiche balle;**西班牙文名**:Jibia bala。

分类特征:体短盾形(图6-113A)。雄性左侧第4腕茎化,吸盘2列(图6-113B);基部7~8对吸盘正常,但吸盘间距大;随后的中部7~8对吸盘扩大;远端吸盘正常。

生活史及生物学:外大陆架和内大陆架斜坡底栖种,栖息水深43~500 m,110~250 m水层资源最丰富。

地理分布:分布在西非纳米比亚南部从约27°S至阿尔弗雷德港,南非和东非从17°S至肯尼亚和莫桑比克,马勒哈萨亚沿岸。

大小:最大胴长70 mm。

渔业:偶尔在底拖网中有渔获。

文献:Adam and Rees, 1966; Augustyn et al, 1995; Filippova et al, 1995; Bianchi et al, 1999; Jereb and Roper, 2005。

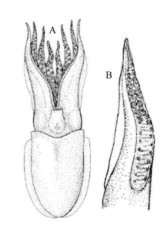

图6-113　子弹乌贼形态特征示意图(据 Bianchi et al, 1999)
A. 腹视;B. 茎化腕

微乌贼 *Sepia mira* **Cotton, 1932**

分类地位:头足纲,鞘亚纲,乌贼目,乌贼亚目,乌贼科,乌贼属。

学名:微乌贼 *Sepia mira* Cotton, 1932。

英文名:Little cuttlefish。

分类特征:内壳披针形,内壳中部至后部 1/3 处窄,至后部末端变宽(图6-114)。背面白色,均匀凸起,无中肋和侧肋;腹部横纹面凸,无中间凹沟,横纹略凸。内锥面分支等宽,后端增厚形成圆脊;外锥面前端窄,后端宽。尾骨针直,无棱。

生活史及生物学:栖息水层 20~72 m。

地理分布:分布在澳大利亚昆士兰、新南威尔士、蜥蜴岛(Lizard island)和西北胰岛(North - west Islet)(图6-115)。

大小:最大胴长 55 mm。

文献: Lu,1998;Reid,1998;Dunning et al,1998;Jereb and Roper,2005。

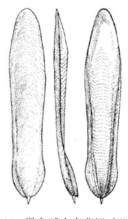

图6-114　微乌贼内壳背视、侧视和腹视图(据 Dunning et al,1998)

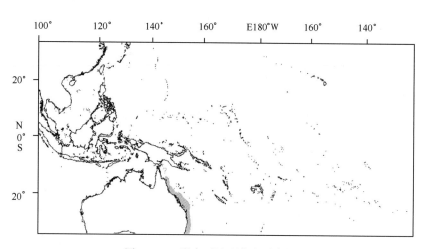

图6-115　微乌贼地理分布示意图

皱乌贼 *Sepia papillata* Quoy and Gaimard,1832

分类地位:头足纲,鞘亚纲,乌贼目,乌贼亚目,乌贼科,乌贼属。

学名:皱乌贼 *Sepia papillata* Quoy and Gaimard,1832。

英文名: Wrinkled cuttlefish;**法文名:**Seiche ridée;**西班牙文名:**Jibia arrogada。

分类特征:体宽卵形,外套腹部左右两侧各具一块大的乱圆形褶皱(图6-116A)。触腕穗掌部 5 个吸盘十分扩大(图6-116B)。

地理分布:分布在东南大西洋和西南印度洋,具体为南非从温得和克(Lüderitz)海湾 26°11′S、15°10′E 至纳塔尔 29°11′S、31°25′E。马斯克林群岛。

生活史及生物学:浅水性种类,栖息在内大陆架海域,栖息水层 26~210 m。

大小:最大胴长 140 mm。

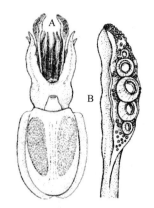

图6-116　皱乌贼形态特征示意图(据 Bianchi et al,1999)
A. 腹视;B. 触腕穗

渔业:非常见种,无渔业。

文献:Adam and Rees, 1966; Roeleveld, 1972; Filippova and Khromov, 1991; Augustyn et al, 1995; Filippova et al, 1995; Bianchi et al, 1999; Jereb and Roper, 2005。

锐乌贼 *Sepia acuminata* Smith, 1916

分类地位: 头足纲,鞘亚纲,乌贼目,乌贼亚目,乌贼科,乌贼属。

学名: 锐乌贼 *Sepia acuminata* Smith, 1916。

生活史及生物学: 栖息水层 44~369 m。

地理分布: 西南印度洋非洲东南部,非洲南部伊丽莎白—索马里港,马达加斯加岛。

大小: 雄性最大胴长 100 mm,雌性最大胴长 120 mm。

文献: Adam and Rees 1966; Roeleveld, 1972; Filippova et al, 1995; Jereb and Roper, 2005。

亚氏乌贼 *Sepia adami* Roeleveld, 1972

分类地位: 头足纲,鞘亚纲,乌贼目,乌贼亚目,乌贼科,乌贼属。

学名: 亚氏乌贼 *Sepia adami* Roeleveld, 1972。

生活史及生物学: 栖息水层可达 90m。

地理分布: 西南印度洋南非纳塔耳角外海(79°E)。

大小: 雌性最大胴长 59 mm。

文献: Roeleveld, 1972; Jereb and Roper, 2005。

角乌贼 *Sepia angulata* Roeleveld, 1972

分类地位: 头足纲,鞘亚纲,乌贼目,乌贼亚目,乌贼科,乌贼属。

学名: 角乌贼 *Sepia angulata* Roeleveld, 1972。

地理分布: 东南大西洋。

大小: 最大内壳长 75 mm。

文献: Roeleveld, 1972; Jereb and Roper, 2005。

阿氏乌贼 *Sepia appellofi* Wülker, 1910

分类地位: 头足纲,鞘亚纲,乌贼目,乌贼亚目,乌贼科,乌贼属。

学名: 阿氏乌贼 *Sepia appellofi* Wülker, 1910。

生活史及生物学: 栖息水层可达 350 m。

地理分布: 西北太平洋日本九州岛至本州岛南部,对马海峡。

大小: 最大胴长 90 mm。

文献: Adam and Ress, 1996; Jereb and Roper, 2005。

金斑乌贼 *Sepia aureomaculata* Okutani and Horikawa, 1987

分类地位: 头足纲,鞘亚纲,乌贼目,乌贼亚目,乌贼科,乌贼属。

学名: 金斑乌贼 *Sepia aureomaculata* Okutani and Horikawa, 1987。

生活史及生物学: 栖息水深 190~350 m。

地理分布: 西北太平洋日本纪伊水道、土佐湾,日向滩和中国东海。

大小:最大胴长 160 mm。

文献:Okutani et al, 1987; Jereb and Roper, 2005。

巴特氏乌贼 *Sepia bartletti* Iredale, 1954

分类地位:头足纲,鞘亚纲,乌贼目,乌贼亚目,乌贼科,乌贼属。

学名:巴特氏乌贼 *Sepia bartletti* Iredale, 1954。

地理分布:西太平洋巴布亚新几内亚东南部水域。

大小:最大胴长 74 mm。

文献:Iredale, 1954; Jereb and Roper, 2005。

半深海乌贼 *Sepia bathyalis* Khromov, Nikitina and Nesis, 1991

分类地位:头足纲,鞘亚纲,乌贼目,乌贼亚目,乌贼科,乌贼属。

学名:半深海乌贼 *Sepia bathyalis* Khromov, Nikitina and Nesis, 1991。

生活史及生物学:栖息水深 300~500 m。

地理分布:西南印度洋马达加斯加岛西南和西北部水域。

大小:最大胴长 80 mm。

文献:Khromov et al, 1991; Jereb and Roper, 2005。

巴克氏乌贼 *Sepia baxteri* Iredale, 1940

分类地位:头足纲,鞘亚纲,乌贼目,乌贼亚目,乌贼科,乌贼属。

学名:巴克氏乌贼 *Sepia baxteri* Iredale, 1940。

地理分布:西南太平洋洛德霍韦岛附近海域。

大小:最大胴长 74 mm。

文献:Adam and Rees, 1996; Jereb and Roper, 2005。

彼得亥乌贼 *Sepia bidhaia* Reid, 2000

分类地位:头足纲,鞘亚纲,乌贼目,乌贼亚目,乌贼科,乌贼属。

学名:彼得亥乌贼 *Sepia bidhaia* Reid, 2000。

生活史及生物学:栖息水深 200~304 m。

地理分布:西南太平洋澳大利亚昆士兰大堡礁外海。

大小:雄性最大胴长 37 mm,雌性最大胴长 57 mm。

文献:Reid, 2000; Jereb and Roper, 2005。

伯氏乌贼 *Sepia burnupi* Hoyle, 1904

分类地位:头足纲,鞘亚纲,乌贼目,乌贼亚目,乌贼科,乌贼属。

学名:伯氏乌贼 *Sepia burnupi* Hoyle, 1904。

生活史及生物学:栖息水深 40~240 m。

地理分布:西南印度洋非洲东南部从伊丽莎白港至莫桑比克南部,马勒哈萨亚沿岸。

大小:最大胴长 90 mm。

文献:Adam and Rees, 1966; Roeleveld, 1972; Filippova et al, 1995; Jereb and Roper, 2005。

脊乌贼 *Sepia carinata* **Sasaki，1920**

分类地位：头足纲，鞘亚纲，乌贼目，乌贼亚目，乌贼科，乌贼属。
学名：脊乌贼 *Sepia carinata* Sasaki，1920。
生活史及生物学：栖息在低潮线至 128 m 水层。
地理分布：西太平洋日本南部、相模湾、中国南海、越南。
大小：最大胴长 60 mm。
文献：Sasaki，1920；Jereb and Roper，2005。

手符乌贼 *Sepia chirotrema* **Berry，1918**

分类地位：头足纲，鞘亚纲，乌贼目，乌贼亚目，乌贼科，乌贼属。
拉丁异名：*Solitosepia hendryae* Cotton，1929。
学名：手符乌贼 *Sepia chirotrema* Berry，1918。
生活史及生物学：栖息水深 120~210 m。
地理分布：澳大利亚南部(35°25′S、137°22′E)至西部(25°45′S、113°03′E)。
大小：最大胴长 200 mm。
文献：Lu，1998；Lu and Ickeringill，2002；Jereb and Roper，2005。

怪乌贼 *Sepia confusa* **Smith，1916**

分类地位：头足纲，鞘亚纲，乌贼目，乌贼亚目，乌贼科，乌贼属。
学名：怪乌贼 *Sepia confusa* Smith，1916。
生活史及生物学：栖息水深 53~352 m。
地理分布：西南印度洋非洲东南部，马达加斯加岛，马勒哈萨亚沿岸。
大小：最大胴长 150 mm。
文献：Adam and Rees，1966；Roeleveld，1972；Filippova et al，1995；Jereb and Roper，2005。

多氏乌贼 *Sepia dollfusi* **Adam，1941**

分类地位：头足纲，鞘亚纲，乌贼目，乌贼亚目，乌贼科，乌贼属。
学名：多氏乌贼 *Sepia dollfusi* Adam，1941。
地理分布：红海和苏伊士运河南部。
大小：最大胴长 110 mm。
文献：Adam and Rees，1996；Gabr，1999；Jereb and Roper，2005。

疑乌贼 *Sepia dubia* **Adam and Rees，1966**

分类地位：头足纲，鞘亚纲，乌贼目，乌贼亚目，乌贼科，乌贼属。
学名：疑乌贼 *Sepia dubia* Adam and Rees，1966。
地理分布：南非佛尔仕湾(False bay)。
生活史及生物学：栖息水深 25 m。
大小：最大胴长 17 mm。
文献：Roeleveld，1972；Jereb and Roper，2005。

长乌贼 *Sepia elongata* d'Orbigny, 1839

分类地位:头足纲,鞘亚纲,乌贼目,乌贼亚目,乌贼科,乌贼属。
学名:长乌贼 *Sepia elongata* d'Orbigny, 1839。
地理分布:西北印度洋红海至索马里。
大小:最大胴长 97 mm。
文献:Adam and Rees, 1996; Jereb and Roper, 2005。

无喙乌贼 *Sepia erostrata* Sasaki, 1929

分类地位:头足纲,鞘亚纲,乌贼目,乌贼亚目,乌贼科,乌贼属。
学名:无喙乌贼 *Sepia erostrata* Sasaki, 1929。
生活史及生物学:栖息在近岸低潮线下。
地理分布:西北太平洋日本大陆西部相模湾至纪伊半岛。
大小:最大胴长 90 mm。
文献:Okutani et al, 1987; Jereb and Roper, 2005。

福氏乌贼 *Sepia faurei* Roeleveld, 1972

分类地位:头足纲,鞘亚纲,乌贼目,乌贼亚目,乌贼科,乌贼属。
学名:福氏乌贼 *Sepia faurei* Roeleveld, 1972。
生活史及生物学:栖息水深可达 168 m。
地理分布:西南印度洋南非沿岸。
大小:最大胴长 21 mm。
文献:Roeleveld, 1972; Jereb and Roper, 2005。

圆瘤乌贼 *Sepia gibba* Ehrenberg, 1831

分类地位:头足纲,鞘亚纲,乌贼目,乌贼亚目,乌贼科,乌贼属。
学名:圆瘤乌贼 *Sepia gibba* Ehrenberg, 1831。
生活史及生物学:分布水层最浅可至 1 m。
地理分布:红海。
大小:最大胴长 100 mm。
文献:Adam and Rees, 1996; Jereb and Roper, 2005。

英瑟特乌贼 *Sepia incerta* Smith, 1916

分类地位:头足纲,鞘亚纲,乌贼目,乌贼亚目,乌贼科,乌贼属。
学名:英瑟特乌贼 *Sepia incerta* Smith, 1916。
生活史及生物学:栖息水深 90~345 m。
地理分布:非洲东部和南部,从伊丽莎白港至莫桑比克(北至 18°S)以及马勒哈萨亚沿岸。
大小:最大胴长 150 mm。
文献:Adam and Rees, 1966; Roeleveld, 1972; Filippova et al, 1995; Jereb and Roper, 2005。

徽章乌贼 *Sepia insignis* Smith, 1916

分类地位：头足纲，鞘亚纲，乌贼目，乌贼亚目，乌贼科，乌贼属。
学名：徽章乌贼 *Sepia insignis* Smith, 1916。
生活史及生物学：栖息水层至 42 m。
地理分布：西南印度洋南非好望角至纳塔尔。
大小：最大胴长 60 mm。
文献：Adam and Rees, 1966; Roeleveld, 1972; Jereb and Roper, 2005。

欧氏乌贼 *Sepia irvingi* Meyer, 1909

分类地位：头足纲，鞘亚纲，乌贼目，乌贼亚目，乌贼科，乌贼属。
学名：欧氏乌贼 *Sepia irvingi* Meyer, 1909。
生活史及生物学：栖息水深 130~170 m。
地理分布：澳大利亚西部沿海。
大小：最大胴长 100 mm。
文献：Lu, 1998; Jereb and Roper, 2005。

伊氏乌贼 *Sepia ivanovi* Khromov, 1982

分类地位：头足纲，鞘亚纲，乌贼目，乌贼亚目，乌贼科，乌贼属。
学名：伊氏乌贼 *Sepia ivanovi* Khromov, 1982。
生活史及生物学：栖息水层可达 50 m。
地理分布：非洲东南部肯尼亚、莫桑比克至赞比西河河口。
大小：最大胴长 70 mm。
文献：Khromov, 1982; Jereb and Roper, 2005。

周氏乌贼 *Sepia joubini* Massy, 1927

分类地位：头足纲，鞘亚纲，乌贼目，乌贼亚目，乌贼科，乌贼属。
学名：周氏乌贼 *Sepia joubini* Massy, 1927。
生活史及生物学：栖息水深 66~170 m。
地理分布：南非吐噶喇河口外海至纳塔尔角，莫桑比克南部外海，马勒哈萨亚沿岸。
大小：最大胴长 64 mm。
文献：Adam and Rees, 1966; Roeleveld, 1972; Filippova et al, 1995; Jereb and Roper, 2005。

基内乌贼 *Sepia kiensis* Hoyle, 1885

分类地位：头足纲，鞘亚纲，乌贼目，乌贼亚目，乌贼科，乌贼属。
学名：基内乌贼 *Sepia kiensis* Hoyle, 1885。
生活史及生物学：栖息水层可至 256 m。
地理分布：柯斐群岛，可能至帝汶岛和澳大利亚北部。
大小：最大胴长 37 mm。
文献：Adam and Rees, 1996; Jereb and Roper, 2005。

考拉多乌贼 *Sepia koilados* Reid, 2000

分类地位:头足纲,鞘亚纲,乌贼目,乌贼亚目,乌贼科,乌贼属。

学名:考拉多乌贼 *Sepia koilados* Reid, 2000。

生活史及生物学:栖息水深 182~203 m。

地理分布:东南印度洋澳大利亚西部西北大陆架海域。

大小:雄性最大胴长 68 mm,雌性最大胴长 58 mm。

文献:Reid, 2000; Jereb and Roper, 2005。

光乌贼 *Sepia limata* Iredale, 1926

分类地位:头足纲,鞘亚纲,乌贼目,乌贼亚目,乌贼科,乌贼属。

学名:光乌贼 *Sepia limata* Iredale, 1926。

生活史及生物学:栖息水深 17~183 m。

地理分布:西南太平洋澳大利亚昆士兰南部至新南威尔士。

大小:雄性最大胴长 35 mm,雌性最大胴长 42 mm。

文献:Reid, 2000; Jereb and Roper, 2005。

马斯克林乌贼 *Sepia mascarensis* Filippova and Khromov, 1991

分类地位:头足纲,鞘亚纲,乌贼目,乌贼亚目,乌贼科,乌贼属。

学名:马斯克林乌贼 *Sepia mascarensis* Filippova and Khromov, 1991。

生活史及生物学:栖息水深 87~325 m。

地理分布:西印度洋马勒哈萨亚沿岸,马斯克林群岛。

大小:最大胴长 67~124 mm。

文献:Khromov et al, 1991; Filippova et al, 1995; Jereb and Roper, 2005。

奇乌贼 *Sepia mirabilis* Khromov, 1988

分类地位:头足纲,鞘亚纲,乌贼目,乌贼亚目,乌贼科,乌贼属。

学名:奇乌贼 *Sepia mirabilis* Khromov, 1988。

生活史及生物学:栖息水层至 50 m。

地理分布:西印度洋索科特拉岛附近,可能至非洲东部。

大小:最大胴长 70 mm。

文献:Khromov, 1988; Jereb and Roper, 2005。

新荷兰乌贼 *Sepia novaehollandiae* Hoyle, 1909

分类地位:头足纲,鞘亚纲,乌贼目,乌贼亚目,乌贼科,乌贼属。

学名:新荷兰乌贼 *Sepia novaehollandiae* Hoyle, 1909。

生活史及生物学:栖息水深 15~348 m。

地理分布:印度洋—太平洋南部。

文献:Adam and Rees, 1966; Lu, 1998。

彼氏乌贼 *Sepia peterseni* Appellöf, 1886

分类地位:头足纲,鞘亚纲,乌贼目,乌贼亚目,乌贼科,乌贼属。
学名:彼氏乌贼 *Sepia peterseni* Appellöf, 1886。
生活史及生物学:栖息于内大陆架水域,栖息水深 20~100 m。
地理分布:西太平洋日本本州岛中南部至九州岛南部和韩国。
大小:最大胴长 120 mm。
文献:Okutani et al, 1987; Jereb and Roper, 2005。

平乌贼 *Sepia plana* Lu and Reid, 1997

分类地位:头足纲,鞘亚纲,乌贼目,乌贼亚目,乌贼科,乌贼属。
学名:平乌贼 *Sepia plana* Lu and Reid, 1997。
生活史及生物学:栖息水深 396~505 m。
地理分布:澳大利亚西部西北部大陆架海域。
大小:雄性最大胴长 99 mm,雌性最大胴长 151 mm。
文献:Lu and Reid, 1997; Jereb and Roper, 2005。

普拉斯科查尔乌贼 *Sepia plathyconchalis* Filippova and Khromov, 1991

分类地位:头足纲,鞘亚纲,乌贼目,乌贼亚目,乌贼科,乌贼属。
学名:普拉斯科查尔乌贼 *Sepia plathyconchalis* Filippova and Khromov, 1991。
生活史及生物学:浅水种,栖息水深 25~63 m。
地理分布:西印度洋。
大小:最大胴长 63 mm。
文献:Filippova and Khromov, 1991; Jereb and Roper, 2005。

美乌贼 *Sepia pulchra* Roeleveld and Liltved, 1985

分类地位:头足纲,鞘亚纲,乌贼目,乌贼亚目,乌贼科,乌贼属。
学名:美乌贼 *Sepia pulchra* Roeleveld and Liltved, 1985。
生活史及生物学:栖息水深 15~50 m。
地理分布:东南大西洋南非好望角半岛。
大小:最大胴长 22 mm。
文献:Boletzky and Roeleveld, 2000; Jereb and Roper, 2005。

雷氏乌贼 *Sepia reesi* Adam, 1979

分类地位:头足纲,鞘亚纲,乌贼目,乌贼亚目,乌贼科,乌贼属。
学名:雷氏乌贼 *Sepia reesi* Adam, 1979。
地理分布:澳大利亚西部海域。
大小:最大胴长 45 mm。
文献:Adam, 1979; Jereb and Roper, 2005。

罗达乌贼 *Sepia rhoda* Iredale，1954

分类地位：头足纲,鞘亚纲,乌贼目,乌贼亚目,乌贼科,乌贼属。

学名：罗达乌贼 *Sepia rhoda* Iredale，1954。

生活史及生物学：栖息水深 64~184 m。

地理分布：澳大利亚阿拉弗拉海（10°24′S、130°23′E）至西澳大利亚西北大陆架（20°47′S、114°48′E）海域。

大小：雄性最大胴长 61 mm,雌性最大胴长 58 mm。

文献：Reid，2000；Jereb and Roper，2005。

罗氏乌贼 *Sepia robsoni* Massy，1927

分类地位：头足纲,鞘亚纲,乌贼目,乌贼亚目,乌贼科,乌贼属。

学名：罗氏乌贼 *Sepia robsoni* Massy，1927。

生活史及生物学：栖息水深 17~37 m。

地理分布：东南大西洋南非豪特湾。

大小：最大胴长 20 mm。

文献：Adam and Rees，1966；Roeleveld，1972；Jereb and Roper，2005。

赛亚裙乌贼 *Sepia saya* Khromov et al，1991

分类地位：头足纲,鞘亚纲,乌贼目,乌贼亚目,乌贼科,乌贼属。

学名：赛亚裙乌贼 *Sepia saya* Khromov et al，1991。

生活史及生物学：栖息水深 87~117 m。

地理分布：西南印度洋。

大小：最大胴长 90 mm。

文献：Khromov et al，1991；Jereb and Roper，2005。

森特乌贼 *Sepia senta* Lu and Reid，1997

分类地位：头足纲,鞘亚纲,乌贼目,乌贼亚目,乌贼科,乌贼属。

学名：森特乌贼 *Sepia senta* Lu and Reid，1997。

生活史及生物学：栖息水深 256~426 m。

地理分布：澳大利亚西部西北部大陆架海域。可能在印度尼西亚也有分布。

大小：雄性最大胴长 62 mm,雌性最大胴长 83 mm。

文献：Lu and Reid，1997；Jereb and Roper，2005。

休氏乌贼 *Sepia sewelli* Adam and Rees，1966

分类地位：头足纲,鞘亚纲,乌贼目,乌贼亚目,乌贼科,乌贼属。

学名：休氏乌贼 *Sepia sewelli* Adam and Rees，1966。

生活史及生物学：栖息水深 37~238 m。

地理分布：西印度洋索马里向南至桑给巴尔岛。可能在马达加斯加岛也有分布。

大小：最大胴长 30 mm。

文献：Adam and Rees, 1966; Jereb and Roper, 2005。

圣乌贼 *Sepia simoniana* Thiele, 1920

分类地位：头足纲,鞘亚纲,乌贼目,乌贼亚目,乌贼科,乌贼属。
学名：圣乌贼 *Sepia simoniana* Thiele, 1920。
生活史及生物学：栖息水层可达 190 m,通常小于 100 m。
地理分布：西印度洋。
大小：最大胴长 185 mm。
文献：Adam and Rees, 1966; Roeleveld, 1972; Filippova and Khromov, 1991; Augustyn et al, 1995; Filippova et al, 1995; Jereb and Roper, 2005。

索科特拉乌贼 *Sepia sokotriensis* Khromov, 1988

分类地位：头足纲,鞘亚纲,乌贼目,乌贼亚目,乌贼科,乌贼属。
学名：索科特拉乌贼 *Sepia sokotriensis* Khromov, 1988。
生活史及生物学：栖息水层至 100 m。
地理分布：西印度洋索科特拉岛。非洲东部可能也有分布。
大小：最大胴长可达 80 mm。
文献：Khromov, 1988; Jereb and Roper, 2005。

亚平乌贼 *Sepia subplana* Lu and Boucher-Rodoni, 2001

分类地位：头足纲,鞘亚纲,乌贼目,乌贼亚目,乌贼科,乌贼属。
学名：亚平乌贼 *Sepia subplana* Lu and Boucher-Rodoni, 2001。
生活史及生物学：栖息水深 400~600 m。
地理分布：西南太平洋。
大小：雄性最大胴长 60 mm,雌性最大胴长 55 mm。
文献：Lu and Boucher-Rodoni, 2001; Jereb and Roper, 2005。

亚细腕乌贼 *Sepia subtenuipes* Okutani and Horikawa, 1987

分类地位：头足纲,鞘亚纲,乌贼目,乌贼亚目,乌贼科,乌贼属。
学名：亚细腕乌贼 *Sepia subtenuipes* Okutani and Horikawa, 1987。
生活史及生物学：栖息水层 90~300 m。
地理分布：西太平洋日本西南部、土佐湾、四国岛、纪伊水道和中国东海。
大小：最大胴长 94 mm。
文献：Okutani et al, 1987; Jereb and Roper, 2005。

塔拉乌贼 *Sepia tala* Khromov et al, 1991

分类地位：头足纲,鞘亚纲,乌贼目,乌贼亚目,乌贼科,乌贼属。
学名：塔拉乌贼 *Sepia tala* Khromov et al, 1991。
生活史及生物学：栖息水深 325~332 m。
地理分布：西南印度洋马达加斯加岛西南部海域。

大小:最大胴长 80 mm。

文献:Khromov et al, 1991; Jereb and Roper, 2005。

塔尼亚布拉赤乌贼 *Sepia tanybracheia* Reid, 2000

分类地位:头足纲,鞘亚纲,乌贼目,乌贼亚目,乌贼科,乌贼属。

学名:塔尼亚布拉赤乌贼 *Sepia tanybracheia* Reid, 2000。

生活史及生物学:栖息水深 200~205 m。

地理分布:澳大利亚西部海域。

大小:最大胴长 51 mm。

文献:Reid, 2000; Jereb and Roper, 2005。

瑟氏乌贼 *Sepia thurstoni* Adam and Rees, 1966

分类地位:头足纲,鞘亚纲,乌贼目,乌贼亚目,乌贼科,乌贼属。

学名:瑟氏乌贼 *Sepia thurstoni* Adam and Rees, 1966。

生活史及生物学:栖息水深 20~40 m。

地理分布:印度马德拉斯外海,斯里兰卡沿海。

大小:最大胴长 110 mm。

文献:Adam and Rees, 1966; Jereb and Roper, 2005。

东京乌贼 *Sepia tokioensis* Ortmann, 1888

分类地位:头足纲,鞘亚纲,乌贼目,乌贼亚目,乌贼科,乌贼属。

学名:东京乌贼 *Sepia tokioensis* Ortmann, 1888。

生活史及生物学:大陆架水域种。

地理分布:日本从津轻海峡至本州岛,包括相模湾、骏河湾、日本海西部和岛根县。

大小:最大胴长 90 mm。

文献:Okutani et al, 1987; Jereb and Roper, 2005。

小瘤乌贼 *Sepia tuberculata* Lamarck, 1798

分类地位:头足纲,鞘亚纲,乌贼目,乌贼亚目,乌贼科,乌贼属。

学名:小瘤乌贼 *Sepia tuberculata* Lamarck, 1798。

生活史及生物学:栖息水层至 3 m。

地理分布:南非沿岸至肯尼亚。

大小:最大胴长 82 mm。

文献:Adam and Rees, 1966; Roeleveld, 1972; Jereb and Roper, 2005。

典型乌贼 *Sepia typica* Steenstrup, 1875

分类地位:头足纲,鞘亚纲,乌贼目,乌贼亚目,乌贼科,乌贼属。

学名:典型乌贼 *Sepia typica* Steenstrup, 1875。

生活史及生物学:栖息水深 2~290 m。

地理分布:南非从萨尔达尼亚湾至莫桑比克南部。

大小：最大胴长 26 mm。

文献：Adam and Rees，1966；Roeleveld，1972；Augustyn et al，1995；Filippova et al，1995；Jereb and Roper，2005。

乌氏乌贼 *Sepia vercoi* Adam，1979

分类地位：头足纲，鞘亚纲，乌贼目，乌贼亚目，乌贼科，乌贼属。

学名：乌氏乌贼 *Sepia vercoi* Adam，1979。

生活史及生物学：栖息水深 76~201 m。

地理分布：澳大利亚西部海域。

大小：最大胴长 46 mm。

文献：Reid，2000；Jereb and Roper，2005。

无针乌贼属 *Sepiella* Gray，1849

无针乌贼属已知绚丽无针乌贼 *Sepiella ornata*、帆布无针乌贼 *Sepiella cyanea*、无针乌贼 *Sepiella inermis*、日本无针乌贼 *Sepiella japonica*、曼堪滚无针乌贼 *Sepiella mangkangunga*、多斑无针乌贼 *Sepiella ocellata*、韦氏无针乌贼 *Sepiella weberi* 7 种，其中无针乌贼为本属模式种。

分类地位：头足纲，鞘亚纲，乌贼目，乌贼亚目，乌贼科，无针乌贼属。

属特征：外套后部末端两鳍之间具 1 个腺孔，腺孔的功能尚不了解。漏斗锁凹槽中央具深槽。触腕穗吸盘多而密，大小相近。内壳长近等于胴长，末端无尾骨针。

文献：Adam and Rees，1966；Lu，1998；Roeleveld，1972；Mangold and Young，1996。

主要种的检索：

1（2）内壳两侧侧缘约平行 ·· 多斑无针乌贼

2（1）内壳两侧侧缘不平行，中部明显较两端宽

3（8）鳍背面基部具圆斑

4（5）圆斑少，少于等于 6 个 ·· 韦氏无针乌贼

5（4）圆斑多，多于或等于 6 个

6（7）外套背部布满白色斑块 ·· 日本无针乌贼

7（6）外套背部无白色斑块 ·· 无针乌贼

8（3）鳍背面基部无圆斑 ·· 绚丽无针乌贼

无针乌贼 *Sepiella inermis* Orbigny，1848

分类地位：头足纲，鞘亚纲，乌贼目，乌贼亚目，乌贼科，无针乌贼属。

学名：无针乌贼 *Sepiella inermis* Orbigny，1848。

拉丁异名：*Sepia（Sepiella）microcheirus* Gray，1849；*Sepia affinis* Eydoux and Souleyet，1852；*Sepiella maindroni* Rochebrune，1884。

英文名：Spineless cuttlefish；**法文名**：Spineless cuttlefish；**西班牙文名**：Sepia inerme。

分类特征：体长盾形，腹部末端具微红色色素沉着的腺孔（图 6-117A、B）。体淡灰褐色，鳍的基部两侧各具一系列大小不一的淡红色椭圆斑（图 6-117A）。触腕穗具 12~24 列极为微小的吸盘，吸盘大小相近（图 6-117C）；边膜短于触腕穗长；保护膜窄，在触腕穗基部分离，向近端腕骨部延伸至触腕柄部，形成低矮的膜脊。腕保护膜宽而发达，腕吸盘 4 列。雄性左侧第 4 腕茎化，近端 10 行吸盘退化（图 6-117D）。内壳宽卵形，宽为长的 33%~43%（图 6-117E）。背部生小颗粒，中

肋明显;腹部横纹面凹,中间凹沟延伸至整个内壳长。内锥面分支窄,等宽,后端 U 字形,增厚,中间隆起呈球形;外锥面角质,竹片状。壳末端无骨针。

生活史及生物学:浅水性底栖种,分布水层至40 m。以小型底层鱼类、甲壳类、头足类(饵料中占很小一部分)为食。不同地理群体初次性成熟胴长有所不同:沃尔代尔外海,雌雄初次性成熟胴长分别为 52 mm 和 53 mm;马德拉斯外海,雌雄初次性成熟胴长分别为 60 mm 和 56 mm;柯钦外海,雌雄初次性成熟胴长分别为 83 mm 和 81 mm。产卵期几乎贯穿全年,产卵高峰期与环境有关:在卡基纳达和沃尔代尔外海,产卵高峰期分别为 6—9月和 11—12 月;在马德拉斯外海,产卵高峰期为9 月、12 月和 3 月;在波多诺伏外海,产卵高峰期

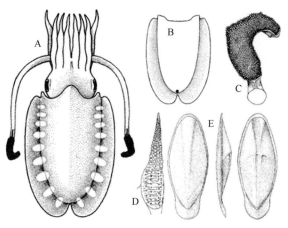

图 6-117　无针乌贼形态特征示意图(据 Roper et al, 1984;Jereb and Roper, 2005)
A. 背视;B. 腹视;C. 触腕穗;D. 茎化腕;E. 内壳背视、侧视和腹视

为 3—10 月;在柯钦西南部沿岸,产卵高峰期为 4 月和 9—10 月。总体来看,印度东部沿岸产卵个体年龄多为 9~12 个月,而西部沿岸多为 18 个月。卵产于浅水区,产出的卵包于卵鞘中,每个卵鞘中几枚卵子,卵鞘黏附于海底其他物质上。环境的变化影响无针乌贼的生长率。初孵幼体 6 个月后胴长可达 29~35 mm;一年以后胴长可达 53~61 mm;18 个月后胴长可达 74~82 mm。总体看,印度东部沿岸无针乌贼生命周期 1.5~2 年,而西部沿岸生命周期则超过 2 年。

地理分布:分布在印度洋赞比亚河口、红海南部、亚丁湾、波斯湾至安达曼海和中国南海南部、北部湾(越南海域)和印度尼西亚东部(图6-118)。分布北限和东限未知。

大小:最大胴长 125 mm。

渔业:在其分布范围内为小型目标鱼种之一。在印度东部沿岸拖网渔获中最大胴长110 mm,西部沿岸柯钦外海最大胴长则为120 mm。在泰国,无针乌贼为重要的商业性乌贼渔业,其中在暹罗湾和安达曼海资源最高。在暹罗湾,渔获胴长多为 20 ~80 mm,最大胴长 105 mm。在印度和斯里兰卡,为重要的商业性渔业之一,但是无专门的渔获量统计。

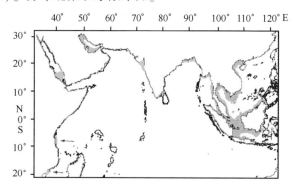

图 6-118　无针乌贼地理分布示意图

渔具有单拖、双拖、灯光诱钓、陷阱网、推网、围网以及各种手工渔具,一般单拖和双拖用于外海作业,而推网和扳缯网用于近岸和内海作业。在安达曼海渔具为推网。在爪哇东部外海近岸水域,渔具为扳缯网。

文献:Adam and Rees, 1966; Silas et al 1982, 1986; Unnithan, 1982; Sudjoko, 1987; Kasim, 1988; Appannasastry, 1989; Filippova et al, 1995; Khaliluddin, 1995; Chantawong and Suksawat, 1997; Nabhitabhata, 1997; Okutani, 1980; Roper et al, 1984; Jereb and Roper, 2005。

日本无针乌贼 *Sepiella japonica* Sasaki, 1929

分类地位:头足纲,鞘亚纲,乌贼目,乌贼亚目,乌贼科,无针乌贼属。

学名:日本无针乌贼 *Sepiella japonica* Sasaki, 1929。

拉丁异名:*Sepiella heylei* Sasaki，1929;*Sepiella maindroni* de Rochebrune，1884。

英文名:Japanese spineless cuttlefish;**法文名**:Sépia inerme japonaise;**西班牙文名**:Sepia inerme japonesa。

分类特征:体宽盾形,胴长为胴宽的 2 倍,背部前端突起钝圆,前伸至眼球后缘水平(图6-119A);腹部前端向后微凹入,末端具一腺孔,分泌物为红褐色或黑褐色液体。外套背面深褐色,布满白色斑点,雄性白斑较大,其间杂有小斑,雌性白斑较小,大小相近。口垂片无吸盘。鳍周生,前窄后宽,两鳍末端分离。触腕穗延长,不扩大,具 16~32 列大小相近的微小吸盘;边膜前端较发达,长度约等于触腕穗长,向后延伸不超过触腕穗基部;背侧保护膜窄,腹侧保护膜退化。腕相对较短,各腕长略有差异,腕式一般为 4>3>1>2 或 4>3>2>1,腕吸盘 4 列,各腕吸盘大小相近。雄性左侧第 4腕近端 1/4~1/3 茎化,近端 12 行约 40~50 个

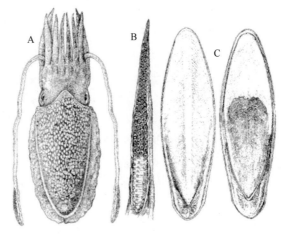

图 6-119　日本无针乌贼形态特征示意图(据 Jereb and Roper，2005)
A. 背视;B. 茎化腕;C. 内壳背视和腹视

吸盘退化(图 6-119B),并生于横脊之上;腹侧 2 列吸盘排列紧密,背侧 2 列吸盘分离;背腹两侧吸盘向腕缘分布,中间为空隙。内壳椭圆形,前端较窄,后端较圆,宽为长的 30%~35%(图 6-119C)。背面均匀凸起,细密的石灰质小颗粒依生长线排列,无明显的中肋和侧肋;横纹面凸起,中线凹沟浅窄,延伸至整个内壳长,横纹面前端横纹倒 U 字形。内锥面分支窄,等宽,后端倒 U 字形且隆起;外锥面膨大,竹片状。壳末端无骨针。

生活史及生物学:沿岸暖水底栖种,栖息在表层至 50 m 水层。生殖适温 13~24℃,最适水温为18~22℃;适盐性较高,喜活动于离岸较远的岛屿周围,很少进入沿岸内湾,未见于低盐度的内湾,成体适盐范围一般为 30~33。捕食凶猛,对食物没有明显的选择性,所捕食种类常与其当时活动水层中的优势种类有关。在主要生长阶段的秋季和冬初,摄食强度较高;在生殖阶段,摄食强度逐渐降低;在生殖末期,摄食活动已接近停止。

一年内性成熟,一生中繁殖一次。春夏之交,在近海较深处越冬的个体,集群游往浅水区,进行求偶、追偶、争偶、交配、产卵、扎卵等繁殖活动。繁殖群体的性比,因时间、空间不同而有所变化,从东海渔场总的情况看,雌雄比例大体接近。交配时,精荚由雄性的漏斗喷出,经茎化腕传递到雌性的口膜附近,精团迸出。每次交配时间约为 30 s 至 1 min,白天和夜间均有交配活动,交配频繁时,一昼夜的交配次数可达 20 余次。产卵与交配交错进行。卵子分批成熟,逐个分批产出。每个雌体日产卵量不均衡,从几枚、几十枚到百余枚不等,产卵期可延长到 1 个月,但产卵高峰期持续时间仅7~8 天,最多 10 余天,通常只有一个高峰。在整个产卵季节中,每个雌体的总产卵量约 1 000~2 000 枚。产卵后的雌体消瘦而虚弱,常浮上水面,几乎失去活动能力,不久即陆续死亡。在自然海域中,卵子多扎于海藻上,卵膜呈黑色或黑褐色,一串一串地连在一起,状如葡萄。刚产出的卵子,长径约 15 mm,短径约 9 mm。水温 20~26℃时,卵孵化期为 28~30 天。

仔稚鱼生长迅速。7 月份出现在中国浙北渔场的幼体平均胴长 9 mm 左右,8 月份长至16 mm。成体生长缓慢。从越冬乌贼的平均胴长看,11 月下旬为 119 mm,12 月下旬为 122 mm,1 月下旬为135 mm,2 月下旬为 142 mm;从生殖乌贼的平均壳长看,5 月为 88 mm,6 月为 92 mm。

地理分布:分布在西北太平洋俄罗斯沿岸,日本本州岛关东地区至韩国,中国东海、南海、台湾、广州、香港(图 6-120)。

大小:最大胴长 200 mm,最大体重 0.8 kg。

渔业:是中国(含台湾)、日本、韩国的重要经济头足类。中国近海主要有 4 个渔场:①闽东的大嵛山渔场;②浙南的大陈岛渔场;③浙北的中街山列岛渔场;④嵊泗列岛渔场。

日本无针乌贼是开发利用比较充分的头足类资源,开发利用中心在中国浙江近海、闽东、广东海域和日本以西海域。在市场上,日本无针乌贼多为干制品,少量鲜销。

文献:Adam and Rees, 1966; Choe, 1966; Ueda, 1985; Okutani et al, 1987; Natsukari and Tashiro, 1991; Morozov, 1997; Zhang et al, 1997; Voss and Williamson, 1971; Tomiyama and Hibiya, 1978; Okutani, 1980; Jereb and Roper, 2005。

备注:曼氏无针乌贼为日本无针乌贼的无效种名。

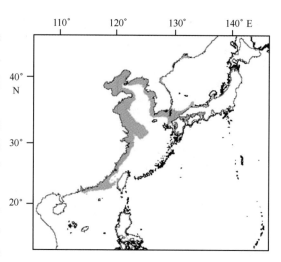

图 6-120 日本无针乌贼地理分布示意图

多斑无针乌贼 *Sepiella ocellata* Pfeffer, 1884

分类地位:头足纲,鞘亚纲,乌贼目,乌贼科,无针乌贼属。

学名:多斑无针乌贼 *Sepiella ocellata* Pfeffer, 1884。

英文名:Spotty cuttlefish。

分类特征:体长盾形。两鳍背面基部各具 6~7 个大小相近的酒红色圆斑(图 6-121A)。触腕穗吸盘 8~10 列。内壳长卵形,两侧约平行,壳宽为长的 20%~25%(图 6-121B)。

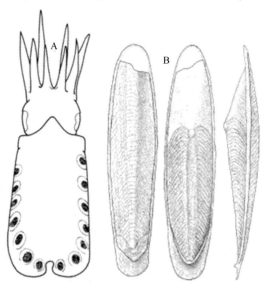

图 6-121 多斑无针乌贼形态特征示意图(据 Dunning et al, 1998)
A. 背视;B. 内壳背视、腹视和侧视

地理分布:爪哇海。

大小:最大胴长 50 mm。

文献:Reid and Lu, 1998; Dunning et al, 1998; Jereb and Roper, 2005。

绚丽无针乌贼 *Sepiella ornata* Rang，1837

分类地位：头足纲,鞘亚纲,乌贼目,乌贼亚目,乌贼科,无针乌贼属。

学名：绚丽无针乌贼 *Sepiella ornata* Rang，1837。

拉丁异名：*Sepia ornata* Rang，1837。

英文名：Ornate cuttlefish；**法文名**：Sépia ornée；**西班牙文名**：Sepia orlada。

分类特征：体长盾形,背面鳍的基部两侧各具一系列约 7 个大小不一的微红色斑块;腹面末端两鳍基部具一腺孔(图6-122A)。触腕穗窄,具 10~14 列大小相近的微吸盘。腕吸盘 4 列。雄性左侧第 4 腕近端 1/2 茎化,近端 10 行吸盘十分退化,吸盘大小相近(图 6-122B);茎化部口面宽而膨大,具生沟的横脊;背侧 2 列和腹侧 2 列吸盘向腕缘分布,中间具空隙;背侧 2 列广泛分离,腹侧 2 列紧密排列呈"Z"字形。内壳椭圆形,较胴长甚短,位于外套前端 2/3~3/4 处,宽为长的 24%~30%(图6-122C)。内壳前端尖锐且收缩,后端钝圆。腹部横纹面中线凹沟浅窄,几乎延伸至整个横纹面长。内锥面分支短,等宽,后端窄 V 字形;外锥面石灰质,膨大,竹片状,向腹部弯曲。内壳末端无骨针。

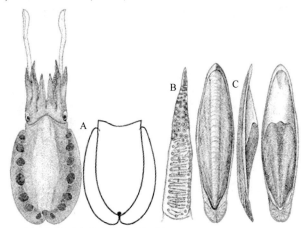

图 6-122　绚丽无针乌贼形态特征示意图(据 Roper et al,1984;Jereb and Roper,2005)
A. 背视和腹视;B. 茎化腕;C. 内壳背视、侧视和腹视

生活史及生物学：底栖种,栖息水深20~150 m,50 m 以下水层群体较密集。

地理分布：分布在东大西洋西非外海,从安哥拉至毛里塔尼亚(图6-123)。

大小：最大胴长 100 mm。

渔业：与其他乌贼类一起为底拖网的副渔获物,50 m 以下水层产量高。

文献：Tomiyama and Hibiya，1978；Okutani，1980；Roper and Sweeney，1981；Roper et al，1984；Jereb and Roper，2005。

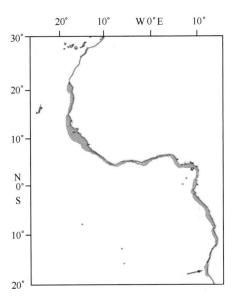

图 6-123　绚丽无针乌贼地理分布示意图

韦氏无针乌贼 *Sepiella weberi* Adam，1939

分类地位：头足纲，鞘亚纲，乌贼目，乌贼亚目，乌贼科，无针乌贼属。

学名：韦氏无针乌贼 *Sepiella weberi* Adam，1939。

英文名：Web's cuttlefish；**法文名**：Sépia de Web；**西班牙文名**：Sepia de Web。

分类特征：体长盾形，淡紫褐色。外套背部灰色，具分散的紫褐色色素体。鳍背面基部具 5~6 个大小不一的橙红色圆斑（图 6-124A），雄性圆斑较雌性略大。口垂片无口吸盘。触腕穗新月形，吸盘发生面凸，吸盘 7~10 列。触腕穗背腹两侧保护膜在触腕穗基部分离。边膜及保护膜长等于触腕穗长。腕性别二态性不明显，各腕长相近。腕吸盘 4 列，雄性中间 2 列吸盘较背列和腹列大，也较雌性吸盘大。雄性左侧第 4 腕茎化，近端 11~12 行吸盘退化，退化吸盘较正常吸盘甚小；背侧 2 列吸盘较腹侧 2 列小，背侧 2 列和腹侧 2 列吸盘向腕缘分布，中间为空隙，腹侧 2 列吸盘排列紧密；茎化部口面宽而膨大，具生沟的横脊。每半鳃鳃小片 27~28 个。内壳椭圆形，宽为长的 21%~33%，向腹部甚弯（图 6-124B）。背部中肋不明显，具侧肋，中肋前端宽；腹部横纹面凸起，中线凹沟浅窄，延伸至整个内壳长，横纹面前端横纹倒 U 字形或波浪形。内锥面分支短，略增厚；外锥面石灰质，膨大，竹片状。内壳末端无骨针。

生活史及生物学：栖息在浅水水域，栖息水层至 80 m。

地理分布：分布在印度尼西亚、澳大利亚西北部，在中国南海、越南水域可能也有分布（图 6-125）。

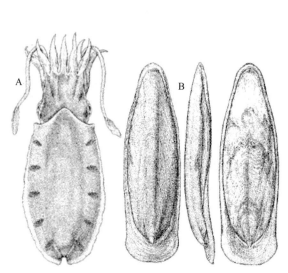

图 6-124　韦氏无针乌贼形态特征示意图（据 Jereb and Roper, 2005）

A. 背视；B. 内壳背视、侧视和腹视

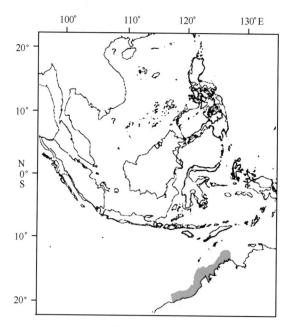

图 6-125　韦氏无针乌贼地理分布示意图

大小：雄性最大胴长 60 mm，雌性最大胴长 70 mm。

渔业：与其他乌贼类一起为拖网的副渔获物。

文献：Lu, 1997；Reid and Lu, 1998；Jereb and Roper, 2005。

帆布无针乌贼 *Sepiella cyanea* **Robson, 1924**

分类地位:头足纲,鞘亚纲,乌贼目,乌贼亚目,乌贼科,无针乌贼属。
学名:帆布无针乌贼 *Sepiella cyanea* Robson, 1924。
生活史及生物学:栖息水深 13~73 m。
地理分布:西南印度洋伊丽莎白和德班港向北至莫桑比克中部和马达加斯加岛。
大小:最大胴长 80 mm。
文献:Adam and Rees, 1966; Roeleveld, 1972; Filippova et al, 1995; Jereb and Roper, 2005。

曼堪滚无针乌贼 *Sepiella mangkangunga* **Reid and Lu, 1998**

分类地位:头足纲,鞘亚纲,乌贼目,乌贼亚目,乌贼科,无针乌贼属。
学名:曼堪滚无针乌贼 *Sepiella mangkangunga* Reid and Lu, 1998。
生活史及生物学:栖息水深 1.1~3.3 m。
地理分布:澳大利亚北部。
大小:雄性最大胴长 58 mm,雌性最大胴长 59 mm。
文献:Reid and Lu, 1998; Jereb and Roper, 2005。

第二节　耳乌贼科

耳乌贼科 *Sepiolidae* **Leach, 1817**

耳乌贼科以下包括异鱿乌贼亚科 Heteroteuthinae、僧头乌贼亚科 Rossiinae 和耳乌贼亚科 Sepiolinae 3 个亚科,共计 14 属 61 种。
分类地位:头足纲,鞘亚纲,乌贼目,耳乌贼亚目,耳乌贼科。
英文名:Bobtail squids, Mickey mouse squids;**法文名**:Sépioles;**西班牙文名**:Globitos, Rondeletiolas, Sepietas, Sepiolas。
科特征:体一般略带桃色至栗色,背部颜色深。体短宽,卵形,后部圆;背部前缘与头部愈合或游离。漏斗锁软骨具延长的卵形沟,沟种间变化较大,凹槽 1 个。鳍耳状。腕短,无保护膜。雄性 1 只第 1 腕或第 1 对腕茎化,此外,其中 1 只第 2 腕可能特化。具薄的角质内壳或退化或不具内壳。仅左侧输卵管发达。亚科主要特征比较见表 6-1。

表 6-1　亚科主要特征比较

亚科/特征	外套与头部愈合	具颈软骨	外套具腹盾	第 1~3 腕间膜深
异鱿乌贼亚科	是/否	否	是	是
僧头乌贼亚科	否	是	否	否
耳乌贼亚科	是	否	否	否

生活史及生物学:僧头乌贼和耳乌贼亚科为底栖生活,而异鱿乌贼亚科为浮游生活。该科所有种类产大型沉性卵,初孵幼体胴长可达成体的 1/4。
地理分布:世界各大洋热带、温带和亚极地水域。

大小:最大胴长可达 100 mm。

渔业:无大规模商业性捕捞,多为地方性渔业,无专门的渔获量统计。肉质鲜美,但保存困难。在某些海域,如地中海资源丰富。

文献:Clarke,1988;Fioroni,1981;Lu et al,1992;Naef,1921,1923;Nesis,1982;Boletzky,1995;Young,1996。

亚科的检索:

1(2)除第 4 对腕外,其余各腕间均具深的腕间膜 ……………………………… 异鱿乌贼亚科
2(1)各腕间无腕间膜或仅第 3 和第 4 腕间具深的腕间膜
3(4)外套背部前缘与头部愈合(图 6-126A) ……………………………… 耳乌贼亚科
4(3)外套背部前缘与头部不愈合(图 6-126B) ……………………………… 僧头乌贼亚科

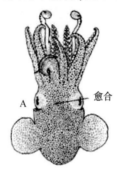
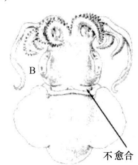

图 6-126
A. 耳乌贼亚科;B. 僧头乌贼亚科

耳乌贼亚科 Sepiolinae Appellöf, 1898

耳乌贼亚科以下包括四盘耳乌贼属 *Euprymna*、暗耳乌贼属 *Inioteuthis*、龙德莱耳乌贼属 *Rondeletiola*、小乌贼属 *Sepietta* 和耳乌贼属 *Sepiola* 5 属。

分类地位:头足纲,鞘亚纲,乌贼目,耳乌贼亚目,耳乌贼科,耳乌贼亚科。

亚科特征:外套和头在颈部愈合,无腹盾。触腕穗膨大,边膜沿整个触腕穗分布,长度等于触腕穗长。第 1~3 腕间内腕间膜微弱,腕吸盘 2~4 列(腕顶端吸盘列可能更多),雄性左侧第 1 腕茎化。内壳退化或完全消失。雌性生殖器开口附近具"交配囊"。若墨囊两侧具发光器,则发光器通常具独立的豆状晶状体和反光体。各属主要特征比较见表 6-2。

生活史及生物学:耳乌贼亚科为耳乌贼科浅海底栖种,东大西洋和地中海分布密度最高。

地理分布:广泛分布于世界各大洋的浅海水域(美洲沿岸除外)。

文献:Naef 1921,1923;Young et al,1998;Vecchione and Young,2004。

表 6-2 各属主要特征比较

属/特征	腕吸盘列数 *	内脏发光器	触腕穗吸盘列	内壳
四盘耳乌贼属	4 * *	有	>20 * *	有
暗耳乌贼属	2	无	8~16	无
龙德莱耳乌贼属	2	有	8~16	无
小乌贼属	2	无	16~32	退化
耳乌贼属	2	有	<9	有

注: * 非茎化腕,除第 4 腕顶端; * * :除菲耐克斯四盘耳乌贼 *Euprymna phenax*(腕吸盘 2 列,触腕穗吸盘 12~14 列)。

属的检索:

1(2)腕吸盘4列(菲耐克斯四盘耳乌贼2列);茎化腕无"交配器" …………… 四盘耳乌贼属

2(1)腕吸盘4列(第4腕顶端除外);茎化腕具"交配器"

3(6)墨囊具发光器

4(5)第4腕顶端吸盘4列;具内壳 ………………………………………… 耳乌贼属

5(4)第4腕顶端吸盘2列;无内壳 ……………………………………… 龙德莱耳乌贼属

6(3)墨囊不具发光器

7(8)内壳退化;雄性第3腕略显"S"形 ……………………………… 小乌贼属

8(7)无内壳;雄性第3腕明显的"S"形,向口的方向弯曲 ……………… 暗耳乌贼属

耳乌贼属 *Sepiola* Leach, 1817

　　耳乌贼属已知近缘耳乌贼 *Sepiola affinis*、大西洋耳乌贼 *Sepiola atlantica*、橙黄耳乌贼 *Sepiola aurantiaca*、双喙耳乌贼 *Sepiola birostrata*、中耳乌贼 *Sepiola intermedia*、克氏耳乌贼 *Sepiola knudseni*、舌状耳乌贼 *Sepiola ligulata*、多斑耳乌贼 *Sepiola parva*、普氏耳乌贼 *Sepiola pfefferi*、粗壮耳乌贼 *Sepiola robusta*、耳乌贼 *Sepiola rondeleti*、僧形耳乌贼 *Sepiola rossiaeformis*、斯氏耳乌贼 *Sepiola steenstrupiana*、三喙耳乌贼 *Sepiola trirostrata* 14 种,其中耳乌贼为本属模式种。

　　分类地位:头足纲,鞘亚纲,乌贼目,耳乌贼亚目,耳乌贼科,耳乌贼亚科,耳乌贼属

　　属特征:体圆袋形,外套和头在颈部愈合。外套腹部前缘具窄的开口,漏斗刚好位于中间(图6-127A)。触腕穗吸盘8列或更少。腕吸盘2列。雄性左侧第1腕茎化,基部吸盘3~4个(图6-127B);随后的"交配器"上4个吸盘柄形成瘤状突起,有时特化为钩或喙突;远端增粗,吸盘和柄2列,有时2列吸盘广泛分离,某些吸盘经常扩大。内脏具一对豆状或肾形发光器。角质内壳退化。

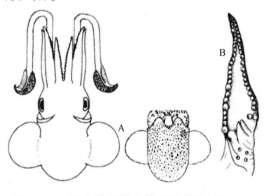

图6-127　耳乌贼属形态特征示意图(据 Naef 1921,1923;Roper et al,1984)
A. 背视和腹视;B. 茎化腕

　　地理分布:分布沿大西洋东部边缘水域,从挪威至西非;沿太平洋西部边缘水域,库页岛和南库林岛、日本、菲律宾和新加坡。

　　大小:多数胴长小于 25 mm。

　　文献: Naef, 1921,1923;Nesis, 1982, 1987;Roper et al, 1984;Vecchione and Young, 2003。

　　主要种的检索:

1(12)茎化腕远端吸盘柄正常

2(11)第4腕吸盘2列

3(4)"交配器"舌状 ………………………………………………………… 舌状耳乌贼

4(3)"交配器"钩状或眼孔状

5(10)"交配器"钩状

6(7)"交配器"之后吸盘正常 ……………………………………………… 粗壮耳乌贼

7(6)"交配器"之后少数吸盘扩大

8(9)"交配器"之后近端1-3个吸盘扩大…………………………………… 中耳乌贼

9(8)"交配器"之后远端中部3-4个吸盘扩大……………………………… 近缘耳乌贼

10(5)"交配器"弯曲呈眼孔状 ……………………………………………… 耳乌贼

11(2) 第 4 腕近端吸盘 2 列,顶端微吸盘 4-8 列 ·············· 大西洋耳乌贼

12(1) 茎化腕远端吸盘柄延长且膨大,并紧密排列呈栅栏状

13(16) "交配器"仅具钩

14(15) 钩 2 个 ··· 双喙耳乌贼

15(14) 钩 1 个 ··· 多斑耳乌贼

16(13) "交配器"具钩和舌状突起 ···························· 三喙耳乌贼

近缘耳乌贼 *Sepiola affinis* Naef, 1912

分类地位:头足纲,鞘亚纲,乌贼目,耳乌贼亚目,耳乌贼科,耳乌贼亚科,耳乌贼属。

学名:近缘耳乌贼 *Sepiola affinis* Naef, 1912。

英文名:Analogous bobtail squid;**法文名**:Sépiole analogue;**西班牙文名**:Sepiola análoga。

分类特征:体略呈圆锥形,眼睛突起。体深褐色,色素体大而密集。鳍宽圆,两鳍呈耳状(图 6-128A)。触腕穗纤细,吸盘小,6 列,近柄部背列少数吸盘略微扩大。腕吸盘 2 列。雄性左侧第 1 腕茎化(图 6-128B),基部 3 个吸盘小,随后为膨大的"交配器",之后吸盘 2 列,背列吸盘大小不一:近端 4~6 吸盘小,随后 3~4 个吸盘十分扩大,其余远端吸盘至顶端逐渐变小;腹列吸盘等大。墨囊两侧具 1 对肾形发光器。"交配囊"小(图 6-128C)。

生活史及生物学:地中海地方性种类。常栖息于底质为砂质或砂泥质的水域,栖息水深 20~178 m,15~30 m 资源丰富。雄性初次性成熟胴长 12 mm,雌性初次性成熟胴长 18 mm。卵相对较大,长径 2.2 mm,短径 1.8 mm。雌性产卵后死亡,繁殖策略为瞬时终端产卵形。体色多变,具保护色功能。

地理分布:分布在地中海包括西西里海峡、亚得里亚海和爱琴海北部(图 6-129)。

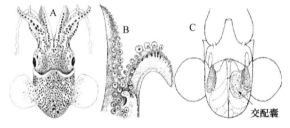

图 6-128　近缘耳乌贼形态特征示意图(据 Jereb and Roper, 2005)

A. 背视;B. 右侧第 1 腕和茎化腕;C. 外套腔腹视

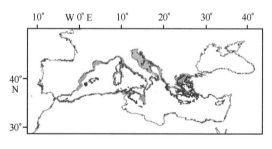

图 6-129　近缘耳乌贼地理分布示意图

大小:最大胴长 25 mm。

渔业:一般为小型或群众渔业,通常与其他乌贼类一起销售,无专门的渔获统计。

文献:Naef, 1923;Mauris, 1989;Bello, 1990, 1995;Guerra, 1992;Gabel-Deickert, 1995;D'Onghia et al, 1996;Jereb et al, 1997;Salman et al, 2002。

大西洋耳乌贼 *Sepiola atlantica* Orbigny, 1840

分类地位:头足纲,鞘亚纲,乌贼目,耳乌贼亚目,耳乌贼科,耳乌贼亚科,耳乌贼属。

学名:大西洋耳乌贼 *Sepiola atlantica* Orbigny, 1840。

英文名:Atlantic bobtail squid;**法文名**:Sépiole grandes oreilles;**西班牙文名**:Sepiola atlántica。

分类特征:体短圆锥形。鳍短,两鳍呈耳状(图 6-130A)。触腕穗吸盘 8 列。第 4 腕近端吸盘

2 列,顶端微吸盘 4~8 列,其余各腕吸盘 2 列。雄性左侧第 1 腕茎化(图 6-130B),茎化部具 1 个膨大的"交配器","交配器"基部具附属喙突;"交配器"之后的背列,近端 3~4 个吸盘略微扩大但吸盘柄膨大,随后 3~4 个吸盘尺寸骤减,再后中部 4~5 个吸盘十分扩大。茎化腕远端十分弯曲。墨囊两侧具 1 对肾形发光器。"交配囊"小(图 6-130C)。

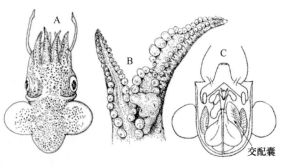

图 6-130　大西洋耳乌贼形态特征示意图(据 Jereb and Roper, 2005)

A. 背视;B. 右侧第 1 腕和茎化腕;C. 外套腔腹视

生活史及生物学:半底栖种,栖息在大陆架至大陆架斜坡的边缘水域,白天和夜间则通常出现在中层水域。群体年龄组成范围变化大,繁殖季节延长。稚鱼全年可见,高峰期为 4 月和 6—8 月。

地理分布:分布在东北大西洋 65°~35°N,冰岛、法罗群岛和挪威西部至摩洛哥。在地中海也有分布记录(图 6-131)。

大小:最大胴长 21 mm。

渔业:地方性渔业,为重要鱼饵种。

文献:Joubin, 1902;Naef, 1912;Herring et al, 1981;Roper et al, 1984;Guerra, 1986;Nesis, 1987;Guerra, 1992;Yau and Boyle, 1996;Collins et al, 2001;Jereb and Roper, 2005。

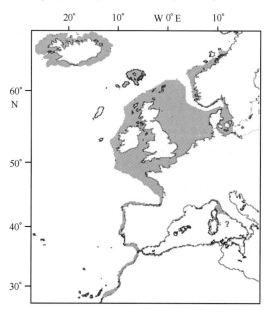

图 6-131　大西洋耳乌贼地理分布示意图

双喙耳乌贼 *Sepiola birostrata* Sasaki, 1918

分类地位:头足纲,鞘亚纲,乌贼目,耳乌贼亚目,耳乌贼科,耳乌贼亚科,耳乌贼属。

学名:双喙耳乌贼 *Sepiola birostrata* Sasaki, 1918。

英文名:Butterfly bobtail squid, Lantern cuttlefish;**法文名**:Sépiole papillon;**西班牙文名**:Sepiola mariposa。

分类特征:体圆袋形,胴宽约为胴长的7/10(图6-132A)。体表具大量褐色或黑色色素体,其中有一些较大;第3腕深粉红色,第1~3腕各具1纵列大色素体,第4腕具2纵列小色素体。鳍较大,近圆形,位于外套两侧,鳍长约为胴长的2/3。触腕纤长,为腕长的2倍;触腕穗短,略弯,长约为触腕长的1/4;触腕穗吸盘微小,大小相近,近端4列大吸盘,向远端增至16列小吸盘,背列吸盘较腹列吸盘略大;边膜远端甚窄,近端厚,与掌部相对处具1半月形膜片。各腕长略有差异,腕式一般为3>2>1>4,腕吸盘2列,内角质环光滑。雄性第3腕甚粗,约为其他腕的3倍,顶端削弱。雄性第1和第2腕吸盘等大,但较第3和第4腕吸盘大。雄性左侧第1腕茎化(图6-132B),较右侧第1腕粗壮;基部具4~5个微小吸盘,随后的"交配器"具2个膨大的弯钩,再后的吸盘退化,吸盘柄延长且膨大并紧密排列呈栅栏状。雄性右侧第1腕1/2~4/5处增粗。角质内壳退化。墨囊两侧具1对肾形发光器。

生活史及生物学:浅海温水底栖种,主要栖息在大陆架区的400~500 m海底,甚至可达1 000 m的大陆架斜坡区。早春繁殖,向沿岸和内湾进行生殖洄游,群体较密;秋后,新生代离开沿岸向深水越冬洄游。卵略呈球形,胶质外膜具黏性,卵子成堆的扎附于海藻、石块和贝壳上。初孵幼体经过一定阶段的浮游生活期后,潜入海底,营底栖生活。

地理分布:分布在西北太平洋鄂霍次克海、萨哈林岛南端、千岛群岛、朝鲜、韩国,中国黄海、渤海、东海,日本列岛36°N以北常见(图6-133)。

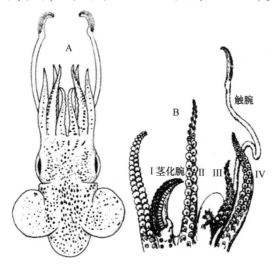

图6-132 双喙耳乌贼形态特征示意图(据 Roper et al, 1984)

A. 背视;B. 雄性部分头冠口视

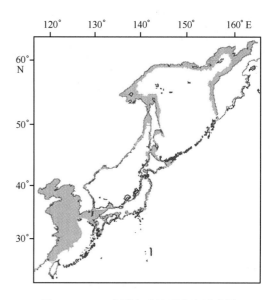

图6-133 双喙耳乌贼地理分布示意图

大小:最大胴长22 mm。

渔业:双喙耳乌贼是经济鱼类和大型底栖动物的重要饵食,在食物链中占有一定地位。分布在黄海的双喙耳乌贼是带鱼的重要饵食,其重量和出现频率不仅超过其他头足类,而且还超过某些鱼类和甲壳类。

文献:Roper et al, 1984;Nesis,1987;Takayama and Okutani, 1992;Okutani, 1995;Kubodera and Yamada, 1998;Jereb and Roper, 2005;董正之, 1991。

中耳乌贼 *Sepiola intermedia* Naef, 1912

分类地位:头足纲,鞘亚纲,乌贼目,耳乌贼亚目,耳乌贼科,耳乌贼亚科,耳乌贼属。

学名：中耳乌贼 *Sepiola intermedia* Naef, 1912。

英文名：Intermediate bobtail squid；法文名：Sépiole intermédiaire；西班牙文名：Sepiola intermedia。

分类特征：体圆袋形，深褐色，体表分散大色素体。鳍短圆。触腕穗纤细，吸盘小，6 列。雄性第 2 和第 4 腕具少量扩大的吸盘。雄性左侧第 1 腕茎化（图 6-134A），基部 3 个吸盘正常；"交配器"为膨大且褶皱的块茎，并向内弯曲，喙突明显游离；"交配器"之后的背列吸盘大小不一：2 个吸盘明显扩大，其中最近端的较远端的略大；或 3 个吸盘扩大，其中间 1 个最大；或 1 个小吸盘之后为 1 个十分扩大的吸盘，再后为 1 个中等扩大的吸盘。茎化腕较右侧第 1 腕甚长。"交配囊"小（图 6-134B）。

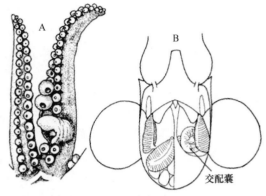

图 6-134 中耳乌贼形态特征示意图（据 Jereb and Roper, 2005）
A. 右侧第 1 腕和茎化腕；B. 外套腔腹视

生活史及生物学：栖息于大陆架水域，栖息水深 8~200 m，通常生活在 60~200 m 的泥质海底，游泳能力强。在意大利，沿岸浅水水域和底质砂质的水域资源丰富。全年可见成熟个体，产卵季节延长。

地理分布：分布在东北大西洋和地中海，包括利古里亚海、西西里海峡、亚得里亚海和爱琴海北部。在卡迪斯湾可能也有分布（图 6-135）。

大小：雄性最大胴长 26 mm，雌性最大胴长 28 mm。

渔业：在其分布范围内为小型地方性渔业，在地中海地区为耳乌贼渔获物的重要组成部分，渔获水层为中层水域，通常采用围网夜间作业。

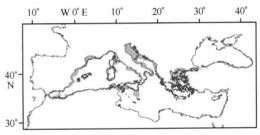

图 6-135 中耳乌贼地理分布示意图

文献：Naef, 1912b, 1923；Belcari et al, 1989；Orsi Relini and Bertuletti, 1989；Guerra, 1992；Bello, 1995；Volpi et al, 1995；D'Onghia et al, 1996；Jereb et al, 1997；Salman et al, 1997；Jereb and Roper, 2005。

舌状耳乌贼 *Sepiola ligulata* Naef, 1912

分类地位：头足纲，鞘亚纲，乌贼目，耳乌贼亚目，耳乌贼科，耳乌贼亚科，耳乌贼属。

学名：舌状耳乌贼 *Sepiola ligulata* Naef, 1912。

英文名：Tongue bobtail squid；法文名：Sépiole languette；西班牙文名：Sepiola lengüita。

分类特征：体圆袋形，金黄色，略带橙黄色和淡红褐色。外套腹部前缘明显向前延伸，中央开口深。鳍相对较小，侧缘圆，后缘较平直。触腕穗纤细，吸盘小，8 列。雄性左侧第 1 腕茎化（图 6-136A）：基部 3 个吸盘正常；之后为舌状"交配器"，舌尖指向远端，"交配器"基部附属喙突形成具柄的碟状或铲状结构，指向右侧第 1 腕；"交配器"之后腹列第 1 吸盘扩大，吸盘柄长而粗壮。"交配囊"大，占据外套腔左侧绝大部分（图 6-136B）。

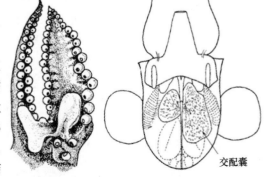

图 6-136 舌状耳乌贼形态特征示意图（据 Jereb and Roper, 2005）
A. 右侧第 1 腕和茎化腕；B. 外套腔腹视

生活史及生物学:半底栖种,主要栖息于大陆架的泥质底层,有时可至大陆架斜坡水域,栖息水深44~380 m。卵红色,相对较大(直径3.5 mm),温度12~20℃生长迅速,胴长1.8~2.5 mm的初伏幼体生长至9 mm仅需6个月。雄性最小性成熟胴长11 mm,雌性最小性成熟胴长14 mm。

地理分布:分布在地中海,包括利古里亚海、伊特鲁里亚海、西西里海峡、亚得里亚海和爱琴海北部(图6-137)。可能在东大西洋葡萄牙和西班牙周边海域也有分布。

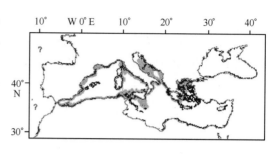

图6-137 舌状耳乌贼地理分布示意图

大小:最大胴长25 mm。

渔业:舌状耳乌贼是耳乌贼属最小的种类之一,资源量不丰富,通常与小乌贼和龙德莱耳乌贼等其他乌贼类一起渔获,肉可食用,仅在当地鱼市销售。

文献:Naef, 1912, 1923; Boletzky et al, 1971; Orsi Relini and Bertuletti, 1989; Bello, 1990, 1995; Guerra, 1992; Sartor and Belcari, 1995; Volpi et al, 1995; Wurtz et al, 1995; D'Onghia et al, 1996; Jereb et al, 1997; Salman et al, 2002; Jereb and Roper, 2005。

多斑耳乌贼 *Sepiola parva* Sasaki, 1913

分类地位:头足纲,鞘亚纲,乌贼目,耳乌贼亚目,耳乌贼科,耳乌贼亚科,耳乌贼属。

学名:多斑耳乌贼 *Sepiola parva* Sasaki, 1913。

英文名:Spotty bobtail squid;**法文名**:Sépiole mouchetée;**西班牙文名**:Sepiola manchada。

分类特征:体圆袋形,背部前缘与头部愈合(图6-138A)。头宽,但小于胴宽。鳍窄短,两鳍呈耳状。触腕穗吸盘8列,背腹2列吸盘较中间列吸盘小。腕吸盘2列。雄性左侧第1腕茎化(图6-138B):基部4~5个吸盘正常;之后为钩状"交配器";"交配器"之后背腹2列吸盘柄延长且膨大并紧密排列呈栅栏状,而吸盘则退化,开口小。无角质内壳。墨囊两侧具1对肾形发光器。

生活史及生物学:栖息于近海滩水域,尤喜低潮线下底质坚硬的水域。

地理分布:分布在西北太平洋日本南部至菲律宾北部(图6-139)。

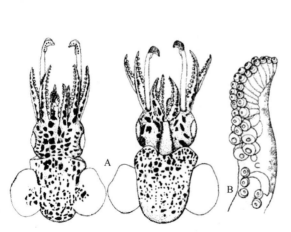

图6-138 多斑耳乌贼形态特征示意图(据 Jereb and Roper, 2005)A. 背视和腹视;B. 茎化腕

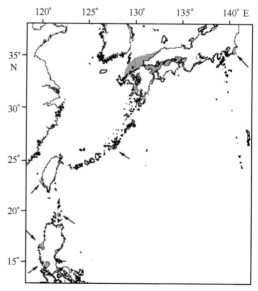

图6-139 多斑耳乌贼地理分布示意图

大小：最大胴长 10 mm。

渔业：偶尔有渔获，仅在当地食用。

文献：Takayama and Okutani，1992；Okutani，1995；Reid and Norman，1998；Jereb and Roper，2005。

粗壮耳乌贼 *Sepiola robusta* Naef，1912

分类地位：头足纲，鞘亚纲，乌贼目，耳乌贼亚目，耳乌贼科，耳乌贼亚科，耳乌贼属。

学名：粗壮耳乌贼 *Sepiola robusta* Naef，1912。

英文名：Robust bobtail squid；法文名：Sépiole robuste；西班牙文名：Sepiola robusta。

分类特征：体圆袋形，腹部前缘正常，不向前延伸(图 6-140A)。鳍短，两鳍呈耳状。触腕穗吸盘 8 列，掌部最宽处背列吸盘明显扩大。雄性左侧第 1 腕茎化(图 6-140B)：基部吸盘 3 个，其中 1 个明显扩大；随后的"交配器"具 3 个钩状结构，略弯；"交配器"之后的吸盘柄正常；"交配器"之后腕口面宽，第 5 或第 6 行吸盘后开始变窄，向背侧甚弯；腕内侧无沟。雌性"交配囊"中等大小，后端延伸至鳃末端(图 6-140C)；无盲肠。墨囊两侧具 1 对肾形发光器。

生活史及生物学：栖息于外大陆架水域，栖息水深 26～498 m。交配时，雄性抓住雌性的颈部，精囊输入雌性的"交配囊"内。雄性在求爱期有守护雌性的习性。

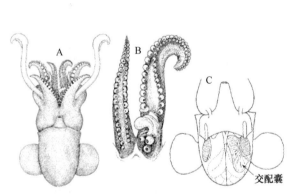

图 6-140　粗壮耳乌贼形态特征示意图(据 Jereb and Roper，2005)

A. 腹视；B. 右侧第 1 腕和茎化腕；C. 外套腔腹视

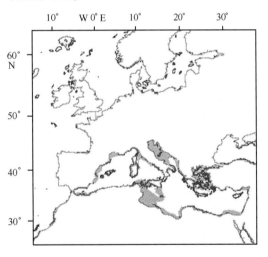

图 6-141　粗壮耳乌贼地理分布示意图

地理分布：分布在地中海除马尔马拉海和黑海外所有区域(图 6-141)。

大小：雄性最大胴长 25 mm，雌性最大胴长 28 mm。

渔业：是地中海海域最常见的耳乌贼之一，常与其他耳乌贼一起渔获，但渔获数量低。

文献：Naef，1921，1923，1923；Boletzky et al，1971；Boletzky，1983；Nesis，1987；Guerra，1984；Belcari et al，1989；Orsi Relini and Bertuletti，1989；Guerra，1992；Bello，1995；Jereb and Di Stefano，1995；Volpi et al，1995；Jereb et al，1997；Jereb and Roper，2005。

耳乌贼 *Sepiola rondeleti* Leach，1817

分类地位：头足纲，鞘亚纲，乌贼目，耳乌贼亚目，耳乌贼科，耳乌贼亚科，耳乌贼属。

学名：耳乌贼 *Sepiola rondeleti* Leach，1817。

英文名：Dwarf bobtail；法文名：Sépiole naine；西班牙文名：Globito。

分类特征：体圆袋形，外套腹部前缘明显向前延伸，中央凹沟深（图6-142A、B）。外套腹面边缘具密集的色素体，触腕穗外表面具大量色素体。鳍短，两鳍呈耳状。触腕穗发达，吸盘8列，近端背列吸盘明显扩大。雄性左侧第1腕茎化（图6-142C）：钝而侧扁，侧弯呈环形；基部3个吸盘略微扩大，随后膨大的"交配器"眼孔状；"交配器"之后几个吸盘扩大，腹列吸盘较背列吸盘甚小，腕内侧无沟。具退化的角质内壳。雌性"交配囊"大，后端延伸超过鳃末端（图6-142D）；盲肠小。墨囊两侧具1对肾形发光器。

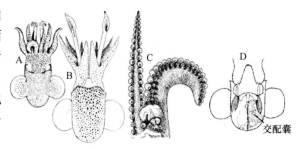

图6-142　耳乌贼形态特征示意图（据Naef, 1921, 1923；Jereb and Roper, 2005）

A. 雄性背视；B. 雌性腹视；C. 右侧第1腕和茎化腕；D. 外套腔腹视

生活史及生物学：浅水半底栖种，栖息于底质为砂质和泥质的水层，水深可达450 m，在 Posidonia 海藻水域分布较普遍。在西地中海，雌性性成熟胴长约为30 mm。产卵期3—11月。生命周期约1.5年。以甲壳类和小型鱼类为食。

地理分布：分布在东北大西洋和地中海，包括西西里海峡、爱琴海、亚得里亚海、马尔马拉海、东部地中海；在东北大西洋从北海至塞内加尔（图6-143）。

大小：雄性最大胴长25 mm；雌性最大胴长60 mm，一般为40~50 mm。

渔业：捕捞渔具有围网、流刺网和底拖网。新鲜个体肉质鲜美。无专门的渔获量统计。

文献：Mangold-Wirz, 1963；Fischer, 1973；Joubin, 1895, 1902；Naef, 1921, 1923；Boletzky et al, 1971；Bello, 1983, 1984；Roper et al, 1984；Guerra, 1992；Bello, 1995；Orsi Relini and Bertuletti, 1989；D'Onghia et al, 1996；Jereb et al, 1997；Jereb and Roper, 2005。

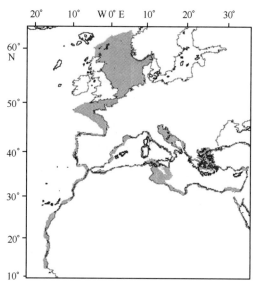

图6-143　耳乌贼地理分布示意图

三喙耳乌贼 *Sepiola trirostrata* Voss，1962

分类地位：头足纲，鞘亚纲，乌贼目，耳乌贼亚目，耳乌贼科，耳乌贼亚科，耳乌贼属。

学名：三喙耳乌贼 *Sepiola trirostrata* Voss，1962。

分类特征：体圆锥形（图6-144A）。外套和头部具大量微小的褐色或黑色色素体；第3腕深粉红色，第1~3腕各具1纵列大色素体，第4腕具2纵列小色素体。鳍短，两鳍呈耳状。触腕穗吸盘4列，吸盘大，背列吸盘较腹列吸盘大。第3腕粗壮，向内甚弯，雄性更为明显。雄性右侧第1和第2腕腹列吸盘较背

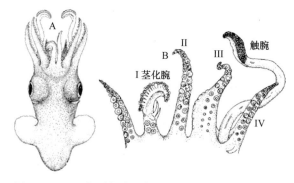

图6-144　三喙耳乌贼形态特征示意图（据Jereb and Roper, 2005）

A. 背视；B. 雄性部分头冠口视

列大。雄性左侧第 1 腕茎化(图 6-144B)：基部吸盘 4 个；"交配器"为 2 个细长的钩状乳突和 1 个舌状突起；"交配器"之后的背腹两侧吸盘柄延长且膨大并紧密排列呈栅栏状,而吸盘退化,开口小。墨囊两侧具 1 对肾形发光器。

地理分布：分布在菲律宾和新加坡周边海域(图 6-145)。

大小：最大胴长 12.5 mm。

文献：Voss, 1963; Jereb and Roper, 2005。

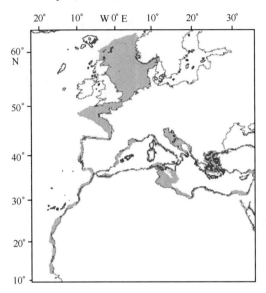

图 6-145　三喙耳乌贼地理分布示意图

橙黄耳乌贼 *Sepiola aurantiaca* Jatta, 1896

分类地位：头足纲,鞘亚纲,乌贼目,耳乌贼亚目,耳乌贼科,耳乌贼亚科,耳乌贼属。

学名：橙黄耳乌贼 *Sepiola aurantiaca* Jatta, 1896。

分类特征：体圆袋形,橙黄色(图 6-146A)。雄性左侧第 1 腕茎化(图 6-146B)：基部 3~4 个吸盘正常,随后为"交配器","交配器"之后的背腹两侧各 3~4 个吸盘扩大,背腹两侧吸盘列间间隙大。

地理分布：东北大西洋挪威南部至地中海。

生活史及生物学：栖息在外大陆架和半深海水域,栖息水层 200~400 m。

大小：最大胴长 20 mm。

文献：Naef 1912, 1923; Guerra, 1992; Bello, 1995; Jereb and Roper, 2005。

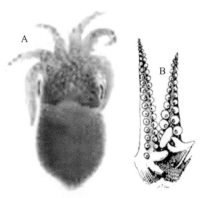

图 6-146　橙黄耳乌贼形态特征示意图(据 Naef, 1921, 1923)

A. 腹视；B. 右侧第 1 腕和茎化腕

克氏耳乌贼 *Sepiola knudseni* Adam, 1984

分类地位：头足纲,鞘亚纲,乌贼目,耳乌贼亚目,耳乌贼科,耳乌贼亚科,耳乌贼属。

学名：克氏耳乌贼 *Sepiola knudseni* Adam, 1984。

生活史及生物学:栖息在内大陆架水域,栖息水深 32~90 m。
地理分布:东大西洋非洲西北部和西部,从加那利群岛至几内亚湾。
大小:雄性最大胴长 8.5 mm,雌性最大胴长 18 mm。
文献:Adam, 1984; Jereb and Roper, 2005。

普氏耳乌贼 *Sepiola pfefferi* Grimpe, 1921

分类地位:头足纲,鞘亚纲,乌贼目,耳乌贼亚目,耳乌贼科,耳乌贼亚科,耳乌贼属。
学名:普氏耳乌贼 *Sepiola pfefferi* Grimpe, 1921。
生活史及生物学:栖息在大陆架水域,具体水层未知。
地理分布:分布在东北大西洋法罗群岛和挪威南部至法国布列塔尼。
大小:雄性最大胴长 12 mm,雌性最大胴长 13 mm。
文献:Grimpe, 1921; Jereb and Roper, 2005。

僧形耳乌贼 *Sepiola rossiaeformis* Pfeffer, 1884

分类地位:头足纲,鞘亚纲,乌贼目,耳乌贼亚目,耳乌贼科,耳乌贼亚科,耳乌贼属。
学名:僧形耳乌贼 *Sepiola rossiaeformis* Pfeffer, 1884。
地理分布:印度洋—太平洋。
大小:最大胴长 6 mm。
文献:Pfeffer, 1884; Jereb and Roper, 2005。

斯氏耳乌贼 *Sepiola steenstrupiana* Levy, 1912

分类地位:头足纲,鞘亚纲,乌贼目,耳乌贼亚目,耳乌贼科,耳乌贼亚科,耳乌贼属。
学名:斯氏耳乌贼 *Sepiola steenstrupiana* Levy, 1912。
拉丁异名:*Sepiola tenera* Naef, 1912。
英文名:Steenstrup's bobtail;**法文名**:Sépiole de Steenstrup;**西班牙文名**:Sepieta de Steenstrup。
地理分布:分布在地中海,包括伊特鲁里亚海中部、亚得里亚海、爱琴海和东部地中海;红海、亚丁湾和索马里。
大小:最大胴长 30 mm。
文献:Naef, 1921, 1923; Guerra, 1992; Bello, 1995; Rocha et al, 1998; Jereb and Roper, 2005。

四盘耳乌贼属 *Euprymna* Steenstrup, 1887

四盘耳乌贼已知信天翁四盘耳乌贼 *Euprymna albatrossae*、柏氏四盘耳乌贼 *Euprymna berryi*、奥氏四盘耳乌贼 *Euprymna hoylei*、希氏四盘耳乌贼 *Euprymna hyllebergi*、四盘耳乌贼 *Euprymna morsei*、派纳莱斯四盘耳乌贼 *Euprymna penares*、菲耐克斯四盘耳乌贼 *Euprymna phenax*、夏威夷四盘耳乌贼 *Euprymna scolopes*、窄指四盘耳乌贼 *Euprymna stenodactyla*、塔斯马尼亚四盘耳乌贼 *Euprymna tasmanica* 10 种,其中四盘耳乌贼为本属模式种。

分类地位:头足纲,鞘亚纲,乌贼目,耳乌贼目,耳乌贼科,耳乌贼亚科,四盘耳乌贼属。
属特征:体圆袋形,外套和头在颈部愈合(图 6-147A)。触腕穗吸盘多于 32 列。第 3 腕明显粗壮。腕吸盘通常为 4 列(图 6-147A、B),菲耐克斯四盘耳乌贼为 2 列。雄性左侧第 1 腕茎化,某些非茎化腕边缘亦具扩大的吸盘(图 6-147B)。多数种具角质内壳。内脏具 1 对豆状发光器(图 6

－147C）。

　　地理分布:印度洋—太平洋大陆架和内大陆架斜坡水域。

　　生活史及生物学:栖息最浅水深小于 1 m。

　　文献: Nesis，1982，1987；Voss，1963；Roper and Nauen，1984；Young and Vecchione，1996。

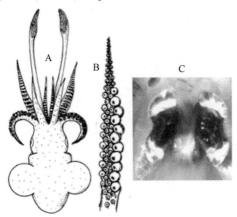

图 6-147　四盘耳乌贼属形态特征示意图（据 Roper et al，1984；Young and Vecchione，1996）

A. 背视；B. 腕；C. 墨囊发光器，银色为反光器

主要种的检索:

1(8)雄性非茎化腕中，第 2 和第 4 腕具十分扩大的吸盘

2(7)第 2 和第 4 腕背腹两列均具十分扩大的吸盘

3(6)雄性非茎化腕中，第 3 腕具十分扩大的吸盘

4(5)第 3 腕背腹两列均具十分扩大的吸盘 ……………………………… 塔斯马尼亚四盘耳乌贼

5(4)第 3 腕仅腹列具十分扩大的吸盘 …………………………………… 柏氏四盘耳乌贼

6(3)雄性非茎化腕中，第 3 腕无明显扩大的吸盘 ……………………… 信天翁四盘耳乌贼

7(2)第 2 和第 4 腕仅腹列具十分扩大的吸盘 …………………………… 四盘耳乌贼

8(1)雄性非茎化腕中，第 2 和第 4 腕无明显扩大的吸盘 …………… 菲耐克斯四盘耳乌贼

四盘耳乌贼 *Euprymna morsei* Verrill，1881

　　分类地位:头足纲，鞘亚纲，乌贼目，耳乌贼亚目，耳乌贼科，耳乌贼亚科，四盘耳乌贼属。

　　学名:四盘耳乌贼 *Euprymna morsei* Verrill，1881。

　　拉丁异名:*Inioteuthis morsei* Verrill，1881；*Euprymna similis* Sasaki，1913。

　　英文名: Mimika bobtail，Japanese bobtail squid；**法文名:**Sépiole mimika；**西班牙文名:**Sepiola mimika。

　　分类特征:体圆袋形，背部前缘与头部愈合（图 6-148A）。体彩虹色至紫色，体表具黑色色素体。鳍宽圆，两鳍呈耳状。触腕穗具大量排列紧密的微小吸盘，吸盘球形，吸盘柄长；边膜沿触腕柄延伸。腕吸盘 4 列。雌性吸盘较小，大小相近；而雄性第 2~4 腕腹列第 3~4 吸盘后的约 10 个吸盘扩大。雄性左侧第 1 腕茎化，较右侧第 1 腕钝而粗短（图 6-148B）：近端 1/3 的 2~4 斜列吸盘正常，而基部腹列具 1~2 个乳突，乳突上偶尔具微小的吸盘；远端 2/3 具 2~4 列排列紧密的乳突；顶端吸盘开口延长，内角质环具微齿。无角质内壳。墨囊具 1 对豆状发光器。

　　生活史及生物学:温带海域小型底栖及中上层种，在沿岸底质为砂质的水域产卵，卵径小。

　　地理分布:分布在日本南部、中国东海、菲律宾、南至印度尼西亚。可能在孟加拉湾、印度和马尔代夫群岛都有分布(图6-149)。

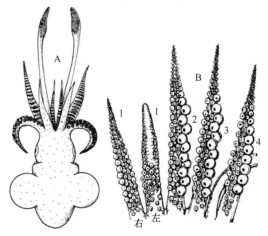

图6-148 四盘耳乌贼形态特征示意图(据Roper et al, 1984)

A. 背视;B. 雄性部分头冠口视

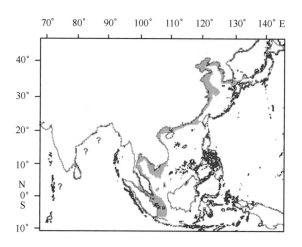

图6-149 四盘耳乌贼地理分布示意图

大小:最大胴长 40 mm。

渔业:商业价值小,地方鱼市有出现。

文献:Joubin, 1902; Raj and Kalyani, 1971; Okutani et al, 1987; Okutani and Tsukada, 1988; Okutani, 1995; Norman and Lu, 1997; Kubodera and Yamada, 1998; Reid and Norman, 1998; Tomiyama and Hibiya, 1978; Roper et al, 1984; Jereb and Roper, 2005。

柏氏四盘耳乌贼 *Euprymna berryi* Sasaki, 1929

分类地位:头足纲,鞘亚纲,乌贼目,耳乌贼亚目,耳乌贼科,耳乌贼亚科,四盘耳乌贼属。

学名:柏氏四盘耳乌贼 *Euprymna berryi* Sasaki, 1929。

英文名:Double-ear bobtail, Two ears cuttlefish;**法文名**:Sépiole colibri;**西班牙文名**:Sepiola colibrí。

分类特征:体圆袋形,胴宽约为胴长的 7/10,背部前端与头愈合部约为头宽的 2/3(图6-150A)。体表具大量色素体,其中一些较大,紫褐色色素明显。鳍较小,近圆形,位于外套两侧,鳍长约为胴长的 2/5。触腕穗短小,约为触腕长的 1/6,触腕穗具大量极微小的吸盘(约10行),吸盘酒杯状,延长;边膜沿触腕柄延伸。腕吸盘4列,腕吸盘角质环具齿。各腕长略有差异,腕式一般为 3>2>4>1。雌性各腕吸盘大小相近,数目多,每腕约 100 个左右。雄性第2和第4腕背列和腹列第 2~4 吸盘开始之后约 10 个吸盘十分扩大,约为

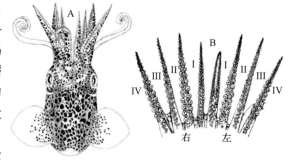

图6-150 柏氏四盘耳乌贼形态特征示意图(据 Jereb and Roper, 2005)

A. 背视;B. 雄性头冠口视

中间吸盘的 2~3 倍;第3腕腹列第 4~8 吸盘开始后约 8 个吸盘略微扩大。雄性左侧第1腕茎化,较右侧第1腕钝而粗短(图6-150B):近端 1/2 的 2~4 斜列吸盘正常,但近端 1/4 处腹列 2 个吸盘由长乳突替代;远端 1/2 具 2~4 列,约 70~80 个排列紧密的栅栏状乳突,乳突上生退化的微小吸

盘。具角质内壳。墨囊具1对发光器。

　　生活史及生物学：暖水区沿岸浮游种，栖息在热带和亚热带水域，分布水层至60 m。雌性大于雄性。春、夏间繁殖，产卵场在沿岸或内湾浅水区。卵略呈球形，长径4~4.8 mm，短径约3.5 mm，角质外膜具有黏性，卵子成堆的扎附于海藻、石块和贝壳上。初孵幼体，胴长1.92~2.28 mm，腕式为2=3>4=1，腕吸盘4列，鳍略呈圆形，漏斗大而长，体表散布很多色素体。早期仔鱼有一段浮游生活期，此时常见于表层水平拖网中；以后潜入海底，营底栖生活，主要生活于大陆架区，有短距离的水平洄游。

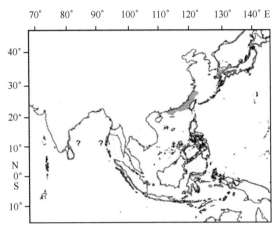

　　地理分布：分布在中国沿海（南至香港，北至日本列岛南部，台湾海域）、菲律宾群岛、马来群岛、安达曼群岛和斯里兰卡海域（图6-151）。

　　大小：雌性最大胴长为50 mm，雄性最大胴长30 mm。

　　渔业：柏氏四盘耳乌贼是经济鱼类和大型底栖动物的重要饵食，仔稚鱼为中上层鱼类的饵食。在中国鱼市上常见，但是未形成商业性渔业。

图6-151　柏氏四盘耳乌贼地理分布示意图

　　文献：Choe，1966；Roper et al，1984；Okutani and Horita，1987；Okutani，1995；Norman and Lu，1997；Kubodera and Yamada，1998；Lu，1998；Jereb and Roper，2005；董正之，1991。

塔斯马尼亚四盘耳乌贼 *Euprymna tasmanica* Pfeffer，1884

　　分类地位：头足纲，鞘亚纲，乌贼目，耳乌贼亚目，耳乌贼科，耳乌贼亚科，四盘耳乌贼属。

　　学名：塔斯马尼亚四盘耳乌贼 *Euprymna tasmanica* Pfeffer，1884。

　　英文名：Southern bobtail squid；**法文名**：Sépiole du Tasmanie；**西班牙文名**：Globito de Tasmania。

　　分类特征：体圆袋形，背部前缘与头部愈合（图6-152A）。鳍宽圆，两鳍呈耳状。触腕穗具大量微小吸盘（图6-152B）。腕吸盘4列。雄性第2~4腕背列和腹列吸盘扩大，第2和第3腕腹列基部1~3个吸盘十分扩大，第2~4腕背列和腹列具10多个扩大的吸盘。雄性左侧第1腕茎化（图6-152C）：基部腹列第3和（或）第4吸盘柄膨大呈长乳突状，其上吸盘小，退化；基部其余29~38个吸盘正常；腕远端吸盘柄延长且膨大并紧密排列呈栅栏状，柄上吸盘退化，开口长窄。角质颚上颚脊突内表面前部具2条色素沉着条带。下颚脊突略弯，不增厚；无侧壁皱和脊。内脏具1对豆状发光器。

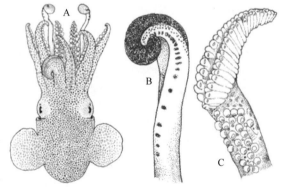

图6-152　塔斯马尼亚四盘耳乌贼形态特征示意图
（据Jereb and Roper，2005）
A. 背视；B. 触腕穗；C. 茎化腕

　　生活史及生物学：栖息在底质砂质或泥质的水域，分布通常与海草床相关。白天藏于砂地中，夜间出来捕食甲壳类和鱼类。春夏季产卵，卵橙灰色，通常产于草丛中。Lu 和 Ickeringill（2002）在澳大利亚南部水域采集到17尾，胴长范围为16.5~31.0 mm，体重范围为1.9~11.4 g。

　　地理分布：分布在澳大利亚东部和东南部布里斯班鲨鱼湾、西澳大利亚（图6-153）。

大小：最大胴长 31 mm。

渔业：地方鱼市可见。

文献：Norman and Lu，1997；Reid and Norman，1998；Lu and Ickeringill，2002；Jereb and Roper，2005。

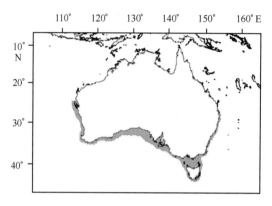

图 6-153 塔斯马尼亚四盘耳乌贼地理分布示意图

信天翁四盘耳乌贼 *Euprymna albatrossae* Voss，1962

分类地位：头足纲，鞘亚纲，乌贼目，耳乌贼亚目，耳乌贼科，耳乌贼亚科，四盘耳乌贼属。

学名：信天翁四盘耳乌贼 *Euprymna albatrossae* Voss，1962。

分类特征：体圆袋形（图 6-154A）。触腕穗具大量微小吸盘。腕吸盘 4 列。雄性左侧第 1 腕茎化，第 2 和第 4 腕背列、腹列具扩大的吸盘，右侧第 1 腕中部背列和腹列具扩大的吸盘（图 6-154B）。内脏具 1 对豆状发光器。

地理分布：菲律宾。

大小：最大胴长 24 mm。

文献：Voss，1963；Jereb and Roper，2005。

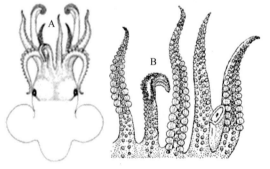

图 6-154 形态特征示意图（据 Voss，1963）
A. 背视；B. 雄性部分头冠口视，依次为右侧第 1 腕和左侧第 1~4 腕

菲耐克斯四盘耳乌贼 *Euprymna phenax* Voss，1962

分类地位：头足纲，鞘亚纲，乌贼目，耳乌贼亚目，耳乌贼科，耳乌贼亚科，四盘耳乌贼属。

学名：菲耐克斯四盘耳乌贼 *Euprymna phenax* Voss，1962。

分类特征：外套圆袋形（图 6-155A）。触腕穗具大量微小吸盘。腕吸盘 2 列。雄性左侧第 1 腕茎化，非茎化腕吸盘无明显扩大（图 6-155B）。内脏具 1 对豆状发光器。

地理分布：分布在菲律宾、中国东海。

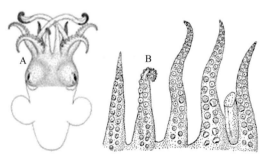

图 6-155 形态特征示意图（据 Voss，1963）
A. 背视；B. 部分头冠口视，依次为右侧第 1 腕和左侧第 1~4 腕

大小:最大胴长 11 mm。

文献:Kubodera and Yamada,1998;Jereb and Roper,2005。

夏威夷四盘耳乌贼 *Euprymna scolopes* Berry,1913

分类地位:头足纲,鞘亚纲,乌贼目,耳乌贼亚目,耳乌贼科,耳乌贼亚科,四盘耳乌贼属。

学名:夏威夷四盘耳乌贼 *Euprymna scolopes* Berry,1913。

英文名:Hawaiian bobtail squid。

分类特征:体圆袋形(图 6-156)。触腕穗具大量微小吸盘。腕吸盘 4 列。雄性左侧第 1 腕茎化。内脏具 1 对豆状发光器。

地理分布:夏威夷群岛。

生活史及生物学:栖息在沿岸浅水水域。

大小:最大胴长 30 mm。

文献:Young,2004;Jereb and Roper,2005。

图 6-156 夏威夷四盘耳乌贼背侧视

奥氏四盘耳乌贼 *Euprymna hoylei* Adam,1986

分类地位:头足纲,鞘亚纲,乌贼目,耳乌贼亚目,耳乌贼科,耳乌贼亚科,四盘耳乌贼属。

学名:奥氏四盘耳乌贼 *Euprymna hoylei* Adam,1986。

地理分布:热带印度洋—太平洋,西热带太平洋和澳大利亚西北部。

大小:最大胴长 20 mm。

文献:Norman and Lu,1997;Jereb and Roper,2005。

希氏四盘耳乌贼 *Euprymna hyllebergi* Nateewathana,1997

分类地位:头足纲,鞘亚纲,乌贼目,耳乌贼亚目,耳乌贼科,耳乌贼亚科,四盘耳乌贼属。

学名:希氏四盘耳乌贼 *Euprymna hyllebergi* Nateewathana,1997。

生活史及生物学:栖息水深至 74 m。

地理分布:泰国和安达曼海。

大小:最大胴长 35 mm。

文献:Nateewathana,1997。

派纳莱斯四盘耳乌贼 *Euprymna penares* Gray,1849

分类地位:头足纲,鞘亚纲,乌贼目,耳乌贼亚目,耳乌贼科,耳乌贼亚科,四盘耳乌贼属。

学名:派纳莱斯四盘耳乌贼 *Euprymna penares* Gray,1849。

地理分布:印度洋—太平洋。

文献:Gray,1849;Jereb and Roper,2005。

窄指四盘耳乌贼 *Euprymna stenodactyla* Grant,1833

分类地位:头足纲,鞘亚纲,乌贼目,耳乌贼亚目,耳乌贼科,耳乌贼亚科,四盘耳乌贼属。

学名:窄指四盘耳乌贼 *Euprymna stenodactyla* Grant,1833。

地理分布:印度洋毛里求斯附近海域。

大小:最大胴长 190 mm。

文献:Jereb and Roper,2005。

龙德莱耳乌贼属 *Rondeletiola* Naef,1921

龙德莱耳乌贼属已知开普龙德莱耳乌贼 *Rondeletiola capensis* 和龙德莱耳乌贼 *Rondeletiola minor* 2 种,其中龙德莱耳乌贼为本属模式种。

分类地位:头足纲,鞘亚纲,乌贼目,耳乌贼亚目,耳乌贼科,耳乌贼亚科,龙德莱耳乌贼属

属特征:体子弹形,外套和头在颈部愈合(图 6-157A)。触腕穗具 8~16 列大小相近的小吸盘。腕吸盘 2 列(图 6-157B)。雄性左侧第 1 腕茎化(图 6-157C):基部至"交配器"之间具 3 个吸盘,"交配器"具内弯的侧齿,腕远端不膨大。雄性第 2 和第 3 腕腹列具扩大的吸盘。无内壳。成体发光器愈合成 1 个圆形发光器(图 6-157D)。

生活史及生物学:该属为小型种,胴长小于 40 mm,栖息在 15 m 至内大陆架斜坡的泥质或砂质海底。Naef(1921,1923)在那不勒斯海湾 150~200 m 水层捕获到 5 000 尾。

地理分布:地中海和东大西洋西班牙至南非最南端。

文献:Naef,1921,1923;Voss,1962;Vecchione and Young,2004。

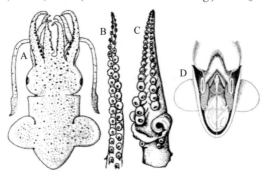

图 6-157 龙德莱耳乌贼属形态特征示意图(据 Naef,1921,1923;Roper et al,1984)

A. 背视;B. 腕;C. 茎化腕;D. 外套腔腹视

种的检索:

1(2)茎化腕"交配器"之后具扩大的吸盘 ·· 龙德莱耳乌贼

2(1)茎化腕"交配器"之后无扩大的吸盘 ·· 开普龙德莱耳乌贼

龙德莱耳乌贼 *Rondeletiola minor* Naef,1912

分类地位:头足纲,鞘亚纲,乌贼目,耳乌贼亚目,耳乌贼科,耳乌贼亚科,龙德莱耳乌贼属。

学名:龙德莱耳乌贼 *Rondeletiola minor* Naef,1912。

拉丁异名:*Sepietta minor* Naef,1912。

英文名:Lentil bobtail;**法文名**:Sépiole bobie;**西班牙文名**:Rondeletiola。

分类特征:体子弹形,后部钝圆(图 6-158A、B)。鳍小而圆,侧角钝圆。触腕穗吸盘 16 列,吸

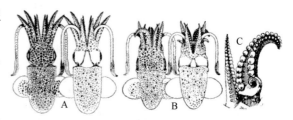

图 6-158 龙德莱耳乌贼形态特征示意图(据 Naef,1921,1923)

A. 雌雄背视和腹视;B. 雄性背视和腹视;C. 右侧第 1 腕和茎化腕

盘大小相近。腕吸盘 2 列。雄性左侧第 1 腕茎化(图 6-158C):基部具 3 个小吸盘;随后为一个膨大而弯曲的钩状"交配器",其上生有小乳突;再之后至顶端部分的背列吸盘十分扩大,而腹列仅近端一半吸盘扩大,背腹 2 列吸盘分开不明显。墨囊腹部具一个愈合的圆形发光器。

生活史及生物学:底栖种,栖息在近海滩泥质底层,栖息水深 76~496 m,在繁殖季节里经常上浮至表层水域。耐低盐能力强,在马尔马拉海,生活适盐18~25。在地中海东部和西部繁殖季节延长,全年可见成熟雄性。

地理分布:分布在地中海和东大西洋,具体为西班牙西北部,葡萄牙和地中海东部、西部和中部至大西洋纳米比亚东南部外海(图 6-159)。

大小:最大胴长约 40 mm。

渔业:在其分布范围内鱼市上均可见。

文献:Naef, 1921, 1923; Guerra, 1982, 1992; Roper et al, 1984; Bello, 1990, 1995; Villanueva and Sánchez, 1993; Jereb and DiStefano, 1995; Sartor and Belcari, 1995; Villanueva, 1995; Volpi et al, 1995; Wurtz et al, 1995; D'Onghia et al, 1996; Salman and Katagan, 1996; Jereb et al, 1997; Unsal et al, 1999; Jereb and Roper, 2005。

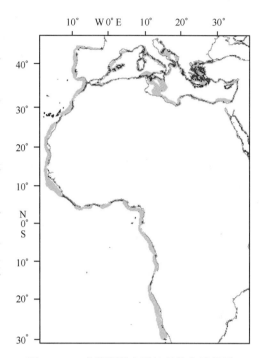

图 6-159 龙德莱耳乌贼地理分布示意图

开普龙德莱耳乌贼 *Rondeletiola capensis* Voss, 1962

分类地位:头足纲,鞘亚纲,乌贼目,耳乌贼亚目,耳乌贼科,耳乌贼亚科,龙德莱耳乌贼属。

学名:开普龙德莱耳乌贼 *Rondeletiola capensis* Voss, 1962。

拉丁异名:*Inioteuththis capensis* Voss, 1962。

分类特征:体子弹形,后部钝圆(图 6-160A)。鳍小而圆,侧角钝圆。雄性左侧第 1 腕茎化(图 6-160B):基部具 3 个小吸盘;随后的"交配器"钩状,结构复杂;再之后至顶端部分的吸盘不扩大。内脏具 1 愈合的圆形发光器(图 6-160C)。

地理分布:东南大西洋南非从卢德里茨海湾至莫塞尔贝海湾。

大小:最大胴长 10 mm。

文献:Naef, 1921, 1923; Voss, 1962; Jereb and Roper, 2005。

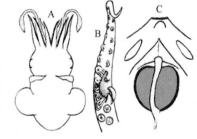

图 6-160 开普龙德莱耳乌贼形态特征示意图(据 Naef, 1921, 1923)
A. 背视;B. 茎化腕;C. 外套腔前端腹视

小乌贼属 *Sepietta* Naef, 1912

小乌贼属已知雅小乌贼 *Sepietta neglecta*、小乌贼 *Sepietta oweniana*、神秘小乌贼 *Sepietta obscura* 3 种,其中小乌贼为本属模式种。

分类地位:头足纲,鞘亚纲,乌贼目,耳乌贼亚目,耳乌贼科,耳乌贼亚科,小乌贼属。

属特征:体子弹形,外套和头在颈部愈合(图 6-161A)。触腕穗吸盘多为 16~32 列。腕吸盘 2 列(图 6-161B)。雄性左侧第 1 腕茎化(图 6-161C):基部具 3~4 个吸盘;之后为"交配器","交配器"上生 2~4 个瘤状突起;远端勺状,仅边缘具吸盘,中间无吸盘。角质内壳退化,细线形,颜色淡,不易发现。无发光器。

生活史及生物学:栖息水深 3~400 m。

地理分布:分布在东大西洋,从挪威南部至地中海,接近马德拉岛。

文献:Naef, 1921, 1923; Nesis, 1982, 1987; Roper et al, 1984; Vecchione and Young, 2003。

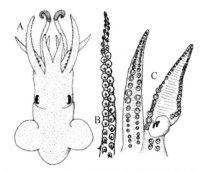

图 6-161 小乌贼属形态特征示意图
(据 Roper et al, 1984)
A. 背视;B. 腕;C. 右侧第 1 腕和茎化腕

主要种的检索:

1(2)雌性"交配囊"小,延伸不超过鳃末端 ························· 神秘小乌贼

2(3)雌性"交配囊"大,延伸超过鳃末端

3(4)触腕穗吸盘 16 列 ································· 雅小乌贼

4(3)触腕穗吸盘 32 列 ································· 小乌贼

小乌贼 Sepietta oweniana Orbigny, 1840

分类地位:头足纲,鞘亚纲,乌贼目,耳乌贼亚目,耳乌贼科,耳乌贼亚科,小乌贼属。

学名:小乌贼 Sepietta oweniana Orbigny, 1840。

拉丁异名:Sepiola oweniana Orbigny, 1840。

英文名:Common bobtail;法文名:Sepiole commune;西班牙文名:Sepieta común。

分类特征:体子弹形,后部钝圆(图 6-162A、B)。鳍侧角钝圆,具显著的前鳍垂。触腕穗长,发达,具 32 列大小相近的微小吸盘(图 6-162C)。雄性左侧第 1 腕茎化(图 6-162D):基部具 4 个小吸盘;随后为 1 个膨大的"交配器","交配器"具钩状侧突,侧突内弯;"交配器"之后,背列近端开始的 2~3 个吸盘十分扩大,随后 3 个吸盘减小,再接着 2 个吸盘又扩大,之后至顶端的吸盘逐渐减小;腹列具中等扩大的吸盘;背腹 2 列吸盘之间无吸盘,形成 1 个铲形槽。雌性"交配囊"大,超过鳃末端。无发光器。

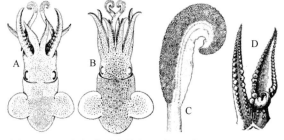

图 6-162 小乌贼形态特征示意图(据 Naef, 1921, 1923)
A. 雄性背视;B. 雌性背视;C. 触腕穗;D. 右侧第 1 腕和茎化腕

生活史及生物学:上层至中层浮游种类,分布在大陆架和内大陆架斜坡底质为泥质的水域,栖息水深 8~1 000 m。在北大西洋通常出现在 50~300 m 水层,在地中海通常出现在 100~400 m 水层。季节移动与繁殖相关,垂直移动与营养物质相关。在地中海,冬末大个体开始向岸洄游,此时深层水温高于表层水温;到了春季和初夏,沿岸浅水水域水温开始升高,产卵事件也开始发生。而小个体晚些时候才开始向岸洄游,秋季开始产卵。成熟个体全年可见,产卵期为 3—11 月,产出的卵通常扎附于海鞘类和其他物质上,水温 20℃卵孵化需要 30 天。在西地中海,产卵季节为春季和早夏。在伊特鲁里亚海,产卵高峰期为夏季,而在爱琴海产卵高峰期为 4—5 月和 8—11 月。交配时,雌性和雄性头部相连,雄性将精囊输入雌性的交配囊内。孵化后幼体生长迅速,生长速率受水温影响。实验室饲养发现,初孵幼体生长至成熟仅需 6 个月时间。生命周期约为 6~9 个月。大西

洋和地中海雌性小乌贼 50% 性成熟胴长分别为 33 mm 和 30 mm。地中海种群中部和东部海盆雌性性成熟胴长分别为 28 mm 和 26 mm，西部为 30 mm。大西洋和地中海雄性小乌贼 50% 性成熟胴长分别为 20 mm 和 24 mm。白天藏于砂土中，黄昏至黎明进食，主食甲壳类，在北大西洋水域尤其捕食 *Maganyctiphanes norveg*（磷虾目），伊特鲁里亚海北部尤其捕食 *Pasiphaea sivado*（十足类），其自身为底层鱼类的猎食对象。

地理分布：分布在东北大西洋和地中海海域，具体为挪威（北限）至法罗群岛，摩洛哥和马德拉群岛向南至毛里塔尼亚，地中海包括里古里亚海、西西里海峡、爱琴海、亚得里亚海、马尔马拉海和东部地中海（图 6-163）。

大小：雌性最大胴长为 40 mm，雄性最大胴长 35 mm。

渔业：在其分布范围内是资源量最为丰富的耳乌贼类之一，在地中海某些水域资源很丰富。是各种鱼类拖网的重要副渔获物之一。无专门的渔获统计。在地中海周边国家鱼市上为常见种类。在地中海，一般夏季资源量较大。

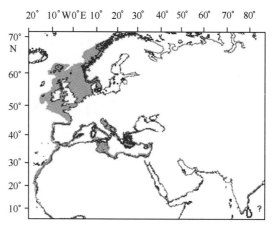

图 6-163　小乌贼地理分布示意图

文献：Mangold-Wirz, 1963；Joubin, 1902；Naef, 1912, 1923；Mangold and Froesh, 1977；Mohan and Rao, 1978；Bergstrom and Summers, 1983；Bergstrom, 1985；Roper et al, 1984；Guerra, 1992；Bello, 1995, 1997；Blanco et al, 1995；Jereb and Stefano, 1995；Santos et al, 1995；Volpi et al, 1995；D'Onghia et al, 1996；Jereb et al 1997；Salman, 1998；Sartor et al, 1998；Belcari and Sartor, 1999；Jereb and Roper, 2005。

雅小乌贼 *Sepietta neglecta* Naef, 1916

分类地位：头足纲，鞘亚纲，乌贼目，耳乌贼亚目，耳乌贼科，耳乌贼亚科，小乌贼属。

学名：雅小乌贼 *Sepietta neglecta* Naef, 1916。

英文名：Elegant bobtail squid；**法文名**：Sépiole élégante；**西班牙文名**：Sepieta elegante。

分类特征：体子弹形（图 6-164A）。鳍圆，侧角钝圆。触腕穗薄，纤细，吸盘 16 列，正常大小。雄性左侧第 1 腕茎化（图 6-164B）：基部 4 个吸盘正常，随后为膨大呈钩状的"交配器"，两钩之间具小乳突，钩略弯曲；"交配器"之后背列近端 3~4 个吸盘明显扩大，背腹 2 列吸盘间空隙大；腕宽，勺状。雌性"交配囊"大，延伸超过鳃末端（图 6-164A）。无发光器。

生活史及生物学：栖息在底质为泥质的水域，栖息水深 25~475 m。产卵季节贯穿全年。

地理分布：分布在东北大西洋和地中海海域，具体为挪威南部沿岸和奥克尼群岛至摩洛哥，地中海东部和西部，包括利古里亚海、西西里海峡，亚得里亚海、北爱琴海、马尔马拉海和东部地中海（图 6-165）。

大小：最大胴长 33 mm。

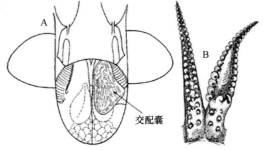

图 6-164　雅小乌贼形态特征示意图（据 Jereb and Roper, 2005）
A. 外套腔腹视；B. 右侧第 1 腕和茎化腕

渔业:地方鱼市有销售,与小乌贼属其他种类一起渔获。

文献:Naef, 1921, 1923; Boletzky et al, 1971; Guescini and Manfrin, 1986; Orsi Relini and Bertuletti, 1989; Bello, 1990, 1995; Guerra, 1992; Jereb and Di Stefano, 1995; Volpi et al, 1995; Jereb et al, 1997; Lefkaditou and Kaspiris, 1998; Jereb and Roper, 2005。

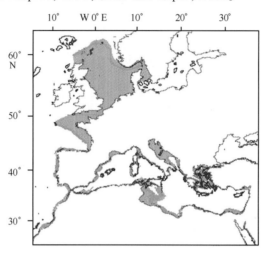

图 6-165　雅小乌贼地理分布示意图

神秘小乌贼 *Sepietta obscura* Naef, 1916

分类地位:头足纲,鞘亚纲,乌贼目,耳乌贼亚目,耳乌贼科,耳乌贼亚科,小乌贼属。

学名:神秘小乌贼 *Sepietta obscura* Naef, 1916。

英文名:Mysterious bobtail squid;法文名:Sépiole mystérieuse;西班牙文名:Sepieta misteriosa。

分类特征:体子弹形(图 6-166A),淡红色至深褐色。鳍短小,近圆,侧角圆。触腕穗吸盘 12 列,背列吸盘明显扩大。第 2 和第 3 腕近端 3~5 个吸盘正常,随后 2 个吸盘较大,再之后至末端吸盘逐渐减小。雄性左侧第 1 腕茎化(图 6-166B):基部 3 个吸盘正常;随后为"交配器","交配器"具 4 个突起,其中最外侧 1 个十分显著并向内弯曲,内侧一个简单;"交配器"之后的背列近端 2 个吸盘显著扩大,随后吸盘逐渐减小,腹列近端 2 个吸盘柄延长并经常毗连,背腹 2 列吸盘间空隙大,腕宽,勺状。雌性"交配囊"小,延伸不超过鳃末端(图 6-166A)。无发光器。

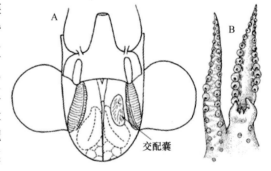

图 6-166　神秘小乌贼形态特征示意图(据 Jereb and Roper, 2005)

A. 外套腔腹视;B. 右侧第 1 腕和茎化腕

生活史及生物学:底栖种,栖息在底质为砂质和泥质的水域,栖息水深 27~376 m。具有明显的垂直洄游习性,在海底和上层水体中活动。最小性成熟胴长 12 mm。在地中海,产卵季节至少从春季至秋季。实验室饲养的雌性产卵持续时间为 2 周,产卵后亲体死亡。卵相对较大,卵径 3.7~4.5 mm,但初孵幼体胴长只有 2 mm。

地理分布:分布在地中海海域,包括利古里亚海、伊特鲁里亚海、西西里海峡、亚得里亚海,北爱琴海和东部地中海(图 6-167)。

大小:雄性最大胴长 19 mm,雌性最大胴长 30 mm。

渔业:拖网和围网渔业的副渔获物,无专门的渔获统计,是地方鱼市上主要耳乌贼之一。

文献:Naef,1923;Boletzky et al,1971;Orsi and Bertuletti,1989;Guerra,1992;Bello and Biagi,1995;Deickert,1995;Wurtz et al,1995;Pereira,1996;Jereb et al,1997;Salman et al,2002;Jereb and Roper,2005。

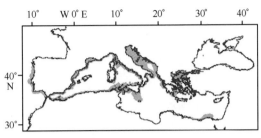

图 6-167　神秘小乌贼地理分布示意图

暗耳乌贼属 *Inioteuthis* Verrill,1881

暗耳乌贼属已知暗耳乌贼 *Inioteuthis japonica* 和斑结暗耳乌贼 *Inioteuthis maculosa* 2 种,其中暗耳乌贼为本属模式种。

分类地位:头足纲,鞘亚纲,乌贼目,耳乌贼亚目,耳乌贼科,耳乌贼亚科,暗耳乌贼属。

属特征:体圆袋形(图 6-168A)。触腕穗吸盘8~16列。腕吸盘 2 列。第 3 腕强健,尤其是雄性,通常保存后向内弯曲,而其他腕则不弯曲。雄性左侧第 1 腕茎化(图 6-168B):近端1/2"交配器"区域宽,远端1/2 正常。无内壳。无发光器。

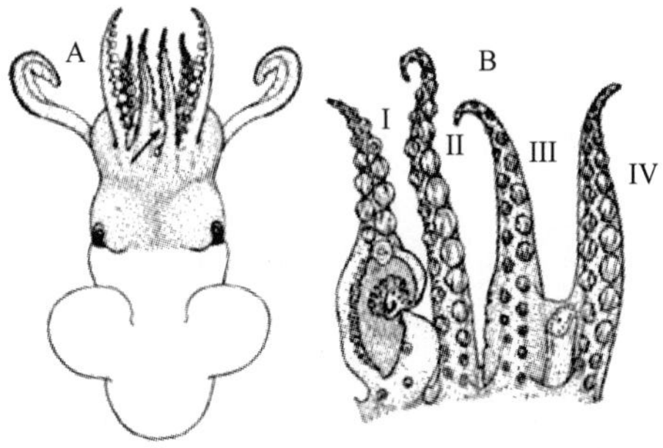

图 6-168　暗耳乌贼属形态特征示意图(据 Voss,1963;Roper et al,1984)

A. 背视;B. 雄性左侧头冠口视

地理分布:分布在印度洋—西太平洋,从日本至南非。

文献:Nesis,1982,1987;Voss,1963;Roper et al,1984;Young and Vecchione,2004。

暗耳乌贼 *Inioteuthis japonica* Orbigny,1845

分类地位:头足纲,鞘亚纲,乌贼目,耳乌贼亚目,耳乌贼科,耳乌贼亚科,暗耳乌贼属。

学名:暗耳乌贼 *Inioteuthis japonica* Orbigny,1845。

分类特征:体圆袋形,背部前端与头愈合部约为头宽的 1/2,腹部前缘向后凹入(图 6-169)。鳍圆形,位于外套后端两侧,两鳍呈耳状。触腕穗掌部具 10 余列极小的吸盘。腕短,吸盘 2 列。雄性左侧第 1 腕茎化,较右侧第 1 腕粗短,近端 1/2"交配器"区宽,其上吸盘分布稀疏,远端 1/2 正常。无内壳。无发光器。

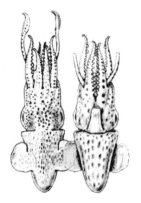

地理分布:分布在西太平洋日本南部,中国南海、台湾南部海域。

大小:最大胴长 20 mm。

渔业:非常见种类。

图 6-169　暗耳乌贼背视和腹视(据 Sasaki,1929)

文献:Joubin,1902;Sasaki,1929;Jereb and Roper,2005。

斑结暗耳乌贼 *Inioteuthis maculosa* Goodrich，1896

分类地位：头足纲，鞘亚纲，乌贼目，耳乌贼亚目，耳乌贼科，耳乌贼亚科，暗耳乌贼属。

学名：斑结暗耳乌贼 *Inioteuthis maculosa* Goodrich，1896。

拉丁异名：*Euprymna maculosa* Voss，1963。

分类特征：体圆袋形。腕吸盘2列。第3腕强健，尤其雄性。雄性各腕具扩大的吸盘，尤其第2和第4腕腹列中部吸盘明显扩大（图6-170A）；雌性各腕吸盘正常（图6-170B）。雄性左侧第1腕茎化，近端1/2"交配器"区域宽，远端1/2正常。无内壳。无发光器。

地理分布：分布在印度洋北部波斯湾、印度、阿拉伯海、孟加拉湾、安达曼海、印度尼西亚、菲律宾和中国台湾。

大小：雄性最大胴长 13 mm，雌性最大胴长 14 mm。

渔业：非常见种。

文献：Voss，1963；Nateewathana，1997；Jereb and Roper，2005。

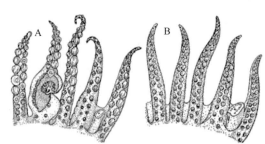

图6-170　斑结暗耳乌贼形态特征示意图（据 Voss，1963）

A. 雄性部分头冠口视，依次为右侧第1腕和左侧第1~4腕；B. 雌性部分头冠口视，依次为右侧第1腕和左侧第1~4腕

僧头乌贼亚科 Rossiinae Appellöf，1898

僧头乌贼亚科以下包括南方僧头乌贼属 *Austrorossia*、新僧头乌贼属 *Neorossia*、僧头乌贼属 *Rossia* 和半僧头乌贼属 *Semirossia* 4属。

分类地位：头足纲，鞘亚纲，乌贼目，耳乌贼亚目，耳乌贼科，僧头乌贼亚科。

分类特征：外套与头在颈部不愈合（图6-171A），无腹盾（图6-171B），具颈软骨。触腕穗通常膨大，边膜沿整个触腕穗分布。第1~3腕间内腕间膜微弱。大多数种类非茎化腕吸盘2列，但是至少有两种4列；雄性一只第1腕或第1对腕茎化，吸盘2或4列。角质内壳发达，但后部较薄。雌性无交配囊。若具发光器，发光器具独立的卵形小晶状体。各属主要特征比较见表6-3。

生活史及生物学：僧头乌贼是耳乌贼科较大型的种，胴长可达100 mm。底栖生活，多分布于大陆架和内大陆架斜坡水域。

地理分布：广泛分布在世界各地大陆附近，但在南极没有分布。

文献：Verrill，1880，1881；Reid，1991；Young and Donovan，1998；Voss，1956。

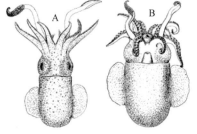

图6-171　僧头乌贼亚科形态特征示意图（据 Verrill，1880,1881）
A. 背视；B. 腹视

表 6-3　各属主要特征比较

属/特征	第2、3腕具扩大吸盘	触腕穗膨大	触腕穗吸盘列数	墨囊具发光器	墨囊具功能	肛瓣
南方僧头乌贼属	否	否	25~50	否	是	退化
新僧头乌贼属	否	是	6~7	否	否	退化
僧头乌贼属	否	是	6~12	否	是	发达
半僧头乌贼属	是	是	5~8	是	是	发达

属的检索：

1(2)触腕穗不膨大,吸盘列数多,多于 20 列 ……………………………… 南方僧头乌贼属

2(1)触腕穗膨大,吸盘列数少,少于 12 列

3(4)墨囊具发光器,雄性右侧第 1 腕茎化 …………………………… 半僧头乌贼属

4(3)墨囊不具发光器,雄性第 1 对腕茎化

5(6)墨囊有功能,肛瓣发达 ……………………………………………… 僧头乌贼属

6(5)墨囊小,无功能;肛瓣退化 …………………………………… 新僧头乌贼属

僧头乌贼属 *Rossia* Owen, 1834

僧头乌贼属已知短僧头乌贼 *Rossia brachyura*、恃僧头乌贼 *Rossia bullisi*、蓝僧头乌贼 *Rossia glaucopis*、巨粒僧头乌贼 *Rossia macrosoma*、大鳍僧头乌贼 *Rossia megaptera*、莫氏僧头乌贼 *Rossia moelleri*、软僧头乌贼 *Rossia mollicella*、太平洋僧头乌贼 *Rossia pacifica pacifica*、僧头乌贼 *Rossia palpebrosa*、托尔图加僧头乌贼 *Rossia tortugaensis* 10 种,其中僧头乌贼为本属模式种。

分类地位:头足纲,鞘亚纲,乌贼目,耳乌贼亚目,耳乌贼科,僧头乌贼亚科,僧头乌贼属。

属特征:触腕穗膨大,吸盘 6~12 列。第 2 和第 3 腕中间无十分扩大的吸盘,雄性第 1 对腕茎化。墨囊具功能,肛瓣发达,仅恃僧头乌贼内脏直肠两侧具 1 对乳状突。墨囊无发光器。

生活史及生物学:小型底栖耳乌贼类,栖息水深超过 50 m。

地理分布:分布在北冰洋、北大西洋和太平洋、热带西大西洋。

大小:多数种类胴长小于 50 mm。

文献:Boletzky, 1971; Nesis, 1982; Voss, 1956; Young and Vecchione, 1996。

主要种的检索:

1(2)鳍大,前缘超过外套前缘 ……………………………………… 大鳍僧头乌贼

2(1)鳍小,前缘未至外套前缘

3(4)体表被圆形小突起 ……………………………………………… 僧头乌贼

4(3)体表光滑,无突起

5(12)腕间膜不发达

6(9)头宽大于胴宽

7(8)外套粗短,后端不收缩 ……………………………………… 恃僧头乌贼

8(7)外套较长,后端收缩 …………………………………… 托尔图加僧头乌贼

9(6)头宽不大于胴宽

10(11)触腕穗近端吸盘 6~8 列 ………………………………… 太平洋僧头乌贼

11(10)触腕穗近端吸盘 4 列 ……………………………………… 莫氏僧头乌贼

12(5)第 3 和第 4 间腕间膜深 ………………………………… 巨粒僧头乌贼

恃僧头乌贼 *Rossia bullisi* Voss, 1956

分类地位:头足纲,鞘亚纲,乌贼目,耳乌贼亚目,耳乌贼科,僧头乌贼亚科,僧头乌贼属。

学名:恃僧头乌贼 *Rossia bullisi* Voss, 1956。

英文名:Bully bobtail; **法文名**:Sépiole bouledogue; **西班牙文名**:Globito cabezudo。

分类特征:体粗短,囊状(图 6-172)。鳍长为胴长的 65%~75%,为胴宽的 1.5 倍。触腕穗长,膨大,吸盘 10~12 列;边膜略长于触腕穗。腕相对较长,各腕长相近,吸盘 2 列,雌性腕吸盘小于雄性。雄性第 1 对腕茎化,背侧保护膜膨大,且覆盖全腕。

生活史及生物学:深水底栖种,分布水层未知,仅有记录约为 400 m。

地理分布:分布在热带西大西洋,墨西哥湾北部和佛罗里达海峡(图 6-173)。

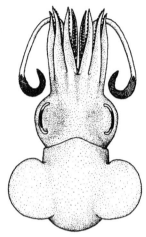

图 6-172 恃僧头乌贼背视

(据 Roper et al, 1984)

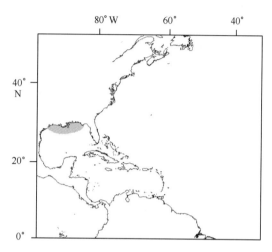

图 6-173 恃僧头乌贼地理分布示意图

大小:最大胴长 45 mm。

渔业:非常见种。

文献:Roper et al, 1984。

巨粒僧头乌贼 *Rossia macrosoma* Delle Chiaje, 1829

分类地位:头足纲,鞘亚纲,乌贼目,耳乌贼亚目,耳乌贼科,僧头乌贼亚科,僧头乌贼属。

学名:巨粒僧头乌贼 *Rossia macrosoma* Delle Chiaje, 1829。

拉丁异名:*Sepiola macrosoma* Delle Chiaje, 1829。

英文名:Stout bobtail;**法文名**:Sépiole melon;**西班牙文名**:Globito robusto。

分类特征:体圆袋形,皮肤光滑,背部前端与头部不愈合(图 6-174A)。体淡黄褐色略带浅绿色至深红褐色。颈软骨卵圆形,宽。鳍短,两鳍呈耳状。触腕穗吸盘 8~12 列,大小相近(图 6-174B),但吸盘直径小于腕吸盘;保护膜宽,边膜与触腕穗等长。第 3 和第 4 腕有深的腕间膜相连。腕近端吸盘 3 列,中部和远端吸盘 4 列(图 6-174C)。第 2~4 腕背列和腹列 10 余个吸盘扩大(直径为胴长的 4%~7%);第 2 和第 3 腕腹列基部 1~3 个吸盘十分扩大(直径为胴长的 8%~11%);雄性腕中间列吸盘较雌性的小。雄性第 1

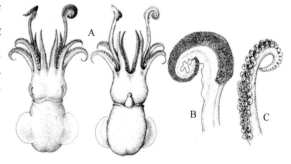

图 6-174 巨粒僧头乌贼形态特征示意图(据 Guerra, 1992;Frandsen and Zumholz, 2004)

A. 背视和腹视;B. 触腕穗;C. 腕

对腕茎化,基部吸盘大(2 列),随后吸盘小(4 列,成圆"Z"字形排列),吸盘行间具脊和沟,全腕具腺状隆起。具角质内壳。肛瓣发达。墨囊发达。内脏直肠两侧无乳状突。

生活史及生物学:浅水至中层水域底栖种,栖息于底质为砂质和泥质的水域,栖息水层 30~900 m。在地中海主要分布水层 200~400 m。在离岸深水(冬季)和近岸浅水(春、夏、秋季)之间进行季节性洄游,但洄游季节随个体大小不同有异:大个体于春季先行到达近岸,而小个体于夏季到达近岸。雌性初次性成熟胴长为 62 mm,雄性初次性成熟胴长为 37 mm。成熟雄性(年龄约 7—8 个月)夹带精荚 85~100 个,成熟雌性(年龄约 8~11 个月)怀卵 120~150 枚。产卵期为春季至秋季,依据体型不同产卵高峰期分别为春季和秋季。卵径 7~8 mm,卵产出后相连成束,扎附在软体动物的贝壳上。水温 16℃,卵孵化需要约 45 天。雌性生长速率大于雄性。生命周期约为 1 年。

地理分布:分布在东大西洋和地中海海域,具体为格陵兰海、格陵兰和冰岛外海、挪威、法罗群岛、北海、英国至亚速尔群岛、摩洛哥和塞内加尔,地中海除亚得里亚海北部和东部地中海南部(图 6-175)。

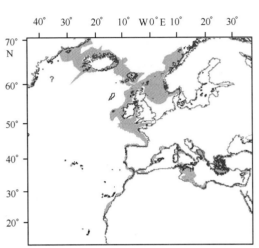

大小:最大胴长 85 mm,一般为 20~60 mm。

渔业:地中海周边国家对本种有商业性开发,但多为底拖网的副渔获物,主要渔获水层 200~400 m。鲜品肉质鲜美,但不易保存。无专门的渔获量统计。

文献:Mangold-Wirz, 1963; Okutani, 1980; Roper and Sweeney, 1981; Roper et al, 1984; Guerra, 1992; Frandsen and Zumholz, 2004; Jereb and Roper, 2005。

图 6-175 巨粒僧头乌贼地理分布示意图

太平洋僧头乌贼 *Rossia pacifica* Berry, 1911

分类地位:头足纲,鞘亚纲,乌贼目,耳乌贼亚目,耳乌贼科,僧头乌贼亚科,僧头乌贼属。

学名:太平洋僧头乌贼 *Rossia pacifica* Berry, 1911。

英文名:North Pacific bobtail, Pacific bon-tailed cuttlefish;**法文名**:Sépiole du Pacifique boreal;**西班牙文名**:Globito del Pacífico boreal。

分类特征:体圆袋形,胴宽为胴长的 7/10,外套背部前端与头部不愈合(图 6-176A)。体表光滑,具大量色素体,其中有些较大。颈软骨卵圆形,窄。鳍较大,近圆形,两鳍呈耳状,鳍长约为胴长的 3/5。触腕穗膨大,较短,长度约为触腕长的 1/6(图 6-176B),保护膜宽,近端吸盘 6~8 列,远端 4 列,吸盘大小相近,内角质环具大量方齿,背列吸盘较大。腕短而粗壮,腕间膜不发达,各腕长略有差异,腕式一般为 3>2>4>1。腕近端吸盘 2 列,中部和远端 4 列。雄性第 2~4 腕吸盘扩大,并较雌性的大。雄性第 1 对腕茎化,背侧保护膜窄,腹侧保护膜宽,全腕 2/3 长部分具腺状隆起,其内侧为深的褶皱;吸盘直径减小为侧腕吸盘的 1/3,基部吸盘 4 列,远端吸盘 2 列。具角质内壳,略呈长铲形,叶柄粗壮。肛瓣发达。墨囊发达。内脏直肠两侧无乳状突。

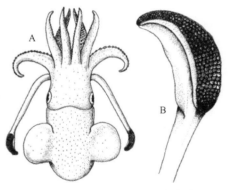

图 6-176 太平洋僧头乌贼形态特征示意图(据 Roper et al, 1984)
A. 背视;B. 触腕穗

生活史及生物学:冷水性浅海底栖种,在亲潮寒流和里曼寒流区聚集,主要生活于 40°N 以北内大陆架区,在西太平洋分布水层 100~600 m;在东太平洋分布水层上限为 10 m(下限未知)。白天藏匿于砂土中,夜间出来觅食。主食虾、蟹、小鱼和头足类,它们约占食物组成的 80%。在北太平洋,卵单个或一小束黏附在海底的海草或其他物体上。卵径约 10 mm,通常发现于 15~30 m 水层,但在白令海出现在 250 m 水层。水温 6~15 ℃或维持在 10℃左右,卵发育需要约 5 个月。太平洋僧头乌贼无浮游稚鱼期,初孵幼体潜入深水区生活。生长初期雌雄生长率均较慢,但随后雌性生长率明显较雄性快。生命周期 18~19 个月。而最近根据胚胎发育估算白令海和鄂霍次克海的太平洋僧头乌贼生命周期约为 5 个月,根据耳石轮纹结构估算白令海西北部太平洋僧头乌贼生命周期为 4~5 个月。

地理分布:分布在北太平洋海域,具体为白令海、鄂霍次克海、堪察加半岛、千岛群岛、日本至朝鲜,阿留申群岛和阿拉斯加湾南部至 32°N(图 6-177)。

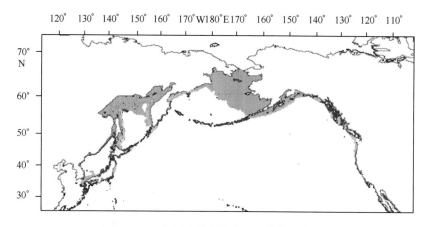

图 6-177　太平洋僧头乌贼地理分布示意图

大小:雄性最大胴长 45 mm,雌性最大胴长 90 mm。

渔业:在日本北海道和三陆沿岸外海拖网渔获量大。尽管太平洋僧头乌贼资源丰富,但肉质差,经济价值低,是经济鱼类和大型底栖动物的重要饵料。仅日本在利用太平洋僧头乌贼资源。无专门的渔获量统计。

文献: Sasaki, 1920, 1929; Mercer, 1968; Boletzky, 1970; Brocco, 1971; Hochberg and Fields, 1980; Okutani et al, 1987; Summers and Colvin, 1989; Summers, 1992; Anderson and Shimek, 1994; Arkhipkin, 1995; Okutani, 1995; Mangold et al, 1998; Nesis, 1999; Roper et al, 1984; Jereb and Roper, 2005。

托尔图加僧头乌贼 *Rossia tortugaensis* Berry, 1911

分类地位:头足纲,鞘亚纲,乌贼目,耳乌贼亚目,耳乌贼科,僧头乌贼亚科,僧头乌贼属。

学名:托尔图加僧头乌贼 *Rossia tortugaensis* Berry, 1911。

英文名:Tortuga bobtail;**法文名**:Sépiole tortuette;**西班牙文名**:Globito de Tortugas。

分类特征:体松软,圆袋形,后端略收缩,背部前缘与头部不愈合(图 6-178)。鳍短,卵形,两鳍呈耳状。触腕穗大,吸盘发生面平,吸盘小,10 斜列,内角质环具齿;边膜至触腕穗基部,长度等于触腕穗长。腕相对较长,吸盘 2 列,延长的桶状,开口窄卵形,内角质环光滑。雄性第 1 对腕茎化,全腕具腺状隆起。肛瓣退化。墨囊发达。内脏直肠两侧无乳状突。

生活史及生物学:分布水层未知,仅有记录为 520~760 m。产卵期贯穿全年。

地理分布:分布在热带西大西洋墨西哥湾、干龟群岛、佛罗里达和苏里南(图 6-179)。

大小:最大胴长 50 mm。

渔业:非常见种。

文献:Voss, 1956; Roper et al, 1984; Okutani, 1995; Jereb and Roper, 2005。

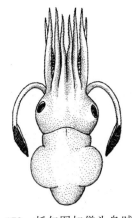

图 6-178　托尔图加僧头乌贼背视
（据 Jereb and Roper, 2005）

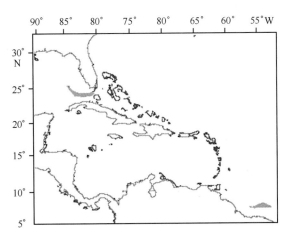

图 6-179　托尔图加僧头乌贼地理分布示意图

大鳍僧头乌贼 *Rossia megaptera* Verrill, 1881

分类地位：头足纲,鞘亚纲,乌贼目,耳乌贼亚目,耳乌贼科,僧头乌贼亚科,僧头乌贼属。

学名：大鳍僧头乌贼 *Rossia megaptera* Verrill, 1881。

英文名：Big-fin bobtail squid。

分类特征：体柔软,圆袋形。眼大。鳍前缘超出外套前缘（图 6-180）。触腕穗长,吸盘 8 列或更多。

生活史及生物学：底栖种,栖息水深 179~1 536 m。

地理分布：分布在西北大西洋戴维斯海峡和格陵兰西部,哈得逊峡谷和纽约外海。

大小：最大胴长 80 mm。

渔业：非常见种。

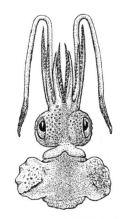

图 6-180　大鳍僧头乌贼背视（据 Nesis, 1987）

文献：Mercer, 1968；Joubin, 1902；Okutani, 1995, 2001；Nesis, 1987；Frandsen and Zumholz, 2004。

莫氏僧头乌贼 *Rossia moelleri* Steenstrup, 1856

分类地位：头足纲,鞘亚纲,乌贼目,耳乌贼亚目,耳乌贼科,僧头乌贼亚科,僧头乌贼属。

学名：莫氏僧头乌贼 *Rossia moelleri* Steenstrup, 1856。

分类特征：体圆袋形（图 6-181A）,皮肤光滑,略显凝胶质。鳍前缘不超出外套前缘。触腕穗近端吸盘 4 列,尺寸较大；远端吸盘 6 列,尺寸较小（图 6-181B）。

地理分布：分布在北大西洋和北冰洋,向东至拉普帖夫海,向西至阿蒙森海海湾,格陵兰西部和东北部,加拿大东北部拉布拉多、斯匹次卑尔根岛,扬马

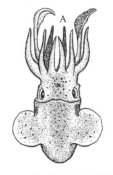

图 6-181　莫氏僧头乌贼形态特征示意图（据 Nesis, 1987；Frandsen and Zumholz, 2004）

A. 背视；B. 触腕穗

延和喀拉海。

生活史及生物学：栖息在 20~700 m，通常 50 m 以下水层。

大小：最大胴长 70 mm。

渔业：非常见种。

文献：Mercer, 1968；Joubin, 1902；Okutani, 1995；Nesis, 1987, 1999；Frandsen and Zumholz, 2004。

僧头乌贼 *Rossia palpebrosa* Owen, 1834

分类地位：头足纲，鞘亚纲，乌贼目，耳乌贼亚目，耳乌贼科，僧头乌贼亚科，僧头乌贼属。

学名：僧头乌贼 *Rossia palpebrosa* Owen, 1834。

英文名：Warty bobtail squid。

分类特征：体圆袋形（图6-182A）。外套和头部背面具圆形小乳突，数量和大小多变。触腕穗具 7~10 列大小相近的吸盘（图6-182B）。

生活史及生物学：底栖种，栖息水深 10~1 250 m，多为100~500 m。

地理分布：分布在东西部北大西洋，西部大西洋从加拿大北极圈巴芬海湾、格陵兰向南至美国卡罗莱纳州（32°N），东部大西洋从冰岛、斯匹次卑尔根岛、苏格兰、贝瑞茨海和喀拉海至北海和爱尔兰外海（51°N）。

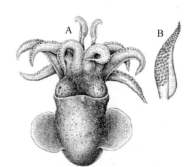

图6-182 僧头乌贼形态特征示意图（据 Muss, 1959；Nesis, 1987）
A. 背视；B. 触腕穗

大小：最大胴长 50 mm。

渔业：非常见种。

文献：Joubin, 1902；Akimushkin, 1963；Aldrich and Lu, 1968；Mercer, 1968；Boletzky, 1970；Muss, 1959；Nesis, 1987；Frandsen and Zumholz, 2004。

短僧头乌贼 *Rossia brachyura* Verrill, 1883

分类地位：头足纲，鞘亚纲，乌贼目，耳乌贼亚目，耳乌贼科，僧头乌贼亚科，僧头乌贼属。

学名：短僧头乌贼 *Rossia brachyura* Verrill, 1883。

地理分布：热带西大西洋、大安的列斯群岛和小安的列斯群岛。

大小：最大胴长 18 mm。

文献：Joubin, 1902。

蓝僧头乌贼 *Rossia glaucopis* Loven, 1845

分类地位：头足纲，鞘亚纲，乌贼目，耳乌贼亚目，耳乌贼科，僧头乌贼亚科，僧头乌贼属。

学名：蓝僧头乌贼 *Rossia glaucopis* Loven, 1845。

地理分布：东南太平洋智利。

文献：Joubin, 1902；Rocha, 1997。

软僧头乌贼 *Rossia mollicella* Sasaki，1920

分类地位：头足纲，鞘亚纲，乌贼目，耳乌贼亚目，耳乌贼科，僧头乌贼亚科，僧头乌贼属。

学名：软僧头乌贼 *Rossia mollicella* Sasaki，1920。

生活史及生物学：栖息在外大陆架和靠近大陆架的半深海水域，栖息水深 729~805 m。

地理分布：日本太平洋沿岸。

大小：最大胴长 36 mm。

文献：Sasaki，1929；Okutani，1995。

半僧头乌贼属 *Semirossia* Steenstrup，1887

半僧头乌贼属已知光辉半僧头乌贼 *Semirossia equalis*、巴塔哥尼亚僧头乌贼 *Semirossia patagonica* 和半僧头乌贼 *Semirossia tenera* 3 种，其中半僧头乌贼为模式种。

分类地位：头足纲，鞘亚纲，乌贼目，耳乌贼亚目，耳乌贼科，僧头乌贼亚科，半僧头乌贼属。

属特征：触腕穗膨大，吸盘 5~8 列。腕吸盘 2 列，第 2 和第 3 腕中部具十分扩大的吸盘。雄性左侧第 1 腕茎化。墨囊具功能，肛瓣发达，内脏直肠两侧具乳状突。墨囊发光器双叶型。

文献：Roper et al，1984；Vecchione and Young，2004。

主要种的检索：

1(2)触腕穗背列吸盘略扩大 ······························· 光辉半僧头乌贼

2(1)触腕穗背列吸盘十分扩大，直径约为腹列吸盘的 2 倍 ··················· 半僧头乌贼

光辉半僧头乌贼 *Semirossia equalis* Voss，1950

分类地位：头足纲，鞘亚纲，乌贼目，耳乌贼亚目，耳乌贼科，僧头乌贼亚科，半僧头乌贼属。

学名：光辉半僧头乌贼 *Semirossia equalis* Voss，1950。

英文名：Greater shining bobtail；**法文名**：Sépiole cracheuse；**西班牙文名**：Globito reluciente。

分类特征：体圆袋形（图 6-183），深紫色，鳍基部 1/2 色素沉着深。鳍大而宽，卵形，鳍垂显著。触腕穗中等长度，膨大，吸盘 7~8 列，其中背侧 2 列吸盘较腹列略大；边膜长等于触腕穗长。腕细长，吸盘 2 列，间距大，中部吸盘球形或桶状，内角质环光滑。雄性左侧第 1 腕茎化，近端 10 对吸盘正常大小，随后部分至顶端的 4 对吸盘尺寸减小；基部第 3 对吸盘开始，向远端约为全腕长3/4 的腹侧保护膜变宽，宽膜部分长度为腕长的 3/4；吸盘基部沿腹侧保护膜排列成栅栏状。墨囊发光器双叶型。

生活史及生物学：栖息在 130~260 m 泥质底层水域。

地理分布：分布在热带西大西洋，墨西哥湾东部至佛罗里达、古巴、加勒比海和苏里南（图 6-184）。

大小：最大胴长 50 mm。

渔业：地方鱼市可见。

文献：Roper et al，1984；Okutani，1995。

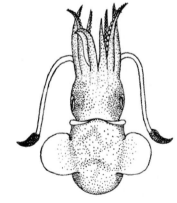

图 6-183　光辉半僧头乌贼背视
（据 Roper et al，1984）

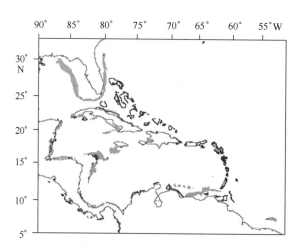

图 6-184　光辉半僧头乌贼地理分布示意图

半僧头乌贼 *Semirossia tenera* Verrill，1880

分类地位：头足纲，鞘亚纲，乌贼目，耳乌贼亚目，耳乌贼科，僧头乌贼亚科，半僧头乌贼属。

学名：半僧头乌贼 *Semirossia tenera* Verrill，1880。

拉丁异名：*Rossia tenera* Verrill，1880；*Heteroteuthis tenera* Verrill，1880。

英文名：Lesser shining bobtail；**法文名**：Sépiole calamarette；**西班牙文名**：Globito tierno。

分类特征：体松软，宽圆袋形，胴长约等于胴宽，外套背部前缘与头部不愈合（图 6-185A）。鳍卵形，两鳍呈耳状。触腕穗略微膨大，具 6~7 列小吸盘（图 6-185C），背列吸盘直径约为腹列的 2 倍，吸盘内角质环全环具齿；边膜与触腕穗等长。腕中等长度，中部吸盘十分扩大，球形，接近腕顶端处，吸盘尺寸骤减。第 3 和第 4 腕由腕间膜相连。雄性左侧第 1 腕茎化（图 6-185B），近端 7 对吸盘正常；随后 4 对吸盘尺寸减小；腕顶削弱，吸盘 2 列；基部第 3 对吸盘开始向远端约为全腕长 3/4 的腹侧保护膜变宽，宽膜部分长度为腕

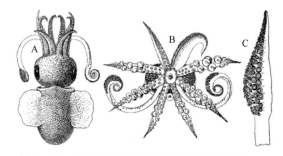

图 6-185　半僧头乌贼形态特征示意图（据 Verrill，1880，1881）
A. 背视；B. 雄性口视；C. 触腕穗

长的 3/4；腹列吸盘柄沿保护膜口面排列成栅栏状。墨囊具双叶型发光器。

地理分布：具体分布在西北大西洋，北美东部沿岸从新斯科舍、缅因湾北部至墨西哥湾和加勒比海，西南大西洋沿苏里南、法属圭亚那、巴西和乌拉圭沿岸可能也有分布（图 6-186）。

生活史及生物学：底栖种，栖息在底质泥质和砂质的深水区，在新西兰分布水层 85~135 m。

大小：最大胴长 50 mm。

渔业：据报道在圣马塔斯湾和阿根廷南部沿岸有渔获。

文献：Joubin，1902；Voss，1956；Roper et al，1984；Verrill，1880，1881；Jereb and Roper，2005；Vecchione and Young，2004。

图 6-186 半僧头乌贼地理分布示意图

巴塔哥尼亚僧头乌贼 *Semirossia patagonica* Smith, 1881

分类地位：头足纲,鞘亚纲,乌贼目,耳乌贼亚目,耳乌贼科,僧头乌贼亚科,半僧头乌贼属。

学名：巴塔哥尼亚僧头乌贼 *Semirossia patagonica* Smith, 1881。

生活史及生物学：栖息水层 130~1 110 m。

地理分布：澳大利亚新南威尔士至澳大利亚南部。

大小：雄性最大胴长 42 mm,雌性最大胴长 77.5 mm。

文献：Reid, 1992。

新僧头乌贼属 *Neorossia* Boletzky, 1971

新僧头耳乌贼属已知新僧头乌贼 *Neorossia caroli* 和细长新僧头乌贼 *Neorossia leptodons* 2 种,其中新僧头乌贼为本属模式种。

分类地位：头足纲,鞘亚纲,乌贼目,耳乌贼亚目,耳乌贼科,僧头乌贼亚科,新僧头乌贼属。

属特征：触腕穗膨大,吸盘 6~7 列。腕吸盘 2 列,第 2 和第 3 腕中间吸盘十分扩大。雄性第 1 对腕茎化。雄性直肠两侧具一对功能不明的乳状突,墨囊不具功能(无墨),肛瓣退化。墨囊无发光器。

文献：Boltezky, 1971; Vecchione and Young, 2004。

种的检索：

1(2)头宽略大于胴宽,鳍后缘接近外套后缘 ……………………………………………… 新僧头乌贼

2(1)头宽略小于胴宽,鳍后缘远离外套后缘 ……………………………………………… 细长新僧头乌贼

新僧头乌贼 *Neorossia caroli* Joubin, 1902

分类地位：头足纲,鞘亚纲,乌贼目,耳乌贼亚目,耳乌贼科,僧头乌贼亚科,新僧头乌贼属。

学名:新僧头乌贼 *Neorossia caroli* Joubin, 1902。

拉丁异名:*Rossia caroli* Joubin, 1902。

英文名:Carol bobtail;**法文名**:Sépiole carolette;**西班牙文名**:Globito carolino。

分类特征:体柔软,圆袋形,短而宽,后端圆(图6-187A)。外套背部前缘微凸,与头部不愈合。颈软骨卵形。头宽,略宽于胴宽,眼大。鳍圆,相对较短,中等宽度,前缘接近外套前缘。漏斗器背片倒 V 字形,生小乳突,分支中央具宽钝的裂片;腹片卵形,前端尖。漏斗锁软骨具直的凹槽。触腕穗膨大,略弯,吸盘发生面凸,吸盘 8~11 斜列,大小相近;保护膜覆盖整个触腕穗;边膜沿触腕柄延伸,延长部分约等于触腕穗长。腕长而粗壮,腕式为 3>4>2>1 或 3>2>4>1;吸盘 2 列,球形,开口小,内角质环光滑;第 2 和第 3 腕吸盘大

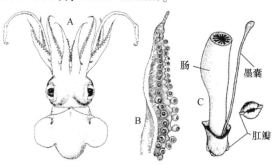

图6-187　新僧头乌贼形态特征示意图(据 Boletzky, 1971;Jereb and Roper, 2005)
A. 背视;B. 茎化腕;C. 肠和墨囊

于第 1 和第 4 腕吸盘。雄性第 1 对腕茎化(图6-187B):近端 4 对吸盘退化,顶端吸盘微小;第 3~18 吸盘间腹侧缘具腺状隆起。墨囊和肛瓣十分退化(图6-187C),墨囊不具功能。仅雄性内脏直肠两侧具乳状突。具角质内壳,内壳细长,长度等于胴长,前端菱形,向后端渐细,叶柄中轴向后延伸至翼部长的 2/3 处,翼部位于内壳的后部 1/2。

生活史及生物学:底栖种,栖息水深 40~1 744 m。新僧头乌贼为耳乌贼科分布最深的种,在西地中海海盆最深记录 1 744 m,在东大西洋最深记录为 1 535 m。随着个体发育,生活水层逐步变浅。在西部和东部地中海,400 m 至 600~700 m 水层资源量最为丰富。全年可见成熟个体,产卵期延长,高峰期为夏季和(或)秋季。最小性成熟雄性 35 mm,最小性成熟雌性 50 mm。在中部地中海,雌雄初次性成熟胴长分别为 35 mm 和 30.5 mm。卵大,卵径 8~10 mm,覆盖紫色卵膜,产出后附于硬物之上。生命周期 12~24 个月。

地理分布:分布在东大西洋和地中海海域,从冰岛和爱尔兰西南部向南至几内亚湾和南非纳米比亚沿岸;在地中海从地中海西北部向东至利古里亚海、伊特鲁里亚海北部和南部、西西里海峡、亚得里亚海、爱琴海北部(图6-188)。

大小:雄性最大胴长 51 mm,雌性最大胴长 83 mm。

渔业:小型次要经济种类,仅为拖网副渔获物,鲜售或冻品销售。无专门的渔获量统计。

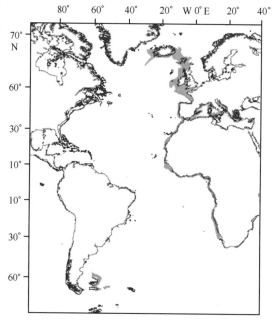

图6-188　新僧头乌贼地理分布示意图

文献:Joubin, 1902;Chun,1913;Joubin, 1924;Mercer, 1968;Boletzky, 1971;Bello, 1990, 1995;Salcedo-Vargas, 1991;Guerra, 1992;Reid, 1992;Villanueva, 1992;Jereb and Di Stefano, 1995;Sartor and Belcari, 1995;Volpi et al, 1995;Wurtz et al, 1995;D'Onghia et al, 1996;Jereb et al, 1998;Collins et al, 2001;Nesis et al, 2001;Roper et al, 1984;Jereb and Roper, 2005。

细长新僧头乌贼 *Neorossia leptodons* Reid，1992

分类地位：头足纲，鞘亚纲，乌贼目，耳乌贼亚目，耳乌贼科，僧头乌贼亚科，新僧头乌贼属。

学名：细长新僧头乌贼 *Neorossia leptodons* Reid，1992。

分类特征：体圆袋形，后端圆，背部前缘微凸，与头部不愈合，腹部前缘略向后凹(图6-189)。头宽，略窄于胴宽，眼大。鳍圆，相对较长，中等宽度，前缘接近外套前缘，后缘接近外套后缘。

生活史及生物学：栖息水深130~1 110 m。

地理分布：分布在东南太平洋澳大利亚新南威尔士至澳大利亚南部。

大小：雄性最大胴长 42 mm，雌性最大胴长 77.5 mm。

文献：Reid，1992。

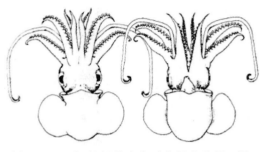

图6-189　细长新僧头乌贼背视和腹视(据 Reid，1992)

南方僧头乌贼属 *Austrorossia* Berry，1918

南方僧头乌贼属已知南方僧头乌贼 *Austrorossia australis*、安的列斯南方僧头乌贼 *Austrorossia antillensis*、双乳突南方僧头乌贼 *Austrorossia bipapillata*、疑南方僧头乌贼 *Austrorossia enigmatica* 和鞭毛南方僧头乌贼 *Austrorossia mastigophora* 5 种，其中南方僧头乌贼为本属模式种。

分类地位：头足纲，鞘亚纲，乌贼目，耳乌贼亚目，耳乌贼科，僧头乌贼亚科，南方僧头乌贼属。

属特征：触腕穗不膨大，吸盘18~46 列。第2和第3腕中间无十分扩大的吸盘，雄性第1对腕茎化。墨囊具功能，无发光器；肛瓣不发达；直肠两侧具1对功能未知的乳状突。

文献：Boltezky，1971；Chun，1910；Reid，1991；Young and Vecchione，2003。

主要种的检索：

1(2)触腕穗粗短 ·· 安的列斯南方僧头乌贼

2(1)触腕穗细长

3(6)触腕穗直

4(5)颈软骨延长，前端圆，后端渐窄 ································· 南方僧头乌贼

5(4)颈软骨卵形 ·· 双乳突南方僧头乌贼

6(3)触腕穗弯曲呈 S 形 ·· 鞭毛南方僧头乌贼

安的列斯南方僧头乌贼 *Austrorossia antillensis* Voss，1955

分类地位：头足纲，鞘亚纲，乌贼目，耳乌贼亚目，耳乌贼科，僧头乌贼亚科，南方僧头乌贼属。

学名：安的列斯南方僧头乌贼 *Austrorossia antillensis* Voss，1955。

拉丁异名：*Rossia antillensis* Voss，1955。

英文名：Antilles bobtail；**法文名**：Sépiole mignonne；**西班牙文名**：Globito antillano。

分类特征：体囊状，肌肉松软，背部前缘不与头部愈合(图6-190A)。体桃褐色，具分散的深紫色色素体，鳍背面色素沉着延伸至鳍腹面。头宽大于胴宽。眼大。鳍宽，卵形，鳍长为胴长的80%~90%，为胴宽的1.7~2倍。触腕穗短壮，膨大，略弯，吸盘发生面凸，具30~40列极微小的吸盘，吸盘大小相近(图6-190B)；边膜发达，长度约等于触腕穗长。腕中等长度，吸盘2列，排列稀疏，雌性腕吸盘小，雄性腕中间吸盘略微扩大。雄性第1对腕茎化，近端6对吸盘小；随后6对吸盘扩

大,直径为基部吸盘直径的2倍;远端吸盘十分退化;第3~8吸盘间腹缘具一个厚而延长腺状隆起。肛瓣发达,墨囊发达,内脏直肠两侧具1对乳状突。

生活史及生物学:深水底栖种,为西大西洋最大的僧头乌贼类,栖息水层未知(唯一记录为540~700 m)。产卵期贯穿全年,繁殖策略为多次产卵型。

地理分布:分布在热带西大西洋加勒比海、古巴、干龟群岛和墨西哥湾向北至佛罗里达坦帕,苏里南(图6-191)。

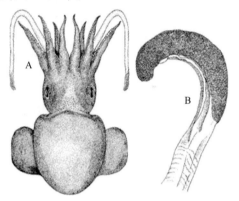

图6-190　安的列斯南方僧头乌贼形态特征示意图(据 Jereb and Roper, 2005)

A. 背视;B. 触腕穗

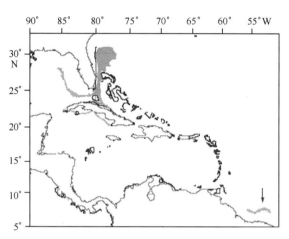

图6-191　安的列斯南方僧头乌贼地理分布示意图

大小:最大胴长90 mm。

渔业:地方鱼市可见,为底拖网的副渔获物。

文献:Boletzky, 1970; Roper et al, 1984; Okutani, 1995; Jereb and Roper, 2005。

南方僧头乌贼 *Austrorossia australis* Berry, 1918

分类地位:头足纲,鞘亚纲,乌贼目,耳乌贼亚目,耳乌贼科,僧头乌贼亚科,南方僧头乌贼属。

学名:南方僧头乌贼 *Austrorossia australis* Berry, 1918。

英文名:Big bottom bobtail squid;**法文名**:Sépiole australe;**西班牙文名**:Globito austra。

分类特征:体桃色至淡紫褐色。体光滑,柔软,圆袋形,背部前缘与头部不愈合(图6-192A)。颈软骨延长,前端圆,后端渐窄(图6-192B)。鳍宽,卵形,位于外套前端2/3。触腕穗直,细长(图6-192C),吸盘发生面凸,雄性吸盘18~26列,雌性吸盘25~33列,吸盘大小相近。腕吸盘2列,第2和第3腕最大吸盘较第1和第4腕最大吸盘大。雄性第1对腕茎化,第4~6吸盘至8~11吸盘间具腺状隆起。角质颚脊突内表面无色素沉着条带。下颚喙顶端钝,脊突略弯,不增厚;无侧壁皱或脊。内壳角质,披针形,长近等于胴长;叶柄中轴几乎延伸至翼部顶端;翼部延伸至整个内壳。肛瓣发达,墨囊发达,仅雄性内脏直肠两侧具1对乳状突。

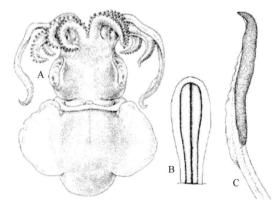

图6-192　南方僧头乌贼形态特征示意图(据 Jereb and Roper, 2005)

A. 背视;B. 颈软骨;C. 触腕穗

生活史及生物学:底栖种,栖息在底质为泥质和砂质的水域,栖息水深 131~665 m。Lu and Ickeringill(2002)在澳大利亚南部水域采集到 30 尾,胴长范围为 21~50 mm,体重范围为 4.6~50.2 g。产卵期贯穿全年,繁殖策略为多次产卵型。

地理分布:分布在澳大利亚昆士兰雷恩岛至澳大利亚西部大澳大利亚湾(图 6-193)。

大小:雄性最大胴长 34 mm,雌性最大胴长 63 mm。

渔业:非常见种,资源量少。

文献:Reid, 1992; Okutani, 1995; Reid and Norman, 1998; Lu and Ickeringill, 2002; Jereb and Roper, 2005。

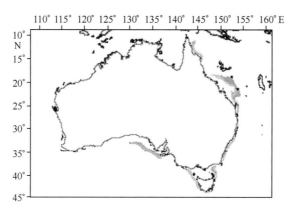

图 6-193　南方僧头乌贼地理分布示意图

双乳突南方僧头乌贼 *Austrorossia bipapillata* Sasaki, 1920

分类地位:头足纲,鞘亚纲,乌贼目,耳乌贼亚目,耳乌贼科,僧头乌贼亚科,南方僧头乌贼属。
学名:双乳突南方僧头乌贼 *Austrorossia bipapillata* Sasaki, 1920。
英文名:Big-eyed bobtail squid;**法文名**:Sépiole à gros yeux;**西班牙文名**:Globito ojos grandes。

分类特征:体光滑,松软,圆袋形,外套背部前缘凸起呈三角形,不与头部愈合(图 6-194),腹部前缘向后略凹。颈软骨卵形。漏斗器背片分支长,腹片前端尖锐。鳍圆,半月形,较大,位于外套后端两侧。触腕及触腕穗长、触腕穗细直,掌部小吸盘 25~30 列,吸盘大小相近,密集呈绒状。腕长,各腕长相近,腕式为 3>2>1=4,吸盘 2 列,球形。第 1 和第 3 腕具窄但明显的边膜。肛瓣发达,墨囊发达,内脏直肠两侧具 1 对乳状突。体内外无发光器。

生活史及生物学:栖息水深 240~432 m。产卵期贯穿全年,繁殖策略为多次产卵型。

地理分布:分布在西太平洋中国东海、日本(一般为骏河至土佐湾)、中国台湾海域和菲律宾(图 6-195)。

大小:最大胴长 74 mm。

渔业:经济价值低,通常为其他渔业的副渔获物,渔获物鲜售或冻品销售。

文献:Sasaki, 1929; Voss, 1963; Okutani et al, 1987; Okutani, 1995; Kubodera and Yamada, 1998; Lu, 1998; Reid and Norman, 1998。

图 6-194　双乳突南方僧头乌贼背视(据 Okutani, 1995)

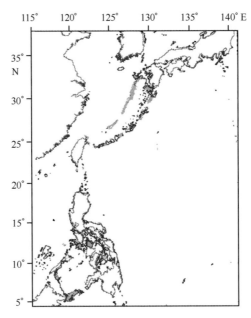

图 6-195 双乳突南方僧头乌贼地理分布示意图

鞭毛南方僧头乌贼 *Austrorossia mastigophora*，Chun，1915

分类地位：头足纲，鞘亚纲，乌贼目，耳乌贼亚目，耳乌贼科，僧头乌贼亚科，南方僧头乌贼属。

学名：鞭毛南方僧头乌贼 *Austrorossia mastigophora*，Chun，1915。

分类特征：体圆袋形，背部前缘与头部不愈合（图 6-196A）。眼大，头宽略大于胴宽。鳍大，宽圆，前鳍垂明显。触腕穗细长，弯曲呈 S 形（图 6-196B）。腕吸盘 2 列。内脏直肠两侧具 1 对乳状突。

生活史及生物学：栖息水层可至 640 m。

地理分布：分布在非洲西部、东部和南部，从几内亚和索马里至好望角。

大小：雄性最大胴长 31 mm，雌性最大胴长 46 mm。

渔业：非常见种。

文献：Chun，1910；Voss，1962；Rocha，1997。

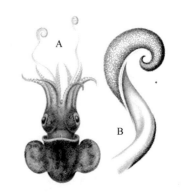

图 6-196 鞭毛南方僧头乌贼形态特征示意图（据 Chun，1910）
A. 背视；B. 触腕穗

疑南方僧头乌贼 *Austrorossia enigmatica* Robson，1924

分类地位：头足纲，鞘亚纲，乌贼目，耳乌贼亚目，耳乌贼科，僧头乌贼亚科，南方僧头乌贼属。

学名：疑南方僧头乌贼 *Austrorossia enigmatica* Robson，1924。

生活史及生物学：栖息水层 276~400 m。

地理分布：南非，纳米比亚至开普敦。

大小：最大胴长 27 mm。

文献：Voss，1962；Roeleveld et al，1992；Augustyn et al，1995。

异鱿乌贼亚科 Heteroteuthinae Appellöf，1898

异鱿乌贼亚科以下包括异鱿乌贼属 *Heteroteuthis*、彩虹乌贼属 *Iridoteuthis*、游泳乌贼属 *Nectoteuthis*、小耳乌贼属 *Sepiolina*、短乌贼属 *Stoloteuthis* 5 属。该亚科为小型浮游或上层生活种。

分类地位：头足纲，鞘亚纲，乌贼目，耳乌贼亚目，耳乌贼科，异鱿乌贼亚科。

亚科特征：体卵形或圆袋形（图 6-197A）。外套具腹盾和银边，腹部前缘延伸至头部下方；外套和头在颈部愈合或不愈合。触腕穗不膨大（除小耳乌贼属）。触腕穗仅基部具边膜，似窄而延长的褶皱；它与背侧退化的保护膜一起形成"触腕器"（除小耳乌贼属），其功能未知（图 6-197B）。腕吸盘 2 列（仅第 4 腕顶端吸盘多列）；第 1~3 腕间内腕间膜发达，连接腕口缘的近端 1/2（图 6-197A）。无角质内壳。内脏无"交配器"。墨囊发光器愈合成一个大发光器，发光器腹面具 1 个大的圆形晶状体。各属主要特征比较见表 6-4。

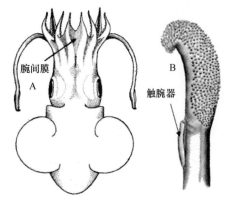

图 6-197　异鱿乌贼亚科形态特征示意图
A. 背视；B. 触腕穗

表 6-4　各属主要特征比较

属/特征	触腕器	特化腕（雄）	扩大的吸盘（雄）	特化腕（雌）	外套与头愈合	漏斗锁	腹盾长/胴长
异鱿乌贼属	有	右侧第 1、2 腕，具腺体	第 3 腕	第 1、2 腕顶端无吸盘	否	深弯沟	50%
彩虹乌贼属	有	第 1~3 腕，无腺体	第 1、3 腕	第 3、4 腕顶端具横隔片	宽	直沟和深凹槽	>80%
游泳乌贼属	有	腕远端吸盘具长柄	无	？	否	深宽槽和浅槽	>80%
小耳乌贼属	无	第 1 腕，具腺体	第 2、3 腕	无	窄	短沟和延长的凹槽	>80%
短乌贼属	有	第 1 腕，基部吸盘大，具腺体	第 2 腕	无	窄	直沟	>80%

文献：Young et al，2004。

属的检索：

1（2）触腕无"触腕器" ·· 小耳乌贼属
2（1）触腕穗具"触腕器"
3（6）外套与头部不愈合
4（5）腹盾长为胴长的约 50% ·· 异鱿乌贼属
5（4）腹盾长大于胴长的 80% ·· 游泳乌贼属
6（3）外套与头部愈合
7（8）愈合部宽，雌性具特化腕 ·· 彩虹乌贼属
8（7）愈合部窄，雌性无特化腕 ·· 短乌贼属

异鱿乌贼属 *Heteroteuthis* Gray，1849

异鱿乌贼属已知异鱿乌贼 *Heteroteuthis dispar*、夏威夷异鱿乌贼 *Heteroteuthis hawaiiensis*、瑟氏异

鱿乌贼 *Heteroteuthis serventyi*、韦氏异鱿乌贼 *Heteroteuthis weberi* 和达加马异鱿乌贼 *Heteroteuthis dagamensis* 5 种,其中异鱿乌贼为本属模式种。

分类地位:头足纲,鞘亚纲,耳乌贼目,耳乌贼科,异鱿乌贼亚科,异鱿乌贼属。

属特征:外套背部前端与头部不愈合,具颈软骨;腹盾局限于外套前端 1/2。后鳍垂圆。漏斗锁具弯曲的深凹槽。雄性右侧第 1 和第 2 腕茎化,茎化腕基部与一块大腺体愈合,右侧第 2 腕近端增宽(为腺体增宽所致)(图 6-198A)。雄性第 3 腕具 2~3 个十分扩大的吸盘。雌性第 1 和第 2 腕顶端光秃,不具吸盘(图 6-198B)。

图 6-198 异鱿乌贼属形态特征示意图
A. 雄性头冠口视;B. 雌性第 1~3 腕口视

生活史及生物学:该属为耳乌贼科大洋性种类。雌性和雄性成熟胴长为 150~160 mm。卵产于中等深度的海底;Nesis(1993)发现卵广泛产于外洋海底,在海山和海脊区域出现比较多;Boletzky(1987)记述了底拖网在地中海 540m 海底采获到异鱿乌贼的胚胎;Okutani and Tsuchida(2005)报道在小笠原群岛 912m 海底发现许多成熟夏威夷异鱿乌贼雌体。该属种能够通过发光腺体的分泌物或栖于发光腺体中的发光细菌发光。内脏发光器上具 2 个大的开孔,光能够由此透射出来,表面覆盖的虹膜发光器使得光的颜色多变,其功能类似光过滤器或光栅。异鱿乌贼亚科其他属也具有类似的发光器机制。

地理分布:环世界各大洋热带至温带水域分布。

文献:Nesis, 1993; Okutani and Tsuchida, 2005; Boletzky, 1978; Young, 1977; Young et al, 1996。

主要种的检索:

1(2)雄性第 3 腕扩大吸盘仅位于背列 ………………………………………… 瑟氏异鱿乌贼

2(1)雄性第 3 腕扩大吸盘位于背列和腹列

3(4)分布于东大西洋和地中海 ………………………………………………… 异鱿乌贼

4(3)分布于中部和西部太平洋 …………………………………………… 夏威夷异鱿乌贼

异鱿乌贼 *Heteroteuthis dispar* Rüppell,1844

分类地位:头足纲,鞘亚纲,耳乌贼目,耳乌贼科,异鱿乌贼亚科,异鱿乌贼属。

学名:异鱿乌贼 *Heteroteuthis dispar* Rüppell,1844。

英文名:Odd bobtail squid;**法文名**:Sépiole différente;**西班牙文名**:Globito aberrante。

分类特征:体卵形,背部前缘与头部不愈合,腹部前缘向前延伸几乎覆盖漏斗(图 6-199A)。漏斗锁具弯曲的凹槽。鳍长,位于外套中后部,其前缘位于外套中线水平。触腕穗甚长,吸盘 8 余列。第 1 和第 2 腕等长,但短于第 3 和第 4 腕长。雄性右侧第 1 和第 2 腕内侧基部 1/2 由肌肉质带相连;第 1 对腕腕间膜深度为腕长的 30%~50%;第 3 腕吸盘背列和腹列具扩大吸盘,其中近端 2 个十分扩大,远端 3 个略微扩大(图 6-199B)。成熟雌性第 1 和第 2 腕顶端无吸盘,第 2 腕顶端略

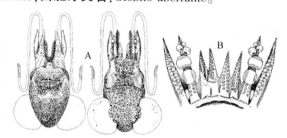

图 6-199 异鱿乌贼形态特征示意图(据 Naef, 1921, 1923)
A. 腹视和背视;B. 雄性头冠口视

增厚且口面具隆起。墨囊具一圆形发光器。

生活史及生物学:中层水域或深海生活种类,栖息水层可达 1 588 m。大陆架斜坡海底产卵。仔鱼生活在中层和深海水域,通常远离近岸,分布水层 1 500~3 000 m。成体经常集群于上层和中层水域,常见于 200~300 m。在地中海异鱿乌贼为最重要的浮游生活的耳乌贼类之一,常栖息于短脚单肢虾种群聚集的水域。是海豚、鲨鱼、旗鱼和金枪鱼的猎食对象。东大西洋和西大西洋的种群可能相互隔离。

地理分布:分布在东西大西洋和地中海海域,具体为百慕大群岛、加勒比海至西大西洋拉普拉塔;东大西洋从爱尔兰西南部向南至亚述尔群岛、马德拉群岛、加那利群岛和几内亚;整个地中海,包括利古里亚海、亚得里亚海、爱琴海和东部地中海。在西南印度洋浅滩水域也有分布(图 6-200)。

大小:最大胴长 25 mm。

渔业:资源量小,商业价值不高,为虾拖网副渔获物,与其他耳乌贼混售。

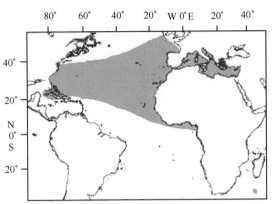

图 6-200　异鱿乌贼地理分布示意图

文献:Joubin, 1902; Naef, 1921, 1923; Nesis, 1987, 1994; Guerra, 1992; Bello, 1990, 1995, 1996, 1997,1999; Orsi Relini, 1995; Sartor and Belcari, 1995; Volpi et al, 1995; Wurtz et al, 1995; Parin et al, 1997; Lefkaditou et al, 1999; Jereb and Roper, 2005。

夏威夷异鱿乌贼 *Heteroteuthis hawaiiensis* Berry, 1909

分类地位:头足纲,鞘亚纲,耳乌贼目,耳乌贼科,异鱿乌贼亚科,异鱿乌贼属。

学名:夏威夷异鱿乌贼 *Heteroteuthis hawaiiensis* Berry, 1909。

分类特征:体卵形(图 6-201),背部前端与头部不愈合,具颈软骨;腹盾局限于外套前端 1/2。漏斗锁具弯曲的凹槽。鳍长,位于外套中后部,其前缘位于外套中线水平。雄性右侧第 1 和第 2 腕茎化。雄性第 3 腕背列和腹列具 2 个十分扩大的吸盘。雌性第 1 和第 2 腕顶端光秃,无吸盘。墨囊具 1 个圆形发光器。

生活史及生物学:在夏威夷水域,白天胴长小于 17 mm 的个体渔获水层多为 250~350 m,胴长大于 17 mm 的个体渔获水层为 375~650 m;晚上胴长小于 17 mm 的个体渔获水层多为150~250 m,大个体渔获水层为 110~550 m。

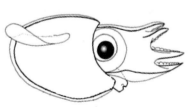

图 6-201　夏威夷异鱿乌贼腹视

地理分布:分布在中部和西部太平洋海域,具体为夏威夷、小笠原群岛、琉球群岛、印度尼西亚、澳大利亚湾。可能在西南太平洋 12°14′S、177°28′W 也有分布。

大小:最大胴长 30 mm。

渔业:非常见种。

文献:Young, 1995,1996,1997; Lu and Boucher-Rodoni, 2001。

瑟氏异鱿乌贼 *Heteroteuthis serventyi* Allan, 1945

分类地位:头足纲,鞘亚纲,耳乌贼目,耳乌贼科,异鱿乌贼亚科,异鱿乌贼属。

学名:瑟氏异鱿乌贼 *Heteroteuthis serventyi* Allan, 1945。

分类特征:体卵形(图6-202A),背部前端与头部不愈合,具颈软骨;腹盾局限于外套前端1/2。漏斗锁具弯曲的凹槽。鳍长,位于外套中后部,其前缘位于外套中线水平。雄性右侧第1和第2腕茎化。雄性第3腕扩大吸盘位于背列,与腹列小吸盘交替排列(图6-202B)。雌性第1和第2腕顶端光秃,不具吸盘(图6-202C)。角质颚上颚脊突内表面前部具2条色素沉着条带。下颚脊突略弯,不增厚;侧壁皱宽,末端向侧壁拐角处延伸,未达至侧壁后缘。

生活史及生物学:Lu 和 Ickeringill(2002)在澳大利亚南部水域采集到25尾,胴长范围为11.2~26.5 mm,体重范围为0.7~5.9 g。

地理分布:分布在西南太平洋澳大利亚东南部。

大小:最大胴长27 mm。

渔业:非常见种。

文献:Allan, 1945; Lu and Ickeringill, 2002; Yong, 2004。

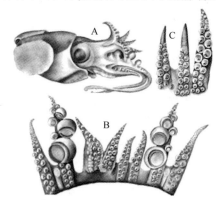

图6-202 瑟氏异鱿乌贼形态特征示意图(据 Yong, 2004)

A. 雄性侧视;B. 雄性头冠口视;C. 雌性第1~3腕口视

韦氏异鱿乌贼 *Heteroteuthis weberi* Joubin, 1902

分类地位:头足纲,鞘亚纲,耳乌贼目,耳乌贼科,异鱿乌贼亚科,异鱿乌贼属。

学名:韦氏异鱿乌贼 *Heteroteuthis weberi* Joubin, 1902。

拉丁异名:*Stoloteuthis weberi* Joubin, 1902。

分类特征:体卵形,鳍前缘达至外套前缘(图6-203)。成熟雄性各腕长相近,第2腕不较第1和第4腕长;吸盘分布至腕顶端,第2腕具3个扩大的吸盘,直径为正常吸盘的2倍。雄性第1对腕间腕间膜深为腕长的33%~50%。

地理分布:印度尼西亚中部(图6-204)。

文献:Joubin, 1902; Nesis, 1987; Reid and Norman, 1998。

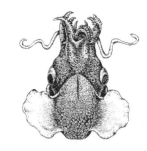

图6-203 韦氏异鱿乌贼背视(据 Reid and Norman, 1998)

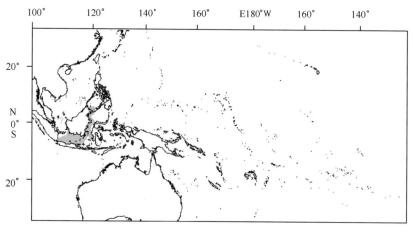

图6-204 韦氏异鱿乌贼地理分布示意图

达加马异鱿乌贼 *Heteroteuthis dagamensis* Robson，1924

分类地位：头足纲，鞘亚纲，耳乌贼目，耳乌贼科，异鱿乌贼亚科，异鱿乌贼属。
学名：达加马异鱿乌贼 *Heteroteuthis dagamensis* Robson，1924。
地理分布：非洲西部、南部和东南部。
文献：Robson，1924。

游泳乌贼属 *Nectoteuthis* Verrill，1883

游泳乌贼属已知游泳乌贼 *Nectoteuthis pourtalesi* 1 种。
分类地位：头足纲，鞘亚纲，乌贼目，耳乌贼亚目，耳乌贼科，异鱿乌贼亚科，游泳乌贼属。
属特征：外套前端与头部不愈合，腹盾前端无开口。腕远端吸盘具长柄。

游泳乌贼 *Nectoteuthis pourtalesi* Verrill，1883

分类地位：头足纲，鞘亚纲，乌贼目，耳乌贼亚目，耳乌贼科，异鱿乌贼亚科，游泳乌贼属。
学名：游泳乌贼 *Nectoteuthis pourtalesi* Verrill，1883。
分类特征：体卵形，外套背部前缘与头部不愈合（图6-205）；腹盾前端延伸超过腕基部，腹盾前缘不具开口。漏斗锁前端凹槽深宽，后端凹槽延长。鳍前端延伸超出背部前缘，后端未达至背部后缘。第1对腕间腕间膜深，腕远端吸盘具长而粗的柄，某些腕远端吸盘为叶状片所代替。
地理分布：分布在热带西大西洋佛罗里达、加勒比海巴巴多斯岛和安的列斯群岛。
生活史及生物学：深海底栖种，栖息水层至少可达330 m。
大小：最大胴长 11 mm。
渔业：非常见种。
文献：Naef，1921，1923；Verrill，1883；Vecchione and Young，2003。

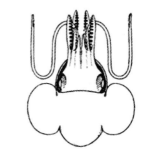

图6-205　游泳乌贼背视
（据 Naef，1921，1923）

彩虹乌贼属 *Iridoteuthis* Naef，1912

彩虹乌贼属已知彩虹乌贼 *Iridoteuthis iris* 和毛利彩虹乌贼 *Iridoteuthis maoria* 2 种，其中彩虹乌贼为本属模式种。
分类地位：头足纲，鞘亚纲，乌贼目，耳乌贼亚目，耳乌贼科，异鱿乌贼亚科，彩虹乌贼属。
属特征：背部前端与头部广泛愈合，雄性第1~3腕具扩大的吸盘。
种的检索：
1(2)雄性第1和第3腕具扩大的吸盘 …………………………………………………… 彩虹乌贼
2(1)雄性第2腕具扩大的吸盘 ………………………………………………………… 毛利彩虹乌贼

彩虹乌贼 *Iridoteuthis iris* Berry，1909

分类地位：头足纲，鞘亚纲，乌贼目，耳乌贼亚目，耳乌贼科，异鱿乌贼亚科，彩虹乌贼属。
学名：彩虹乌贼 *Iridoteuthis iris* Berry，1909。
分类特征：体圆袋形，外套背部中间弯成弓形；背部前端与头愈合部宽，两侧分别达至两眼后缘中点;腹盾大(约为腹胴长的 80%),前伸至两眼前缘水平,且前端中间具开口(图 6-206A)。眼甚大。漏斗锁具弯曲的深沟,沟前端具深槽。鳍大,后鳍垂尖,延伸至外套后缘。雄性第 1 腕不十分特化,第 1 和第 3 腕或第 2 和第 3 腕某些吸盘扩大;第 1~3 腕末端背边膜扩大(图 6-206B)。雌性第 3 和第 4 腕末端具延长的横隔片(图 6-206C)。

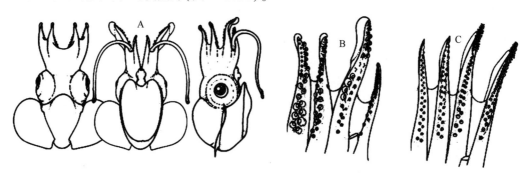

图 6-206　彩虹乌贼形态特征示意图(据 Harman and Seki, 1990)

A. 背视、腹视和侧视;B. 雄性左侧头冠口视;C. 雌性左侧头冠口视

生活史及生物学:中层边界水域种,栖息在距海底 350~450 m 水层。

地理分布:分布在中北太平洋夏威夷群岛,汉考克(Hancock)、科拉汉(Colahan)和卡穆(Kammu)海山,斯兰海。

大小:雄性最大胴长 24 mm,雌性最大胴长28 mm。

渔业:非常见种。

文献:Harman and Seki, 1990; Young, 1995; Young and Vecchione, 1996。

毛利彩虹乌贼 *Iridoteuthis maoria* Dell, 1959

分类地位:头足纲,鞘亚纲,乌贼目,耳乌贼亚目,耳乌贼科,异鱿乌贼亚科,彩虹乌贼属。

学名:毛利彩虹乌贼 *Iridoteuthis maoria* Dell, 1959。

拉丁异名:*Stoloteuthis maoria* Dell, 1959。

分类特征:背部前端与头愈合部宽,两侧分别达至两眼后缘中点。鳍后部较尖。雄性第 2 腕具扩大的吸盘(图 6-207)。

地理分布:分布在西南太平洋新西兰、北岛、库克海。

大小:最大胴长 25 mm。

渔业:非常见种。

文献:Robson, 1924; Parin et al, 1997; Young and Vecchione, 1996。

图 6-207　毛利彩虹乌贼雄性头冠口视(据 Young and Vecchione, 1996)

短乌贼属 *Stoloteuthis* Verrill, 1881

短乌贼属已知仅短乌贼 *Stoloteuthis leucoptera* 1 种。

短乌贼 *Stoloteuthis leucoptera* Verrill, 1878

分类地位:头足纲,鞘亚纲,乌贼目,耳乌贼亚目,耳乌贼科,异鱿乌贼亚科,短乌贼属。

学名:短乌贼 *Stoloteuthis leucoptera* Verrill, 1878。

英文名:Leucoptera bobtail squid,Butterfly bobtail squid;**法文名**:Sépiole leucoptère;**西班牙文名**:Globito leucóptero。

分类特征:体卵形。外套表面具银色的组织带,腹盾边缘具一蓝圈。背部前端与头部愈合,愈合部较头部窄,为头宽的 40%～50%;腹盾前缘不超过两眼中线水平(图 6-208A)。眼小。漏斗锁具简单的直槽。鳍长,后部圆,位于外套中部,鳍着部短。触腕穗吸盘 12～14 列,基部侧缘具隆起。腕短,强健。除第 4 对腕外,各腕间由深的腕间膜相连。雄性第 1 对腕近端 2/3 腕长部分具增厚的肉垫状侧膜,侧膜一侧具紧密排列的横指状结构。雄性腕近端吸盘 2 列,远端吸盘 4 列(图6-208B);雌性吸盘 2 列(图 6-208C)。雄性第 2 腕第 5 和第 6 对吸盘扩大(图 6-208B)。雌性腕顶端不特化(图 6-208C)。肛瓣发达。墨囊具圆形发光器。

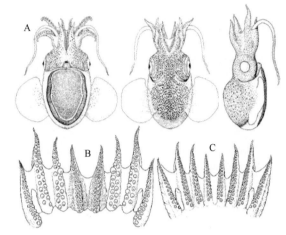

图 6-208　短乌贼形态特征示意图(据 Jereb and Roper, 2005)

A. 腹视、背视和侧视;B. 雄性头冠口视;C. 雌性头冠口视

生活史及生物学:栖息在沿海至半深海区,栖息水深 160～700 m。在缅因湾 175～340 m 水层群体密集。

地理分布:分布在东西部大西洋和地中海海域,具体为西大西洋从圣劳伦斯湾至佛罗里达海峡,东大西洋比斯开湾,地中海包括伊特鲁里亚海北部和南部、利古里亚海和戈尔戈纳群岛;在纳米比亚有分布报道;可能在塔斯马尼亚东部外海也有分布(图 6-209)。

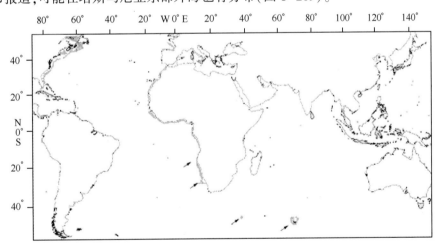

图 6-209　短乌贼地理分布示意图

大小:最大胴长 25 mm。

渔业:非常见种。

文献:Cairns, 1976;Nesis, 1982, 1987;Orsi Relini and Massi, 1991;Vecchione et al, 1989, 2001;Vecchione and Roper, 1996;Villanueva and Sánchez, 1993;Bello, 1995;Volpi et al, 1995;Wurtz et al, 1995;Jereb and Roper, 2005。

小耳乌贼属 *Sepiolina* Naef，1912

小耳乌贼属已知仅小耳乌贼 *Sepiolina nipponensis* 1 种。

分类地位:头足纲,鞘亚纲,乌贼目,耳乌贼亚目,耳乌贼科,异鱿乌贼亚科,小耳乌贼属。

属特征:外套与头愈合部窄。触腕无"触腕器"。

小耳乌贼 *Sepiolina nipponensis* Berry，1911

分类地位:头足纲,鞘亚纲,乌贼目,耳乌贼科,异鱿乌贼亚科,小耳乌贼属。

学名:小耳乌贼 *Sepiolina nipponensis* Berry，1911。

拉丁异名:*Stoloteuthis nipponensis* Berry，1911。

英文名:Japanese bobtail;**法文名**:Sépiole gros yeux;**西班牙文名**:Sepiolina。

分类特征:体圆袋形,宽短,胴宽为胴长的 3/4;背部前端与头的愈合部窄,约为头宽的 1/2(图 6-210A);侧部具银色宽带;腹盾几乎覆盖整个腹部。体表具大量小色素体,腹部色素深。头宽,眼具眼孔(与多数异鱿乌贼亚科种不同)。漏斗锁前端具延长的深槽。鳍大,前鳍垂明显,鳍前缘未达至外套前缘,后缘亦未至外套后缘。触腕穗细长,具 13~16 列近球形的微小吸盘,吸盘大小相近;边膜窄,略微延长至触腕柄(与其他异鱿乌贼亚科种不同,无"触腕器"),基部边膜具特化的褶皱。腕短,吸盘 2 列。雌性腕无明显特化(图 6-210B)。雄性第 2 第 3 腕具十分扩大的吸盘,第 4 腕吸盘扩大程度较小。雄性第 1 对腕茎化(图 6-210C),大部分背缘和腹缘具腺结构,茎化部吸盘小,间距大,吸盘柄短。角质颚上颚脊突内表面前部具 2 条色素沉着条带。下颚脊突略弯,不增厚;无侧壁脊或皱。

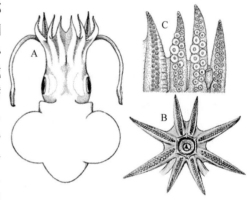

图 6-210 小耳乌贼形态特征示意图(据 Sasaki，1929;Voss，1963;Roper et al，1984) A. 背视;B. 雌性口视;C. 雄性左侧第 1~4 腕口视

生活史及生物学:浅海底栖种,栖息在大陆架水域,水深至 200 m。Lu 和 Ickeringill(2002)在澳大利亚南部水域采集到 11 尾小耳乌贼,胴长范围为 16.9~24.0 mm,体重范围为 1.7~4.0 g。

地理分布:分布在西太平洋日本南部、中国台湾海域、南海、菲律宾、大澳大利亚湾。

大小:最大胴长 40 mm。

渔业:非常见种。

文献:Sasaki，1929;Voss，1963;Okutani，1980,1995;Roper et al,1984;Okutani et al，1987;Nesis，1982,1987;Lu，1998;Reid and Norman，1998;Young and Vecchione，2003;Lu and Ickeringill，2002;Jereb and Roper，2005。

第三节 后耳乌贼科

后耳乌贼科 Sepiadariidae Naef，1912

后耳乌贼科以下包括仿乌贼属 *Sepioloidea* 和后耳乌贼属 *Sepiadarium* 2 属,共计 7 种。该科为小型底栖种,分布在印度洋—西太平洋的热带和亚热带浅水水域。

分类地位:头足纲,鞘亚纲,乌贼目,耳乌贼亚目,后耳乌贼科。

英文名:Cuttlefishes;**法文名**:Seiches;**西班牙文名**:Sepias, Cloquitos。

科特征:体短宽,后部圆,背部前缘与头部愈合。体色显著。漏斗锁具2个深槽(仿乌贼属)或在腹侧与外套愈合(后耳乌贼属)。雄性左侧第4腕茎化。无内壳。

文献:Lu et al,1992; Young, 1996。

属的检索:

1(2)鳍位于外套后端1/2,漏斗与外套愈合 ·· 后耳乌贼属

2(1)鳍位于外套中部,漏斗与外套不愈合 ·· 仿乌贼属

后耳乌贼属 *Sepiadarium* Steenstrup, 1881

后耳乌贼属已知金色后耳乌贼 *Sepiadarium auritum*、澳洲后耳乌贼 *Sepiadarium austrinum*、纤薄后耳乌贼 *Sepiadarium gracilis*、后耳乌贼 *Sepiadarium kochii*、日本后耳乌贼 *Sepiadarium nipponianum* 5种,其中后耳乌贼为本属模式种。

分类地位:头足纲,鞘亚纲,乌贼目,耳乌贼亚目,后耳乌贼科,后耳乌贼属。

属特征:体短宽,后部圆,背部前缘与头部愈合。体色显著。漏斗在腹侧与外套愈合。触腕柄藏于第3和第4腕基部的触腕鞘或腕间膜内。腕近端吸盘2列,远端1/3吸盘4列。雄性左侧第4腕茎化。无内壳。

主要种的检索:

1(2)触腕穗吸盘6列 ·· 澳洲后耳乌贼

2(1)触腕穗吸盘8列 ·· 后耳乌贼

澳洲后耳乌贼 *Sepiadarium austrinum* Berry, 1921

分类地位:头足纲,鞘亚纲,乌贼目,耳乌贼亚目,后耳乌贼科,后耳乌贼属。

学名:澳洲后耳乌贼 *Sepiadarium austrinum* Berry, 1921。

英文名:Southern bottletail;**法文名**:Sépiolette du sud;**西班牙文名**:Sepiolilla sureña。

分类特征:体圆袋形,背部前缘与头部愈合(图6-211),腹部前缘两侧与漏斗愈合。体透明,黄色或橙色,体表具大的卵形白色色素。头宽等于胴宽。外套腔由薄的隔膜分开。鳍短,位于外套后端1/2。触腕穗吸盘6列,边膜宽。第1和第2腕长大于第3和第4腕长。腕近端吸盘2列,中部和远端吸盘4列。雄性左侧第4腕茎化,基部9~10对吸盘正常,远端吸盘为一列圆锥形薄片替代;腕顶端具沟,向背侧弯曲,无保护膜。角质颚上颚脊突内表面无色素沉着条带。下颚喙缘弯,顶端钝;脊突不增厚;无侧壁脊或皱。

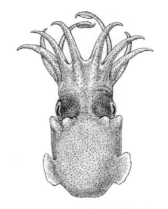

图6-211　澳洲后耳乌贼背视(据 Jereb and Roper, 2005)

生活史及生物学:栖息在砂质有掩护的水域。白天藏于沙土中,仅露出双眼;夜间在砂地里或草丛中觅食。养殖水体中,捕食片脚类、等脚类和其他小型甲壳类。交配年龄小,未成熟雌性即可交配,交配后精荚储藏于口周围的纳精囊内。产出的卵黏附于海草上。Lu 和 Ickeringill(2002)在澳大利亚南部水域采集到12尾澳洲后耳乌贼,胴长范围为11.5~26.6 mm,体重范围为1.3~4.6 g。

地理分布:分布在澳大利亚南部外海(图6-212)。

大小:最大胴长 30 mm。

渔业:可做观赏养殖。

文献: Lu and Dunning, 1998；Norman, 2000；Lu and Ickeringill, 2002；Jereb and Roper, 2005。

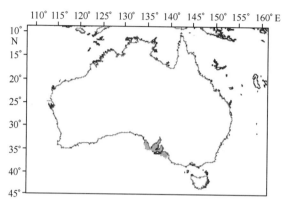

图 6-212　澳洲后耳乌贼地理分布示意图

后耳乌贼 *Sepiadarium kochii* Steenstrup, 1881

分类地位:头足纲,鞘亚纲,乌贼目,耳乌贼亚目,后耳乌贼科,后耳乌贼属。

学名:后耳乌贼 *Sepiadarium kochii* Steenstrup, 1881。

拉丁异名:*Sepiadarium malayense* Robson, 1932。

英文名: Koch's bottletail squid;**法文名:**Sépiolette de Koch;**西班牙文名:**Sepiolilla de Koch。

分类特征:体近圆形,背部前缘与头部愈合,愈合部约为胴长的 25%(图 6-213A),腹部前缘两侧与漏斗愈合。体背面被大的白色素细胞,其周围由小的红褐色色素体包围。外套腔由薄的隔膜隔开。鳍窄长,位于外套后端 1/2。触腕柄细长(图 6-213B),位于第 3 和第 4 腕基部间的触腕囊内;触腕穗宽,微吸盘 8 列,排列紧密。第 1 和第 2 腕长大于第 3 和第 4 腕长。腕基部吸盘 2 列,远端 1/2 吸盘 4 列。雄性某些腕吸盘扩大。雄性左侧第 4 腕茎化(图 6-213B):基部吸盘正常,远端 2/3 吸盘由一列厚片替代,腕边缘具褶皱的膜;腕顶端具沟,向背侧弯,无保护膜。

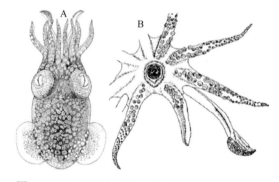

图 6-213　后耳乌贼形态特征示意图(据 Jereb and Roper, 2005)

A. 背视;B. 口视

生活史及生物学:栖息在底质松软的潮间带水域,栖息水层至 60 m。白天藏匿,夜间出来觅食,主食小型甲壳类。

地理分布:分布在日本南部、中国东海、台湾海域、南海至印度,印度尼西亚南部至新几内亚和澳大利亚北部(图 6-214)。

大小:最大胴长 30 mm。

渔业:常见种类,尚无渔业开发。

文献: Roper et al, 1984；Okutani et al, 1987；Okutani, 1995；Lu, 1998；Lu and Dunning, 1998；Norman and Reid, 1998；Voss and Williamson, 1971；Jereb and Roper, 2005。

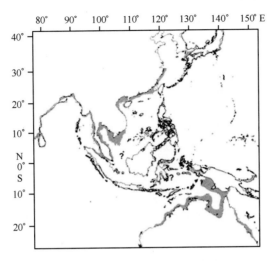

图 6-214　后耳乌贼地理分布示意图

金色后耳乌贼 *Sepiadarium auritum* Robson，1914

分类地位：头足纲,鞘亚纲,乌贼目,耳乌贼亚目,后耳乌贼科,后耳乌贼属。

学名：金色后耳乌贼 *Sepiadarium auritum* Robson，1914。

地理分布：澳大利亚东北部。

大小：最大胴长 11 mm。

文献：Robson，1914。

纤薄后耳乌贼 *Sepiadarium gracilis* Voss，1962

分类地位：头足纲,鞘亚纲,乌贼目,耳乌贼亚目,后耳乌贼科,后耳乌贼属。

学名：纤薄后耳乌贼 *Sepiadarium gracilis* Voss，1962。

地理分布：中国南海和菲律宾西部。

文献：Voss，1962。

日本后耳乌贼 *Sepiadarium nipponianum* Berry，1932

分类地位：头足纲,鞘亚纲,乌贼目,耳乌贼亚目,后耳乌贼科,后耳乌贼属。

学名：日本后耳乌贼 *Sepiadarium nipponianum* Berry，1932。

地理分布：西太平洋：日本本州岛南部、四国岛和九州岛。

文献：Berry，1932。

仿乌贼属 *Sepioloidea* Orbigny，1845

仿乌贼属已知太平洋仿乌贼 *Sepioloidea pacifica* 和仿乌贼 *Sepioloidea lineolata* 2 种,其中仿乌贼为本属模式种。

分类地位：头足纲,鞘亚纲,乌贼目,耳乌贼亚目,后耳乌贼科,仿乌贼属。

属特征：体短宽,后部圆,背部前缘与头部愈合。体色显著。漏斗锁具两个深槽。雄性左侧第 4 腕茎化。无内壳。

仿乌贼 *Sepioloidea lineolata* Quoy and Gaimard，1832

分类地位:头足纲,鞘亚纲,乌贼目,耳乌贼亚目,后耳乌贼科,仿乌贼属。

学名:仿乌贼 *Sepioloidea lineolata* Quoy and Gaimard，1832。

英文名:Striped pyjama squid。

分类特征:体圆袋形,背部前缘与头部愈合,外套背部前缘具指状突起,背部以及腕近端和腕间膜反口面具粉色至黑色的细条纹(图6-215),外套及头部的腹部和侧部具隆突。鳍长窄,约覆盖整个胴部侧缘。触腕穗具20列微小吸盘。无内壳。角质颚脊突内表面无色素沉着条带。下颚喙缘弯,顶端钝;脊突不增厚;无侧壁脊或皱。

生活史及生物学:栖息在砂质或泥质的浅水水域。Lu 和 Ickeringill(2002)在澳大利亚南部水域采集到20尾仿乌贼,胴长范围为14.0~30.0 mm,体重范围为1.6~10.9 g。

地理分布:澳大利东部、南部和西部(图6-216)。

大小:最大胴长50 mm。

渔业:非常见种。

文献:Dunning et al，1998；Norman，1998，2000；Okutani，1995；Lu and Ickeringill，2002。

图6-215 仿乌贼背视(据 Dunning et al，1998)

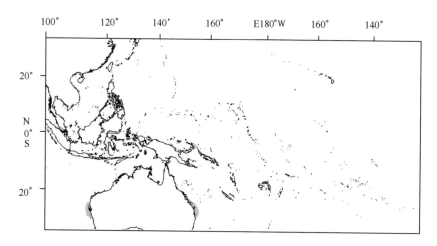

图6-216 仿乌贼地理分布示意图

太平洋仿乌贼 *Sepioloidea pacifica* Kirk，1882

分类地位:头足纲,鞘亚纲,乌贼目,耳乌贼亚目,后耳乌贼科,仿乌贼属。

学名:太平洋仿乌贼 *Sepioloidea pacifica* Kirk，1882。

地理分布:南太平洋新西兰和纳斯卡,萨莱戈麦斯海脊等海域。

大小:最大胴长40 mm。

文献:Parin et al，1997；Lu and Dunning，1998。

第七章　鞘亚纲旋壳乌贼目

旋壳乌贼目 Spirulida Haeckel，1896

旋壳乌贼目已知仅旋壳乌贼科 Spirulidae 1 科。

旋壳乌贼科 Spirulidae Owen，1836

旋壳乌贼科已知仅旋壳乌贼属 *Spirula* 1 属。

旋壳乌贼属 *Spirula* Lamarck，1799

旋壳乌贼属已知仅旋壳乌贼 *Spirula spirula* 1 种。

分类地位：头足纲,鞘亚纲,旋壳乌贼目,旋壳乌贼科,旋壳乌贼属。
科属特征：内壳裸露,石灰质,形似环绕的号角。

旋壳乌贼 *Spirula spirula* Linnaeus，1758

分类地位：头足纲,鞘亚纲,旋壳乌贼目,旋壳乌贼科,旋壳乌贼属。
学名：旋壳乌贼 *Spirula spirula* Linnaeus，1758。
英文名：Ram's horn squid；**法文名**：Spirule；**西班牙文名**：Espírula。

分类特征：体淡红褐色,圆筒形(图 7-1A),肌肉强健;背部前缘三角形,尖锐,不与头部愈合;腹部前缘漏斗两侧突起呈舌状。外套和头部皮肤表面覆盖规则排列,发出银光的胶原质纤维。头部具触腕囊。眼大,无角膜,具腹眼睑,具独特的虹膜。漏斗无侧内收肌,漏斗锁具简单的直槽,外套锁未达至外套前缘。鳍窄卵形,端生,鳍着部与体横轴在一个平面,两鳍分离,具后鳍垂。触腕穗细直,不膨大,不分成明显的掌部和指部,无近端锁,吸盘 12～16 列(图 7-1B),大小相近,无环肌。第 1 腕最短,第 4 腕最长,除第 4 对腕外其余各腕由深的腕间膜相连,腕吸盘 4 列。雄性第 4 对腕茎化,茎化

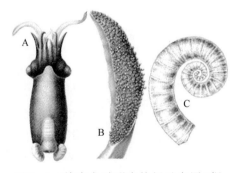

图 7-1　旋壳乌贼形态特征示意图(据 Chun，1910)

A. 雌性背视；B. 触腕穗；C. 内壳

腕较其他腕粗长,茎化部具多变的翼片和乳突,无吸盘。角质颚上颚喙内表面光滑,颚角接近 90°;头盖宽而弯,较贴近脊突。下颚喙缘弯,脊突不增厚。无齿舌。内壳石灰质,弯曲的号角状(图 7-1C),向腹部弯曲,由隔膜将内壳分为若干小室,小室间在腹侧由室管相连。鳃无鳃沟;无右输卵管;雌性具副缠卵腺;墨囊退化;无肛瓣;消化腺 1 对,食道位于消化腺之间。雌性口周围具纳精囊。外套后部末端具大发光器。

生活史及生物学：小型种,栖息在热带大陆架斜坡或岛屿周围的大洋中层水域,白天分布水层 550～1 000 m,多为 600～700 m;夜间分布水层 100～300 m,多为 200～300 m。幼体分布水层1 000～

1 750 m,据此推断亲体可能在大陆架斜坡的海底产卵。成熟卵径
长 17 mm。胴长 2 mm 的旋壳乌贼内壳具 2 室,具 3 对短腕,眼睛
小,口球甚大,角质颚超出短腕(图 7-2)。性成熟胴长约 30 mm,年
龄 12~15 个月。生命周期 18~20 个月。

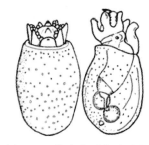

图 7-2　旋壳乌贼仔鱼腹视和
侧视 (据 Bruun, 1943; Clarke,
1970)

　　旋壳乌贼的头和腕能够完全收缩至外套腔内,然后外套腔由
背缘和腹侧缘延伸的翼片封闭。游泳时,头向下,两鳍向上,成波
浪式或蝶式游动。外套后部末端的发光器每次发光可持续几个
小时。

　　地理分布:分布在热带大西洋和热带印度洋—西太平洋
(图 7-3)。

　　大小:最大胴长 45 mm。

　　渔业:海岛附近资源较丰富,在加那利群岛周围中层水域资源很丰富,内壳可作观赏品。

　　文献:Naef, 1922; Schmidt, 1922; Bruun, 1943; Clarke, 1969, 1970; Herring et al, 1981; Ne-
sis, 1987; Lu et al, 1992; Reid and Norman, 1998; Young et al, 1998; Young, 1996; Lu and Ickerin-
gill, 2002; Jereb and Roper, 2005。

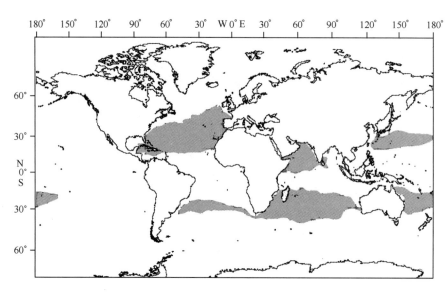

图 7-3　旋壳乌贼地理分布示意图

第八章　鞘亚纲八腕总目

八腕总目 Octobrachia Haeckel，1866

八腕总目包括八腕目 Octopoda 和幽灵蛸目 Vampyromorpha，八腕目下属 200 余种，幽灵蛸目仅幽灵蛸 1 种。

拉丁异名：Octobrachia Fiorini，1981；Vampyromorphoidea Engeser and Bandel，1988；Vampyropoda Boletzky，1992。

英文名：Vampire Squid and Octopods。

总目特征：第 2 环口附肢特化为触腕或消失，第 4 环口附肢不特化。吸盘放射状对称，无角质环。第 4 腕间有腕间膜相连（船蛸科 Argonautidae 的一些种类无）。无口冠。感光囊位于头软骨外，位于漏斗背面（幽灵蛸目）或外套腔内星状神经节上（八腕目）。具或不具鳍，若具鳍则鳍有软骨支撑（幽灵蛸目仅稚鱼期有软骨支撑）。无缠卵腺，通常具嗉囊，输卵管放射对称，消化腺管附肢位于肾腔外，肾腔分离。

文献：Berthold and Engeser，1987；Boletzky，1992；Engeser and Bandel，1988；Fioroni 1981；Young，1989；Young and Vecchione，1999，2002，2006；Young et al，1999。

八腕目 Octopoda Leach，1818

八腕目包括须亚目 Cirrata 和无须亚目 Incirrata，共计 200 余种。多数种类底栖生活，一些种类营底栖和浮游生活，其余种类完全浮游生活。须亚目，为深海生活的有鳍类；无须亚目，包括一般性的浅水底栖类和大多数深海底栖和浮游类。

英文名：Octopods or devilfishes。

目特征：体短而紧凑，头与外套在颈部愈合。腕 8 只，即使在胚胎期也无第 2 环口附肢痕迹。吸盘柄为宽的肌肉柱。鳍亚端生，两鳍广泛分离或不具鳍。无漏斗阀。卵管腺亚端生，某些部分具受精囊功能。外套具背腔。无颈软骨。感光囊位于星状神经节上。

文献：Carlini，1998；Young and Vecchione 1996；Young et al，1999；Voight，1997；Mangold et al，1996。

须亚目 Cirrata Grimpe，1916

须亚目以下包括面蛸科 Opisthoteuthidae、须蛸科 Cirroteuthidae、十字蛸科 Stauroteuthidae 3 科，共计 40 余种。

英文名：Finned octopods。

亚目特征：体通常凝胶质。外套腔开口退化，似乎已经无喷水推进的功能。眼无角膜。鳍亚端生，翼状，有软骨质结构支撑，两鳍广泛分离。腕吸盘 1 列，具须（为腕部衍生的肌肉质乳突，可能具有辅助捕食的功能），须与吸盘交替排列。腕具内水平隔膜。腕间膜通常十分发达，可达腕顶端。雄性无茎化腕，但某些种类腕具性别二态性（通常吸盘扩大，扩大吸盘可用作某些种类雄性性成熟的标志）。齿舌退化或完全消失。内壳 U 形、V 形或马鞍形。具精包，而非典型的精荚。后唾液腺位于口球内或口球上,无右输卵管,无墨囊,无肛瓣。卵大,外有卵管腺分泌物形成的坚硬外壳包裹。

生活史及生物学:底栖(多数面蛸科种类)和近底栖(十字蛸科、须蛸科和某些面蛸科种类)。栖息水深 1 000~5 000 m,最深记录为 7 000 m(为头足类已知分布最深记录),但在极地的表层水域也有发现。近底栖种类,腕和腕间膜与海底平行,漂浮于近海底,利用腕来攫取实物。底栖类以底栖甲壳类和多毛类环节动物为食,浮游类主要捕食浮游的桡足类。

须蛸类无抚育幼体的习性,卵坚硬(长度可达 24 mm),常黏附于海底,初孵幼体即营成体的生活模式,无漂浮生活期。雌性和雄性性成熟胴长跨度大,卵巢内卵子的大小等级多种,成熟卵子储于输卵管和卵管腺内,一枚至几枚卵子随时等待排出。因此产卵持续时间长,有的可达几年,产卵模式为持续产卵型。雄性繁殖系统与无须蛸类甚为不同。无典型的精荚,仅为一个简单的储藏精子的容器,无放射导管和胶合体,常被称做精包。

须蛸类不像多数头足类那样通过外套收缩,漏斗喷水推进;通过鳍击水,或者利用腕间膜像水母一样收缩来游动。这种游泳模式在一些具有次级腕间膜的种类(面蛸科无次级腕间膜)当中,更为有效。

地理分布:分布于世界各大洋深海水域。

大小:最大胴长可达 1.5 m。

文献:Aldred et al,1983;Boletzky,1982;Boletzky et al,1992;Collins,2003;Hunt,1996;Johnsen et al,1999;Nesis,1982,1987;O'Shea,1999;Piertney et al,2003;Robson,1932;Roper and Brundage,1972;Vecchione,1987;Vecchione and Young,1997;Villanueva and Guerra,1991;Villanueva,1992;Voss,1988;Voss and Pearcy,1990;Young and Vecchione,1996。

科的检索:

1(4)须长,具次级腕间膜
2(3)内壳马鞍形 ………………………………………………………………… 须蛸科
3(2)内壳"U"形 ………………………………………………………………… 十字蛸科
4(1)须短,无次级腕间膜 …………………………………………………………… 面蛸科

第一节　八腕目须蛸科

须蛸科 Cirroteuthidae Keferstein,1866

须蛸科以下包括须蛸属 Cirroteuthis 和奇须蛸属 Cirrothauma 2 属。该科种类全部浮游,通常栖息于深海近海底,其中一种分布在北冰洋。

分类地位:头足纲,鞘亚纲,八腕目,须亚目,须蛸科。

科特征:体明显延长,十分凝胶质,易碎。眼甚大至甚小,或退化。具初级和次级腕间膜,腕间膜结有或无。各腕中部具扁平的小吸盘,吸盘几乎无关节窝,吸盘柄纤细或肿胀。腕须长,最长为最大吸盘直径的 8 倍。齿舌有或无。内壳马鞍状,鞍部宽,翼部表面内凹,肩部明显。消化腺管道"U"形;肠短,无侧带。后唾液腺位于口球上。消化腺单室。雄性附腺收缩成单个腺团。视神经叶球状。仅一个神经叶束穿过白体。

文献:Aldred et al,1983;Voss and Pearcy,1990;Vecchione et al,2006。

属的检索:

1(2)内壳翼部侧视椭圆形 …………………………………………………………… 须蛸属
2(1)内壳翼部侧视三角形 …………………………………………………………… 奇须蛸属

须蛸属 *Cirroteuthis* Eschricht，1836

须蛸属已知仅须蛸 *Cirroteuthis muelleri* 1 种。

分类地位：头足纲，鞘亚纲，八腕目，须亚目，须蛸科，须蛸属

属特征：眼睛发育完全，有晶状体。外套中部鳍一对。腕顶端无吸盘和须；腕间膜具腕间膜结。内壳鞍部和翼部宽，翼部前后长度小于鞍部前后长度的 2 倍，翼部侧视为椭圆形。

须蛸 *Cirroteuthis mülleri* Eschricht，1836

分类地位：头足纲，鞘亚纲，八腕目，须亚目，须蛸科，须蛸属。

学名：须蛸 *Cirroteuthis mülleri* Eschricht，1836。

拉丁异名：*Sciadephorus mülleri* Reinhardt and Prosch，1846。

分类特征：体延长，凝胶质，鳍大，眼小（图 8-1），直径为头宽的 10%。各腕长相近，吸盘 1 列，腕须长；腕末端光秃，无吸盘和须。腕间膜远端边缘处开始无吸盘，须终止于最后一个吸盘处。多数腕具次级腕间膜，腕腹侧次级腕间膜终止于腕间膜结处；腕间膜结位于腕末端第 3 或第 4 吸盘腹侧。腕吸盘小，第 2 和第 3 吸盘通常最大，然后逐渐减小至第 7 或第 8 吸盘；近端 7~8 个吸盘杯状，吸盘柄宽大；随后的吸盘直径不到近端吸盘的一半，吸盘呈精致的漏斗状，无关节窝，吸盘柄大，内充满液体；约至第 28 吸盘，吸盘开始正常；腕远端最大吸盘直径约等于近端吸盘直径。第 1 与第 3 吸盘间的须短小，腕中部须最长（长 19 mm，为最大吸盘直径的 9~13 倍）（图 8-2）。内壳马鞍形，鞍部和翼部宽，翼部前后长度小于鞍部前后长度的 2 倍，翼部侧视为椭圆形（图 8-3）。每半鳃鳃小片 7~8 个。雄性阴茎短小，附腺收缩成紧密的扁平卵形团。雌性近端输卵管长约为远端输卵管长的 4~5 倍，卵管腺黑色，远端部分明显大于近端；最大卵径 10.4 mm×9.3 mm。视神经叶球形，仅一束视神经束穿过球形白体。腕和腕间膜内表面黑色、紫色或紫褐色。

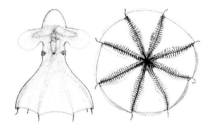

图 8-1 须蛸腹视和口视图（据 Voss and Pearcy，1990）

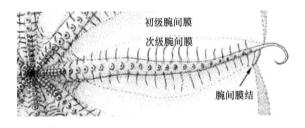

初级腕间膜

次级腕间膜

腕间膜结

图 8-2 须蛸腕间膜口视（据 Voss and Pearcy，1990）

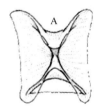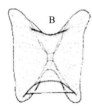

图 8-3 须蛸内壳背视、腹视和侧视（据 Voss and Pearcy，1990）

A. 背视；B. 腹视；C. 侧视

生活史及生物学：大洋性底层生活种类，栖息水深 500~5 000 m。Collins 等（2003）发现，须蛸

在北大西洋栖息水深为 700~4 854 m,而 3 000~3 500 m 群体较为密集。

地理分布:分布在北大西洋、北冰洋、北太平洋和新西兰外海,具体分布国家和地区有法罗群岛、格陵兰、新西兰、挪威、美国。

大小:雌性最大胴长 67 mm ,雄性最大胴长 79 mm;最大体长 150 mm。

渔业:非常见种。

文献:Voss and Pearcy, 1990；Frandsen and Wieland, 2004；O'Shea, 1999；Collins, 2002；Robson, 1932；Vecchione, 1987；Villanueva et al, 1997；Young and Vecchione, 2003；Petri and Zumholz, 2004。

奇须蛸属 *Cirrothauma* Chun, 1911

奇须蛸属已知大眼奇须蛸 *Cirrothauma magna* 和奇须蛸 *Cirrothauma murrayi* 2 种,其中奇须蛸为本属模式种。该属为深海种。

分类地位:头足纲,鞘亚纲,八腕目,须亚目,须蛸科,奇须蛸属。

属特征:体凝胶质,易碎。眼睛发达,具晶状体;或不发达,无晶状体。无腕间膜节。吸盘至腕顶端;须至腕顶端或终止于腕间膜边缘。内壳马鞍形,鞍部中等长度,翼部侧视为三角形,翼部前后长为鞍部前后长的 2.5 倍多。

文献:Aldred et al, 1983；Guerra et al, 1998；Voss and Pearcy 1990；Young and Vecchione, 2003。

种的检索:

1(2)眼发达,具晶状体 ··· 大眼奇须蛸
2(1)眼退化,无晶状体 ··· 奇须蛸

大眼奇须蛸 *Cirroteuthis magna* Hoyle, 1885

分类地位:头足纲,鞘亚纲,八腕目,须亚目,须蛸科,奇须蛸属。

学名:大眼奇须蛸 *Cirroteuthis magna* Hoyle, 1885(图 8-4)。

拉丁异名:*Cirroteuthis magna* Hoyle, 1885。

英文名:Big-eye Jellyhead。

分类特征:体凝胶质,易碎,活体为半透明。眼睛较发达,具晶状体。各腕具 3 种不同类型的吸盘。口周围为排列紧密的圆柱形小吸盘,吸盘柄粗短(图 8-4B,右侧 2 个吸盘);随后的吸盘较大,柄长,吸盘薄宽的漏斗状,开口小(图 8-4B,中间 2 个吸盘),"漏斗"膨胀或收缩成球形(图 8-4C,中间吸盘)、扁平或"半闭的眼睑"形;腕末端 1/3 吸盘大、碗状、陶瓶状或桶状,无柄,基部肌肉坚硬(图 8-4C,左侧 2 个吸盘),而有些具柄(图 8-4B,左侧 2 个吸盘)。角质颚下颚喙长等于头盖长,喙顶端开口;脊突弯曲,中部宽,脊突长为头盖长的两倍;侧壁窄长,平行四边形,具 2 条倾斜的侧壁脊,侧壁夹角较大,约为 60°。内壳翼部侧视呈三角形。

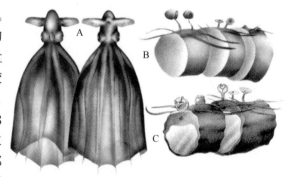

图 8-4　大眼奇须蛸形态特征示意图(据 Guerra et al, 1998)

A. 腹视和背视；B. 某腕 3 部分横截面；C. 某腕 2 部分横截面

生活史及生物学:在新西兰分布水层 1 000 m。

地理分布:智利、新西兰、澳大利亚。

大小:最大胴长 1 200 mm。

渔业:非常见种。

文献:Guerra et al, 1998；O'Shea, 1999；Vecchione, 1987；Villanueva et al, 1997；Hoyle, 1886；Voss and Pearcy, 1990；Vecchione and Young, 2003。

奇须蛸 *Cirrothauma murrayi* Chun, 1911

分类地位:头足纲,鞘亚纲,八腕目,须亚目,须蛸科,奇须蛸属。

学名:奇须蛸 *Cirrothauma murrayi* Chun, 1911。

英文名:Blind cirrate。

分类特征:体钟形(图 8-5A)。眼小而退化,无晶状体,无外眼睑;视网膜退化,与角膜相连。腕近端 6 个吸盘无柄;腕大部分吸盘微小,吸盘柄凝胶质的长纺锤形;吸盘口微小或无,无关节窝。每个吸盘柄基部内可能具有小的发光结构。各腕腕间膜远端与腕相连处对称(图 8-5B)。内壳背视蝴蝶状(图 8-5C)。齿舌退化;消化道位于同一平面,即肠无侧带或环;无嗉囊;盲肠无螺旋;胃背面和食道具深紫色色素沉着,肠无色素沉着。卵大,最大径长 14 mm×8.9 mm。精囊腺高度环绕,附腺收缩成团,阴茎短小。

生活史及生物学:深海种类,栖息水深 1 500～4 500 m,但在北冰洋表层水域有捕获记录。在东北大西洋,渔获水深 2 430～4 846 m,多为 3 000 m 以下;在加利福尼亚,渔获水层 2 200 m 左右。主要靠鳍游泳。繁殖策略为持续产卵型。

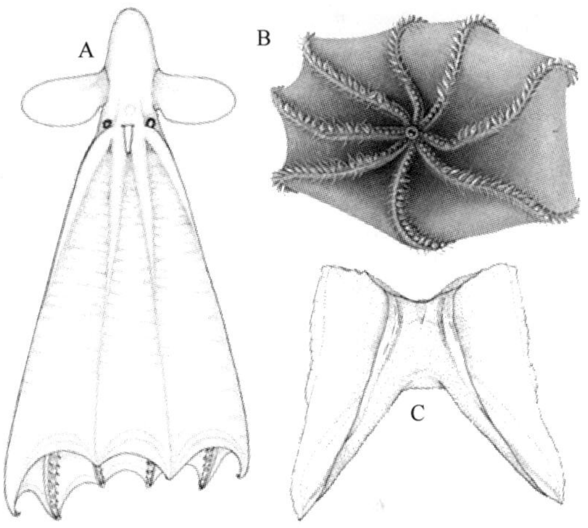

地理分布:分布在太平洋、大西洋、北冰洋。

大小:最大胴长 220 mm;最大体长 1 m。

渔业:非常见种。

图 8-5　奇须蛸形态特征示意图(据 Chun, 1910；Aldred et al, 1983)

A. 腹视;B. 口视;C. 内壳背视

文献:Nesis, 1987 ；Aldred et al, 1978, 1982, 1983；Villanueva et al, 1997；Robinson and Young, 1981；Voight, 1997；Collins et al, 2001；Chun, 1910；Young and Vecchione, 2003；Rocha et al, 2001；Seibel et al, 1998。

第二节　八腕目面蛸科

面蛸科 Opisthoteuthidae Verrill, 1896

面蛸科以下包括须面蛸属 *Cirroctopus*、烟灰蛸属 *Grimpoteuthis*、卢氏蛸属 *Luteuthis* 和面蛸属 *Opisthoteuthis* 4 属。

分类地位:头足纲,鞘亚纲,八腕目,须亚目,面蛸科。

科特征:深海小型或中型种,体半凝胶质。体前后收缩(内壳达至或几乎至外套末端,即无凝胶质部分超出内壳后部)。外套腔开口为一窄缝,漏斗短小。鳍短。腕吸盘 1 列,须 2 列,短小(为最大吸盘直径的 0.4～2.5 倍),位于吸盘两侧,与吸盘交替排列,腕和须均分布至腕顶端。腕仅具甚深的初级腕间膜,腕间膜几乎至腕顶端,某些属具腕间膜结。成熟雄性腕近基部或近顶端具扩大的吸盘。内壳

"V"、"U"或者"W"形,翼部不膨大或略微膨大(图8-6)。无齿舌和唾液腺。某些属具网眼状色素斑。

图8-6 面蛸科三种类型内壳示意图(据 O'Shea and Lu, 2002)

生活史及生物学:面蛸科多数种类,交替地息于海底和浮游于海底近上方,某些种类(卢氏蛸属和烟灰蛸属某些种类)体十分凝胶质,故分布在中上层。面蛸属主要通过腕间膜的收缩游动,烟灰蛸属主要通过鳍的击水游动。

文献: Aldred et al, 1983; Berry, 1912, 1918, 1952; Chun, 1915; Lu, 2001; Lu and Phillips, 1985; Meyer, 1906; Pereyra, 1965; Robson, 1930, 1932; Roper and Brundage, 1972; Sanchez and Guerra, 1989; Sasaki, 1929; Scott, 1910; Thiele, 1935; Verrill, 1896, 1883; Voss, 1977, 1988a, 1988b; Nesis 1982, 1987; O'Shea, 1999; O'Shea and Lu, 2002; Pereya, 1965; Voss and Pearcy, 1990; Vecchione and Roper, 1991; Vecchione and Young, 1997。

属的检索:

1(2)腕吸盘开口复杂,具圆齿状结构 ······················· 卢氏蛸属

2(1)腕吸盘开口简单,无圆齿状结构

3(4)内壳"V"字形 ······················· 须面蛸属

4(3)内壳"U"或"W"字形

5(6)单束视神经束穿过白体 ······················· 烟灰蛸属

6(5)两束或多数视神经束穿过白体 ······················· 面蛸属

须面蛸属 *Cirroctopus* Naef, 1923

须面蛸属已知南极须面蛸 *Cirroctopus antarctica*、寒须面蛸 *Cirroctopus glacialis*、霍赫氏须面蛸 *Cirroctopus hochbergi*、须面蛸 *Cirroctopus mawsoni* 4 种,其中须面蛸为模式种。该属种仅分布于南极和亚南极水域。

分类地位:头足纲,鞘亚纲,八腕目,须亚目,面蛸科,须面蛸属。

属特征:肌肉较其他须蛸类强健。幼体体表以及成体眼睛附近和鳍的基部具网眼状色素斑点。腕具须,须长与最大吸盘直径相近,无腕间膜结,雄性腕吸盘不扩大。鳍长而宽,鳍长大于体宽。外套隔膜后部与外套壁相连(八腕目唯一具此特征的属)。内壳"V"字形,翼部长,鞍部短。鳃半橘状,次级鳃小片呈"Z"字形排列。盲肠尺寸接近或大于胃,肠具直角弯曲,肠长为食道长的2.5倍,消化腺单室。肾囊宽大,囊壁上具腺功能的附属物。视神经叶横截面肾形,大量视神经束穿过白体。

文献:O'Shea, 1999; Vecchione and Young, 1997, 2003; Voss and Pearcy, 1990。

种的检索:

1(2)各腕长相近 ······················· 南极须面蛸

2(1)第4腕较短

3(4)外套腹部色素沉着较背部浅 ······················· 须面蛸

4(3)外套腹部与背部色素沉着程度相同

5(6)两眼下方和两鳍基部各具1个白色斑点 ······················· 霍赫氏须面蛸

6(5)两眼下方和两鳍基部无白色斑点 ······················· 寒须面蛸

南极须面蛸 *Cirroctopus antarctica* Kubodera and Okutani, 1986

分类地位:头足纲,鞘亚纲,八腕目,须亚目,面蛸科,须面蛸属。

学名:南极须面蛸 *Cirroctopus antarctica* Kubodera and Okutani,1986(图 8-7)。

拉丁异名: *Grimpoteuthis antarctica* Kubodera and Okutani,1986。

分类特征:外套末端有鳍一对(图 8-7A)。口表面有奇怪的色素沉着。各腕长相近,腕吸盘 1 列,须 2 列,须位于吸盘两侧,与吸盘交替排列(图 8-7B)。内壳宽"V"形(图 8-7C),内壳两翼部后侧部加宽,连接两翼的鞍部短,且较其他部位柔软。

生活史及生物学:栖息水深 509~804 m。

地理分布:分布于南半球高纬度的海域。

大小:最大胴长 180 mm。

渔业:非常见种。

文献:Sweeney and Roper,1998;Kubodera and Okutani,1986;O'Shea 1999;Vecchione and Young,1997,2003;Voss and Pearcy,1990。

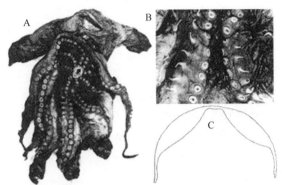

图 8-7 南极须面蛸形态特征示意图(据 Vecchione and Young,2003)

A. 口视;B. 部分腕口视;C. 内壳

寒须面蛸 *Cirroctopus glacialis* Robson,1930

分类地位:头足纲,鞘亚纲,八腕目,须亚目,面蛸科,须面蛸属。

学名:寒须面蛸 *Cirroctopus glacialis* Robson,1930。

拉丁异名:*Cirroteuthis glacialis* Robson,1930;*Grimpoteuthis glacialis* Robson,1930。

分类特征:体表具网眼状斑点(图 8-8A),各斑点由一白环包围(图 8-8B)。外套末端鳍一对。腕与腕间膜口面具独特的色素体:腕中部两侧有明显的菱形白色带,这些白色带连在一起形成一个白环,口与白环之间以及白环外围的腕间膜呈明显的蓝紫色(图 8-8B)。腹腕较短,腕吸盘 1 列,须 2 列,须位于吸盘两侧,与吸盘交替排列。内壳"V"形,表面光滑,具基架(图 8-8C)。鳃半橘状,次级鳃小片呈"Z"字形排列。盲肠尺寸接近或大于胃;肠具直角弯曲,肠长为食道长的 2.5 倍;消化腺单室。

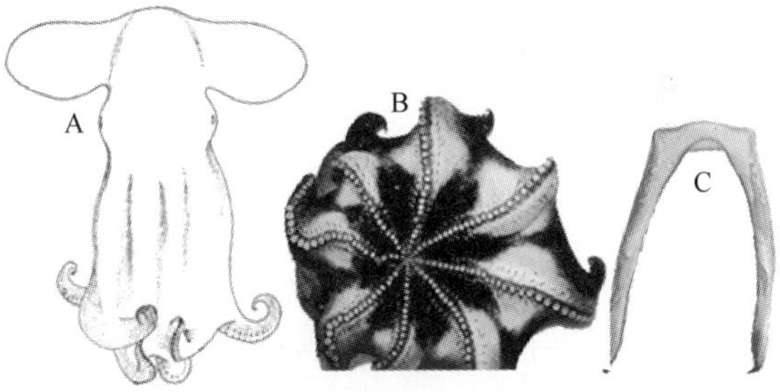

地理分布:南极以及亚南极水域。

大小:最大胴长 170 mm。

渔业:非常见种。

图 8-8 寒须面蛸形态特征示意图(据 Vecchione et al,1998)

A. 背视;B. 口视;C. 内壳

文献:Vecchione et al,1998;O'Shea 1999;Robson,1930;Vecchione and Young,1997,2003;Allcock and Piertney,2002。

霍赫氏须面蛸 *Cirroctopus hochbergi* O'Shea,1999

分类地位:头足纲,鞘亚纲,八腕目,须亚目,面蛸科,须面蛸属。

学名:霍赫氏须面蛸 *Cirroctopus hochbergi* O'Shea,1999(图 8-9)。

英文名:Four blotched umbrella octopus。

分类特征:体呈深紫色,肌肉强健。眼大。鳍宽大,鳍长为胴长的 85%~173%,鳍宽为鳍长的 36%~43%(图 8-9A)。腕式为 1>2>3>4 或 2>1>3>4,最长腕为体长的 65%~78%,最短腕为体长的 46%~71%。腕吸盘 1 列,无性别二态性;吸盘数可达 88,同等大小的个体,雌性吸盘数多于雄性;基部 3~4 个吸盘小,之后 30~35 个吸盘大小相近,但是尺寸较前3~4 个略微增大,最后 30~35 个吸盘(位于腕间膜外侧)尺寸骤减。腕须 2 列,短,长度为胴长的 3%~6%或最大吸盘直径的 0.7~1.2 倍,第 1 须位于第 1 和第 2 吸盘之间。无腕间膜结,腕间膜 A、B 深,E 浅。角质颚上颚头盖背视方形,颚角具 2~3 个齿,喙顶端尖而略下弯,侧壁皱不明显。下颚喙喙顶端钝。内壳"V"字形,鞍部短,无基架,表面多皱(图 8-9B)。鳃半橘状,

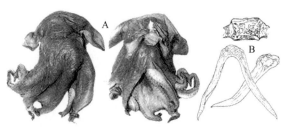

图 8-9　霍赫氏须面蛸形态特征示意图(据 O'Shea,1999)

A. 背视和腹视;B. 内壳背视、侧视和鞍部后视

初级鳃小片 7~8 个,其中最内侧和最外侧的退化。无齿舌、唾液腺和嗉囊,胃与盲肠大小相近,肠长约为食道长的 2.5 倍。雄性终端附腺最大,阴茎小,薄三角形。雌性近端输卵管长为远端输卵管长的 5 倍,卵管腺巨大,远端卵管腺为近端卵管腺的约 2 倍。视神经叶肾形,7~8 个视神经束穿过白体,白体在背部中线处愈合。两眼下方各具 1 个白色的大斑点,两鳍基部各具 1 个白色的小斑点(奇须蛸属其他种无此特征)。背部紫色至紫红色,腹部、鳍的背面和腹面白色,略带红色。眼睑边缘白色至紫红色。口表面腕间膜扇区 A、B、C(至 16~18 吸盘处)、D 和 E(至12~13 吸盘处)深紫红色至紫色;口表面外侧腕间膜、腕及吸盘白色至白紫红色。

生活史及生物学:在新西兰渔获水深 800~1 070 m。

地理分布:分布在新西兰东北部沿岸外海。

大小:雌性最大胴长 160 mm,最大体长 490 mm;雄性最大胴长 90 mm。

渔业:非常见种。

文献:O'Shea,1999;O'Shea et al,1999,2003;Vecchione and Young,1997;Voss and Pearcy,1990;Vecchione et al,1998。

须面蛸 *Cirroctopus mawsoni* Berry,1917

分类地位:头足纲,鞘亚纲,八腕目,须亚目,面蛸科,须面蛸属。

学名:须面蛸 *Cirroctopus mawsoni* Berry,1917。

拉丁异名:*Stauroteuthis mawsoni* Berry,1917;*Cirroteuthis mawsoni* Robson,1926;*Cirroctopus mawsoni* Naef,1923;*Stauroteuthis mawsoni* Berry,1917;*Grimpoteuthis mawsoni* Berry,1917。

分类特征:某一样本的各形态参数为:外套末端鳍 1 对(图 8-10A)。腕吸盘 1 列,开口小;须 2 列,短,位于吸盘两侧。胴长12 mm 的个体,鳍长 8 mm,腕长 10~12 mm。腕间膜 A、B、C、D、E 深分别为 11 mm、10 mm、9.6 mm、6.6 mm、5.4 mm。吸盘 27~31 个,最大吸盘直径 0.6 mm。最大须长 0.5~1.0 mm(图 8-10B)。

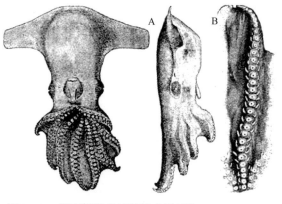

图 8-10　须面蛸形态特征示意图(据 Berry,1917)

A. 腹视和侧视;B. 左侧第 1 腕与腕间膜口视

生活史及生物学:栖息水深 530~550 m。

地理分布:分布在南极海域(66°55′S、145°21′E)。

大小:最大胴长 20 mm。

渔业:非常见种。

文献:O'Shea 1999；Young and Vecchione, 2003；Berry, 1917。

烟灰蛸属 *Grimpoteuthis* Robson, 1932

烟灰蛸属已知深海烟灰蛸 *Grimpoteuthis abyssicola*、半深海烟灰蛸 *Grimpoteuthis bathynectes*、博氏烟灰蛸 *Grimpoteuthis boylei*、查氏烟灰蛸 *Grimpoteuthis challengeri*、迪氏烟灰蛸 *Grimpoteuthis discoveryi*、马蹄烟灰蛸 *Grimpoteuthis hippocrepium*、无名烟灰蛸 *Grimpoteuthis innominata*、名格斯烟灰蛸 *Grimpoteuthis meangensis*、巨翼烟灰蛸 *Grimpoteuthis megaptera*、太平洋烟灰蛸 *Grimpoteuthis pacifica*、胖烟灰蛸 *Grimpoteuthis plena*、塔氏烟灰蛸 *Grimpoteuthis tuftsi*、烟灰蛸 *Grimpoteuthis umbellata*、维氏烟灰蛸 *Grimpoteuthis wuelkeri* 14 种,其中烟灰蛸为本属模式种。该属种类广泛分布在世界各大洋海底,或介于深海底栖和近海底浮游之间,或完全浮游,主要以鳍击水游动。

图 8-11　烟灰蛸属内壳背视(据 Voss and Pearcy, 1990)

分类地位:头足纲,鞘亚纲,八腕目,须亚目,面蛸科,烟灰蛸属。

属特征:体表无网眼形色素斑点。眼大,直径一般为头宽的 1/3。鳍长约等于胴宽。雄性无扩大的吸盘,吸盘开口光滑,无齿形结构,须最长为最大吸盘直径的 3.5 倍,具单个腕间膜结。内壳"U"字形或略微的"W"字形;通常两翼部平行(图 8-11),鞍中部内外表面均凸,而某些种外表面平或凹(如名格斯烟灰蛸);肩部有或无肩刃。鳃半橘状(除无名烟灰蛸)。肠与食道(包括嗉囊)等长,消化道 U 型排列,消化腺单室,齿舌有或无。雄性生殖系统种间变化大。视神经叶横截面圆形,单个视神经束穿过白体。各种主要特征比较见表 8-1。

文献:Ebersbach, 1915；O'Shea, 1999；Robson, 1932；Villanueva, 1992；Voss and Pearcy, 1990；Young et al, 1998；Collins, 2003。

种的检索:

1(14)分布于太平洋

2(3)内壳微弱的 W 形,鞍部外表面具横沟 ················· 塔氏烟灰蛸

3(2)内壳 U 形或马蹄形,鞍部外表面不具横沟

4(11)腕吸盘数少,少于 60 个

5(6)第 1 须位于第 6~8 吸盘间 ················· 太平洋烟灰蛸

6(5)第 1 须位于第 3~6 吸盘间

7(8)内壳翼部膨大,鞍部具中脊 ················· 无名烟灰蛸

8(7)内壳翼部不膨大,鞍部不具中脊

9(10)内壳马蹄形,第 1 须位于第 4~5 吸盘间 ················· 马蹄烟灰蛸

10(9)内壳 U 形,第 1 须位于第 3~4 吸盘间 ················· 半深海烟灰蛸

11(4)腕吸盘数多,多于 60 个

12(13)内壳具"肩刃",鞍部外表面凸 ················· 深海烟灰蛸

13(12)内壳无"肩刃",鞍部外表面平 ················· 名格斯烟灰蛸

14(1)分布于大西洋

15(16)体宽大 ················· 胖烟灰蛸

16(15)体窄小

17(18)内壳鞍部外表面具脊 ················· 维氏烟灰蛸

18(17)内壳鞍部外表面不具脊

19(22)须长约为最大吸盘直径的 2 倍

表 8-1　烟灰蛸属各种主要特征比较

种/特征	腕吸盘数（个）	第1腕间膜结部位	第1须部位	最长须与最大吸盘直径比（雄,雌）	唾液腺	鳃小片数（个）	眼	内壳前刃	内壳翼部膨大	内壳鞍部外表面	分布
深海烟灰蛸	77	32~34	4~6	2.5	无	1~8	大	无	是	凸	南太平洋
半深海烟灰蛸	47~58	26	3~4	1.1,1.3	后	7~9	大	无	否	凸?	北太平洋
博氏烟灰蛸	55~58	31	4~7	1.9,2.2	前,后	7~8	1/3头宽	弱	否	凹	东北大西洋
查氏烟灰蛸	63~72	34	4~7	2.5,3.5	前	7~8	1/3头宽	有	否	凸	北大西洋
迪氏烟灰蛸	56~61	31	3~5	1.2,1.6	前	6~8	1/3头宽	弱	否	凸	东北大西洋
马蹄烟灰蛸	50	25	4~5	?	?	?	?	无	否	平?	东热带太平洋
无名烟灰蛸	50~60	22~24	4~6	1	无	1~7	大	有	是	具中脊	南太平洋
名格斯烟灰蛸	60~70	?	4~7	?	?	?	?	有	?	平	西热带太平洋
巨翼烟灰蛸	?	?	?	2	?	?	1/3头宽	?	?	?	北大西洋
太平洋烟灰蛸	52	?	6~8	2	?	?	大	?	?	?	西热带太平洋
胖烟灰蛸	55	?	?	1.2~1.6	?	?	小	?	?	?	西北大西洋
塔氏烟灰蛸	63~75	?	5~7	1.5~3.5	无	7~8	大	有	否?	横沟	北太平洋
烟灰蛸	65~68	?	4~5	1.2	?	1~8	?	?	?	?	北大西洋
维氏烟灰蛸	60~70	28	4~7	2.5,1.2	前,后	6~7	1/3头宽	有	否	凸,具脊	北大西洋

注：部位指指位于第几吸盘处，或第几至第几吸盘间。

20(21)吸盘较小,分布于西北大西洋 ·················· 巨翼烟灰蛸
21(20)吸盘较大,分布于东北大西洋 ·················· 博氏烟灰蛸
22(19)须长或大于,或小于最大吸盘直径的2倍
23(24)须甚长,须长大于最大吸盘直径的2.5倍 ·················· 查氏烟灰蛸
24(23)须较短,须长小于最大吸盘直径的2.5倍
25(26)吸盘数少,少于60个 ·················· 迪氏烟灰蛸
26(25)吸盘数多,多于60个 ·················· 烟灰蛸

深海烟灰蛸 *Grimpoteuthis abyssicola* O'Shea, 1999

分类地位:头足纲,鞘亚纲,八腕目,须亚目,面蛸科,烟灰蛸属。

学名:深海烟灰蛸 *Grimpoteuthis abyssicola* O'Shea, 1999。

英文名:Red jellyhead。

分类特征:体钟形,眼大(图8-12A)。腕式为1>2>3>4,最长腕为体长的70%,最短腕为体长的50%。腕间膜式为A>B>C>D>E,E约为A的一半,腕间膜结约位于第32~34吸盘处,无次级腕间膜。腕吸盘小,1列,最大吸盘直径为胴长的4%;吸盘数77个,基部6~8个吸盘大小相近,随后30~35个吸盘略微扩大,最后30~35个吸盘尺寸骤减;吸盘开口光滑。须2列,最长须通常位于第10~30吸盘间,长度为胴长的10%,或为最大吸盘直径的2.5倍;第1须位于第4~6吸盘间。角质颚上颚喙略向下弯,侧壁皱微弱,脊突圆;下颚头盖

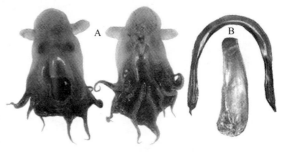

图8-12 深海烟灰蛸形态特征示意图(据O'Shea, 1999)
A. 背视和腹视;B. 内壳背视和侧视

长,为喙长的50%,翼部具2个不明显的皱。内壳U型,鞍部内外表面均凸,翼部侧视耳垂状(图8-12B)。鳃外表半橘状,初级鳃小片共8个。无齿舌和唾液腺,肠与食道等长,消化腺单室。雌性近端输卵管长为远端的2倍。视神经叶球形,单个神经束穿过白体。外套和头部组织半透明;腕和腕间膜紫色,不透明;吸盘开口橙褐色。

生活史及生物学:栖息水深3 145~3 180 m。卵长径17.8 mm,短径7 mm。

地理分布:分布在新西兰和澳大利亚。

大小:最大胴长75 mm,最大体长305 mm。

渔业:非常见种。

文献:O'Shea, 1999;Voss and Williamson, 1972;Villanueva and Segonzac, 1997;Young and Vecchione, 2003。

半深海烟灰蛸 *Grimpoteuthis bathynectes* Voss and Pearcy, 1990

分类地位:头足纲,鞘亚纲,八腕目,须亚目,面蛸科,烟灰蛸属。

学名:半深海烟灰蛸 *Grimpoteuthis bathynectes* Voss and Pearcy, 1990。

分类特征:体钟形,眼大(图8-13A)。各腕长相近,通常第4腕最短。腕间膜式存在变化,通常为A>B>C>D>E,第1腕间腕间膜延长至腕顶端,各腕腹侧腕间膜边缘处具腕间膜结,无次级腕间膜(图8-13B)。吸盘1列,第1腕吸盘数47~58个:基部4~5个吸盘较小,随后腕近端1/3部分吸盘突然增大,然后至腕顶端又逐渐减小。吸盘具性别二态性,雄性最大吸盘球形,直径为胴长

4.3%~6.7%;雌性最大吸盘管状,直径为胴长的 2.6%~3.5%(图 8-13C)。须 2 列,短,长度为最大吸盘直径的 0.7~1.5 倍;第 1 须位于第 3 和第 4 吸盘间。鳃半橘状,初级鳃小片 7~9 个。内壳 U 型,两翼扁平,末端甚尖,与鳍相接的鞍部长圆(图 8-13D)。无齿舌,胃由两部分组成,食道和胃被微红紫色凝胶质组织,盲肠几乎完全螺旋,口球上具唾液腺。雄性生殖系统复杂。雌性远端卵管腺深褐色,近黑色,近端卵管腺白色;远端输卵管末端膨大呈灯泡状。外套与头部浅灰色、淡紫褐色;鳍后缘深褐色或微红褐色,腕与腕间膜反口面深褐色或微红褐色,口面深紫褐色或巧克力色中略带褐色;吸盘肉色。

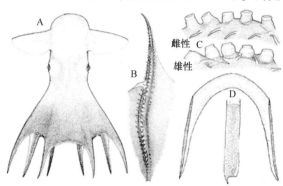

图 8-13 半深海烟灰蛸形态特征示意图(据 Voss and Pearcy, 1990; O'Shea, 1999)

A. 雄性背视;B. 第 1 腕口视;C. 雌性和雄性部分吸盘和须侧视;D. 内壳背视和侧视

生活史及生物学:栖息水深 2 800~4 000 m。

地理分布:分布在北太平洋美国俄勒冈州外海。

大小:最大胴长 85 mm。

渔业:非常见种。

文献: Voss and Pearcy, 1990; Vecchione and Young, 1997; Villanueva et al, 1997; Young and Vecchione, 2003。

博氏烟灰蛸 *Grimpoteuthis boylei* Collins, 2003

分类地位:头足纲,鞘亚纲,八腕目,须亚目,面蛸科,烟灰蛸属。

学名:博氏烟灰蛸 *Grimpoteuthis boylei* Collins, 2003。

拉丁异名:*Grimpoteuthis* sp. B Collins et al, 2001。

分类特征:体钟形,凝胶质。眼中等大小,眼径为头宽的 33.9%。漏斗器 V 型。鳍前缘近基部具鳍垂(图 8-14A)。腕长,各腕长相近,腕式为 1>2>3>4。腕间膜深度超过腕长的 2/3,各腕背侧腕间膜超过腕长的 2/3 处,无次级腕间膜;腕间膜式为 A>B>C>D>E;各腕腹侧具单个腕间膜结,第 1~4 腕分别位于第 32、28、25、24 吸盘处。吸盘 1 列,55~58 个,最大吸盘位于 25~35 吸盘间。须 2 列,长,平均 12.2 mm(图 8-14B);第 1 须位于第 4~7 吸盘间。角质颚下颚头盖圆,翼部具斜纹形弯曲,侧壁无脊或皱。内壳 U 型,

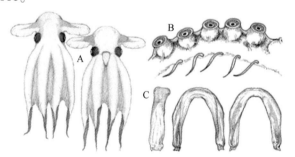

图 8-14 博氏烟灰蛸形态特征示意图(据 Collins, 2003)

A. 雌性背视和腹视;B. 吸盘和须侧视;C. 内壳侧视、背视和腹视

鞍部外表面具明显的凹槽,内表面凸,翼部末端钝(图 8-14C)。鳃半橘状,初级鳃小片 7~8 个。具退化的同齿型齿舌;前唾液腺位于口球上,后唾液腺小,位于脑后;食道长为肠长的 2 倍;肠直;消化腺单室。雄性阴茎长。雌性近端卵管腺占卵管腺整体的 1/3,乳白色,远端卵管腺占 2/3,绿色或褐色。视神经叶球形,单个视神经束穿过白体。整个消化道黑色;活体皮肤深红色,保存后微红褐色;口表面和反口面色素明显深于外套;鳍后缘紫色。

生活史及生物学:大型深海种。卵长 18~20 mm。

地理分布:分布在东北大西洋 20°~50°N。

大小:最大胴长 115 mm,最大体长 470 mm。

渔业:非常见种。

文献:Collins, 2003;Collins et al, 2003。

查氏烟灰蛸 *Grimpoteuthis challengeri* Collins, 2003

分类地位:头足纲,鞘亚纲,八腕目,须亚目,面蛸科,烟灰蛸属。

学名:查氏烟灰蛸 *Grimpoteuthis challengeri* Collins, 2003。

拉丁异名:*Grimpoteuthis* sp. C. Collins *et al*, 2001。

分类特征:体钟形,凝胶质(图8-15)。眼中等大小,直径为头宽的 34%。漏斗器 V 型。鳍长,两鳍跨度长为体长的 59%,为头宽的 114%;鳍前缘具明显的鳍垂(图8-15A)。腕长,各腕长相近,腕式为 1>2>3>4。腕间膜深度超过腕长的2/3,各腕背侧腕间膜超过腕长的 2/3 处,无次级腕间膜;腕间膜式为 A>B>C >D>E;各腕腹侧具单个腕间膜结,第1~4腕分别位于第 34、30、28、27 吸盘处。腕吸盘 1 列,约 63~72 个,圆柱形,高度与直径相等(吸盘直径为头宽的 4.6%);最大吸盘位于第 30~38

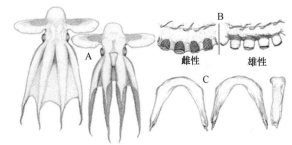

图8-15 查氏烟灰蛸形态特征示意图(据 Collins,2003)

A. 雄性背视和腹视;B. 雌性与雄性部分吸盘和须侧视;C. 内壳背视、腹视和侧视

吸盘之间;雌性吸盘深深的嵌入腕内(图8-15B)。须 2 列,长,平均最大须长约为头宽的 13.7%;第 1 须位于第 4~7 吸盘间。角质颚下颚头盖圆,翼部具斜纹形弯曲,侧壁无脊或皱。内壳粗壮的 U 型,两侧翼部外表面平行,翼部末端双叶,鞍部内外表面均凸(图8-15C)。鳃半橘状,鳃小片窄,每鳃鳃小片 7~8 个。具退化的同齿型齿舌;前唾液腺小,位于口球上,无后唾液腺;食道长为肠长的 2 倍;消化腺单室。雄性阴茎长。雌性远端卵管腺大,褐绿色;近端卵管腺小,乳白色。视神经叶球形,单个视神经束穿过白体。整个消化道色素沉着深,保存标本体微红褐色,腕口面和反口面色素沉着明显较外套深,鳍后缘紫色。

生活史及生物学:大型深海种,栖息水深 4 828~4 838 m。卵长 13 mm。

地理分布:主要分布在东北大西洋和西北大西洋。

大小:最大胴长 75 mm,最大体长 370 mm。

渔业:非常见种。

文献:Collins, 2002, 2003;Collins et al, 2003。

迪氏烟灰蛸 *Grimpoteuthis discoveryi* Collins, 2003

分类地位:头足纲,鞘亚纲,八腕目,须亚目,面蛸科,烟灰蛸属。

学名:迪氏烟灰蛸 *Grimpoteuthis discoveryi* Collins, 2003。

拉丁异名:*Grimpoteuthis* spp. D & E Collins et al, 2001;*Cirroteuthis umbellata* Chun, 1913;*Cirroteuthis umbellata* Joubin, 1920;*Grimpoteuthis* s. sp. D Piertney et al, 2003。

分类特征:体钟形(图8-16A),半凝胶质。眼中等大小,雄性直径约为头宽的 33%,雌性直径约为头宽的 31%。漏斗器 V 型。鳍中等长度,两鳍跨度长为体长的 64%,为头宽的 105%。腕长,各腕长相近,腕式为 1>2>3>4。腕间膜深度超过腕长的 2/3,各腕背侧腕间膜超过腕长的2/3处,无次级腕间膜;腕间膜式为 A>B>C>D>E;各腕内侧具单个腕间膜结,第1~4腕分别位于第 31、29、

27、25 吸盘处。腕吸盘 1 列,约 56~61 个,吸盘桶状,具明显的性别二态性;成熟雄性吸盘高明显大于直径,最大直径为头宽的 6.4%(图 8-16B);最大吸盘位于第 6~40 吸盘间。须 2 列,中等长度,平均 7.3 mm;第 1 须位于第 3~5 吸盘间。角质颚下颚头盖圆,略高于脊突,翼部具斜纹形弯曲,侧壁无脊或皱。内壳粗壮的 U 型;两翼部外侧平行,末端双叶;鞍部内外表面均凸(图 8-16C)。鳃半橘状,每鳃具 6~8 宽的初级鳃小片。无齿舌;前唾液腺位于口球上,无后唾液腺;食道长为肠长的 2 倍;消化腺单室。雄性阴茎中等长度。雌性远端

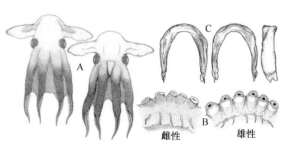

图 8-16 迪氏烟灰蛸形态特征示意图(据 Collins,2003)

A. 雌性背视和腹视;B. 雌性与雄性吸盘和须侧视;C. 内壳背视、腹视和侧视

卵管腺大,绿色和红褐色,近端卵管腺乳白色。视神经叶球形,单一视神经束穿过白体。外套色素沉着浅,腕口面和反口面深紫色,鳍后缘紫色。

生活史及生物学:小型下大陆架斜坡深海种,栖息水深 2 600~4 870 m。卵长 10~11 mm。

地理分布:分布在东北大西洋。

大小:最大胴长 55 mm,最大体长 210 mm。

渔业:非常见种。

文献:Collins, 2003;Young and Vecchione, 2003。

马蹄烟灰蛸 *Grimpoteuthis hippocrepium* Hoyle, 1904

分类地位:头足纲,鞘亚纲,八腕目,须亚目,面蛸科,烟灰蛸属。

学名:马蹄烟灰蛸 *Grimpoteuthis hippocrepium* Hoyle, 1904。

拉丁异名:*Cirroteuthis hippocrepium* Robson, 1926;*Stauroteuthis hippocrepium* Hoyle, 1904。

分类特征:体钟形,鳍相对较小。腕腹侧腕间膜深度略超过腕中部(图 8-17A),各腕腹侧腕间膜具单个腕间膜结(图 8-17B),约位于第 25 吸盘处,无次级腕间膜。腕吸盘 1 列,约 50 余个;须 2 列,第 1 须位于第 4~5 吸盘间。内壳马蹄形,表面光滑,无明显的凹槽或突出物(图 8-17C)。外套色素浅,腕口面和反口面深紫色。

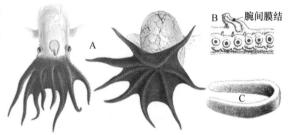

图 8-17 马蹄烟灰蛸形态特征示意图(据 Hoyle,1904)

A. 腹视和背口视;B. 第 3 腕部分口视;C. 内壳斜侧视

地理分布:分布在东太平洋热带海域。

大小:最大胴长 23 mm,最大总长 80 mm。

渔业:非常见种。

文献:Robson, 1931;Hoyle, 1886, 1904;Villanueva et al, 1997;O'Shea 1999;Young and Vecchione, 2003。

无名烟灰蛸 *Grimpoteuthis innominata* O'Shea, 1999

分类地位:头足纲,鞘亚纲,八腕目,须亚目,面蛸科,烟灰蛸属。

学名:无名烟灰蛸 *Grimpoteuthis innominata* O'Shea, 1999。

拉丁异名:*Enigmatiteuthis innominata* O'Shea, 1999。

分类特征:体钟形,鳍长约为胴宽的 1.7 倍(图 8-18A)。腕间膜结约位于各腕腹侧第 22~24

吸盘处,无次级腕间膜。腕吸盘 1 列,无明显扩大的吸盘,每腕吸盘 50~60 个;吸盘具性别二态性,雄性尺寸较大(雄性最大吸盘为胴长的 8.3%,雌性为胴长的 4.6%);前 25~35 大小相近,雄性腕间膜边缘近端吸盘略微扩大,远端 25 个吸盘相对减小;吸盘开口光滑。须 2 列,第 1 须位于第 4~6 吸盘间;须长与最大吸盘直径相当。内壳 U 型,基架柔软;鞍部外表面具浅的中脊,内表面凸;翼部膨大呈耳垂状(图 8-18B)。初级鳃小片共 7 个。肠长近等于食道长(包括嗉囊),消化腺单室,无前唾液腺和后唾液腺,无齿舌。雌性卵管腺表面具条纹结构,近端卵管腺长为远端的 1.5 倍,生殖器开口 6 指形。雄性阴茎发达。单个视神经束穿过白体,视神经叶横截面圆形。无网眼形斑点;外套与头部凝胶质,但不透明;外套、鳍、头、第 1 和第 2 腕背面淡粉红色;外套、鳍、头、第 3 和第 4 腕腹面,鳍末缘暗红色;腕与腕间膜口面栗色;吸盘开口橙褐色。

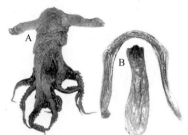

图 8-18　无名烟灰蛸形态特征示意图(据 O'Shea, 1999)

A. 背视;B. 内壳背视和侧视

生活史及生物学:栖息水深至 2 000 m。

地理分布: 分布在南太平洋新西兰东部。

大小:最大胴长 43 mm,最大体长 156mm。

渔业:非常见种。

文献:O'Shea, 1999; Voss and Pearcy, 1990; O'Shea et al, 2002, 2003。

名格斯烟灰蛸 *Grimpoteuthis meangensis* Hoyle, 1885

分类地位:头足纲,鞘亚纲,八腕目,须亚目,面蛸科,烟灰蛸属。

学名:名格斯烟灰蛸 *Grimpoteuthis meangensis* Hoyle, 1885。

拉丁异名:*Cirroteuthis meangensis* Hoyle, 1885。

分类特征:体钟形,眼大。鳍长约等于胴宽。各腕背侧腕间膜深为腕长的 90%,腹侧腕间膜深为腕长的 80%;各腕腹侧腕间膜具单个腕间膜结,腕间膜结小,约位于第 33 吸盘处;无次级腕间膜(图 8-19A)。腕吸盘 1 列,每腕 60~70 个;吸盘小,大小相近,除腕顶端外,其余部分吸盘间距均匀。须 2 列,短,长度 2 mm;第 1 须位于第 4~7 吸盘间,腕顶端须不可见。内壳鞍部内表面圆,外表面平,"肩刃"发达,翼部不膨大(图 8-19B)。

图 8-19　名格斯烟灰蛸形态特征示意图(据 Hoyle, 1886)

A. 腕与腕间膜口视;B. 内壳背视

生活史及生物学:栖息水深 500~1 110 m。

地理分布:分布在印度尼西亚、科曼地群岛(新西兰)、新西兰、中途岛、菲律宾名格斯群岛。

大小:最大胴长 25 mm。

渔业:非常见种。

文献:Robson, 1931, 1932; Hoyle, 1885, 1886; Villanueva et al, 1997; Young and Vecchione, 2003。

巨翼烟灰蛸 *Grimpoteuthis megaptera* Verrill, 1885

分类地位:头足纲,鞘亚纲,八腕目,须亚目,面蛸科,烟灰蛸属。

学名:巨翼烟灰蛸 *Grimpoteuthis megaptera* Verrill, 1885。

拉丁异名：*Cirroteuthis megaptera* Verrill，1885。

分类特征：体钟形，眼小，鳍大（图 8-20A）。各腕腹侧具腕间膜结，无次级腕间膜（图 8-20B）。第 1 腕略长；腕吸盘 1 列，吸盘小（直径 1 mm），壶状；基部和末端吸盘排列紧密，中部较稀疏，间距为直径的 2 倍。腕须 2 列，最大须长 2 mm。外套、头部和鳍淡蓝白色，其间分散一些大而不规则的淡紫褐色斑点；腕与腕间膜口面巧克力褐色，腕间膜反口面乳白色，半透明；吸盘淡黄色，边缘褐色。

生活史及生物学：栖息水深 1 000~2 600 m。

地理分布：分布在西北大西洋。

大小：最大胴长 20 mm，最大体长 107 mm。

渔业：非常见种。

文献：Robson，1931；Verrill，1885；Villanueva et al，1997；Young and Vecchione，2003。

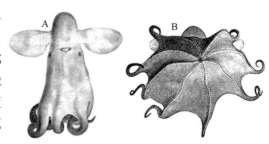

图 8-20 巨翼烟灰蛸形态特征示意图（据 Verrill，1885）

A. 腹视；B. 口视

太平洋烟灰蛸 *Grimpoteuthis pacifica* Hoyle，1885

分类地位：头足纲，鞘亚纲，八腕目，须亚目，面蛸科，烟灰蛸属。

学名：太平洋烟灰蛸 *Grimpoteuthis pacifica* Hoyle，1885。

拉丁异名：:*Enigmatiteuthis pacifica* Hoyle，1885。

分类特征：体钟形，眼大，鳍长（图 8-21A）。各腕背侧腕间膜至腕顶端，腹侧腕间膜略超过腕长 1/2 处；腕间膜结单个，不延长；无次级腕间膜（图 8-21B）。腕吸盘 1 列，每腕吸盘 52 个，吸盘具微弱的辐射状标记，最大吸盘位于腹侧腕间膜与腕相接处（图 8-21C）。腕须 2 列，第 1 须位于第 6~8 吸盘间。内壳翼部外表面具长沟。鳃半橘状。

生活史及生物学：栖息水深至 4 500 m。

地理分布：西热带太平洋巴布亚岛东南部。

渔业：非常见种。

文献：Hoyle，1885；Young and Vecchione，2003。

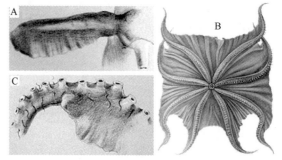

图 8-21 太平洋烟灰蛸形态特征示意图（据 Hoyle，1885）

A. 鳍和漏斗腹视；B. 口视；C. 某腕部分腹视

胖烟灰蛸 *Grimpoteuthis plena* Verrill，1885

分类地位：头足纲，鞘亚纲，八腕目，须亚目，面蛸科，烟灰蛸属。

学名：胖烟灰蛸 *Grimpoteuthis plena* Verrill，1885。

分类特征：体圆胖的钟形，眼相对较小，直径 12 mm。各腕长不等，第 1 和第 2 腕长于第 3 和第 4 腕（图 8-22）。腕间膜结位于各腕腹侧，无次级腕间膜。腕吸盘 1 列，第 1 腕吸盘约为 55 个，其中腕间膜内吸盘约 30 个；腕末端 15~20 个吸盘排列紧密；腕中部吸盘间距约等于吸盘直径；口周围吸盘小，最大吸盘直径 2.5 mm，位于第 3 腕基部。腕须 2 列，短，长度 3~4 mm。外套和腕间膜反口面肉色略带淡黄色，表面半透明的凝胶质状；鳍深褐色；腕与腕间膜口面深褐色，略带紫色；吸盘暗

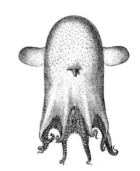

图 8-22 胖烟灰蛸腹视（据 Verrill，1885）

褐黄色。

生活史及生物学:栖息水深至 2 000 m。

地理分布:分布在西北大西洋。

大小:最大胴长 57 mm,最大体长 185 mm。

渔业:非常见种。

文献:Robson, 1931;Verrill, 1885;Sweeney and Roper,1998;Villanueva et al, 1997;Collins, 2003;Vecchione and Young, 2003。

塔氏烟灰蛸 *Grimpoteuthis tuftsi* Voss and Pearcy,1990

分类地位:头足纲,鞘亚纲,八腕目,须亚目,面蛸科,烟灰蛸属。

学名:塔氏烟灰蛸 *Grimpoteuthis tuftsi* Voss and Pearcy, 1990。

分类特征:体钟形,眼大。腕间膜式变化,一般为 A>B>C>D>E;各腕背侧腕间膜延伸至腕顶端;腕间膜结位于各腕腹侧中部,接近腕间膜边缘,无次级腕间膜(图 8-23)。腕吸盘 1 列,无性别二态性;第 1 腕吸盘 63~75 个(图 8-24A),最大吸盘直径为胴长的 2.5%~5.3%;吸盘基部由透明的膜相连;前 6~7 个吸盘小,然后至腕间膜结处逐渐增至最大(图 8-24B)。腕须 2 列,长,最长为最大吸盘直径的 1.5~3.5 倍,第 1 须位于第 5~7 吸盘间,须分布延伸至腕顶端。齿舌由 5 列同型小齿组成,但个体间小齿大小存在变化。内壳 U 型或鞍部略微向内弯曲的圆 V 型(即不明显的 W 型);翼后部渐细,顶端平截,翼部表面扁平(图 8-24C)。鳃半橘状,初级鳃小片 7~8 个。食道表面被深紫色组织,胃与螺旋的盲肠大小相近,无后唾液腺,肠短。雌性近端输卵管短,远端输卵管长;输卵管开口褶皱呈衣领状,并向外展开;卵管腺具褶皱。外套和头部紫褐色,鳍后缘深紫色,腕与腕间膜反口面浅暗紫色,口面深紫色,吸盘与须颜色浅。

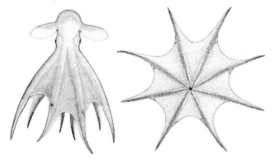

图 8-23 塔氏烟灰蛸背视和口视(据 Voss and Pearcy,1990)

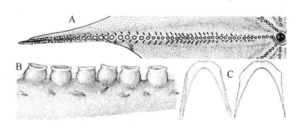

图 8-24 塔氏烟灰蛸形态特征示意图(据 Voss and Pearcy,1990)

A. 第 1 腕口视;B. 腕与须侧视;C. 内壳背视和腹视

生活史及生物学:栖息水深至 3 900 m。

地理分布:分布在东北太平洋美国俄勒冈外海。

大小:最大胴长 102 mm,最大体长 475 mm。

渔业:非常见种。

文献:Villanueva et al, 1997;Young and Vecchione, 2002;Collins, 2003;O'Shea, 1999;Voss and Pearcy, 1990。

烟灰蛸 *Grimpoteuthis umbellata* Fischer,1883

分类地位:头足纲,鞘亚纲,八腕目,须亚目,面蛸科,烟灰蛸属。

学名:烟灰蛸 *Grimpoteuthis umbellata* Fischer, 1883。

　　分类特征:体钟形。各腕长相近。腕吸盘 1 列,每腕吸盘数 65~68 个;最大吸盘直径 2.2 mm,位于第 6~8 吸盘间。各腕背侧腕间膜至腕顶端,腹侧腕间膜至腕中部,腕间膜结位于各腕腹侧,无次级腕间膜(图 8-25)。腕须 2 列,最大须长 2.7 mm;第 1 须位于 4~5 吸盘间。鳃初级鳃小片 8 个。

　　生活史及生物学:栖息水深至 2 235 m。

　　地理分布:分布在摩洛哥外海和亚述尔群岛。

　　大小:最大总长 600 mm。

　　渔业:非常见种。

图 8-25　烟灰蛸口视(据 Fischer and Joubin,1907;Collins et al,2003)

　　文献:Nesi, 1987;Villanueva et al, 1997;Fischer and Joubin, 1907;Ebersbach, 1915;Fischer, 1883;Collins et al, 2003。

维氏烟灰蛸 *Grimpoteuthis wulkeri* Grimpe, 1920

　　分类地位:头足纲,鞘亚纲,八腕目,须亚目,面蛸科,烟灰蛸属。

　　学名:维氏烟灰蛸 *Grimpoteuthis wulkeri* Grimpe, 1920。

　　拉丁异名:*Cirroteuthis umbellata* Chun, 1914;*Stauroteuthis wülkeri* Grimpe, 1920;*Stauroteuthis umbellata* Ebersbach, 1915;*Grimpoteuthis wülkeri* Robson, 1932;*Grimpoteuthis wuelkeri nomen dubium* Voss, 1988;*Enigmatiteuthis wülkeri* O'Shea, 1999;*Grimpoteuthis* sp. A. Collins et al, 2001。

　　分类特征:体钟形。眼中等大小,直径为胴长的 34%。漏斗器 V 型。鳍大,两鳍跨度长为总长的 70%,鳍长为头宽的 97%,鳍前缘具明显的鳍垂。腕长,各腕长相近,腕式一般为 1=2>3>4(图 8-26)。腕间膜延伸至腕长 2/3 处,各腕背侧腕间膜超过腕长的 2/3 处;腕间膜式为 A=B>C=D>E;每腕腹侧具单个腕间膜结,第 1~4 腕分别位于第 28、26、24、22 吸盘处(图 8-27A)。腕吸盘 1 列,每腕吸盘 60~70 个;最大吸盘位于第 8~25 吸盘间(图 8-27A)。腕须 2 列,短,长度为头宽的 6.1%(雌性)或 10%(雄性);第 1 须位于第 4~7 吸盘间(图 8-27A、B)。角质颚下颚头盖圆,翼部具斜纹形弯曲,侧壁无脊和皱。内壳粗壮的 U 型,两翼近乎平行;鞍部内外表面皆凸,外表面具明显的脊;两翼末端双叶,其中一叶顶端尖(图 8-27B)。鳃半橘状,每鳃初级鳃小片 6~7 个。具退化的同齿型齿舌;前唾液腺小,位于口球上,后唾液腺小,位于脑后方;食道长为肠长的两倍;无嗉囊;消化腺单室。雄性阴茎短。雌性远端卵管腺较大,褐绿色,近端卵管腺乳白色。视神经叶球形,单个视神经束穿过白体。保存后样本除鳍后缘具紫色色素沉着外,其余部分无明显的色素。

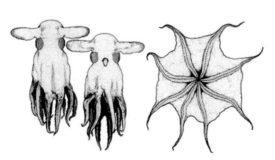

图 8-26　维氏烟灰蛸雌性背视、腹视和口视(据 Collins, 2003)

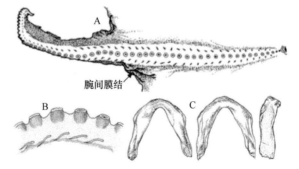

腕间膜结

图 8-27　维氏烟灰蛸形态特征示意图(据 Collins, 2003)
A. 第 1 腕口视;B. 部分腕侧视;C. 内壳背视、腹视、侧视

生活史及生物学:栖息在东北和西北大西洋大陆架斜坡水域,在北大西洋分布水深1 550~2 056 m。卵长 14 mm。

地理分布:分布在葡萄牙和摩洛哥。

大小:最大胴长 115 mm,最大体长 400 mm。

渔业:非常见种。

文献:Robson, 1931; Grimpe, 1920; Villanueva et al, 1997;Collins et al, 2003; Collins, 2003。

卢氏蛸属 *Luteuthis* O'Shea, 1999

卢氏蛸属已知卢氏蛸 *Luteuthis dentatus* 和水师卢氏蛸 *Luteuthis shuishi*2 种,其中卢氏蛸为模式种。该属种浮游生活。

分类地位:头足纲,鞘亚纲,八腕目,须亚目,面蛸科,卢氏蛸属。

英文名:Lu's jellyheads。

属特征:体前后略延长,凝胶质,易碎,体表无网状色素斑点。腕间膜简单,无腕间膜结。腕须短,约为胴长的 2% 或小于最大吸盘直径的 50%,须开始于第 4~6 吸盘间,分布至腕顶端。吸盘开口复杂,具圆形齿状结构(图 8-28A)。内壳 W型,结构复杂,基架向鞍部下方偏斜,翼部具隆肋,有时翼部边缘卷起。鳃半橘状。齿舌发达,消化腺双室(图 8-28B),肠长小于或等于食道长(包括嗉囊)。雄性阴茎发达。视神经叶卵形,单个视神经束穿过白体。

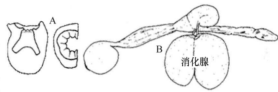

图 8-28　卢氏蛸属形态特征示意图(据 O'Shea, 1999;O'Shea and Lu, 2002)
A. 吸盘侧视和口视;B. 消化系统

文献:O'Shea, 1999; O'Shea and Lu, 2002; Young and Vecchione, 2003。

种的检索:

1(2)外套和漏斗与头部腹面相连,齿舌由 7 列小齿组成 ……………………………… 卢氏蛸

2(1)外套和漏斗与第 4 腕反口面相连,齿舌由 8 列小齿组成 …………………… 水师卢氏蛸

卢氏蛸 *Luteuthis dentatus* O'Shea, 1999

分类地位:头足纲,鞘亚纲,八腕目,须亚目,面蛸科,卢氏蛸属。

学名:卢氏蛸 *Luteuthis dentatus* O'Shea, 1999。

英文名:Lu's jellyhead。

分类特征:体钟形。外套与头部腹面完全相连,漏斗与头腹面完全相连(图 8-29A)。背腕长为体长的 75%,腹腕长为体长的 38%。腕吸盘 42~58 个;基部 3 个吸盘中等大小,随后开始增大至正常大小,腕中部吸盘尺寸相近,末端吸盘又开始逐渐减小;吸盘小,直径为胴长的 5%;吸盘口具齿状结构,由 10 个辐射状排列的坚硬物组成。须短,长度为最大吸盘直径的 50%,第 1 吸盘处具微须,正常须始于第 4~6 吸盘间。角质颚上颚具微弱的侧壁皱。齿舌由 7 列同型小齿组成(图 8-29B)。内壳 W 型,鞍部向下内弯;翼部边缘膨大,并超出鞍部,顶端尖;基架盘形(图 8-29C)。鳃半橘状,具 7 个大的初级鳃小片。无唾液腺,消化腺双室,肠长略小于食道长。

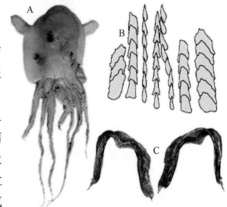

图 8-29　卢氏蛸形态特征示意图(据 O'Shea, 1999;O'Shea and Lu, 2002)
A. 腹斜视;B. 齿舌;C. 内壳背视和腹视

视神经叶球形，单个视神经束穿过白体。外套、头部及腕背面和腹面淡粉红色，略带深红色踪迹；腕与腕间膜口面深紫红色；眼缘、须、鳍外缘葡萄酒红色；吸盘及吸盘口暗黄色。

生活史及生物学：栖息水深至 991 m。

地理分布：分布在新西兰周边水域。

大小：最大胴长 98 mm，最大体长 524 mm。

渔业：非常见种。

文献：O'Shea, 1999；Voss and Williamson, 1972；O'Shea and Lu, 2002。

水师卢氏蛸 *Luteuthis shuishi* O'Shea and Lu, 2002

分类地位：头足纲，鞘亚纲，八腕目，须亚目，面蛸科，卢氏蛸属。

学名：水师卢氏蛸 *Luteuthis shuishi* O'Shea and Lu, 2002。

分类特征：体钟形。外套与第 4 腕反口面基部相连，漏斗与第 4 腕反口面相连（图 8-30A）。外套腔开口窄，漏斗小。背腕细长，为体长的 75%。腹腕短，为体长的 38%。腕式为 1>2>3>4。腕间膜浅，深度为腕长的 24%，腕间膜式为 A>B>C>D>E 或 A=C>B>D>E。腕吸盘 36~57 个，基部 3 个吸盘中等大小，随后开始增大至正常大小，腕中部吸盘尺寸相近，末端吸盘又开始逐渐减小；腕远端 1/2 吸盘排列紧密；吸盘小，最大直径为胴长的 5%；吸盘开口具 16~18 个辐射状排列的齿状物。须短，长度为胴长的 2% 或最大吸盘直径的 40%；第 1 个明显的须位于第 4~6 吸盘间。角质颚下颚两侧侧壁各具一条微弱的侧壁皱，由颚角延伸至侧壁拐角。齿舌由 8 列单尖的同齿型小齿组成（图

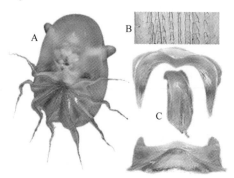

图 8-30　水师卢氏蛸形态特征示意图（据 O'Shea and Lu, 2002）

A. 腹视；B. 齿舌；C. 内壳背视、侧视和后视

8-30B）。内壳 W 型，鞍部向下内弯；翼部边缘膨大，并超出鞍部，顶端尖；基架盘形（图 8-30C）。视神经叶球形，单个视神经束穿过白体。外套、头及腕的背面和腹面白而半透明；眼鲜红色，眼睑淡红色，漏斗顶端色素深；须深红色；腕口面吸盘两侧淡粉红色，鳍后缘淡粉红色。

生活史及生物学：栖息水深至 767 m。卵长径 17.8 mm，短径 11 mm。

地理分布：分布在中国南海。

大小：正模标本胴长 185 mm。

渔业：非常见种。

文献：O'Shea and Lu, 2002。

面蛸属 *Opisthoteuthis* Verrill 1883

面蛸属已知面蛸 *Opisthoteuthis agassizii*、信天翁面蛸 *Opisthoteuthis albatrossi*、布氏面蛸 *Opisthoteuthis bruuni*、加利福尼亚面蛸 *Opisthoteuthis californiana*、卡里普索面蛸 *Opisthoteuthis calypso*、查塔姆面蛸 *Opisthoteuthis chathamensis*、扁面蛸 *Opisthoteuthis depressa*、长面蛸 *Opisthoteuthis extensa*、葛氏面蛸 *Opisthoteuthis grimaldii*、哈氏面蛸 *Opisthoteuthis hardyi*、巨面蛸 *Opisthoteuthis massyae*、水母面蛸 *Opisthoteuthis medusoides*、麦氏面蛸 *Opisthoteuthis mero*、珀尔塞面蛸 *Opisthoteuthis persephone*、菲氏面蛸 *Opisthoteuthis philipii*、冥面蛸 *Opisthoteuthis pluto*、罗氏面蛸 *Opisthoteuthis robsoni* 17 种，其中面蛸为模式种。面蛸属各种主要特征比较见表 8-2。

分类地位：头足纲，鞘亚纲，八腕目，须亚目，面蛸科，面蛸属。

表8-2 面蛸属各种主要特征比较

种/特征	成熟雄性										雄性和雌性	
	第1腕粗壮	近端扩大吸盘数	远端扩大吸盘数	近端吸盘扩大腕	远端吸盘扩大腕	远端最大吸盘位置	DESD > PESD*	腕吸盘数	漏斗器形状	腕间膜结	消化腺双室	分布
面蛸	否	1~5	7~8	1~4	1~4	34~36	否/是	58~80	V形	多个	否	西北大西洋
信天翁面蛸	否	1~0	1~3	无	1	?	是	80	?	单个?	是	北太平洋
布氏面蛸	否	1~3	2~3	1~4	1~4	24~27	否	?	2卵片	?	?	东南太平洋
加利福尼亚面蛸	否	8~10	3~8	1~4	1	27	是	?	2	?	?	北太平洋
卡里普索面蛸	否	2~6	2~3	3	1~4	26~27	是	47~58	2	单个	否	东大西洋
查塔姆面蛸	否	5~7	6~8	1~4	1~4	22	等?	41~55	V形	?	是	西南太平洋
扁面蛸	否	1~16	1~0	1~4	无	—	否	50	?	无?	?	西北太平洋
长面蛸	?	?	?	?	?	?	?	?	?	?	?	东印度洋
葛氏面蛸	否	4~11	9~10	1~4	1~4	29~31	否	73~80	2卵片	单个	是	东大西洋
哈氏面蛸	稍粗壮	4~9	9~14	1~4	1~4	22~24	等	60~67	?	无	否	高纬度南大西洋
巨氏面蛸	是	7~8	9~11	1~4	2~4	40~41	否	81~106	2卵片	多个	是	东大西洋
水母面蛸	?	?	?	?	4	?	?	?	?	?	?	西印度洋
麦氏面蛸	否	5~8	?	1~4	无	—	否	54~71	V形	?	是	西南太平洋
珀尔塞面蛸	?	?	?	?	?	?	?	93	?	?	是	澳大利亚南部外海
菲氏面蛸	?	5~11	?	?	?	?	?	?	V形	单个	?	西北印度洋
冥面蛸	?	?	3~4	?	2~4	?	否?	80~85	2卵片	?	是	澳大利亚南部外海
罗氏面蛸	否	7~8	?	1~4	无	—	否	74~89	V形	?	否	西南太平洋

注：* DESD 为远端扩大吸盘直径，PESD 为近端扩大吸盘直径。

属特征:体前后扁平。体表通常具网状斑点,某些种类网状斑点不易察觉或无网状斑点。眼大,直径为胴长的60%~70%或头宽的50%。鳍小,鳍长为胴宽的1/2。吸盘开口无齿状结构。雄性腕通常具1块或2块(近端和远端)特化(即吸盘扩大,通常排列复杂)的吸盘区。腕须较长,须可以收缩入囊内;具单个、多个或无腕间膜结。内壳U型,两侧翼不平行(即两翼部向外展开);鞍部外表面通常具沟(窄或宽,浅或深),很少平整;翼部终端通常为简单的长尖圆锥,某些种类终端复杂。鳃半橘状。肠长约为食道(包括嗉囊)长的1.5~2倍,消化道非简单环[即肠具侧带和(或)环],消化腺单室或双室,无齿舌。两束或多束视神经束穿过白体,视神经叶横截面肾形。

文献:Chun, 1915; O'Shea, 1999; Sweeney, 2001; Villanueva, 1992, 2006; Villanueva et al, 2002; Voss and Pearcy, 1990。

主要种的检索:

1(6)分布于印度洋
2(3)分布于东印度洋 ·· 长面蛸
3(2)分布于西印度洋
4(5)角质颚上颚和下颚头盖前端明显增厚 ·· 菲氏面蛸
5(4)角质颚头盖不增厚 ·· 水母面蛸
6(1)分布于大西洋和太平洋
7(14)分布于大西洋
8(11)腕间膜结单个
9(10)消化腺单室 ·· 卡里普索面蛸
10(9)消化腺双室 ·· 葛氏面蛸
11(8)腕间膜结多个
12(13)消化腺单室 ·· 面蛸
13(12)消化腺双室 ·· 巨面蛸
14(7)分布于太平洋
15(18)分布于澳大利亚南部外海
16(17)每鳃初级鳃小片6个 ·· 珀尔塞面蛸
17(16)每鳃初级鳃小片8个 ·· 冥面蛸
18(15)分布于太平洋其他海域
19(22)雄性腕远端无扩大的吸盘区
20(21)雄性腕近端扩大吸盘5~8个 ··· 麦氏面蛸
21(20)雄性腕近端扩大吸盘16个 ·· 扁面蛸
22(19)雄性腕远端具扩大的吸盘区
23(26)雄性腕远端仅第1腕具扩大的吸盘区
24(25)雄性腕近端无扩大的吸盘 ·· 信天翁面蛸
25(24)雄性第1~4腕近端均具扩大的吸盘 ·· 加利福尼亚面蛸
26(23)雄性腕远端第1~4腕均具扩大的吸盘区
27(28)漏斗器为两卵"片" ·· 布氏面蛸
28(27)漏斗器"V"字形 ·· 查塔姆面蛸

面蛸 *Opisthoteuthis agassizii* Verrill, 1883

分类地位:头足纲,鞘亚纲,八腕目,须亚目,面蛸科,面蛸属。

学名:面蛸 *Opisthoteuthis agassizii* Verrill, 1883。

分类特征:漏斗器倒 V 字形。各腕长相近,长度为胴长的 283%~332%(图 8-31)。成熟个体每腕吸盘 58~80 个。第 1 腕须位于第 3~4(少数第 2~5)吸盘间,最长须长 1.7~5.0 mm,为胴长的 4%~9%。成熟雄性各腕近端和远端具 2 块吸盘扩大区域:近端通常第 6~10 吸盘扩大,通常第 7~8 吸盘直径最大,各腕近端吸盘扩大程度相当;远端 7 或 8 个吸盘扩大,扩大吸盘开始于第 30~33

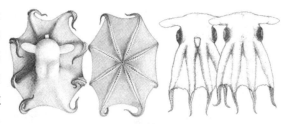

图 8-31　面蛸反口视、口视、腹视和背视(据 Verrill, 1883)

吸盘,第 34、35 或 36 吸盘直径最大,第 4 腕末端吸盘扩大程度最大,第 2 和第 3 扩大程度中等,第 1 腕扩大程度最小(图 8-31);仅大个体成熟雄性腕末端扩大吸盘尺寸大于近端扩大吸盘尺寸。成熟雌性仅近端吸盘略微扩大(图 8-32B)。各腕腹缘具一列腕间膜结,腕间膜结位于第 26~32 至第 50~53 吸盘间(图 8-32A)。角质颚下颚喙尖,头盖小,翼部长窄,侧壁无脊或皱。内壳 U 型,鞍部外表面凹,内表面凸;翼部短、扁平;肩部具明显的“肩架”,翼部终端钉状(类型Ⅰ);或肩部无“肩架”,翼部终端宽尖状(类型Ⅱ)。鳃小片 7 个,少数 6 个或 8 个。消化腺单室,食道后部膨大成嗉囊,肠 S 形,肠长为食道长的 1.5 倍。雄性阴茎短小,精囊腺环绕,复杂,精包椭圆形,长 0.7~1.6 mm。雌性近端输卵管长,远端输卵管短至中等长度;近端卵管腺颜色浅,长度略小于黑色的远端卵管腺。2~4 束视神经束穿过白体,视神经叶横截面肾形。保存后的样本微红褐色;体表网眼状斑点难辨,大约覆盖头部和腕近端 2/3。第 1 腕斑点延伸至头部和外套,共计约 12 个;第 2 第 3 腕各具 8~12 个斑点;第 4 腕具 6 个斑点,近端第 1 个斑点扩大。

生活史及生物学:在墨西哥湾东北分布水深 227~1 935 m,而 732~914 m 水层群体较为密集。雄性性成熟胴长 22 mm,雌性性成熟胴长 23 mm。卵长径 7.5~10.2 mm,短径 5.8~7.7 mm。胴长 54 mm 的雌体怀卵 320 枚。以头足类、甲壳类、腹足类、等脚类、糠虾类、有孔虫、多毛类、片脚类、双壳类等为食。

地理分布:分布在爱尔兰、纳米比亚、马德拉群岛(大西洋)、西班牙、格林纳达外海、小安的列斯群岛,热带西北大西洋的墨西哥湾、加勒比海、巴哈马、美国东海岸至 40°N。

大小:雌雄性最大胴长 56 mm,雌性最大胴长 63 mm。

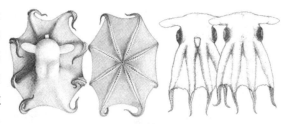

图 8-32　面蛸形态特征示意图(据 Villaneueva et al, 2002)

A. 某腕口视腹视和背视;B. 成熟个体腕近端吸盘侧视;C. 内壳背视和侧视

渔业:非常见种。

文献:Clarke and Lu, 1995;Bianchi et al, 1999;Villanueva and Guerra,1991;Villanueva, 1992;Villanueva et al, 2002;Young and Villanueva, 2003。

信天翁面蛸 *Opisthoteuthis albatrossi* Sasaki, 1920

分类地位:头足纲,鞘亚纲,八腕目,须亚目,面蛸科,面蛸属。

学名:信天翁面蛸 *Opisthoteuthis albatrossi* Sasaki, 1920。

拉丁异名:*Stauroteuthis albatrossi* Sasaki, 1920;*Grimpoteuthis albatrossi* Sasaki, 1920。

分类特征:眼径为头宽的 1/3。鳍宽为鳍长的 2/3。雄性第 1 腕远端具 3 个十分扩大和 2~3 个中等大小的吸盘,近端无扩大的吸盘(图 8-33A);每腕吸盘 80 或 80 个以上;最大吸盘(第 1 腕远端扩大的吸盘除外)为第6~7吸盘;腹腕腕间膜边缘具似腕间膜结的增厚部分。内壳U型,鞍部后端具宽沟,翼部末端尖(图8-33B)。鳃半橘状,每鳃初级鳃小片8个。肠长,形成环状,消化腺双室。口表面深紫色,近黑色;吸盘色淡,多为浅红色;反口面淡红褐色;各腕反口面具一列网眼状白色斑点,斑点延伸至头部,其中第1腕延伸至眼后方。

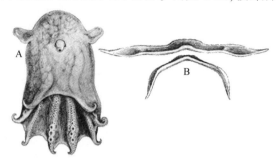

生活史及生物学:成熟卵长径10 mm,短径7 mm。

地理分布:分布在白令海、日本、加利福尼亚南部。

图8-33　信天翁面蛸形态特征示意图(据Sasaki,1929)

A. 雄性腹视;B. 内壳斜后视、背视

大小:最大胴长36 mm,最大体长200 mm。

渔业:非常见种。

文献:Nesis, 1982, 1987; Sasaki, 1929; Young and Vecchione 2002, 2003。

布氏面蛸 *Opisthoteuthis bruuni* Voss,1982

分类地位:头足纲,鞘亚纲,八腕目,须亚目,面蛸科,面蛸属。

学名:布氏面蛸 *Opisthoteuthis bruuni* Voss,1982。

拉丁异名:*Grimpoteuthis bruuni* Voss, 1982。

分类特征:眼大。漏斗器由2个腹片组成,小个体腹片为椭圆形,大个体腹片纤细。鳍小,约为头宽的1/3。各腕腹侧腕间膜近边缘处增厚,背侧腕间膜较腹侧深,腕间膜式多变。各腕长相近;第1腕吸盘27~35个,随着个体增大,吸盘数增加。雄性口周围一列吸盘较小,随后的2~3个吸盘扩大,再后的3个吸盘十分扩大,接下去至第17吸盘(近腕间膜边缘)处的吸盘减小,其中3~4个吸

图8-34　布氏面蛸雄性腹视、背视和口视(据Voss,1982)

盘略微扩大,远端7~8个吸盘至腕顶端吸盘逐渐减小(图8-34)。雌性吸盘先逐渐增大,再逐渐减小,基部吸盘最大。腕须长小于最大吸盘直径。内壳宽U型,翼部向外展开,逐渐变细,顶端圆锥形。鳃半橘状,初级鳃小片6个。无齿舌,无后唾液腺,胃与盲肠等大。视神经叶圆形,几个视神经束穿过白体。

地理分布:东南太平洋智利安托法加斯塔外海。

大小:胴长至少可达29 mm。

渔业:非常见种。

文献:Voss, 1982;Young and Vecchione,2003。

加利福尼亚面蛸 *Opisthoteuthis californiana* Berry, 1949

分类地位:头足纲,鞘亚纲,八腕目,须亚目,面蛸科,面蛸属。

学名:加利福尼亚面蛸 *Opisthoteuthis californiana* Berry,1949。

英文名:Flapjack octopus。

分类特征:眼大(图8-35A)。漏斗器由2个椭圆形腹片组成(图8-35B)。鳍长为鳍宽的3

倍。雄性第1腕腕近端和远端均具扩大的吸盘,而第2~4腕仅近端具扩大的吸盘。雄性第1腕由1~2个较小,1个中等大小,8个较大(约为雌性同部位吸盘的5~7倍,其中第6~7吸盘最大),1个中等大小;11~13个较小;1个中等大小;4~7个较大;10~12个很小的吸盘按顺序排列而成(图8-35C)。雄性第2~4腕由1个小,1个中等大小,10个较大,5个(第1腕)、14个(第2腕)、12个(第4腕)较小,20~30个微小吸盘按顺序排列而成。内壳扁平,棒状,鞍部外表面具沟。初级鳃小片7个。反口面暗灰褐色,其间具集中的淡红褐色带;口表面略带淡紫的灰色,腕中央白色,吸盘和须颜色淡。

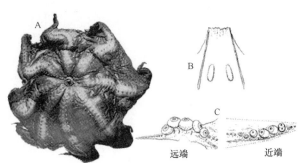

　　生活史及生物学:在西北白令海,栖息水深300~1 100 m,多为400 m以下水层。雌性体长220~460 mm,多为280~350 mm;雄性体长120~500 mm。雌雄比例1:2.4。产卵期延长,分批产卵,怀卵量1 500~2 500枚,卵半透明,乳白色,表面不光滑,卵长径10 mm,短径5 mm。温度4℃,卵孵化约需要570天。

　　地理分布:分布在白令海至鄂霍次克海、西北太平洋日本本州岛外海、阿拉斯加湾、东北太平洋加利福尼亚南部近海。

图8-35　加利福尼亚面蛸形态特征示意图(据Taki,1963)

A. 口视;B. 漏斗器;C. 雄性第1腕口视

　　大小:最大胴长90 mm,总长435 mm。

　　渔业:非常见种。

　　文献:Berry,1949,1952,1955;Taki,1963;Kubodera and Tsuchiya,1993;Kubodera,1996;Pereya,1965;Phillips,1961;Laptikhovsky,1999;Young and Vecchione,2003。

卡里普索面蛸 *Opisthoteuthis calypso* Villanueva et al,2002

　　分类地位:头足纲,鞘亚纲,八腕目,须亚目,面蛸科,面蛸属。

　　学名:卡里普索面蛸 *Opisthoteuthis calypso* Villanueva et al,2002。

　　分类特征:眼大,直径约为头宽的一半(图8-36)。漏斗器由2个长卵形腹片组成。鳍无前鳍垂,两鳍跨度长为鳍长的3倍。各腕长相近,雄性第1腕不粗壮,成体每腕吸盘47~58个。各腕腹侧腕间膜边缘具单个腕间膜节,位于第24~27(雄性)或第22~23(雌性)吸盘处。腕须短,最长须长5 mm;第1须位于第1~4吸盘间,通常为第1~2吸盘间。雌性无吸盘扩大,第7吸盘最大。雄性腕近端和远端均具扩大的吸盘区,远端最大吸盘直径等于或大于近端最大吸盘直径;近端区域仅第3腕吸盘十分扩大,其他各腕

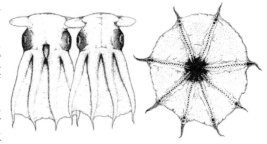

图8-36　卡里普索面蛸雄性腹视、背视和口视(据Villanueva et al,2002)

则略微扩大,而其中又以第4腕较为扩大,扩大吸盘数2~6个(通常4个),位于第4~9吸盘间,通常第7吸盘直径最大;远端区域吸盘十分扩大,而第3和第4腕较第1和第2腕扩大程度略大,扩大吸盘数2~3个(少数为4个),位于第23~29吸盘间,通常第26吸盘直径最大。初级鳃小片7个(少数6个)。内壳U型;鞍部外表面凹,内表面凸;翼部渐细,顶端尖。无齿舌;后唾液腺位于口球上,无明显的嗉囊,消化腺单室。雄性阴茎短,精包纺锤形或卵形,长1.5~2 mm,两端开口各具1个盖片。雌性远端卵管腺褐色,具条纹。

生活史及生物学:栖息在 365 m(东南大西洋)至 2 208 m(地中海)的泥质海底。雄性大于雌性(雄性体长可达 482 mm,体重 5 400 g;雌性体长可达 342 mm,体重 1 650 g)。成熟雄性具精包 15~103 个(平均 42 个),卵径 5.1~7.5 mm。以游泳能力弱的小型生物,如底栖的片脚类、钩虾和多毛类环节动物为食。

地理分布:分布在东大西洋和地中海。

大小:最大体长 482 mm。

渔业:据估算在东南太平洋 483~490 m 水层,资源密度在 6~23 个/km²。

文献:Collins and Villanueva, 2006;Villanueva and Guerra, 1991;Villanueva, 1992;Villanueva et al, 2002, 2003。

查塔姆面蛸 *Opisthoteuthis chathamensis* O'Shea, 1999

分类地位:头足纲,鞘亚纲,八腕目,须亚目,面蛸科,面蛸属。

学名:查塔姆面蛸 *Opisthoteuthis chathamensis* O'Shea, 1999。

分类特征:眼大。漏斗器 V 型。鳍长,为胴长的 53%~64%,无前鳍垂。各腕长相近,雄性第 1 腕不粗壮(图 8-37A)。成熟雄性各腕吸盘 41~45 个,雌性 45~55 个,吸盘肌肉发达,开口光滑(图 8-37B)。雄性扩大吸盘直径为胴长的 10.6%~11.9%,雌性最大吸盘直径为胴长的 4.7%~7.0%。雄性腕近端和远端均具扩大吸盘区,远端扩大吸盘直径约等于近端扩大吸盘直径,各腕吸盘扩大程度相同。雄性各腕基部 3~4 个吸盘中等大小,随后 5~7 个

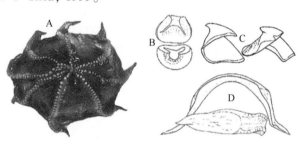

图 8-37 查塔姆面蛸形态特征示意图(据 O'Shea, 1999)

A. 雄性口视;B. 吸盘;C. 角质颚;D. 内壳腹视和侧视

吸盘突然扩大,之后 8~10 个(至腕间膜边缘)吸盘略微减小,再后的 6~8 个吸盘突然扩大,末端的 14~16 个吸盘骤小。腕须为最大吸盘直径的 0.5~2 倍,第 1 须位于第 2~4 吸盘间。角质颚侧壁皱发达,下颚具两微弱的侧壁脊(图 8-37C)。内壳 U 型,坚固,鞍部外表面具单沟,内表面凸;翼部短,逐渐变细,顶端尖;与肌肉相连部位明显突起(图 8-37D)。初级鳃小片 6~8 个,最内侧和最外侧的鳃小片尺寸减小,外半鳃的第 3~5 鳃小片基部具传入导管。无齿舌,无唾液腺,消化腺双室,肠长为食道长的 1.5 倍。雄性阴茎十分发达。雌性近端卵管腺约为远端卵管腺的一半大小,远端输卵管短。视神经叶肾形,2~5 个视神经束由视神经叶传出。外套背面、头部和腕基部具网眼状斑点,成熟个体头部和第 1 腕斑点 7~10 个,头部和第 2 腕斑点 5~7 个,第 3 腕斑点 3~5 个,第 4 腕斑点 1~5 个;腕和腕间膜口面深栗色,吸盘乳白色;头和腕背面紫红色;外套腹部、鳍背部、腕间膜边缘及腕顶端半透明至乳白色。

生活史及生物学:栖息水深 900~1 438 m。

地理分布:分布在新西兰北岛东岸远海。

大小:最大胴长 54 mm,最大体长 180 mm。

渔业:非常见种。

文献:O'Shea, 1999;O'Shea et al, 2003。

扁面蛸 *Opisthoteuthis depressa* Ijima and Ikeda, 1895

分类地位:头足纲,鞘亚纲,八腕目,须亚目,面蛸科,面蛸属。

学名:扁面蛸 *Opisthoteuthis depressa* Ijima and Ikeda，1895。

英文名:Japanese pancake devilfish。

分类特征:眼大，直径为头宽的 1/2。鳍长为鳍宽的 1.5~2.0 倍。各腕长相近，背缘腕间膜延伸至腕顶端，腹缘腕间膜终止于近端。雌性每腕吸盘约50 个，各腕吸盘大小相近，吸盘直径较小，最大直径2 mm，向近端和远端吸盘直径分别逐渐减小。雄性第 5~20 吸盘十分扩大，并拥挤成 2 列和 3 列，成体最大吸盘直径 7 mm。第 1 腕须位于第 1~2 吸盘间。幼体内壳近直线型，成体 U 型;鞍部横截面"8"字形，翼部顶端圆锥形。反口面深灰色;口面大部分为略带红色的紫罗兰色;唇、须、吸盘边缘和鳍下表面颜色

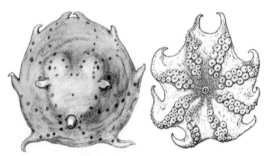

图 8-38　扁面蛸雌性反口视和雄性口视(据 Sasaki，1929)

浅。网眼状斑点粉红色，通常为 8 列，背面 4 列每列斑点 8~9 个，斑点始于眼后方，沿第 1 和第 2 腕反口面中线部分向前延伸;腹面 4 列，每列斑点 8~9 个，斑点始于鳍后方，沿第 3 和第 4 腕反口面中线向前延伸;此外，1 个斑点位于漏斗上表面，2 个位于近鳍基部的腕间膜上(图 8-38)。

生活史及生物学:栖息水深为 130~1 100 m。

地理分布:分布于日本外海。

大小:体长至少可达 200 mm。

渔业:非常见种。

文献:Kubodera and Tsuchiya，1993; Ijima and Ikeda，1895; Nesis，1982，1987; Sasaki，1929; Young and Vecchione，2002,2003。

长面蛸 *Opisthoteuthis extensa* Thiele，1915

分类地位:头足纲，鞘亚纲，八腕目，须亚目，面蛸科，面蛸属。

学名:长面蛸 *Opisthoteuthis extensa* Thiele，1915。

分类特征:形态外形图 8-39。某一样本的外形参数为:头宽 45 mm。鳍长 15 mm，宽 10 mm，两鳍跨度长 65 mm。第 1 腕长 125 mm，第 2 腕长 115 mm;吸盘小，第 5 吸盘向腕近端和远端，吸盘直径逐渐减小。初级鳃小片 6 个。漏口面近端深褐色，向远端颜色渐浅。

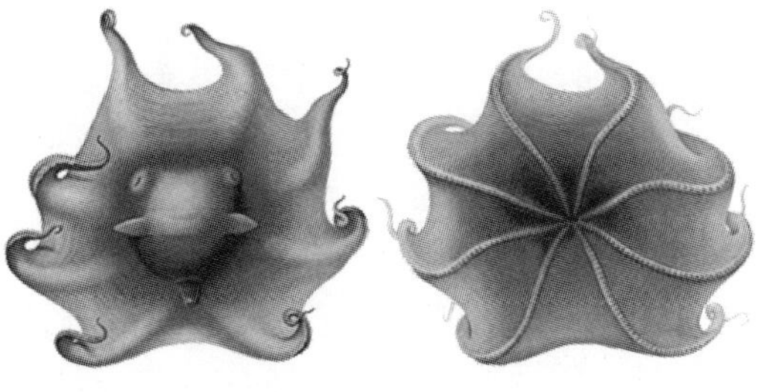

生活史及生物学:栖息水深至 768 m。

地理分布:印度尼西亚。

渔业:非常见种。

图 8-39　长面蛸反口视和口视(据 Chun，1915)

文献:Robson，1931; Chun，1915; Young and Vecchione，2003。

葛氏面蛸 *Opisthoteuthis grimaldii* Joubin，1903

分类地位:头足纲，鞘亚纲，八腕目，须亚目，面蛸科，面蛸属。

学名:葛氏面蛸 *Opisthoteuthis grimaldii* Joubin，1903。

拉丁异名:*Grimpoteuthis grimaldii* Joubin，1903; *Grimpoteuthis caudani* Joubin，1896。

分类特征:眼大，直径为胴长的 45%。漏斗器由 2 个长腹片组成。鳍无前鳍垂，鳍跨度长为鳍

长的4倍。各腕长相近,长度为胴长的366%~380%,每腕吸盘73~80个(图8-40)。雄性各腕近端和远端均具大吸盘区,远端区最大吸盘直径小于近端区最大吸盘直径;近端第4~11吸盘扩大,其中第6和第7吸盘最大,各腕吸盘扩大程度相当;远端9~10个吸盘扩大,多位于第21~40吸盘间,通常第29~31吸盘直径最大,各腕吸盘扩大程度相当。各腕腹侧腕间膜边缘具单个腕间膜节,腕间膜节位于第25~30吸盘间,即位于远端区最大吸盘之前(图8-41A)。腕须短,最长2.5~4.7 mm,为胴长的5%~10%;第1须位于第2~5吸盘间。角质颚下颚喙尖,头盖小,无侧壁脊或皱(图8-41B)。内壳短而粗壮,翼部复杂,逐渐变细,至顶端锐尖,鞍部外表面平,边缘不卷起,内表面凸(图8-41C)。鳃小,半橘状,每鳃初级鳃小片7~8个。无齿舌,口球后方具后唾液腺,具嗉囊,消化腺双室,肠S形,肠长略短于食道长。雄性阴茎相对较长,精包卵形,长1~2 mm。

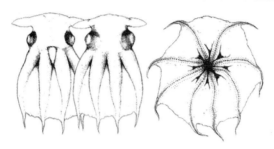

图8-40　葛氏面蛸雄性腹视、背视和口视(据 Villanueva et al, 2002)

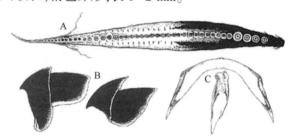

图8-41　葛氏面蛸形态特征示意图(据 Villanueva et al, 2002)

A. 雄性第1腕口视;B. 角质颚;C. 内壳背视和侧视

生活史及生物学:栖息水深1 135~2 287 m。

地理分布:主要分布在东大西洋沿岸外海,约24°~55° N。

大小:最大胴长50 mm,最大体长250 mm。

渔业:非常见种。

文献:Nesis, 1987; Villanueva et al, 2002, 2003; Joubin, 1920。

哈氏面蛸 *Opisthoteuthis hardyi* Villanueva et al, 2002

分类地位:头足纲,鞘亚纲,八腕目,须亚目,面蛸科,面蛸属。

学名:哈氏面蛸 *Opisthoteuthis hardyi* Villanueva et al, 2002。

分类特征:无前鳍垂(图8-42)。各腕长相近,长度为胴长的440%~480%,第1腕略微增粗,每腕吸盘60~67个。无腕间膜结;背腕腕间膜较其他腕间膜深,腕间膜式为 A=B>C=D>E(图8-42)。雄性各腕近端和远端均具扩大的吸盘区,远端最大吸盘直径与近端最大吸盘直径相当;近端区第4~9吸盘扩大,通常第6或第7吸盘最大,各腕吸盘扩大程度相当;远端区9~14个吸盘扩大,扩大吸盘开始于第18~19吸盘,通常第22~24吸盘最大,各腕吸盘扩大程度相当(图8-43A)。腕须位于吸盘间,短,最长1.7~4.1 mm,为胴长的4%~9%;第1须位于第2~4吸盘间。内壳U型,翼部短,复杂,边缘卷起,逐渐变细,至顶端锐尖;鞍部横截面U型,外表面凹,边缘卷起,内面凸(图8-43B)。鳃小,半橘状,每鳃初级鳃小片7个。肠长约等于食道长,消化腺单室。雄性阴茎短。视神经叶肾形,4个视神经束穿过白体。新鲜个体皮肤橙褐色,固定后微红褐色;腕间膜口面近端色素沉着深,远端色素沉着浅,腕口面色素沉着浅;网眼状斑点不明显。

生活史及生物学:栖息水深800~1 000 m。

地理分布:分布在南乔治亚岛附近海域。

渔业:非常见种。

文献:Villanueva et al, 2002, 2003。

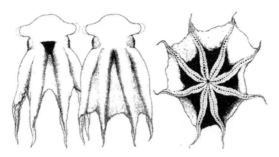

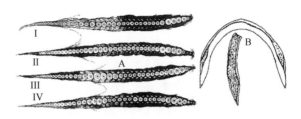

图 8-42　哈氏面蛸腹视、背视和口视（据 Villanueva et al，2002）

图 8-43　哈氏面蛸形态特征示意图（据 Villanueva et al，2002）

A. 第 1~4 腕口视；B. 内壳背视和侧视

巨面蛸 *Opisthoteuthis massyae* Grimpe，1920

分类地位：头足纲，鞘亚纲，八腕目，须亚目，面蛸科，面蛸属。

学名：巨面蛸 *Opisthoteuthis massyae* Grimpe，1920。

拉丁异名：*Cirroteuthis massyae* Grimpe，1920；*Cirroteuthis umbellata* Massy，1909；*Cirroteuthopsis massyae* Grimpe，1920；*Opisthoteuthis vossi* Sanchez and Guerra，1991；*Cirroteuthis caudani* Joubin，1896。

分类特征：眼大，直径约为头宽的 1/2。漏斗器由 2 个延长的腹片组成。鳍小，长度为胴长的 72%，无前鳍垂（图 8-44）。各腕长相近，雄性第 1 腕（尤其腕基部至近腕间膜边缘处）粗壮，肌肉强健，雌性第 1 腕正常；雄性每腕吸盘 82~106 个，雌性每腕吸盘 85~87 个。腕间膜深度基本相等；腕间膜结多个，位于各腕腹侧腕间膜边缘处，近端腕间膜结粗壮，之后的细弱，每腕腕间膜结 7~20 个（平均 14 个），腕间膜结始于第 35~37 吸盘，雄性腕间膜结大约位于远端区第 1 扩大吸盘处。雄性腕近端和远端均具扩大的吸盘区，远端区最大吸盘直径小于近端区最大吸盘直径；近端区扩大吸盘数 7~8 个，位于第 2~13 吸盘间，通常第 7 吸盘直径最大，各腕吸盘扩大程度相当；远端区扩大吸盘数 9~11 个，扩大吸盘始于第 34~40 吸盘，通常第 40~41 吸盘直径最大，第 1 腕远端无扩大的吸盘，第 2 腕扩大程度中等，第 3 和第 4 腕扩大程度最大（图 8-45A）。腕须短，最长 2.0~6.4 mm，为胴长的 7.8%；第 1 须位于第 3~5 吸盘间。内壳宽 U 型，翼部逐渐变细，顶端锐尖；鞍部横截面 U 形，外表面凹，内表面凸（图 8-45B）。鳃小，半橘状，每鳃初级鳃小片 6 或 7 个。无齿舌，口球后端具后唾液腺，无嗉囊，但食道接近胃处略微膨大，消化腺双室，肠长约等于食道长。雌性远端卵管腺较近端卵管腺大而黑，且具纵向排列的条纹。

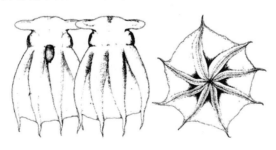

图 8-44　雄性巨面蛸腹视、背视和口视（据 Villanueva et al，2002）

图 8-45　雄性巨面蛸形态特征示意图（据 Villanueva et al，2002）

A. 第 1~4 腕口视；B. 内壳背视、腹视和侧视

生活史及生物学：栖息水深 150~1 450 m。雄性大于雌性，雄性体重可达 5 750 g，雌性体重可达 2 959 g。成熟卵卵径 10~12 mm×4.8~5.0 mm，雌性怀卵量最多可达 3 202 枚，平均 1 396 枚。

地理分布:分布在东大西洋爱尔兰远海至纳米比亚和南非。

大小:最大胴长 76 mm,最大体长 350 mm。

渔业:在东北大西洋 150~750 m 水层,估算资源量为 1.5~5.7 个/km²;在东南大西洋,829~836 m 水层,估算资源量为 202~499 个/km²。

文献:Boyle and Daly, 2000; Collins et al, 2001; Daly et al, 1998; Massay, 1909; Grimpe, 1920; Sanchez and Guerra, 1989; Villanueva and Guerra, 1991; Villanueva, 1992, 2000; Villanueva et al, 2002, 2003。

水母面蛸 *Opisthoteuthis medusoides* Thiele, 1915

分类地位:头足纲,鞘亚纲,八腕目,须亚目,面蛸科,面蛸属。

学名:水母面蛸 *Opisthoteuthis medusoides* Thiele, 1915。

分类特征:鳍 1 对(图 8-46)。腕长约 45 mm,雄性第 4 腕远端具 2 个扩大的吸盘(第 19 和 20 吸盘)。两眼间距 27.5 mm。反口面颜色浅,透明;口面腕间膜褐色,腕颜色浅。

生活史及生物学:栖息水深至 400 m。

地理分布:分布在坦桑尼亚海域。

渔业:非常见种。

图 8-46 水母面蛸反口视和侧视(据 Chun, 1910)

文献:Robson, 1931; Chun, 1910; Young and Vecchione, 2003。

麦氏面蛸 *Opisthoteuthis mero* O'Shea, 1999

分类地位:头足纲,鞘亚纲,八腕目,须亚目,面蛸科,面蛸属。

学名:麦氏面蛸 *Opisthoteuthis mero* O'Shea, 1999。

分类特征:眼大。漏斗器 V 形。鳍无前鳍垂。腕式多变,通常第 4 腕最短,雄性第 1 腕不增粗(图 8-47)。每腕吸盘可达 71 个,吸盘开口简单(图 8-48A);雄性吸盘直径(胴长的 4.3%~8.6%)略大于雌性(胴长的 4.6%~7.55%)。雄性仅腕近端具扩大的吸盘区。近端区吸盘突然扩大,远端区无扩大的吸盘(图 8-47)。第 1~3 吸盘中等大小,第 4 至 9~12 吸盘十分扩大,远端至腕间膜边缘处吸盘逐渐减小,而末端 15~25 个吸盘迅速减小。须长为胴长的 4%~10% 或最大吸盘直径的 0.6~1.2 倍;第 1 须位于第 1 和第 2 吸盘间。角质颚上颚侧壁皱微弱,不明显;下颚具 2 个微弱的侧壁皱(图 8-48B)。内壳实心;鞍部外表面凹,内表面凸;鳍着部具 2 个发达的"肩刃"(图 8-48C)。每鳃初级鳃小片 7 个(少数为 6 个),第 3 和第 4 鳃小片基部具传入的导管。无齿舌,消化腺双室,口球上具一对大的唾液腺,肠长约为食道长的 2 倍。雄性精囊腺团与附腺团大小相当,阴茎不发达,三角片形。雌性近端输卵管长约为远端输卵管长的 3 倍。视神经叶肾形,3~5 个视神经束穿过白体。外套背部、头和各腕基部具网眼状斑点,头部和第 1 腕斑点 6~11 个,头部和第 2 腕斑点 6~12 个,第 3 和第 4 腕斑点均为 6~9 个,稚鱼的斑点大,但较少;背部红色至浅紫色;眼缘、鳍外缘和须苍白色;腕与腕间膜口面淡紫红色,远端粉红色;吸盘和吸盘开口黄白色。

生活史及生物学:栖息水深 400~900 m。卵径 7.2 mm×4.9 mm。

地理分布:分布在新西兰周边水域。

大小:雄性最大胴长 90 mm,最大体长 340 mm;雌性最大胴长 76 mm,最大体长 260 mm。

渔业:非常见种。

文献:O'Shea, 1999; Voss and Williamson, 1972; O'Shea et al, 2003。

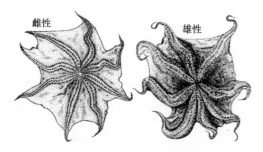

图 8-47　麦氏面蛸雌性和雄性口视（据 O'Shea，1999）

图 8-48　麦氏面蛸形态特征示意图（据 O'Shea，1999）

A. 吸盘纵剖；B. 角质颚；C. 内壳背视和后视

珀尔塞面蛸 *Opisthoteuthis Persephone* Berry，1918

分类地位:头足纲,鞘亚纲,八腕目,须亚目,面蛸科,面蛸属。

学名:珀尔塞面蛸 *Opisthoteuthis Persephone* Berry，1918。

分类特征:眼甚小,不明显。漏斗器由 1 对细长的卵形腹片组成(图 8-49A)。鳍小、纤细。雌性第 12~18 吸盘最大,其余各吸盘大小相近。腕须基部具囊孔,须能够缩入囊孔内(图 8-49B);第 1~4 腕吸盘分别为 78、78、72 和 72 个。角质颚上颚喙缘略弯,顶端尖,咬缘光滑;头盖长为脊突长的 0.6~0.7 倍,无明显的条带;翼部延伸至侧壁前缘近基部处(图 8-49C)。下颚喙缘弯,顶端钝,无开口;头盖宽、高,具浅的开口;脊突直,不增厚;侧壁或脊突具 1 个或多个脊,脊不达致后缘(图 8-49C)。内壳宽 U 型,鞍部后端具沟(图 8-49D)。鳃一侧初级鳃小片 6 个,另外一侧 6 个正常和一个不发达的初级鳃小片。消

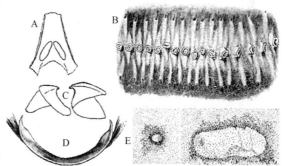

图 8-49　珀尔塞面蛸形态特征示意图(据 Berry，1918)

A. 漏斗器;B. 右侧背腕第 7~22 吸盘背视;C. 角质颚;D. 内壳背视;E. 收缩(左)和扩张(右)状态下的网眼状斑点

化腺双室。口表面近无色和浅灰色,但具浅褐色的条纹痕迹;口表面无色透明,深层暗蓝色,沿腕方向苍白色,口附近具一环形带;吸盘和须淡黄褐色;具网眼状色素斑点(图 8-49E)。

生活史及生物学:在澳大利亚外海,栖息水深 277~554 m。Lu 和 Ickeringill(2002)在澳大利亚南部水域采集到 34 尾珀尔塞面蛸,胴长范围为 8.8~54 mm,体重范围为 13.5~695.5 g。

地理分布:分布在澳大利亚南部水域。

渔业:非常见种。

文献: Berry，1918；Nesis，1982，1987；O'Shea，1999；Young and Vecchione，2002，2003；Lu and Ickeringill，2002。

菲氏面蛸 *Opisthoteuthis philipii* Oommen，1976

分类地位:头足纲,鞘亚纲,八腕目,须亚目,面蛸科,面蛸属。

学名:菲氏面蛸 *Opisthoteuthis philipii* Oommen，1976。

分类特征:眼略明显。漏斗器由 1 个倒 V 字形背片组成(图 8-50A)。鳍小,鳍宽约等于鳍长,无前鳍垂。各腕长相近,腕式 1>2>3>4。第 1~4 吸盘小,第 5~11 吸盘通常最大,远端吸盘肉眼很

难辨清,可见吸盘数 92~97 个。腕须收缩在囊孔内。各腕间膜深度相近,深为腕长的68%~75%,腕间膜式为 C>B>A>D>E;各腕腹侧腕间膜边缘处(即第 24 吸盘基部)具单一腕间膜结(长 33~35 mm,宽 3~4 mm,厚 3~5 mm)。角质颚上颚前端增厚,头盖上缘具两个脊,由前端增厚部分延伸至头盖后缘;下颚头盖高,头盖前端增厚(图 8-50B)。内壳 U 型,翼部末端尖;鞍部外表面平,具浅沟,内表面凸(图 8-50C)。每半鳃初级鳃小片 4 个。活体反口面紫色,固定后标本肉色;活体口面暗褐色,固定后样本黑色;体表分散少量网眼状斑点。

图 8-50　菲氏面蛸形态特征示意图 (据 Oommen, 1976)
A. 漏斗器;B. 角质颚;C. 内壳

　　生活史及生物学:栖息水深 275~365 m。

　　地理分布:分布在阿拉伯海域。

　　大小:最大胴长 140 mm,体长 470 mm。

　　渔业:非常见种。

　　文献:Oommen, 1976; Young and Vecchione, 2003。

冥面蛸 *Opisthoteuthis pluto* Berry, 1918

　　分类地位:头足纲,鞘亚纲,八腕目,须亚目,面蛸科,面蛸属。

　　学名:冥面蛸 *Opisthoteuthis pluto* Berry, 1918。

　　分类特征:眼中等大小。漏斗器由 2 个细长的腹片组成。鳍大、软、椭圆形,鳍长为鳍宽的 2 倍。各腕长相近,每腕吸盘 80~85 个,吸盘和须不同程度收缩(图 8-51A)。雌性第 5~7 吸盘最大,第 1~3 吸盘很小。雄性腕近端和远端均具扩大的吸盘区,各腕近端吸盘扩大程度相当。角质颚上颚喙缘略弯,

图 8-51　冥面蛸形态特征示意图(据 Berry, 1918)
A. 部分吸盘和须口视;B. 内壳斜视(上)和背视(下)

顶端尖;头盖长为脊突长的 0.6~0.7 倍,无明显的条带;翼部延伸至侧壁前缘近基部处。下颚喙缘弯,顶端钝;头盖宽、高,具浅的开口;脊突直,不增厚;无侧壁脊或皱。内壳宽 U 型,鞍部后端具沟;翼部近端增厚增宽,远端逐渐变细,外表面略凹形(图 8-51B)。初级鳃小片 8 个。消化腺双室。腕和腕间膜口面深巧克力褐色,向口周围和外围变为白色;吸盘和腕须浅褐色;具网眼状斑点,斑点核心颜色浅,核心外围由一个巧克力色窄环包围,再外围为白色宽环包围,最外为蓝色。

　　生活史及生物学:栖息水深 275~830 m。Lu 和 Ickeringill(2002)在澳大利亚南部水域采集到 7 尾冥面蛸,胴长范围为 27.7~44.3 mm,体重范围为 134.2~542.2 g。

　　地理分布:分布在澳大利亚西南部外海。

　　渔业:非常见种。

　　文献:Berry, 1918; O'Shea, 1999; Young and Vecchione, 2003; Lu and Ickeringill, 2002。

罗氏面蛸 *Opisthoteuthis robsoni* O'Shea, 1999

　　分类地位:头足纲,鞘亚纲,八腕目,须亚目,面蛸科,面蛸属。

　　学名:罗氏面蛸 *Opisthoteuthis robsoni* O'Shea, 1999。

　　分类特征:眼大。漏斗器倒 V 型。鳍具前鳍垂。各腕长相近,吸盘数最多 89 个,吸盘肌肉强健,开口光滑。雄性第一腕不增粗(图 8-52A)。雄性腕近端具扩大的吸盘,远端无明显扩大吸盘,各腕吸盘扩大程度相同;腕近端最大吸盘直径为胴长的 8.8%~15.5%;远端吸盘扩大不明显或无

扩大吸盘,腕间膜边缘处吸盘排列紧密。雄性基部 2 或
3 个吸盘中等大小;随后的 7~8 个吸盘突然扩大,呈灯
泡状;之后 30~35 个吸盘直径减小,但各吸盘直径相当;
腕间膜边缘外围的 35~40 个吸盘直径逐渐减小。最大
须长为胴长的 3%~8% 或最大吸盘直径的 0.3~0.6 倍,
第 1 须位于第 2~4 吸盘间。角质颚上颚侧壁皱发达;下
颚翼部长,为脊突长的 98%,侧壁具 2 个微弱的侧壁皱。
内壳有空泡(非实心);鞍部外表面凸,内表面凹;鳍着部
具发达的"肩";翼部末端渐细,顶端锐尖(图 8-52B)。
初级鳃小片 6~8 个,第 3 和第 4 鳃小片基部具传入的导

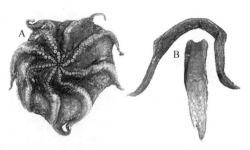

图 8-52 罗氏面蛸形态特征示意图(据
O'Shea, 1999)
A. 口视;B. 内壳背视和侧视

管。无齿舌和唾液腺,食道膨大形成嗉囊,盲肠不发达,无螺旋,肠长约为食道长的 1.5 倍,消化腺
双室。雄性阴茎发达,管状。视神经叶肾形,白体左右两侧分别有 2~3 和 3~4 个视神经束穿过。
外套背面、头部和腕基部具网眼状斑点,第 1 腕和头部斑点 7 个,第 2 腕和头部斑点 6 个,第 3 腕斑
点 4 个,第 4 腕斑点 3 个;背部和腹部表面栗色;眼缘、鳍外缘和须白色;腕与腕间膜口面深栗色,接
近黑色,吸盘和吸盘开口白色至黄白色。

生活史及生物学:栖息水深至 1 600 m。

地理分布:分布在新西兰查塔姆群岛外海。

大小:最大胴长 65 mm,体长 362 mm。

渔业:非常见种。

文献:O'Shea, 1999; O'Shea et al, 2003。

第三节 八腕目十字蛸科

十字蛸科 Stauroteuthidae Grimpe, 1916

十字蛸属 *Stauroteuthis* Verrill, 1879

十字蛸属为十字蛸科单一属,已知吉氏十字蛸 *Stauroteuthis gilchristi* 和十字蛸 *Stauroteuthis syrtensis* 2 种,其中十字蛸为本属模式种。

分类地位:头足纲,鞘亚纲,八腕目,须亚目,十字蛸科,十字蛸属。

拉丁异名:*Chunioteuthis* Grimpe, 1916。

科属特征:体凝胶质,外套前后延长,前端外套腔开口特化成
完全的圆柱形管。嗅觉突位于外套腔内壁前缘。具初级和次级
腕间膜,无腕间膜结。吸盘小,圆柱形;雄性个体吸盘扩大。最长
须为腕直径的 2 倍多,须始于第 2~6 吸盘,终止于第 18~24 吸
盘,腕顶端无须。外套隔膜厚,后端开口。内壳 U 型。鳃结构独
特,次级和三级鳃小片高度分叉,初级鳃小片难辨,且不沿鳃对称。
消化道 U 形,无齿舌,具前唾液腺,具大的后唇腺,消化腺双室。视
神经叶球形,单个视神经束穿过白体。

生活史及生物学:近底栖种。休憩时,腕间膜膨胀呈钟

图 8-53 十字蛸属发光的吸盘

形,次级腕间膜将腕与初级腕间膜隔开;惊动时,腕间膜膨胀呈气球形,腕间膜紧贴于腕顶端。通过鳍击水或腕间膜拍水游动,而后者游泳机制比较微弱。巨大的唇腺分泌的液体具有捕杀实物的功能。十字蛸吸盘具有发光器机制(图 8-53):可发出蓝绿色光,发光机制尚不清楚,推断可能具有诱捕饵食的功能。这种蓝绿色光最大波长 470 nm,持续时间可达 5 min,闪烁时间 1~2 s。

地理分布:仅分布在大西洋。

文献:Collins and Henriques, 2000; Vecchione and Young, 1997; Johnsen et al, 1999; Collins et al, 2002。

吉氏十字蛸 *Stauroteuthis gilchristi* Robson, 1924

分类地位:头足纲,鞘亚纲,八腕目,须亚目,十字蛸科,十字蛸属。

学名:吉氏十字蛸 *Stauroteuthis gilchristi* Robson, 1924。

拉丁异名:*Cirroteuthis gilchristi* Robson, 1924; *Chunioteuthis gilchristi* Robson, 1924。

分类特征:体凝胶质,外套前后延长,前端外套腔开口特化成完全的圆柱形管。各腕长相近,第 1~4 腕腕长略呈递减趋势,每腕吸盘 55~65 个(图 8-54A)。具初级和次级腕间膜,无腕间膜结,远端 1/3 无腕间膜,腕间膜约终止于第 25 吸盘处。须长,长度可达 40 mm,约为头宽的 60%,须始于第 2 或第 3 吸盘,止于第 19~24 吸盘(图 8-54B)。腕近端 4~5 个吸盘小、桶状,排列紧密;第 5 至第 20~25 吸盘圆锥形,其中第 5~13 吸盘排列紧密,第 14 至 20~24 吸盘间距宽,可达 15 mm(约为吸盘直径的 2 倍),而第 6~12 吸盘直径最大(雄性可达 9 mm,为头宽的 13%;雌性可达 4.8 mm,为头宽的 12%);远端吸盘(第 19~24 个以后)排列紧密,圆筒形,尺寸逐渐减小(图 8-54B)。内壳 U 形。唾液腺 2 对,无齿舌、墨囊和肛瓣。口缘至腕长 2/3 处深粉红色或紫色,外围 1/3 颜色变淡;腕反口面透明;外套腔被上皮细胞色素。

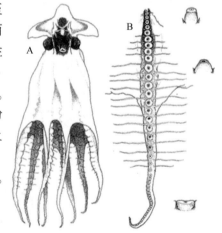

生活史及生物学:雌性怀卵约 750 枚,最大卵径 9.5 mm。受惊吓后,吸盘可发光。

地理分布:分布在西南大西洋南乔治亚岛外海、南非。

大小:最大胴长 70 mm,最大体长 490 mm。

渔业:非常见种。

图 8-54 吉氏十字蛸形态特征示意图
(据 Collins and Henriques, 2000)
A. 雄性腹视;B. 雄性第 1 腕口视及吸盘侧视

文献:Robson, 1931; Sweeney and Roper, 1998; Robson, 1924; Vecchione and Young, 1997; Collins and Henriques, 2000。

十字蛸 *Stauroteuthis syrtensis* Verrill, 1879

分类地位:头足纲,鞘亚纲,八腕目,须亚目,十字蛸科,十字蛸属。

学名:十字蛸 *Stauroteuthis syrtensis* Verrill, 1879。

拉丁异名:*Cirroteuthis syrtensis* Robson, 1926; *Cirroteuthis umbellata* Chun, 1914; *Chunioteuthis ebersbachii* Grimpe, 1916。

分类特征:体暗红色或粉红色,凝胶质,外套前后延长,前端外套腔开口特化成完全的圆柱形管(图 8-55A)。嗅觉突位于外套腔内壁前缘。各腕长相近,长度为体长的 70%~85%,每腕吸盘 55~

65 个。具初级和次级腕间膜,无腕间膜结,腕间膜深为腕长的 2/3,约终止于第 25 吸盘处。腕须长,可达 50 mm,须始于第 3 或第 4 吸盘,终止于腕间膜边缘(第 19~24 吸盘)。吸盘具性别二态性:雄性第 1~8 吸盘小,桶状;第 9 至 22~25 吸盘扩大,圆锥形;第9~12 吸盘排列紧密,第 13~18 吸盘最大,最大吸盘直径 6.5 mm。雌性吸盘均较小,第 1~3 吸盘最大,直径 2.2 mm;第 1~4 吸盘排列紧密,桶状;第 5~24 吸盘小,吸盘间距较大,可达15 mm(图 8-55B)。两性腕远端第 19~24 吸盘开始变小,吸盘排列紧凑,圆柱形,腕顶端吸盘微小(图 8-55B、C)。角质颚上颚喙缘弯;下颚喙长,脊突后缘平直。内壳 U 型,翼部宽大,鳍着部背侧扁平。次级和三级鳃小片高度分叉,初级鳃小片难辨,且不沿鳃对称。食道略微膨大,但不形成明显的嗉囊;仅 1 对较大的后唾液腺或 2 对小的唾液腺;无肛瓣、墨囊、齿舌;具唇分泌腺;胃和盲肠小,大小相当;消化腺单室,由 2 个导管与盲肠相连;食道、胃和盲肠具深红色色素沉着。外套腔具深的上皮色素沉着。

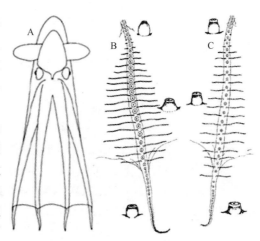

图 8-55　十字蛸形态特征示意图(据 Frandsen and Zumholz, 2004; Collins and Henriques, 2000)
A. 腹视;B. 雄性腕口视及近端、中部和远端吸盘侧视;C. 雌性腕口视及近端、中部和远端吸盘侧视

　　生活史及生物学:栖息在大陆架斜坡 400~4 000 m水层,多为 1 500~2 500 m。雌性怀卵约 900 枚,最大卵径 9.5 mm。吸盘具有发光器机制;可发出蓝绿色光,发光机制尚不清楚,推断可能具有诱捕饵食的功能。这种蓝绿色光,最大波长 470 nm,持续时间可达 5 min,闪烁时间 1~2 s。

　　地理分布:广泛分布在北大西洋格陵兰、加拿大和美国。

　　大小:最大胴长 90 mm,最大体长 500 mm。

　　渔业:非常见种。

　　文献: Robson, 1931; Stephen, 1982; Vecchione, 2001; Santos et al, 2001; Collins and Henriques, 2000; Johnson et al, 1999; Vecchione and Young, 1997; Collins et al, 2001,2002; Frandsen and Zumholz, 2004。

第四节　八腕目水母蛸科

无须亚目 Incirrata Grimpe, 1916

　　无须亚目以下包括水母蛸科 Amphitretidae、单盘蛸科 Bolitaenidae、蛸科 Octopodidae、玻璃蛸科 Vitreledonellidae、异夫蛸科 Alloposidae、船蛸科 Argonautidae、快蛸科 Ocythoidae 和水孔蛸科 Tremoctopodidiae 8 科,无须亚目占据八腕目约 85%的种类,其中又以蛸科种类为最多。

　　英文名: Common octopods, octopuses or devilfishes。

　　亚目特征:体囊状,较宽。眼具角膜(某些浮游种类角膜十分退化)。无鳍。各腕长一般相近,某些种类背腕、侧腕或腹腕十分延长。腕吸盘 1 或 2 列,无须。雄性左侧或右侧第 3 腕茎化。鳃横截面不对称,具鳃沟。输卵管 1 对,卵绒毛膜具柄。针状内壳 1 对,或退化。

　　生活史及生物学:小型至大型种类。蛸科种类多为底栖生活,其余 7 科多为浮游生活。底栖种类栖于潮间带至 4 000 m(至少)水层,深海种类栖息水深至 2 000 m。生命周期 6 个月至 4 年,多为

1年,生命周期4年的一般为大型冷水种。产卵模式多为瞬时终端产卵型,上层浮游生活的无须蛸类产卵模式多为在产卵期内分批产卵的持续卵型。卵通常产于洞穴或贝壳等海底物质上,某些种类将卵携带于腕间。所有种类(底栖和浮游)均有育卵的习性,育卵周期直到卵孵化。浮游种类育卵习性特殊:船蛸属种类背腕上的"壳"具有"育儿室"的功能;水孔蛸属 *Tremoctopus* 和单盘蛸科种类的腕形成"育儿室"。快蛸属 *Ocythoe* 的卵在输卵管内发育,玻璃蛸属 *Vitreledonella* 的卵在外套腔内发育。

渔业:无须蛸类是世界上重要的商业性头足类资源。

文献:Carlini, 1998;Carlini and Graves, 1999;Hochberg et al, 1992;Mangold, 1989;Naef, 1921, 1923;Robson, 1932;Taki, 1962, 1964;Thore, 1949;Voight, 1997;Young, 1971;Young et al, 1999;Katharina and Young, 1995。

水母蛸科 Amphitretidae Hoyle, 1886

水母蛸属 *Amphitretus* Hoyle, 1885

水母蛸属为水母蛸科的单一属,已知水母蛸 *Amphitretus pelagicus* 和蒂勒氏水母蛸 *Amphitretus thielei* 2 种,其中水母蛸为本属模式种。该属为小型中层水域种。

分类地位:头足纲,鞘亚纲,八腕目,无须亚目,水母蛸科,水母蛸属。

英文名:Telescope octopus。

科属特征:体囊状,透明,凝胶质,外套前后收缩。眼管状(蛸类唯一具此特征属)。漏斗与外套腹面愈合,外套腔开口退化为漏斗两侧的宽孔。腕吸盘近端 1 列,远端 2 列,排列紧密,腕间膜深。雄性右侧第 3 腕茎化。胃位于消化腺背面,齿舌栉状。

文献:Hochberg et al, 1992;Nesis, 1982;O'Shea, 1999;Thore, 1949;Voight, 1997;Young et al, 1999。

种的检索:

1(2)外半鳃鳃小片 10 个,茎化腕舌叶无吸盘但具 2 列乳突 ┉┉┉┉┉┉┉┉┉┉┉ 水母蛸

2(1)外半鳃鳃小片 8 个,茎化腕舌叶无吸盘和乳突 ┉┉┉┉┉┉┉┉┉┉┉ 蒂勒氏水母蛸

水母蛸 *Amphitretus pelagicus* Hoyle, 1885

分类地位:头足纲,鞘亚纲,八腕目,无须亚目,水母蛸科,水母蛸属。

学名:水母蛸 *Amphitretus pelagicus* Hoyle, 1885。

分类特征:体囊状,透明(内脏不透明),凝胶质,皮肤光滑,外套前后收缩。眼位于头部背面,管状,两眼基部相连,夹角约 70°。漏斗与外套在腹部愈合,外套腔开口退化为漏斗两侧的宽孔。腕吸盘近端 1 列,远端 2 列,排列紧密,腕间膜深(图 8-56A)。雄性右侧第 3 腕茎化,吸盘 27~28 个,舌叶无吸盘,但具 2 列乳突(图 8-56B)。非茎化腕吸盘 22~32 个,一般少于 30 个。齿舌栉状(图 8-56C)。外半鳃鳃小片 10 个。胃位于消化腺背面。

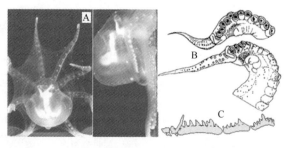

图 8-56　水母蛸形态特征示意图(据 Thore, 1949;Young et al, 1999;O'Shea, 1999)

A. 背视和侧视;B. 茎化腕远端;C. 右侧一半齿舌

生活史及生物学:大洋性种类,通常栖息在 1 000 m 以下近海底水层,渔获水深 150~2 000 m,甚至更深。不同发育期的个体栖息水层不同:幼体

白天栖息在中层水域,体长小于 30 mm 的个体栖息在 150 m 以上水层,大个栖息在 2 000 m 水层。

　　地理分布:分布在世界各大洋热带和亚热带水域。

　　大小:最大胴长 100 mm,最大体长 300 mm。

　　渔业:非常见种,未开发。

　　文献: Sasaki, 1917;Seibel and Carlini, 2001;Hochberg et al, 1992;Nesis, 1982;Thore, 1949;Voight, 1997;Young et al, 1999;O'Shea, 1999。

蒂勒氏水母蛸 *Amphitretus thielei* Robson, 1930

　　分类地位:头足纲,鞘亚纲,八腕目,无须亚目,水母蛸科,水母蛸属。

　　学名:蒂勒氏水母蛸 *Amphitretus thielei* Robson, 1930。

　　分类特征:体囊状,透明,凝胶质,外套前后收缩。眼位于头部背面,管状,两眼基部相连。漏斗与外套在腹部愈合,外套腔开口退化为漏斗两侧的宽孔。腕吸盘近端 1 列,远端 2 列,排列紧密,腕间膜深。雄性右侧第 3 腕茎化,吸盘 21~24 个,舌叶既无吸盘也无乳突(图 8-57)。非茎化腕吸盘 24~41 个,一般多于 30 个。齿舌栉状。外半鳃鳃小片 8 个。胃位于消化腺背面。

图 8-57　蒂勒氏水母蛸茎化腕远端(据 O'Shea, 1999)

　　生活史及生物学:栖息在大洋中层水域。

　　地理分布:分布在新西兰南面温带水域。

　　大小:最大胴长 135 mm。

　　渔业:非常见种。

　　文献:O'Shea, 1999;Young et al, 1999。

第五节　八腕目异夫蛸科

异夫蛸科 Alloposidae Verrill, 1881

异夫蛸属 *Haliphron* Steenstrup, 1859

　　异夫蛸属为异夫蛸科的单一属,已知仅异夫蛸 *Haliphron atlanticus* 1 种。

　　分类地位:头足纲,鞘亚纲,八腕目,无须亚目,异夫蛸科,异夫蛸属。

　　科属特征:体囊状,腕吸盘 2 列(仅近口处 1 列)。

异夫蛸 *Haliphron atlanticus* Steenstrup, 1861

　　分类地位:头足纲,鞘亚纲,八腕目,无须亚目,异夫蛸科,异夫蛸属。

　　学名:异夫蛸 *Haliphron atlanticus* Steenstrup, 1861。

　　拉丁异名:*Haliphron hardyi* Robson, 1930;*Alloposus mollis* Verrill, 1880;*Haliphron pacifica* Ijima and Ikeda, 1902;*Alloposus hardyi* Robson, 1930;*Alloposina albatrossi* Robson, 1932。

　　英文名: Seven-arm octopus。

　　分类特征:体短宽,凝胶质状,皮肤光滑,色素密集。外套腔开口宽。头宽。眼大,半球形,直径约为胴长的 40%。漏斗嵌于头部组织内,与外套腹面、头和第 4 腕基部愈合(图 8-58A),漏斗器 W

型,漏斗锁具侧皱,外套锁具与侧皱嵌合的凹槽。无水孔。腕短,腕间膜深。腕近端吸盘1列,稀疏;远端(腕间膜边缘至顶端)吸盘2列,排列紧密(图8-58B)。雄性右侧第3腕完全茎化,基部至蓄精囊具乳突状侧缘,精沟敞开。角质颚上颚矮宽;喙顶端甚尖,颚角具不规则的锯齿;头盖大,距脊突甚高;侧壁皱弱,始于颚角,末端延伸至侧壁基部。下颚矮宽,喙部发达,颚角具不规则的锯齿;头盖长宽;侧壁具发达的侧壁皱,末端延伸至侧壁下缘(图8-58C)。齿舌异齿型。具退化的短剑形凝胶质内壳。内外半鳃各具鳃小片10个。消化道背面具浮囊。具嗉

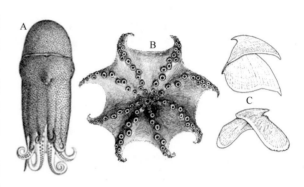

图8-58 异夫蛸形态特征示意图(据 Verrill, 1881; O'Shea, 2004)
A. 腹视;B. 口视;C. 内壳

囊和肛瓣;后唾液腺1对,卵形或心形;肠长大于食道长(包括嗉囊);消化腺大,芥末色。雌性卵巢膨大,近端和远端输卵管等长;近端输卵管基部窄,远端膨大,具起皱的腺功能腔;远端输卵管膨大,粗壮,管壁厚,具起皱的腺功能腔,末端开口;近端卵管腺小于远端卵管腺。

生活史及生物学:广泛分布在热带至高纬度海域的中层至深层水域,一般栖于大陆架边缘及岛屿附近,也有出现在大陆架斜坡外围附近几百米以及外洋几千米水层,而幼体一般生活在40 m以上水层。雄性明显小于雌性。雄性茎化腕形成囊状结构,位于眼睛右侧下方,因此外表上看去只有7条腕;交配后茎化腕断裂。雌性在近海底育卵,卵位于口周围腕的基部,卵径16 mm×5 mm,幼体孵化后不久亲体开始死亡。

地理分布:分布在亚述尔群岛、马德拉群岛、加拿大、日本、纳米比亚和新西兰。

大小:最大胴长400 mm,最大体长2 000 mm。

渔业:常见种,未开发。

文献:Vecchione, 2001; Norman, 2000; Okada, 1971; Clarke and Lu, 1995; Bianchi et al, 1999; Xavier et al, 2003; Goodman-Lowe, 1998; Clarke et al, 1998; Santos et al, 1999, 2002; Bakken and Holthe, 2002; Collins et al, 1997; Vecchione, 2001; Willassen, 1986; Bizikov, 2004; Naef, 1921, 1923; Nesis, 1982; Sasaki, 1929; Verrill, 1881; Young, 1995, 1996。

第六节 八腕目船蛸科

船蛸科 Argonautidae Tryon, 1879

船蛸属 *Argonauta* Linnaeus 1758

船蛸属为船蛸科的单一属,已知船蛸 *Argonauta argo*、勃氏船蛸 *Argonauta bottgeri*、角状船蛸 *Argonauta cornuta*、锦葵船蛸 *Argonauta hians*、多节船蛸 *Argonauta nodosa*、努氏船蛸 *Argonauta nouryi*、太平洋船蛸 *Argonauta pacifica* 7种,其中船蛸为模式种。

分类地位:头足纲,鞘亚纲,八腕目,无须亚目,船蛸科,船蛸属。

英文名:Argonauts, Paper nautiluses;**法文名**:Argonautes papier;**西班牙文名**:Argonautas。

科属特征:体囊状,外套壁薄,但肌肉强健,眼大,无水孔。腕吸盘2列,腕间膜浅。雌雄性别二

态性明显,雌性胴长为雄性的 10~15 倍。雌性背
腕远端具旗状膜结构(图 8-59A),内含分泌腺,分
泌物形成石灰质卵壳;壳侧扁,两侧龙骨各具 1 列
疣突,侧部具隆肋,隆肋始于壳顶,止于龙骨部疣
突(图 8-59C)。无水孔。雄性矮小,约为雌性体
长的 10%;右侧第 3 腕全部茎化,茎化腕具 1 个特
殊的囊结构(图 8-59B)。

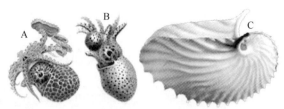

图 8-59　船蛸属形态特征示意图(据 Chun, 1910;
Young et al, 1998)

A. 雌性侧视;B. 雄性侧视;C. 卵壳侧视

生活史及生物学:世界各大洋和海域的热带
和亚热带水域浮游种类。有时大规模集群,在近
岸易见。在外洋,船蛸类经常利用侧腕和腹腕附于运动中水母的上伞部。雌性大于雄性,雌性胴长
一般可超过 100 mm,雄性胴长一般小于20 mm。雌性壳长大于胴长。雄性交配时,茎化腕携带大
量精荚,精荚迸裂,精子输送到雌性体内;交配完成后,茎化腕留在雌性的外套腔内。雌性居于由背
腕分泌的薄石灰石质卵壳内。卵壳薄如纸,因此船蛸俗称"纸鹦鹉螺"。雌性具育卵的习性,产卵
模式多为持续产卵型,产卵活动多在夜间进行,水温 26~29℃ 时卵孵化需要 3 天。卵发育始于输卵
管,发育后期的卵附于卵壳的内表面,直至孵化。每个卵子的柄(绒毛膜延长形成)束在一起,黏附
于卵壳内表面顶点。雌性壳长可达 88 mm,携带卵约 48 800 枚,卵小,直径 0.6~1.0 mm。

地理分布:分布在世界各大洋和海域的热带及亚热带海域。

大小:雌性最大胴长 100 mm,最大壳长 300 mm;雄性最大胴长 20 mm。

文献:Banas et al, 1982; David, 1965; Chiaje, 1825; Heeger, 1992; Kramp, 1956; Naef, 1921,
1923; Nesis, 1982, 1987; Okutani and Kawaguchi, 1983; Young et al, 1998; Katharina et al, 1996。

船蛸 *Argonauta argo* Linnaeus, 1758

分类地位:头足纲,鞘亚纲,八腕目,无须亚目,船蛸科,船蛸属。

学名:船蛸 *Argonauta argo* Linnaeus, 1758。

英文名:Greater argonaut;**法文名**:Argonauta común;**西班牙文名**:Argonaute papier。

分类特征:体囊状,末端尖,肌肉强健。头短小,眼大。腕长,各
腕长相近,腕吸盘 2 列,腕间膜浅。雌性背腕远端具旗状膜结构,内
含分泌腺,分泌物形成石灰质卵壳,壳侧部隆肋约 50 个,宽度不超
过卵壳直径的 6%(图 8-60)。无水孔。雄性矮小,约为雌性体长的
10%;右侧第 3 腕全部茎化,茎化腕具 1 个特殊的囊结构。

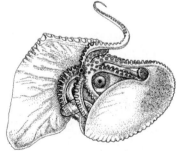

图 8-60　船蛸雌性侧视(据
Roper et al, 1984)

生活史及生物学:大洋性热带和亚热带水域浮游种类,栖息在
上层水域,主要为 100 m 以上水层。船蛸以海蜇、鱼、卤虫、蟹和对
虾为食,其本身是箭鱼 *Xiphias gladius* 和帆蜥鱼的猎食对象。在外
洋,船蛸类经常利用侧腕和腹腕附于运动中水母的上伞部。雌性初
次性成熟胴长 24 mm,是勃氏船蛸和锦葵船蛸的 2 倍,在地中海和爱
琴海,初次性成熟胴长约为 35 mm。雄性性成熟胴长 8 mm。交配时,雄性由茎化腕将精子输送到
雌性体内,交配完成后不久雄性死亡,茎化腕留在雌性的外套腔内。雌性居于由背腕分泌的薄石灰
石质卵壳内,壳侧扁,壳锦葵状,甚薄,长度可达 300 mm,胴长 6.5~7 mm 时壳开始形成。产卵模式
为持续产卵型,Laptikhovsky 和 Salman(2003)研究认为,在爱琴海,产卵的雌体几乎每天产卵一次,
每次产卵 2 000~4 000 枚,约持续 1 个月。船蛸产卵最多可达 10 万枚,一般 11 200~48 000 枚;卵
小,最大卵径 1.7 mm×1.2 mm,一般为 0.6~1.0 mm×1.0~1.2 mm。初孵幼体腕短,各腕等长,吸盘
1 列,腕间膜微弱(图 8-61A);较大的幼体吸盘 2 列(图 8-61B)。

地理分布:分布在世界各大洋热带、亚热带水域(图 8-62)。

大小:雌性最大胴长 120 mm,壳长 450 mm;雄性胴长小于 20 mm。

渔业:无专门的渔业,在印度和日本鱼市上偶尔可见。

文献:Bello and Rizzi, 1990; Boletzky, 1979; Fioroni, 1982; Harry, 1985; Hayashi, 1991; Laptikhovsky and Salman, 2003; Nagai and Suzuki, 2002; Okutani and Kawaguchi, 1983; Piatkowski et al, 1992; Randall et al, 1981; Torchio, 1976; Young, 1960; Zeiller, 1970; Naef, 1923; Kubota and Miyashima, 1975; Diekmann et al, 2002; Roper et al, 1984。

图 8-61　船蛸仔鱼形态特征示意图(据 Diekmann et al, 2002)

A. 胴长 1.4 mm 仔鱼背视和腹视;B. 胴长 2 mm 仔鱼口视

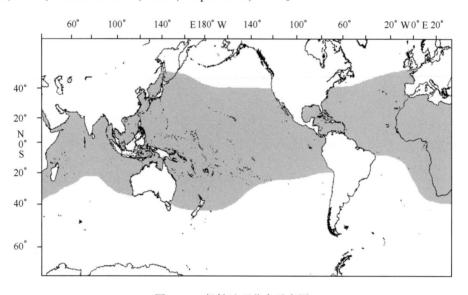

图 8-62　船蛸地理分布示意图

勃氏船蛸 *Argonauta bottgeri* Maltzan, 1881

分类地位:头足纲,鞘亚纲,八腕目,无须亚目,船蛸科,船蛸属。

学名:勃氏船蛸 *Argonauta bottgeri* Maltzan, 1881。

分类特征:体囊状,肌肉强健,眼大,腕间膜浅。雌性背腕远端具旗状膜结构,内含分泌腺,分泌物形成石灰质卵壳。壳小,颜色深,通常为黑色,龙骨具显著的疣突,壳侧面具波状隆肋,长短交替排列(图 8-63)。雄性矮小,约为雌性体长的 10%;右侧第 3 腕全部茎化,茎化腕具 1 个特殊的囊结构。

图 8-63　勃氏船蛸卵壳侧视(据 Nesis, 1977)

生活史及生物学:大洋性热带和亚热带水域浮游种类,栖息在上层水域,主要为 100 m 以上水层。雌性通常喜欢黏附在海面漂流物上,同等大小的个体也经常相互黏附在一起形成一个长链。具性别二态性,雌性大于雄性;雌性寿命长,多次产卵;雄性寿命短,交配一次后即死亡。交配时雄性茎化腕刺破雌性的外套膜,并将精子输入雌体外套腔内,交配完成后茎化腕自行断裂,并留在雌体的外套腔内。雌性壳长大于胴长,胴长 6.5~7 mm 时壳开始形成。雌性第一次产卵后,在很短的时间内又可以交配,雌性初次交配胴长 11~13 mm,产卵胴长 14~15 mm,不同地理区域产卵胴长不同。雄性最大成熟胴长 7 mm。

产卵模式为持续产卵型,卵排列成簇状,附于壳内表面顶端,占据整个壳后部。不同簇上的卵通常处于不同发育期。Nesis(1977)发现,勃氏船蛸卵可分成明显的三个阶段,第一阶段处于发育早期,卵位于壳的开口附近(卵团的最外面);第二阶段处于眼睛红色素出现期至色素体开始形成期,卵位于卵团的中部;第三阶段基本发育完全,色素体、墨囊、眼睛完全形成,卵开始孵化,卵位于卵团的最里面。产卵和孵化都在夜间完成。

通常白天索饵,饵料主要以浮游软体动物为主。在日本,雌性个体以翼足类为食;在西太平洋,主要以异足类和翼足类为食。在印度洋,其本身是黄鳍金枪鱼的饵料组成部分。

地理分布:分布在印度洋—西太平洋热带亚热带水域,总的数量较少,某些特定的地区,如澳大利亚和南非的莫桑比克,分布相对较多。

大小:最大壳长 62 mm。

渔业:资源量少,未开发。

文献:Abitia-Cardenas et al, 1887; Nesis, 1977; Okutani, 1960; Lu and Clark, 1975。

角状船蛸 *Argonauta cornuta* Conrad, 1854

分类地位:头足纲,鞘亚纲,八腕目,无须亚目,船蛸科,船蛸属。

学名:角状船蛸 *Argonauta cornuta* Conrad, 1854。

分类特征:体囊状(图 8-64),肌肉强健,眼大,腕间膜浅。雌性背腕远端具旗状膜结构,内含分泌腺,分泌物形成石灰质卵壳。雄性矮小,约为雌性体长的 10%;右侧第 3 腕全部茎化,茎化腕具 1 个特殊的囊结构。

生活史及生物学:大洋性热带和亚热带水域浮游种类,栖息于上层水域,主要为 100 m 以上水层。

地理分布:分布局限在西墨西哥和下加利福尼亚周边水域,是船蛸属三个稀有种类之一。

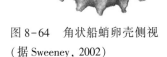

图 8-64　角状船蛸卵壳侧视
(据 Sweeney, 2002)

大小:最大胴长 45 mm。雌性壳长一般可达 80 mm,最大可达 94 mm。

渔业:稀有种。

文献:Sweeney, 2002。

锦葵船蛸 *Argonauta hians* Lightfoot, 1786

分类地位:头足纲,鞘亚纲,八腕目,无须亚目,船蛸科,船蛸属。

学名:锦葵船蛸 *Argonauta hians* Lightfoot, 1786。

英文名:Winged argonaut, Muddy argonaut。

分类特征:体囊状,肌肉强健,眼大,腕间膜浅(图 8-65)。雌性背腕远端具旗状膜结构,内含分泌腺,分泌物形成石灰质卵壳(图 8-65A)。卵壳有两种类型:第一种为常见类型,多分布于菲律宾水域,壳小,壳长通常小于 60 mm,结构十分紧

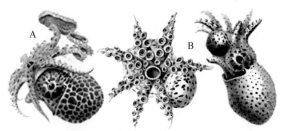

图 8-65　锦葵船蛸形态特征示意图(据 Chun, 1910)
A. 雌性侧视;B. 雄性口视和侧视

凑,壳乳白色或淡棕褐色,表面光滑,隆肋微弱,壳顶处龙骨的疣突小而圆(图8-66左);第二种为不常见类型,多分布于台湾和日本水域,壳宽大,壳长通常大于 100 mm,壳宽为卵壳直径的 10%~15%,壳深褐色或近黑色,隆肋和疣突明显,隆肋约 35 条,疣突约 15~20 个(图8-66右)。雄性矮小,约为雌性体长的 10%;右侧第 3 腕全部茎化,茎化腕具 1 个特殊的囊结构(图8-65B)。

图 8-66 两种类型的卵壳侧视(据 Abitia-Cardenas et al, 1997)

生活史及生物学:大洋性热带和亚热带水域浮游种类,栖息于上层水域,主要为 100 m 以上水层。雌性通常喜欢黏附在海面漂流物上,同等大小的个体也经常相互黏附在一起形成一个长链。雌性壳长大于胴长,胴长 6.5~7 mm 时壳开始形成。雌性第一次产卵后很短的时间内又可以交配,产卵胴长 18~20 mm,不同地理区域产卵胴长不同。雄性最大成熟胴长 7 mm。交配时雄性茎化腕刺破雌性的外套膜,并将精子输入雌体外套腔内,交配完成后茎化腕自行断裂,并留在雌体的外套腔内。产卵模式为持续产卵型,卵排列成簇状,附于壳内表面顶端,占据整个壳后部。锦葵船蛸饵料主要以浮游软体动物为主,在西北太平洋锦葵船蛸是帆蜥鱼的饵料组成部分。

地理分布:分布在世界各大洋热带和亚热带水域,具体为中国(香港、台湾地区)、菲律宾、墨西哥、日本、马德拉群岛,在澳大利亚分布于西澳大利亚的西北部大陆架水域。

大小:雌性最大胴长 50 mm,最大壳长 122 mm;雄性胴长小于 20 mm。

渔业:常见种,无专门渔业。

文献: Abitia-Cardenas et al, 1997; Harry, 1985; Nesis, 1977; Lu and Clark, 1975。

多节船蛸 *Argonauta nodosa* Lightfoot, 1786

分类地位:头足纲,鞘亚纲,八腕目,无须亚目,船蛸科,船蛸属。

学名:多节船蛸 *Argonauta nodosa* Lightfoot, 1786。

英文名:Knobby argonaut,Knobbed argonaut,Nouryi's Argonaut。

拉丁异名:*Argonauta oryzata* McCoy, 1882。

分类特征:体囊状,肌肉强健,眼大,腕间膜浅(图8-67A)。雌性背腕远端具旗状膜结构,内含分泌腺,分泌物形成石灰质卵壳(图8-67C)。雄性矮小,约为雌性体长的 10%;右侧第 3 腕全部茎化,茎化腕具 1 个特殊的囊结构(图8-67B)。角质颚上颚喙顶端小而尖,脊突宽,两侧较侧壁略增厚;下颚略方。

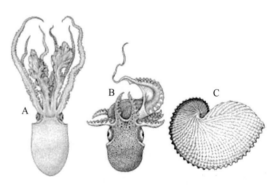

图 8-67 形态特征示意图(据 Hollis, 2001)
A. 雌性背视;B. 雄性背视;C. 卵壳

生活史及生物学:大洋性热带和亚热带水域浮游种类,栖息于上层水域,主要为 100 m 以上水层。Lu 和 Ickeringill(2002)在澳大利亚南部水域采集到 12 尾多节船蛸,胴长范围为 44.2~132.4 mm,体重范围为 35.4~309.1 g。具性别二态性,雌性大于雄性,雌性寿命长,多次产卵;雄性寿命短,交配一次后即死亡。交配时雄性茎化腕刺破雌性的外套膜,并将精子输入雌体外套腔内;交配完成后茎化腕自行断裂,并留在雌体的外套腔内。

产卵模式为持续产卵型,卵排列成簇状,附于壳内表面顶端,占据整个壳后部。不同簇上的卵通常处于不同发育期。卵可以分成明显的三个阶段,第一阶段卵处于发育早期,卵位于壳的开口附近(卵团的最外面);第二阶段卵处于眼睛红色素出现期至色素体开始形成期,卵位于卵团的中部;第三阶段卵基本发育完全,色素体、墨囊、眼睛完全形成,卵开始孵化,卵位于卵团的最里面。

主要以浮游软体动物为食,其本身是澳大利亚南海狗 *Arctocephalus australis*、亚南极南海狗 *Arctocephalus tropicalis*、蓝鳍金枪鱼 *Thunnus maccoyii*、帆蜥鱼猎食的对象。

地理分布:主要分布在南半球的印度洋和太平洋水域,具体为科曼地群岛、新西兰、塔斯曼海、巴斯海峡、纳米比亚,在澳大利亚主要分布于其南部的新南威尔士、维多利亚、塔斯马尼亚。

大小:雌性最大胴长 130 mm,总长 300 mm,壳长 250 mm;雄性最大胴长小于 40 mm。

渔业:常见种,无专门渔业。

文献:Abitia-Cardenas et al,1997;Hollis,2001;MacPherson,1966;Norman,1998;Lu and Ickeringill,2002。

努氏船蛸 *Argonauta nouryi* Lorois,1852

分类地位:头足纲,鞘亚纲,八腕目,无须亚目,船蛸科,船蛸属。

学名:努氏船蛸 *Argonauta nouryi* Lorois,1852。

分类特征:体囊状,肌肉强健,眼大,腕间膜浅(图 8-68)。雌性背腕远端具旗状膜结构,内含分泌腺,分泌物形成石灰质卵壳(图 8-69)。壳十分延长(明显较船蛸属其他种类长),尺寸较大,约为 90 mm,白色或乳白色,仅近壳顶处龙骨的疣突呈褐色,表面光滑,侧部的隆肋微弱,龙骨具大量疣突。雄性矮小,约为雌性体长的 10%;右侧第 3 腕全部茎化,茎化腕具 1 个特殊的囊结构。

 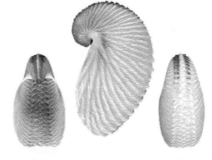

图 8-68　努氏船蛸雌性腹视和背视(据 Snow,2004)

图 8-69　努氏船蛸卵壳的口视、侧视和背视(Abitia-Cardenas et al,1997)

生活史及生物学:大洋性热带和亚热带水域浮游种类,栖息于上层水域,主要为 100 m 以上水层。

地理分布:仅分布在墨西哥和下加利福尼亚周边水域,是船蛸属三个稀有种类之一。

大小:最大胴长 57 mm,最大壳长 94 mm。

渔业:稀有种。

文献:Voss,1971;Abitia-Cardenas et al,1997;Snow,2004。

太平洋船蛸 *Argonauta pacifica* Dall,1871

分类地位:头足纲,鞘亚纲,八腕目,无须亚目,船蛸科,船蛸属。

学名:太平洋船蛸 *Argonauta pacifica* Dall,1871。

分类特征:体囊状,肌肉强健,眼大,腕间膜浅。雌性背腕远端具旗状膜结构,内含分泌腺,分泌物形成石灰质卵壳。壳大,可达 220 mm,白色或乳白色,仅近壳顶处呈褐色,隆肋和疣突发达(图 8-70)。雄性矮小,约为雌性体长的 10%;右侧第 3 腕全部茎化,茎化腕具 1 个特殊的囊结构。

地理分布:分布局限在西墨西哥和下加利福尼亚周边水域,是船蛸属三个稀有种类之一。

生活史及生物学:大洋性热带和亚热带水域浮游种类,栖息于上层水域,主要为 100 m 以上水层。

大小:雌性最大壳长 220 mm,一般为 150 mm;雄性最大胴长 43 mm。

渔业:稀有种。

文献:Voss, 1971; Abitia-Cardenas et al, 1997。

图 8-70 太平洋船蛸卵壳侧视和背视(Abitia-Cardenas et al, 1997)

第七节 八腕目快蛸科

快蛸科 Ocythoidae Gray, 1849

快蛸属 *Rafinesque* Rafinesque, 1814

快蛸属为快蛸科的单一属,已知仅快蛸 *Ocythoe tuberculata* 1 种。

分类地位:头足纲,鞘亚纲,八腕目,无须亚目,快蛸科,快蛸属。

科属特征:体囊状,腕吸盘 2 列。第 2 和第 3 腕相对较短。雌性腹部具网状脊。

快蛸 *Ocythoe tuberculata* Rafinesque, 1814

分类地位:头足纲,鞘亚纲,八腕目,无须亚目,快蛸科,快蛸属。

学名:快蛸 *Ocythoe tuberculata* Rafinesque, 1814。

英文名:Tuberculate pelagic octopus, Football octopus;法文名:Pieuvre dimorphe;西班牙文名:Pulpote。

分类特征:体卵形或圆形,肌肉强健,眼大(图 8-71A)。背腕和腹腕长度明显大于侧腕,腕吸盘 2 列,第 4 腕基部具 1 对水孔。漏斗锁由内弯的结构组成。雌雄差异明显。雌性体型大,体色为反阴影式样,即体背部颜色暗(紫色),腹部颜色亮(白色);腹部具网状隆脊;体侧部下方具软骨质隆起(图 8-71A);具浮囊(唯一具真浮囊的头足类)。雄性体型小,右侧第 3 腕茎化,侧缘无乳突,眼下方、茎化腕基部发育成囊(图 8-71B)。角质颚上

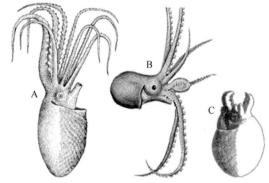

图 8-71 快蛸形态特特征示意图(据 Naef, 1921, 1923;Jereb and Roper, 2005)

A. 雌性侧视;B. 雄性侧视;C. 初孵幼体侧视

颚喙宽,顶端尖,向下甚弯;头盖短,约为脊突的 0.4 倍,无明显条带;脊突宽,不增厚。下颚喙顶端

钝;头盖低,紧贴于脊突;脊突宽。

生活史及生物学:游泳迅速的外洋性种类,栖息水深 0~200 m。可能存在多个种群。是金枪鱼、海豹、海豚、鲸、刺尾鱼、箭鱼的猎食对象。Lu 和 Ickeringill(2002)在澳大利亚南部水域采集到 16 尾,胴长范围为 14.0~48.2 mm,体重范围为 2.0~56.9 g。雄性短小,有时寄生于樽海鞘的外壳内。雄性在交配时茎化腕断裂,并留在雌体外套腔内,交配后死亡。雌性体大,生殖方式为卵胎生(唯一卵胎生的头足类),即卵在输卵管内孵化。怀卵量 20 万~100 万枚,卵绒毛膜延伸形成中空的柄。不同地理区域卵径有所不同:地中海水域卵径 2 mm×0.9 mm,澳大利亚水域卵径1.75 mm×1.0 mm,爱琴海卵径 2.3~2.7 mm×1.3~1.7 mm。初孵幼体的侧腕已明显较背腕和腹腕甚短(图 8–71C)。

地理分布:分布在太平洋、大西洋温带水域,地中海、巴西、加拿大、日本、马德拉群岛、纳米比亚和新西兰。

大小:雌性最大胴长 350 mm,总长可达 1 m;雄性最大胴长 30 mm。

渔业:非常见种,无渔业。

文献:Norman, 2000;Kubodera and Tsuchiya, 1993;Stephen, 1982;Roper and Sweeney, 1975;Hoyle, 1886;Okada, 1971;Clarke and Lu, 1995;Bianchi et al, 1999;O'Shea, 1999;Klages, 1996;Santos and Haimovici, 2001;Fiscus, 1993;Goodman-Lowe, 1998;Bello, 1991;Laptikhovsky and Salman, 2003;Lu and Ickeringill, 2002;Diekmann et al, 2002。

第八节 八腕目水孔蛸科

水孔蛸科 Tremoctopodidae Tryon, 1879

水孔蛸属 *Tremoctopus* Chiaie, 1830

水孔蛸属为水孔蛸科单一属,已知凝胶水孔蛸 *Tremoctopus gelatus*、罗氏水孔蛸 *Tremoctopus robsoni*、薄肌水孔蛸 *Tremoctopus gracilis*、水孔蛸 *Tremoctopus violaceus*4 种,其中水孔蛸为本属模式种。

分类地位:头足纲,鞘亚纲,八腕目,无须亚目,水孔蛸科,水孔蛸属。

英文名:Blanket octopus。

科属特征:体囊状。腕吸盘 2 列。雌性大,雄性小,肌肉强健(凝胶水孔蛸除外)。背部 4 腕(第 1 和第 2 腕)较腹部 4 腕(第 3 和第 4 腕)甚长;背部 4 腕腕间膜极为发达,其他各腕间无腕间膜。背腕和腹腕基部具水孔。雄性左侧第 3 腕茎化,茎化腕在眼下方部分形成囊状结构,近端 1/2 侧缘具乳突。浮囊位于消化腺背面。

文献:Bizikov, 2004;Young and Vecchione, 1996, 2005。

种的检索:

1(2)体凝胶质 ·· 凝胶水孔蛸
2(1)体肌肉强健
3(4)雄性茎化腕近端仅基部侧缘具乳突 ···················· 罗氏水孔蛸
4(3)雄性茎化腕整个近端侧缘具乳突
5(6)茎化腕远端吸盘 15~19 对 ···························· 薄肌水孔蛸
6(5)茎化腕远端吸盘 19~22 对 ····························· 水孔蛸

凝胶水孔蛸 *Tremoctopus gelatus* Thomas，1977

分类地位：头足纲，鞘亚纲，八腕目，无须亚目，水孔蛸科，水孔蛸属。

学名：凝胶水孔蛸 *Tremoctopus gelatus* Thomas，1977。

英文名：Gelatinous blanket octopus。

分类特征：体凝胶质，苍白色。背部4腕较腹部4腕甚长，背部4腕腕间膜极为发达，其他各腕间无腕间膜。背腕和腹腕基部各具水孔1对（图8-72）。茎化腕在眼下方部分形成囊状结构，近端侧缘具乳突。浮囊位于消化腺背面。

生活史及生物学：栖息在中层水域。

地理分布：分布在热带和温带海域以及美国佛罗里达附近海域。

大小：最大胴长330 mm。

渔业：非常见种。

文献：Thomas，1977；Young and Vecchione，1996，2005。

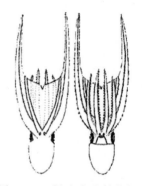

图8-72　凝胶水孔蛸背视和腹视图（据 Thomas，1977）

罗氏水孔蛸 *Tremoctopus robsoni* Kirk，1883

分类地位：头足纲，鞘亚纲，八腕目，无须亚目，水孔蛸科，水孔蛸属。

学名：罗氏水孔蛸 *Tremoctopus robsoni* Kirk，1883。

分类特征：体肌肉强健。背部4腕较腹部4腕甚长，背部4腕腕间膜极为发达，其他各腕间无腕间膜。背腕和腹腕基部各具水孔1对。茎化腕在眼下方部分形成囊状结构，近端吸盘9~15对，近端仅基部侧缘具乳突，远端吸盘27~28对（图8-73）。浮囊位于消化腺背面。

地理分布：分布在新西兰外海。

渔业：非常见种。

文献：O'Shea，1999；Young and Vecchione，1996，2005。

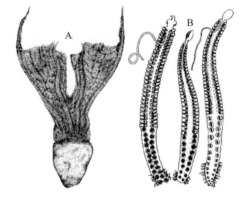

图8-73　罗氏水孔蛸形态特征示意图（据 O'Shea，1999）
A. 背视；B. 茎化腕

薄肌水孔蛸 *Tremoctopus gracilis* Eydoux and Souleyet，1852

分类地位：头足纲，鞘亚纲，八腕目，无须亚目，水孔蛸科，水孔蛸属。

学名：薄肌水孔蛸 *Tremoctopus gracilis* Eydoux and Souleyet，1852。

分类特征：体肌肉强健。背部4腕较腹部4腕甚长，背部4腕腕间膜极为发达，其他各腕间无腕间膜。背腕和腹腕基部各具水孔1对。茎化腕在眼下方部分形成囊状结构，近端吸盘27~29对，整个近端侧缘具乳突，远端吸盘19~22对。浮囊位于消化腺背面。

生活史及生物学：卵附于腊肠状的"棒"上，"棒"由母体携带于背腕的基部。"棒"内部结构蓬松，海绵状，从而增大卵团黏附的表面积。

地理分布：分布于印度洋—太平洋。

渔业：非常见种。

文献：Young and Vecchione，1996，2005。

水孔蛸 *Tremoctopus violaceus* Chiaie，1830

分类地位：头足纲，鞘亚纲，八腕目，无须亚目，水孔蛸科，水孔蛸属。

学名：水孔蛸 *Tremoctopus violaceus* Chiaie，1830。

分类特征：体卵形，体侧银色，背部深紫色或深蓝色，肌肉强健。背部 4 腕较腹部 4 腕甚长，背部 4 腕腕间膜极为发达，其他各腕间无腕间膜（图 8-74）。背腕和腹腕基部各具水孔 1 对。茎化腕在眼下方部分形成囊状结构，近端吸盘 22~23 对，整个近端侧缘具乳突，远端吸盘 15~19 对。浮囊位于消化腺背面。

图 8-74 水孔蛸腹视图
（据 www.abyssoblu.com）

地理分布：分布在大西洋，爱琴海域也有分布。

生活史及生物学：外洋性浮游蛸类。初孵幼体腕吸盘 1 列，腕基部具类似船蛸属的"护腕膜"（图 8-75）。

大小：最大胴长 500 mm。

渔业：非常见种。

文献：Naef，1928；Young and Vecchione，1996，2005。

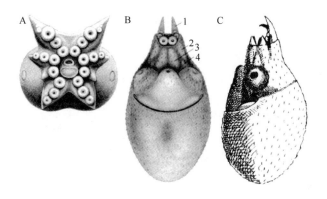

图 8-75 水孔蛸初孵幼体形态特征示意图（据 Naef，1928）
A. 口视；B. 腹视 1、2、3、4 为第 1~4 腕；C. 侧视

第九节 八腕目单盘蛸科

单盘蛸科 Bolitaenidae Chun，1911

单盘蛸科以下包括单盘蛸属 *Bolitaena* 和乍波蛸属 *Japetella* 2 属。

分类地位：头足纲，鞘亚纲，八腕目，无须亚目，单盘蛸科。

科特征：体凝胶质，体表具大量色素体，外套腔开口大。眼睛侧扁。腕短，腕长小于胴长，腕吸盘 1 列。单盘蛸属雄性左侧第 3 腕茎化，茎化腕末端具肿胀的舌叶；乍波蛸属茎化腕尚不清楚，但第 3 腕具性别二态性。齿舌由 7 列异型小齿组成，侧齿多尖。消化腺长轴与体轴平行，胃位于消化腺后部。成熟雌性口周围具 1 个环形发光器（图 8-76A）。

生活史及生物学：中层水域至深海生活的小型至中型蛸类，最大胴长 200 mm。成熟雌性口周围具一个环形发光器（无须亚目唯一具有发光器的种类），推断可能在 1 000 m 或更深水层发光，以吸引雄性个体。而雄性,利用巨大的后唾液腺分泌的信息素来吸引雌性。卵由绒毛膜延伸形成的长柄彼此相连呈束,卵束由吸盘携带(图8-76B)位于口周围,由腕和腕间膜包裹,雌体育卵直至孵化,育卵期间雌体不摄食,水温4~5℃,卵孵化需要几个月时间。在夏威夷海域,雌雄交配在1 000 m或1 000 m以上水层,雌体通常在800 m水层释放初孵幼体,自由的幼体通常栖于150~250 m水层,胴长5~15 mm时开始,栖息水层逐渐下潜,直至800~1 400 m。

地理分布:广泛分布在世界各大洋热带至温带水域。

文献: Hochberg et al,1992;Robinson and Young,1981;Thore,1949;Young,1978,1995。

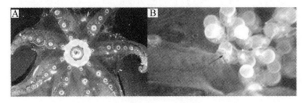

图8-76 单盘蛸科形态特征示意图
A. 雌性口视;B. 卵束,箭头所指为吸盘

属的检索:

1(2)眼小,两眼间距大 ··· 单盘蛸属

2(1)眼大,两眼间距小 ··· 乍波蛸属

单盘蛸属 *Bolitaena* Steenstrup,1859

单盘蛸属已知仅单盘蛸 *Bolitaena pygmaea* 1种。

分类地位:头足纲,鞘亚纲,八腕目,无须亚目,单盘蛸科,单盘蛸属。

属特征:眼小,具长柄,两眼间距大。雄性左侧第3腕茎化,茎化腕末端具肿胀的舌叶。

单盘蛸 *Bolitaena pygmaea* Verrill,1884

分类地位:头足纲,鞘亚纲,八腕目,无须亚目,单盘蛸科,单盘蛸属。

学名:单盘蛸 *Bolitaena pygmaea* Verrill,1884。

拉丁异名: Eledonella pygmaea Verrill,1884。

分类特征:体卵形,凝胶质,半透明,深红棕色,体表具大量色素体。外套腔开口大(图8-77A)。眼小,侧扁,具长柄,眼间距大,成体眼径约为胴长9%~12%,幼体眼径不超过胴长的17%。成熟雌性口周围具1个圆环形发光器。腕短(长度小于胴长),各腕之间由中等深度的腕间膜连接,腕吸盘1列,吸盘直径约为胴长的4%,吸盘间距大于或等于吸盘直径。雄性左侧第3腕茎化,茎化腕末端具膨大且延长的舌叶。右侧第3腕具性别二态性,雄性右侧第3腕具1~3个扩大

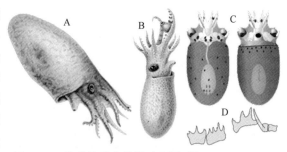

图8-77 单盘蛸形态特征示意图(据 Chun,1910)
A. 雌性侧视;B. 雄性侧视;C. 幼体背视和腹视;D. 右侧一半齿舌

的吸盘(图8-77B),雌性右侧第3腕吸盘正常。齿舌由7列异型小齿和2列缘板组成,中齿和侧齿均为多尖,边齿单尖(图8-77D)。消化腺长轴与体轴平行,胃位于消化腺后部。

生活史及生物学:大洋性中层水域至深海生活蛸类。在夏威夷水域,胴长5~15 mm的幼体栖

于 600 m 以上水层,多为 150~200 m;近成熟的雄性栖于 1 200~1 425 m 水层;怀卵的雌性栖于 1 400 m 水层;产卵雌性栖于 800~900 m 水层。

接近性成熟的个体,消化腺和眼睛的彩虹色消失;雌性色素增加,腕相对长度增大;雄性后唾液腺增大。成熟雌性口周围具 1 个圆形发光器环,可以在 1 000 m 以下水层发光吸引雄性个体。怀卵的雌性和接近成熟的雄性通常出现在 1 200~1 400 m,亲体在 1 200~1 400 m 水层交配,雌体在 800 m 水层育卵。雌性育卵时,卵由吸盘携带,位于口周围,腕和腕间膜包裹。初孵幼体和卵长均约为 2 mm。早期稚鱼体表色素体丰富,眼睛即与脑分离,具短的眼柄(图 8-77C)。

地理分布:广泛分布在世界各大洋热带—亚热带水域。

大小:最大胴长 200 mm。

渔业:常见种,无渔业。

文献:Chun, 1910;Hochberg et al, 1992;Robinson and Young, 1981;Thore, 1949;Voight, 1995;Young, 1972, 1978, 1999。

乍波蛸属 *Japetella* Hoyle, 1885a

乍波蛸属已知乍波蛸 *Japetella diaphana* 和希思氏乍波蛸 *Japetella heathi* 2 种,其中乍波蛸为本属模式种。

分类地位:头足纲,鞘亚纲,八腕目,无须亚目,单盘蛸科,乍波蛸属。

属特征:眼大,两眼间距小。

乍波蛸 *Japetella diaphana* Hoyle, 1885

分类地位:头足纲,鞘亚纲,八腕目,无须亚目,单盘蛸科,乍波蛸属。

学名:乍波蛸 *Japetella diaphana* Hoyle, 1885。

拉丁异名:*Octopus brevipes* Orbigny, 1838;*Eledonella diaphana* Hoyle, 1886;*Bolitaena diaphana* Chun, 1911;*Chunella diaphana* Sasaki, 1920;*Dorsopsis taningi* Thore, 1949。

分类特征:体卵形,凝胶质,半透明,棕色,体表具大量橙色色素体(图 8-78A)。眼大,侧扁,眼径超过胴长的 18%,两眼间距小,幼体眼无眼柄,与脑相连;成体具短眼柄,眼与脑分离。背腕和头部皮肤具横向排列虹膜发光器。成熟雌性口周围具黄色的环形发光器,主要具吸引雄性的功能。各腕之间由中等深度的腕间膜相连,腕吸盘 1 列,吸盘直径为外套膜的 6%,吸盘间距小于吸盘直径。第 3 腕具性别二态性,雄性第 3 腕远端 2/3 部分的吸盘略微扩大。近性成熟雄体右侧第 3 腕远端 4 个吸盘扩大,无明显的茎化部,左侧第 3 腕吸盘正常。

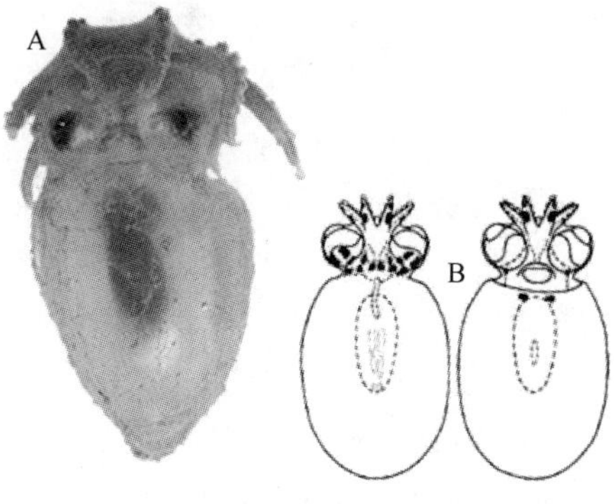

图 8-78 乍波蛸形态特征示意图(据 Young, 1995;Hochberg et al, 1992)

A. 雌性背视;B. 幼体背视和腹视

地理分布:主要分于世界各大洋热带亚热带海域,在北太平洋可分布至北方水域,具体为台湾西南部海域、阿拉斯加、亚述尔群岛、百慕大群岛、加拿大、加那利群岛、塞内加尔、夏威夷群岛、日本、马德拉群岛、新西兰、巴布亚新几内亚、葡萄牙。

生活史及生物学:大洋性中上层水域生活的种类。在夏威夷水域,胴长 5~20 mm 的幼体栖于 500~800 m 水层,多为 170~270 m,胴长大于 20 mm 的幼体栖于 700~950 m 水层;怀卵的雌体栖于约 1 050 m 水层;育卵雌体栖于 725~800 m 水层。

近性成熟个体体表色素增加(但是不如单盘蛸多),消化腺和眼睛的彩虹色消失。雄性唾液腺是否增大还不确定,但同等大小的雄性唾液腺尺寸约为雌性的 2 倍。成熟雄性唾液腺白色不透明,而未成熟雄性唾液腺半透明。在 1 000 m 水层附近进行交配,交配前,雌雄分别利用口周围发光环所发之光和唾液腺分泌的信息素来吸引异性。雌体在 800 m 水层育卵,育卵时,卵由吸盘携带,位于口周围,腕和腕间膜包裹。初孵幼体和卵长均约为 3 mm,仔鱼色素体与单盘蛸明显不同,色素体经常在捕获时脱落,眼睛与脑相连,无眼柄(图 8-78B)。

大小:最大胴长 150 mm。

渔业:常见种,无渔业。

文献:Nesis, 1987; Robson, 1931; Norman, 2000; Voss, 1960; Okada, 1971; Clarke and Lu, 1995; O'Shea, 1999; Hoyle, 1886; Piatkowski and Welsch, 1991; Kubodera and Tsuchiya, 1993; Young, 1978; Clarke, 1969; Fiscus, 1997; Kubodera, 1996; Robinson and Young, 1981; Thore, 1949。

希思氏乍波蛸 *Japetella heathi* Berry, 1911

分类地位:头足纲,鞘亚纲,八腕目,无须亚目,单盘蛸科,单盘蛸属。

学名:希思氏乍波蛸 *Japetella heathi* Berry, 1911。

地理分布:加利福尼亚附近海域。

第十节 八腕目蛸科

蛸科 Octopodidae Orbigny, 1845

蛸科以下包括深海多足蛸亚科 Bathypolypodinae、爱尔斗蛸亚科 Eledoninae、谷蛸亚科 Graneledoninae、蛸亚科 Octopodinae 4 亚科,约 30 余属 200 余种。该科是重要的商业性头足类,分布在世界各大洋。

分类地位:头足纲,鞘亚纲,八腕目,无须亚目,蛸科。

英文名:Octopuses;**法文名**:Pieuvres, Poulpes;**西班牙文名**:Pulpitos, Pulpos。

科特征:体卵形或卵圆形,肌肉强健,外套腔开口窄,体表一般不具水孔。腕吸盘 1 列或 2 列。雄性左侧或右侧第 3 腕茎化,腕腹缘具精沟,末端具勺状舌叶;茎化腕不能够自断。漏斗外套锁退化。具 1 对退化针状内壳或无内壳。若具齿舌,齿舌侧齿一般单尖。胃和盲肠位于消化腺后部。

文献:Boletzky, 1977; Boyle, 1983; Hanlon and Messenger, 1996; Houck, 1982; Naef, 1923; Nesis, 1982; Nixon and Maconnachie, 1988; Norman, 1992, 1993a, 1993b, 1993c; Packard, 1985; Robson, 1929, 1931; Rodaniche, 1984; Sasaki, 1929; Sweeney and Roper, 1998; Voss, 1988。

亚科的检索:

1(4)腕吸盘 1 列

2(3)具墨囊(近爱尔斗蛸属有些种无墨囊);嗉囊具憩室 ························· 爱尔斗蛸亚科

3(2)无墨囊;嗉囊无憩室 ····································· 谷蛸亚科

4(1)腕吸盘 2 列

5(6)具墨囊 ··· 蛸亚科

6(5)无墨囊 ··· 深海多足蛸亚科

深海多足蛸亚科 Bathypolypodinae Robson，1928

深海多足蛸亚科以下包括无墨蛸属 *Ameloctopus*、深海多足蛸属 *Bathypolypus*、深海蛸属 *Benthoctopus*、葛蛸属 *Grimpella*、火神蛸属 *Vulcanoctopus* 5 属。该科除了无墨蛸属为潮间带底栖种外，其余均为深水底栖种。

分类地位：头足纲，鞘亚纲，八腕目，蛸科，深海多足蛸亚科。

亚科特征：吸盘 2 列，无墨囊。

属的检索：

1(2)腕十分延长，大于胴长的 6 倍；腕具褐色和白色斑带 ……………………………… 无墨蛸属

2(1)腕短至中等长度，长度小于胴长的 6 倍；腕无斑带

3(4)眼无虹膜 …………………………………………………………………………… 火神蛸属

4(3)眼具虹膜

5(6)成熟雄性茎化腕交接基甚大，长度大于舌叶长的一半 ……………………………… 葛蛸属

6(5)成熟雄性茎化腕交接基小至中等，长度小于舌叶长的一半

7(8)成熟雄性舌叶大，勺状，具大量发达的横脊 ……………………………………… 深海多足蛸属

8(7)成熟雄性舌叶中等至大，延长，精沟封闭，无横脊 ……………………………… 深海蛸属

无墨蛸属 *Ameloctopus* Norman，1992

无墨蛸属已知仅无墨蛸 *Ameloctopus litoralis* 1 种。

分类地位：头足纲，鞘亚纲，八腕目，无须亚目，蛸科，深海多足蛸亚科，无墨蛸属。

属特征：腕十分延长，长度约为胴长 10 倍，腕具褐色和白色斑带，腕吸盘 2 列。无墨囊。

无墨蛸 *Ameloctopus litoralis* Norman，1992

分类地位：头足纲，鞘亚纲，八腕目，无须亚目，蛸科，深海多足蛸亚科，无墨蛸属。

学名：无墨蛸 *Ameloctopus litoralis* Norman，1992。

英文名：Banded string-arm octopus，Banded Drop-arm Octopus。

分类特征：体粉红色至褐色，体表光滑，无乳突。外套壁薄，透过外套膜可见鳃心。头小，眼睛甚小（图 8-79A）。漏斗器官退化成 2~4 个腹片和背片。腕十分延长，各腕长相近，腕长约为胴长的 10 倍，每腕吸盘 180 余个，腕具自断能力，具紫色或白色的色素带，吸盘 2 列（图 8-79B）。雄性右侧第 3 腕茎化，吸盘 20~40 个，茎化腕无舌叶。每半鳃鳃小片 5~6 个。雄性阴茎无憩室，精囊具 1 个球根状的蓄精囊。无墨囊，无肛瓣。

生活史及生物学：栖息在沿岸潮间带底质为泥质、碎石质或暗礁、珊瑚礁水域。夜间低潮时，在水深 10cm 或更浅的潮间带礁区觅食。觅食时，利用长腕在石缝里寻觅小型甲壳类；有些则藏于遮蔽物后，利用长腕攫取过往的食饵。当遇到敌害时，会自断腕来迷惑捕食者，断腕再生一般需要6~8周，新生腕明显有受伤的痕迹。

雄性右侧第 3 腕为茎化腕，交配时，茎化腕末端舌叶将精子输送到雌性的输卵管内。其他底栖蛸类雄性，孵化后茎化腕即开始发育，而无墨蛸直至完全

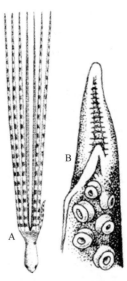

图 8-79　无墨蛸形态特征示意图（据 Dunning et al，1998）

A. 背视；B. 茎化腕端器

性成熟时茎化腕才开始发育,发育后的茎化腕较以前短。这是因为性成熟前,它们可利用足够长的腕来捕捉食物;成熟后,利用特殊的短腕将精子输送到雌性体内。雌体产卵约 80 枚,卵径约 10 mm。卵在水底孵化,初孵幼体即营底栖生活。

地理分布:仅分布在澳大利亚北部亚热带沿岸。

大小:最大胴长 30 mm,总长 300 mm,体重 20 g。雌雄个体大小相当。

渔业:无经济价值。

文献:Norman, 1992;Dunning et al, 1998。

深海多足蛸属 *Bathypolypus* Grimpe, 1921

深海多足蛸属已知深海多足蛸 *Bathypolypus arcticus*、普罗氏深海多足蛸 *Bathypolypus proschi*、法罗深海多足蛸 *Bathypolypus faeroensis*、塞尔深海多足蛸 *Bathypolypus salebrosus*、球形深海多足蛸 *Bathypolypus sponsalis*、拳师深海多足蛸 *Bathypolypus valdiviae* 6 种,其中深海多足蛸为本属模式种。

分类地位:头足纲,鞘亚纲,八腕目,无须亚目,蛸科,深海多足蛸亚科,深海多足蛸属。

属特征:体表具色素沉着。眼具虹膜。腕吸盘 2 列。成熟雄性舌叶大,勺状,具发达的横脊;交接基小至中等,长度小于舌叶长的一半。无墨囊。

主要种的检索:

1(2)雄性茎化腕舌叶横脊少,4~5 个 ………………………………………………… 球形深海多足蛸

2(1)雄性茎化腕舌叶横脊多,7~11 个 ……………………………………………………… 深海多足蛸

深海多足蛸 *Bathypolypus arcticus* Prosch, 1847

分类地位:头足纲,鞘亚纲,八腕目,无须亚目,蛸科,深海多足蛸亚科,深海多足蛸属。

学名:深海多足蛸 *Bathypolypus arcticus* Prosch, 1847。

英文名:North Atlantic octopus, Spoonarm octopus;**法文名**:Poulpe boreal;**西班牙文名**:Pulpito violáceo。

拉丁异名:*Octopus arcticus* Prosch, 1849;*Octopus groenlandicus* Steenstrup, 1856;*Octopus bairdi* Verrill, 1873;*Octopus lentus* Verrill, 1880;*Octopus obesus* Verrill, 1880;*Octopus faeroensis* Russell, 1922;*Bathypolypus bairdii* Verrill, 1873;*Bathypolypus lentus* Verrill, 1880;*Bathypolypus obesus* Verrill, 1880;*Bathypolypus faeroensis* Russell, 1909;*Bathypolypus arcticus* Prosch, 1847。

分类特征:体卵形,胴长约等于胴宽,外套前端眼后方收缩,头宽窄于胴宽,外套腔开口窄。体表光滑或具乳突,有色素沉着。眼睛小,眼径小于胴长的 33%,眼睛具虹膜,眼睛上方一簇疣突形成绒毛状突起(图 8-80A)。短腕型,腕式变化。吸盘小,2 列。腕间膜深为最长腕的 1/4~1/2,腕间膜口面无色素沉着。雄性右侧第 3 腕茎化,茎化腕长度约为第 1 腕长的 75%,舌叶巨大,呈勺状,边缘卷起,顶端尖,横脊 11~17 个,交接基短小,圆锥形(图 8-80B)。每半鳃鳃小片 7~8 个。无墨囊。

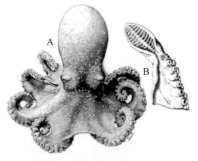

图 8-80 深海多足蛸形态特征示意图(据 Muss, 2002)
A. 背视;B. 茎化腕端器

地理分布:分布在北大西洋佛罗里达海峡向北至格陵兰、冰岛,向南至大不列颠和北海(图 8-81)。

生活史及生物学:深海底栖种,栖息水深 15~2 700 m,在大西洋多为 200~600 m,在东北大西洋为 250~2 700 m,在地中海为 628~1 835 m。生命周期可达 3 年。性成熟体重约 45 g。繁殖力低,怀卵 20~80 枚,卵径 9~14 mm×4~6 mm,在天然海域卵孵化需要

400 天。雌体在育卵期间不摄食。捕食随机性大,饵料主要有蛇尾类、甲壳类、多毛类、双壳类、腹足类;同时其本身也是底层鱼类的饵料。

大小:最大胴长 100 mm,一般 60 mm。

渔业:潜在经济种,单拖渔业的副渔获物。

文献: Roper et al, 1984; Nesis, 1987; Sweeney and Roper, 1998; Jean, 1948; Kumphe, 1958; O'Dor and Macalaster, 1983; Perez-Gandaras and Guerra, 1978; Wood, 2002; Wood et al, 1998; Macalaster, 1976; Grieg, 1930; Hjelset et al, 1999; Klages, 1996; Dexter, 1969; Scott and Tibbo, 1968; Boletzky and Hanlon, 1983; Muss, 2002; Frandsen and Zumholz, 2004。

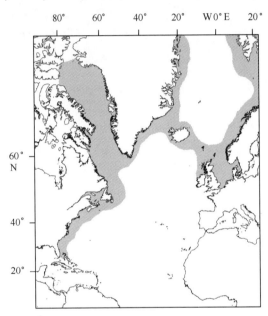

图 8-81　深海多足蛸地理分布示意图

球形深海多足蛸 *Bathypolypus sponsalis* Fischer and Fischer, 1892

分类地位:头足纲,鞘亚纲,八腕目,无须亚目,蛸科,深海多足蛸亚科,深海多足蛸属。

学名:球形深海多足蛸 *Bathypolypus sponsalis* Fischer and Fischer, 1892。

拉丁异名:*Octopus sponsalis* Fischer and Fischer, 1892。

英文名:Globose octopus;**法文名**:Poulpe globuleux;**西班牙文名**:Pulpito。

分类特征:体圆球形(图 8-82A)。体表有色素沉着。眼睛具虹膜。腕吸盘 2 列,雄性右侧第三腕茎化,舌叶勺状,横脊 4~5 个,交接基小,小于舌叶长度的一半(图 8-82B)。无墨囊。鳃退化,鳃小片数目少。卵大,数量少,精囊大,数量少。无墨囊。

地理分布:分布在西班牙、西萨摩亚(摩洛哥),大西洋的比斯开湾至佛得角水域,地中海。

生活史及生物学:栖息水深 200~1 835 m。在地中海分布水层为

图 8-82　球形深海多足蛸形态特征示意图(据 Quetglas et al, 2001)

A. 腹视;B. 茎化腕端器

20~1 835 m,主要为 400~700 m,在东北大西洋分布水层为 405~1 050 m。主食片脚类、双壳类、头足类、硬骨鱼类、介形类甲壳动物、等足目甲壳动物和十足目甲壳动物。雄性胴长略小于雌性,雄性胴长 30 mm,雌性胴长 60 mm 即可达到性成熟。雌雄比例具有季节性,在地中海,春秋雌雄比 1∶1,冬夏雌性比例明显高于雄性。雌雄成熟个体全年都可见,雄性大个体出现在冬春,雌性大个体出现在春夏,因此雌性性成熟一般较雄性晚。产卵期 4—11 月。胴长 72~135 mm,平均产卵 100 枚,卵径 13~15 mm。

大小:最大胴长 100 mm。

渔业:常见种,无渔业。

文献:Robson, 1931; Nesis, 1987; Villanueva, 1992; Quetglas et al, 2001; Perez-Gandaras and Guerra, 1978; Wirz, 1955; Magond-Wiz, 1963; Sánchez, 1986; D'Onghia et al, 1995; Fischer and Fischer, 1892; Voss, 1988; Guerra, 1992。

塞尔深海多足蛸 *Bathypolypus salebrosus* Sasaki, 1920

分类地位:头足纲,鞘亚纲,八腕目,无须亚目,蛸科,深海多足蛸亚科,深海多足蛸属。

学名:塞尔深海多足蛸 *Bathypolypus salebrosus* Sasaki, 1920。

拉丁异名:*Polypus salebrosus* Sasaki, 1920; *Octopus salebrosus* Robson, 1926。

分类特征:体表有色素沉着。眼睛具虹膜。腕吸盘 2 列,雄性右侧第 3 腕茎化,舌叶勺状,具横脊,交接基小,小于舌叶长度的一半。无墨囊。角质颚下颚喙长小于头盖长;脊突长弯,长度大于头盖长的 2.5 倍;侧壁无侧壁皱。

地理分布:分布在日本太平洋沿岸、白令海。

生活史及生物学:在白令海渔获水深 360~530 m。雌雄比例 1∶0.8。胴长 55~95 mm,个体怀卵 63~204 枚,平均 145 枚,实际繁殖力 49~163 枚,平均 107 枚。卵径 16~17 mm×4~5 mm。4℃时胚胎发育约需 570 天。

大小:最大胴长 95 mm,最大总长 290 mm。

渔业:非常见种。

文献:Robson, 1931; Nesis, 1987; Laptikhovsky, 1999; Kubodera and Tsuchiya, 1993。

普罗氏深海多足蛸 *Bathypolypus proschi* Muus, 1962

分类地位:头足纲,鞘亚纲,八腕目,无须亚目,蛸科,深海多足蛸亚科,深海多足蛸属。

学名:普罗氏深海多足蛸 *Bathypolypus proschi* Muus, 1962。

拉丁异名:*Bathypolypus proschi* Muus, 1962。

地理分布:格陵兰岛西部海域。

大小:最大胴长 100 mm。

文献:Sweeney and Roper, 1998; Wood, 2000。

法罗深海多足蛸 *Bathypolypus faeroensis* Russell, 1909

分类地位:头足纲,鞘亚纲,八腕目,无须亚目,蛸科,深海多足蛸亚科,深海多足蛸属。

学名:法罗深海多足蛸 *Bathypolypus faeroensis* Russell, 1909。

地理分布:冰岛周边海域。

大小:最大胴长 75 mm。

文献:O'Shea, 1999; Toll, 1985。

拳师深海多足蛸 *Bathypolypus valdiviae* Thiele，1915

分类地位：头足纲，鞘亚纲，八腕目，无须亚目，蛸科，深海多足蛸亚科，深海多足蛸属。

学名：拳师深海多足蛸 *Bathypolypus valdiviae* Thiele，1915。

拉丁异名：*Bathypolypus grimpei* Robson，1924；*Polypus valdiviae* Thiele，1915。

英文名：Boxer octopus。

地理分布：纳米比亚附近海域。

大小：最大胴长 450 mm。

文献：Nesis，1987；Robson，1931；Bianchi et al，1999。

深海蛸属 *Benthoctopus* Grimpe，1921

深海蛸属已知杰氏深海蛸 *Benthoctopus januarii*，奥加纳深海蛸 *Benthoctopus oregonae*，深海蛸 *Benthoctopus piscatorum*，生硬深海蛸 *Benthoctopus abruptus*，贝氏深海蛸 *Benthoctopus berryi*，加氏深海蛸 *Benthoctopus canthylus*，克拉氏深海蛸 *Benthoctopus clyderoperi*，爱氏深海蛸 *Benthoctopus ergasticus*，尤利卡深海蛸 *Benthoctopus eureka*，暗色深海蛸 *Benthoctopus fuscus*，北海道深海蛸 *Benthoctopus hokkaidensis*，卡拉巴深海蛸 *Benthoctopus karubar*，光滑深海蛸 *Benthoctopus leioderma*，莱维深海蛸 *Benthoctopus levis*，洛氏深海蛸 *Benthoctopus lothei*，巨茎深海蛸 *Benthoctopus macrophallus*，麦哲伦深海蛸 *Benthoctopus magellanicus*，俄勒冈深海蛸 *Benthoctopus oregonensis*，加那勒深海蛸 *Benthoctopus profundorum*，假名深海蛸 *Benthoctopus pseudonymus*，粗壮深海蛸 *Benthoctopus robustus*，西伯利亚深海蛸 *Benthoctopus sibiricus*，塔卡拉深海蛸 *Benthoctopus tangaroa*，德氏深海蛸 *Benthoctopus tegginmathae*，蒂勒氏深海蛸 *Benthoctopus thielei*，雅奇深海蛸 *Benthoctopus yaquinae* 26 种。

分类地位：头足纲，鞘亚纲，八腕目，无须亚目，蛸科，深海多足蛸亚科，深海蛸属。

属特征：体表具色素沉着。眼具虹膜。腕吸盘 2 列。成熟雄性舌叶中等至大，延长，精沟封闭，无横脊；交接基小至中等，长度小于舌叶长的一半。无墨囊。

杰氏深海蛸 *Benthoctopus januarii* Hoyle，1885

分类地位：头足纲，鞘亚纲，八腕目，无须亚目，蛸科，深海多足蛸亚科，深海蛸属。

学名：杰氏深海蛸 *Benthoctopus januarii* Hoyle，1885。

拉丁异名：*Octopus januari* Hoyle，1885。

英文名：January octopus；**法文名**：Poulpe filamenteux；**西班牙文名**：Pulpo filamentoso。

分类特征：体囊状，延长（图 8-83A）。体表光滑，有色素沉着。头部窄，颈部深陷。眼睛具虹膜。腕细长，顶端十分削弱，腕式为 1>2>3>4 或 5>1>3>4，腕吸盘 2 列；腕间膜浅，为最长腕的 15%。雄性右侧第 3 腕茎化（图 8-83B），长度约为左侧第 3 腕的一半，舌叶中等长度，为腕长的 6%~9%，精沟深，横脊不明显，交接基小而尖。外半鳃鳃小片 7~8 个。无墨囊。

地理分布：分布在墨西哥湾、加勒比海，热带大西洋至 10°S（图 8-84）。

生活史及生物学：深海底栖种，栖息在 200~750 m 泥质海底。

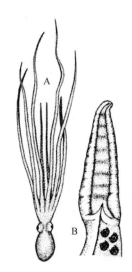

图 8-83　杰氏深海蛸形态特征示意图（据 Roper et al，1984）
A. 背视；B. 茎化腕端器

大小:最大胴长 70 mm。

渔业:潜在经济种。

文献: Roper et al, 1984; Toll, 1981。

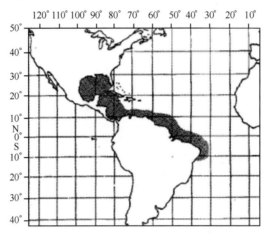

图 8-84 杰氏深海蛸地理分布示意图

奥加纳深海蛸 *Benthoctopus oregonae* Toll, 1981

分类地位:头足纲,鞘亚纲,八腕目,无须亚目,蛸科,深海多足蛸亚科,深海蛸属。

学名:奥加纳深海蛸 *Benthoctopus oregonae* Toll, 1981。

分类特征:体囊状,延长(图 8-85A)。体表光滑,有色素沉着。头部窄,颈部深陷。眼睛具虹膜。腕细长,顶端十分削弱,腕式为 1>2>3=4 或 1=2>3=4,腕吸盘 2 列,腕间膜浅。雄性右侧第 3 腕茎化(图 8-85B),舌叶中等长度,精沟深,无横脊,交接基小而尖。无墨囊。

地理分布:加勒比海(哥伦比亚)。

生活史及生物学:栖息水深 300~1 080 m。

大小:最大胴长 57.5 mm。

渔业:常见种,无渔业。

文献: O'Shea, 1999; Guerra, 1985; Toll, 1981; Gracia et al, 2002。

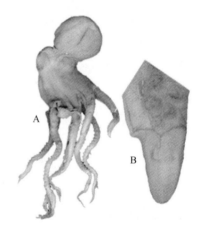

图 8-85 奥加纳深海蛸形态特征示意图(据 Gracia et al, 2002)
A. 背视;B. 茎化腕端器

深海蛸 *Benthoctopus piscatorum* Verrill, 1879

分类地位:头足纲,鞘亚纲,八腕目,无须亚目,蛸科,深海多足蛸亚科,深海多足蛸属。

学名:深海蛸 *Benthoctopus piscatorum* Verrill, 1879。

拉丁异名:*Bathypolypus bairdii* Verrill, 1879; *Octopus piscatorum* Verrill, 1879。

地理分布:加拿大附近海域。

大小:最大胴长 100 mm。

文献:Wood, 2000; Muss, 2002; Frandsen and Zumholz, 2004。

生硬深海蛸 *Benthoctopus abruptus* Sasaki，1920

分类地位：头足纲，鞘亚纲，八腕目，无须亚目，蛸科，深海多足蛸亚科，深海蛸属。

学名：生硬深海蛸 *Benthoctopus abruptus* Sasaki，1920。

拉丁异名：*Polypus abruptus* Sasaki，1920；*Octopus abruptus* Robson，1926；*Bathypolypus abruptus* Robson，1929。

大小：最大胴长 170 mm。

文献：Robson，1931；Nesis，1987；Laptikhovsky，1999。

贝氏深海蛸 *Benthoctopus berryi* Robson，1924

分类地位：头足纲，鞘亚纲，八腕目，无须亚目，蛸科，深海多足蛸亚科，深海蛸属。

学名：贝氏深海蛸 *Benthoctopus berryi* Robson，1924。

地理分布：南非海域。

大小：最大胴长 136 mm。

文献：O'Shea，1999。

加氏深海蛸 *Benthoctopus canthylus* Voss and Pearcy，1990

分类地位：头足纲，鞘亚纲，八腕目，无须亚目，蛸科，深海多足蛸亚科，深海蛸属。

学名：加氏深海蛸 *Benthoctopus canthylus* Voss and Pearcy，1990。

地理分布：美国附近海域。

文献：O'Shea，1999。

克拉氏深海蛸 *Benthoctopus clyderoperi* O'Shea，1999

分类地位：头足纲，鞘亚纲，八腕目，无须亚目，蛸科，深海多足蛸亚科，深海蛸属。

学名：克拉氏深海蛸 *Benthoctopus clyderoperi* O'Shea，1999。

地理分布：新西兰周边海域。

大小：最大胴长 89 mm，最大总长 381 mm。

文献：O'Shea，1999。

爱氏深海蛸 *Benthoctopus ergasticus* Fischer and Fischer，1892

分类地位：头足纲，鞘亚纲，八腕目，无须亚目，蛸科，深海多足蛸亚科，深海蛸属。

学名：爱氏深海蛸 *Benthoctopus ergasticus* Fischer and Fischer，1892。

拉丁异名：*Octopus ergasticus* Fischer and Fischer，1892；*Polypus profundicola* Massy，1907；*Polypus ergasticus* Massy，1909。

地理分布：爱尔兰、西萨摩亚（摩洛哥）。

大小：最大胴长 170 mm。

文献：Robson，1931；Nesis，1987。

尤利卡深海蛸 *Benthoctopus eureka* Robson，1929

分类地位：头足纲，鞘亚纲，八腕目，无须亚目，蛸科，深海多足蛸亚科，深海蛸属。

学名:尤利卡深海蛸 *Benthoctopus eureka* Robson,1929。

拉丁异名:*Enteroctopus eureka* Robson,1929。

地理分布:马尔维纳斯群岛附近海域。

大小:最大胴长 170 mm。

文献:Robson,1931；Nesis,1987。

暗色深海蛸 *Benthoctopus fuscus* Taki,1964

分类地位:头足纲,鞘亚纲,八腕目,无须亚目,蛸科,深海多足蛸亚科,深海蛸属。

学名:暗色深海蛸 *Benthoctopus fuscus* Taki,1964。

地理分布:日本太平洋沿岸海域。

大小:最大胴长 170 mm。

文献:Nesis,1987；Kubodera and Tsuchiya,1993。

北海道深海蛸 *Benthoctopus hokkaidensis* Berry,1921

分类地位:头足纲,鞘亚纲,八腕目,无须亚目,蛸科,深海多足蛸亚科,深海蛸属。

学名:北海道深海蛸 *Benthoctopus hokkaidensis* Berry,1921。

拉丁异名:*Polypus glaber* Sasaki,1929；*Octopus glaber* Robson,1926；*Polypus hokkaidensis* Sasaki,1929。

地理分布:日本附近海域。

大小:最大胴长 170mm。

文献:Nesis,1987；Robson,1931。

卡拉巴深海蛸 *Benthoctopus karubar* Norman et al.,1997

分类地位:头足纲,鞘亚纲,八腕目,无须亚目,蛸科,深海多足蛸亚科,深海蛸属。

学名:卡拉巴深海蛸 *Benthoctopus karubar* Norman et al.,1997。

地理分布:阿拉弗拉海。

大小:最大胴长 170 mm。

文献:Nesis,1987。

光滑深海蛸 *Benthoctopus leioderma* Berry,1911

分类地位:头足纲,鞘亚纲,八腕目,无须亚目,蛸科,深海多足蛸亚科,深海蛸属。

学名:光滑深海蛸 *Benthoctopus leioderma* Berry,1911。

拉丁异名:*Polypus leioderma* Berry,1911；*Benthoctopus leioderma* Berry,1911。

英文名:Smoothskin octopus。

地理分布:美国、加拿大附近海域。

生活史及生物学:栖息在大陆架边缘 250~1 400 m 水层。雌性育卵,卵产于海底岩脊岩缝隙中,并在海底孵化。

大小:最大胴长 70 mm,最大总长 600 mm。

文献:Sweeney et al,1988；Hochberg,1998；Norman,2000；Talmadge,1967；Voight and Grehan,2000。

莱维深海蛸 *Benthoctopus levis* Hoyle，1885

分类地位：头足纲,鞘亚纲,八腕目,无须亚目,蛸科,深海多足蛸亚科,深海蛸属。

学名：莱维深海蛸 *Benthoctopus levis* Hoyle，1885。

拉丁异名：*Octopus levis* Hoyle，1885；*Polypus levis* Thiele，1915。

分类特征：体表光滑。腕吸盘 2 列。

地理分布：澳大利亚夏尔德麦克唐纳岛。

生活史及生物学：以蛇尾类为食。

大小：最大胴长 110 mm。

文献：Robson，1931；Mangold，1993。

洛氏深海蛸 *Benthoctopus lothei* Chun，1913

分类地位：头足纲,鞘亚纲,八腕目,无须亚目,蛸科,深海多足蛸亚科,深海蛸属。

学名：洛氏深海蛸 *Benthoctopus lothei* Chun，1913。

地理分布：摩洛哥附近海域。

文献：Nesis，1987。

巨茎深海蛸 *Benthoctopus macrophallus* Voss and Pearcy，1990

分类地位：头足纲,鞘亚纲,八腕目,无须亚目,蛸科,深海多足蛸亚科,深海蛸属。

学名：巨茎深海蛸 *Benthoctopus macrophallus* Voss and Pearcy，1990。

地理分布：美国附近海域。

大小：最大胴长 80 mm。

文献：Voss and Pearcy，1990。

麦哲伦深海蛸 *Benthoctopus magellanicus* Robson，1930

分类地位：头足纲,鞘亚纲,八腕目,无须亚目,蛸科,深海多足蛸亚科,深海蛸属。

学名：麦哲伦深海蛸 *Benthoctopus magellanicus* Robson，1930。

拉丁异名：*Benthoctopus hyadesii* Robson，1929。

地理分布：阿根廷、马尔维纳斯群岛。

大小：最大胴长 57 mm。

文献：Robson，1931；O'Shea，1999；Hochberg and Short，1970。

俄勒冈深海蛸 *Benthoctopus oregonensis* Voss and Pearcy，1990

分类地位：头足纲,鞘亚纲,八腕目,无须亚目,蛸科,深海多足蛸亚科,深海蛸属。

学名：俄勒冈深海蛸 *Benthoctopus oregonensis* Voss and Pearcy，1990。

地理分布：美国附近海域。

生活史及生物学：通常栖息于大陆架边缘和深海水域,渔获水层 500 m 以下。雌性育卵,卵在海底孵化。

大小：最大胴长 90 mm。

文献：Voss and Pearcy，1990。

加那勒深海蛸 *Benthoctopus profundorum* Robson，1932

分类地位：头足纲,鞘亚纲,八腕目,无须亚目,蛸科,深海多足蛸亚科,深海蛸属。
学名：加那勒深海蛸 *Benthoctopus profundorum* Robson，1932。
拉丁异名：*Benthoctopus januarii* Sasaki，1929；*Polypus januarii* Sasaki，1920；*Octopus januarii* Hoyle，1885。
地理分布：阿拉斯加、安达曼群岛(印度)、日本太平洋沿岸。
大小：最大胴长 170mm,总长 320 mm。
文献：Nesis，1987；Robson，1931。

假名深海蛸 *Benthoctopus pseudonymus* Grimpe，1922

分类地位：头足纲,鞘亚纲,八腕目,无须亚目,蛸科,深海多足蛸亚科,深海蛸属。
学名：假名深海蛸 *Benthoctopus pseudonymus* Grimpe，1922。
拉丁异名：*Atlantoctopus pseudonymus* Grimpe，1922。
大小：最大胴长 170 mm。
文献：Robson，1931；Nesis，1987。

粗壮深海蛸 *Benthoctopus robustus* Voss and Pearcy，1990

分类地位：头足纲,鞘亚纲,八腕目,无须亚目,蛸科,深海多足蛸亚科,深海蛸属。
学名：粗壮深海蛸 *Benthoctopus robustus* Voss and Pearcy，1990。
地理分布：加拿大、墨西哥、美国沿岸。
大小：最大胴长 140 mm。
文献：Voss and Pearcy，1990。

西伯利亚深海蛸 *Benthoctopus sibiricus* Loyning，1930

分类地位：头足纲,鞘亚纲,八腕目,无须亚目,蛸科,深海多足蛸亚科,深海蛸属。
学名：西伯利亚深海蛸 *Benthoctopus sibiricus* Loyning，1930。
地理分布：白令海。
大小：最大胴长 170 mm,总长 760 mm。
文献：Nesis，1987；Robson，1931；Laptikhovsky，1999。

塔卡拉深海蛸 *Benthoctopus tangaroa* O'Shea，1999

分类地位：头足纲,鞘亚纲,八腕目,无须亚目,蛸科,深海多足蛸亚科,深海蛸属。
学名：塔卡拉深海蛸 *Benthoctopus tangaroa* O'Shea，1999。
地理分布：新西兰附近海域。
大小：最大胴长 120 mm,最大总长 722 mm。
文献：O'Shea，1999。

德氏深海蛸 *Benthoctopus tegginmathae* O'Shea，1999

分类地位：头足纲,鞘亚纲,八腕目,无须亚目,蛸科,深海多足蛸亚科,深海蛸属。

学名：德氏深海蛸 *Benthoctopus tegginmathae* O'Shea，1999。

地理分布：新西兰附近海域。

大小：最大胴长 96 mm，最大总长 330 mm。

文献：O'Shea，1999。

蒂勒氏深海蛸 *Benthoctopus thielei* Robson，1932

分类地位：头足纲,鞘亚纲,八腕目,无须亚目,蛸科,深海多足蛸亚科,深海蛸属。

学名：蒂勒氏深海蛸 *Benthoctopus thielei* Robson，1932。

拉丁异名：*Polypus levis* Hoyle，1915。

地理分布：凯尔盖朗群岛(北印度洋)。

大小：最大胴长 170 mm。

文献：Robson，1931；Nesis，1987；Bustamante et al，1998；Cherel et al，2002。

雅奇深海蛸 *Benthoctopus yaquinae* Voss and Pearcy，1990

分类地位：头足纲,鞘亚纲,八腕目,无须亚目,蛸科,深海多足蛸亚科,深海蛸属。

学名：雅奇深海蛸 *Benthoctopus yaquinae* Voss and Pearcy，1990。

地理分布：美国沿岸。

大小：最大胴长 90 mm。

文献：Voss and Pearcy，1990。

葛蛸属 *Grimpella* Robson，1928

葛蛸属已知仅葛蛸 *Grimpella thaumastocheir* 1 种。

分类地位：头足纲,鞘亚纲,八腕目,无须亚目,蛸科,深海多足蛸亚科,葛蛸属。

属特征：眼具虹膜。成熟雄性茎化腕交接基甚大,长度大于舌叶长的一半。

葛蛸 *Grimpella thaumastocheir* Robson，1928

分类地位：头足纲,鞘亚纲,八腕目,无须亚目,蛸科,深海多足蛸亚科,葛蛸属。

学名：葛蛸 *Grimpella thaumastocheir* Robson，1928。

英文名：Velvet octopus。

分类特征：体卵形,肌肉发达,体表具分散的疣突。眼大。腕吸盘 2 列,腕长为胴长的 3~4 倍,腕间膜发达(图 8-86)。成熟雄性各腕具扩大的吸盘;茎化腕交接基甚大,长度大于舌叶长的一半。无墨囊。

图 8-86　葛蛸背侧视(据 Norman，2000)

地理分布:澳大利亚附近海域。

生活史及生物学:中型种,栖息在浅水至几百米水层,通常出没于岩石、珊瑚礁和碎石地带。雌性育卵(图 8-86),通常将卵产于石头下面或石缝里。幼体孵化后很快即营底栖生活。

大小:最大胴长 50 mm,腕长 150 mm。

渔业:非常见种。

文献:Norman, 2000; Norman and Reid, 2000。

火神蛸属 *Vulcanoctopus* González and Guerra, 1998

火神蛸属已知仅火神蛸 *Vulcanoctopus hydrothermalis* 1 种。

火神蛸 *Vulcanoctopus hydrothermalis* Gonzalez et al., 1998

分类地位:头足纲,鞘亚纲,八腕目,无须亚目,章鱼科(蛸科),火神蛸属。

学名:火神蛸 *Vulcanoctopus hydrothermalis* Gonzalez et al., 1998。

分类特征:眼无虹膜。

地理分布:太平洋。

爱尔斗蛸亚科 Eledoninae Gray, 1849

爱尔斗蛸亚科以下包括艾爱尔斗蛸属 *Adelieledone*、阿芙罗狄蛸属 *Aphrodoctopus*、爱尔斗蛸属 *Eledone*、巨爱尔斗蛸属 *Megaleledone*、近爱尔斗蛸属 *Pareledone*、四片爱尔斗蛸属 *Tetracheledone*、纱蛸属 *Velodona*、福斯爱尔斗蛸属 *Vosseledone* 8 属。

分类地位:头足纲,鞘亚纲,八腕目,无须亚目,蛸科,爱尔斗蛸亚科。

亚科特征:吸盘 1 列,具墨囊,嗉囊具憩室。

属的检索:

1(2)腕间膜末端十分扩大呈翼状(仅分布于西印度洋) ······························· 纱蛸属

2(1)腕间膜末端不扩大

3(6)雄性非茎化腕末端吸盘特化

4(5)雄性非茎化腕远端吸盘特化为乳突(仅分布于南非) ························ 阿芙罗狄蛸属

5(4)雄性非茎化腕远端吸盘特化为规则的脊或海绵状组织 ······················ 爱尔斗蛸属

6(3)雄性非茎化腕末端吸盘不特化

7(14)齿舌由 7 小齿(不包括缘板)组成

8(13)漏斗器 W、UU 或 VV 型

9(12)体小型至中型,头宽约等于或大于胴宽

10(11)舌叶无横脊;后唾液腺与口球大小相近;具针状内壳 ························ 近爱尔斗蛸

11(10)舌叶具横脊;后唾液腺约为口球的 2 倍;无内壳 ························ 艾爱尔斗蛸属

12(9)体型大;头宽明显小于胴宽(仅分布于南极) ···························· 巨爱尔斗蛸属

13(8)漏斗器为 4 个短片(仅分布于中西大西洋) ···························· 四片爱尔斗蛸属

14(7)齿舌退化为 1 列高度特化的齿(仅分布于西大西洋和西南大西洋) ··· 福斯爱尔斗蛸属

艾爱尔斗蛸属 *Adelieledone* Allcock et al, 2003

艾爱尔斗蛸属已知艾爱尔斗蛸 *Adelieledone adelieana*、皮尔氏艾爱尔斗蛸 *Adelieledone piatkowski*、多形艾爱尔斗蛸 *Adelieledone polymorpha* 3 种,其中艾爱尔斗蛸为本属模式种。

分类地位:头足纲,鞘亚纲,八腕目,无须亚目,蛸科,爱尔斗蛸亚科,艾爱尔斗蛸属。

属特征:体小型至中型,头宽约等于或大于胴宽。腕吸盘1列,腕间膜末端不扩大。雄性茎化腕舌叶具横脊,非茎化腕末端吸盘不特化。后唾液腺约为口球的2倍。无内壳。具墨囊。

种的检索:

1(2)体表光滑 ··· 皮尔氏艾爱尔斗蛸

2(1)体表具乳突

3(4)第1腕吸盘多于60个,茎化腕吸盘30~34个 ····················· 多形艾爱尔斗蛸

4(3)第1腕吸盘少于50个,茎化腕吸盘22~28个 ························· 艾爱尔斗蛸

艾爱尔斗蛸 *Adelieledone adelieana* Berry, 1917

分类地位:头足纲,鞘亚纲,八腕目,无须亚目,蛸科,爱尔斗蛸亚科,艾爱尔斗蛸属。

学名:艾爱尔斗蛸 *Adelieledone adelieana* Berry, 1917。

拉丁异名:*Moschites adelieana* Berry, 1917;*Pareledone adelieana* Berry, 1917;*Pareledone adelieana* Robson, 1932;*Pareledone umitakae* Taki,1961。

分类特征:体柔软,但肌肉强健;外套背部紫粉红色至紫灰色,腹部乳白色;背部具大量乳突,腹部光滑。头宽窄于胴宽,眼大,眼上方无明显的乳突。漏斗器W型。腕短,各腕长相近,长度为胴长的1.4~2.0倍,第1腕长155 mm,第2腕长162 mm,第3腕长165 mm,第4腕长168 mm。腕间膜浅。腕吸盘1列,吸盘数44~46个。雄性右侧第3腕茎化,长度小于左侧第3腕,吸盘22~28个。舌叶中等大小,顶端圆,舌叶

图8-87　艾爱尔斗蛸形态特征示意图(据 Kubodera and Okutani, 1994)

A. 茎化腕端器;B. 齿舌

长为腕长的14%,凹槽具横脊7~8个,交接基短,发达,顶端三角形,具长窄的精沟(图8-87A)。上颚喙顶端尖。每半鳃鳃小片6~8个。齿舌由7列同型小齿和2列缘板构成(图8-87B):中齿单尖,无侧尖;第一侧齿小,三角形;第二侧齿单尖,基部宽;边齿短尖。具墨囊。前唾液腺小,后唾液腺巨大,食道相对较长,嗉囊发达,胃小,盘旋盲肠小,肠短,具肛瓣。雄性睾丸发达。

地理分布:主要分布在南极洲大陆架30°~90°E。

生活史及生物学:小型至中型种,栖息水深139~680 m。雄性性成熟胴长40 mm,雌性性成熟胴长45 mm。

大小:最大胴长55 mm,最大总长160 mm。

渔业:南极常见种,无渔业。

文献: Sweeney et al, 1988; Kubodera and Okutani, 1994; Robson, 1931; Lu and Stranks, 1994; Allcock et al, 2003。

皮尔氏艾爱尔斗蛸 *Adelieledone piatkowski* Allcock et al, 2003

分类地位:头足纲,鞘亚纲,八腕目,无须亚目,蛸科,爱尔斗蛸亚科,艾爱尔斗蛸属。

学名:皮尔氏艾爱尔斗蛸 *Adelieledone piatkowski* Allcock et al, 2003。

拉丁异名:*Pareledone* sp. A. Allcock and Piertney, 2001;*Pareledone polymorpha* Piatkowski et al, 1998。

分类特征:体球形至卵形,体表光滑无乳突,皮肤松弛,背部后端具2个纵脊,除漏斗周围2处为白色外,体表其他部分均布满淡紫灰色的色素体(图8-88A)。头宽(为胴长的73%~79%,平均75%)小于胴宽(为胴长的84%~96%,平均92%)。漏斗器小(为胴长的36%~38%,平均37%),W型。腕短(第1~4腕长分别为胴长的134%,154%,153%,164%),各腕长相近,腕式为4>3=2>1。腕间膜中等深度(为最长腕的26%~34%,平均29%),腕间膜式为A=B=C=D>E。吸盘1列,直径小,无扩大的吸盘。雄性右侧第3腕茎化,长度略短于左侧第3腕(为左侧第3腕长的87.9%~106.8%,平均97.4%),吸盘数25~26个,而左侧第3腕吸盘数41个。舌叶大(长度为茎化腕长的11%~16%,平均13.7%),凹槽长,具5~6个发达的横脊,交接基大(长度为舌叶长的44%~50%,平均47%),明显(图8-88B)。角质颚小,下颚喙顶端尖。每半鳃鳃小片7~8个。墨囊退化。后唾液腺巨大,约为口球长度的2倍。精囊中等大小,纤长(长度为胴长的70%)。

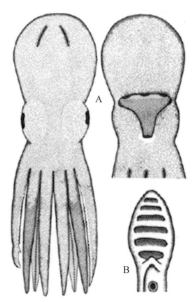

图8-88　皮尔氏艾爱尔斗蛸形态特征示意图(据 Allcock et al, 2003)

A. 背视和腹视;B. 茎化腕端器

地理分布:分布在南极半岛周边水域。

生活史及生物学:小型至中型种,栖息在南极半岛612~1 510 m水层。雌雄成熟胴长45 mm,成熟卵径大于14 mm。

大小:最大胴长50 mm,总长140 mm。

渔业:南极常见种,无渔业。

文献:Allcock et al, 2003。

多形艾爱尔斗蛸 *Adelieledone polymorpha* Robson, 1930

分类地位:头足纲,鞘亚纲,八腕目,无须亚目,蛸科,爱尔斗蛸亚科,艾爱尔斗蛸属。

学名:多形艾爱尔斗蛸 *Adelieledone polymorpha* Robson, 1930。

拉丁异名: *Graneledone polymorpha* Robson, 1930; *Pareledone polymorpha* Robson, 1932。

英文名:Antarctic knobbed octopus;法文名:Elédone noueux;西班牙文名:Pulpo nodoso。

分类特征:体球形至卵形,凝胶质状,皮肤松弛且皱。外套背部具大量乳突,色素体密集,褐色、绿色至蓝色,后端具2个纵脊;腹部光滑,乳白色,侧缘具少量分散的色素。头部前端背面具一个倒V字形的白斑,外套和腕背部具分散的不规则白斑(图8-89A)。头宽(为胴长的59%~79%,平均69.5%)小于胴宽(为胴长的70%~108%,平均86.4%)。漏斗器小(长度为胴长的30%~44%,平均36%),W形(图8-89B)。腕短至中等长度(第1~4腕均长分别为胴长的190%、204%、220%、

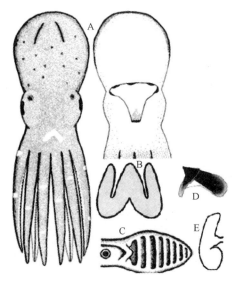

图8-89　多形艾爱尔斗蛸形态特征示意图(据 Allcock et al, 2003)

A. 背视和腹视. B. 漏斗器;C. 茎化腕端器;D. 角质颚下颚;E. 阴茎

212%),各腕长相近,腕式为 3 = 4>2>1。腕间膜中等深度(为最长腕长的 24% ~ 37%,平均 30%),腕间膜式为 B = C = D>A = E。吸盘 1 列,直径小,无扩大的吸盘。雄性右侧第 3 腕茎化,长度短于左侧第 3 腕(为左侧第 3 腕长的 74.1% ~ 95.9%,平均 80.6%),吸盘数 30 ~ 34 个,而左侧第 3 腕吸盘数 63 个。舌叶大(为茎化腕长的 11% ~ 16%,平均 13.7%),凹槽长,具 7 ~ 8 个发达的横脊;交接基明显,且大(长为舌叶长的 40% ~ 64%,平均 55%)(图 8-89C)。具墨囊。后唾液腺巨大,为口球长度的两倍。每半鳃具鳃小片 7 ~ 8 个。下颚喙顶端尖(图 8-89D)。阴茎憩室不盘曲(图 8-89E)。精囊中等大小,纤长(为胴长的 68% ~ 79%,平均 74%)。

地理分布:分布在南乔治亚岛周边水域。

生活史及生物学:小型至中型种,栖息水深 116 ~ 364 m。雄性性成熟胴长 45 mm,雌性性成熟胴长 60 mm,成熟卵径大于 10 mm。

大小:最大胴长 60 mm,最大总长 200 mm。

渔业:南极附近常见种,无渔业。

文献:Allcock et al, 2003;Robson, 1931;Xavier, 2002。

阿芙罗狄蛸属 *Aphrodoctopus* Roper and Mangold, 1992

阿芙罗狄蛸属仅阿芙罗狄蛸 *Aphrodoctopus schultzei* 1 种。

阿芙罗狄蛸 *Aphrodoctopus schultzei* Hoyle, 1910

分类地位:头足纲,鞘亚纲,八腕目,无须亚目,蛸科,阿芙罗狄蛸属。

学名:阿芙罗狄蛸 *Aphrodoctopus schultzei* Hoyle, 1910。

英文名:Brush-tip octopus。

拉丁异名:*Polypus schultzei* Robson, 1929;*Octopus schultzei* Hoyle, 1910。

分类特征:腕吸盘 1 列,但呈 Z 字形排列。腕间膜末端不膨大。雄性茎化腕端器复杂,无明显的交接基,非茎化腕远端吸盘特化为乳突。具墨囊。

地理分布:仅分布在南非水域。

大小:最大胴长 60 mm。

渔业:非常见种。

文献:Roper and Mangold, 1991。

爱尔斗蛸属 *Eledone* Leach, 1817

爱尔斗蛸属已知卡帕氏爱尔斗蛸 *Eledone caparti*、尖盘爱尔斗蛸 *Eledone cirrhosa*、拙爱尔斗蛸 *Eledone gaucha*、大爱尔斗蛸 *Eledone massyae*、微爱尔斗蛸 *Eledone microsicya*、爱尔斗蛸 *Eledone moschata*、黑爱尔斗蛸 *Eledone nigra*、绵腕爱尔斗蛸 *Eledone palari*、黑点爱尔斗蛸 *Eledone thysanophora* 9 种,其中爱尔斗蛸为本属模式种。

分类地位:头足纲,鞘亚纲,八腕目,无须亚目,蛸科,爱尔斗蛸亚科,爱尔斗蛸属。

属特征:眼前眼间不具斑块。腕短,吸盘 1 列,腕间膜末端不扩大。雄性茎化腕舌叶具或不具交接基,非茎化腕远端吸盘特化为规则的脊或海绵状组织。齿舌具缘板。具墨囊。

主要种的检索:

1(2)雄性非茎化腕末端 1 列吸盘横扁 ························· 尖盘爱尔斗蛸

2(1)雄性非茎化腕末端吸盘特化为 2 列乳突和横片

3(4)末端吸盘特化为 2 列长乳突 ························· 大爱尔斗蛸

4(3)末端吸盘特化为2列横片 ························· 爱尔斗蛸

尖盘爱尔斗蛸 *Eledone cirrhosa* Lamarck，1798

分类地位：头足纲,鞘亚纲,八腕目,无须亚目,蛸科,爱尔斗蛸亚科,爱尔斗蛸属。

学名：尖盘爱尔斗蛸 *Eledone cirrhosa* Lamarck，1798。

拉丁异名：*Eledone cirrosa* Lamarck，1798；*Octopus cirrhosus* Lamarck，1798；*Octopus aldrovandi* Montfort，1802；*Moschites cirrosa* Pfeffer，1908；*Ozaena cirrhosa* Adam，1934；*Eledone cirrhosa cirrhosa* Lamarck，1798；*Eledone cirrhosa zetlandica* Russell，1922。

英文名：Horned octopus，Curled octopus；**法文名**：Elédone commune；**西班牙文名**：Pulpo blanco，cabezón。

分类特征：体卵圆形,外套宽。体背部微红色、微橙红色或微红褐色,且夹杂锈褐色斑块,腹部白色,随着环境变化体色改变。体表具大量大小不一的疣突,胴侧有一条灰白色的隆脊环绕(图8-90A)。头宽小于胴宽,两只眼睛上方各具一须。漏斗器W型。短腕型,腕长约为胴长的4~5倍,各腕长度相近,腕吸盘1列,腕间膜较发达,深度为腕长的30%(21%~41%)。雄性右侧第3腕茎化,长度为左侧第3腕长的69%~76%,端器锥形,舌叶短小,约为全腕长的3%,无交接基(图8-90B);非茎化腕末端吸盘横扁,两头狭尖(图8-90C)。外半鳃鳃片约11个。

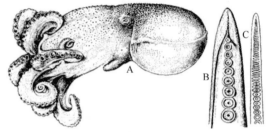

图8-90 尖盘爱尔斗蛸形态特征示意图(据 Roper et al,1984)
A. 侧视;B. 茎化腕远端;C. 非茎化腕远端

地理分布：分布在东大西洋、东北大西洋和地中海(图8-91)。

生活史及生物学：浅海和深海底栖种,最深为1 070 m,多为60~150 m的浅海。雄性生活水层深,多超过100 m;雌性生活水层浅,多为30~80 m水层。主要以甲壳为食,同时又是大王乌贼、大西洋鳕 *Gadus morhua* 和抹香鲸的饵料。在地中海西部,雌性性成熟胴长为125 mm,雄性性成熟胴长为50 mm;产卵期为5—9月,7月为盛期。雌性产卵800~1 500个,卵子柄部连成穗状,穗约30~40个,每穗卵20~30枚,卵长,不小于7.5 mm。水温16℃,卵孵化约需100天。3月份胴长20~25 mm的稚鱼,至翌年春季,雌雄胴长分别可达90~95和70 mm。生长率与胴长成反比,且具季节性,尤其与水温相关。在水温相对较低的北海苏格兰外海,生长率明显较低,但成体胴长较大。在西地中海生命周期2—3年,在北海生命周期略长。

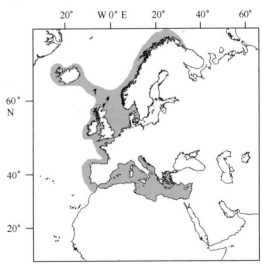

图8-91 尖盘爱尔斗蛸地理分布示意图

大小：最大胴长150 mm,最大体重1.2 kg。

渔业：次要经济种。为爱尔斗蛸属中数量最多的一种,在地中海形成渔业,以地中海西部海域的群体比较集中。渔具主要为底拖网,几乎可周年作业,以7—12月渔获最多。

文献：Roper et al,1984,1988；Adam,1939；Vecchione,2001；Norman,2000；Boyle and

Pierce, 1994；Lordan et al, 1998；Klages, 1996；Clarke et al, 1998；Santos et al, 2001；Mangold, 1983；Boletzky and Hanlon, 1983；Ahlsted, 1980；Alexandrowicz, 1963, 1964, 1966；Ambrose, 1997；Andrews et al, 1981, 1983；Anonymous, 2001；Appell, 1893；Barber, 1967；Berry and Cottrell, 1970；Boadle, 1969；Borri et al, 1985；Boyle, 1981, 1983, 1986；Boyle and Chevis, 1991；Boyle and Knobloch, 1981。

大爱尔斗蛸 *Eledone massyae* Voss, 1964

分类地位：头足纲,鞘亚纲,八腕目,无须亚目,蛸科,爱尔斗蛸亚科,爱尔斗蛸属。

学名：大爱尔斗蛸 *Eledone massyae* Voss, 1964。

拉丁异名：*Moschites brevis* Massy, 1916。

英文名：Combed octopus；**法文名**：Elédone peigne；**西班牙文名**：Pulpo desflecado。

分类特征：体卵形,略背腹扁平,宽,胴宽为胴长的60%~100%,外套腔开口宽。体表具大小不一的乳突或疣突,胴侧有一条灰白色的隆脊环绕。头宽,颈部不收缩。两眼上方各有2~4个双裂或多裂的须(图8-92A)。腕纤细,中等长度,向末端渐细,腕吸盘小,1列,近端排列稀疏,远端排列紧密。雄性右侧第3腕茎化,长度仅为左侧第3腕长度的65%,端器锥形,未分化,无交接基,舌叶长为腕长的4%~15%(图8-92B)。雄性非茎化腕末端吸盘特化,特化为两列延长的肉质乳突(图8-92C)。外半鳃鳃小片8~10个。

地理分布：分布在南大西洋西南部,阿根廷和巴西(20°~43°S)以及乌拉圭(图8-93)。

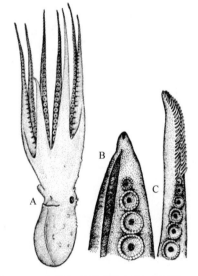

图8-92　大爱尔斗蛸形态特征示意图
(据 Roper et al, 1984)
A. 侧视；B. 茎化腕远端；C. 非茎化腕远端

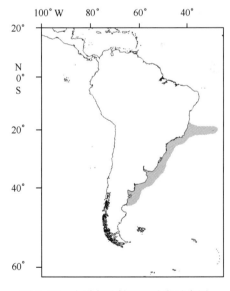

图8-93　大爱尔斗蛸地理分布示意图

生活史及生物学：栖息在大陆架中部或边缘水域的泥质或砂质底层,栖息水深30~160 m。雌性性成熟较晚,性成熟胴长范围较雄性广。雌性未完全达到性成熟就可以进行交配,交配后精子储藏在卵顶端的细丝上,直至卵黄生成作用完成。

大小：最大胴长80 mm。

渔业：潜在经济种,为底层鱼类的副渔获物。

文献：Roper et al, 1984；Cottrell, 1966；Levy et al, 1988；Perez et al, 1990, 1997；Re, 1998；Voss, 1964。

爱尔斗蛸 *Eledone moschata* Lamarck，1798

分类地位：头足纲，鞘亚纲，八腕目，无须亚目，蛸科，爱尔斗蛸亚科，爱尔斗蛸属。

学名：爱尔斗蛸 *Eledone moschata* Lamarck，1798。

拉丁异名：*Octopus moschatus* Lamarck，1798。

英文名：Musky octopus；**法文名**：Elédone musquée；**西班牙文名**：Pulpo almizclado。

分类特征：体卵形，中等宽度；灰褐色，外套和腕间膜有零星的黑褐色斑块；体表光滑或具细微的颗粒，体侧无环形隆脊。两眼上方各具一须。腕中等长度，约为胴长的22%，各腕长相近（图8-94A）。腕吸盘1列，雄性吸盘扩大；腕间膜中等深度，约为腕长的30%。雄性右侧第3腕茎化，长度为左侧第3腕长度的60%~70%；端器锥形，未分化，舌叶短小，约为腕长的3%，无交接基（图8-94B）。雄性非茎化腕末端吸盘特化，特化为2列小片（图8-94C）。外半鳃鳃小片11~12个。

地理分布：分布在地中海大西洋沿岸水域（图8-95）。

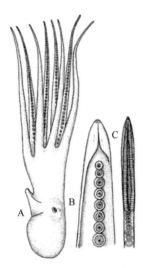

图8-94 爱尔斗蛸形态特征示意图（据
Roper et al，1984）
A. 侧视；B. 茎化腕远端；C. 非茎化腕远端

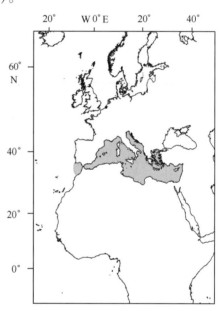

图8-95 爱尔斗蛸地理分布示意图

生活史及生物学：沿岸底栖种，栖息在 10~300 m 泥质海底。以蟹类、腹足类、凤尾鱼 *Engraulis*、瘤突鲍鱼 *Haliotis tuberculata*、地中海贻贝 *Mytilus galloprovincalis*、沙丁鱼 *Sardina pilchardus* 和疣帘蛤 *Venus verrucosa* 为食。在西班牙加迪斯海湾渔获水层为 20~430 m，主要为100 m 以上水层。而在地中海的爱琴海，渔获水层200 m 以上，主要为 50~80 m 水层；渔获物胴长 40~150 mm，雄性体重 20~640 g，雌性体重 14~510 g，雌雄胴长与体重关系没有明显差异（$P>0.05$），$BW=0.3233 ML^{2.7.7}$（$r=0.959, n=1306$）；雌性比例高于雄性，雌雄比例 1：0.45，而在繁殖季节，雄性比例高于雌性，这可能由于雌性的生殖洄游影响了正常的雌雄比例；雌性最小性成熟胴长 65 mm，雄性 61 mm，环境尤其温度是影响性成熟胴长的重要因素；雌性育卵，产卵量 187~944 枚，平均 443±154 枚；产卵期几乎贯穿全年（除8、9月），高峰期 2—5 月，其次为 10 月。在西地中海，雌雄 2 月在 60~90 m 水层交配，3—7 月间产卵。

大小：最大胴长 150 mm，腕长 400 mm。

渔业：潜在经济种，但经济价值低。在西班牙西南部资源量较丰富，通常是底拖网的副渔获物；在西地中海全年可捕，主要鱼汛为 4—7 月。

文献:Roper et al,1984;Norman,2000;Waller and Barnes,1994;Boletzky and Hanlon,1983; Mangold,1983;Agnisola et al,1981;Boletzky,1981,1986;Bullock,1984;Levy et al,1988;Madan and Wells,1997;Silva et al,2004;Talesa et al,1998;Salman and Katagan,1999。

绵腕爱尔斗蛸 *Eledone palari* Lu and Stranks,1992

分类地位:头足纲,鞘亚纲,八腕目,无须亚目,蛸科,爱尔斗蛸亚科,爱尔斗蛸属。
学名:绵腕爱尔斗蛸 *Eledone palari* Lu and Stranks,1992。
英文名:Spongetip octopus。
分类特征:雄性非茎化腕末端吸盘特化为海绵状组织。角质颚上颚喙宽,顶端钝,喙缘直;头盖短,约为脊突的 0.4 倍;脊突宽,不增厚;翼部延伸至侧壁前缘基部宽的 1/2 处。下喙顶端宽,具浅的开口;头盖低,紧贴于脊突;脊突宽,不增厚;侧壁皱延伸至侧壁拐角下缘。
地理分布:澳大利亚周边海域。
生活史及生物学:Lu and Ickeringill 2002 年在澳大利亚南部水域采集到 12 尾,胴长范围为 17.9~57.8 mm,体重范围为 6.5~67.2 g。
大小:最大胴长 60 mm。
渔业:非常见种。
文献:Norman,2000;Lu and Stranks,1991;Lu and Ickeringill,2002。

拙爱尔斗蛸 *Eledone gaucha* Haimovici,1988

分类地位:头足纲,鞘亚纲,八腕目,无须亚目,蛸科,爱尔斗蛸亚科,爱尔斗蛸属。
学名:拙爱尔斗蛸 *Eledone gaucha* Haimovici,1988。
地理分布:巴西南部海域。
生活史及生物学:栖息于大陆架中部或边缘水域的泥质或砂质底层。雌雄比例约 1∶1。雌性性成熟较晚,性成熟胴长范围较雄性广,最小性成熟胴长 16.6 mm。雌性未完全达到性成熟就可以进行交配,交配后精子储藏在卵顶端的细丝上,直至卵黄生成作用完成。胴长 14~55 mm 的雌性怀卵 5~58 枚,卵径最大可达 7.4 mm。
大小:最大胴长 65 mm。
文献:Haimovici,1988;Santos and Haimovici,2001;Levy et al,1988;Perez et al,1990,1997。

卡帕氏爱尔斗蛸 *Eledone caparti* Adam,1950

分类地位:头足纲,鞘亚纲,八腕目,无须亚目,蛸科,爱尔斗蛸亚科,爱尔斗蛸属。
学名:卡帕氏爱尔斗蛸 *Eledone caparti* Adam,1950。
地理分布:刚果周边海域。
文献:Ambrose,1997;Levy et al,1988。

微爱尔斗蛸 *Eledone microsicya* Rochebrune,1884

分类地位:头足纲,鞘亚纲,八腕目,无须亚目,蛸科,爱尔斗蛸亚科,爱尔斗蛸属。
学名:微爱尔斗蛸 *Eledone microsicya* Rochebrune,1884。
拉丁异名:*Eledonenta microsicya* Rochebrune,1884。
大小:最大胴长 60 mm。
文献:Robson,1931;Rochebrune,1884。

黑爱尔斗蛸 *Eledone nigra* Hoyle, 1910

分类地位:头足纲,鞘亚纲,八腕目,无须亚目,蛸科,爱尔斗蛸亚科,爱尔斗蛸属。

学名:黑爱尔斗蛸 *Eledone nigra* Hoyle, 1910。

拉丁异名:*Pareledone nigra* Hoyle, 1910。

大小:最大胴长 40 mm。

文献:Robson, 1932。

黑点爱尔斗蛸 *Eledone thysanophora* Voss, 1962

分类地位:头足纲,鞘亚纲,八腕目,无须亚目,蛸科,爱尔斗蛸亚科,爱尔斗蛸属。

学名:黑点爱尔斗蛸 *Eledone thysanophora* Voss, 1962。

地理分布:纳米比亚。

文献:Bianchi et al, 1999; Ambrose, 1997。

巨爱尔斗蛸属 *Megaleledone* Taki, 1961

巨爱尔斗蛸属已知巨爱尔斗蛸 *Megaleledone senoi* 和赛特巨爱尔斗蛸 *Megaleledone setebos* 2 种,其中巨爱尔斗蛸为本属模式种。

分类地位:头足纲,鞘亚纲,八腕目,无须亚目,蛸科,爱尔斗蛸亚科,巨爱尔斗蛸属。

属特征:体型大,凝胶质,皮肤光滑或粗糙。头宽明显小于胴宽。腕吸盘 1 列,腕间膜末端不扩大。雄性右侧第 3 腕茎化,端器具舌叶和交接基,非茎化腕末端吸盘不特化。漏斗器 W 或 VV 型。齿舌由 7 列小齿组成,无缘板。具墨囊。每半鳃鳃小片 10~13 个。

种的检索:

1(2)体表光滑 ………………………………………………………………… 巨爱尔斗蛸

2(1)体表具疣突 …………………………………………………… 赛特巨爱尔斗蛸

巨爱尔斗蛸 *Megaleledone senoi* Taki, 1961

分类地位:头足纲,鞘亚纲,八腕目,无须亚目,蛸科,爱尔斗蛸亚科,巨爱尔斗蛸属。

学名:巨爱尔斗蛸 *Megaleledone senoi* Taki, 1961。

英文名:Giant Antarctic Octopus。

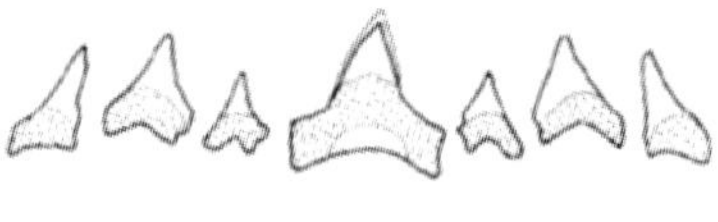

分类特征:体囊状,柔软,凝胶质,但肌肉强健,皮肤光滑,无皱。头宽窄于胴宽,眼中等大小,眼上方无明显的乳突。漏斗器 W 或 VV 型。腕短,各腕长相近,长度为胴长的 2.0~2.3 倍。腕间膜深,发达,深度为腕长的一半。腕吸盘 1 列,吸盘数 55~65 个。雄性右侧第 3 腕茎化,端器具明显的交接基和舌叶,舌叶小,为茎化腕长的 4%,凹槽无横脊,顶端尖,交接基短圆,精沟宽;茎

图 8-96 巨爱尔斗蛸齿舌(据 Allcock et al, 2003)

化腕吸盘数 35~40 个,左侧第 3 腕吸盘数可达 70 个。雄性非茎化腕吸盘不特化,吸盘中等大小,无明显扩大的吸盘。齿舌由 7 列同型小齿组成,无缘板(图 8-96)。具退化的针状内壳。墨囊发达,无肛瓣。每半鳃鳃小片 10~12 个。

地理分布:分布在南极、印度洋—大西洋交界水域。

生活史及生物学:栖息水深 120~800 m。雄性成熟胴长 150 mm。

大小:最大胴长 250 mm,最大总长 900 mm,最大体重 14 kg。

渔业:常见种,无渔业。

文献:Norman, 2000;Kubodera and Tsuchiya,1993;Allcock et al, 2003;Kubodera and Okutani, 1994。

赛特巨爱尔斗蛸 *Megaleledone setebos* Robson, 1932

分类地位:头足纲,鞘亚纲,八腕目,无须亚目,蛸科,爱尔斗蛸亚科,巨爱尔斗蛸属。

学名:赛特巨爱尔斗蛸 *Megaleledone setebos* Robson, 1932。

拉丁异名:*Graneledone setebos* Robson, 1932。

分类特征:体囊状,红褐色,背部粗糙具大量疣突,无扩大的眼球乳突,腹部与口面光滑略显白色,背部与腹部交界处具明显的分界线(图 8-97A)。眼中等大小,约 20 mm。漏斗器 VV 型。腕长为胴长的 2~3 倍,各腕长相近,腕吸盘 1 列。腕间膜深,发达,腕间膜式为 C＝D>B>A＝E。雄性右侧第 3 腕茎化,长度略短于左侧第 3 腕;端器具明显的交接基和舌叶,舌叶简单,无横脊,交接基中等长度,精沟发达,浅而细长(图 8-97B)。雄性非茎化腕吸盘不特化,吸盘中等大小,无明显扩大的吸盘。齿舌由 7 列同型小齿组成,无缘板(图 8-97C)。具退化的针状内壳。每半鳃鳃小片 10~13 个。具发达的墨囊,无肛瓣。

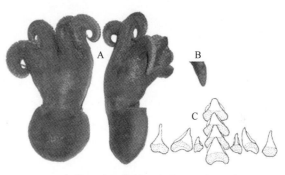

图 8-97　赛特巨爱尔斗蛸形态特征示意图(据 Allcock et al, 2003)
A. 背视和侧视;B. 端器;C. 齿舌

地理分布:环南极分布。

生活史及生物学:大型深海蛸类,栖息水深 32~850 m。雌雄性成熟胴长均约为 200 mm。卵大,最大卵径可达 40 mm。

大小:最大胴长 280 mm,最大总长 900 mm。

渔业:南极附近常见种,无渔业。

文献:Allcock et al, 2003。

近爱尔斗蛸属 *Pareledone* Robson, 1932

近爱尔斗蛸属已知等突近爱尔斗蛸 *Pareledone aequipapillae*、白斑近爱尔斗蛸 *Pareledone albimaculata*、南极近爱尔斗蛸 *Pareledone antarctica*、曙光近爱尔斗蛸 *Pareledone aurorae*、沙氏近爱尔斗蛸 *Pareledone charcoti*、角突近爱尔斗蛸 *Pareledone cornuta*、法马近爱尔斗蛸 *Pareledone framensis*、哈里氏近爱尔斗蛸 *Pareledone harrissoni*、全色近爱尔斗蛸 *Pareledone panchroma*、帕氏近爱尔斗蛸 *Pareledone pryzdensis*、塞帕近爱尔斗蛸 *Pareledone serperastrata*、次近爱尔斗蛸 *Pareledone subtilis*、蒂尔氏近爱尔斗蛸 *Pareledone turqueti* 13 种。

分类地位:头足纲,鞘亚纲,八腕目,无须亚目,蛸科,爱尔斗蛸亚科,近爱尔斗蛸属。

属特征:体小型至中型,皮肤多具疣突,少数光滑。头宽约等于或大于胴宽。腕间膜发达,较深,末端不扩大;吸盘 1 列,中等大小,无扩大的吸盘。雄性右侧第 3 腕茎化,端器具舌叶和交接基,舌叶凹槽无横脊;非茎化腕末端吸盘不特化。漏斗器 W、UU 或 VV 型。角质颚中等大小,下颚喙顶端圆。齿舌由 7 异型小齿组成(不包括缘板),中齿多尖,侧齿和边齿单尖。后唾液腺与口球大小相近,嗉囊发达。具墨囊和肛瓣。具软骨质针状内壳。鳃发达,每半鳃鳃小片6~11

个。精囊细长。

等突近爱尔斗蛸 *Pareledone aequipapillae* Allcock，2005

分类地位：头足纲，鞘亚纲，八腕目，无须亚目，蛸科，爱尔斗蛸亚科，近爱尔斗蛸属。
学名：等突近爱尔斗蛸 *Pareledone aequipapillae* Allcock，2005。
分类特征：体近球形，活体橙褐色，腹部乳白色，无明显的色素，头下方背部和侧部具一条黑色的色素带（色素带终止于侧部）（图 8-98A、B）。外套侧肋部具隆起的侧脊，环绕整个侧部，背部具大量乳突，少量乳突扩大，乳突骤止于侧脊。乳突结构简单，高而圆。两眼上方各具一个简单的眼上乳突（图 8-98B）。头宽（为胴长的 68.4%±5.2%）小于胴宽（为胴长的 99.4%±7.5%）。漏斗中等大小（为胴长的 48.2%±4.0%），漏斗器 W 型或 V 型。腕短（第 1~4 腕长分别为胴长的 185.1%±16.5%、185.9%±12.5%、195.1%±16.4%、198.2%±14%），各腕长相近，腕式为 3=4>1=2。腕间膜中等深度（为最长腕的 26.0%±3.0%），腕间膜式为 C=D>B>A>E。吸盘 1 列，直径小至中等，无扩大的吸盘。成熟雄性右侧第 3 腕茎化，长度短于左侧第 3 腕（为左侧第 3 腕长的 84.3%±3.6%）。舌叶中等或大（长为胴长的 8.8%±1.2%），舌叶凹槽长浅，发

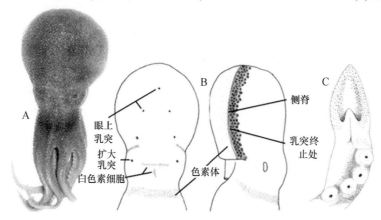

图 8-98　等突近爱尔斗蛸形态特征示意图（据 Allcock，2005）
A. 背视；B. 胴部及头部背视和侧视；C. 茎化腕端器

达，无横脊；交接基明显，大（长为舌叶长的 48.2%±10.6%）（图 8-98C）。茎化腕吸盘 33~35 个，左侧第 3 腕吸盘 52 个。齿舌由 7 列异型小齿和 2 列缘板组成，中齿多尖，侧齿和边齿单尖（图 8-99）。具墨囊和肛瓣。每半鳃鳃小片 6~8 个。精荚细长（为胴长的 193.5%±9.0%）。

地理分布：分布在南设得兰群岛附近海域。
生活史及生物学：小型至中型种，栖息水深 10~465 m。成熟卵径大于 10 mm。

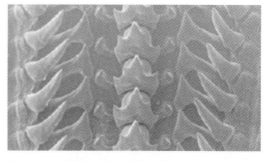

图 8-99　等突近爱尔斗蛸扫描电镜下齿舌微结构（据 Allcock，2005）

渔业：非常见种。
文献：Allcock，2005。

白斑近爱尔斗蛸 *Pareledone albimaculata* Allcock，2005

分类地位：头足纲，鞘亚纲，八腕目，无须亚目，蛸科，爱尔斗蛸亚科，近爱尔斗蛸属。

学名:白斑近爱尔斗蛸 *Pareledone albimaculata* Allcock，2005。

分类特征:体球形至卵形。腹部乳白色。体表具乳突,乳突形状不规则,似小塔状。外套侧肋部后端具隆起的侧脊,乳突分布超过侧脊,至腹部,超出部分乳突尺寸减小。两眼上方各具1个眼上乳突,收缩状态下似一白点,除此之外体表无其他扩大的乳突(图8-100)。头宽(为胴长的68.4%±5.8%)小于胴宽(为胴长的93.6%±9.5%)。漏斗中等大小(长为胴长的46.4%±4.0%),漏斗器W型或V型。腕短(第1~4腕长分别为胴长的184.4%±14.7%、192.1%±10.5%、197.6%±16.6%、184.8%±17.7%),各腕长相近,腕间膜式为3>2>1=4。腕间膜深度中等至深(最深为最长腕的24.8%±2.8%),腕间膜式为B=C=D>A=E。吸盘1列,小至中等大

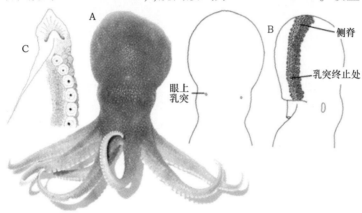

图8-100　白斑近爱尔斗蛸形态特征示意图(据Allcock，2005)
A. 背视;B. 胴部和头部背视和侧视;C. 茎化腕端器

小,无扩大的吸盘。成熟雄性右侧第3腕茎化,长度短于左侧第3腕(为左侧第3腕长的82.4%±4.9%)。舌叶中等至大(长为茎化腕长的10.0%±1.1%),舌叶凹槽长,发达且浅,无横脊;交接基大而明显(长为舌叶长的44.6%±5.2%)。茎化腕吸盘数29~32个,左侧第3腕吸盘数可达50个。齿舌由7列异型小齿和2列缘板组成,中齿多尖(图8-101)。每半鳃鳃小片6~8个。精荚细长(为胴长的123.1%±6.6%)。具墨囊和肛瓣。

地理分布:分布在南设得兰群岛附近海域。

生活史及生物学:小型种,栖息水深190~465 m。成熟卵径大于10 mm。

大小:最大胴长38 mm,最大总长133 mm。

渔业:非常见种。

文献:Allcock，2005。

图8-101　白斑近爱尔斗蛸齿舌扫描电镜图(据Allcock，2005)

曙光近爱尔斗蛸 *Pareledone aurorae* Berry，1917

分类地位:头足纲,鞘亚纲,八腕目,无须亚目,蛸科,爱尔斗蛸亚科,近爱尔斗蛸属。

学名:曙光近爱尔斗蛸 *Pareledone aurorae* Berry，1917。

分类特征:体球形至卵形(图8-102A)。活体体粉红色,新鲜个体体淡蓝色。外套前端侧肋

部具隆起的侧脊;体表具乳突,乳突简单的圆形;大部分乳突骤止于侧脊,仅前端少数超过侧脊,达至腹部;色素细胞向腹部超出侧脊几毫米。两眼上方各具1个眼上乳突,除此之外无其他扩大的乳突。外套腹部中央乳白色;背部具不规则的白色素细胞,排列成V字型(图8-102B);头部和头冠部亦具白色素细胞。头宽(为胴长的64.0%±5.5%)窄于胴宽(为胴长的88.6%±7.3%)。漏斗中等大小(长为胴长的47.0%±3.5%),漏斗器W型或V型。腕短(第1~4腕长分别为胴长的139.8%±13.6%、142.7%±16.1%、151.0%±14.9%、149.4%±11.6%),各腕长相近,腕式为3=4>1=2。腕间膜深(最深为最长腕的39.2%±2.7%),腕间膜式C>B=D>A>E。吸盘1列,小至中等大小,无扩大的吸盘。成熟雄性右侧第3腕茎化,长度短于左侧第3腕(为左侧第3腕长的93.6%±4.9%)。舌叶中至大(长为茎化腕长的11.3%),舌叶凹槽长,浅但发达,无横脊;交接基大而明显(长为舌叶长的42.9%)(图8-102C)。茎化腕吸盘数27~29个,左

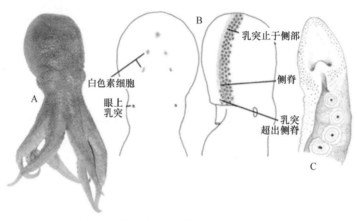

图8-102　曙光近爱尔斗蛸形态特征示意图(据 Allcock, 2005)
A. 背视;B. 胴部和头部背视和侧视;C. 茎化腕端器

侧第3腕吸盘数可达39个。齿舌由7列小齿和2列缘板组成,中间齿多尖(图8-103)。每半鳃鳃小片7~8个。精荚细长(长为胴长的134.1%)。具墨囊和肛瓣。

地理分布:分布在南设得兰群岛附近海域。

生活史及生物学:小型种,栖息水深89~465 m。成熟卵径大于10 mm。

大小:最大胴长49 mm,总长136 mm。

渔业:非常见种。

文献:Allcock, 2005。

图8-103　曙光近爱尔斗蛸齿舌扫描电镜图(据 Allcock, 2005)

沙氏近爱尔斗蛸 *Pareledone charcoti* Joubin, 1905

分类地位:头足纲,鞘亚纲,八腕目,无须亚目,蛸科,爱尔斗蛸亚科,近爱尔斗蛸属。

学名:沙氏近爱尔斗蛸 *Pareledone charcoti* Joubin, 1905。

拉丁异名:*Pareledone aurorae* Berry, 1917;*Eledone charcoti* Joubin, 1905;*Moschites charcoti* Hoyle, 1912;*Moschites aurorae* Berry, 1917;*Graneledone charcoti* Joubin, 1924。

分类特征:体球形至卵形(图8-104A)。活体体鲜红色,体色多变,新鲜个体暗粉红色或白褐

色。外套前端侧肋部具隆起的侧脊,有时侧脊具白色素细胞;背部具大量乳突,骤止于侧脊,乳突结构简单,形状不规则,隆起,顶平;色素细胞分布略微超过侧脊,超出侧脊部分色素细胞稀少;腹部中央乳白色,无明显的色素细胞。两眼上方各具一个扩大的眼上乳突,除此之外无其他扩大的乳突。两眼之间至外套背部后缘白色素细胞排列成偏菱形,两眼前方具一个长条型白色素斑(图8-104B)。头宽(为胴长的71.0%±2.2%)窄于胴宽(为胴长的98.5%±5.1%)。漏斗中等大小(长为胴长的45.7%±3.6%),漏斗器W型或V型。腕短(第1~4腕长分别为胴长的139.8%±13.6%、142.7%±16.1%、151.0%±14.9%、149.4%±11.6%),各腕长相近,腕式为3=4>2>1;腕间膜深(最深为最长腕的38.0%±4.4%),腕间膜式C=D>B>E>A;吸盘1列,中等大小,无扩大的吸盘。成熟雄性右侧第3腕茎化,长度短于左侧第3腕(为左侧第3腕长的90.9%±3.9%)。舌叶中至大(长为茎化腕长的11.4%±0.8%),凹槽长浅,但发达,无横脊;交接基大而明显(长为舌叶长的50.3%±7.1%)(图8-104C)。茎化腕吸盘数26~28个,左侧第3腕吸盘数可达42个。角质颚下颚喙顶端圆。齿舌由7异型小齿和2列缘板组成,中齿多尖(图8-105)。每半鳃鳃小片7~9个。具墨囊和

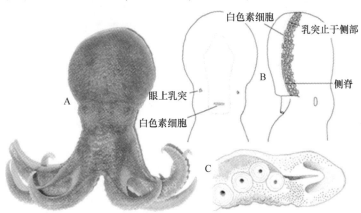

图8-104　沙氏近爱尔斗蛸形态特征示意图(据Allcock,2005)
A. 背视;B. 胴部和头部背视和侧视;C. 茎化腕端器

肛瓣。口球与后唾液腺大小相当;前唾液腺小,位于口球上;食道短,位于嗉囊前端,嗉囊具憩室;胃位于卷曲的盲肠之前;肛门位于消化腺的右侧。雄性具尼氏囊,储存精荚可达5个,精荚细长(长为胴长的150.8%±7.2%),阴茎大。雌性卵巢含卵约80个,卵约具16个滤泡皱,输卵管1对,输卵管腺大。

地理分布:分布在格雷厄姆地、南设得兰岛和南奥克尼岛附近海域。

生活史及生物学:小型种,栖息水深16~392 m。成熟卵径大于10 mm。

大小:最大胴长43 mm,最大总长118 mm。

渔业:非常见种。

文献: Nesis, 1987; Robson, 1931。

图8-105　沙氏近爱尔斗蛸齿舌扫描电镜图(据Allcock,2005)

角突近爱尔斗蛸 *Pareledone cornuta* Allcock, 2005

分类地位:头足纲,鞘亚纲,八腕目,无须亚目,蛸科,爱尔斗蛸亚科,近爱尔斗蛸属。

学名:角突近爱尔斗蛸 *Pareledone cornuta* Allcock, 2005。

分类特征:体近球形(图 8-106A)。活体体暗红色。外套背部具大量乳突和白色素细胞,其中一些十分扩大,呈角状,乳突分布向腹部延伸,并骤止于侧肋向腹部 10 mm 处;乳突大而复杂,形状不规则,延伸至腹部的乳突尺寸减小;侧部后缘乳突紧密排列成线状,形成侧脊,有时具白色素;侧部前端具一些白色素和不具明显的侧脊;白色素分布超过侧脊,向腹部延伸,但分布变稀疏,乳突分布终止处白色素分布也终止。腹部中央乳白色,无明显的色素沉着。两眼上方各具多个乳突,其中一个十分扩大,最长可达 10 mm(图 8-106B)。头宽(为胴长的 69.1%±5.1%)窄于胴宽(为胴长的 98.1%±5.5%)。漏斗中等大小(长为胴长的 43.3%±4.7%),漏斗器 W 型或 V 型。腕短(第 1~4 腕长分别为胴长的 147.6%±12.2%、157.5%±12.5%、168.2%±13.1%、172.6%±10.0%),各腕长相近,腕式为 3=4>2>1。腕间膜深(最深为最长腕的 31.0%±2.6%),腕间膜式 C=D>B=E>A。吸盘 1 列,小至中等大小,无扩大的吸盘。雄性右侧第 3 腕茎化,长度小于左侧第 3 腕(为左侧第 3 腕长的 87.6%±2.9%)。舌叶中至大(长为茎化腕长的

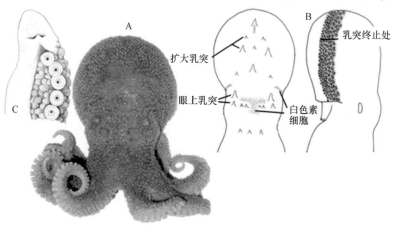

图 8-106 角突近爱尔斗蛸形态特征示意图(据 Allcock, 2005)
A. 背视;B. 胴部及头部背视和侧视;C. 茎化腕端器

9.3%±0.8%),凹槽长,浅但发达,具微弱的横脊;交接基明显,长度中等至大(长为舌叶长的 34.1%±8.7%)(图 8-106C)。茎化腕吸盘数 29~32 个,左侧第 3 腕吸盘数可达 49 个。齿舌由 7 列异型小齿和 2 列缘板组成,中间齿多尖(图 8-107)。每半鳃鳃小片 7~9 个。具墨囊和肛瓣。阴茎大,精荚细长(为胴长的 168.9%±18.1%)。

地理分布:分布在南设得兰岛附近海域。

生活史及生物学:小型至中型种,栖息水深 130~454 m。成熟卵径大于 10 mm。

大小:最大胴长 60 mm,最大体长 162 mm。

渔业:非常见种。

文献:Allcock, 2005。

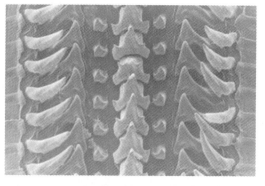

图 8-107 角突近爱尔斗蛸齿舌扫描电镜图
(据 Allcock, 2005)

哈里氏近爱尔斗蛸 *Pareledone harrissoni* Berry，1917

分类地位：头足纲,鞘亚纲,八腕目,无须亚目,蛸科,爱尔斗蛸亚科,近爱尔斗蛸属。

学名：哈里氏近爱尔斗蛸 *Pareledone harrissoni* Berry，1917。

拉丁异名：*Moschites harrissoni* Berry，1917。

分类特征：体光滑,外套外围具褶皱,肌肉松软。头宽窄于胴宽,眼大,两眼上方具微小的乳突。漏斗器 VV 型。各腕长相近,为胴长的 1.8~2.3 倍;腕间膜浅;腕吸盘 1 列,吸盘数 44~53 个。雄性右侧第 3 腕茎化,长度略小于左侧第 3 腕;茎化腕吸盘 38 个,左侧第 3 腕吸盘 53 个。茎化腕舌叶小,顶端圆,长为茎化腕长的 5%,凹槽光滑,凹槽边缘发达;交接基短,顶端钝,精沟宽而短浅(图 8-108A)。齿舌由 7 列异型小齿和 2 列缘板构成,中齿多尖,中尖两侧各具 1~2 个侧尖;第一侧齿小,单尖;第二侧齿单尖,基部宽;边齿长尖(图 8-108B)。外半鳃具鳃小片 9~10 个。具墨囊和肛瓣。前唾液腺小,后唾液腺大,发达;食道短,嗉囊发达;胃大;盲肠盘曲,发达;肠壁薄。雄性精巢发达。

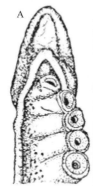

图 8-108　哈里氏近爱尔斗蛸形态特征示意图(据 Kubodera and Okutani，1994)

A. 茎化腕端器;B. 齿舌

地理分布：分布在南极和印度洋交界水域。

生活史及生物学：中型种,栖息水深 100~750 m。胴长 100 mm 性成熟。

大小：最大胴长 100 mm。

渔业：非常见种。

文献：Sweeney et al，1988；Lu and Stranks，1994；Kubodera and Tsuchiya，1993；Kubodera and Okutani，1994。

全色近爱尔斗蛸 *Pareledone panchroma* Allcock，2003

分类地位：头足纲,鞘亚纲,八腕目,无须亚目,蛸科,爱尔斗蛸亚科,近爱尔斗蛸属。

学名：全色近爱尔斗蛸 *Pareledone panchroma* Allcock，2003。

分类特征：体球形至卵形(图 8-109A)。活体和新鲜个体均为深紫色。外套背部具大量乳突,骤止于侧肋,侧肋无明显的脊或皱;乳突坚硬,结构复杂;整个背部和腹部均具白色素细胞,且密集程度相当。背部无明显扩大的乳突(图 8-109B)。两眼之间及外套背部前端,可能具白色色素斑。头宽(为胴长的 71.3%±8.0%)窄于胴宽(为胴长的 94.5%±7.8%)。漏斗中等大小(长为胴长的 47.2%±5.5%),漏斗器 W 型或 V 型。腕短(第 1~4 腕长分别为胴长的 147.6%±12.2%、157.5%±12.5%、168.2%±13.1%、172.6%±10.0%),各腕长相近,腕式为 2=3=4>1;腕间膜深(最深为最长腕的 41.1%±5.6%),腕间膜式 B=C=D> A=E;腕吸盘 1 列,小至中等大小,无扩大的吸盘。雄性右侧第 3 腕茎化,长度等于或大于左侧第 3 腕(为左侧第 3 腕长的 105.2%±5.2%)。舌叶中至大(长为茎化腕长的 10.4%±1.4%),凹槽长浅,但发达,无横脊;交接基明显,大(长为舌叶长的

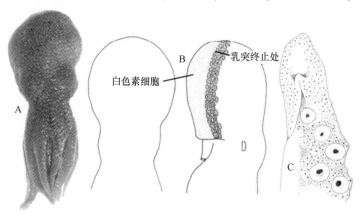

图 8-109　全色近爱尔斗蛸形态特征示意图(据 Allcock，2005)
A. 背视;B. 胴部及头部背视和侧视;C. 茎化腕端器

49.2%±7.1%)(图 8-109C)。茎化腕吸盘数 23~25 个,左侧第 3 腕吸盘数可达 36 个。齿舌由 7 列异型小齿和 2 列缘板组成,中齿多尖(图 8-110)。每半鳃鳃小片6~8 个。无墨囊和肛瓣。阴茎大,精荚细长(为胴长的 118.6%±15.3%)。

地理分布:分布在南设得兰群岛附近海域。

生活史及生物学:小型种,栖息水深 420~930 m。成熟卵径大于 10 mm。

大小:最大胴长 43 mm,最大总长 105 mm。

渔业:非常见种。

文献:Allcock，2005。

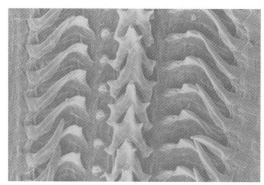

图 8-110　全色近爱尔斗蛸齿舌扫描电镜图(据 Allcock，2005)

塞帕近爱尔斗蛸 *Pareledone serperastrata* Allcock，2005

分类地位:头足纲,鞘亚纲,八腕目,无须亚目,蛸科,爱尔斗蛸亚科,近爱尔斗蛸属。

学名:塞帕近爱尔斗蛸 *Pareledone serperastrata* Allcock，2005。

分类特征:体近球形(图 8-111A)。活体粉红色,新鲜个体灰色,保存样本腕基部白色带微粉红色。外套背部具大量乳突,分布向腹部延伸几毫米,且分布逐渐终止;乳突小圆,结构简单;侧肋部具侧脊,它由一列具白色素细胞的乳突排列而成,侧脊贯穿整个侧肋部;色素分布跨越侧肋达至腹部,其分布前缘略微超过乳突。两眼上方各具一个扩大的眼球上乳突;背部和头部也具扩大的乳突,乳突顶端具白色素细胞。各腕基部具小圆形白色素斑,整体看去为宽带状(图 8-111B)。头宽(为胴长的 72.2%±8.5%)窄于胴宽(为胴长的 98.9%±5.5%)。漏斗中等大小(长为胴长的 44.7%±4.5%),漏斗器 W 型或 V 型。腕短(第 1~4 腕长分别为胴长的 149.6%±14.9%、159.4%±10.8%、158.2%±14.4%、157.9%±13.3%),各腕长相近,腕式为 2=3=4>1;腕间膜深(最深为最长腕的 40.2%±2.6%),腕间膜式 B=C=D>A=E;腕吸盘 1 列,中等大小,无扩大的吸盘。成熟雄性右侧第 3 腕茎化,长度等于或大于左侧第 3 腕(为左侧第 3 腕长的 95.2%)。舌叶中至大(长为茎化

腕长的8.5%),凹槽长浅,但发达,无横脊;交接基明显,中等至大(为舌叶长的30.0%)(图8-

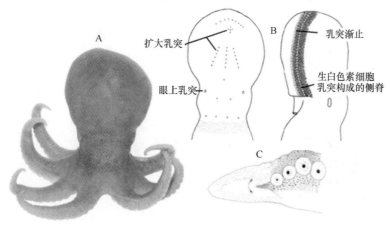

图8-111 塞帕近爱尔斗蛸形态特征示意图(据 Allcock,2005)
A. 背视;B. 胴部及头部背视和侧视;C. 茎化腕端器

111C)。茎化腕吸盘数26个,左侧第3腕吸盘数可达32个。齿舌由7列异型小齿和2列缘板组成,中齿多尖(图8-112)。每半鳃鳃小片6～8个。具墨囊和肛瓣。阴茎大,精荚细长(为胴长的144.4%)。

地理分布:南设得兰群岛60°49′～62°50′S,54°34′～60°49′W。

生活史及生物学:小型种,栖息水深130～454 m。成熟卵径大于10 mm。

大小:最大胴长36 mm,总长104 mm。

渔业:非常见种。

文献:Allcock,2005。

图8-112 塞帕近爱尔斗蛸齿舌扫描电镜图(据 Allcock,2005)

次近爱尔斗蛸 *Pareledone subtilis* Allcock,2005

分类地位:头足纲,鞘亚纲,八腕目,无须亚目,蛸科,爱尔斗蛸亚科,近爱尔斗蛸属。

学名:次近爱尔斗蛸 *Pareledone subtilis* Allcock,2005。

分类特征:体球形至卵形(图8-113A)。活体通常为白色至粉红色,新鲜个体紫色。外套背部具大量乳突,分布骤止于侧肋;肉眼下,乳突圆,结构简单,类似等突近爱尔斗蛸和曙光近爱尔斗蛸,显微镜下,乳突结构略显不规则;侧肋后端具隆起的脊,脊上具白色素细胞;背部与腹部前端交界处仅具乳突为明显的分界线;色素分布延伸至整个腹部,但分布较背部稀;背部无扩大的乳突,头前端和外套侧肋部前端具白色素斑(图8-113B)。头宽(为胴长的62.1%±6.2%)窄于胴宽(为胴长的91.2%±5.8%)。漏斗中等大小(长为胴长的45.8%±5.7%),漏斗器 W 型或 V 型。腕短(第1~4腕长分别为胴长的137.7%±12.6%、143.0%±10.8%、140.4%±12.1%、139.9%±16.6%),各腕长相近;腕间膜深(最深为最长腕的40.2%±2.6%),腕间膜式 B=C=D>A>E;腕吸盘1列,小至中等大小,无扩大的吸盘。雄性右侧第3腕茎化,长度等于或大于左侧第3腕(为左侧第3腕长的

94.5%±2.6%)。舌叶中至大(长为茎化腕长的10.0%±1.6%),凹槽长浅,但发达;无横脊;交接基

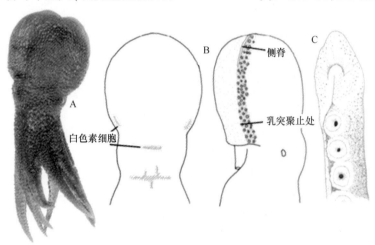

图8-113　次近爱尔斗蛸形态特征示意图(据 Allcock, 2005)

A. 背视;B. 胴部及头部背视和侧视;C. 茎化腕端器

明显,大(为舌叶长的53.7%±3.2%)(图8-113C)。茎化腕吸盘数24个,左侧第3腕吸盘数可达33个。齿舌由7列异型小齿和2列缘板组成,中齿多尖,侧尖小(图8-114)。每半鳃鳃小片6~8个。具墨囊和肛瓣。阴茎大,精荚细长(为胴长的124.3%±8.6%)。

地理分布:分布在南设得兰群岛附近海域。

生活史及生物学:小型种,栖息水深190~427 m。成熟卵径大于10 mm。

大小:最大胴长44 mm,最大总长109 mm。

渔业:非常见种。

文献:Allcock, 2005。

图8-114　次近爱尔斗蛸齿舌扫描电镜图(据 Allcock, 2005)

蒂尔氏近爱尔斗蛸 *Pareledone turqueti* Joubin, 1905

分类地位:头足纲,鞘亚纲,八腕目,无须亚目,蛸科,爱尔斗蛸亚科,近爱尔斗蛸属。

学名:蒂尔氏近爱尔斗蛸 *Pareledone turqueti* Joubin, 1905。

拉丁异名:*Eledone turqueti* Joubin, 1905;*Moschites turqueti* Massy, 1916;*Graneledone turqueti* Joubin, 1924。

英文名:Turquet's octopus;**法文名**:Elédone de Turquet;**西班牙文名**:Pulpo de Turquet。

分类特征:体卵形至圆形,前窄后宽(图8-115A)。外套背部深紫色,腹部乳白色略带紫色,腕与腕间膜反口面深紫色,腕口面基部以及腕间膜口面白色,腕远端紫色,吸盘肉色。体光滑,无乳突,肌肉松软,体表具大量紫色色素体。头宽小于胴宽,眼大,眼径为头宽的45%。漏斗器VV型(图8-115B)。腕中等长度,约为胴长的2倍,腕式为2=3>1=4;腕间膜较深,腕间膜式为C=D>E>B>A。腕吸盘1列,无扩大的吸盘,吸盘开口简单,各腕第1和第2吸盘尺寸较小,第3~8吸盘尺寸较大,之后至腕尖端吸盘尺寸逐渐减小。雄性右侧第3腕茎化,茎化部分具独特的舌叶与交接基,舌叶勺状,凹槽无横脊,交接基短(图8-115C)。角质颚上颚喙短,约为头盖长的2/5,顶端尖向内

略弯;头盖短,仅覆盖脊突的 2/5;翼部延伸至侧壁前缘基部宽的 2/3 处;脊突圆滑,弧形;侧壁光滑无脊。下颚喙短,约为头盖长的 1/3,顶端钝;头盖较长,覆盖脊突的 1/2;侧壁光滑无脊。齿舌由 7 列异型小齿和 2 列缘板组成,中齿大,叶状,3 尖,由中间 1 个长尖突,两侧各 1 个短尖突组成;第一侧齿小,单尖;第二侧齿较第一侧齿略大,单尖;边齿单尖,犬牙形,细长(图 8-116)。前唾液腺小,位于口球上;后唾液腺大,心形,长度略小于口球直径;食道长(包括嗉囊)约等于肠长。具墨囊。每半鳃鳃小片 7 个。

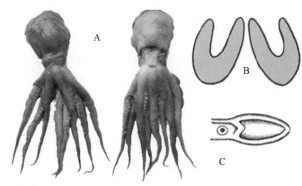

图 8-115　蒂尔氏近爱尔斗蛸形态特征示意图(据 Allcock et al, 2003;刘必林等, 2007)
A. 背视和腹视;B. 漏斗器;C. 茎化腕端器

图 8-116　蒂尔氏近爱尔斗蛸齿舌光学显微镜图(据刘必林等, 2007)

地理分布:环南极洲分布。

生活史及生物学:中型种,栖息水深 25~1 116 m,主要为 100~200 m。卵在海底孵化,卵径约为 12~13 mm,初孵幼体营底栖生活。是海豹和犬牙鱼的饵料。

大小:最大胴长 150 mm。

渔业:潜在经济种,在南乔治亚岛、南桑威奇群岛和南奥克尼群岛周围资源较丰富。

文献:Robson, 1931; Xavier et al, 2002; Klages, 1996;刘必林等, 2007。

南极近爱尔斗蛸 *Pareledone antarctica* Thiele, 1920

分类地位:头足纲,鞘亚纲,八腕目,无须亚目,蛸科,爱尔斗蛸亚科,近爱尔斗蛸属。

学名:南极近爱尔斗蛸 *Pareledone antarctica* Thiele, 1920。

拉丁异名:*Moschites antarcticus* Thiele, 1920。

分类特征:皮肤光滑。

地理分布:南极。

大小:最大胴长 100 mm。

文献:Robson, 1931; Sweeney and Roper, 1998。

法马近爱尔斗蛸 *Pareledone framensis* **Lu and Stranks，1994**

分类地位：头足纲，鞘亚纲，八腕目，无须亚目，蛸科，爱尔斗蛸亚科，近爱尔斗蛸属。
学名：法马近爱尔斗蛸 *Pareledone framensis* Lu and Stranks，1994。
地理分布：南极。
大小：最大胴长 70 mm。
文献：Lu and Stranks，1994；Sweeney and Roper，1998。

帕氏近爱尔斗蛸 *Pareledone pryzdensis* **Lu and Stranks，1994**

分类地位：头足纲，鞘亚纲，八腕目，无须亚目，蛸科，爱尔斗蛸亚科，近爱尔斗蛸属。
学名：帕氏近爱尔斗蛸 *Pareledone pryzdensis*。
地理分布：南极。
大小：最大胴长 30 mm。
文献：Sweeney and Roper，1998。

四片爱尔斗蛸属 *Tetracheledone* Voss，1955

四片爱尔斗蛸属已知仅四片爱尔斗蛸 *Tetracheledone spinicirrus* 1 种。

四片爱尔斗蛸 *Tetracheledone spinicirrus* Voss，1955

分类地位：头足纲，鞘亚纲，八腕目，无须亚目，蛸科，爱尔斗蛸亚科，四片爱尔斗蛸属。
学名：四片爱尔斗蛸 *Tetracheledone spinicirrus* Voss，1955。
拉丁异名：*Tetracheledone spinicirrhus* Voss，1955。
英文名：Spiny-horn octopus；**法文名**：Poulpe cornu；**西班牙文名**：Pulpo cornudo。
分类特征：体球形，胴宽约等于胴长。外套背部、腹部、头部、腕和腕间膜具大量分叉的乳突，外套侧部具一条环绕胴周的褶皱隆起，两眼上方各具两个大乳突（图 8-117A）。头宽窄于胴宽。漏斗器由 4 个短片组成（图 8-117B）。腕相对较长，腕间膜深，至腕末端，腕间膜逐渐变窄，腕吸盘 1 列。雄性右侧第 3 腕茎化，末端具明显的舌叶和交接基，舌叶长为茎化腕长的 10%，交接基短宽，圆锥形。非茎化腕无扩大的吸盘。齿舌由 7 列小齿组成（不包括缘板）。具墨囊。每半鳃鳃小片 6~9 个。

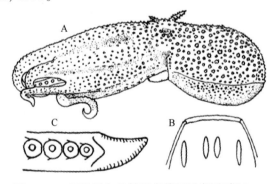

图 8-117 四片爱尔斗蛸形态特征示意图（据 Roper et al，1984）
A. 侧视；B. 漏斗器；C. 茎化腕端器

地理分布：分布于中西大西洋墨西哥湾、佛罗里达海峡、加勒比海（图 8-118）。
生活史及生物学：底栖种，栖息在 200~400 m 泥质海底。
大小：最大胴长 100 mm。
渔业：常见种，无渔业。
文献：Roper et al，1984；Cairns，1976。

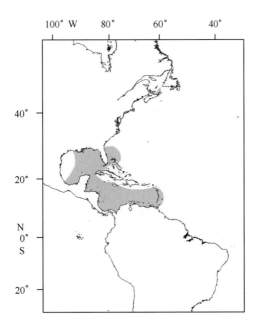

图 8-118　四片爱尔斗蛸地理分布示意图

天使蛸属 *Velodona* Chun，1915

天使蛸属已知仅天使蛸 *Velodona togata* 1 种。

天使蛸 *Velodona togata* Chun，1915

分类地位：头足纲，鞘亚纲，八腕目，无须亚目，蛸科，爱尔斗蛸亚科，天使蛸属。
学名：天使蛸 *Velodona togata* Chun，1915。
英文名：Angel octopus。
分类特征：腕间膜末端十分扩大，呈翼状。
地理分布：西印度洋。
大小：最大胴长 150 mm，最大总长 500 mm。

福斯爱尔斗蛸属 *Vosseledone* Palacio，1978

福斯爱尔斗蛸属已知仅福斯爱尔斗蛸 *Vosseledone charrua* 1 种。

福斯爱尔斗蛸 *Vosseledone charrua* Palacio，1978

分类地位：头足纲，鞘亚纲，八腕目，无须亚目，蛸科，爱尔斗蛸亚科，福斯爱尔斗蛸属。
学名：福斯爱尔斗蛸 *Vosseledone charrua* Palacio，1978。
分类特征：腕间膜末端不扩大，腕吸盘 1 列。雄性茎化腕具明显的舌叶和交接基，非茎化腕吸盘不特化。齿舌退化为 1 列高度特化的齿，齿具翼状侧翼。具墨囊。
地理分布：仅分布于西大西洋和西南大西洋。

谷蛸亚科 Graneledoninae Voss, 1988

谷蛸亚科以下包括深海爱尔斗蛸属 Bentheledone、谷蛸属 Graneledone、奇爱尔斗蛸属 Thaumeledone 3 属。该亚科为深海底栖种。

分类地位:头足纲,鞘亚纲,八腕目,无须亚目,蛸科,谷蛸亚科。

亚科特征:吸盘 1 列,无墨囊,嗉囊无憩室。

属的检索:

1(2)体表具圆锥形或复杂的硬质疣突 ………………………………………………… 谷蛸属

2(1)体表无硬质疣突

3(4)腕短,长度约为胴长的 2 倍;后唾液腺大,大于口球直径的一半 ………… 奇爱尔斗蛸属

4(3)腕中等长度,长度约为胴长的 2~3 倍;后唾液腺小,小于口球直径的一半 ………………
…………………………………………………………………………… 深海爱尔斗蛸属

深海爱尔斗蛸属 *Bentheledone* Robson, 1932

深海爱尔斗蛸属已知白色深海爱尔斗蛸 *Bentheledone albida* 和深海爱尔斗蛸 *Bentheledone rotunda* 2 种,其中深海爱尔斗蛸为本属模式种。

分类地位:头足纲,鞘亚纲,八腕目,无须亚目,蛸科,谷蛸亚科,深海爱尔斗蛸属。

属特征:腕中等长度,长度约为胴长的 2~3 倍,腕吸盘 1 列。嗉囊无憩室;后唾液腺小,小于口球直径的一半。无墨囊。

白色深海爱尔斗蛸 *Bentheledone albida* Berry, 1917

分类地位:头足纲,鞘亚纲,八腕目,无须亚目,蛸科,谷蛸亚科,深海爱尔斗蛸属。

学名:白色深海爱尔斗蛸 *Bentheledone albida* Berry, 1917。

拉丁异名:*Moschites albida* Berry, 1917。

地理分布:南极。

大小:最大胴长 50 mm。

文献: Sweeney et al, 1988。

深海爱尔斗蛸 *Bentheledone rotunda* Hoyle, 1885

分类地位:头足纲,鞘亚纲,八腕目,无须亚目,蛸科,谷蛸亚科,深海爱尔斗蛸属。

学名:深海爱尔斗蛸 *Bentheledone rotunda* Hoyle, 1885。

拉丁异名:*Eledone rotunda* Hoyle, 1885。

地理分布:大西洋。

大小:最大胴长 55 mm。

文献: Robson, 1931, 1932。

谷蛸属 *Graneledone* Joubin, 1918

谷蛸属已知南极谷蛸 *Graneledone antarctica*、北方太平洋谷蛸 *Graneledone boreopacifica*、查氏谷蛸 *Graneledone challengeri*、冈氏谷蛸 *Graneledone gonzalezi*、大谷蛸 *Graneledone macrotyla*、唐氏谷蛸 *Graneledone taniwha*、谷蛸 *Graneledone verrucosa*、火地岛谷蛸 *Graneledone yamana* 8 种,其中谷蛸为本

属模式种。

分类地位：头足纲,鞘亚纲,八腕目,无须亚目,蛸科,谷蛸亚科,谷蛸属。

属特征：体表具圆锥形或复杂的疣突,疣突内含软骨质物质。漏斗器 VV 型。腕吸盘 1 列。茎化腕端器具明显的舌叶和交接基,舌叶无横脊。齿舌由 7 列同型或异型小齿和 2 列缘板组成。每半鳃鳃小片 6~9 个。嗉囊无憩室。无墨囊。

主要种的检索:

1(4)眼上疣突扩大呈"须"状

2(3)每眼各具 2 个扩大的疣突 …………………………………………………… 火地岛谷蛸

3(2)每眼各具 1 个扩大的疣突 …………………………………………………… 大谷蛸

4(1)眼上疣突不呈"须"状

5(6)体表疣突不明显 …………………………………………………………… 冈氏谷蛸

6(5)体表具大量复杂的疣突簇

7(10)外套背部纵向每列疣突簇 22~26 个

8(9)茎化腕吸盘 36~38 个 ……………………………………………………… 北方太平洋谷蛸

9(8)茎化腕吸盘 40~46 个 ……………………………………………………… 谷蛸

10(7)外套背部纵向每列疣突簇 34~39 个

11(12)分布在南极 ……………………………………………………………… 南极谷蛸

12(11)分布在大西洋 …………………………………………………………… 查氏谷蛸

谷蛸 *Graneledone verrucosa* Verrill, 1881

分类地位：头足纲,鞘亚纲,八腕目,无须亚目,蛸科,谷蛸亚科,谷蛸属。

学名：谷蛸 *Graneledone verrucosa* Verrill, 1881。

拉丁异名：*Eledone verrucosa* Verrill, 1881; *Moschites verrucosa* Berry, 1917; *Graneledone verrucosa media* Joubin, 1918; *Moschites verrucosa media* Joubin, 1918; *Moschites media* Joubin, 1918。

分类特征：体卵形,肌肉发达,具色素沉着(图 8-119A)。外套背部具复杂的疣突簇,纵向每列 22~26 个,横向每行 12~16 个,每个疣突簇由 4~10 个圆锥形小疣突组成;眼周围具大量疣突,其中 2~3 个扩大(图 8-119B)。胴长约等于胴宽,未成熟个体胴长略大于胴宽。头宽略小于胴宽。眼睛中等大小。漏斗器 VV 型。腕粗壮,中等长度,腕长为胴长的 2.5~3 倍,背腕长略大于腹腕长,腕式为 1=2>3>4;腕吸盘小,1 列,无扩大的吸盘,随着腕长增加吸盘数增加(图 8-119C);腕间膜中等深度,为腕长的 0.25~0.35 倍,腕间膜式多变。雄性右侧第 3 腕茎化,长度略小于左侧第 3 腕,吸盘数 40~46 个,端器中等长度,舌叶短小,凹槽无横脊,交接基中等长度(图8-119D)。齿舌由 7 列同型或异型小齿和 2 列缘板组成,其中中齿形态多变(图 8-120)。鳃小,每半鳃鳃小片 6~8 个。无墨囊和肛瓣。口球大,前后唾液腺均小,嗉囊无憩室。雄性精囊细长,约 5 个。

地理分布：广泛分布在北大西洋,分布范围 20°~65°N、9°~75°W。

生活史及生物学：中型深海种,栖息水深 750~2 150 m,多为 1 000~2 000 m。雌体怀卵约 80 个,最大卵径 17mm。是威德尔海豹 *Leptonychotes weddellii* 的猎食对象。

大小：最大胴长 110 mm,最大体长 500 mm。

渔业：常见种,无渔业。

文献：Verrill, 1881; Robson, 1931, 1932; Grieg, 1933; Stephen, 1982; Berry, 1917; Allcock, 2003。

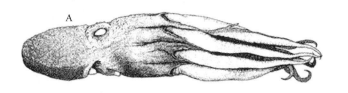

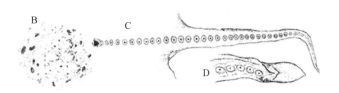

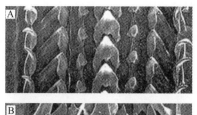

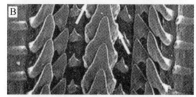

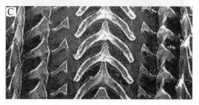

图 8-119 谷蛸形态特征示意图(据 Allcock et al, 2003)
A. 雌性侧视;B. 疣突微结构;C. 腕;D. 茎化腕端器

图 8-120 谷蛸三种类型齿舌扫描电镜图(据 Allcock et al, 2003)

火地岛谷蛸 *Graneledone yamana* Kommritz, 2000

分类地位:头足纲,鞘亚纲,八腕目,无须亚目,蛸科,谷蛸亚科,谷蛸属。

学名:火地岛谷蛸 *Graneledone yamana* Kommritz, 2000。

分类特征:体卵形,肌肉强健。外套和腕基部背面被大量疣突,腕间膜背面和外套腹部无疣突。酒精保存后样本,背部紫罗兰色略带红色,腹部粉红色略带白色。外套腔开口宽,头宽窄于胴宽,眼大,两眼上方各具 2 个十分发达、大小不等的长"须",近端"须"长,远端"须"短(图 8-121A)。漏斗短(漏斗长为胴长的 17.1%～37.7%),漏斗游离端长为漏斗长的一半;漏斗器 VV 型(图 8-121B)。腕短,腕长为胴长的 1.6～4.1 倍(雌性)或 1.9～2.8 倍(雄性),腕窄,腕宽为胴长的 11.7%～29.26%;雌性腕长大于雄性。腕式多变,一般为 1>2>3>4,背腕通常最长。腕吸盘小,1列,雌性吸盘通常大于雄性。雌性腕吸盘 35～80 个,雄性非茎化腕吸盘 42～70 个,茎化腕吸盘 26～38 个。腕间膜浅(为最长腕的 11.3%～38.3%),腕间膜深度由背腕向腹腕逐渐减小,腕间膜式多变,一般为 A>B>C>D>E,通常腹腕腕间膜最浅。雄性右侧第 3 腕茎化(长为胴长的 198%～252%),交接基大(为舌叶长的 50%～100%)(图 8-121C)。齿舌由 7 列异型小齿和 2 列缘板组成,中齿 3 尖(图 8-121D)。外半鳃鳃小片 5～7 个。无墨囊。口球发达,前唾液腺小,后唾液腺大,三角形;食道粗大,中部略微膨大;胃和盲肠由 2 个管道与消化腺相连;消化腺卵形,占据了外套腔的1/3;肠粗短;肛门开口圆,无附属结构。雄性阴茎长管状,精荚细长(75～94 mm)。雌性卵巢大,近端输卵管粗大,远端输卵管较近端输卵管大,卵管腺圆形。

地理分布:分布在西南大西洋巴西南部、乌拉圭、阿根廷沿岸远海。

生活史及生物学:栖息水深 90～1 000 m。成体雌性大于雄性,雌性成熟胴长 75 mm,雄性成熟胴长 59 mm。雌性怀卵约 40 枚,卵径 12 mm×4.7mm。

大小:最大胴长 80 mm。

渔业:非常见种。

文献:Kommritz, 2000。

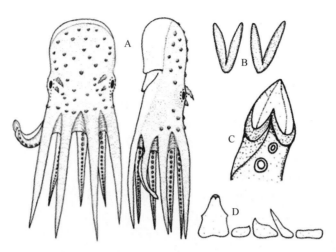

图 8-121 火地岛谷蛸形态特征示意图(据 Kommritz, 2000)

A. 背视和侧视;B. 漏斗器;C. 茎化腕端器;D. 右侧一半齿舌

大谷蛸 *Graneledone macrotyla* Voss, 1976

分类地位:头足纲,鞘亚纲,八腕目,无须亚目,蛸科,谷蛸亚科,谷蛸属。

学名:大谷蛸 *Graneledone macrotyla* Voss, 1976。

分类特征:体中型,肌肉发达。外套背部、头部和腕基部具大量明显的软骨质疣突,疣突大小和结构相近,两眼上方各具一个十分发达的"须",其他部位皮肤光滑。眼大。头宽约等于外套宽。漏斗器官 VV 型。腕短,各腕长相近,为胴长的 1.8 ~ 2.5 倍;腕间膜相对较深,深度为腕长的 30%;腕吸盘 1 列,每腕吸盘 60 ~ 70 个。雄性右侧第 3 腕茎化,长度短于左侧第 3 腕,茎化腕吸盘数 31 个,左侧第 3 腕吸盘数 60 ~ 65 个。舌叶小,约为茎化腕长的 8%,凹槽具 4 ~ 5 个微弱的横脊,交接基短,精沟窄(图 8-122A)。齿舌由 7 列异型小齿和 2 列缘板组成,中齿 3 尖(图 8-122B)。外半鳃鳃小片 7 个。无墨囊。

图 8-122 大谷蛸形态特征示意图(据 Kubodera and Okutani, 1994)

A. 茎化腕端器;B. 齿舌

地理分布:分布在阿根廷东南沿岸至 45°S,马尔维纳斯群岛。

生活史及生物学:深海底栖种,体中型,栖息水深多在 800 ~ 2 100 m。雄性成熟胴长为 70 mm。

大小:最大胴长 70 mm。

渔业:非常见种。

文献:Voss, 1976; Allcock et al, 2003。

南极谷蛸 *Graneledone antarctica* Voss, 1976

分类地位:头足纲,鞘亚纲,八腕目,无须亚目,蛸科,谷蛸亚科,谷蛸属。

学名:南极谷蛸 *Graneledone antarctica* Voss, 1976。

分类特征:外套背部具复杂的疣突簇,纵向每列 34 ~ 36 个;眼上无"须"状疣突。齿舌为同齿型。

地理分布:南极。

生活史及生物学:栖息水深 500~1 000 m。

大小:最大胴长 95 mm。

渔业:非常见种。

文献:Voss, 1976; Allcock, 2003; Collins et al, 2004。

北方太平洋谷蛸 *Graneledone boreopacifica* Nesis, 1982

分类地位:头足纲,鞘亚纲,八腕目,无须亚目,蛸科,谷蛸亚科,谷蛸属。

学名:北方太平洋谷蛸 *Graneledone boreopacifica* Nesis, 1982。

拉丁异名:*Graneledone pacifica* Voss and Pearcy, 1990。

英文名:Ghost octopus。

分类特征:外套背部具复杂的疣突簇,纵向每列 22~26 个。茎化腕吸盘 36~38 个。齿舌异齿型或同齿型,中齿单尖或多尖,最多可达 8 尖。

地理分布:普里比洛夫群岛、白令海和阿留申群岛海域。

生活史及生物学:深海种,栖息在大陆架边缘水域,栖息水深多为 650~1 550 m。卵长 40 mm,初孵幼体总长 55 mm。

大小:最大胴长 135 mm。

渔业:非常见种。

文献:Hochberg, 1998; Allcock et al, 2003; Drazen et al, 2003; Voight, 2000。

查氏谷蛸 *Graneledone challengeri* Berry, 1916

分类地位:头足纲,鞘亚纲,八腕目,无须亚目,蛸科,谷蛸亚科,谷蛸属。

学名:查氏谷蛸 *Graneledone challengeri* Berry, 1916。

拉丁异名:*Eledone verrucosa* Hoyle, 1886; *Moschites challengeri* Berry, 1916; *Moschites verrucosa* Hoyle, 1904。

分类特征:外套背部具复杂的疣突簇,纵向每列 34~39 个。齿舌为同齿型。

地理分布:新西兰和巴拿马附近海域。

生活史及生物学:栖息水深 600~1 400 m。

大小:最大胴长 150 mm,最大体长 610 mm。

渔业:非常见种。

文献:Robson, 1931; O'Shea, 1999; Grieg, 1933; O'Shea and Kubodera, 1996; Allcock et al, 2003。

冈氏谷蛸 *Graneledone gonzalezi* Guerra et al. , 2000

分类地位:头足纲,鞘亚纲,八腕目,无须亚目,蛸科,谷蛸亚科,谷蛸属。

学名:冈氏谷蛸 *Graneledone gonzalezi* Guerra et al. , 2000。

分类特征:体表疣突不明显,眼上无"须"状疣突。

地理分布:凯尔盖朗群岛(大西洋)。

生活史及生物学:栖息于内大陆架斜坡 510~540 m 水层。

大小:最大胴长 84 mm,最大总长 335 mm。

渔业:非常见种。

文献:Guerra et al, 2000; Allcock et al, 2003。

塔尼瓦谷蛸 *Graneledone taniwha* O'Shea, 1999

分类地位:头足纲,鞘亚纲,八腕目,无须亚目,蛸科,谷蛸亚科,谷蛸属。

学名:塔尼瓦谷蛸 *Graneledone taniwha* O'Shea, 1999。

分类特征:齿舌为异齿型,中齿3尖。

地理分布:新西兰。

大小:最大胴长155 mm,最大体长500 mm。

渔业:非常见种。

文献:O'Shea, 1999。

奇爱尔斗蛸属 *Thaumeledone* Robson, 1930

奇爱尔斗蛸属已知奇爱尔斗蛸 *Thaumeledone brevis*、冈特氏奇爱尔斗蛸 *Thaumeledone gunteri*、马氏奇爱尔斗蛸 *Thaumeledone marshalli*、圆形奇爱尔斗蛸 *Thaumeledone rotunda*、蔡氏奇爱尔斗蛸 *Thaumeledone Zesis* 5种,其中奇爱尔斗蛸为本属模式种。

分类地位:头足纲,鞘亚纲,八腕目,无须亚目,蛸科,谷蛸亚科,奇爱尔斗蛸属。

属特征:体表具低矮的圆形乳突。腕短,长度约为胴长的2倍,腕吸盘1列。嗉囊无憩室;后唾液腺大,大于口球直径的一半。无墨囊。

主要种的检索:

1(2)后唾液腺小,约为口球长的30% ……………………………………… 圆形奇爱尔斗蛸

2(1)后唾液腺大,约为口球长的70%~80%

3(4)齿舌由1列中齿组成,其余齿退化 ……………………………………… 奇爱尔斗蛸

4(3)齿舌由多列小齿组成

5(6)齿舌由9列小齿组成 ………………………………………………… 蔡氏奇爱尔斗蛸

6(5)齿舌由5列小齿组成 ………………………………………………… 冈特氏奇爱尔斗蛸

冈特氏奇爱尔斗蛸 *Thaumeledone gunteri* Robson, 1930

分类地位:头足纲,鞘亚纲,八腕目,无须亚目,蛸科,爱尔斗亚科,奇爱尔斗蛸属。

学名:冈特氏奇爱尔斗蛸 *Thaumeledone gunteri* Robson, 1930。

分类特征:体卵形至圆形,体表白色,乳突不规则,深紫色(图8-123A)。腕间膜口面苍白色。具几个扩大的眼球乳突。茎化腕吸盘19~22个。头宽(为胴长的74.5%±5.2%)窄于胴宽(为胴长的91.6%±9.6%)。漏斗中等大小(为胴长的42.7%±3.6%),漏斗器VV型。各腕长相近(第1~4腕长分别为胴长的153.2%±28.9%、162.3%±40.1%、161.5%±32.9%、168.5%±36.1%)。腕吸盘1列,直径小,无扩大的吸盘。茎化腕球棒状,舌叶大(为茎化腕长的16.9%±4.4%),舌叶凹槽深,无横脊;交接基大而明显(为舌叶长的80.3%±7.4%)(图8-123B)。茎化腕吸盘19~22个,左侧第3腕吸盘达36个。腕间膜很深(最深为最长腕的40.9%±7.7%),腕间膜式为A=B=C=D>E。齿舌由5列小齿组成,中齿单尖,第1侧齿矮小的圆锥形,第2侧齿宽平(图8-123C)。无墨囊。后唾液腺约为口球长的80%。每半鳃鳃小片5个。精荚中等至长(为胴长的113.3%±27.2%),纤细。具针形软骨质内壳(图8-123D)。

地理分布:栖息在南乔治亚岛附近水域水层。

生活史及生物学:栖息水深364~964 m。成熟卵径大于10 mm。

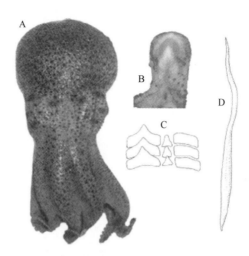

图 8-123 冈特氏奇爱尔斗蛸形态特征示意图(据 Allcock et al, 2004)

A. 背视;B. 茎化腕端器;C. 右侧一半齿舌;D. 内壳

大小:最大胴长 50 mm。

渔业:非常见种。

文献:Norman, 2000；Kubodera and Tsuchiya, 1993；O'Shea and Kubodera, 1996；Robson, 1931；Allcock et al, 2004。

圆形奇爱尔斗蛸 *Thaumeledone rotunda* Hoyle, 1885

分类地位:头足纲,鞘亚纲,八腕目,无须亚目,蛸科,爱尔斗亚科,奇爱尔斗蛸属。

学名:圆形奇爱尔斗蛸 *Thaumeledone rotunda* Hoyle, 1885。

拉丁异名:*Eledone rotunda* Hoyle, 1885, *Betheledone rotunda* Hoyle, 1885。

分类特征:体近圆形(图 8-124)。新鲜个体背部和腹部白色,口表面深紫色。外套背部、头部和头冠部分布有乳突,两眼上方各具一个眼球乳突。头宽(为胴长的 71.9%±10.8%)窄于胴宽(为胴长的 96.6%±11.2%)。漏斗中等大小(为胴长的 45.3%±3.6%),漏斗器 W 型。腕短,各腕长相近(第 1~4 腕长分别为胴长的 207.1%±13.5%、201.0%±13.9%、189.4%±16.2%、207.0%±17.1%),腕式为 1=4>2>3。腕吸盘 1 列,直径小,无扩大的吸盘。雄性右侧第 3 腕茎化,球棒状,长度短于左侧第 3 腕(为左侧第 3 腕长的 85.8%±8.4%),舌叶大(为茎化腕长的 14.1%±1.9%),舌叶凹槽深,无横脊;交接基大而明显(为舌叶长的79.7%±2.7%)。茎化

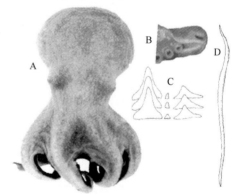

图 8-124 圆形奇爱尔斗蛸形态特征示意图(据 Allcock et al, 2004)

A. 背视;B. 茎化腕端器;C. 右侧一半齿舌;D. 内壳

腕吸盘 23~27 个,左侧第 3 腕吸盘达 45 个。腕间膜很深(最深为最长腕的 49.3%±5.7%),腕间膜式为 A>B=C=D>E。无墨囊。后唾液腺二裂片,与正常后唾液腺不同,约为口球长的 30%。每半鳃鳃小片 4~5 个。精荚中等至长(为胴长的 122.2%±12.5%),纤细。角质颚下颚喙顶端钝。齿舌由 5 列小齿组成,中齿单尖,第 1 侧齿矮小的圆锥形,第 2 侧齿宽尖。具针形软骨质内壳。

地理分布:环南极分布。

生活史及生物学:栖息水深 2 900~3 500 m。

大小:最大胴长 62 mm,总长 188 mm。

渔业:非常见种。

文献:Allcock et al, 2004。

奇爱尔斗蛸 *Thaumeledone brevis* Hoyle, 1885

分类地位:头足纲,鞘亚纲,八腕目,无须亚目,蛸科,谷蛸亚科,奇爱尔斗蛸属。

学名:奇爱尔斗蛸 *Thaumeledone brevis* Hoyle, 1885。

拉丁异名:*Eledone brevis* Hoyle, 1885;*Moschites brevis* Berry, 1917。

分类特征:体表具小乳突。腕短至中等(为胴长的 100%~230%),吸盘 1 列,直径小。雄性右侧第 3 腕茎化,末端具明显的舌叶和交接基,舌叶大(为茎化腕长的 9%~17%),舌叶凹槽深,无横脊,交接基长(为舌叶长的 30%~85%)。腕间膜中等至深(最深为最长腕的 20%~65%)。漏斗器官 VV 型。鳃不发达,每半鳃具鳃小片 4~5 个。无墨囊和肛瓣。具针状软骨质内壳。乳突或腕间膜口面色素深紫色。

地理分布:阿根廷附近海域。

生活史及生物学:栖息水深 1 100 m。

大小:胴长 26 mm。

渔业:非常见种。

文献:Robson, 1931; O'Shea and Kubodera, 1996; Hoyle, 1886; Allcock et al, 2004。

马氏奇爱尔斗蛸 *Thaumeledone marshalli* O'Shea, 1999

分类地位:头足纲,鞘亚纲,八腕目,无须亚目,蛸科,爱尔斗亚科,奇爱尔斗蛸属。

学名:马氏奇爱尔斗蛸 *Thaumeledone marshalli* O'Shea, 1999。

分类特征:齿舌由 5 列小齿组成。

地理分布:新西兰附近海域。

大小:最大胴长 43.5mm,最大总长 102 mm。

文献:O'Shea, 1999。

蔡氏奇爱尔斗蛸 *Thaumeledone zeiss* O'Shea, 1999

分类地位:头足纲,鞘亚纲,八腕目,无须亚目,蛸科,爱尔斗亚科,奇爱尔斗蛸属。

学名:蔡氏奇爱尔斗蛸 *Thaumeledone zeiss* O'Shea, 1999。

分类特征:齿舌由 9 列小齿组成。

地理分布:新西兰附近海域。

大小:最大胴长 54.9 mm,最大总长 120 mm。

文献:O'Shea, 1999。

蛸亚科 Octopodinae Grimpe, 1921

蛸亚科以下包括断腕蛸属 *Abdopus*、两鳍蛸属 *Amphioctopus*、柔蛸属 *Callistoctopus*、小孔蛸属 *Cistopus*、肠腕蛸属 *Enteroctopus*、脆腕蛸属 *Euaxoctopus*、鲨腕蛸属 Galeoctopus、豹纹蛸属 *Hapalochlaena*、蛸属 *Octopus*、皮特蛸属 *Pteroctopus*、瓦特蛸属 *Scaeurgus* 11 属。

分类地位:头足纲,鞘亚纲,八腕目,无须亚目,蛸科,蛸亚科。

亚科特征:吸盘 2 列,具墨囊,嗉囊具憩室。

属的检索:

1(2)体表、腕和腕间膜具闪光的蓝环或蓝线 …………………………………… 豹纹蛸属
2(1)体表、腕和腕间膜无闪光组织(某些种类具 1 对闪光环,位于第 2 和第 3 腕基部的腕间膜
　　处)
3(6)腕可自断,自断腕可再发育
4(5)第 3 或第 4 腕最长 ……………………………………………………………… 断腕蛸属
5(4)第 2 腕最长 ……………………………………………………………………… 脆腕蛸属
6(3)腕不可自断,不可再发育
7(10)背腕明显较其他腕长
8(9)具水孔 …………………………………………………………………………… 小孔蛸属
9(8)不具水孔 ………………………………………………………………………… 柔蛸属
10(7)各腕长相近或侧腕最长
11(12)舌叶具横向的凹槽,凹槽具横脊 ……………………………………………… 鲨腕蛸属
12(11)舌叶具纵向的凹槽,凹槽无横脊
13(16)雄性左侧第 3 腕茎化
14(15)两眼上方各具 1 个乳突;外套侧缘具隆脊 …………………………………… 瓦特蛸属
15(14)两眼上方各具 1 对乳突;外套侧缘无隆脊 …………………………………… 皮特蛸属
16(13)雄性右侧第 3 腕茎化
17(18)巨型种(总长大于 4 m) ………………………………………………………… 肠腕蛸属
18(17)小型至大型种
19(20)腕长为胴长的 2~3 倍,无内壳 ………………………………………………… 两鳍蛸属
20(19)腕长为胴长的 3~5 倍,具内壳 ………………………………………………… 蛸属

断腕蛸属 *Abdopus* Norman and Finn, 2001

　　断腕蛸属已知马赛克断腕蛸 *Abdopus abaculus*、刺断腕蛸 *Abdopus aculeatus*、摩羯断腕蛸 *Abdopus capricornicus*、断腕蛸 *Abdopus horridus*、汤加断腕蛸 *Abdopus tonganus* 5 种,其中断腕蛸为本属模式种。该属种仅分布在印度洋—西太平洋。

　　分类地位:头足纲,鞘亚纲,八腕目,无须亚目,蛸科,蛸亚科,断腕蛸属。

　　属特征:体表、腕和腕间膜无闪光组织。腕可自断,自断的腕可再发育,腕吸盘 2 列,第 3 或第 4 腕最长。成熟雄性第 2 和第 3 腕具扩大的吸盘。具墨囊,嗉囊具憩室。

马赛克断腕蛸 *Abdopus abaculus* Norman and Sweeney, 1997

　　分类地位:头足纲,鞘亚纲,八腕目,无须亚目,蛸科,蛸亚科,断腕蛸属。
　　学名:马赛克断腕蛸 *Abdopus abaculus* Norman and Sweeney, 1997。
　　拉丁异名:*Octopus abaculus* Norman/Sweeney, 1997。
　　英文名:Mosaic drop-arm octopus。
　　分类特征:体卵形,暗灰色至紫黑色,背部具明显的网状白斑,呈现出马赛克式样(图 8-125A)。腕甚长,约为胴长的 6 倍,腕吸盘 2 列,每腕吸盘 170~210 个,茎化腕吸盘 90~120 个。腕可自断,自断的腕可再发育。雄性右侧第 3 腕茎化腕,端器具交接基(图 8-125B)。成熟雄性第 3 和第 4 腕具 8~12 个扩大的吸盘。

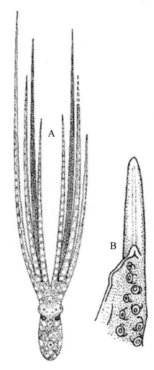

图 8-125　马赛克断腕蛸形态特征示意图(据 Dunning et al, 1998)

A. 背视;B. 茎化腕端器

地理分布:菲律宾群岛(图 8-126)。

生活史及生物学:生活于潮间带的小型种,白天栖于低潮线以下,栖息水深至少至 6 m。

大小:最大胴长 33 mm。

渔业:无渔业,无经济价值。

文献: Norman, 2000; Abitia-Cardenas et al, 1997; Dunning et al, 1998; Norman and Finn, 2001。

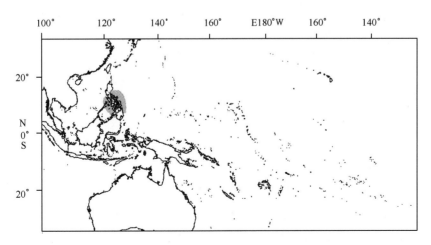

图 8-126　马赛克断腕蛸地理分布示意图

刺断腕蛸 *Abdopus aculeatus* Orbigny，1834

分类地位:头足纲,鞘亚纲,八腕目,无须亚目,蛸科,蛸亚科,断腕蛸属。

学名:刺断腕蛸 *Abdopus aculeatus* Orbigny，1834。

拉丁异名:*Octopus aculeatus* Orbigny，1834。

英文名:Greater drop-arm octopus。

分类特征:体卵形,灰褐色至暗灰色,体表具马赛克状的白斑,白斑分布至腕顶端(图8-127A)。腕甚长,约为胴长的5~6倍,腕吸盘2列,每腕吸盘190~250个,茎化腕吸盘140~175个。腕可自断,自断的腕可再发育。雄性右侧第3腕茎化腕,端器具交接基(图8-127B)。成熟雄性第2~4腕具5~12个扩大的吸盘。每半鳃具6~7个鳃小片。

地理分布:分布在菲律宾群岛和澳大利亚(图8-128)。

生活史及生物学:栖息在潮间带水域,栖息水深至少10 m。为2种能够利用腕行走的章鱼之一。雌性育卵。交配时,精子沿雄性茎化腕精沟输入雌性外套腔内。

大小:最大胴长65 mm。

渔业:小规模地方渔业。

文献:Norman，2000；Abitia-Cardenas et al，1997；Dunning et al，1998；Caldwell，2005。

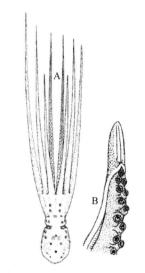

图8-127 刺断腕蛸形态特征示意图(据 Dunning et al，1998)
A. 背视;B. 茎化腕端器

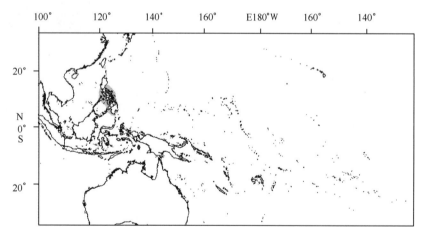

图8-128 刺断腕蛸地理分布示意图

摩羯断腕蛸 *Abdopus capricornicus* Norman and Flinn，2001

分类地位:头足纲,鞘亚纲,八腕目,无须亚目,蛸科,蛸亚科,断腕蛸属。

学名:摩羯断腕蛸 *Abdopus capricornicus* Norman and Flinn，2001。

拉丁异名:*Octopus capricornicus* Norman and Flinn，2001。

地理分布:澳大利亚东北部。

大小:最大胴长42 mm。

文献:Norman，2000；Abitia-Cardenas et al，1997。

断腕蛸 *Abdopus horridus* Orbigny, 1826

分类地位:头足纲,鞘亚纲,八腕目,无须亚目,蛸科,蛸亚科,断腕蛸属。
学名:断腕蛸 *Abdopus horridus* Orbigny, 1826。
拉丁异名:*Octopus horridus* Orbigny, 1826。
地理分布:红海。
文献:Norman, 2000; Sweeney and Roper, 1998; Adam, 1955; Norman and Finn, 2001; Walker, 1987; Wodinsky, 1972。

汤加断腕蛸 *Abdopus tonganus* Hoyle, 1885

分类地位:头足纲,鞘亚纲,八腕目,无须亚目,蛸科,蛸亚科,断腕蛸属。
学名:汤加断腕蛸 *Abdopus tonganus* Hoyle, 1885。
拉丁异名:*Octopus tonganus* Hoyle, 1885。
地理分布:汤加群岛(南太平洋)。
大小:最大胴长 35 mm。
文献:Sweeney and Roper, 1998; Abitia-Cardenas et al, 1997。

两鳍蛸属 *Amphioctopus* Fischer, 1882

分类地位:头足纲,鞘亚纲,八腕目,无须亚目,蛸科,蛸亚科,两鳍蛸属。
属特征:吸盘2列,具墨囊,嗉囊具憩室。

柔蛸属 *Callistoctopus* Taki, 1964

分类地位:头足纲,鞘亚纲,八腕目,无须亚目,蛸科,蛸亚科,柔蛸属。
属特征:吸盘2列,具墨囊,嗉囊具憩室。

小孔蛸属 *Cistopus* Gray, 1849

小孔蛸属已知仅小孔蛸 *Cistopus indicus* 1 种。
分类地位:头足纲,鞘亚纲,八腕目,无须亚目,蛸科,蛸亚科,小孔蛸属。
属特征:体表、腕和腕间膜无闪光组织。各腕基部口面具黏液囊,有小的水孔与外界相通。腕不可自断,不可再发育,腕吸盘2列。雄性茎化腕端器舌叶微小,交接基不明显。具墨囊,嗉囊具憩室。

小孔蛸 *Cistopus indicus* Rapp, 1835

分类地位:头足纲,鞘亚纲,八腕目,无须亚目,蛸科,蛸亚科,小孔蛸属。
学名:小孔蛸 *Cistopus indicus* Rapp, 1835。
拉丁异名:*Octopus indicus* Orbigny, 1840; *Cistopus indicus* Orbigny, 1840; *Cistopus bursarius* Hoyle, 1886。
英文名:Old woman octopus;**法文名**:Poulpe vieille femme;**西班牙文名**:Pulpo perforado。
分类特征:体长卵形,头部窄,颈部收缩,体表光滑,分布少许疣突,肌肉松软(图 8-129A)。漏斗器 W 型(图 8-129B)。每腕基部口面有一个黏液囊,有小孔与外相通,水流可由此小孔通过。腕细长,末端削弱,腕长约为胴长的 7~8 倍,背腕较其他腕粗长,腹腕最短,腕式一般为 1>2>3>4,腕吸盘 2 列。腕间膜中等深度(为最长腕的 14%~20%),背部腕间膜深于腹部腕间膜,腕间膜式为 A>B>C>D>E 或 B>A>C>D>E。雄性右侧第 3 腕茎化,端器锥形,舌叶小、光滑,较不发达,仅为全腕长的 3%,精沟明显,交接基不明显(图 8-129C)。茎化腕吸盘 102~117 个,非茎化腕吸盘 129~164 个。雄性第 1、第 2 腕 2~4 个吸盘(第 18 到第 21 吸盘)扩大。角质颚上颚喙短,内弯,头盖窄;下颚喙短,头盖窄,翼部微宽,侧壁向外侧展开。齿舌由 7 列异型小齿组成,缘板退化或无。中齿列有两种类型:①4 尖中齿交替排列,一种中齿为左侧 2 侧尖,右侧 1 侧尖,另一种中齿为左侧 1 侧尖,右侧 2 侧尖(图 8-130a);②3 尖和 5 尖的中齿交替排列(图 8-130b)。每半鳃鳃小片 10~11 个。具退化的针状内壳,长度约为胴长的 30%(图 8-129E)。具墨囊。阴茎发达,长度为胴长的 8%~23%。

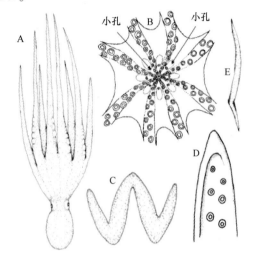

图 8-129　小孔蛸形态特征示意图(据 Roper et al,1984)
A. 背视;B. 口视;C. 漏斗器;D. 茎化腕端器;E. 内壳

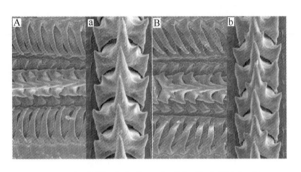

图 8-130　小孔蛸两种类型齿舌扫描电镜图(据 Norman and Lu,2000)

地理分布:分布于中国南海、台湾,菲律宾、印度尼西亚北部、马来西亚南部、巴基斯坦西部的热带亚热带海域(图 8-131)。

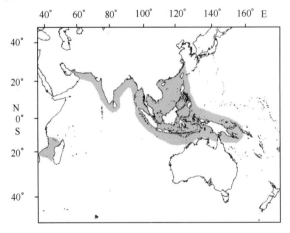

图 8-131　小孔蛸地理分布示意图

生活史及生物学:热带亚热带海域底栖种,栖息于潮线以下至 80 m 等深线的泥质海底。为典型的印度—马来种,适盐、适温范围窄,集群于高温高盐区。雌性产卵约 6 000~8 000 枚,卵小、卵径 5~7 mm。

大小：最大胴长 180 mm，最大总长 600 mm，最大体重 2 000 g。

渔业：次要经济种，年产量数百吨。我国广东沿岸、菲律宾群岛沿岸，均有小孔蛸的零星渔场。渔具主要为底拖网，几乎全年都有渔获，在菲律宾群岛海域以 6—8 月渔获较多。小孔蛸体型较大，肉质嫩软，是东南亚水产市场上的重要蛸类。在中国香港每年的产量约 100 t，在新加坡和泰国也是重要的渔业资源。

文献：Roper et al，1984；Voss and Williamson，1972；Norman and Sweeney，1997；Dong，1988；Nesie，1982；Normand and Hochberg，1994；Lu，1998；Norman，1998；Norman and Lu，2000；廖健翔，2003；Dunning et al，1998。

肠腕蛸属 *Enteroctopus* Rochebrune and Mabille，1889

肠腕蛸属已知水蛸 *Enteroctopus dofleini*、乍氏肠腕蛸 *Enteroctopus juttingi*、庄严肠腕蛸 *Enteroctopus magnificus*、红色肠腕蛸 *Enteroctopus megalocyathus*、肠腕蛸 *Enteroctopus membranaceus*、新西兰肠腕蛸 *Enteroctopus zealandicus* 6 种，其中肠腕蛸为本属模式种。

分类地位：头足纲，鞘亚纲，八腕目，无须亚目，蛸科，蛸亚科，肠腕蛸属。

属特征：巨型种（总长大于 4 m），外套皮肤具松软的纵皱。腕不可自断，不可再发育，第 2 腕最长，腕吸盘 2 列。雄性右侧第 3 腕茎化，舌叶具纵向的凹槽，凹槽无横脊。具墨囊，嗉囊具憩室。精荚长（可达 1 m）。

主要种的检索：

1（4）两眼上方具须状突起
2（3）两眼上方各具 1 个须状突起 ……………………………………… 庄严肠腕蛸
3（2）两眼上方各具 3~4 个须状突起 ……………………………………… 水蛸
4（1）两眼上方无须状突起 ……………………………………… 红色肠腕蛸

水蛸 *Enteroctopus dofleini* Wülker，1910

分类地位：头足纲，鞘亚纲，八腕目，无须亚目，蛸科，蛸亚科，肠腕蛸属。

学名：水蛸 *Enteroctopus dofleini* Wülker，1910。

拉丁异名：*Octopus dofleini* Wülker，1910；*Polypus dofleini* Wülker，1910；*Octopus dofleini apollyon* Berry，1912；*Octopus hongkongensis* Hoyle，1885；*Octopus gilbertianus* Berry，1912；*Octopus punctatus* Gabb，1862；*Octopus apollyon* Berry，1913；*Paroctopus asper* Akimushkin，1963；*Octopus madokai* Berry，1921；*Polypus apollyon* Berry，1912；*Polypus gilbertianus* Berry，1912；*Enteroctopus dofleini* Wülker，1910；*Octopus dofleini dofleini* Wülker，1910；*Octopus dofleini apollyon* Berry，1912；*Octopus dofleini martini* Pickford，1964。

英文名：North Pacific giant octopus，Giant pacific octopus；**法文名**：Poulpe géant du Pacifique nord；**西班牙文名**：Pulpo gigante。

分类特征：体卵形、椭圆形，背部红色至微红褐色，腹部白色（图 8-132A）。体松软，具疣突和不规则的纵褶，疣突通常与脊相连，幼体体表的疣突星形。无眼点，两眼上方各具 3~4 个须。漏斗器 W 型。腕长为胴长的 3~5 倍，第 1~3 腕长相近，第 4 腕较短，腕式为 1>2>3>4；腕吸盘 2 列，每腕吸盘约 280 个；腕间膜发达，腕间膜深约为腕长的 1/4。雄性右侧第 3 腕茎化，较左侧第 3 腕短，吸盘约 100 个，舌叶长锥形，为茎化腕长的 16%~25%，顶端钝，凹槽具许多横片，交接基短小，顶端尖（图8-132B）。每半鳃鳃小片 12~15 个，共 24~30 个。具齿舌和墨囊。阴茎短小，憩室极大，近圆形,呈螺旋式环绕,约 8~9 圈。

地理分布:分布在北太平洋加利福尼亚北部经过阿拉斯加至日本(图 8-133)。

生活史及生物学:北方大型浅水底栖种,主要栖息于低潮线至 200 m 水层的寒温带陆架区。体色多变,一方面保护色可以躲避敌害,另一方面绚烂的色彩可以吸引异性。具有羞涩、温顺、聪明等特点。它们是世界上最大的蛸类,有记录最大个体总长 9.6 m,体重 272 kg,体重通常大于 50 kg。众多研究认为,它们具有记忆能力,能够打开瓶盖取食物,可以识别不同形状、质地、图案的标记等。

在日本外海,具季节性洄游习性,10—11 月向岸边洄游,2—3 月开始返回深水区,4 月底至 5 月又返回近岸水域,8—9 月再返回至深水区。秋季近岸洄

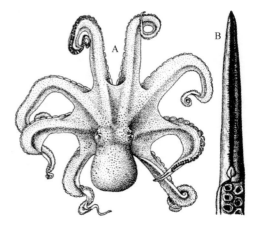

图 8-132 水蛸形态特征示意图(据 Roper et al, 1984)

A. 背视;B. 茎化腕端器

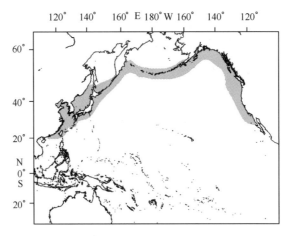

图 8-133 水蛸地理分布示意图

游时,雌雄在 100 m 以上水层交配,交配时雄性利用茎化腕将精荚输送到雌性的输卵管内;交配后,雄性回到深水区,几个月后死亡,而雌性继续向浅水区洄游,精子贮存于雌蛸的卵管腺中,经过几个月后,卵巢成熟、排卵,与精子相遇而受精,并产出卵子,在交配后这几个月的滞后期内,雌性大量摄食以储藏能量。

产卵模式为典型的瞬时终端产卵,全年产卵,产卵高峰为冬季,卵发育需要 3~7 个月时间,孵化高峰为早春。据个体大小不同,产卵在 30 000~60 000 枚之间,卵径为 6~8 mm×2~3 mm,卵通常产于 50 m 以内水深的岩石上或砂地里。雌性育卵 6~7 个月,直至卵孵化,雌性育卵期间停止摄食,卵孵化后雌性死亡。初孵幼体约 4 mm,初孵幼体先浮游生活,持续时间约为 1 个月,此时的仔鱼各腕具一条简单的色素细胞列;体长 20~50 mm 开始营底层生活。海洋环境对水蛸成活率产生重大影响,其仔鱼期死亡率甚高,Mottet(1975)估算,生长至 6 mm 成活率 4%,至 10 mm 成活率只有 1%;此外 1~2 龄时死亡率也相当高。

生命周期 4~5 年。一般 3 年达到性成熟,雄性性成熟早,雌性性成熟晚。在日本外海,雌性性成熟体重 10~15 kg,雄性为 7~17 kg。浮游仔鱼期以浮游动物为食,成体以甲壳类、软体动物、小型章鱼、鱼类为食。

大小:最大胴长 600 mm,最大体长 3 000 mm。

渔业:次要经济种。在日本北部为最常见的蛸类,其北部海域资源丰富,尤以北海道西北的留萌海域和北端的宗谷海域产量最高。在北海道,水蛸渔业开始于1955年,产量每年可达20 000 t(包括少量的栗色蛸 *Octopus conispadiceus* 和蛛蛸 *Octopus araneoides*)。5—8月在浅水区作业,11月至翌年2月陷阱网作业水深可至60 m;在70~150 m的较深水域,4—7月延绳钓作业,10月至翌年2月底拖网作业。在东太平洋主要为拖网作业。在加利福尼亚产量低,且较分散。在白令海,10月的作业水层为40~50 m,近年来作业水层有所加深。

水蛸主要用作食用和其他延绳钓渔业的饵料。在日本,加工已有悠久历史,只要以2%~4%的醋酸加上食盐浸制,或再加上其他有机酸、甜料和调料等,制成"酢蛸",是日本人民喜食的海味珍品。

文献:Roper et al,1984;Nesis,1987;Hochberg,1998;Sweeney and Roper,1998;Okada,1971;Vincent et al,1998;Fiscus,1993;Boletzky and Hanlon,1983;Anderson and Wood,2001;Cosgrove,1993;Anderson,2000;Scheel,2002;High,1977。

庄严肠腕蛸 *Enteroctopus magnificus* Villanueva et al,1992

分类地位:头足纲,鞘亚纲,八腕目,无须亚目,蛸科,蛸亚科,肠腕蛸属。

学名:庄严肠腕蛸 *Enteroctopus magnificus* Villanueva et al,1992。

拉丁异名:*Octopus magnificus* Villanueva/Sanchez/Compagno,1992。

英文名:Magnificent octopus。

分类特征:体卵形,皮肤具褶皱,两眼上方各具1个须状突起(图8-134)。

地理分布:分布在纳米比亚、爱德华王子群岛(南非)、南非。

生活史及生物学:栖息在2~560 m的砂质底层。

大小:最大胴长360 mm。

渔业:底拖网偶尔有渔获。

图8-134　庄严肠腕蛸侧视

文献:Sweeney and Roper,1998;Bianchi et al,1999;Villanueva,1993;Boletzky and Roeleveld,2000;Hanlon and Forsythe,1985;Villanueva and Roeleveld,1991;Voight,1990。

红色肠腕蛸 *Enteroctopus megalocyathus* Gould,1852

分类地位:头足纲,鞘亚纲,八腕目,无须亚目,蛸科,蛸亚科,肠腕蛸属。

学名:红色肠腕蛸 *Enteroctopus megalocyathus* Gould,1852。

拉丁异名:*Octopus megalocyathus* Gould,1852;*Polypus brucei* Hoyle,1912;*Octopus brucei* Odhner,1923;*Octopus patagonicus* Loennberg,1898。

英文名:Red octopus;**西班牙文名**:Seguidos por pulpo colorado。

分类特征:体表具大量松弛的纵皱,两眼上方无须状乳突(图8-135A)。腕吸盘2列。雄性右侧第3腕茎化(图8-135B)。角质颚色素沉着深。齿舌由7列异型小齿和2列缘板组成,中齿多尖(图8-135C)。具墨囊。

地理分布:分布在阿根廷、智利和马尔维纳斯群岛。

生活史及生物学:初孵幼体总长14.8~21.5 mm,胴长

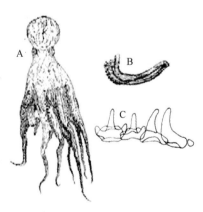

图8-135　红色肠腕蛸形态特征示意图(据Garri and Ré,2002)

A. 背视;B. 茎化腕端器;C. 右侧一半齿舌

7~9.5 mm,背部色素体较腹部丰富,且形状和排列不同。与多数种类不同,其初孵幼体营底层生活。主食甲壳类和蛸类等。

大小:最大胴长 225 mm,最大体重 4 kg。

渔业:智利地方性渔业,每年产量在 2 000~5 000 t(包括负蛸 *Octopus mimus* 产量在内)。

文献:Alonso et al,2001;Robson,1930;Rochebrune and Mabille,1889;Margarita et al,2006;Garri and Ré,2002。

乍氏肠腕蛸 *Enteroctopus juttingi* Robson,1929

分类地位:头足纲,鞘亚纲,八腕目,无须亚目,蛸科,蛸亚科,肠腕蛸属。

学名:乍氏肠腕蛸 *Enteroctopus juttingi* Robson,1929。

地理分布:智利周边海域。

文献:Robson,1929。

肠腕蛸 *Enteroctopus membranaceus* Rochebrune and Mabille,1889

分类地位:头足纲,鞘亚纲,八腕目,无须亚目,蛸科,蛸亚科,肠腕蛸属。

学名:肠腕蛸 *Enteroctopus membranaceus* Rochebrune and Mabille,1889。

地理分布:智利周边海域。

大小:最大胴长 80 mm,最大总长 300 mm。

文献:Roper et al,1984;Rochebrune and Mabille,1889。

新西兰肠腕蛸 *Enteroctopus zealandicus* Benham,1944

分类地位:头足纲,鞘亚纲,八腕目,无须亚目,蛸科,蛸亚科,肠腕蛸。

学名:新西兰肠腕蛸 *Enteroctopus zealandicus* Benham,1944。

地理分布:新西兰周边海域。

大小:最大胴长 272 mm。

文献:O'Shea,1999。

脆腕蛸属 *Euaxoctopus* Voss,1971

脆腕蛸属已知脆腕蛸 *Euaxoctopus panamensis*、地图脆腕蛸 *Euaxoctopus pillsburyae*、斜角肌脆腕蛸 *Euaxoctopus scalenus* 3 种,其中脆腕蛸为本属模式种。该属种分布在美洲中部。

分类地位:头足纲,鞘亚纲,八腕目,无须亚目,蛸科,蛸亚科,脆腕蛸属。

属特征:外套背侧部具大的新月形边缘。体表、腕和腕间膜无闪光组织。腕可自断,自断的腕可再发育,腕吸盘 2 列,第 2 腕最长,各腕无扩大的吸盘。具墨囊,嗉囊具憩室。

地图脆腕蛸 *Euaxoctopus pillsburyae* Voss,1975

分类地位:头足纲,鞘亚纲,八腕目,无须亚目,蛸科,蛸亚科,脆腕蛸属。

学名:地图脆腕蛸 *Euaxoctopus pillsburyae* Voss,1975。

英文名:Map octopus;**法文名**:Poulpe lierre;**西班牙文名**:Pulpo lampazo。

分类特征:体短椭圆形,胴长仅为总长的 10%,颈部收缩(图 8-136A)。背部左右两侧各具一块黑斑,为圆脊所包围(图 8-136B)。腕十分细长,末端削弱,吸盘小,2 列,雄性无扩大的吸盘。腕间膜极浅,深度小于腕长的 6%(图 8-136A)。雄性右侧第 3 腕茎化,茎化腕较非茎化腕粗短,舌叶披针形,侧缘隆起形成宽凹槽,凹槽具 15~20 个横脊,交接基相对较大,发达,顶端尖(图 8-136C)。外半鳃鳃小片 7 个。

　　地理分布:分布在热带大西洋(图 8-137)。

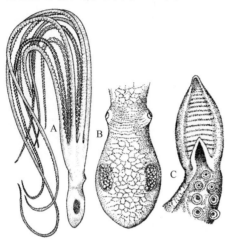

图 8-136　地图脆腕蛸形态特征示意图
(引自 Roper et al, 1984)
A. 侧视;B. 胴部和头部背视;C. 茎化腕端器

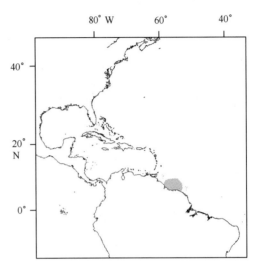

图 8-137　地图脆腕蛸地理分布示意图(据 Roper et al, 1984)

　　生活史及生物学:小型底栖种,栖息水深 20~60 m。
　　大小:最大胴长 30 mm,最大体长 200 mm。
　　渔业:潜在经济种。未形成专门的渔业,主要为拖网的副渔获物。
　　文献:Roper et al, 1984。

脆腕蛸 *Euaxoctopus panamensis* Voss, 1971

　　分类地位:头足纲,鞘亚纲,八腕目,无须亚目,蛸科,蛸亚科,脆腕蛸属。
　　学名:脆腕蛸 *Euaxoctopus panamensis* Voss, 1971。
　　拉丁异名:*Tremoctopus scalenus* Hoyle, 1904。
　　地理分布:墨西哥附近海域。
　　大小:胴长 32 mm。
　　文献:Nesis, 1987; Voss, 1971。

斜角肌脆腕蛸 *Euaxoctopus scalenus* Hoyle, 1904

　　分类地位:头足纲,鞘亚纲,八腕目,无须亚目,蛸科,蛸亚科,脆腕蛸属。
　　学名:斜角肌脆腕蛸 *Euaxoctopus scalenus* Hoyle, 1904。
　　拉丁异名:*Tremoctopus scalenus* Hoyle, 1904。
　　地理分布:巴拿马附近海域。
　　大小:最大胴长 15 mm,最大总长 120 mm。
　　文献:Hoyle, 1904。

鲨腕蛸属 *Galeoctopus* Norman et al, 2004

　　分类地位:头足纲,鞘亚纲,八腕目,无须亚目,蛸科,蛸亚科,鲨腕蛸属。

属特征:外套侧缘具隆起的脊。体表、腕和腕间膜无闪光组织。腕不可自断,不可再发育,腕吸盘2列。茎化腕舌叶具横向的凹槽,凹槽具横脊。具墨囊,嗦囊具憩室。

生活史及生物学:深水种,栖息水深200~400 m。

地理分布:西太平洋。

豹纹蛸属 *Hapalochlaena* Robson,1929

豹纹蛸属已知豹纹蛸 *Hapalochlaena fasciata*、新月豹纹蛸 *Hapalochlaena lunulata*、斑点豹纹蛸 *Hapalochlaena maculosa*、尼尔氏豹纹蛸 *Hapalochlaena nierstraszi* 4 种,其中新月豹纹蛸为本属模式种。

分类地位:头足纲,鞘亚纲,八腕目,无须亚目,蛸科,蛸亚科,豹纹蛸属。

属特征:小型种,体表、腕和腕间膜具闪光的蓝环或蓝线。体色多变化,该属种类多能分泌毒素。腕吸盘2列。具墨囊,嗦囊具憩室。

种的检索:

1(2)外套表面具蓝线 ·· 豹纹蛸
2(1)外套表面具蓝环
3(4)眼睛有蓝环或蓝带穿过 ·· 新月豹纹蛸
4(3)眼睛无蓝环或蓝带穿过
5(6)蓝环大 ··· 尼尔氏豹纹蛸
6(5)蓝环小 ··· 斑点豹纹蛸

豹纹蛸 *Hapalochlaena fasciata* Hoyle,1886

分类地位:头足纲,鞘亚纲,八腕目,无须亚目,蛸科,蛸亚科,豹纹蛸属。

学名:豹纹蛸 *Hapalochlaena fasciata*。

英文名:Blue-lined octopus,Southern blue-lined octopus。

分类特征:体长筒形,末端尖(图8-138),肌肉发达。体灰色,体表具许多小突起,头部背面及腕表面具有许多大小不等的蓝色小圆圈位于大小不等的黑斑中,外套背部具有许多长短不等的蓝色条纹位于大小不等的黑斑中,当受到攻击时体表由灰色变成黄

图8-138 豹纹蛸背视(据 Dunning et al,1998)

色。眼睛上无显著的突起,第2和第3腕之间的腕间膜上无假眼点。腕短,腕长为胴长的2~3倍,第3腕较其他腕略长。腕吸盘2列,无扩大的吸盘。腕间膜深,最深为腕长的26%。雄性右侧第3腕茎化,较左侧第3腕短,端器细长,约为茎化腕长的8%,吸盘53~54 个。具退化的墨囊。

生活史及生物学:近海小型底栖种,通常栖息在近岸浅水潮间带的岩石礁和卵石水域,生活水深最浅至少可达30 m。通常夜间活动,白天偶尔在岩石丛中出没。主食甲壳类,尤其是蟹类。唾液腺发达,分泌剧烈的毒素,毒素可用作杀死食物和防御敌害。交配时,雄性将茎化腕伸到雌性的外套腔内,然后将精荚输到雌性的输卵管内。交配后雌性将卵产于口周围,育卵直至孵化。大的初孵幼体具有成体的体色式样,营底层生活,初孵幼体墨囊即能分泌墨汁,4周后功能退化,不再分泌墨汁。

地理分布:分布在东澳大利亚昆士兰州北部至新南威尔士南部,中国台湾(图8-139)。

大小:最大胴长50 mm,最大体重16 g。

渔业:个体小,分泌毒素,无经济价值,可用作观赏养殖。

文献:Norman, 2000; Stranks, 1990; Dunning et al, 1998; Norman and Reid, 2000。

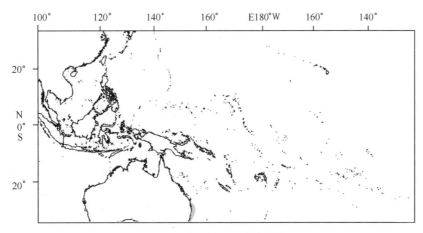

图 8-139 豹纹蛸地理分布示意图

新月豹纹蛸 *Hapalochlaena lunulata* Quoy and Gaimard, 1832

分类地位:头足纲,鞘亚纲,八腕目,无须亚目,蛸科,蛸亚科,豹纹蛸属。

学名:新月豹纹蛸 *Hapalochlaena lunulata* Quoy and Gaimard, 1832。

英文名:Greater blue-ringed octopus。

分类特征:体长筒形,末端尖(图 8-140),肌肉发达。体灰白色,体表具许多小突起,头部背面、外套背面及腕表面具有许多大小不等的蓝色小圆圈位于大小不等的黑斑中(蓝环多数较大),当受到攻

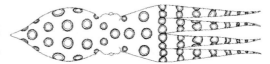

图 8-140 新月豹纹蛸背视(据 Dunning et al, 1998)

击时体表由灰色变成黄色。眼睛有蓝环或蓝带穿过。腕短,腕长为胴长的 1.5~2 倍,腕吸盘 2 列,无扩大的吸盘。雄性右侧第 3 腕茎化。具退化的墨囊。

生活史及生物学:近海小型底栖种,栖息于礁湖、海湾以及珊瑚礁水域,生活水深 0~20 m。生活时,腕通常蜷缩,通过以漏斗喷水来游泳。通常夜间觅食,白天藏匿于岩石缝、珊瑚礁等隐蔽处。主食小型甲壳类、鱼类以及软体动物。唾液腺发达,分泌剧烈的毒素,毒素用作杀死食物和防御敌害。交配时,雄性将茎化腕伸到雌性的外套腔内,然后将精荚输到雌性的输卵管内。交配后,雌性将卵产于口周围,育卵直到孵化,持续时间约 50 天。初孵幼体营浮游生活,初孵幼体即能分泌墨汁,成体在相互攻击、拒绝交配以及受到敌害攻击时会释放墨汁。

地理分布:分布在西太平洋澳大利亚北部至日本(图 8-141)。

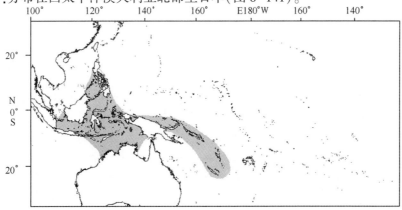

图 8-141 新月豹纹蛸地理分布示意图

大小:最大胴长 50 mm。

渔业:分泌毒素,无经济价值。

文献:Norman, 2000; Cheng and Caldwell, 2000; Huffard and Caldwell, 2002; Overath and Boletzky, 1974; Dunning et al, 1998。

斑点豹纹蛸 *Hapalochlaena maculosa* Hoyle, 1883

分类地位:头足纲,鞘亚纲,八腕目,无须亚目,蛸科,蛸亚科,豹纹蛸属。

学名:斑点豹纹蛸 *Hapalochlaena maculosa* Hoyle, 1883。

拉丁异名:*Octopus pictus* Brock, 1882; *Octopus maculosa* Hoyle, 1883; *Octopus fasciata* Hoyle, 1886; *Hapalochlaena maculosa* Robson, 1929; *Polypus pictus var. faciata* Hoyle, 1886; *Polypus pictus faciatus* Berry, 1912; *Polypus faciatus* Sasaki, 1929。

英文名:Blue-ringed octopus, Lesser blue-ringed octopus, Southern blue-ringed octopus。

分类特征:体卵圆形,末端尖,色素斑点极细(图 8-142)。体表光滑,体色多变,通常灰色或土黄色,头部和外套背部及腕表面具有许多大小不等的蓝色小圆圈位于大小不等的黑斑中,各腕和头部约有蓝环四五个,胴部约有十四五个。漏斗器 W 型。腕短,腕长约为胴长的 2~3 倍,各腕长相近,腕吸盘 2 列。雄性右侧第 3 腕茎化,较左侧第 3 腕短,端器锥形,约为全腕长的 1/15。角质颚上颚喙宽,顶端钝;头盖短,约为脊突长的 0.4 倍,头盖低,紧贴于脊突;脊突宽;翼部延伸至侧壁前缘基部宽的 3/4 处;侧壁广泛展开,无侧壁皱。下颚喙顶端钝宽,具浅的开口;头盖低,紧贴于脊突;脊突宽直,不增厚;侧壁皱至侧壁下缘 1/2 处。阴茎较短,阴茎部较瘦,憩室较胖。每半鳃鳃小片约为 6~8 个。

生活史及生物学:近海小型底栖种,主要生活于 0~50 m 深的暖水海域,在水温 21~23℃、盐度 31.7~35.4 的环境中均能生存与繁殖。通过漏斗喷水来游泳。在中国南海近海,多生活在 20~70 m 左右内陆架以内水域,底栖生物网中有较多采获,但数量不大。卵孵出后 4 个月左右即达性成熟,5 个月后进行交配和产卵。交配时,雄性以茎化腕将精荚送入雌性的外套腔内,精荚迸裂后,精团中的精子与卵子在输卵管内受精。交配持续时间长达 1 小时。交配后雌性将卵产于口周围,育卵直到孵化约 50 天。雄性交配后死亡,雌性育卵,待卵孵化后很快也死亡。雌蛸怀卵量约百余枚。产出的成熟卵子略呈茄形,卵径 7.0~7.9 mm×2.7~3.2 mm。胚胎发育期约为 1.5 个月。初孵幼体平均胴长 4 mm,平均胴宽 3.7 mm,色素细胞大而发达,布满体表。卵黄囊几天后方完全吸收。大约 7~8 天后开始捕食小型甲壳类,1~2 月后即能攻击蟹类。胴长 5~6 mm 的幼蛸开始分泌毒腺,随着年龄增加毒腺分泌越来越少,最后停止分泌。在饲养过程中,初孵幼体立即营底栖生活。

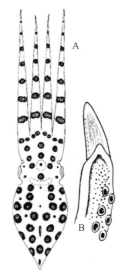

图 8-142 斑点豹纹蛸背视(据 Dunning et al, 1998)

地理分布:分布在中国南海、日本列岛南部、马来群岛、澳大利亚东南部和北部、斯里兰卡、印度海域(图 8-143)。

大小:胴长最大 50 mm。

经济意义:体型小,资源量少,在食用和饵料上的意义均不大,它是头足类中后唾液腺最发达的种类之一,分泌一种低分子量的蛋白毒,称为"环毒"(maculotoxin),主要成分有酪胺(tyramine)、组胺(histamine)和胺乙基(aminoethyl)等,可提取降压药物或治疗神经系统疾病的药物。斑点豹纹蛸是迄今为止被报道咬人致死的唯一的头足类。

文献:Nesis, 1987; Norman, 2000; Okada, 1971; Boletzky and Hanlon, 1983; Bradley and Messenger, 1977; Flachsenberger et al, 1995; Flaschsenberger and Kerr, 1983; Fuji, 1993; Gage, 1973; Gage et al, 1976; Gibbs and Greenaway, 1978; Harding, 1985; Hirakawa, 1987; Hoyle, 1883;

Stranks and Lu，1991；Lu and Ickeringill，2002；Dunning et al，1998。

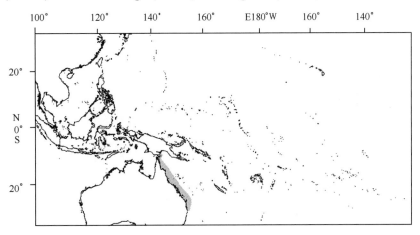

图 8-143　斑点豹纹蛸地理分布示意图

尼尔氏豹纹蛸 *Hapalochlaena nierstraszi* Adam，1938

分类地位：头足纲，鞘亚纲，八腕目，无须亚目，蛸科，蛸亚科，豹纹蛸属。

学名：尼尔氏豹纹蛸 *Hapalochlaena nierstraszi* Adam，1938。

分类特征：体长筒形，末端尖，肌肉发达。头部和外套背面及腕表面具有许多大小不等的蓝色小圆圈位于大小不等的黑斑中。腕吸盘 2 列，无扩大的吸盘。雄性右侧第 3 腕茎化。具退化的墨囊。

地理分布：安达曼群岛。

生活史及生物学：近海小型底栖种。主要以小蟹、小虾、小鱼为食。交配时，雄性以茎化腕将精荚送入雌性的外套腔内，精荚迸裂后，精团中的精子与卵子在输卵管内受精。秋季交配后的雌蛸将卵产于口周围腕基部，育卵至卵孵化，持续时间约 6 个月，在此期间雌蛸不进食，卵孵化后雌蛸死亡。

大小：最大胴长 17 mm。

渔业：非常见种。

蛸属 *Octopus* Cuvier，1797

蛸属已知百余种，其中真蛸为本属模式种。

分类地位：头足纲，鞘亚纲，八腕目，无须亚目，蛸科，蛸亚科，蛸属。

属特征：腕吸盘 2 列，短腕型或长腕型。眼前、眼间、体表具斑块或不具斑块。腕基部不具小孔。不具磷光细胞层。端器较分化。具墨囊，嗉囊具憩室。具针状内壳。

沙蛸 *Octopus aegina* Gray，1849

分类地位：头足纲，鞘亚纲，八腕目，无须亚目，蛸科，蛸亚科，蛸属。

学名：沙蛸 *Octopus aegina* Gray，1849。

拉丁异名：*Octopous kagoshimensis* Ortmann，1888。

英文名：Marbled octopus，Sandbird octopus；**法文名**：Poulpe des sables；**西班牙文名**：Pulpo reticulado。

分类特征：体卵圆形，肌肉发达，体表被小瘤或排列呈网纹状的乳突，外套背部 4 个大型的突起排列成钻石状。无假眼点，两眼上方各具 1 个须状突起（图 8-144A），新鲜个体两眼之间头基部具一白带。腕短，强健，腕长为胴长的 2~3 倍，第 1 腕最短，腕式为 4=3>2>1，腕吸盘 2 列，各腕背列吸盘基部具一黑色色素体,每腕吸盘110~130个。第1腕间腕间膜浅,其余腕间腕间膜中等深度,最深腕间膜为最长腕的29%。雄性右侧第3腕茎化,较左侧第3腕短,吸盘约60~67个;舌叶短,为腕长的5%~8%,舌叶凹槽浅;交接基小、明显(图8-144B)。成熟雄性第2和第3腕具2~3个扩大吸盘。外半鳃鳃小片7~10个。

生活史及生物学:近海大陆架中型底栖种,栖息水深30~120 m。生活时体色多变,体色多与环境色相符。卵小,卵径2 mm。

地理分布:主要分布于西太平洋、印度洋、红海、日本至莫桑比克(图8-145)。

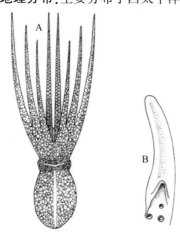

图8-144 沙蛸形态特征示意图(据 Roper et al, 1984;Dunning et al, 1998)

A. 背视;B. 茎化腕端器

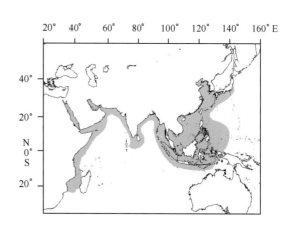

图8-145 沙蛸地理分布示意图

大小:最大胴长100 mm,总长300 mm,体重0.4 kg。

渔业:中国台湾、马来西亚以及东非鱼市常见种类。渔具渔法主要为底拖网、陷阱网和钩钓。

文献:Roper et al, 1984;Norman, 2000; Abitia-Cardenas et al, 1997; Dunning et al, 1998。

阿尔斐俄斯蛸 *Octopus alpheus* Norman, 1993

分类地位:头足纲,鞘亚纲,八腕目,无须亚目,蛸科,蛸亚科,蛸属。

学名:阿尔斐俄斯蛸 *Octopus alpheus* Norman, 1993。

英文名:Capricorn night octopus。

分类特征:体长卵形(图8-146),橙褐色至红色,外套背部、腕、腕间膜具白色大斑。腕中等长度,腕长为胴长的3~5倍,背腕较侧腕和腹腕长。腕间膜中等深度,最深为最长腕的16%~25%。每腕吸盘190~230个,茎化腕每腕吸盘80~100个,各腕无扩大的吸盘。

地理分布:澳大利亚东部(图8-147)。

生活史及生物学:热带水域种,栖息在潮间带珊瑚礁水域,夜间在低潮线下活动。雌性产卵少于500枚,卵径大于8 mm。通常只捕食蟹类。

大小:最大胴长90 mm。

渔业:无商业性渔业。

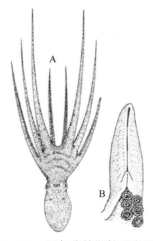

图8-146 阿尔斐俄斯蛸形态特征示意图(据 Dunning et al, 1998)

A. 背视;B. 茎化腕端器

文献:Norman, 2000; Dunning et al, 1998。

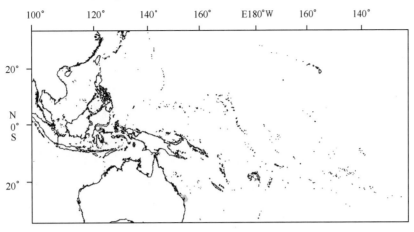

图 8-147　阿尔斐俄斯蛸地理分布示意图

平体蛸 *Octopus aspilosomatis* Norman, 1993

分类地位:头足纲,鞘亚纲,八腕目,无须亚目,蛸科,蛸亚科,蛸属。

学名:平体蛸 *Octopus aspilosomatis* Norman, 1993。

拉丁异名:*Octopus aspilosomatis* Norman, 1993。

英文名: Plain-body night octopus。

分类特征:体卵形(图 8-148A),橙褐色至栗色,腕和腕间膜具白色斑点。腕长,长度为胴长的 4.5~6 倍。背腕长于侧腕和腹腕。腕间膜浅,最深为最长腕的 9%~15%。每腕吸盘 200~270 个,雄性茎化腕吸盘 75~100 个(图 8-148B),各腕无扩大的吸盘。

地理分布:澳大利亚东北部(图 8-149)。

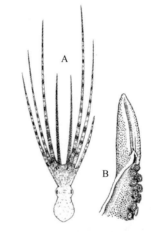

图 8-148　平体蛸形态特征示意图
(据 Dunning et al, 1998)
A. 背视;B. 茎化腕

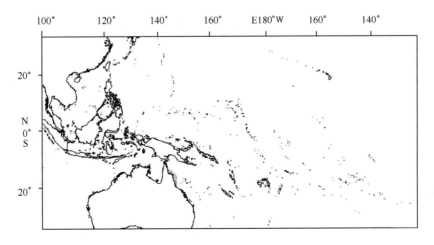

图 8-149　平体蛸地理分布示意图

生活史及生物学:热带水域种,栖息在潮间带珊瑚礁水域,夜间在低潮线以下活动。雌性产卵少于 10 000 枚,卵径小,小于3 mm。

大小:最大胴长 80 mm。

渔业:无商业性渔业。

文献:Norman,1993,2000;Dunning et al,1998。

澳洲蛸 *Octopus australis* Hoyle,1885

分类地位:头足纲,鞘亚纲,八腕目,无须亚目,蛸科,蛸亚科,蛸属。

学名:澳洲蛸 *Octopus australis* Hoyle,1885。

英文名:Hammer octopus,Southern Octopus。

分类特征:体卵形,侧缘具隆起的脊,肌肉发达。外套背部乳白色至紫褐色,腹部乳白色。体表被大量规则的小突起,头部两眼之间具一花生状白色斑块,两眼上方具 1 对号角状突起(图 8-150A)。腕长约为胴长的 3~4 倍;腕吸盘 2 列,每腕吸盘可达 220 个,茎化腕吸盘 60~80 个;腕间膜深,侧腕间腕间膜最深。雄性右侧第 3 腕茎化,端器膨大呈锤状(图8-150B)。

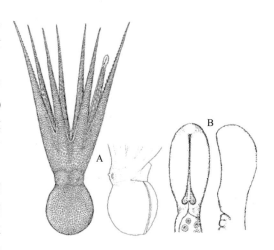

图 8-150　澳洲蛸形态特征示意图(据 Dunning et al,1998)

A. 背视和侧视;B. 茎化腕端器口视和侧视

生活史及生物学:沿岸浅水中型底栖种,通常栖息在港湾沿岸和海湾的砂质、泥质或海草地海底,栖息水深至少可至 134 m。白天埋于砂土中或藏于其他隐蔽的地方休息,当埋于砂中时,它们可以利用体侧的隆脊在砂中滑行;夜间出来觅食蟹或其他甲壳类。交配时雄性利用端器将精荚送入雌性的输卵管内,雌性产大型卵,卵径可达 12mm,卵通常产于硬物(如贝壳)的表面,初孵幼体营底层生活。主要捕食蛇尾类、双壳类、涟虫、腹足类、等脚类、糠虾类、蛸类和多毛纲蠕虫。当受到威胁时,眼周的皮肤颜色加深,使眼看上去像其他大型动物的头部。

地理分布:东澳大利亚沿岸,从昆士兰州北部至新南威尔士南部(图 8-151)。

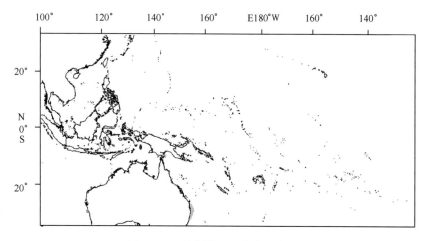

图 8-151　澳洲蛸地理分布示意图

大小：最大胴长 70 mm。

渔业：次要经济种。产量低，主要为其他渔业的副渔获物，可食用或用作饵料。

文献：Norman, 2000；Boletzky and Hanlon, 1983；Stranks and Norman, 1992；Norman and Reid, 2000；Dunning et al, 1998。

南方脊蛸 *Octopus berrima* Stranks and Norman, 1993

分类地位：头足纲，鞘亚纲，八腕目，无须亚目，蛸科，蛸亚科，蛸属。

学名：南方脊蛸 *Octopus berrima* Stranks and Norman, 1993。

英文名：Southern keeled octopus。

分类特征：体卵形，肌肉发达，侧缘具隆脊，体通常白色至有杂色斑的橙褐色。体表被大量规则的圆形和指状小突起，眼上方突起扩大（图 8-152A）。腕长约为胴长的 3~4 倍，腕吸盘 2 列。腕间膜深，侧腕间腕间膜最深（图 8-152B）。雄性右侧第 3 腕茎化，端器膨大。角质颚上颚喙宽，顶端钝，喙缘弯；头盖短；脊突宽、弯，较两侧侧壁略增厚；翼部延伸至侧壁宽的 1/2 处。下颚喙顶端钝、宽，开口；头盖低、弯，紧贴于脊突；脊突宽、弯，不增厚；侧壁皱至侧壁拐角前端。

生活史及生物学：沿岸浅水中型底栖种，通常栖息在港湾沿岸和海湾的砂质、泥质或海草地海底，栖息水深至少可至 250 m。生活时体色多变，体色多与环境色相符。白天埋于砂土中或藏于其他隐蔽的地方休息，当埋于砂中时，它们可以利用体侧的隆脊在砂中滑行，有时仅将一只眼睛露于外面来观察周围动静；夜间出来觅食蟹或其他甲壳类。交配时雄性利用端器将精荚送入雌性的输卵管内，雌性产大型卵，卵通常产于硬物（如贝壳）的表面，初孵幼体营底层生活。主要

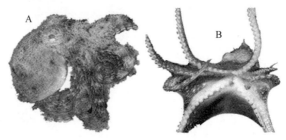

图 8-152　南方脊蛸形态特征示意图（据 Norman and Reid, 2000）
A. 侧视；B. 口视

捕食蛇尾类、双壳类、涟虫、腹足类、糠虾类、蛸类和多毛纲蠕虫等。Lu 和 Ickeringill（2002）在澳大利亚南部水域采集到 37 尾，胴长范围为 19.9~84.0 mm，体重范围为 5.8~433.8 g。

地理分布：南澳大利亚，从大澳大利亚湾至塔斯马尼亚岛和东维多利亚。

大小：最大胴长 100 mm。

渔业：次要经济种。可食用或用作钓饵，在南澳大利亚和维多利亚海湾及内海有一定渔获，但产量较低，作业方式为壶钓。

文献：Norman, 2000；Stranks and Norman, 1992；Norman and Reid, 2000；Lu and Ickeringill, 2002。

双斑蛸 *Octopus bimaculatus* Verrill, 1883

分类地位：头足纲，鞘亚纲，八腕目，无须亚目，蛸科，蛸亚科，蛸属。

学名：双斑蛸 *Octopus bimaculatus* Verrill, 1883。

英文名：California two-spot Octopus, Verrill's two-spot octopus, Bimac Octopus。

分类特征：体卵形，体色多变，有灰色、黑褐色、绿色、黄色、红色等，体表具褐色斑块（图 8-153A）。眼球较突出，两眼下方第 2 和第 3 腕腕间膜基部各具 1 黑色眼点，眼点中间具蓝色圆环（图 8-153B），眼后方的外套背部中间和眼前方第 1 腕基部各具 2 个白色的斑块。腕长约为胴长的 4~5 倍，腕吸盘 2 列，2 列吸盘交替排列。

生活史及生物学:体色多变,且变色快,体色通常与环境色相适应。通常栖息在低潮线上下,水深可至 50 m,并以岩石缝或洞穴作为栖息处。产小型卵,初孵幼体先营浮游生活,20~60 天以后营底栖生活。主食蚌类、蛤类、蟹类、小鱼、龙虾、腹足类、双壳类,其本身是蛸类和加利福尼亚海狮的猎食对象。

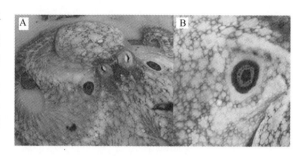

图 8-153　双斑蛸形态特征示意图(据 Norman, 2000)

A. 背视;B. 眼点

地理分布:分布在东太平洋,加利福尼亚沿岸和加利福尼亚海湾。

大小:最大胴长 200 mm。

渔业:常见种,无渔业。

文献:Norman, 2000; Klages, 1996; Allen et al, 1986; Ambrose, 1982, 1984, 1988, 1997。

加利福尼亚双斑蛸 *Octopus bimaculoides* Pickford and McConnaughey, 1949

分类地位:头足纲,鞘亚纲,八腕目,无须亚目,蛸科,蛸亚科,蛸属。

学名:加利福尼亚双斑蛸 *Octopus bimaculoides* Pickford and McConnaughey, 1949。

英文名:California two-spot Octopus, California mud-flat octopus。

分类特征:体卵形,体色多变,有灰色、黑褐色、绿色、黄色、红色等,体表具褐色斑块(图 8-154A)。眼球较突出,两眼下方第 2 和第 3 腕腕间膜基部各具 1 黑色眼点,眼点中间具一蓝色圆环(圆环图文与双斑蛸不同)(图 8-154B),眼后方的外套背侧中间和眼前方第 1 腕基部各具 2 个白色的斑块。腕长约为胴长的 2.5~3 倍,腕吸盘 2 列,2 列吸盘交替排列。

图 8-154　加利福尼亚双斑蛸形态特征示意图(据 Wood and O'Dor, 2000)

A. 背后视;B. 眼点

地理分布:分布在加利福尼亚沿岸和加利福尼亚海湾。

生活史及生物学:体色多变,且变色快,体色通常与环境色相适应。表皮多具寄生虫。通常栖息在低潮线上下,水深可至 50 m,并以岩石缝或洞穴作为栖息处。主要捕食蟹、腹足类、双壳类、文蛤和鲍鱼。性成熟体长 545 mm,性成熟年龄 341 天。雌性育卵,卵产出至孵化整个过程中卵径不断增大,刚产出的卵径约 6 mm,两星期后达 10 mm。产大型卵,初孵幼体直接营底栖生活。孵化期约 60 天,初孵幼体体重 0.07 g。

10~14 天的胚胎,口附近具大块卵黄囊,动物极还未经过第二次和最后一次上下移动,眼、头和腕具色素体,墨囊和外套一些小色素体清晰可见。动物极第二次移动过程中的胚胎,卵黄囊团仍很大,腕基本形成。即将孵化的胚胎,卵黄囊完全被吸收,动物极经过第二次和最后一次上下移动,各腕完全形成,腕吸盘较多;卵壳柄断裂,外套顶端 Kolliker's 器官形成,器官分泌的酶将卵壳顶消化,幼体破壳而出。1 月大小的幼体,眼点形成,外套顶端尖,延长。2—3 月大小的幼体,体黑色,中央具一条宽的白带,外套中部两小白斑形成,顶端尖,延长。3 月大小的幼体,体黑色,白带消失,外套顶端和第 1 腕色彩艳丽。4 月大小的幼体,体色杂,多变。

大小:最大胴长 140 mm。

渔业:常见种,无渔业。

文献:Wood and O'Dor, 2000; Forsyth and Hanlon, 1988; Cigliano, 1993; Forsythe and Hanlon,

1988；Forsythe et al，1983，1991；Lang，1991；Sinn et al，2001；Torres et al，1997。

沟蛸 *Octopus briareus* Robson，1929

分类地位：头足纲，鞘亚纲，八腕目，无须亚目，蛸科，蛸亚科，蛸属。

学名：沟蛸 *Octopus briareus* Robson，1929。

英文名：Caribbean reef octopus；**法文名**：Poulpe ris；**西班牙文名**：Pulpo de arrecife。

分类特征：体卵形，通常为明显的蓝绿色，偶尔有杂褐色斑，体色多变，体表具许多近圆形颗粒，色素斑细小。漏斗器 W 型。腕长，各腕长不等，腕长约为胴长的 5~7 倍，第 1 和第 4 腕细短，第 2 和第 3 腕粗长，腕式为 2=3>4>1，腕吸盘 2 列（图 8-155A）。雄性右侧第 3 腕茎化，端器浆状，舌叶具横脊和沟，舌叶长为茎化腕长的 3%~4%（图 8-155B）；一般情况下雄性端器是由右侧第 3 腕顶端茎化而成，而沟蛸端器是由生长在腕侧缘的裙带状皮肤的末端茎化而成。外半鳃鳃小片 6~8 个。

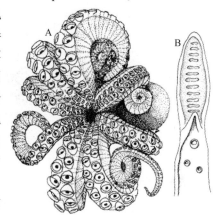

图 8-155　沟蛸形态特征示意图（据 Roper et al，1984）
A. 口视；B. 茎化腕端器

生活史及生物学：底栖种，栖息于浅水珊瑚礁海域或底质为岩石、砂、海草的海底，栖息水深 45~90 m，喜高温、高盐，在水温 18~29℃，盐度 27~36 的环境中均能够生活与繁殖。皮肤蓝绿色，反光，有利于夜间活动，通常夜间在珊瑚礁和海草地觅食，捕食时腕间膜张开将食物包住。雌雄个体大小、体色以及生活习性基本相同。

沟蛸喜食鲜活饵料，食性广，主食蟹类、磷虾、多毛类、软体动物等，仅蟹类就有 20 余种，有时也食腐肉和小鱼，同类残食的现象较普遍；而其本身又是细斑石斑鱼 *Epinephelus guttatus* 的饵料。饲养中发现，沟蛸的日摄食量很大，每天能吃掉 2~3 个中等大小的蟹类；在食物特别丰足时，大个体沟蛸每天能吃掉 20~40 个招潮蟹。总的食物转化率很高，可达 45%~68%。

雄性约 140 天性成熟，雌性约 150 天性成熟。交配时雄性通过端器将精荚送入雌性的输卵管内，交配后雄性死亡。产卵期 12 月至翌年 3 月，产卵场多位于长有海藻的平滩、岩礁或砂质海底。雌性育卵，卵孵化后雌体死亡，产大型卵，产卵约 300~500 枚，卵径约 10 mm，水温 19~25℃时，孵化期 50~80 天，孵化率约为 80%~90%，初孵幼体直接营底栖生活，生命周期大约 1~1.5 年。初孵幼体能够像成体一样通过喷水游泳，也能够分泌墨汁。

幼体生长快。初孵幼体，平均胴长为 5 mm，平均全长 15 mm，平均体重 95 g；120 天后，平均胴长为 88 mm，平均全长 490 mm，平均体重为 450 g；336 天后，平均胴长为 120 mm，平均全长 630 mm，平均体重为 881 g。60~120 天之间的平均生长速率最快。17 个星期即可生长至成体大小的 75%，5—7 个月即达到性成熟。

地理分布：分布在热带西大西洋美国东南部、墨西哥湾东南部、巴哈马群岛、加勒比群岛和南美洲北部水域（图 8-156）。

大小：最大胴长 120 mm，体重 1.5 kg。

渔业：次要经济种。是加勒比海最重要的蛸类，古巴沿岸一种小型的重要渔业，主要用作食物或饵料。主要渔场在古巴沿岸和加勒比海沿岸，水深几米至几十米，渔期在冬、春季，渔具渔法包括杆钓、曳绳钓、陷阱网、底拖网和枪刺等。在中西大西洋主要作为真蛸渔业的副渔获物。沟蛸已在实验室中成功饲养，它具有卵大、胚胎发育稳定、生长率快、成体尺寸大以及营养价值较高等特点，因此人工饲养价值高。

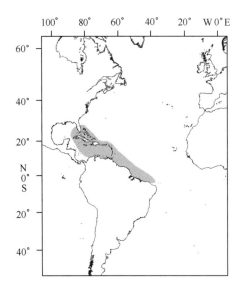

图 8-156　沟蛸地理分布示意图

文献:Norman, 2000; Kubodera and Tsuchiya, 1993; Randall, 1967; Boletzky and Hanlon, 1983; Aronson, 1981, 1986, 1989; Ronald and Curtis, 1973; Hanlon, 1973, 1977; Boyle, 1983; Hanlon and Forsythe, 1985; Voss, 1971; Roper, 1978。

南方白斑蛸 *Octopus bunurong* Stranks, 1990

分类地位:头足纲,鞘亚纲,八腕目,无须亚目,蛸科,蛸亚科,蛸属。

学名:南方白斑蛸 *Octopus bunurong* Stranks, 1990。

英文名:Southern white-spot octopus。

分类特征:体卵形,外套背部和腕的反口面具白色斑点,腕长为胴长的 4 倍(图 8-157)。角质颚上颚喙宽,顶端钝;头盖短,约为脊突的 0.4 倍;脊突宽,不增厚;翼部几乎延伸至侧壁前缘基部;侧壁广泛展开。下颚喙顶端窄,不开口;头盖低,紧贴于脊突;脊突宽,近直,不增厚;侧壁皱至侧壁下缘侧壁拐角前方。

生活史及生物学:Lu 和 Ickeringill(2002)在澳大利亚南部水域采集到 13 尾,胴长范围为 11.6~57.6 mm,体重范围为 1.0~63.0 g。

地理分布:分布在澳大利亚东南部。

大小:最大胴长 100 mm,腕长 400 mm。

渔业:常见种,无渔业。

图 8-157　南方白斑蛸背视(据 Norman, 2000)

文献:Norman, 1998, 2000; Lu and Ickeringill, 2002。

褐带蛸 *Octopus burryi* Voss, 1950

分类地位:头足纲,鞘亚纲,八腕目,无须亚目,蛸科,蛸亚科,蛸属。

学名:褐带蛸 *Octopus burryi* Voss, 1950。

拉丁异名:*Octopus vincenti* Pickford，1955。

英文名:Brownstripe octopus, Brownstriped octopus, Caribbean armstripe octopus;法文名:Poulpe à rayures bleues;西班牙文名:Pulpo granuloso。

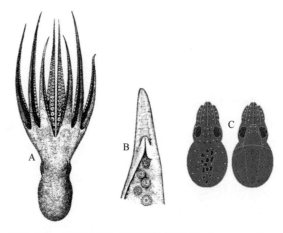

图 8-158 褐带蛸形态特征示意图(据 Roper et al, 1984)
A. 背视;B. 茎化腕端器;C. 初孵幼体

分类特征:体卵形,外套、头部和腕部被大量鳞片状斑块,颜色有白色、橙色、黄褐色等多种颜色,每个斑块周围由深沟包围(图 8-158A)。各腕背侧面具一条深蓝色至淡紫褐色的条带。两眼各有一条褐带穿过,两眼上方各具一须状突起。腕吸盘 2 列。雄性右侧第 3 腕茎化,舌叶长为腕长的 2%~6%,凹槽横脊不明显,交接基精沟深(图 8-158B)。外半鳃鳃小片 9~11 个。

生活史及生物学:外大陆架底栖种,栖息于底质为砂质或珊瑚礁的水域,栖息水深 10~200 m。主食蟹类。雌性育卵,初孵幼体先营浮游生活,其腕短,腕和外套背部具黄色、褐色色素体(图 8-158C)。

地理分布:分布在热带大西洋的美国卡罗莱纳州北部至巴西北部,以及热带东大西洋的西非附近海域(图 8-159)。

大小:最大胴长 80 mm,腕长 150 mm。

渔业:次要经济种,拖网渔业的副渔获物。

文献:Roper et al, 1984; Norman, 2000; Kubodera and Tsuchiya, 1993; Boletzky and Hanlon, 1983; Forsythe and Hanlon, 1985; Hanlon and Hixon, 1980。

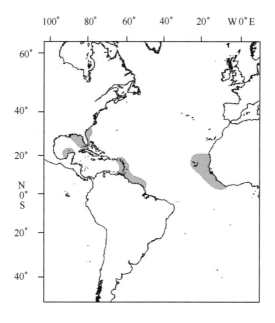

图 8-159 褐带蛸地理分布示意图

加利福尼亚大眼蛸 *Octopus californicus* Berry，1911

分类地位：头足纲，鞘亚纲，八腕目，无须亚目，蛸科，蛸亚科，蛸属。

学名：加利福尼亚大眼蛸 *Octopus californicus* Berry，1911。

拉丁异名：*Polypus californicus* Berry，1911。

英文名：California bigeye octopus，North Pacific bigeye。

分类特征：体卵形，红褐色。外套、头部和腕部被大量鳞片状斑块，颜色多为红褐色，斑块周围由深沟包围（图 8-160A）。腕吸盘 2 列。雄性右侧第 3 腕茎化（图 8-160B），较非茎化腕粗短。

生活史及生物学：栖息水深 200~340 m。是大西洋海象 *Odobenus rosmarus* 的猎食对象。

地理分布：分布在加利福尼亚沿岸海域。

大小：最大胴长 140 mm。

渔业：常见种，无渔业。

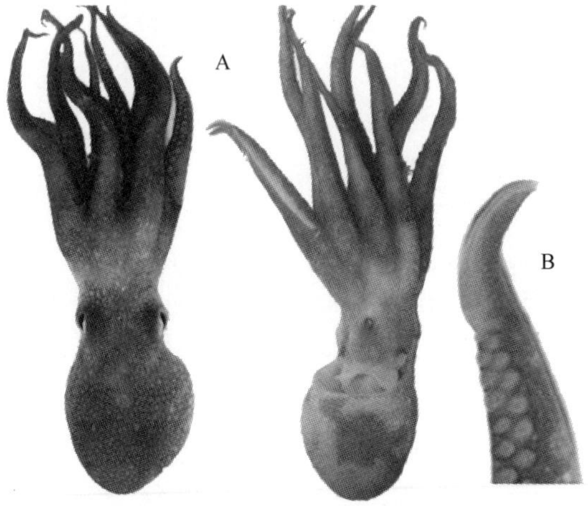

图 8-160　加利福尼亚大眼蛸形态特征示意图
A. 背视和腹视；B. 茎化腕端器（据 Norman，2000）

文献：Sweeney et al，1988；Norman，2000；Hochberg，1998；Klages，1996；Talmadge，1967。

栗色蛸 *Octopus conispadiceus* Sasaki，1917

分类地位：头足纲，鞘亚纲，八腕目，无须亚目，蛸科，蛸亚科，蛸属。

学名：栗色蛸 *Octopus conispadiceus* Sasaki，1917。

拉丁异名：*Polypus conispadiceus* Sasaki，1917。

英文名：Chestnut octopus；**法文名**：Poulpe casse-noix；**西班牙文名**：Pulpo espadaña。

分类特征：体近球形，体表光滑。两眼上方各具一触须状突起。腕粗壮，腕吸盘 2 列；第 1~3 腕长相近，长度约为胴长的 3 倍，第 4 腕较短，腕式为 1>2>3>4。雄性右侧第 3 腕茎化，舌叶明显，为腕长的 16%~20%，凹槽深窄，横脊发达，交接基尖，为舌叶长的 1/8（图 8-161）。角质颚上颚喙短，顶端钝，侧壁长平行四边形；下颚喙顶端圆而尖，侧壁长为头盖长的 2.2 倍，翼部短。鳃小片共 20~24 个。

生活史及生物学：大陆架底栖种，栖息在大陆架 100 m 以下砂质或泥质海底。随温度的变化进行季节性洄游，夏天分布在离岸深水区，冬天分布在近岸浅水区。向近岸洄游时进行交配。雌性产卵700~1 200 枚，随个体尺寸增大产卵数量增大，卵小，卵径 1.7~2.2 mm。雌性育卵，育卵过程中不摄取食物，卵孵化后几天内雌性即死亡。生命周期 3~4 年。

地理分布：分布在西太平洋和日本，小笠原群岛周边海域（图 8-162）。

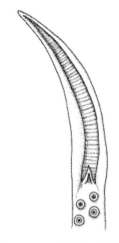

图 8-161　栗色蛸茎化腕端器（据 Roper et al，1984）

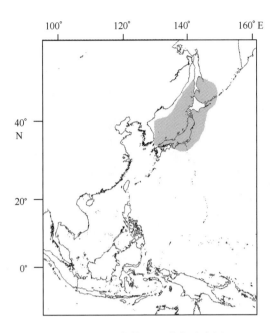

图 8-162　栗色蛸地理分布示意图

大小：最大胴长 150 cm，体重 4 kg。

渔业：次要经济种。渔获水深 366~405 m。在日本北部海域，多为底拖网、延绳钓和陷阱网捕获；在日本海和库林岛南部，主要是苏联底拖网副渔获物。在北海道鱼市上是产量仅次于水蛸的种类。

文献：Roper et al，1984；Kubodera and Tsuchiya，1993；Ito，1983，1985。

蓝蛸 *Octopus cyanea* Gray，1849

分类地位：头足纲，鞘亚纲，八腕目，无须亚目，蛸科，蛸亚科，蛸属。

学名：蓝蛸 *Octopus cyanea* Gray，1849。

拉丁异名：*Octopus marmoratus* Hoyle，1885；*Octopus horsti* Joubin，1898；*Octopus tonganus* Hoyle，1885；*Polypus herdmani* Hoyle，1904；*Callistoctopus magnocellatus* Taki，1964。

英文名：Big blue octopus，Cyane's octopus，Day octopus；**法文名**：Gros poulpe bleu；**西班牙文名**：Pulpo azulón。

分类特征：体球形至长椭圆形，肌肉发达，皮肤光滑。体杂色，多为褐色，可变色，腕具紫褐色大斑点。体表具少许大瘤突，外套背部及大部分腕间膜和腕反口面被网状斑块（图 8-163A），亚成熟和成熟个体腕腹侧面具菱形斑纹（图 8-163B）。两眼上方各具一大的须状突起，突起附近通常生 2 个小瘤。第 2 和第 3 腕腕间膜基部具 1 对眼点，眼点棕色，有白环围绕（图 8-163A）。腕粗壮，腕长为胴长的 4~6 倍，各腕长相近，第 4 腕略长，腕式为 4=3=2>1，吸盘 2 列，每腕吸盘 400~500 个，腕末端具 2 列发光斑点；腕间膜浅，最深为腕长的 14%~29%。成熟雄性第 2 和第 3 腕具 2~4 个扩大的吸盘。雄性右侧第 3 腕茎化，较左侧第 3 腕短，吸盘 180~230 个，端器锥形，交接基和舌叶甚小，为腕长的 0.4%~1.4%，凹槽浅，具 10 个不明显的横脊（图 8-163C）。外半鳃鳃小片 9~11 个。

生活史及生物学：近海大型底栖种，栖息于潮间带或浅水岩礁水域，也经常藏匿于岩石缝或洞穴中,栖息水深至少可达 25 m。体杂色,多为褐色,体可变色,体色用作伪装、传递信息或表达情绪。与多数头足类不一样,蓝蛸白天出来觅食,主食蟹、虾、小鱼以及其他蛸类,觅食时利用坚硬的角质颚啄烂食物,或用唾液麻痹食物。交配时,雄性通过茎化腕将精荚送进雌性的输卵管内,雄性在交配后与雌性通常保持距离以免受到残食,雌性产卵可达 60 万枚,卵径约 1 mm,初孵幼体先营浮游生活。

地理分布:广泛分布在印度洋—太平洋地区,从非洲东部至夏威夷群岛的热带和温带水域,包括红海、印度以及澳大利亚(图 8-164)。

大小:最大胴长 160 mm,体重超过 4 kg。

渔业:次要经济种。主要用作食用,为岩礁水域经济种类,地方性定置网渔业,也有晚上利用灯光引诱然后枪刺,其他渔法有手钓、延绳钓等。可实验室饲养。

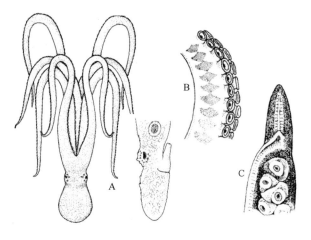

图 8-163　蓝蛸形态特征示意图(据 Roper et al, 1984; Dunning et al, 1998)

A. 背视和侧视;B. 部分腕腹侧视;C. 茎化腕端器

文献:Roper et al, 1984; Norman, 1991, 2000; Anderson and Wood, 2001; Crancher et al, 1972; Forsythe and Hanlon, 1997; Mather et al, 1997; Papini and Bitterman, 1994; Van Heukelem, 1966, 1973, 1976, 1983; Dunning et al, 1998。

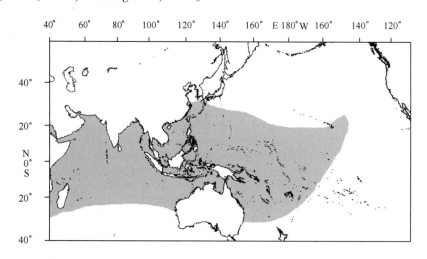

图 8-164　蓝蛸地理分布示意图

大西洋长腕蛸 *Octopus defilippi* Vérany, 1851

分类地位:头足纲,鞘亚纲,八腕目,无须亚目,蛸科,蛸亚科,蛸属。

学名:大西洋长腕蛸 *Octopus defilippi* Vérany, 1851。

英文名:Atlantic longarm octopus, Lilliput longarm octopus;**法文名**:Poulpe à longs bras;**西班牙文名**:Pulpito patilargo。

分类特征:体甚小的卵形,皮肤光滑,无眼点。腕十分细长,腕长约为胴长的 5 倍,第 1 和第 2 腕最长(图 8-165A)。雄性右侧第 3 腕茎化,甚短,舌叶短,长为腕长的 1.8%~2.5%,凹槽浅,交接基甚小(图8-165B)。外半鳃鳃小片 11 个。

生活史及生物学:小型底栖种,栖息于泥质或砂质海底,栖息水深6~60 m,也有超过 200 m 的记录。仔鱼和稚鱼营浮游生活,幼体第 3 腕尤长,头部和内脏上方具大色素体块,皮肤表面具小色素体块。雌性育卵,产卵 10 000 枚以上,卵径 2.1 mm。捕食蟹类。

地理分布:分布在地中海,东大西洋从摩洛哥至安哥拉和佛得角群岛,西大西洋巴哈马群岛、墨西哥湾,加勒比海至巴西,印度洋阿拉伯半岛至缅甸(图8-166)。

大小:最大胴长 90 mm。

渔业:次要经济种,为底层鱼类的副渔获物。可实验室饲养。

文献:Roper et al, 1984; Norman, 2000; Stephen, 1982; Kubodera and Tsuchiya, 1993; Voss, 1964, 1968; Hanlon, 1983; Arocha and Robaina, 1984; Hanlon et al, 1979, 1985。

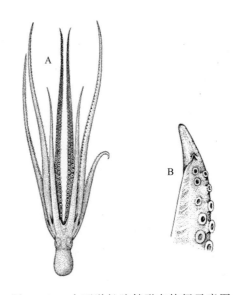

图 8-165　大西洋长腕蛸形态特征示意图
(据 Roper et al, 1984)
A. 背视;B. 茎化腕端器

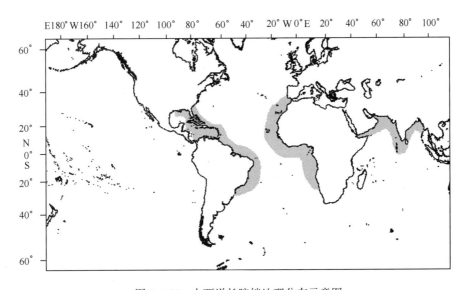

图 8-166　大西洋长腕蛸地理分布示意图

红斑蛸 *Octopus dierythraeus* Norman, 1993

分类地位:头足纲,鞘亚纲,八腕目,无须亚目,蛸科,蛸亚科,蛸属。

学名:红斑蛸 *Octopus dierythraeus* Norman, 1993。

英文名:Red-spot night octopus。

分类特征:体卵形,背部橙褐色至红色,其间夹杂白斑,受惊时体白色,外套、腕和腕间膜夹杂红色斑点。腕长为胴长的 4~5 倍,背腕长于腹腕。腕间膜中等深度,最深为最长腕的 18%~28%(图8-167A)。腕吸盘 2 列,每腕吸盘 230~280 个,雄性茎化腕吸盘 100~130 个,各腕无扩大的吸盘。

雄性右侧第 3 腕茎化,舌叶较长,交接基短(图 8-167B)。

生活史及生物学:栖息于热带亚热带近岸砂质、泥质或碎石质珊瑚礁水域,栖息水深至少 80 m,以双壳类和腹足类软体动物为食。雌性产大型卵,少于 500 枚,卵径大约 14 mm。

地理分布:分布在澳大利亚东北部近岸海域(图 8-168)。

大小:最大胴长 140 mm。

渔业:潜在经济种。

文献:Norman, 2000;Steer and Semmens, 2003;Dunning et al, 1998。

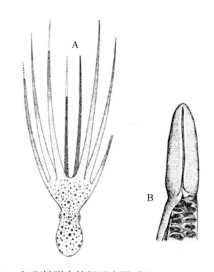

图 8-167 红斑蛸形态特征示意图(据 Dunning et al, 1998)
A. 背视;B. 茎化腕端器

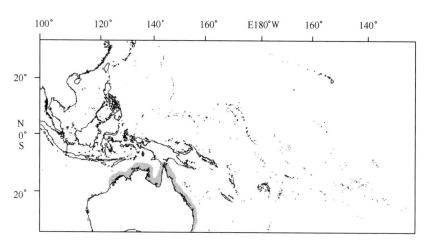

图 8-168 红斑蛸地理分布示意图

无环带蛸 *Octopus exannulatus* Norman, 1993

分类地位:头足纲,鞘亚纲,八腕目,无须亚目,蛸科,蛸亚科,蛸属。

学名:无环带蛸 *Octopus exannulatus* Norman, 1993。

英文名:Plain-spot ocellate octopus。

分类特征:体卵形,体表被规则的卵圆形乳突。体白色,外套背部和头冠部具 4 条黑带,各腕腕缘具黑色纵线(图 8-169A)。具眼点,眼点无闪光圆环(图 8-169B)。腕短,腕长为胴长的2~3 倍。腕吸盘 2 列,每腕吸盘 120~190 个,雄性茎化腕吸盘 60~80 个。成熟雄性第 2 和第 3 腕具2~3 个十分扩大的吸盘。每半鳃鳃小片 7~8 个。

生活史及生物学:栖息于砂质或泥质的浅水水域,栖息水深至 84 m。雌性产小型卵,卵径约4 mm。

地理分布:分布在印度—马来西亚海域,从菲律宾、泰国至澳大利亚北部(图 8-170)。

大小:最大胴长 50 mm。

渔业:次要经济种,主要用作鱼饵。

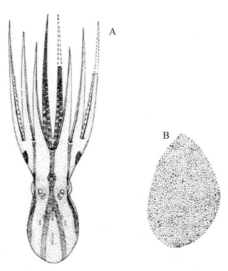

图 8-169　无环带蛸形态特征示意图（据 Dunning et al，1998）

A. 背视；B. 眼点

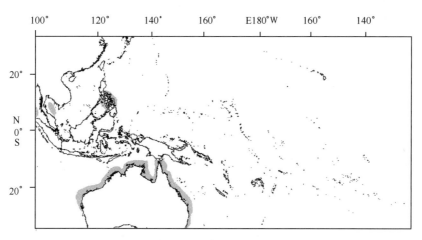

图 8-170　无环带蛸地理分布示意图

文献：Norman，2000；Dunning et al，1998。

饭蛸 *Octopus fangsiao typicus* Orbigny，1839

分类地位：头足纲，鞘亚纲，八腕目，无须亚目，蛸科，蛸亚科，蛸属。

学名：饭蛸 *Octopus fangsiao typicus* Orbigny，1839。

英文名：Gold-spot octopus。

分类特征：体卵圆形（图 8-171），肌肉发达，外套表面、头冠及大部分腕表面被不规则的突起，突起外围由凹沟包围。第 2 和第 3 腕腕间膜基部具 1 对金属光泽绿色或金色环形眼点，眼上具两突起，但不显著。第 4 腕最长，约为胴长的 2 倍，各腕吸盘 2 列；腕间膜浅，最深为腕长的 25%。雄性右侧第 3 腕茎化，不较左侧第 3 腕短，端器尖，不显著，约为腕长的 4%，茎化腕吸盘 80 余个。

图 8-171　饭蛸背视

生活史及生物学：近海中型底栖种。

地理分布：日本、中国台湾海域。

大小：最大胴长 70 mm，体重 140 g。

渔业：台湾鱼市常见种类。

大黄蜂蛸 *Octopus filosus* Howell, 1867

分类地位：头足纲，鞘亚纲，八腕目，无须亚目，蛸科，蛸亚科，蛸属。

学名：大黄蜂蛸 *Octopus filosus* Howell, 1867。

拉丁异名：*Octopus hummelincki* Adam, 1936；*Octopus rugosus* Robson, 1929。

英文名：Bumblebee octopus, Bumblebee two-spot octopus, Caribbean two-spot octopus；**法文名**：Poulpe bourdon；**西班牙文名**：Pulpo abejorro。

分类特征：体球形至卵形，体表被明显的乳突，背部具大块白色斑点。眼上方具几个乳突或须状突起。第 2 和第 3 腕腕间膜基部具一对眼点，眼点具蓝环（图 8-172A）。腕较长，肌肉强健，腕长为胴长的约 4 倍，腕吸盘 2 列。雄性第 2 和第 3 腕少数几个吸盘扩大。雄性右侧第 3 腕茎化，舌叶短小，长度为腕长的 2%～6%，凹槽浅勺状，交接基精沟深（图 8-172B）。外半鳃鳃小片 5～9 个，多为 6～7 个。

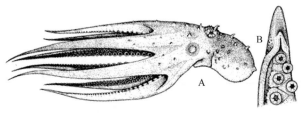

图 8-172　大黄蜂蛸形态特征示意图（据 Roper et al, 1984）

A. 侧视；B. 茎化腕端器

生活史及生物学：小型底栖种，栖息于有珊瑚礁的浅水区，或者 200 m 深的砂质或砾质海底。体可变色。雌性育卵。

地理分布：分布在热带西大西洋加勒比海、佛罗里达和巴哈马至巴西（图 8-173）。

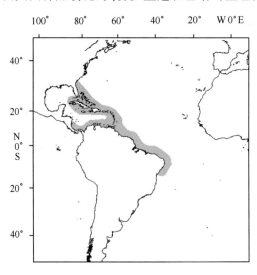

图 8-173　大黄蜂蛸地理分布示意图

大小：最大胴长 70 mm。

渔业：潜在经济种。可实验室养殖。

文献:Roper et al, 1984; Norman, 2000; Toll, 1990; Voss, 1953; Burgess, 1966。

球蛸 *Octopus globosus* Appellöf, 1886

分类地位:头足纲,鞘亚纲,八腕目,无须亚目,蛸科,蛸亚科,蛸属。

学名:球蛸 *Octopus globosus* Appellöf, 1886。

英文名: Globe octopus;**法文名:**Poulpe globe;**西班牙文名:**Pulpo globoso。

分类特征:体球形,略延长,外套背部和侧部、头部以及腕基部被大小不等的圆锥形疣突,疣突间距大,疣突间皮肤光滑。两眼上方和后方具5~7个疣突,其中3个延长呈须状(图8-174A)。腕相对较长,第1腕最长,第4腕最短。雄性右侧第3腕茎化,端器长锥形,舌叶长为腕长的15%,凹槽宽而长,具羽状中脊,脊两侧各具15个横片,交接基发达,较长(图8-174B)。鳃小片共17~19个。

生活史及生物学:沿岸性种类,性成熟胴长约190 mm。

地理分布:分布于日本至印度(图8-175)。

大小:最大总长250 mm。

渔业:沿海次要经济种类,在印度是重要商业性渔业之一。可用作延绳钓渔业的饵料。

文献:Roper et al, 1984; Voss,1973。

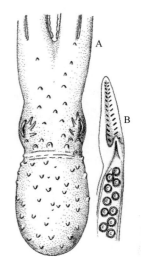

图8-174 球蛸形态特征示意图(据 Roper et al, 1984)

A. 背视;B. 茎化腕端器

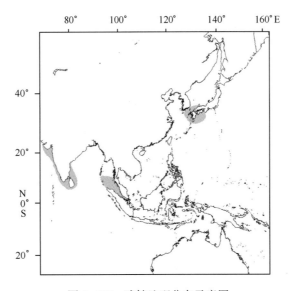

图8-175 球蛸地理分布示意图

杂斑蛸 *Octopus graptus* Norman, 1993

分类地位:头足纲,鞘亚纲,八腕目,无须亚目,蛸科,蛸亚科,蛸属。

学名:杂斑蛸 *Octopus graptus* Norman, 1993。

英文名: Scribbled night octopus。

分类特征：体卵形，肌肉强健。体白色至粉红色，背部夹杂不规则的斑点和短线；各腕顶端深红紫色；皮肤褶皱简单，背部具分散均匀的乳突。腕长，长度为胴长的 4.5~7 倍，背腕长于腹腕，腕式为 1>2>3>4（图 8-176A）。腕间膜中等深度，最深为最长腕的 16%~22%。腕吸盘 2 列，每腕吸盘 200~280 个，雄性茎化腕吸盘 80~90 个，各腕无明显扩大的吸盘。雄性右侧第 3 腕茎化，舌叶长圆锥形，为腕长的 6%，精沟深（图 8-176B）。每半鳃鳃小片 13~14 个。

生活史及生物学：栖息在泥质或底质松软的沿岸水域，栖息水深至少 40 m。主食甲壳类、双壳类和鱼类。雌性产大型卵，卵径可达 40 mm，产卵数量少，约 700 枚。

地理分布：澳大利亚东北部（图 8-177）。

大小：最大胴长 200 mm，体重 5 kg。

渔业：次要经济种，为虾拖网的副渔获物，通常食用或用作钓饵。

文献：Norman，2000；Dunning et al，1998。

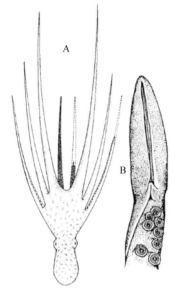

图 8-176 杂斑蛸形态特征示意图
（据 Dunning et al，1998）
A. 背视；B. 茎化腕端器

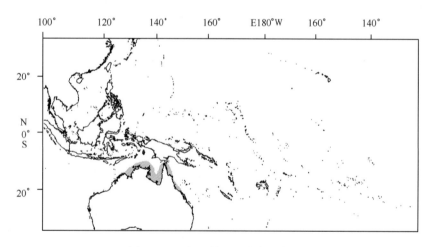

图 8-177 杂斑蛸地理分布示意图

周氏蛸 *Octopus joubini* Robson，1929

分类地位：头足纲，鞘亚纲，八腕目，无须亚目，蛸科，蛸亚科，蛸属。

学名：周氏蛸 *Octopus joubini* Robson，1929。

英文名：Atlantic pygmy octopus，Pygmy octopus，Small-egg Caribbean pygmy octopus；**法文名**：Poulpe pygmé；**西班牙文名**：Pulpo pigmeo。

分类特征：体球形，红褐色，皮肤光滑无乳突。腕甚短，各腕长相近，腕长约为胴长的 2 倍（图 8-178A）。雄性第 2 和第 3 腕基部某些吸盘明显扩大。雄性右侧第 3 腕茎化，较左侧第 3 腕短，舌叶长为腕长的 4%~7%，舌叶凹槽浅，具少量横脊，交接基小（图 8-178B）。每半鳃鳃小片 5~7 个。

生活史及生物学：小型浅水底栖种，栖息于砂质、沙砾质或礁质浅水域，栖息水深可至 80 m，也经常藏匿于有壳类遗弃的贝壳内。存在两个高峰期，一是 11 月至翌年 1 月，另一个是 4—6 月。雌性育卵,卵通常产于蛤壳内,卵径约 10 mm,初孵幼体即营底栖生活。主食蟹类和虾类。

地理分布:分布在热带西大西洋佛罗里达、墨西哥湾,加勒比海至圭亚那(图 8-179)。

大小:最大胴长 45 mm。

渔业:由于个体太小基本无商业价值。可实验室饲养,实验室已饲养至子 5 代。

文献: Roper et al,1984;Norman,2000;Boletzky and Hanlon,1983;Boletzky,1969;Bradley,1974;Caldwell and Lamp,1981;Emery,1975,1976;Forsythe,1979,1981,1984;Forsythe and Toll,1991;Forsythe and Hanlon,1980;Hanlon,1983。

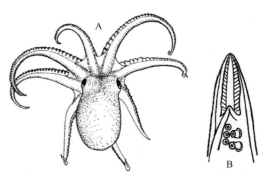

图 8-178 周氏蛸形态特征示意图(据 Roper et al,1984)

A. 背视;B. 茎化腕端器

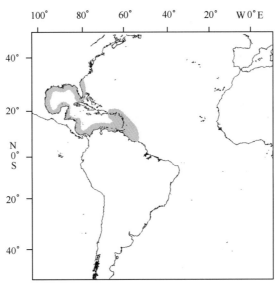

图 8-179 周氏蛸地理分布示意图

鹿儿岛蛸 *Octopus kagoshimensis* Ortmann,1888

分类地位:头足纲,鞘亚纲,八腕目,无须亚目,蛸科,蛸亚科,蛸属。

学名:鹿儿岛蛸 *Octopus kagoshimensis* Ortmann,1888。

拉丁异名: Octopus aegina Gray,1849。

英文名: Northern star-eye,Sandbird octopus。

分类特征:体卵圆形,肌肉发达。外套背部、头冠及大部分腕反口面被大量不规则的大突起(图 8-180)。无眼点,两眼前后各具两突起。各腕长度相近,最长腕约为胴长的 2 倍,腕吸盘 2 列;腕间膜浅,最深为最长腕的 27%。雄性右侧第 3 腕茎化,较左侧第 3 腕短,吸盘约 75 个,端器尖,约为腕长的 5.5%。

生活史及生物学:近海中型底栖种。

地理分布:日本海、中国台湾海域。

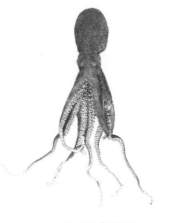

图 8-180 鹿儿岛蛸背视

大小:最大胴长 80 mm,体重 320 g 以上。

渔业:非常见种。

文献:Roper et al, 1984; Norman, 2000; Kubodera and Tsuchiya, 1993; Eibl-Eibesfeldt and Scheer, 1962; Huffard and Hochberg, 1997。

指蛸 *Octopus kaurna* Stranks, 1990

分类地位:头足纲,鞘亚纲,八腕目,无须亚目,蛸科,蛸亚科,蛸属。

学名:指蛸 *Octopus kaurna* Stranks, 1990。

英文名:Southern sand octopus。

分类特征:体延长,长筒形,呈指状(图 8-181)。体表被分散的小疣突,体侧疣突略大。体通常橙色至栗红色,体两侧具深红色的条带,并延伸至侧腕。腕细长,约为胴长的 4 倍,腕吸盘 2 列,腕间膜浅。角质颚上颚喙宽,顶端钝;头盖短;脊突宽,不增厚;翼部延伸至侧壁前缘宽的 2/3 处;下颚喙顶端钝宽,可能具开口;头盖低,紧贴于脊突;脊突宽,近直,不增厚;侧壁皱微弱,末端至侧壁下缘侧壁拐角 1/2 处。

生活史及生物学:中型底栖种,通常栖息在沿岸砂质底层,栖息水深至 50 m。夜间隐蔽于砂地里,利用其细长的腕捕食甲壳类;白天则躲藏在砂的深处,不活动。雌性通过释放特殊的化学物质吸引雄性前来交配。Lu 和 Ickeringill(2002)在澳大利亚南部水域采集到 28 尾,胴长范围为 11.2~60 mm,体重范围为 2.0~57.8 g。

图 8-181 指蛸背侧视图(据 Norman, 2000)

地理分布:分布在澳大利亚东南部水域。

大小:最大胴长 80 mm。

渔业:次要经济种,为地方性渔业,有时用作其他渔业的饵料。

文献:Norman, 2000; Stranks, 1990; Norman and Reid, 2000; Lu and Ickeringill, 2002。

叶蛸 *Octopus lobensis* Castellanos and Menni, 1969

分类地位:头足纲,鞘亚纲,八腕目,无须亚目,蛸科,蛸亚科,蛸属。

学名:叶蛸 *Octopus lobensis* Castellanos and Menni, 1969。

英文名:Lobed octopus;法文名:Poulpe séganliou;西班牙文名:Pulpo lobero。

分类特征:体短宽,球形,胴宽为胴长的 71%~110%(图 8-182A)。头宽。漏斗器 VV 型。腕宽,中等长度,腕基部十分强健,腕吸盘 2 列。雌性和雄性第 2 和第 3 腕粗壮。雄性右侧第 3 腕茎化,略短于左侧第 3 腕。舌叶甚短,不明显,为腕长的 1.5%,顶端钝圆,舌叶凹槽浅,不明显;交接基短,顶端圆(图 8-182B)。外半鳃鳃小片 5~11 个。

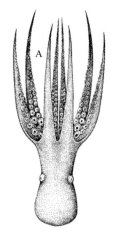
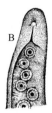

生活史及生物学:浅水底栖种,栖息水深可至 60~80 m,卵径约 9 mm。

图 8-182 叶蛸形态特征示意图(据 Roper et al, 1984)

A. 背视;B. 茎化腕端器

地理分布:分布在西南大西洋 13°~42°N,并至巴塔哥尼亚地区(图8-183)。

大小:最大胴长 100 mm。

渔业:次要经济种,拖网渔业副渔获物。

文献:Roper et al, 1984; Pujals, 1985。

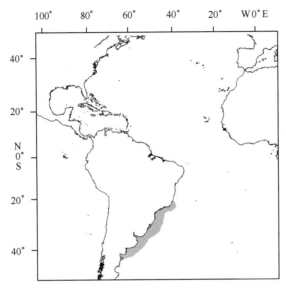

图8-183　叶蛸地理分布示意图

红蛸 *Octopus luteus* Sasaki, 1929

分类地位:头足纲,鞘亚纲,八腕目,无须亚目,蛸科,蛸亚科,蛸属。

学名:红蛸 *Octopus luteus* Sasaki, 1929。

英文名:Starry night octopus。

分类特征:体卵圆形,末端尖,肌肉发达,外套背部被大量细波纹及不同大小的疣突。体棕红色,背部颜色较深,外套背部、头部、腕和腕间膜夹杂着不规则的白色斑点。无眼点,眼上无扩大呈须状的突起,但具数个不规则的小突起。腕长,长度约为胴长的 5~6 倍,第 1 腕明显较其余各腕长,腕式为 1>2>3>4,腕吸盘 2 列;腕间膜中等深度,最深为最长腕的 15%~20%(图8-184)。每腕吸盘 200 余个,雄性茎化腕吸盘 80~90 个,背腕吸盘较其余腕略大,但各腕无明显扩大的吸盘。雄性右侧第 3 腕茎化,较左侧第 3 腕短,端器发达,约为腕长的 5.3%,精沟深。

地理分布:分布在西太平洋中国台湾、日本和菲律宾海域。

生活史及生物学:近海大型底栖种,栖息在碎石和礁体水域,栖息水深 1~82 m。雌性产小型卵。

大小:最大胴长 160 mm,体重 1 600 g 以上。

渔业:次要经济种,为地方拖网渔业的副渔获物,在台湾鱼市上常见。

文献:Norman, 2000; Okada, 1971; Goodman-Lowe, 1998; Arakawa, 1962; Zhengzhi, 1976; Dunning et al, 1998。

图8-184　红蛸背视图
(据 Dunning et al, 1998)

大西洋白斑蛸 *Octopus macropus* Risso，1826

分类地位：头足纲，鞘亚纲，八腕目，无须亚目，蛸科，蛸亚科，蛸属。

学名：大西洋白斑蛸 *Octopus macropus* Risso，1826。

拉丁异名：*Octopus cuvieri* Orbigny，1840；*Octopus longimanus* Orbigny，1840；*Octopus bermudensis* Hoyle，1885；*Octopus chromatus* Heilprins，1888。

英文名：Atlantic white-spotted octopus，White-spotted octopus；**法文名**：Poulpe tacheté；**西班牙文名**：Pulpo manchado，Pulpo patudo。

分类特征：体卵形，红褐色，其间布满大量大小不一的白色圆斑。腕长，约为胴长的 6~7 倍，第 1 腕最长且最粗壮（或与第 2 腕同等长和粗壮）（图 8-185A）。雄性右侧第 3 腕茎化，端器粗壮，舌叶管状，舌叶长为茎化腕长的 14%（图 8-185B）。外半鳃鳃小片 9~13 个。

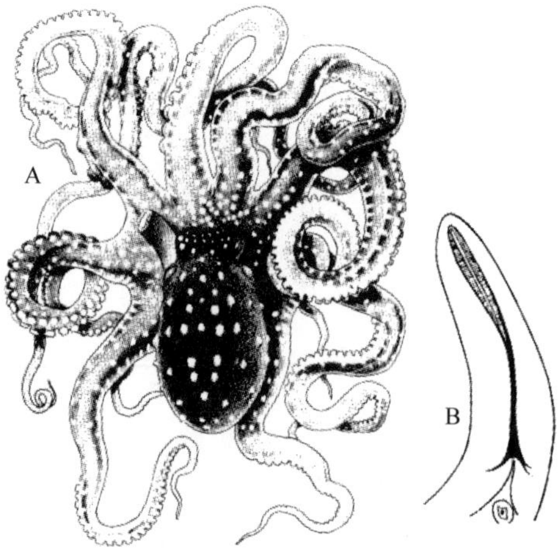

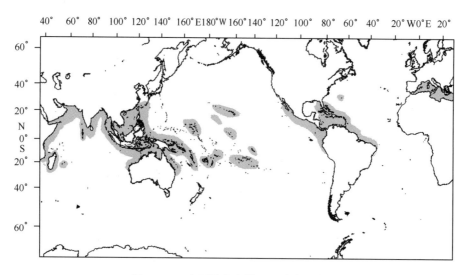

图 8-185　大西洋白斑蛸形态特征示意图（据 Roper et al，1984）
A. 背视；B. 茎化腕端器

生活史及生物学：浅水大型底栖种，栖息于珊瑚礁、岩礁的平滩或开阔海底。在中西大西洋，产卵期由冬季延至春季。雌性育卵，初孵幼体先营浮游生活，短期内改营底栖生活。生命周期不超过 1 年。主食甲壳类、软体动物，偶尔也捕食鱼类。

地理分布：广泛分布在世界各大洋暖水和温带水域（图 8-186）。

大小：最大胴长 150 mm，体重 2 kg。

渔业：次要经济种。世界各地无专门的大规模渔业，也无专门的渔获量统计，但在某些国家和地区，如菲律宾、地中海和加勒比海为手工渔业。在加勒比和北美市场上多为鲜售，其他鱼市多为冻品或腌制品。渔具渔法有钩钓、拖网、陷阱网等。

文献：Roper et al，1984；Norman，2000。

图 8-186　大西洋白斑蛸地理分布示意图

毛利蛸 *Octopus maorum* Hutton，1880

分类地位：头足纲，鞘亚纲，八腕目，无须亚目，蛸科，蛸亚科，蛸属。

学名：毛利蛸 *Octopus maorum* Hutton，1880。

英文名：Maori octopus。

分类特征：体橙红色，卵圆形，体表被分散的大突起（图 8-187）。腕长，为胴长的 4～5 倍，腕吸盘 2 列。角质颚上颚喙宽，顶端钝；头盖短，约为脊突的 0.4 倍；脊突宽，不增厚；翼部延伸至侧壁前缘宽的 2/3 处；若具侧壁皱，则侧壁皱微弱，后端延伸至侧壁后缘开口下方。下颚喙顶端窄，无开口；头盖低，紧贴于脊突；脊突宽，近直，不增厚的侧壁皱后端至侧壁下缘侧壁拐角前方。

图 8-187　毛利蛸前侧视图

生活史及生物学：Lu 和 Ickeringill（2002）在澳大利亚南部水域采集到 17 尾，胴长范围为 20.5～340.4 mm，体重范围为 14.2～10 500.0 g。

地理分布：新西兰、澳大利亚。

大小：最大胴长 340 mm，腕长超过 1 m，体重超过 10 kg。

渔业：潜在经济种。

文献：Norman，2000；Anderson，1999；Batham，1957；Grubert and Wadley，2000；Grubert et al，1999。

边蛸 *Octopus marginatus* Taki，1964

分类地位：头足纲，鞘亚纲，八腕目，无须亚目，蛸科，蛸亚科，蛸属。

学名：边蛸 *Octopus marginatus* Taki，1964。

拉丁异名：*Octopus striolatus* Dong，1976；*Octopus aegina* Gray，1849。

英文名：Veined octopus。

分类特征：体长卵形，肌肉发达，外套背部被大量突起，有些突起集合成长块状（图 8-188A）。体深褐棕色，背部颜色较深，各腕反口面深褐棕色，腕缘有一条白线，吸盘及腕口面白色，腕间膜侧面具许多棕色网纹，腹面无色。无眼点，眼后上方具一独特的角状突起，眼下方具一个三角形白斑区域（图 8-188B）。腕间膜侧面有许多棕色的网状纹，腕间膜口面白色。腕短，腕长约为胴长的 2～3 倍，背腕略短于其余各腕，腕式为 4=3=2>1 或 3>4=2>1，腕吸盘 2 列；腕间膜浅，最深为最长腕的 27%。每腕吸盘 150 余个，雄性茎化腕吸盘 60～85 个，成熟雄性第 2 和第 3 腕具 4～5 个略微扩大的吸盘。雄性右侧第 3 腕茎化，较左第 3 腕短；端器小三角形，顶端尖；舌叶短，约为茎化腕长的 1.5%～3.6%。角质颚下颚喙短，喙长为头盖长的 1/4，顶端钝圆，具小的开口；脊突近直，脊突长为头盖长的 4 倍；无侧壁脊。

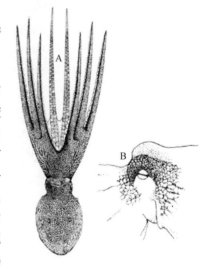

图 8-188　边蛸形态特征示意图（据 Dunning et al，1998）

A. 背视；B. 头部侧视

生活史及生物学:近海中型底栖种,栖息在泥质或砂质的近岸水域。为两种能够利用腕行走的章鱼之一。雌性产小型卵,卵径约 3 mm,产卵约 10 万枚。

地理分布:从红海和非洲东部至东南亚和澳大利亚东部,在中国台湾和日本也有分布(图 8-189)。

大小:最大胴长 100 mm,体重 600 g 以上。

渔业:次要经济种,为地方拖网、壶钓和线钓的副渔获物。

文献:Norman, 2000; Ho et al, 2000; Wood and O'Dor, 2000; Dunning et al, 1998。

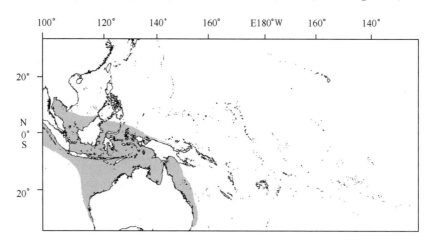

图 8-189 边蛸地理分布示意图

玛雅蛸 *Octopus maya* Voss and Solís Ramírez, 1966

分类地位:头足纲,鞘亚纲,八腕目,无须亚目,蛸科,蛸亚科,蛸属。

学名:玛雅蛸 *Octopus maya* Voss and Solís Ramírez, 1966。

英文名:Mexican four-eyed octopus;**法文名**: Poulpe mexicain;**西班牙文名**:Pulpo mexicano。

分类特征:体褐色,卵圆形。第 2 和第 3 腕腕间膜口面基部具 1 对大的圆形眼点(图 8-190A)。腕长,顶端削弱。雄性右侧第 3 腕短,末端茎化,端器小,舌叶勺状,光滑,边缘翘起,舌叶长为茎化腕长的 1.4%~1.9%(图 8-190B)。外半鳃鳃小片 9 或 10 个。

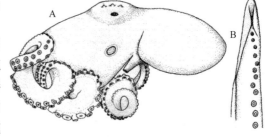

图 8-190 玛雅蛸形态特征示意图(据 Roper et al, 1984)

A. 侧视;B. 茎化腕端器

生活史及生物学:浅水底栖种,栖息于海草丛、空壳以及裂缝中,栖息水深可至 50 m。产卵期 11—12 月,雌性产大型卵,卵径可达 17 mm,产卵量 1 500~2 000枚,卵通常产于空壳或裂缝内。雌性育卵,育卵期 50~65 天。初孵幼体直接营底栖生活。生命周期 1~2 年。主食虾类、蟹类、片脚类、等足类、腹足类和鱼类,其自身是石斑鱼 Serranidae 和西班牙鲭 Scombridae 的猎食对象。

地理分布:分布在西大西洋尤卡坦半岛沿岸、坎佩切湾以及墨西哥湾(图 8-191)。

大小:最大胴长 250 mm,腕长超过 1 m。

渔业:次要经济种,可食用,亦可用作其他渔业的饵料。在坎佩切湾,鱼汛为 6—11 月,渔具为

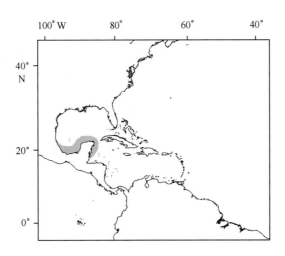

图 8-191　玛雅蛸地理分布示意图

线钓和壶钓,在浅水水域亦可钩钓或枪刺。可实验室饲养。

　　文献:Roper et al, 1984; Norman, 2000; Villanueva, 1993; Boletzky and Hanlon,1983; Fermin et al, 1985; Lee, 1992; Solis, 1967; Voss, 1971; Van Heukelem, 1977; Roper, 1978。

膜蛸 *Octopus membranaceus* Quoy and Gaimard, 1832

　　分类地位:头足纲,鞘亚纲,八腕目,无须亚目,蛸科,蛸亚科,蛸属。

　　学名:膜蛸 *Octopus membranaceus* Quoy and Gaimard, 1832。

　　英文名:Webfoot octopus;**法文名**:Poulpe à quatre yeux;**西班牙文名**:Pulpo membranoso。

　　分类特征:体囊状至延长的卵形(图 8-192),外套、头部和腕粗糙,被密集的小瘤突,两眼上方各具一对须状突起或疣突。第 2 和第 3 腕腕间膜口面基部具一对眼点。腕中等长度,强健,腕吸盘 2 列,腕间膜浅。雄性右侧第 3 腕茎化,舌叶细长,为茎化腕长的 4%～6%,凹槽明显。外半鳃鳃小片 7～8 个。

　　生活史及生物学:浅水底栖种,栖息水深可至 60 m。具强烈的隐蔽生活习性,通常藏匿于海底的洞穴内。产卵期为 11 月至翌年 2 月。

　　地理分布:分布在印度洋—太平洋,具体为印度洋至日本、中国、菲律宾,向南至澳大利亚(图 8-193)。

图 8-192　膜蛸背视图(据 Roper et al, 1984)

　　大小:最大胴长 80 mm,总长 300 mm,体重 0.5 kg。

　　渔业:在中国和日本是重要的经济头足类,主产量为近海。通常为浅水底拖网渔业的副渔获,捕捞渔具主要是壶钓。尚无专门的渔获量统计。

　　文献:Roper et al, 1984; Voss and Williamson, 1971,1972; Gleadall, 1991; Morton et al, 1983。

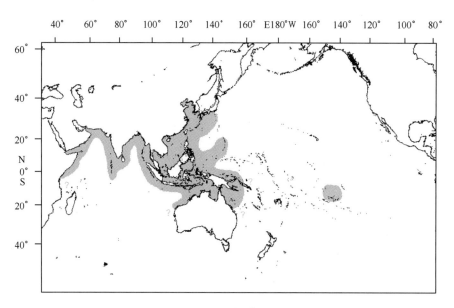

图 8-193 膜蛸地理分布示意图

负蛸 *Octopus mimus* Gould，1852

分类地位：头足纲,鞘亚纲,八腕目,无须亚目,蛸科,蛸亚科,蛸属。

学名：负蛸 *Octopus mimus* Gould，1852。

英文名：Changos octopus。

分类特征：体卵圆形,体表具网纹状斑块,外套背部和腹部、腕和腕间膜反口面具横纹条带。外套腔开口大,漏斗细长,眼小。腕长,腕长约为胴长的 4~5 倍,腕吸盘 2 列,腕间膜中等深度,约为腕长的 20%~25%（图 8-194）。

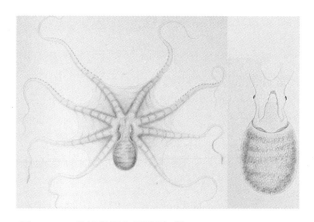

图 8-194 负蛸背视和腹视图（据 Warnke et al, 2002）

生活史及生物学：浅水底栖种。主食甲壳类、软体动物、硬骨鱼类、棘皮类、多毛类环节动物。产卵期几乎贯穿全年,雌性育卵,卵孵化后亲体开始死亡。实验室条件下雌雄生长没有明显不同；饲养前 40 天,生长为指数生长,温度 20.1±1.8℃,平均相对生长率 5.33%；饲养后期,生长为对数生长,生长率逐渐下降。

地理分布:分布于南美洲太平洋沿岸秘鲁至智利北部。

大小:最大胴长 190 mm。

渔业:在智利北部,为重要的经济头足类。在智利,负蛸渔业始于 1978 年,以后产量逐年上升,1998 年上升到约 50 t。

文献:Castilla, 1998;Cortez, 1995, 1999;Cortez et al, 1995, 1998, 1999;Guerra et al, 1999;Rocha and Vega, 2003;Soeller et al, 2000;Warnke, 1999;Warnke et al, 2000, 2002。

毒蛸 *Octopus mototi* Norman, 1993

分类地位:头足纲,鞘亚纲,八腕目,无须亚目,蛸科,蛸亚科,蛸属。

学名:毒蛸 *Octopus mototi* Norman, 1993。

英文名:Poison ocellate octopus。

分类特征:体卵形,体表被规则的小瘤,肌肉强健。通常体橙褐色,分散着闪光的蓝环;而当受到惊扰时,体白色,体表会出现栗色的长带。两眼上方各具 5 个黑色大斑(图 8-195A)。第 2 和第 3 腕腕间膜口面基部具一对眼点,眼点具 1 个大的蓝色闪光环(图 8-195B)。腕短至中等长度,长为胴长的 2.5~3 倍,腕吸盘 2 列;腕间膜深,尤其侧腕腕间膜最深,第 1 对腕腕间膜很浅。每腕吸盘 140~170 个,雄性茎化腕吸盘 90~110 个,成熟雄性无明显扩大吸盘。每半鳃鳃小片 9~11 个。

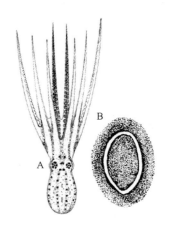

图 8-195　毒蛸形态特征示意图
(据 Dunning et al, 1998)
A. 背视;B. 眼点

生活史及生物学:浅水中型底栖种。栖息于砂质、礁质或碎石质海底,栖息水深可至 54m。毒蛸类似豹纹蛸属蛸类,闪光的蓝环内可能含有有毒物质。在珊瑚礁上或贝壳内垒巢,它们将食物带到巢内,利用齿舌和酸性唾液将食物壳钻开。雌性产小型卵,产卵量大,育卵,卵携于腕间膜间,初孵幼体先营浮游生活。

地理分布:澳大利亚南大堡礁至新南威尔士北部,拉帕岛,南太平洋和日本南部冲绳群岛(图 8-196)。

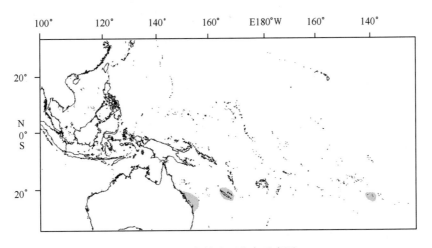

图 8-196　毒蛸地理分布示意图

大小:最大胴长 100 mm。

渔业:分泌毒素,无经济价值。

文献:Norman, 1993, 2000; Norman and Reid, 2000; Dunning et al, 1998。

菲律宾夜蛸 *Octopus nocturnus* Norman and Sweeney, 1997

分类地位:头足纲,鞘亚纲,八腕目,无须亚目,蛸科,蛸亚科,蛸属。

学名:菲律宾夜蛸 *Octopus nocturnus* Norman and Sweeney, 1997。

英文名:Philippine night octopus。

分类特征:体卵形,皮肤褶皱,体表被小乳突。体红褐色,背部具规则的黑斑和白斑;各腕具 1 列白斑沿反口面分布。腕长,长度为胴长的 5~6.5 倍,背腕明显较其余各腕长,腕式为 1>2>3>4;腕间膜浅,最深为最长腕的 10%~15%(图 8-197A)。腕吸盘 2 列,每腕吸盘 180~220 个,雄性茎化腕吸盘 80~90 个,各腕无扩大的吸盘。雄性右侧第 3 腕茎化,舌叶中等长度,长为腕长的3%~5%(图 8-197B)。每半鳃鳃小片 10~11 个。

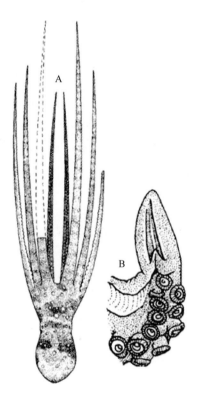

图 8-197　菲律宾夜蛸形态特征示意图(据 Dunning et al, 1998)

A. 背视;B. 茎化腕

生活史及生物学:栖息在潮间带珊瑚礁和岩石水域,栖息水深 1.5~4.5 m。夜间低潮时出来觅食。雌性产小型卵,产卵量1 000 余枚。

地理分布:菲律宾群岛附近海域(图 8-198)。

大小:最大胴长 60 mm,总长 350 mm,体重 100 g。

渔业:次要经济种,为地方性渔业。

文献:Norman and Sweeney, 1997; Dunning et al, 1998。

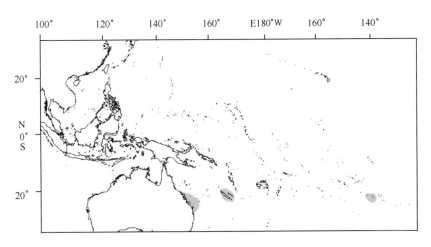

图 8-198　菲律宾夜蛸地理分布示意图

短蛸 *Octopus ocellatus* Gray，1849

分类地位：头足纲,鞘亚纲,八腕目,无须亚目,蛸科,蛸亚科,蛸属。

学名：短蛸 *Octopus ocellatus* Gray，1849。

英文名：Shortarm octopus。

分类特征：体卵圆形,体表具很多近圆形颗粒,第 2 和第 3 腕腕间膜基部具 1 对眼点,背面两眼附近生两个近纺锤形的浅色斑(图 8-199A)。漏斗器 W 形。腕短,腕长约为胴长的 4～5 倍,各腕长相近,腕吸盘 2 列。雄性右侧第 3 腕茎化,较左侧第 3 腕短,端器锥形,约为全腕长的 10%(图 8-199B)。角质颚下颚喙长为头盖长的 2/3,喙顶端钝,开口;脊突直,长度为头盖长的 2.5 倍。阴茎膨大。每半鳃鳃小片 7～8 个。

生活史及生物学：每年早春,在沿岸或内湾较深处越冬的个体,集群游至沿岸或内湾浅水处交配、产卵。繁殖行为有追偶、交配、产卵、护卵等。交配时,雄性以茎化腕将精荚送入雌性的外套腔中,精荚迸裂后,精团中的精子与卵子在输卵管内相遇而受精。交配后不久就产卵,产卵行为较乌贼简单,不具有扎卵结卵过程。卵分批成熟,分批从漏斗中产出,各个卵子由细长的卵柄相互缠绕在一起,形成一穗一穗的状态。卵多产于空贝壳、石缝或海底凹陷等较阴暗处。雌性怀卵量在800～1 200 枚,最多可达 6 000 枚,卵长径 6.30～7.48 mm×2.61～2.97 mm。雌性有明显的护卵习性,常以腕部轻抚卵子,并以漏斗喷水,清除卵膜上的附着物,护卵过程中,不摄食。

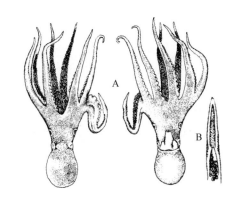

图 8-199　短蛸形态特征示意图
A. 背视和腹视;B. 茎化腕端器(据董正之, 1988)

地理分布：中国渤海、黄海、东海、南海和日本列岛海域。

大小：最大胴长 60 mm。

渔业：次要经济种,是黄、渤海蛸类中产量最大的种类,肉嫩味美,是中国北方海鲜市场上的畅销品种,干制后的短蛸称为"八蛸干",是重要的海味食品。渔场比较零星,主要在黄、渤海,日本的濑户内海和朝鲜西海岸也有小范围捕捞作业。中国青岛沿岸的渔期约从 3 月下旬至 5 月初,4 月最盛,水深约为 5～20 m;辽东湾的渔期,春季从 4 月中旬至 6 月下旬,秋季从 8 月上旬至 11 月上旬,水深约 8~15 m。在濑户内海和朝鲜西海岸,主要春季作业。

文献:董正之,1988,1991。

华丽蛸 *Octopus ornatus* Gould,1852

分类地位:头足纲,鞘亚纲,八腕目,无须亚目,蛸科,蛸亚科,蛸属。

学名:华丽蛸 *Octopus ornatus* Gould,1852。

拉丁异名:*Callistoctopus arakawai* Taki,1964;*Polypus ornatus*,Berry,1909;*Octopus arakawai* Dong,1979。

英文名:White striped octopus。

分类特征:体卵形,肌肉发达(图8-200A)。体橙色至红棕色,外套背部具暗黄色或白色规则长条纹,腕部具成对的白色斑点(图8-200A)。外套背部被大量突起,突起周围由凹槽分成不规则的小块,体侧条纹上生隆起的旗状物(图8-200A)。眼大,无特别的眼上突起,第2和第3腕腕间膜口面基部无眼点(图8-200A)。腕长,长度约为胴长的6~8倍,背腕较其余各腕长,腕式为1>2>3>4,腕吸盘2列;腕间膜浅,最深为最长腕的5%~11%(图8-200A)。每腕吸盘300~400个,雄性茎化腕吸盘150~170个,背腕吸盘较其余各腕略大,但各腕无明显扩大的吸盘。雄性右侧第3腕茎化,较左侧第3腕短;端器圆筒状,顶端钝,舌叶长,长度约为茎化腕长的4%~6%;精沟深(图8-200B)。半鳃鳃小片13~14个。

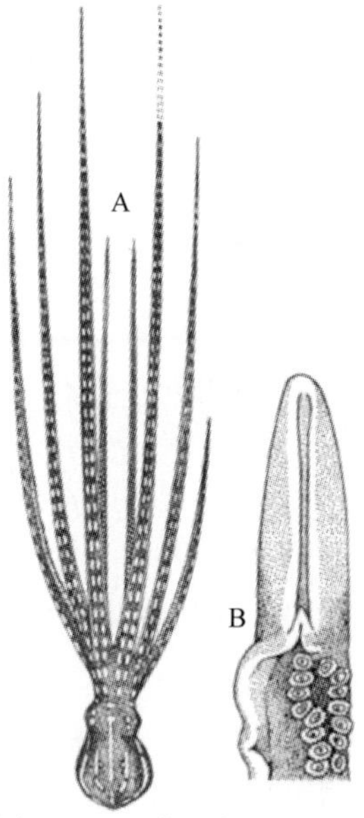

生活史及生物学:近海大型底栖种,栖息于清晰的潮间带珊瑚礁浅水水域,栖息水深最少至10 m。夜间觅食,主食甲壳类、鱼类和其他蛸类。雌性产小型卵,卵径3~4 mm,产卵量约35 000枚,初孵幼体营浮游生活。

地理分布:主要分布在热带印度洋和热带西太平洋,从非洲至夏威夷和复活节岛(图8-201)。

大小:最大胴长160 mm,体重1 kg以上。

渔业:鱼市不常见种类,可食用,最先为波利尼西亚人在夏威夷开展的渔业。

文献:Roper and Hochberg,1988;Voss,1981;Norman,1993,2000;Okada,1971;Goodman-Lowe,1998;Norman and Reid,2000;Dunning et al,1998。

图8-200 华丽蛸形态特征示意图
A. 背视;B. 茎化腕端器
(据 Dunning et al,1998)

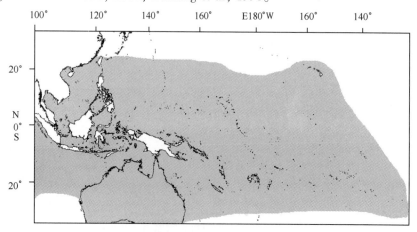

图8-201 华丽蛸地理分布示意图

苍白蛸 *Octopus pallidus* Hoyle, 1885

分类地位:头足纲,鞘亚纲,八腕目,无须亚目,蛸科,蛸亚科,蛸属。

学名:苍白蛸 *Octopus pallidus*。

拉丁异名:*Octopus boscii* Lesueur, 1821;*Octopus variolatus* Blainville, 1826;*Octopus boscii var. pallida* Hoyle, 1885;*Polypus variolatus* Berry, 1918;*Octopus pallida* Robson, 1929。

英文名:Pale octopus。

分类特征:体色暗淡,卵圆形。腕短,腕长约为胴长的 2 倍,腕吸盘 2 列。角质颚上颚喙宽,顶端钝;头盖短;脊突宽,较两侧侧壁处略厚;翼部延伸至侧壁前缘近基部。下颚喙顶端钝宽,开口浅或无开口;头盖低,紧贴于脊突;脊突宽弯,不增厚;侧壁皱后端至侧壁下缘侧壁拐角前方。

生活史及生物学:在澳大利亚栖息水深 10～160 m。Lu 和 Ickeringill(2002)在澳大利亚南部水域采集到 43 尾,胴长范围为 18.0～130.0 mm,体重范围为 3.2～251.5 g。

地理分布:澳大利亚周围海域。

大小:最大胴长 150 mm。

文献:Stranks T.N., 1988;Norman M.D., 2000;Long S. M. and D. A. Holdway, 2001;Butty J. S. and D. A. Holdway, 1997;Cheah D. M. Y et al, 1995。

腕带蛸 *Octopus polyzenia* Gray, 1849

分类地位:头足纲,鞘亚纲,八腕目,无须亚目,蛸科,蛸亚科,蛸属。

学名:腕带蛸 *Octopus polyzenia* Gray, 1849。

英文名:Arm-band ocellate octopus。

分类特征:体卵形,被低矮的小乳突。体栗色至黑褐色;各腕反口面具横带,带间距宽,约每3～5 个吸盘 1 个横带。第 2 和第 3 腕间腕间膜基部具 1 对眼点,眼点周围有蓝色闪光环环绕。腕短至中等长度,腕长为胴长的 2～3 倍。每腕吸盘 80～140 个,雄性茎化腕吸盘 45～55 个,成熟雄性各腕具 1～3 个扩大的吸盘。半鳃鳃小片 6～7 个(图 8-202)。

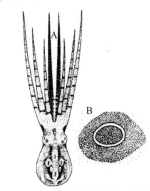

图 8-202　腕带蛸形态特征示意图
A. 背视;B. 眼点(据 Dunning et al, 1998)

生活史及生物学:卵相对较大,卵径 7.5 mm。

地理分布:澳大利亚周围海域(图 8-203)。

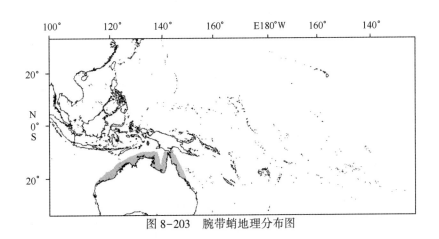

图 8-203　腕带蛸地理分布图

大小:最大胴长 40 mm。

渔业:无渔业。

文献:Norman, 1993; Dunning et al, 1998。

太平洋红蛸 *Octopus rubescens* Berry, 1953

分类地位:头足纲,鞘亚纲,八腕目,无须亚目,蛸科,蛸亚科,蛸属。

学名:太平洋红蛸 *Octopus rubescens* Berry, 1953。

拉丁异名:*Octopus punctatus* Gabb, 1862。

英文名:East Pacific red octopus, Pacific red octopus。

分类特征:体鲜红色,可变色,外套卵圆形。两眼下方各具 3 个突起,眼前方具 2 个白色斑点。

生活史及生物学:体可变色。通常藏匿于洞穴或岩石内,栖息水深 30~630 m。生命周期 1—2 年,通常 1 龄后开始性成熟。产卵期 7—9 月,孵化期为翌年 2—5 月,繁殖策略为瞬时终端产卵型,雌性产小型卵,产卵量 2 000~3 000 枚,初孵幼体先营浮游生活。浮游期幼体以浮游动物为食,成体以虾、蟹、鱼为食,其本身是加利福尼亚海狮 *Zalophus californicus* 猎食的对象(图 8-204)。

图 8-204 太平洋红蛸背侧视

地理分布:分布在东太平洋下加利福尼亚至阿拉斯加。

大小:最大胴长 100 mm。

渔业:次要经济种。

文献:Hochberg, 1998; Norman, 2000; Klages, 1996; Villanueva, 1993; Boletzky and Hanlon, 1983; Anderson, 1997; Mather et al, 1993; Sanchez, 2003; Warren et al, 1974; Conners and Jorgensen, 2005。

萨氏蛸 *Octopus salutii* Vérany, 1839

分类地位:头足纲,鞘亚纲,八腕目,无须亚目,蛸科,蛸亚科,蛸属。

学名:萨氏蛸 *Octopus salutii* Vérany, 1839。

英文名:Spider octopus;法文名:Poulpe de Saluzzi;西班牙文名:Pulpo arana。

分类特征:体卵形,腕甚长,腕吸盘 2 列。

生活史及生物学:雌性产卵 2 000~4 000 枚,卵径 5.2~6.0 mm,初孵幼体营浮游生活。以蟹类为食。

地理分布:分布在地中海、比斯开湾和东北大西洋。

大小:最大胴长 165 mm。

渔业:非常见种。

文献:Sweeney et al, 1992。

月神蛸 *Octopus selene* Voss, 1971

分类地位:头足纲,鞘亚纲,八腕目,无须亚目,蛸科,蛸亚科,蛸属。

学名:月神蛸 *Octopus selene* Voss, 1971。

英文名:Moon octopus;法文名:Poulpe lune;西班牙文名:Pulpo lunero。

分类特征:体粗壮,卵圆形,皮肤略皱(图 8-205A)。外套左右两侧背侧部各具 1 对深色色素斑(图8-205A)。腕中等长度,吸盘2列,腕间膜中等深度,为腕长的2/3。雄性右侧第3腕茎化,较左侧第3腕略短;舌叶窄小,顶端尖,凹槽生明显的横脊,舌叶长为腕长的5%~10%;交接基短,三角形(图8-205B)。外半鳃鳃小片12~16个,多为13~14个。

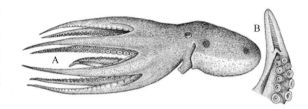

图8-205 月神蛸形态特征示意图

A. 侧视;B. 茎化腕端器(据 Roper et al, 1984)

生活史及生物学:浅水中型底栖种,栖息于砂质或岩石质海底,栖息水深20~50 m。

地理分布:分布在热带东太平洋,巴拿马湾(图8-206)。

大小:最大胴长60 mm。

渔业:在巴拿马湾为潜在的经济种类,某些地区资源量较丰富,每平方米可达1.5个。

文献: Roper et al,1984;Voss,1967。

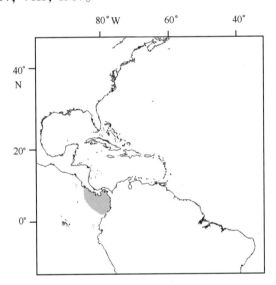

图8-206 月神蛸地理分布示意图

纤毛蛸 *Octopus superciliosus* Quoy and Gaimard,1832

分类地位:头足纲,鞘亚纲,八腕目,无须亚目,蛸科,蛸亚科,蛸属。

学名:纤毛蛸 *Octopus superciliosus* Quoy and Gaimard,1832。

英文名: Frilled pygmy octopus。

分类特征:体卵形,末端尖(图8-207)。体红褐色,体侧具白色标记和规则的旗状突起,背部具3个长的突起,两眼上方各具一对长须状突起。腕细长,约为胴长的3倍,腕吸盘2列,腕间膜中等深度。角质颚上颚喙宽,顶端钝;头盖短;脊突宽,较两侧侧壁略厚;翼部延伸至侧壁前缘宽近基部处。下颚喙顶端宽,开口浅或无开口;头盖低,紧贴于脊突;脊突宽弯,不增厚。

生活史及生物学:浅水小型底栖种,栖息于砂质、泥质海底或海草地,常藏匿于海藻根部或珊瑚礁头部捕食小型甲壳类和鱼类。胴长指甲大小(体重不到1 g)就可达到性成熟。雌性产

图8-207 纤毛蛸侧视

大型卵,初孵幼体直接营底栖生活。Lu 和 Ickeringill(2002)在澳大利亚南部水域采集到 10 尾,胴长范围为 12.0~25.0 mm,体重范围为 1.3~10.0 g。

地理分布:分布在澳大利亚东南部至塔斯马尼亚和东维多利亚,巴斯海峡。

大小:最大胴长 25 mm。

渔业:次要经济种。

文献:MacPherson, 1966; Norman, 2000; Norman and Reid, 2000; Lu and Ickeringill, 2002。

特维尔切蛸 *Octopus tehuelchus* Orbigny, 1834

分类地位:头足纲,鞘亚纲,八腕目,无须亚目,蛸科,蛸亚科,蛸属。

学名:特维尔切蛸 *Octopus tehuelchus* Orbigny, 1834。

英文名:Tehuelche octopus;**法文名**:Poulpe téhuelche;**西班牙文名**:Pulpo tehuelche。

分类特征:体球形,体表光滑,眼周具微小的粒状突起(图 8-208A)。头宽略窄于胴宽,颈部收缩,眼凸起,外套腔开口宽(图 8-208A)。漏斗延长,前端至眼缘,漏斗器厚,W 形。腕中等长度,长为体长的 66%~76%,近端粗壮,末端削弱,各腕长相近,第 4 腕最长,第 2 腕最短,腕吸盘 2 列,仅雄性具扩大的吸盘(图 8-208A)。雄性右侧第 3 腕茎化,较左侧第 3 腕略短,为左侧第 3 腕长的 80%;舌叶中等长度,为腕长的 3%~6%,凹槽浅;交接基小、光滑(图 8-208B)。外半鳃鳃小片 6 个。

生活史及生物学:浅水中型底栖种,栖息水深至 90 m。以蟹类、腹足类和贻贝为食。

大小:最大体长 200 mm。

渔业:次要经济种,地方性渔业,为拖网渔业的副渔获物。

地理分布:分布在巴西南部至阿根廷南部(图 8-209)。

文献:Roper et al, 1984; Palocio, 1977; Hoyle, 1886; Dos Santos and Haimovici, 2001; Iribarne et al, 1991, 1993; Hebras and Pollero, 1989; Pollero and Iribarne, 1988; Pujals, 1985; Re and Simes, 1992; Re et al, 1991, 1996。

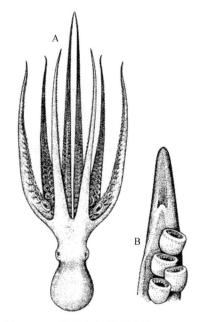

图 8-208 特维尔切蛸形态特征示意图
A. 背视;B. 茎化腕端器(据 Roper et al, 1984)

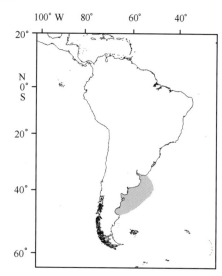

图 8-209 特维尔切蛸地理分布示意图

郁蛸 *Octopus tetricus* Gould, 1852

分类地位:头足纲,鞘亚纲,八腕目,无须亚目,蛸科,蛸亚科,蛸属。

学名:郁蛸 *Octopus tetricus* Gould, 1852。

拉丁异名:*Octopus boscii* Gray, 1849。

英文名:Gloomy octopus, Common Sydney octopus;**法文名**:Poulpe sombre;**西班牙文名**:Pulpo tétrico。

分类特征:体囊状(图 8-210A)。活体一般橙褐色,腕反口面橙色至红色,眼上突起通常为白色,体表具规则的圆形斑块,斑块周围有沟环绕(图 8-210A)。体表布满圆锥形小瘤,通常几个小瘤围绕一个大的突起分布,背部具 4 个呈菱形排列的大乳突(图 8-210A)。颈部收缩。眼大,两眼上方各具 1 个长须状突起。漏斗器 W 形。腕甚长,尤其侧腕更为粗长,腕长为胴长的 3~4.5 倍,腕式为 4=3=2>1;腕肌肉强健,近端较粗,末端削弱,吸盘 2 列;腕间膜深,为腕长的 0.2~0.25 倍,侧腕腕间膜最深(图 8-210A)。每腕吸盘 220~260 个,雄性茎化腕吸盘 140~160 个,成熟雄性第 2 和第 3 腕具 3~5 个扩大的吸盘。雄性右侧第 3 腕茎化,较左侧第 3 腕略短;舌叶甚短,叶状,长为腕长的 1%~2%,凹槽宽浅(图 8-210B)。外半鳃鳃小片 8~10 个。

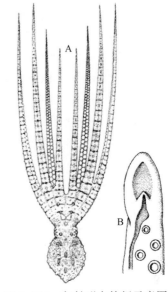

图 8-210 郁蛸形态特征示意图

A. 背视;B. 茎化腕端器

(据 Roper et al, 1984;Dunning et al, 1998)

生活史及生物学:浅海大型底栖种,栖息于潮间带至 60 m 水层,在岩石、砂地和礁区水域常见。通常夜间出来觅食,食物包括甲壳类、蟹类和软体动物。至少具一个相对延长的繁殖季节。交配时雄性通过茎化腕将精荚送至雌性体内,交配后雄性远离雌性,以免被雌性捕食。雌性产小型卵,卵径 2~3 mm,产卵量约 150 000 枚,初孵幼体先营浮游生活;具育卵习性,孵化后亲体死亡。

地理分布:分布在东印度洋澳大利亚西南部温带沿岸,东澳大利亚昆士兰州南部至新南威尔士南部以及新西兰北部都有分布(图 8-211)。

大小:最大胴长 250 mm,体重 3 kg。

渔业:起初在澳大利亚西部,由于捕食龙虾,郁蛸作为龙虾的副渔获物并不受渔民欢迎,1975—1976 年,由此造成的经济损失 40 万美元。郁蛸最先用作其他渔业的饵料,后来已发展成独立的渔业,渔获物主要在日本渔获市场销售。鱼汛 1—6 月。

文献:Roper et al, 1984;Norman,2000;Norman and Reid, 2000;Joll, 1977;Boletzky and Hanlon, 1983;Anderson, 1997;Joll, 1976, 1978, 1983;Dunning et al, 1998。

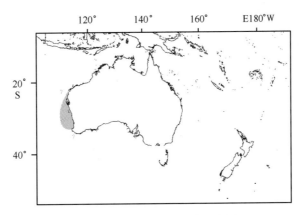

图 8-211 郁蛸地理分布示意图

长蛸 *Octopus variabilis* Sasaki, 1929

分类地位:头足纲,鞘亚纲,八腕目,无须亚目,蛸科,蛸亚科,蛸属。

学名:长蛸 *Octopus variabilis* Sasaki, 1929。

拉丁异名:*Polypus variabilis* Sasaki, 1929。

英文名:Whiparm octopus;**法文名**:Pouple fouet;**西班牙文名**:Puplo antenado。

分类特征:体长卵形,胴长约为胴宽的 2 倍,体松软,体表具不规则大小的疣突与乳突(图 8-212A)。颈部窄,向内收缩。两眼上方各具 5~8 个突起,其中 1 个扩大。漏斗器 VV 形。腕长,约为胴长的 7~8 倍,各腕长不等,第 1 腕最粗长,约为第 3 和第 4 腕长的 2 倍,腕式为 1>2>3>4,腕吸盘 2 列;腕间膜甚浅。雄性具一些扩大的吸盘。雄性右侧第 3 腕茎化,仅为左侧第 3 腕的 50%;端器勺形,大而明显;舌叶长,为腕长的 1/7~1/4,顶端圆,凹槽深,具 10~14 个横脊;交接基相对较大,圆锥形,顶端钝(图 8-212B)。阴茎较短。鳃小片总数 20~24 个。

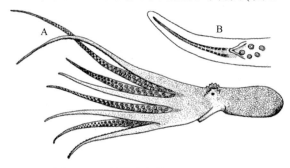

图 8-212　长蛸形态特征示意图

A:侧视;B:茎化腕端器(据 Roper et al, 1984)

生活史及生物学:沿海底栖种,主要在内湾和内海生活,栖息水深至 200 m,是盐卤性海滩动物区系中的重要成员,在较多淡水入注的海滩很少见踪迹。夜间摄食,以蟹类、贝类为主,也摄取多毛类为饵料。在深浅水间的集群与洄游不明显,而在内湾和内海潮间带的上下移动比较显著。冬季在潮下带泥中深潜,春季水温上升,渐向干潮线以上移动,夏秋季更向上移动,可上至潮间带中区;晚秋水温下降,又渐向潮下带移动。穴居是长蛸的重要习性,其壮实的各腕特别是粗长的第 1 对腕是挖穴的有力工具。长蛸产卵期延长,4—6 月是主要产卵期,雌性通常将卵产在洞穴内。孵化前的卵子略成长茄形,卵径为 21.0 ~ 22.1 mm×7.0~7.9 mm,卵柄长 8.4~9.0 mm。初孵幼体全长 29.0~33.2 mm,腕长明显不等,腕式与成体相同。幼体生长迅速,5 月初全长为 90 ~ 100 mm,5 月末全长达到 110~130 mm,6 月末全长达到 160~180 mm,秋季全长达到 200 mm,第 2 年的成体全长达到 400~600 mm。

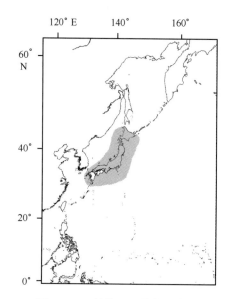

图 8-213　长蛸地理分布示意图

地理分布:分布在中国渤海、黄海、东海、南海、朝鲜西海岸以及西太平洋的日本列岛海域(图 8-213)。

大小:最大胴长 100 mm,体重 0.5 kg。

渔业:次要经济种,年产量约 100 t,在日本本州岛为重要的经济渔业。在我国黄渤海也有一定的产量,是小型渔业的捕捞对象。肉质较硬,鲜食较差,干制较佳。由于生命力较强,多用作钓捕鲷类、鳗鱼、鲨鱼和其他经济鱼类的重要饵料。渔场比较零星,主要在我国的黄渤海、日本的濑户内海和朝鲜的西海岸。挖捕和定置网的渔期在春季;青岛胶州湾内的钓捕长蛸渔业,渔期在秋冬季,主要以大眼蟹 *Macrophthalmus* 为饵料,夜间作业。

文献:Roper et al,1984;董正之,1988,1991。

真蛸 *Octopus vulgaris* Cuvier, 1797

分类地位:头足纲,鞘亚纲,八腕目,无须亚目,蛸科,蛸亚科,蛸属。

学名:真蛸 *Octopus vulgaris* Cuvier,1797。

拉丁异名:*Octopus vulgaris*,Lamarck,1798;*Octopus rugosus* Bosc,1792。

英文名:Common octopus;**法文名**:Pieuvre;**西班牙文名**:Pulpo común。

分类特征:体卵圆形,稍长,体表光滑,具极细的色素斑点,背部具一些明显的白点斑(图8-214A)。漏斗器 W 形。腕短,腕长约为胴长的 5～6 倍,腕粗壮,各腕长相近,背腕略短,腕吸盘 2列。雄性右侧第 3 腕茎化(图8-214B),甚短于左侧第 3 腕;端器锥形,甚短,约为全腕长的 1/30,舌叶勺状。阴茎棒状。外半鳃鳃小片 7～11 个。

生活史及生物学:浅海中型至大型底栖种,栖息在沿岸至大陆架边缘的岩石、珊瑚礁以及海草水域,栖息水深 0～200 m。水温低于 7℃活动能力降低。主要猎食贝类和甲壳类。几乎全年产卵,但产卵主要集中在春季和秋季。在西北非,主要繁殖季节 5—6 月和 8—10 月;地中海,主要繁殖季节 4—6月;日本列岛,主要繁殖季节 4—5 月和 9—10 月。在繁殖季节中,交配与产卵交叉进行。交配时,雄蛸以茎化腕将精荚送到雌蛸的外套中,精荚迸裂后,精荚中的精子与卵子在输卵管内受精。交配后15—20 d 开始产卵。卵子分批成熟,分批单个从漏

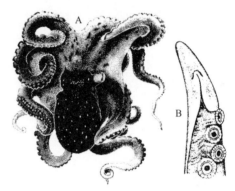

图 8-214 真蛸形态特征示意图背视
A. 背视;B. 茎化腕端器(据 Roper et al, 1984)

斗产出,各个卵子由细长的卵柄相互缠绕在一起,形成卵穗。雌性产卵 12 万～40 万枚,刚产出的卵子呈长茄形,卵径为 2.3～2.5 mm×0.85～0.95 mm,柄长 4.6～4.8 mm。天然产卵场多位于石礁或有凹陷的海底,水深 30～40 m 居多,最浅产卵场水深约 10 m,最深可达百米。雌蛸有明显的护卵行为,常以漏斗喷水,清除卵上的浮泥。卵产出后一个月间,雌蛸持续护卵,不进行索饵活动,待卵孵化后开始死亡。在日本列岛海域,水温 23～25℃时,孵化期为 24～25 d;在巴哈马群岛海域,水温 21～27℃时,孵化期为 24 d;水温 27～33℃时,孵化期 34 d。初孵幼体先营浮游生活,40 d 后,全长12 mm 左右移入海底,主营底栖生活。在西地中海雄性性成熟胴长 95 mm,雌性 135 mm。在西北非海域,雄性性成熟体长约为 500 mm,雌性性成熟体长 380 mm。生长迅速,体重 40 g 的90 d 幼蛸,100 d 后体重达 96 g,150 d 后体重达 740 g,180 d 后体重可达 1 kg;孵化后两年的成体全长可达 700～800 mm。西北非的渔获情况表明,全长超过 950 mm 的雌蛸很少,大部分在产卵后死亡,生命周期约 2 年;而全长 0.95～1.1 m 的雄蛸确时有出现,从体长和体重组成并结合生长情况估计,雄性真蛸的生命周期可能为 3 年左右。

地理分布:除南极和北极海域外,广泛分布于世界各大洋热带和温带水域(图8-215)。

大小:最大胴长 250 mm。雌性最大总长 1.2 m;雄性最大总长 1.3 m。最大体重 10 kg,通常3 kg。

渔业:真蛸是西北非底拖网重要的捕捞对象之一,也是地中海产量最大的蛸类,最高年产量达万吨;在日本列岛海域,最高年产量也达万吨,是第二位重要的蛸类。真蛸虽体型很大,但肉质鲜美,是水产市场上的重要种类。定置渔具主要在真蛸的繁殖季节作业,主要捕捞产卵群体。底拖网周年作业,捕捞繁殖群体和越冬群体。一些小型的曳绳钓渔业也兼捕或专捕真蛸。主要有 3 个渔场:①西北非渔场。为最重要的渔场,包括布朗克角渔场(20°～21°N),锡兹内罗斯渔场(22°～

25°30′N)和努瓦克肖特渔场(18°~19°N)。第一个渔场的渔获量约占西北非渔场真蛸总产量的60%~70%,渔期为8—9月的夏渔期和12—4月的冬渔期,以夏渔期的CPUE较高;第二个渔场的渔期为11—12月和2—3月;第三个渔场的渔期为4—9月。②地中海渔场:主要渔期在春季。③日本濑户内海渔场:渔期在春秋两季,以秋季较为重要。

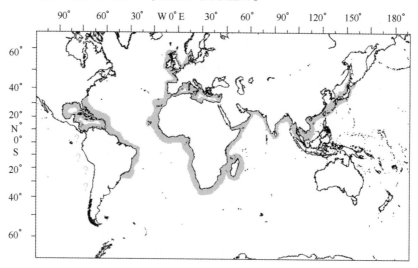

图8-215　真蛸地理分布示意图

文献:Roper et al,1984;Nesis,1987;Norman,2000;Mangold-Wirz,1963;Basilio and Pérez-Gandaras,1973;Fischer,1973;Roper,1978;Guerra,1979;Hatanaka,1979b;Roper and Sweeney,1981。

战蛸 *Octopus warringa* Stranks, 1990

分类地位:头足纲,鞘亚纲,八腕目,无须亚目,蛸科,蛸亚科,蛸属。

学名:战蛸 *Octopus warringa* Stranks, 1990。

英文名:Club pygmy octopus。

分类特征:腕长为胴长的2~3倍。角质颚上颚喙宽,顶端钝;头盖短;脊突宽,不增厚;翼部延伸至侧壁前缘宽的2/3处。下颚喙顶端钝宽,可能具开口;头盖低,紧贴于脊突;脊突宽,近直,前端增厚;无侧壁皱或脊。

生活史及生物学:近岸底栖种。幼体浮游,成体营底栖生活。Lu 和 Ickeringill(2002)在澳大利亚南部水域采集到11尾,胴长范围为13.4~25.8 mm。

地理分布:分布在大澳大利亚湾和巴斯海峡。

大小:最大胴长35 mm。

渔业:无渔业。

文献:Norman,2000;Stranks,1990。

条斑蛸 *Octopus zonatus* Voss, 1968

分类地位:头足纲,鞘亚纲,八腕目,无须亚目,蛸科,蛸亚科,蛸属。

学名:条斑蛸 *Octopus zonatus* Voss, 1968。

英文名:Atlantic banded octopus;**法文名**:Poulpe zèbre;**西班牙文名**:Pulpo acebrado。

分类特征:体小椭圆形,外套壁厚,肌肉强健(图 8-216A)。体表黄色至灰白色色带与暗灰色或褐色色带交替排列,在外套和腕部为横向交替排列,在头部为纵向交替排列(图 8-216A)。头窄。腕中等长度,腕吸盘 2 列,腕间膜浅。雄性右侧第 3 腕茎化,略短于左侧第 3 腕;舌叶纤细,中等长度,为腕长的 6.3%~8.5%,顶端尖,凹槽边缘卷起,具不明显的横脊;交接基直立,明显(图 8-216B)。外半鳃鳃小片 6~7 个。

生活史及生物学:小型底栖种,栖息水深 30~75 m。

地理分布:主要分布在西大西洋(图 8-217)。

大小:最大胴长 30 mm。

渔业:潜在经济种。

文献:Roper et al, 1984; Voss, 1968; Arocha, 1989; Voss, 1968; Arocha-Pietri, 1983。

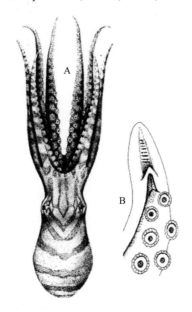

图 8-216 条斑蛸形态特征示意图

A. 背视;B. 茎化腕端器(据 Roper et al, 1984)

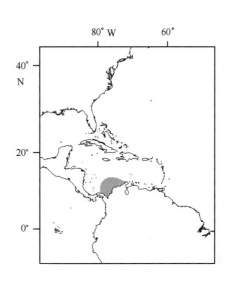

图 8-217 条斑蛸地理分布示意图

博克氏蛸 *Octopus bocki* Adam, 1941

分类地位:头足纲,鞘亚纲,八腕目,无须亚目,蛸科,蛸亚科,蛸属。

学名:博克氏蛸 *Octopus bocki* Adam, 1941。

英文名:Bock's pygmy octopus。

地理分布:斐济附近海域。

生活史及生物学:小型种,通常夜间活动,体可变色,但多限于紫色间变化,外套、腕、眼睛偶尔也具蓝色斑点。受到惊吓后会释放墨汁。

大小:最大胴长 25 mm,腕长 80 mm。

文献:Norman, 2000; Adam, 1941; Caldwell, 2005; Cheng, 1996。

太平洋条纹蛸 *Octopus chierchiae* Jatta, 1889

分类地位:头足纲,鞘亚纲,八腕目,无须亚目,蛸科,蛸亚科,蛸属。

学名:*Octopus chierchiae* Jatta, 1889。

英文名:Pacific striped octopus。

分类特征:体卵形,外套和腕部具深褐色条带,外套末端具一个延长的突起,背部具 2 个延长的突起,眼上具眼突起。

地理分布:巴拿马太平洋沿岸。

大小:最大胴长 18 mm。

文献:Rodaniche, 1984; Sanchez, 2003。

亚氏蛸 *Octopus adamsi* **Benham, 1944**

分类地位:头足纲,鞘亚纲,八腕目,蛸科,蛸亚科,蛸属。

学名:亚氏蛸 *Octopus adamsi* Benham, 1944。

地理分布:新西兰附近海域。

大小:最大胴长 44 mm。

文献:O'Shea, 1999。

翅蛸 *Octopus alatus* **Sasaki, 1920**

分类地位:头足纲,鞘亚纲,八腕目,无须亚目,蛸科,蛸亚科,蛸属。

学名:翅蛸 *Octopus alatus* Sasaki, 1920。

地理分布:日本附近海域。

大小:最大胴长 70 mm。

文献:Abitia-Cardenas et al, 1997。

阿勒克图蛸 *Octopus alecto* **Berry, 1953**

分类地位:头足纲,鞘亚纲,八腕目,无须亚目,蛸科,蛸亚科,蛸属。

学名:阿勒克图蛸 *Octopus alecto* Berry, 1953。

地理分布:墨西哥湾。

大小:最大胴长 50 mm。

蛛蛸 *Octopus araneoides* **Taki, 1964**

分类地位:头足纲,鞘亚纲,八腕目,无须亚目,蛸科,蛸亚科,蛸属。

学名:蛛蛸 *Octopus araneoides* Taki, 1964。

地理分布:日本海、日本太平洋沿岸。

生活史及生物学:栖息水深 200~780 m。

大小:最大胴长 80 mm。

文献:Kubodera and Tsuchiya, 1993。

树蛸 *Octopus arborescens* **Hoyle, 1904**

分类地位:头足纲,鞘亚纲,八腕目,无须亚目,蛸科,蛸亚科,蛸属。

学名:树蛸 *Octopus arborescens* Hoyle, 1904。

地理分布:斯里兰卡附近海域。

大小:最大胴长 12 mm。

空弦蛸 *Octopus areolatus* de Haan, 1839

分类地位: 头足纲,鞘亚纲,八腕目,无须亚目,蛸科,蛸亚科,蛸属。
学名: 空弦蛸 *Octopus areolatus* de Haan, 1839。
地理分布: 印度尼西亚、日本附近海域。
大小: 最大胴长 50 mm。
文献: Hoyle, 1886。

巴氏蛸 *Octopus balboai* Voss, 1971

分类地位: 头足纲,鞘亚纲,八腕目,无须亚目,蛸科,蛸亚科,蛸属。
学名: 巴氏蛸 *Octopus balboai* Voss, 1971。
地理分布: 巴拿马海湾。
大小: 最大胴长 41 mm。

獾蛸 *Octopus brocki* Ortmann, 1888

分类地位: 头足纲,鞘亚纲,八腕目,无须亚目,蛸科,蛸亚科,蛸属。
学名: 獾蛸 *Octopus brocki* Ortmann, 1888。
地理分布: 日本附近海域。
大小: 最大胴长 50 mm。

坎氏蛸 *Octopus campbelli* Smith, 1902

分类地位: 头足纲,鞘亚纲,八腕目,无须亚目,蛸科,蛸亚科,蛸属。
学名: 坎氏蛸 *Octopus campbelli* Smith, 1902。
地理分布: 新西兰附近海域。
大小: 最大胴长 34 mm。
文献: O'Shea, 1999; Toll, 1991。

卡罗莱纳蛸 *Octopus carolinensis* Verrill, 1884

分类地位: 头足纲,鞘亚纲,八腕目,无须亚目,蛸科,蛸亚科,蛸属。
学名: 卡罗莱纳蛸 *Octopus carolinensis* Verrill, 1884。
英文名: Carolinian octopus。
地理分布: 加利福尼亚北部。

迪氏蛸 *Octopus digueti* Perrier and Rochebrune, 1894

分类地位: 头足纲,鞘亚纲,八腕目,无须亚目,蛸科,蛸亚科,蛸属。
学名: 迪氏蛸 *Octopus digueti* Perrier and Rochebrune, 1894。
英文名: Diguet's pygmy octopus。
生活史及生物学: 以蟹、虾、鱼、腹足类为食。可实验室饲养。
地理分布: 墨西哥附近海域。
大小: 最大胴长 50 mm。

文献:Norman,2000;DeRusha et al,1987;Sanchez,2003;Voight,1991a,1991b。

温蛸 *Octopus favonius* Gray, 1849

分类地位:头足纲,鞘亚纲,八腕目,无须亚目,蛸科,蛸亚科,蛸属。

学名:温蛸 *Octopus favonius* Gray,1849。

地理分布:新加坡附近海域。

丝蛸 *Octopus filamentosus* Blainville, 1826

分类地位:头足纲,鞘亚纲,八腕目,无须亚目,蛸科,蛸亚科,蛸属。

学名:丝蛸 *Octopus filamentosus* Blainville,1826。

地理分布:毛里求斯沿岸。

大小:最大胴长 18 mm。

菲氏蛸 *Octopus fitchi* Berry, 1953

分类地位:头足纲,鞘亚纲,八腕目,无须亚目,蛸科,蛸亚科,蛸属。

学名:菲氏蛸 *Octopus fitchi* Berry,1953。

英文名:Fitch's pygmy octopus。

地理分布:墨西哥沿岸。

大小:最大胴长 40 mm,腕长 100 mm。

文献:Norman,2000;Jackintell and Lang,1991。

藤田氏蛸 *Octopus fujitai* Sasaki, 1929

分类地位:头足纲,鞘亚纲,八腕目,无须亚目,蛸科,蛸亚科,蛸属。

学名:藤田氏蛸 *Octopus fujitai* Sasaki,1929。

地理分布:日本附近海域。

大小:最大胴长 40 mm。

加氏蛸 *Octopus gardineri* Hoyle, 1905

分类地位:头足纲,鞘亚纲,八腕目,无须亚目,蛸科,蛸亚科,蛸属。

学名:加氏蛸 *Octopus gardineri* Hoyle,1905。

地理分布:马尔代夫海域。

大小:最大胴长 18 mm。

吉氏蛸 *Octopus gibbsi* O'Shea, 1999

分类地位:头足纲,鞘亚纲,八腕目,无须亚目,蛸科,蛸亚科,蛸属。

学名:吉氏蛸 *Octopus gibbsi* O'Shea,1999。

地理分布:新西兰附近海域。

大小:最大胴长 137 mm。

文献:O'Shea,1999。

广东蛸 *Octopus guangdongensis* Dong，1976

分类地位：头足纲，鞘亚纲，八腕目，无须亚目，蛸科，蛸亚科，蛸属。
学名：广东蛸 *Octopus guangdongensis* Dong，1976。
地理分布：中国南海。
大小：最大胴长 70 mm。

哈德威克氏蛸 *Octopus hardwickei* Gray，1849

分类地位：头足纲，鞘亚纲，八腕目，无须亚目，蛸科，蛸亚科，蛸属。
学名：哈德威克氏蛸 *Octopus hardwickei* Gray，1849。
地理分布：印度洋。
大小：最大胴长 30 mm。

八太氏蛸 *Octopus hattai* Sasaki，1929

分类地位：头足纲，鞘亚纲，八腕目，无须亚目，蛸科，蛸亚科，蛸属。
学名：八太氏蛸 *Octopus hattai* Sasaki，1929。
地理分布：日本附近海域。
大小：最大胴长 120 mm。
文献：Hirakawa，1987。

哈勃氏蛸 *Octopus hubbsorum* Berry，1953

分类地位：头足纲，鞘亚纲，八腕目，无须亚目，蛸科，蛸亚科，蛸属。
学名：哈勃氏蛸 *Octopus hubbsorum* Berry，1953。
英文名：Hubb's octopus。
地理分布：墨西哥附近海域。
大小：最大胴长 90 mm。
文献：Norman，2000；Sanchez，2003；Aguilar and Godinez-Dominguez，1997。

卡哈罗蛸 *Octopus kaharoa* O'Shea，1999

分类地位：头足纲，鞘亚纲，八腕目，无须亚目，蛸科，蛸亚科，蛸属。
学名：卡哈罗蛸 *Octopus kaharoa* O'Shea，1999。
大小：最大胴长 90 mm。
文献：O'Shea，1999。

长王蛸 *Octopus longispadiceus* Sasaki，1917

分类地位：头足纲，鞘亚纲，八腕目，无须亚目，蛸科，蛸亚科，蛸属。
学名：长王蛸 *Octopus longispadiceus* Sasaki，1917。
地理分布：日本附近海域。
大小：最大胴长 60 mm。

墨卡托蛸 *Octopus mercatoris* Adam，1937

分类地位：头足纲，鞘亚纲，八腕目，无须亚目，蛸科，蛸亚科，蛸属。
学名：墨卡托蛸 *Octopus mercatoris* Adam，1937。
地理分布：墨西哥湾。
大小：最大胴长 20 mm。

墨努蛸 *Octopus mernoo* O'Shea，1999

分类地位：头足纲，鞘亚纲，八腕目，无须亚目，蛸科，蛸亚科，蛸属。
学名：墨努蛸 *Octopus mernoo* O'Shea，1999。
地理分布：新西兰附近海域。
大小：最大胴长 85 mm，总长 260 mm。
文献：O'Shea，1999。

微酞蛸 *Octopus microphthalmus* Goodrich，1896

分类地位：头足纲，鞘亚纲，八腕目，无须亚目，蛸科，蛸亚科，蛸属。
学名：微酞蛸 *Octopus microphthalmus* Goodrich，1896。
地理分布：安达曼群岛。
大小：最大胴长 40 mm。

微吡蛸 *Octopus micropyrsus* Berry，1953

分类地位：头足纲，鞘亚纲，八腕目，无须亚目，蛸科，蛸亚科，蛸属。
学名：微吡蛸 *Octopus micropyrsus* Berry，1953。
英文名：California Lilliput octopus。
分类特征：体深褐色。腕长约为胴长的 3 倍。
地理分布：美国加利福尼亚海域。
大小：最大胴长 30 mm。
文献：Norman，2000。

次蛸 *Octopus minor* Sasaki，1920

分类地位：头足纲，鞘亚纲，八腕目，无须亚目，蛸科，蛸亚科，蛸属。
学名：次蛸 *Octopus minor* Sasaki，1920。
拉丁异名：*Octopus tenuipulvinus* Sasaki，1920。
地理分布：日本附近海域。
大小：最大胴长 80 mm，总长 900 mm。
文献：Vecchione，2001；Okada K.，1971。

残蛸 *Octopus mutilans* Taki，1942

分类地位：头足纲，鞘亚纲，八腕目，无须亚目，蛸科，蛸亚科，蛸属。
学名：残蛸 *Octopus mutilans* Taki，1942。

地理分布:日本附近海域。

大小:最大胴长 60 mm,总长 420 mm。

文献:Okada, 1971。

南海蛸 *Octopus nanhaiensis* Dong, 1976

分类地位:头足纲,鞘亚纲,八腕目,无须亚目,蛸科,蛸亚科,蛸属。

学名:南海蛸 *Octopus nanhaiensis* Dong, 1976。

地理分布:中国南海。

大小:最大胴长 60 mm。

纳内蛸 *Octopus nanus* Adam, 1973

分类地位:头足纲,鞘亚纲,八腕目,无须亚目,蛸科,蛸亚科,蛸属。

学名:纳内蛸 *Octopus nanus* Adam, 1973。

地理分布:红海。

大小:最大胴长 13 mm。

忽蛸 *Octopus neglectus* Nateewathana and Norman, 1999

分类地位:头足纲,鞘亚纲,八腕目,无须亚目,蛸科,蛸亚科,蛸属。

学名:忽蛸 *Octopus neglectus* Nateewathana and Norman, 1999。

地理分布:安达曼海。

大小:最大胴长 52 mm。

白蛸 *Octopus niveus* Lesson, 1830

分类地位:头足纲,鞘亚纲,八腕目,无须亚目,蛸科,蛸亚科,蛸属。

学名:白蛸 *Octopus niveus* Lesson, 1830。

地理分布:社会群岛。

大小:最大胴长 40 mm。

西洋蛸 *Octopus occidentalis* Steenstrup, 1886

分类地位:头足纲,鞘亚纲,八腕目,无须亚目,蛸科,蛸亚科,蛸属。

学名:西洋蛸 *Octopus occidentalis* Steenstrup, 1886。

地理分布:西南大西洋阿森松岛。

大小:最大胴长 60 mm。

奥绍特蛸 *Octopus ochotensis* Sasaki, 1920

分类地位:头足纲,鞘亚纲,八腕目,无须亚目,蛸科,蛸亚科,蛸属。

学名:奥绍特蛸 *Octopus ochotensis* Sasaki, 1920。

地理分布:鄂霍次克海。

大小:最大胴长 40 mm。

加拉帕戈斯蛸 *Octopus oculifer* Hoyle，1904

分类地位：头足纲，鞘亚纲，八腕目，无须亚目，蛸科，蛸亚科，蛸属。

学名：加拉帕戈斯蛸 *Octopus oculifer* Hoyle，1904。

地理分布：加拉帕戈斯群岛。

大小：最大胴长 12 mm。

文献：Norman，2000。

奥氏蛸 *Octopus oliveri* Berry，1914

分类地位：头足纲，鞘亚纲，八腕目，无须亚目，蛸科，蛸亚科，蛸属。

学名：奥氏蛸 *Octopus oliveri* Berry，1914。

拉丁异名：*Polypus oliveri* Berry，1914。

地理分布：科曼地群岛和新西兰。

大小：雌性最大胴长 69 mm，雄性最大胴长 52.5 mm。

文献：Sweeney et al，1988；O'Shea，1999；Berry，1916；Anonymous，1998。

小管蛸 *Octopus oshimai* Sasaki，1929

分类地位：头足纲，鞘亚纲，八腕目，无须亚目，蛸科，蛸亚科，蛸属。

学名：小管蛸 *Octopus oshimai* Sasaki，1929。

地理分布：中国台湾。

大小：最大胴长 60 mm。

卵蛸 *Octopus ovulum* Sasaki，1917

分类地位：头足纲，鞘亚纲，八腕目，无须亚目，蛸科，蛸亚科，蛸属。

学名：卵蛸 *Octopus ovulum* Sasaki，1917。

地理分布：日本附近海域。

大小：最大胴长 50 mm。

日本微蛸 *Octopus parvus* Sasaki，1917

分类地位：头足纲，鞘亚纲，八腕目，无须亚目，蛸科，蛸亚科，蛸属。

学名：日本微蛸 *Octopus parvus* Sasaki，1917。

英文名：Japanese pygmy octopus。

生活史及生物学：栖息于潮间带礁质水域。

地理分布：日本附近海域。

大小：最大胴长 40 mm。

文献：Norman，2000。

青灰蛸 *Octopus penicillifer* Berry，1954

分类地位：头足纲，鞘亚纲，八腕目，无须亚目，蛸科，蛸亚科，蛸属。

学名：青灰蛸 *Octopus penicillifer* Berry，1954。

拉丁异名:*Octopus stictochrus* Voss, 1971。

地理分布:墨西哥加利福尼亚湾。

大小:最大胴长 23 mm。

文献:Berry, 1954。

巴塔哥尼亚蛸 *Octopus pentherinus* Rochebrune and Mabille, 1889

分类地位:头足纲,鞘亚纲,八腕目,无须亚目,蛸科,蛸亚科,蛸属。

学名:巴塔哥尼亚蛸 *Octopus pentherinus* Rochebrune and Mabille, 1889

地理分布:巴塔哥尼亚(阿根廷)。

大小:最大胴长 18 mm。

普拉氏蛸 *Octopus prashadi* Adam, 1939

分类地位:头足纲,鞘亚纲,八腕目,无须亚目,蛸科,蛸亚科,蛸属。

学名:普拉氏蛸 *Octopus prashadi* Adam, 1939。

地理分布:安达曼群岛。

大小:最大胴长 30 mm。

普里氏蛸 *Octopus pricei* Berry, 1913

分类地位:头足纲,鞘亚纲,八腕目,无须亚目,蛸科,蛸亚科,蛸属。

学名:普里氏蛸 *Octopus pricei* Berry, 1913。

拉丁异名:*Polypus pricei* Berry, 1913。

地理分布:加利福尼亚沿岸(美国)。

大小:最大胴长 18 mm。

文献:Sweeney et al, 1988。

朴米蛸 *Octopus pumilus* Norman and Sweeney, 1997

分类地位:头足纲,鞘亚纲,八腕目,无须亚目,蛸科,蛸亚科,蛸属。

学名:朴米蛸 *Octopus pumilus* Norman and Sweeney, 1997。

地理分布:菲律宾群岛。

大小:最大胴长 31mm。

文献:Norman and Sweeney, 1997。

皮卢姆蛸 *Octopus pyrum* Norman et al. , 1997

分类地位:头足纲,鞘亚纲,八腕目,无须亚目,蛸科,蛸亚科,蛸属。

学名:皮卢姆蛸 *Octopus pyrum* Norman et al. , 1997。

地理分布:班达海。

大小:最大胴长 35 mm。

拉氏蛸 *Octopus rapanui* Voss, 1979

分类地位:头足纲,鞘亚纲,八腕目,无须亚目,蛸科,蛸亚科,蛸属。

学名:拉氏蛸 *Octopus rapanui* Voss, 1979。

地理分布:复活节岛。

大小:最大胴长 120 mm。

文献:Voss, 1979。

雷克斯蛸 *Octopus rex* Nateewathana and Norman, 1999

分类地位:头足纲,鞘亚纲,八腕目,无须亚目,蛸科,蛸亚科,蛸属。

学名:雷克斯蛸 *Octopus rex* Nateewathana and Norman, 1999。

地理分布:泰国湾。

大小:最大胴长 61 mm。

罗氏蛸 *Octopus robsoni* Adam, 1941

分类地位:头足纲,鞘亚纲,八腕目,无须亚目,蛸科,蛸亚科,蛸属。

学名:罗氏蛸 *Octopus robsoni* Adam, 1941。

地理分布:红海。

大小:最大胴长 60 mm。

文献:Tsuda et al, 1980。

罗斯福氏蛸 *Octopus roosevelti* Stuart, 1941

分类地位:头足纲,鞘亚纲,八腕目,无须亚目,蛸科,蛸亚科,蛸属。

学名:罗斯福氏蛸 *Octopus roosevelti* Stuart, 1941。

地理分布:加拉帕哥斯群岛。

大小:最大胴长 180 mm。

文献:Roper and Sweeney, 1978。

圣赫勒拿蛸 *Octopus sanctaehelenae* Robson, 1929

分类地位:头足纲,鞘亚纲,八腕目,无须亚目,蛸科,蛸亚科,蛸属。

学名:圣赫勒拿蛸 *Octopus sanctaehelenae* Robson, 1929。

地理分布:圣赫勒拿群岛(大西洋)。

大小:最大胴长 85 mm。

佐崎氏蛸 *Octopus sasakii* Taki, 1942

分类地位:头足纲,鞘亚纲,八腕目,无须亚目,蛸科,蛸亚科,蛸属。

学名:佐崎氏蛸 *Octopus sasakii* Taki, 1942。

地理分布:日本附近海域。

大小:最大胴长 50 mm。

刺蛸 *Octopus spinosus* Sasaki, 1920

分类地位:头足纲,鞘亚纲,八腕目,无须亚目,蛸科,蛸亚科,蛸属。

学名:刺蛸 *Octopus spinosus* Sasaki, 1920。

地理分布:日本附近海域。

大小:最大胴长 20 mm。

文献:Voss, 1986。

条纹蛸 *Octopus striolatus* Dong, 1976

分类地位:头足纲,鞘亚纲,八腕目,无须亚目,蛸科,蛸亚科,蛸属。

学名:条纹蛸 *Octopus striolatus* Dong, 1976。

地理分布:中国南海。

塔普洛斑蛸 *Octopus taprobanensis* Robson, 1926

分类地位:头足纲,鞘亚纲,八腕目,无须亚目,蛸科,蛸亚科,蛸属。

学名:塔普洛斑蛸 *Octopus taprobanensis* Robson, 1926。

地理分布:斯里兰卡附近海域。

大小:最大胴长 15 mm。

暗蛸 *Octopus tenebricus* Smith, 1884

分类地位:头足纲,鞘亚纲,八腕目,无须亚目,蛸科,蛸亚科,蛸属。

学名:暗蛸 *Octopus tenebricus* Smith, 1884。

地理分布:澳大利亚东北部。

大小:最大胴长 20 mm。

津轻蛸 *Octopus tsugarensis* Sasaki, 1920

分类地位:头足纲,鞘亚纲,八腕目,无须亚目,蛸科,蛸亚科,蛸属。

学名:津轻蛸 *Octopus tsugarensis* Sasaki, 1920。

地理分布:日本附近海域。

大小:最大胴长 40 mm。

效蛸 *Octopus validus* Sasaki, 1920

分类地位:头足纲,鞘亚纲,八腕目,无须亚目,蛸科,蛸亚科,蛸属。

学名:效蛸 *Octopus validus* Sasaki, 1920。

地理分布:日本附近海域。

大小:最大胴长 45 mm。

伐楼拿蛸 *Octopus varunae* Oommen, 1971

类地位:头足纲,鞘亚纲,八腕目,无须亚目,蛸科,蛸亚科,蛸属。

学名:伐楼拿蛸 *Octopus varunae* Oommen, 1971。

地理分布:阿拉伯海。

大小:最大胴长 60 mm。

文献:Oomen, 1971。

蔽蛸 *Octopus veligero* **Berry, 1953**

类地位:头足纲,鞘亚纲,八腕目,无须亚目,蛸科,蛸亚科,蛸属。
学名:蔽蛸 *Octopus veligero* Berry, 1953。
英文名: Veiled octopus。
地理分布:墨西哥加利福尼亚海湾。
大小:最大胴长 70 mm。
文献: Norman, 2000。

疣蛸 *Octopus verrucosus* **Hoyle, 1885**

类地位:头足纲,鞘亚纲,八腕目,无须亚目,蛸科,蛸亚科,蛸属。
学名:疣蛸 *Octopus verrucosus* Hoyle, 1885。
地理分布:大西洋特里斯坦达库尼亚岛。
大小:最大胴长 80 mm。

斐济蛸 *Octopus vitiensis* **Hoyle, 1885**

类地位:头足纲,鞘亚纲,八腕目,无须亚目,蛸科,蛸亚科,蛸属。
学名:斐济蛸 *Octopus vitiensis* Hoyle, 1885。
地理分布:斐济群岛。
大小:最大胴长 60 mm。
文献: Norman, 2000。

温氏蛸 *Octopus winckworthi* **Robson, 1926**

分类地位:头足纲,鞘亚纲,八腕目,无须亚目,蛸科,蛸亚科,蛸属。
学名:温氏蛸 *Octopus winckworthi* Robson, 1926。
地理分布:印度南部海域。
大小: 最大胴长 30 mm。

曳氏蛸 *Octopus yendoi* **Sasaki, 1920**

分类地位:头足纲,鞘亚纲,八腕目,无须亚目,蛸科,蛸亚科,蛸属。
学名:曳氏蛸 *Octopus yendoi* Sasaki, 1920。
地理分布:韩国、朝鲜附近海域。
大小:最大胴长 40 mm。

翼蛸属 *Pteroctopus* **Fischer, 1882**

翼蛸属已知阔头翼蛸 *Pteroctopus eurycephala*、霍氏翼蛸 *Pteroctopus hoylei*、喀拉拉邦翼蛸 *Pteroctopus keralensis*、施氏翼蛸 *Pteroctopus schmidti*、翼蛸 *Pteroctopus tetracirrhus*、乌氏翼蛸 *Pteroctopus witjazi* 6 种,其中翼蛸为本属模式种。
　　分类地位:头足纲,鞘亚纲,八腕目,无须亚目,蛸科,蛸亚科,翼蛸属。
　　属特征:外套侧缘无隆脊,体表无特殊标记。外套腔开口窄,为外套周长的 1/3 或更少。两眼上方各具 1 个乳突。腕不可自断,不可再发育,吸盘 2 列。雄性左侧第 3 腕茎化,舌叶具纵向凹槽,凹槽无齿片状结构。具墨囊,嗉囊具憩室。

施氏翼蛸 *Pteroctopus schmidti* Joubin,1933

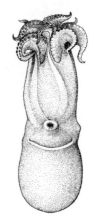

分类地位:头足纲,鞘亚纲,八腕目,无须亚目,蛸科,蛸亚科,翼蛸属。

学名:施氏翼蛸 *Pteroctopus schmidti* Joubin,1933。

拉丁异名:*Danoctopus schmidti* Joubin,1933。

英文名:Dana octopus;**法文名**:Poulpe dana;**西班牙文名**:Pulpito monedero。

分类特征:体紧凑,近球形,胴长近等于胴宽,体表具乳突(图 8-218)。头短宽,颈部不收缩。眼小,两眼上方各具 2 个分离的须状乳突。腕粗壮,中等长度,吸盘 2 列;腕间膜深,为腕长的 50%。茎化腕具舌叶和交接基。每半鳃具鳃小片 9 个。

地理分布:分布在西北大西洋干龟群岛、多米尼加、百慕大群岛海域(图 8-219)。

生活史及生物学:栖息水深可至 600 m。

大小:最大胴长 40 mm。

渔业:非常见种。

文献:Roper et al,1984;Sweeney,2001。

图 8-218 施氏翼蛸腹视
(据 Roper et al,1984)

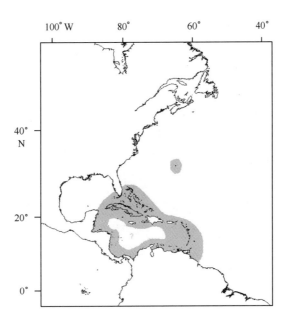

图 8-219 施氏翼蛸地理分布示意图

翼蛸 *Pteroctopus tetracirrhus* Chiaie,1830

分类地位:头足纲,鞘亚纲,八腕目,无须亚目,蛸科,蛸亚科,翼蛸属。

学名:翼蛸 *Pteroctopus tetracirrhus* Chiaie,1830。

拉丁异名:*Octopus tetracirrhus* Chiaje,1830;*Scaeurgus titanotus* Troschel,1857。

英文名:Fourhorn octopus,Atlantic fourhorn octopus;**法文名**:Poulpe à quatre cornes;**西班牙文名**:

Pulpo cuatro cuernos。

分类特征:体宽卵形,胴长近等于胴宽,体表被大量排列紧密的瘤突,皮肤及皮下组织柔软,凝胶质。头宽近等于胴宽,颈部不收缩。两眼上方各具 1 对长须状乳突,最长可达胴长的 50%（图 8-220A）。漏斗器 W 型。腕中等长度,腕长为胴长的 3~4 倍,腕吸盘小,2 列;腕间膜深度为最长腕的 30%~40%。雄性左侧第 3 腕茎化,较右侧第 3 腕粗短,为右侧第 3 腕长的 60%~80%。茎化腕舌叶宽大的圆锥形,为茎化腕长的 5%~11%,顶端钝,凹槽浅,具微弱的横脊;交接基中等大小,圆锥形,精沟深（图 8-220B）。外半鳃鳃小片 9~10 个。

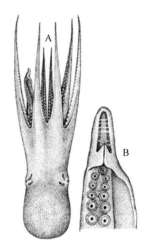

地理分布:分布在地中海和大西洋。西大西洋从美国佛罗里达州、墨西哥湾、加勒比海至乌拉圭;东大西洋从伊比利亚半岛至加蓬（图 8-221）。

图 8-220　翼蛸形态特征示意
图（据 Roper et al, 1984）
A. 背视;B. 茎化腕端器

生活史及生物学:中型底栖种,栖息水深 25~720 m,泥质海底。主食蟹、龙虾、虾,其本身是鲨鱼的猎食对象。4 月份,底层渔具可以捕获到中等大小的个体。11—12 月的渔获物中未成熟的小个体较多。生命周期 2~3 年。雌性成熟季节为 5—6 月,初次性成熟胴长 110 mm;雄性性成熟季节为 6—7 月,初次性成熟胴长 85 mm。

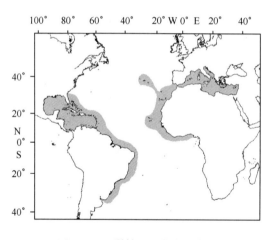

图 8-221　翼蛸地理分布示意图

大小:雌性最大胴长 130 mm,总长 300 mm;雄性最大胴长 110 mm,总长 280 mm。

渔业:次要经济种,在地中海和西大西洋主要为虾类和鱼类渔业的副渔获物,其本身无专门的渔获量统计。

文献:Roper et al, 1984; Norman, 2000; Boletzky and Hanlon, 1983; Boletzky, 1976; Bonichon-Laubier, 1971; Mangold-Wirz K, 1973。

阔头翼蛸 *Pteroctopus eurycephala* Taki, 1964

分类地位:头足纲,鞘亚纲,八腕目,无须亚目,蛸科,蛸亚科,翼蛸属。

学名:阔头翼蛸 *Pteroctopus eurycephala* Taki, 1964。

拉丁异名:*Saskinella eurycephala* Taki,1964。

地理分布:日本附近海域。

大小:最大胴长 25 mm。

文献:Taki,1964。

霍氏翼蛸 *Pteroctopus hoylei* Berry,1909

分类地位:头足纲,鞘亚纲,八腕目,无须亚目,蛸科,蛸亚科,翼蛸属。

学名:霍氏翼蛸 *Pteroctopus hoylei* Berry,1909。

拉丁异名:*Polypus hoylei* Berry,1909。

英文名:Pacific fourhorn octopus。

地理分布:夏威夷群岛。

大小:最大胴长 60 mm。

文献:Sweeney et al,1988;Norman,2000。

乌氏翼蛸 *Pteroctopus witjazi* Akimushkin,1963

分类地位:头足纲,鞘亚纲,八腕目,无须亚目,蛸科,蛸亚科,翼蛸属。

学名:乌氏翼蛸 *Pteroctopus witjazi* Akimushkin,1963。

地理分布:鄂霍次克海。

大小:最大总长 130 mm。

文献:Akimushkin,1965。

喀拉拉邦翼蛸 *Pteroctopus keralensis* Oommen,1966

分类地位:头足纲,鞘亚纲,八腕目,无须亚目,蛸科,蛸亚科,翼蛸属。

学名:喀拉拉邦翼蛸 *Pteroctopus keralensis* Oommen,1966。

地理分布:印度西南部海域。

大小:最大胴长 50 mm。

左蛸属 *Scaeurgus* Troschel,1857

左蛸属已知巴塔左蛸 *Scaeurgus patagiatus*、左蛸 *Scaeurgus unicirrhus* 2 种,其中左蛸为本属模式种。

分类地位:头足纲,鞘亚纲,八腕目,无须亚目,蛸科,蛸亚科,左蛸属。

属特征:外套侧缘具隆脊,体表具 2 对褐色斑点。外套腔开口中等至宽,约为外套周长的1/2。两眼上方各具 1 个乳突。腕不可自断,不可再发育,吸盘 2 列。雄性左侧第 3 腕茎化,舌叶具纵向凹槽,凹槽无横脊。具墨囊,嗉囊具憩室。

种的检索:

1(2)体侧具隆脊 ·· 左蛸

2(1)体侧无隆脊 ·· 巴塔左蛸

巴塔左蛸 *Scaeurgus patagiatus* Berry，1913

分类地位：头足纲，鞘亚纲，八腕目，无须亚目，蛸科，蛸亚科，左蛸属。

学名：巴塔左蛸 *Scaeurgus patagiatus* Berry，1913。

分类特征：体卵圆形，肌肉发达，体表被大量小突起（图 8-222）。两眼后上方各具 1 个长须状突起。各腕长相近，最长腕约为胴长的 2.7 倍，腕吸盘 2 列；腕间膜中等深度，最深约为最长腕的 22%。茎化腕吸盘 73~75 个，舌叶大，长度为茎化腕长的 10%。

地理分布：夏威夷群岛、日本南部、中国台湾海域。

生活史及生物学：近海大型底栖种。

大小：最大胴长 110 mm，体重 390 g。

渔业：台湾鱼市偶然可见。

文献：Myers et al.，2008。

图 8-222　巴塔左蛸背视（据 Myers et al.，2008）

左蛸 *Scaeurgus unicirrhus* Chiaie，1839

分类地位：头足纲，鞘亚纲，八腕目，无须亚目，蛸科，蛸亚科，左蛸属。

学名：左蛸 *Scaeurgus unicirrhus* Chiaie，1839。

拉丁异名：*Octopus unicirrhus* Orbigny，1840；*Octopus cocco* Vérany，1846；*Scaeurgus patagiatus* Berry，1913。

英文名：Fourhorn octopus，Atlantic fourhorn octopus，Atlantic Warty Octopus，Unihorn octopus；**法文名**：Poulpe à quatre cornes，Poulpe licorne；**西班牙文名**：Pulpo cuatro cuernos，Pulpo unicornio。

分类特征：体紧凑，椭圆形，体表被大量圆形乳突或疣突，在外套侧缘处形成隆起的脊，脊环绕外套侧缘一周（图 8-223A）。两眼上方各具 1 个长须状突起。腕中等长度，腕间膜深。雄性左侧第 3 腕茎化，明显较右侧第 3 腕短。茎化腕舌叶长而钝圆，勺状，长度为茎化腕长的 8%~10%，舌叶边缘膨大，凹槽深，具横脊；交接基长，圆锥形，精沟深（图 8-223B）。外半鳃鳃小片 11~14 个，多数 12~13 个。

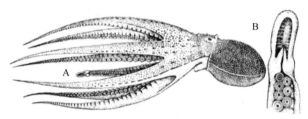

图 8-223　左蛸形态特征示意图（据 Roper et al，1984）

A. 侧视；B. 茎化腕端器

地理分布：广泛分布在世界各大洋热带和温带水域（图 8-224）。

生活史及生物学：底栖种，栖息水深 100~400 m，有时也可至 800 m 的砂质或珊瑚礁质底层。具生殖洄游现象。在西地中海产卵期为夏季（8—9 月），而在热带地区产卵期贯穿全年。主食软体动物、甲壳类和小鱼。

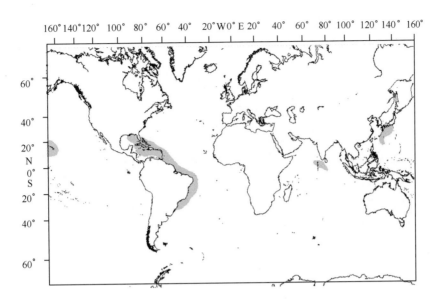

图 8-224　左蛸地理分布示意图

大小：最大胴长 90 mm，腕长 250 mm。成熟雄性胴长 50 mm。

渔业：潜在经济种。

文献：Roper et al，1984；Norman，2000；Boletzky，1977，1985；Jereb et al，1989；Sanchez and Alvarez，1988；Voss，1951。

第十一节　八腕目玻璃蛸科

玻璃蛸科 Vitreledonellidae Robson，1932

玻璃蛸属 *Vitreledonella* Joubin，1918

玻璃蛸属 *Vitreledonella* 为玻璃蛸科的单一属，已知仅玻璃蛸 *Vitreledonella richardi* 1 种。

分类地位：头足纲，鞘亚纲，八腕目，无须亚目，玻璃蛸科，玻璃蛸属。

玻璃蛸 *Vitreledonella richardi* Joubin，1918

分类地位：头足纲，鞘亚纲，八腕目，无须亚目，玻璃蛸科，玻璃蛸属。

学名：玻璃蛸 *Vitreledonella richardi* Joubin，1918。

分类特征：体卵形，透明，外套腔开口宽（图 8-225A）。眼近三角形，具喙状结构。腕吸盘 1 列。雄性左侧第 3 腕茎化，顶端球形。齿舌由 7 列小齿和 2 列缘板组成，中齿多尖（图 8-225B）。消化腺细长，胃位于消化腺背部。

地理分布：分布在热带和亚热带水域。

生活史及生物学：栖息在中层至底层水域。雌性具育卵习性，育卵直至卵孵化。

渔业：非常见种。

文献：Clarke and Lu，1975；Joubin，1918，1937；Nesis，1982；Roper et al，1969；Thore，1949；

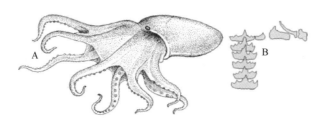

图 8-225　玻璃蛸形态特征示意图（据 Thore，1949；Young，1996）

A. 腹侧视；B. 右侧一半齿舌

Young，1996；Young et al，1999。

第十二节　幽灵蛸目幽灵蛸科

幽灵蛸目 Vampyromorpha Robson，1929

幽灵蛸科 Vampyroteuthidae Thiele，1915

幽灵蛸属 *Vampyroteuthis* Chun，1903

幽灵蛸目仅幽灵蛸科 Vampyroteuthidae 1 科、幽灵蛸属 *Vampyroteuthis* 1 属、幽灵蛸 *Vampyroteuthis infernalis* 1 种。

分类地位：头足纲，鞘亚纲，幽灵蛸目，幽灵蛸科，幽灵蛸属。

英文名：Vampire Squid。

幽灵蛸 *Vampyroteuthis infernalis* Chun，1903

分类地位：头足纲，鞘亚纲，幽灵蛸目，幽灵蛸科，幽灵蛸属。

学名：幽灵蛸 *Vampyroteuthis infernalis* Chun，1903。

英文名：Vampire Squid。

分类特征：体钟形，十分凝胶质，体表具黑色色素体，其间点缀着微红褐色色素体，色素体缺少像其他鞘亚纲种类能够迅速变色的肌肉（即色素体不活跃），少量色素体具发光器。个体发育早期鳍 2 对，其余时期鳍 1 对。第 2 对环口附肢特化为伸缩自如的细丝状触腕，延伸时长度可超过体长，收缩时藏于腕间膜间的囊内（图 8-226A），细丝推断可能具感官功能。各腕全腕具须，仅远端 1/2 具吸盘。角质颚上颚喙长弯，顶端尖；头盖长约为脊突长的 0.8 倍；脊突直，不增厚；翼部延伸至侧壁前缘宽的近基部处。下颚喙顶端尖；头盖宽，无开口，覆盖脊突的约 90%；翼部宽；脊突短宽，不增厚。内壳中部和尾椎窄。无墨囊和肛瓣。成体鳍后方各具一个生壳睑的圆形大发光器（即鳍基部发光器）；外套腹部、漏斗、头以及腕和腕间膜反口面具大量小发光器（即皮肤节发光器）；头部背表面具 2 个块状感光器（图 8-227）；腕顶端发光器产生闪烁的冷光。

生活史及生物学：热带和温带中层至底层水域生活的小型种。在加利福尼亚海域，栖息水深 600~1 100 m，多为 700~800 m，胴长小于 20 mm 的个体栖息水深多为 900~1 000 m；在加利福尼亚蒙特里海湾，栖息于约 690 m 水深的低氧层，含氧量为 0.22 mL/L；在夏威夷栖息水深 800~

1 200 m;在大西洋 18° N, 25° W,栖息水深主要为 700~1 200 m,不同大小个体分布水层无明显不同。

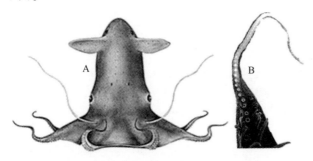 

图 8-226　幽灵蛸形态特征示意图(据 Young, 1972)　　　　图 8-227　幽灵蛸背前视图(白色
A. 背视;B. 某腕口视　　　　　　　　　　　　　　　　斑块为反光器)

　　幽灵蛸鳍的发育在头足类中最为独特。初孵幼体鳍 1 对,随着个体发育,这对鳍被重新吸收,并被位置较原来靠前的另一对鳍所代替,而早期个体发育过程中的某个阶段鳍 2 对。胴长 10 mm幼体鳍类似成体。幽灵蛸无缠卵腺,卵管腺小,因此产卵少。在加利福尼亚,小个体栖息水层较大个体深,据此推断可能在深水产卵。幽灵蛸为凝胶质头足类中游泳较为迅速的一种,Hunt(1996)估算最快每秒可移动两个身位,获得此速度的时间仅需 5 s。逃逸时,鳍迅速向前方划水,并伴随着漏斗喷水;平时腕与腕间膜展开呈伞状,做水母状游动。鳍基部发光器每次闪烁少于 1 s 或多于2 min,腕顶端发光器每次 1~3 s 的不断闪烁。

　　地理分布:广泛分布在世界各大洋热带和温带水域。

　　大小:最大胴长 130 mm。

　　渔业:非常见种。

　　文献:Clarke and Lu, 1975; Herring et al, 1994; Hunt, 1996; Nesis, 1982; Pickford, 1940,1946, 1949; Robison et al, 2003; Roper and Young, 1975; Seibel et al, 1998; Young, 1964, 1967,1972, 1977, 1998; Young and Vecchione, 1996, 1999; Boletzky 1978, 1979; Lu and Ickeringill,2002。

主 要 参 考 文 献

[1] Aldrich F A. Some aspects of the systematics and biology of squid of the genus *Architeuthis* based on a study of specimens from Newfoundland waters. Bulletin of Marine Science. 1992, 49 (1-2): 457-481.

[2] Alexander A. Age, growth, stock structure and migratory rate of pre-spawning short-finned squid *Illex argentinus* based on statolith aging investigations [J]. Fish Res, 1993, 16: 313-338.

[3] Allcock A L, Piertney S B. Evolutionary relationships of Southern Ocean Octopodidae (Cephalopod: Octopoda) and a new diagnosis of *Pareledone* [J]. Mar Bio, 2002, 140: 129-135.

[4] Allock A L et al. *Adelieledone*, a new genus of octopodid from the Southern Ocean. Atlantic Science, 2003, 15(4): 415-424.

[5] Anderson C. I. H., Rodhouse P. G. Life cycles, oceanography and variability: ommastrephid squid in variable oceanographic environments[J]. Fisheries Research, 2001,54(1):133-143.

[6] Anderson F E. Phylogeny and historical biogeography of the loliginid squids (Mollusca: Cephalopoda) based on mitochondrial DNA sequence data [J]. Molecular Phylogentics and Evolution, 2000, 15: 191-214.

[7] Anderson, F E. Phylogeny and Historical Biogeography of the Loliginid Squids (Mollusca: Cephalopoda) Based on Mitochondrial DNA Sequence Data. Molecular Phylogenetics and Evolution 2000, 15: 191-214.

[8] Argelles J., Rodhouse P. G., Villegas P., et al. Age, growth and population structure of jumbo flying squid *Dosdicus gigas* in Peruvian waters[J]. Fisheries Research., 2001,54(1):51-61.

[9] Arkhipkin A I, Campana S E. Spatial and temporal variation in elemental signatures of statoliths from the Patagonian lonfin squid (*Loligo gahi*) [J]. Canadian Journal of Fisheries and Aquatic Sciences, 2004, 61: 1212-1224.

[10] Arkhipkin A I. Statoliths as 'black boxes' (life recorders) in squid [J]. Marine and Freshwater Research, 2004, 56(5) :573-583.

[11] Arkhipkin A. I., Middleton D. A. J., Sirota A. M., Grzebielec R. The effect of Falkland Current inflows on offshore ontogenetic migrations of the squid *Loligo gahi* on the southern shelf of the Falkland Islands[J]. Estuarine, Coasta and Shelf Science, 2004,60(1):11-22.

[12] Arkhipkin K, Bizikov V A. Statolith shape and microstructure in studies of systematics, age and growth in planktonic paralarvae of gonatid squids (Cephalopoda, Oegopsida) from the wester n Bering Sea [J]. J Plankton Res. 1997, 19(12): 1993-2030.

[13] Bello, G. and R. Giannuzzi-Savelli. Case 2874. *Chtenopteryx* Appellof, 1890 (Mollusca, Cephalopoda): proposed confirmation as the correct original spelling. Bulletin of Zoological Nomenclature. 1993, 50(4):270-272.

[14] Blanco C, Raga J A. Cephalopod prey of two Ziphius cavirostris (Cetacea) stranded on the western Mediterranean coast. Journal of the Marine Biological Association of the United Kingdom, 2000, 80(2): 381-382.

[15] Bonnaid L, Ozonf-Costaz C, Renata Boucher-Rodo-Ni. A molecular and karyological approach to the taxonomy of Nautilus [J]. Comptco Rendus Biologies, 2004, 327(2): 133-138.

[16] Borges T C. Discriminate analysis of geographic variation in hard structures of *Todarodes saguttatus* (Lamarek 1798) from North Atlantic Ocean [A]. ICES Shell Symposium Paper [C], 1990, 44.

[17] Bower S M, Margolis L. Potential use of helminth parasites in stock identification of flying squid, *Ommastrephes bartrami*, in North Pacific waters [J]. Can J Zool, 1990, 69: 1124-1126.

[18] Boyle P, Rodhouse P. Cephalopods Ecology and Fisheries [M]. Blackwell Science, 2005: 1-452.

[19] Brierley A S, Thorpe J, Pierce G J, et al. Genetic variation in the neritic squid *Loligo forbesi* (Myopsida: Loliginidae) in the northeast Atlantic Ocean [J]. Mar Biol. 1995, 122: 79-86.

[20] Brunetti N E, Elena B, Rossi G R, et al.Summer distribution, abundance and population structure of *Illex argentinus* on the Argentine shelf in relation to environmental features [J]. South Africa Journal of Marine Science. 1998, 20: 175-186.

[21] Burgess L A. Four new species of squid (Oegopsida: *Enoploteuthis*) from the Central Pacific and a description of a-

dult *Enoploteuthis reticulata*. Fish Bull. 1982, 80: 703-734.

[22] Caballero-Alfonso A. M., Ganzedo U., Santana A. T., et al. The role of climatic variability on the short-term fluc-
      tuations of octopus captures at the Canary Islands[J]. Fisheries Research,2010,102:258-265.

[23] Caddy J. F., Rodhouse P. G. Do recent trends in cephalopod and groundfish landings indicate widespread ecological
      change in global fisheries[J]. Fish Biology and Fisheries,1998,8:431-444.

[24] Cao J., Chen X. J., Chen Y. Influence of surface oceanographic variability on abundance of the western winter-
      spring cohort of neon flying squid *Ommastrephes bartramii* in the NW Pacific Ocean[J]. Mar Ecol Prog Ser, 2009,
      381:119-127.

[25] Carpenter K E. The living marine resources of the western central Atlantic. FAO Species identification guide for
      fishery purposes, 2002, (1): 1-597.

[26] Carvalho G R, Loney K H. Biochemical genetic studies on the Patagonian squid, *Loligo gahi* d ' Orbigny. I. Elec-
      trophoretic survey of genetic variability [J]. J Exp Biol Ecol, 1989. 126: 231-241.

[27] Carvalho G R, Thompson A, Stoner A L. Population genetic structure of the shortfin squid, *Illex argentinus*, from
      Falkland and surrounding waters [J]. Res Rep Falkland Isls Govern, 1990, 61.

[28] Chen X J, Lu H J, Liu B L, et al. Species identification of *Ommastrephes bartramii*, *Dosidicus gigas*, *Sthenoteuthis
      oualaniensis* and *Illex argentinus* (Ommastrephidae) using beak morphological variables[J]. Scientia Marina,
      2012, 76(3): 473-481.

[29] Chen X. J., Zhao X. H., Chen Y. El Niño/La Niña Influence on the Western Winter-Spring Cohort of Neon Flying
      Squid (*Ommastrephes bartarmii*) in the northwestern Pacific Ocean[J]. ICES J Mar Sci, 2007, 64: 1152-1160.

[30] Chen xinjun et al. Fishery biology of purpleback squid, *Sthenoteuthis oualaniensis*, in the northwest Indian Ocean.
      Fisheries Research. 2007, 83: 98-104.

[31] Choi K., Lee C. L., Hwang K., Kim S. W., et al. Distribution and migration of Japanese common squid, *Todaro-
      des pacificus*, in the southwestern part of the East (Japan) Sea[J]. Fisheries Research,2008,91(2):281-290.

[32] Clarke M P. The cephalopod statolith an introduction to its form[J]. J Mar Biol UK, 1978, 58: 701-712.

[33] Clarke M R, Maddock L. Statolith from living species of Cephalopods and Evolution [C]// (Clarke M R, Trueman
      E R, eds). The Mollusca, Paleontology and Neontology of Cephalopods. San Diego: Academic Press, 1988:169-
      184.

[34] Clarke M R. A handbook for the identification of cephalopod beaks [M]. Oxford: Clarendon Press, 1986: 273.

[35] Clarke M R. A review of the systematics and ecology of oceanic squids. Advances in Marine Biology. 1966 4: 91-
      300.

[36] Clarke M R. The value of statolith shape for systematics, taxonomy, and identification[A]. In: Systematics and
      Biogeography of Cephalopods, Smithsonian Contributions to Zoology[C], 1998, 586: 69-76.

[37] Collings M A. The genus *Grimpoteuthis* (Octopoda: Grimpoteuthidae) in the Northeast Atlantic, with descriptions
      of three new species [J]. Zool J Linnean Soc, 2003, 139: 93-127.

[38] Crespi-Abril A C, Morsan E M, Baron P J. Analysis of the ontogenetic variation in body and beak shape of the Il-
      lex argentinus inner shelf spawning groups by geometric morphometrics [J]. Journal of the Marine Biological Asso-
      ciation of the United Kingdom, 2010, 90(3): 547-553.

[39] Dawe E. G., Colbourne E. B., Drinkwater K. F. Environmental effects on recruitment of short-finned squid (*Illex
      illecebrosus*)[J]. Marine Science, 2000, 57(2):1002-1013.

[40] Dawe E. G., Hendrickson L. C., Colbourne E. B., et al. Ocean climate effects on the relative abundance of short-
      finned (*Illex illecebrosus*) and long-finned (*Loligo pealeii*) squid in the northwest Atlantic Ocean[J]. Fish Ocean-
      ogr. 2007,16(4):303-316.

[41] Dommergues J L, Neige P, Boletzky S V. Exploration of morphospace using Procrustes analysis in statoliths of cut-
      tlefish and squid (Cephalopoda: Decabrachia) evolutionary aspects of form disparity [J]. Veliger-verkeley, 2000,
      43(3): 265-276.

[42] Dunning M C et al. The living marine resources of the western central Pacific. FAO Species identification guide for

fishery purposes, 1998, (2): 1-1367.

[43] Filippova J A. A new species of the genus Cycloteuthis. Malacol. Rev. 1968, 1: 119-124.

[44] Food and Agriculture Organization. FAO Yearbook of Fisheries Statistics[Z]. 2017. Vol. 98.

[45] George D J, Jean F M. Beak length analysis of arrow squid *Nototodarus sloanii* (Cephalopoda: Ommastrephidae) in southern New Zealand waters. Polar Biology, 1996, 16(3): 227-230.

[46] Groger J, Piatkowski U, Heinemann H. Beak length analysis of the Southern Ocean squid *Psychroteuthis glacialis* (Cephalopoda: Psychroteuthidae) and its use for size and biomass estimation. Polar Biology, 2000, 23(1): 70-74.

[47] Harman R F and Seki M P. *Iridoteuthis iris* (Cephalopoda: Sepiolidae): New records from the central North Pacific and first description of the adults. Pac Sci. 1990, 44: 171-179.

[48] Herring P J, Clark M R, Boletzky S V, et al. The light organs of *Sepiola atlantica* and *Spirula spirula* (Mollusca Cephalopoda), bacterial and intrinsic systems in the order Sepioldea [J]. Journal of the Marine Biological Society of the United Kingdom, 1981, 61: 901-916.

[49] Herring P J. Luminescence in cephalopods and fish [C]. London: Symposium of the Zoological Society, 1977,38: 127-159.

[50] Ikeda Y, Arai N, Sakamoto W, et al. Comparison on trace elements in squid statoliths of different species origin as available key for taxonomic and phylogenetic study [J]. International Journal of PIXE, 1997, 7: 141-146.

[51] Ito K. Studiesonmigration and causes of stock size fluctuations in the northern Japanese population of spear squid, *Loligo bleekeri*. Bull[J]. Fisheries Research, 2007,5: 11-75.

[52] Iverson I L K, Pinkas L. A pictorial guide to beaks of certain eastern Pacific cephalopods [J]. Calif Dept Fish Game, Fish Bull, 1971, 152: 83-105.

[53] Izumi N, Raita I. Ecological study of the migration of eel by synchrotron radiation induced X-ray fluorescence imaging of statoliths [J]. Spectrochimica Acta Part B, 1999,54: 167-170.

[54] Jackson G D et al. Beak length analysis of *Moroteuthis ingens* (Cephalopoda: Onychoteuthidae) from the Falkland Islands region of the Patagonian shelf. Journal of the Marine Biological Association of the United Kingdom, 1997, 77 (4): 1235-1238

[55] Jacobson L. D. Longfin inshore squid, *Loligo pealeii*, life history and habitat characteristics[M]. American: NOAA Tech,2005,193:13-42.

[56] Jereb P et al. Cephalopods of the worlds. FAO Species identification guide for fishery purposes, 2005, 4(1): 1-261.

[57] Jereb P, Roper C F E. Cephalopod of the world [M]. FAO Species Catalogue for Fishery Purposes, 2005: 1-262.

[58] Johnsen S, Balser E J, Widder E A. Light emitting suckers in an octopus [J]. Nature, 1998, 398, 113.

[59] Khromov D N. Distribution patterns of Sepiidae[A]. In: Systematics and Biogeography of Cephalopods, Smithsonian Contributions to Zoology[C]. 1998, 586: 191-206.

[60] Kishi M. J., Nakajima K., Fujii M., Hashioka T. Environmental factors which affect growth of Japanese common squid, *Todarodes pacificus*, analyzed by a bioenergetics model coupled with a lower trophic ecosystem model[J]. Marine Systems,2009,78(2):278-287.

[61] Kommritz J G. A new species of *graneledone* (Cephalopoda: Octopodidae) from the southwest Atlantic Ocean. J Moll Stud. 2000, 66: 543-549.

[62] Kutagin O N. Genetic variation in the squid *Berryteuthis magister* (Berry, 1913) (Oegopsida: Gonatidae) [A]. In: Recent advances in cephalopod fisheries biology [C]. Tokyo: Tokai University Press. 1993, 201-213.

[63] Lee C. I. Relationship between variation of the Tsushima Warm Current and current circulation in the EastSea[D]. Pukyong: Pukyong National University,2003:93.

[64] Lefkaditou E, Bekas P. Analysis of beak morphometry of the horned octopus *Eledone currhosa* (Cephalopoda: Octopoda) in the Thracian Sea (NE Mediterranean). Mediterranean Marine Science, 2004, 5(1): 143-149.

[65] Leitea T. S., Haimovici M., Mather J., Oliveira J. E. Habitat, distribution, and abundance of the commercial octo-

pus (*Octopus insularis*) in a tropical oceanic island, Brazil: Information for management of an artisanal fishery inside a marine protected area[J]. Fisheries Research,2009,98:85–91.

[66] Leta H. R. Abundance and dstnbution of rhynchoteuthlon larvae of *Illex argentinus* (Cephalopoda: Ommastrephidae) In the South-Western Atlantic[J]. S Afr J Mar Sci,1992,12:927–941.

[67] Lombarte A, Rufino M M, Sanchez P. Statolith identification of Mediterranean Octopodidae, Sepiidae, Loliginidae, Ommastrephidae and Enoploteuthidae based on warp analyses [J]. Journal of the Marine Biological Association of the United Kingdom, 2006, 86(4): 767–771.

[68] Lopez J. L. H., Hernandez J. J. C. Age determined from the daily deposition of concentric rings on common octopus (*Octopus vulgaris*) beaks[J]. Fish Bull, 2001, 99:679–684.

[69] Lu C C, Ickeringill R. Cephalopod beak identification and biomass estimation techniques tools for dietary studies of southern Australian finfishes [R]. Victoria, Australia Museum Victoria Science Reports, 2002, 6: 1–65.

[70] Mann K. H., Lazier J. R. N. Dynamics of Marine Ecosystems[M]. Oxford: Blackwell,1991:124–157.

[71] Markaida U, Quinonez V C, Sosa N O. Age, growth and maturation of jumbo squid *Dosidicus gigas* (Cephalopoda: Ommastrephidae) from the Gulf of California, Mexico [J]. Fisheries Research,2004, 66(1): 31–47.

[72] Markaida U. Population structure and reproductive biology of jumbo squid *Dosidicus gigas* from the Gulf of California after the 1997–1998 El Nino event[J]. Fisheries Research, 2006,79(1):28–37.

[73] Markaida U., Velazquez C. Q., Nishizaki Q. S. Age, growth and maturation of jumbo squid *Dosidicus gigas* (Cephalopoda:Ommastrephidae) from the Gulf of California, Mexico[J]. Fish. Res., 2004, 66(1): 31–47.

[74] Martinez P,Sanjuan A,Guerra A.Identification of *Illex coindetii*,*I. illecebrosus* and *I.argentinus* (Cephalopoda: Ommastrephidae) throughout the Atlantic Ocean, by body and beak characters[J]. Mar. Biol. , 2002,(141): 131–143.

[75] Murphy E. J., Rodhouse P. G. Rapid selection in a short-lived semelparous squid species exposed to exploitation: inferences from the optimisation of life-history functions[J]. Evolutionary Ecology,1999,13: 517–537.

[76] Naef A. Die Cephalopoden [J]. Fauna u Flora Neapel, 1923(1): 1–863.

[77] Natsukri Y, Nakanose T, Oda K. Age and growth of the loliginid squid *Photololigo edulis* (Holye, 1985) [J]. J Exp Mar Biol Ecol. 1988, 116: 177–190.

[78] Neige P, Dommergues J L. Disparity of beaks and statoliths of some coleoids a morphometric approach to depict shape differentiation [J]. Gabhandlungen der Geologischen Bundesanstalt, 2002, 57(1): 393–399.

[79] Nesis K N. Cephalopods of the World [M]. U S A: T. F. H Publications Inc USA, 1987: 27, 119.

[80] Nesis K N. Distribution of recent cephalopod and inplications for pliopleistocene events [C]//Wamke K, Keupp H, Boletzky S V. Coleoid cephalopods through time. Berlin: Berliner Palobiol, 2003: 199–224.

[81] Nigmatullin C. M., Nesis K. N., Arkhipkin A. I. A review of biology of the jumbo squid *Dosidicus gigas* (Cepalopoda: Ommastrephedae)[J]. Fisheries Research, 2001,54(1):9–19.

[82] Nigmatullin Ch M. Mass squids of the south-west Atlantic and brief synopsis of the squid (*Illex argentinus*) [J]. Frente Maritimo, 1989, 5(A): 71–81.

[83] Nixon M. The radulae of cephalopod[A]. In: Systematics and Biogeography of Cephalopods, Smithsonian Contributions to Zoology[C]. 1998, 586: 39–53.

[84] O' Dor R. K. Big squid in big currents[J]. S Afr J Mar Sci, 1992,12:225–235.

[85] O' Shea S and Lu C C. A New Species of Luteuthis (Mollusca: Cephalopoda: Octopoda: Cirrata) from the South China Sea. Zoological Studies. 2002, 41(2): 119–126.

[86] Ogden R S, Allcock A L, Watts P C, et al. The role of beak shape in Octopodid taxonomy [J]. South Africa Journal of marine Science, 1998, 20: 29–36.

[87] Okutani T. Epipelagic decapod cephalopods collected by micronekton tows during the EASTROPAC expeditions, 1967–1968(systematic part) [J]. Bull Tokai Reg Fish Res Lab, 1974, 80: 29–118.

[88] Pineda S E, Aubone A, Brunetti N E. Identification y morfometria comparada de las mandibulas de Loligo gahi y Loligo sanpaulensis (Cephalopoda, Loliginidae) del Atlantico Sundoccidental [J]. Rev. Invest. Des. Pesq, 1996

(10): 85-99.

[89] Planque B., Fromentin J. M., Cury P., et al. How does fishing alter marine populations and ecosystems sensitivity to climate? [J]. Marine Systems, 2010, 79(3): 403-417.

Rodhouse P. G. Managing and forecasting squid fisheries in variable environments[J]. Fisheries Research, 2001, 54(1): 3-8.

[90] Quinn T. J., Deriso R. B. Quantitative fish dynamics[M]. New York: Oxford University Press, 1999: 49-83.

[91] Reid A. Taxonomic Review of the Australian Rossiinae (Cephalopoda: Sepiolidae), with a Description of a New Species, Neorossia leptodons, and Redescription of N. caroli (Joubin, 1902). Bulletin of Marine Science. 1991 49 (3): 748-831.

[92] Riddell D J. The Enoploteuthide (Cephalopoda: Oegopsida) of the New Zealand region [J]. Fish Res Bull (NZ), 1985, 27: 1-52.

[93] Rocha et al. A review of reproductive strategies in cephalopods. Biol. Rev. 2001, 76: 291-304.

[94] Rodhouse P. G. Trends and assessment of cephalopod fisheries[J]. Fisheries Research, 2006, 78: 1-3.

[95] Roper C F E, Lu C C. Comparative morphology and function of dermal structures in oceanic squids (Cephalopoda). Smithson. Contr Zool. 1996, 493: 1-40.

[96] Roper C F E, Sweeney M J, Nauen C E. Cephalopod of the world [M]. FAO Fisheries Synopsis, 1984, 125(3): 1-277.

[97] Roper C F E. Systematics and zoogeography of the worldwide bathypelagic squid Bathyteuthis (Cephalopoda: Oegopsida). Bulletin of the United States National Museum. 1969, 291: 1-210.

[98] Roper C. F. E. An overview of cephalopod systematics, status, problems and recommendations [J]. Memoirs of the National Museum, Victoria, 1983, 44: 13-27.

[99] Roper C. F. E., Sweeney M. J., Nauen C. E. An annotated and illustrated catalogue of species of interest to sheries [R]. Cephalopods of the world. FAO Fisheries Synopsis, 1984, 125 (3): 277.

[100] Sakurai Y., Kiyofuji H., Saitoh S., et al. Changes in inferred spawning sites of Todarodes pacificus (Cephalopada: Ommastrephidae) due to changing environmental conditions[J]. ICES J Mar Sci, 2000, 57: 24-30.

[101] Santos M. B., Clarke M. R., Pierce G. J. Assessing the importance of cephalopods in the diets of marine mammals and other top predators: problems and soluions[J]. Fisheries Research, 2001, 52(2): 121-139.

[102] Seibel et al. Life history of Gonatus onyx (Cephalopoda: Teuthoidea): deep-sea spawning and post-spawning egg care. Marine Biology. 2000, 137 (3): 519-526.

[103] Smith P J, Roberts P E, Hurst R J. Evidence for two species of arrow squid in New Zealand fishery [J]. N Z J Mar Fresh Res, 1981, 15: 247-253.

[104] Tian Y. J. Interannual-interdecadal variations of spear squid Loligo bleekeri abundance in the southwestern Japan Sea during 1975-2006: Impact of the trawl fishing and recommendations for management under the different climate regimes[J]. Fisheries Research, 2009, 100: 78-85.

[105] Toll R B. The gladius in teuthoid systematics[J]. Smithson Contr Zool, 1998(586): 55-68.

[106] Vecchione et al. Systematics of Indo-West Pacific loliginids. Phuket Mar. Biol. Cent. Res. Bull. 2005, 66: 23-26.

[107] Vecchione M, Young R E. The Magnapinnidae, a newly discovered family of oceanic squid (Cephalopoda: Oegopsida). South African Journal of Marine Science. 1998, 20: 429-437.

[108] Vecchione M et al. Worldwide observations of remarkable deep-sea squids. Science. 2001, 294: 2505-2506.

[109] Vega M A. Uso de la morfometria de las mandbulas de cefalpodos en estudios de contenido estomacal [J]. Latin American Journal of Aquatic Resource, 2011, 39(3): 600-606.

[110] Villanueva et al. Locomotion modes of deep-sea cirrate octopods (Cephalopoda) based on observations from video recordings on the Mid-Atlantic Ridge. Marine Biology, 1997, 129: 113-122.

[111] Villanueva R. Effect of temperature on statolith growth of the European squid Loligo vulgaris during early life[J]. Mar Biol, 2000, 136: 449-460.

[112] Vllanueva R, Collns M, Sanchez P, et al. Systematics, distribution and biology of the cirrate octopods of the genus Opisthoteuthis (Mollusca, Cephalopoda) in the Atlantic Ocean, with description of two new species[J]. Bull Mar Sci, 2002, 71(2): 933−985.

[113] Voss et al. Family Cranchiidae Prosch, 1849. Smithson Contr Zool. 1992, 513: 187−210.

[114] Voss G. L. Cephalopod resources of the world [M]. FAO Fish. Circ.,1973, 149:1−75.

[115] Voss N A et al. Family Cranchiidae Prosch, 1849. Smithson Contr Zool. 1990, 513: 187−210.

[116] Voss N A. A generic revision of the Cranchiidae (Cephalopoda: Oegopsida) [J]. Bull Mar Sci, 1980, 30: 365−412.

[117] Voss N A. A monograph of the Cephalopoda of the North Atlantic the family Histioteuthidae [J]. Bulletin of Marine Science, 1969, 19(4): 713−867.

[118] Waluda C. M., Rodhouse P. G. Remotely sensed mesoscale oceanography of the Central Eastern Pacific and recruitment variability in *Dosidicus gigas*[J]. Marine Ecology Progress Series Mar Ecol Prog Ser, 2006, 310:25−32.

[119] Waluda C. M., Rodhouse P. G. Remotely sensed mesoscale oceanography of the Central Eastern Pacific and recruitment variability in *Dosidicus gigas*. Marine Ecology Progress Series Mar Ecol Prog Ser, 1999,183(6): 159−167.

[120] Waluda C. M., Trathan P. N., Rodhouse P. G. Influence of oceanographic variability on recruitment in the *Illex argentinus* (Cephalopoda: Ommastrephidae) fishery in the South Atlantic[J].Marine Ecology Progress Series Mar Ecol Prog Ser, 1999,183:159−167.

[121] Wolff G A, Wormuth J H. Biometric separation of the beaks of two morphologically similar species of the squid family Ommastrephidae [J]. Bulletin of Marine Science, 1979, 29(4) : 587−592.

[122] Wolff G A. A beak key for eight eastern tropical Pacific cephalopods species,with relationship between their beak dimension and size [J]. Fishery Bulletin,1982,80(2) : 357−370.

[123] Wolff G A. Identification and estimation of size from the beaks of 18 species of cephalopods from the Pacific Ocean [R].NOAA Technical Report NMFS, 1984(17) : 50.

[124] Wu S D, Wu C S, Chen H C. Cuticle structure of squid *Illex argentinus* pen[J]. Fish Sci, 2003, 69(4): 849−855.

[125] Yatsu A, Mori J. Early growth of the autumn cohort of neon flying squid, *Ommastrephes bantramii*, in the North Pacific Ocean [J]. Fish Res. 2000, 45: 189−194.

[126] Young et al. Classification of the Enoploteuthidae, Pyroteuthidae and Ancistrocheiridae. Smithsonian Contr. to Zoology. 1998, 586: 239−255.

[127] Young et al. The Batoteuthidae, a new family of squid (Cephalopoda; Oegopsida) from Antarctic waters. Antarctic Res. Ser. 1968, 2: 185−202.

[128] Young R E, Roper C F E. A monograph of the Cephalopoda of the North Atlantic: The family Cycloteuthidae. Smithsonian Contributions to Zoology. 1969, 5:1−24.

[129] Young R E. Aspects of the natural history of pelagic cephalopods of the Hawaiian mesopelagic−boundary region. Pacific Science. 1995, 49: 143−155.

[130] Young R E. A note on three specimens of the squid, *Lampadioteuthis megaleia* Berry, 1916 (Cephalopoda:Oegopsida) from the Atlantic Ocean, with a description of the male. Bull Mar Sci. Gulf Carib. 1994, 14(3): 444−452.

[131] Young R E. Chiroteuthid and related paralarvae from Hawaiian waters. Bull. Mar. Sci. 1991, 49: 162−185.

[132] Zhang Z, Beamish R J. Use of statolith micorostructure to study life history of juvenile Chinook salmon in the Strait of Georgia in 1995 and 1996 [J]. Fish Res. 2000, 46: 239−250.

[133] 陈道海, 邱海梅. 头足类腕上吸盘和内壳扫描电镜观察[J]. 动物学杂志, 2014, 49(5): 736−743.

[134] 陈芃, 方舟, 陈新军. 基于角质颚外部形态学的柔鱼种群判别[J]. 海洋渔业, 2015, 37(1): 1−9.

[135] 陈新军, 刘必林, 王尧耕. 世界头足类 [M]. 北京:海洋出版社, 2009:1−714.

[136] 陈新军,曹杰,田思泉,刘必林.表温和黑潮年间变化对西北太平洋柔鱼渔场分布的影响[J]. 大连水产学院

学报,2010,25(2):119-126.

[137] 陈新军,刘必林,钟俊生.头足类年龄与生长特性的研究方法进展.大连水产学院学报,2006,21(4):371-377.

[138] 陈新军,刘金立,许强华.头足类种群鉴定方法研究进展.上海水产大学学报,2006,15(2):228-233.

[139] 董正之.世界大洋经济头足类生物学[M].济南:山东科学技术出版社,1991.

[140] 董正之.头足类的分布特点及其区系特征[J].黄渤海海洋,1992,10(4):37-43.

[141] 董正之.中国动物志软体动物门头足纲[M].北京:科学出版社.1988:1-201.

[142] 方舟,陈新军,陆化杰等.北太平洋两个柔鱼群体角质颚形态及生长特征[J].生态学报,2014,34(19):5405-5415.

[143] 高强.短鞘和长鞘群体等位基因酶遗传变异研究[D].2002:20.

[144] 刘必林,陈新军.头足类贝壳研究进展.[J].海洋渔业,2010,32(3):332-339.

[145] 刘必林,李曰嵩,陈新军.南极水域一种章鱼的形态特征及分类[J].极地研究,2007,19(1):10-18.

[146] 刘金华,王大志.乌贼骨及其水热改性制备羟基磷灰石的研究[J].无机材料学报,2006,21(2):433-440.

[147] 陆化杰,陈新军,方舟.西南大西洋阿根廷滑柔鱼耳石元素组成[J].生态学报,2015,35(2):297-305.

[148] 陆化杰,陈新军,马金等.西北太平洋柔鱼耳石微量元素[J].应用生态学报,2014,25(8):2411-2417.

[149] 陆化杰,刘必林,陈新军等.智利外海茎柔鱼耳石微量元素研究[J].海洋渔业,2013,35(3):269-277.

[150] 王尧耕,陈新军.世界大洋性经济柔鱼类资源及其渔业[M].北京:海洋出版社,2005:1-366.

[151] 韦柳枝,高天翔,王伟等.4种头足类腕式的初步研究[J].湛江海洋大学学报,2003,23(4):67-72.

[152] 杨德康.两种鱿鱼资源和其开发利用,上海水产大学学报,2002,11(2),176-179.

[153] 杨林林,姜亚洲,刘尊雷等.东海火枪乌贼角质颚的形态特征[J].中国水产科学,2012,19(4):586-593.

[154] 杨林林,姜亚洲,刘尊雷等.东海太平洋褶柔鱼角质颚的形态学分析[J].中国海洋大学学报,2012,42(10):51-57.

[155] 易倩,陈新军,贾涛等.东太平洋茎柔鱼耳石形态差异性分析[J].水产学报,2012,36(1):55-63.

[156] 郑小东,王如才,刘维青.华南沿海曼氏无针乌贼 *Sepiella maindioni* 表型变异研究[J].青岛海洋大学学报,2002,32(5):713-719.

[157] 郑小东,王如才. Morphological variation of radula of nine cephalopods in the coastal waters of China [J].水产学报,2002,26(5):410-416.

[158] 郑小东.中国沿海乌贼类遗传变异和系统发生学研究[D].青岛:中国海洋大学,2001.

分类系统索引

C